Florian Ion Petrescu

CONSULTANȚĂ ÎN INGINERIA MECANICĂ

CREATE SPACE
PUBLISHER

USA 2012

Scientific reviewers:

Prof. Dr. Ing. Barbu GRECU

Prof. Dr. Ing. Adriana COMĂNESCU

Prof. Dr. Ing. Cristian ANDREESCU

Prof. Dr. Ing. Ionel SIMION

Copyright

Title: Consultanta in Ingineria Mecanica

Author: Florian Ion Petrescu

© 2012, Florian Ion Petrescu

ISBN 978-1-4774-4610-2

SCURTĂ DESCRIERE

Lucrarea reprezinta un studiu amplu realizat in domeniile mecanic, tehnic, ingineresc, industrial, al constructiilor de masini, al designului ingineresc, al mecanismelor, al motoarelor termice, al transmisiilor mecanice, si in cel al roboticii si mecatronicii.

Sunt prezentate mai multe teme de mare actualitate din domeniile tehnice (tehnico-stiintifice) amintite, tratate amanuntit din punct de vedere fizico-matematic.

Problematica abordata extrem de larga si complexa a pus multe intrebari fizico-matematice, care au fost rezolvate prin metode originale inovative atat pentru domeniile tehnice mai sus amintite cat si pentru domeniile conexe ale informaticii, matematicii, ingineriei si fizicii. Sunt prezentate si foarte multe aspecte tehnice noi.

Consultanta in ingineria mecanica este un manual util pentru studentii, inginerii, masteranzii, si doctorii in pregatire, din domeniile amintite initial.

Trebuie specificat faptul ca autorul manualului a fost instruit de, si alaturi de, mari profesori din domeniile tehnice amintite, cum ar fi: Nicolae Manolescu, Christian Pelecudi, Radu Bogdan, s.a.

Cu stimă şi respect,   autorul

CUPRINS

Sinteza motoarelor termice

Cap. 1. INTRODUCERE

Dezvoltarea şi diversificarea autovehiculelor rutiere şi a vehiculelor, mai ales cea a automobilelor, împreună cu motoarele termice, în special cele cu ardere internă (fiind mai compacte, mai robuste, mai independente, mai fiabile, mai puternice, mai dinamice, etc...), a forţat şi dezvoltarea într-un ritm mai alert a dispozitivelor, mecanismelor, şi ansamblurilor componente. Cele mai studiate fiind trenurile de putere şi cel al transmisiei.

Problema randamentului foarte scăzut, a noxelor mari şi a consumului foarte mare de putere şi de combustibil de către mecanismele de distribuţie, a fost mult ameliorată şi reglementată în ultimii 20-30 ani, prin dezvoltarea şi introducerea unor mecanisme de distribuţie moderne, care pe lângă randamente mai ridicate (ce aduc imediat o mare economie de combustibili) realizează şi o funcţionare optimă, fără zgomote, fără vibraţii, cu noxe mult diminuate, în condiţiile în care turaţia motorului maximă posibilă a crescut de la 5000-6000 la circa 30000 [rot/min].

O performanţă deosebită o reprezintă creşterea în continuare a randamentului mecanic al mecanismului motor principal şi cel al sistemelor de distribuţie, până la cote nebănuite până în prezent, fapt ce va aduce o economie de combustibili majoră.

Astăzi toate motoarele cu ardere internă (dar şi cele cu ardere externă care mai sunt utilizate) funcţionează în general la standarde ridicate, cu consumuri mici de combustibili, cu nivele scăzute de vibraţii şi zgomote, cu emisii de noxe extrem de reduse, comform reglementărilor actuale care sunt şi ele din ce în ce mai drastice.

Rezervele de petrol şi cele energetice actuale ale omenirii sunt limitate. Dar până la implementarea de noi surse energetice (care să preia controlul real în locul combustibililor fosilici) o sursă alternativă reală de energie şi de combustibili este chiar „scăderea consumului de combustibil al unui autovehicul", fie că vom arde petrol, gaze şi derivaţi petrolieri, fie că vom implementa într-o primă fază biocombustibilii (lucru ce s-a şi realizat în unele ţări, cum ar fi Brazilia, USA, Germania, etc), iar mai târziu şi hidrogenul (extras din apă) eventual.

Deocamdată problema cea mare a hidrogenului, elementul de bază al vieţii, cu un singur nucleon (proton) în componenţa nucleului său, problema hidrogenului care se poate obţine practic din orice (prin diferite reacţii chimice, nucleare, etc), nu mai este faptul că el abundă în univers, în galaxia noastră şi în sistemul nostru solar, dar e foarte puţin prezent pe Terra, deoarece se poate extrage şi din apă în cantităţi enorme, iar randamentul energetic al extragerii lui a devenit chiar acceptabil, dispozitivele necesare stocării lui fiind deja bine puse la punct, iar prin arderea lui obţinându-se energie termică şi apă el nu poluează atmosfera aşa cum o fac hidrocarburile, alcoolii, uleiurile vegetale, sau alţi combustibili, astfel încât hidrogenul ar fi ideal drept combustibil dacă ar fi extras din apă şi ars imediat, fără stocare, deoarece problema lui cea mai mare a rămas tot stocarea lui sub formă lichidă, stocare pentru care se consumă o energie enormă comparativ cu cea obţinută prin arderea lui, astfel încât se pune problema reală dacă nu ar fi mai bine să se renunţe la el (momentan).

Dacă vom folosi un motor electric în locul celui clasic propus pentru a utiliza hidrogenul, consumul energetic ar fi de circa 10 ori mai mic. Să presupunem că dorim să mai scădem noxele produse de un motor termic care funcţionează pe bază de hidrocarburi, şi trecem acest motor pe hidrogen. Dacă energia utilizată pentru lichefierea şi stocarea hidrogenului necesar este de circa 10 ori mai mare şi chiar şi mai mult, şi de multe ori se utilizează pentru obţinerea ei tot generatoare staţionare cu ardere de hidrocarburi, înseamnă că pentru trecerea unui singur motor pe hidrogen utilizăm alte 10 motoare pe hidrocarburi numai pentru lichefierea şi stocarea hidrogenului necesar unui singur motor, de fapt poluarea globală a crescut de circa 10 ori, şi poate chiar mai mult. Se pot utiliza în unele locuri surse energetice regenerabile, curate (eoliene, solare, etc) pentru stocarea hidrogenului necesar, caz în care se poate vorbi de o reală eliminare a poluării globale prin trecerea la combustibilul hidrogen, dar tot nu se poate vorbi de o economie reală de energie deoarece cu energia utilizată pentru obţinerea unui plin de hidrogen, s-ar fi putut alimenta direct minim zece autovehicule echipate cu motoare electrice.

Problema în care ne aflăm pare să nu aibă soluţie pentru moment, astfel încât ideea utilizării hidrogenului stocat se poate spune că a eşuat, deocamdată, hidrogenul fiind implementat mai mult la autobuze, adică acolo unde se poate construi mai uşor o bază specială de îmbuteliere a hidrogenului şi de alimentare a autobuzelor. Chiar şi aşa ar fi bine să fie introdus iniţial pe toate autobuzele aflate în circulaţie care respectă condiţia ca energia utilizată pentru stocarea hidrogenului să fie obţinută direct din regenerabile, deoarece consumând curent din reţeaua publică pentru fiecare motor trecut pe hidrogen utilizăm alte zece motoare pe hidrocarburi care să-i genereze curentul care-i stochează hidrogenul (ştiut fiind faptul că pe planetă energia electrică încă se mai obţine şi din hidrocarburi, în procente ridicate, de circa 60%).

Altfel, dacă vom desface direct apa în hidrogen şi oxigen şi vom trimite imediat hidrogenul pentru arderea sa direct într-un motor, sau într-un arzător specializat (arderea sa completă făcându-se în celule) implementarea hidrogenului pe post de combustibil va fi una de succes.

Deocamdată, pe lângă rezervele de hidrocarburi existente, se anunţă descoperirea de rezerve noi, în special gaze (inclusiv cele de şist), care deşi sunt mai greu de extras, au marele avantaj de a exista în cantităţi foarte mari. În acest mod vom putea prelungi mult viaţa „bătrânului Otto" şi pe cea a lui „Moş Diesel".

Chiar şi aşa o să fie nevoie în continuare de motorişti şi automobilişti, pentru a îmbunătăţi permanent motoarele termice utilizate (grupul de putere), transmisiile de putere împreună cu trenul de rulare, şi chiar autovehiculul în ansamblul lui.

Scăderea consumului de combustibil pentru un anumit tip de vehicul, pentru o sută de km parcurşi, s-a produs în mod constant din anul 1980 şi până în prezent şi va continua şi în viitor.

Chiar dacă se vor înmulţi hibrizii şi automobilele cu motoare electrice, să nu uităm că ele trebuie să se încarce cu curent electric care în general este obţinut tot prin arderea combustibililor fosilici, cu precădere petrol şi gaze, în proporţie planetară actuală de circa 60%. Ardem petrolul în centrale termice mari ca să ne încălzim, să avem apă caldă menajeră, şi energie electrică pentru consum casnic, stradal, industrial, comercial, etc, şi o parte din această energie o luăm suplimentar şi o consumăm suplimentar pe (auto)vehicule cu motoare electrice, dar problema globală, energetică nu se rezolvă, criza chiar se adânceşte. Aşa s-a întâmplat atunci când am electrificat forţat calea ferată pentru trenuri, când am generalizat tramvaiele, troleibuzele şi metrourile, consumând brusc mai mult curent electric produs mai ales din petrol; consumul petrolier a crescut brusc, iar preţul său a trebuit să aibă un salt uriaş.

Aspectul cel mai grav al acestui fapt (care pare să fi trecut neobservat de marile guverne ale lumii comtemporane) este că poluarea şi consumul datorate arderilor suplimentare de petrol, produse petroliere şi gaze, în centrale energetice mondiale, au crescut foarte mult şi foarte brusc, datorită consumului sporit de energie electrică obţinută în mare parte tot din arderea combustibililor clasici, aflaţi pe cale de dispariţie (rezervele de petrol ale Terrei s-ar putea epuiza efectiv în următorii 40-50 ani dacă continuăm tot aşa, deoarece deocamdată energiile noi implementate, regenerabile şi sustenabile abia dacă realizează 2-3% nesemnificative dealtfel din producţia globală energetică, circa 40% fiind totuşi realizate din noii biocombustibili, din biomasă, din energia nucleară obţinută prin fisiune şi din hidrocentrale). Deocamdată energia eoliană, cea solară, cea obţinută din maree, din valurile mărilor şi oceanelor, din izvoarele termice (gheizăre), pe cale chimică, sau prin diverse alte căi, abia atinge acum circa 1-3% din producţia mondială de energie (inclusiv cea electrică).

Ce se întâmplă de fapt? Auzim vorbindu-se mereu de eforturile pe care marile guverne ale lumii le fac pentru implementarea forţată a unor astfel de noi tehnologii nepoluante şi sustenabile, în special noi centrale solare şi eoliene. Creşterile anunţate sunt de circa 30-40% anual şi totuşi randamentul lor, prezenţa lor în ponderea energiilor mondiale obţinute rămâne încă nesemnificativă. Realitatea este că aceste creşteri se raportează tot la tehnologiile de acest fel existente global, care sunt încă nesemnificative per total, iar o creştere de 40% din 1-2% reprezintă o creştere reală de circa 0,8% anual, creştere care abia se observă în condiţiile păstrării producţiei şi consumului mondial de energie, deoarece din păcate atât consumul energetic mondial cât şi producţia globală de energie suferă anual o creştere semnificativă procentuală care nu doar că egalează dar chiar depăşeşte uneori cu mult procentul efectiv de creştere a regenerabilelor moderne (eoliene, solare, etc.), astfel încât ar fi necesare creşteri mult mai susţinute la energiile noi, curate, pentru ca ele să realizeze o înlocuire reală treptată a centralelor cu petrol, produse petroliere, gaze naturale şi cărbune.

Generalizând brusc şi automobilele electrice (deşi nu suntem încă pregătiţi real pentru acest lucru), vom da o nouă lovitură rezervelor de petrol şi gaze, astfel încât în loc să le lungim viaţa acestor rezerve la 100-200 ani, le-o vom scurta la 30-40 ani.

Din fericire în ultima vreme s-au dezvoltat foarte mult biocombustibilii, biomasa şi energetica nucleară (deocamdată cea bazată pe reacţia de fisiune nucleară). Acestea împreună şi cu hidrocentralele, au reuşit să producă circa 40% din energia reală consumată global. Numai circa 2-3% din resursele energetice globale sunt produse prin diverse alte metode alternative (în ciuda eforturilor făcute până acum).

Acest fapt nu trebuie să ne dezarmeze, şi să renunţăm la implementarea centralelor solare, eoliene, etc.

Totuşi, ca o primă necesitate de a scădea şi mai mult procentul de energii globale obţinute din petrol şi gaze, primele măsuri energice ce vor trebui continuate, vor fi sporirea producţiei de biomasă şi biocombustibili, împreună cu lărgirea numărului de centrale nucleare (în ciuda unor evenimente nedorite, care ne arată doar faptul că centralele nucleare pe fisiune trebuiesc construite cu un grad sporit de siguranţă, şi în nici un caz eliminate încă de pe acum, ele fiind în continuare, cea ce au fost şi până acum, „un rău necesar").

Sursele alternative vor lua ele singure o amploare nebănuită, dar aşteptăm ca şi energia furnizată de ele să fie mult mai consistentă în procente globale, pentru a putea să ne şi bazăm pe ele la modul real (altfel, riscăm ca toate

aceste energii alternative să rămână doar un fel de „basm" în care s-a investit mult cu rezultate puţine).

Atâta timp cât regenerabilele nu vor reprezenta cel puţin 80-90% din producţia mondială energetică, nu are nici un rost să mai înlocuim şi motoarele termice de pe automobile cu motoare electrice.

Când utilizarea consumabilelor (petrol, produse petroliere, gaze, cărbune) va mai reprezenta procentual doar 10-15% din energia obţinută anual global, abia atunci, vom putea lua în calcul implementarea automobilelor cu motoare electrice în locul celor cu motoare termice.

Deci deocamdată nu e benefică înlocuirea parcului auto echipat cu motoare termice, cu unul electrificat şi nu doar că nu e benefică, însă în mod real nici nu este practic posibilă.

Poate doar să mai spunem că datorită automobilului clasic (cu motoare termice) în plină criză energetică (şi nu doar energetică, din 1970 şi până azi), producţia de automobile şi autovehicule a sporit într-un ritm alert (dar firesc), în loc să scadă, iar acestea au şi fost comercializate şi utilizate. S-a pornit la declanşarea crizei energetice mondiale (în anii 1970) de la circa 200 milioane autovehicule pe glob, s-a atins cifra de aproximativ 350 milioane în 1980 (când s-a declarat pentru prima oară criza energetică şi de combustibili, criză mondială), în 1990 circulau circa 500 milioane autovehicule pe glob, iar în 1997 numărul de autovehicule înmatriculate la nivel mondial depăşea cifra de 600 milioane. În 2010 circulă pe întreaga planetă peste 800 milioane autovehicule. Curând, numărul de autovehicule rutiere aflate în circulaţie (care s-a mărit de patru ori pe perioada crizei din 1970 şi până în 2010, ajungând de la 200 mil. la 800 mil.) v-a atinge miliardul. Cine v-a putea casa rapid un parc auto de un miliard de autovehicule pentru a-l înlocui în totalitate cu unul electrificat? Cu ce bani, când eforturile sporite ale guvernelor tuturor ţărilor, abia reuşesc să retragă din circulaţie anual circa 1-2% din parcul de autovehicule care depăşesc 20-30 ani de când sunt în circulaţie?

1.1.   Motoarele termice cu ardere externă

Motorul este o maşină care transformă o formă oarecare de energie în energie mecanică.

Se disting următoarele tipuri de motoare:

Electric, magnetic, electromagnetic, sonic, pneumatic, hidraulic, eolian, geotermic, solar, nuclear, cu reacţie (Coandă, împingătoare ionice, ionice, cu unde electromagnetice, cu plasmă, fotonice), termice.

Fiind motoarele cele mai vechi, cele mai utilizate şi cele mai răspândite, motoarele termice se pot clasifica la rândul lor în două mari categorii: motoare cu ardere externă şi motoare cu ardere internă.

Printre cele mai cunoscute motoare cu ardere externă menţionăm: motoarele cu aburi şi motoarele Stirling.

Categoria motoarelor cu ardere internă fiind cea mai răspândită, cea mai utilizată, şi cea mai importantă, cuprinde mai multe subcategorii, din care vom încerca să enumerăm câteva:

Motorul Lenoir (motorul în doi timpi), motorul Otto (motorul în patru timpi), motorul Diesel (cu autoaprindere şi injecţie de combustibil), motorul rotativ Wankel, motorul rotativ Atkinson, motoarele biodisel, motoarele cu hidrogen, etc.

1.1.1. Turbinele şi motoarele cu ardere externă cu aburi

Cele mai răspândite motoare cu ardere externă sunt cele cu aburi. Chiar dacă iniţial au fost utilizate ca motoare navale, apariţia şi dezvoltarea motoarelor termice cu aburi (cât şi cea a primelor mecanisme cu came) sunt strâns legate de apariţia şi dezvoltarea războaielor de ţesut (maşinilor automate de ţesut).

În 1719, în Anglia, un oarecare John Kay deschide într-o clădire cu cinci etaje o filatură. Cu un personal de peste 300 de femei şi copii, aceasta avea să fie prima fabrică din lume. Tot el devine celebru inventând suveica zburătoare, datorită căreia ţesutul devine mult mai rapid. Dar maşinile erau în continuare acţionate manual. Abia pe la 1750 industria textilă avea să fie revoluţionată prin aplicarea pe scară largă a acestei invenţii. Iniţial ţesătorii i s-au opus, distrugând suveicile zburătoare şi alungându-l pe inventator.

Fig. 1 Turbina cu aburi a inginerului italian Giovanni Branca

Fig. 3 Motorul cu aburi al lui Thomas Savery, 1698

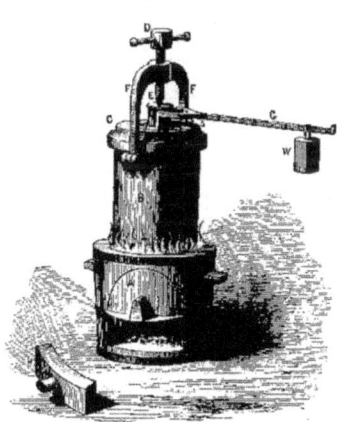

Fig. 2 Primul motor cu aburi al inventatorului francez Denis Papin, 1679

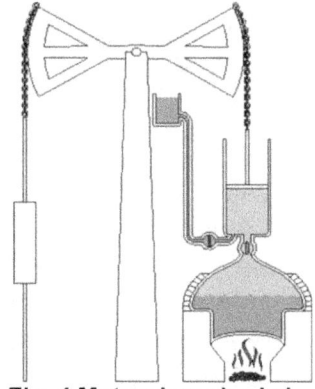

Fig. 4 Motorul cu aburi al lui Thomas Newcomen, 1712

Pe la 1760 apar războaiele de ţesut şi primele fabrici în accepţiunea modernă a cuvântului.

Era nevoie de primele motoare.

De mai bine de un secol, italianul Giovanni Branca (1571-1645) propusese utilizarea aburului pentru acţionarea unor turbine (primul motor termic modern cu ardere externă cu aburi construit de inginerul şi arhitectul italian Giovanni BRANCA, a fost o turbină cu aburi, vezi figura 1).

Experimentele ulterioare nu au dat satisfacţie.

În Franţa şi Anglia, inventatori de marcă, ca Denis Papin (1647-1712, matematician şi inventator francez, pionier al motoarelor cu aburi, al cărui prim motor cu aburi realizat în anul 1679 poate fi urmărit în figura 2) sau marchizul de Worcester (1603-1667), veneau cu noi şi noi idei.

La sfârşitul secolului XVII, Thomas Savery (1650-1715) construise deja "prietenul minerului", un motor cu aburi (patentat, neavând în componenţă nici un mecanism, nici o piesă mobilă, el era un fel de compresor ce crea doar presiune într-o butelie, presiunea împingând apa în exteriorul buteliei printr-un orificiu atunci când era deschis) ce punea în funcţiune o pompă pentru scos apa din galerii, sau era montat pe vehiculele pompierilor având rolul de a pompa apa destinată stingerii focului (a se urmări figura 3).

Thomas Newcomen (1664-1729) a realizat varianta comercială a pompei cu aburi (vezi figura 4), iar inginerul James Watt (1736-1819) realizează şi adaptează un regulator de turaţie ce îmbunătăţeşte net motorul cu aburi.

J. Watt - 1763 a perfecţionat mult maşinile realizate până atunci reducând pierderile de căldură şi de energie din cazanele cu abur alimentate cu cărbuni (în figura 5 se poate vedea motorul cu aburi original al lui James Watt, invenţie ce avea să schimbe faţa lumii, concepută în 1769 şi îmbunătăţită în 1774).

Maşina cu abur inventată de Watt a beneficiat mai târziu de alte 3 invenţii franceze: cazanul cu tubulatură al lui M. Seguin - 1817, manometrul lui E. Bourdon - 1849, şi injectorul lui T. Gifford - 1858.

Fig. 5 Motorul cu abur al lui James Watt, 1774

Fig. 6 Motorul cu abur orizontal pentru locomotive al lui James Watt, 1784

Fig. 7 Motorul cu abur îmbunătăţit al lui James Watt.

Motorul cu aburi a permis amplasarea fabricilor nu numai în vecinătatea cursurilor de apă ci şi acolo unde era nevoie de produsele lor - centre comerciale, oraşe (Prima aplicaţie practică a fost în mine, a urmat industria bumbacului, a berii etc. A circulat din Marea Britanie, în vestul continentului şi apoi în secolele XIX - XX în întreaga lume).

James Watt s-a născut în localitatea Greenock din Scoţia. Studiile şi le-a terminat la Londra, Anglia, începând şi activitatea de fabricant de instrumente matematice (1754).

A revenit pe plaiurile natale, în Glasgow, Scoţia.

A fost fabricantul de instrumente matematice folosite de Universitatea din Glasgow.

Aici i s-a oferit ocazia (destinului) să repare o maşină cu abur, de unde i-a încolţit ideea ameliorării acesteia; astfel au apărut "camera separată de condensare a aburului" (1769) şi "regulatorul de turaţie al maşinii cu abur" (1788).

La maşina sa inventată în 1769, aburii treceau într-o cameră separată pentru condensare.

Deoarece cilindrul nu era încălzit şi răcit alternativ, pierderile de căldură ale maşinii erau relativ scăzute.

De asemenea, maşina lui Watt era mai rapidă, pentru că se puteau admite mai mulţi aburi în cilindru odată ce pistonul se întorcea în poziţia iniţială.

Aceasta şi alte îmbunătăţiri concepute de Watt au făcut ca maşina cu aburi să poată fi folosită într-o gamă largă de aplicaţii.

Ulterior se mută în Anglia la Birmingham. Aici se înscrie într-un club, "Lunar Society", care - în ciuda numelui înşelător - era de fapt un club ştiinţific format din inventatori.

Multe din originalele lucrărilor sale se găsesc la "Birmingham Cultural Library" (Biblioteca Centrală din Birmingham).

James Watt, împreună cu un industriaş britanic, Matthew Boulton, reuşesc să creeze o întreprindere de fabricare a ceea ce se numea maşina cu abur a lui Watt, îmbunătăţită (1774).

Tot aici va realiza, împreună cu un alt inventator scoţian William Murdoch, un angrenaj de convertire a mişcării verticale în mişcare de rotaţie (1781).

Ulterior, a mai realizat o maşină cu dublă acţiune (1782).

Cea mai mare realizare a sa este considerată a fi brevetarea în anul 1784 a locomotivei cu abur (vezi figura 6).

Practic putem considera că în acel an, 1784, s-a născut transportul pe calea ferată.

Fig. 8 Autovehiculul lui Cugnot, creat în 1769; aici se prezintă modelul îmbunătăţit

Fig. 9 Motorul Cugnot, 1769

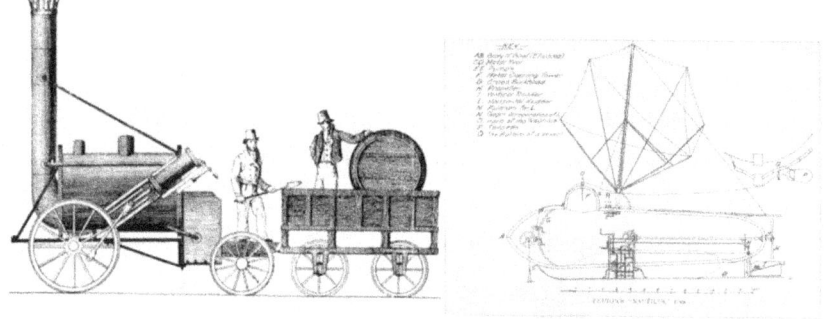

Fig. 10 Locomotiva George Stephenson, 1814

Fig. 11 Submarinul Nautilus al lui Fulton, construit în 1798 şi testat în anul 1800.

Interesant este faptul că primul motor cu aburi al lui Watt (prima variantă din 1769) a fost preluată de inginerul francez Nicolas Joseph Cugnot şi adaptată original (vezi figura 8) pentru a fi utilizată chiar în acelaşi an (1769) la construirea primului vehicul (autovehicul), destinat iniţial transportului de militari şi armament, dar şi tractării de armament greu, tunuri grele.

Viteza maximă a acestui prim autovehicul (varianta îmbunătăţită, vezi figura 9) la sarcină maximă (patru militari în vehicul plus tunuri grele tractate, care să nu depăşească 4t) era de 5 km pe oră, iar la o încărcătură pe jumătate atingea pe drumuri uscate 8,5 km/h.

Prima locomotivă cu aburi, funcţională pe calea ferată, a fost construită plecând tot de la modelul lui Watt, de inginerul britanic George Stephenson (1781–1848), abia în anul 1814 (vezi figura 10).

Robert Fulton (căruia i se atribuie incorect construcţia sau şi construcţia primelor nave motorizate 1803-1807) poate fi creditat a fi fost autorul planurilor şi constructorul efectiv (1798) al primului submarin funcţional, comandat de Napoleon Bonaparte, denumit Nautilus, care a fost testat în anul 1800 (vezi figura 11) în Franţa de însuşi Fulton împreună cu trei mecanici, scufundându-se până la adâncimea de 25 picioare.

Împreună cu fabricantul Mathiew Boulton, inginerul scoţian James Watt construieşte primele motoare navale cu aburi (fig. 7) şi în mai puţin de o jumătate de secol, vântul ce asigurase mai bine de 3000 de ani forţa de propulsie pe mare mai umfla acum doar pânzele navelor de agrement.

În 1785 intră în funcţiune, prima filatură acţionată de forţa aburului, urmată rapid de alte câteva zeci.

Dezvoltarea motoarelor navale, pentru trenuri, autovehicule, cât şi cea a motoarelor pentru ţesătorii automate, au dus şi la dezvoltarea industriei siderurgice europene şi americane (iar mai apoi şi a celei mondiale).

Este remarcabil faptul că primul vehicul motorizat (echipat cu un motor termic cu aburi) a fost un autovehicul, au urmat apoi un submarin, diverse nave şi la urmă trenurile. Motoarele cu aburi au mai fost utilizate (şi mai sunt folosite chiar şi în prezent) ca motoare termice staţionare în uzine, acţionând pompe, reductoare şi maşini unelte.

Unul dintre cele mai vechi motoare cu aburi utilizate (inclusiv la locomotive), adaptat prima dată tot de Watt, este „motorul cu abur cu trei rezervoare de expansiune" (vezi figura 12).

Nu doar că s-au mai păstrat unele motoare de acest gen, dar ele au început să fie reutilizate, datorită poluării reduse produse de ele, şi a randamentului bun realizat. Dezavantajul lor principal, pentru care aproape că au dispărut în „epoca combustibililor de culoare neagră" (dominată de petrol), era lipsa de compactitate. Un avantaj al lor este însă faptul că aşa cum au şi debutat, ele pot folosi diverşi combustibili, putând fi utile pentru a diminua consumul de produse petroliere, şi rămânând în viaţă chiar şi atunci când petrolul se va diminua, până la dispariţia sa.

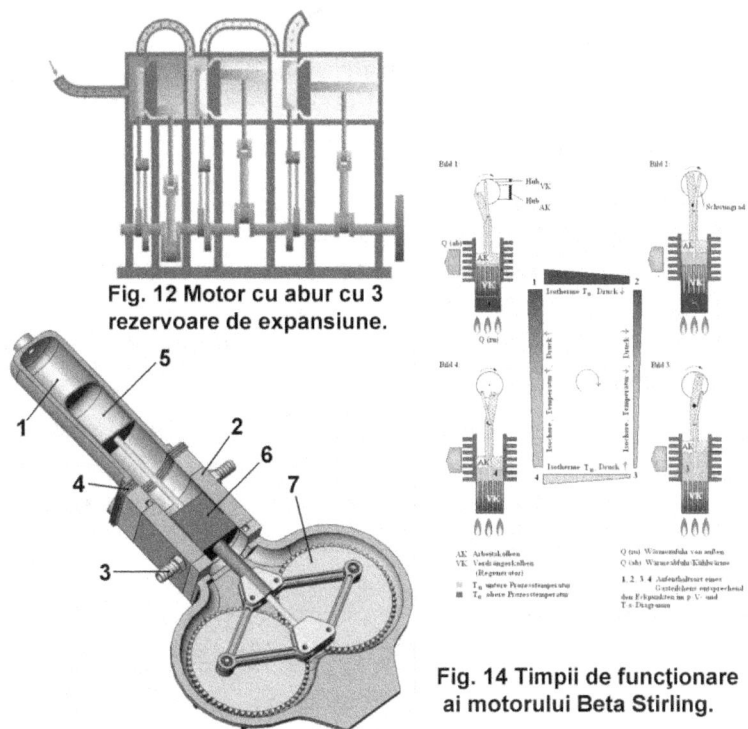

Fig. 12 Motor cu abur cu 3 rezervoare de expansiune.

Fig. 14 Timpii de funcţionare ai motorului Beta Stirling.

Fig. 13 Motor Stirling de tip Beta.

Fiind motoare cu ardere externă, ele pot fi adaptate pentru a folosi diverşi combustibili, cum ar fi biocombustibilii, alcoolii, hidrogenul, uleiurile vegetale, din seminţe, din soia, din alune, sau extrase din diverse plante, ori biocombustibilii extraşi din alge marine şi oceanice, etc. Nu mai e nevoie să hrănim aceşti „cai putere nobili" doar cu cărbuni de proastă calitate, şi să spunem apoi că aceste motoare scot fum „urât mirositor" (cărbunele a reprezentat un combustibil poluant al planetei).

Hai să ne imaginăm, aceste „bunicuţe şi bunici" modernizaţi, să ne imaginăm aceste motoare „scoase de la naftalină", lustruite frumos, redesenate pe principii moderne, redimensionate la combustibili moderni (compactizate), construite din materiale moderne (ceramice, super metale, aliaje speciale, etc.), şi să ne gândim la faptul că ele pot deveni o sursă reală alternativă de transport, de motorizare, chiar şi atunci când petrolul nu va mai fi, alături de motoarele electrice moderne, alături de motoarele cu ardere internă pe hidrogen, împreună cu celelalte tipuri de motoare termice cu ardere externă (Stirling).

Mai putem să ne imaginăm apa încălzită până la starea de vapori cu ajutorul unor rezistenţe electrice moderne, prin inducţie, cu microunde, sau diverse mijloace moderne, utilizând energia electrică solară, captată şi stocată în acumulatori moderni.

Rezultatul..., motoare termice puternice, robuste, dinamice, compacte, fără noxe, fără petrol, fără fum, lucrând cu randamente ridicate (nu doar mecanice ci şi termice).

1.1.2. Motoarele cu ardere externă de tip stirling

Tot în acest context se înscriu şi motoarele Stirling moderne.

În figura 13 se poate vedea secţiunea unui **motor** de tip **Beta Stirling cu mecanism de bielă rombic**.

[1 (roz) – peretele fierbinte al cilindrului, 2 (cenuşiu închis) - peretele rece al cilindrului (cu 3 (galben) racorduri de răcire), 4 (verde închis) – izolaţie termică ce separă capetele celor doi cilindri, 5 (verde deschis) – piston de refulare, 6 (albastru închis) – piston de presiune, 7 (albastru deschis)-volanţi; Nereprezentate: sursa exterioară de energie şi radiatoarele de răcire. În acest desen pistonul de refulare este utilizat fără regenerator.]

Un motor de tip Beta Stirling are un singur cilindru în care sunt aşezate un piston de lucru şi unul de refulare montate pe acelaşi ax.

Pistonul de refulare nu este montat etanş şi nu serveşte la extragerea de lucru mecanic din gazul ce se dilată, el având doar rolul de a vehicula gazul de lucru între schimbătorul de căldură cald şi cel rece.

Când gazul de lucru este împins către capătul cald al cilindrului, se dilată şi împinge pistonul de lucru.

Când este împins către capătul rece, se contractă şi momentul de inerţie al motorului, de obicei mărit cu ajutorul unui volant, împinge pistonul de lucru în sensul opus, pentru a comprima gazul.

Spre deosebire de tipul Alfa în acest caz se evită problemele tehnice legate de inelele de etanşare de la pistonul cald.

Cei patru timpi de funcţionare a motorului Beta Stirling se pot vedea în figura 14, [5, 6].

Un model Alfa Stirling poate fi urmărit în figura 15.

Un motor de tip Alfa Stirling conţine două pistoane de lucru, unul cald şi altul rece, situate separat în câte un cilindru. Cilindru pistonului cald este situat în interiorul schimbătorului de căldură de temperatură înaltă, iar cel al pistonului rece în schimbătorul de căldură de temperatură scăzută.

Acest tip de motor are o putere litrică foarte mare dar prezintă dificultăţi tehnice din cauza temperaturilor foarte mari din zona pistonului cald şi a etanşării sale.

Funcţionarea motorului Alfa Stirling poate fi descrisă în patru timpi:

Timpul 1: Cea mai mare parte a gazului de lucru este în contact cu peretele cilindrului cald; ca urmare se încălzeşte mărindu-şi volumul şi împingând pistonul spre capătul cilindrului. Dilatarea continuă şi în cilindrul rece al cărui piston are o mişcare defazată cu 90° faţă de pistonul cilindrului cald, însoţită de extragere în continuare de lucru mecanic.

Timpul 2: Gazul de lucru a ajuns la volumul maxim. Pistonul în cilindrul cald începe să împingă cea mai mare parte din gaz în cilindrul rece unde pierde din temperatura acumulată şi presiunea scade.

Timpul 3: Aproape toată cantitatea de gaz este în cilindrul rece şi răcirea continuă. Pistonul rece, acţionat de momentul de inerţie al volantului sau o altă pereche de pistoane situate pe acelaşi arbore comprimă gazul.

Timpul 4: Gazul ajunge la volumul minim şi pistonul din cilindrul cald va permite vehicularea spre acest cilindru unde va fi încălzit din nou şi va începe cedarea de lucru mecanic către pistonul de lucru.

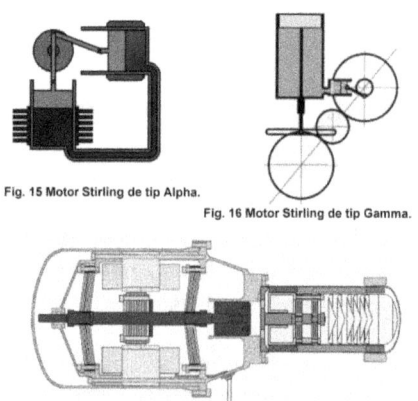

Fig. 15 Motor Stirling de tip Alpha.

Fig. 16 Motor Stirling de tip Gamma.

Fig. 17 Motor Stirling cu piston liber.

Modelul Gamma Stirling poate fi urmărit în figura 16.

Un motor de tip Gama Stirling este un Beta Stirling la care pistonul de lucru este montat într-un cilindru separat alăturat de cilindrul de refulare, dar este conectat la acelaşi volant. Gazul din cei doi cilindri circulă liber între aceştia. Această variantă produce o rată de compresie mai mică dar este constructiv mai simplă şi adeseori este utilizat în motoare

Stirling cu mai mulţi cilindri. Funcţionarea motorului Gama Stirling:

Timpul 1: În timpul acestei faze pistonul de lucru efectuează o cursă minimă, volumul total este minim. În schimb pistonul de refulare efectuează o cursă lungă şi gazul de lucru se încălzeşte.

Timpul 2: Pistonul de refulare are o cursă scurtă, pe când pistonul de lucru efectuează mai mult de 70 % din cursa sa totală. El generează energie mecanică.

Timpul 3: Pistonul de refulare efectuează cea mai mare parte din cursa sa: gazul este răcit. Pistonul de lucru are o cursă scurtă.

Timpul 4: Pistonul de refulare rămâne în partea superioară a cilindrului: gazul este complet răcit. Faţă de acesta pistonul de lucru parcurge cea mai mare parte a cursei sale: comprimă gazul şi cedează lucru mecanic în acest scop.

Un domeniu deosebit îl reprezintă **motoarele Stirling "cu piston liber"**, între care se enumeră şi cele cu piston lichid şi cele cu diafragmă (vezi figura 17).

1.1.3. Concluzii

Motoarele termice cu ardere externă nu sunt perimate cum se credea, ci reprezintă chiar o rezervă uriaşă pentru constructorii de motoare termice, pentru cercetători, proiectanţi, ingineri, aducând cu sine atuul funcţionării cu aproape orice tip de combustibil, nefiind condiţionate de combustibilii fosilici (poluanţi, scumpi şi pe cale de a se epuiza). Între motoarele termice cu ardere externă se remarcă motoarele Stirling moderne, variate, cu randamente mari, compactizabile, şi funcţionând direct cu orice fel de combustibili. Ele nu mai sunt legate azi de cărbunii poluanţi, şi pot fi utilizate cu diverse surse de combustibili şi sau energie. Este posibilă funcţionarea lor cu energie electrică obţinută de la soare, sau cu combustibilul hidrogen (care se găseşte sau poate fi obţinut în cantităţi industriale) care la toate motoarele cu ardere externă poate fi stocat şi ars la nivel celular, eliminând astfel orice pericol de explozie.

Teoretic orice diferenţă de temperatură va pune în funcţiune un motor Stirling. Sursa de căldură poate fi atât energia degajată prin ardere de un combustibil, ceea ce îndreptăţeşte utilizarea termenului de motor cu ardere externă, cât şi energia solară, geotermală, nucleară, sau chiar de origine biologică. Deasemenea şi o "sursă rece" având temperatura sub cea a mediului ambiant, poate fi utilizată pentru asigurarea diferenţei de temperatură. Sursa rece apare în locul unde se utilizează lichide criogenice sau gheaţă. Pentru a se putea genera puteri semnificative la diferenţe mici de temperaturi este nevoie a se vehicula mari cantităţi de fluid prin schimbătorul de căldură extern, ceea ce va cauza pierderi suplimentare şi va reduce randamentul ciclului. Deoarece sursa de căldură şi gazul de lucru sunt separate printr-un schimbător de căldură, se poate apela la o gamă largă de surse de căldură inclusiv carburanţi sau căldură reziduală rezultată din alte procese. Având în vedere că aceştia nu intră în contact cu piesele interne în mişcare, motorul Stirling poate funcţiona şi cu biogaz cu conţinut de siloxan, fără a exista pericolul acumulării de silicaţi cea ce ar deteriora componentele cum ar fi de altfel cazul la motorul cu combustie internă ce ar utiliza acelaşi tip de carburant. Durata de viaţă a lubrifianţilor este semnificativ mai mare decât la motorul cu ardere internă [5-6].

1.1.4. Noutăţi în domeniu

Motoarele termice cu ardere externă, atât cele cu aburi cât şi modelele Stirling, au fost deja reluate, reconstruite şi reintroduse spre utilizare în diverse locuri.

În timp ce stirling-urile sunt utilizate tot mai des la acţionarea generatoarelor electrice industriale, publice, etc, motoarele noi cu aburi au fost regândite astfel încât să poată fi funcţionale pe o cât mai mare diversitate de vehicule şi autovehicule rutiere.

O noutate absolută în domeniul motoarelor cu aburi regândite o reprezintă motorul „Cyclone".

Motorul Cyclone este un motor termic cu ardere externă care utilizează regenerarea (reutilizarea) căldurii; el crează energie mecanică prin încălzirea și răcirea succesivă a apei într-un circuit închis, vaporii de apă supraîncălziți acționând șase pistoane aflate în cilindrii lor, pistoanele transmițând (prin intermediul unor biele) mișcarea unei manivele de tip excentric (asemenea motorului rotativ în stea), care este solidară cu rotorul (axul central al) motorului.

Un motor termic tradițional lucrează sub presiune foarte mare, inclusiv în cilindrii săi, în vreme ce motorul Cyclone arde combustibilul într-o cameră de ardere externă la o presiune și temperatură mult mai scăzute (ponderate). Căldura rezultată prin ardere transformă apa în vapori care acționează practic motorul termic. Arderea se face practic la presiunea atmosferică (dramatic diminuată) permițând utilizarea unei uriașe diversități de combustibili: s-au utilizat drept combustibili și bucățele de coji de portocale, uscate și mărunțite, alge marine uscate, coji de banane sau alte fructe uscate și tocate, diverse uleiuri și grăsimi, inclusiv vegetale (obținute și din alge), iarbă uscată și tocată, biocombustibili diverși, combustibili tradiționali, bazați pe hidrocarburi (benzine, diesel), gaze sau alcooli, cărbune pisat (praf), lemne mărunțite, propan, butan, etc. Imaginați-vă că la pompa de lângă casă introduceți benzină de orice calitate, sau motorină în rezervor, iar la destinație nu mai aveți o stație PECO în apropiere și introduceți în rezervor ulei comestibil, alcool, sau cărbune pisat, și plecați mai departe!... Dacă sunteți la marginea unei păduri și nu mai aveți combustibil, adunați vreascuri, le mărunțiți și le introduceți în rezervorul de combustibil universal al automobilului dumneavoastră echipat cu un motor Cyclone; apoi vă continuați drumul fără probleme.

Acest motor poate funcționa și cu amestecuri de diverși combustibili, dar și cu 100% biocombustibili.

Timpul de ardere efectivă alocat unei anumite cantități de combustibil introduse în camera exterioară de ardere este optimizat (și oricum mult mai mare decât cel alocat la m.a.i.).

În acest fel arderea este întotdeauna completă, mai puțin

poluantă, cu randament termic mai ridicat, și cu cantități de carbon sau amestecuri de oxizi de carbon rezultate în urma arderii (nedorite de altfel) mult mai scăzute. Chiar și temperaturile la care se produc efectiv arderile, fiind mult mai scăzute (cu minim 350 grade mai scăzute față de motoarele cu ardere internă), nu mai permit creearea de noxe reziduale din monoxizi de azot sau carbon.

Nu se utilizează uleiuri pentru ungerea motorului (apa fiind și agentul termic, agentul de lucru, și lubrifiantul efectiv), deci scad costurile, noxele, și mai ales nu mai vedem tradiționalele pete de ulei lăsate de automobile, pe unde au mers, sau au fost parcate.

Motorul Cyclone este foarte silențios, datorită funcționării sale la presiuni scăzute, în mediu lichid (apa, care absoarbe vibrațiile și zgomotele). Se elimină dealtfel și bumurile supersonice ciclice produse de motoarele cu ardere internă sub formă de unde sonore împrăștiate în atmosferă, datorate exploziilor ciclice din camera de ardere a fiecărui cilindru.

Nu mai e nevoie astfel nici de echipamentele scumpe și grele cum ar fi convertorii catalitici.

Utilizarea algelor marine drept combustibil de bază al motorului Cyclone, ar putea duce la o ardere și mai completă, și mai curată, comparativ cu alți combustibili, conducând totodată la trecerea pe combustibili regenerabili și sustenabili, naturali, pentru o perioadă de foarte mulți ani.

Motorul prezentat este unul extrem de eficient, comparativ cu m.a.i. sau cu alte m.a.e., datorită faptului că utilizează regenerarea căldurii absorbite în ciclul de răcire (căldura pierdută în ciclul de răcire a apei la alte motoare, este preluată la motorul Cyclone prin conducte spiralate și utilizată la preîncălzirea apei reci ce trebuie reintrodusă în ciclul cinematic de încălzire și transformare în aburi).

Cyclone lucrează cu rapoarte mari de presiune a vaporilor pe cilindrii, în comparație cu motoarele clasice cu aburi, fapt ce conduce la randamente mecanice ridicate și la o construcție cu gabarit minim.

El este un motor cu relativ puține piese constructive utilizate, un volum și un gabarit mult mai reduse, prețuri de construcție și întreținere mult mai scăzute.

Practic motorul Cyclone este un motor simplu, eficient, economic, ieftin, silențios.

El poate concura deja practic cu orice alt motor termic similar cu ardere externă sau internă, cu mult succes, obținând aceeași putere chiar cu o cantitate mai mică de combustibil, utilizând o diversitate mare de combustibili, fără noxe, vibrații sau zgomote, ocupând un volum mai mic, lucrând la o presiune mult mai scăzută, și la temperaturi cu minim 350 grade mai mici.

Are și uriașul avantaj de a prezenta o curbă caracteristică superioară, care-i dă posibilitatea de a fi utilizat ca motor staționar (industrial), sau mobil pe diverse (auto)vehicule, putând fi folosit practic și direct, fără necesitatea utilizării unei transmisii intermediare, așa cum cereau motoarele clasice.

1.2. Motoarele termice cu ardere internă

Astăzi ideile şi modelele pentru automobilul viitorului s-au înmulțit mai mult ca oricând, şi se înmulţesc în continuare pe zi ce trece. Asistăm neputincioşi la o avalanşă de soluţii noi privind motorizarea sau transmisia autovehiculului. Hibrizii [4] care promiteau o rezolvare imediată (pe care nu au adus-o nici pe departe) se diversifică permanent. Fiecare nouă apariţie declară că reprezintă soluţia finală, pretinzând că s-a rezolvat astfel şi problema combustibilului, cea energetică, şi a noxelor.

1.2.1. Situaţia actuală a motoarelor termice cu ardere internă

Poate că nu este rău că am atins o diversificare extremă. Acest lucru trădează revoluţia tehnologică pe care o trăim în direct, dar şi faptul că avem unele probleme legate de energie, combustibili, poluare [3], etc, încă nerezolvate, care cer noi şi noi modele (patente) până la găsirea unei (unor) forme finale.

Rezolvarea de moment a crizei energetice mondiale (care putea duce la diminuarea până la dispariţie a combustibililor petrolieri), criză care „ne bântuie" încă din anii 75-80, s-a făcut pe seama renunţării în mare parte a folosirii combustibililor fosilici pentru centralele electro sau termo-energetice (centrale care au fost schimbate din mers cu cele nucleare; în plus acum se dezvoltă în forţă centralele electrice cu celule fotovoltaice care generează energie electrică curată prin captarea energiei solare şi transformarea ei direct în curent electric la nivel celular). Având acum suficientă energie (inclusiv electrică) s-a trecut mai peste tot şi la electrificarea transporturilor în proporţie de 70-90% (autotrenuri şi trenuri electrice, rame electrice, tramvaie, troleibuze, metrouri, autoturisme, etc). „Petrolul a răsuflat uşurat" pentru moment. La fel şi motoarele cu ardere internă utilizate cu precădere la autoturisme.

Chiar dacă am mai avut timp să descoperim noi zăcăminte petroliere, să începem extracţia şi din cele de adâncimi mai mari, chiar dacă cele vechi au mai câştigat timp să se mai refacă cât de cât, chiar dacă am sfredelit şi platourile marine cu riscul creerii în viitor a unor noi cutremure, şi chiar dacă am trece cu industrie cu tot să ne îmbrăcăm din nou sănătos (din in, cânepă, bumbac, mătase naturală, lână, etc...), un lucru este clar, „mai devreme sau mai târziu petrolul (aurul negru) se va termina, stocurile fosilice se vor epuiza". Acesta este motivul principal pentru care benzina şi motorina s-au scumpit foarte mult începând din anii 1980 şi până în prezent (şi nici nu se vor mai ieftini).

Acesta este motivul real pentru care noi toţi automobiliştii căutăm noi şi noi soluţii. Iubitorii motorului cu ardere internă (vezi fig. 2.1-2.3) nu pot renunţa uşor la el. E prea robust, compact, dinamic, rapid, puternic, independent [1-3].

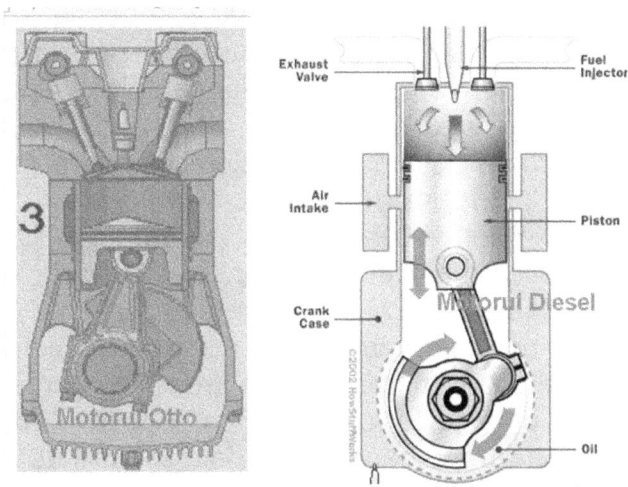

Fig. 2.1. *Otto, Diesel*

Fig. 2.2. *Motorul rotativ Wankel* **Fig. 2.3.** *Primele motoare termice cu ardere internă.*

În condiţiile în care încep să apară motoarele magnetice, combustibilii petrolieri se împuţinează, energia care era obţinută prin arderea petrolului este înlocuită cu energie nucleară, hidroenergie, energie solară, eoliană, şi cu alte tipuri de energii neconvenţionale, în condiţiile în care motoarele electrice au luat locul celor cu ardere internă în transportul public, dar mai recent ele au pătruns şi în lumea autoturismelor (Honda a realizat un autovehicul care utilizează un motor electric compact, iar energia electrică consumată de la acumulator este refăcută printr-un sistem care foloseşte un generator electric cu arderea hidrogenului în celule; astfel avem o maşină care arde hidrogen, dar este acţionată de un motor electric), care este rolul şi ce perspective mai au motoarele cu ardere internă de tip Otto, Diesel, Wankel, Lenoir, (sau externă, Stirling, Watt)?

Motoarele cu ardere internă în patru timpi (Otto, Diesel, Wankel) sunt robuste, dinamice, compacte, puternice, fiabile, economice, autonome, independente şi vor fi din ce în ce mai nepoluante [2, 4].

Motoarele magnetice (combinate şi cu cele electromagnetice) sunt abia la început, însă ele ne oferă o perspectivă îmbucurătoare mai ales în industria aeronautică. Probabil că la început ele nu vor putea fi folosite la acţionarea directă a transmisiei, ci vor genera curent electric care va umple acumulatorul din care se va alimenta efectiv motorul (probabil un motor electric).

Motoarele Otto, sau cele cu ardere internă în general, vor trebui să se adapteze la noul combustibil, hidrogenul. Acesta fiind compus din elementul de bază (hidrogenul) se poate extrage industrial practic din orice alt element (sau combinaţie) prin procedee nucleare, chimice, fotonice, prin radiaţii, prin ardere, etc. (cel mai uşor hidrogenul poate fi extras din apă, prin descompunerea ei în elementele constituente, hidrogenul şi oxigenul; prin arderea hidrogenului se reface apa pe care o redăm circuitului ei natural, fără pierderi şi fără poluare; o altă soluţie este extragerea din apă a hydroxylului lichid). Hidrogenul trebuie stocat în rezervoare cu celule (de tip fagure) pentru a nu exista pericolul unor explozii; cel mai frumos ar fi dacă am putea descompune apa direct pe autovehicul, caz în care rezervorul s-ar alimenta cu apa (şi aici s-au anunţat unele reuşite: de exemplu având în vedere pierderile energetice impuse de acest proces, am putea să le compensăm prin captarea energiei fotonice şi conversia ei în energie electrică; o mare parte din aceasta ar putea fi utilizată la disocierea apei în hidrogen sau hidroxil).

Ca o soluţie de rezervă (nu prea dorită), există arbori care pot dona combustibili de tip petrol, care ar putea fi plantaţi pe zone extinse, sau direct în curtea consumatorului.

Cu mulţi ani în urmă, Profesorul Melvin Calvin, (Berkeley University), a descoperit că arborele Euphora, o specie rară, conţine în trunchiul său un lichid care are aceleaşi însuşiri ca şi ţiţeiul brut.

Acelaşi profesor a descoperit pe teritoriul Braziliei un copac care conţine în trunchiul său un combustibil cu proprietăţi asemănătoare motorinei. În cursul unei călătorii în Brazilia, băştinaşii l-au condus pe profesorul Calvin la un copac numit de ei "copa-iba". În momentul găuririi trunchiului copacului, din acesta a început să curgă un lichid auriu, care era folosit de băştinaşi ca materie primă de bază pentru prepararea parfumurilor sau, în formă concentrată, ca balsam. Nimeni nu observase că acesta este un combustibil pur ce poate fi utilizat direct de motoarele diesel. Calvin a declarat că, după ce a turnat lichidul extras din trunchiul copacului direct în rezervorul maşinii sale (echipată cu un motor Diesel) motorul a funcţionat ireproşabil. În Brazilia copacul este destul de răspândit. El ar putea fi adaptat şi în alte zone ale lumii, plantat atât în păduri sau parcuri, cât şi în curţile unor oameni. Dintr-un copac crestat se umple circa jumătate de rezervor, iar crestătura se acoperă şi nu se mai deschide decât după şase luni; asta înseamnă că având 12 arbori într-o curte, un om poate umple un rezervor lunar cu noul combustibil diesel natural.

În unele ţări se produc alcooli sau uleiuri vegetale, pentru utilizarea lor drept combustibili (nu e o soluţie nouă şi nici prea eficientă).

Auzim din ce în ce mai des de biocombustibili (Diesel a gândit primul său motor pentru o funcţionare cu biodiesel, mai exact cu ulei vegetal biologic extras din alune, dar motorina care atunci se găsea din belşug a reuşit să ia locul biocombustibililor la vremea respectivă, având atunci şi un preţ foarte scăzut).

Recent s-a născut ideea utilizării algelor marine pentru obţinerea unor combustibili vegetali superiori. Având în vedere cantitatea uriaşă de alge pe care am putea-o recolta, din oceanul planetar, varianta este chiar interesantă.

În viitor, aeronavele vor utiliza motoare ionice, magnetice, cu laseri sau diverse microparticule (ioni) accelerate.

Astfel de mini motoare vor putea acţiona în viitor şi diversele mijloace de transport, iar cândva poate chiar autovehiculele. Au apărur deja spre vânzare şi mini centralele nucleare particulare (utilizate de mult pe nave şi submarine); cine dispune de bani va putea să-şi adapteze aceste minicentrale nucleare pentru diverse nevoi personale, inclusiv pentru transportul particular, dacă legile nu vor împiedica acest lucru.

MagLev-ul (Magnetic-Levitation) funcţionează deja cu succes în China şi Japonia de mulţi ani demonstrând din nou superioritatea forţelor exercitate de câmpurile electromagnetice.

Chiar şi-n aceste condiţii motoarele cu ardere internă vor trebui menţinute la vehiculele terestre (cel puţin), pentru puterea, compactitatea, fiabilitatea şi mai ales dinamica lor.

1.2.2. Aspecte actuale şi perspective

Dezvoltarea şi diversificarea autovehiculelor rutiere şi a vehiculelor, locomotive, autotrenuri, şalupe, etc, mai ales cea a automobilelor, împreună cu motoarele termice, în special cele cu ardere internă (fiind mai compacte, mai robuste, mai independente, mai fiabile, mai puternice, mai dinamice, etc...), a forţat şi dezvoltarea într-un ritm mai alert a dispozitivelor, mecanismelor, şi ansamblurilor componente. Cele mai studiate fiind trenurile de putere şi cel al transmisiei.

Problema randamentului foarte scăzut, a noxelor mari şi a consumului foarte mare de putere şi de combustibil de către mecanismele de distribuţie, a fost mult ameliorată şi reglementată în ultimii 20-30 ani, prin dezvoltarea şi introducerea unor mecanisme de distribuţie moderne, care pe lângă randamente mai ridicate (ce aduc imediat o mare economie de combustibili) realizează şi o funcţionare optimă, fără zgomote, fără vibraţii, cu noxe mult diminuate, în condiţiile în care turaţia motorului maximă posibilă a crescut de la 5000-6000 la circa 30000 [rot/min].

O performanţă deosebită o reprezintă creşterea în continuare a randamentului mecanic al mecanismului motor principal şi cel al sistemelor de distribuţie, până la cote nebănuite până în prezent, fapt ce va aduce o economie de combustibili majoră.

Astăzi toate motoarele cu ardere internă (dar şi cele cu ardere externă care mai sunt utilizate) funcţionează în general la standarde ridicate, cu consumuri mici de combustibili, cu nivele scăzute de vibraţii şi zgomote, cu emisii de noxe extrem de reduse, comform reglementărilor actuale care sunt şi ele din ce în ce mai drastice.

Rezervele de petrol şi cele energetice actuale ale omenirii sunt limitate. Dar până la implementarea de noi surse energetice (care să preia controlul real în locul combustibililor fosilici) o sursă alternativă reală de energie şi de combustibili este chiar „scăderea consumului de combustibil al unui autovehicul", fie că vom arde petrol, gaze şi derivaţi petrolieri, fie că vom implementa într-o primă fază biocombustibilii (lucru ce s-a şi realizat în unele ţări, cum ar fi

Brazilia, USA, Germania, etc), iar mai târziu şi hidrogenul (extras din apă) eventual.

Fig. 2.4. *Motorul Otto*

Chiar şi aşa o să fie nevoie în continuare de motorişti şi automobilişti, pentru a îmbunătăţi permanent motoarele termice utilizate (grupul de putere), transmisiile de putere împreună cu trenul de rulare, şi chiar autovehiculul în ansamblul lui.

Scăderea consumului de combustibil pentru un anumit tip de vehicul, pentru o sută de km parcurşi, s-a produs în mod constant din anul 1980 şi până în prezent şi va continua şi în viitor.

Fig. 2.5. *Motorul Diesel*

Chiar dacă se vor înmulţi hibrizii şi automobilele cu motoare electrice, să nu uităm că ele trebuie să se încarce cu curent electric care în general este obţinut tot prin arderea combustibililor fosilici, cu precădere petrol şi gaze, în proporţie planetară actuală de circa 60%. Ardem petrolul în centrale termice mari ca să ne încălzim, să avem apă caldă menajeră, şi energie electrică pentru consum casnic, stradal, industrial, comercial, etc, şi o parte din această energie o luăm suplimentar şi o consumăm suplimentar pe (auto)vehicule cu motoare electrice, dar problema globală, energetică nu se rezolvă, criza chiar se adânceşte.

Bibliografie-I

[1] **Grunwald B.**, *Teoria, calculul şi construcţia motoarelor pentru autovehicule rutiere.* Editura didactică şi pedagogică, Bucureşti, 1980.

[2] **Petrescu, F.I., Petrescu, R.V.**, *Câteva elemente privind îmbunătăţirea designului mecanismului motor,* Proceedings of 8th National Symposium on GTD, Vol. I, p. 353-358, Brasov, 2003.

[3] **Leet, J.A., S. Simescu, K. Froelund, L.G. Dodge, and C.E. Roberts Jr.**, *Emissions Solutions for 2007 and 2010 Heavy-Duty Diesel Engines.* Presented at the SAE World Congress and Exhibition, Detroit, Michigan, March 2004. SAE Paper No. 2004-01-0124 , 2004.

[4] **Bernard Feldman**, *The hybrid automobile and the Atkinson Cycle.* In The Physics Teacher, October, 2008, Volume 46, Issue 7, p. 420-422.

[5] **Hargreaves, C. M.**, *The Philips Stirling Engine*, Elsevier Publishers, ISBN 0-444-88463-7, 1991.

[6] **Martini, William,** *Stirling Engine Design Manual*, NASA-CR-135382. NASA, 1978.

CAP. II

MECANISMUL BIELĂ MANIVELĂ PISTON

2.1. DETERMINAREA RANDAMENTULUI MECANIC LA SISTEMUL BIELĂ MANIVELĂ PISTON

Mecanismul bielă manivelă piston a avut multe întrebuințări, fiind utilizat în special în două moduri principale, ca mecanism motor ori pe post de compresor. În motoarele cu ardere internă în patru timpi mecanismul bielă manivelă piston este mecanism motor numai un singur timp (detenta) din totalul celor patru [1]. În ceilalți trei timpi mecanismul se comportă asemeni unui compresor, el primind puterea (fiind acționat) dinspre manivelă (arborele cotit) și împingând pistonul (în cei doi timpi de compresie respectiv evacuare) sau trăgând de el (la admisie). Practic ciclul energetic al motorului în patru timpi este parcurs în două cicluri cinematice complete.

Randamentul mecanismului motor (acționat de puterea pistonului) diferă de cel al mecanismului compresor (acționat de la manivelă) [1].

Din acest motiv se vor studia separat cele două cazuri distincte:

A. Când mecanismul lucrează în regim de motor, fiind acționat de piston;
B. Când mecanismul lucrează în regim de compresor (sau pompă), fiind acționat de arborele cotit.

În figura 1 se poate vedea schema cinematică a mecanismului bielă manivelă piston. Parametrii constructivi ai mecanismului sunt: r, raza manivelei (sau distanța de la axul fusului palier la axul fusului maneton); l, lungimea bielei (distanţa de la axul fusului maneton până la axul bolţului pistonului); e, excentricitatea (distanţa de la axul fusului palier la axa de ghidaj a pistonului). Mecanismul este poziţionat de unghiul, φ, care reprezintă unghiul de rotaţie şi poziţionare al manivelei. Biela este poziţionată de unul din cele două unghiuri, α sau ψ (a se vedea figura 1). Distanţa de la centrul de rotaţie al manivelei O, la centrul bolţului pistonului B, proiectată pe axa de translaţie a pistonului se notează cu variabila y_B.

2.1.1. Cinematica mecanismului bielă manivelă piston

Se proiectează ecuaţia vectorială a conturului mecanismului pe două axe plane rectangulare Ox şi Oy şi se obţin cele două relaţii scalare de poziţii ale mecanismului, date de sistemul de poziţii 1 (figura 1).

$$\begin{cases} r \cdot \cos \varphi + l \cdot \cos \psi = -e \\ r \cdot \sin \varphi + l \cdot \sin \psi = y_B \end{cases} \tag{1}$$

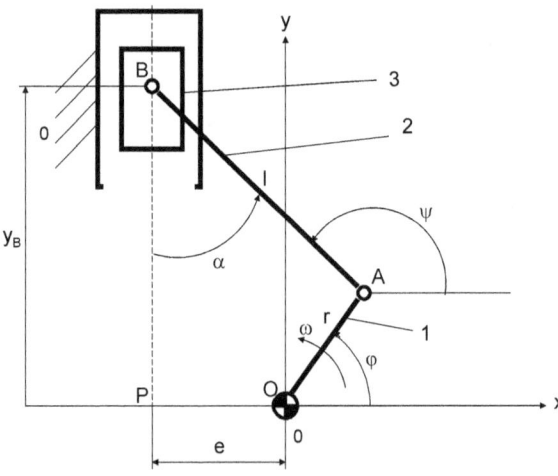

Fig. 1. *Schema cinematică a mecanismului bielă manivelă piston*

Se obișnuiește să se rezolve sistemul de poziții (1) decuplat, din prima relație a sistemului explicitându-se cosinusul unghiului ψ (conform relației 2), iar din cea de a doua izolându-se deplasarea s a pistonului (conform relației 3).

$$\cos\psi = -\frac{e + r \cdot \cos\varphi}{l} \qquad (2)$$

$$s = y_B = r \cdot \sin\varphi + l \cdot \sin\psi \qquad (3)$$

Prin derivarea sistemului de poziții (1) se obține sistemul vitezelor (4).

$$\begin{cases} -r \cdot \dot{\varphi} \cdot \sin\varphi - l \cdot \dot{\psi} \cdot \sin\psi = 0 \\ r \cdot \dot{\varphi} \cdot \cos\varphi + l \cdot \dot{\psi} \cdot \cos\psi = \dot{y}_B \end{cases} \qquad (4)$$

Din prima relație a sistemului (4) se calculează viteza unghiulară $\dot{\psi}$, (conform relației 5) iar din a doua ecuație a sistemului de viteze (4) se determină viteza liniară a pistonului $\dot{y}_B$, (relația 6):

$$\dot{\psi} = -\frac{r \cdot \sin\varphi}{l \cdot \sin\psi} \cdot \dot{\varphi} \qquad (5)$$

$$\dot{y}_B = r \cdot \dot{\varphi} \cdot \cos\varphi + l \cdot \dot{\psi} \cdot \cos\psi \qquad (6)$$

Sistemul vitezelor (4) se derivează la rândul lui, pentru obținerea sistemului de accelerații (7).

$$\begin{cases} -r \cdot \dot{\varphi}^2 \cdot \cos\varphi - l \cdot \dot{\psi}^2 \cdot \cos\psi - l \cdot \ddot{\psi} \cdot \sin\psi = 0 \\ -r \cdot \dot{\varphi}^2 \cdot \sin\varphi - l \cdot \dot{\psi}^2 \cdot \sin\psi + l \cdot \ddot{\psi} \cdot \cos\psi = \ddot{y}_B \end{cases} \qquad (7)$$

Din prima ecuație a sistemului (7) se calculează accelerația unghiulară $\ddot{\psi}$, (conform relației 8), iar din a doua ecuație a sistemului (7) se determină accelerația liniară a pistonului, $\ddot{y}_B$, (relația 9).

$$\ddot{\psi} = -\frac{r \cdot \dot{\varphi}^2 \cdot \cos\varphi + l \cdot \dot{\psi}^2 \cdot \cos\psi}{l \cdot \sin\psi} \qquad (8)$$

$$\ddot{y}_B = l \cdot \ddot{\psi} \cdot \cos\psi - r \cdot \dot{\varphi}^2 \cdot \sin\varphi - l \cdot \dot{\psi}^2 \cdot \sin\psi \qquad (9)$$

Unghiul α se exprimă în funcție de unghiul ψ, conform expresiei (10):

$$\alpha = \psi - 90 \tag{10}$$

Legăturile între funcțiile trigonometrice de bază ale acestor unghiuri se exprimă prin relațiile sistemului (11).

$$\begin{cases} \cos \alpha = \sin \psi \\ \sin \alpha = -\cos \psi \end{cases} \tag{11}$$

Sinusul unghiului α, $\sin \alpha$, se exprimă cu ajutorul relației (2) și a celei de a doua egalități din sistemul (11), obținându-se relația de forma (12).

$$\sin \alpha = \frac{e + r \cdot \cos \varphi}{l} \tag{12}$$

Viteza pistonului capătă forma (13), [1].

$$\begin{aligned} v_B = \dot{y}_B &= r \cdot \dot{\varphi} \cdot \cos \varphi + l \cdot \dot{\psi} \cdot \cos \psi = \\ &= r \cdot \dot{\varphi} \cdot \cos \varphi - \frac{r \cdot \dot{\varphi} \cdot \sin \varphi \cdot \cos \psi}{\sin \psi} = \\ &= \frac{r \cdot \dot{\varphi}}{\sin \psi} \cdot (\cos \varphi \cdot \sin \psi - \sin \varphi \cdot \cos \psi) = \\ &= r \cdot \dot{\varphi} \cdot \frac{\sin(\psi - \varphi)}{\sin \psi} = r \cdot \omega \cdot \frac{\sin(\psi - \varphi)}{\sin \psi} \\ v_B &= r \cdot \omega \cdot \frac{\sin(\psi - \varphi)}{\sin \psi} \end{aligned} \tag{13}$$

2.1.2. Determinarea randamentului mecanic al sistemului bielă manivelă piston, atunci când acesta lucrează în regim de motor, fiind acționat de către piston

Mecanismul bielă manivelă piston lucrează în regim de motor pe perioada unui singur timp din cei patru (sau din cei doi) timpi ai ciclului energetic al mecanismului utilizat la motoarele termice de tip

Otto sau Diesel în patru timpi (sau respectiv la motoarele în doi timpi ori de tip Stirling). Timpul motor are o deplasare corespunzătoare a manivelei de circa 180 grade sexazecimale (aproximativ π radieni), când pistonul se mișcă de la punctul mort apropiat către punctul mort depărtat (deci atunci când pistonul se mișcă între două poziții extreme ale sale, dar în mod obligatoriu de la volumul minim către volumul maxim al spațiului de lucru al cilindrului respectiv – a se vedea figura 2), manivela plecând de la poziția a (în prelungire cu biela) și ajungând în poziția b (suprapusă peste bielă); acesta este timpul motor al ciclului energetic.

La motoarele de tip Otto, sau Diesel ciclul energetic conține două cicluri cinematice (este marele dezavantaj al acestor motoare), pe când la motoarele Lenoir, Stirling, Wankel, Atkinson ciclul energetic se suprapune cu cel cinematic (marele avantaj al acestor motoare) [1].

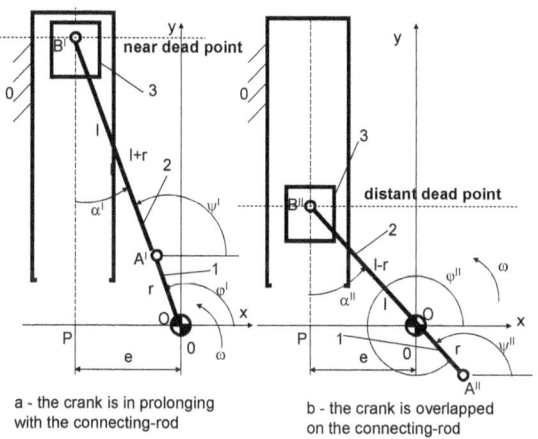

Fig. 2. *Schemele cinematice ale mecanismului motor în pozițiile extreme; a) când manivela este în prelungirea bielei, b) când manivela se suprapune peste bielă*

Pentru a determina randamentul mecanismului bielă manivelă piston atunci când lucrează pe post de motor, este necesară determinarea distribuției forțelor din mecanism mergând de la piston către manivelă (a se urmări figura 3).

Forța motoare, consumată, (forța de intrare) F_m, se divide în două componente: 1) F_n – forța normală (orientată în lungul bielei); 2) F_τ – forța tangențială (perpendiculară în B, pe bielă); a se vedea sistemul (14); (în figura 3 ω este negativ, manivelei imprimându-i-se o rotație orară).

$$\begin{cases} F_n = F_m \cdot \cos\alpha = F_m \cdot \sin\psi \\ F_\tau = F_m \cdot \sin\alpha = -F_m \cdot \cos\psi \end{cases} \qquad (14)$$

F_n este singura forță ce se transmite prin intermediul bielei (dea lungul ei) de la B la A (deoarece bara are mișcarea ei caracteristică, generală, de bielă, de roto-translație, neavând nici o legătură directă la batiu; când bara are o legătură, o cuplă la elementul fix, ea se transformă din bielă în balansier, și va putea transmite numai moment; al treilea caz posibil este cel al unei bare ce glisează într-un cilindru care are și o cuplă de rotație cu batiul, realizându-se o cuplă multiplă de rotație și translație, caz în care bara va avea o mișcare de bielă transmițând prin ea dea lungul ei o forță, dar va exista și o mișcare de rotație în jurul cuplei cu batiul transmițându-se astfel și moment).

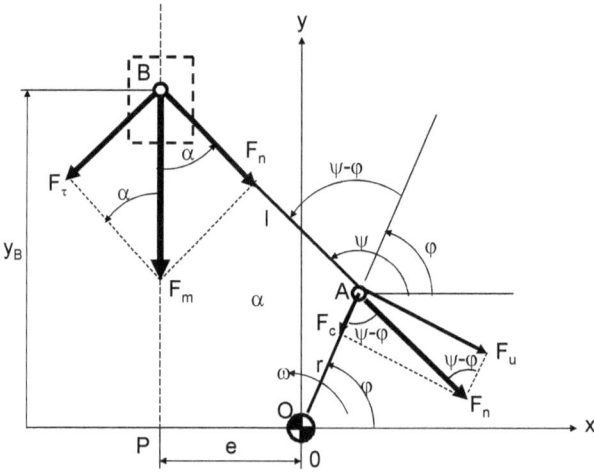

Fig. 3. *Forțele din mecanismul bielă manivelă piston, când puterea (forța motoare) se transmite de la piston spre manivelă*

În A, forța F_n se divide și ea în două componente: 1. F_u – forța utilă care este perpendiculară pe manivelă; și 2. F_c – forța de compresie sau de întindere, care acționează în lungul manivelei. A se vedea sistemul (15).

$$\begin{cases} F_u = F_n \cdot \sin(\psi - \varphi) = F_m \cdot \sin\psi \cdot \sin(\psi - \varphi) \\ F_c = F_n \cdot \cos(\psi - \varphi) = F_m \cdot \sin\psi \cdot \cos(\psi - \varphi) \end{cases} \qquad (15)$$

Puterea utilă P_u, se poate scrie sub forma (16):

$$P_u = F_u \cdot v_A = F_u \cdot r \cdot \omega = F_m \cdot r \cdot \omega \cdot \sin\psi \cdot \sin(\psi - \varphi) \qquad (16)$$

Puterea consumată P_c, capătă forma din expresia (17):

$$P_c = F_m \cdot v_B = F_m \cdot r \cdot \omega \cdot \frac{\sin(\psi - \varphi)}{\sin\psi} \qquad (17)$$

Randamentul mecanic instantaneu η_i, se poate exprima cu ajutorul relației (18):

$$\eta_i = \frac{P_u}{P_c} = \frac{F_m \cdot r \cdot \omega \cdot \sin\psi \cdot \sin(\psi - \varphi)}{F_m \cdot r \cdot \omega \cdot \sin(\psi - \varphi) \cdot \dfrac{1}{\sin\psi}} =$$

$$= \sin^2\psi = \cos^2\alpha = 1 - \frac{(e + r \cdot \cos\varphi)^2}{l^2} \qquad (18)$$

Pentru a calcula randamentul mecanic η, se poate integra expresia randamentului instantaneu η_i, de la punctul mort apropiat până la punctul mort îndepărtat, de la φ^I la φ^{II} (figura 2, sistemul 19).

$$\begin{cases} \varphi^I \equiv \varphi_i = \pi - a\cos(\dfrac{e}{l+r}) \\ \varphi^{II} \equiv \varphi_f = 2 \cdot \pi - a\cos(\dfrac{e}{l-r}) \end{cases} \qquad (19)$$

Se poate determina mai simplu randamentul mecanic plecând tot de la sistemul (18) dar utilizând nu variabila φ cu limitele date de (19), ci variabila α, când se cunosc (sau se pot determina) valorile extreme ale unghiului α, α_M și α_m (relațiile 20-22).

$$\eta = \frac{1}{\Delta\alpha} \cdot \int_{\alpha_m}^{\alpha_M} \eta_i \cdot d\alpha = \frac{1}{\Delta\alpha} \int_{\alpha_m}^{\alpha_M} \cos^2\alpha \cdot d\alpha =$$

$$= \frac{1}{\Delta\alpha} \int_{\alpha_m}^{\alpha_M} \frac{\cos(2\cdot\alpha)+1}{2} \cdot d\alpha =$$

$$= \frac{1}{2\cdot\Delta\alpha} \int_{\alpha_m}^{\alpha_M} (\cos(2\alpha)+1)\cdot d\alpha =$$

$$= \frac{1}{2\cdot\Delta\alpha} \cdot [\frac{1}{2}\cdot\sin(2\cdot\alpha)+\alpha]_{\alpha_m}^{\alpha_M} =$$

$$= \frac{1}{2\cdot\Delta\alpha}[\frac{\sin(2\alpha_M)-\sin(2\alpha_m)}{2}+\Delta\alpha] =$$

$$= \frac{\sin(2\cdot\alpha_M)-\sin(2\cdot\alpha_m)}{4\cdot\Delta\alpha} + 0.5 =$$

$$= \frac{\sin(2\cdot\alpha_M)-\sin(2\cdot\alpha_m)}{4\cdot(\alpha_M-\alpha_m)} + 0.5 =$$

$$= 0.5 + \frac{\sin\alpha_M\cos\alpha_M - \sin\alpha_m\cos\alpha_m}{2\cdot(\alpha_M-\alpha_m)} \tag{20}$$

$$Pentru \quad l > r + e \Rightarrow \alpha_M = \arcsin\left(\frac{r+e}{l}\right) \tag{21}$$

$$Pentru \quad r > e \Rightarrow \alpha_m = 0$$

Dezaxarea e reduce randamentul, astfel încât se va lua e=0.

$Pentru \quad \lambda \le 0,1(6) \Rightarrow \eta \ge 0,99 \equiv 99\%$;

$Pentru \quad \lambda = 0,(3) \Rightarrow \eta = 0,962 \equiv 96,2\%$; $\qquad$ (22)

$Pentru \quad \lambda = 0,5 \Rightarrow \eta = 0,913 \equiv 91,3\%$

Se poate adopta un raport r/l=λ suficient de mic astfel încât să se realizeze la mecanismul motor un randament convenabil. Cum în mod obișnuit λ este ales constructiv mai mic de 0,3 automat randamentul mecanic al mecanismului motor (mecanismul bielă manivelă piston în timpul motor) este mai mare de 96%, cu condiţia ca dezaxarea e să fie zero. Mecanismul bielă manivelă piston, atunci când lucrează în regim motor, are un randament mecanic foarte bun (foarte ridicat) [1].

2.1.3. Determinarea randamentului mecanic al sistemului bielă manivelă piston, atunci când acţionarea lui se face dinspre manivelă

Mecanismul (sistemul) bielă manivelă piston lucrează ca mecanism motor (cu acţionarea de la piston), aşa cum am arătat într-un singur timp, o singură cursă în cadrul unui ciclu energetic, ceilalţi unu sau respectiv trei timpi fiind timpi de lucru în regim manivelă (cu acţionarea de la manivelă – de la arborele cotit).

La motoarele de tip Otto sau Diesel în doi timpi, sau la motoarele în patru timpi de tip Stirling sau rotative (Wankel, Atkinson nou, etc), la care ciclul energetic coincide cu cel cinematic (360 deg), există doar două curse (dacă e vorba de motoarele cu cilindri; în doi timpi sau în patru timpi Stirling), una fiind motoare şi alta fiind cu acţionare de la manivelă la motoarele în doi timpi, iar la motoarele în patru timpi de tip Stirling ambele curse fiind motoare (acesta este în fapt avantajul cel mai mare al motoarelor de tip Stirling), în vreme ce la motoarele rotative toate funcţiile se produc pe parcursul unei rotaţii complete, fără a mai putea discuta de cilindrii şi de cursa lor, ori de aspectul curselor, aici punându-se problema cât din unghiul total (360 deg=2π) de rotaţie a manivelei (a motorului) este timp motor sau nu.

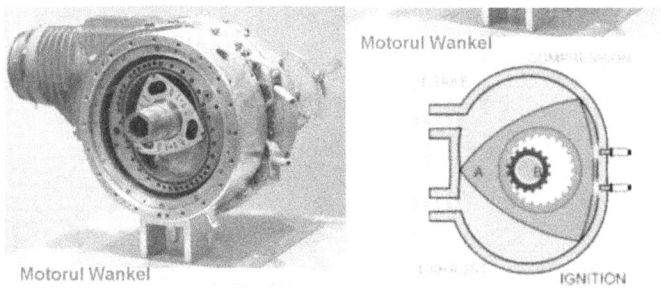

Fig. 4. *La un motor rotativ Wankel, forţele din timpul motor care acţionează imediat după aprindere tind să mişte rotorul în ambele părţi, apăsarea iniţială fiind egală pe ambele părţi*

De exemplu la Wankel, rotația pe perioada timpului motor are o mare parte din ea cu timpi morți în care presiunea motoare apasă în ambele sensuri, puterea motoare pierzându-se inutil (ca și cum ar apăsa pe un balansoar în ambele sensuri simultan), iar mecanismul mișcându-se până când iese din zona respectivă la fel ca și pe perioadele (zonele) nemotoare fiind acționat de inerție, primind puterea dinspre manivelă (deci în plin timp motor puterea motoare se anihilează singură apăsând pe ambele părți ale scrânciobului rotor, iar mecanismul este acționat de către manivelă și de forțele de inerție), lucru ce face ca deși randamentul teoretic al unui Wankel să ajungă la valori foarte ridicate, randamentul real al lui să fie mai scăzut. În figura 4 se poate urmări un motor rotativ Wankel, în momentul aprinderii. După ieșirea din poziția de echilibru puterea care mișcă în sensul de rotație devine mai mare decât cea care apasă în sens invers, însă diferența dintre ele este încă mică mult timp, aducând un prejudiciu conceptual, însăși ideii de mecanism motor (cu alte cuvinte, inginerește vorbind, motorul Wankel este un concept greșit).

Pentru corectarea situației respective a fost inventat un motor rotativ modificat, cu zale (figura 5).

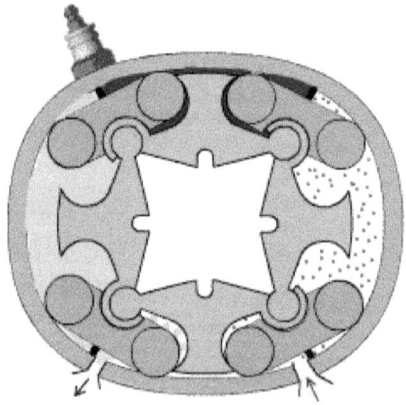

Fig. 5. *Motor rotativ modificat; sistemul de zale nu permite amestecului aprins să apese în ambele părți; chiar și aprinderea nu se mai face central ci pe lateral*

După ce trece de zona critică sistemul cu zale și role se deschide (fig. 6) permițând amestecului sub presiune să apese; apăsarea se face astfel unisens (totuși sistemul rotativ cu zale și role nu pare să fie soluția cea mai potrivită pentru un sistem rotativ).

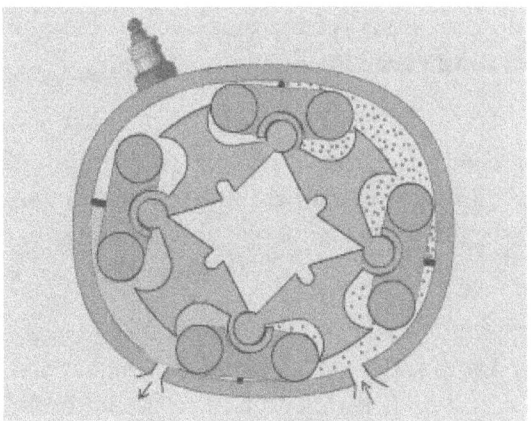

Fig. 6. *Motor rotativ modificat*

Mult mai interesant este (din acest punct de vedere) motorul Atkinson nou rotativ, care lucrează (rezolvă problemele) prin asimetrie (fig. 7).

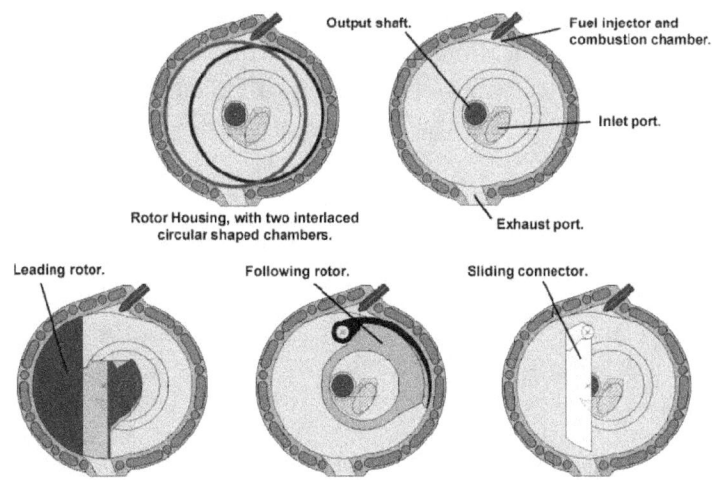

Fig. 7. *Motor Atkinson nou rotativ*

La motoarele cu cilindru (cilindri) în doi timpi, unul din timpi este motor, iar în celălalt timp motorul este acționat de la manivelă. Motoarele în patru timpi cu cilindru (cilindri) excepție făcând Stirlingul, au un singur timp motor din cei patru, toți ceilalți trei timpi fiind cu acționare de la manivelă, fapt care reduce mult randamentul acestor motoare, deoarece randamentul mecanic la acționarea de la manivelă este de circa două ori mai mic decât cel al unui timp motor efectiv, așa cum se va vedea imediat.

Sub acest aspect motorul cu cilindru (cilindrii) în patru timpi, de tip Stirling este cel mai avantajat, el fiind acționat în permanență de la piston (având astfel în permanență o acționare motoare, cu randament maxim).

Din acest motiv el are o caracteristică de sarcină mai ciudată, care se spune că nu ar fi propice utilizării la automobile (motoarele acționate mai mult de la manivelă, adică de la arborele cotit, deși au randamentul mecanic mai redus, au o funcționare mult mai stabilă, și răspund rapid la schimbările regimurilor de lucru cerute de un autovehicul, în special datorită ajutorului inerțial mare al arborelui, la care se adaugă și volantul; acest tip de motoare sunt mai „nervoase" adică mai dinamice).

Acest lucru poate fi însă corectat cu ușurință și la motoarele Stirling (de randament ridicat) prin utilizarea mai multor cilindrii simultan, prinși pe același arbore (motor Stirling cu mai mulți cilindri), arborele având o inerție mare, care mai poate fi sporită și printr-un volant.

Chiar dacă cilindrii lucrează mai tot timpul în regimuri motoare, ei sunt legați în permanență la arborele de ieșire care trebuie să aibă constructiv o inerție foarte mare, mișcarea la ieșirea din motor fiind culeasă de la arbore.

În continuare se va studia sistemul manivelă bielă piston, în situația când el este acționat de la manivelă (dinspre arborele cotit; a se urmări figura 8).

Se determină repartiția forțelor, iar pe baza lor și a vitezelor cunoscute deja se vor putea calcula puterile și randamentul mecanic al sistemului.

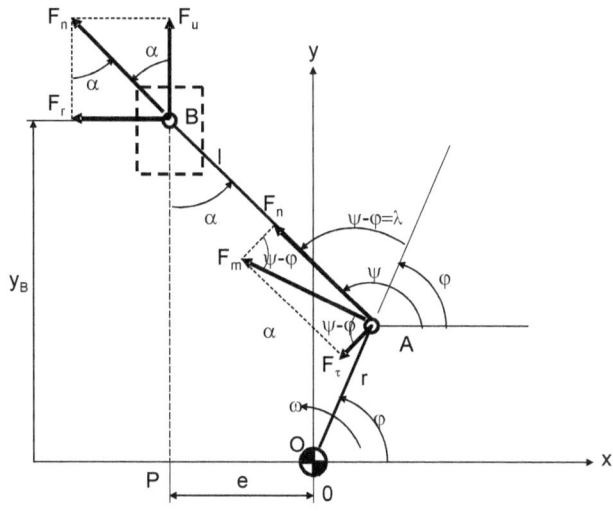

Fig. 8. *Forțele dintr-un sistem bielă manivelă piston,*
când acționarea lui se face dinspre manivelă

Forța de intrare, de acționare (forța motoare consumată), F_m, perpendiculară în A pe manivela OA (r), se divide în două componente: 1. F_n – forța normală, care reprezintă componenta activă, singura componentă transmisă de la cupla A către cupla B prin intermediul bielei (la care forțele se transmit doar în lungul ei); 2. F_τ – forța tangențială, forță care deși nu se transmite prin bielă poate s-o rotească și s-o deformeze elastic în același timp (încovoiere); ecuațiile prin care se determină cele două componente sunt date de sistemul (23).

$$\begin{cases} F_n = F_m \cdot \sin(\psi - \varphi) \\ F_\tau = F_m \cdot \cos(\psi - \varphi) \end{cases} \tag{23}$$

În cupla B, forţa transmisă F_n, se divide la rândul ei în două componente: 1. F_u – forţa utilă; 2. F_r – o forţă normală pe axa de ghidare (axa ghidajului); a se vedea sistemul de ecuaţii (24).

$$\begin{cases} F_u = F_n \cdot \cos\alpha = F_n \cdot \sin\psi = F_m \cdot \sin(\psi - \varphi) \cdot \sin\psi \\ F_r = F_n \cdot \sin\alpha = -F_n \cdot \cos\psi = -F_m \cdot \sin(\psi - \varphi) \cdot \cos\psi \end{cases} \quad (24)$$

Puterea utilă se poate scrie sub forma (25), iar cea consumată îmbracă forma (26).

$$P_u = F_u \cdot v_B = F_m \cdot \sin(\psi - \varphi) \cdot \sin\psi \cdot \frac{r\omega \sin(\psi - \varphi)}{\sin\psi} =$$
$$= F_m \cdot r \cdot \omega \cdot \sin^2(\psi - \varphi) \quad (25)$$

$$P_c = F_m \cdot v_A = F_m \cdot r \cdot \omega \quad (26)$$

Randamentul mecanic instantaneu al sistemului bielă manivelă piston acţionat dinspre manivelă se poate determina cu relaţia (27), [1].

$$\eta_i = \frac{P_u}{P_c} = \frac{F_m \cdot r \cdot \omega \cdot \sin^2(\psi - \varphi)}{F_m \cdot r \cdot \omega} = \sin^2(\psi - \varphi) =$$
$$= \frac{[\sqrt{l^2 - (e + r \cdot \cos\varphi)^2} \cdot \cos\varphi + (e + r \cdot \cos\varphi) \cdot \sin\varphi]^2}{l^2} \quad (27)$$

$$\eta_i = \sin^2\lambda \quad (cu \quad notatia \quad \lambda = \psi - \varphi)$$

Pentru determinarea randamentului mecanic al sistemului acţionat de la arborele cotit ar fi dificil de integrat expresia de mijloc din sistemul (27) când variabila de integrare este unghiul φ (integrarea fiind posibilă doar prin metode aproximative, fapt ce nu ar permite obţinerea unei expresii finale).

Utilizând ca variabile unghiurile ψ și φ, relația de integrat (prima parte a sistemului 27) se simplifică. Însă și mai ușoară este integrarea relației (27) de jos, când avem o singură variabilă, λ (relația 28).

$$\eta = \frac{1}{\Delta\lambda} \cdot \int_{\lambda_m}^{\lambda_M} \eta_i \cdot d\lambda = \frac{1}{\Delta\lambda} \int_{\lambda_m}^{\lambda_M} \sin^2 \lambda \cdot d\lambda =$$

$$= \frac{1}{\Delta\lambda} \int_{\lambda_m}^{\lambda_M} \frac{1 - \cos(2 \cdot \lambda)}{2} \cdot d\lambda =$$

$$= \frac{1}{2 \cdot \Delta\lambda} \int_{\lambda_m}^{\lambda_M} (1 - \cos(2\lambda)) \cdot d\lambda =$$

$$= \frac{1}{2 \cdot \Delta\lambda} \cdot [\lambda - \frac{1}{2} \cdot \sin(2 \cdot \lambda)]_{\lambda_m}^{\lambda_M} =$$

$$= \frac{1}{2 \cdot \Delta\lambda} [\Delta\lambda - \frac{\sin(2\lambda_M) - \sin(2\lambda_m)}{2}] =$$

$$= \frac{1}{2} - \frac{\sin(2 \cdot \lambda_M) - \sin(2 \cdot \lambda_m)}{4 \cdot \Delta\lambda} =$$

$$= 0,5 - \frac{\sin(2 \cdot \lambda_M) - \sin(2 \cdot \lambda_m)}{4 \cdot (\lambda_M - \lambda_m)} =$$

$$= 0,5 - \frac{\sin \lambda_M \cdot \cos \lambda_M - \sin \lambda_m \cdot \cos \lambda_m}{2 \cdot (\lambda_M - \lambda_m)} \qquad (28)$$

Așa cum rezultă din relațiile finale (28) randamentul mecanic al sistemului bielă manivelă piston acționat de la arborele cotit (arborele motor) nu poate depăși valoarea maximă de 50%.

Deci, cum la o proiectare optimă randamentul sistemului bielă manivelă piston acționat de la piston se apropie de 100%, iar cel al sistemului acționat de la manivelă (arborele motor) se situează sub valoarea de 50%, rezultă că cel mai bun sistem cu cilindri este cel care este acționat permanent de la piston, adică motorul Stirling.

La un motor stirling randamentul mecanic pe tot ciclul energetic (care coincide cu ciclul cinematic) este de circa 80-99,9% în funcție de modul de proiectare. Randamentul termic (al ciclului Carnot) pentru o funcționare optimă la temperaturi ridicate (așa cum s-a văzut în cadrul primului capitol) ajunge la 55-65%.

Rezultă de aici că randamentul total (final) al unui Stirling bine proiectat, cu sursă caldă având temperaturi ridicate, atinge valori cuprinse între 44% și 65%, cea ce înseamnă foarte mult. Nici un alt motor termic nu mai atinge asemenea valori.

Deoarece unii spun că Stirlingul are randamente mai mici decât Otto sau Diesel, iar alții dimpotrivă că tocmai randamentul unui Stirling este punctul său forte, este cazul să facem în acest moment o discuție mai în detaliu. Ce folos că Otto și Diesel ating un randament termic de circa 65-75% comparativ cu numai 55-65% la motoarele Stirling, dacă randamentul final al unui motor reprezintă produsul dintre randamentul său termic și cel mecanic, iar în privința randamentului mecanic un Stirling în patru timpi, bine proiectat, poate atinge teoretic 99,999% (adică practic 100%), în vreme ce un Diesel sau Otto în patru timpi, va realiza practic un randament mecanic de cel mult 56% [(3*45%+90%):4], astfel încât randamentul total (final) al unui Otto sau Diesel va fi de numai circa 39% (56*70), cu mult sub cel maxim al unui Stirling, 65%. Să mai amintim că multă vreme motoarele Otto sau Diesel au funcționat cu randamente finale de numai 12-20%, și cu mare greutate s-au ridicat la randamente finale de 25-30%, în vreme ce motoarele Stirling atingeau 50-65%?

Totuși motoarele în V sunt în stare să atingă randamente totale mai mari. Cu un randament mecanic de circa 70% și unul termic maxim de 75%, un MOTOR Otto ori Diesel în V poate atinge un randament final de circa 52-53%.

Constructiv, trebuie adoptată o variantă de cilindru cu piston având cursa pistonului cât mai mică posibil, iar alezajul cât mai mare [2].

B2.1. Bibliografie

[1] Petrescu, F.I., Petrescu, R.V., *Determining the mechanical efficiency of Otto engine's mechanism,* Proceedings of International Symposium, SYROM 2005, Vol. I, p. 141-146, Bucharest, 2005.

[2] Petrescu, F.I., Petrescu, R.V., *Câteva elemente privind îmbunătățirea designului mecanismului motor,* Proceedings of 8th National Symposium on GTD, Vol. I, p. 353-358, Brasov, 2003.

2.2. CINEMATICA DINAMICĂ LA SISTEMUL BIELĂ MANIVELĂ PISTON

Cinematica mecanismului bielă manivelă piston din figura 1 este în general cunoscută ea fiind rezolvată prin relațiile (1-13).

$$\begin{cases} r \cdot \cos \varphi + l \cdot \cos \psi = -e \\ r \cdot \sin \varphi + l \cdot \sin \psi = y_B \end{cases} \tag{1}$$

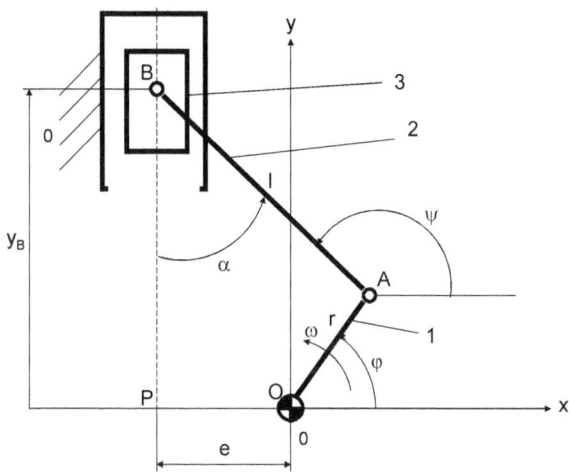

Fig. 1. *Schema cinematică a mecanismului bielă manivelă piston*

$$\cos \psi = -\frac{e + r \cdot \cos \varphi}{l} \tag{2}$$

$$s = y_B = r \cdot \sin \varphi + l \cdot \sin \psi \tag{3}$$

$$\begin{cases} -r \cdot \dot{\varphi} \cdot \sin \varphi - l \cdot \dot{\psi} \cdot \sin \psi = 0 \\ r \cdot \dot{\varphi} \cdot \cos \varphi + l \cdot \dot{\psi} \cdot \cos \psi = \dot{y}_B \end{cases} \tag{4}$$

$$\dot{\psi} = -\frac{r \cdot \sin\varphi}{l \cdot \sin\psi} \cdot \dot{\varphi} \tag{5}$$

$$\dot{y}_B = r \cdot \dot{\varphi} \cdot \cos\varphi + l \cdot \dot{\psi} \cdot \cos\psi \tag{6}$$

$$\begin{cases} -r \cdot \dot{\varphi}^2 \cdot \cos\varphi - l \cdot \dot{\psi}^2 \cdot \cos\psi - l \cdot \ddot{\psi} \cdot \sin\psi = 0 \\ -r \cdot \dot{\varphi}^2 \cdot \sin\varphi - l \cdot \dot{\psi}^2 \cdot \sin\psi + l \cdot \ddot{\psi} \cdot \cos\psi = \ddot{y}_B \end{cases} \tag{7}$$

$$\ddot{\psi} = -\frac{r \cdot \dot{\varphi}^2 \cdot \cos\varphi + l \cdot \dot{\psi}^2 \cdot \cos\psi}{l \cdot \sin\psi} \tag{8}$$

$$\ddot{y}_B = l \cdot \ddot{\psi} \cdot \cos\psi - r \cdot \dot{\varphi}^2 \cdot \sin\varphi - l \cdot \dot{\psi}^2 \cdot \sin\psi \tag{9}$$

$$\alpha = \psi - 90 \tag{10}$$

$$\begin{cases} \cos\alpha = \sin\psi \\ \sin\alpha = -\cos\psi \end{cases} \tag{11}$$

$$\sin\alpha = \frac{e + r \cdot \cos\varphi}{l} \tag{12}$$

$$v_B = \dot{y}_B = r \cdot \dot{\varphi} \cdot \cos\varphi + l \cdot \dot{\psi} \cdot \cos\psi =$$

$$= r \cdot \dot{\varphi} \cdot \cos\varphi - \frac{r \cdot \dot{\varphi} \cdot \sin\varphi \cdot \cos\psi}{\sin\psi} =$$

$$= \frac{r \cdot \dot{\varphi}}{\sin\psi} \cdot (\cos\varphi \cdot \sin\psi - \sin\varphi \cdot \cos\psi) = \tag{13}$$

$$= r \cdot \dot{\varphi} \cdot \frac{\sin(\psi - \varphi)}{\sin\psi} = r \cdot \omega \cdot \frac{\sin(\psi - \varphi)}{\sin\psi}$$

$$v_B = r \cdot \omega \cdot \frac{\sin(\psi - \varphi)}{\sin\psi}$$

În cinematica dinamică vitezele (dinamice) se aliniază pe direcția forțelor așa cum este firesc, astfel încât ele nu mai coincid mereu cu vitezele cinematice impuse de legăturile (cuplele) mecanismului (vezi fig. 2). Apar astfel vitezele dinamice datorate forțelor, viteze ce constituie cinematica dinamică (nu se ține cont și de influența forțelor de inerție, influență care determină aspectul dinamic final al vitezelor).

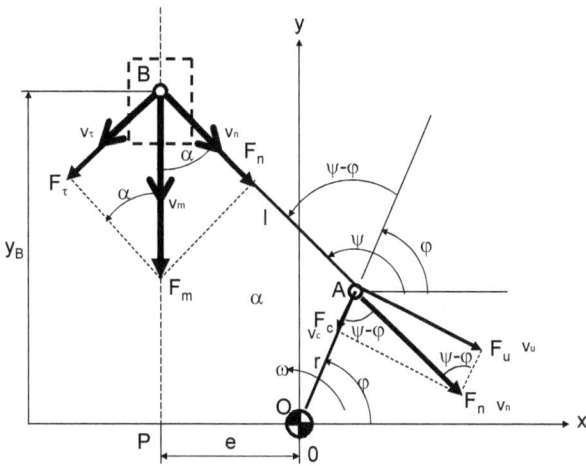

Fig. 2. *Forțele și vitezele dinamice din mecanismul bielă manivelă piston, când puterea se transmite de la piston spre manivelă*

Cinematica dinamică [1] reprezintă deci studiul cinematic al deplasărilor, vitezelor și accelerațiilor rezultate datorită orientării în funcționare a vitezelor după direcția forțelor. Se obțin cu ușurință expresiile vitezelor din cinematica dinamică, se derivează în raport cu timpul pentru a se determina expresiile accelerațiilor din cinematica dinamică, iar pentru obținerea deplasărilor corespunzătoare se integrează expresiile vitezelor. Determinarea deplasărilor din cinematica dinamică devine din acest motiv ceva mai dificilă.

Pentru început se vor determina vitezele din cinematica dinamică pentru mecanismul bielă manivelă piston acționat de la piston (fig. 2).

Putem scrie relațiile:

$$v_B = v_m \tag{14}$$

$$v_n = v_m \cdot \cos \alpha = v_m \cdot \sin \psi \qquad (15)$$

$$v_u = v_n \cdot \sin(\psi - \varphi) = v_m \cdot \sin \psi \cdot \sin(\psi - \varphi) \qquad (16)$$

Dorim să aflăm și randamentul dinamic, mai precis randamentul mecanic instantaneu atunci când mecanismul are regimuri dinamice, iar vitezele sunt cele din cinematica dinamică, acționarea mecanismului fiind de tip motor adică dinspre piston.

Forța utilă se determină cu relația (17) prezentată în cadrul capitolului anterior.

$$F_u = F_n \cdot \sin(\psi - \varphi) = F_m \cdot \sin \psi \cdot \sin(\psi - \varphi) \qquad (17)$$

Puterea utilă se scrie în acest caz sub forma 18.

$$\begin{aligned} P_u = F_u \cdot v_u &= F_m \cdot \sin \psi \cdot \sin(\psi - \varphi) \cdot v_m \cdot \sin \psi \cdot \sin(\psi - \varphi) = \\ &= F_m \cdot v_m \cdot \sin^2 \psi \cdot \sin^2(\psi - \varphi) \end{aligned} \qquad (18)$$

Expresia puterii consumate este cea dată de relația 19.

$$P_c = F_m \cdot v_m \qquad (19)$$

Putem determina acum randamentul dinamic, mai precis randamentul mecanic instantaneu dinamic (relația 20).

$$\eta_i^{DM} = \frac{P_u}{P_c} = \sin^2 \psi \cdot \sin^2(\psi - \varphi) = \eta_i \cdot D^M \qquad (20)$$

Unde η_i este randamentul mecanic instantaneu al mecanismului bielă manivelă piston acționat dinspre piston, iar D^M este un coeficient dinamic, care pentru mecanismul bielă manivelă piston acționat de piston (în regim **M**otor) are expresia 21.

$$D^M = \sin^2(\psi - \varphi) = \sin^2(\varphi - \psi) \qquad (21)$$

În acest caz să ne reamintim faptul că randamentul mecanic instantaneu are expresia 22.

$$\eta_i = \sin^2 \psi \qquad (22)$$

Trebuie remarcat că randamentul dinamic este tocmai produsul dintre randamentul cunoscut, simplu (cinematic) și coeficientul dinamic (relația 23).

$$\eta_i^{DM} = \eta_i \cdot D^M \qquad (23)$$

Se cunoaște expresia cinematică a vitezei punctului B (relația 24).

$$v_m \equiv v_B = v_A \cdot \frac{\sin(\psi - \varphi)}{\sin \psi} \qquad (24)$$

Cu relația 24 introdusă în formula 16, viteza v_u capătă forma 25.

$$v_u = v_n \cdot \sin(\psi - \varphi) = v_m \cdot \sin \psi \cdot \sin(\psi - \varphi) =$$
$$= v_A \cdot \frac{\sin(\psi - \varphi)}{\sin \psi} \cdot \sin \psi \cdot \sin(\psi - \varphi) = v_A \cdot \sin^2(\psi - \varphi) \equiv \qquad (25)$$
$$\equiv v_A^D = v_A \cdot D$$

$$D^M = \sin^2(\psi - \varphi) \qquad (26)$$

Se obține de aici (din cinematica dinamică) expresia coeficientului dinamic D^M al mecanismului bielă manivelă piston acționat de la piston (relația 26), observând că ea este identică cu expresia 21 unde coeficientul dinamic a fost determinat pe baza calculului randamentului dinamic instantaneu. Se verifică astfel unicitatea coeficientului dinamic pentru același mecanism acționat în același mod. Pentru a definitiva această nouă teorie urmează să se determine în continuare și coeficientul dinamic al mecanismului bielă manivelă piston acționat de la manivelă (în regim de Compresor).

În figura 3 se poate observa transmiterea vitezelor aliniate forțelor, fapt ce se produce în cinematica dinamică.

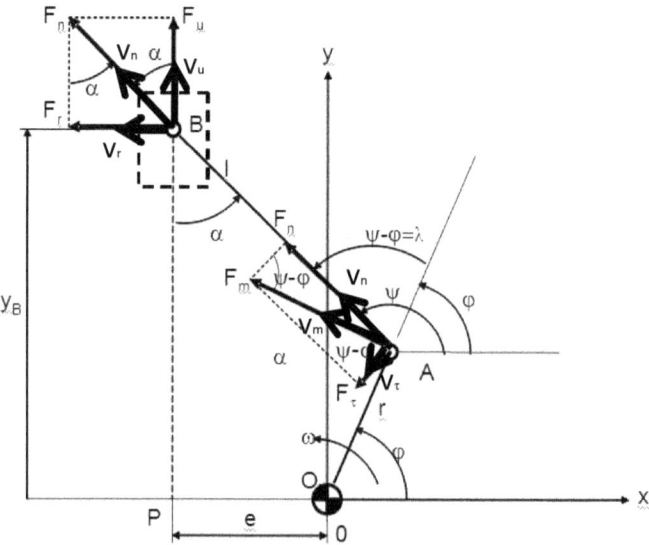

Fig. 3. *Forțele și vitezele dinamice dintr-un sistem bielă manivelă piston, când acționarea lui se face dinspre manivelă*

Forța de intrare F_m și viteza de intrare v_m se descompun generând și componenta din lungul bielei F_n respectiv v_n. Forțele sunt cele reale care acționează asupra mecanismului, iar aceste viteze cinemato-dinamice sunt cele firești care urmează traiectoriile (direcțiile) impuse de forțe. În general ele reușesc să se suprapună și impună peste vitezele cinematice (statice) cunoscute, care se calculează pe baza legăturilor impuse de cuplele cinematice ale mecanismului (în funcție de lanțul cinematic). Se pot scrie pentru viteze relațiile 27.

$$
\begin{cases}
v_B = v_A \cdot \dfrac{\sin(\psi - \varphi)}{\sin \psi}; \quad v_B^D = v_B \cdot D^C = v_A \cdot \dfrac{\sin(\psi - \varphi)}{\sin \psi} \cdot D^C \\[2ex]
v_u = v_n \cdot \cos \alpha = v_n \cdot \sin \psi = v_m \cdot \sin \psi \cdot \sin(\psi - \varphi) = \\[1ex]
= v_A \cdot \sin \psi \cdot \sin(\psi - \varphi) \\[2ex]
v_u = v_B^D \Rightarrow v_A \cdot \sin \psi \cdot \sin(\psi - \varphi) = v_A \cdot \dfrac{\sin(\psi - \varphi)}{\sin \psi} \cdot D^C \Rightarrow \\[2ex]
\Rightarrow D^C = \sin^2 \psi
\end{cases}
\tag{27}
$$

Pentru forțe, puteri și randamente se scriu următoarele relații.

$$
\begin{cases}
F_n = F_m \cdot \sin(\psi - \varphi) \\
F_\tau = F_m \cdot \cos(\psi - \varphi)
\end{cases}
\tag{28}
$$

$$
\begin{cases}
F_u = F_n \cdot \cos \alpha = F_n \cdot \sin \psi = F_m \cdot \sin(\psi - \varphi) \cdot \sin \psi \\
F_r = F_n \cdot \sin \alpha = -F_n \cdot \cos \psi = -F_m \cdot \sin(\psi - \varphi) \cdot \cos \psi
\end{cases}
\tag{29}
$$

$$
\begin{cases}
P_u = F_u \cdot v_B = F_m \cdot \sin(\psi - \varphi) \cdot \sin \psi \cdot \dfrac{r \cdot \omega \cdot \sin(\psi - \varphi)}{\sin \psi} = \\[2ex]
= F_m \cdot r \cdot \omega \cdot \sin^2(\psi - \varphi) = F_m \cdot v_A \cdot \sin^2(\psi - \varphi)
\end{cases}
\tag{30}
$$

$$
P_c = F_m \cdot v_A = F_m \cdot r \cdot \omega
\tag{31}
$$

$$\eta_i = \frac{P_u}{P_c} = \frac{F_m \cdot v_A \cdot \sin^2(\psi - \varphi)}{F_m \cdot v_A} = \sin^2(\psi - \varphi) \qquad (32)$$

$$\begin{cases} P_u^D = F_u \cdot v_B^D = F_m \cdot \sin(\psi - \varphi) \cdot \sin\psi \cdot v_A \cdot \sin\psi \cdot \sin(\psi - \varphi) = \\ = F_m \cdot r \cdot \omega \cdot \sin^2(\psi - \varphi) \cdot \sin^2\psi = F_m \cdot v_A \cdot \sin^2(\psi - \varphi) \cdot \sin^2\psi \end{cases} \qquad (33)$$

$$\eta_i^{DC} = \frac{P_u^D}{P_c} = \frac{F_m \cdot v_A \cdot \sin^2\psi \cdot \sin^2(\psi - \varphi)}{F_m \cdot v_A} =$$
$$= \sin^2(\psi - \varphi) \cdot \sin^2\psi = \eta_i \cdot D^C \qquad (34)$$

Prima concluzie care se poate trage este că randamentul mecanic instantaneu dinamic (care este mai apropiat de cel real al mecanismului) este mai mic decât cel mecanic obișnuit, deoarece randamentul dinamic este chiar randamentul mecanic clasic multiplicat cu coeficientul dinamic care fiind subunitar rezultă că randamentul dinamic va fi mai mic sau cel mult egal cu cel clasic.

În plus randamentul dinamic fiind același și la acționarea de la manivelă și pentru acționarea de tip motor de la piston, va avea aceeași valoare indiferent de tipul acționării. Randamentul dinamic este practic uniformizat, însă nu toate regimurile de funcționare ale motoarelor termice sunt complet dinamice. Acest fapt face ca randamentul mecanic real al motorului Stirling sau al motorului termic în doi timpi (Lenoir), să nu fie mult mai ridicat decât al motoarelor de tip Otto sau Diesel în patru timpi. Cu cât turațiile de lucru sunt mai ridicate, regimurile de funcționare devin aproape complet dinamice.

Astăzi utilizându-se turații de lucru mari și foarte mari, motoarele termice în patru timpi cu ardere internă ating randamente comparabile cu cele ale motorului Stirling sau ale motoarelor în doi timpi. Cu cât regimurile de lucru au loc la turații mai crescute, avantajele Stirling sau Lenoir scad.

Deși randamentul mecanic dinamic (cel mai apropiat de cel real) este practic calculat cu aceeași formulă indiferent de tipul acționării, totuși vitezele și accelerațiile dinamice în cuplele diferă în funcție de modul acționării, chiar și pentru aceeași cuplă.

Astfel vitezele dinamice (în cinematica dinamică) ale punctului B se calculează cu relațiile 35.

$$
\begin{cases}
Cazul \ A - \ când \ actionarea \ se \ face \ de \ la \ piston: \\[2mm]
D^M = \sin^2(\psi - \varphi); \quad \eta_i = \sin^2 \psi; \quad regim \ Motor \\[2mm]
v_B^D = v_B \cdot D = v_A \cdot \dfrac{\sin(\psi - \varphi)}{\sin \psi} \cdot \sin^2(\psi - \varphi) = v_A \cdot \dfrac{\sin^3(\psi - \varphi)}{\sin \psi} \\[4mm]
v_A^D = v_A \cdot D = r \cdot \omega \cdot \sin^2(\psi - \varphi) \\[2mm]
\omega^D = \omega \cdot D = \omega \cdot \sin^2(\psi - \varphi) \\[6mm]
Cazul \ B - \ când \ actionarea \ se \ face \ de \ la \ manivelă: \\[2mm]
D^C = \sin^2 \psi; \quad \eta_i = \sin^2(\psi - \varphi); \quad regim \ Compresor \\[2mm]
v_B^D = v_B \cdot D = v_A \cdot \dfrac{\sin(\psi - \varphi)}{\sin \psi} \cdot \sin^2 \psi = v_A \cdot \sin(\psi - \varphi) \cdot \sin \psi \\[4mm]
v_A^D = v_A \cdot D = r \cdot \omega \cdot \sin^2 \psi \\[2mm]
\omega^D = \omega \cdot D = \omega \cdot \sin^2 \psi
\end{cases} \tag{35}
$$

Chiar dacă dinamic randamentul se uniformizează, vitezele și accelerațiile sunt mai line în acționările de la manivelă și mai ascuțite (și cu vibrații) pe perioada acționării de la piston, astfel încât motoarele termice în patru timpi cu ardere internă sunt mai avantajoase din acest punct de vedere, urmate de cele în doi timpi (Lenoir), ultimile situându-se motoarele de tip Stirling.

Acceleraţiile dinamice se determină cu relaţiile 36, în care se derivează relaţia vitezei dinamice (aranjată corespunzător) pentru obţinerea expresiei acceleraţiei dinamice.

$$v_B^D = v_A \cdot D \cdot \frac{\sin(\psi - \varphi)}{\sin \psi} \Rightarrow v_B^D \cdot \sin \psi = v_A \cdot D \cdot \sin(\psi - \varphi)$$

$$\dot{v}_B^D \cdot \sin \psi + v_B^D \cdot \cos \psi \cdot \dot{\psi} = v_A \cdot \left[\dot{D} \cdot \sin(\psi - \varphi) + D \cdot \cos(\psi - \varphi) \cdot (\dot{\psi} - \dot{\varphi})\right]$$

$$\Rightarrow \dot{v}_B^D = \frac{v_A \cdot \left[\dot{D} \cdot \sin(\psi - \varphi) + D \cdot \cos(\psi - \varphi) \cdot (\dot{\psi} - \dot{\varphi})\right] - v_B^D \cdot \cos \psi \cdot \dot{\psi}}{\sin \psi}$$

$$\Rightarrow a_B^D = \frac{v_A}{\sin^2 \psi} \cdot \left[\dot{D} \cdot \sin \psi \cdot \sin(\psi - \varphi) + D \cdot \sin \psi \cdot \cos(\psi - \varphi) \cdot (\dot{\psi} - \dot{\varphi}) - \right.$$

$$- D \cdot \cos \psi \cdot \sin(\psi - \varphi) \cdot \dot{\psi}\bigg] = \frac{v_A}{\sin^2 \psi} \cdot \left[\dot{D} \cdot \sin \psi \cdot \sin(\psi - \varphi) + \right.$$

$$+ D \cdot \dot{\psi} \cdot \sin \varphi - D \cdot \dot{\varphi} \cdot \sin \psi \cdot \cos(\psi - \varphi)\bigg]$$

Cazul A – când actionarea se face de la piston :

$$D^M = \sin^2(\psi - \varphi); \quad \dot{D}^M = 2 \cdot \sin(\psi - \varphi) \cdot \cos(\psi - \varphi) \cdot (\dot{\psi} - \dot{\varphi})$$

Cazul B – când actionarea se face de la manivelă :

$$D^C = \sin^2 \psi; \quad \dot{D}^C = 2 \cdot \sin \psi \cdot \cos \psi \cdot \dot{\psi}$$

(36)

Cazul C – se poate obtine acceleratia normala cu :

$$D = 1; \quad \dot{D} = 0.$$

Printr-un program de calcul, se determină vitezele şi acceleraţiile dinamice pentru diferite tipuri de motoare termice, utilizând relaţiile (35) şi (36).

În figurile 4 respectiv 5 sunt reprezentate diagramele pentru motorul în doi timpi (Lenoir), în fig. 4 fiind figurate vitezele dinamice, iar în figura 5 putându-se observa acceleraţiile dinamice.

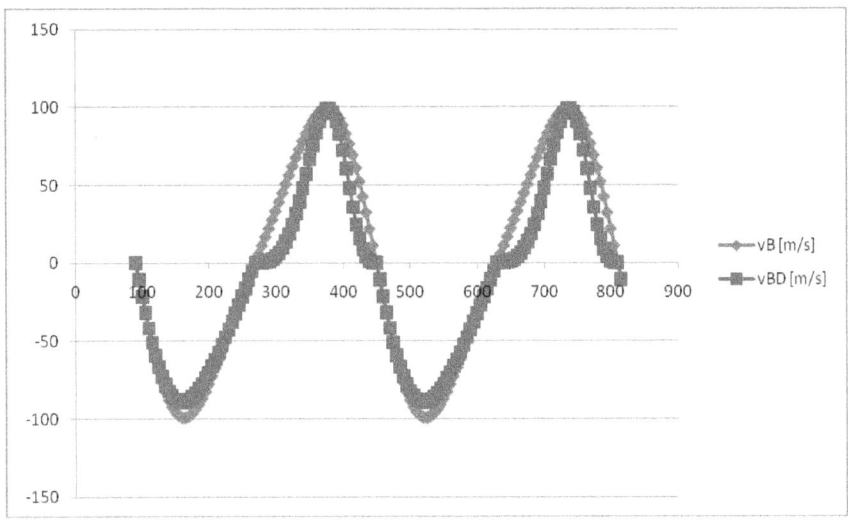

Fig. 4. *Vitezele dinamice la motorul Lenoir, în doi timpi (cu pătrate mai mari)*

La motorul în doi timpi jumătate din timpi sunt motori, astfel încât vitezele se subţiază şi se ascut pentru jumătate din ciclu, jumătatea motoare determinând la acceleraţiile dinamice, vibraţii şi şocuri (ce produc şi zgomote).

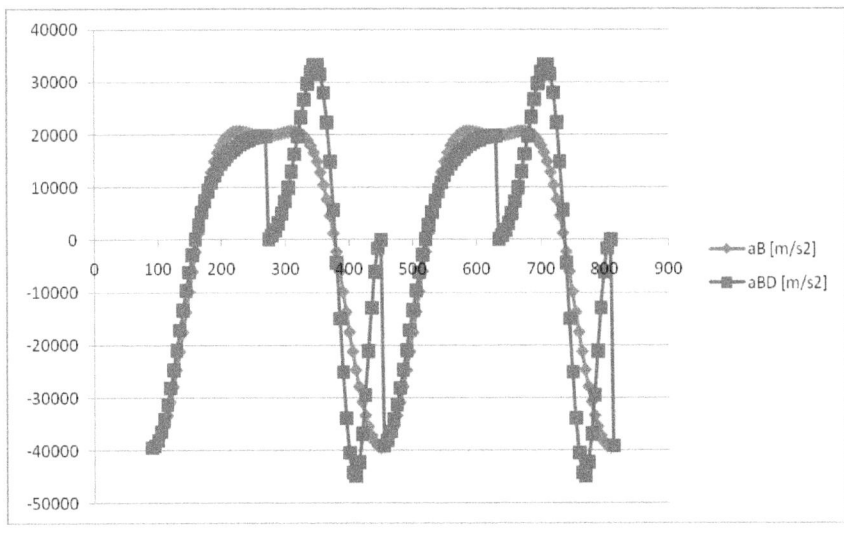

Fig. 5. *Acceleraţiile dinamice la motorul Lenoir, în doi timpi (cu pătrate mai mari)*

63

La motorul în patru timpi de tip Otto (sau Diesel), ciclul energetic nu mai coincide cu cel cinematic, astfel încât numai a patra parte a întregului ciclu energetic este motoare, și numai pentru ea vitezele dinamice se ascut (se subțiază, a se vedea diagrama din figura 6), iar accelerațiile dinamice prezintă șocuri, vibrații și zgomote (a se urmări diagrama din figura 7).

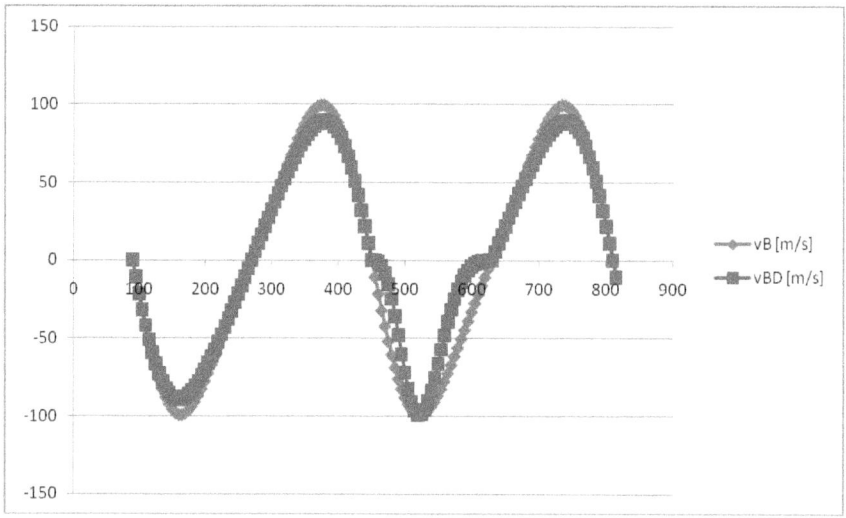

Fig. 6. *Vitezele dinamice la motorul în patru timpi de tip Otto (sau Diesel)*

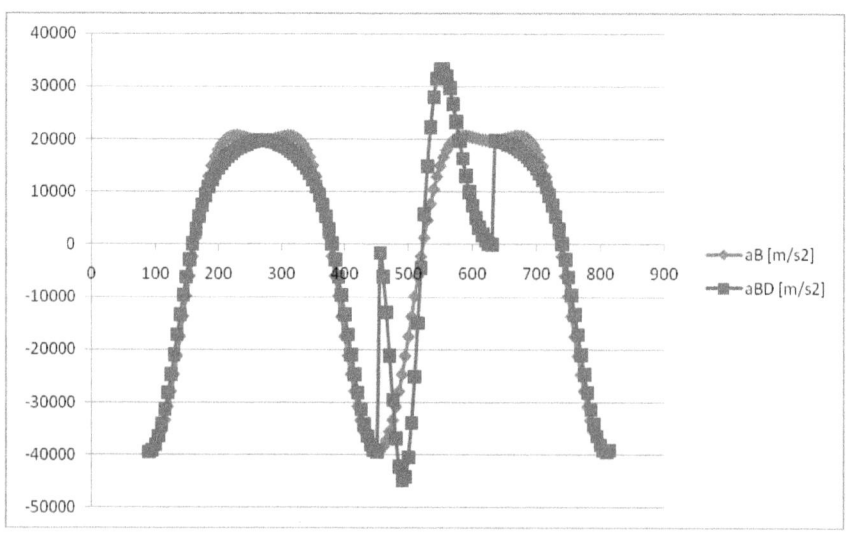

Fig. 7. *Accelerațiile dinamice la motorul în patru timpi de tip Otto (sau Diesel)*

La motorul în patru timpi de tip Stirling, toți timpii sunt motori, astfel încât vitezele dinamice se ascut (se subțiază, a se vedea diagrama din figura 8), iar accelerațiile dinamice prezintă șocuri, vibrații și zgomote (a se urmări diagrama din figura 9) pe tot intervalul.

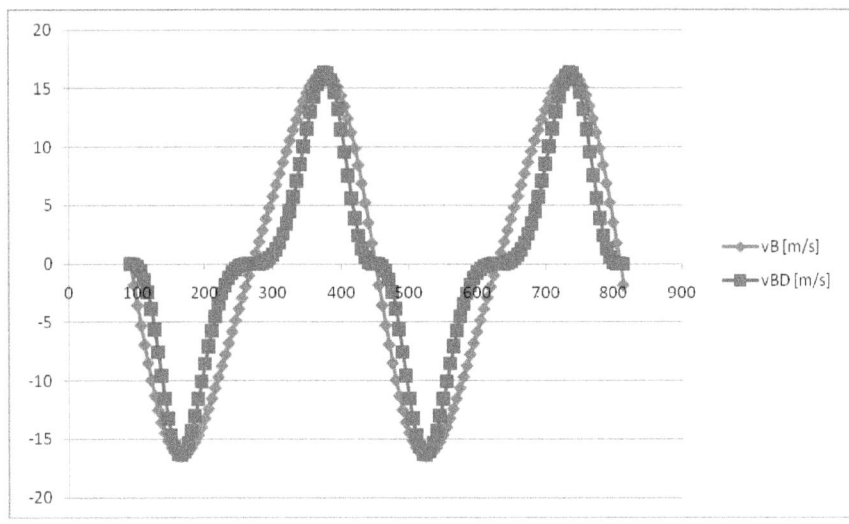

Fig. 8. *Vitezele dinamice la motorul în patru timpi de tip Stirling*

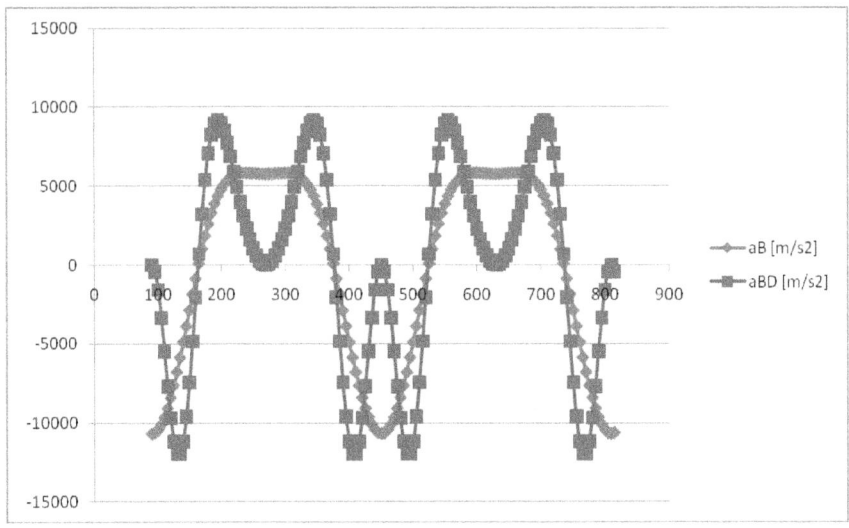

Fig. 9. *Accelerațiile dinamice la motorul în patru timpi de tip Stirling*

Se vede că dezavantajele dinamice ale motoarelor termice reprezintă de fapt o contradicție. Dinamica mecanismelor lor este mai bună la acționarea de la manivelă (de la arborele cotit), dar timpii motori (care au o cinematică dinamică inferioară) sunt practic cei necesari, ca singurii care produc puterea (efectiv), și care generează și randamente ridicate la motorul termic respectiv; pe de altă parte însă tocmai acești timpi (motori) produc nu doar o funcționare neregulată cu șocuri, vibrații și zgomote la motorul termic, dar generează în același timp și caracteristici dezavantajoase. Din acest motiv motorul Stirling care lucrează în patru timpi și două faze având fiecare fază activă, prezintă caracteristica de putere și sarcină în funcție de turație cea mai dezavantajoasă.

Nici motorul termic cu ardere internă în doi timpi nu are o caracteristică foarte bună, funcționând și el cu șocuri, vibrații și zgomote foarte mari, ce pot depăși și bătăile cunoscute ale tacheților motoarelor diesel în patru timpi, tracțiunea prezentând șocuri (întreruperi) care le depășesc chiar și pe cele ale motoarelor Stirling. Motorul Lenoir nu face nici frână de motor, la vale un autovehicul echipat cu un motor termic în doi timpi, fiind suprasolicitat (frânele se încing peste măsură), siguranța circulației fiind mult scăzută, iar confortul persoanelor din habitaclu fiind mult diminuat.

Din acest punct de vedere motoarele Otto sau Diesel în patru timpi sunt cele mai avantajoase, primele reprezentând în fapt varianta cea mai superioară. Pentru ca motoarele Otto să nu piardă nici avantajul injecției de combustibil, cu mulți ani în urmă s-a renunțat la carburație, motoarele Otto fiind trecute treptat pe injecție de combustibil după modelul celor Diesel (cu păstrarea aprinderii, deoarece benzina nu se autoaprinde așa cum o face motorina).

B2.2. Bibliografie

[1] Petrescu, F.I., Petrescu, R.V., *An original internal combustion engine*, Proceedings of 9th International Symposium SYROM, Vol. I, p. 135-140, Bucharest, 2005.

2.3. CINEMATICA DINAMICĂ DE PRECIZIE LA SISTEMUL BIELĂ MANIVELĂ PISTON

Cinematica dinamică de precizie a mecanismului bielă manivelă piston se rezolvă numai dacă pe lângă ipoteza vitezei unghiulare variabile a arborelui motor se ține seama și de existența unei accelerații unghiulare variabile, diferită de zero, a manivelei (1). Altfel spus viteza unghiulară a manivelei nu mai este constantă ci este egală cu produsul dintre coeficientul dinamic D* și viteza unghiulară ω a arborelui motor, care este în general constantă pentru un anumit regim de lucru al motorului, caracterizat de o anumită sarcină și o turație constantă. D* capătă valoarea D^M când acționarea mecanismului bielă manivelă piston se face de la piston, și ia valoarea D^C când mecanismul este acționat de la manivelă (2). Pentru cele două situații diferite vom avea două soluții distincte pentru viteza unghiulară a manivelei (3). Corespunzător fiecărei viteze unghiulare variabile, apare și câte o accelerație unghiulară variabilă la manivelă (4).

$$\begin{cases} \omega^D \equiv \omega_1^D = D^* \cdot \omega_1 = D^* \cdot \omega \\ \varepsilon^D \equiv \varepsilon_1^D = \dot{\omega}^D = \dot{D}^* \cdot \omega \end{cases} \tag{1}$$

$$\begin{cases} D^C = \sin^2 \varphi_2 = \sin^2 \psi = 1 - \lambda^2 \cdot \cos^2 \varphi_1 = 1 - \lambda^2 \cdot \cos^2 \varphi \\ \\ D^M = \sin^2(\varphi_1 - \varphi_2) = \\ = \cos^2 \varphi_1 \cdot \left[1 - \lambda^2 \cdot \cos(2 \cdot \varphi_1) + 2 \cdot \lambda \cdot \sin \varphi_1 \cdot \sqrt{1 - \lambda^2 \cdot \cos^2 \varphi_1} \right] \end{cases} \tag{2}$$

$$\begin{cases} \omega^C = \omega \cdot D^C = \omega \cdot \sin^2 \varphi_2 = \omega \cdot \left(1 - \lambda^2 \cdot \cos^2 \varphi \right) \\ \\ \omega^M = \omega \cdot D^M = \omega \cdot \sin^2(\varphi_1 - \varphi_2) = \\ = \omega \cdot \cos^2 \varphi_1 \cdot \left[1 - \lambda^2 \cdot \cos(2 \cdot \varphi_1) + 2 \cdot \lambda \cdot \sin \varphi_1 \cdot \sqrt{1 - \lambda^2 \cdot \cos^2 \varphi_1} \right] \end{cases} \tag{3}$$

$$\begin{cases} \varepsilon^C = \omega \cdot \dot{D}^C = \omega \cdot 2 \cdot \sin \varphi_2 \cdot \cos \varphi_2 \cdot \omega_2^C = \\ = \omega \cdot \left(\lambda^2 \cdot 2 \cdot \cos \varphi \cdot \sin \varphi \cdot \omega^C \right) = \\ = \omega \cdot \left[\lambda^2 \cdot 2 \cdot \cos \varphi \cdot \sin \varphi \cdot \left(1 - \lambda^2 \cdot \cos^2 \varphi \right) \cdot \omega \right] = \\ = 2 \cdot \lambda^2 \cdot \sin \varphi \cdot \cos \varphi \cdot \left(1 - \lambda^2 \cdot \cos^2 \varphi \right) \cdot \omega^2 \\ \\ \\ \varepsilon^M = \omega \cdot \dot{D}^M = \omega \cdot 2 \cdot \sin(\varphi_1 - \varphi_2) \cdot \cos(\varphi - \varphi_2) \cdot \left(\omega^M - \omega_2^M \right) = \\ = \omega \cdot \Big[2 \cdot \cos \varphi \cdot \left(\lambda \cdot \sin \varphi + \sqrt{1 - \lambda^2 \cdot \cos^2 \varphi} \right) \cdot \\ \cdot \left(\lambda \cdot \cos^2 \varphi - \sin \varphi \cdot \sqrt{1 - \lambda^2 \cdot \cos^2 \varphi} \right) \cdot \\ \cdot \dfrac{\sqrt{1 - \lambda^2 \cdot \cos^2 \varphi} - \lambda \cdot \sin \varphi}{\sqrt{1 - \lambda^2 \cdot \cos^2 \varphi}} \cdot D^M \cdot \omega \Big] \end{cases} \tag{4}$$

Se pot determina acum vitezele unghiulare și accelerațiile unghiulare ale bielei pentru cele două situații diferite, cu funcționare în regim de compresor și apoi în regim motor (5-6).

$$\begin{cases} \omega_2^C = -\lambda \cdot \sin \varphi \cdot \sqrt{1 - \lambda^2 \cdot \cos^2 \varphi} \cdot \omega \\ \\ \\ \\ \varepsilon_2^C = -\lambda \cdot \cos \varphi \cdot \sqrt{1 - \lambda^2 \cdot \cos^2 \varphi} \cdot \\ \cdot \left(1 + \lambda^2 \cdot \sin^2 \varphi - \lambda^2 \cdot \cos^2 \varphi \right) \cdot \omega^2 \end{cases} \tag{5}$$

$$\begin{cases} \omega_2^M = \dfrac{-\lambda \cdot \sin\varphi \cdot \cos^2\varphi \cdot \omega}{\sqrt{1-\lambda^2 \cdot \cos^2\varphi}} \cdot \\ \quad \cdot \left[1 - \lambda^2 \cdot \cos(2\cdot\varphi) + 2\cdot\lambda\cdot\sin\varphi \cdot \sqrt{1-\lambda^2\cdot\cos^2\varphi}\right] \\[2em] \varepsilon_2^M = \dfrac{\lambda\cdot(\lambda^2-1)\cdot\cos^3\varphi\cdot\omega^2}{\left(1-\lambda^2\cdot\cos^2\varphi\right)^{\frac{3}{2}}} \cdot \\ \quad \cdot\left[1-\lambda^2\cdot\cos(2\cdot\varphi)+2\cdot\lambda\cdot\sin\varphi\cdot\sqrt{1-\lambda^2\cdot\cos^2\varphi}\right]\cdot \\ \quad \cdot\left(3\cdot\lambda^2\cdot\sin^2\varphi\cdot\cos^2\varphi - \lambda^2\cdot\cos^4\varphi + \cos^2\varphi - \right. \\ \quad \left. -2\cdot\sin^2\varphi + 4\cdot\lambda\cdot\sin\varphi\cdot\cos^2\varphi\cdot\sqrt{1-\lambda^2\cdot\cos^2\varphi}\right) \end{cases} \tag{6}$$

Mai rămân de determinat doar vitezele și accelerațiile liniare de precizie ale pistonului (7) în cele două situații descrise (regim compresor și regim motor), urmând a fi comparate apoi cu cele clasice (din cinematica clasică).

$$\begin{cases} v_B = l_1 \cdot \cos\varphi \cdot (\omega - \omega_2) \\ v_B^C = l_1 \cdot \cos\varphi \cdot \left(\omega_1^C - \omega_2^C\right) \\ v_B^M = l_1 \cdot \cos\varphi \cdot \left(\omega_1^M - \omega_2^M\right) \\[2em] a_B = -l_1 \cdot \sin\varphi \cdot \omega_1 \cdot (\omega_1 - \omega_2) + l_1 \cdot \cos\varphi \cdot (\varepsilon_1 - \varepsilon_2) \\ a_B^C = -l_1 \cdot \sin\varphi \cdot \omega_1^C \cdot \left(\omega_1^C - \omega_2^C\right) + l_1 \cdot \cos\varphi \cdot \left(\varepsilon_1^C - \varepsilon_2^C\right) \\ a_B^M = -l_1 \cdot \sin\varphi \cdot \omega_1^M \cdot \left(\omega_1^M - \omega_2^M\right) + l_1 \cdot \cos\varphi \cdot \left(\varepsilon_1^M - \varepsilon_2^M\right) \end{cases} \tag{7}$$

Observații: s-a utilizat mecanismul motor clasic fără dezaxare (e=0); landa este o constantă constructivă importantă a motorului și reprezintă raportul dintre lungimile manivelei și bielei conform relației (8).

$$\lambda = \frac{l_1}{l_2} \equiv \frac{r}{l} \qquad\qquad (8)$$

Pentru a construi un motor modern, dinamic, puternic, economic, care să lucreze la turații ridicate, este necesar să atribuim constantei landa constructive valori cât mai mici cu putință.

Pe de altă parte se cere dinamic să avem și o cursă cât mai mică posibil, lucru ce se realizează prin adoptarea unei manivele cât mai mici cu putință. Pistonul nu va mai pompa (munci) pe curse lungi ci practic va vibra pe distanțe scurte, cu viteze uluitor de mari. Deoarece prin scăderea razei manivelei scade și cursa, și odată cu ea și cilindrea, se va reface volumul prin adoptarea unui alezaj cât mai mare (cilindri de diametre mari și foarte mari) și sau prin creșterea numărului de cilindri pentru un motor realizat. Se va avea în vedere modificarea (adaptarea) geometriei camerei de ardere și eventual utilizarea unui combustibil specializat, cu ardere rapidă (hidrogenul spre exemplu arde de zece ori mai repede decât hidrocarburile lichide, sau alcoolii, și în plus nu produce nici poluare așa cum o fac combustibilii clasici).

Prezentarea câtorva diagrame din cinematica de precizie.

A. Se începe cu o turație mică a motorului n=1000 [rot/min], r=0.03 [m], l=0.1 [m].

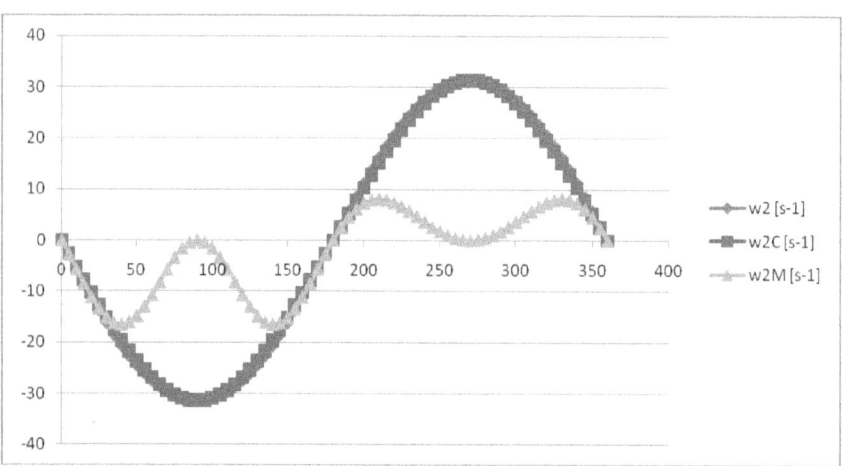

Fig. 1. *Vitezele unghiulare ale bielei în cazul A*

În figura 1 se prezintă comparativ cele trei diagrame suprapuse ale vitezelor unghiulare ale bielei. Landa fiind mic aproape că avem o suprapunere între vitezele unghiulare ale bielei din cinematica clasică și cele din cinematica de precizie (cazul regimului compresor). Vitezele unghiulare realizate în regimul motor ies foarte mult în evidență, fapt ce ne arată clar că diferențierile majore în funcționare se datorează tocmai timpilor motori ai mecanismului.

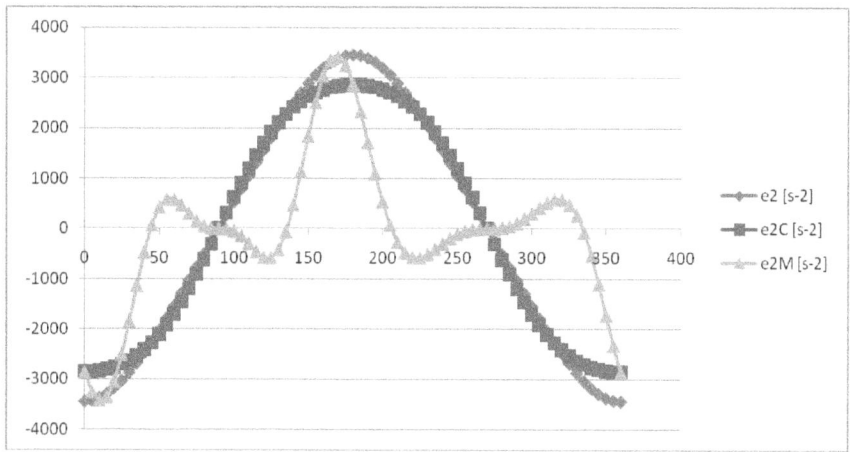

Fig. 2. *Accelerațiile unghiulare ale bielei în cazul A*

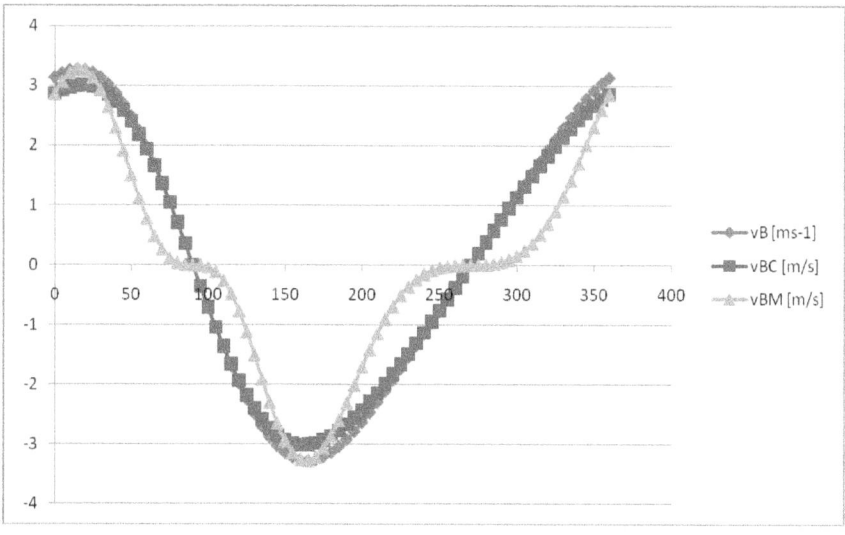

Fig. 3. *Vitezele liniare ale pistonului în cazul A*

71

Același lucru rezultă și din diagramele de accelerații unghiulare ale bielei reprezentate în figura 2, sau din diagramele vitezelor liniare ale pistonului reprezentate în figura 3, ori din diagramele de accelerații liniare ale pistonului din figura 4.

Totuși la accelerații (mai ales la cele liniare) încep să se simtă diferențieri și între cinematica clasică și cea de precizie din regimul de compresor.

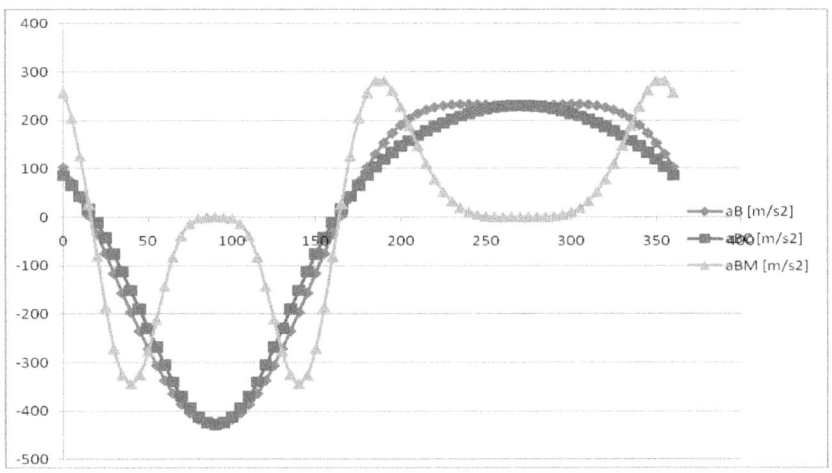

Fig. 4. *Accelerațiile liniare ale pistonului în cazul A*

Dacă nu se ținea cont și de existența unei accelerații a manivelei (a arborelui motor) diferențele ar fi fost mult mai mici.

Trasarea diagramelor fiind globală, pe un ciclu cinematic de 360 deg la manivelă, deci neurmărind un ciclu energetic real (complet) al motorului nu se poate vorbi încă de niște diagrame reale, dar oricum fenomenul există și se pune în evidență prin aceste diagrame extrem de sugestive din acest punct de vedere.

Apare clar fenomenul dinamic manifestat chiar cinematic, datorită variației vitezei unghiulare a manivelei, variație ce produce și apariția unei accelerații unghiulare a arborelui cotit, ambele reușind să imprime în final, diagramelor cinematice (viteze și accelerații) ale întregului mecanism un aspect dinamic (de mișcare dinamică), deși nu e vorba de dinamica finală a mecanismului, în care mai intervin și forțele inerțiale ale maselor mecanismului și eventualele forțe exterioare.

72

Aceste puternice efecte dinamice se datorează forțelor principale ce acționează în cadrul mecanismului, ele fiind datorate formelor mecanismului, legăturilor cinematice, geometriei generale a mecanismului, și nu în ultimul rând dimensiunilor elementelor cinematice.

Acest stil de dinamică (cinematică) este dinamica principală a unui mecanism, și își impune amprenta asupra dinamicii finale a mecanismului. În general deși ea este cea mai importantă latură din dinamica oricărui mecanism sau ansamblu mobil, nu este influențată de turația mecanismului.

B. Se continuă acum cu diagramele realizate la un raport landa apropiat de valoarea 1. Turația mică a motorului tot de n=1000 [rot/min], r=0.099 [m], l=0.1 [m].

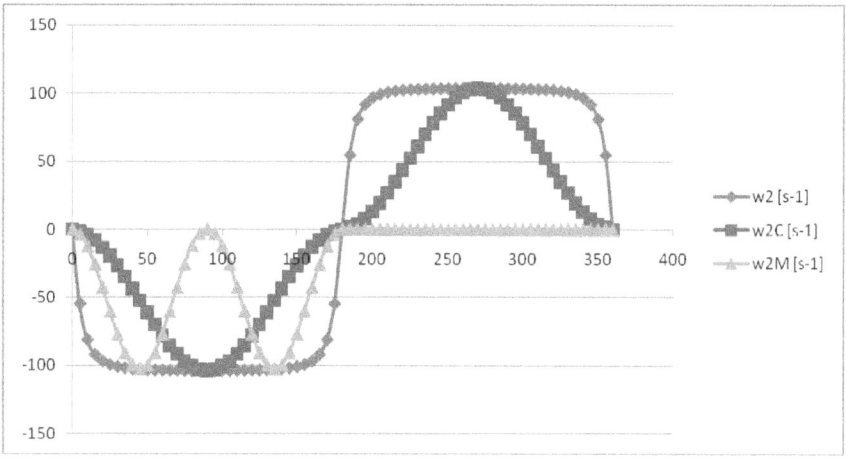

Fig. 5. *Vitezele unghiulare ale bielei în cazul B*

În cazul B toate cele trei tipuri de diagrame se diferențiază, cinematica clasică, cea de precizie la compresor, și cea în regim motor.

Chiar cinematica clasică este cea care se diferențiază foarte mult în comparație cu cele de precizie, în acest caz.

Fenomenul se datorează în principal reglajelor la limită, forțate, cu un raport landa care tinde către unitate.

Trebuie menţionat însă că nu sunt indicate astfel de reglaje în funcţionarea dinamică, normală a unui motor; ele sunt scoase în evidenţă tocmai ca nişte reglaje antimotor.

Ar putea fi utilizate la diferite mecanisme speciale, dar sub nici o formă la mecanisme motoare, unde aşa cum am mai arătat deja e necesar un raport r/l cât mai mic posibil.

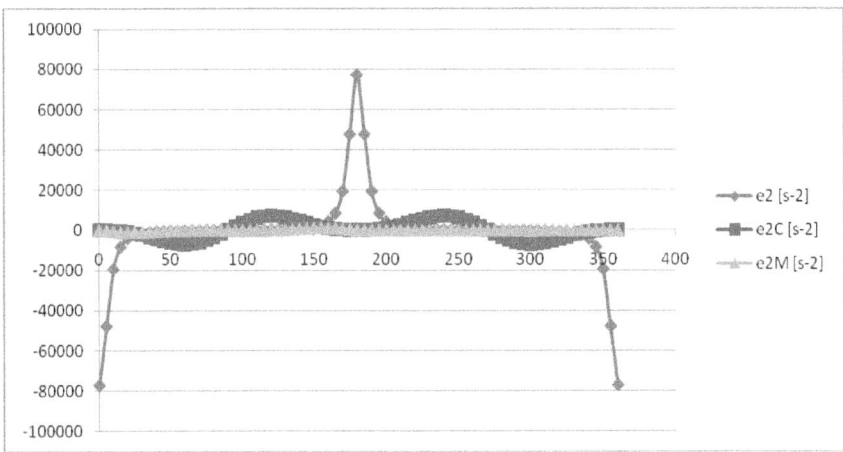

Fig. 6. *Acceleraţiile unghiulare ale bielei în cazul B*

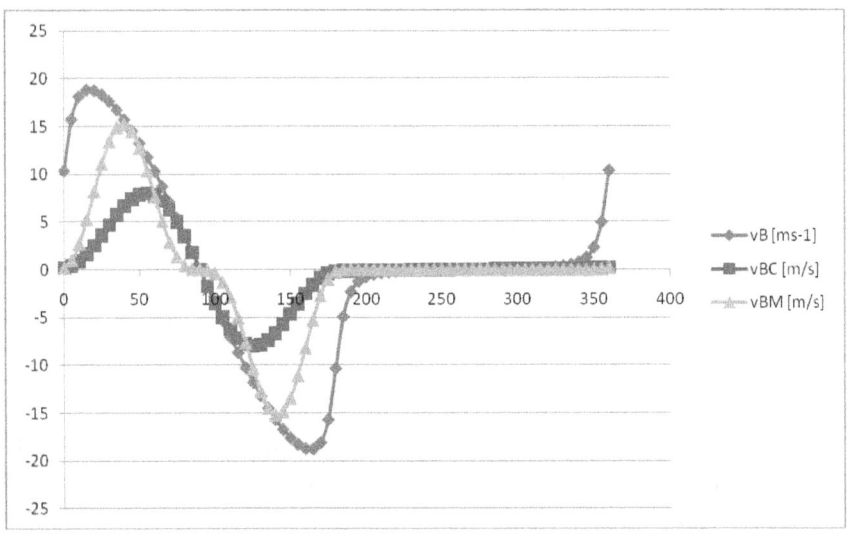

Fig. 7. *Vitezele liniare ale pistonului în cazul B*

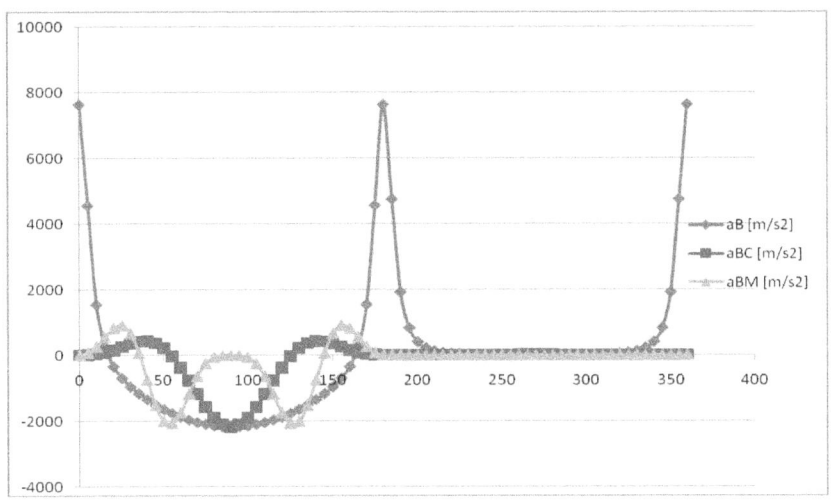

Fig. 8. *Accelerațiile liniare ale pistonului în cazul B*

Ne propunem să studiem în continuare numai diagramele de accelerații liniare ale pistonului. Pentru r=0.05 [m], l=0.1 [m], n=1000 [rot/min], deja accelerațiile liniare ale pistonului ating valori de 600 [ms^{-2}], (fig. 9). Pentru o turație atât de scăzută accelerațiile sunt foarte mari, faptul datorându-se cursei prea mari a pistonului datorată unei manivele prea lungi. Mărind turația arborelui motor (fig. 10) la o valoare de 5500 [rot/min] vârfurile accelerațiilor liniare ale pistonului vor atinge valori de 15-20000 [ms^{-2}].

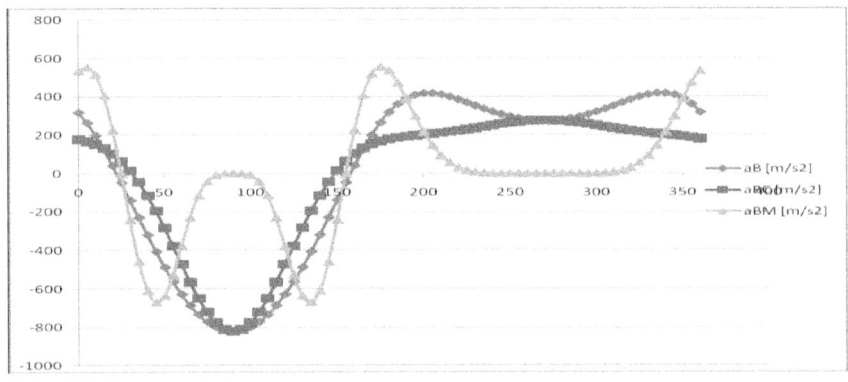

Fig. 9. *Accelerațiile liniare ale pistonului; r=0.05 [m], l=0.1 [m], n=1000 [rot/min]*

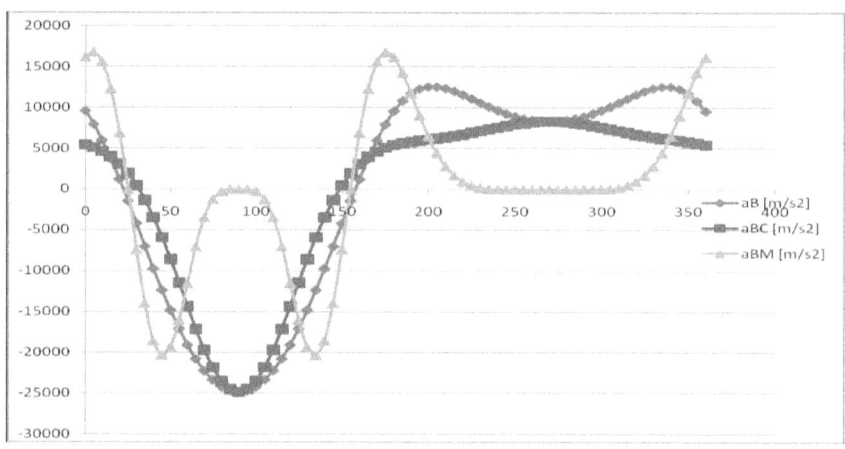

Fig. 10. *Accelerațiile liniare ale pistonului; r=0.05 [m], l=0.1 [m], n=5500 [rot/min]*

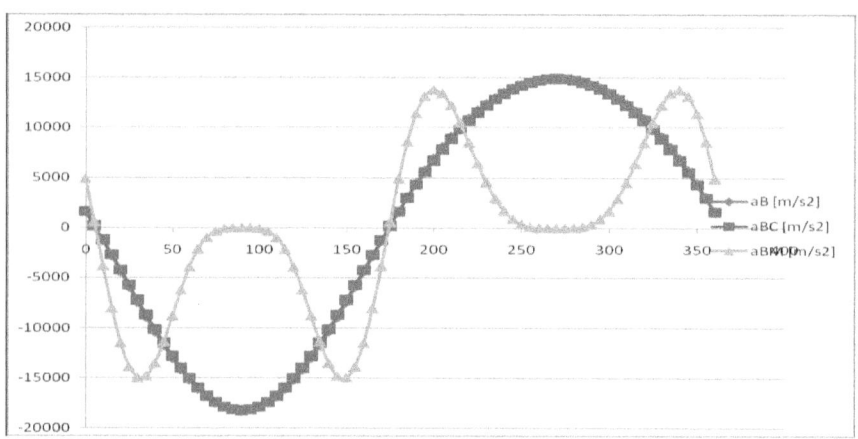

Fig. 11. *Accelerațiile liniare ale pistonului; r=0.05 [m], l=0.5 [m], n=5500 [rot/min]*

Pentru a mai scădea vârfurile accelerațiilor menținând turația și cursa constante se apelează la micșorarea raportului landa prin creșterea lungimii bielei. În figura 11, l a crescut de la 0.1 la 0.5 [m], iar vârfurile negative ale accelerațiilor liniare ale pistonului s-au diminuat de la -26000 la circa -17000 [ms^{-2}]. O lungire mult mai mare a bielei nu mai este eficientă, astfel încât va trebui să reducem lungimea manivelei, dar odată cu ea și cursa pistonului.

În figura 12, r a fost micșorat de la 5 la 2 [cm], iar vârfurile accelerațiilor pistonului au scăzut de la circa 18000 la aproximativ 6000 [ms^{-2}]. Accelerațiile au scăzut de circa 3 ori, dar și cursa s-a diminuat corespunzător, de la 10 la 4 cm.

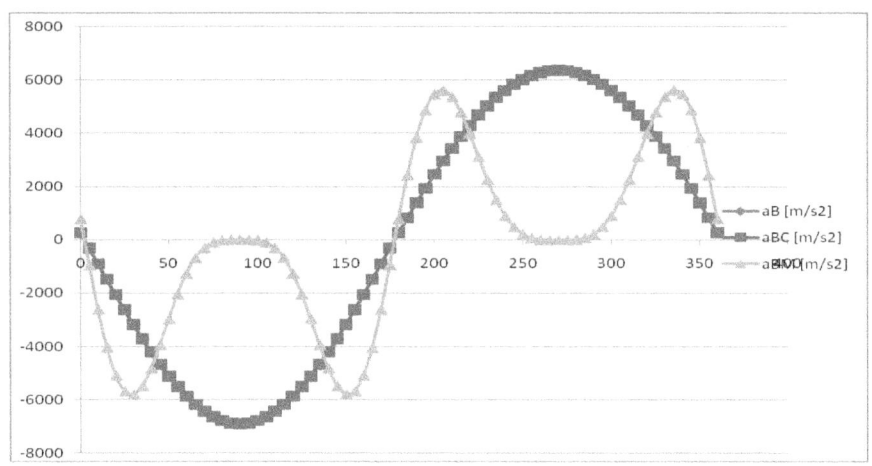

Fig. 12. *Accelerațiile liniare ale pistonului; r=0.02 [m], l=0.5 [m], n=5500 [rot/min]*

Se mai poate scădea acum și lungimea bielei, deoarece a devenit mult prea mare comparativ cu noua manivelă. În figura 13 lungimea bielei l, este redusă de la 0.5 la 0.06 [m].

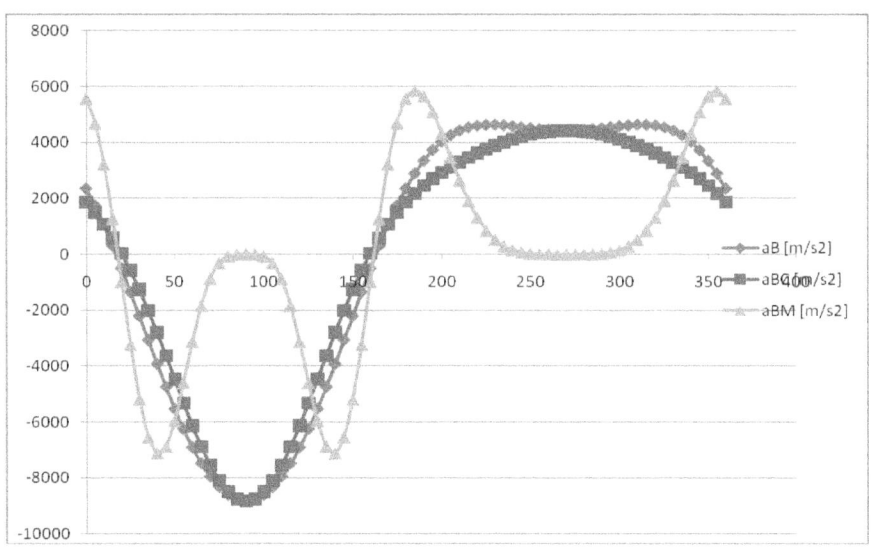

Fig. 13. *Accelerațiile liniare ale pistonului; r=0.02 [m], l=0.06 [m], n=5500 [rot/min]*

Mergem mai departe și scădem din nou lungimea manivelei de la 2 [cm] la 5 [mm], (fig. 14), astfel încât accelerațiile se diminuează, nemaidepășind 1500 [ms^{-2}].

Cursa pistonului a rămas încă suficient de mare (de un centimetru), astfel încât se poate vorbi tot de un motor Otto clasic (cel mult modificat). La pasul următor motorul Otto nu va mai fi practic un motor Otto, deoarece se mai micşorează lungimea manivelei de încă cinci ori până la valoarea de 1 [mm], cursa pistonului devenind de numai 2 [mm], astfel încât ea nu mai reprezintă o deplasare reală, funcţionarea ansamblului piston devenind acum practic o vibraţie mecanică (fig. 15). Pătrundem în domeniul „mecanicii fine". Acceleraţiile maxime depăşesc acum doar cu puţin valoarea de 300 [ms^{-2}].

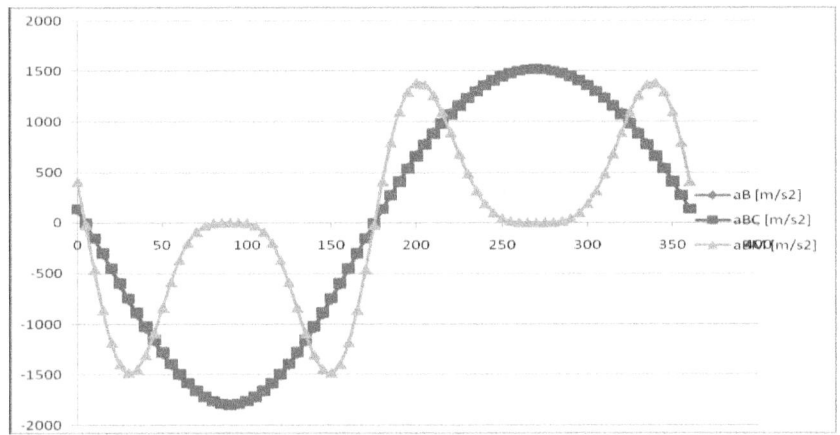

Fig. 14. *Acceleraţiile liniare ale pistonului; r=0.005 [m], l=0.06 [m], n=5500 [rot/min]*

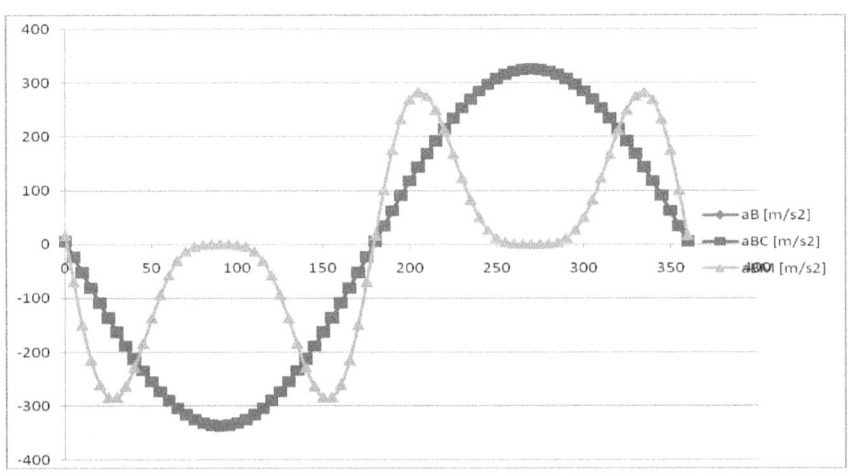

Fig. 15. *Acceleraţiile liniare ale pistonului; r=0.001 [m], l=0.06 [m], n=5500 [rot/min]*

78

La nivelul la care s-a ajuns trebuie regândită construcția ansamblului cilindru-piston, diametrul alezajului trebuind să crească cât mai mult cu putință pentru a compensa pierderea de cilindree (de volum comprimabil). Ideal ar fi să se încerce și un combustibil cu ardere mai rapidă (ca de exemplu hidrogenul), deși nu este încă obligatorie schimbarea combustibilului, atâta timp cât ne limităm doar la un motor cu cursă foarte mică, care să funcționeze cu accelerații și încărcări mult mai mici, cu vibrații și zgomote mult limitate.

Dacă mergem mai departe, însă și ridicăm turația de lucru a motorului obținut, pierzând avantajul accelerațiilor și încărcărilor foarte scăzute, dar obținând un motor compact de turație foarte ridicată, cu compresie mărită, cu putere crescută la un consum de combustibil micșorat, atunci va trebui să înlocuim hidrocarburile lichide cu hidrogen lichid, sau un alt combustibil nou cu ardere foarte rapidă.

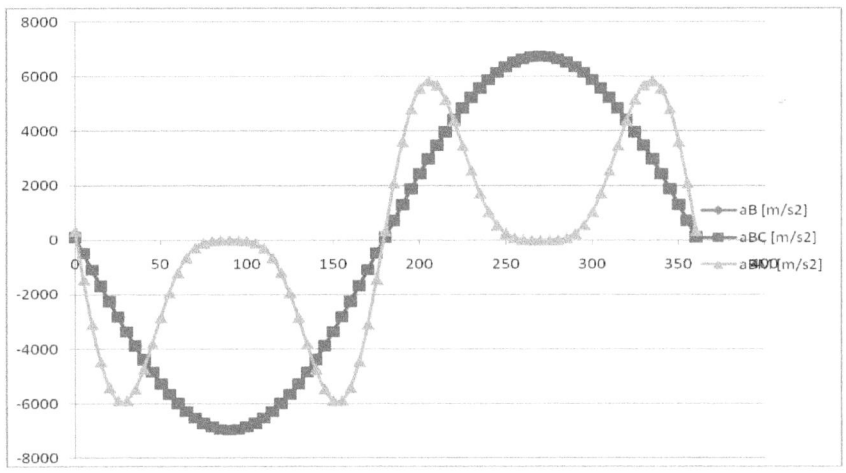

Fig. 16. *Accelerațiile liniare ale pistonului; r=0.001 [m], l=0.06 [m], n=25000 [rot/min]*

În figura 16 s-a ridicat turația arborelui cotit la valoarea medie de 25000 [rot/min], iar accelerațiile maxime ating 6000-7000 [ms⁻²]. Zgomotul și vibrațiile nu sunt mai mari decât în cazul unui Otto clasic (nici încărcările), deși se lucrează cu turații foarte ridicate, cu puteri sporite și consumuri de combustibil reduse. Motorul poate funcționa probabil și cu hidrocarburi, dar o utilizare mai judicioasă a sa, cu arderi firești, complete, rezultând puteri mari și consumuri reduse, se va putea realiza prin utilizarea hidrogenului lichid, care arde de circa 10 ori mai repede decât hidrocarburile lichide.

Sporirea puterii obţinute se va putea face şi printr-un grad de comprimare a combustibilului mai mare. Unele piese micşorate şi presiunile mărite datorită temperaturilor şi turaţiilor ridicate, dar mai ales atunci când se va creşte totodată şi coeficientul de compresie, duc la concluzia necesităţii utilizării şi a unor materiale speciale, cu o rezistenţă sporită.

În continuare vom urmări aspectul diagramelor de acceleraţie ale unui motor de tip Otto în patru timpi pentru un ciclu energetic complet (720 deg) al manivelei.

În figura 17 se prezintă acceleraţia normală suprapusă peste cea dinamică pentru un ciclu energetic complet al motorului, dar cu un landa apropiat de unitate, la care diferenţele sunt vizibile şi în afara ciclului motor.

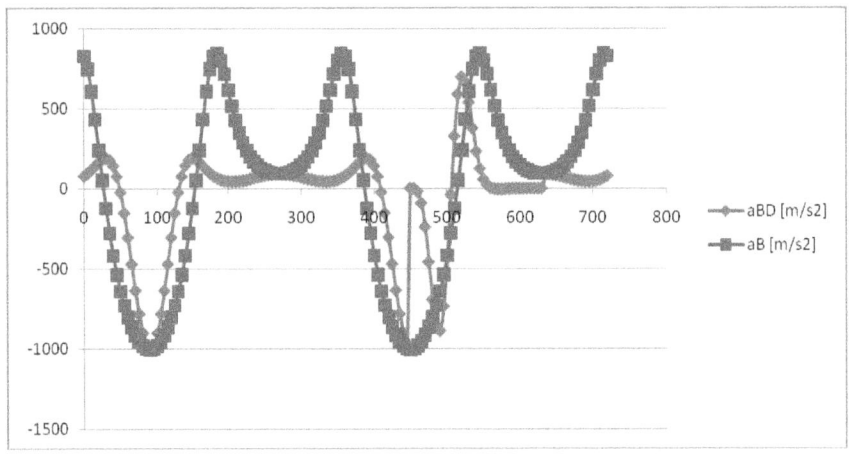

Fig. 17. *Acceleraţiile liniare ale pistonului; r=0.05 [m], l=0.06 [m], n=1000 [rot/min]*

În figura 18 se urmăresc aceiaşi parametri în condiţii normale de funcţionare a motorului, pe un ciclu energetic complet (720), cu un raport Landa=r/l normal de 0.(3), realizat cu o lungime a manivelei r de 0.05 [m], o lungime a bielei l de 0.15 [m], turaţia luându-se la o valoare aleatoare, scăzută, de n=1000 [rot/min].

Turaţia, aşa cum s-a mai arătat, nu influenţează dinamica dată de cinematica dinamică sau de precizie, deci nu influenţează aspectul diagramelor, ci doar stabileşte amplitudinile valorilor acceleraţiilor.

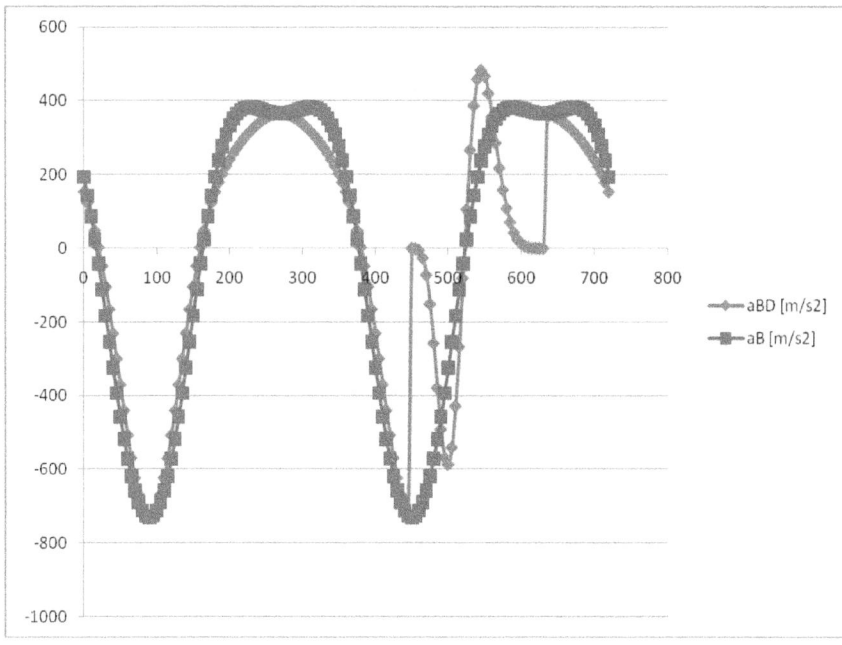

Fig. 18. *Acceleraţiile liniare ale pistonului; r=0.05 [m], l=0.15 [m], n=1000 [rot/min]*

Se observă aspectul dinamic al diagramei mai subţiri (dinamică), pe porţiunea motoare (un singur timp din cei patru existenţi).

Efectul cinematicii dinamice se resimte numai parţial în cinematica reală a mecanismului. Forţele care impun cinematica dinamică pe perioada regimului compresor sunt mai mici decât reacţiunile date de legăturile din cuplele cinematice, astfel încât pe perioada compresor, adică a acţionării de la manivelă, cinematica reală este cea clasică, peste care se impune cu o pondere mult mai mică şi cinematica de precizie, astfel încât se produc vibraţii şi zgomote. Pentru simplificare, vom considera pe perioada regimului de lucru de tip compresor numai cinematica clasică, iar pe perioada motoare, unde forţele motoare se impun chiar şi peste cele date de legăturile cinematice, se va considera cinematica de precizie, cu o pondere totală, de 100% (a se vedea figura 19).

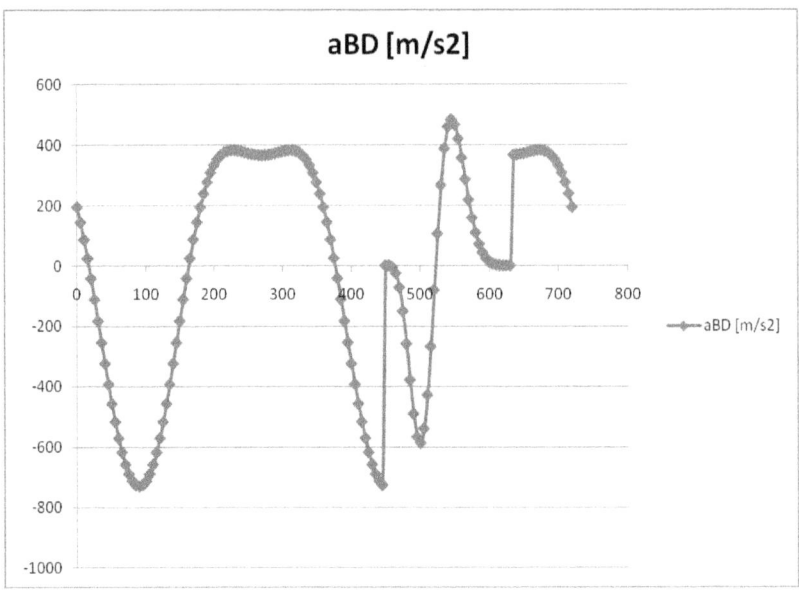

Fig. 19. *Accelerațiile liniare ale pistonului; r=0.05 [m], l=0.15 [m], n=1000 [rot/min]*

Sunt șanse mari ca nici cinematica de precizie motoare să nu mai acționeze pe toată porțiunea motoare, către final forțele motoare fiind mult mai mici (a se urmări diagrama din figura 20).

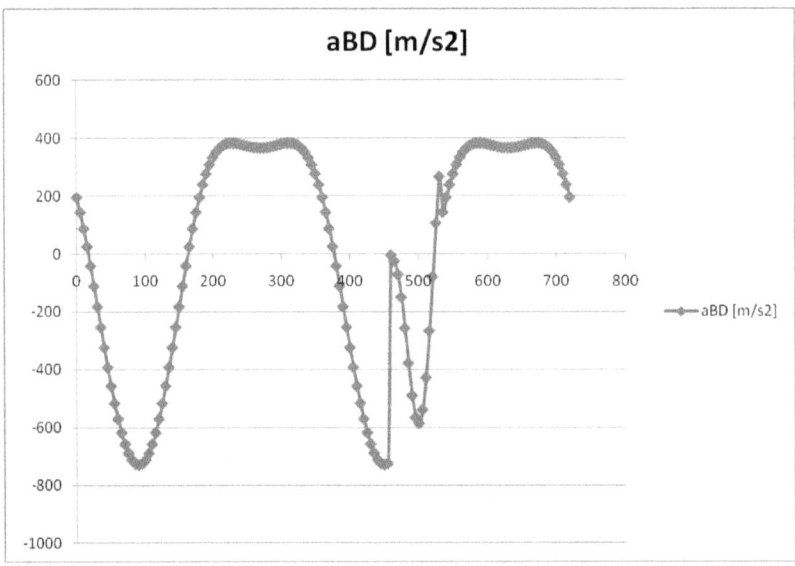

Fig. 20. *Accelerațiile liniare ale pistonului; r=0.05 [m], l=0.15 [m], n=1000 [rot/min]*

Nu e nevoie să se determine exact momentul în care forţele motoare devin prea mici, deoarece în realitate oscilaţia apare aşa cum se şi formează ca o undă formată din cele două componente (fig. 21).

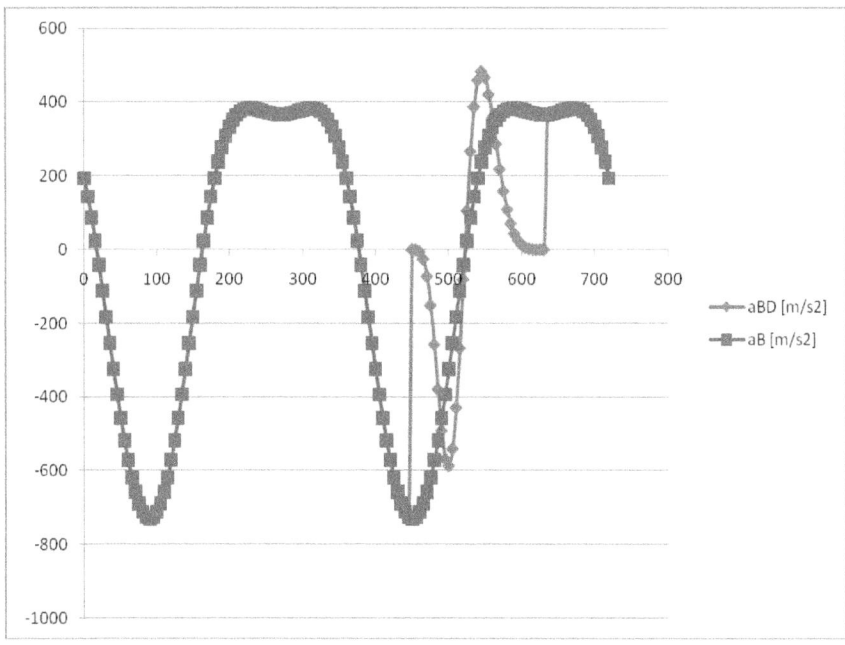

Fig. 21. *Acceleraţiile liniare ale pistonului; r=0.05 [m], l=0.15 [m], n=1000 [rot/min]*

B2.3. Bibliografie

[1] Petrescu, F.I., Petrescu, R.V., *An original internal combustion engine*, Proceedings of 9th International Symposium SYROM, Vol. I, p. 135-140, Bucharest, 2005.

[2] Petrescu, F.I., Petrescu, R.V., *Câteva elemente privind îmbunătăţirea designului mecanismului motor*, Proceedings of 8th National Symposium on GTD, Vol. I, p. 353-358, Brasov, 2003.

2.4. DINAMICA MOTORULUI OTTO

Calculul dinamic al unui mecanism oarecare, deci și al mecanismului bielă manivelă piston, utilizat ca mecanism principal la motoarele termice cu ardere internă de tip Otto, implică și luarea în calcul a influenței forțelor exterioare asupra cinematicii reale, dinamice, a mecanismului. Se ține cont de forțele motoare și rezistente, cât și de cele inerțiale. Uneori se mai pot lua în calcul și forțele de greutate, dar oricum influența lor este mai mică, neglijabilă chiar în raport cu forțele de inerție care la motoarele termice sunt mult mai mari decât cele gravitaționale. Se pleacă de la schema cinematică reprezentată în figura 1.

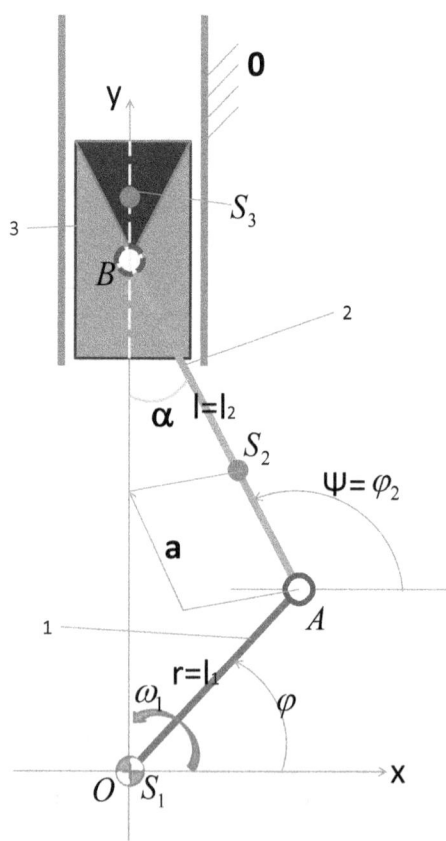

Fig. 1. *Schema cinematică a unui mecanism bielă manivelă piston*

$$\begin{cases}
y_B = r \cdot \sin\varphi + l \cdot \sin\psi; \quad r \cdot \cos\varphi + l \cdot \cos\psi = 0 \Rightarrow \\[2mm]
l \cdot \cos\psi = -r \cdot \cos\varphi; \cos\psi = -\lambda \cdot \cos\varphi; \sin\psi = \sqrt{1 - \lambda^2 \cdot \cos^2\varphi} \\[2mm]
-l \cdot \sin\psi \cdot \dot{\psi} = r \cdot \sin\varphi \cdot \omega \Rightarrow \dot{\psi} = -\lambda \cdot \dfrac{\sin\varphi}{\sin\psi} \cdot \omega \\[2mm]
\ddot{\psi} \cdot \sin\psi + \dot{\psi}^2 \cdot \cos\psi = -\lambda \cdot \cos\varphi \cdot \omega^2 \Rightarrow \\[2mm]
\ddot{\psi} = -\dfrac{\lambda \cdot (1 - \lambda^2) \cdot \cos\varphi \cdot \omega^2}{\sin^3\psi} \\[2mm]
v_B \equiv \dot{y}_B = r \cdot \cos\varphi \cdot \omega + l \cdot \cos\psi \cdot \dot{\psi} = \\[2mm]
= r \cdot \cos\varphi \cdot \omega \cdot \left(1 + \lambda \cdot \dfrac{\sin\varphi}{\sin\psi}\right) = r \cdot \dfrac{\sin(\psi - \varphi)}{\sin\psi} \cdot \omega = s_B' \cdot \omega \Rightarrow \\[2mm]
\Rightarrow s_{G_3}' \equiv s_B' = r \cdot \dfrac{\sin(\psi - \varphi)}{\sin\psi} \Rightarrow s_{G_3}'^2 \equiv s_B'^2 = r^2 \cdot \dfrac{\sin^2(\psi - \varphi)}{\sin^2\psi} \\[2mm]
\begin{cases} x_{S_2} = r \cdot \cos\varphi + a \cdot \cos\psi \\ y_{S_2} = r \cdot \sin\varphi + a \cdot \sin\psi \end{cases} \Rightarrow \begin{cases} \dot{x}_{S_2} = -r \cdot \sin\varphi \cdot \omega - a \cdot \sin\psi \cdot \dot{\psi} \\ \dot{y}_{S_2} = r \cdot \cos\varphi \cdot \omega + a \cdot \cos\psi \cdot \dot{\psi} \end{cases} \\[2mm]
\begin{cases} \dot{x}_{S_2} = -r \cdot \dfrac{l}{l}\sin\varphi \cdot \omega + a \cdot \lambda \cdot \sin\psi \dfrac{\sin\varphi}{\sin\psi} \omega = -\lambda \cdot (l - a) \cdot \sin\varphi \cdot \omega \\[4mm]
\dot{y}_{S_2} = r \dfrac{l}{l}\cos\varphi\omega + a\lambda^2 \cos\varphi \dfrac{\sin\varphi}{\sin\psi} \omega = \lambda \cos\varphi \left(l + a\lambda \cdot \dfrac{\sin\varphi}{\sin\psi}\right)\omega \end{cases} \quad (1) \\[4mm]
s_{G_2}'^2 = x_{S_2}'^2 + y_{S_2}'^2 = \lambda^2 (l - a)^2 \sin^2\varphi + \lambda^2 \cos^2\varphi \left(l + a \cdot \lambda \cdot \dfrac{\sin\varphi}{\sin\psi}\right)^2 \\[4mm]
s_{G_2}'^2 = \lambda^2 \cdot \left[(l - a)^2 \cdot \sin^2\varphi + \left(l + a \cdot \lambda \cdot \dfrac{\sin\varphi}{\sin\psi}\right)^2 \cdot \cos^2\varphi\right]
\end{cases}$$

Cu ajutorul relațiilor (1) se exprimă vitezele centrelor de greutate, necesare calculării momentului de inerție (mecanic sau masic al întregului mecanism) redus la manivelă (2). De fapt sunt necesare pătratele vitezelor centrelor de greutate (S_2 și S_3) ale mecanismului.

$$\begin{cases} J^* = J_{G_1} + J_{G_2} \cdot \psi'^2 + m_2 \cdot s_{G_2}'^2 + m_3 \cdot s_{G_3}'^2 \Rightarrow \\[2mm] J^* = J_{G_1} + J_{G_2} \cdot \lambda^2 \cdot \dfrac{\sin^2 \varphi}{\sin^2 \psi} + m_3 \cdot r^2 \cdot \dfrac{\sin^2 (\psi - \varphi)}{\sin^2 \psi} + \\[4mm] + m_2 \cdot \lambda^2 \cdot \left[(l-a)^2 \cdot \sin^2 \varphi + \left(l + a \cdot \lambda \cdot \dfrac{\sin \varphi}{\sin \psi} \right)^2 \cdot \cos^2 \varphi \right] \end{cases} \qquad (2)$$

În calculele dinamice este necesară şi prima derivată a momentului de inerţie mecanic redus, derivat în funcţie de unghiul φ (relaţiile 3-4).

$$\begin{cases} J^{*'} = J_{G_2} \cdot \lambda^2 \cdot \\[2mm] \cdot \dfrac{2 \cdot \sin \varphi \cdot \cos \varphi \cdot \sin^2 \psi - \sin^2 \varphi \cdot 2 \cdot \sin \psi \cdot \cos \psi \cdot (-) \lambda \cdot \dfrac{\sin \varphi}{\sin \psi}}{\sin^4 \psi} + \\[4mm] = m_2 \lambda^2 (l-a)^2 \sin(2\varphi) - m_2 \cdot \lambda^2 \sin(2\varphi) \left(l + a \cdot \lambda \cdot \dfrac{\sin \varphi}{\sin \psi} \right)^2 + \\[4mm] + 2 \cdot m_2 \cdot a \cdot \lambda^3 \cdot \cos^2 \varphi \cdot \left(l + a \cdot \lambda \cdot \dfrac{\sin \varphi}{\sin \psi} \right) \cdot \\[4mm] \cdot \dfrac{\cos \varphi \cdot \sin \psi + \sin \varphi \cdot \cos \psi \cdot \lambda \cdot \dfrac{\sin \varphi}{\sin \psi}}{\sin^2 \psi} + m_3 \cdot r^2 \cdot \\[4mm] \dfrac{\sin^2 (\psi - \varphi) \sin(2\psi) \lambda \dfrac{\sin \varphi}{\sin \psi} - \sin[2(\psi - \varphi)] \sin^2 \psi \left(1 + \lambda \dfrac{\sin \varphi}{\sin \psi} \right)}{\sin^4 \psi} \end{cases} \qquad (3)$$

$$\left\{ \begin{aligned}
J^{*} &= J_{G_2} \cdot \lambda^2 \cdot \frac{\sin(2\varphi)\cdot\sin^2\psi + \lambda\cdot\sin^2\varphi\cdot\sin(2\psi)\cdot\dfrac{\sin\varphi}{\sin\psi}}{\sin^4\psi} + \\
&+ m_2 \cdot \lambda^2 \cdot \sin(2\varphi)\cdot\left[(l-a)^2 - \left(l + a\cdot\lambda\cdot\frac{\sin\varphi}{\sin\psi}\right)^2\right] + \\
&+ 2\cdot m_2 \cdot a \cdot \lambda^3 \cdot \cos^2\varphi \cdot \left(l + a\cdot\lambda\cdot\frac{\sin\varphi}{\sin\psi}\right)\cdot \\
&\cdot \frac{\cos\varphi\cdot\sin^2\psi + \lambda\cdot\sin^2\varphi\cdot\cos\psi}{\sin^3\psi} + m_3\cdot r^2 \cdot \\
&\frac{\lambda\sin^2(\psi-\varphi)\sin(2\psi)\dfrac{\sin\varphi}{\sin\psi} - \sin[2(\psi-\varphi)]\sin^2\psi\left(1 + \lambda\dfrac{\sin\varphi}{\sin\psi}\right)}{\sin^4\psi}
\end{aligned} \right. \tag{4}$$

Pentru calculul dinamic mai este necesară și determinarea expresiei momentului total al forțelor motoare și rezistente redus la manivelă. Suma forțelor motoare și rezistente este în general mai greu de determinat exact (Ar trebui cunoscute foarte bine diagramele p-V, presiune-volum, în funcție de poziția manivelei, fapt ce implică pe lângă măsurătorile experimentale foarte precise și laborioase și existența motorului care trebuie analizat. Dacă însă se dorește designul dinamic general al unui motor Otto, în faza lui de proiectare atunci nu pot fi încă cunoscute cu precizie forțele ce acționează asupra pistonului.), astfel încât de multe ori se înlocuiesc forțele motoare și rezistente cu forțele de inerție (5-6), care se determină mult mai simplu (suma forțelor inerțiale este egală cu cea a forțelor motoare și rezistente).

$$\begin{aligned}
M_m - M_r + M_m^i - M_r^i &= 0 \Rightarrow M_m - M_r = -\left(M_m^i - M_r^i\right) \Rightarrow \\
\Rightarrow M_m - M_r &= -M_m^i - (-)M_r^i
\end{aligned} \tag{5}$$

$$\begin{cases} M^* = M_m - M_r = -\left(M^i_m - M^i_r\right) = J^* \cdot \omega_m^2 \cdot D \cdot D^{'} - \int M^i_m \cdot d\varphi = \\[2mm] = J^* \cdot \omega_m^2 \cdot D \cdot D^{'} - J^* \cdot \omega_m^2 \cdot \int D \cdot D^{'} d\varphi = \\[2mm] = J^* \cdot \omega_m^2 \cdot D \cdot D^{'} - J^* \cdot \omega_m^2 \cdot \dfrac{1}{2} D^2 = J^* \cdot \omega_m^2 \cdot D \cdot \left(D^{'} - \dfrac{1}{2} D \right) \qquad (6) \\[4mm] 2 \cdot M^* = J^* \cdot \omega_m^2 \cdot D \cdot \left(2D^{'} - D \right) \end{cases}$$

Avem acum tot ce ne trebuie pentru rezolvarea ecuației dinamice (de mișcare, Lagrange) a mașinii, scrisă sub formă diferențială (7).

$$J^* \cdot \varepsilon + \frac{1}{2} \cdot \omega^2 \cdot J^{*'} = M^* \qquad (7)$$

Ecuația diferențială a mașinii (7) se aranjează sub formele (8) mai convenabile, în vederea rezolvării ei.

$$\begin{cases} 2 \cdot J^* \cdot \omega \cdot \dfrac{d\omega}{d\varphi} + \omega^2 \cdot J^{*'} = 2 \cdot M^* \\[4mm] 2 \cdot J^* \cdot \omega \cdot d\omega + \omega^2 \cdot J^{*'} \cdot d\varphi = 2 \cdot M^* \cdot d\varphi \\[4mm] \left(\omega_m + d\omega \right) \cdot d\omega \cdot 2 \cdot J^* + \left(\omega_m + d\omega \right)^2 \cdot J^{*'} \cdot d\varphi = 2 \cdot M^* \cdot d\varphi \qquad (8) \\[4mm] \omega_m \cdot d\omega \cdot 2 \cdot J^* + \left(d\omega \right)^2 \cdot 2 \cdot J^* + \omega_m^2 \cdot J^{*'} \cdot d\varphi + \left(d\omega \right)^2 \cdot J^{*'} \cdot d\varphi + \\ + 2 \cdot \omega_m \cdot J^{*'} \cdot d\varphi \cdot d\omega - 2 \cdot M^* \cdot d\varphi = 0 \\[4mm] \left(2 \cdot J^* + J^{*'} \cdot d\varphi \right) \cdot \left(d\omega \right)^2 + 2 \cdot \omega_m \left(J^* + J^{*'} \cdot d\varphi \right) \cdot d\omega - \\ - \left(2 \cdot M^* \cdot d\varphi - \omega_m^2 \cdot J^{*'} \cdot d\varphi \right) = 0 \end{cases}$$

88

Se observă cu uşurinţă că am ajuns la o ecuaţie de gradul 2 în ω_m, care se rezolvă cu formula cunoscută (9).

$$
\begin{cases}
d\omega = \dfrac{-\omega_m \cdot \left(J^* + J^{*'} \cdot d\varphi\right)}{2 \cdot J^* + J^{*'} \cdot d\varphi} \pm \\[4mm]
\pm \dfrac{\sqrt{\omega_m^2 \left(J^* + J^{*'} d\varphi\right)^2 + \left(2M^* d\varphi - \omega_m^2 J^{*'} d\varphi\right) \cdot \left(2J^* + J^{*'} d\varphi\right)}}{2 \cdot J^* + J^{*'} \cdot d\varphi} \\[8mm]
d\omega = \omega_m \cdot \dfrac{-\left(J^* + J^{*'} \cdot d\varphi\right)}{2 \cdot J^* + J^{*'} \cdot d\varphi} + \omega_m \cdot \\[4mm]
\cdot \dfrac{\sqrt{\left(J^* + J^{*'} \cdot d\varphi\right)^2 + d\varphi \cdot \left(2J^* + J^{*'} \cdot d\varphi\right) \cdot \left[J^* \cdot D \cdot \left(2D' - D\right) - J^{*'}\right]}}{2 \cdot J^* + J^{*'} \cdot d\varphi}
\end{cases}
\tag{9}
$$

Considerând în continuare în calculele efectuate, viteza unghiulară variabilă obţinută, în locul celei constante, se obţin vitezele şi acceleraţiile dinamice. O să urmărim în continare câteva diagrame de acceleraţii dinamice, obţinute pentru diverse lungimi ale manivelei şi bielei. În figura 2 lungimea bielei este cu puţin mai mare decât cea a manivelei, fapt ce înrăutăţeşte dinamica mecanismului.

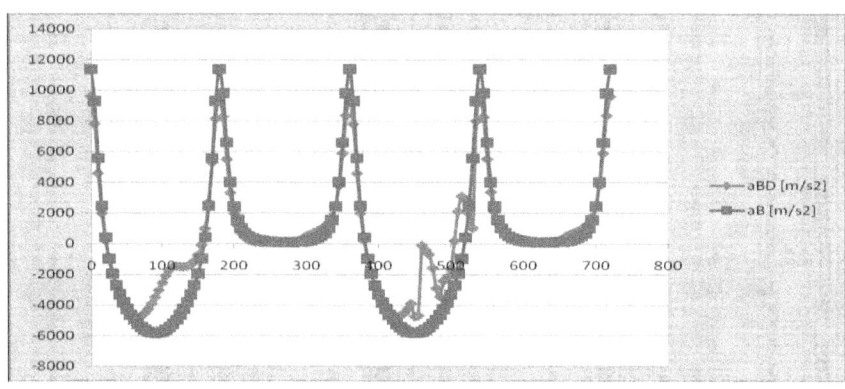

Fig. 2. *Sinteza dinamică a motorului; r=0.03 [m], l=0.031 [m], n=3000[rot/min]*

89

În figura 3 a crescut foarte puțin lungimea bielei și deja funcționarea dinamică a pistonului este mult îmbunătățită. Vârfurile nu mai sunt așa de ascuțite.

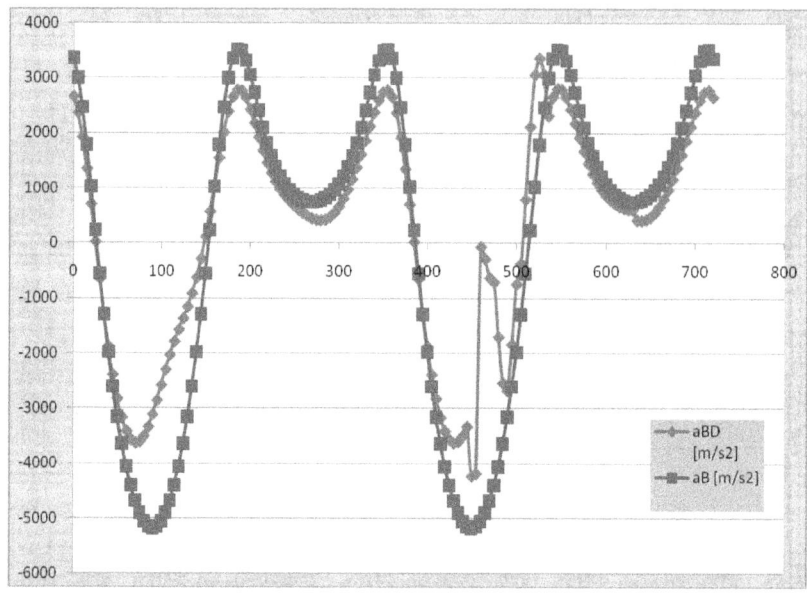

Fig. 3. *Sinteza dinamică a motorului; r=0.03 [m], l=0.04 [m], n=3000[rot/min]*

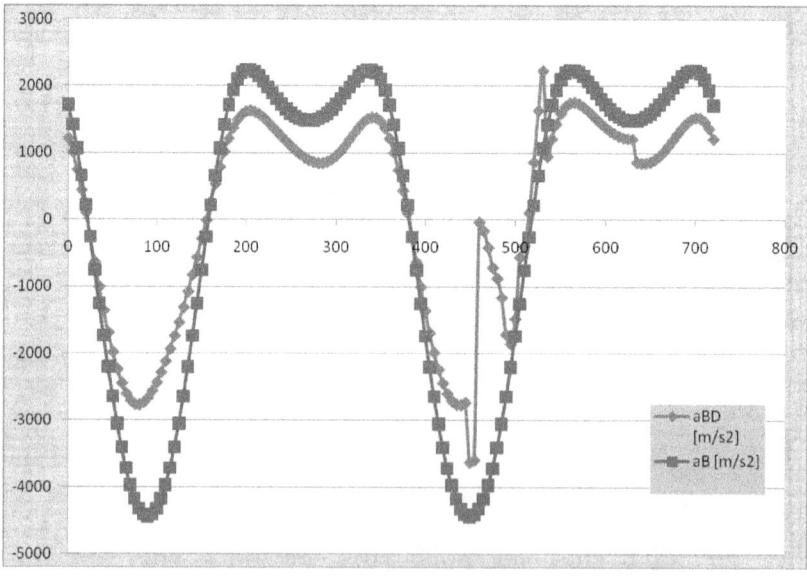

Fig. 4. *Sinteza dinamică a motorului; r=0.03 [m], l=0.06 [m], n=3000[rot/min]*

Crescând în continuare lungimea bielei, cu menținerea constantă a lungimii manivelei, se obțin accelerații mai rotunjite, care se apropie din ce în ce mai mult de formele sinusoidale (figurile 4-6).

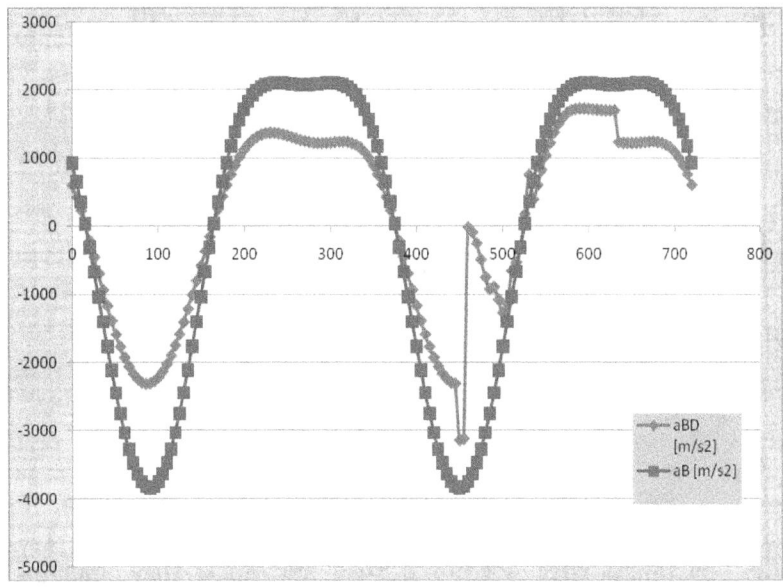

Fig. 5. *Sinteza dinamică a motorului; r=0.03 [m], l=0.1 [m], n=3000[rot/min]*

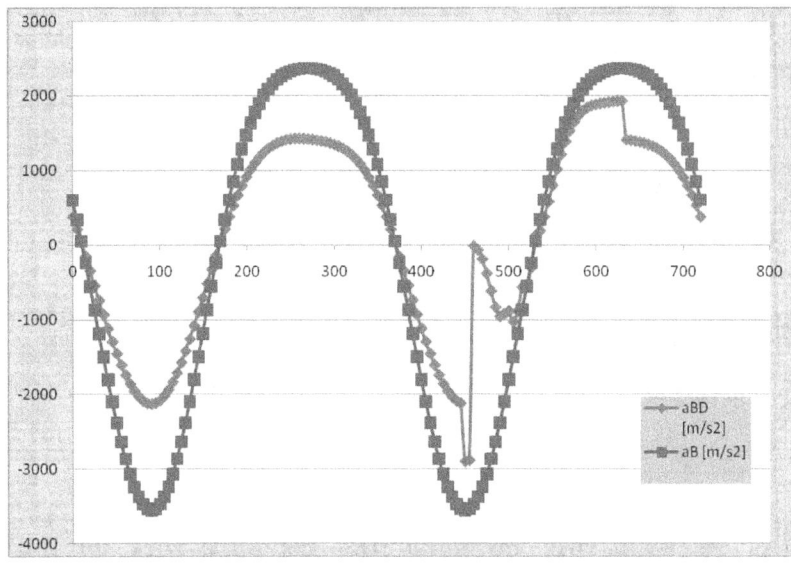

Fig. 6. *Sinteza dinamică a motorului; r=0.03 [m], l=0.15 [m], n=3000[rot/min]*

Elongațiile dinamice sunt în general mai mici decât cele cinematice.

În continuare se vor determina valorile accelerațiilor unghiulare, ε, pornind de la ecuația Lagrange (7), deja prezentată.

$$J^* \cdot \varepsilon + \frac{1}{2} \cdot \omega^2 \cdot J^{*'} = M^* \qquad (7)$$

Se aranjează ecuația (7) în forma (10), cu scopul explicitării variabilei ε, care trebuie determinată.

$$\varepsilon = \frac{2 \cdot M^* - \omega^2 \cdot J^{*'}}{2 \cdot J^*} = \left(D \cdot D' - \frac{1}{2} D^2 - \frac{1}{2} \cdot \frac{J^{*'}}{J^*} \right) \cdot \omega^2 \qquad (10)$$

Viteza unghiulară, variabilă, ω, este acum deja cunoscută, astfel încât se poate determina direct valoarea accelerației unghiulare, care atenție, apare în cinematica reală a mecanismului, la regimurile de lucru dinamice. Este timpul acum să se refacă cinematica mecanismului (relațiile 11-12), considerându-se existența accelerației unghiulare, ε, a manivelei.

$$\begin{cases} \cos\psi = -\lambda \cdot \cos\varphi \\[2mm] -\sin\psi \cdot \dot\psi = \lambda \cdot \sin\varphi \cdot \dot\varphi, \ \ unde \ \ \dot\varphi = D \cdot \omega; \ \ \dot\varphi^2 = D^2 \cdot \omega^2 \\[2mm] \Rightarrow \dot\psi = -\lambda \cdot \frac{\sin\varphi}{\sin\psi} \cdot \dot\varphi \\[2mm] -\cos\psi \cdot \dot\psi^2 - \sin\psi \cdot \ddot\psi = \lambda \cdot \cos\varphi \cdot \dot\varphi^2 + \lambda \cdot \sin\varphi \cdot \ddot\varphi \\[2mm] \ddot\psi = \frac{-\cos\psi \cdot \dot\psi^2 - \lambda \cdot \cos\varphi \cdot \dot\varphi^2 - \lambda \cdot \sin\varphi \cdot \ddot\varphi}{\sin\psi} \Rightarrow \\[2mm] \Rightarrow \ddot\psi = \frac{-\lambda \cdot (1 - \lambda^2) \cdot \cos\varphi \cdot \dot\varphi^2 / \sin^2\psi - \lambda \cdot \sin\varphi \cdot \varepsilon}{\sin\psi} \end{cases} \qquad (11)$$

$$\ddot{\psi} = \frac{-\lambda \cdot \left(1 - \lambda^2\right) \cdot \cos\varphi \cdot \dot{\varphi}^2}{\sin^3\psi} - \frac{\lambda \cdot \sin\varphi \cdot \varepsilon}{\sin\psi}$$

$$y_B = r \cdot \sin\varphi + l \cdot \sin\psi$$
$$v_B = r \cdot \cos\varphi \cdot \dot{\varphi} + l \cdot \cos\psi \cdot \dot{\psi}$$
$$a_B = -r \cdot \sin\varphi \cdot \dot{\varphi}^2 + r \cdot \cos\varphi \cdot \ddot{\varphi} - l \cdot \sin\psi \cdot \dot{\psi}^2 + l \cdot \cos\psi \cdot \ddot{\psi}$$

$$a_B = -r \cdot \sin\varphi \cdot \dot{\varphi}^2 + r \cdot \cos\varphi \cdot \varepsilon - l \cdot \sin\psi \cdot \lambda^2 \frac{\sin^2\varphi}{\sin^2\psi} \cdot \dot{\varphi}^2 +$$
$$+ l \cdot \lambda \cdot \cos\varphi \cdot \left[\frac{\lambda \cdot \left(1 - \lambda^2\right) \cdot \cos\varphi \cdot \dot{\varphi}^2}{\sin^3\psi} + \frac{\lambda \cdot \sin\varphi \cdot \varepsilon}{\sin\psi} \right]$$

$$a_B = -r \cdot \sin\varphi \cdot \dot{\varphi}^2 + r \cdot \cos\varphi \cdot \varepsilon - r \cdot \lambda \cdot \frac{\sin^2\varphi}{\sin\psi} \cdot \dot{\varphi}^2 +$$
$$+ r \cdot \lambda \cdot \frac{\sin\varphi \cdot \cos\varphi}{\sin\psi} \cdot \varepsilon + r \cdot \lambda \cdot \left(1 - \lambda^2\right) \cdot \frac{\cos^2\varphi}{\sin^3\psi} \cdot \dot{\varphi}^2$$

$$a_B = r \cdot \left\{ \left[\lambda \cdot \left(1 - \lambda^2\right) \cdot \frac{\cos^2\varphi}{\sin^3\psi} - \sin\varphi - \lambda \cdot \frac{\sin^2\varphi}{\sin\psi} \right] \cdot \dot{\varphi}^2 + \right.$$
$$\left. + \left[\cos\varphi + \lambda \cdot \frac{\sin\varphi \cdot \cos\varphi}{\sin\psi} \right] \cdot \varepsilon \right\} \qquad (12)$$

$$a_B = r \cdot \omega^2 \cdot \left\{ \left[\lambda \cdot \left(1 - \lambda^2\right) \cdot \frac{\cos^2\varphi}{\sin^3\psi} - \sin\varphi - \lambda \cdot \frac{\sin^2\varphi}{\sin\psi} \right] \cdot D^2 + \right.$$
$$\left. + \frac{\sin(\psi - \varphi)}{\sin\psi} \cdot \left(D \cdot D' - \frac{1}{2} \cdot D^2 - \frac{1}{2} \cdot \frac{J^{*'}}{J^*} \right) \right\}$$

În figura 7 se poate urmări diagrama accelerației obținute.

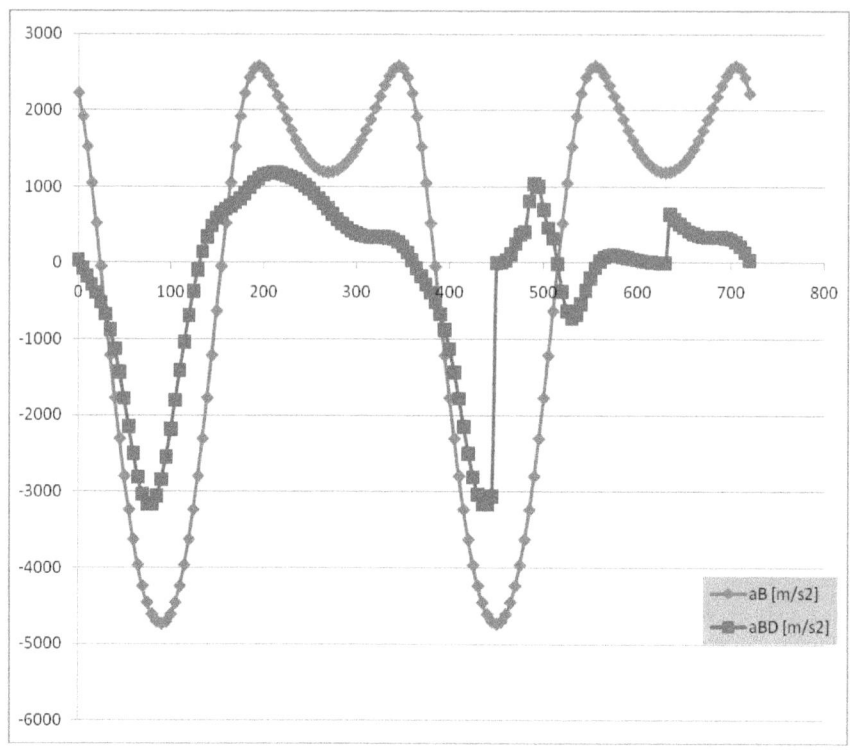

Fig. 7. *Diagrama accelerațiilor dinamice ale pistonului ținând cont și de existența lui ε:*
r=0.03 [m], l=0.05 [m], n=3000[rot/min]

Dacă s-a luat în considerare viteza unghiulară variabilă și existența unei accelerații unghiulare variabile a manivelei, ar trebui avut în vedere și efectul datorat deplasării unghiulare dinamice a manivelei. Aceasta este impusă dinamic de arborele cotit, astfel încât va trebui să înlocuim unghiul φ de rotație (sau poziționare) a manivelei cu valoarea sa dinamică calculată în regim de compresor, deoarece arborele cotit se deplasează numai după legile impuse chiar de el, existând atât în timpii motori, cât și în ceilalți timpi o forță motoare permanentă care antrenează tot arborele și deci și toate manivelele (fusurile manetoane), antrenare datorată timpilor motori ai tuturor cilindrilor, forțelor de inerție, și inerției foarte mari suplimentare impusă de volantul motorului. Variația dinamică a unghiului de poziție există în mod evident, dar ea nu poate fi impusă decât de însăși manivelă, adică de chiar dinamica arborelui motor.

Viteza unghiulară variabilă se determină cu relația (13).

94

$$\omega^D = D^C \cdot \omega \tag{13}$$

Derivata unghiului de poziţie în funcţie de timp se poate trece (exprima şi în funcţie de unghiul de poziţie, φ) conform relaţiei (14). Dacă în cinematica clasică derivata lui fi în funcţie de el are valoarea 1, în cinematica dinamică unde există acel coeficient dinamic, derivata unghiului de poziţie în funcţie de poziţia φ ia valoarea D diferită în general de valoarea 1. Manivela este influenţată dinamic direct de arborele motor pe care este construită, astfel încât dinamica ei va fi de tip compresor, adică cu conducere a ei dinspre arborele motor (arborele cotit).

$$\frac{d\varphi}{dt} = \frac{d\varphi}{d\varphi} \cdot \frac{d\varphi}{dt} = \varphi' \cdot \omega = D^C \cdot \omega \tag{14}$$

Deducem (reţinem) din relaţia (14) expresia (15).

$$\varphi' \equiv \varphi'^D = D^C = \sin^2 \psi = 1 - \lambda^2 \cdot \cos^2 \varphi \tag{15}$$

În continuare prin integrarea coeficientului dinamic D în funcţie de variabila φ, se obţine expresia (16), care reprezintă valoarea lui φ^D, adică expresia matematică a unghiului dinamic de poziţie.

$$
\left\{
\begin{aligned}
\varphi &\equiv \varphi^D = \int D^C d\varphi = \int \left(1 - \lambda^2 \cdot \cos^2 \varphi\right) d\varphi = \\
&= \int \left\{ 1 - \lambda^2 \cdot \left[\frac{\cos(2\varphi)}{2} + \frac{1}{2} \right] \right\} d\varphi = \int \left[1 - \frac{\lambda^2}{2} - \frac{\lambda^2}{2} \cdot \cos(2\varphi) \right] d\varphi = \\
&= \left(1 - \frac{\lambda^2}{2}\right) \cdot \varphi - \frac{\lambda^2}{4} \cdot \sin(2\varphi)
\end{aligned}
\right. \tag{16}
$$

$$\varphi^D = \left(1 - \frac{\lambda^2}{2}\right) \cdot \varphi - \frac{\lambda^2}{4} \cdot \sin(2\varphi)$$

Prin suprapunerea efectului dinamic al poziției în sistemele dinamice prezentate anterior, se obține diagrama de accelerații din figura (8).

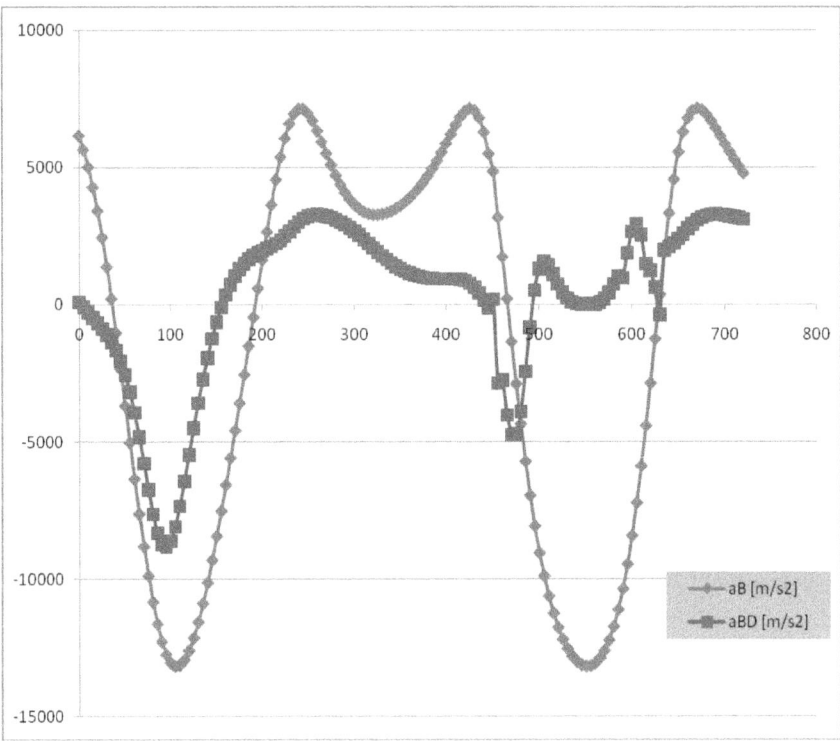

Fig. 8. *Diagrama accelerațiilor dinamice ale pistonului ținând cont de viteza unghiulară variabilă ω^D, de existența lui ε, și de valoarea variabilă a unghiului de poziție dinamic: r=0.03 [m], l=0.05 [m], n=5000[rot/min]*

Efectul dinamic pare să fie bun pentru mișcarea mecanismului, deoarece el restrânge elongațiile accelerației, însă atunci când se restrâng aceste zone cu vârfuri, se crează în schimb în zonele respective, oscilații, care produc vibrații, bătăi, zgomote, și chiar șocuri, fapt pus mai bine în evidență prin modelul cu viteză unghiulară variabilă și poziții dinamice (fără să se mai considere și efectul lui ε variabil), (a se vedea diagrama din figura 9).

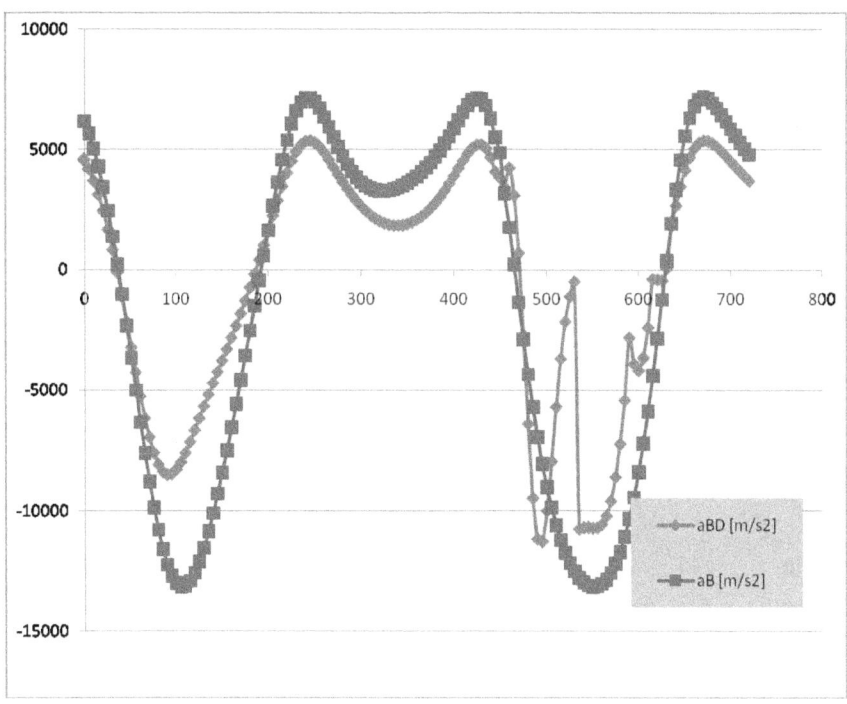

Fig. 9. *Diagrama acceleraţiilor dinamice ale pistonului ţinând cont de viteza unghiulară variabilă* ω^D, *şi de valoarea variabilă a unghiului de poziţie dinamic:* r=0.03 [m], l=0.05 [m], n=5000[rot/min]

La motorul Stirling apar patru zone cu vibraţii în loc de una singură, pentru două rotaţii complete ale arborelui motor, dar toţi timpii sunt timpi motori (a se vedea diagrama de acceleraţii din figura 10). Vibraţiile motorului Stirling vor fi mai însemnate decât cele ale unui motor de tip Otto, însă randamentul teoretic al motorului Stirling este mult mai ridicat.

Din păcate el nu se realizează integral în practică deoarece ar fi necesară o diferenţă de temperatură între sursele caldă şi rece mult mai mare, decât cele utilizate în mod normal, astfel încât cele două motoare devin oarecum apropiate din punct de vedere al calităţilor şi defectelor lor.

Totuşi motorul Otto s-a impus la automobile, având o dinamică mai ridicată şi mai bună, o adaptabilitate mai mare la diferitele regimuri de lucru impuse, motorul Stirling având probleme mai ales la regimurile tranzitorii, cât şi la pornire.

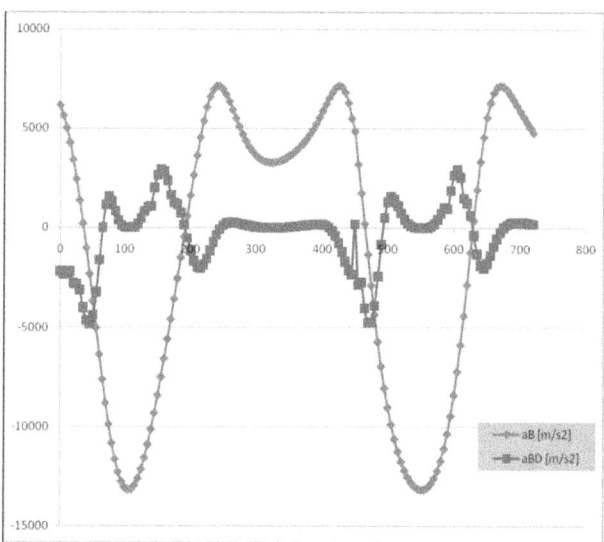

Fig. 10. *Diagrama accelerațiilor dinamice ale pistonului pentru un motor Stirling, ținând cont de viteza unghiulară variabilă* ω^D, *de existența lui* ε, *și de valoarea variabilă a unghiului de poziție dinamic:* $r=0.03 \ [m], \ l=0.05 \ [m], \ n=5000 [rot/min]$

Dacă un motor termic cu ardere externă nu s-a putut bate cu motorul termic cu ardere internă de tip Otto, la montarea pe autovehicule, nu același lucru s-a întâmplat în domeniul vehiculelor în general, unde „a prins mult" și motorul cu ardere internă Diesel, cât și cel cu ardere externă Watt, cu aburi, utilizat foarte mult timp pe vehicule, la locomotive, șalupe, vapoare, etc., dar și ca motor staționar, în uzine, acolo unde și motorul Stirling dă rezultate foarte bune. Motorul cu aburi poate lucra la randamente superioare și cu o dinamică bună, iar dezavantajele arderii unor combustibili inferiori precum cărbunii pot fi eliminate prin arderea petrolului, a gazelor, a alcoolilor, a hidrogenului, etc, sau prin încălzirea vaporilor prin alte procedee moderne, cu rezistențe electrice, prin inducție, etc.

B2.4. Bibliografie

[1] **Grunwald B.**, *Teoria, calculul și construcția motoarelor pentru autovehicule rutiere.* Editura didactică și pedagogică, București, 1980.

[2] **Petrescu, F.I., Petrescu, R.V.,** *Câteva elemente privind îmbunătățirea designului mecanismului motor,* Proceedings of 8th National Symposium on GTD, Vol. I, p. 353-358, Brasov, 2003.

2.5. DESIGNUL MOTOARELOR ÎN V

2.5.1. Prezentare

Motorul în V este un motor cu ardere internă, care grupează pe un singur fus maneton o pereche de pistoane, ce lucrează în cilindri având axele de ghidare poziţionate astfel încât să facă între ele un unghi fix alfa (situat deobicei în jurul valorii de 90 grade sexazecimale). Cele două axe trec obligatoriu prin axa principală a arborelui cotit (axa fusului palier). Idea principală în construcţia unui motor real (clasic) în V este ca un singur fus maneton să fie acţionat practic simultan de două pistoane (a se urmări figura 1).

În acest mod randamentul mecanic al motorului creşte, comparativ cu cel al unui motor obişnuit care are un singur piston motor pe un fus maneton.

Fig. 1. *Motor în V*

Fiind mereu cuplate, două câte două, pistoanele unui motor în V vor putea avea per total numai numere pare: V2, V4, V6, V8, V10, V12, V14, V16, etc...

La motoarele în linie în doi timpi (discutăm numai despre motoarele termice cu ardere internă, de tip Lenoir, Otto, sau Diesel) cea mai bună echilibrare se realizează pentru motorul cu trei cilindri, în timp ce la motoarele în linie în patru timpi echilibrarea optimă apare la cele cu şase cilindri.

Corespunzător la soluțiile în V avem o bună echilibrare și compactizare pentru motoarele cu șase cilindri (V6), însă soluțiile optime sunt realizate prin construirea motoarelor cu 12 și 16 cilindri în V (V12 și V16). Modelele V4 și V14 sunt foarte rare, în timp ce motoarele V8 și V10 sunt des întâlnite deși nu reprezintă o soluție optimă.

Primul motor în V a fost introdus în anul 1903.

El era urmat de o cutie de viteze construită în variantele cu două trepte si cu trei trepte de viteze.

Fig. 2. *Primul motor în V; realizat în anul 1903*

Primul motor în V (un V2) a fost realizat în anul 1903 (vezi fig. 2). El era echipat la ieșire cu două transmisii (posibile la acea vreme), o variantă fiind cu o cutie de viteze cu două trepte, iar a doua variantă net superioară prevedea trei trepte de viteze.

Motoare V2 se mai construiesc și astăzi în special pentru șalupe, motociclete, motorete, sau pentru motorizarea unor mici utilaje (a se vedea fig. 3).

motor în V cu doi cilindri (unu + unu); unghiul alfa e mai mic de 90 grade hexasimala.

Fig. 3. *Motor în V modern (un V2 modern, de mic litraj dar de putere mare)*

Soluția cea mai rațională pentru motoarele în V medii este un V6 care pe lângă o echilibrare bună prezintă și avantajul realizării unui motor puternic, economic, fiabil, nepoluant, dinamic, și extrem de compact (a se urmări figurile 4 și 5).

Fig. 4. *Motor în V modern (un V6 modern, de litraj mediu dar de putere mare)*

Motoarele V6

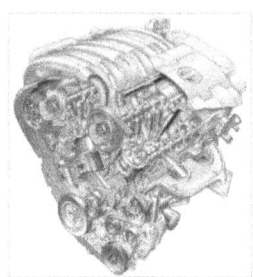

Motorul V6 este unul dintre cele mai compacte motoare; mai scurt decât motorul cu 4 cilindri în linie, iar la mai multe modele și mai îngust decâ V8.

În plus, un V6 este bine echilibrat.

Fig. 5. *Motor V6 modern (un V6 modern, de litraj mediu dar de putere mare); echilibrarea este bună, iar compactizarea ideală*

Fiind soluția optimă, pentru litrajul mediu și mare motorul V6 este destul de răspândit, dar o răspândire similară o au și motoarele V8 (figura 6) și V10 (figura 7).

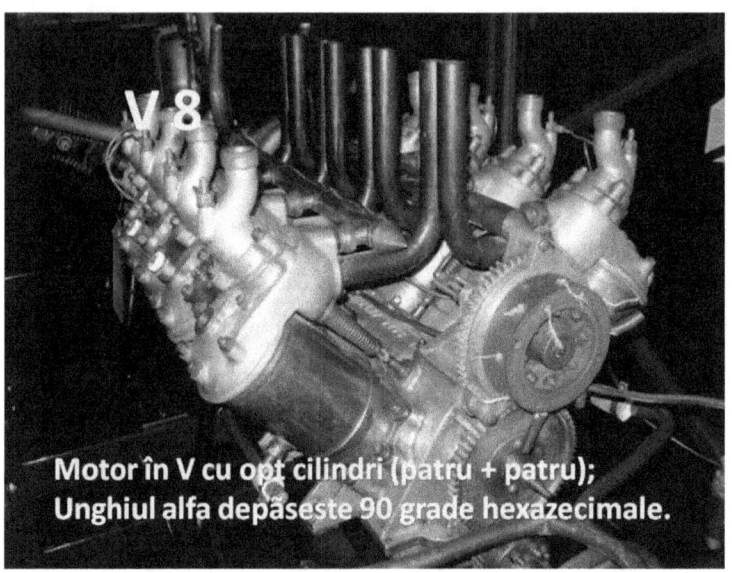

Fig. 6. *Motor V8 modern de mare litraj și putere*

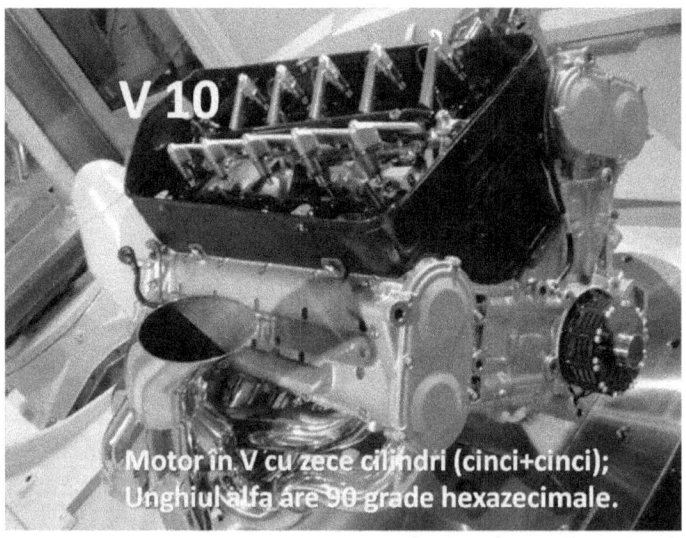

Fig. 7. *Motor V10 modern de mare litraj și putere*

O soluție mai bună pentru motoarele în V o reprezintă configurațiile V12 și V16. Acestea au o echilibrare foarte bună, și sunt de preferat pe vehiculele foarte mari (autocamioane, locomotive, autotrenuri, vehicule militare, vehicule speciale, ambarcaţiuni de tip yahturi, sau vaporaşe), (a se urmări fig. 8 şi 9).

Fig. 8. *Motor V12 modern de mare litraj şi putere; echilibrare foarte bună*

Motoarele V12

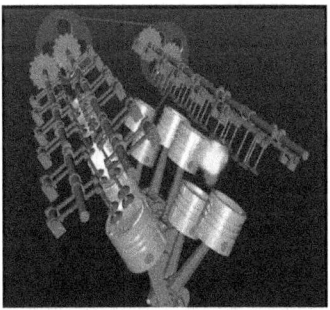

Motoarele V12 sunt motoare cu configuraţie V cu 12 cilindri montaţi în blocul motor în 2 bancuri de câte 6 cilindri.

Fig. 9. *Ambielajul unui motor V12 modern de mare litraj şi putere; echilibrare foarte bună*

În figura 10 se prezintă mega motoare diesel în V cu 12 cilindri, de putere foarte mare; un astfel de motor este utilizat la navele maritime uriașe, singur sau în soluție hibrid împreună cu o turbină cu gaz.

Fig. 10. *Motor V12 diesel uriaș utilizat pe navele maritime foarte mari*

Datorită calităților sale (putere, dinamică, robustețe, suplețe, fiabilitate, compactitate, randament mare, sarcină mare, consum redus, etc) motorul în V a pătruns și în lumea curselor de automobile, echipând cele mai bune mașini.

O soluție utilizată de cei mai renumiți constructori (Volkswagen, Lancia, Ford, Nissan, Alfa Romeo, Yamaha) este cea prezentată în figura 11, unde se poate vedea axonometria unui motor rapid V6, cu 24 supape, adică un șase cilindri în V (trei și trei), cu patru supape pe cilindru (distribuție variabilă realizată cu patru arbori cu came poziționați direct în chiulasă pentru a se elimina tija și culbutorul).

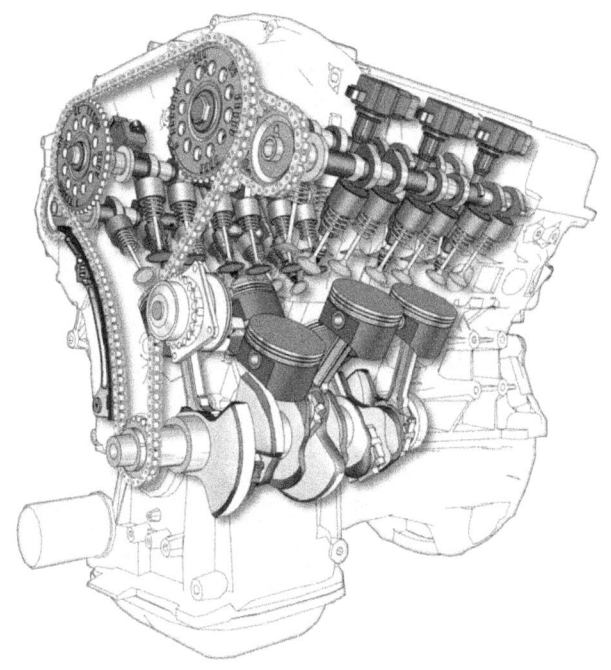

Fig. 11. *Motor V6 turbo cu 24 supape, pentru curse (axonometrie)*

În figura 12 se pot observa câteva modele constructive ale motorului V6 rapid (de curse).

Fig. 12. *Motoare V6 turbo cu 24 supape, pentru curse, (aspect constructiv)*

Alţi mari constructori auto preferă pentru maşinile de curse (formula unu) motoarele V12, mult mai puternice, mai dinamice şi cu o echilibrare şi mai bună.

În figura 13 se prezintă o soluţie constructivă de tip V12 adoptată de firma Ferrari.

Fig. 13. *Motor Ferrari V12 turbo pentru curse, (aspect constructiv)*

În figura 14 este prezentat un V12 realizat de Jaguar.

Fig. 14. *Motor Jaguar V12 (aspect constructiv)*

În figura 15 este prezentat un V12 realizat de firma Lamborghini.

Fig. 15. *Motor Lamborghini V12 (aspect constructiv)*

Figura 16 prezintă un V12 realizat de firma Honda.

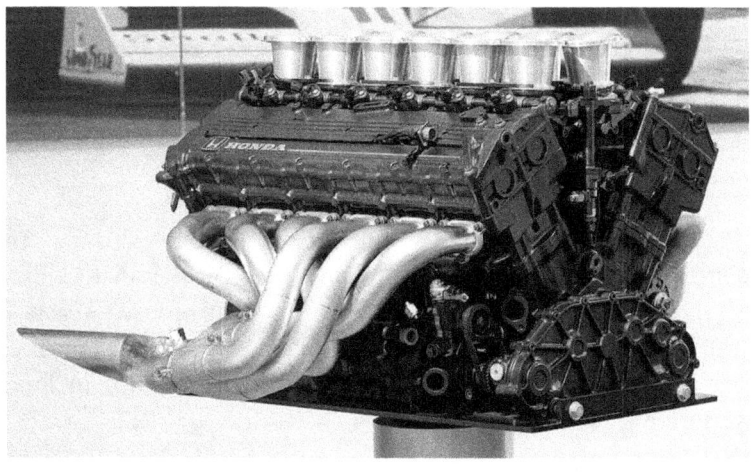

Fig. 16. *Motor Honda V12 (aspect constructiv)*

2.5.2. Sinteza motorului în V în funcţie de unghiul alfa

Sinteza cinematică şi dinamică a motoarelor în V se poate face în funcţie de unghiul constructiv alfa (α).

Acest unghi constructiv alfa (vezi figura 17) a fost ales în general după diferite criterii sau cerinţe constructive (unghiul V-ului este determinat de numărul de cilindri şi de condiţia de obţinere a aprinderilor uniform repartizate).

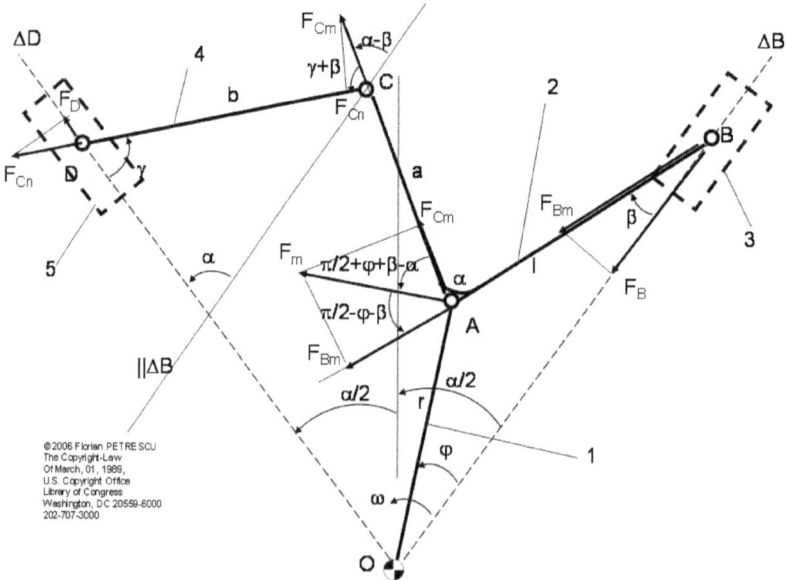

V Motors' Kinematics and Dynamics Synthesis by the Constructive Angle Value (α);
Forces Distribution, Angles, Elements and Couples (Joints) Positions; a+b=l

Fig. 17. *Schema cinematică a unui motor în V (caz general)*

Prezenta lucrare propune sintetizarea acestui unghi după criterii cinematico-dinamice riguroase, astfel încât motorul în V rezultat să lucreze silenţios, cu vibraţii şi zgomote mult mai reduse. Acesta este chiar dezavantajul principal al unui motor în V şi anume faptul că el lucrează cu vibraţii mai ridicate comparativ cu un motor în linie de aceeaşi putere [1, 6-12].

Autorii prezentei lucrări au studiat timp de mai mulţi ani împreună cu un colectiv de cercetare mixt (IPB-Intreprinderea

Autobuzul) comportamentul dinamic al motoarelor în V [6-8], nivelul de vibraţii şi zgomote produse, nivelul celor transmise în interiorul autovehiculelor, posibilitatea limitării acestora prin diferite soluţii de prindere şi izolare a motorului respectiv. Rezultatele au fost bune dar nu foarte bune. După măsurători similare efectuate pe alte tipuri de motoare s-a hotărât utilizarea unor motoare în linie, mult mai silenţioase decât cele în V. Între timp motoarele s-au îmbunătăţit dar şi standardele internaţionale care limitează nivelele de vibraţii şi zgomote au devenit tot mai pretenţioase.

Motorul în V, are foarte mulţi iubitori, el fiind mai compact, mai dinamic, mai robust, mai puternic, şi funcţionând cu randamente superioare faţă de motoarele similare în linie. Fanii săi nu sunt însă numai iubitorii de curse, motocicliştii şi obişnuinţa, existând în realitate un public larg consumator care nu doreşte decât maşini echipate cu motoare nervoase în V (Ca să-i împăcăm şi pe ei dar şi pe cei care fac normele de limitare a emisiilor autoturismelor, am gândit această lucrare menită să aducă o soluţie echitabilă în ceea ce priveşte motoarele în V).

2.5.2.1. Ideia de bază

După zeci de ani de muncă în domeniul mecanismelor şi al maşinilor, prin experienţa acumulată, am observat un fapt interesant. La motoarele în linie transmiterea forţelor şi a vitezelor se face normal şi de la arborele conducător (motor) la pistoane (prin intermediul bielelor) şi invers (în timpii motori). La motorul în V transmiterea forţelor şi a vitezelor între elemente se face forţat şi inegal indiferent de sensul de transmitere (de la manivelă la pistoane, sau de la pistoane la manivelă).

Dinamica impusă pistonului principal este una, iar cea impusă pistonului secundar este alta, astfel încât vitezele dinamice (vitezele reale impuse) diferă şi odată cu ele şi feetbackul pistoanelor către manivelă (către arborele motor), ca şi cum fiecare ar dori să impună o altă viteză pentru arborele principal. Dacă aşa stau lucrurile la o pereche de pistoane, pentru mai multe perechi de pistoane smuciturile rezultante în funcţionare vor fi mai multe şi mai mari, producând vibraţii şi zgomote suplimentare, în timpul funcţionării motorului.

Soluția evidentă este optimizarea dinamică a fiecărei perechi de pistoane în parte.

Această optimizare s-a făcut pe baza coeficienților dinamici ai fiecărui piston. Coeficientul dinamic al unui piston arată cu cât variază viteza unghiulară reală (dinamică) a manivelei comparativ cu viteza unghiulară medie impusă de turația arborelui motor. Această variație [3, 4] se datorează mai multor factori cinematici, cinetostatici și dinamici, fiind ea însăși o funcție și de parametrii constructivi ai motorului.

La mecanismele obișnuite avem un singur coeficient dinamic, așa cum se întâmplă și la motoarele în linie. La motorul în V apar doi coeficienți dinamici impuși manivelei și deci și arborelui motor de către cele două pistoane legate împreună (biela pistonului secundar se leagă de biela pistonului principal), (a se vedea figura 17). Cei doi coeficienți dinamici diferă între ei și își schimbă valorile permanent în funcție de unghiul de poziționare al manivelei (al arborelui motor).

Acest lucru arată că fiecare piston (cel principal și cel secundar) încearcă să-și impună arborelui principal dinamica sa, astfel încât rezultatul final este o funcționare cu zbateri, deoarece cele două pistoane trag „unul hăis și altul cea" (ca să folosim o expresie populară, clară, dar din păcate neacademică). Soluția posibilă (singura, unica soluție) este egalarea celor doi coeficienți dinamici, astfel încât din doi să avem permanent numai un singur coeficient dinamic asemenea motoarelor în linie. Mai exact trebuie să scriem o relație matematică în care egalăm expresia coeficientului dinamic al motorului (pistonului) principal cu cea a motorului (pistonului) secundar (acum se poate observa faptul că motorul în V este construit din câte două motoare comasate; fig. 17). Relațiile care rezultă sunt destul de complicate [5].

Optimizarea pe baza relației obținute se poate face în mai multe moduri. Cel mai firesc apare ca această optimizare să se facă ținând cont de parametrii constructivi ai motorului în V, în special de unghiul constructiv alfa, care apare de două ori în schema cinematică a unui motor în V clasic: odată el reprezintă unghiul de montaj format de cele două axe ale celor două pistoane cuplate (unghiul format de axa de ghidaj a pistonului principal cu axa de ghidare a pistonului secundar); iar a doua oară acest unghi constructiv apare pe elementul 2 (biela pistonului principal) între cele două brațe ale elementului doi, AB și AC.

2.5.2.2. Sinteza propriuzisă a motoarelor în V
2.5.2.2.1. Prezentare generală

În figura 17 este prezentată schema cinematică a unui motor în V. Manivela 1 se rotește în sens trigonometric cu viteza unghiulară ω și acționează biela 2 care mișcă pistonul principal 3 de-a lungul axei ΔB, dar și biela 4 care la rândul ei împinge sau trage pistonul 5 în lungul axei ΔD. Aici apare unghiul constructiv α între cele două axe ΔB și ΔD.

Același unghi α este format de cele două brațe ale bielei 2; primul braț are lungimea l, și al doilea are lungimea a; această lungime a, adunată cu lungimea b a bielei 4 trebuie să recompună lungimea primei biele 1 (este o condiție constructiv funcțională generală a motoarelor în V; pentru a elimina unghiul constructiv alfa care apare pe biela 2, se trece uneori la un caz particular în care brațul a este scurtat la valoarea particulară 0, caz în care lungimea b devine egală cu l, iar prelungirea a de pe prima bielă a motorului în V dispare astfel încât unghiul constructiv alfa de pe biela principală dispare și el, rămânând valabil doar unghiul constructiv alfa dintre ghidajele celor două pistoane).

Forța motoare a manivelei F_m este perpendiculară pe brațul r al manivelei, în A. O parte din ea (F_{Bm}) se transmite primului braț al bielei 2 (dealungul lui l) către pistonul principal 3. A doua parte din forța motoare (F_{Cm}) se transmite către pistonul secundar 5, prin brațul al doilea al primei biele (dealungul lui a).

2.5.2.2.2. Forțe și viteze

O parte x, din forța motoare F_m, se transmite către primul piston (elementul 3) și o altă parte din ea y, se transmite spre al doilea piston (elementul 5); suma celor două părți x și y este 1 sau 100% luată în procente.

Vitezele dinamice au aceeași direcție cu forțele [3-5], spre deosebire de vitezele cinematice impuse de legăturile din cuple.

De la elementul 2 (prima bielă, primul ei braț) se transmite către pistonul principal (elementul 3) forța F_B și viteza v_{BD}.

Viteza cinematică (impusă de cuple) a punctului B, are valoarea cunoscută v_B, [5], în general diferită de cea dinamică v_{BD}.

Pentru a forța pistonul principal să aibă o viteză egală cu cea dinamică (reală), introducem conceptul de coeficient dinamic D_B, ($D_B = x.\cos^2\beta$) cu ($v_{BD} = D_B.v_B$), adică viteza dinamică este egală cu produsul dintre viteza cinematică și coeficientul dinamic D_B. Viteza motoare (pe aceeași direcție cu forța motoare și având același sens cu aceasta) este dată de relația ($v_m = r.\omega$).

În C, F_{Cm} și v_{Cm} se proiectează în F_{Cn} și v_{Cn}.

Acestea la rândul lor se proiectează în D pe axa ΔD, în F_D și v_D (viteza dinamică a celui de al doilea piston). Viteza cinematică are o altă expresie s_{Dp}, cunoscută deasemenea. Introducem acum al doilea coeficient dinamic (datorat celui de al doilea piston), D_D [5], unde ($v_D = D_D.s_{Dp}$).

2.5.2.2.3. Determinarea coeficientului dinamic, D

Coeficientul dinamic al mecanismului, D, se impune întregului mecanism, el influențând efectiv funcționarea acestuia în frunte cu viteza de rotație a manivelei (arborele cotit). Pentru orice mecanism trebuie să avem practic un singur coeficient dinamic.

La motoarele în V coeficientul dinamic real este rezultatul unui compromis de moment (aleator) între valorile momentane ale celor doi coeficienți dinamici diferiți impuși de cele două pistoane (motoare) diferite legate împreună în motorul în V (și nu trebuie neapărat ca această valoare instantanee să fie o medie a celor două valori diferite). Din acest motiv funcționarea generală a motoarelor în V este mai zgomotoasă.

Soluția ideală (imediată) este evident aducerea celor doi coeficienți dinamici la valori apropiate sau dacă este posibil chiar egale. În acest scop am egalat expresiile celor doi coeficienți dinamici pentru a vedea ce soluții există pentru rezolvarea ecuației obținute în alfa, α.

Expresia este complexă și are mai multe variabile (diverșii parametrii constructivi ai motorului în V). S-a încercat o sinteză analitică cu ajutorul unui program de calcul complex, prin care s-a căutat gasirea soluțiilor generale alfa ale sistemului, indiferent de valorile celorlalți parametrii constructivi, astfel încât coeficienții dinamici să prezinte valori egale, iar motorul astfel construit (sintetizat) să funcționeze fără șocuri și vibrații, fără zgomote și cu o emisie de noxe redusă, cu randamente ridicate, cu puteri mari realizate chiar cu un consum mai mic de combustibil. Totul pe baza funcționării normale (optime) a întregului lanț cinematic format din arbore cotit, două pistoane motoare și două biele, toate cuplate între ele și în trei puncte legate și la elementul fix.

2.5.2.3. Analiza dinamică

Analiza dinamică a sistemului, sau sinteza dinamică a motorului prin aceste relații complexe [5], a scos în evidență o plajă de valori pentru unghiul α, care conform teoriei expuse sunt susceptibile să ducă la sinteza unor motoare în V optime (a se vedea tabelul din figura 18).

α [GRAD]
0 – 8
12 – 17
23 – 25
155 – 156
164 – 167
173 – 179

Fig. 18. *Tabel cu valori preferențiale ale unghiului alfa constructiv, pentru a realiza o sinteză optimă dinamică a motorului în V, indiferent de valorile celorlalți parametri constructivi*

Pentru niște parametri constructivi aleși aleator (r=0.01 [m], l=0.1 [m], a=0.03 [m], b=0.07 [m]) și o turație aleasă a arborelui motor de n=5000 [rot/min], obținem trei diagrame diferite pentru deplasarea și accelerația pistoanelor, corespunzătoare la trei unghiuri α alese aleator (5⁰, 75⁰ și 95⁰), (a se vedea figurile 19-21).

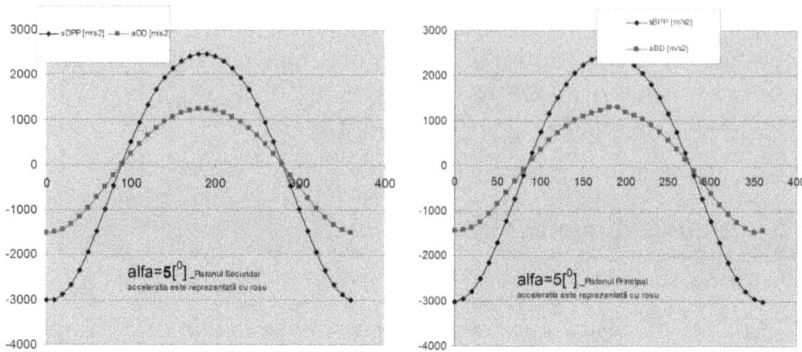

Fig. 19. *Deplasări și accelerații dinamice (alfa=5 [deg]) ale pistoanelor*

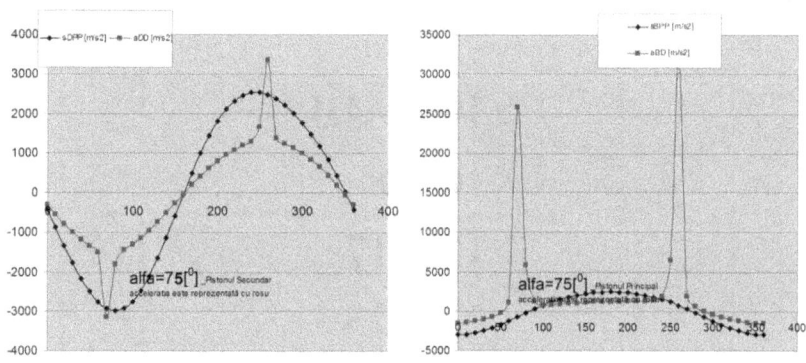

Fig. 20. *Deplasări și accelerații dinamice (alfa=75 [deg]) ale pistoanelor*

În diagramele reprezentate în figurile 19-21, în stânga apare pistonul secundar, iar în dreapta se vede pistonul principal. Pentru a nu complica figurile s-au reprezentat în fiecare diagramă numai două componente ale pistoanelor respective și anume deplasarea lor dinamică (cu culoare mai intensă) și accelerația lor dinamică (ținând cont și de șocurile în funcționare; cu un gri mai puțin intens).

Se precizează că ele au rezultat prin unificarea coeficienților dinamici, deci practic nu mai poate fi vorba de deplasarea, sau accelerația clasică din cinematica cunoscută.

În diagramele din figura 18 s-a ales un unghi constructiv alfa de 5 grade sexazecimale, situat în plaja de valori indicate de tabelul din figura 18 (5 se situează în intervalul indicat de 0-8 deg), astfel încât funcționarea ambelor pistoane este liniștită, deplasările lor dinamice și accelerațiile lor dinamice fiind foarte apropiate de cele din cinematica clasică cunoscută; în plus aspectul diagramelor este unul sinusoidal simplu.

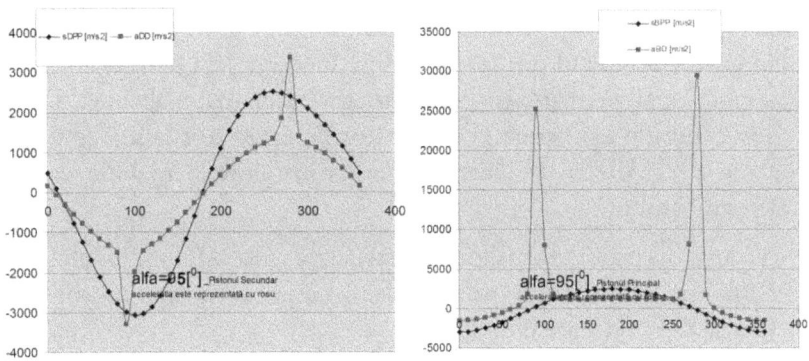

Fig. 21. *Deplasări și accelerații dinamice (alfa=95 [deg]) ale pistoanelor*

În diagramele reprezentate în figurile 20 și 21 cinematica dinamică s-a înrăutățit mult pentru pistonul principal și s-a deteriorat ușor pentru pistonul secundar; s-au ales pentru unghiul constructiv alfa două valori aleatoare, 75 și 95 deg, situate în afara intervalelor indicate în tabelul 18, dar fiind valori apropiate de cele utilizate de multe ori în practică. Multe motoare în V au unghiul alfa constructiv de 90 deg, sau 95-100, ori 75-90. Aceste valori nu sunt indicate în tabelul 18, și chiar dacă nu generează situațiile cele mai critice (cum ar fi cazul pentru alfa=90 deg de exemplu) totuși prezintă o funcționare defectoasă, cu șocuri mari (mai ales pentru pistonul principal).

Valoarea de cinci grade se situează în plaja de valori indicate ca fiind corespunzătoare, astfel încât vârfurile accelerațiilor abia dacă depășesc valoarea de 1000 $[m/s^2]$ la ambele pistoane (a se vedea diagramele din fig. 19).

Diagramele din figurile 20 și 21 sunt oarecum asemănătoare (dar nu chiar identice) și prezintă situații utile deasemenea, chiar dacă vârfurile accelerațiilor au crescut la circa 3500 [m/s²] pentru pistonul secundar și aproximativ 30000 [m/s²] pentru pistonul principal. Unghiurile de 75 și 95 grade iată că pot fi și ele folosite (cel puțin pentru parametrii constructivi indicați), lucru care va bucura desigur pe constructorii vechi și împătimiți ai motoarelor în V, care doresc o schimbare în bine fără prea multe modificări (există foarte multe motoare în V construite cu unghiuri alfa foarte apropiate de 90 grade care nu lucrează totuși optim; acestea ar putea fi ușor modificate la valoarea optimă; probabil 95 grade, dar unghiul optim ar putea să se modifice puțin odată cu schimbarea parametrilor constructivi r, l, a, b; relațiile exacte de calcul pot fi găsite și în lucrarea [5]). Un motor în V care atinge local pentru pistonul principal (cel mai solicitat) 30000 [m/s²] la o turație a arborelui conducător de 5000 [rot/min], (e vorba de un șoc local doar) va lucra similar cu motoarele în linie dar cu puteri și randamente mai ridicate.

Totuși utilizarea valorilor constructive indicate în tabelul din figura 2 pentru unghiul alfa, poate duce la construcția unui motor în V mult mai silențios decât cel în linie.

Precizare.

Diagramele de accelerații prezentate au fost construite pe baza unei metode originale, ele fiind rezultatul unor calcule complexe [5], și reprezentând accelerațiile dinamice (care conțin și șocurile din funcționare, adică vârfurile de accelerații instantanee); dacă șocurile sunt foarte mici, diagramele prezintă practic accelerațiile; când șocurile sunt vizibile diagramele prezintă accelerațiile și vârfurile acestora; atunci când șocurile sunt mari sau foarte mari diagramele vor înregistra doar șocurile sistemului accelerațiile mult mai mici (suprapuse) nemaiputându-se observa (aceste cazuri însă nu ar fi de dorit în funcționarea motoarelor în V).

2.5.2.4. Observații și concluzii

Cu valorile din tabel ale unghiului constructiv α, se poate sintetiza un motor în V mai silențios, indiferent de valoarea pe care o au ceilalți parametrii constructivi ai motorului în V.

O primă observație care rezultă din citirea valorilor indicate pentru unghiul alfa optim tabelat, este aceea că valorile apropiate de 90 grade nu apar, iar în general pentru aceste valori (dealtfel des utilizate în practica motoarelor în V) programul de calcul arată o dinamică mult înrăutățită pentru motorul care ar fi construit cu un unghi $\alpha=90$ grade.

Există posibilitatea găsirii unor valori particulare pentru unghiul α, care să ia și alte valori (eventual chiar mai apropiate de unghiul de 90 grade) dar cu stabilirea unor valori particulare pentru toți ceilalți parametrii constructivi.

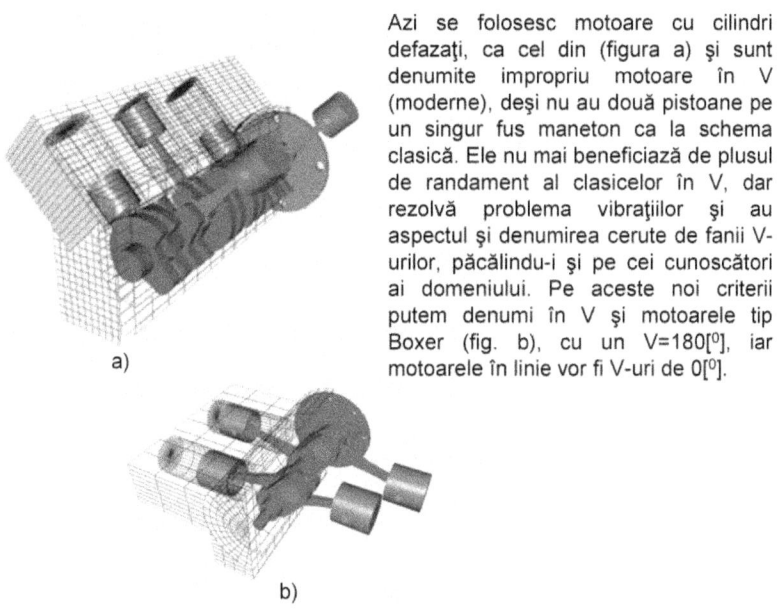

Azi se folosesc motoare cu cilindri defazați, ca cel din (figura a) și sunt denumite impropriu motoare în V (moderne), deși nu au două pistoane pe un singur fus maneton ca la schema clasică. Ele nu mai beneficiază de plusul de randament al clasicelor în V, dar rezolvă problema vibrațiilor și au aspectul și denumirea cerute de fanii V-urilor, păcălindu-i și pe cei cunoscători ai domeniului. Pe aceste noi criterii putem denumi în V și motoarele tip Boxer (fig. b), cu un V=180[°], iar motoarele în linie vor fi V-uri de 0[°].

a)

b)

Fig. 22. *Scheme de noi (pseudo)motoare în V*

În afara valorilor indicate apar șocuri foarte mari, care foarte greu pot fi izolate de cele mai moderne tampoane, astfel încât vibrațiile se fac simțite în habitaclul autovehiculului, aducând cu sine inconfort și nesiguranță, acestea din urmă fiind amplificate și de zgomotele nefirești care se produc în urma unor șocuri atât de mari.

Deoarece valorile propuse în tabel sunt (cel puțin pentru început) dificil de realizat de către constructorii de motoare în V și greu de acceptat de motoriștii pentru care unghiul trebuie dat doar de numărul de cilindri și de condiția de obținere a aprinderilor uniform repartizate, autorii acestei lucrări propun antamarea încercărilor prin soluții particulare armonizate (vezi și [5]).

O observație importantă ar mai fi aceea că astăzi se folosesc scheme noi (a se observa figura 22, a) de motoare în V, care pentru a elimina vibrațiile au montat un singur piston pe un fus maneton și au înclinat axele la pistoane una spre dreapta alta spre stânga pentru a da aspectul de motor în V; este vorba de un pseudo-motor în V deoarece nu mai avem două pistoane pe un fus maneton (pe o manivelă) iar plusul de randament dispare fiind înlocuit cu cilindree sporite pentru ca motoarele să fie puternice și dinamice (nervoase). La fel de bine am putea utiliza motoare în linie sau cu cilindri opuși (boxeri) spunând că avem un V de 0 respectiv 180 [°] (vezi 22, b).

2.5.2.5. Relațiile de calcul

Forța motoare la manivelă F_m este perpendicular pe raza manivelei r, în A. O parte din ea (F_{Bm}) se transmite primului braț al bielei principale 2 (în lungul lui l) către pistonul principal 3 (relația 1). O altă parte din forța motoare la manivelă, (F_{Cm}) se transmite către pistonul secundar 5, în lungul celui de al doilea braț al bielei principale 2 (pe direcția lui a, conform relației 2).

$$F_{B_m} = x \cdot F_m \cdot \cos[\frac{\pi}{2} - (\varphi + \beta)] = \tag{1}$$
$$= x \cdot F_m \cdot \sin(\varphi + \beta)$$

$$F_{C_m} = y \cdot F_m \cdot \cos[\frac{\pi}{2} + \varphi + \beta - \alpha] = \tag{2}$$
$$= y \cdot F_m \cdot \sin(\alpha - \varphi - \beta)$$

Niște procente x din forța motoare F_m, se transmit către pistonul principal 3, și alte procente y din ea se transmit către pistonul secundar 5; suma dintre x şi y trebuie să aibă mereu valoarea 1 sau procentual valoarea 100%.

Vitezele dinamice au aceleaşi direcţii cu forţele corespunzătoare lor (relaţiile 3 şi 4).

$$v_{B_m} = x \cdot v_m \cdot \cos[\frac{\pi}{2} - (\varphi + \beta)] =$$
$$= x \cdot v_m \cdot \sin(\varphi + \beta) \qquad (3)$$

$$v_{C_m} = y \cdot v_m \cdot \cos[\frac{\pi}{2} + \varphi + \beta - \alpha] =$$
$$= y \cdot v_m \cdot \sin(\alpha - \varphi - \beta) \qquad (4)$$

De la elementul doi (prima bielă, braţul ei principal) către pistonul principal 3 se transmite forţa F_B (relaţia 5) şi viteza dinamică v_{BD} (relaţia 6).

$$F_B = F_{B_m} \cdot \cos \beta =$$
$$= x \cdot F_m \cdot \sin(\varphi + \beta) \cdot \cos \beta \qquad (5)$$

$$v_{B_D} = v_{B_m} \cdot \cos \beta =$$
$$= x \cdot v_m \cdot \sin(\varphi + \beta) \cdot \cos \beta \qquad (6)$$

Viteza cinematică cunoscută impusă de cuplele cinematice ale mecanismului se exprimă prin relaţia 7.

$$v_B = v_m \cdot \sin(\varphi + \beta) \cdot \frac{1}{\cos \beta} \qquad (7)$$

Pentru a forţa viteza pistonului să atingă valoarea dinamică prezisă, se introduce coeficientul dinamic D_B (conform relaţiei 8):

$$D_B = x \cdot \cos^2 \beta \qquad (8)$$

Unde,

$$v_{B_D} = D_B \cdot v_B \qquad (9)$$

119

$$v_m = r \cdot \omega \qquad (10)$$

Acum se vor putea scrie relațiile cinematice și pentru cel de al doilea piston. În C, F_{Cm} și v_{Cm} se proiectează în F_{Cn} (relația 11) și respectiv v_{Cn} (relația 12).

$$F_{C_n} = F_{C_m} \cdot \cos(\gamma + \beta) =$$
$$= y \cdot F_m \cdot \sin(\alpha - \varphi - \beta) \cdot \cos(\gamma + \beta) \qquad (11)$$

$$v_{C_n} = v_{C_m} \cdot \cos(\gamma + \beta) =$$
$$= y \cdot v_m \cdot \sin(\alpha - \varphi - \beta) \cdot \cos(\gamma + \beta) \qquad (12)$$

Forța ce se transmite în lungul celei de a doua biele (F_{Cn}) se proiectează în D pe axa ΔD sub forma F_D (conform relației 13).

$$F_D = F_{C_n} \cdot \cos\gamma = y \cdot F_m \cdot \sin(\alpha - \varphi - \beta) \cdot \cos(\gamma + \beta) \cdot \cos\gamma \qquad (13)$$

Viteza dinamică în D este dată de relația (14):

$$v_D = v_{C_n} \cdot \cos\gamma = y \cdot v_m \cdot \sin(\alpha - \varphi - \beta) \cdot \cos(\gamma + \beta) \cdot \cos\gamma \quad (14)$$

Viteza cinematică clasică a lui D impusă de cuplele cinematice este dată de relația (15):

$$\dot{s}_D = v_D =$$
$$= \frac{v_m}{\cos\gamma \cdot l \cdot \cos\beta} \cdot [l \cdot \cos\beta \cdot \sin(\gamma + \alpha - \varphi) - a \cdot \cos\varphi \cdot \sin(\gamma + \beta)] \qquad (15)$$

Coeficientul dinamic în D se determină cu relațiile (16):

$$\begin{cases} D_D = \dfrac{N}{n} \\ N = (1-x) \cdot l \cdot \sin(\alpha - \varphi - \beta) \cdot \cos(\gamma + \beta) \cdot \cos^2\gamma \cdot \cos\beta \\ n = l \cdot \cos\beta \cdot \sin(\gamma + \alpha - \varphi) - a \cdot \cos\varphi \cdot \sin(\gamma + \beta) \end{cases} \qquad (16)$$

Se pune condiția unificării coeficienților dinamici într-unul singur, D (conform relațiilor 17):

$$
\begin{cases}
D = D_D = D_B \Rightarrow x = \dfrac{N_x}{n_x} \\[2mm]
N_x = l \cdot \sin(\alpha - \varphi - \beta) \cdot \\[1mm]
\cdot \cos(\gamma + \beta) \cdot \cos^2 \gamma \\[1mm]
n_x = l \cdot \cos^2 \beta \cdot \sin(\gamma + \alpha - \varphi) - \\[1mm]
- a \cdot \cos \beta \cdot \cos \varphi \cdot \sin(\gamma + \beta) + \\[1mm]
l \cdot \sin(\alpha - \varphi - \beta) \cdot \cos(\gamma + \beta) \cdot \cos^2 \gamma \\[1mm]
D = D_B = x \cdot \cos^2 \beta
\end{cases}
\quad (17)
$$

Din aceste condiții care țintesc unificarea celor doi coeficienți dinamici D_B și D_D într-unul singur D, se explicitează valoarea variabilei procentuale x (relația 17), în funcție de valoarea parametrului constructiv alfa și de ceilalți parametri cunoscuți.

B2.5. Bibliografie

[1] GRUNWALD B., *Teoria, calculul și construcția motoarelor pentru autovehicule rutiere.* Editura didactică și pedagogică, București, 1980.

[2] Petrescu, F.I., Petrescu, R.V., *Câteva elemente privind îmbunătățirea designului mecanismului motor,* Proceedings of 8th National Symposium on GTD, Vol. I, p. 353-358, Brasov, 2003.

[3] Petrescu, F.I., Petrescu, R.V., *An original internal combustion engine,* Proceedings of 9th International Symposium SYROM, Vol. I, p. 135-140, Bucharest, 2005.

[4] Petrescu, F.I., Petrescu, R.V., *Determining the mechanical efficiency of Otto engine's mechanism,* Proceedings of International Symposium, SYROM 2005, Vol. I, p. 141-146, Bucharest, 2005.

[5] Petrescu, F.I., Petrescu, R.V., *V Engine Design,* Proceedings of International Conference on Engineering Graphics and Design, ICGD 2009, Cluj-Napoca, 2009.

[6]. FRĂȚILĂ, Gh., SOTIR, D., *PETRESCU, F., PETRESCU, V.,* ş.a. *Cercetări privind transmisibilitatea vibrațiilor motorului la cadrul și caroseria automobilului.* În a IV-a Conferință de Motoare, Automobile, Tractoare și Mașini Agricole, CONAT-matma, Brașov, 1982, Vol. I, p. 379-388.

[7]. MARINCAȘ, D., SOTIR, D., *PETRESCU, F., PETRESCU, V.,* ş.a. *Rezultate experimentale privind îmbunătățirea izolației fonice a cabinei autoutilitarei TV-14.* În a IV-a Conferință de Motoare, Automobile, Tractoare și Mașini Agricole, CONAT-matma, Brașov, 1982, Vol. I, p. 389-398.

[8]. FRĂȚILĂ, Gh., MARINCAȘ, D., BEJAN, N., FRĂȚILĂ, M., *PETRESCU, F., PETRESCU, R.,* RĂDULESCU, I. *Contributions a l'amelioration de la suspension du groupe moteur-transmission.* În buletinul Universității din Brașov, Seria A, Mecanică aplicată, Vol. XXVIII, 1986, p. 117-123.

[9]. Fjoseph L. Stout – Ford Motor Co., I. *Engine Excitation Decomposition Methods and V Engine Results.* In SAE 2001 Noise & Vibration Conference & Exposition, USA, 2001-01-1595, April 2001.

[10]. D. Taraza, "Accuracy Limits of IMEP Determination from Crankshaft Speed Measurements," *SAE Transactions, Journal of Engines* 111, 689-697, 2002.

[11]. FROELUND, K., S.C. FRITZ, and B. SMITH., *Ranking Lubricating Oil Consumption of Different Power Assemblies on an EMD 16-645E Locomotive Diesel Engine.* Presented at and published in the Proceedings of the 2004 CIMAC Conference, Kyoto, Japan, June 2004.

[12]. Leet, J.A., S. Simescu, K. Froelund, L.G. Dodge, and C.E. Roberts Jr., *Emissions Solutions for 2007 and 2010 Heavy-Duty Diesel Engines.* Presented at the SAE World Congress and Exhibition, Detroit, Michigan, March 2004. SAE Paper No. 2004-01-0124 , 2004.

2.6. CINETOSTATICA DIADEI RRT

Cinetostatica diadei de aspectul al doilea RRT, poate fi urmărită în figura 1, iar calculele în sistemul relațional (1).

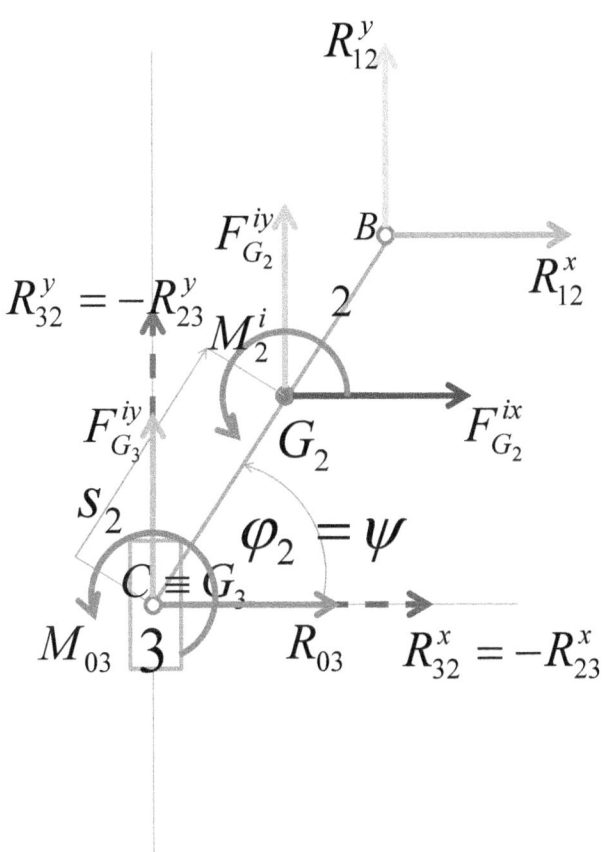

Fig. 1. *Cinetostatica diadei RRT*

$$\begin{cases} x_B = l_1 \cdot \cos\varphi \\ y_B = l_1 \cdot \sin\varphi \end{cases} \begin{cases} \dot\psi = \lambda \cdot \dfrac{\sin\varphi}{\sin\psi} \cdot \dot\varphi \\ \ddot\psi = \lambda \cdot \left(1 - \lambda^2\right) \cdot \dfrac{\cos\varphi}{\sin^3\psi} \cdot \dot\varphi^2 \end{cases}$$

$$\begin{cases} x_{G_2} = x_C + s_2 \cdot \cos\varphi_2 \\ y_{G_2} = y_C + s_2 \cdot \sin\varphi_2 \end{cases} \begin{cases} \dot x_{G_2} = \dot x_C - s_2 \cdot \sin\varphi_2 \cdot \dot\varphi_2 \\ \dot y_{G_2} = \dot y_C + s_2 \cdot \cos\varphi_2 \cdot \dot\varphi_2 \end{cases} \Rightarrow$$

$$\Rightarrow \begin{cases} \ddot x_{G_2} = \ddot x_C - s_2 \cdot \cos\varphi_2 \cdot \dot\varphi_2^2 - s_2 \cdot \sin\varphi_2 \cdot \ddot\varphi_2 \\ \ddot y_{G_2} = \ddot y_C - s_2 \cdot \sin\varphi_2 \cdot \dot\varphi_2^2 + s_2 \cdot \cos\varphi_2 \cdot \ddot\varphi_2 \end{cases}$$

$$\begin{cases} x_C = 0; \ \ y_C = l_1 \cdot \sin\varphi - l_2 \cdot \sin\psi \\ \dot y_C = l_1 \cdot \cos\varphi \cdot \dot\varphi - l_2 \cdot \cos\psi \cdot \dot\psi \\ \ddot y_C = -l_1 \cdot \sin\varphi \cdot \dot\varphi^2 + l_2 \cdot \sin\psi \cdot \dot\psi^2 - \\ -l_2 \cdot \cos\psi \cdot \ddot\psi \end{cases} \begin{cases} F_{G_2}^{ix} = -m_2 \cdot \ddot x_{G_2} \\ F_{G_2}^{iy} = -m_2 \cdot \ddot y_{G_2} \\ M_2^i = -J_{G_2} \cdot \ddot\varphi_2 \\ F_{G_3}^{iy} = -m_3 \cdot \ddot y_C \end{cases}$$

$$\sum M_C^{(3)} = 0 \Rightarrow M_{03} = 0$$

$$\sum M_B^{(2,3)} = 0 \Rightarrow R_{03} \cdot \left(y_B - y_C\right) - F_{G_3}^{iy} \cdot \left(x_B - x_C\right) +$$

$$+ F_{G_2}^{ix} \cdot \left(y_B - y_{G_2}\right) - F_{G_2}^{iy} \cdot \left(x_B - x_{G_2}\right) + M_2^i = 0 \Rightarrow$$

$$R_{03} = \frac{F_{G_3}^{iy} \cdot \left(x_B - x_C\right) + F_{G_2}^{ix} \cdot \left(y_{G_2} - y_B\right) + F_{G_2}^{iy} \cdot \left(x_B - x_{G_2}\right) - M_2^i}{y_B - y_C}$$

$$\sum F_x^{(3)} = 0 \Rightarrow R_{23}^x + R_{03} = 0 \Rightarrow R_{23}^x = -R_{03} \Rightarrow R_{32}^x = R_{03}$$

$$\sum F_y^{(3)} = 0 \Rightarrow R_{23}^y + F_{G_3}^{iy} = 0 \Rightarrow R_{23}^y = -F_{G_3}^{iy} \Rightarrow R_{32}^y = F_{G_3}^{iy}$$

$$\Rightarrow R_{32} = \sqrt{\left(R_{32}^x\right)^2 + \left(R_{32}^y\right)^2}$$

$$\sum F_x^{(2)} = 0 \Rightarrow R_{12}^x + F_{G_2}^{ix} + R_{32}^x = 0 \Rightarrow R_{12}^x = -F_{G_2}^{ix} - R_{32}^x$$

$$\sum F_y^{(2)} = 0 \Rightarrow R_{12}^y + F_{G_2}^{iy} + R_{32}^y = 0 \Rightarrow R_{12}^y = -F_{G_2}^{iy} - R_{32}^y$$

$$\Rightarrow R_{12} = \sqrt{\left(R_{12}^x\right)^2 + \left(R_{12}^y\right)^2} \tag{1}$$

CAP. III

ECHILIBRĂRI STATICE ŞI DINAMICE

1. ECHILIBRAREA UNUI MOTOR ÎN LINIE CU UN DECALAJ AL MANIVELEI DE 180 [DEG]

Motoarele termice cu ardere internă în linie (fie că lucrează în patru timpi, ori în doi timpi, motoare de tip Otto, Diesel, sau Lenoir) sunt în general cele mai utilizate.

Problema echilibrării lor este una extrem de importantă pentru buna lor funcţionare.

Există două tipuri de echilibrări posibile: statice şi dinamice [6-7].

Echilibrarea statică (totală) face ca suma forţelor inerţiale dintr-un mecanism să fie zero. Există însă şi echilibrări statice parţiale.

Echilibrarea dinamică înseamnă anularea tuturor momentelor (sarcinilor) inerţiale din mecanism [6].

Un tip constructiv de motoare în linie este cel cu decalajul dintre manivele de 180 grade sexazecimale.

La acest tip de motoare (indiferent de poziţionarea lor, care este cel mai adesea verticală) pentru doi cilindri motori avem o dezechilibrare statică parţială (altfel spus există o echilibrare statică parţială) şi o dezechilibrare dinamică.

În figura 1 este prezentată schema cinematică a unui astfel de mecanism de la un motor în linie cu doi cilindri, cu decalajul manivelei de 180 [deg].

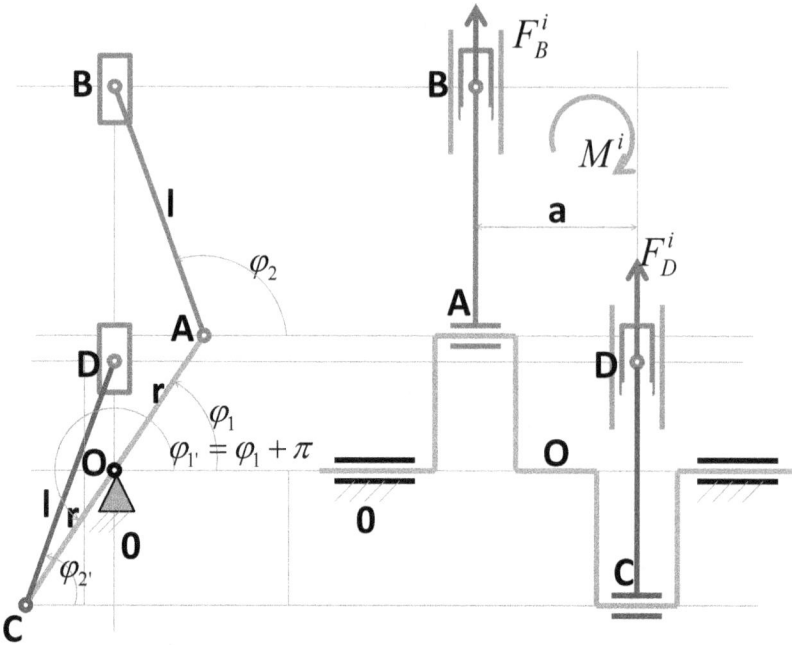

Fig. 1. *Schema cinematică a unui motor în linie cu doi cilindri verticali, cu decalajul manivelei de 180 [deg]*

Putem scrie relaţiile (1).

$$
\begin{cases}
s_B = r \cdot \sin\varphi_1 + l \cdot \sin\varphi_2; \quad \ddot{s}_B = -r \cdot \sin\varphi_1 \cdot \omega_1^2 - l \cdot \sin\varphi_2 \cdot \omega_2^2 \\
F = F_B^i = -m_p \cdot \ddot{s}_B = m_p \cdot r \cdot \sin\varphi_1 \cdot \omega_1^2 + m_p \cdot l \cdot \sin\varphi_2 \cdot \omega_2^2 \\
\\
\sin(\varphi_1 + \pi) = -\sin\varphi_1; \quad \sin\varphi_{2'} = \sin\varphi_2 \\
s_D = r \cdot \sin(\varphi_1 + \pi) + l \cdot \sin\varphi_{2'} \\
\ddot{s}_D = -r \cdot \sin(\varphi_1 + \pi) \cdot \omega_1^2 - l \cdot \sin\varphi_{2'} \cdot \omega_2^2 = \\
= r \cdot \sin\varphi_1 \cdot \omega_1^2 - l \cdot \sin\varphi_2 \cdot \omega_2^2 \\
F_D^i = -m_p \cdot \ddot{s}_D = -m_p \cdot r \cdot \sin\varphi_1 \cdot \omega_1^2 + m_p \cdot l \cdot \sin\varphi_2 \cdot \omega_2^2 \\
M^i = a \cdot m_p \cdot r \cdot \sin\varphi_1 \cdot \omega_1^2
\end{cases} \quad (1)
$$

Părţile din relaţiile forţelor F_B^i si F_D^i care sunt egale în modul dar au semne contrare se anulează reciproc producând o echilibrare statică (parţială) a motorului. Celelalte două părţi din expresiile forţelor care au acelaşi semn, deşi sunt egale nu se anulează reciproc ci dimpotrivă se adună, producând o dezechilibrare statică (parţială) a motorului.

Pe de altă parte părţile egale pozitive din cele două forţe nu dau moment deci produc o echilibrare dinamică (parţială) a motorului. În schimb tocmai părţile din cele două forţe care sunt egale în modul dar au semne contrare, deşi se anulează ca forţe (static), dau un moment (o sarcină) negativă care dezechilibrează (parţial) dinamic motorul.

Soluţia adoptată pentru echilibrarea totală dinamică a unui astfel de motor este cea a dublării motorului în oglindă, astfel încât să se obţină un motor în linie decalat la manivele cu 180 [deg] în patru cilindri.

2. ECHILIBRAREA UNUI MOTOR ÎN LINIE CU UN DECALAJ AL MANIVELEI DE 120 [DEG]

Un alt tip constructiv de motoare în linie este cel cu decalajul dintre manivele de 120 grade sexazecimale [6-7].

La acest tip de motoare (indiferent de poziţionarea lor, care este cel mai adesea verticală) pentru trei cilindri motori avem o dezechilibrare statică parţială (altfel spus există o echilibrare statică parţială) şi o dezechilibrare dinamică.

În figura 1 este prezentată schema cinematică a unui astfel de mecanism de la un motor în linie cu trei cilindri, cu decalajul manivelei de 120 [deg].

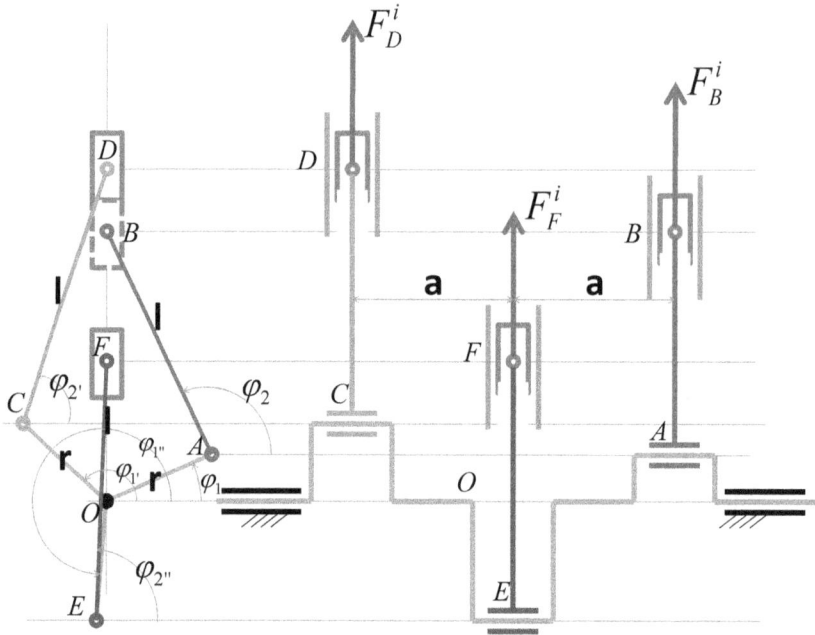

Fig. 1. *Schema cinematică a unui motor în linie cu trei cilindri verticali, cu decalajul manivelei de 120 [deg]*

Putem scrie relaţiile (1).

Prima componentă a forţei F_B^i se anulează cu prima componentă a celorlalte două forţe F_D^i şi F_F^i, deci se produce o echilibrare statică (parţială), dar aceste prime componente dau un moment dinamic, deci avem deja o dezechilibrare dinamică.

A doua componentă a forţei F_D^i este egală şi de semn contrar celei de-a doua componente a forţei F_F^i, ele anulându-se reciproc, şi generând astfel tot o echilibrare statică (parţială) suplimentară, dar producând şi un moment dinamic suplimentar, care produce o dezechilibrare dinamică suplimentară.

A doua componentă a forţei F_B^i se adună cu cea de-a treia componentă a celorlalte două forţe F_D^i şi F_F^i.

Ele produc o dezechilibrare statică, şi dau şi un moment dinamic producând totodată şi o dezechilibrare dinamică.

$$
\begin{cases}
s_B = r \cdot \sin \varphi_1 + l \cdot \sin \varphi_2; \quad \ddot{s}_B = -r \cdot \sin \varphi_1 \cdot \omega_1^2 - l \cdot \sin \varphi_2 \cdot \omega_2^2 \\
F = F_B^i = -m_p \cdot \ddot{s}_B = m_p \cdot r \cdot \sin \varphi_1 \cdot \omega_1^2 + m_p \cdot l \cdot \sin \varphi_2 \cdot \omega_2^2 \\
\\
s_D = r \cdot \sin \left(\varphi_1 + \dfrac{2\pi}{3} \right) + l \cdot \sin \varphi_{2'} \\
\\
\ddot{s}_D = -r \cdot \sin \left(\varphi_1 + \dfrac{2\pi}{3} \right) \cdot \omega_1^2 - l \cdot \sin \varphi_{2'} \cdot \omega_2^2 = \\
= 0.5 \cdot r \cdot \sin \varphi_1 \cdot \omega_1^2 - 0.866 \cdot r \cdot \cos \varphi_1 \cdot \omega_1^2 - l \cdot \sin \varphi_{2'} \cdot \omega_2^2 \\
F_D^i = -m_p \cdot \ddot{s}_D = -0.5 \cdot m_p \cdot r \cdot \sin \varphi_1 \cdot \omega_1^2 + \\
+ 0.866 \cdot m_p \cdot r \cdot \cos \varphi_1 \cdot \omega_1^2 + m_p \cdot l \cdot \sin \varphi_{2'} \cdot \omega_2^2 \\
\\
s_F = r \cdot \sin \left(\varphi_1 - \dfrac{2\pi}{3} \right) + l \cdot \sin \varphi_{2''} \\
\\
\ddot{s}_F = -r \cdot \sin \left(\varphi_1 - \dfrac{2\pi}{3} \right) \cdot \omega_1^2 - l \cdot \sin \varphi_{2''} \cdot \omega_2^2 = \\
= 0.5 \cdot r \cdot \sin \varphi_1 \cdot \omega_1^2 + 0.866 \cdot r \cdot \cos \varphi_1 \cdot \omega_1^2 - l \cdot \sin \varphi_{2''} \cdot \omega_2^2 \\
F_F^i = -m_p \cdot \ddot{s}_F = -0.5 \cdot m_p \cdot r \cdot \sin \varphi_1 \cdot \omega_1^2 - \\
- 0.866 \cdot m_p \cdot r \cdot \cos \varphi_1 \cdot \omega_1^2 + m_p \cdot l \cdot \sin \varphi_{2''} \cdot \omega_2^2
\end{cases}
\tag{1}
$$

Adoptând soluţia unui motor dublat simetric, în oglindă, (un motor cu şase cilindri în linie cu manivele decalate la 120 [deg]) reuşim o echilibrare dinamică totală (o anulare a tuturor momentelor date de forţele de inerţie), şi o echilibrare statică (parţială) a două treimi din forţele inerţiale totale, echilibrare care oricum este superioară celei de la motoarele în linie cu un decalaj (defazaj) al manivelelor de 180 [deg].

Observaţii:

Construind în mod similar motoare în linie, cu mai mulţi cilindri, având decalajele la manivelă tot mai mici, se obţin prin dublarea numărului de cilindri în oglindă, motoare liniare echilibrate dinamic total, şi static parţial din ce în ce mai bine.

Astfel la un motor liniar cu cinci cilindri cu decalajul dintre manivele de 720/5=72 [deg], se obţine o echilibrare statică parţială superioară, iar prin dublarea motorului simetric, în oglindă, construind un motor liniar cu zece cilindri, se obţine o echilibrare statică parţială superioară, şi una dinamică totală.

Şi tot aşa, dar deja cerinţele constructive şi tehnologice devin apoi tot mai dificile.

La motoarele în V nu se poate realiza nici o echilibrare statică totală, dar nici măcar una dinamică totală.

Pentru o ameliorare a dinamicii acestor motoare de randamente superioare, vezi cinematica dinamică şi condiţiile de alegere a unghiului alpha constructiv, de la paragraful (2.5.).

Soluţia cea mai completă de echilibrare a unui motor termic cu ardere internă este cea cu cilindri în linie opuşi (boxeri). Pentru doi cilindri opuşi se obţine o echilibrare statică totală (a forţelor de inerţie), iar prin dublarea constructivă, simetric, în oglindă, a numărului de cilindri, pentru un motor boxer cu patru cilindri, opuşi doi câte doi, se obţine şi echilibrarea dinamică totală (a momentelor date de forţele inerţiale) împreună cu echilibrarea statică totală.

3. ECHILIBRAREA UNUI MOTOR ÎN LINIE CU CILINDRI OPUŞI (BOXERI)

Un alt tip constructiv de motoare în linie este cel cu cilindri opuşi, denumiţi cilindri „boxeri".

La acest tip de motoare (indiferent de poziţionarea lor, care este cel mai adesea verticală) pentru doi cilindri motori avem o echilibrare statică totală şi o dezechilibrare dinamică [6].

În figura 1 este prezentată schema cinematică a unui astfel de mecanism de la un motor în linie cu doi cilindri opuşi (boxeri).

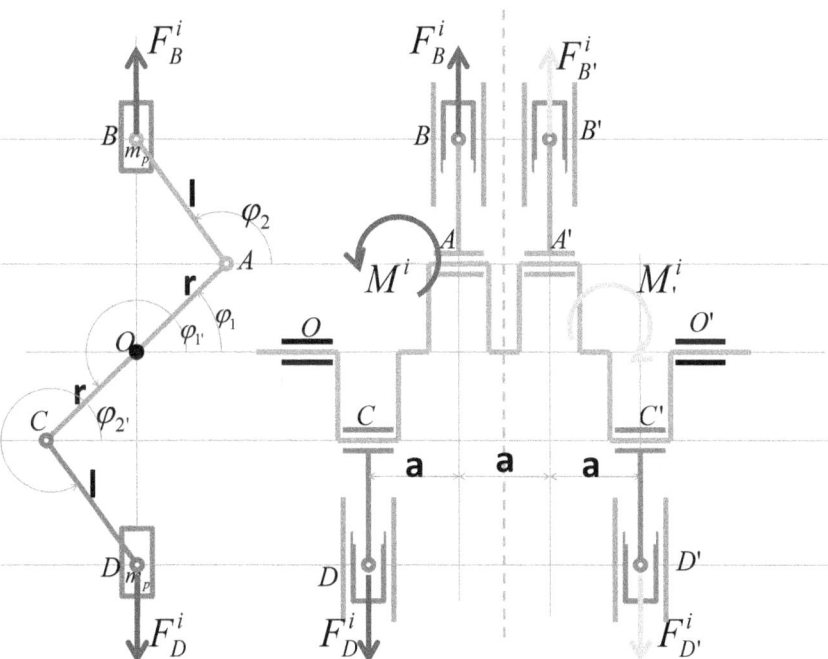

Fig. 1. *Schema cinematică a unui motor în linie cu doi cilindri opuşi (boxeri), dublat apoi în oglindă se obţine un motor termic cu ardere internă cu patru cilindri opuşi doi câte doi*

Relaţiile de calcul sunt prezentate în sistemul (1).

$$
\left\{
\begin{aligned}
&s_B = r \cdot \sin\varphi_1 + l \cdot \sin\varphi_2; \quad \ddot{s}_B = -r \cdot \sin\varphi_1 \cdot \omega_1^2 - l \cdot \sin\varphi_2 \cdot \omega_2^2 \\[4pt]
&F = F_B^i = -m_p \cdot \ddot{s}_B = m_p \cdot r \cdot \sin\varphi_1 \cdot \omega_1^2 + m_p \cdot l \cdot \sin\varphi_2 \cdot \omega_2^2 \\[10pt]
&\sin(\varphi_1 + \pi) = -\sin\varphi_1; \quad \sin(\varphi_2 + \pi) = -\sin\varphi_2 \\[4pt]
&s_D = r \cdot \sin(\varphi_1 + \pi) + l \cdot \sin(\varphi_2 + \pi) \\[4pt]
&\ddot{s}_D = -r \cdot \sin(\varphi_1 + \pi) \cdot \omega_1^2 - l \cdot \sin(\varphi_2 + \pi) \cdot \omega_2^2 = \\[4pt]
&= r \cdot \sin\varphi_1 \cdot \omega_1^2 + l \cdot \sin\varphi_2 \cdot \omega_2^2 = -\ddot{s}_B \\[4pt]
&F_D^i = -m_p \cdot \ddot{s}_D = m_p \cdot \ddot{s}_B = -F_B^i = -F = \\[4pt]
&= -m_p \cdot r \cdot \sin\varphi_1 \cdot \omega_1^2 - m_p \cdot l \cdot \sin\varphi_2 \cdot \omega_2^2 \\[10pt]
&F_D^i + F_B^i = 0 \quad dar \quad M^i \neq 0 \quad M^i = a \cdot F_B^i = -a \cdot m_p \cdot \ddot{s}_B \Rightarrow \\[4pt]
&\Rightarrow M^i = a \cdot m_p \cdot r \cdot \sin\varphi_1 \cdot \omega_1^2 + a \cdot m_p \cdot l \cdot \sin\varphi_2 \cdot \omega_2^2 \\[10pt]
&\textit{La motorul dublat in oglinda avem:} \hspace{3cm} (1) \\[4pt]
&\sum F^i = 0 \\[4pt]
&\sum M^i = 0
\end{aligned}
\right.
$$

Acest tip de motor cu doi cilindri boxeri este echilibrat static total (face ca suma forţelor de inerţie să se anuleze).

El este dezechilibrat doar dinamic (are un moment inerţial diferit de zero), dar poate fi echilibrat şi dinamic prin adăugarea a încă doi cilindri (prin simetrizarea în oglindă) boxeri (vezi figura 1).

Deşi pare să aibă un gabarit mai mare, totuşi la numai patru cilindri (opuşi doi câte doi) acest tip de motor termic cu ardere internă este echilibrat practic total atât static cât şi dinamic.

Primul inginer care a patentat un motor boxer a fost germanul Karl Benz, care a prezentat un astfel de brevet al unui motor boxer (vezi figura 2) în anul 1896.

În 1923 Max Friz proiectează şi construieşte un motor BMW boxer de 500 cc, care se mai produce şi utilizează şi astăzi, datorită puterii sale, a consumului său redus şi mai ales echilibrării statice şi dinamice totale.

Mai utilizează motoare boxer concernul german Volkswagen, evident concernul german BMW, cel francez Citroen, divizia Chevrolet a concernului american GM (divizie creată în america de elveţianul Louis Chevrolet în 30-mai-1911, împreună cu William Durant, deţinătorul companiei Buick din cadrul concernului General Motors), diviziile Lancia şi Ferrari din cadrul concernului italian FIAT, concernele nipone Honda şi Subaru, cât şi fostul concern german Porsche, actualmente el fiind o divizie majoră în cadrul megaconcernului german VW.

Fig. 2. *Schema cinematică a unui motor în linie cu doi cilindri opuşi (boxeri), patentat pentru prima oară în 1896, de inginerul german Karl Benz*

Un motor tot cu echilibrare totală statică şi dinamică similar oarecum boxerului, este motorul termic cu ardere internă cu cilindri opuşi (cu pistoane opuse; vezi figura 3).

Fig. 3. *Schema cinematică a unui motor cu doi cilindri opuşi*

Bibliografie

[1] **Antonescu P.**, *Mecanisme, calculul structural şi cinematic*, Editura IPB, Bucureşti, 1979.

[2] **Artobolevski, I.I.**, *Teoria mecanismelor şi a maşinilor*, Proceedings of 8th Editura Ştiinţa, Chişinău, 1992.

[3] **Comănescu, A., Comănescu, D., ş.a.**, *Bazele modelării mecanismelor*, editura Politehnica Press, Bucureşti, 2010, ISBN 978-606-515-114-7, 274 pagini.

[4] **Ocnărescu, C.**, *Teoria Mecanismelor*, Editura BREN, Bucureşti, 2002, ISBN 973-648-090-9, 186 pagini.

[5] **Pelecudi, Chr., ş.a.**, *Mecanisme*, Editura Didactică şi Pedagogică, Bucureşti, 1985.

[6] **Petrescu, F.I.**, *Teoria Mecanismelor şi a Maşinilor - Curs şi Aplicaţii*, Create Space publisher, USA, December 2011, ISBN 978-1-4680-1582-9, 432 pages, Romanian version.

[7] **Petrescu, F.I., Petrescu, R.V.**, *Mechanical Engineering Design*, Create Space publisher, USA, November 2011, ISBN 978-1-4679-1377-5, 184 pages, English version.

[8] **Petrescu, F.I., Petrescu, R.V.**, *Tipuri de motoare termice cu ardere externă*, Revista Auto Test, Nr. 156, iunie 2010, p. 48-53, ISSN 1221-2687, 2010.

[9] **Petrescu, R.V., Petrescu, F.I.**, *Motoare termice cu ardere internă*, In the 3-[rd] Symposium "Durability and Reliability of Mechanical Systems" Proceedings, Section 2, p. 255-261, ISBN 978-973-144-350-8, Editura Academica Brâncuşi, Târgu-Jiu, 2010.

Sinteza mecanismelor cu memorie rigidă

1. UN SCURT ISTORIC AL MECANISMELOR DE DISTRIBUŢIE LEGAT DE ISTORICUL MOTORULUI OTTO ŞI DE CEL AL AUTOMOBILULUI

1.1. Apariţia şi dezvoltarea motoarelor cu ardere internă, cu supape, de tip Otto sau Diesel

În anul 1680 fizicianul olandez, Christian Huygens proiectează primul motor cu ardere internă.

În 1807 elveţianul Francois Isaac de Rivaz inventează un motor cu ardere internă care utiliza drept combustibil un amestec lichid de hidrogen şi oxigen. Automobilul proiectat de Rivaz pentru noul său motor a fost însă un mare insucces, astfel încât şi motorul său a trecut pe linie moartă, neavând o aplicaţie imediată.

În 1824 inginerul englez Samuel Brown adaptează un motor cu aburi determinându-l să funcţioneze cu benzină.

În 1858 inginerul de origine belgiană *Jean Joseph Etienne Lenoir*, inventează şi brevetează doi ani mai târziu, practic primul motor real cu ardere internă cu aprindere electrică prin scânteie, cu gaz lichid (extras din cărbune), acesta fiind un motor ce funcţiona în doi timpi. În 1863 tot belgianul Lenoir este cel care adaptează la motorul său un carburator făcându-l să funcţioneze cu gaz petrolier (sau benzină).

În anul 1862 inginerul francez Alphonse Beau de Rochas, brevetează pentru prima oară motorul cu ardere internă în patru timpi (fără însă a-l construi).

Este meritul inginerilor germani *Eugen Langen* şi *Nikolaus August Otto* de a construi (realiza fizic, practic, modelul teoretic al francezului Rochas), primul motor cu ardere internă în patru timpi, în anul **1866**, având aprinderea electrică, carburaţia şi **distribuţia** într-o formă **avansată**.

Zece ani mai târziu, (în 1876), Nikolaus August Otto îşi brevetează motorul său.

În acelaşi an (1876), **Sir Dougald Clerk**, pune la punct motorul în doi timpi al belgianului **Lenoir**, (aducându-l la forma cunoscută şi azi).

În 1885 **Gottlieb Daimler** aranjează un motor cu ardere internă în patru timpi cu un singur cilindru aşezat vertical şi cu un carburator îmbunătăţit.

Un an mai târziu şi compatriotul său **Karl Benz** aduce unele îmbunătăţiri motorului în patru timpi pe benzină. Atât Daimler cât şi Benz lucrau noi motoare pentru noile lor autovehicule (atât de renumite).

În 1889 **Daimler îmbunătăţeşte** motorul cu ardere internă în patru timpi, construind un «doi cilindri în V», şi aducând **distribuţia la forma clasică de azi, «cu supapele în formă de ciupercuţe»**.

În 1890, Wilhelm Maybach, construieşte primul «patru-cilindri», cu ardere internă în patru timpi.

În anul 1892, inginerul german **Rudolf Christian Karl Diesel**, inventează motorul cu aprindere prin comprimare, şi cu injecţie de combustibil, pe scurt motorul diesel. Primele motoare diesel au fost prevăzute (chiar din proiectare) să funcţioneze cu biocombustibili (acest mare inventator, Diesel, s-a gândit în mod evident şi la timpurile în care petrolul va fi tot mai puţin şi tot mai scump). Astfel primul model prezentat de Diesel lucra cu ulei vegetal stors din alune (arahide).

Mai târziu el a fost adaptat pe motorină, care nu putea fi utilizată la motoarele cu benzină deoarece motorina avea cifra octanică prea scăzută şi motorul de tip Otto (pe atunci cu carburaţie şi aprindere prin scânteie) făcea autoaprindere, aşa cum face şi azi când combustibilii utilizaţi nu au cifra octanică ridicată. Doar motoarele cu carburaţie (amestec carburant) în doi timpi pot face faţă la combustibili mai greoi, adică la benzine şi amestecuri cu cifră octanică mai scăzută, dar cu motorină se ancrasează şi ele foarte repede, plus că încep şi ele să facă autoaprindere. Motorina având cifra octanică scăzută se potriveşte perfect motoarelor diesel cu injecţie de combustibil şi cu autoaprindere, ca şi multe uleiuri vegetale dealtfel. Mai trebuie făcută precizarea că la motoarele diesel este eliminat carburatorul din start comprimându-se doar aerul, combustibilul fiind introdus atunci când comprimarea este terminată, prin injectare şi pulverizare (împrăştiere) sub presiune. El se autoaprinde imediat datorită presiunilor ridicate (în urma comprimării aerului). Prin arderea sa creşte foarte mult temperatura fapt ce sporeşte încă presiunea din camera de ardere producând timpul motor (detenta).

Astăzi şi motoarele Otto au eliminat carburaţia, injectând combustibilul asemenea motoarelor diesel, dar utilizând în continuare bujii pentru aprinderea combustibilului prin scânteie. În general delcoul a fost înlocuit cu o aprindere electronică. Motoarele diesel au şi ele un sistem de aprindere care funcţionează numai la rece, adică numai la pornirea motorului rece, după care se decuplează automat. Ele ar putea fi excluse dacă aerul introdus în motor ar fi preîncălzit (numai la motoarele diesel la care combustibilii grei, unsuroşi, motorine sau uleiuri vegetale, se aprind foarte uşor având cifra octanică scăzută; lucrul nu este posibil la combustibilii uşori cu cifre octanice mari, benzina, gazul, alcoolii, utilizaţi la motoarele Otto cu aprindere controlată prin scânteie). Mai trebuie făcută precizarea că atât motoarele Otto cât şi cele Diesel, funcţionează după un ciclu termic, energetic (de tip Carnot) în patru timpi, deci sunt motoare în patru timpi, astăzi ambele cu comprimare de aer şi injecţie de combustibil. Primele au aprindere, ultimele au autoaprindere.

Motoarele Lenoir-Clerk, în doi timpi, pot fi şi de tip otto (cu aprindere prin scânteie), şi de tip diesel (cu autoaprindere), în funcţie de modul lor de proiectare şi de combustibilii utilizaţi. Totuşi cele mai des întâlnite sunt cele clasice stil Otto, cu aprindere prin scânteie, cu carburaţie, şi având în loc de supape ferestre de distribuţie, astfel încât motoarele în doi timpi nu au contribuit la dezvoltarea mecanismelor de distribuţie cu supape.

Mai mult chiar, primele mecanisme cu supape nu au apărut datorită automobilelor ci datorită trenurilor, ele fiind utilizate la locomotivele cu aburi.

1.2. Primele mecanisme cu supape

Primele mecanisme cu supape apar în anul 1844, fiind utilizate la locomotivele cu aburi (fig. 1); ele au fost proiectate şi construite de inginerul mecanic belgian *Egide Walschaerts*.

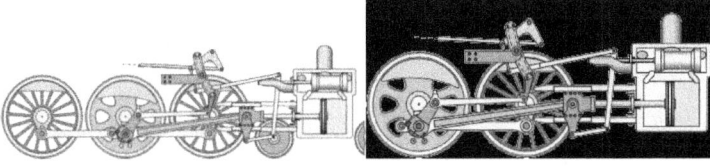

Fig. 1. *Primele mecanisme cu supape, utilizate la locomotivele cu aburi*

1.3. Primele mecanisme cu came

Primele mecanisme cu came sunt utilizate în Anglia şi Olanda la războaiele de ţesut (fig. 2).

În 1719, în Anglia, un oarecare John Kay deschide într-o clădire cu cinci etaje o filatură. Cu un personal de peste 300 de femei şi copii, aceasta avea să fie prima fabrică din lume. Tot el devine celebru inventând suveica zburătoare, datorită căreia ţesutul devine mult mai rapid. Dar maşinile erau în continuare acţionate manual. Abia pe la 1750 industria textilă avea să fie revoluţionată prin aplicarea pe scară largă a acestei invenţii. Iniţial ţesătorii i s-au opus, distrugând suveicile zburătoare şi alungându-l pe inventator. Pe la 1760 apar războaiele de ţesut şi primele fabrici în accepţiunea modernă a cuvântului. Era nevoie de primele motoare. De mai bine de un secol, italianul Giovanni Branca propusese utilizarea aburului pentru acţionarea unor turbine. Experimentele ulterioare nu au dat satisfacţie. În Franţa şi Anglia, inventatori de marcă, ca Denis Papin sau marchizul de Worcester, veneau cu noi şi noi idei. La sfârşitul secolului XVII, Thomas Savery construise deja "prietenul minerului", un motor cu aburi ce punea în funcţiune o pompă pentru scos apa din galerii. Thomas Newcomen a realizat varianta comercială a pompei cu aburi, iar inginerul James Watt realizează şi adaptează un regulator de turaţie ce îmbunătăţeşte net motorul. Împreună cu  fabricantul Mathiew Boulton construieşte primele motoare navale cu aburi şi în mai puţin de o jumătate de secol, vântul ce asigurase mai bine de 3000 de ani forţa de propulsie pe mare mai umfla acum doar pânzele navelor de agrement. În 1785 intră în funcţiune, prima filatură acţionată de forţa aburului, urmată rapid de alte câteva zeci.

Fig. 2. *Război de ţesut*

2. MECANISMELE DE DISTRIBUŢIE – PREZENTARE GENERALĂ

Primele mecanisme de distribuţie apar odată cu motoarele în patru timpi pentru automobile.

Schemele arborelui cu came şi a mecanismului de distribuţie pot fi urmărite în figura 1:

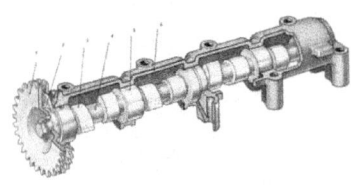

1. – roata de lanţ;

2. – fixare axială a arborelui;

3. – camă;

4. – arborele de distribuţie zonă neprelucrată ;

5. – fus palier; 6. – carcasă.

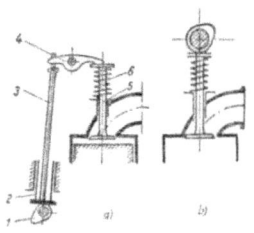

1. – arbore de distribuţie;

2. – tachet;

3. – tijă împingătoare;

4. – culbutor;

5. – supapă;

6. – arc de supapă.

a) – model clasic cu tijă şi culbutor; b) – varianta compactă.

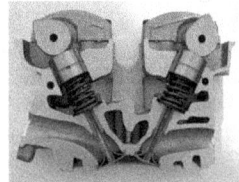

Un model constructiv pentru varianta compactă, b.

Tachetul este clasic, adică plat (sau cu talpă).

Fig. 1. *Schema mecanismului de distribuţie*

În ultimii 25 ani, s-au utilizat fel de fel de variante constructive, pentru a spori numărul de supape pe un cilindru, pentru a face distribuția (variabilă deja) cât mai variabilă; de la 2 supape pe cilindru s-a ajuns chiar la 12 supape/cilindru; s-a revenit însă la variantele mai simple cu 2, 3, 4, sau 5 supape/cilindru. O suprafață mai mare de admisie sau evacuare se poate obține și cu o singură supapă, dar atunci când sunt mai multe se poate realiza o distribuție variabilă pe o plajă mai mare de turații.

În figura 2 se poate vedea un mecanism de distribuție echilibrat, de ultimă generație, cu patru supape pe cilindru, două pentru admisie și două pentru evacuare; s-a revenit la mecanismul clasic cu tijă împingătoare și culbutor, deoarece dinamica acestui model de mecanism este mult mai bună (decât la modelul fără culbutor). Constructorul suedez a considerat chiar că se poate îmbunătăți dinamica mecanismului clasic utilizat prin înlocuirea tachetului clasic cu talpă printr-unul cu rolă.

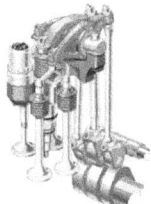

Fig. 2. *Mecanismul de distribuție Scania (cu tachet cu rolă și patru supape/cilindru)*

Camera de ardere modulară are o construcție unică a sistemului de acționare a supapelor. Arcurile supapelor exercită forțe mari pentru a asigura închiderea lor rapidă. Forțele pentru deschiderea lor sunt asigurate de tacheți cu rolă acționați de arborele cu came.

Economie: Tacheții și camele sunt mari, asigurând o acționare lină și precisă asupra supapelor. Aceasta se reflectă în consumul redus de combustibil.
Emisii poluante reduse: Acuratețea funcționării mecanismului de distribuție este un factor vital în eficiența motorului și în obținerea unei combustii curate.
Cost de operare: Un beneficiu important adus de dimensiunile tacheților este rata scăzută a uzurii lor. Acest fapt reduce nevoia de reglaje. Funcționarea supapelor rămâne constantă pentru o perioada lungă de timp. Dacă sunt necesare reglaje, acestea pot fi făcute rapid și ușor.

În figura 3 se pot vedea schemele cinematice ale mecanismului de distribuție cu două (în stânga), respectiv cu patru (în dreapta) supape pe cilindru.

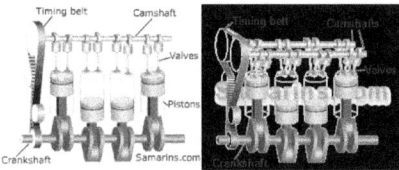

Fig. 3. *Schemele cinematice ale mecanismului de distribuție cu două (în stânga), respectiv cu patru (în dreapta) supape pe cilindru*

În figura 4 se poate vedea schema cinematică a unui mecanism cu distribuţie variabilă cu 4 supape pe cilindru; prima camă deschide supapa normal iar a doua cu defazaj (motor hibrid realizat de grupul Peugeot-Citroen în anul 2006).

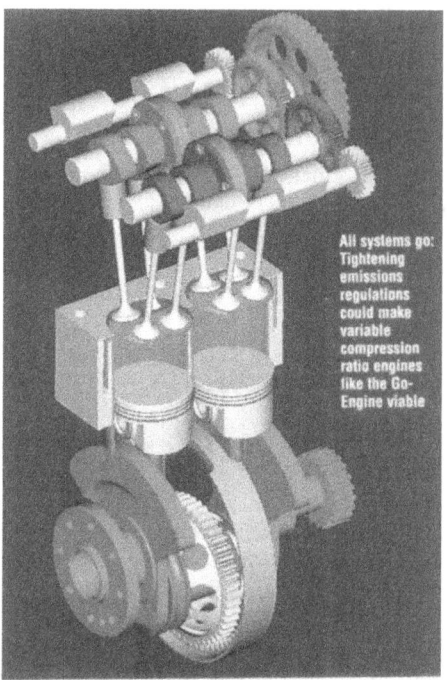

Fig. 4. *Schema cinematică a unui mecanism cu distribuţie variabilă cu 4 supape pe cilindru; prima camă deschide supapa normal iar a doua cu defazaj (motor hibrid realizat de grupul Peugeot-Citroen în anul 2006)*

3. MECANISMELE CU CAMĂ ROTATIVĂ ŞI TACHET DE TRANSLAŢIE PLAT (CU TALPĂ)

Primele MECANISME DE DISTRIBUŢIE (sau mecanismele de distribuţie clasice) utilizau o camă rotativă şi un tachet translant cu talpă (vezi fig. 1).

Cum aceste mecanisme sunt de bază şi astăzi se va studia în continuare acest tip de mecanisme.

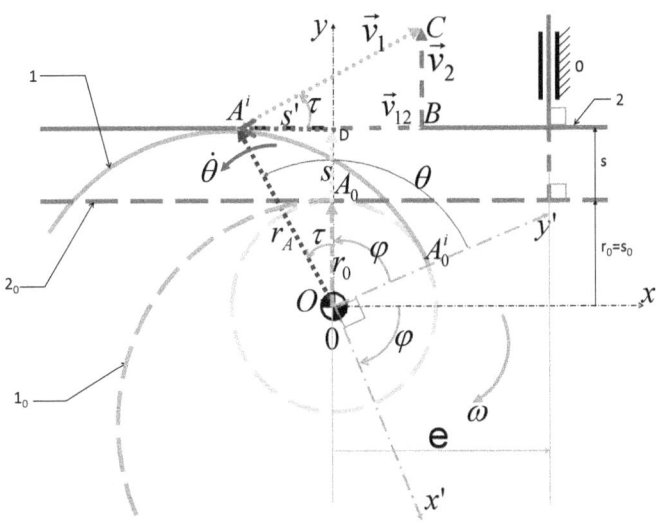

Fig. 1. *Schema de sinteză a unui mecanism clasic cu camă rotativă şi tachet de translaţie plat*

Sinteza geometro-cinematică a mecanismului din figura 1 se poate face cel mai rapid (cel mai simplu) prin (utilizând) metoda coordonatelor carteziene.

Tachetul 2 ocupă poziţia cea mai de jos atunci când se află în poziţia iniţială 0. Cama 1 se roteşte constant şi orar cu viteza ω începând să ridice (să salte) tachetul din poziţia iniţială 0 mergând până la o înălţime maximă, după care acesta începe să coboare revenind la un moment dat pe cercul de bază al camei, unde staţionează până când începe următorul ciclu cinematic de ridicare şi coborâre. Pe figură sunt reprezentate două poziţii ale mecanismului. Cea iniţială 0, în care începe urcarea (ridicarea) tachetului, şi o poziţie oarecare din cursa de ridicare. Avem în general patru segmente importante pe camă, corespunzătoare la tot atâtea faze ce compun ciclul cinematic al mecanismului. Faza de ridicare (urcare), faza de staţionare pe cercul de vârf al camei, faza de coborâre (revenire) şi ultima, faza de staţionare pe cercul de bază al camei.

3.1. Sinteza geometro-cinematică a unui mecanism clasic cu camă rotativă şi tachet plat translant

O metodă rapidă de sinteză geometrică este cea a coordonatelor carteziene (vezi fig. 1).

În sistemul fix xOy, coordonatele carteziene ale punctului A de contact (aparţinând tachetului 2) sunt date de proiecţiile vectorului de poziţie r_A pe axele Ox respectiv Oy, şi au expresiile analitice exprimate de sistemul relaţional (1).

$$
\begin{cases}
x_T = r_A \cdot \cos\left(\varphi + \tau + \dfrac{\pi}{2} - \varphi\right) = r_A \cdot \cos\left(\dfrac{\pi}{2} + \tau\right) = -r_A \cdot \sin\tau = \\[4mm]
= -r_A \cdot \dfrac{s'}{r_A} = -s' \\[6mm]
y_T = r_A \cdot \sin\left(\varphi + \tau + \dfrac{\pi}{2} - \varphi\right) = r_A \cdot \sin\left(\dfrac{\pi}{2} + \tau\right) = r_A \cdot \cos\tau = \\[4mm]
= r_A \cdot \dfrac{r_0 + s}{r_A} = r_0 + s
\end{cases}
\tag{1}
$$

În sistemul mobil x'Oy', coordonatele carteziene ale punctului A de contact (aparținând profilului camei 1 care s-a rotit orar cu unghiul φ), sunt date de relațiile sistemelor (2-3).

$$
\begin{cases}
x_C = r_A \cdot \cos\left(\varphi + \tau + \dfrac{\pi}{2} - \varphi + \varphi\right) = r_A \cdot \cos\left(\dfrac{\pi}{2} + \tau + \varphi\right) = \\[3mm]
= r_A \cdot \sin(-\varphi - \tau) = -r_A \cdot \sin(\varphi + \tau) = \\[3mm]
= -r_A \cdot (\sin\varphi \cdot \cos\tau + \sin\tau \cdot \cos\varphi) = \\[3mm]
= -r_A \cdot \dfrac{r_0 + s}{r_A} \cdot \sin\varphi - r_A \cdot \dfrac{s'}{r_A} \cdot \cos\varphi = \\[3mm]
= -(r_0 + s) \cdot \sin\varphi - s' \cdot \cos\varphi \\[5mm]
y_C = r_A \cdot \sin\left(\varphi + \tau + \dfrac{\pi}{2} - \varphi + \varphi\right) = r_A \cdot \sin\left(\dfrac{\pi}{2} + \tau + \varphi\right) = \\[3mm]
= r_A \cdot \cos(-\varphi - \tau) = r_A \cdot \cos(\varphi + \tau) = \\[3mm]
= r_A \cdot (\cos\varphi \cdot \cos\tau - \sin\tau \cdot \sin\varphi) = \\[3mm]
= r_A \cdot \dfrac{r_0 + s}{r_A} \cdot \cos\varphi - r_A \cdot \dfrac{s'}{r_A} \cdot \sin\varphi = \\[3mm]
= (r_0 + s) \cdot \cos\varphi - s' \cdot \sin\varphi
\end{cases}
\tag{2}
$$

$$
\begin{cases}
x_C = -s' \cdot \cos\varphi - (r_0 + s) \cdot \sin\varphi \\[4mm]
y_C = (r_0 + s) \cdot \cos\varphi - s' \cdot \sin\varphi
\end{cases}
\tag{3}
$$

Observație: Dezaxarea e dintre axa tachetului și cea a camei, nu influențează sinteza geometro-cinematică a mecanismului.

142

3.2.   Distribuţia forţelor şi determinarea randamentului la un mecanism clasic cu camă rotativă şi tachet plat translant

Forţa motoare consumată, F_c, perpendiculară în A pe vectorul r_A, se divide în două componente: a) F_m, care reprezintă forţa utilă, sau forţa motoare redusă la tachet; b) F_ψ, care este forţa de alunecare între cele două profile ale camei şi tachetului, (vezi figura 2) şi relaţiile (1-10).

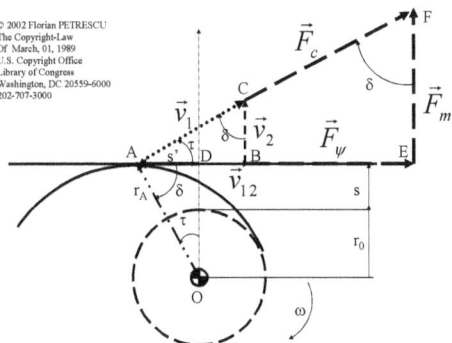

Fig. 2. *Forţe şi viteze la tachetul translant cu talpă*

$$F_m = F_c \cdot \sin\tau \tag{1}$$

$$v_2 = v_1 \cdot \sin\tau \tag{2}$$

$$P_u = F_m \cdot v_2 = F_c \cdot v_1 \cdot \sin^2\tau \tag{3}$$

$$P_c = F_c \cdot v_1 \tag{4}$$

$$\eta_i = \frac{P_u}{P_c} = \frac{F_c \cdot v_1 \cdot \sin^2\tau}{F_c \cdot v_1} = \sin^2\tau = \cos^2\delta \tag{5}$$

$$\sin^2\tau = \frac{s'^2}{r_A^2} = \frac{s'^2}{(r_0 + s)^2 + s'^2} \tag{6}$$

$$F_\psi = F_c \cdot \cos\tau \tag{7}$$

143

$$v_{12} = v_1 \cdot \cos \tau \qquad\qquad (8)$$

$$P_\psi = F_\psi \cdot v_{12} = F_c \cdot v_1 \cdot \cos^2 \tau \qquad\qquad (9)$$

$$\psi_i = \frac{P_\psi}{P_c} = \frac{F_c \cdot v_1 \cdot \cos^2 \tau}{F_c \cdot v_1} = \cos^2 \tau = \sin^2 \delta \qquad\qquad (10)$$

3.3. Dinamica mecanismelor clasice de distribuţie

3.3.1. Cinematica de precizie (dinamică) la mecanismul clasic de distribuţie

În figura 3 este prezentată schema cinematică a mecanismului clasic de distribuţie, în două poziţii consecutive; cu linie întreruptă este reprezentată poziţia particulară când tachetul se află în planul cel mai de jos, (s=0), iar cama, care se roteşte în sens orar cu viteza unghiulară constantă, ω, se situează în punctul A^0, adică în punctul de racordare dintre profilele de bază şi de urcare, punct particular care marchează începutul urcării tachetului, datorită ridicării profilului camei; cu linie continuă este reprezentată cupla superioară într-o poziţie oarecare aparţinând fazei de ridicare.

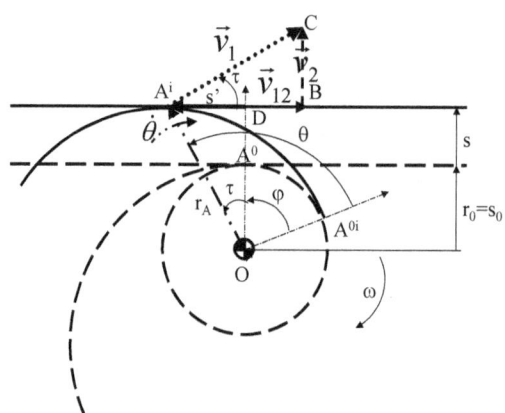

Fig. 3. Cinematica la mecanismul clasic de distribuţie

Punctul A^0 marchează deci, poziţia iniţială a cuplei, reprezentând în acelaşi timp şi punctul de contact dintre camă şi tachet în poziţia iniţială. Cama se roteşte cu viteza unghiulară ω, viteză constantă ce caracterizează arborele cu came (mişcarea arborelui de distribuţie).

Cama se roteşte deci cu viteza ω, parcurgând unghiul φ, care arată cum cercul de bază s-a rotit în sens orar, solidar cu arborele; rotaţia se poate urmări pe cercul de bază între cele două puncte particulare, A^0 şi A^{0i}.

În acest timp vectorul r_A=OA (care reprezintă distanţa de la centrul camei, O, până la punctul de contact A, dintre camă şi tachet), se roteşte în sens invers (trigonometric) cu unghiul τ. Dacă măsurăm unghiul θ, care poziţionează vectorul general r_A în funcţie de vectorul particular r_{A0} (care arată distanţa de la centrul camei, O, la punctul de racordare A^0 dintre profilul de bază şi cel de ridicare, vector care se roteşte şi el odată cu cama), observăm faptul că valoarea lui θ este de fapt suma dintre cele două unghiuri care se rotesc în sensuri opuse, φ şi τ. De fapt acest unghi θ se măsoară trigonometric, de la vectorul r_{A0} la vectorul r_A, fapt care ne obligă să măsurăm unghiul φ tot trigonometric, de la vectorul r_{A0} aflat într-o poziţie oarecare i, la vectorul r_{A0} din poziţia iniţială (corespunzător axei verticale); aşadar şi unghiul φ se va măsura tot trigonometric, invers rotaţiei, adică în sensul care descrie trasarea profilului camei. Putem exprima acum relaţia (0):

$$\theta = \varphi + \tau \qquad (0)$$

Practic dacă r_A este modulul (lungimea variabilă a) vectorului $\vec{r}_A$, θ_A reprezintă unghiul de fază al vectorului $\vec{r}_A$. Adică r_A şi θ_A sunt coordonatele polare ale vectorului $\vec{r}_A$.

Viteza de rotaţie a vectorului $\vec{r}_A$ este $\dot{\theta}_A$ şi este o funcţie de viteza unghiulară a camei, ω (adică de turaţia camei), dar şi de unghiul φ, prin intermediul legilor de mişcare $s(\varphi)$, $s'(\varphi)$, $s''(\varphi)$.

Tachetul nu este acţionat direct de camă, de unghiul φ, şi de viteza unghiulară ω, ci de către vectorul $\vec{r}_A$, care are modulul r_A, unghiul de poziţie θ_A şi viteza unghiulară (viteza de rotaţie) $\dot{\theta}_A$. Aşadar, definitoriu pentru cinematica mecanismelor cu camă şi tachet, este faptul că tachetul nu este acţionat direct de camă ci indirect, în cazul modulului clasic C prin vectorul $\vec{r}_A$, care se roteşte cu viteza unghiulară $\dot{\theta}_A$, iar nu cu cea a camei, ω. De aici rezultă o cinematică particulară-exactă, cea prezentată în general în manualele de specialitate fiind de fapt doar o cinematică aproximativă a cuplei superioare cu camă şi tachet. Aşa cum se va vedea în continuare acest fapt conduce la o funcţie de transmitere a mişcării foarte complexă, greu de dedus şi de urmărit (fapt care ar justifica ocolirea ei printr-o cinematică aproximativă, mult mai comodă dar inexactă).

Din punct de vedere cinematic definim următoarele viteze (vezi fig. 3):

$\vec{v}_1$ =viteza camei; este de fapt viteza vectorului $\vec{r}_A$, în punctul A, astfel încât nu este corect să scriem relaţia (1) aproximativă, dar este valabilă relaţia (2) pentru determinarea precisă a vitezei de intrare, v_1:

$$v_1 = r_A . \omega \qquad (1)$$

$$v_1 = r_A . \dot{\theta}_A \qquad (2)$$

Relaţia (2) exprimă modulul exact al vitezei de intrare, cunoscută, $\vec{v}_1$.

Viteza $\vec{v}_1$ =AC se descompune în vitezele $\vec{v}_2$ =BC (viteza tachetului care acţionează pe axa acestuia, pe direcţie verticală) şi $\vec{v}_{12}$ =AB (viteza de alunecare dintre profile, viteza de alunecare dintre camă şi tachet, care lucrează pe direcţia tangentei comune la cele două profile dusă în punctul de contact).

Cum deobicei cama (profilul camei) se construieşte cu AD=s', pentru modulul clasic, C, putem scrie relaţiile:

$$r_A^2 = (r_0 + s)^2 + s'^2 \tag{3}$$

$$r_A = \sqrt{(r_0 + s)^2 + s'^2} \tag{4}$$

$$\cos \tau = \frac{r_0 + s}{r_A} = \frac{r_0 + s}{\sqrt{(r_0 + s)^2 + s'^2}} \tag{5}$$

$$\sin \tau = \frac{AD}{r_A} = \frac{s'}{r_A} = \frac{s'}{\sqrt{(r_0 + s)^2 + s'^2}} \tag{6}$$

$$v_2 = v_1 . \sin \tau = r_A . \dot{\theta}_A . \frac{s'}{r_A} = s'.\dot{\theta}_A \tag{7}$$

Se credea că viteza tachetului se poate scrie; v_2=s'.ω, dar iată că în realitate cama (mecanismul cu camă şi tachet) impune o funcţie de transmitere (în funcţie de tipul cuplei).

La mecanismul clasic de distribuţie, funcţia de transmitere este reprezentată printr-un parametru (coeficient dinamic) D, conform relaţiilor (8-9):

$$\dot{\theta}_A = D.\omega$$
$$D = \frac{\dot{\theta}_A}{\omega} \tag{8}$$

$$v_2 = s'.\dot{\theta}_A = s'.D.\omega \tag{9}$$

Determinarea vitezei de alunecare dintre profile se face cu ajutorul relaţiei (10):

$$v_{12} = v_1 . \cos \tau = r_A . \dot{\theta}_A . \frac{r_0 + s}{r_A} = (r_0 + s).\dot{\theta}_A \qquad (10)$$

Unghiurile τ şi θ_A vor fi determinate în continuare, împreună şi cu derivatele lor de ordinul 1 şi 2.

Unghiul τ se determină din triunghiul ODA^i (vezi fig..1) cu relaţiile (11-13):

$$\sin \tau = \frac{s'}{\sqrt{(r_0 + s)^2 + s'^2}} \qquad (11)$$

$$\cos \tau = \frac{r_0 + s}{\sqrt{(r_0 + s)^2 + s'^2}} \qquad (12)$$

$$tg\,\tau = \frac{s'}{r_0 + s} \qquad (13)$$

Derivăm (11) în funcţie de unghiul φ şi obţinem (14):

$$\tau'.\cos \tau = \frac{s''r_A - s'.\dfrac{(r_0 + s).s' + s'.s''}{r_A}}{(r_0 + s)^2 + s'^2} \qquad (14)$$

Relaţia (14) se scrie sub forma (15):

$$\tau'.\cos \tau = \frac{s''.(r_0 + s)^2 + s''.s'^2 - s'^2.(r_0 + s) - s'^2.s''}{[(r_0 + s)^2 + s'^2].\sqrt{(r_0 + s)^2 + s'^2}} \qquad (15)$$

Din relaţia (12) scoatem valoarea lui $\cos\tau$ şi o introducem în termenul stâng al expresiei (15); apoi se reduc $s''.s'^2$ din termenul drept al expresiei (15) şi obţinem o relaţie de forma (16):

$$\tau'.\frac{r_0 + s}{\sqrt{(r_0 + s)^2 + s'^2}} = \frac{(r_0 + s).[s''.(r_0 + s) - s'^2]}{[(r_0 + s)^2 + s'^2].\sqrt{(r_0 + s)^2 + s'^2}} \qquad (16)$$

După simplificări obţinem în final relaţia (17) care reprezintă expresia lui τ':

$$\tau' = \frac{s''.(r_0 + s) - s'^2}{(r_0 + s)^2 + s'^2} \qquad (17)$$

Acum, când avem τ' explicitat, putem determina imediat derivatele următoare, pentru moment limitându-ne la derivata de ordinul 2, τ'' (pentru alte modele dinamice, mai sunt necesare încă cel puţin două derivate, τ''' şi τ^{IV}). Expresia (17) se derivează direct şi obţinem pentru început relaţia (18):

$$\tau'' =$$
$$\frac{[s'''(r_0 + s) + s''s' - 2s's''][(r_0 + s)^2 + s'^2] - 2[s''(r_0 + s) - s'^2][(r_0 + s)s' + s's'']}{[(r_0 + s)^2 + s'^2]^2} \qquad (18)$$

Se reduc parţial termenii s'.s'' din prima paranteză de la numărător, după care se scoate s' din a patra paranteză de la numărător în factor comun şi obţinem expresia (19):

$$\tau'' = \frac{[s'''.(r_0 + s) - s'.s''].[(r_0 + s)^2 + s'^2] - 2.s'.[s''.(r_0 + s) - s'^2].[r_0 + s + s'']}{[(r_0 + s)^2 + s'^2]^2} \qquad (19)$$

Acum se poate calcula θ_A, cu primele două derivate ale sale, $\dot{\theta}_A$ şi $\ddot{\theta}_A$. Pentru simplificare în loc de θ_A se va scrie simplu, θ. Din figura 1 se observă imediat relaţia (20), care este o reluare a primei expresii prezentate în acest capitol, expresia (0):

$$\theta = \tau + \varphi \qquad (20)$$

Derivăm (20) şi obţinem relaţia (21):

$$\dot{\theta} = \dot{\tau} + \dot{\varphi} = \tau'.\omega + \omega = \omega.(1 + \tau') = D.\omega \qquad (21)$$

Derivăm a doua oară (20), adică derivăm (21) şi obţinem (22):

$$\ddot{\theta} = \ddot{\tau} + \ddot{\varphi} = \tau''{\cdot}\omega^2 = D'{\cdot}\omega^2 \qquad (22)$$

Se observă faptul că funcţia de transmitere a mişcării, la modulul clasic (C), se poate scrie acum sub forma (23-24):

$$D = \tau'+1 \qquad (23)$$

$$D^I = \tau'' \qquad (24)$$

Despre rolul funcţiilor de transmitere, D şi D', sau funcţia de transmitere (coeficientul dinamic) D cu derivata ei se va vorbi în continuare.

Relaţia $\dot{s} = s'{\cdot}\omega$ este perfect valabilă, numai că ideea conform căreia $\dot{s}$ este identic cu v_2 (viteza tachetului, impusă de cuplă) este eronată. Viteza tachetului pe care deja am demonstrat-o anterior, se obţine cu ajutorul funcţiei de transmitere, D, conform relaţiei (25):

$$v_2 = s'{\cdot}w = s'{\cdot}\dot{\theta}_A = s'{\cdot}\dot{\theta} = s'{\cdot}D{\cdot}\omega = \dot{s}{\cdot}D \qquad (25)$$

Iată că în realitate viteza tachetului este produsul lui s' nu cu ω, ci cu o viteză unghiulară variabilă, w, care însă se poate exprima sub forma unui produs dintre o variabilă D şi viteza unghiulară constantă, ω, (vezi relaţia 26).

$$w = D.\omega \qquad (26)$$

Această relaţie generală lucrează în cazul tuturor mecanismelor cu camă şi tachet, iar pentru mecanismul clasic de distribuţie (Modul C), variabila w este identică cu $\dot{\theta}_A$ (vezi relaţia 25). De exemplu, la modulul B (mecanismul cu camă rotativă şi tachet translant cu rolă), funcţia de transmitere este mult mai complexă, fapt care conduce şi la derivate ale ei mult mai complexe, deoarece dacă obţinerea funcţiei de transmitere, D, la modulul B, este dificilă, deja prima ei derivată, D', se obţine cu multă trudă, iar pentru D" şi D'" volumul de muncă este considerabil. Dacă viteza reală (chiar cinematic, nu numai dinamic) a tachetului, la modulul clasic C, este $\dot{y} \equiv v_2 = s'.D.\omega$, putem determina imediat şi acceleraţia reală a tachetului (vezi relaţia 27), prin derivarea lui v_2 în funcţie de timp.

$$\ddot{y} \equiv a_2 = (s''{\cdot}D + s'{\cdot}D'){\cdot}\omega^2 \qquad (27)$$

149

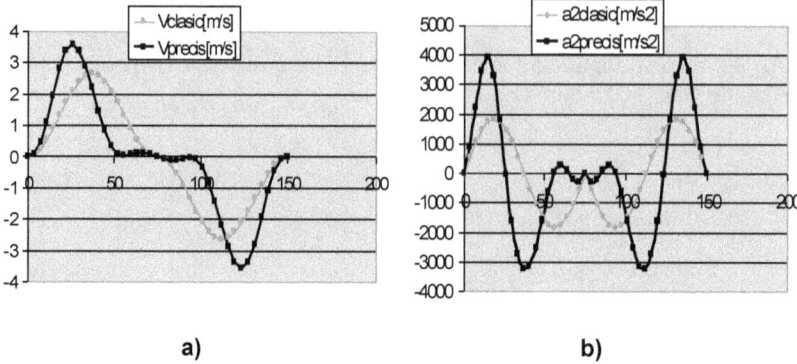

a) b)

Fig. 4. *Comparaţie între cinematica clasică şi cea propusă în prezenta lucrare. a-viteze şi b-acceleraţii ale tachetului*

Rezultă de aici faptul că pentru determinarea acceleraţiei reale a tachetului, sunt necesare atât s' şi s", cât şi D şi D', iar pentru obţinerea lui D respectiv D' sunt necesare variabilele τ' şi respectiv τ".

Numai când se trasează diagramele v_2 şi a_2 în funcţie de unghiul φ, calculate cinematic precis, pe baza relaţiilor (25) şi respectiv (27), avem impresia unei viteze şi a unei *acceleraţii* cu aspecte *dinamice* (vezi diagramele din figura 4 a-b). Calculele care au stat la baza trasării diagramelor comparative, se bazează pe legea SINus, o turaţie a arborelui motor de n=5500 [rot/min], un unghi de urcare φ_u=75 [grade] egal cu cel de coborâre, o rază a cercului de bază r_0=17 [mm] şi o cursă maximă a tachetului h_T=6[mm].

Totuşi dinamica este mult mai complexă, ţinând cont şi de masele şi momentele inerţiale, de forţele rezistente şi motoare ale mecanismului, de amortizările şi elasticităţile întregului lanţ cinematic, de forţele de inerţie din sistem, de turaţia mecanismului, de variaţia vitezei unghiulare ω (considerată în general constantă) cu poziţia φ a camei dar şi cu turaţia n a arborelui motor.

3.3.2. Rezolvarea aproximativă a ecuaţiei de mişcare Lagrange

În cadrul studiului cinematic şi cinetostatic al mecanismelor, se consideră viteza de rotaţie a arborelui de intrare (manivela), constantă, $\dot{\varphi} = \omega$=constant, iar acceleraţia unghiulară corespunzătoare, nulă, $\ddot{\varphi} = \dot{\omega} = \varepsilon = 0$.

În realitate, datorită maselor şi momentelor inerţiale, dar şi a momentelor motoare şi rezistente, această viteză unghiulară ω nu este constantă, ci variază în funcţie de poziţia φ a arborelui respectiv. Mecanismele cu camă şi tachet se supun şi ele acestei legi, astfel încât vom urmări ecuaţia generală Lagrange, scrisă sub formă diferenţială şi modul ei general de rezolvare. Ecuaţia Lagrange, scrisă sub formă diferenţială (denumită şi ecuaţia maşinii), are forma (28).

$$J^* . \ddot{\varphi} + \frac{1}{2} . J^{*I} . \dot{\varphi}^2 = M^* \qquad (28)$$

unde J* este momentul de inerţie (momentul masic, sau mecanic) al mecanismului, redus la manivelă, iar M* reprezintă momentul motor redus minus momentul rezistent redus, reduse la manivelă; unghiul φ reprezintă unghiul de rotaţie al manivelei. J*^{I} reprezintă derivata momentului mecanic în funcţie de unghiul φ de rotaţie al manivelei (29).

$$\frac{1}{2} . J^{*I} = \frac{1}{2} . \frac{dJ^*}{d\varphi} = L \qquad (29)$$

Dacă utilizăm notaţia (29), ecuaţia (28) se rescrie sub forma (30):

$$J^* . \ddot{\varphi} + L.\dot{\varphi}^2 = M^* \qquad (30)$$

Împărţim ambii termeni la J* şi (30) ia forma (31):

$$\ddot{\varphi} + \frac{L}{J^*} . \dot{\varphi}^2 = \frac{M^*}{J^*} \qquad (31)$$

Trecem termenul cu $\dot{\varphi}^2$ în dreapta şi obţinem (32):

$$\ddot{\varphi} = \frac{M^*}{J^*} - \frac{L}{J^*} . \dot{\varphi}^2 \qquad (32)$$

Prelucrăm termenul din stânga ecuaţiei (32) sub forma (33), şi obţinem pentru (32) forma (34):

$$\ddot{\varphi} = \frac{d\dot{\varphi}}{dt} = \frac{d\dot{\varphi}}{d\varphi} . \frac{d\varphi}{dt} = \frac{d\dot{\varphi}}{d\varphi} . \dot{\varphi} = \frac{d\omega}{d\varphi} . \omega \qquad (33)$$

$$\omega.\frac{d\omega}{d\varphi} = \frac{M^*}{J^*} - \frac{L}{J^*}.\omega^2 = \frac{M^* - L.\omega^2}{J^*} \tag{34}$$

Deoarece, pentru un anumit unghi φ, ω variază de la valoarea nominală constantă ω_n la valoarea ω, putem scrie relaţia (35), unde $d\omega$ reprezintă variaţia instantanee pentru un anumit φ, ea fiind o variabilă de φ, care adăugată la constanta ω_n conduce la variabila căutată, ω:

$$\omega = \omega_n + d\omega \tag{35}$$

În relaţia (35), ω şi $d\omega$ sunt funcţii de unghiul φ, iar ω_n este un parametru constant, care poate lua diferite valori în funcţie de turaţia arborelui conducător, n. La un moment dat, turaţia n este considerată constantă şi la fel ω_n, însă cum ea poate lua diferite valori (şi n şi ω_n) se poate considera ω_n ca fiind o funcţie de turaţia n, astfel încât şi ω devine o funcţie şi de n, cu atât mai mult cu cât chiar $d\omega$ este funcţie de φ dar şi de ω_n (vezi relaţia 36):

$$\omega(\varphi, n) = \omega_n(n) + d\omega(\varphi, \omega_n(n)) \tag{36}$$

Introducând (35) în (34), obţinem ecuaţia (37):

$$(\omega_n + d\omega).d\omega = [\frac{M^*}{J^*} - \frac{L}{J^*}.(\omega_n + d\omega)^2].d\varphi \tag{37}$$

În continuare obţinem ecuaţia de forma (38):

$$\omega_n.d\omega + (d\omega)^2 = \frac{M^*}{J^*}.d\varphi - \frac{L}{J^*}.d\varphi.[\omega_n^2 + (d\omega)^2 + 2.\omega_n.d\omega] \tag{38}$$

Ecuaţia (38) se scrie sub forma (39):

$$\omega_n.d\omega + (d\omega)^2 - \frac{M^*}{J^*}.d\varphi + \frac{L}{J^*}.d\varphi.\omega_n^2 +$$
$$+ \frac{L}{J^*}.d\varphi.(d\omega)^2 + 2.\frac{L}{J^*}.d\varphi.\omega_n.d\omega = 0 \tag{39}$$

Grupăm termenii doi câte doi şi obţinem ecuaţia (40):

$$(\frac{L}{J^*}.d\varphi + 1).(d\omega)^2 + 2.(\frac{L}{J^*}.d\varphi + \frac{1}{2}).\omega_n.d\omega -$$

$$- (\frac{M^*}{J^*}.d\varphi - \frac{L}{J^*}.d\varphi.\omega_n^2) = 0$$

(40)

Ecuaţia (40) este o ecuaţie de gradul 2 în (dω). Discriminantul ecuaţiei (40) se scrie iniţial sub forma (41), iar apoi se reduce la forma (42):

$$\Delta = \frac{L^2}{J^{*2}}.(d\varphi)^2.\omega_n^2 + \frac{\omega_n^2}{4} + \frac{L}{J^*}.d\varphi.\omega_n^2 + \frac{L.M^*}{J^{*2}}.(d\varphi)^2$$

$$+ \frac{M^*}{J^*}.d\varphi - \frac{L^2}{J^{*2}}.(d\varphi)^2.\omega_n^2 - \frac{L}{J^*}.d\varphi.\omega_n^2$$

(41)

$$\Delta = \frac{\omega_n^2}{4} + \frac{L.M^*}{J^{*2}}.(d\varphi)^2 + \frac{M^*}{J^*}.d\varphi$$

(42)

Se reţine, pentru dω, numai soluţia cu plus, care poate genera atât valori pozitive cât şi valori negative (43), valori care se încadrează în limite normale, generând pentru ω valori normale; pentru $\Delta < 0$ se consideră dω=0 (acest caz nu apare de loc pentru o ecuaţie corectă).

$$d\omega = \frac{-\frac{L}{J^*}.d\varphi.\omega_n - \frac{\omega_n}{2} + \sqrt{\Delta}}{\frac{L}{J^*}.d\varphi + 1}$$

(43)

Observaţii: Pentru mecanismele cu camă şi tachet, utilizând noile relaţiile, cu M^* (momentul redus al întregului mecanism) obţinut prin scrierea momentului rezistent redus cunoscut şi prin calculul celui motor prin integrarea celui rezistent pe toată zona de urcare (de exemplu), se determină frecvent valori mari şi chiar foarte mari pentru dω, sau zone întregi în care realizantul Δ, ia valori negative, generând soluţii complexe pentru dω, pe care îl considerăm 0 pe aceste zone, fapt care ne îndreptăţeşte să reconsiderăm metoda determinării momentului redus, unde unul din cele două momente, cel rezistent sau cel motor este cunoscut printr-o relaţie de calcul, iar celălalt, se determină prin integrarea celui cunoscut pe un anumit domeniu.

Dacă considerăm cunoscute atât M*$_r$ cât şi M*$_m$ şi le calculăm pe fiecare în parte cu relaţia aferentă (independentă una de alta, adică fără integrare), se obţin pentru mecanismele cu camă şi tachet, valori normale pentru dω (valori care se păstrează pe tot intervalul în limite normale, iar în plus discriminantul, Δ, este în permanenţă pozitiv, adică ≥ 0, astfel încât nu apar soluţii complexe pentru dω).

Forţa rezistentă redusă la supapă e dată de (44), iar forţa motoare redusă la axul supapei se obţine cu (45):

$$F_r^* = k.(x_0 + x) \qquad (44)$$

$$F_m^* = K.(y - x) \qquad (45)$$

Momentul rezistent redus (46) sau cel motor redus (47), se calculează înmulţind forţa rezistentă redusă, respectiv cea motoare redusă, cu viteza redusă x'.

$$M_r^* = k.(x_0 + x).x' \qquad (46)$$

$$M_m^* = K.(y - x).x' \qquad (47)$$

3.3.3. Relaţia dinamică utilizată

Relaţiile dinamice utilizate sunt (48-49).

$$\Delta X = (-1)\cdot$$

$$\frac{(k^2 + 2\cdot k\cdot K)\cdot s^2 + 2\cdot k\cdot x_0 \cdot (K+k)\cdot s + [\frac{K^2}{K+k}\cdot m_S^* + (K+k)\cdot m_T^*]\cdot \omega^2 \cdot (Ds')^2}{2\cdot(s+\frac{k\cdot x_0}{K+k})\cdot (K+k)^2} \quad (48)$$

$$X = s - \frac{[\frac{K^2}{K+k}\cdot m_S^* + (K+k)\cdot m_T^*]\cdot \omega^2 \cdot (Ds')^2}{2\cdot (s+\frac{k\cdot x_0}{K+k})\cdot (K+k)^2}$$

$$- \frac{(k^2 + 2\cdot k\cdot K)\cdot s^2 + 2\cdot k\cdot x_0 \cdot (K+k)\cdot s}{2\cdot (s+\frac{k\cdot x_0}{K+k})\cdot (K+k)^2} \qquad (49)$$

3.3.4. Analiza dinamică

Analiza dinamică a legii clasice sin, se vede în diagrama din figura 3, iar în figura 4 se observă cea pentru o lege originală (C4P):

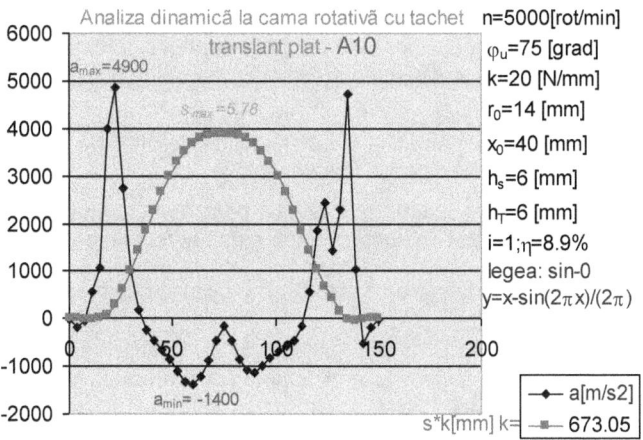

Fig. 3. *Analiza dinamică a legii sin, φ_u=75 [grad], n=5000 [r/m]*

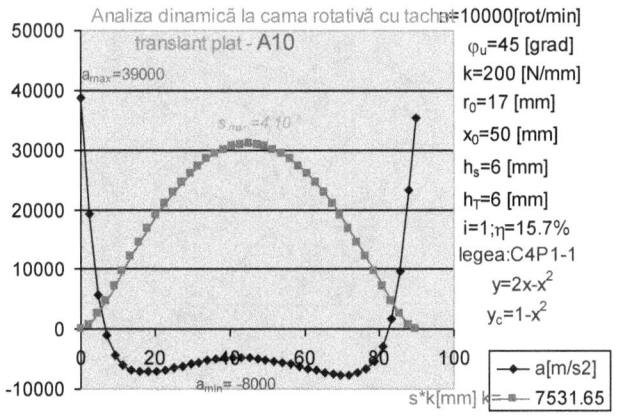

Fig. 4. *Analiza dinamică la legea originală C4P, φ_u=45 [grad], n=10000 [r/m]*

155

4. MECANISMELE CU CAMĂ ROTATIVĂ ŞI TACHET DE TRANSLAŢIE CU ROLĂ

4.1. Prezentare generală

Mecanismele cu camă rotativă şi tachet translant cu rolă (Modul B), au o cinematică aparte, datorată în primul rând geometriei mecanismului, fapt care ne obligă la un studiu mai amănunţit dacă dorim să determinăm cu precizie cinematica şi dinamica acestui mecanism. În mod normal acest tip de mecanism se studiază aproximativ, considerându-se, atât pentru cinematică cât şi pentru cinetostatică, suficient, un studiu asupra cuplei B (centrul rolei).

Aproximarea aceasta (vezi fig. 1) prezintă însă o mare deficienţă datorită faptului că se neglijează cinematica şi cinetostatica de precizie a mecanismului, fapt ce conduce la un studiu dinamic inadecvat.

Un studiu precis (exact), este posibil doar atunci când analizăm ce se petrece în punctul A (punctul de contact dintre camă şi rola tachetului).

Punctul A este definit de vectorul $\bar{r}_A$ având lungimea (modulul) r_A şi unghiul de poziţie θ_A.

La fel se defineşte poziţia punctului B (centrul rolei), prin vectorul $\bar{r}_B$, care se poziţionează la rândul său prin, unghiul θ_B şi are lungimea r_B.

Între cei doi vectori prezentaţi ($\bar{r}_A$ si $\bar{r}_B$) se formează un unghi μ.

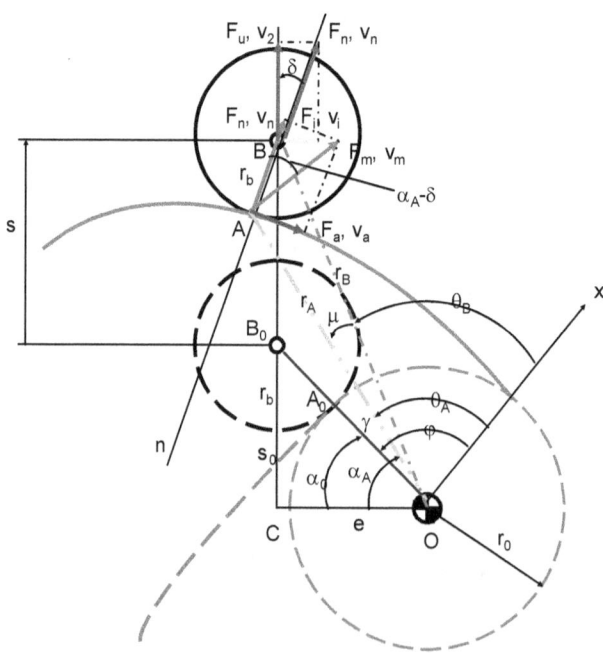

Fig. 1. *Mecanism cu camă rotativă şi tachet de translaţie cu rolă*

Unghiul α_0 defineşte poziţia, de bază, a vectorului $\bar{r}_{B0}$, în triunghiul dreptunghic OCB_0, astfel încât putem scrie relaţiile (1-4):

$$r_{B_0} = r_0 + r_b \tag{1}$$

$$s_0 = \sqrt{r_{B_0}^2 - e^2} \tag{2}$$

$$\cos \alpha_0 = \frac{e}{r_{B_0}} \tag{3}$$

$$\sin \alpha_0 = \frac{s_0}{r_{B_0}} \tag{4}$$

Unghiul de presiune δ, care apare între normala n dusă prin punctul de contact A şi o verticală, are mărimea cunoscută dată de relaţiile (5-7):

$$\cos \delta = \frac{s_0 + s}{\sqrt{(s_0 + s)^2 + (s'-e)^2}} \tag{5}$$

$$\sin \delta = \frac{s'-e}{\sqrt{(s_0 + s)^2 + (s'-e)^2}} \tag{6}$$

$$tg\delta = \frac{s'-e}{s_0 + s} \tag{7}$$

Vectorul $\bar{r}_A$ se poate determina direct cu relaţiile (8-9):

$$r_A^2 = (e + r_b \cdot \sin \delta)^2 + (s_0 + s - r_b \cdot \cos \delta)^2 \tag{8}$$

$$r_A = \sqrt{(e + r_b \cdot \sin \delta)^2 + (s_0 + s - r_b \cdot \cos \delta)^2} \tag{9}$$

Putem determina direct și unghiul α_A (10-11):

$$\cos \alpha_A = \frac{e + r_b \cdot \sin \delta}{r_A} \qquad (10)$$

$$\sin \alpha_A = \frac{s_0 + s - r_b \cdot \cos \delta}{r_A} \qquad (11)$$

4.2. Trasare profil

Se poate acum trasa direct profilul camei cu ajutorul coordonatelor polare r_A (cunoscută, vezi relația 9) și θ_A (care se determină cu relațiile 12-17):

$$\gamma = \alpha_A - \alpha_0 \qquad (12)$$

$$\cos \gamma = \cos \alpha_A \cdot \cos \alpha_0 + \sin \alpha_A \cdot \sin \alpha_0 \qquad (13)$$

$$\sin \gamma = \sin \alpha_A \cdot \cos \alpha_0 - \cos \alpha_A \cdot \sin \alpha_0 \qquad (14)$$

$$\theta_A = \varphi - \gamma \qquad (15)$$

$$\cos \theta_A = \cos \varphi \cdot \cos \gamma + \sin \varphi \cdot \sin \gamma \qquad (16)$$

$$\sin \theta_A = \sin \varphi \cdot \cos \gamma - \sin \gamma \cdot \cos \varphi \qquad (17)$$

4.3. Cinematica exactă la modulul B

Se determină în continuare câteva relații de calcul, necesare obținerii cinematicii precise pentru mecanismul cu camă rotativă și tachet de translație cu rolă.

Din triunghiul OCB (fig. 1) se determină lungimea r_B (OB) şi unghiurile complementare α_B şi τ (unde unghiul α_B este unghiul COB, iar unghiul complementar τ este de fapt unghiul CBO; aceste două unghiuri intuitive nu au mai fost trecute pe desenul din fig. 1. pentru a nu o încărca prea mult).

$$r_B^2 = e^2 + (s_0 + s)^2 \tag{18}$$

$$r_B = \sqrt{r_B^2} \tag{19}$$

$$\cos \alpha_B \equiv \sin \tau = \frac{e}{r_B} \tag{20}$$

$$\sin \alpha_B \equiv \cos \tau = \frac{s_0 + s}{r_B} \tag{21}$$

Din triunghiul oarecare OAB, la care se cunosc laturile OB şi AB şi unghiul dintre ele B (unghiul ABO), care reprezintă suma unghiurilor τ şi δ, putem determina lungimea OA şi unghiul μ (unghiul AOB):

$$\cos(\delta + \tau) = \cos \delta \cdot \cos \tau - \sin \delta \cdot \sin \tau \tag{22}$$

$$r_A^2 = r_B^2 + r_b^2 - 2 \cdot r_b \cdot r_B \cdot \cos(\delta + \tau) \tag{23}$$

$$\cos \mu = \frac{r_A^2 + r_B^2 - r_b^2}{2 \cdot r_A \cdot r_B} \tag{24}$$

$$\sin(\delta + \tau) = \sin \delta \cdot \cos \tau + \sin \tau \cdot \cos \delta \tag{25}$$

$$\sin \mu = \frac{r_b}{r_A} \cdot \sin(\delta + \tau) \tag{26}$$

Cu α_B şi μ putem acum să determinăm α_A:

$$\alpha_A = \alpha_B - \mu \tag{27}$$

159

Relaţia (27) o derivăm în raport cu timpul şi obţinem $\dot{\alpha}_A$:

$$\dot{\alpha}_A = \dot{\alpha}_B - \dot{\mu} \qquad (28)$$

Se derivează expresia (20) şi se obţine $\dot{\alpha}_B$ (32):

$$-\sin\alpha_B \cdot \dot{\alpha}_B = -\frac{e \cdot \dot{r}_B}{r_B^2} \qquad (29)$$

$$\dot{\alpha}_B = \frac{e \cdot r_B \cdot \dot{r}_B}{(s_0 + s) \cdot r_B^2} \qquad (30)$$

Pentru a afla $\dot{r}_B$ se derivează expresia (18):

$$\begin{aligned} 2 \cdot r_B \cdot \dot{r}_B &= 2 \cdot (s_0 + s) \cdot \dot{s} \\ r_B \cdot \dot{r}_B &= (s_0 + s) \cdot \dot{s} \end{aligned} \qquad (31)$$

Acum $\dot{\alpha}_B$ se scrie sub forma (32):

$$\dot{\alpha}_B = \frac{e \cdot (s_0 + s) \cdot \dot{s}}{(s_0 + s) \cdot r_B^2} = \frac{e \cdot \dot{s}}{r_B^2} \qquad (32)$$

Expresia lui $\dot{\mu}$ este ceva mai dificilă, pentru obţinerea ei derivăm în raport cu timpul relaţia (24) şi obţinem expresia (33):

$$\begin{aligned} &2 \cdot \dot{r}_A \cdot r_B \cdot \cos\mu + 2 \cdot r_A \cdot \dot{r}_B \cdot \cos\mu - 2 \cdot r_A \cdot r_B \cdot \sin\mu \cdot \dot{\mu} = \\ &2 \cdot r_A \cdot \dot{r}_A + 2 \cdot r_B \cdot \dot{r}_B \end{aligned} \qquad (33)$$

Din (33) se explicitează $\dot{\mu}$ (38), care se poate determina dacă obţinem mai întâi $\dot{r}_A$ prin derivarea expresiei (23):

$$2 \cdot r_A \cdot \dot{r}_A = 2 \cdot r_B \cdot \dot{r}_B - 2 \cdot r_b \cdot \dot{r}_B \cdot \cos(\delta + \tau)$$
$$+ 2 \cdot r_b \cdot r_B \cdot \sin(\delta + \tau) \cdot (\dot{\delta} + \dot{\tau})$$

(34)

Pentru rezolvarea expresiei (34) sunt necesare derivatele $\dot{\delta}$ şi $\dot{\tau}$.

Se derivează (7) şi se obţine (35 şi 36):

$$\delta' = \frac{s'' \cdot (s_0 + e) - s' \cdot (s' - e)}{(s_0 + s)^2 + (s' - e)^2}$$

(35)

$$\dot{\delta} = \delta' \cdot \omega$$

(36)

Se observă faptul că τ este complementarul lui α_B, astfel încât vitezele lor (derivatele lor în raport cu timpul) sunt egale dar de semne contrare, astfel încât există relaţia:

$$\dot{\tau} = -\dot{\alpha}_B = -\frac{e \cdot \dot{s}}{r_B^2}$$

(37)

Acum putem calcula $\dot{\mu}$:

$$\dot{\mu} = \frac{\dot{r}_A \cdot r_B \cdot \cos \mu + r_A \cdot \dot{r}_B \cdot \cos \mu - r_A \cdot \dot{r}_A - r_B \cdot \dot{r}_B}{r_A \cdot r_B \cdot \sin \mu}$$

(38)

Se poate determina acum $\dot{\alpha}_A$ (28) şi $\dot{\theta}_A$ (39):

$$\dot{\theta}_A = \dot{\varphi} - \dot{\gamma} = \omega - \dot{\alpha}_A$$

(39)

În continuare reexprimăm funcţiile trigonometrice de bază (sin şi cos) de unghiul α_A în alt mod decât prin relaţiile (10-11), pe baza calculelor anterioare:

$$\cos \alpha_A = \frac{e \cdot \sqrt{(s_0 + s)^2 + (s' - e)^2} + r_b \cdot (s' - e)}{r_A \cdot \sqrt{(s_0 + s)^2 + (s' - e)^2}}$$

(40)

161

$$\sin \alpha_A = \frac{(s_0 + s) \cdot [\sqrt{(s_0 + s)^2 + (s'-e)^2} - r_b]}{r_A \cdot \sqrt{(s_0 + s)^2 + (s'-e)^2}} \qquad (41)$$

Putem să obţinem acum expresia $\cos(\alpha_A - \delta)$:

$$\cos(\alpha_A - \delta) = \frac{(s_0 + s) \cdot s'}{r_A \cdot \sqrt{(s_0 + s)^2 + (s'-e)^2}} = \frac{s'}{r_A} \cdot \cos \delta \qquad (42)$$

Produsul $\cos(\alpha_A - \delta) \cdot \cos \delta$ se exprimă acum sub forma simplificată (43):

$$\cos(\alpha_A - \delta) \cdot \cos \delta = \frac{s'}{r_A} \cdot \cos^2 \delta \qquad (43)$$

Putem scrie următoarele forţe şi viteze:

La intrare avem F_m şi v_m perpendiculare pe vectorul r_A. Ele se descompun în F_a (respectiv v_a), forţa şi viteza de alunecare dintre profile, şi în F_n (respectiv v_n) forţa şi viteza normale la profil, care trec prin punctul B şi se descompun la rândul lor în două componente; forţa F_i (respectiv viteza v_i), forţa şi viteza de încovoiere a tachetului (produc vibraţii, oscilaţii laterale) şi forţa F_u (respectiv viteza v_2), adică forţa utilă care deplasează tachetul efectiv şi viteza sa de deplasare v_2. În plus forţa F_a dă naştere la un moment $F_a . r_b$ care face ca rola să se rotească.

Scriem următoarele relaţii de forţe şi viteze:

$$\begin{cases} v_a = v_m \cdot \sin(\alpha_A - \delta) \\ F_a = F_m \cdot \sin(\alpha_A - \delta) \end{cases} \qquad (44)$$

$$\begin{cases} v_n = v_m \cdot \cos(\alpha_A - \delta) \\ F_n = F_m \cdot \cos(\alpha_A - \delta) \end{cases} \qquad (45)$$

$$\begin{cases} v_i = v_n \cdot \sin \delta \\ F_i = F_n \cdot \sin \delta \end{cases} \qquad (46)$$

162

$$\begin{cases} v_2 = v_n \cdot \cos\delta = v_m \cdot \cos(\alpha_A - \delta) \cdot \cos\delta \\ F_u = F_n \cdot \cos\delta = F_m \cdot \cos(\alpha_A - \delta) \cdot \cos\delta \end{cases} \tag{47}$$

4.4. Determinarea randamentului la modulul B

Se determină în continuare randamentul mecanic exact al mecanismului. Puterea utilă se scrie:

$$P_u = F_u \cdot v_2 = F_m \cdot v_m \cdot \cos^2(\alpha_A - \delta) \cdot \cos^2\delta \tag{48}$$

Puterea consumată este:

$$P_c = F_m \cdot v_m \tag{49}$$

Se determină randamentul instantaneu:

$$\eta_i = \frac{P_u}{P_c} = \frac{F_m \cdot v_m \cdot \cos^2(\alpha_A - \delta) \cdot \cos^2\delta}{F_m \cdot v_m} =$$
$$= \cos^2(\alpha_A - \delta) \cdot \cos^2\delta = [\cos(\alpha_A - \delta) \cdot \cos\delta]^2 = \tag{50}$$
$$= [\frac{s'}{r_A} \cdot \cos^2\delta]^2 = \frac{s'^2}{r_A^2} \cdot \cos^4\delta$$

4.5. Determinarea funcţiei de transmitere, D, la modulul B

Se determină în continuare funcţia de transmitere a mişcării la modulul B, adică funcţia notată cu D (COEFICIENTUL DINAMIC):

Se reia viteza tachetului din expresia (47) şi se scrie sub forma (51):

$$v_2 = v_n \cdot \cos\delta = v_m \cdot \cos(\alpha_A - \delta) \cdot \cos\delta = v_m \cdot \frac{s'}{r_A} \cdot \cos^2\delta =$$
$$= r_A \cdot \dot{\theta}_A \cdot \frac{s'}{r_A} \cdot \cos^2\delta = \dot{\theta}_A \cdot s' \cdot \cos^2\delta = \theta_A^I \cdot \omega \cdot s' \cdot \cos^2\delta \tag{51}$$

Pe de altă parte se cunoaşte pentru viteza tachetului expresia (52):

$$v_2 = s' \cdot D \cdot \omega \tag{52}$$

Din egalarea celor două relaţii (51 şi 52) se identifică expresia lui D, extrem de complexă (53) (pentru derivatele lui D, volumul de lucru este mare):

$$D = \theta_A^I \cdot \cos^2 \delta \tag{53}$$

Expresia lui $\cos^2 \delta$ se cunoaşte (54):

$$\cos^2 \delta = \frac{(s_0 + s)^2}{(s_0 + s)^2 + (s'-e)^2} \tag{54}$$

Expresia lui θ'_A este ceva mai dificilă având forma din relaţia (55):

$$\begin{aligned}
\theta_A^I &= [(s_0 + s)^2 + e^2 - e \cdot s' - r_b \cdot \sqrt{(s_0 + s)^2 + (s'-e)^2}] \cdot \\
&\cdot \{[(s_0 + s)^2 + (s'-e)^2] \cdot \sqrt{(s_0 + s)^2 + (s'-e)^2} + \\
&+ r_b \cdot [s'' \cdot (s_0 + s) - s' \cdot (s'-e) - (s_0 + s)^2 - (s'-e)^2]\} / \\
&/ [(s_0 + s)^2 + (s'-e)^2] / \{[(s_0 + s)^2 + e^2 + r_b^2] \cdot \\
&\cdot \sqrt{(s_0 + s)^2 + (s'-e)^2} - 2 \cdot r_b \cdot [(s_0 + s)^2 + e^2 - e \cdot s']\}
\end{aligned} \tag{55}$$

Se dau în continuare şi expresiile lui μ (56-57):

$$\cos \mu = \frac{[(s_0 + s)^2 + e^2] \cdot \sqrt{(s_0 + s)^2 + (s'-e)^2} - r_b \cdot [(s_0 + s)^2 + e^2 - e \cdot s']}{r_A \cdot r_B \cdot \sqrt{(s_0 + s)^2 + (s'-e)^2}} \tag{56}$$

$$\sin \mu = \frac{r_b \cdot (s_0 + s) \cdot s'}{r_A \cdot r_B \cdot \sqrt{(s_0 + s)^2 + (s'-e)^2}} \tag{57}$$

4.6. Dinamica pentru modulul B

Se utilizează pentru dinamica modulului B relaţiile (58-60):

$$\Delta X = -\frac{\dfrac{k^2 + 2kK}{(K+k)^2} \cdot s^2 + \dfrac{2kx_0}{K+k} \cdot s + \dfrac{[\dfrac{K^2}{(K+k)^2} \cdot m_S^* + m_T^*] \cdot \omega^2}{K+k} \cdot y'^2}{2 \cdot [s + \dfrac{kx_0}{K+k}]} \qquad (58)$$

$$\Delta X = -\frac{\dfrac{k^2 + 2kK}{(K+k)^2} \cdot s^2 + \dfrac{2kx_0}{K+k} \cdot s + \dfrac{[\dfrac{K^2}{(K+k)^2} \cdot m_S^* + m_T^*] \cdot \omega^2}{K+k} \cdot (D \cdot s')^2}{2 \cdot [s + \dfrac{kx_0}{K+k}]} \qquad (59)$$

Cunoscându-l pe ΔX îl putem determina imediat pe X cu relaţia (60):

$$X = s + \Delta X \qquad (60)$$

4.7. Analiza dinamică la modulul B

În continuare se prezintă analiza dinamică a modulului B, pentru câteva legi de mişcare cunoscute. Se începe cu legea clasică SIN (vezi diagrama dinamică din figura 2), pentru a o putea compara cu dinamica acestei legi de la modulul clasic C. Se utilizează o turaţie de n=5500 [rot/min], pentru o deplasare maximă teoretică atât la supapă cât şi la tachet, h=6 [mm]. Unghiul de fază este, $\varphi_u = \varphi_c = 65$ [grad]; raza cercului de bază are valoarea, $r_0 = 13$ [mm]. Pentru raza rolei s-a adoptat valoarea $r_b = 13$ [mm].

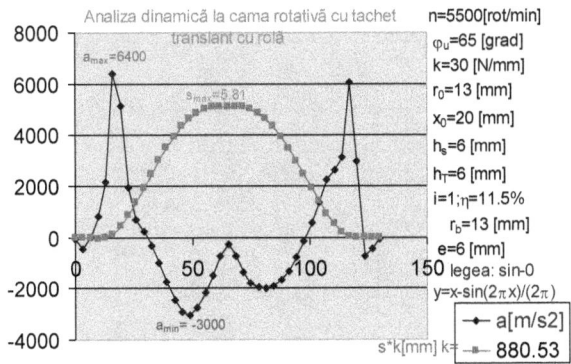

Fig. 2. *Analiza dinamică la modulul B. Legea SIN, n=5500 [rot/min] φ_u=65 [grad], r_0=13 [mm], r_b=13 [mm], h_T=6 [mm].*

165

Excentricitatea ghidajului în raport cu centrul camei este, e=6 [mm].

Randamentul are o valoare ridicată, η=11.5%; reglajele resortului sunt normale, k=30 [N/mm] şi x_0=20 [mm].

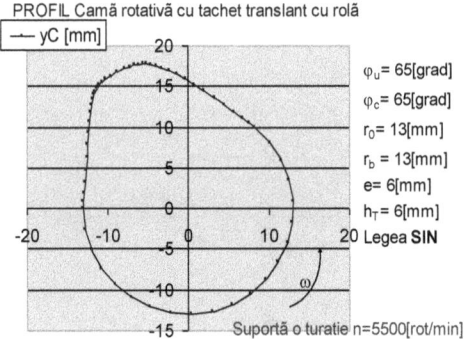

PROFIL Camă rotativă cu tachet translant cu rolă

— yC [mm]

φ_u= 65[grad]
φ_c= 65[grad]
r_0= 13[mm]
r_b = 13[mm]
e= 6[mm]
h_T= 6[mm]
Legea SIN

Suportă o turatie n=5500[rot/min]

Fig. 3. *Profilul SIN la modulul B. n=5500 [rot/min]*

φ_u=65 [grad], r_0=13 [mm], r_b=13 [mm], h_T=6 [mm].

Dinamica este mai bună (în general) comparativ cu cea a modulului clasic, C. *Pentru un unghi de fază de numai 65 grade atingem aceleaşi vârfuri de acceleraţii pe care modulul clasic le atingea la o fază relaxată de 75-80 grade.*

În figura 3 se poate urmări profilul aferent, trasat invers decât cele de la modulul C, adică cu profilul de ridicare în partea stângă şi cu cel de revenire în dreapta, (deoarece sensul de rotaţie a camei a fost şi el inversat, din orar în trigonometric).

Pentru legea cos (aşa cum ne-am obişnuit deja) vibraţiile sunt mai liniştite comparativ cu legea sin, la fel ca la modulul dinamic clasic, C (a se vedea diagrama dinamică din figura 4).

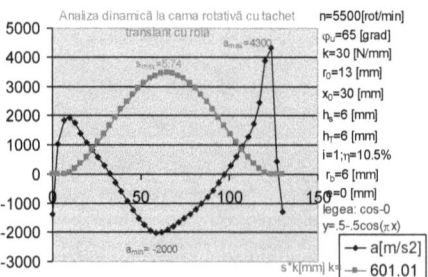

Analiza dinamică la cama rotativă cu tachet translant cu rolă

n=5500[rot/min]
φ_u=65 [grad]
k=30 [N/mm]
r_0=13 [mm]
x_0=30 [mm]
h_s=6 [mm]
h_T=6 [mm]
i=1;η=10.5%
r_b=6 [mm]
φ=0 [mm]
legea: cos-0
y=.5-.5cos(πx)
— a[m/s2]
— 601.01

Fig. 4. *Analiza dinamică la modulul B. Legea COS, n=5500 [rot/min], φ_u=65 [grad], r_0=13 [mm], r_b=6 [mm], h_T=6 [mm].*

Turaţia aleasă este de n=5500 [rot/min], pentru o deplasare maximă teoretică atât la supapă cât şi la tachet de, h=6 [mm]. Unghiul de fază este, φ$_u$=φ$_c$=65 [grad]; Raza cercului de bază are valoarea, r$_0$=13 [mm]. Pentru raza rolei s-a adoptat valoarea r$_b$=6 [mm]. Excentricitatea ghidajului în raport cu centrul camei este, e=0 [mm]. Un studiu dinamic arată că ce se câştigă la randament în una din faze (urcare sau coborâre) datorită excentricităţii, e, se pierde în faza cealaltă, astfel încât, *e, poate regla o fază şi în acelaşi timp o deregleză pe cealaltă. Iată un motiv serios ca valoarea adoptată a lui e să fie zero.*

Randamentul mecanismului are o valoare ridicată (mai mare decât cea de la modulul clasic, C), η=10.5%, dar mai redusă cu un procent comparativ cu legea sin.

Reglajele resortului sunt normale, k=30 [N/mm] şi x$_0$=30 [mm]. Profilul COS (pentru modulul dinamic B), corespunzător diagramei dinamice din figura 4, este trasat în figura 5. Profilul de ridicare, sau de urcare, sau de atac, este cel din stânga, iar cel de revenire (sau coborâre), este situat în dreapta. Ca o primă observaţie aceste profiluri sunt mai rotunjite şi mai pline, comparativ cu cele de la modulul clasic, C.

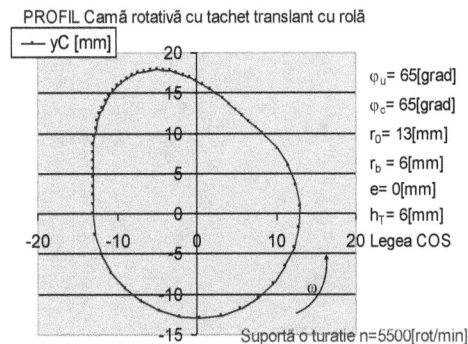

Fig. 5. *Profilul COS la modulul B. n=5500 [rot/min] φ$_u$=65 [grad], r$_0$=13 [mm], r$_b$=6 [mm], h$_T$=6 [mm].*

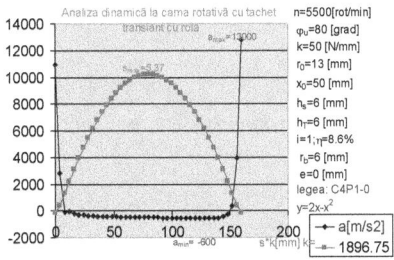

Fig. 6. *Analiza dinamică la modulul B. Legea C4P1-0, n=5500 [rot/min], φ$_u$=80 [grad], r$_0$=13 [mm], r$_b$=6 [mm], h$_T$=6 [mm].*

În figura 6 se analizează dinamic legea C4P, sintetizată de autori, pornind de la o turaţie n=5500 [rot/min].

Vârfurile negative ale acceleraţiilor sunt foarte reduse (funcţionare normală, cu zgomote şi vibraţii scăzute). Ridicarea efectivă (dinamică) a supapei este suficient de mare, s_{max}=5.37 [mm], comparativ cu h impus de 6 [mm]. Randamentul se păstrează în limite normale, η=8.6%. În figura 7. se prezintă profilul corespunzător.

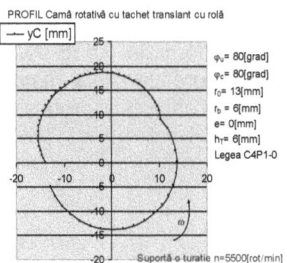

Fig. 7. *Profilul C4P la modulul B.*

În diagrama din figura 8 turaţia creşte până la 40000 [rot/min], în vreme ce randamentul creşte şi el, în detrimentul lui s_{max} care abia mai atinge valoarea de 3.88 [mm].

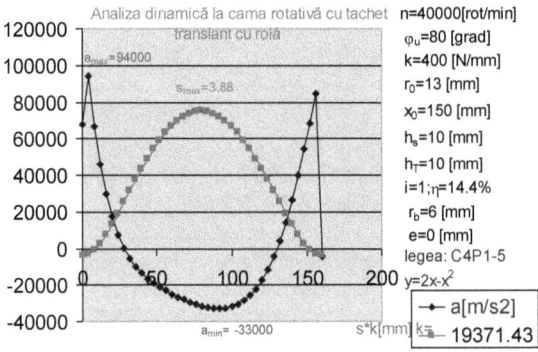

Fig. 8. *Analiza dinamică la modulul B. Legea C4P1-5, n=40000 [rot/min].*

Concluzii:

Se poate vorbi în mod evident de un avantaj al tachetului cu rolă, sau bilă, (Modul B), faţă de tachetul clasic cu talpă, (Modul C).

Se pot obţine aşadar turaţii ridicate, dar şi randamente superioare, cu ajutorul modulului B.

168

5. PREZENTAREA LEGILOR DE MIŞCARE CLASICE

Legile de mişcare la mecanismele cu camă şi tachet au un rol extrem de important deoarece pe baza lor se trasează (se construieşte) profilul camei, profil care determină în funcţionare mişcările reale (efective) ale tachetului.

În continuare se vor prezenta pe scurt câteva legi de mişcare (principale) utilizate la mecanismele cu came (se vor avea în vedere numai deplasarea s şi prima ei derivată în raport cu unghiul φ, adică viteza redusă, s'=v_r=ds/dφ).

Legea Co sin *usoidală*; $\varphi \in [0, \varphi_0]$

urcare   *coborâre*

$$s = \frac{h}{2} - \frac{h}{2} \cdot \cos\left(\pi \cdot \frac{\varphi}{\varphi_u}\right) \qquad s_c = \frac{h}{2} + \frac{h}{2} \cdot \cos\left(\pi \cdot \frac{\varphi}{\varphi_c}\right)$$

$$v_r = \frac{90 \cdot h}{\varphi_u} \cdot \sin\left(\pi \cdot \frac{\varphi}{\varphi_u}\right) \qquad v_{rc} = -\frac{90 \cdot h}{\varphi_c} \cdot \sin\left(\pi \cdot \frac{\varphi}{\varphi_c}\right)$$

Legea *Liniară*; $\varphi \in [0, \varphi_0]$

urcare   *coborâre*

$$s = h \cdot \frac{\varphi}{\varphi_u} \qquad s_c = h \cdot \left(1 - \frac{\varphi}{\varphi_c}\right)$$

$$v_r = \frac{180 \cdot h}{\pi \cdot \varphi_u} \qquad v_{rc} = -\frac{180 \cdot h}{\pi \cdot \varphi_c}$$

Legea *Sinusoidală*; $\varphi \in [0, \varphi_0]$

urcare   *coborâre*

$$s = h \cdot \frac{\varphi}{\varphi_u} - \frac{h}{2 \cdot \pi} \cdot \sin\left(2\pi \cdot \frac{\varphi}{\varphi_u}\right) \qquad s_c = h - h \cdot \frac{\varphi}{\varphi_c} + \frac{h}{2 \cdot \pi} \cdot \sin\left(2\pi \cdot \frac{\varphi}{\varphi_c}\right)$$

$$v_r = \frac{180 \cdot h}{\pi \cdot \varphi_u} - \frac{180 \cdot h}{\pi \cdot \varphi_u} \cdot \cos\left(2\pi \cdot \frac{\varphi}{\varphi_u}\right) \qquad v_{rc} = -\frac{180 \cdot h}{\pi \cdot \varphi_c} + \frac{180 \cdot h}{\pi \cdot \varphi_c} \cdot \cos\left(2\pi \cdot \frac{\varphi}{\varphi_c}\right)$$

Legea *Parabolică*;

$$\varphi \in [0, \frac{\varphi_0}{2}] \qquad\qquad\qquad \varphi \in [\frac{\varphi_0}{2}, \varphi_0]$$

urcare   *coborâre*   *urcare*   *coborâre*

$$s_1 = 2h \cdot \left(\frac{\varphi}{\varphi_u}\right)^2 \quad s_{1c} = h - 2h \cdot \left(\frac{\varphi}{\varphi_c}\right)^2 \quad s_2 = h - 2h \cdot \left(1 - \frac{\varphi}{\varphi_u}\right)^2 \quad s_{2c} = 2h \cdot \left(1 - \frac{\varphi}{\varphi_c}\right)^2$$

$$v_{r1} = \frac{720 \cdot h}{\pi \cdot \varphi_u^2} \cdot \varphi \quad v_{r1c} = -\frac{720 \cdot h}{\pi \cdot \varphi_c^2} \cdot \varphi \quad v_{r2} = \frac{720 \cdot h}{\pi \cdot \varphi_u^2} \cdot (\varphi_u - \varphi) \quad v_{r2c} = -\frac{720 \cdot h}{\pi \cdot \varphi_c^2} \cdot (\varphi_c - \varphi)$$

6. DINAMICA, MECANISMULUI DE DISTRIBUȚIE CU TACHET BALANSIER CU ROLĂ (MODUL F)

În cadrul capitolului 6 se va prezenta pe scurt mecanismul de distribuție, cu camă rotativă și tachet rotativ (balansier) cu rolă (Modul F); a se vedea și lucrările [P21], [P22], [P24], [P25], [P26], [P27], [P28], [P29], [P31], [P32-P38].

6.1. Prezentare generală

Mecanismele cu camă rotativă și tachet rotativ (balansier) cu rolă (Modul F), (fig. 6.1.), au o cinematică aparte, datorată în primul rând geometriei mecanismului, fapt care ne obligă la un studiu mai amănunțit dacă dorim să determinăm cu precizie cinematica și dinamica acestui mecanism. În mod obișnuit studiul acestui tip de mecanism se face aproximativ, (vezi figura 6.1.) considerându-se suficient, atât pentru cinematică cât și pentru cinetostatică, un studiu asupra cuplei B (centrul rolei). Aproximarea aceasta prezintă însă o mare deficiență, datorită faptului că se neglijează cinematica și cinetostatica de precizie a mecanismului, fapt care conduce la un studiu dinamic inadecvat.

Un studiu foarte precis (exact), este posibil doar atunci când analizăm ce se petrece în punctul A (punctul de contact dintre camă și rola tachetului).

Punctul A este definit de vectorul $\bar{r}_A$ având lungimea (modulul) r_A și unghiul de poziție θ_A măsurat de la axa OX.

În calculele care vor fi prezentate vectorul $\bar{r}_A$ va mai fi poziționat și prin unghiul α_A, care în loc să plece de la axa OX se măsoară de la axa OD.

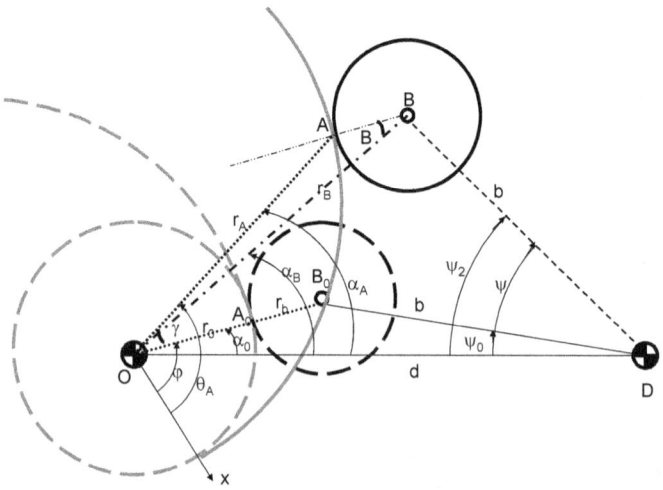

Fig. 6.1. Mecanism cu camă rotativă și tachet balansier cu rolă

La fel se defineşte poziţia punctului B (centrul rolei), prin vectorul $\bar{r}_B$, care se poziţionează la rândul său prin, unghiul θ_B faţă de axa OX şi prin unghiul α_B faţă de axa OD şi are lungimea r_B.

Între cei doi vectori prezentaţi ($\bar{r}_A$ si $\bar{r}_B$) se formează un unghi μ.

Unghiul α_0 defineşte poziţia, de bază (iniţială), a vectorului $\bar{r}_{B0}$, în triunghiul dreptunghic ODB_0, fiind măsurat de la axa OD.

Rotaţia camei (arborelui de distribuţie), dată de unghiul φ, se măsoară de la axa OX până la vectorul $\bar{r}_{B0}$. Această rotaţie reprezintă unghiul, φ, cu care s-a rotit arborele cu came din poziţia iniţială (dată de vectorul $\bar{r}_{B0}$, vector ce coincide cu axa OX în poziţia iniţială), până în poziţia curentă, când axa OX ocupă o nouă poziţie (vezi fig. 6.1.); deşi rotaţia arborelui de distribuţie este orară, sensul de construcţie al profilului camei este cel trigonometric, fapt pentru care vom inscripţiona unghiul φ invers, de la axa OX, în poziţia curentă până la poziţia ei iniţială, care coincide cu vectorul $\bar{r}_{B0}$.

În timp ce arborele cu came se roteşte cu unghiul φ, vectorul $\bar{r}_A$, se roteşte cu unghiul θ_A, iar între cele două unghiuri θ_A şi φ apare un defazaj notat pe figura 6.1. cu γ.

Defazajul γ, apare şi între unghiurile α_A şi α_0, fapt care ne ajută la determinarea exactă a valorii lui.

Raza tachetului, DB, egală cu b, în poziţia iniţială DB_0, face cu axa OD unghiul ψ_0, constant care poate fi determinat cu uşurinţă din triunghiul ODB_0, ale cărui laturi au lungimi cunoscute: OD=d, DB_0=b, OB_0=r_0+r_b, unde r_0 este raza cercului de bază (al camei) iar r_b reprezintă raza rolei tachetului (care poate fi un bolţ, o rotiţă, o rolă, un rulment, sau o bilă).

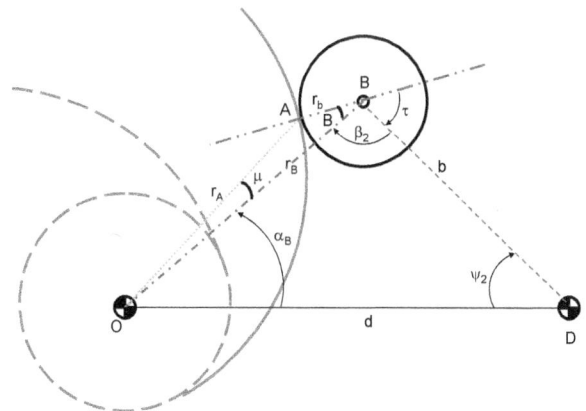

Fig. 6.2. Determinarea unghiului B la mecanismul

cu camă rotativă şi tachet balansier cu rolă.

Din poziția inițială și până în poziția curentă, tachetul se rotește în jurul lui D cu un unghi cunoscut, ψ. Acest unghi, ψ, este dat de legea de mișcare a tachetului și este o funcție de unghiul φ; el este cunoscut împreună și cu derivatele sale: ψ', ψ'', ψ''', etc.

În general este mai ușor de exprimat mișcarea tachetului față de axa OD, astfel încât apare unghiul $\psi_2 = \psi_0 + \psi$. Derivatele lui ψ_2, sunt egale cu cele cunoscute, ale lui ψ, deoarece unghiul ψ_0 este o constantă (deci nu variază nici cu unghiul de intrare φ).

Din triunghiul ODB, în care se cunosc lungimile OD=d, DB=b și unghiul ψ_2, se determină lungimea OB=r_B, unghiul DOB=α_B și unghiul OBD=β_2.

În continuare se determină unghiul OBA=B, aparținând triunghiului OBA (vezi figura 6.2.). Unghiul B căutat, împreună cu unghiurile β_2 și τ însumează 180^0. Unghiul de transmitere τ este complementul unghiului de presiune δ, care se va determina în cadrul paragrafului următor. Putem scrie relația (6.1):

$$
\begin{aligned}
B &= 180 - \beta_2 - \tau = 180 - \beta_2 - (90 - \delta) = \\
&= 180 - \beta_2 - 90 + \delta = 90 + \delta - \beta_2
\end{aligned}
\tag{6.1}
$$

În triunghiul OAB (vezi figurile 6.1. și 6.2.) se cunosc acum lungimile elementelor AB=r_b și OB=r_B, cât și mărimea unghiului B (vezi relația 6.1).

Putem determina în continuare lungimea OA=r_A, mărimea unghiului AOB=μ și mărimea unghiului OAB (vezi figura 6.2.).

Cu relația (6.2) obținem valoarea unghiului α_A:

$$
\alpha_A = \alpha_B + \mu
\tag{6.2}
$$

Acum putem să-l determinăm pe γ cu relația (6.3):

$$
\gamma = \alpha_A - \alpha_0
\tag{6.3}
$$

În continuare se determină unghiul θ_A cu relația (6.4):

$$
\theta_A = \varphi + \gamma
\tag{6.4}
$$

Cu coordonatele polare r_A și θ_A, acum deja cunoscute, se poate sintetiza profilul camei.

Pentru o trasare mai rapidă se preferă coordonatele carteziene, x_A și y_A:

$$\begin{cases} x_A = r_A \cdot \cos \theta_A \\ y_A = r_A \cdot \sin \theta_A \end{cases} \qquad (6.5)$$

În continuare se stabilesc forțele și vitezele care acționează în mecanism, în cuplele lui, cât și pe elementele sale.

Astfel se determină randamentul mecanic, al mecanismului cu camă rotativă și tachet balansier cu rolă, cinematica precisă a mecanismului (funcția de transmitere a mișcării, de la camă la tachet, la acest tip de mecanism - Modul F) și putem trece în final la studiul dinamic al mecanismului (odată determinată funcția sa de transmitere a mișcării).

Pentru a demara toate aceste calcule (anticipate) este necesar mai întâi să determinăm unghiul de presiune, δ, pe care mecanismul îl face între forța utilă (perpendiculară pe tachet în punctul B) și forța normală (care este în lungul normalei n-n, normală ce trece prin punctele A și B, constituind normala comună între profilul camei și cel al rolei tachetului, în punctul A).

6.2. Determinarea unghiului de presiune, δ

Determinarea unghiului de presiune, δ, la mecanismele cu camă rotativă și tachet rotativ (balansier) cu rolă (Modul F), (fig. 6.3.), se face în modul următor. Unghiul de presiune, δ, apare între direcția n-n și dreapta t-t. Dreapta n-n trece prin B și este normală la cele două profile în contact (cel al camei și cel al rolei tachetului). Dreapta t-t este perpendiculară în B pe segmentul DB.

Se construiește la scară, triunghiul vitezelor rotite cu 90^0 (vezi figura 6.3.); viteza camei în B (v_{B1}) apare în lungul lui BO de la B la O, viteza redusă a tachetului în B, (v_{B2}) apare în lungul lui BD de la B la b_2, iar viteza de alunecare dintre profile în punctul B (v_{B2B1}) apare în lungul lui n-n de la O la b_2. Se alege polul vitezelor rabătute, P_v, în B și scara vitezelor $k_v = k_l . \omega_1$.

$(BO) = (P_v b_1) = v_{B1} / [k_l . \omega_1];$ $\qquad\qquad$ $(Bb_2) = (P_v b_2) = v_{B2} / [k_l . \omega_1];$
$(Ob_2) = (b_1 b_2) = v_{B2B1} / [k_l . \omega_1].$

Se pot exprima lungimile reale de pe desen; sistemul (6.6) și relația (6.7):

$$\begin{cases} DB = b; Bb_2 = \dfrac{v_{B_2}}{\omega_1} = b \cdot \psi' \\[2mm] CD = d \cdot \cos\psi_2 ; OC = d \cdot \sin\psi_2 \\[2mm] b_2 D = b - b \cdot \psi' \\[2mm] Cb_2 = CD - b_2 D = d \cdot \cos\psi_2 - (b - b \cdot \psi') = \\[1mm] = d \cdot \cos\psi_2 + b \cdot \psi' - b \end{cases} \qquad (6.6)$$

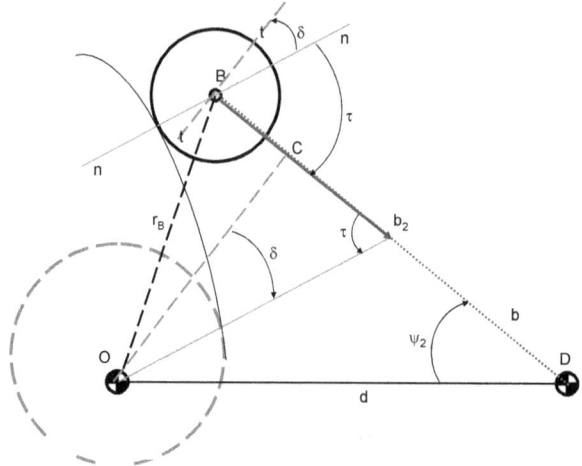

Fig. 6.3. Determinarea unghiului de presiune, δ, la mecanismul cu camă rotativă și tachet balansier cu rolă.

Din triunghiul oarecare ODb_2 se exprimă lungimea Ob_2, (relația 6.7):

$$Ob_2 = RAD =$$
$$= \sqrt{d^2 + (b - b \cdot \psi')^2 - 2 \cdot d \cdot (b - b \cdot \psi') \cdot \cos\psi_2} \qquad (6.7)$$

Se pot determina acum funcțiile trigonometrice sin, cos și tg, ale unghiului de presiune δ, (vezi relațiile 6.8-6.10):

$$\sin\delta = \frac{d \cdot \cos\psi_2 + b \cdot \psi' - b}{\sqrt{d^2 + (b - b \cdot \psi')^2 - 2 \cdot d \cdot (b - b \cdot \psi') \cdot \cos\psi_2}} =$$
$$= \frac{d \cdot \cos\psi_2 + b \cdot \psi' - b}{RAD} \qquad (6.8)$$

$$\cos\delta = \frac{d \cdot \sin\psi_2}{\sqrt{d^2 + (b - b \cdot \psi')^2 - 2 \cdot d \cdot (b - b \cdot \psi') \cdot \cos\psi_2}} =$$
$$= \frac{d \cdot \sin\psi_2}{RAD} \qquad (6.9)$$

$$tg\delta = \frac{d \cdot \cos\psi_2 + b \cdot \psi' - b}{d \cdot \sin\psi_2}$$ (6.10)

6.3. Determinarea unghiului de presiune suplimentar (intermediar), α

În continuare se determină unghiul de presiune-suplimentar, α, la mecanismele cu camă rotativă şi tachet rotativ (balansier) cu rolă (Modul F). Acest unghi apare între direcţia n-n şi segmentul de dreaptă AA', perpendicular în A pe OA (vezi figura 6.4.).

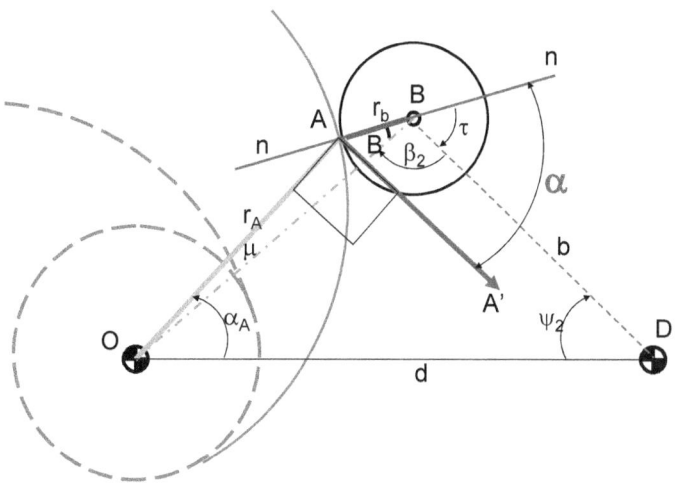

Fig. 6.4. Determinarea unghiului de presiune-suplimentar, α,

la mecanismul cu camă rotativă şi tachet balansier cu rolă.

Din triunghiul oarecare OAB s-a exprimat şi unghiul OAB (vezi figura 6.4.). Din unghiul OAB scădem 90^0 şi obţinem direct unghiul de presiune suplimentar, α. Este una din multiplele modalităţi prin care se poate determina unghiul α, dar probabil şi cea mai simplă (cea mai rapidă şi mai directă). Relaţiile de calcul sunt următoarele:

$$\alpha = OAB - 90$$ (6.11)

$$\sin\alpha = \sin(OAB - 90) =$$
$$= -\sin(90 - OAB) = -\cos(OAB)$$ (6.12)

$$\cos \alpha = \cos(OAB - 90) = \cos(90 - OAB) =$$

$$= \sin(OAB) = \frac{r_B}{r_A} \cdot \sin B \qquad (6.13)$$

$$\cos \alpha_B = \frac{d - b \cdot \cos \psi_2}{r_B} \qquad (6.14)$$

$$\sin \alpha_B = \frac{b \cdot \sin \psi_2}{r_B} \qquad (6.15)$$

$$\sin \delta = \frac{d \cdot \cos \psi_2 + b \cdot \psi' - b}{RAD} \qquad (6.16)$$

$$\cos \delta = \frac{d \cdot \sin \psi_2}{RAD} \qquad (6.17)$$

$$\sin(\delta + \psi_2) = \sin \delta \cdot \cos \psi_2 + \sin \psi_2 \cdot \cos \delta =$$

$$= \frac{d \cdot \cos \psi_2 + b \cdot \psi' - b}{RAD} \cdot \cos \psi_2 + \frac{d \cdot \sin \psi_2 \cdot \sin \psi_2}{RAD} = \qquad (6.18)$$

$$= \frac{d - b \cdot \cos \psi_2 \cdot (1 - \psi')}{RAD}$$

$$\cos(\delta + \psi_2) = \cos \delta \cdot \cos \psi_2 - \sin \delta \cdot \sin \psi_2 =$$

$$= \frac{d \cdot \sin \psi_2 \cdot \cos \psi_2 - d \cdot \cos \psi_2 \cdot \sin \psi_2 - b \cdot \psi' \cdot \sin \psi_2 + b \cdot \sin \psi_2}{RAD} = \qquad (6.19)$$

$$= \frac{b \cdot \sin \psi_2 \cdot (1 - \psi')}{RAD}$$

$$\sin B = \sin(\delta + \psi_2) \cdot \sin \alpha_B - \cos(\delta + \psi_2) \cdot \cos \alpha_B =$$

$$= \frac{d \cdot b \cdot \sin \psi_2 - b^2 \cdot \sin \psi_2 \cdot \cos \psi_2 \cdot (1 - \psi')}{r_B \cdot RAD} +$$

$$+ \frac{b^2 \cdot \cos \psi_2 \cdot \sin \psi_2 \cdot (1 - \psi') - d \cdot b \cdot \sin \psi_2 \cdot (1 - \psi')}{r_B \cdot RAD} = \qquad (6.20)$$

$$= \frac{d \cdot b \cdot \sin \psi_2 \cdot \psi'}{r_B \cdot RAD} = \frac{d \cdot \sin \psi_2}{RAD} \cdot \frac{b \cdot \psi'}{r_B} = \frac{b \cdot \psi'}{r_B} \cdot \cos \delta$$

$$\sin B = \frac{b \cdot \psi' \cdot \cos \delta}{r_B}$$

$$\cos \alpha = \frac{r_B}{r_A} \cdot \sin B = \frac{r_B}{r_A} \cdot \frac{b \cdot \psi' \cdot \cos \delta}{r_B} = \frac{b \cdot \psi' \cdot \cos \delta}{r_A}$$

$$\cos \alpha = \frac{b \cdot \psi'}{r_A} \cdot \cos \delta \qquad (6.21)$$

Am reuşit astfel să-l exprimăm pe $\cos \alpha$ într-o formă simplificată (vezi formula 6.21), care ne va permite determinarea directă a randamentului mecanismului, determinarea directă a funcţiei de transmitere a mişcării şi mai departe cu ajutorul acesteia realizarea directă a dinamicii mecanismului.

6.4. Cinematica de bază la Modulul F

În continuare se determină câţiva parametri cinematici (care constituie baza acestui mecanism) ai mecanismului cu camă rotativă şi tachet balansier cu rolă.

$$\cos \psi_0 = \frac{b^2 + d^2 - (r_0 + r_b)^2}{2 \cdot b \cdot d} \qquad (6.22)$$

$$\psi_2 = \psi + \psi_0 \qquad (6.23)$$

$$RAD = \sqrt{d^2 + b^2 \cdot (1 - \psi')^2 - 2 \cdot b \cdot d \cdot (1 - \psi') \cdot \cos \psi_2} \qquad (6.24)$$

$$\sin \delta = \frac{d \cdot \cos \psi_2 + b \cdot \psi' - b}{RAD} \qquad (6.25)$$

$$\cos \delta = \frac{d \cdot \sin \psi_2}{RAD} \qquad (6.26)$$

$$tg\delta = \frac{d \cdot \cos \psi_2 + b \cdot \psi' - b}{d \cdot \sin \psi_2} \qquad (6.27)$$

$$\delta' = \frac{b \cdot \psi'' - d \cdot \sin \psi_2 \cdot \psi' - d \cdot tg\delta \cdot \cos \psi_2 \cdot \psi'}{d \cdot \sin \psi_2} \cdot \cos^2 \delta \qquad (6.28)$$

$$r_B^2 = b^2 + d^2 - 2 \cdot b \cdot d \cdot \cos \psi_2 \qquad (6.29)$$

$$r_B = \sqrt{r_B^2} \qquad (6.30)$$

$$r_B^I = \frac{b \cdot d \cdot \sin \psi_2 \cdot \psi'}{r_B} \qquad (6.31)$$

$$\cos \alpha_B = \frac{d^2 + r_B^2 - b^2}{2 \cdot d \cdot r_B} \qquad (6.32)$$

$$\sin \alpha_B = \frac{b \cdot \sin \psi_2}{r_B} \qquad (6.33)$$

$$\alpha_B^I = \frac{d^2 - b^2 - r_B^2}{2 \cdot r_B^2} \cdot \psi' \qquad (6.34)$$

$$\sin(\delta + \psi_2) = \sin\delta \cdot \cos\psi_2 + \sin\psi_2 \cdot \cos\delta =$$
$$= \frac{d - b \cdot \cos\psi_2 \cdot (1 - \psi')}{RAD} \tag{6.35}$$

$$\cos(\delta + \psi_2) = \cos\delta \cdot \cos\psi_2 - \sin\delta \cdot \sin\psi_2 =$$
$$= \frac{b \cdot \sin\psi_2 \cdot (1 - \psi')}{RAD} \tag{6.36}$$

$$\cos B = \sin(\delta + \psi_2) \cdot \cos\alpha_B + \sin\alpha_B \cdot \cos(\delta + \psi_2) =$$
$$= \frac{d^2 + b^2 \cdot (1 - \psi') - d \cdot b \cdot \cos\psi_2 \cdot (2 - \psi')}{r_B \cdot RAD} \tag{6.37}$$

$$\sin B = \sin(\delta + \psi_2) \cdot \sin\alpha_B -$$
$$- \cos(\delta + \psi_2) \cdot \cos\alpha_B = \frac{b \cdot \psi'}{r_B} \cdot \cos\delta \tag{6.38}$$

$$r_A^2 = r_B^2 + r_b^2 - 2 \cdot r_b \cdot r_B \cdot \cos B \tag{6.39}$$

$$r_A = \sqrt{r_A^2} \tag{6.40}$$

$$\cos\mu = \frac{r_A^2 + r_B^2 - r_b^2}{2 \cdot r_A \cdot r_B} \tag{6.41}$$

$$\sin\mu = \frac{r_b}{r_A} \cdot \sin B \tag{6.42}$$

$$B' = \delta' + \psi' + \alpha'_B \tag{6.43}$$

$$r'_A = \frac{r_B \cdot r'_B - r_b \cdot r'_B \cdot \cos B + r_b \cdot r_B \cdot \sin B \cdot B'}{r_A} \tag{6.44}$$

$$\mu' = \frac{r_b}{r_A \cdot \cos \mu} \cdot (\cos B \cdot B' - \sin B \cdot \frac{r'_A}{r_A}) \tag{6.45}$$

$$\alpha_A = \alpha_B + \mu \tag{6.46}$$

$$\alpha'_A = \alpha'_B + \mu' \tag{6.47}$$

$$\cos \alpha_A = \cos \alpha_B \cos \mu - \sin \alpha_B \sin \mu \tag{6.48}$$

$$\sin \alpha_A = \sin \alpha_B \cos \mu + \cos \alpha_B \sin \mu \tag{6.49}$$

$$\alpha = \pi - \alpha_A - \psi_2 - \delta \tag{6.50}$$

$$\cos \alpha = -\cos(\psi_2 + \delta + \alpha_A) = $$
$$= \sin(\psi_2 + \delta) \cdot \sin \alpha_A - \cos(\psi_2 + \delta) \cdot \cos \alpha_A \tag{6.51}$$

$$\cos \alpha = \frac{\psi' \cdot b}{r_A} \cdot \cos \delta \tag{6.52}$$

$$\cos \alpha \cdot \cos \delta = \frac{\psi' \cdot b}{r_A} \cdot \cos^2 \delta \tag{6.53}$$

$$\theta_A = \varphi + \gamma \tag{6.54}$$

$$\gamma = \alpha_A - \alpha_0 \tag{6.55}$$

$$\dot{\theta}_A = \dot{\varphi} + \dot{\gamma} = \omega + \dot{\alpha}_A \tag{6.56}$$

$$\theta'_A = 1 + \alpha'_A \qquad (6.57)$$

6.5. Relaţiile pentru trasarea profilului camei, la Modulul F

În continuare se determină câţiva parametri cinematici cu ajutorul cărora se poate trasa direct profilul camei, pentru mecanismul cu camă rotativă şi tachet balansier cu rolă.

$$\cos \alpha_0 = \frac{(r_0 + r_b)^2 + d^2 - b^2}{2 \cdot (r_0 + r_b) \cdot d} \qquad (6.58)$$

$$\sin \alpha_0 = \frac{b \cdot \sin \psi_0}{r_0 + r_b} \qquad (6.59)$$

$$\cos \gamma = \cos \alpha_A \cdot \cos \alpha_0 + \sin \alpha_A \cdot \sin \alpha_0 \qquad (6.60)$$

$$\sin \gamma = \sin \alpha_A \cdot \cos \alpha_0 - \sin \alpha_0 \cdot \cos \alpha_A \qquad (6.61)$$

$$\cos \theta_A = \cos \varphi \cdot \cos \gamma - \sin \varphi \cdot \sin \gamma \qquad (6.62)$$

$$\sin \theta_A = \sin \varphi \cdot \cos \gamma + \sin \gamma \cdot \cos \varphi \qquad (6.63)$$

$$x_A = r_A \cdot \cos \theta_A \qquad (6.64)$$

$$y_A = r_A \cdot \sin \theta_A \qquad (6.65)$$

6.6. Determinarea coeficientului TF la mecanismul cu camă rotativă şi tachet balansier cu rolă, (Modul F)

În continuare se determină coeficientul TF al mecanismului cu camă rotativă şi tachet balansier cu rolă (Modul F).

Forţele şi vitezele transmise de mecanism se pot urmări în figura 6.5.

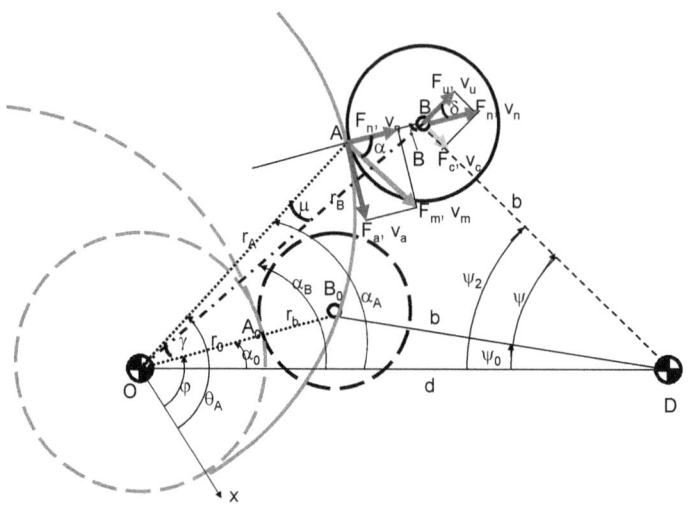

Fig. 6.5. Forţele şi vitezele la mecanismul cu camă rotativă şi tachet balansier cu rolă. Determinarea coeficientului TF al mecanismului.

Putem scrie următoarele forţe şi viteze (sistemul 6.66):

$$
\begin{cases}
F_a = F_m \cdot \sin \alpha \\
v_a = v_m \cdot \sin \alpha \\
F_n = F_m \cdot \cos \alpha \\
v_n = v_m \cdot \cos \alpha \\
F_c = F_n \cdot \sin \delta \\
v_c = v_n \cdot \sin \delta \\
F_u = F_n \cdot \cos \delta = F_m \cdot \cos \alpha \cdot \cos \delta \\
v_u = v_n \cdot \cos \delta = v_m \cdot \cos \alpha \cdot \cos \delta \\
P_u = F_u \cdot v_2 = F_m \cdot v_m \cdot \cos^2 \alpha \cdot \cos^2 \delta \\
P_c = F_m \cdot v_m
\end{cases}
\tag{6.66}
$$

Unde F_m şi v_m reprezintă forţa de intrare şi respectiv viteza de intrare, ambele perpendiculare pe OA în A.

Forţa F_m se descompune în două componente: F_a şi F_n.

Componenta F_a este o forţă de alunecare între profile, tangentă la cele două profile în contact în punctul A, ea producând alunecarea dintre cele două

182

profile (cel al camei şi cel al rolei tachetului). Această componentă dă şi un moment faţă de centrul rolei B, (M=F$_a$.r$_b$), moment care poate produce rostogolirea rolei (acest lucru este avantajos, deoarece se schimbă mereu punctul de contact de pe rolă, uzura acesteia fiind astfel redusă şi uniformizată pe toată suprafaţa rolei).

Componenta F$_n$, este cea principală, care se transmite rolei şi apoi tachetului. Ea este perpendiculară pe F$_a$ şi tangentă la dreapta n-n care trece prin punctele A şi B. Când tachetul urcă (ca în figura 6.5.) forţa F$_n$ apasă pe rolă, deci este îndreptată de la A la B. Forţa F$_n$ se transmite radial până în centrul rolei unde se descompune în două componente, pe două direcţii: o direcţie este în lungul tachetului de la B la D, iar cealaltă direcţie este perpendiculară pe tachet (pe DB) în B. Componenta F$_c$ apasă tachetul în lungul lui, comprimându-l, iar componenta F$_u$ perpendiculară în B pe DB, produce rotaţia tachetului în jurul articulaţiei D, ea fiind până la urmă singura componentă utilă.

Viteza de intrare v$_m$, se descompune într-o viteză de alunecare între profile, v$_a$, sau de rostogolire a rolei în raport cu cama în jurul articulaţiei B, cât şi într-o viteză normală (sau radială), v$_n$.

Componenta normală (radială), v$_n$, se descompune la rândul ei în alte două componente: v$_c$ şi v$_u$. Viteza v$_u$ fiind singura componentă utilă, care roteşte tachetul efectiv în jurul articulaţiei fixe D.

Relaţiile de legătură între forţe, cât şi cele dintre viteze, se dau în sistemul (6.66). Aşa cum se poate observa există două unghiuri de presiune, α şi δ.

Coeficientul TF instantaneu al mecanismului (vezi relaţia 6.67), este raportul dintre puterea utilă şi cea consumată, astfel încât utilizând ultimele două relaţii din sistemul (6.66), obţinem expresia coeficientului TF instantaneu al mecanismului (6.67), $\eta_i = \cos^2 \alpha \cdot \cos^2 \delta = (\cos \alpha \cdot \cos \delta)^2$, adică, tocmai produsul cosinusurilor celor două unghiuri de presiune, ridicat la pătrat. Utilizând relaţia (6.53), obţinem forma finală a expresiei coeficientului TF (vezi relaţia 6.67), în care unghiul de presiune intermediar, α, (suplimentar), este eliminat.

$$\eta_i = \frac{P_u}{P_c} = \cos^2 \alpha \cdot \cos^2 \delta = (\cos \alpha \cdot \cos \delta)^2 =$$
$$= (\frac{\psi' \cdot b}{r_A} \cdot \cos^2 \delta)^2 = \frac{\psi'^2 \cdot b^2}{r_A^2} \cdot \cos^4 \delta$$

(6.67)

6.7. Determinarea funcţiei de transmitere a mişcării, la mecanismul cu camă rotativă şi tachet balansier cu rolă, (Modul F)

În continuare se determină funcţia de transmitere a mişcării la mecanismul cu camă rotativă şi tachet balansier cu rolă (Modul F), funcţie notată cu D.

Cum am arătat în capitolele precedente, între viteza utilă şi viteza cunoscută v_2 a tachetului apare o diferenţă pe care o înglobăm în coeficientul de transmitere D, sau funcţia de transmitere, D.

Scriem viteza redusă a tachetului v_{B2r} sub forma cunoscută (6.68):

$$v_{B2r} = \frac{v_{B2}}{\omega} = b \cdot \psi'$$ (6.68)

Viteza absolută a tachetului în B, se obţine înmulţind viteza redusă cu ω (6.69):

$$v_{B2} = b \cdot \psi' \cdot \omega$$ (6.69)

O să scriem însă această viteză sub forma (6.70), împreună cu un coeficient de tansmitere a mişcării, D:

$$v_2 = b \cdot \psi' \cdot D \cdot \omega$$ (6.70)

Viteza utilă obţinută din figura (6.5.) şi a cărei expresie se regăseşte în sistemul (6.66), o rescriem în relaţia (6.71), unde introducem pentru produsul $\cos \alpha \cdot \cos \delta$ valoarea obţinută în expresia (6.53):

$$v_u = v_m \cdot \cos \alpha \cdot \cos \delta = v_m \cdot \frac{b \cdot \psi'}{r_A} \cdot \cos^2 \delta$$ (6.71)

Pentru viteza de intrare v_m luăm în varianta (1), convenabilă din punct de vedere dinamic, valoarea dată de expresia (6.72):

$$v_m = r_A \cdot \dot{\theta}_A = r_A \cdot \theta_A' \cdot \omega$$ (6.72)

Cu relaţia (6.72) expresia (6.71) capătă forma (6.73):

$$v_u = r_A \cdot \theta_A' \cdot \frac{\omega \cdot b \cdot \psi'}{r_A} \cdot \cos^2 \delta = b \cdot \psi' \cdot (\theta_A' \cdot \cos^2 \delta) \cdot \omega$$ (6.73)

Comparând expresiile (6.70) şi (6.73) identificăm coeficientul D sub forma (6.74):

$$D = \theta_A^{'} \cdot \cos^2 \delta \qquad (6.74)$$

În varianta (2), clasică şi raţională, viteza de intrare v_m este dată de relaţia (6.75):

$$v_m = r_A \cdot \omega \qquad (6.75)$$

Caz în care funcţia de transmitere D ia forma simplificată (6.76):

$$D = \cos^2 \delta \qquad (6.76)$$

Pentru calculul dinamic, se va utiliza pentru funcţia de transmitere a mişcării, D, expresia completă (6.74), care convine din punct de vedere al rezultatelor, adepţii mecanicii clasice putând lua expresia (6.76), sau putând considera tot calculele dinamice dezvoltate pentru varianta (1), însă cu $\theta_A^{'} = 1$.

6.8. Dinamica la Modulul F

Pentru calculul dinamic al mecanismului cu camă rotativă şi tachet balansier cu rolă se utilizează tot aceeaşi relaţie dinamică prezentată la capitolele anterioare (6.77), (6.78), (6.79):

Se utilizează pentru dinamica modulului F relaţia finală (6.77) şi un program de calcul care generează direct valoarea deplasării dinamice a supapei, X, în funcţie de câţiva parametri de intrare. Relaţia solicită doar funcţia de transmitere D, fără derivatele ei, iar pentru obţinerea vitezei reduse X', cât şi a acceleraţiei reduse, X'' folosim derivarea numerică a deplasării supapei, X. Dacă dorim scrierea exactă a ecuaţiilor de viteze şi acceleraţii funcţia D trebuie derivată de două ori.

$$\Delta X = -\frac{\dfrac{k^2 + 2kK}{(K+k)^2} \cdot s^2 + \dfrac{2kx_0}{K+k} \cdot s + \dfrac{[\dfrac{K^2}{(K+k)^2} \cdot m_S^* + m_T^*] \cdot \omega^2}{K+k} \cdot y'^2}{2 \cdot [s + \dfrac{kx_0}{K+k}]} \qquad (6.77)$$

185

$$\Delta X = -\frac{\dfrac{k^2 + 2kK}{(K+k)^2} \cdot s^2 + \dfrac{2kx_0}{K+k} \cdot s + \dfrac{[\dfrac{K^2}{(K+k)^2} \cdot m_S^* + m_T^*] \cdot \omega^2}{K+k} \cdot (D \cdot s')^2}{2 \cdot [s + \dfrac{kx_0}{K+k}]} \qquad (6.78)$$

Cunoscându-l pe ΔX îl putem determina imediat pe X cu relaţia (6.79):

$$X = s + \Delta X \qquad (6.79)$$

Deplasarea supapei, s, se obţine la Modulul F, înmulţind l cu ψ (vezi figura 6.6.). Cum i este dat de raportul b/l, iar i şi b se cunosc, se poate determina l ca fiind raportul dintre b şi i cunoscute (vezi relaţia 6.80), iar s şi derivatele lui se pot exprima cu grupul de relaţii (6.81)

$$l = \frac{b}{i} \qquad (6.80)$$

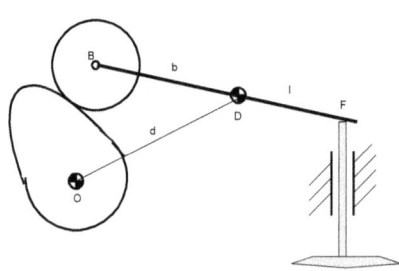

Fig. 6.6. Transformarea mişcării de rotaţie a tachetului,

în mişcare de translaţie a supapei. Schemă simplificată.

$$\begin{cases} s = \dfrac{b}{i} \cdot \psi \\[2mm] s' = \dfrac{b}{i} \cdot \psi' \\[2mm] s'' = \dfrac{b}{i} \cdot \psi'' \\[2mm] s''' = \dfrac{b}{i} \cdot \psi'' \end{cases} \qquad (6.81)$$

6.9. Analiza dinamică a modulului F

Se începe cu legea clasică SIN (vezi diagrama dinamică din figura 6.7.), pentru a o putea compara cu dinamica acestei legi de la modulul clasic C. Se utilizează o turaţie de n=5500 [rot/min], pentru o deplasare maximă teoretică atât la supapă cât şi la tachet, h=10 [mm]. Unghiul de fază este, $\varphi_u=\varphi_c=60$ [grad]; raza cercului de bază are valoarea, $r_0=24$ [mm]. Pentru raza rolei s-a adoptat valoarea $r_b=20$ [mm]; b=20[mm]; d=50[mm]; Coeficientul TF are o valoare ridicată, $\eta=12.0\%$; reglajele resortului sunt: k=60 [N/mm] şi $x_0=30$ [mm].

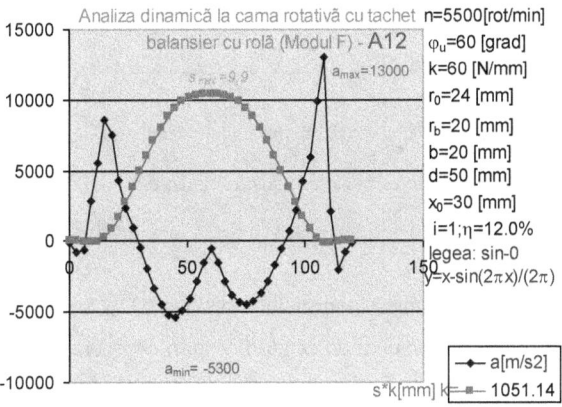

Fig. 6.7. Analiza dinamică la modulul F. Legea SIN, n=5500 [rot/min], $\varphi_u=60$ [grad], $r_0=24$ [mm], $r_b=20$ [mm].

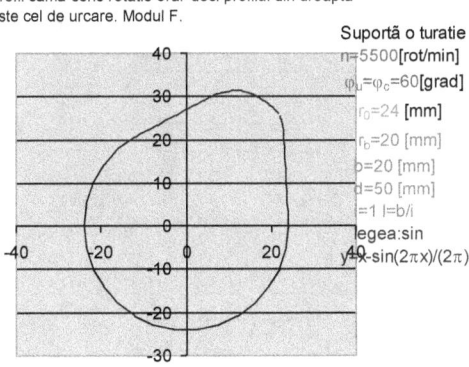

Fig. 6.8. Profilul SIN la modulul F. n=5500 [rot/min]

$\varphi_u=60$ [grad], $r_0=24$ [mm], $r_b=20$ [mm].

Dinamica este mai bună (în general) comparativ cu cea a Modulului clasic, C. Pentru un unghi de fază de numai 60 grade se ating aceleaşi vârfuri de acceleraţii pe care modulul clasic le atingea la o fază relaxată de 75-80 grade. În

187

plus şi deplasarea maximă a tachetului (cursa), h_T, este mai mare (aproape dublă). În figura 6.8. se poate urmări profilul aferent. Pentru legea cos ridicarea este mai mare comparativ cu legea sin, (a se vedea diagrama dinamică din figura 6.9.).

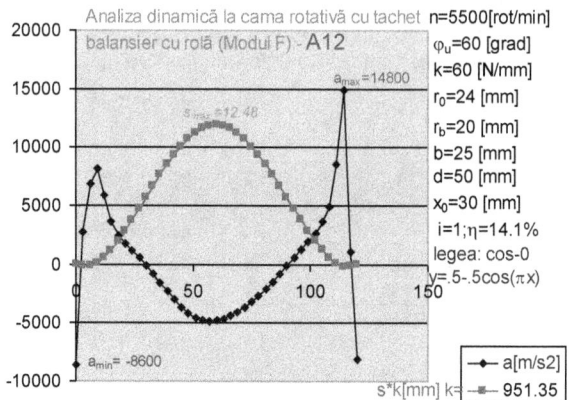

Fig. 6.9. Analiza dinamică la modulul F. Legea COS, n=5500 [rot/min]

Profilul COS, corespunzător poate fi urmărit în figura 6.10.

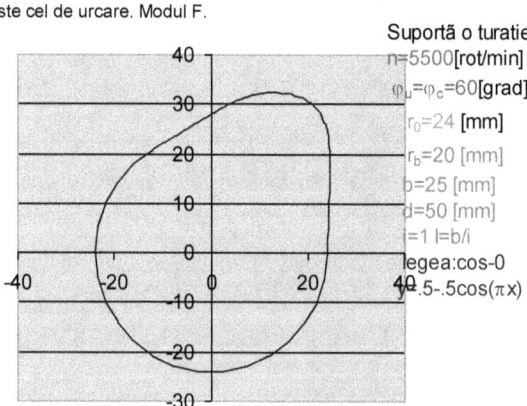

Fig. 6.10. Profilul COS la modulul F. n=5500 [rot/min]

φ_u=60 [grad], r_0=24 [mm], r_b=8 [mm], h_T=13 [mm].

188

În figura 6.11. se poate urmări dinamica pentru legea C4P1-0, iar în fig. 6.12. profilul aferent; utilizat astfel nu este interesant (vibraţii mari şi zone concave); se măreşte unghiul de urcare de la 45 la 85 [grad] şi rezultă profilul C4P3, care racordat, suportă o turaţie de 40000 [rot/min].

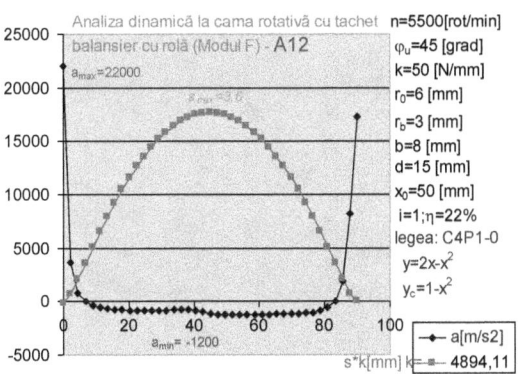

Fig. 6.11. Analiza dinamică la modulul F. Legea C4P1-0, n=5500 [rot/min]

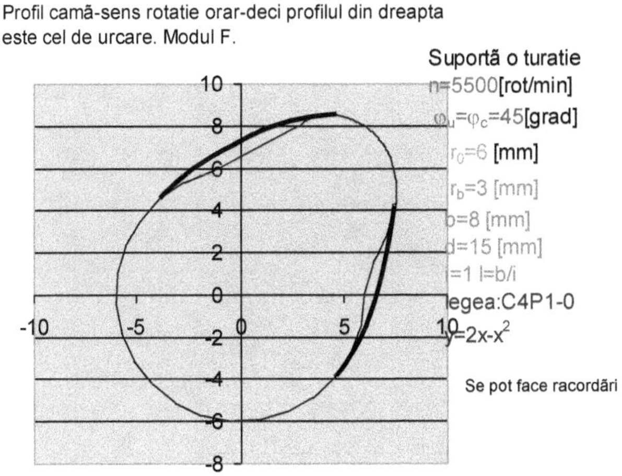

Profil camă-sens rotatie orar-deci profilul din dreapta
este cel de urcare. Modul F.

Suportă o turatie
n=5500[rot/min]
$\varphi_u=\varphi_c=45$[grad]
$r_0=6$ [mm]
$r_b=3$ [mm]
b=8 [mm]
d=15 [mm]
i=1 l=b/i
legea:C4P1-0
y=2x-x²

Se pot face racordări

Fig. 6.12. Profilul C4P1-0 la modulul F. n=5500 [rot/min]

φ_u=45 [grad], r_0=10 [mm], r_b=3 [mm], h_T=6.28 [mm].

În figura 6.13. se poate urmări dinamica pentru legea C4P3-2, iar în fig. 6.14. profilul corespunzător (la care trebuiesc făcute racordările la urcare şi la revenire).

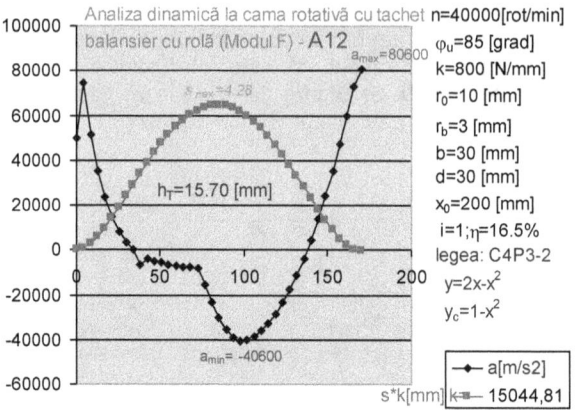

Fig. 6.13. Analiza dinamică la modulul F. Legea C4P3-2, n=40000 [rot/min]

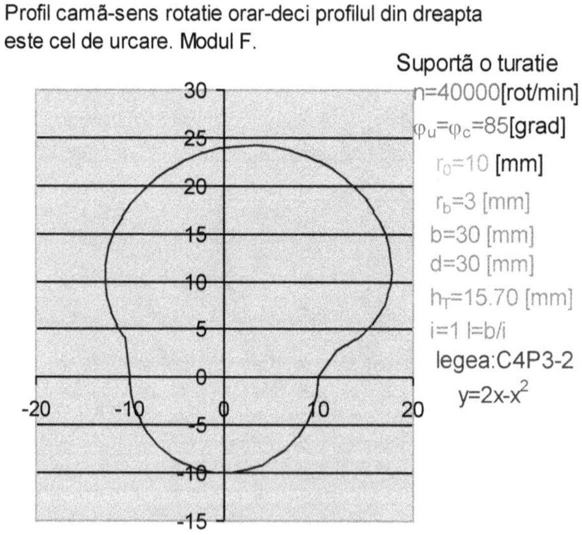

Profil camă-sens rotatie orar-deci profilul din dreapta
este cel de urcare. Modul F.

Suportă o turatie
n=40000[rot/min]
$\varphi_u=\varphi_c=85$[grad]
$r_0=10$ [mm]
$r_b=3$ [mm]
b=30 [mm]
d=30 [mm]
$h_T=15.70$ [mm]
i=1 l=b/i
legea:C4P3-2
$y=2x-x^2$

Fig. 6.14. Profilul C4P3-2 la modulul F. n=40000 [rot/min]
$\varphi_u=85$ [grad], $r_0=10$ [mm], $r_b=3$ [mm], $h_T=15.70$ [mm].

7. DINAMICA, MECANISMULUI DE DISTRIBUȚIE CU TACHET BALANSIER PLAT (MODUL H)

În cadrul capitolului 7 se va prezenta pe scurt mecanismul de distribuție, cu camă rotativă și tachet rotativ (balansier) plat (Modul H); a se vedea și lucrările [P21], [P22], [P24], [P25], [P26], [P27], [P28], [P29], [P31], [P32-P38].

7.1. Prezentare generală

Mecanismele cu camă rotativă și tachet rotativ (balansier) plat (Modul H), (fig. 7.1.), au o cinematică aparte, datorată în primul rând geometriei mecanismului (a se urmări schema cinematică din figura 7.1).

Relațiile de calcul vor fi prezentate în continuare pe scurt.

Pentru uzul general se introduc relațiile cinematice 7.1-7.4:

$$AH = [\sqrt{d^2 - (r_0 - b)^2} \cdot \cos\psi - (r_0 - b) \cdot \sin\psi] \cdot \frac{\psi'}{1 - \psi'} \qquad (7.1)$$

$$OH = b + (r_0 - b) \cdot \cos\psi + \sqrt{d^2 - (r_0 - b)^2} \cdot \sin\psi \qquad (7.2)$$

$$r^2 = AH^2 + OH^2 \qquad (7.3)$$

$$\sin\tau = \frac{AH}{r}; \quad \sin^2\tau = \frac{AH^2}{r^2} = \frac{AH^2}{AH^2 + OH^2} \qquad (7.4)$$

Forțele, vitezele și puterile, se determină cu relațiile 7.5.;

$$F_n = F_m \cdot \cos\alpha = F_m \cdot \sin\tau; \quad v_n = v_m \cdot \cos\alpha = v_m \cdot \sin\tau \qquad (7.5)$$

CTF instantaneu, se determină cu relația 7.6.

$$\eta_i = \frac{P_n}{P_c} = \frac{F_n \cdot v_n}{F_m \cdot v_m} = \frac{F_m \cdot v_m \cdot \sin^2\tau}{F_m \cdot v_m} = \sin^2\tau = \frac{AH^2}{AH^2 + OH^2} \qquad (7.6)$$

191

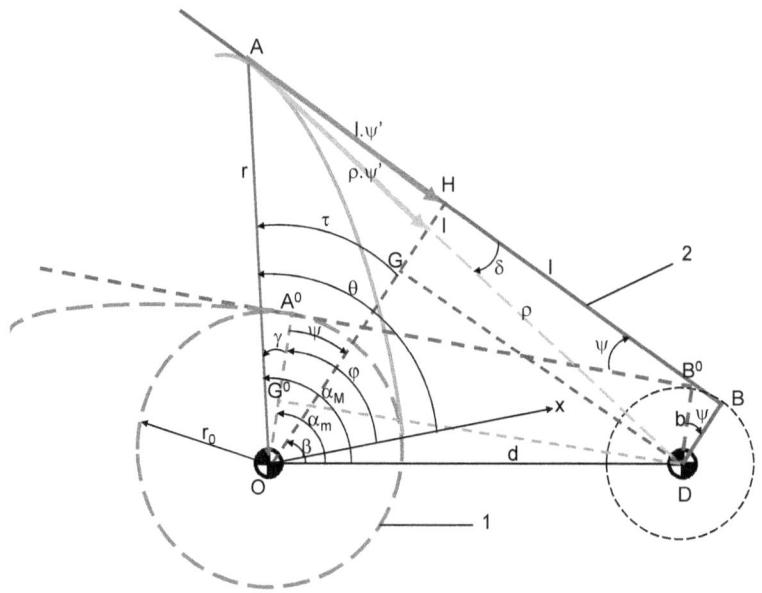

Fig. 7.1. Schema cinematică a mecanismului
cu camă rotativă şi tachet balansier plat (Modul H).

În figura 7.2 sunt prezentate forţele şi vitezele din cuplă.

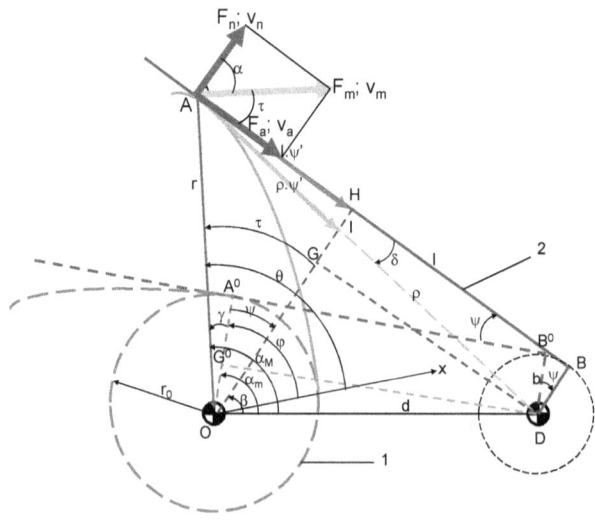

Fig. 7.2. Distribuţia forţelor şi a vitezelor la mecanismul
cu camă rotativă şi tachet balansier plat (Modul H).

7.2. Dinamica la Modulul H

Pentru calculul dinamic al mecanismului cu camă rotativă şi tachet balansier plat se utilizează relaţiile dinamice (7.7), (7.8), (7.9).

Se utilizează pentru dinamica modulului H relaţia finală (7.7) care generează direct valoarea deplasării dinamice a supapei, X, în funcţie de câţiva parametri de intrare. Relaţia solicită doar funcţia de transmitere D, fără derivatele ei, iar pentru obţinerea vitezei reduse X', cât şi a acceleraţiei reduse, X'' folosim derivarea numerică a deplasării supapei, X.

$$\Delta X = -\frac{\dfrac{k^2 + 2kK}{(K+k)^2} \cdot s^2 + \dfrac{2kx_0}{K+k} \cdot s + \dfrac{[\dfrac{K^2}{(K+k)^2} \cdot m_S^* + m_T^*] \cdot \omega^2}{K+k} \cdot y'^2}{2 \cdot [s + \dfrac{kx_0}{K+k}]} \qquad (7.7)$$

$$\Delta X = -\frac{\dfrac{k^2 + 2kK}{(K+k)^2} \cdot s^2 + \dfrac{2kx_0}{K+k} \cdot s + \dfrac{[\dfrac{K^2}{(K+k)^2} \cdot m_S^* + m_T^*] \cdot \omega^2}{K+k} \cdot (D \cdot s')^2}{2 \cdot [s + \dfrac{kx_0}{K+k}]} \qquad (7.8)$$

Cunoscându-l pe ΔX îl putem determina imediat pe X cu relaţia (6.79):

$$X = s + \Delta X \qquad (7.9)$$

7.3. Analiza dinamică a modulului H

Se prezintă legea clasică SIN (vezi diagrama dinamică din figura 7.3.), pentru a o putea compara cu dinamica acestei legi de la modulul clasic C. Se utilizează o turaţie de n=5500 [rot/min], pentru o deplasare maximă teoretică atât la supapă cât şi la tachet, h=8.72 [mm]. Unghiul de fază este, $\varphi_u=\varphi_c=80$ [grad]; raza cercului de bază are valoarea, $r_0=13$ [mm].

Coeficientul TF are o valoare ridicată, $\eta=12.9\%$; reglajele resortului sunt: k=60 [N/mm] şi $x_0=40$ [mm]. În figura 7.4 este trasat profilul corespunzător (Modul H – legea SIN).

Pentru legea C4P, cu reglajele şi racordările corespunzătoare, se poate ajunge până la o turaţie a motorului de 30000 [rot/min], însă randamentul şi deplasarea sunt mici, deoarece a crescut r_0; a se urmări analiza dinamică din fig. 7.5. şi profilul corespunzător din fig. 7.6.

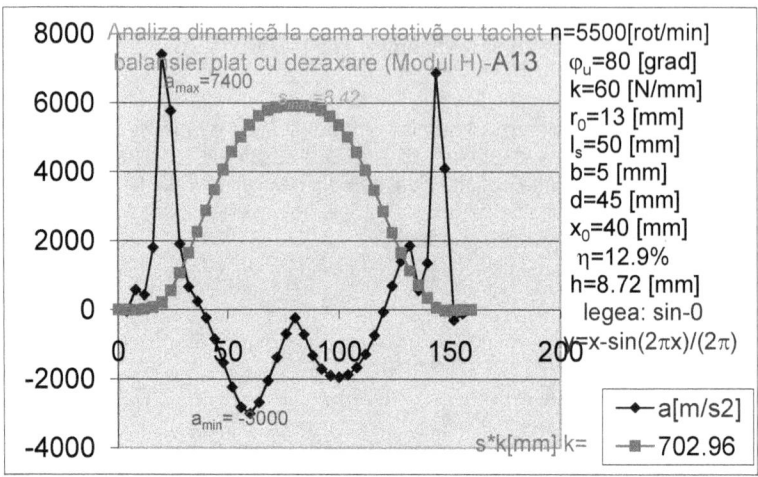

Fig. 7.3. Analiza dinamică la mec. cu camă rotativă și tachet balansier plat (Modul H). Legea SIN; n=5500 r/m. Coeficientul TF =13%.

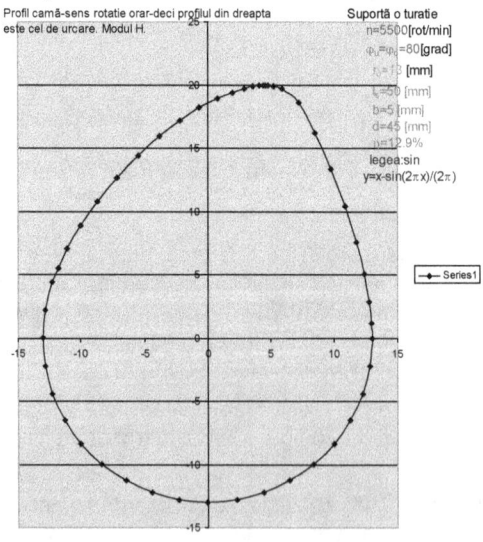

Fig. 7.4. Trasarea profilului SIN al camei rotative cu tachet balansier plat (Modul H).

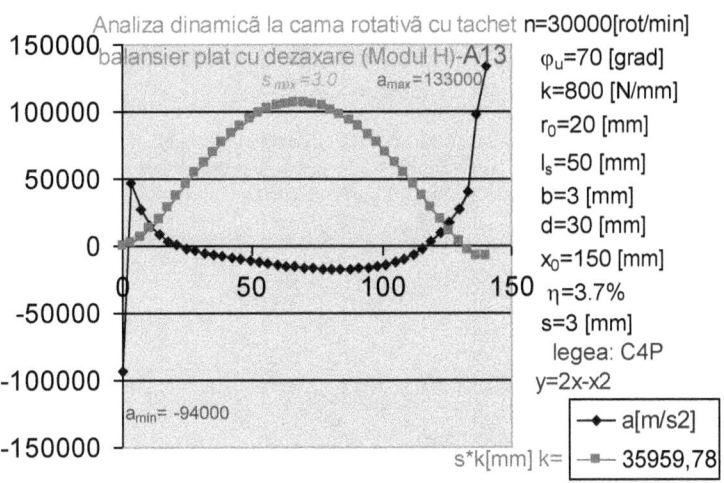

Fig. 7.5. Analiza dinamică la mec. cu camă rotativă și tachet balansier plat (Modul H). Legea C4P; n=30000 [rot/min]. Coeficientul TF =3.7%.

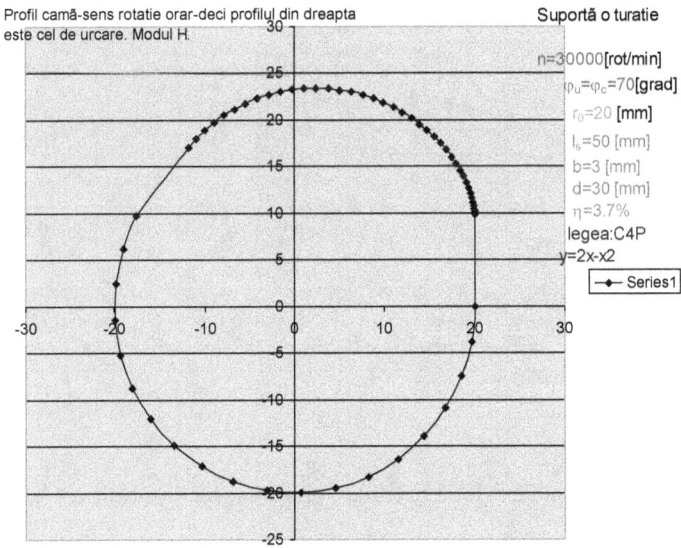

Fig. 7.6. Trasarea profilului C4P al camei rotative cu tachet balansier plat (Modul H).

195

8.   MODELE DINAMICE ALE MECANISMELOR CU CAME

8.1. Model dinamic cu un grad de libertate, cu dublă amortizare internă

În lucrarea [W1] se prezintă un model dinamic de bază, cu un singur grad de libertate, cu două resorturi și cu dublă amortizare internă, pentru simularea mișcării mecanismului cu camă și tachet (vezi fig. 8.1.) și relațiile de calcul (8.1-8.2).

$$\ddot{x} + 2\xi_2\omega_2\dot{x} + \omega_2^2 x = \omega_1^2 y + 2\xi_1\omega_1\dot{y} \qquad (8.1)$$

$$\omega_1 = \frac{K_1}{M}; \omega_2 = \frac{(K_1 + K_2)}{M};$$

$$2\xi_1\omega_1 = \frac{c_1}{M}; 2\xi_2\omega_2 = \frac{(c_1 + c_2)}{M} \qquad (8.2)$$

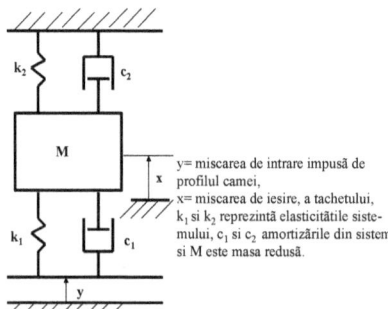

Fig. 8.1. Model dinamic cu un grad de libertate, cu dublă amortizare internă

Ecuația de mișcare a sistemului propus (8.1), utilizează notațiile (relațiile) din sistemul (8.2); ω_1 și ω_2 reprezintă pulsațiile proprii ale sistemului și se calculează din sistemul de relații (8.2), în funcție de elasticitățile K_1 și K_2 ale sistemului din figura 8.1, cât și în funcție de masa redusă M, a sistemului.

8.2. Model dinamic cu două grade de libertate, fără amortizare internă

În lucrarea [F1] este prezentat modelul dinamic de bază al unui mecanism cu camă, tachet și supapă, cu două grade de libertate, fără amortizare internă (vezi fig. 8.2.).

$$y = x + z \qquad (8.3)$$

$$m\frac{d^2y}{dt^2} + (K_1 + K)y = K_1 x - s_0 \tag{8.4}$$

$$F_n = m_1\ddot{x} - K_1(y - x) = m_1\ddot{x} - k_1 z \tag{8.5}$$

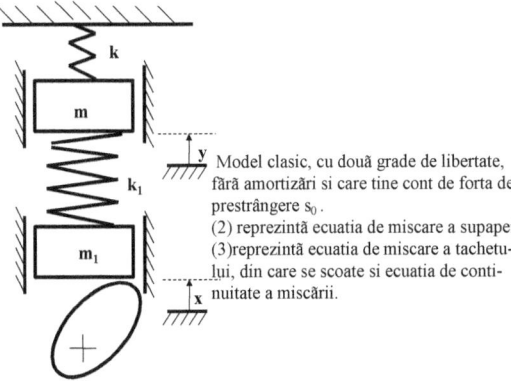

Fig. 8.2. Model dinamic cu două grade de libertate, fără amortizare internă

8.3. Model dinamic cu un grad de libertate cu amortizare internă şi externă

Un model dinamic cu ambele amortizări din sistem, cea externă (a resortului supapei) si cea internă, este cel prezentat în lucrarea [J2], (vezi fig. 8.3.).

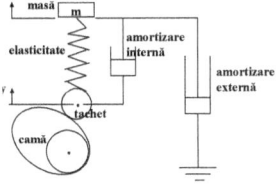

Fig. 8.3. Model dinamic cu un grad de libertate   cu
amortizare internă şi externă

8.4. Model dinamic cu un grad de libertate,
ţinând cont de amortizarea internă a resortului supapei

Un model dinamic cu un grad de libertate, generalizat, este prezentat în lucrarea [T7], (vezi fig. 8.4.):

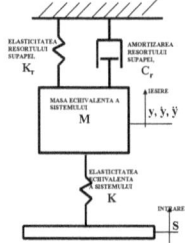

Fig. 8.4. Model dinamic cu un grad de libertate, ţinând cont de amortizarea internă a resortului supapei

Ecuaţia de mişcare se scrie sub forma (8.6):

$$\frac{M}{K}\frac{d^2 y}{dt^2} + \frac{C_r}{K}\frac{dy}{dt} + \frac{(K+K_r)}{K}y = S \qquad (8.6)$$

Utilizând relaţia cunoscută (8.7) ecuaţia (8.6) ia forma (8.8):

$$\frac{d^K y}{dt^K} = y^{(K)}\omega^K \qquad (8.7)$$

$$S = \mu_M y'' + \mu_C y' + \mu_K y \qquad (8.8)$$

unde coeficienţii μ au forma (8.9):

$$\mu_M = \frac{M}{K}\omega^2; \mu_C = \frac{C_r}{K}\omega; \mu_K = \frac{(K+K_r)}{K} \cong 1, cu K_r << K \qquad (8.9)$$

Reacţiunea verticală are forma:

$$F_K = K(S-y) + P = M\omega^2 y'' + C_r \omega y' + K_r y + P \qquad (8.10)$$

8.5. Model dinamic cu două grade de libertate, cu dublă amortizare

Tot în lucrarea [T7] se prezintă modelul cu două grade de libertate (vezi fig. 8.5.), cu dublă amortizare:

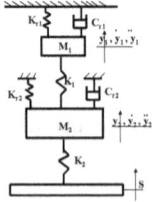

Fig. 8.5. Model dinamic cu două grade de libertate, cu dublă amortizare

Relaţiile de calcul utilizate sunt (8.11-8.16):

$$S = P_4 y_1'''' + P_3 y_1''' + P_2 y_1'' + P_1 y_1' + P_0 y_1 \tag{8.11}$$

$$P_4 = \frac{M_1 M_2}{K_1 K_2} \omega^4 \tag{8.12}$$

$$P_3 = \frac{(M_2 C_{r1} + M_1 C_{r2})}{K_1 K_2} \omega^3 \tag{8.13}$$

$$P_2 = \frac{[M_2(K_1 + K_{r1}) + M_1(K_1 + K_2 + K_{r2}) + C_{r1} C_{r2}]}{K_1 K_2} \omega^2 \tag{8.14}$$

$$P_1 = \frac{[C_{r2}(K_1 + K_{r1}) + C_{r1}(K_1 + K_2 + K_{r2})]}{K_1 K_2} \omega \tag{8.15}$$

$$P_0 = \frac{(K_1 K_{r1} + K_1 K_2 + K_2 K_{r1} + K_1 K_{r2} + K_{r1} K_{r2})}{K_1 K_2} \tag{8.16}$$

8.6. Model dinamic cu patru grade de libertate, cu vibraţii torsionale

În lucrarea [S5] se propune un model dinamic cu 4 grade de libertate, obţinute astfel:

modelul are două mase în mişcare; acestea prin vibraţia verticală impun fiecare câte un grad de libertate; una din mase se consideră că vibrează şi transversal, generând încă un grad de libertate; iar ultimul grad de libertate, este generat de vibraţia torsională a arborelui cu came (vezi fig. 8.6.).

Relaţiile de calcul sunt (8.17-8.20).

Primele două ecuaţii rezolvă vibraţiile normale verticale, a treia ecuaţie ţine cont de vibraţia torsională a arborelui cu came, iar ultima ecuaţie (independentă de celelalte), cea de-a patra, se ocupă numai de vibraţia transversală a sistemului.

$$M\ddot{x}_1 + 2c\dot{x}_1 + (k + K)x_1 - c\dot{x}_2 - Kx_2 = -P(t) \tag{8.17}$$

$$\begin{aligned} m\ddot{x}_2 + 2c\dot{x}_2 + (K + k_{ac})x_2 - \\ - c\dot{x}_1 - Kx_1 = F_v + c\dot{s} + k_{ac}s \end{aligned} \tag{8.18}$$

$$J\ddot{q} + c_r \dot{q} + k_r q - s' k_{ac} x_2 - cs' \dot{x}_2 = -s'(k_{ac}s + cs') \tag{8.19}$$

$$m\ddot{u} + k_t u = F_h \tag{8.20}$$

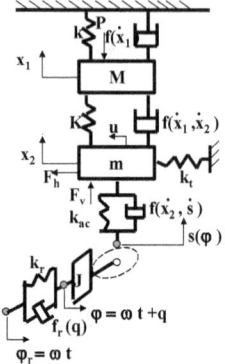

Fig. 8.6. Model dinamic cu patru grade de libertate cu vibrații torsionale

8.6.1. Model dinamic monomasic amortizat

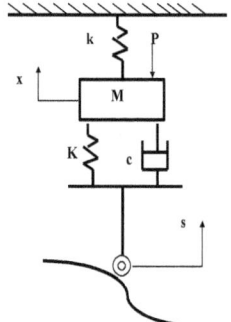

Fig. 8.7. Model dinamic monomasic amortizat

Tot în lucrarea [S5] este prezentat un model dinamic simplificat, monomasic amortizat (vezi fig. 8.7.).

Ecuația de mișcare folosită are forma (8.21):

$$M\ddot{x} + c\dot{x} + (k + K)x = c\dot{s} + Ks - P \qquad (8.21)$$

Care se poate scrie mai convenabil, (8.22):

$$x'' = A_1(y' - x') + \omega_1^2(y - x) - F \qquad (8.22)$$

Unde coeficienții A_1, ω_1^2 și F se calculează cu expresiile date în relația (8.23):

$$A_1 = \frac{ct_0}{M}; \; \omega_1^2 = \frac{(2K + k)t_0^2}{M}; \; F = \frac{Pt_0^2}{Ms_0} \qquad (8.23)$$

8.6.2. Model dinamic bimasic amortizat

În figura 8.8. este prezentat modelul bimasic propus în lucrarea [S5].

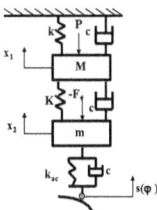

Fig. 8.8. Model dinamic bimasic amortizat

Modelul matematic se scrie:

$$M\ddot{x}_1 + 2c\dot{x}_1 + (k + K)x_1 - c\dot{x}_2 - Kx_2 = -P(t) \tag{8.24}$$

$$m\ddot{x}_2 + 2c\dot{x}_2 + (K + k_{ac})x_2 - c\dot{x}_1 - Kx_1 =$$
$$= F_v + c\dot{s} + k_{ac}s \tag{8.25}$$

Ecuațiile (8.24-8.25) se pot scrie sub forma:

$$x_1'' = A_1(x_2' - 2x_1') + \omega_1^2(x_2 - x_1) - F \tag{8.26}$$

$$x_2'' = A_1(y' - 2x_2' + x_1') + \omega_2^2(y - x_2) +$$
$$+ \mu\omega_1^2 x_1 + [\mu F + (1 + \mu)y''](B_1 + B_2 y' + B_3 y) \tag{8.27}$$

unde s-au folosit notațiile (8.28):

$$\mu = \frac{M}{m} \Rightarrow \text{raportul celor două mase,}$$

$$\omega_2^2 = \frac{(k_{ac} + K)t_0^2}{m} \cong \frac{k_{ac}t_0^2}{m} \Rightarrow \text{pulsația proprie adimensională a masei m,}$$

$$B_1 = \mu_1; B_2 = \frac{\mu_2 s_0}{\varphi_0}; B_3 = \mu_3 s_0 \tag{8.28}$$

8.6.3. Model dinamic monomasic cu vibrații torsionale

În figura 8.9. se poate vedea un model dinamic monomasic, care ține cont și de vibrațiile torsionale ale arborelui cu came [S5]:

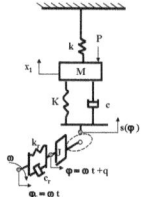

Fig. 8.9. Model dinamic monomasic cu vibraţii torsionale

Studiul evidenţiază faptul că vibraţiile torsionale ale arborelui cu came au o influenţă neglijabilă şi deci ele pot fi excluse din modelele de calcul dinamice.

Aceiaşi concluzie rezultă şi din lucrarea [S6] unde modelul cu torsiune este studiat mai amănunţit.

8.6.4. Influenţa vibraţiilor transversale

Elasticitatea tachetului, lungimea variabilă a tachetului în timpul funcţionării mecanismului cu came, variaţia unghiului de presiune, excentricitatea tachetului, frecările din cuplele cinematice, uzura cuplei de translaţie, erorile tehnologice şi de fabricaţie, jocurile din sistem şi alţi factori, sunt elemente care favorizează prezenţa unei vibraţii transversale a masei tachetului [S5]. În cazul unor vibraţii de amplitudine ridicată, parametrii de răspuns la ultimul element al sistemului urmăritor vor fi influenţaţi. Urmărind figura 8.10., se poate constata că dacă curba **a**, este traiectoria vârfului **A**, al tachetului, punctul **A** va ajunge periodic în punctul **A'**, caz în care cursa reală a tachetului y_r, se va modifica după legea: $y_r=y-y_v=y-u.tgv$, unde y este deplasarea longitudinală a tachetului, u reprezintă deplasarea transversală a masei m, a tachetului, iar v este unghiul de presiune. Cursa reală a tachetului, y_r, se va modifica după legea (8.29):

$$y_r = y - y_v = y - utg(v) \tag{8.29}$$

Ecuaţia de mişcare (adimensională) se scrie (8.30):

$$u''+\frac{A_1u}{(1-A_2y)^3} =[F +(1+\mu)y''](B_{11} + B_{21}y'+B_{31}y) \tag{8.30}$$

unde s-au notat cu (8.31) constantele adimensionale:

$$A_1 = \frac{3EIt_0^2}{ma^3}; A_2 = \frac{s_0}{a};$$
$$B_{11} = f_1B_1; B_{21} = f_1B_2; B_{31} = f_1B_3 \tag{8.31}$$

Tot în lucrarea [S5] se analizează influenţa diametrului tijei tachetului, a intervalului de ridicare, a lungimii maxime aflate în afara ghidajelor tachetului, a cursei maxime de ridicare, precum şi a diverselor profile de came, asupra traiectoriei punctului A.

Concluzii:

Se constată că reducerea diametrului tijei tachetului conduce la mărirea amplitudinii şi micşorarea frecvenţei medii a vibraţiilor transversale. Reducerea diametrului de 1.35 ori, conduce la creşterea amplitudinii de aproape trei ori, iar frecvenţa medie scade sensibil. Amplitudinile iniţiale sunt mai mari la începutul intervalului, către mijlocul intervalului de ridicare scad, oscilaţia devenind neînsemnată, iar către sfârşitul ridicării, din cauza reducerii

202

lungimii a, prin scăderea cursei y, frecvenţa creşte şi în consecinţă amplitudinea scade de la dublu la simplu, faţă de începutul intervalului. Mărirea lungimii tachetului în afara ghidajelor sale de la 2.2 la 3 cm, conduce la creşterea amplitudinii vibraţiei de circa 25 ori. Legea de mişcare fără salturi în curba acceleraţiei de intrare reduce amplitudinea vibraţiei transversale a tachetului. Autorul lucrării [S5] menţionează că oricare ar fi influenţa parametrilor enumeraţi, pentru cazurile considerate, valorile amplitudinii rămân destul de mici, iar în cazul unor frecări reduse în cupla superioară, ele pot scădea şi mai mult. Prin urmare conchide autorul lucrării [S5], vibraţiile transversale ale tachetului există şi trebuie să atragă atenţia constructorului numai în cazul unor valori exagerate, ale constantelor care caracterizează aceste vibraţii. În ceea ce priveşte distribuţia motoarelor cu ardere internă, vibraţia transversală poate fi neglijată fără a se afecta parametrii de răspuns, realizaţi la supapă.

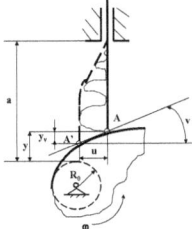

8.10. Influenţa vibraţiilor transversale

8.7. Model dinamic cu patru grade de libertate, cu vibraţii de încovoiere

În lucrarea [K3] este prezentat un model dinamic cu patru grade de libertate, având o singură masă oscilantă în mişcare de translaţie, care reprezintă unul dintre cele patru grade de libertate. Celelalte trei libertăţi rezultă dintr-o deformaţie de torsiune a arborelui cu came, o deformaţie de încovoiere pe verticală (z), tot a arborelui cu came şi o deformaţie de încovoiere a aceluiaşi arbore, pe orizontală (y), toate trei deformaţiile producându-se într-un plan perpendicular pe axa de rotaţie (vezi fig. 8.11.).

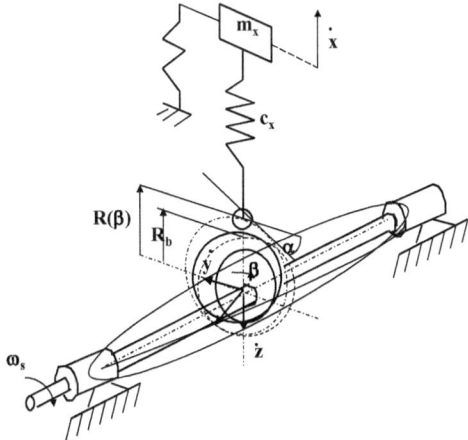

Fig. 8.11. Model dinamic cu patru grade de libertate, cu vibraţii de încovoiere

Lucrarea [K3] este extrem de interesantă prin modelul pe care îl propune (se iau în studiu toate tipurile de deformații), dar mai ales prin ipoteza pe care o avansează și anume: turația camei nu este constantă, ci variabilă, viteza unghiulară a camei $\omega = f(\beta)$ fiind o funcție de poziția camei (unghiul de rotație al camei=β).

Viteza unghiulară a camei este o funcție de unghiul de poziție β (pe care uzual îl notăm cu φ), iar variația ei este cauzată de cele trei deformații (una de torsiune și două încovoieri) ale arborelui, cât și de jocurile unghiulare existente între sursa motoare (de antrenare) și arborele cu came.

Modelul matematic ținând cont de flexibilitatea arborelui cu came este următorul; rigiditatea de legătură între camă și tachet este o funcție de poziția β (unghiul de rotație al camei), vezi relația (8.32):

$$\frac{1}{C(\beta)} = \frac{1}{C_x} + \frac{1}{C_z} + [\frac{1}{C_\beta(\beta)} + \frac{1}{C_y}]tg^2\alpha \tag{8.32}$$

$$\frac{1}{C_c} = \frac{1}{C_x} + \frac{1}{C_z} \tag{8.33}$$

Unde $1/C_c$ vezi (8.33) este o rigiditate constantă, dată de rigiditățile tachetului (C_x) și a camei (C_z) pe direcția de lucru a tachetului.

$$\frac{1}{C_{tan}(\beta)} = \frac{1}{C_\beta(\beta)} + \frac{1}{C_y} \tag{8.34}$$

Iar: $1/C_{tan}(\beta)$ vezi (8.34) reprezintă rigiditățile tangențiale, C_β fiind rigiditatea la torsiune a camei și C_y rigiditatea la încovoierea după axa y a camei, cu, $C_\beta(\beta)$ dată de relația (8.35) .

$$C_\beta(\beta) = \frac{K}{[R(\beta)]^2} \tag{8.35}$$

Cu (8.33) și (8.34) relația (8.32) se rescrie sub forma (8.36):

$$\frac{1}{C(\beta)} = \frac{1}{C_c} + \frac{tg^2\alpha}{C_{tan}(\beta)} \tag{8.36}$$

Unde α, este unghiul de presiune, care în general e o funcție de β, iar la tacheții plați (folosiți la mecanismele de distribuție), are valoarea constantă (zero): $\alpha=0$.

Ecuația de mișcare se scrie sub forma (8.37):

$$m.\ddot{x} + C(\beta).x = C(\beta).h(\beta) \tag{8.37}$$

unde h(β) este legea de mișcare impusă tachetului de către camă.

Unghiul de presiune, α, influențează astfel (8.38):

$$tg\alpha = \frac{1}{R(\beta)}\frac{dh}{d\beta} \tag{8.38}$$

Unde $R(\beta)$, este raza curentă, care dă poziția camei (distanța de la centrul camei la punctul de contact camă-tachet) și se aproximează prin raza medie, $R_{1/2}$. Relația (8.38) se poate pune sub forma (8.39); Unde raza medie, $R_{1/2}$, se obține cu formula (8.40):

$$tg\,\alpha = \frac{1}{R_{1/2}}\frac{\dot{h}}{\omega_s} \quad (8.39) \qquad\qquad R_{1/2} = R_b + \frac{1}{2}h_m \qquad (8.40)$$

R_b este raza cercului de bază, iar h_m este cursa maximă proiectată a tachetului. Se obține astfel o rază medie, care este utilizată în calcule, pentru simplificări; ω_s=viteza unghiulară a mașinii, constantă, dată de turația mașinii. Ecuația (8.37) se poate scrie acum:

$$\ddot{x} = \frac{C_c.[h(t) - x]}{m.[1 + \dfrac{C_c}{C_{tan}}(\dfrac{1}{R_{1/2}}\dfrac{\dot{h}}{\omega_s})^2]} \qquad (8.41)$$

Rezolvarea ecuației (8.41) se face pentru $\alpha=0$, cu următoarele notații:

Perioada vibrației naturale se determină cu relația (8.42);

$$T_c = 2\pi\sqrt{\frac{m}{C_c}} \qquad (8.42)$$

Rația perioadei vibrației naturale se obține cu formula (8.43);

$$\tau = \frac{T_c}{t_m} \qquad (8.43)$$

Panta în timpul ridicării camei (8.44) este;

$$tg\,\alpha_{mc} = \frac{h_m}{R_{1/2}.\beta_m} \qquad (8.44)$$

Factorul rigidității arborelui se obține cu formula (8.45);

$$F_a = \frac{C_c}{C_{tan}}tg^2\alpha_{mc} \qquad (8.45)$$

Cu parametrii adimensionali dați de (8.46);

$$H = \frac{h}{h_m}; X = \frac{x}{h_m}; T = \frac{t}{t_m}; \dot{H} = \frac{h}{h_m}t_m; \ddot{X} = \frac{x}{h_m}t_m^2 \qquad (8.46)$$

Ecuația de mișcare se scrie sub forma (8.47):

$$\ddot{X} = (\frac{2\pi}{\tau})^2 . \frac{H - X}{1 + \dot{H}^2.F_a} \qquad (8.47)$$

Curba nominală a camei este cunoscută (8.48) și (8.49):

$$\dot{H} = \dot{H}(T) \qquad (8.48)$$

$$H = H(T) \tag{8.49}$$

Cu (8.47), (8.48) și (8.49) se calculează răspunsul dinamic printr-o metodă numerică. Autorul lucrării [K3] dă un exemplu numeric, pentru o lege de mișcare, corespunzătoare camei cicloidale (8.50):

$$H = T - \frac{1}{2\pi}\sin(2\pi.T) \tag{8.50}$$

Lucrarea este interesantă mai ales prin modul în care reușește (să cupleze) să transforme cele patru grade de libertate într-unul singur, utilizând în final o singură ecuație de mișcare după axa principală. Modelul dinamic prezentat poate fi utilizat integral sau numai parțial, astfel încât pe un alt model dinamic clasic sau nou, să se insereze, ideea utilizării deformațiilor pe diferite axe, cu efectul lor cumulat pe o singură axă.

8.8. Modele dinamice cu amortizare internă variabilă

Dacă în general problema elasticităților este rezolvată, în problema amortizărilor sistemului lucrurile nu sunt clare și bine puse la punct.

De obicei se consideră o valoare "c" constantă pentru amortizarea internă a sistemului și uneori aceeași valoare c și pentru amortizarea resortului elastic care susține supapa. Aproximarea este însă mult forțată, știut fiind că, amortizarea resorturilor elastice este variabilă, iar pentru resorturile clasice, cilindrice, cu parametru de elasticitate (k) constant, cu deplasare liniară cu forța, amortizarea este mică și se poate considera zero. Trebuie să se facă specificația faptului că amortizarea nu înseamnă neapărat oprirea (sau opoziția) mișcării, ci amortizare înseamnă consum de energie în scopul frânării mișcării (elementele elastice din cauciuc au o amortizare considerabilă; la fel și amortizoarele hidraulice). Arcurile metalice elicoidale, au în general o amortizare mică (neglijabilă). Efectul de frânare pe care îl realizează aceste resorturi crește odată cu constanta elastică (rigiditatea k a arcului) și cu forța de prestrângere (P_0 ori F_0) a resortului (altfel spus cu săgeata statică a arcului, $x_0 = P_0/k$). Energia se transformă în permanență dar nu se disipează (din acest motiv randamentul acestor resorturi este în general mai mare). În lucrările [A15] și [A17] sunt prezentate două modele dinamice cu amortizarea internă a sistemului, c, variabilă. Determinarea amortizării interne a sistemului, c, are la bază comparația între coeficienții ecuației dinamice, scrisă în două moduri diferite, Newtonian și Lagrangian.

8.8.1. Model dinamic cu un grad de libertate, cu amortizarea internă a sistemului - variabilă –

În lucrarea [A15] se prezintă un model dinamic cu un grad de libertate, cu considerarea amortizării interne a sistemului (c), amortizare pentru care se consideră o funcție specială. Mai exact se definește coeficientul de amortizare al sistemului (c), ca parametru variabil depinzând de masa redusă a mecanismului (m^* sau J_{redus}) și de timp, adică, c, depinde de derivata lui m_{redus} în funcție de timp. Ecuația de mișcare, diferențială, a mecanismului, se scrie considerând deplasarea supapei ca răspuns dinamic.

8.8.1.1. Determinarea coeficientului de amortizare al mecanismului

Pornindu-se de la schema cinematică a mecanismului de distribuție clasic (vezi figura 8.12.) se construiește modelul dinamic monomasic (cu un singur grad de libertate), translant, cu amortizare variabilă (vezi figura 8.13.), a cărui ecuație de mișcare este:

$$M.\ddot{x} = K.(y - x) - k.x - c.\dot{x} - F_0 \qquad (8.51)$$

Ecuația (8.51) nu este altceva decât ecuația lui Newton, în care suma de forțe pe un element, pe o anumită direcție (x), este egală cu zero.

Notațiile din formula (8.51) sunt următoarele:

M- masa mecanismului redusă la supapă;

K- constanta elastică redusă a lanțului cinematic (rigiditatea lanțului cinematic);

k- constanta elastică a arcului supapei;

c- coeficientul de amortizare al întregului lanț cinematic (amortizarea internă a sistemului);

$F \equiv F_0$ – forța elastică de prestrângere a arcului supapei;

x- deplasarea efectivă a supapei;

y≡s- legea de deplasare a tachetului (impusă de profilul camei) redusă la axa supapei.

Ecuația Newton (8.51) se ordonează astfel:

$$M.\ddot{x} + c.\dot{x} = K.(y - x) - (F_0 + k.x) \qquad (8.52)$$

Totodată ecuația diferențială a mecanismului se scrie și sub forma Lagrange, (8.53), (Ecuația Lagrange).

$$M.\ddot{x} + \frac{1}{2}\frac{dM}{dt}\dot{x} = F_m - F_r \qquad (8.53)$$

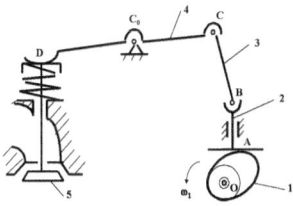

Fig. 8.12. Schema cinematică a mecanismului clasic de distribuție

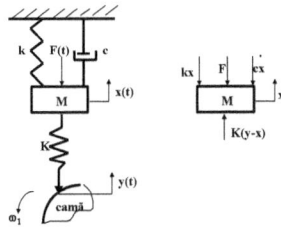

Fig. 8.13. Model dinamic monomasic, cu amortizarea internă a sistemului variabi

Ecuația (8.53), care nu este altceva decât ecuația diferențială Lagrange, permite ca prin identificarea coeficienților polinomului, cu cei ai polinomului Newtonian (8.52), să se obțină forța rezistentă redusă la supapă (8.54), forța motoare redusă la supapă (8.55), cât și expresia lui c, adică expresia coeficientului variabil de amortizare internă, a sistemului, (8.56).

$$F_r = F_0 + k.x = k.x_0 + k.x = k.(x_0 + x) \tag{8.54}$$

$$F_m = K.(y - x) = K.(s - x) \tag{8.55}$$

$$c = \frac{1}{2}.\frac{dM}{dt} \tag{8.56}$$

Se obține astfel o nouă formulă, (8.56), în care coeficientul de amortizare internă (a unui sistem dinamic), este egal cu jumătate din derivata cu timpul a masei reduse a sistemului dinamic respectiv.

Ecuația de mișcare Newton (8.51, sau 8.52), prin înlocuirea lui c, ia forma (8.57):

$$M.\ddot{x} + \frac{1}{2}\frac{dM}{dt}\dot{x} + (K + k).x = K.y - F_0 \tag{8.57}$$

În cazul mecanismului clasic, de distribuție (din figura 8.12.), masa redusă, M, se calculează cu formula (8.58):

$$M = m_5 + (m_2 + m_3).(\frac{\dot{y}_2}{\dot{x}})^2 + J_1.(\frac{\omega_1}{\dot{x}})^2 + J_4.(\frac{\omega_4}{\dot{x}})^2 \tag{8.58}$$

formulă în care sau utilizat următoarele notații:

m_2 = masa tachetului;

m_3 = masa tijei împingătoare;

m_5 = masa supapei;

J_1 = momentul de inerție mecanic al camei;

J_4 = momentul de inerție mecanic al culbutorului;

$\dot{y}_2$ = viteza tachetului impusă de legea de mișcare a camei;

$\dot{x}$ = viteza supapei.

Dacă se notează $i = i_{25}$, raportul de transmitere tachet-supapă (realizat de pârghia culbutorului), viteza teoretică a supapei (impusă prin legea de mișcare dată de profilul camei), se calculează cu formula (8.59):

$$y \equiv \dot{y}_5 = \frac{\dot{y}_2}{i} \tag{8.59}$$

unde:

$$i = \frac{CC_0}{C_0 D} \tag{8.60}$$

este raportul brațelor culbutorului.

Se scriu următoarele relaţii:

$$\dot{x} = \omega_1 . x' \tag{8.61}$$

$$\ddot{x} = \omega_1^2 . x'' \tag{8.62}$$

$$\dot{y}_2 = \omega_1 . \dot{y}_2' = \omega_1 . i . y' \tag{8.63}$$

$$\frac{\omega_1}{\dot{x}} = \frac{\omega_1}{\omega_1 . x'} = \frac{1}{x'} \tag{8.64}$$

$$\omega_4 = \frac{\dot{y}_2}{CC_0} = \frac{\omega_1 . \dot{y}_2'}{CC_0} = \frac{\omega_1 . y' . i}{CC_0} = \frac{\omega_1 . y'}{CC_0} \frac{CC_0}{C_0 D} = \frac{\omega_1 . y'}{C_0 D} \tag{8.65}$$

$$\frac{\omega_4}{\dot{x}} = \frac{\omega_1 . y'}{C_0 D . \omega_1 . x'} = \frac{1}{C_0 D} \frac{y'}{x'} \tag{8.66}$$

unde y' este viteza redusă impusă tachetului (prin legea de mişcare a profilului camei), redusă la axa supapei.

Cu relaţiile anterioare (8.60), (8.63), (8.64), (8.66), relaţia (8.58) devine:

$$M = m_5 + (m_2 + m_3) . (\frac{i . y'}{x'})^2 +$$
$$+ J_1 . (\frac{1}{x'})^2 + J_4 . (\frac{1}{C_0 D} \frac{y'}{x'})^2 \tag{8.67}$$

sau:

$$M = m_5 + [i^2 . (m_2 + m_3) + \frac{J_4}{(C_0 D)^2}] . (\frac{y'}{x'})^2 + J_1 . (\frac{1}{x'})^2 \tag{8.68}$$

ori:

$$M = m_5 + m^* . (\frac{y'}{x'})^2 + J_1 . (\frac{1}{x'})^2 \tag{8.69}$$

Facem derivata dM/dφ şi rezultă următoarele relaţii:

$$\frac{d[(\frac{y'}{x'})^2]}{d\varphi} = \frac{2 . y'}{x'} \frac{(y'' . x' - x'' . y')}{x'^2} =$$
$$= \frac{2 . y'}{x'^2} . (y'' - x'' . \frac{y'}{x'}) = 2 . (\frac{y'}{x'})^2 . (\frac{y''}{y'} - \frac{x''}{x'}) \tag{8.70}$$

$$\frac{d[(\frac{1}{x'})^2]}{d\varphi} = \frac{2}{x'} \cdot \frac{-x''}{x'^2} = -2 \cdot \frac{x''}{x'^3} \qquad (8.71)$$

$$\frac{dM}{d\varphi} = 2.m* \cdot (\frac{y'}{x'})^2 \cdot (\frac{y''}{y'} - \frac{x''}{x'}) - 2.J_1 \cdot \frac{x''}{x'^3} \qquad (8.72)$$

Se scrie relaţia (8.56) sub forma:

$$c = \frac{\omega}{2} \cdot \frac{dM}{d\varphi} \qquad (8.73)$$

care cu (8.72) devine:

$$c = \omega \cdot \{[i^2 \cdot (m_2 + m_3) + \frac{J_4}{(C_0 D)^2}] \cdot$$
$$\cdot (\frac{y'}{x'})^2 \cdot (\frac{y''}{y'} - \frac{x''}{x'}) - J_1 \cdot \frac{x''}{x'^3}\} \qquad (8.74)$$

deci

$$c = \omega.[m* \cdot (\frac{y'}{x'})^2 \cdot (\frac{y''}{y'} - \frac{x''}{x'}) - J_1 \cdot \frac{x''}{x'^3}] \qquad (8.75)$$

unde s-a notat:

$$m* = i^2 \cdot (m_2 + m_3) + \frac{J_4}{(C_0 D)^2} \qquad (8.76)$$

8.8.1.2. Determinarea ecuaţiilor de mişcare

Cu relaţiile (8.69), (8.62), (8.75) şi (8.61) ecuaţia (8.52) se scrie mai întâi în forma (8.77), care se dezvoltă în formele (8.78), (8.79) şi (8.80):

$$M.\omega^2 .x'' + c.\omega.x' + (K + k).x = K.y - F_0 \qquad (8.77)$$

$$\omega^2 \cdot x'' \cdot m_5 + \omega^2 \cdot m* \cdot (\frac{y'}{x'})^2 \cdot x'' + J_1 \cdot (\frac{1}{x'})^2 \cdot x'' \cdot \omega^2 + \omega^2 \cdot x' \cdot m* \cdot$$
$$\cdot (\frac{y'}{x'})^2 \cdot (\frac{y''}{y'} - \frac{x''}{x'}) - x' \cdot \omega^2 \cdot J_1 \cdot \frac{x''}{x'^3} + (K + k) \cdot x = K \cdot y - F_0 \qquad (8.78)$$

adică:

$$\omega^2 . m_5 . x'' + \omega^2 . m^* . x'' . (\frac{y'}{x'})^2 - \omega^2 . m^* . (\frac{y'}{x'})^2 . x''$$

$$+ \omega^2 . m^* . y'' . \frac{y'}{x'} + (K + k) . x = K . y - F_0 \tag{8.79}$$

și forma finală:

$$\omega^2 . m_5 . x'' + (K + k) . x + \omega^2 . m^* . y'' . \frac{y'}{x'} = K . y - F_0 \tag{8.80}$$

care se mai poate scrie și sub o altă formă:

$$\omega^2 . (m_5 . x'' + m^* . y'' . \frac{y'}{x'}) + (K + k) . x = K . y - F_0 \tag{8.81}$$

Ecuația (8.81) se poate aproxima la forma (8.82) dacă considerăm viteza teoretică, de intrare, y, impusă de profilul camei-tachetului (redusă la axa supapei), aproximativ egală cu viteza supapei, x.

$$\omega^2 . (m_5 . x'' + m^* . y'') + (K + k) . x = K . y - F_0 \tag{8.82}$$

Dacă se notează legile de intrare cu s, s' (viteza redusă), s" (accelerația redusă), ecuația (8.82) ia forma (8.83), iar ecuația mai completă (8.81) capătă forma mai complexă (8.84):

$$\omega^2 . (m_5 . x'' + m^* . s'') + (K + k) . x = K . s - F_0 \tag{8.83}$$

$$\omega^2 . (m_5 . x'' + m^* . s'' . \frac{s'}{x'}) + (K + k) . x = K . s - F_0 \tag{8.84}$$

8.8.2. Model dinamic cu patru grade de libertate, cu amortizarea internă a sistemului - variabilă –

În lucrarea [A17] se prezintă un model dinamic cu amortizare variabilă ca și cel din paragraful anterior, însă cu patru grade de mobilitate. Se face ipoteza existenței a patru mase, în mișcare de translație în același timp (vezi fig. 8.14.). În fig. 8.14.a se prezintă schema cinematică a mecanismului clasic de distribuție, iar în fig. 8.14.b este prezentat modelul dinamic aferent, cu patru mase în mișcare, deci cu patru grade de libertate. Modul în care se deduc cele patru mase dinamice, cât și constantele elastice aferente, ca și cele de amortizare corespunzătoare va fi prezentat în paragraful următor.

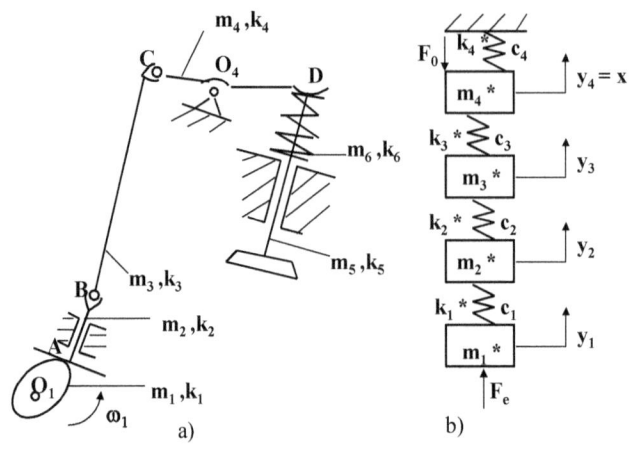

Fig. 8.14. Model dinamic cu patru grade de libertate,
cu amortizarea internă a sistemului – variabilă –

8.8.2.1. Ecuaţiile de mişcare pentru modelul dinamic cu patru mase

Se consideră modelul dinamic cu patru grade de libertate (fig. 8.14.), la care cele patru mase reduse la elementul condus (supapa) se calculează cu formulele (8.85).

Masa m_1^* se calculează ca fiind masa m_1 (masa camei) care se reduce la axa supapei, adică această masă m_1, se înmulţeşte cu viteza teoretică de intrare, $\dot{y}_{1c}$, ridicată la pătrat şi se împarte cu pătratul vitezei supapei, $\dot{x}^2$, mai exact se face raportul între viteza de intrare la camă, $\dot{y}_{1c}$ şi viteza supapei, $\dot{x}$, şi se ridică la pătrat, iar acest raport la pătrat se înmulţeşte cu masa m_1.

Cum viteza de intrare, $\dot{y}_{1c}$, trebuie să fie şi ea redusă la axa supapei, în locul ei se va scrie viteza de intrare redusă la axa supapei, $\dot{y}_1$, înmulţită cu raportul de transmitere al culbutorului, i, adică avem relaţia $\dot{y}_{1c} = i.\dot{y}_1$, iar viteza la pătrat $\dot{y}_{1c}^2$, se va înlocui cu $i^2.\dot{y}_1^2$, urmând a nota acest i^2 înmulţit cu masa m_1 cu m_1'. Pentru masa m_2^* se consideră masa tachetului, m_2, plus o treime din masa tijei împingătoare, m_3, iar viteza corespunzătoare, $\dot{y}_2$, este practic viteza dinamică, reală, a tachetului, redusă la axa supapei.

Masa m_3^* corespunde tijei împingătoare şi este formată din două treimi rămase ale masei tijei împingătoare, m_3, plus jumătate din masa culbutorului, m_4; viteza $\dot{y}_3$, este viteza medie reală, cu care se va deplasa tija împingătoare pe axa verticală redusă la axa supapei, sau viteza culbutorului în punctul C redusă la axa supapei.

Masa m_4^* este obţinută din toate masele însumate de pe lateralitatea supapei, adică jumătate din masa culbutorului, plus masa m_5 (care reprezintă la rândul ei suma dintre masa supapei și masa talerului supapei), plus o treime din masa m_6, a arcului supapei. Viteza supapei (evident la axa sa) a fost notată cu $\dot{x}$.

$$m_1^* = m_1 . i^2 . (\frac{\dot{y}_1}{\dot{x}})^2 = m_1^{'} . (\frac{\dot{y}_1}{\dot{x}})^2 ;$$

$$m_2^* = (m_2 + \frac{1}{3} . m_3) . i^2 . (\frac{\dot{y}_2}{\dot{x}})^2 = m_2^{'} . (\frac{\dot{y}_2}{\dot{x}})^2 ;$$

$$m_3^* = (\frac{2}{3} . m_3 + \frac{1}{2} . m_4) . i^2 . (\frac{\dot{y}_3}{\dot{x}})^2 = m_3^{'} . (\frac{\dot{y}_3}{\dot{x}})^2 ;$$

$$m_4^* = \frac{1}{2} . m_4 + m_5 + \frac{1}{3} . m_6 = m_4^{'}$$

(8.85)

în care i = O_4C / O_4D (vezi fig. 8.14.) reprezintă raportul de transmitere al culbutorului; m_1, m_2, m_3, m_4, m_5, m_6 sunt în ordine: masa camei, a tachetului, a tijei împingătoare, a culbutorului, a supapei (cu tot cu taler) și respectiv a arcului supapei. Se precizează următoarele constante elastice (vezi fig. 8.14.) echivalente reduse la supapă (8.86):

$$K_1^* = \frac{K_1 . K_2}{K_1 + K_2} . i^2 ; K_2^* = K_3 . i^2 ; K_3^* = K_4 ; K_4^* = K_6$$

(8.86)

unde k_1, k_2, k_3, k_4, k_6, sunt rigiditățile (constantele elastice ale) elementelor corespunzătoare. Constanta elastică a supapei nu intră în discuție. Se menționează că F_0 este forța exterioară, cunoscută ca forța de prestrângere a arcului supapei, iar F_e este forța de echilibrare la supapă, practic forța motoare. În continuare se va neglija influența momentelor de inerție mecanice (masice), a forțelor de greutate și a forțelor de frecare. Urmărind echilibrul dinamic pentru fiecare masă redusă în parte se scriu patru ecuații de forma:

$$K_1^* . (y_1 - y_2) - F_e + m_1^* . \ddot{y}_1 + c_1 . \dot{y}_1 = 0$$

(8.87)

$$K_2^* . (y_2 - y_3) - K_1^* . (y_1 - y_2) + m_2^* . \ddot{y}_2 + c_2 . \dot{y}_2 = 0$$

(8.88)

$$K_3^* . (y_3 - x) - K_2^* . (y_2 - y_3) + m_3^* . \ddot{y}_3 + c_3 . \dot{y}_3 = 0$$

(8.89)

$$K_4^* . x - K_3^* . (y_3 - x) + F_0 + m_4^* . \ddot{x} + c_4 . \dot{x} = 0$$

(8.90)

Deplasările liniare y_1, y_2, y_3, $y_4 = x$ corespund maselor reduse m_1^*, m_2^*, m_3^*, m_4^*.

În ipoteza că deplasarea y_1 este cunoscută din legea de mișcare $y_1 = y_1 (\varphi)$, impusă tachetului la proiectarea camei, rămân ca necunoscute deplasările y_2, y_3, x și forța de echilibrare F_e, adică forța motoare F_m.

În acest caz se observă că ecuațiile (8.88), (8.89) și (8.90) formează un sistem de trei ecuații cu trei necunoscute y_2, y_3, x. După calculul celor trei deplasări se obține din ecuația (8.87) forța de echilibrare F_e.

Practic, sistemul nu este liniar deoarece, pe lângă necunoscutele date de cele trei deplasări, avem ca necunoscute suplimentare și vitezele și accelerațiile derivate din deplasările necunoscute, adică în mod practic necunoscutele vor fi zece iar ecuațiile întregului sistem numai patru.

$$c = \frac{1}{2} \cdot \frac{dM}{dt} = \frac{\omega_1}{2} \cdot \frac{dM}{d\varphi} \qquad (8.91)$$

Pentru rezolvarea efectivă a sistemului de ecuații (8.87)-(8.90), se determină coeficienții de amortizare c_1, c_2, c_3, c_4, cu formula (8.91), deja cunoscută de la sistemul cu un grad de libertate și cu sistemul de mase (8.85), astfel:

$$c_1 = \frac{1}{2} \cdot \frac{dm_1^*}{dt} = m_1' \cdot \left(\frac{\dot{y}_1 \cdot \ddot{y}_1}{\dot{x}^2} - \frac{\dot{y}_1^2 \cdot \ddot{x}}{\dot{x}^3} \right) \qquad (8.92)$$

$$c_2 = \frac{1}{2} \cdot \frac{dm_2^*}{dt} = m_2' \cdot \left(\frac{\dot{y}_2 \cdot \ddot{y}_2}{\dot{x}^2} - \frac{\dot{y}_2^2 \cdot \ddot{x}}{\dot{x}^3} \right) \qquad (8.93)$$

$$c_3 = \frac{1}{2} \cdot \frac{dm_3^*}{dt} = m_3' \cdot \left(\frac{\dot{y}_3 \cdot \ddot{y}_3}{\dot{x}^2} - \frac{\dot{y}_3^2 \cdot \ddot{x}}{\dot{x}^3} \right) \qquad (8.94)$$

$$c_4 = \frac{1}{2} \cdot \frac{dm_4^*}{dt} = 0 \qquad (8.95)$$

care se mai pot scrie și sub forma (8.96-8.99):

$$c_1 = m_1' \cdot \left(\frac{\dot{y}_1}{\dot{x}} \right)^2 \cdot \left(\frac{\ddot{y}_1}{\dot{y}_1} - \frac{\ddot{x}}{\dot{x}} \right) \qquad (8.96)$$

$$c_2 = m_2' \cdot \left(\frac{\dot{y}_2}{\dot{x}} \right)^2 \cdot \left(\frac{\ddot{y}_2}{\dot{y}_2} - \frac{\ddot{x}}{\dot{x}} \right) \qquad (8.97)$$

$$c_3 = m_3' \cdot \left(\frac{\dot{y}_3}{\dot{x}} \right)^2 \cdot \left(\frac{\ddot{y}_3}{\dot{y}_3} - \frac{\ddot{x}}{\dot{x}} \right) \qquad (8.98)$$

$$c_4 = 0 \qquad (8.99)$$

Cu ajutorul relațiilor (8.96-8.99) și cu sistemul (8.85) se pot obține imediat relațiile (8.100-8.103):

$$c_1 \cdot \dot{y}_1 = m_1' \cdot \left(\frac{\dot{y}_1}{\dot{x}} \right)^2 \cdot \left(\ddot{y}_1 - \frac{\dot{y}_1}{\dot{x}} \cdot \ddot{x} \right) = m_1^* \cdot \left(\ddot{y}_1 - \frac{\dot{y}_1}{\dot{x}} \cdot \ddot{x} \right) \qquad (8.100)$$

$$c_2 \cdot \dot{y}_2 = m_2' \cdot \left(\frac{\dot{y}_2}{\dot{x}} \right)^2 \cdot \left(\ddot{y}_2 - \frac{\dot{y}_2}{\dot{x}} \cdot \ddot{x} \right) = m_2^* \cdot \left(\ddot{y}_2 - \frac{\dot{y}_2}{\dot{x}} \cdot \ddot{x} \right) \qquad (8.101)$$

$$c_3 \cdot \dot{y}_3 = m_3' \cdot \left(\frac{\dot{y}_3}{\dot{x}} \right)^2 \cdot \left(\ddot{y}_3 - \frac{\dot{y}_3}{\dot{x}} \cdot \ddot{x} \right) = m_3^* \cdot \left(\ddot{y}_3 - \frac{\dot{y}_3}{\dot{x}} \cdot \ddot{x} \right) \qquad (8.102)$$

$$c_4 \cdot \dot{y}_4 = c_4 \cdot \dot{x} = 0 \qquad (8.103)$$

Ținând seama de relațiile (8.100-8.103), ecuațiile (8.87-8.90) se rescriu sub forma următoare (8.104-8.107):

$$K_1^*.y_1 - K_1^*.y_2 - F_e +$$
$$+ 2.m_1'.(\frac{\dot{y}_1}{\dot{x}})^2.\ddot{y}_1 - m_1'.(\frac{\dot{y}_1}{\dot{x}})^3.\ddot{x} = 0 \qquad (8.104)$$

$$- K_1^*.y_1 + (K_1^* + K_2^*).y_2 - K_2^*.y_3 +$$
$$+ 2.m_2'.(\frac{\dot{y}_2}{\dot{x}})^2.\ddot{y}_2 - m_2'.(\frac{\dot{y}_2}{\dot{x}})^3.\ddot{x} = 0 \qquad (8.105)$$

$$- K_2^*.y_2 + (K_2^* + K_3^*).y_3 - K_3^*.x +$$
$$+ 2.m_3'.(\frac{\dot{y}_3}{\dot{x}})^2.\ddot{y}_3 - m_3'.(\frac{\dot{y}_3}{\dot{x}})^3.\ddot{x} = 0 \qquad (8.106)$$

$$- K_3^*.y_3 + (K_3^* + K_4^*).x + m_4'.\ddot{x} + F_0 = 0 \qquad (8.107)$$

Cu sistemul de ecuații (8.104-8.107) se rezolvă modelul dinamic prezentat în figura 8.14., având în vedere faptul că sistemul este neliniar și pe lângă cele patru necunoscute principale, y_2, y_3, x, F_e, mai apar încă șase necunoscute $\dot{y}_2, \ddot{y}_2, \dot{y}_3, \ddot{y}_3, \dot{x}, \ddot{x}.$ care sunt dependente însă între ele și depind deasemenea de deplasările liniare, y_2, y_3, respectiv x.

Sistemul se simplifică foarte mult dacă considerăm cele trei viteze aproximativ egale între ele și egale cu viteza cunoscută de intrare, $\dot{y}_1$; în acest caz sistemul de ecuații (8.104 – 8.107) se simplifică considerabil, luând forma (8.108-8.111):

$$K_1^*.y_1 - K_1^*.y_2 - F_e + 2.m_1'.\ddot{y}_1 - m_1'.\ddot{x} = 0 \qquad (8.108)$$

$$- K_1^*.y_1 + (K_1^* + K_2^*).y_2 - K_2^*.y_3 +$$
$$+ 2.m_2'.\ddot{y}_2 - m_2'.\ddot{x} = 0 \qquad (8.109)$$

$$- K_2^*.y_2 + (K_2^* + K_3^*).y_3 -$$
$$- K_3^*.x + 2.m_3'.\ddot{y}_3 - m_3'.\ddot{x} = 0 \qquad (8.110)$$

$$- K_3^*.y_3 + (K_3^* + K_4^*).x + m_4'.\ddot{x} + F_0 = 0 \qquad (8.111)$$

9. REZOLVAREA ECUAŢIEI DIFERENŢIALE,

(cea care a fost obţinută la paragraful 8.8.1.2.)

În cadrul paragrafului 8.8.1. a fost prezentat un model dinamic cu un grad de mobilitate, cu amortizare internă a sistemului variabilă, care conduce în final (paragraful 8.8.1.2.) la ecuaţia (8.84), pe care o rescriem sub forma (1) şi la ecuaţia simplificată (8.83), pe care o aranjăm în forma (2).

$$(K+k).x = K.y - k.x_0 - \omega^2 .m_S .X^{II} - \omega^2 .m_T .y''.\frac{y'}{X^I} \qquad (1)$$

$$(K+k).x = K.y - k.x_0 - \omega^2 .m_S .X^{II} - \omega^2 .m_T .y'' \qquad (2)$$

Se va utiliza ecuaţia diferenţială (1), adică forma simplificată (în care se consideră viteza redusă de intrare, impusă de profilul camei, y', egală cu viteza redusă dinamică, X'; ambele fiind reduse la axa supapei).

În continuare vom urmări câteva moduri de rezolvare a ecuaţiei diferenţiale (1).

9.1. Rezolvarea ecuaţiei diferenţiale,
printr-o soluţie particulară

Ecuaţia (1) se scrie sub forma (3):

$$m_S .\ddot{X} + (K+k).X = K.y - k.x_0 - m_T .\ddot{y} \qquad (3)$$

Împărţim ecuaţia (3) cu m_S şi amplificăm termenul drept cu $\cos\omega t$, obţinându-se forma (4):

$$\ddot{X} + \frac{K+k}{m_S}.X = \frac{K.y - k.x_0 - m_T .\ddot{y}}{m_S .\cos(\omega t)}.\cos(\omega t) \qquad (4)$$

Se utilizează următoarele notaţii (5-6):

$$p^2 = \frac{K+k}{m_S} \qquad (5)$$

$$q = \frac{K.y - k.x_0 - m_T .\ddot{y}}{m_S .\cos(\omega t)} \qquad (6)$$

Ecuaţia (4) se scrie simplificat sub forma (7):

$$\ddot{X} + p^2 .X = q.\cos(\omega t) \qquad (7)$$

Soluţia particulară a ecuaţiei (7) este de forma (8):

$$X = a.\cos(\omega t) \qquad (8)$$

Derivatele 1 şi 2 ale soluţiei (8) se notează cu (9-10):

$$\dot{X} = -a.\omega.\sin(\omega.t) \qquad (9)$$

$$\ddot{X} = -a.\omega^2.\cos(\omega.t) \qquad (10)$$

Înlocuind valorile (9) şi (10) în ecuaţia (7), se obţine forma (11):

$$-a.\omega^2.\cos(\omega.t) + p^2.a.\cos(\omega.t) = q.\cos(\omega.t) \qquad (11)$$

Ecuaţia caracteristică se scrie sub forma (12):

$$a.(p^2 - \omega^2) = q \qquad (12)$$

Se explicitează a sub forma (13):

$$a = \frac{q}{p^2 - \omega^2} \qquad (13)$$

Se scrie acum soluţia X, sub formele (14), (15):

$$X = \frac{q}{p^2 - \omega^2}.\cos(\omega.t) \qquad (14)$$

$$X = \frac{K.y - k.x_0 - m_T.\ddot{y}}{m_S.\cos(\omega.t)}.\frac{\cos(\omega.t)}{\dfrac{K + k}{m_S} - \omega^2} = \frac{K.y - k.x_0 - m_T.\ddot{y}}{K + k - m_S.\omega^2} \qquad (15)$$

Soluţia particulară, astfel obţinută, este interesantă şi simplă, dar se comportă ca şi cum am fi obţinut-o direct din ecuaţia diferenţială (7), prin aproximarea lui $\ddot{X}$ cu $-X.\omega^2$, adică prin aproximarea lui X'' cu $-X$, o aproximare puţin cam forţată.

Pentru o rezolvare mai exactă, aproximăm direct în ecuaţia (7), X'' cu y'' cu s'', adică $\ddot{X} = \ddot{y} = \ddot{s}$ şi ajungem la ecuaţia liniară (16):

$$X = \frac{K.s - k.x_0 - (m_S + m_T).\ddot{s}}{K + k} = \frac{K.s - k.x_0 - m^*.\ddot{s}}{K + k} \qquad (16)$$

Soluţia aproximativă (16), este ceva mai precisă decât soluţia particulară (15), care se poate obţine şi ca o soluţie directă aproximativă, cu X''= -X.

9.2. Rezolvarea ecuaţiei diferenţiale, printr-o soluţie particulară completă

Ecuaţia (7) se poate scrie sub forma (17), ţinând cont de coeficienţii D şi D':

$$m_S.\omega^2.D.x'' + m_S.\omega^2.D'.x' + (K+k).x =$$
$$= K.s - k.x_0 - m_T.\omega^2.(D.s'' + D'.s')$$

(17)

Împărțim ecuația (17) cu $m_S.\omega^2.D$ și obținem forma (18):

$$x'' + \frac{m_S.\omega^2.D'}{m_S.\omega^2.D}.x' + \frac{K+k}{m_S.\omega^2.D}.x =$$
$$= \frac{K.s - k.x_0 - m_T.\omega^2.(D.s'' + D'.s')}{m_S.\omega^2.D}$$

(18)

Termenul drept se amplifică cu $(\cos\varphi + \sin\varphi)$ și ecuația (18) se scrie sub forma (19):

$$x'' + \frac{D'}{D}.x' + \frac{K+k}{m_S.\omega^2.D}.x =$$
$$= \frac{K.s - k.x_0 - m_T.\omega^2.(D.s'' + D'.s')}{m_S.\omega^2.D.(\cos\varphi + \sin\varphi)}.(\cos\varphi + \sin\varphi)$$

(19)

Notăm coeficienții corespunzător:

$$a = \frac{D'}{D}$$

(20)

$$b = \frac{K+k}{m_S.D.\omega^2}$$

(21)

$$c = \frac{K.s - k.x_0 - m_T.\omega^2.(D.s'' + D'.s')}{m_S.\omega^2.D.(\cos\varphi + \sin\varphi)}$$

(22)

Ecuația (19) se poate scrie acum sub forma (23):

$$x'' + a.x' + b.x = c.(\cos\varphi + \sin\varphi)$$

(23)

Soluția particulară completă a ecuației (23) este de forma (24), iar derivatele ei în funcție de unghiul φ, derivatele I și II, capătă formele (25), respectiv (26):

$$x = A.\cos\varphi + B.\sin\varphi$$

(24)

$$x' = -A.\sin\varphi + B.\cos\varphi$$

(25)

$$x'' = -A.\cos\varphi - B.\sin\varphi$$

(26)

Introducând soluțiile (24-26) în (23) obținem ecuația (27):

$$-A.\cos\varphi - B.\sin\varphi - a.A.\sin\varphi + a.B.\cos\varphi$$
$$+ b.A.\cos\varphi + b.B.\sin\varphi = C.\cos\varphi + C.\sin\varphi$$

(27)

Identificăm coeficienții în cos și respectiv cei în sin și obținem un sistem liniar de două ecuații cu două necunoscute, A și respectiv B:

$$(b-1).A + a.B = c$$
$$-a.A + (b-1).B = c \tag{28}$$

Pentru rezolvarea operativă a sistemului (28) înmulțim prima ecuație cu a și pe cea de-a doua cu (b-1), după care le adunăm și obținem B, iar apoi similar îl determinăm pe A, înmulțind prima ecuație cu (b-1) și pe cea de-a doua cu –a, după care le adunăm și obținem sistemul (29):

$$A = \frac{c}{a^2 + (b-1)^2} .(b-1-a)$$

$$B = \frac{c}{a^2 + (b-1)^2} .(b-1+a) \tag{29}$$

Soluția se poate scrie acum sub forma (30):

$$x = \frac{c}{a^2 + (b-1)^2} .[(b-1-a).\cos\varphi + (b-1+a).\sin\varphi] \tag{30}$$

unde coeficienții a, b, c, sunt cunoscuți (20-22).

9.3. Rezolvarea ecuației diferențiale, cu ajutorul dezvoltărilor în serie Taylor

Se scrie relația (31), care exprimă legătura dintre deplasarea dinamică a supapei, x, și cea impusă de profilul camei, s:

$$x(\varphi) = s(\varphi) + \Delta x(\varphi) \cong s(\varphi + \Delta\varphi) \tag{31}$$

Funcția s(φ+Δφ) o dezvoltăm în serie Taylor și reținem primii 8 termeni ai dezvoltării; se găsește astfel relația (32):

$$x = s(\varphi + \Delta\varphi) = \frac{1}{0!} s(\varphi).(\Delta\varphi)^0 + \frac{1}{1!} s^I(\varphi).\Delta\varphi$$

$$+ \frac{1}{2!} .s^{II}(\varphi).(\Delta\varphi)^2 + \frac{1}{3!} .s^{III}(\varphi).(\Delta\varphi)^3 + \frac{1}{4!} .s^{IV}(\varphi).(\Delta\varphi)^4 \tag{32}$$

$$+ \frac{1}{5!} .s^V(\varphi).(\Delta\varphi)^5 + \frac{1}{6!} .s^{VI}(\varphi).(\Delta\varphi)^6 + \frac{1}{7!} .s^{VII}(\varphi).(\Delta\varphi)^7$$

Relația (32) se mai scrie și sub forma (33):

$$x = s + s^I.\Delta\varphi + \frac{1}{2}.s^{II}.(\Delta\varphi)^2 + \frac{1}{6}.s^{III}.(\Delta\varphi)^3 + \frac{1}{24}.s^{IV}.(\Delta\varphi)^4$$
$$+ \frac{1}{120}.s^V.(\Delta\varphi)^5 + \frac{1}{720}.s^{VI}.(\Delta\varphi)^6 + \frac{1}{5040}.s^{VII}.(\Delta\varphi)^7 \tag{33}$$

Prin derivare obţinem x' (relaţia 34):

$$x^I = s^I + s^{II}.\Delta\varphi + \frac{1}{2}.s^{III}.(\Delta\varphi)^2 + \frac{1}{6}.s^{IV}.(\Delta\varphi)^3 +$$
$$+ \frac{1}{24}.s^V.(\Delta\varphi)^4 + \frac{1}{120}.s^{VI}.(\Delta\varphi)^5 + \frac{1}{720}.s^{VII}.(\Delta\varphi)^6 + \tag{34}$$
$$+ \frac{1}{5040}.s^{VIII}.(\Delta\varphi)^7$$

Derivăm a doua oară şi obţinem x", (relaţia 35):

$$x^{II} = s^{II} + s^{III}.\Delta\varphi + \frac{1}{2}.s^{IV}.(\Delta\varphi)^2 + \frac{1}{6}.s^V.(\Delta\varphi)^3 +$$
$$+ \frac{1}{24}.s^{VI}.(\Delta\varphi)^4 + \frac{1}{120}.s^{VII}.(\Delta\varphi)^5 + \tag{35}$$
$$+ \frac{1}{720}.s^{VIII}.(\Delta\varphi)^6 + \frac{1}{5040}.s^{IX}.(\Delta\varphi)^7$$

Ecuaţia diferenţială utilizată este (1), adică ecuaţia completă, pe care o scriem sub forma (36), ţinând cont şi de funcţia de transmitere, D.

$$x = \frac{K.s - k.x_0 - m_S^*.(D.x''+D'.x').\omega^2 * 0.001 - m_T^*.(D.s''+D'.s').\omega^2 * 0.001 * \frac{s'}{x'}}{K + k} \tag{36}$$

9.4. Rezolvarea ecuaţiei diferenţiale, în doi paşi

Ecuaţia diferenţială cunoscută, scrisă în una din formele prezentate anterior, de exemplu în forma (1), se rezolvă de două ori. Prima dată se utilizează pentru x' valoarea s' iar pentru x" valoarea s". Se obţine în acest fel, valoarea x(0), adică deplasarea dinamică a supapei la pasul 0. Această deplasare se derivează numeric şi se obţin x'(0) şi x"(0). Valorile astfel obţinute se introduc în ecuaţia diferenţială (care se utilizează pentru a doua oară consecutiv) şi obţinem x(1), adică deplasarea dinamică a supapei căutată, x, care se consideră a fi valoarea finală. Dacă încercăm să iterăm acest proces (pentru mai mulţi paşi), se va observa lipsa convergenţei către o soluţie unică şi amplificarea valorilor la fiecare trecere (iteraţie). Se consideră rezolvarea ecuaţiei nu iterativ, în doi paşi, ci exact şi direct, rezolvare dintr-un singur pas, cel de al doilea, primul pas fiind de fapt o intermediere necesară determinării aproximative a valorilor x' şi x".

9.5. Prezentarea unei ecuații diferențiale, (model dinamic), care ține cont de masa camei

Pornind de la modelul dinamic prezentat în cadrul paragrafului 8.8.1., se va obține o nouă ecuație diferențială, care să descrie funcționarea dinamică a mecanismului de distribuție, de la motoarele cu ardere internă, în patru timpi.

Practic se modifică formula care exprimă masa redusă a întregului lanț cinematic și atunci se modifică și amortizarea internă a sistemului, c, și automat se schimbă și întreaga ecuație dinamică (diferențială), fapt care ne îndreptățește să spunem că avem de a face cu un nou model dinamic, cel care ia în considerație și masa camei.

Masa redusă M, a întregului lanț cinematic se scrie acum în forma (37):

$$
\begin{aligned}
M &= m_5 + (m_2 + m_3).i^2 + J_1.(\frac{\omega_1}{\dot{X}})^2 = \\
&= m_{LS}^* + (m_2 + m_3).i^2 + J_1.(\frac{\omega_1}{\dot{X}})^2 = \\
&= m_{LS}^* + m_{LT}^* + J_1.(\frac{\omega_1}{\dot{X}})^2 = m^* + J_1.(\frac{\omega_1}{\dot{X}})^2 = \\
&= m^* + \frac{m_1}{2}.r_A^2.(\frac{\omega_1}{\dot{X}})^2
\end{aligned}
\tag{37}
$$

Constanta de amortizare a sistemului se determină cu formula prezentată la 8.8.1., și capătă acum forma (38):

$$
c = \frac{1}{2}.\frac{dM}{dt} = \frac{1}{2}.[-2.J_1.\omega_1^2.\frac{\ddot{X}}{\dot{X}^3} + 2.\frac{m_1}{2}.r_A.r_A^I.\frac{\omega_1^3}{\dot{X}^2}]
\tag{38}
$$

Pentru mecanismul de distribuție clasic se găsește valoarea $r_A.r_A^I$ dată de (39) și se introduce în relația (38), care capătă forma (40):

$$
r_A.r_A^I = (r_0^* + s + s'').s'
\tag{39}
$$

$$
c = -J_1.\omega_1^2.\frac{\ddot{X}}{\dot{X}^3} + \frac{m_1}{2}.(r_0^* + s + s'').s'.\frac{\omega_1^3}{\dot{X}^2}
\tag{40}
$$

Se utilizează în continuare ecuația diferențială prezentată la 8.8.1. și anume (41):

$$
M.\ddot{X} + c.\dot{X} + (K + k).X - K.y + F_0 = 0
\tag{41}
$$

Se introduce în continuare masa M, determinată cu (37) și coeficientul de amortizare, c, obținut cu (40), în ecuația (41) și obținem o nouă ecuație dinamică, diferențială, (42), care reprezintă de fapt un nou model dinamic de bază.

$$m^* . \ddot{X} + J_1 . \omega_1^2 . \frac{\ddot{X}}{\dot{X}^2} - J_1 . \omega_1^2 . \frac{\ddot{X}}{\dot{X}^2} +$$

$$+ \frac{m_1^*}{2} . (r_0^* + s + s'') . s' . \omega_1^3 . \frac{1}{\dot{X}} + (K + k) . X - K.y + F_0 = 0 \qquad (42)$$

Ecuația diferențială (42) se scrie sub forma (43), după ce se reduc cei doi termeni identici care îl conțin pe J_1:

$$m^* . \ddot{X} + \frac{m_1^*}{2} . (r_0^* + s + s'') . s' . \omega_1^3 . \frac{1}{\dot{X}}$$

$$+ (K + k) . X - K.y + k.x_0 = 0 \qquad (43)$$

Utilizând funcția de transmitere, D și prima ei derivată, D', ecuația diferențială (43), devine ecuația (44):

$$m^* . \omega_1^2 . (x''.D + x'.D') + \frac{m_1^*}{2} . (r_0^* + s + s'') . s' . \omega_1^2 . \omega_1 . \frac{1}{x'.D.\omega_1} \qquad (44)$$

$$+ (K + k) . x - K.y + k.x_0 = 0$$

Ecuația (44) se aranjează în forma (45):

$$m^* . \omega^2 . D.x'' + m^* . \omega^2 . D'.x' + \frac{m_1^*}{2} . \omega^2 . \frac{(r_0^* + s + s'')}{D} . \frac{s'}{x'} \qquad (45)$$

$$+ (K + k) . x - K.s + k.x_0 = 0$$

Notăm x cu s+Δx, (46):

$$x = s + \Delta x \qquad (46)$$

Cu (46), ecuația (45) capătă forma (47):

$$\Delta x = \frac{- \omega^2 . m^* . [D.x'' + D'.x'] - \dfrac{m_1^*}{2} . \omega^2 . \dfrac{r_0^* + s + s''}{D} . \dfrac{s'}{x'} - k.(s + x_0)}{K + k} \qquad (47)$$

unde Δx reprezintă diferența dintre deplasarea dinamică x și cea impusă s, ambele reduse la axa supapei.

Pentru aflarea aproximativă a valorilor x' și x'' utilizăm relațiile (48-51) și în final (50-51):

$$x'' = \frac{dx'}{d\varphi} \Rightarrow dx' = x''.d\varphi \Rightarrow \Delta x' = x''.\Delta\varphi \cong s''.\Delta\varphi \qquad (48)$$

$$x''' = \frac{dx''}{d\varphi} \Rightarrow dx'' = x'''.d\varphi \Rightarrow \Delta x'' = x'''.\Delta\varphi \cong s'''.\Delta\varphi \qquad (49)$$

$$x = s + \Delta x \Rightarrow x' = s' + \frac{d\Delta x}{d\varphi} = s' + \Delta \frac{dx}{d\varphi} = s' + \Delta x' \cong s' + s''.\Delta \varphi \qquad (50)$$

$$x' = s' + \Delta x' \Rightarrow x'' = s'' + \frac{d\Delta x'}{d\varphi} = s'' + \Delta \frac{dx'}{d\varphi} = s'' + \Delta x'' \cong s'' + s'''.\Delta \varphi \, (51)$$

Cu relaţiile (50) şi (51), dar şi cu aproximaţia $\dfrac{s'}{x'} \cong 1$, ecuaţia (47) se scrie sub forma (52):

$$\Delta x = \frac{- \omega^2 .m^* .[D.(s'' + s'''.\Delta \varphi) + D'.(s' + s''.\Delta \varphi)] - \dfrac{m_1^*}{2}.\omega^2 .\dfrac{r_0^* + s + s''}{D} - k.(s + x_0)}{K + k} \qquad (52)$$

Ecuaţia (52) se ordonează sub forma (53):

$$\Delta x = \frac{- \omega^2 .m^* .[D'.s' + (D + D'.\Delta \varphi).s'' + D.\Delta \varphi.s'''] - \dfrac{m_1}{2.i^2}.\omega^2 .\dfrac{\dfrac{r_0}{i} + s + s''}{D} - k.(s + x_0)}{K + k} \qquad (53)$$

Se calculează Δx de două ori, $\Delta x(0)$ şi Δx. $\Delta x(0)$ adunat la s generează x(0), care este utilizat pentru determinarea vitezei unghiulare variabile, ω.

În ecuaţia $\Delta x(0)$ se utilizează $\omega = \omega_n =$constant.

În ecuaţia a doua Δx, se utilizează ω variabil determinat cu ajutorul primei ecuaţii; pentru viteza redusă x' şi acceleraţia redusă x'', acum avem două variante: fie introducem direct, tot valorile aproximative, calculate cu relaţiile (50-51), ori utilizăm x'(0) şi x''(0) obţinute deja prin derivarea directă (numerică) a lui x(0), care altfel nu vor fi folosite decât pentru aflarea vitezei unghiulare variabile, ω.

Cu Δx adunat la s obţinem valoarea exactă a lui x, pe care o derivăm numeric şi obţinem şi valorile finale (exacte) pentru viteza redusă, x' şi acceleraţia redusă, x''.

9.6. Determinarea anticipată a vitezei dinamice reduse
şi a acceleraţiei dinamice reduse la axa supapei

La paragraful 8.8.1. s-au determinat relaţiile de calcul ale forţelor ce acţionează asupra supapei (Forţa MOTOARE redusă şi Forţa REZISTENTĂ redusă). Aceste forţe au fost utilizate deja în cadrul paragrafului 3.4. pentru determinarea forţelor reduse şi a momentelor reduse, din cadrul ecuaţiei diferenţiale Lagrange, ecuaţie care odată rezolvată generează valorile vitezei unghiulare ω în funcţie de unghiul de rotaţie al camei, φ.

Se vor reaminti acum expresiile celor două forţe reduse la supapă, forţa motoare (54) şi cea rezistentă (55):

$$F_m = K.(y - x) \cong K.(s - x) \qquad (54)$$

$$F_r = k.(x + x_0) \qquad (55)$$

Static cele două forțe sunt egale în modul (56-57), dar de sens contrar (acțiune și reacțiune), iar dinamic ele diferă foarte puțin una față de alta (în modul).

$$F_m = F_r \qquad (56)$$

$$K.(s - x) = k.(x + x_0) \qquad (57)$$

Din relația (57) explicităm deplasarea supapei, x_S, (58):

$$x \equiv x_S = \frac{K.s - k.x_0}{K + k} \qquad (58)$$

Ne reamintim acum ecuația dinamică determinată la modelul 8.8.1., scrisă sub forma (59):

$$\Delta x \equiv x - s = -\frac{k.X + k.x_0 + m_S.\ddot{X} + m_T.\ddot{y}}{K} \qquad (59)$$

În ecuația (59) înlocuim valoarea x cu cea statică obținută prin relația (58) și rezultă expresia (60):

$$\Delta x = -\frac{k.K.(s + x_0) + (K + k).(m_S.\ddot{X} + m_T.\ddot{y})}{K.(K + k)} \qquad (60)$$

O modalitate simplă de a determina valoarea expresiei (60), este înlocuirea lui $\ddot{X}$ cu expresiile (61) și a lui $\ddot{y}$ cu relația (62), care se determină cu ajutorul funcțiilor de transmitere, D, D'.

$$x_S^I = \frac{K.s'}{K + k}$$

$$x_S^{II} = \frac{K.s''}{K + k} \qquad (61)$$

$$\ddot{X} = \omega^2.(D.x''+D'.x') = \frac{\omega^2.K}{K + k}.(D.s''+D'.s')$$

$$\ddot{y} = \omega^2.(D.s''+D'.s') \qquad (62)$$

După înlocuire se obține expresia (63):

$$\Delta x = -\frac{k.(s + x_0) + \omega^2.(m^* + \frac{k}{K}.m_T).(D.s''+D'.s')}{K + k} \qquad (63)$$

Cu relația (63) se poate calcula acum expresia (64):

$$x = s + \Delta x \qquad (64)$$

9.6.1. Determinarea anticipată aproximativă a vitezei reduse şi a acceleraţiei reduse a supapei

Expresia (63) se scrie sub forma aproximativă (65):

$$\Delta x = -\frac{k.s + \omega^2.(m^* + \frac{k}{K}.m_T).s''}{K+k} - \frac{k.x_0}{K+k} \qquad (65)$$

Ecuaţia (65) se derivează de două ori şi obţinem la prima derivare $(\Delta x)'$, (66), iar la a doua derivare, $(\Delta x)''$, (67):

$$(\Delta x)^I = -\frac{k.s^I + \omega^2.(m^* + \frac{k}{K}.m_T).s^{III}}{K+k} \qquad (66)$$

$$(\Delta x)^{II} = -\frac{k.s^{II} + \omega^2.(m^* + \frac{k}{K}.m_T).s^{IV}}{K+k} \qquad (67)$$

Se poate determina acum x', (68), dar şi x'', (69):

$$x'(0) = s' + (\Delta x)' = \frac{K.s^I - \omega^2.(m^* + \frac{k}{K}.m_T).s^{III}}{K+k} \qquad (68)$$

$$x''(0) = s'' + (\Delta x)^{II} = \frac{K.s^{II} - \omega^2.(m^* + \frac{k}{K}.m_T).s^{IV}}{K+k} \qquad (69)$$

În continuare se utilizează ecuaţia (47), pe care o rescriem sub forma (70); unde x'' şi x' sau înlocuit cu x''(0) respectiv x'(0), date de formulele (68), respectiv (69).

$$\Delta x = -\frac{k \cdot K \cdot (s + x_0) + (K+k) \cdot \omega_n^2 \cdot [(D \cdot x_0'' + D' \cdot x_0') \cdot m_S + (D \cdot s'' + D' \cdot s') \cdot m_T]}{K.(K+k)} \qquad (70)$$

9.6.2. Determinarea anticipată precisă a vitezei reduse şi a acceleraţiei reduse a supapei

Pentru o determinare mai precisă a vitezei dinamice reduse a supapei, x', şi a acceleraţiei dinamice reduse a supapei, x'', se pleacă de la relaţia (71), care exprimă valoarea exactă a lui Δx.

225

$$\Delta x = -\frac{k.s + \omega^2.(m^* + \dfrac{k}{K}.m_T).(D.s''+D'.s')}{K+k} - \frac{k.x_0}{K+k} \quad (71)$$

Expresia (71) se derivează de două ori și se obțin $(\Delta x)'$, (72), și $(\Delta x)''$, (73):

$$(\Delta x)^I = -\frac{k.s^I + \omega^2.(m^* + \dfrac{k}{K}.m_T).(D''.s'+2.D'.s''+D.s''')}{K+k} \quad (72)$$

$$(\Delta x)^{II} = -\frac{k.s^{II} + \omega^2.(m^* + \dfrac{k}{K}.m_T).(D'''.s'+3.D''.s''+3.D'.s'''+D.s^{IV})}{K+k} \quad (73)$$

Cu relațiile (72) și (73) se determină imediat viteza redusă a supapei (74) și accelerația redusă a supapei (75):

$$x' = s'+(\Delta x)' \quad (74)$$

$$x'' = s''+(\Delta x)'' \quad (75)$$

Dificultatea metodei constă în necesitatea determinării suplimentare a valorilor D" și D"', adică derivatele de ordinul doi și trei ale funcției de transmitere D. Mai întâi trebuie să ne reamintim expresia lui D' (76):

$$D^I = \frac{[s'''.(r_0+s)-s'.s''].[(r_0+s)^2+s'^2]-2.s'.[s''.(r_0+s)-s'^2].[r_0+s+s'']}{[(r_0+s)^2+s'^2]^2} \quad (76)$$

Expresia (76) se scrie sub forma (77):

$$D^I = \frac{s'''.(r_0+s)-s'.s''}{(r_0+s)^2+s'^2} - \frac{2.s'}{(r_0+s)^2+s'^2} *$$

$$\frac{(r_0+s+s'').(r_0+s).s''-(r_0+s+s'').(r_0+s).\dfrac{s'^2}{(r_0+s)}}{(r_0+s)^2+s'^2} \quad (77)$$

Din (77) se determină forma restrânsă (78):

$$D^I = \frac{s'''.(r_0+s)-s'.s''}{(r_0+s)^2+s'^2} - \frac{2.s'.D}{(r_0+s)^2+s'^2} \cdot [s''-\frac{s'^2}{(r_0+s)}] \quad (78)$$

D' se poate scrie și mai compact, în relația (79):

$$D^I = \frac{s'''\cdot(r_0 + s) - s'\cdot s'' - 2\cdot s'\cdot D\cdot s'' + 2\cdot D\cdot s'^3 \cdot \dfrac{1}{r_0 + s}}{(r_0 + s)^2 + s'^2} \tag{79}$$

Pentru a putea deriva mai ușor relația (79) o scriem sub forma (80):

$$D^I \cdot [(r_0 + s)^2 + s'^2] =$$
$$= s'''\cdot(r_0 + s) - s'\cdot s'' - 2\cdot D\cdot s'\cdot s'' + \frac{2\cdot D\cdot s'^3}{r_0 + s} \tag{80}$$

Acum urmează derivarea propriuzisă a expresiei (80), care a fost aranjată în mod special în vederea derivării și obținem relația (81):

$$D^{II}\cdot[(r_0 + s)^2 + s'^2] + 2\cdot D^I \cdot[(r_0 + s)\cdot s' + s'\cdot s''] =$$
$$= s^{IV}\cdot(r_0 + s) + s'''\cdot s' - s''^2 - s'\cdot s''' - 2.D^I\cdot s'\cdot s'' - 2\cdot D\cdot s''^2 - \tag{81}$$
$$- 2\cdot D\cdot s'\cdot s''' + \frac{2\cdot(D^I\cdot s'^3 + 3\cdot D\cdot s'^2\cdot s'')\cdot(r_0 + s) - 2\cdot D\cdot s'^4}{(r_0 + s)^2}$$

Din (81) se explicitează D" sub forma (82):

$$D^{II} = \frac{s^{IV}\cdot(r_0 + s) - s''^2 - 2\cdot D^I\cdot s'\cdot s'' - 2\cdot D\cdot s''^2 - 2\cdot D\cdot s'\cdot s'''}{(r_0 + s)^2 + s'^2}$$
$$+ \frac{\dfrac{2\cdot D^I\cdot s'^3 + 6\cdot D\cdot s'^2\cdot s''}{r_0 + s} - \dfrac{2\cdot D\cdot s'^4}{(r_0 + s)^2} - 2\cdot D^I\cdot s'\cdot(r_0 + s + s'')}{(r_0 + s)^2 + s'^2} \tag{82}$$

Expresia (82) se scrie sub forma (83) în vederea unei noi derivări:

$$D^{II}\cdot[(r_0 + s)^2 + s'^2] = s^{IV}\cdot(r_0 + s) - s''^2 - 2\cdot D^I\cdot s'\cdot s''$$
$$- 2\cdot D\cdot s''^2 - 2\cdot D\cdot s'\cdot s''' + \frac{2\cdot D^I\cdot s'^3 + 6\cdot D\cdot s'^2\cdot s''}{r_0 + s} \tag{83}$$
$$- \frac{2\cdot D\cdot s'^4}{(r_0 + s)^2} - 2\cdot D^I\cdot s'\cdot(r_0 + s + s'')$$

Se derivează relația (83) și rezultă expresia (84):

$$D^{III} \cdot [(r_0 + s)^2 + s'^2] = s^V \cdot (r_0 + s) + s^{IV} \cdot s' - 2 \cdot s'' \cdot s'''$$

$$- 2 \cdot D^{II} \cdot s' \cdot s'' - 2 \cdot D^I \cdot s''^2 - 2 \cdot D^I \cdot s' \cdot s''' - 2 \cdot D^I \cdot s''^2$$

$$- 4 \cdot D \cdot s'' \cdot s''' - 2 \cdot D^I \cdot s' \cdot s''' - 2 \cdot D \cdot s'' \cdot s''' - 2 \cdot D \cdot s' \cdot s^{IV}$$

$$+ \frac{2 \cdot D^{II} \cdot s'^3 + 6 \cdot D^I \cdot s'^2 \cdot s'' + 6 \cdot D^I \cdot s'^2 \cdot s'' + 12 \cdot D \cdot s' \cdot s''^2 + 6 \cdot D \cdot s'^2 \cdot s'''}{r_0 + s}$$

$$- \frac{2 \cdot D^I \cdot s'^4 + 6 \cdot D \cdot s'^3 \cdot s''}{(r_0 + s)^2} - \frac{2 \cdot D^I \cdot s'^4 + 8 \cdot D \cdot s'^3 \cdot s''}{(r_0 + s)^2} + \frac{4 \cdot D \cdot s'^5}{(r_0 + s)^3}$$

$$- 2 \cdot D^{II} \cdot s' \cdot (r_0 + s + s'') - 2 \cdot D^I \cdot s'' \cdot (r_0 + s + s'') - 2 \cdot D^I \cdot s' \cdot (s' + s''')$$

$$- 2 \cdot D^{II} \cdot s' \cdot (r_0 + s + s'') \tag{84}$$

Expresia (84) se aranjează în forma (85), din care se extrage D''':

$$D^{III} \cdot [(r_0 + s)^2 + s'^2] = s^V \cdot (r_0 + s) + s^{IV} \cdot s' - 2 \cdot s'' \cdot s''' - 2 \cdot D^{II} \cdot s' \cdot s''$$

$$- 4 \cdot D^I \cdot s''^2 - 4 \cdot D^I \cdot s' \cdot s''' - 6 \cdot D \cdot s'' \cdot s''' - 2 \cdot D \cdot s' \cdot s^{IV}$$

$$+ \frac{2 \cdot D^{II} \cdot s'^3 + 12 \cdot D^I \cdot s'^2 \cdot s'' + 12 \cdot D \cdot s' \cdot s''^2 + 6 \cdot D \cdot s'^2 \cdot s'''}{r_0 + s}$$

$$- \frac{4 \cdot D^I \cdot s'^4 + 14 \cdot D \cdot s'^3 \cdot s''}{(r_0 + s)^2} + \frac{4 \cdot D \cdot s'^5}{(r_0 + s)^3}$$

$$- 4 \cdot D^{II} \cdot s' \cdot (r_0 + s + s'') - 2 \cdot D^I \cdot s'' \cdot (r_0 + s + s'') - 2 \cdot D^I \cdot s' \cdot (s' + s''') \tag{85}$$

Cu acest model dinamic prezentat, se poate face analiza dinamică completă și precisă.

9.6.3. Determinarea anticipată, precisă, a vitezei reduse și a accelerației reduse a supapei, prin metoda cu diferențe finite

Calculul lui Δx este similar cu cel anterior, cu excepția faptului că în loc de ipoteza statică ($F_m = F_r$), utilizăm diferențele finite, pentru amorsarea calculelor, conform relațiilor (86):

$$x \cong s + s' \cdot \Delta\varphi$$

$$x' \cong s' + s'' \cdot \Delta\varphi$$

$$x'' \cong s'' + s''' \cdot \Delta\varphi$$

$$\ddot{X} = \omega^2 \cdot (D \cdot x'' + D^I \cdot x') =$$

$$= \omega^2 \cdot [D^I \cdot s' + (D + D^I \cdot \Delta\varphi) \cdot s'' + D \cdot s''' \cdot \Delta\varphi]$$

$$\ddot{y} = \ddot{S} = \omega^2 \cdot (D \cdot s'' + D^I \cdot s') \tag{86}$$

228

Ecuația de pornire este cea cunoscută deja pe care o rescriem în forma (87):

$$\Delta x = -\frac{k.X + k.x_0 + m_S.\ddot{X} + m_T.\ddot{y}}{K} \tag{87}$$

Cu relațiile (86), ecuația (87) se scrie sub forma (88):

$$\Delta x = -\frac{k.s + k.s'.\Delta\varphi + k.x_0 + m_S.\omega^2.[D'.s'+(D + D'.\Delta\varphi).s''+D.s'''.\Delta\varphi]}{K} \tag{88}$$

$$-\frac{m_T.\omega^2.(D.s''+D'.s')}{K}$$

Prin derivare se obțin expresiile lui $(\Delta x)'$, (89) și $(\Delta x)''$, (90).

$$(\Delta x)' = -\frac{m_S.\omega^2.[D''.s'+(2.D'+D''.\Delta\varphi).s''+(D + 2.D'.\Delta\varphi).s'''+D.\Delta\varphi.s^{IV}]}{K} \tag{89}$$

$$-\frac{k.s'+k.\Delta\varphi.s''+m_T.\omega^2.(D''.s'+2.D'.s''+D.s''')}{K}$$

$$(\Delta x)'' = -\frac{m_S.\omega^2.[D'''.s'+(3.D'+D''.\Delta\varphi).s''+3.(D'+D''.\Delta\varphi).s''']}{K}$$

$$-\frac{m_S.\omega^2.[(D + 3.D'.\Delta\varphi).s^{IV} + D.\Delta\varphi.s^{V}]}{K} \tag{90}$$

$$-\frac{k.s''+k.\Delta\varphi.s'''+m_T.\omega^2.(D'''.s'+3.D''.s''+3.D'.s'''+D.s^{IV})}{K}$$

9.6.4. Determinarea anticipată și precisă a vitezei reduse și a accelerației reduse a supapei, utilizând modelul dinamic care ia în calcul și masa m₁ a camei

La paragraful 9.6. a fost prezentat un model dinamic care ia în calcul și masa camei. Relația (63) se rescrie sub forma (91):

$$\Delta x = \frac{-\omega^2.m^*.[D.x''+D'.x'] - \frac{m_1^*}{2}.\omega^2.\frac{r_0^* + s + s''}{D}.\frac{s'}{x'} - k.(s + x_0)}{K + k} \tag{91}$$

De la ipoteza statică ($F_m=F_r$), reținem relațiile de amorsare (92):

$$x_S^I \cong \frac{K \cdot s^I}{K + k}$$

$$x_S^{II} \cong \frac{K \cdot s^{II}}{K + k} \tag{92}$$

Cu relațiile (92), expresia (91) capătă forma (93):

$$\Delta x = \frac{-\omega^2 \cdot m^* \cdot K}{(K+k)^2} \cdot [D \cdot s^{II} + D^I \cdot s^I]$$

$$-\frac{m_1^*}{2} \cdot \frac{\omega^2}{K} \cdot \frac{(r_0^* + s + s^{II})}{D} - \frac{k}{K+k} \cdot (s + x_0)$$

(93)

Expresia (93) se derivează succesiv, de două ori, pentru obținerea lui $(\Delta x)'$, (94) și $(\Delta x)''$, (95).

$$(\Delta x)' = -\frac{\omega^2 \cdot m^* \cdot K}{(K+k)^2} \cdot [D^{II} \cdot s^I + 2 \cdot D^I \cdot s^{II} + D \cdot s^{III}]$$

$$-\frac{k \cdot s^I}{K+k} - \frac{m_1^*}{2} \cdot \frac{\omega^2}{K} \cdot [\frac{s^I + s^{III}}{D} - \frac{(r_0^* + s + s^{II}) \cdot D^I}{D^2}]$$

(94)

$$(\Delta x)^{II} = -\frac{\omega^2 \cdot m^* \cdot K}{(K+k)^2} \cdot [D^{III} \cdot s^I + 3 \cdot D^{II} \cdot s^{II} + 3 \cdot D^I \cdot s^{III} + D \cdot s^{IV}]$$

$$-\frac{k \cdot s^{II}}{K+k} - \frac{m_1^*}{2} \cdot \frac{\omega^2}{K} \cdot [\frac{s^{II} + s^{IV}}{D} -$$

$$\frac{2 \cdot (s^I + s^{III}) \cdot D^I + (r_0^* + s + s^{II}) \cdot D^{II}}{D^2} + \frac{2 \cdot (r_0^* + s + s^{II}) \cdot D'^2}{D^3}]$$

(95)

Cu relațiile (94) și (95), expresiile (96) capătă formele (97) și respectiv (98).

$$x^I = s^I + (\Delta x)^I$$
$$x^{II} = s^{II} + (\Delta x)^{II}$$

(96)

$$x^I = s^I - \frac{\omega^2 \cdot m^* \cdot K}{(K+k)^2} \cdot [D^{II} \cdot s^I + 2 \cdot D^I \cdot s^{II} + D \cdot s^{III}]$$

$$-\frac{k \cdot s^I}{K+k} - \frac{m_1^*}{2} \cdot \frac{\omega^2}{K} \cdot [\frac{s^I + s^{III}}{D} - \frac{(r_0^* + s + s^{II}) \cdot D^I}{D^2}]$$

(97)

$$x^{II} = s^{II} - \frac{\omega^2 \cdot m^* \cdot K}{(K+k)^2} \cdot [D^{III} \cdot s^I + 3 \cdot D^{II} \cdot s^{II} + 3 \cdot D^I \cdot s^{III} + D \cdot s^{IV}]$$

$$-\frac{k \cdot s^{II}}{K+k} - \frac{m_1^*}{2} \cdot \frac{\omega^2}{K} \cdot [\frac{s^{II} + s^{IV}}{D} -$$

$$\frac{2 \cdot (s^I + s^{III}) \cdot D^I + (r_0^* + s + s^{II}) \cdot D^{II}}{D^2} + \frac{2 \cdot (r_0^* + s + s^{II}) \cdot D'^2}{D^3}]$$

(98)

Expresiile (97) și (98) determină, anticipat și precis, viteza redusă a supapei, respectiv accelerația redusă a supapei. Ele se introduc în relația (91) și se determină astfel cu precizie Δx. Cu Δx calculat putem afla imediat deplasarea supapei, x, (cu relația x=s+Δx). Rezultă un model dinamic precis și flexibil.

Precizare: Trebuie făcută următoarea precizare. În modelele dinamice utilizate, s-a luat în calcul pentru deplasarea dinamică (reală) a supapei, valoarea x în loc de X, din motive de simetrie față de funcția de intrare, cunoscută, s. Funcția de intrare necunoscută, S s-a notat cu y. Avantajele utilizării deplasării x (care este aproximativ egală cu X, dar care are alte derivate, în comparație cu X) sunt următoarele: utilizarea în ecuația dinamică (diferențială) a valorii s (cunoscută), în loc de S=y (necunoscută), utilizarea deasemenea a valorii x care se poate aproxima atât ea , cât și derivatele ei cu valori cunoscute (anticipat), fapt care ușurează mult rezolvarea ecuației diferențiale, prin posibilitatea introducerii anticipate în ecuație a valorilor x' și x" aproximativ cunoscute, ceea ce conduce la transformarea ecuației diferențiale într-o ecuație liniară de gradul I. Utilizarea la ieșire a funcției x, care lucrează simetric cu funcția de intrare cunoscută, s, crează posibilitatea obținerii unor rezultate mai apropiate de realitate. Între aceste funcții, între care există o transformare (X cu x) și (y=S cu s) se crează următoarele relații de legătură (99):

$$x \cong \frac{K}{K+k} \cdot s - \frac{k}{K+k} \cdot x_0; x' \cong \frac{K}{K+k} \cdot s'; x'' \cong \frac{K}{K+k} \cdot s'';$$

$$X \cong \frac{K}{K+k} \cdot y - \frac{k}{K+k} \cdot x_0; X' \cong \frac{K}{K+k} \cdot y' = \frac{K}{K+k} \cdot D \cdot s' = D \cdot x';$$

$$X'' \cong \frac{K}{K+k} \cdot y'' = \frac{K}{K+k} \cdot (D' \cdot s' + D \cdot s'') = D' \cdot x' + D \cdot x''; \tag{99}$$

$$X = \int D \cdot x' \cdot d\varphi \cong x; X' = D \cdot x'; X'' = D' \cdot x' + D \cdot x'';$$

$$S \equiv y = \int D \cdot s' \cdot d\varphi \cong s; S' \equiv y' = D \cdot s'; S'' \equiv y'' = D' \cdot s' + D \cdot s''$$

9.7. Model dinamic cu integrare

Influența resortului supapei, în modelele dinamice prezentate anterior, este în general redusă, deși în realitate ea trebuie să fie mult mai substanțială. Deficiența apare datorită modului de rezolvare aproximativă a ecuației dinamice (diferențiale) cunoscute, rezolvare care face ca elasticitatea k a resortului supapei să devină neglijabilă comparativ cu K.

Pentru a putea ține cont de k, cât și de x_0, se scrie ecuația (100), de echilibru de forțe pe axa supapei, numai pentru supapă (pentru masa supapei, m_S^*):

$$m_S^* \cdot \omega^2 \cdot X^{II} - m_S^* \cdot g = F^* \tag{100}$$

Forța redusă care acționează asupra supapei, se scrie cu cele două componente ale sale, cea motoare și cea rezistentă (101):

$$F^* = F_m^* - F_r^* \tag{101}$$

Forța rezistentă redusă la supapă este cunoscută (102):

231

$$F_r^* = k \cdot (X + x_0) \tag{102}$$

Forţa motoare redusă la supapă, F_m^*, se poate exprima în mai multe moduri. Dacă o calculăm direct printr-o relaţie cunoscută, de tipul celei deja prezentate $F_m^* = K \cdot (y - X)$, ea preia controlul în ecuaţie, iar K practic face constanta k inoperabilă (deşi resortul există şi lucrează); pe de altă parte orice deplasare înmulţită cu K este mult mai mare decât prestrângerea resortului supapei k.x_0, astfel încât şi influenţa lui x_0 dispare practic din ecuaţie, din teorie, (deşi ea există în procesul dinamic real). Soluţia care se întrevede în acest caz este ca forţa redusă motoare, F_m^*, să fie exprimată în funcţie de F_r^*, prin integrarea momentului rezistent redus cunoscut. Se consideră relaţia (103) care exprimă valoarea momentului rezistent redus:

$$M_r^* = F_r^* \cdot X^I = k \cdot (X + x_0) \cdot X^I \tag{103}$$

Momentul motor redus corespunzător (104), se află prin integrarea momentului rezistent redus pe toată cursa de ridicare (de exemplu), adică pe intervalul $[0, \varphi_u]$.

$$M_m^* = \frac{1}{\varphi_u} \cdot \int_0^{\varphi_u} M_r^* \cdot d\varphi = \frac{1}{\varphi_u} \cdot \int_0^{\varphi_u} k \cdot (X + x_0) \cdot X^I \cdot d\varphi$$

$$= \frac{k}{\varphi_u} \cdot \int_0^{\varphi_u} (X + x_0) \cdot X^I \cdot d\varphi = \frac{k}{\varphi_u} \cdot [\frac{(X + x_0)^2}{2}]_0^{\varphi_u}$$

$$= \frac{k}{2 \cdot \varphi_u} \cdot [(X + x_0)^2]_0^{\varphi_u} = \frac{k}{2 \cdot \varphi_u} \cdot [(h + x_0)^2 - x_0^2] \tag{104}$$

$$= \frac{k}{2 \cdot \varphi_u} \cdot (h^2 + 2 \cdot h \cdot x_0 + x_0^2 - x_0^2) = \frac{k}{2 \cdot \varphi_u} \cdot (h^2 + 2 \cdot h \cdot x_0)$$

$$= \frac{h \cdot k}{2 \cdot \varphi_u} \cdot (h + 2 \cdot x_0) = \frac{h \cdot k}{\varphi_u} \cdot (\frac{h}{2} + x_0)$$

Momentul redus total se scrie sub forma (105):

$$M^* = M_m^* - M_r^* = \frac{h \cdot k}{\varphi_u} \cdot (\frac{h}{2} + x_0) - k \cdot (X + x_0) \cdot X^I \tag{105}$$

Forţa redusă totală este (106):

$$F^* = F_m^* - F_r^* = \frac{M_m^* - M_r^*}{X^I} =$$

$$= \frac{h \cdot k}{\varphi_u} \cdot (\frac{h}{2} + x_0) \cdot \frac{1}{X^I} - k \cdot X - k \cdot x_0 \tag{106}$$

Ecuaţia dinamică la supapă se scrie sub forma (107):

$$\frac{h \cdot k}{\varphi_u} \cdot (\frac{h}{2} + x_0) \cdot \frac{1}{X^I} - k \cdot X - k \cdot x_0 =$$
$$= m_S^* \cdot \omega^2 \cdot X^{II} - m_S^* \cdot g \tag{107}$$

Se poate scrie (107) în forma (108):

$$\frac{h \cdot k}{\varphi_u} \cdot (\frac{h}{2} + x_0) \cdot \frac{1}{X^I} =$$
$$= k \cdot X + k \cdot x_0 + m_S^* \cdot \omega^2 \cdot X^{II} - m_S^* \cdot g \tag{108}$$

Ecuația (108) se mai scrie și sub forma (109):

$$\frac{h \cdot k}{\varphi_u} \cdot (\frac{h}{2} + x_0) =$$
$$= [k \cdot X + k \cdot x_0 + m_S^* \cdot \omega^2 \cdot X^{II} - m_S^* \cdot g] \cdot X^I \tag{109}$$

Din (109) se explicitează X' (110):

$$X^I = \frac{\dfrac{h \cdot k}{\varphi_u} \cdot (\dfrac{h}{2} + x_0)}{k \cdot X + k \cdot x_0 + m_S^* \cdot \omega^2 \cdot X^{II} - m_S^* \cdot g} \tag{110}$$

Pentru evaluarea efectivă a lui X' (din 110), se scriu X și X" sub formele (111), respectiv (112) și se substituie în numitorul relației (110), care ia forma (113):

$$X = \frac{K \cdot y}{K + k} - \frac{k \cdot x_0}{K + k} \cong \frac{K \cdot s}{K + k} - \frac{k \cdot x_0}{K + k} \tag{111}$$

$$X^{II} = \frac{K}{K + k} \cdot (D^I \cdot s^I + D \cdot s^{II}) \tag{112}$$

$$X^I = \frac{\dfrac{h \cdot k}{\varphi_u} \cdot (\dfrac{h}{2} + x_0)}{\dfrac{k \cdot K \cdot s}{K + k} - \dfrac{k^2 \cdot x_0}{K + k} + \dfrac{K \cdot k \cdot x_0 + k^2 \cdot x_0}{K + k} + \dfrac{m_S^* \cdot \omega^2 \cdot K}{K + k} \cdot (D^I \cdot s^I + D \cdot s^{II}) - \dfrac{(K + k) \cdot m_S^* \cdot g}{K + k}} \tag{113}$$

Relația (113) se reduce la forma (114):

$$X^I = \frac{\dfrac{(K + k) \cdot h \cdot k}{\varphi_u} \cdot (\dfrac{h}{2} + x_0)}{k \cdot K \cdot (s + x_0) + m_S^* \cdot \omega^2 \cdot K \cdot (D^I \cdot s^I + D \cdot s^{II}) - (K + k) \cdot m_S^* \cdot g} \tag{114}$$

Se derivează relația (114) și se obține expresia (115):

$$X^{II} = -\dfrac{\dfrac{(K+k)\cdot h\cdot k}{\varphi_u}\cdot(\dfrac{h}{2}+x_0)\cdot[k\cdot K\cdot s^I + m_S^*\cdot\omega^2\cdot K\cdot(D^{II}\cdot s^I + 2\cdot D^I\cdot s^{II} + D\cdot s^{III})]}{[k\cdot K\cdot(s+x_0)+m_S^*\cdot\omega^2\cdot K\cdot(D^I\cdot s^I + D\cdot s^{II})-(K+k)\cdot m_S^*\cdot g]^2}\quad(115)$$

Reamintim ecuaţia diferenţială pentru modelul dinamic cu amortizare internă a sistemului variabilă, fără să ţină cont de masa camei):

$$x = \dfrac{K\cdot s - k\cdot x_0 - m_S^*\cdot\omega^2\cdot X^{II} - m_T^*\cdot\omega^2\cdot\dfrac{K+k}{K}\cdot(D^I\cdot s^I + D\cdot s^{II})}{K+k}\quad(116)$$

Acum se poate rezolva direct ecuaţia diferenţială (116), introducând pentru necunoscuta X", expresia (115), obţinută cu ajutorul modelului dinamic cu integrare, scris pentru supapă; x' şi x" se obţin prin derivare numerică; Deplasarea x, se obţine acum prin metoda dinamică cu integrare; la fel şi v şi a supapă. Avantajele acestui model dinamic sunt date de variaţia efectivă a lui x, x', x", sau X, v, a, şi cu coeficientul elastic, k, al arcului supapei, cât şi cu prestrângerea resortului, x_0.

9.8. Rezolvarea ecuaţiei diferenţiale prin, integrare directă şi obţinerea ecuaţiei mamă

Rezolvarea cea mai firească a ecuaţiei dinamice, care este o ecuaţie diferenţială, este *rezolvarea prin integrare directă, printr-o metodă originală*.

Ecuaţia diferenţială de bază, cunoscută atât de la cap. 8 cât şi din cadrul acestui capitol, cea cu amortizare internă a sistemului variabilă, dar care nu ţine cont de masa camei, se scrie sub forma (117):

$$-(K+k)\cdot x + K\cdot y - k\cdot x_0 - m_S^*\cdot\omega^2\cdot x^{II} = $$
$$= \dfrac{m_T^*\cdot\omega^2\cdot y^{II}\cdot y^I}{x^I}\quad(117)$$

Înmulţim ecuaţia cu x' şi obţinem forma (118):

$$-(K+k)\cdot x\cdot x^I + K\cdot y\cdot x^I - k\cdot x_0\cdot x^I -$$
$$- m_S^*\cdot\omega^2\cdot x^I\cdot x^{II} = m_T^*\cdot\omega^2\cdot y^I\cdot y^{II}\quad(118)$$

Cum singurul care se integrează mai greu (nu se poate integra direct) este termenul K.y.x', îl înlocuim prin aproximare (ţinând cont de ipoteza statică) cu $K\cdot y\cdot\dfrac{K}{K+k}\cdot y^I$ şi obţinem ecuaţia (119):

$$-(K+k)\cdot x\cdot x^I + \dfrac{K^2}{K+k}\cdot y\cdot y^I - k\cdot x_0\cdot x^I -$$
$$- m_S^*\cdot\omega^2\cdot x^I\cdot x^{II} = m_T^*\cdot\omega^2\cdot y^I\cdot y^{II}\quad(119)$$

Ecuaţia (119) obţinută se integrează direct şi obţinem părintele ei (120):

$$-(K+k) \cdot \frac{x^2}{2} + \frac{K^2}{K+k} \cdot \frac{y^2}{2} - k \cdot x_0 \cdot x -$$

$$-m_S^* \cdot \omega^2 \cdot \frac{x'^2}{2} = m_T^* \cdot \omega^2 \cdot \frac{y'^2}{2} + C \qquad (120)$$

Punând condiția ca la momentul inițial φ=0, când y=y'=0 și x=x'=0, obținem pentru constanta de integrare, C, valoarea zero, (C=0). Ecuația mamă, (121) se scrie sub forma (122):

$$-(K+k) \cdot \frac{x^2}{2} + \frac{K^2}{K+k} \cdot \frac{y^2}{2} - k \cdot x_0 \cdot x -$$

$$-m_S^* \cdot \omega^2 \cdot \frac{x'^2}{2} = m_T^* \cdot \omega^2 \cdot \frac{y'^2}{2} \qquad (122)$$

Ordonăm termenii, înmulțim ecuația cu -2, o împărțim la (K+k) și rezultă forma (123):

$$x^2 + 2 \cdot \frac{k \cdot x_0}{K+k} \cdot x + \frac{m_S^* \cdot \omega^2}{K+k} \cdot x'^2 +$$

$$+ \frac{m_T^* \cdot \omega^2}{K+k} y'^2 - \frac{K^2}{(K+k)^2} \cdot y^2 = 0 \qquad (123)$$

Această ecuație este mult mai simplu de rezolvat. Integrarea directă încă odată, fiind dificilă, se preferă rezolvarea ei, prin una din diversele metode posibile.

9.8.1. Rezolvarea ecuației diferențiale, mamă, prin utilizarea ipotezei statice

Rezolvarea cea mai simplă a ecuației diferențiale mamă, se face prin utilizarea imediată a ipotezei statice care înlocuiește viteza redusă a supapei, x', cu viteza redusă impusă de camă, y', conform relației deja prezentate, $x' = \frac{K}{K+k} \cdot y'$, astfel încât ecuația mamă (123) capătă forma (124):

$$x^2 + 2 \cdot \frac{k \cdot x_0}{K+k} \cdot x - \frac{K^2}{(K+k)^2} \cdot y^2 +$$

$$+ \frac{\dfrac{K^2}{(K+k)^2} \cdot m_S^* + m_T^*}{(K+k)} \cdot \omega^2 \cdot y'^2 = 0 \qquad (124)$$

Am obţinut astfel o ecuaţie de gradul 2 în x, care se rezolvă simplu ca orice ecuaţie de gradul II, (paragraful 9.8.1.1.), sau mai elegant, prin metoda diferenţelor finite (paragraful 9.8.1.2.):

9.8.1.1. Rezolvarea ecuaţiei diferenţiale,mamă, prin utilizarea ipotezei statice, prin rezolvarea obişnuită a ecuaţiei de gradul II, în x

Rezolvarea cea mai simplă a ecuaţiei (124), ecuaţie de gradul doi în x, se face direct prin calculul realizantului Δ, (vezi relaţiile 125, 126), şi a celor două soluţii $x_{1,2}$, (a se vedea relaţiile 127 şi 128):

$$\Delta = \frac{(k \cdot x_0)^2 + (K \cdot s)^2}{(K + k)^2} - \frac{m_S^* \cdot \dfrac{K^2}{(K + k)^2} + m_T^*}{(K + k)} \cdot y'^2 \cdot \omega^2 \qquad (125)$$

$$\Delta = \frac{(k \cdot x_0)^2 + (K \cdot s)^2}{(K + k)^2} - \frac{m_S^* \cdot \dfrac{K^2}{(K + k)^2} + m_T^*}{(K + k)} \cdot (D \cdot s')^2 \cdot \omega^2 \qquad (126)$$

$$X_{1,2} = -\frac{k \cdot x_0}{K + k} \pm \sqrt{\Delta} \qquad (127)$$

Cum nu se doreşte o soluţie negativă pe tot intervalul (nu este posibilă fizic), oprim numai soluţia cu plus (128):

$$X = \sqrt{\Delta} - \frac{k \cdot x_0}{K + k} \qquad (128)$$

9.8.1.2. Rezolvarea ecuaţiei diferenţiale,mamă, cu ajutorul ipotezei statice, prin utilizarea diferenţelor finite

Rezolvarea mai elegantă a ecuaţiei (124), ecuaţie de gradul doi în x, se face prin utilizarea diferenţelor finite.

În acest scop utilizăm notaţia (129):

$$X = s + \Delta X \qquad (129)$$

Cu relația (129) ecuația (124) capătă forma (130):

$$s^2 + (\Delta X)^2 + 2 \cdot \Delta X \cdot s + 2 \cdot \frac{k \cdot x_0}{K+k} \cdot s + 2 \cdot \frac{k \cdot x_0}{K+k} \cdot \Delta X$$

$$-\frac{K^2}{(K+k)^2} s^2 + \frac{\dfrac{K^2}{(K+k)^2} \cdot m_S^* + m_T^*}{(K+k)} \cdot \omega^2 \cdot y'^2 = 0 \qquad (130)$$

Ecuația (130) este o ecuație de gradul doi în ΔX, care se poate rezolva direct (exact), prin aflarea realizantului Δ (a se urmări relația 132) și a soluțiilor $\Delta X_{1,2}$, din care oprim doar soluția cu plus (a se vedea relația 3.205), sau se poate transforma într-o ecuație de gradul I, în ΔX, punând $(\Delta X)^2 \cong 0$, ecuație care îl generează imediat și direct pe ΔX (vezi relația 131).

$$\Delta X = (-1) \cdot \frac{(k^2 + 2 \cdot k \cdot K) \cdot s^2 + 2 \cdot k \cdot x_0 \cdot (K+k) \cdot s + [\dfrac{K^2}{K+k} \cdot m_S^* + (K+k) \cdot m_T^*] \cdot \omega^2 \cdot (Ds')^2}{2 \cdot (s + \dfrac{k \cdot x_0}{K+k}) \cdot (K+k)^2} \qquad (131)$$

$$\Delta = \frac{K^2 \cdot s^2 + k^2 \cdot x_0^2 - [\dfrac{K^2}{K+k} \cdot m_S^* + (K+k) \cdot m_T^*] \cdot \omega^2 \cdot (D \cdot s')^2}{(K+k)^2} \qquad (132)$$

$$\Delta X = \sqrt{\Delta} - (s + \frac{k \cdot x_0}{K+k}) \qquad (133)$$

Putem să scriem un program de calcul (vezi Anexa 3), care să utilizeze numai ecuația (131) pentru aflarea soluțiilor ΔX. Avantajul principal al unui astfel de model dinamic este în primul rând faptul că în acest mod găsim direct diferența finită, ΔX, care adunată la S generează chiar soluția finală, X, a sistemului mecanic, soluție pe care o căutam. De aici rezultă și un alt avantaj al cunoașterii expresiei lui X, și anume faptul că putem deriva expresia lui X, (134, sau 135), direct și cu ușurință, obținând pentru X' relația (136) și pentru X" relația (137).

$$X = s - \frac{[\dfrac{K^2}{K+k} \cdot m_S^* + (K+k) \cdot m_T^*] \cdot \omega^2 \cdot (Ds')^2}{2 \cdot (s + \dfrac{k \cdot x_0}{K+k}) \cdot (K+k)^2}$$

$$- \frac{(k^2 + 2 \cdot k \cdot K) \cdot s^2 + 2 \cdot k \cdot x_0 \cdot (K+k) \cdot s}{2 \cdot (s + \dfrac{k \cdot x_0}{K+k}) \cdot (K+k)^2}$$

(134)

$$X = \frac{C_1 \cdot s^2 - C_2 \cdot s - C_3 \cdot y'^2}{C_4 \cdot s + C_2}$$

(135)

$$X' = \frac{2 \cdot C_1 \cdot s \cdot s' - C_2 \cdot s' - 2 \cdot C_3 \cdot y' y'' - C_4 \cdot s' \cdot X}{C_4 \cdot s + C_2}$$

(136)

$$X'' = \frac{2C_1 s'^2 + 2C_1 s s'' - C_2 s'' - 2C_3 y''^2 - 2C_3 y' y''' - 2C_4 s' X' - C_4 s'' X}{C_4 \cdot s + C_2}$$

(137)

S-au utilizat notațiile (138):

$$C_1 = 2 \cdot K^2 + k^2 + 2 \cdot k \cdot K$$
$$C_2 = 2 \cdot k \cdot x_0 \cdot (K+k)$$
$$C_3 = \frac{K^2 \cdot m_S^* + (K+k)^2 \cdot m_T^*}{(K+k)} \cdot \omega^2$$
$$C_4 = 2 \cdot (K+k)^2$$

(138)

10. DETERMINAREA MOMENTELOR DE INERŢIE MASICE (MECANICE)

La începutul acestui capitol se vor prezenta formulele pentru calcularea momentelor de inerţie masice sau mecanice pentru diferite corpuri (diverse forme geometrice), faţă de anumite axe importante indicate (ca fiind axa de calcul).

Se notează cu M masa totală a corpului la care se determină momentul de inerţie mecanic (masic). Formulele de calcul vor fi afişate în cadrul figurii respective.

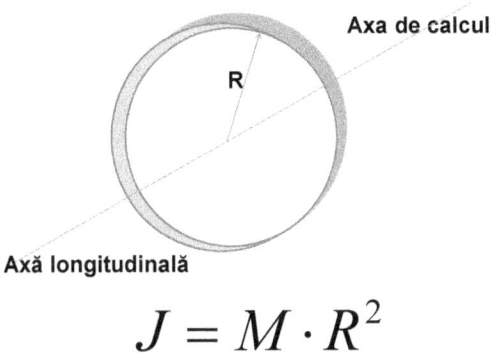

$$J = M \cdot R^2$$

Fig. 1. *Momentul de inerţie masic la un inel, determinat în jurul axei longitudinale a inelului*

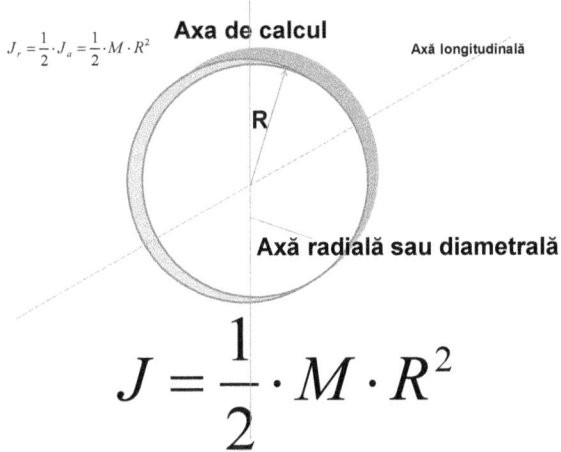

$$J = \frac{1}{2} \cdot M \cdot R^2$$

Fig. 2. *Momentul de inerţie masic la un inel, determinat în jurul unei axe radiale sau diametrale a inelului*

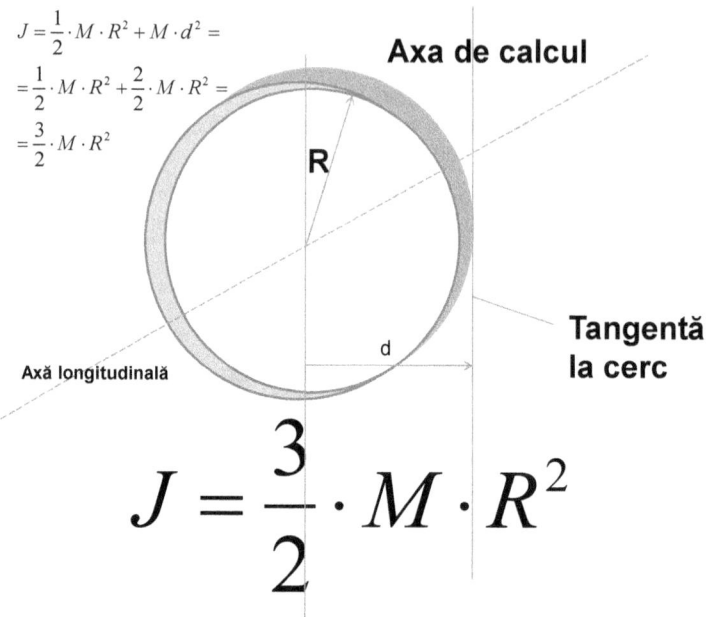

$$J = \frac{1}{2} \cdot M \cdot R^2 + M \cdot d^2 =$$

$$= \frac{1}{2} \cdot M \cdot R^2 + \frac{2}{2} \cdot M \cdot R^2 =$$

$$= \frac{3}{2} \cdot M \cdot R^2$$

Axa de calcul

R

Tangentă la cerc

d

Axă longitudinală

$$J = \frac{3}{2} \cdot M \cdot R^2$$

Fig. 3. *Momentul de inerţie masic la un inel, determinat în jurul unei axe tangente la cercul inelului*

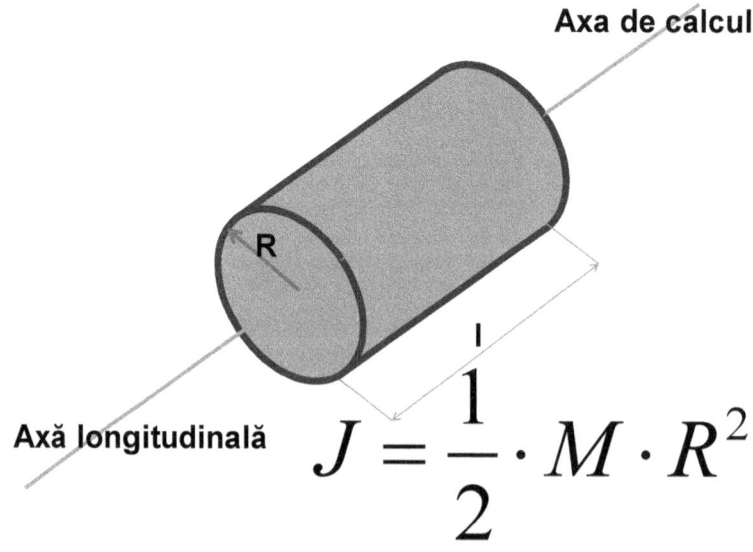

Axa de calcul

R

Axă longitudinală

$$J = \frac{1}{2} \cdot M \cdot R^2$$

Fig. 4. *Momentul de inerţie masic la un cilindru sau la un disc, determinat în jurul axei longitudinale a cilindrului sau a discului*

$$J_r = \frac{1}{2} \cdot J_a = \frac{1}{2} \cdot \frac{1}{2} \cdot M \cdot R^2 =$$

$$= \frac{1}{4} \cdot M \cdot R^2$$

**Axa diametrală
a discului**

Axa de calcul

$$J = \frac{1}{4} \cdot M \cdot R^2$$

Fig. 5. Momentul de inerţie masic la un disc, determinat în jurul axei diametrale sau radiale a discului

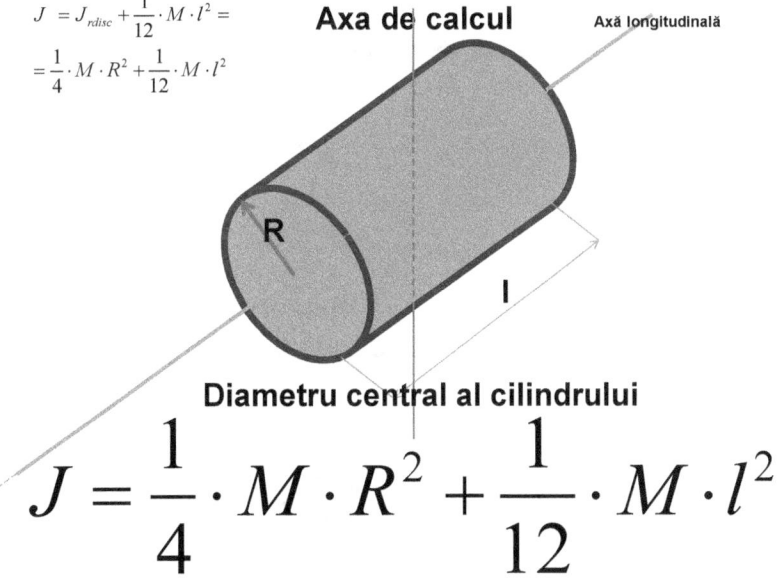

$$J = J_{rdisc} + \frac{1}{12} \cdot M \cdot l^2 =$$

$$= \frac{1}{4} \cdot M \cdot R^2 + \frac{1}{12} \cdot M \cdot l^2$$

Axa de calcul   Axă longitudinală

R

l

Diametru central al cilindrului

$$J = \frac{1}{4} \cdot M \cdot R^2 + \frac{1}{12} \cdot M \cdot l^2$$

Fig. 6. Momentul de inerţie masic la un cilindru, determinat în jurul unei axe diametrale centrale (în jurul unui diametru central)

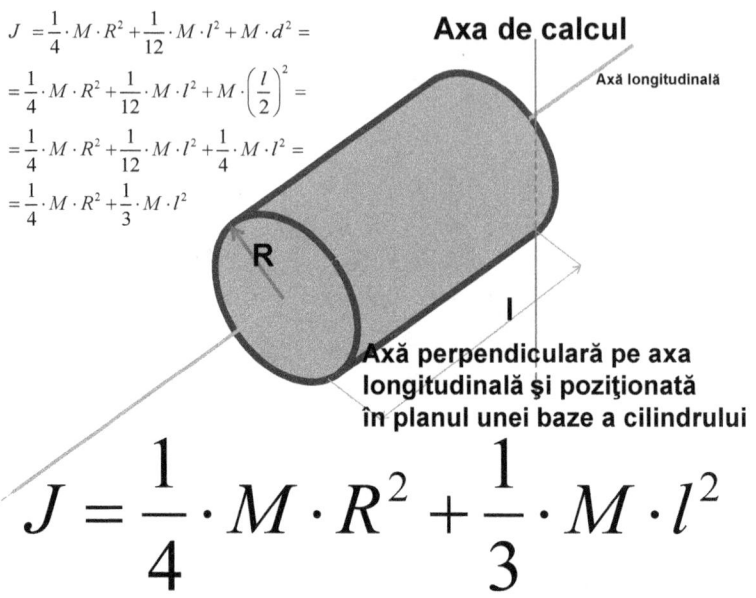

$$J = \frac{1}{4} \cdot M \cdot R^2 + \frac{1}{3} \cdot M \cdot l^2$$

Fig. 7. *Momentul de inerţie masic la un cilindru, determinat în jurul unei axe situate în planul de capăt al cilindrului (pe o bază a cilindrului), perpendicular pe axa longitudinală*

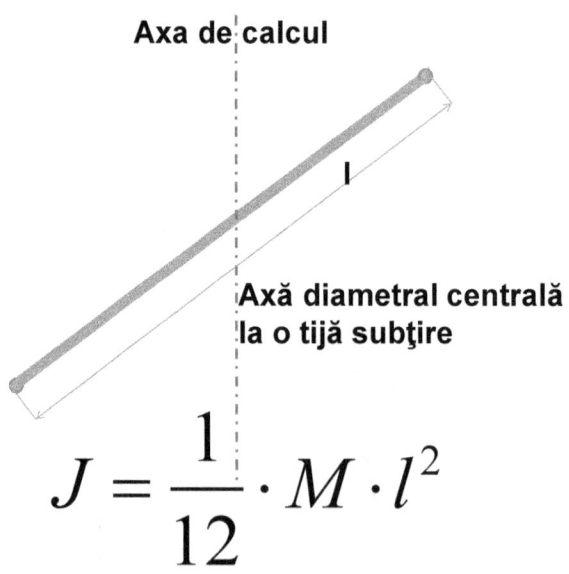

$$J = \frac{1}{12} \cdot M \cdot l^2$$

Fig. 8. *Momentul de inerţie masic la o tijă subţire, determinat în jurul unei axe ce trece printr-un diametru central al tijei*

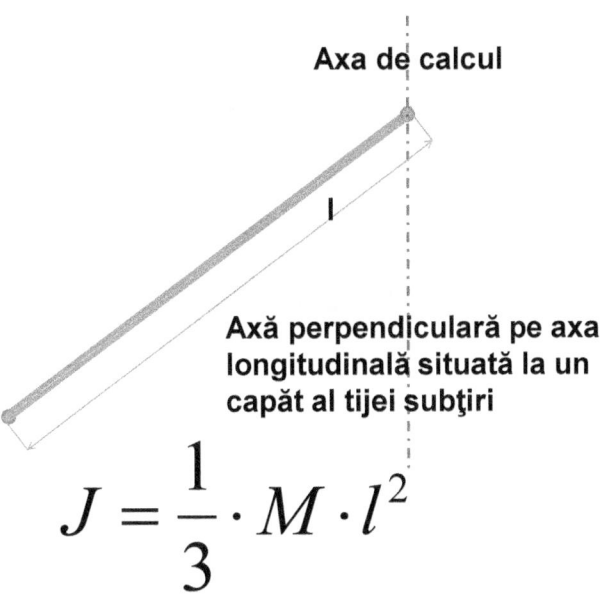

Axa de calcul

Axă perpendiculară pe axa longitudinală situată la un capăt al tijei subţiri

$$J = \frac{1}{3} \cdot M \cdot l^2$$

Fig. 9. *Momentul de inerţie masic la o tijă subţire, determinat în jurul unei axe situată în unul din capetele tijei perpendicular pe axa longitudinală a tijei*

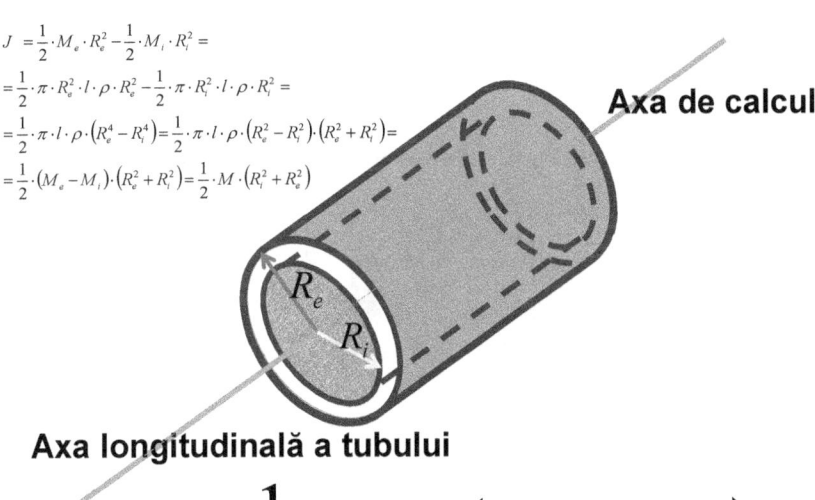

$$J = \frac{1}{2} \cdot M_e \cdot R_e^2 - \frac{1}{2} \cdot M_i \cdot R_i^2 =$$

$$= \frac{1}{2} \cdot \pi \cdot R_e^2 \cdot l \cdot \rho \cdot R_e^2 - \frac{1}{2} \cdot \pi \cdot R_i^2 \cdot l \cdot \rho \cdot R_i^2 =$$

$$= \frac{1}{2} \cdot \pi \cdot l \cdot \rho \cdot \left(R_e^4 - R_i^4\right) = \frac{1}{2} \cdot \pi \cdot l \cdot \rho \cdot \left(R_e^2 - R_i^2\right) \cdot \left(R_e^2 + R_i^2\right) =$$

$$= \frac{1}{2} \cdot \left(M_e - M_i\right) \cdot \left(R_e^2 + R_i^2\right) = \frac{1}{2} \cdot M \cdot \left(R_i^2 + R_e^2\right)$$

Axa de calcul

R_e

R_i

Axa longitudinală a tubului

$$J = \frac{1}{2} \cdot M \cdot \left(R_i^2 + R_e^2\right)$$

Fig. 10. *Momentul de inerţie masic la un tub (sau ţeavă, sau coroană circulară), determinat în jurul axei longitudinale*

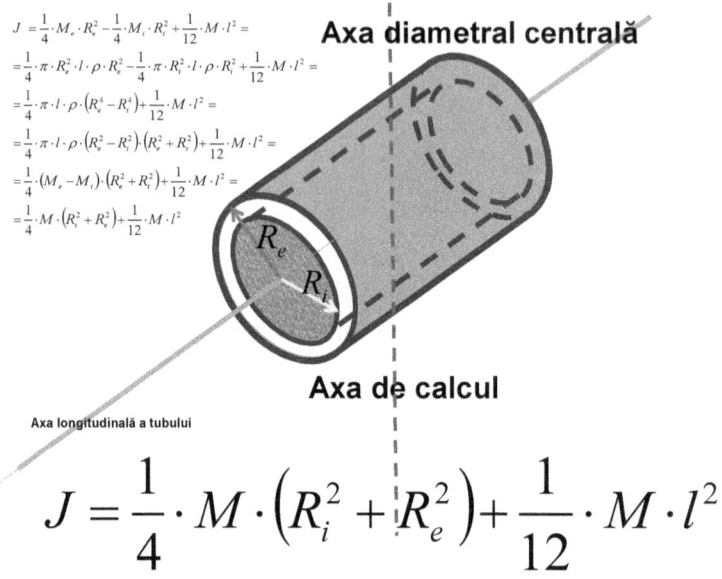

$$J = \frac{1}{4} \cdot M_e \cdot R_e^2 - \frac{1}{4} \cdot M_i \cdot R_i^2 + \frac{1}{12} \cdot M \cdot l^2 =$$

$$= \frac{1}{4} \cdot \pi \cdot R_e^2 \cdot l \cdot \rho \cdot R_e^2 - \frac{1}{4} \cdot \pi \cdot R_i^2 \cdot l \cdot \rho \cdot R_i^2 + \frac{1}{12} \cdot M \cdot l^2 =$$

$$= \frac{1}{4} \cdot \pi \cdot l \cdot \rho \cdot \left(R_e^4 - R_i^4\right) + \frac{1}{12} \cdot M \cdot l^2 =$$

$$= \frac{1}{4} \cdot \pi \cdot l \cdot \rho \cdot \left(R_e^2 - R_i^2\right) \cdot \left(R_e^2 + R_i^2\right) + \frac{1}{12} \cdot M \cdot l^2 =$$

$$= \frac{1}{4} \cdot \left(M_e - M_i\right) \cdot \left(R_e^2 + R_i^2\right) + \frac{1}{12} \cdot M \cdot l^2 =$$

$$= \frac{1}{4} \cdot M \cdot \left(R_i^2 + R_e^2\right) + \frac{1}{12} \cdot M \cdot l^2$$

Axa diametral centrală

Axa de calcul

Axa longitudinală a tubului

$$J = \frac{1}{4} \cdot M \cdot \left(R_i^2 + R_e^2\right) + \frac{1}{12} \cdot M \cdot l^2$$

Fig. 11. *Momentul de inerţie masic la un tub (sau ţeavă, sau coroană circulară), determinat în jurul axei diametral centrale*

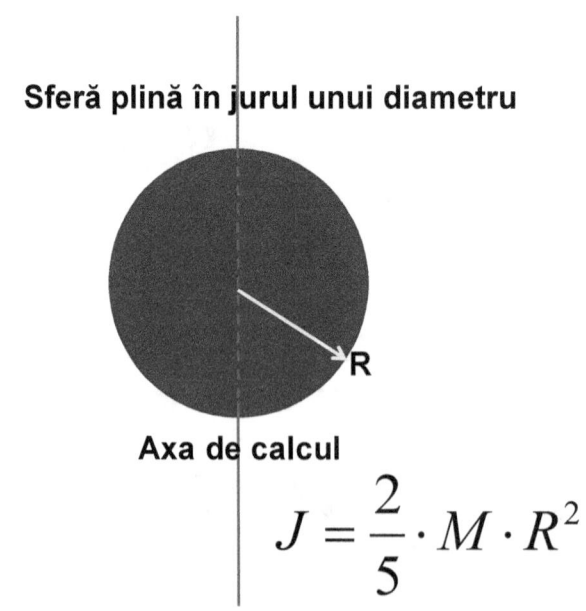

Sferă plină în jurul unui diametru

Axa de calcul

$$J = \frac{2}{5} \cdot M \cdot R^2$$

Fig. 12. *Momentul de inerţie masic la o sferă plină, determinat în jurul unui diametru*

244

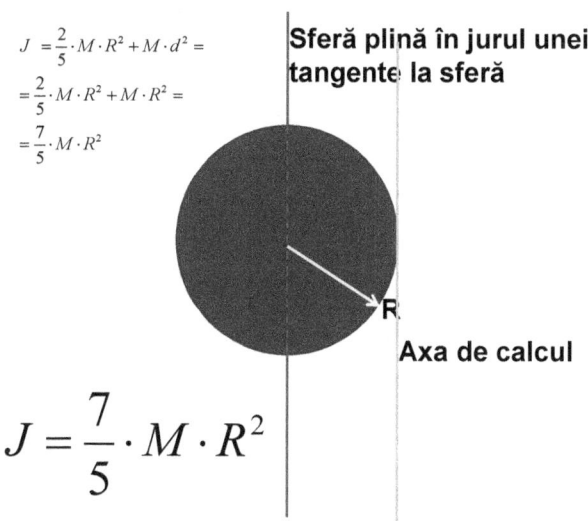

$$J = \frac{2}{5} \cdot M \cdot R^2 + M \cdot d^2 =$$

$$= \frac{2}{5} \cdot M \cdot R^2 + M \cdot R^2 =$$

$$= \frac{7}{5} \cdot M \cdot R^2$$

Sferă plină în jurul unei tangente la sferă

Axa de calcul

$$J = \frac{7}{5} \cdot M \cdot R^2$$

Fig. 13. *Momentul de inerţie masic la o sferă plină, determinat în jurul unei axe tangente la sferă*

1. DETERMINAREA MOMENTULUI DE INERŢIE MASIC AL VOLANTULUI (J_v)

Mersul uniform al unei maşini este caracterizat prin gradul de neuniformitate (neregularitate) δ, definit de relaţia (1):

$$\delta = \frac{\omega_{max} - \omega_{min}}{\omega_{med}} \qquad (1)$$

Viteza unghiulară medie se exprimă prin relaţia (2).

$$\omega_{med} = \frac{\omega_{max} + \omega_{min}}{2} \qquad (2)$$

Din relaţiile (1) şi (2) se pot explicita vitezele unghiulare maximă şi minimă (3).

$$\begin{cases} \omega_{max} = \omega_{med} \cdot \left(1 + \frac{\delta}{2}\right) \\ \\ \omega_{min} = \omega_{med} \cdot \left(1 - \frac{\delta}{2}\right) \end{cases} \qquad (3)$$

Relaţiile sistemului (3) se ridică la pătrat şi se obţine sistemul relaţional (4).

$$\begin{cases} \omega_{max}^2 = \omega_m^2 \cdot \left(1 + \dfrac{\delta}{2}\right)^2 = \omega_m^2 \cdot \left(1 + \dfrac{\delta^2}{4} + \delta\right) \\[4mm] \omega_{min}^2 = \omega_m^2 \cdot \left(1 - \dfrac{\delta}{2}\right)^2 = \omega_m^2 \cdot \left(1 + \dfrac{\delta^2}{4} - \delta\right) \end{cases} \tag{4}$$

Momentul de inerţie masic (al întregului mecanism) redus la manivelă (redus la elementul conducător) J^*, se compune în mod obijnuit dintr-un moment inerţial masic constant J_0, şi unul variabil J, la care se mai poate adăuga eventual şi un moment inerţial masic suplimentar J_v, al unui volant, care are rolul de a micşora gradul de neuniformitate al mecanismului şi implicit al maşinii (vezi relaţia 5). Cu cât creşte J_v cu atât mai mult scade δ.

$$J^* = J_0 + J_v + J \tag{5}$$

Din conservarea energiei totale pentru întregul mecanism (în general fiind vorba numai de energia cinetică, atâta timp cât nu se iau în considerare şi deformaţiile elastice, considerându-se doar mecanica de bază a solidului rigid), se pot scrie relaţiile (6).

$$\begin{cases} \dfrac{1}{2} \cdot J_m^* \cdot \omega_m^2 = \dfrac{1}{2} \cdot J_{max}^* \cdot \omega_{min}^2 = \dfrac{1}{2} \cdot J_{min}^* \cdot \omega_{max}^2 = \dfrac{1}{2} \cdot J^* \cdot \omega^2 \\[3mm] J_m^* \cdot \omega_m^2 = J_{max}^* \cdot \omega_{min}^2 = J_{min}^* \cdot \omega_{max}^2 = J^* \cdot \omega^2 \end{cases} \tag{6}$$

Din (6) reţinem pentru moment doar relaţia (7), care se dezvoltă conform expresiei (5) sub forma (8).

$$J_{max}^* \cdot \omega_{min}^2 = J_{min}^* \cdot \omega_{max}^2 \tag{7}$$

$$\left(J_0 + J_v + J_{max}\right) \cdot \omega_{min}^2 = \left(J_0 + J_v + J_{min}\right) \cdot \omega_{max}^2 \tag{8}$$

unde J_{max} şi J_{min} reprezintă maximul respectiv minimul lui J din expresia (5).

Se explicitează J_v din (8) şi se obţine expresia (9).

$$J_v = \frac{J_0 \cdot \left(\omega_{min}^2 - \omega_{max}^2\right) + J_{max} \cdot \omega_{min}^2 - J_{min} \cdot \omega_{max}^2}{\left(\omega_{max}^2 - \omega_{min}^2\right)} \tag{9}$$

Utilizând expresiile (4) relaţia (9) capătă forma (10).

$$J_v = -J_0 + \frac{J_{max} \cdot \left(1 - \frac{\delta}{2}\right)^2 - J_{min} \cdot \left(1 + \frac{\delta}{2}\right)^2}{\left(1 + \frac{\delta}{2}\right)^2 - \left(1 - \frac{\delta}{2}\right)^2} \tag{10}$$

Relaţia (10) se reduce la forma (11) prin prelucrarea numitorului, şi la forma (12) dacă prelucrăm şi numărătorul.

$$J_v = -J_0 + \frac{J_{max} \cdot \left(1 - \frac{\delta}{2}\right)^2 - J_{min} \cdot \left(1 + \frac{\delta}{2}\right)^2}{2 \cdot \delta} \tag{11}$$

$$J_v = -J_0 - J_m + \frac{J_{max} - J_{min}}{2} \cdot \left(\frac{1}{\delta} + \frac{\delta}{4}\right) \tag{12}$$

unde $J_m = \frac{J_{max} + J_{min}}{2}$, iar maximul şi minimul se găsesc prin anularea

derivatei lui J (scos din 5) în raport cu variabila φ .

Cunoscând δ maxim admis se calculează cu relaţia (12) momentul de inerţie masic minim necesar al volantului J_v .

2. DETERMINAREA VITEZELOR UNGHIULARE DINAMICE ALE MANIVELEI ÎN FUNCŢIE DE POZIŢIA MANIVELEI

Viteza unghiulară a manivelei (elementului conducător, sau de intrare), variabilă în funcţie de unghiul de poziţie φ , se găseşte pornind de la expresia (13) extrasă din relaţia (6).

$$J_m^* \cdot \omega_m^2 = J^* \cdot \omega^2 \tag{13}$$

Din relaţia (13) se explicitează ω cu formulele (15), J_m^* determinându-se în prealabil din expresia (14), iar J^* din relaţia (5). Viteza unghiulară medie este dată de turaţia nominală a arborelui conducător (relaţia 16). Se consideră doar regimul de lucru stabil al maşinii (fără fazele tranzitorii). Dacă mecanismul nu are volant atunci în mod evident se va lua $J_v = 0$.

$$J_m^* = J_0 + J_v + J_m = J_0 + J_v + \frac{J_{max} + J_{min}}{2} \qquad (14)$$

$$\begin{cases} \omega^2 = \dfrac{J_m^*}{J^*} \cdot \omega_m^2 \\[4mm] \omega = \sqrt{\dfrac{J_m^*}{J^*}} \cdot \omega_m \end{cases} \qquad (15)$$

$$\omega_m \equiv \omega_{med} \equiv \omega_n = 2 \cdot \pi \cdot v = 2\pi \cdot \frac{n}{60} = \frac{\pi}{30} \cdot n \qquad (16)$$

Observaţie. Vitezele unghiulare diferite ale manivelei pentru o turaţie dată, variază dinamic cu poziţia manivelei (în funcţie de unghiul φ), şi se determină prin diferite metode dinamice, cea mai corectă fiind această ultimă metodă.

Deci relaţiile (15) prezentate în cadrul acestui ultim paragraf, ne donează vitezele unghiulare corecte ale manivelei.

11. DINAMICA LA DISTRIBUȚIA CLASICĂ

Se determină pentru început momentul de inerție masic (mecanic) al mecanismului, redus la elementul de rotație, adică la camă (practic se utilizează conservarea energiei cinetice; sistemul 1).

$$
\begin{cases}
J_{cama} = \dfrac{1}{2} \cdot M_c \cdot R^2 \\[2mm]
R^2 = (R_0 + s)^2 + s'^2 \\[2mm]
J_{cama} = \dfrac{1}{2} \cdot M_c \cdot \left[(R_0 + s)^2 + s'^2 \right] \\[2mm]
J^* = \dfrac{1}{2} \cdot M_c \cdot \left[(R_0 + s)^2 + s'^2 \right] + m_T \cdot s'^2 \\[2mm]
J^* = \dfrac{1}{2} \cdot M_c \cdot R_0^2 + \dfrac{1}{2} \cdot M_c \cdot s^2 + M_c \cdot R_0 \cdot s + \dfrac{1}{2} \cdot M_c \cdot s'^2 + m_T \cdot s'^2 \\[2mm]
J^* = J_{constant} + J \\[2mm]
J \equiv J_{variabil} = \dfrac{1}{2} \cdot M_c \cdot s^2 + M_c \cdot R_0 \cdot s + \dfrac{1}{2} \cdot M_c \cdot s'^2 + m_T \cdot s'^2
\end{cases}
\tag{1}
$$

Momentul de inerție redus mediu se calculează cu relația (2).

$$
J_m^* = \frac{J_{min}^* + J_{max}^*}{2} = \frac{1}{2} \cdot M_c \cdot R_0^2 + \frac{J_{max}}{2}
\tag{2}
$$

Expresia (2) (practic J_{max}) depinde de tipul mecanismului camă-tachet, dar și de legea de mișcare utilizată atât la urcare cât și la coborâre.

Viteza unghiulară este o funcție de poziția camei (φ) dar și de turația ei (3); (a se vedea și capitolul 10).

$$
\omega^2 = \frac{J_m^* \cdot \omega_m^2}{J^*}
\tag{3}
$$

Pentru a putea determina ω^2 (cu relația 3) trebuie găsit J*, și mai exact J_{max}.

Și la distribuția clasică, pe care o tratează acest capitol, adică la cama rotativă (de rotație) cu tachet translant (de translație) plat (cu talpă), relația care-l determină pe J_{max} depinde și de legea de mișcare.

Vom porni simularea cu o lege de mișcare clasică, și anume legea *cosinus*oidală. La urcare legea cosinus se exprimă prin relațiile sistemului (4).

$$
\begin{cases}
s = \dfrac{h}{2} - \dfrac{h}{2} \cdot \cos\left(\pi \cdot \dfrac{\varphi}{\varphi_u} \right) \\[3mm]
s' \equiv v_r = \dfrac{\pi \cdot h}{2 \cdot \varphi_u} \cdot \sin\left(\pi \cdot \dfrac{\varphi}{\varphi_u} \right) \\[3mm]
s'' \equiv a_r = \dfrac{\pi^2 \cdot h}{2 \cdot \varphi_u^2} \cdot \cos\left(\pi \cdot \dfrac{\varphi}{\varphi_u} \right) \\[3mm]
s''' \equiv \alpha_r = -\dfrac{\pi^3 \cdot h}{2 \cdot \varphi_u^3} \cdot \sin\left(\pi \cdot \dfrac{\varphi}{\varphi_u} \right)
\end{cases}
\tag{4}
$$

Unde φ variază (ia valori) de la 0 la φ_u. J_{max} se produce pentru $\varphi = \varphi_u/2$.

$$
J_{max} = M_c \cdot \left[\frac{h^2}{8} + R_0 \cdot \frac{h}{2} + \frac{1}{8} \cdot \frac{\pi^2 \cdot h^2}{\varphi_u^2} \right] + m_T \cdot \frac{\pi^2 \cdot h^2}{4 \cdot \varphi_u^2}
\tag{5}
$$

Expresia (3) capătă acum forma (6).

$$
\begin{cases}
\omega^2 = \omega_m^2 \cdot \dfrac{A}{B} \\[3mm]
A = M_c \cdot R_0^2 + M_c \cdot \dfrac{h^2}{8} + \dfrac{1}{2} \cdot M_c \cdot R_0 \cdot h + \\[3mm]
\quad + \dfrac{1}{8} \cdot M_c \cdot \dfrac{\pi^2 \cdot h^2}{\varphi_u^2} + \dfrac{1}{4} \cdot m_T \cdot \dfrac{\pi^2 \cdot h^2}{\varphi_u^2} \\[3mm]
B = M_c \cdot R_0^2 + M_c \cdot s^2 + 2 \cdot M_c \cdot R_0 \cdot s + M_c \cdot s'^2 + 2 \cdot m_T \cdot s'^2 \\[3mm]
\omega = \omega_m \cdot \sqrt{\dfrac{A}{B}}
\end{cases}
\tag{6}
$$

Unde ω_m reprezintă viteza medie nominală a camei și se exprimă la mecanismele de distribuție în funcție de turația arborelui motor (7).

250

$$\omega_m = 2 \cdot \pi \cdot v_c = 2 \cdot \pi \cdot \frac{n_c}{60} = \frac{2 \cdot \pi}{60} \cdot \frac{n_{motor}}{2} = \frac{\pi \cdot n}{60} \qquad (7)$$

Derivând formula (6), în funcţie de timp, se obţine expresia acceleraţiei unghiulare (8).

$$\varepsilon = -\omega^2 \cdot \frac{\left(M_c \cdot s + M_c \cdot R_0 + M_c \cdot s'' + 2 \cdot m_T \cdot s''\right) \cdot s'}{B} \qquad (8)$$

Pentru un mecanism clasic cu camă şi tachet (fără supapă) deplasarea dinamică a tachetului se exprimă cu relaţia (9) care a fost prezentată şi dedusă în cadrul capitolului 9 (relaţia 134), iar acum se va particulariza prin anularea masei supapei, ajungând la forma de mai jos (9).

$$x = s - \frac{(K+k) \cdot m_T \cdot \omega^2 \cdot s'^2 + (k^2 + 2k \cdot K) \cdot s^2 + 2k \cdot x_0 \cdot (K+k) \cdot s}{2 \cdot (K+k)^2 \cdot \left(s + \dfrac{k \cdot x_0}{K+k}\right)} \qquad (9)$$

Unde x reprezintă deplasarea dinamică a tachetului, în vreme ce s este deplasarea sa normală (cinematică). K este constanta elastică a sistemului, iar k reprezintă constanta elastică a resortului care ţine tachetul. S-a notat cu x_0 pretensionarea (prestrângerea) resortului tachetului, cu m_T masa tachetului, cu ω viteza unghiulară a camei (sau a arborelui cu came), s' fiind prima derivată în funcţie de φ a deplasării tachetului s. Derivând de două ori, succesiv, expresia (9) în raport cu unghiul φ, se obţin viteza redusă (relaţia 10) şi respectiv acceleraţia redusă a tachetului (11).

$$\begin{cases} N = (K+k) \cdot m_T \cdot \omega^2 \cdot s'^2 + (k^2 + 2k \cdot K) \cdot s^2 + 2k \cdot x_0 \cdot (K+k) \cdot s \\[2mm] M = \left[(K+k)m_T\omega^2 \cdot 2s's'' + \left(k^2 + 2kK\right) \cdot 2ss' + 2kx_0(K+k) \cdot s'\right] \cdot \\[2mm] \qquad \cdot \left(s + \dfrac{kx_0}{K+k}\right) - N \cdot s' \\[4mm] x' = s' - \dfrac{M}{2 \cdot (K+k)^2 \cdot \left(s + \dfrac{kx_0}{K+k}\right)^2} \end{cases} \qquad (10)$$

$$\begin{cases} N = (K+k) \cdot m_T \cdot \omega^2 \cdot s'^2 + (k^2 + 2k \cdot K) \cdot s^2 + 2k \cdot x_0 \cdot (K+k) \cdot s \\[2em] M = \left[(K+k)m_T\omega^2 \cdot 2s's'' + (k^2 + 2kK) \cdot 2ss' + 2kx_0(K+k) \cdot s' \right] \cdot \\ \quad \cdot \left(s + \dfrac{kx_0}{K+k} \right) - N \cdot s' \\[2em] O = (K+k) \cdot m_T \cdot \omega^2 \cdot 2 \cdot \left(s''^2 + s' \cdot s''' \right) + \\ \quad + \left(k^2 + 2 \cdot k \cdot K \right) \cdot 2 \cdot \left(s'^2 + s \cdot s'' \right) + 2 \cdot k \cdot x_0 \cdot (K+k) \cdot s'' \\[2em] x'' = s'' - \dfrac{\left[O \cdot \left(s + \dfrac{kx_0}{K+k} \right) - N \cdot s'' \right] \cdot \left(s + \dfrac{kx_0}{K+k} \right) - M \cdot 2 \cdot s'}{2 \cdot (K+k)^2 \cdot \left(s + \dfrac{kx_0}{K+k} \right)^3} \end{cases} \qquad (11)$$

În continuare se poate determina direct accelerația reală (dinamică) a tachetului utilizând relația (12).

$$\ddot{x} = x'' \cdot \omega^2 + x' \cdot \varepsilon \qquad (12)$$

252

12. SINTEZA DINAMICA LA CAMA ROTATIVĂ CU TACHET TRANSLANT CU ROLĂ

Cama rotativă cu tachet de translație cu rolă sau bilă, se sintetizează dinamic urmărind relațiile viitoare și figura de mai jos.

Se determină pentru început momentul de inerție masic (mecanic) al mecanismului, redus la elementul de rotație, adică la camă (practic se utilizează conservarea energiei cinetice; sistemul 1).

S-a considerat pentru legea de mișcare a tachetului varianta clasică deja utilizată a legii cosinusoidale (atât pentru urcare cât și pentru coborâre).

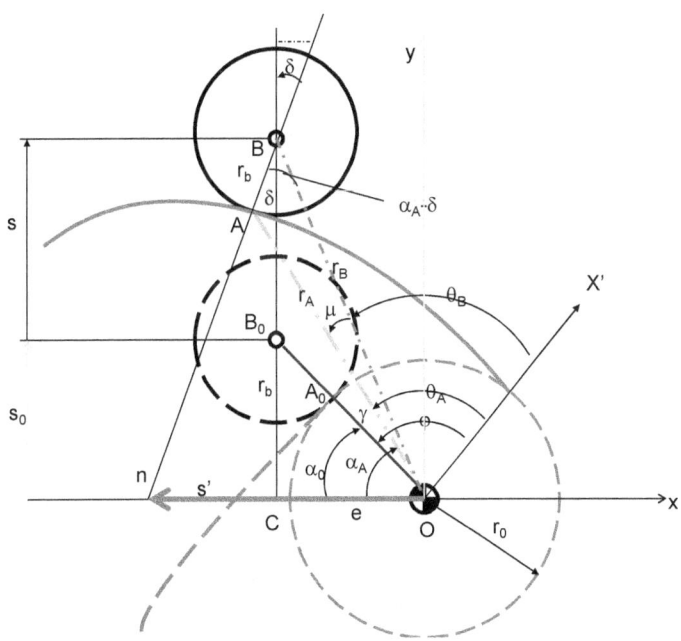

$$
\begin{cases}
J_{cama} = \frac{1}{2} \cdot M_c \cdot R^2 \\[4pt]
R^2 \equiv r_A^2 = x_A^2 + y_A^2 = e^2 + r_b^2 \cdot \sin^2 \delta + 2 \cdot e \cdot r_b \cdot \sin \delta + \\[2pt]
\quad + (s_0 + s)^2 + r_b^2 \cdot \cos^2 \delta - 2 \cdot r_b \cdot (s_0 + s) \cdot \cos \delta \\[4pt]
r_A^2 = e^2 + r_b^2 + (s_0 + s)^2 + 2 \cdot r_b \cdot [e \cdot \sin \delta - (s_0 + s) \cdot \cos \delta] \\[4pt]
r_A^2 = e^2 + r_b^2 + (s_0 + s)^2 + 2 \cdot r_b \cdot e \cdot \dfrac{s' - e}{\sqrt{(s_0 + s)^2 + (s' - e)^2}} - \\[10pt]
\quad - 2 \cdot r_b \cdot (s_0 + s) \cdot \dfrac{(s_0 + s)}{\sqrt{(s_0 + s)^2 + (s' - e)^2}} \\[10pt]
r_A^2 = e^2 + r_b^2 + (s_0 + s)^2 - \dfrac{2 \cdot r_b \cdot (s_0 + s)^2}{\sqrt{(s_0 + s)^2 + (s' - e)^2}} + \\[10pt]
\quad + \dfrac{2 \cdot r_b \cdot e \cdot (s' - e)}{\sqrt{(s_0 + s)^2 + (s' - e)^2}} \\[10pt]
J_m^* = \frac{1}{2} \cdot M_c \cdot (r_0^2 + r_b^2 + r_0 \cdot r_b) + \frac{1}{4} \cdot M_c \cdot s_0 \cdot h + \frac{1}{16} \cdot M_c \cdot h^2 + \\[10pt]
\quad + \frac{1}{2} \cdot M_c \cdot r_b \cdot \dfrac{e \cdot \dfrac{\pi \cdot h}{2 \cdot \varphi_0} - e^2 - \left(s_0 + \dfrac{h}{2}\right)^2}{\sqrt{\left(s_0 + \dfrac{h}{2}\right)^2 + \left(\dfrac{\pi \cdot h}{2 \cdot \varphi_0} - e\right)^2}} + \dfrac{m_T \cdot \pi^2 \cdot h^2}{8 \cdot \varphi_0^2} \\[14pt]
J^* = \frac{1}{2} \cdot M_c \cdot (2 \cdot r_b^2 + r_0^2 + 2 \cdot r_0 \cdot r_b) + M_c \cdot s_0 \cdot s + \frac{1}{2} \cdot M_c \cdot s^2 + \\[10pt]
\quad + M_c \cdot r_b \cdot \dfrac{e \cdot s' - e^2 - (s_0 + s)^2}{\sqrt{(s_0 + s)^2 + (s' - e)^2}} + m_T \cdot s'^2
\end{cases}
\tag{1}
$$

Viteza unghiulară este o funcție de poziția camei (φ) dar și de turația ei (2); (a se vedea și capitolul 10). Unde ω_m reprezintă viteza medie nominală a camei și se exprimă la mecanismele de distribuție în funcție de turația arborelui motor (3).

$$
\omega^2 = \frac{J_m^*}{J^*} \cdot \omega_m^2 \quad (2) \qquad \omega_m = 2 \cdot \pi \cdot v_c = 2 \cdot \pi \cdot \frac{n_c}{60} = \frac{2 \cdot \pi}{60} \cdot \frac{n_{motor}}{2} = \frac{\pi \cdot n}{60} \tag{3}
$$

Vom porni simularea cu o lege de mișcare clasică, și anume legea *cosinus*oidală. La urcare legea cosinus se exprimă prin relațiile sistemului (4).

$$
\begin{cases}
s = \dfrac{h}{2} - \dfrac{h}{2} \cdot \cos\left(\pi \cdot \dfrac{\varphi}{\varphi_u}\right) \\[3mm]
s' \equiv v_r = \dfrac{\pi \cdot h}{2 \cdot \varphi_u} \cdot \sin\left(\pi \cdot \dfrac{\varphi}{\varphi_u}\right) \\[3mm]
s'' \equiv a_r = \dfrac{\pi^2 \cdot h}{2 \cdot \varphi_u^2} \cdot \cos\left(\pi \cdot \dfrac{\varphi}{\varphi_u}\right) \\[3mm]
s''' \equiv \alpha_r = -\dfrac{\pi^3 \cdot h}{2 \cdot \varphi_u^3} \cdot \sin\left(\pi \cdot \dfrac{\varphi}{\varphi_u}\right)
\end{cases} \qquad (4)
$$

Unde φ variază (ia valori) de la 0 la φ_u. J_{max} se produce pentru $\varphi = \varphi_u/2$.

Cu relația (5) se exprimă prima derivată a momentului de inerție mecanic redus. Acesta este necesar determinării accelerației unghiulare (6).

$$
\begin{aligned}
J^{*'} = &\, M_c \cdot s_0 \cdot s' + M_c \cdot s \cdot s' + 2 \cdot m_T \cdot s' \cdot s'' + \\[2mm]
&+ M_c \cdot r_b \cdot \frac{\left[e \cdot s'' - 2 \cdot (s_0 + s) \cdot s'\right] \cdot \left[(s_0 + s)^2 + (s'-e)^2\right]}{\left[(s_0 + s)^2 + (s'-e)^2\right]^{3/2}} - \\[2mm]
&- M_c \cdot r_b \cdot \frac{\left[e \cdot s' - e^2 - (s_0 + s)^2\right] \cdot \left[(s_0 + s) \cdot s' + (s'-e) \cdot s''\right]}{\left[(s_0 + s)^2 + (s'-e)^2\right]^{3/2}}
\end{aligned} \qquad (5)
$$

Derivând formula (2), în funcție de timp, se obține expresia accelerației unghiulare (6).

$$
\varepsilon = -\frac{\omega^2}{2} \cdot \frac{J^{*'}}{J^*} \qquad (6)
$$

Relațiile (2) și (6) utilizate și la capitolul anterior au un caracter general, și reprezintă practic două ecuații de mișcare originale extrem de importante pentru mecanică și mecanisme.

Pentru un mecanism cu camă de rotație și tachet (fără supapă) de translație cu rolă sau bilă, deplasarea dinamică a tachetului se exprimă cu relația (7) care a fost prezentată și dedusă în cadrul capitolului 9 (relația 134), iar acum se va particulariza prin anularea masei supapei, ajungând la forma de mai jos (7).

$$
x = s - \frac{(K+k) \cdot m_T \cdot \omega^2 \cdot s'^2 + (k^2 + 2k \cdot K) \cdot s^2 + 2k \cdot x_0 \cdot (K+k) \cdot s}{2 \cdot (K+k)^2 \cdot \left(s + \dfrac{k \cdot x_0}{K+k}\right)} \qquad (7)
$$

Unde x reprezintă deplasarea dinamică a tachetului, în vreme ce s este deplasarea sa normală (cinematică). K este constanta elastică a sistemului, iar k reprezintă constanta elastică a resortului care ține tachetul. S-a notat cu x_0 pretensionarea (prestrângerea) resortului tachetului, cu m_T masa tachetului, cu ω viteza unghiulară a camei (sau a arborelui cu came), s' fiind prima derivată în funcție de φ a deplasării tachetului s. Derivând de două ori, succesiv, expresia (7) în raport cu unghiul φ, se obțin viteza redusă (relația 8) și respectiv accelerația redusă a tachetului (9).

$$
\begin{cases}
N = (K+k)\cdot m_T \cdot \omega^2 \cdot s'^2 + (k^2 + 2k\cdot K)\cdot s^2 + 2k\cdot x_0 \cdot (K+k)\cdot s \\[2mm]
M = \left[(K+k)m_T\omega^2 \cdot 2s's'' + \left(k^2 + 2kK\right)\cdot 2ss' + 2kx_0\left(K+k\right)\cdot s'\right]\cdot \\[2mm]
\cdot\left(s+\dfrac{kx_0}{K+k}\right) - N\cdot s' \\[4mm]
x' = s' - \dfrac{M}{2\cdot (K+k)^2 \cdot\left(s+\dfrac{kx_0}{K+k}\right)^2}
\end{cases}
\tag{8}
$$

$$
\begin{cases}
N = (K+k)\cdot m_T \cdot \omega^2 \cdot s'^2 + (k^2 + 2k\cdot K)\cdot s^2 + 2k\cdot x_0 \cdot (K+k)\cdot s \\[3mm]
M = \left[(K+k)m_T\omega^2 \cdot 2s's'' + \left(k^2 + 2kK\right)\cdot 2ss' + 2kx_0\left(K+k\right)\cdot s'\right]\cdot \\[2mm]
\cdot\left(s+\dfrac{kx_0}{K+k}\right) - N\cdot s' \\[4mm]
O = (K+k)\cdot m_T \cdot \omega^2 \cdot 2\cdot\left(s''^2 + s'\cdot s'''\right) + \\[2mm]
+\left(k^2 + 2\cdot k\cdot K\right)\cdot 2\cdot\left(s'^2 + s\cdot s''\right) + 2\cdot k\cdot x_0 \cdot (K+k)\cdot s'' \\[4mm]
x'' = s'' - \dfrac{\left[O\cdot\left(s+\dfrac{kx_0}{K+k}\right) - N\cdot s''\right]\cdot\left(s+\dfrac{kx_0}{K+k}\right) - M\cdot 2\cdot s'}{2\cdot (K+k)^2 \cdot\left(s+\dfrac{kx_0}{K+k}\right)^3}
\end{cases}
\tag{9}
$$

În continuare se poate determina direct accelerația reală (dinamică) a tachetului utilizând relația (10).

$$
\ddot{x} = x''\cdot\omega^2 + x'\cdot\varepsilon
\tag{10}
$$

Bibliografie

1. ANTONESCU P., *Mecanisme - Calculul structural si cinematic*. I.P.B., Bucuresti, 1979.

2. ANTONESCU P., *Cinetostatica si dinamica mecanismelor*. I.P.B.,Bucuresti, 1980.

3. ANTONESCU P., *Sinteza mecanismelor*. I.P.B.,Bucuresti, 1983.

4. ANTONESCU P., COMANESCU A.,GRECU B., *Indrumar de proiect la mecanisme. Partea a I-a*, I.P.B., Bucuresti, 1987.

5. ALEXANDRU P., DUTA FL.,JULA A., *Mecanismele directiei autovehiculelor*. Editura tehnică, Bucuresti, 1977.

6. ARTOBOLEVSKI I., *Teoria mehanizov*, Izd. Nauka, Moskva, 1965.

7. ANTONESCU P., DRANGA M., TEMPEA I., *Asigurarea preciziei cinematice a preselor de vulcanizat camere de aer*. In revista Constructia de masini, nr.8., Bucuresti, 1978.

8. ATANASIU M., *Mecanica*. Ed. Did. Ped., Bucuresti, 1973.

9. ATTILA H., DRAGULESCU D., *Probleme de mecanică - dinamică*. Editura Helicon, Timisoara, 1993.

10. ANTONESCU P., *Sinteza mecanismului cu camă rotativă si tachet translant*. In al V-lea Simpozion national de mecanisme si transmisii mecanice, Cluj-Napoca, 20-22 octombrie 1988.

11. ANTONESCU P., PETRESCU FL., *Metodă analitică de sinteză a mecanismului cu camă si tachet plat*. In al IV-lea Simpozion international de teoria si practica mecanismelor, Vol. III-1., Bucuresti, iulie 1985.

12. ANTONESCU P., OPREAN M., PETRESCU FL., *Contributii la sinteza mecanismului cu camă oscilantă si tachet plat oscilant*. In al IV-lea Simpozion international de teoria si practica mecanismelor, Vol. III-1., Bucuresti, iulie 1985.

13. ANTONESCU P., OPREAN M., PETRESCU FL., *La projection de la came oscillante chez les mechanismes a distribution variable*. In a V-a Conferintă de motoare, automobile, tractoare si masini agricole, Vol. I-motoare si automobile, Brasov, noiembrie 1985.

14. ANTONESCU P., OPREAN M., PETRESCU FL., *Proiectarea profilului Kurz al camei rotative ce actionează tachetul plat oscilant cu dezaxare*. In al III-lea Siopozion national de proiectare asistată de calculator în domeniul mecanismelor si organelor de masini-PRASIC'86, Brasov, decembrie 1986.

15. ANTONESCU P., OPREAN M., PETRESCU FL., *Analiza dinamică a mecanismelor de distributie cu came*. In al VII-lea Simpozion national de roboti industriali si mecanisme spatiale, Vol. 3., Bucuresti, octombrie 1987.

16. ANTONESCU P., OPREAN M., PETRESCU FL., *Sinteza analitică a profilului Kurz, la cama cu tachet plat rotativ*. In revista Constructia de masini, nr. 2., Bucuresti, 1988.

17. ANTONESCU P., PETRESCU FL., *Contributii la analiza cinetoelastodinamică a mecanismelor de distributie*. In SYROM'89, Bucuresti, iulie 1989.

18. ANTONESCU P., PETRESCU FL., ANTONESCU O., *Contributii la sinteza mecanismului cu camă rotativă si tachet balansier cu vârf*. In PRASIC'94, Brasov, decembrie 1994.

19. AUTORENKOLLEKTIV (J. VOLMER COORDONATOR), *Getriebetechnik-VEB*, Verlag technik, pp. 345-390, Berlin, 1968.

20. ANGELAS J., LOPEZ-CAJUN C., *Optimal synthesis of cam mechanisms with oscillating flat-face followers*. Mechanism and Machine Theory 23,(1988), Nr. 1., pp. 1-6., 1988.

21. ARAMA C., SERBANESCU A., *Economia de combustibil la automobile*. Editura tehnică, Bucuresti, 1974.

22. ALLAIS D.C., *Cycloidal vs modified trapezoid cams*. Machine Design 35(3), 31 Jan. 1963, pp. 92-96.

23. ANDERSON D.G., *Cam dynamics*. Prod. Engineering, 24(10), 1953, pp. 170-176.

24. ASTROP A.W., *Automatic high-speed inspection of variable pitch cams for zoom lenses*. Machinery (London), 1967, 110(2849), pp. 1360-1364.

25. AOYAGI Y., s.a., Hino Motors, Ltd. Japan, *Swirl Formation Process in Four Valve Diesel Engines*. (945011), In XXV FISITA Congres, 17-21 October 1994, Beijing, pp. 99-105.

26. ANTONESCU P., sa., *Contributions to the synthesis of the oscillating cam profile in the variable distribution mechanisms,* Eighth World Congress on TMM, Praga, vol. 5, 1991.

27. ANTONESCU P., PETRESCU FL., ANTONESCU D., *Geometrical synthesis of the rotary cam and balance tappet mechanism*. SYROM'97, Vol. 3, pp. 23, Bucuresti, august 1997.

28. ANTONESCU P., *Mecanisme şi Manipulatoare, aplicaţii-teme de proiect*, Printech, Buc., 2000.

29. ANTONESCU, P., PETRESCU, F., ANTONESCU, O. *Contributions to the Synthesis of The Rotary Disc-Cam Profile,* In VIII-th International Conference on the Theory of Machines and Mechanisms, Liberec, Czech Republic, pp. 51-56, 2000.

30. ANTONESCU, P., PETRESCU, F., ANTONESCU, O., *Synthesis of the Rotary Cam Profile with Balance Follower,* In the 8-th Symposium on Mechanisms and Mechanical Transmissions, Timişoara, Vol. 1, pp. 39-44, 2000.

31. ANTONESCU, P., PETRESCU, F., ANTONESCU, O. *Contributions to the synthesis of mechanisms with rotary disc-cam.* In The Eigth IFToMM International Symposium on Theory of Machines and Mechanisms, SYROM'2001, Bucharest, ROMANIA, 2001, Vol. III, p. 31-36.

32. ANTONESCU P., OCNARESCU C., ANTONESCU O., *Mecanisme şi Manipulatoare-îndrumar de laborator,* Ed. Printech, Bucuresti, 2002.

33. ANTONESCU P., *Sinteza unitară geometro-cinematică a profilului camei-disc rotative,* Rev. Mecanisme şi Manipulatoare, I, 2, 2002.

34. ANTONESCU P., sa., *Geometric and Kinematic Synthesis of Mechanisms with Rotary Disc-Cam*, Proceedings of the 11th World Congress in Mechanism and Machine Science, Tianjin, 2003.

35. ANTONESCU P., *Mecanisme,* Printech, Bucuresti, 2003.

36. ANTONESCU P., *Mechanism and Machine Science*, Printech Press, Bucharest, Romania, 2005.

37. ANTONESCU P., ANTONESCU O., *Aplicaţii de mecanică tehnică, mecanisme şi manipulatoare,* Printech, 2007.

38. BUZDUGAN GH., *Teoria vibratiilor si aplicatiile ei în constructia de masini*. Editura tehnică, Bucuresti, 1958.

39. BUZDUGAN GH., *Rezistenta materialelor*. Editura didactică si pedagogică, Bucuresti, 1964.

40. BOGDAN R., LARIONESCU D., CONONOVICI S., *Sinteza mecanismelor plane articulate*. Editura Academiei R.S.R., Bucuresti, 1977.

41. BOGDAN R., LARIONESCU D., *Analiza armonică complexă si mecano-electrică a mecanismelor plane*. Editura Academiei R.S.R., Bucuresti, 1968.

42. BALAN ST., *Probleme de mecanică*. Editura didactică si pedagogică, Bucuresti, 1977.

43. BUZDUGAN GH., FETCU L., RADES M., *Vibratii mecanice*. Editura didactică si pedagogică, Bucuresti, 1979.

44. BUZDUGAN GH., MIHAILESCU E., RADES M., *Măsurarea vibratiilor*. Editura Academiei R.S.R., Bucuresti, 1979.

45. BOBANCU S., *Consideratii cinetoelastice asupra variabilei "excentricitate" a mecanismelor plane cu camă având tachet oscilant plat*. In al IV-lea Simpozion international de teoria si practica mecanismelor, Vol. III-1., Bucuresti, iulie 1985.

46. BARSAN A., *Algoritm de sinteză asistată de calculator, a mecanismelor plane cu camă de rotatie si tachet plat*. In al VII-lea Simpozion national de roboti industriali si mecanisme spatiale. Vol. 3., Bucuresti, octombrie 1987.

47. BARSAN A., *Algoritm de sinteză asistată de calculator a mecanismelor cu camă cilindrică*. In al VII-lea Simpozion national de roboti industriali si mecanisme spatiale. Vol. 3., Bucuresti, octombrie 1987.

48. BOGDAN R., S.A., *Algoritm si program pentru analiza cinematică si dinamică a mecanismelor diferentiale complexe*. In al VII-lea Simpozion national de roboti industriali si mecanisme spatiale. Vol. 3., Bucuresti, octombrie 1987.

49. BUGAEVSKI E., *Contributii la studiul cinematic si dinamic al mecanismelor cu trenuri diferentiale*. Teză de doctorat, I.P.B., 1971.

50. BOIANGIU D., s.a., *Elemente elastice ale masinilor*. Editura tehnică, Bucuresti, 1967.

51. BUZDUGAN GH., *Izolarea antivibratorie a masinilor*. Editura Academiei R.S.R., Bucuresti, 1980.

52. BLOOM D., and RADCLIFFE C.W., *The effect of camshaft elasticity on the response of cam driven systems*, ASME paper 64-mech 41.

53. BARTON P., REESJONES J., *The dynamic effects of functional clearance and motor characteristics on the performance of a Geneva mechanism*. IFTOMM International Symp. on Linkages and Computer Design Methods, Bucharest, 1973.

54. BARABYI J.S., *Cams, dynamics and design*. Design News, 1969, 24, pp. 108.

55. BARKAN P., *Calculation of high-speed valve motion with flexible overhead linkage*. Trans. SAE, 1953, 61,pp. 687-700.

56. BEARD C.A., *Problems în valve gear design and instrumentation*. SAE Technical Progress Series, 1963, pp. 58-84.

57. BEARD C.A., *Cam mechanism design problems-an engine designer's view point*. In, Cams and cam mechanisms, Edited by J. REES JONES, MEP, London and Birmingham, Alabama, 1974, pp.49-53.

58. BARKAN P., s.a., *A spring-actuated, cam follower system; Design theory and experimental result*. Journal Engineering, Trans. ASME, 1965,(87 B), pp. 279-286.

59. BAUMGARTEN J.R., *Preload force necessary to prevent separation of follower from cam*. Trans. 7 th. Conf. on Mech., Purdue University, 1962.

60. BENEDICT C.A., s.a., *Dynamic responses of a mechanical system containing a coulomb friction force*. The 3 rd. Appl. Mech. Conf. Paper, Nr. 44., Oklahoma State University, 1973.

61. BAXTER M.L., *Qurvature-acceleration relation for plane cams*. Trans. ASME 70,1948, pp.483-489.

62. BISHOP J.L.H., *An analytical approach to automobile valve gear design*. Inst. of Mech. Engrs. Auto-Division Proc. 4, 1950-51, pp. 150-160.

63. BUHAYAR E.S., *Computerized cam design and plate cam manufacture*. Paper Nr. 66-MECH-2, ASME Mechanisms Conference, Lafayette, Ind., Oct. 1966.

64. BARBULESCU N., *Bazele fizice ale relativitătii Einsteiniene*. In E.S.E., Bucuresti, 1979.

65. BACKLUND O., s.a., *Volvo's MEP and PCP Engines: Combining Environmental Benefit with High Performance*. In Fifth Autotechnologies Conference Proceedings, SAE, (910010), pp. 238.

66. CHIRIACESCU S., *Proiectarea automată a camelor folosite la masina de ascutit pânze de fierăstrău*. In al IV-lea Simpozion international de teoria si practica mecanismelor, Vol. III-1., Bucuresti, iulie 1985.

67. CIONCA O., *Studiul mecanismelor camă-tachet ca sisteme oscilante autoexcitante*. In al IV-lea SYROM'85, Vol. III-1., Bucuresti, iulie 1985.

68. COMANESCU D., COMANESCU A.,S.A., *Sinteza profilelor zonelor de contact ale elementelor cinematice din mecanismele perforatoarelor de bandă*. In al IV-lea SYROM'85, Vol. III-1., Bucuresti, iulie 1985.

69. COMANESCU A., COMANESCU D., *Aplicarea sistemelor modulare de calcul cinetodinamic la instruirea si comanda mecanismelor multimobile*. In al VII-lea Simpozion national de roboti industriali si mecanisme spatiale, Vol. 3., Bucuresti, octombrie 1987.

70. CONSTANTINESCU G., *Teoria sonicitătii*. Ed. Academiei R.S.R., Bucuresti, 1985.

71. CRUDU M., *Contributii la studiul mecanismelor cu conexiuni dinamice*. Teză de doctorat, I.P.B., 1971.

72. CECCARELLI M., GARCIA-LOMAS J., *On the dynamics of two-link manipulators*. Al VI-lea SYROM, Vol. II.,Bucuresti, iunie 1993.

73. CHEN F.Y., *Kinematic synthesis of cam profiles for prescribed acceleration by a finite integration method*. Trans. ASME, J. Engng., 1973, Ind. 95B, pp. 519-524.

74. CHURCHILL F.T. and HANSEN R.S., *Theory of envelopes provide new cam-design equations. J. Engng.*, 1962, 35, pp. 45-55.

75. CROSSLEY F.R.E., *How to modify positioning cams*. Machine Design, 1960, pp. 121-126.

76. CRUTCHER D.E.G., *The dynamics of valve mechanisms*. Prod. Instr. mech. Engr., 1967-68, 1, 182, Part 3L, 129.

77. CHENEY R.E., *Production of very accurate high-speed master cams*. Machinery (London), 1962, 100(2570), pp. 380-386.

78. CLAYTON J.C., *Cast Iron Camshafts in Car Production*. Design and Components in Engineering. April 1971, 16.

79. ***, *Combustion effects of asymmetric valve strategies*. In Automotive Engineering, Decembrie 1993, pp. 49-53.

80. CHOI J.K., KIM S.C., Hyundai Motor Co. Korea, *An Experimental Study on the Frictional Characteristics in the Valve Train System*. (945046), In FISITA CONGRESS, 17-21 October 1994, Beijing, pp. 374-380.

81. ***, Chrysler's *Vlo light-truck engine*. In revista Automotive Engineering, Decembrie 1993, pp. 55-57.

82. COMĂNESCU Adr., COMĂNESCU D., GEORGESCU L., *Bazele analizei şi sintezei mecanismelor cu memorie rigidă*, Edit. Politehnica Press, Bucureşti, 175 pag., 2008.

83. DRANGA M., *Contributii la analiza dinamică a mecanismelor cu unul si cu mai multe grade de mobilitate*. Teză de doctorat. I.P.B., Bucuresti, 1975.

84. DUDITA FL., *Teoria mecanismelor*. Universitatea Brasov, 1979.

85. DEMIAN T., s.a., *Mecanisme de mecanică fină*. Editura Didactică si Pedagogică, Bucuresti, 1982.

86. DRANGA M., *Mecanisme si organe de masini, partea I. Transmisii mecanice*. I.P.B., Bucuresti, 1983.

87. DARABONT AL., s.a., *Socuri si vibratii- Aplicatii în tehnică*. Editura tehnică, Bucuresti, 1988.

88. DARABONT AL., VAITEANU D., *Combaterea poluării sonore si a vibratiilor*. Editura tehnică, Bucuresti, 1975.

89. DECIU E.,s.a., *Probleme de vibratii mecanice*. I.P.B.,Bucuresti, 1978.

90. DODESCU GH., *Metode numerice în algebră*. Editura tehnică, Bucuresti, 1979.

91. DRANGA M., *Asupra echilibrării unei structuri de robot 6R*. In al VI-lea SYROM'93, Vol. II., Bucuresti, iunie 1993.

92. DRANGA M., *Metodă de echilibrare a unui lant cinematic plan articulat*. In al IV-lea SYROM'85. Vol. III-1., Bucuresti, iulie 1985.

93. DUCA C., *Sinteza mecanismelor cu came în functie de raza de curbură a profilului*. In al IV-lea SYROM'85, Vol. III-1., Bucuresti, iulie 1985.

94. DRAGHICI I., s.a., *Suspensii si amortizoare*. E.T. , Bucuresti, 1970.

95. DUDLEY W.M., *New Methods in Valve Cam Design*. Trans. SAE, January 1948, 2, pp. 19-33.

96. DRUCE G., *Research in cam mechanisms*. I. Mech. E. Discussion on Mechanisms, 1971, 4-13.

97. ERMAN A.G., SANDOR G.N., *Kineto-elastodynamic- a review of the state of the art and rends*. Mechanism and Machine Theory nr.1., 1972.

98. EISS N.S., *Vibration of cams having tow degrees-of-fredom*. Trans. ASME, J. Engng., Ind. 86B, 1964, pp. 343-350.

99. ERISMAN R.J., *Automotive cam profile synthesis and valve gear dynamic from domensionless analysis*. Trans. SAE, 75, 1967, pp. 128-147.

100. FAWCETT G.F., FAWCETT J.N., *Comparison of polydyne and non polydyne cams*. In, Cams and cam mechanisms, Edited by J. REES JONED, MEP, London and Birmingham, Alabama, 1974.

101. FRATILA G., PETRESCU FL., s.a., *Cercetări privind transmisibilitatea vibratiilor motorului la cadrul si caroseria automobilului*. In, CONAT, Brasov, 1982.

102. FRATILA G., PETRESCU FL., s.a., *Contributii privind ameliorarea suspensiei grupului motopropulsor*. Buletinul Universitătii Brasov, 1986.

103. FENTON R.G., *Determining minimum cam size*. In Machine Design, 1966, 38(2), pp. 155-158.

104. FENTON R.G., *Cam design-determining of the minimum base radius for disc cams with reciprocating flat faced followers*. In Automobile Enginer, 3, 1967, pp. 184-187.

105. GRECU B., CANDREA A., COLTOFEANU N., *Determinarea reactiunilor dinamice în cuplele cinematice la mecanismele plane cu ajutorul modulelor de calcul*. In al VII-lea Simpozion national de roboti industriali si mecanisme spatiale. Vol. 3., Bucuresti, octombrie 1987.

106. GHITA E., *Proiectarea camelor bilaterale poliracordate*. In PRASIC'94, Brasov, decembrie 1994.

107. GRUNWALD B., *Teoria,calculul si constructia motoarelor pentru autovehicule rutiere*. Editura didactică si pedagogică, Bucuresti, 1980.

108. GIORDANA F., s.a., *On the influence of measurement errors in the Kinematic analysis of cam*. Mechanism and Machine Theory 14 (1979), nr. 5., pp, 327-340, 1979.

109. GRADU M., *Stadiul actual al cercetărilor în domeniul mecanismelor de distributie ale motoarelor cu ardere internă*. Referat I pentru doctorat, I.P.B., Bucuresti, 1991.

110. GRUMAZESCU M., s.a., *Combaterea zgomotului si vibratiilor*. E.T., Bucuresti, 1964.

111. GAGNE A.F., *Design high speed cams*. In Machine Design, 25, 1953, pp. 121-135.

112. GRANT B., s.a., *Cam design survey*. Design Technology Transfer, ASME, 1974, pp. 177-219.

113. GRODZINSKI P., *Production of cam profiles by positive mechanisms*. Machinery (London), 1959, 88(2269), pp. 683-688.

114. GOODMAN T.P., *Linkages vs cams*. Machine Design, 1958, 30(17), pp. 102-109.

115. GRECU B., PETRESCU, F., s.a., *Mecanisme Plane – lucrări pentru laborator si proiect*. Editura BREN, Bucuresti, ISBN 978-973-648-697-5, 191 pag., 2007.

116. HANDRA-LUCA V., *Organe de masini si mecanisme*. Editura Did. si pedagogică, Bucuresti, 1975.

117. HANDRA-LUCA V.,STOICA A., *Introducere în teoria mecanismelor*. Vol. II., Editura Dacia, Cluj-Napoca, 1983.

118. HERRMANN R., DELANGE J., LOURDOUR G., *Evolution du trasee des cames*. Ingenieurs de l'automobile, nr. 11, 1969.

119. HAIN K., *Optimization of a cam mechanism to give goode transmissibility maximal output angle of swing and minimal acceleration*. Journal of Mechanisms 6 (1971), Nr. 4., pp.419-434.

120. HARRIS M.C., CREDE E.C., *Socuri si vibratii*. Vol. I-III., E.T., Bucuresti, 1968-69.

121. HEBELER C.B., *Design equation and graphs for finding the dynamic response of cycloidal-motion cam systems*. Machine Design, Feb. 1961, pp. 102-107.

122. HRONES J.A., *An analysis of Dynamic Forces in a Cam-Driver System*, Trans. ASME, 1948, 70, PP. 473-482.

123. HIRSCHHORN J., *Disc-cam curvature*. In Machine Design 31(3), 1959, pp. 125-129.

124. HALE F.W., *Cam machining without master former*. Tool Engineer, 1955, 35(6), pp. 82-87.

125. HOSAKA T., and HAMAZAKI M., *Development of the Variable Valve Timing and Lift (VTEC) Engine for the Honda NSX*, (910008), Fifth Auto-technologies Conference Proceedings, SAE,pp. 238.

126. HOORFAR, M., NAJJARAN, H., CLEGHORN, W.L, *Software demonstration of disc cam mechanisms for mechanical engineering education,* Journal: The International Journal of Mechanical Engineering Education, ISSN: 0306-4190, Volume 35 Issue 2, April 2007, pp. 166-180.

127. IACOB C., *Mecanica teoretică*. E.D.P., Bucuresti, 1971.

128. IUDIN E., s.a., *Issledovanie suma ventileatornîh ustanovok I metodov borbî s nim*. Oborongiz, Moskva, 1958.

129. JIANG QI , XU ZENG-YIN, *Compounding of mechanism and analysis and synthesis of complex mechanisms*. In al IV-lea SYROM'85, Vol. III-1., Bucuresti, iulie 1985.

130. JONES J.R., REEVE J.E., *Dynamic response of cam curves based on sinusoidal segments*. In Cams and cam mechanisms, Edited by J. REES JONES, MEP, London and Birmingham, Alabama, 1974.

131. JACOBSEN and AYRE R., *Engineering Vibration*. Mc Graw- Hill Book Co. Inc., 1958.

132. JENSEN P.W., *Cam Design and Manufacture*. Industrial Press., New York, 1965.

133. JOHNSON R.C., *A rapid method for developing cam profiles having desired acceleration characteristics*. In Machine Design 27(12), 1965, pp. 129-132.

134. JELLING W., *Precision machines assure cam accuracy*. In Iron Age, 1954, 173(15), pp. 140-142.

135. JASSEN B., *Kraftschlub bei Kurventrieben*. Ind. Anz., 1966, 88, Part. I: 1906-1907; part. II: 2193-2196.

136. KOVACS FR., PERJU D., CRUDU M., *Mecanisme. Partea I-a. Analiza mecanismelor*. I.P."Traian Vuia" din Timisoara, 1978.

137. KOVACS FR., PERJU D., *Mecanisme*. I.P. "Traian Vuia" din Timisoara, 1977.

138. KOSTER M.P., *The effects of backlash and shaft flexibility on the dynamic behaviour of a cam mechanism*. In, Cams and cam mechanisms, 1974, pp. 141-146.

139. KWAKERNAAK H., *Minimum Vibration Cam Profiles*, J. Mech. Eng. Sci., 1968, 10, pp. 219-227.

140. KLOOMOK M., s.a., *Plate cam design-evaluating dynamic loads*. Prod. Engng., 27(1), 1956, pp. 178-182.

141. KLOOMOK M., MUFFLEY R.V., *Plate cam design-pressure angle analysis*. In Product Engineering, 1955, 26(5), pp. 155-160.

142. KERLE H., *How effective is the method of finite differences as regards simple cam mechanisms*. Cams and cam mechanisms, 1974, pp. 131-135.

143. LOWN G., s.a., *Survey of Investigations in to the Dynamic Behaviour of Mechanisms Contsining Links with Distributed Mass and Elasticity*. Mech. and Mach. Th., 7, 1972.

144. LEDERER P., *Dynamische synthese der ubertragungs-funktion eines Kurvengetriebes*. In, Mech. Mach. Theory ,Vol. 28., Nr.1., pp. 23-29, Printed in Great Britain, 1993.

145. MANOLESCU N.I., KOVACS FR., ORANESCU A., *Teoria mecanismelor si a masinilor*. Editura didactică si pedagogică, Bucuresti, 1972.

146. MANOLESCU N.I., MAROS D., *Teoria mecanismelor si a masinilor*. Editura tehnică, Bucuresti, 1958.

147. MANOLESCU N.I., s.a., *Probleme de teoria mecanismelor si a masinilor*. Vol. II., E.D.P., Bucuresti, 1968.

148. MAROS D., *Mecanisme*. Vol. I., I.P. Cluj-Napoca, 1980.

149. MERTICARU V., *Mecanisme si organe de masini*. I.P.Iasi, 1979.

150. MANGERON D., IRIMICIUC N., *Mecanica rigidelor cu aplicatii în inginerie*. Vol. I,II si III. Editura tehnică, Bucuresti, 1981.

151. MARUSTER ST., *Metode numerice în rezolvarea ecuatiilor neliniare*. Ed. Tehn., Bucuresti, 1981.

152. MARINA M., *Contributii la studiul optimizării distributiei motoarelor cu ardere internă în 4 timpi*. Rezumatul tezei de doctorat, Timisoara, 1978.

153. MANEA GH., *Organe de masini*. Editura Tehnică, Bucuresti, 1970.

154. MITSI S., TSIAFIS J., *Optimal synthesis of cam mechanisms*. In SYROM'93, Vol. III., pp. 155-162., Bucuresti, iunie 1993.

155. MARINA M., *Consideration on the functional compatibility of the engine distribution mechanism springs*. SYROM'97, Vol. 3., pp. 313, Bucuresti, august 1997.

156. MERCER S., *Dynamic characteristics of cam forms calculated by the digital computer*. Trans. ASME, Nov. 1958, 80, pp. 1695-1705.

157. MARINCAS D., FRATILA G., PETRESCU FL., s.a., *Rezultatele experimentale privind îmbunătătirea izolatiei fonice a cabinei autoutilitarei TV-14*. In CONAT, Brasov, 1982.

158. MOLIAN S., *The Design of Cam Mechanisms and Linkages*. Elsevier, New York, 1968.

159. MOISE V., SIMIONESCU I., ENE M., NEACŞA M., TABĂRĂ I., *Analiza mecanismelor aplicate*, Editura Printech, ISBN 978-973-718-891-5, Bucureşti, 216 pag., 2008.

160. NEKLUTIN C.N., *Designing cams for controlled inertia and vibration*. In Machine Design, June 1952, pp. 143-153.

161. NAKANISHI F., *On cam from which induce no surging in valve springs*. Report of the Aeronautical Research Institute, 220, TOKYO Imperial University, 1941, pp. 271-280.

162. OPREAN M., *Studiul interactiunii camă-arc de supapă la motoarele, cu aprindere prin scânteie, de turatie ridicată*. Teză de doctorat, I.P.B., Bucuresti, 1984.

163. OPRISAN C., POPOVICI GH., *O analiză a variatiei unghiului de presiune la mecanismele cu camă si tachet de translatie*. In PRASIC'94, Brasov, decembrie 1994.

164. OHRNBERGER G., MANN M., AUDI A.G., Germany, *The Audi 5- Valve Cylinder Head Concept*.(945004), In XXV FISITA CONGRESS, 17-21 October 1994, Beijing, pp. 36-44.

165. PELECUDI CHR., DRANGA M., *Dinamica masinilor*. I.P.B., Bucuresti, 1980.

166. PELECUDI CHR., *Bazele analizei mecanismelor*. Editura Academiei R.S.R., Bucuresti, 1967.

167. PELECUDI CHR., *Precizia mecanismelor*. Editura Academiei R.S.R., Bucuresti, 1975.

168. PELECUDI CHR., MAROS D., MERTICARU V., PANDREA N., SIMIONESCU I., *Mecanisme*. E.D.P., Bucuresti, 1985.

169. PELECUDI CHR., s.a., *Proiectarea mecanismelor*. I.P.B., Bucuresti, 1981.

170. PELECUDI CHR., s.a., *Probleme de mecanisme*. Editura didactică si pedagogică, Bucuresti, 1982.

171. PELECUDI CHR., s.a., *Algoritmi si programe pentru analiza mecanismelor*. Editura tehnică, Bucuresti, 1982.

172. PELECUDI CHR., SIMIONESCU I., ENE M., CANDREA A., STOENESCU M., MOISE V., *Mecanisme cu cuple superioare: came si roti*. I.P.B., Bucuresti, 1982.

173. POPESCU I., *Proiectarea mecanismelor plane*. Editura Scrisul Românesc din Craiova, 1977.

174. PANDREA N., MUNTEANU M., *Curs de vibratii*. Vol. I. si II., I.P.B., Bucuresti, 1979.

175. PELECUDI CHR., SAVA I., *Studiul experimental al dinamicii mecanismelor cu came*. In revista Studii si cercetări de mecanică aplicată, nr. 3., Bucuresti, 1970.

176. PELECUDI CHR., SAVA I., MATHEESCU A., *Optimizarea legilor de functionare ale mecanismelor de distributie*. In revista Studii si cercetări de mecanică aplicată, nr. 3., Bucuresti, 1968.

177. PFISTER F., FAYET M., *Linearization of dynamic models*. In al VI-lea SYROM'93, Vol. II., Bucuresti, iunie 1993.

178. PELECUDI CHR., BOGDAN R., *Sinteza mecanismelor cu came la prescrierea valorilor arcelor de curbă*. In revista Studii si cercetări de mecanică aplicată, nr. 6., Bucuresti, 1962.

179. PELECUDI CHR., MATHEESCU A., *Analiza armonică a legilor de miscare la mecanismele cu camă*. In revista Studii si cercetări de mecanică aplicată, nr. 1., Bucuresti, 1969.

180. PELECUDI CHR., SAVA I., *Asupra analizei si sintezei mecanismelor cu came*. In revista Constructia de masini, nr. 8-9., Bucuresti, 1967.

181. PANDREA N., HARA V., POPA D., *Sinteza dimensională a mecanismelor de distributie cu admisie adaptivă pentru optimizarea legii de deplasare a supapei de admisie*. In PRASIC'94, Brasov, dec. 1994.

182. PELECUDI CHR., SAVA I., *Optimizări în sinteza numerică a miscării mecanismelor cu came*. In revista Studii si cercetări de mecanică aplicată, nr. 5., Bucuresti, 1971.

183. PETRESCU, F.I., PETRESCU, R.V., *Dinamica mecanismelor de distributie*, Create Space publisher, USA, December 2011, ISBN 978-1-4680-5265-7, 188 pages, Romanian version.

184. PETRESCU, F.I., *Bazele analizei și optimizării sistemelor cu memorie rigidă – curs și aplicații*, Create Space publisher, USA, 2012, ISBN 978-1-4700-2436-9, 164 pages, Romanian edition.

185. PETRESCU F., PETRESCU R., *Contributii la optimizarea legilor polinomiale de miscare a tachetului de la mecanismul de distributie al motoarelor cu ardere internă*. In E.S.F.A.'95, Vol. 1.,pp. 249-256., Bucuresti, mai 1995.

186. PETRESCU F., PETRESCU R., *Contributii la sinteza mecanismelor de distributie ale motoarelor cu ardere internă*. In E.S.F.A.'95, Vol. 1., pp. 257-264., Bucuresti, mai 1995.

187. PETRESCU F., PETRESCU V., *Dinamica mecanismelor cu came (exemplificată pe mecanismul clasic de distributie)*. SYROM'97, Vol. 3., pp. 353-358., Bucuresti, august 1997.

188. PETRESCU F., PETRESCU V., *Contributii la sinteza mecanismelor de distributie ale motoarelor cu ardere internă cu metoda coordonatelor carteziene*. SYROM'97, Vol. 3., pp. 359-364., Bucuresti, august 1997.

189. PETRESCU F., PETRESCU V., *Contributii la maximizarea legilor polinomiale pentru cursa activă a mecanismului de distributie de la motoarele cu ardere internă*. SYROM'97, Vol. 3., pp. 365-370., Bucuresti, august 1997.

190. PETRESCU F.,PETRESCU V., *Sinteza mecanismelor de distributie prin metoda coordonatelor rectangulare (carteziene)*. In Conferinta "Grafica-2000", Universitatea din Craiova, Craiova, 2000.

191. PETRESCU F., PETRESCU V., *Designul (sinteza) mecanismelor cu came prin metoda coordonatelor polare (metoda triunghiurilor)*. In Conferinta "Grafica-2000", Universitatea din Craiova, Craiova, 2000.

192. PETRESCU F., PETRESCU V., *Legi de mişcare pentru mecanismele cu came*. In al VII-lea Simpozion Naţional cu Participare Internaţională Proiectarea Asistată de Calculator, PRASIC'02, Braşov, 2002, Vol. I, p. 321-326.

193. PETRESCU, F., PETRESCU, R. *Elemente de dinamica mecanismelor cu came*. In al VII-lea Simpozion Naţional cu Participare Internaţională Proiectarea Asistată de Calculator, PRASIC'02, Braşov, 2002, Vol. I, p. 327-332.

194. PETRESCU, V., PETRESCU, I., ANTONESCU, O. *Randamentul cuplei superioare de la angrenajele cu roţi dinţate cu axe fixe*. In al VII-lea Simpozion Naţional cu Participare Internaţională Proiectarea Asistată de Calculator, PRASIC'02, Braşov, 2002, Vol. I, p. 333-338.

195. PETRESCU, I., PETRESCU, V., OCNĂRESCU, C. *The Cam Synthesis With Maximal Efficiency*. In al VII-lea Simpozion Naţional cu Participare Internaţională Proiectarea Asistată de Calculator, PRASIC'02, Braşov, 2002, Vol. I, p. 339-344.

196. PETRESCU, F., PETRESCU, R. *Câteva elemente privind îmbunătăţirea designului mecanismului motor*. În al VIII-lea Simpozion Naţional, de Geometrie Descriptivă, Grafică Tehnică şi Design, GTD 2003, Braşov, iunie 2003, Vol. I, p. 353-358.

197. PETRESCU, F., PETRESCU, R. *The cam design for a better efficiency*. In the International Conference on Engineering Graphics and Design, ICEGD 2005, Bucharest, 2005, Vol. I, p. 245-248.

198. PETRESCU, F.I., PETRESCU, R.V. *Contributions at the dynamics of cams*. In the Ninth IFToMM International Symposium on Theory of Machines and Mechanisms, SYROM 2005, Bucharest, Romania, 2005, Vol. I, p. 123-128.

199. PETRESCU, F.I., PETRESCU, R.V. *Determining the dynamic efficiency of cams.* In the Ninth IFToMM International Symposium on Theory of Machines and Mechanisms, SYROM 2005, Bucharest, Romania, 2005, Vol. I, p. 129-134.

200. PETRESCU, F.I., PETRESCU, R.V. *An original internal combustion engine.* In the Ninth IFToMM International Symposium on Theory of Machines and Mechanisms, SYROM 2005, Bucharest, Romania, 2005, Vol. I, p. 135-140.

201. PETRESCU, R.V., PETRESCU, F.I. *Determining the mechanical efficiency of Otto engine's mechanism.* In the Ninth IFToMM International Symposium on Theory of Machines and Mechanisms, SYROM 2005, Bucharest, Romania, 2005, Vol. I, p. 141-146.

202. PETRESCU, F.I., PETRESCU, R.V., POPESCU N., *The efficiency of cams.* In the Second International Conference "Mechanics and Machine Elements", Technical University of Sofia, November 4-6, 2005, Sofia, Bulgaria, Vol. II, p. 237-243.

203. RADOI M., DECIU E., *Mecanica.* E.D.P., Bucuresti, 1973.

204. RADOI M., DECIU E., *Mecanica.* E.D.P., Bucuresti, 1977.

205. RAO A., *Optimum Elastodynamic Synthesis of a Cam-Follower Train Using Stochastic-Geometric Programming.* Mech. and Mach. Theory, Vol. 15., 1980.

206. RAICU A., *Consideratii privind nedeterminarea din ecuatia de miscare a masinii.* In PRASIC, Brasov, decembrie 1994.

207. REES JONES J., *Analog simulation of SCCA cam motion.* In Mech. Eng. Deptl. Report, 1974, Liverpool Polytechnic.

208. ROSKILLY M., s.a., *Valve gear design analysis.* In XXII FISITA CONGRESS (865027), PP. 1.193-1.200.

209. ***, Revue Technique, aprilie 1991, pp. 22.

210. SILAS GH., *Mecanică-vibratii mecanice,* E.D.P., Bucuresti, 1968.

211. SILAS GH., s.a., *Culegere de probleme de vibratii mecanice.* Editura tehnică, Bucuresti, 1967.

212. SARSTEN A.,VALLEND H., *Computer aided design of valve cams.* Internal Combustion Engines conference, Bucharest, Paper II-19, 1967.

213. SAVA I., *Stadiul actual în dinamica mecanismelor cu came.* I-II., Rev. S.C.M.A., Nr. 5., 1969.

214. SAVA I., *Contributii la dinamica si sinteza optimală a mecanismelor cu came.* Teză de doctorat, I.P.B., 1970.

215. SAVA I., *Cu privire la functionarea in regim dinamic a supapei mecanismului distributiei motoarelor cu ardere interna.* In revista C.M. Nr.12.,Bucuresti, 1971.

216. SAVIUC S., *Optimizarea duratei de deschidere simultană a supapelor la motoarele cu aprindere prin scânteie.* Teză de doctorat, I.P.B., 1979.

217. SIRETEANU T., GRUNDISCH O., PARAIAN S., *Vibratiile aleatoare ale automobilelor.* E.T., Bucuresti, 1981.

218. STOICESCU A., *Dinamica autovehiculelor.* Vol. I-II., I.P.B., Bucuresti, 1980-82.

219. STOICESCU A., *Dinamica autovehiculelor pe roti.* E.D.P., Bucuresti, 1981.

220. SONO H., UMIYAMA H., Honda RDCo., Ltd. Japan, *A study of Combustion Stability of Non-Throttling S.I. Engine with Early Intake Valve Closing Mechanism.* (945009), In XXV FISITA CONGRES, October 1994, Beijing, pp. 78-87.

221. TEMPEA I., POPA GH., *Mecanisme plane articulate.* I.P.B., Bucuresti, 1978.

222. TEMPEA I., MARTINEAC A., *Organe de masini, teoria mecanismelor si prelucrării prin aschiere. Partea I, mecanisme*, I.P.B., Bucuresti, 1983.

223. TEMPEA I., BALESCU C., ADIR G., *Mecanism de presare destinat mecanizării operatiei de formare în rame (părtile I si II)*. In al VII-lea Simpozion national de roboti industriali si mecanisme spatiale. Vol. 3., Bucuresti, 1987.

224. TEMPEA I., GRADU M., *Sinteza camei de translatie cu tachet cu rolă, cu ajutorul functiilor spline*. In lucrările simpozionului de R.I., Timisoara, 1992.

225. TUTUNARU D., *Mecanisme plane rectiliniare si inversoare*. Editura tehnică, Bucuresti, 1969.

226. TORAZZA G., *A variable lift and event control device piston engine valve operation*. In FISITA XIV Congres,Paper II / 10, London, 1972.

227. TESAR D., MATTHEW G.K., *The design of modelled cam sistems*. In Cams and cam mechanisms, 1974.

228. TERME D., *Besondere Merkmalebeider Nutzung des Pressungwinkels fur kurvengetriebeanalyse und-Synthese*. In SYROM'85,Vol. III-2, pp. 489-504, Bucuresti, iulie 1985.

229. TEMPEA I., DUGĂEȘESCU I., NEACȘA M., *Mecanisme. Noțiuni teoretice și teme de proiect rezolvate*, Ed. Printech, ISBN (10) 973-718-560-9, 2006.

230. D. Taraza, N.A. Henein, W. Bryzik, "The Frequency Analysis of the Crankshaft's Speed Variation: A reliable Tool for Diesel Engine Diagnosis," *ASME Journal for Gas Turbines and Power* 123(2), 428-432, 2001

231. D. Taraza, "Accuracy Limits of IMEP Determination from Crankshaft Speed Measurements," *SAE Transactions, Journal of Engines* 111, 689-697, 2002.

232. D. Taraza, "Statistical Correlation Between the Crankshaft's Speed Variation and Engine Performance, Part I: Theoretical Model," *ASME Journal of Engineering for Gas Turbines and Power* 125(3), 791-796, 2003.

233. D. Taraza, "Statistical Correlation Between the Crankshaft's Speed Variation and Engine Performance, Part II: Detection of Deficient Cylinders and MIP Calculation," *ASME journal of Engineering for Gas Turbines and Power* 125(3), 797-803, 2003.

234.-U1. ULF A., WILLIAM S., *A Simple Procedure for Modifying High-Speed Cam Profiles for Vibration Reduction,* Journal of Mechanical Design - November 2004 - Volume 126, Issue 6, pp. 1105-1108.

235. VOINEA R., VOICULESCU D., CEAUSU V., *Mecanica*. E.D.P., Bucuresti, 1975.

236. VOINEA R., ATANASIU M., *Metode analitice noi în teoria mecanismelor*. Editura tehnică, Bucuresti, 1964.

237. Van de Straete, H.J., De Schutter, J., *Hybrid cam mechanisms*, Mechatronics, IEEE/ASME Transactions on Volume 1, Issue 4, Dec. 1996 Page(s):284 - 289

238. WIEDERRICH J.L., ROTH B., *Design of low vibration cam profiles*. In Cams and cam mechanisms, Edited by J. REES JONES, MEP, London and Birmingham, Alabama, 1974.

239. WIEDERRICH J.L., ROTH B., *Dynamic Synthesis of Cams Using Finite Trigonometric Series*, Trans. ASME, 1974.

240. YOUNG V.C., *Considerations în valve gear design*. Trans. SAE, 1, 1947, pp. 359-365.

241. ZHANG J.L., LI Z., *Research on the dynamics of a RSCR spatial mechanisms considering bearing clearances*. In al VI-lea SYROM, Vol. II, Bucuresti, iunie 1993.

Sinteza angrenajelor cu axe fixe

CAP. I

ANGRENAJE CU AXE FIXE, SAU MECANISME CU ROŢI DINŢATE CU AXE FIXE

1.1. DEFINIŢIE ŞI CLASIFICARE

Conform standardelor în vigoare (vezi STAS 915/2-81), angrenajul se defineşte ca fiind un mecanism elementar format din două elemente dinţate (roţi, sectoare, sau bare dințate), aflate în mişcare rotativă / translantă absolută sau relativă, în care unul din elemente îl antrenează pe celălalt prin acțiunea dinților aflați în contact succesiv şi continuu.

Angrenajele, sau mecanismele cu roți dințate, sunt practic cuple superioare (în general de clasa a patra - C_4), care au rolul de a transmite şi sau transforma mişcarea, prin reducerea turației (cu creşterea momentului), ori prin amplificarea vitezei unghiulare (cu scăderea sarcinii), de la intrare către ieşire, cu păstrarea aproximativ constantă a puterii (cu pierderi foarte mici, mecanice şi de fricțiune, datorită randamentelor mari şi foarte mari la care lucrează mecanismele cu roți dințate).

Cele mai vechi, mai utilizate (mai răspândite), mai fiabile, funcționând şi cu randamente mai bune, sunt angrenajele cu axe fixe, care vor fi prezentate în acest capitol.

Există şi angrenaje cu axe mobile (fac obiectul unui capitol separat), sau mixte, care deşi sunt mai uşoare şi mai compacte, funcționează în schimb cu randamente mai scăzute, decât cele cu axe fixe, şi sunt şi mai puțin rigide şi fiabile.

Din punct de vedere structural-geometro-cinematic (şi constructiv), angrenajele cu axe fixe se clasifică în trei mari categorii (vezi figura 1), în funcție de poziția relativă a axelor celor două roți care alcătuiesc angrenajul:

A-paralele (cilindrice), B-concurente (conice) şi C-încrucişate (de tip melc-roată melcată, hipoidale, toroidale).

A- angrenaje cu axe paralele (angrenaje cilindrice)

B- angrenaje cu axe concurente (angrenaje conice)

C- angrenaje cu axe încrucişate (de tip melc-roată melcată, sau hipoide)

Fig. 1. *Clasificarea angrenajelor*

La categoriile A şi B putem avea dantură dreaptă, înclinată, curbă, sau în V.

Angrenările cilindrice (A) pot fi exterioare (între două roţi cu dantură exterioară) sau interioare (între o roată cu dantură exterioară şi una cu dantură interioară). Ele pot fi şi combinate, un element având mişcare de rotaţie (roată dinţată cu dantură exterioară) iar celălalt de traslaţie (cremalieră).

1.2. ELEMENTELE GEOMETRICE DE BAZĂ ALE UNUI ANGRENAJ CILINDRIC CU DINŢI DREPŢI

Elementele geometrice ale unei roţi dinţate şi ale unui angrenaj pot fi urmărite în figura 1 (conform standardelor internaţionale).

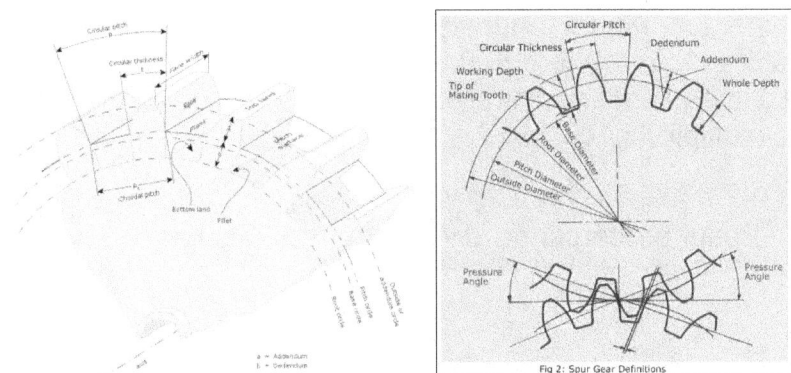

Fig. 1. *Elementele geometrice ale unui angrenaj cilindric cu dinţi drepţi; cercurile de cap, de rădăcină, şi de divizare; pasul circular*

În cazul când axele de rotaţie sunt paralele, angrenajul se numeşte cilindric. Când linia dinţilor are aceeaşi direcţie cu axa de rotaţie se spune că angrenajul are dinţii drepţi.

Principalii parametri ai unui astfel de angrenaj sunt puşi în evidenţă în figura 1, în care este reprezentată dantura unei roţi cu profil nedeplasat, în cadrul unui angrenări cilindrice exterioare nedeplasată cu dinţi drepţi.

Elementul de pornire al unei roţi este cercul de divizare (sau de pas – pe care se măsoară pasul), cerc care defineşte şi poziţia celorlalte cercuri ale roţii. Diametrul cercului de divizare este unul dintre primele elemente ce se pot calcula la o roată, cât şi la un angrenaj (la un angrenaj vom avea două roţi deci două diametre de divizare; a se vedea formulele 1).

$$d_1 = m \cdot z_1; \quad d_2 = m \cdot z_2 \qquad (1)$$

Unde z_1 si z_2 reprezintă numerele de dinţi ale roţii 1 respectiv 2, iar m (parametrul principal al unei roţi sau al unui angrenaj) este modulul roţilor şi angrenajului, el fiind practic un pas liniar, ce se măsoară în [mm], şi fie că se calculează, ori se măsoară (la analiza unui angrenaj), sau se alege (la sinteza unui angrenaj), el este o valoare standardizată, care poate lua numai anumite valori (conform STAS 822-61): 0.25; 0.3; 0.4; 0.5; 0.6; 0.8; 1; 1.25; 1.5; 2; 2.5; 3; 4; 5; 6; 8; 10;...; sau oricare dintre aceste valori amplificate ori împărţite cu multiplii lui 10.

Pasul pe cercul de divizare, p, se calculează cu formula 2.

$$p = m \cdot \pi \qquad (2)$$

Dacă se explicitează modulul din relaţia (2) rezultă expresia (3), care evidenţiază clar faptul că modulul nu este practic altceva decât un pas liniar, el fiind rezultatul împărţirii pasului liniar p la constanta π.

$$m = \frac{p}{\pi} \qquad (3)$$

Modulul mai apare şi în expresia diametrului de divizare al unei roţi dinţate, astfel încât diametrul unei roţi este direct proporţional cu modulul m, deci gabaritul roţii şi cel al angrenajului depinde direct de mărimea modulului m.

În plus aşa cum vom vedea imediat, de el depind şi valorile înălţimii capului şi piciorului dintelui, deci el este practic cel care dă şi înălţimea dinţilor ambelor roţi dinţate.

C_a este cercul de cap al dinţilor (de vârf), sau cercul cel mai din afară, sau cercul de adăugare („addendum circle"), ajungându-se la el prin adăugarea unei lungimi $h_a=a=m$ pe raza de divizare; practic diametrul de cap d_a, va rezulta din însumarea la diametrul de divizare d a două înălţimi de cap de dinte $2h_a=2a=2m$.

C_r sau C_f este cercul rădăcină (cercul de la baza dintelui), sau cercul de picior al dinţilor, sau cercul de diminuare, la care se ajunge prin scăderea pe raza de divizare a valorii înălţimii piciorului dintelui $h_f=b=1,25m$ diametrul rădăcină d_f obţinându-se prin scăderea din valoarea diametrului de divizare d a două lungimi ale înălţimii piciorului dintelui $2h_f=2b=2,5m$.

Cercul de rulare C_w, sau de rostogolire, este cercul roţii care este permanent tangent la cercul corespunzător al roţii pereche din angrenaj. În general el este diferit de cercul de divizare, dar la angrenajele nedeplasate şi care au roţile din angrenare construite fără deplasare de profil, diametrele de rostogolire (rulare) coincid cu cele de divizare. Acest caz particular este utilizat şi la angrenajul din figura 1. Formulele de calcul sunt date de sistemul relaţional (4).

Cu c se notează jocul de la baza dintelui. „Dedendumul b" este mai mare decât „addendumul a" cu jocul c.

Pasul circular p măsurat pe cercul de divizare conţine un plin (t=s) şi un gol (e), el reprezentând practic distanţa dintre doi dinţi consecutivi (distanţa dintre două flancuri omoloage consecutive) măsurată pe cercul de divizare. El este în mod obligatoriu acelaşi pentru ambele roţi în angrenare, deoarece cercurile trebuie să se rostogolească prin învelire reciprocă (fără alunecare). Un plin t (s) plus un gol e dau pasul p (sau p_0) pe cercul de divizare. Golul trebuie să depăşească cu puţin lungimea plinului: e>t. Adică există un joc j de forma j=e-t. În general jocul este cuprins în domeniul p/20-p/80. Cel mai uzual j=p/60.

Cunoscând valoarea jocului j=p/60=e-t, şi pe cea a pasului circular pe diametrul de divizare p=mπ=e+t, se obţin valorile lui t şi e.

$$a \equiv h_a = m; \quad b \equiv h_f = 1.25 \cdot m; \quad c = 0.25 \cdot m; \quad b = a + c;$$

$$\rho \equiv \rho_0 = 0.38 \cdot m; \quad c = b - a = h_f - h_a; \quad h = h_a + h_f = 2.25m$$

$$r_a = r + a = r + h_a = r + m \Rightarrow$$

$$\Rightarrow d_a = d + 2 \cdot a = m \cdot z + 2 \cdot m = m \cdot (z + 2) \Rightarrow$$

$$\Rightarrow \begin{cases} d_{a_1} = d_1 + 2 \cdot a = m \cdot z_1 + 2 \cdot m = m \cdot (z_1 + 2) \\ d_{a_2} = d_2 + 2 \cdot a = m \cdot z_2 + 2 \cdot m = m \cdot (z_2 + 2) \end{cases}$$

$$r_f = r - b = r - h_f = r - 1.25 \cdot m \Rightarrow$$

$$\Rightarrow d_f = d - 2 \cdot b = m \cdot z - 2 \cdot 1.25 \cdot m = m \cdot (z - 2.5) \Rightarrow$$

$$\Rightarrow \begin{cases} d_{f_1} = d_1 - 2 \cdot b = m \cdot z_1 - 2.5 \cdot m = m \cdot (z_1 - 2.5) \\ d_{f_2} = d_2 - 2 \cdot b = m \cdot z_2 - 2.5 \cdot m = m \cdot (z_2 - 2.5) \end{cases}$$

$$d_{b_1} = d_1 \cdot \cos \alpha_0; \quad d_{b_2} = d_2 \cdot \cos \alpha_0$$

$$a_0 = \frac{d_{w_1} + d_{w_2}}{2} \equiv \frac{d_1 + d_2}{2} = \frac{m}{2} \cdot (z_1 + z_2) \qquad (4)$$

$$i_{12} = \mp \frac{r_2}{r_1} = \mp \frac{d_2}{d_1} = \mp \frac{m \cdot z_2}{m \cdot z_1} = \mp \frac{z_2}{z_1} = \frac{\omega_1}{\omega_2}$$

Distanţa dintre axe a$_0$, (vezi figura 2 şi sistemul 4) adică distanţa dintre centrele celor două roţi dinţate din angrenare, este dată de suma razelor cercurilor de rostogolire, în cazul particular considerat în locul cercurilor de rostogolire considerând cercurile de divizare.

Raportul de transmitere de la roata conducătoare 1 la roata condusă 2, se exprimă constructiv (geometric) ca rapoarte de raze, diametre sau numere de dinți, sau cinematic în funcție de rația vitezelor unghiulare (vezi sistemul relațional 4). Semnul minus arată că se schimbă sensul de rotație de la roata conducătoare la cea condusă la angrenarea exterioară, iar semnul plus indică faptul că sensul de rotație rămâne același și pentru roata condusă ca și pentru cea conducătoare la angrenarea interioară alcătuită dintr-o roată cu dantură exterioară și una cu dantură interioară (numită coroană dințată, sau inel).

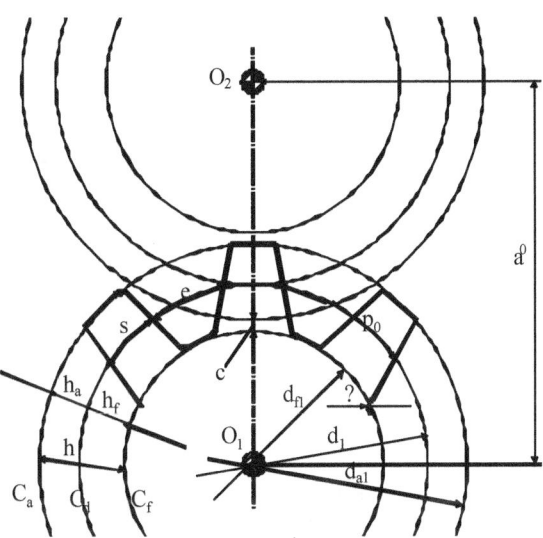

Fig. 2. *Elementele geometrice ale unui angrenaj cilindric cu dinți drepți; distanța dintre axe; un plin plus un gol dau pasul circular p*

Raza de racordare la piciorul dintelui este $\rho=0,38m$ (vezi figura 2).

Cercul de bază al unei roți este un cerc teoretic obținut prin amplificarea diametrului de divizare al roții respective cu cosinusul unghiului de angrenare normal pe cercul de divizare (α_0).

Unghiul de angrenare normal pe cercul de divizare este standardizat şi are de regulă valoarea de 20 [deg].

Tangenta la cele două cercuri de bază reprezintă linia de angrenare, de acţiune, de acţionare, de antrenare, de forţă, de presiune, de transmitere a forţei. Această linie nu se modifică. Ea face cu dreapta tangentă la cele două cercuri de rostogolire un unghi de presiune constant α (vezi figura 3). Dacă cercurile de divizare coincid cu (se suprapun peste) cele de rostogolire, unghiul de presiune α, capătă valoarea standardizată α_0. De regulă unghiului standardizat α_0 i se atribuie valoarea 20 [deg].

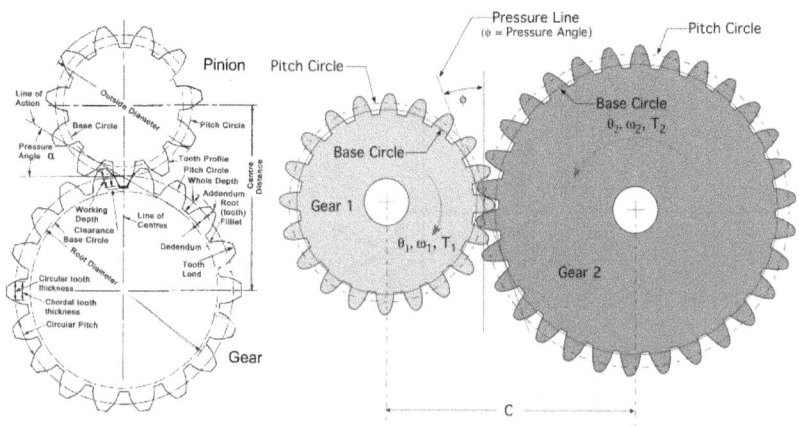

Fig. 3. *Elementele geometrice ale unui angrenaj cilindric cu dinţi drepţi; dreapta de angrenare (sau linia de acţiune) ori linia de presiune; unghiul de presiune notat de regulă cu α sau ϕ*

Pentru ca angrenarea să se desfăşoare fără şocuri, fără alunecări, fără zgomote, şi fără jocuri, se proiectează angrenajul în aşa fel încât atunci când o pereche de dinţi iese din angrenare, să fie deja intrată în angrenare perechea următoare.

Numărul de perechi de dinţi aflate în angrenare simultan (pentru o bună funcţionare a angrenajului) reprezintă gradul de acoperire. Deci gradul de acoperire al angrenajului („contact ratio", în engleză) notat cu ε (arată câte perechi de dinţi sunt în angrenare în acelaşi timp).

El se obţine cu relaţia (5) sau (7) pentru o angrenare exterioară şi cu relaţia (6) sau (8) pentru o angrenare interioară.

$$\varepsilon = \frac{\sqrt{(z_1 + 2)^2 - z_1^2 \cos^2 \alpha_0} + \sqrt{(z_2 + 2)^2 - z_2^2 \cos^2 \alpha_0} - (z_1 + z_2)\sin\alpha_0}{2 \cdot \pi \cdot \cos\alpha_0} \quad (5)$$

$$\varepsilon = \frac{\sqrt{(z_e + 2)^2 - z_e^2 \cos^2 \alpha_0} - \sqrt{(z_i - 2)^2 - z_i^2 \cos^2 \alpha_0} + (z_i - z_e)\sin\alpha_0}{2 \cdot \pi \cdot \cos\alpha_0} \quad (6)$$

$$\varepsilon_{12}^{a.e.} = \frac{\sqrt{z_1^2 \cdot \sin^2 \alpha_0 + 4 \cdot z_1 + 4} + \sqrt{z_2^2 \cdot \sin^2 \alpha_0 + 4 \cdot z_2 + 4} - (z_1 + z_2) \cdot \sin\alpha_0}{2 \cdot \pi \cdot \cos\alpha_0} \quad (7)$$

$$\varepsilon_{12}^{a.i.} = \frac{\sqrt{z_e^2 \cdot \sin^2 \alpha_0 + 4 \cdot z_e + 4} - \sqrt{z_i^2 \cdot \sin^2 \alpha_0 - 4 \cdot z_i + 4} + (z_i - z_e) \cdot \sin\alpha_0}{2 \cdot \pi \cdot \cos\alpha_0} \quad (8)$$

Deducerea lungimii segmentului de angrenare AE, şi a mărimii gradului de acoperire la angrenarea exterioară.

În figura 4 este prezentată schematic deducerea gradului de acoperire ε, pe baza obţinerii (calculării) lungimii segmentului de angrenare AE [42].

Se trasează cele două cercuri de bază (C_{b1} şi C_{b2}) şi tangenta lor comună tt'. Ducem r_{b1} şi r_{b2}, razele celor două cercuri de bază, perpendiculare pe dreapta de angrenare t-t' în punctele k_1 respectiv k_2. Angrenarea poate avea loc cel mult între aceste două puncte. Se vor determina în continuare cu exactitate punctul A de intrare în angrenare, cât şi punctul E de ieşire din angrenare. Punctul A se obţine prin intersectarea cercului de cap (addendum) al roţii 2, C_{a2} cu dreapta tt'. Punctul E se obţine prin intersectarea cercului de cap al roţii 1, C_{a1} cu dreapta tt'. Angrenarea se va face exact între cele două puncte AE de intrare în angrenare şi de ieşire din angrenare (vezi figura 4).

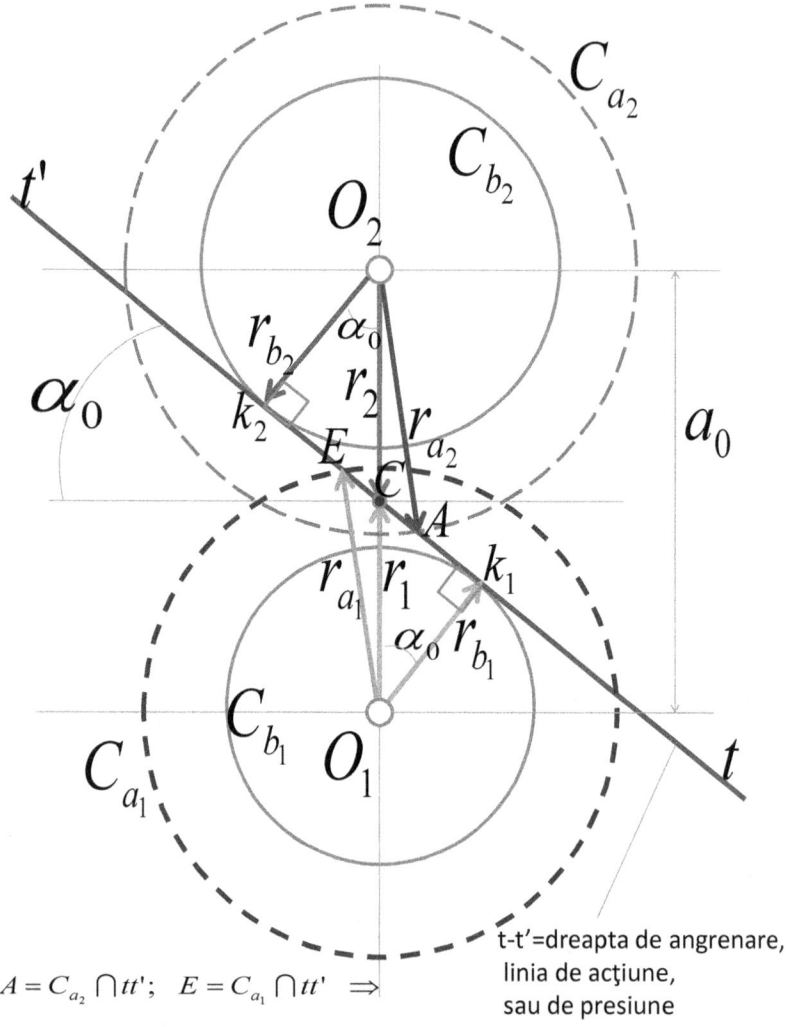

$$A = C_{a_2} \cap tt'; \quad E = C_{a_1} \cap tt' \quad \Rightarrow$$

t-t'=dreapta de angrenare, linia de acţiune, sau de presiune

$$\Rightarrow AE = segmentul \quad de \quad angrenare$$

Fig. 4. *Elementele geometrice ale unui angrenaj cilindric cu dinţi drepţi; dreapta de angrenare; deducerea segmentului de angrenare AE şi a gradului de acoperire ε_{12}*

Segmentul AE (lungimea lui în mm) în cadrul căruia se face angrenarea efectivă a perechilor de dinţi, se compară cu lungimea desfăşurată a pasului circular pe cercul de bază p_b, obţinută prin proiectarea pasului circular p de pe cercul de divizare pe cercul de bază, conform relaţiei (9).

$$p_b \equiv p_{b_0} = p \cdot \cos \alpha_0 = m \cdot \pi \cdot \cos \alpha_0 \qquad (9)$$

Pasul circular pe cercul de bază arată cât durează angrenarea unei perechi. De câte ori el se cuprinde în segmentul efectiv de angrenare AE, atâtea perechi de angrenare vor încăpea simultan în segmentul AE pe care se face angrenarea efectivă. Practic gradul de acoperire va fi raportul dintre AE şi p_b. El trebuie să fie supraunitar, pentru a avea mai multe perechi în angrenare simultană astfel încât să nu mai apară „timpi morţi", întreruperi ale angrenării, jocuri şi ciocniri la intrarea în angrenare datorate jocurilor, acestea producând şi vibraţii şi zgomote. Un grad de acoperire cât mai mare aduce şi un randament mecanic al angrenajului sporit [42].

Segmentul de angrenare AE se calculează direct cu relaţia (10).

$$AE = K_1 E + K_2 A - K_1 K_2 \qquad (10)$$

Expresia $K_1 E$ se obţine din triunghiul dreptunghic $O_1 K_1 E$, prin aplicarea teoremei lui Pitagora (relaţia 11).

$$K_1 E = \sqrt{r_{a_1}^2 - r_{b_1}^2} \qquad (11)$$

Similar se determină şi expresia $K_2 A$ prin aplicarea teoremei lui Pitagora (relaţia 12) în triunghiul dreptunghic $O_2 K_2 A$.

$$K_2 A = \sqrt{r_{a_2}^2 - r_{b_2}^2} \qquad (12)$$

K_1K_2 se exprimă trigonometric prin calcularea segmentelor K_1C şi K_2C şi prin însumarea lor (relaţia 13).

$$K_1K_2 = K_1C + K_2C = r_1 \cdot \sin \alpha_0 + r_2 \cdot \sin \alpha_0 =$$
$$= (r_1 + r_2) \cdot \sin \alpha_0 = a_0 \cdot \sin \alpha_0 \qquad (13)$$

Se înlocuiesc apoi cele trei segmente calculate cu relaţiile (11), (12), (13), în expresia (10) şi rezultă lungimea segmentului de angrenare AE (relaţia 14).

$$AE = \sqrt{r_{a_1}^2 - r_{b_1}^2} + \sqrt{r_{a_2}^2 - r_{b_2}^2} - a_0 \cdot \sin \alpha_0 \qquad (14)$$

Gradul de acoperire ε se determină prin împărţirea lui AE la pasul p_b (relaţia 15).

$$\varepsilon \equiv \varepsilon_{12} = \frac{\sqrt{r_{a_1}^2 - r_{b_1}^2} + \sqrt{r_{a_2}^2 - r_{b_2}^2} - a_0 \cdot \sin \alpha_0}{m \cdot \pi \cdot \cos \alpha_0} \qquad (15)$$

Înlocuind în (15) valorile razelor în funcţie de numerele de dinţi ale roţilor din angrenare se obţine direct relaţia (5). Dacă se desfac binoamele (se ridică la pătrat binoamele) de sub radicali, se obţine relaţia (7).

Evitarea fenomenului de interferenţă

Pentru ca să se evite fenomenul de interferenţă (figura 4) punctul A trebuie să se găsească între C şi K_1 (adică cercul de cap al roţii 2, C_{a2}, trebuie să taie segmentul de angrenare între punctele C şi K_1, şi sub nici o formă să nu depăşească punctul K_1) [42]. La fel, cercul C_{a1} trebuie să taie dreapta de angrenare între punctele C şi K_2, determinând punctul E, care sub nici o formă nu trebuie să treacă de K_2. Aceste condiţii de evitare a interferenţei se scriu cu relaţiile (16).

$$CA < K_1C \quad si \quad CE < K_2C$$

$$CA = K_2A - K_2C = \sqrt{r_{a_2}^2 - r_{b_2}^2} - r_2 \cdot \sin\alpha_0; \quad CA < K_1C \Rightarrow$$

$$\Rightarrow \sqrt{r_{a_2}^2 - r_{b_2}^2} - r_2 \cdot \sin\alpha_0 < r_1 \cdot \sin\alpha_0 \Rightarrow \sqrt{r_{a_2}^2 - r_{b_2}^2} < (r_1 + r_2) \cdot \sin\alpha_0$$

$$\Rightarrow d_{a_2}^2 - d_{b_2}^2 < (d_1 + d_2)^2 \cdot \sin^2\alpha_0 \Rightarrow$$

$$\Rightarrow m^2 \cdot (z_2 + 2)^2 - m^2 \cdot z_2^2 \cdot \cos^2\alpha_0 < m^2 \cdot (z_1 + z_2)^2 \cdot \sin^2\alpha_0 \Rightarrow$$

$$\Rightarrow z_2^2 + 4 \cdot z_2 + 4 - z_2^2 < z_1^2 \cdot \sin^2\alpha_0 + 2 \cdot z_1 \cdot z_2 \cdot \sin^2\alpha_0 \Rightarrow$$

$$\Rightarrow 4 \cdot z_2 + 4 < z_1^2 \cdot \sin^2\alpha_0 + 2 \cdot z_1 \cdot z_2 \cdot \sin^2\alpha_0$$

$$din \quad CE < K_2C \Rightarrow 4 \cdot z_1 + 4 < z_2^2 \cdot \sin^2\alpha_0 + 2 \cdot z_1 \cdot z_2 \cdot \sin^2\alpha_0$$

se obtine sistemul
$$\begin{cases} 4 \cdot z_2 + 4 < z_1^2 \cdot \sin^2\alpha_0 + 2 \cdot z_1 \cdot z_2 \cdot \sin^2\alpha_0 \\ 4 \cdot z_1 + 4 < z_2^2 \cdot \sin^2\alpha_0 + 2 \cdot z_1 \cdot z_2 \cdot \sin^2\alpha_0 \end{cases}$$

se ia $i \equiv |i_{12}| = \dfrac{z_2}{z_1} \Rightarrow z_2 = i \cdot z_1$; cu care obtinem sistemul

$$\begin{cases} \sin^2\alpha_0 \cdot (1 + 2 \cdot i) \cdot z_1^2 - 2 \cdot 2 \cdot i \cdot z_1 - 4 > 0 \\ \sin^2\alpha_0 \cdot (i^2 + 2 \cdot i) \cdot z_1^2 - 2 \cdot 2 \cdot z_1 - 4 > 0 \end{cases} \quad care \quad au \quad solutiile:$$

$$\begin{cases} z_{1_{1,2}} = \dfrac{2 \cdot i \pm 2 \cdot \sqrt{i^2 + \sin^2\alpha_0 + 2 \cdot i \cdot \sin^2\alpha_0}}{(2 \cdot i + 1) \cdot \sin^2\alpha_0} \\[4mm] z_{1_{3,4}} = \dfrac{2 \pm 2 \cdot \sqrt{1 + i^2 \cdot \sin^2\alpha_0 + 2 \cdot i \cdot \sin^2\alpha_0}}{(2 \cdot i + i^2) \cdot \sin^2\alpha_0} \end{cases} \quad se \quad opresc \quad solutiile \; + \quad (16)$$

$$\begin{cases} z_{1_2} = 2 \cdot \dfrac{i + \sqrt{i^2 + \sin^2\alpha_0 + 2 \cdot i \cdot \sin^2\alpha_0}}{(2 \cdot i + 1) \cdot \sin^2\alpha_0} \\[4mm] z_{1_4} = 2 \cdot \dfrac{1 + \sqrt{1 + i^2 \cdot \sin^2\alpha_0 + 2 \cdot i \cdot \sin^2\alpha_0}}{(2 \cdot i + i^2) \cdot \sin^2\alpha_0} \end{cases}$$

Relaţia care îl generează pe z_{1_4} dă întotdeauna valori mai mici decât relaţia care-l generează pe z_{1_2}, astfel încât este suficientă condiţia (17) pentru aflarea numărului minim de dinţi necesar evitării interferenţei danturii angrenajului.

$$z_{1_2} = 2 \cdot \frac{i + \sqrt{i^2 + \sin^2 \alpha_0 + 2 \cdot i \cdot \sin^2 \alpha_0}}{(2 \cdot i + 1) \cdot \sin^2 \alpha_0} \qquad (17)$$

În tabelul 1 se prezintă valorile obţinute cu ajutorul relaţiei (17), pentru diferite valori standardizate ale raportului de transmitere i, şi pentru trei valori diferite atribuite unghiului de presiune α_0 [42].

Tabelul 1. Z_{min} pentru evitarea interferenţei

α_0	20 [deg]									
i	1	1.25	1.6	2	2.5	3.15	4	5	6.3	8
z_{1_2}	12.32	12.96	13.62	14.16	14.64	15.07	15.44	15.74	15.99	16.22

α_0	20 [deg]									
i	10	12.5	16	20	25	31.5	40	50	63	80
z_{1_2}	16.38	16.52	16.64	16.73	16.80	16.86	16.91	16.95	16.98	17.00

α_0	4 [deg]									
i	1	1.25	1.6	2	2.5	3.15	4	5	6.3	8
z_{1_2}	275.	294.4	313.8	329.3	342.9	355.	365.6	373.9	380.9	387.

α_0	35 [deg]									
i	1	1.25	1.6	2	2.5	3.15	4	5	6.3	8
z_{1_2}	4.88	5.03	5.19	5.32	5.44	5.55	5.64	5.72	5.79	5.84

Se observă că numărul minim de dinţi necesar evitării interferenţei pentru unghiul de presiune standard (α_0=20 [deg]) este 13 corespunzător unui raport de transmitere i=1, şi creşte odată cu raportul de transmitere i stas ajungând la valoarea maximă de 18 dinţi pentru i>100. Pentru rapoartele de transmitere uzuale z_{min} ia valori cuprinse între 13 şi 17 dinţi, pentru unghiul de presiune standard. Dacă α_0 scade până la valoarea de 4 [deg], z_{min} variază între 275 şi 410 dinţi.

Când α_0 creşte până la valoarea de 35 [deg], z_{min} variază între 5 şi 6 dinţi.

Observaţie: Metodele mai vechi de proiectare a angrenajelor cilindrice cu dantură dreaptă, nu calculau z_{min} şi în funcţie de i, şi nu se punea problema modificării unghiului de presiune α_0, astfel încât singurele metode de a construi angrenaje care să poată să-şi scadă numărul minim de dinţi erau deplasarea de profil şi sau scurtarea dinţilor. Oricum roţile cilindrice cu dinţi drepţi s-au utilizat din ce în ce mai puţin, fiind înlocuite cu cele cu dantură înclinată, dar şi cu angrenajele conice, hiperboloidale, toroidale, melcate.

Prin scăderea numărului de dinţi al roţii conducătoare 1, scade şi gradul de acoperire cât şi randamentul angrenajului, creşte unghiul de presiune, cresc eforturile, uzura, şi scade perioada de viaţă a angrenajului.

Dacă creştem în schimb, numărul minim de dinţi al roţii de intrare, creşte gradul de acoperire, creşte randamentul angrenajului, scad unghiurile de presiune şi eforturile din cuplă, creşte fiabilitatea angrenajului, acesta funcţionând cu vibraţii şi zgomote mult mai reduse, cu randamente ridicate, şi un timp mai îndelungat.

1.3. DISTRIBUŢIA FORŢELOR ŞI DETERMINAREA RANDAMENTULUI MECANIC AL UNUI ANGRENAJ CILINDRIC

Unele mecanisme lucrează prin impulsuri şi transmit mişcarea de la un element al cuplei la celălalt prin pulsuri şi nu prin fricţiune [42]. Altele lucrează prin fricţiune, sau combinat. Angrenajele lucrează practic numai prin impulsuri. Componenta forţei de alunecare reprezintă practic tocmai pierderea sistemului. Din acest motiv eficacitatea transmisiei mecanice a acestui tip de cuplă reprezintă tocmai randamentul mecanic al transmisiei cu angrenaje dinţate.

Influenţa pierderilor prin frecări fiind foarte mică la această cuplă, poate fi neglijată total.

Se va analiza influenţa câtorva parametrii asupra randamentului angrenajelor cu roţi dinţate. Cu relaţiile prezentate în acest capitol, se poate face sinteza mecanismelor care utilizează transmisii cu roţi dinţate.

1.3.1. Forţele din cuplă şi determinarea randamentului mecanic instantaneu

În figura 1 este prezentată cupla cinematică cu cele două profile în angrenare, cu forţele care acţionează asupra ei.

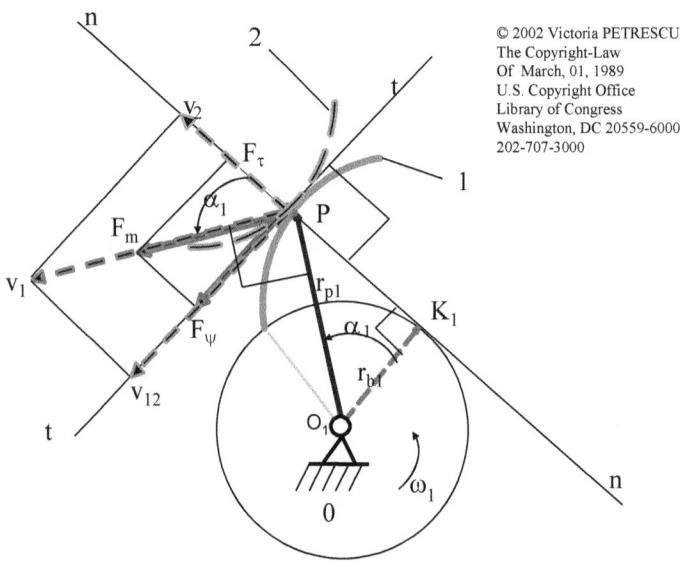

Fig. 1. *Distribuţia forţelor şi vitezelor în cupla C4 a unui angrenaj cilindric cu dinţi drepţi*

Sistemul (1) calculează forţa transmisă elementului 2 (profilului 2) în lungul liniei de angrenare în funcţie de forţa motoare, şi viteza transmisă v_2 în funcţie de viteza de intrare.

$$\begin{cases} F_\tau = F_m \cdot \cos\alpha_1 \quad F_\psi = F_m \cdot \sin\alpha_1 \quad \overline{F}_m = \overline{F}_\tau + \overline{F}_\psi \\ v_2 = v_1 \cdot \cos\alpha_1 \quad v_{12} = v_1 \cdot \sin\alpha_1 \quad \overline{v}_1 = \overline{v}_2 + \overline{v}_{12} \end{cases} \quad (1)$$

Unde: F_m - *forţa motoare* (forţa care se consumă); F_τ - pulsul, sau forţa transmisă (forţa utilă); F_ψ - forţa de alunecare, cu sau fără frecare (forţa care se pierde); v_1 - viteza elementului 1, sau a roţii conducătoare 1; v_2 - viteza elementului 2, sau a roţii conduse 2; v_{12} - viteza relativă a roţii 1 faţă de roata 2 (aceasta este o viteză de alunecare).

Puterea consumată (în cazul nostru fiind şi puterea motoare) ia forma (2).

$$P_c \equiv P_m = F_m \cdot v_1 \quad (2)$$

Puterea utilă (adică puterea transmisă de la roata 1 conducătoare la roata 2 condusă, de la dintele motor la dintele condus) se va scrie cu relaţia (3).

$$P_u \equiv P_\tau = F_\tau \cdot v_2 = F_m \cdot v_1 \cdot \cos^2\alpha_1 \quad (3)$$

Puterea pierdută se va putea exprima prin relaţia de forma (4).

$$P_\psi = F_\psi \cdot v_{12} = F_m \cdot v_1 \cdot \sin^2\alpha_1 \quad (4)$$

Randamentul instantaneu al cuplei se va calcula direct cu relaţia (5).

$$\begin{cases} \eta_i = \dfrac{P_u}{P_c} \equiv \dfrac{P_\tau}{P_m} = \dfrac{F_m \cdot v_1 \cdot \cos^2 \alpha_1}{F_m \cdot v_1} \end{cases} \quad \eta_i = \cos^2 \alpha_1 \qquad (5)$$

Coeficientul pierderilor instantanee se va scrie sub forma (6).

$$\begin{cases} \psi_i = \dfrac{P_\psi}{P_m} = \dfrac{F_m \cdot v_1 \cdot \sin^2 \alpha_1}{F_m \cdot v_1} = \sin^2 \alpha_1 \\ \eta_i + \psi_i = \cos^2 \alpha_1 + \sin^2 \alpha_1 = 1 \end{cases} \qquad (6)$$

Se vede cu uşurinţă faptul că suma dintre randamentul instantaneu şi coeficientul pierderilor instantanee este 1.

Se vor determina acum elementele geometrice ale angrenării. Ele vor fi necesare la determinarea randamentului cuplei, η.

1.3.2. Elementele geometrice ale angrenării

Vom determina acum următoarele elemente geometrice ale angrenării exterioare (pentru dinţi drepţi, β=0): Raza cercului de bază al roţii 1 conducătoare (7); raza cercului exterior al roţii conducătoare 1 (8); unghiul maxim de presiune al angrenării exterioare (9).

$$r_{b1} = \frac{1}{2} \cdot m \cdot z_1 \cdot \cos \alpha_0 \qquad (7)$$

$$r_{a1} = \frac{1}{2} \cdot (m \cdot z_1 + 2 \cdot m) = \frac{m}{2} \cdot (z_1 + 2) \qquad (8)$$

$$\cos \alpha_{1M} = \frac{r_{b1}}{r_{a1}} = \frac{\frac{1}{2} \cdot m \cdot z_1 \cdot \cos \alpha_0}{\frac{1}{2} \cdot m \cdot (z_1 + 2)} = \frac{z_1 \cdot \cos \alpha_0}{z_1 + 2} \qquad (9)$$

Determinăm aceiași parametrii și pentru roata condusă 2: raza cercului de bază (10), raza cercului exterior (de cap) (11), și determinarea unghiului minim de presiune al angrenării exterioare (12).

$$r_{b2} = \frac{1}{2} \cdot m \cdot z_2 \cdot \cos \alpha_0 \qquad (10)$$

$$r_{a2} = \frac{m}{2} \cdot (z_2 + 2) \qquad (11)$$

$$tg\,\alpha_{1m} = [(z_1 + z_2) \cdot \sin \alpha_0 - \sqrt{z_2^2 \cdot \sin^2 \alpha_0 + 4 \cdot z_2 + 4}] / (z_1 \cdot \cos \alpha_0) \qquad (12)$$

Reținem relațiile (9)-(12).

Pentru angrenarea exterioară cu dinţi înclinaţi ($\beta \neq 0$) se utilizează relaţiile de calcul (13, 14 şi 15).

La angrenările interioare cu dantură înclinată ($\beta \neq 0$) se vor utiliza relaţiile de calcul (13 cu 16 şi 17-A, sau 13 cu 18 şi 19-B).

$$tg\,\alpha_t = \frac{tg\,\alpha_0}{\cos\beta} \tag{13}$$

$$tg\,\alpha_{1m} = [(z_1 + z_2)\cdot\frac{\sin\alpha_t}{\cos\beta} - \sqrt{z_2^2\cdot\frac{\sin^2\alpha_t}{\cos^2\beta} + 4\cdot\frac{z_2}{\cos\beta} + 4}]\cdot\frac{\cos\beta}{z_1\cdot\cos\alpha_t} \tag{14}$$

$$\cos\alpha_{1M} = \frac{\dfrac{z_1\cdot\cos\alpha_t}{\cos\beta}}{\dfrac{z_1}{\cos\beta} + 2} \tag{15}$$

A. Când roata conducătoare 1, are dantură exterioară:

$$tg\,\alpha_{1m} = [(z_1 - z_2) \cdot \frac{\sin\alpha_t}{\cos\beta} +$$
$$+ \sqrt{z_2^2 \cdot \frac{\sin^2\alpha_t}{\cos^2\beta} - 4 \cdot \frac{z_2}{\cos\beta} + 4}\,] \cdot \frac{\cos\beta}{z_1 \cdot \cos\alpha_t} \qquad (16)$$

$$\cos\alpha_{1M} = \frac{\dfrac{z_1 \cdot \cos\alpha_t}{\cos\beta}}{\dfrac{z_1}{\cos\beta} + 2} \qquad (17)$$

B. Când roata conducătoare 1, are dantură interioară:

$$tg\,\alpha_{1M} = [(z_1 - z_2) \cdot \frac{\sin\alpha_t}{\cos\beta} +$$
$$+ \sqrt{z_2^2 \cdot \frac{\sin^2\alpha_t}{\cos^2\beta} + 4 \cdot \frac{z_2}{\cos\beta} + 4}\,] \cdot \frac{\cos\beta}{z_1 \cdot \cos\alpha_t} \qquad (18)$$

$$\cos\alpha_{1m} = \frac{\dfrac{z_1 \cdot \cos\alpha_t}{\cos\beta}}{\dfrac{z_1}{\cos\beta} - 2} \qquad (19)$$

1.3.3. Determinarea randamentului

Randamentul mecanic al angrenajului se va calcula prin integrarea randamentului instantaneu pe tot sectorul de angrenare, practic de la unghiul minim de presiune până la unghiul maxim de presiune; relaţia (20) [42].

$$
\begin{aligned}
\eta &= \frac{1}{\Delta\alpha} \cdot \int_{\alpha_m}^{\alpha_M} \eta_i \cdot d\alpha = \frac{1}{\Delta\alpha} \int_{\alpha_m}^{\alpha_M} \cos^2 \alpha \cdot d\alpha = \\
&= \frac{1}{2 \cdot \Delta\alpha} \cdot [\frac{1}{2} \cdot \sin(2 \cdot \alpha) + \alpha]_{\alpha_m}^{\alpha_M} = \\
&= \frac{1}{2 \cdot \Delta\alpha} [\frac{\sin(2\alpha_M) - \sin(2\alpha_m)}{2} + \Delta\alpha] = \\
&= \frac{\sin(2 \cdot \alpha_M) - \sin(2 \cdot \alpha_m)}{4 \cdot (\alpha_M - \alpha_m)} + 0.5
\end{aligned}
\tag{20}
$$

1.3.4. Determinarea randamentului mecanic al angrenării în funcţie şi de gradul de acoperire

Se calculează randamentul unei transmisii dinţate, având în vedere faptul că într-un moment oarecare al angrenării se află în contact (în angrenare) mai multe perechi de dinţi, şi nu doar una singură.

Modelul de pornire a fost ales ca având patru perechi de dinţi aflate în angrenare simultan. Prima pereche de dinţi în angrenare are punctul de contact i, definit de raza r_{i1}, şi de unghiul de presiune α_{i1}; forţele cuplei care acţionează în acest punct sunt: forţa motoare F_{mi}, perpendiculară pe vectorul de poziţie r_{i1} în i şi forţa transmisă de la roata conducătoare 1 la roata condusă 2 prin punctul i, $F_{\tau i}$, paralelă cu linia de angrenare şi având sensul de la roata 1 către roata 2, forţa transmisă fiind practic proiecţia forţei motoare pe segmentul de angrenare; vitezele definite sunt similare forţelor (având în vedere cinematica originală, precisă, descrisă); aceiaşi parametrii vor fi definiţi şi pentru celelalte trei puncte de contact simultan, j, k, l (figura 2.).

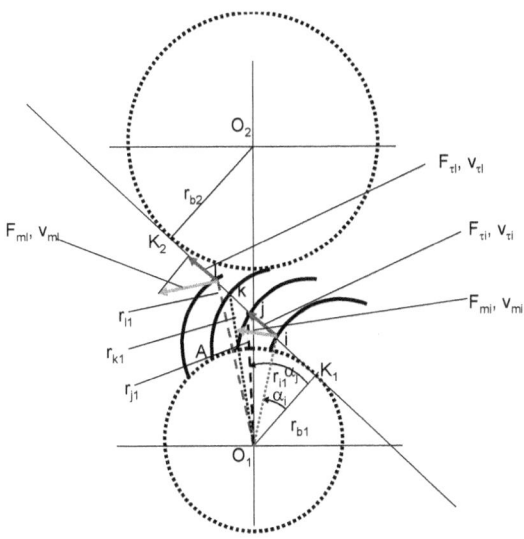

Fig. 2. *Distribuţia forţelor şi vitezelor la un angrenaj cilindric când există mai multe perechi de dinţi în angrenare simultan*

Pentru început scriem relaţiile dintre viteze (21).

$$
\begin{aligned}
v_{ti} &= v_{mi} \cdot \cos \alpha_i = r_i \cdot \omega_1 \cdot \cos \alpha_i = r_{b1} \cdot \omega_1 \\
v_{tj} &= v_{mj} \cdot \cos \alpha_j = r_j \cdot \omega_1 \cdot \cos \alpha_j = r_{b1} \cdot \omega_1 \\
v_{tk} &= v_{mk} \cdot \cos \alpha_k = r_k \cdot \omega_1 \cdot \cos \alpha_k = r_{b1} \cdot \omega_1 \\
v_{tl} &= v_{ml} \cdot \cos \alpha_l = r_l \cdot \omega_1 \cdot \cos \alpha_l = r_{b1} \cdot \omega_1
\end{aligned}
\tag{21}
$$

Din relaţiile de viteze (21), se deduc egalităţile vitezelor tangenţiale (22), şi se explicitează vitezele motoare (23).

$$
v_{ti} = v_{tj} = v_{tk} = v_{tl} = r_{b1} \cdot \omega_1
\tag{22}
$$

$$v_{mi} = \frac{r_{b1} \cdot \omega_1}{\cos \alpha_i}; v_{mj} = \frac{r_{b1} \cdot \omega_1}{\cos \alpha_j};$$

$$v_{mk} = \frac{r_{b1} \cdot \omega_1}{\cos \alpha_k}; v_{ml} = \frac{r_{b1} \cdot \omega_1}{\cos \alpha_l} \qquad (23)$$

Forţele transmise simultan de cele patru puncte ale aceleiaşi cuple trebuie să fie egale (trebuie să aibă aceiaşi valoare) (24).

$$F_{ti} = F_{tj} = F_{tk} = F_{tl} = F_\tau \qquad (24)$$

Forţele motoare sunt exprimate de relaţiile (25).

$$F_{mi} = \frac{F_\tau}{\cos \alpha_i}; F_{mj} = \frac{F_\tau}{\cos \alpha_j};$$

$$F_{mk} = \frac{F_\tau}{\cos \alpha_k}; F_{ml} = \frac{F_\tau}{\cos \alpha_l} \qquad (25)$$

Randamentul instantaneu se poate scrie în forma (26).

$$\eta_i = \frac{P_u}{P_c} = \frac{P_\tau}{P_m} = \frac{F_{ti} \cdot v_{ti} + F_{tj} \cdot v_{tj} + F_{tk} \cdot v_{tk} + F_{tl} \cdot v_{tl}}{F_{mi} \cdot v_{mi} + F_{mj} \cdot v_{mj} + F_{mk} \cdot v_{mk} + F_{ml} \cdot v_{ml}} =$$

$$= \frac{4 \cdot F_\tau \cdot r_{b1} \cdot \omega_1}{\dfrac{F_\tau \cdot r_{b1} \cdot \omega_1}{\cos^2 \alpha_i} + \dfrac{F_\tau \cdot r_{b1} \cdot \omega_1}{\cos^2 \alpha_j} + \dfrac{F_\tau \cdot r_{b1} \cdot \omega_1}{\cos^2 \alpha_k} + \dfrac{F_\tau \cdot r_{b1} \cdot \omega_1}{\cos^2 \alpha_l}} = \qquad (26)$$

$$= \frac{4}{\dfrac{1}{\cos^2 \alpha_i} + \dfrac{1}{\cos^2 \alpha_j} + \dfrac{1}{\cos^2 \alpha_k} + \dfrac{1}{\cos^2 \alpha_l}} =$$

$$= \frac{4}{4 + tg^2 \alpha_i + tg^2 \alpha_j + tg^2 \alpha_k + tg^2 \alpha_l}$$

Relaţiile (27) şi (28) sunt auxiliare (ajutătoare).

$$K_1 i = r_{b1} \cdot tg\alpha_i; K_1 j = r_{b1} \cdot tg\alpha_j; K_1 k = r_{b1} \cdot tg\alpha_k; K_1 l = r_{b1} \cdot tg\alpha_l$$

$$K_1 j - K_1 i = r_{b1} \cdot (tg\alpha_j - tg\alpha_i); K_1 j - K_1 i = r_{b1} \cdot \frac{2 \cdot \pi}{z_1} \Rightarrow tg\alpha_j = tg\alpha_i + \frac{2 \cdot \pi}{z_1} \qquad (27)$$

$$K_1 k - K_1 i = r_{b1} \cdot (tg\alpha_k - tg\alpha_i); K_1 k - K_1 i = r_{b1} \cdot 2 \cdot \frac{2 \cdot \pi}{z_1} \Rightarrow tg\alpha_k = tg\alpha_i + 2 \cdot \frac{2 \cdot \pi}{z_1}$$

$$K_1 l - K_1 i = r_{b1} \cdot (tg\alpha_l - tg\alpha_i); K_1 l - K_1 i = r_{b1} \cdot 3 \cdot \frac{2 \cdot \pi}{z_1} \Rightarrow tg\alpha_l = tg\alpha_i + 3 \cdot \frac{2 \cdot \pi}{z_1}$$

$$tg\alpha_j = tg\alpha_i \pm \frac{2 \cdot \pi}{z_1};$$

$$tg\alpha_k = tg\alpha_i \pm 2 \cdot \frac{2 \cdot \pi}{z_1}; \qquad (28)$$

$$tg\alpha_l = tg\alpha_i \pm 3 \cdot \frac{2 \cdot \pi}{z_1}$$

Se păstrează relaţiile (28), cu semnul plus (+) pentru angrenările la care roata conducătoare-1 are dantură exterioară (acest lucru este posibil atât la angrenările exterioare cât şi la cele interioare), şi cu semnul minus (-) numai pentru angrenările la care roata conducătoare 1 are dantură interioară, adică atunci când roata conducătoare-1 este un inel (numai la angrenările interioare). Relaţia de calcul a randamentului instantaneu (26) utilizează relaţiile auxiliare (28) şi capătă astfel aspectul (29).

$$\eta_i = \frac{4}{4 + tg^2\alpha_i + tg^2\alpha_j + tg^2\alpha_k + tg^2\alpha_l} =$$

$$= \frac{4}{4 + tg^2\alpha_i + (tg\alpha_i \pm \frac{2\pi}{z_1})^2 + (tg\alpha_i \pm 2 \cdot \frac{2\pi}{z_1})^2 + (tg\alpha_i \pm 3 \cdot \frac{2\pi}{z_1})^2} =$$

$$= \frac{4}{4 + 4 \cdot tg^2\alpha_i + \frac{4\pi^2}{z_1^2} \cdot (0^2 + 1^2 + 2^2 + 3^2) \pm 2 \cdot tg\alpha_i \cdot \frac{2\pi}{z_1} \cdot (0+1+2+3)} =$$

$$= \frac{1}{1 + tg^2\alpha_i + \frac{4\pi^2}{E \cdot z_1^2} \cdot \sum_{i=1}^{E}(i-1)^2 \pm 2 \cdot tg\alpha_i \cdot \frac{2\pi}{E \cdot z_1} \cdot \sum_{i=1}^{E}(i-1)} =$$

$$= \frac{1}{1 + tg^2\alpha_1 + \frac{4\pi^2}{E \cdot z_1^2} \cdot \frac{E \cdot (E-1) \cdot (2 \cdot E - 1)}{6} \pm \frac{4\pi \cdot tg\alpha_1}{E \cdot z_1} \cdot \frac{E \cdot (E-1)}{2}} =$$

$$= \frac{1}{1 + tg^2\alpha_1 + \frac{2\pi^2 \cdot (E-1) \cdot (2E-1)}{3 \cdot z_1^2} \pm \frac{2\pi \cdot tg\alpha_1 \cdot (E-1)}{z_1}} = \tag{29}$$

$$= \frac{1}{1 + tg^2\alpha_1 + \frac{2\pi^2}{3 \cdot z_1^2} \cdot (\varepsilon_{12} - 1) \cdot (2 \cdot \varepsilon_{12} - 1) \pm \frac{2\pi \cdot tg\alpha_1}{z_1} \cdot (\varepsilon_{12} - 1)}$$

În expresia (29) s-a pornit cu relaţia (26) scrisă pentru patru perechi de dinţi aflate simultan în angrenare, dar se continuă apoi printr-o generalizare a expresiei randamentului instantaneu, prin înlocuirea celor patru perechi de dinţi aflaţi simultan în angrenare cu un număr oarecare E de perechi aflate simultan în angrenare, numărul E reprezentând o variabilă reală care poate lua şi valori diferite de un întreg, variabilă reală care aşa cum se va observa reprezintă de fapt suma dintre gradul de acoperire +1, iar după restrângerea expresiilor date de sumele numerice din relaţie vom putea înlocui şi variabila de lucru respectivă E cu gradul de acoperire efectiv ε_{12}.

Este necesar să determinăm în final randamentul mecanic al angrenării, fapt pentru care utilizăm următoarea aproximare: unghiul de presiune α_1, va fi mediat (înlocuit) cu valoarea unghiului de presiune normal pe diametrul de divizare α_0. În acest fel relaţia (29) a randamentului instantaneu capătă forma (30) a randamentului mecanic;

pentru determinarea sa (a randamentului mecanic) aşa cum s-a specificat deja utilizăm şi variabila ε_{12} reprezentând gradul de acoperire al angrenajului, grad ce se determină cu expresia (31) la angrenările exterioare, şi cu relaţia (32) în cazul angrenărilor interioare [42].

$$\eta_m = \cfrac{1}{1 + tg^2\alpha_0 + \cfrac{2\pi^2}{3 \cdot z_1^2} \cdot (\varepsilon_{12} - 1) \cdot (2 \cdot \varepsilon_{12} - 1) \pm \cfrac{2\pi \cdot tg\alpha_0}{z_1} \cdot (\varepsilon_{12} - 1)} \tag{30}$$

$$\varepsilon_{12}^{a.e.} = \frac{\sqrt{z_1^2 \cdot \sin^2\alpha_0 + 4 \cdot z_1 + 4} + \sqrt{z_2^2 \cdot \sin^2\alpha_0 + 4 \cdot z_2 + 4} - (z_1 + z_2) \cdot \sin\alpha_0}{2 \cdot \pi \cdot \cos\alpha_0} \tag{31}$$

$$\varepsilon_{12}^{a.i.} = \frac{\sqrt{z_e^2 \cdot \sin^2\alpha_0 + 4 \cdot z_e + 4} - \sqrt{z_i^2 \cdot \sin^2\alpha_0 - 4 \cdot z_i + 4} + (z_i - z_e) \cdot \sin\alpha_0}{2 \cdot \pi \cdot \cos\alpha_0} \tag{32}$$

1.3.5. Concluzii

Randamentele cele mai mari se obţin cu angrenările interioare la care roata conducătoare este coroana dinţată (inelul); randamentele cele mai mici se obţin tot cu angrenările interioare, atunci când roata conducătoare este cea cu dantură exterioară.

La angrenările exterioare, randamentele sunt mai mari atunci când roata mai mare este conducătoare [42]. Dacă scădem valoarea unghiului normal de angrenare α_0, *creşte atât gradul de acoperire cât şi randamentul mecanic al angrenării respective, de orice tip ar fi ea.*

1.3.6. Calculul randamentului mecanic pentru angrenajele cu dantură înclinată

Randamentul mecanic la dantura înclinată (ca dealtfel orice parametru de la angrenajele cu dantură înclinată) se poate calcula utilizând relaţiile de la dantura dreaptă, cu minimile modificări necesare, şi anume de a trece în formule numerele de dinţi împărţite la $\cos\beta$ (pentru a lucra cu angrenajul echivalent din secţiunea normală), iar în locul tangentei $tg\,\alpha_0$ se va trece $tg\,\alpha_t$.

Se obţin astfel din relaţiile (30-32) relaţiile (33-35) care au un caracter mai general [42].

$$\eta_m = \frac{z_1^2 \cdot \cos^2\beta}{z_1^2 \cdot (tg^2\alpha_t + \cos^2\beta) + \frac{2}{3} \cdot \pi^2 \cdot \cos^4\beta \cdot (\varepsilon - 1) \cdot (2 \cdot \varepsilon - 1) \pm 2 \cdot \pi \cdot tg\,\alpha_t \cdot z_1 \cdot \cos^2\beta \cdot (\varepsilon - 1)} \tag{33}$$

$$
\begin{aligned}
\varepsilon^{a.e.} = & \frac{1 + tg^2\beta}{2 \cdot \pi} \cdot \\
& \cdot \left\{ \sqrt{[(z_1 + 2 \cdot \cos\beta) \cdot tg\,\alpha_t]^2 + 4 \cdot \cos^3\beta \cdot (z_1 + \cos\beta)} + \right. \\
& + \sqrt{[(z_2 + 2 \cdot \cos\beta) \cdot tg\,\alpha_t]^2 + 4 \cdot \cos^3\beta \cdot (z_2 + \cos\beta)} - \\
& \left. - (z_1 + z_2) \cdot tg\,\alpha_t \right\}
\end{aligned} \tag{34}
$$

$$
\begin{aligned}
\varepsilon^{a.i.} = & \frac{1 + tg^2\beta}{2 \cdot \pi} \cdot \\
& \cdot \left\{ \sqrt{[(z_e + 2 \cdot \cos\beta) \cdot tg\,\alpha_t]^2 + 4 \cdot \cos^3\beta \cdot (z_e + \cos\beta)} - \right. \\
& - \sqrt{[(z_i - 2 \cdot \cos\beta) \cdot tg\,\alpha_t]^2 - 4 \cdot \cos^3\beta \cdot (z_i - \cos\beta)} - \\
& \left. - (z_e - z_i) \cdot tg\,\alpha_t \right\}
\end{aligned} \tag{35}
$$

296

1.4. DINAMICA ANGRENAJELOR

LEGEA FUNDAMENTALĂ A ANGRENĂRII

Legea fundamentală a angrenării postulează faptul că:

„normala comună la cele două profile aflate în contact trebuie să treacă în permanenţă printr-un punct fix".

Acest punct fix este punctul C, şi reprezintă pe lângă punctul de tangenţă dintre cele două cercuri de rostogolire, şi centrul instantaneu de rotaţie (CIR=I).

Consecinţa imediată a legii fundamentale a angrenării este constanţa vitezei unghiulare a elementului 2 de ieşire. Faptul că cinematic viteza unghiulară la ieşire este permanent constantă reprezintă unul din marile avantaje ale angrenărilor cu roţi dinţate (alături şi de cel al realizării de randamente foarte ridicate).

Acest avantaj cinematic nu este însă chiar atât de riguros respectat şi în funcţionarea reală a angrenajelor, adică în funcţionarea lor dinamică, unde vitezele unghiulare nu numai pe elementul doi de ieşire ci şi pe elementul 1 de intrare, sunt variabile în permanenţă.

Prezentarea unui „Model dinamic"
utilizat la studiul angrenajelor cu axe paralele

Aproape toate modelele dinamice studiate referitoare la angrenajele cu axe paralele, se bazează pe modelele mecanice clasice (cunoscute) care studiază vibraţiile torsionale ale arborilor angrenajului şi determină pulsaţiile proprii şi deformaţiile torsionale ale arborilor; sigur că sunt foarte utile, dar nu tratează efectiv cupla formată din cei doi dinţi în angrenare (sau mai multe perechi de dinţi în angrenare), adică nu tratează fiziologia propriuzisă a mecanismului cu roţi dinţate pentru a vedea care sunt fenomenele dinamice ce au loc în cupla superioară plană; Tocmai acest lucru încearcă să-l facă prezentul paragraf [42].

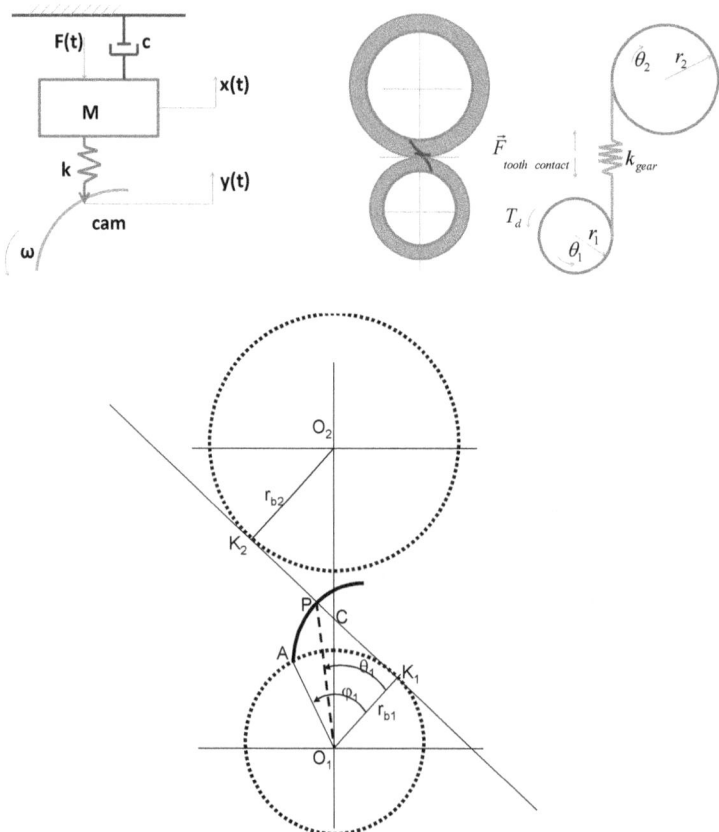

Fig. 1. *Model dinamic; unghiurile caracteristice poziţiei unui dinte al roţii conducătoare, aflat în angrenare*

În figura 1 jos, este prezentat un dinte al roţii 1 conducătoare, aflat în angrenare într-o poziţie oarecare pe segmentul de angrenare K_1K_2.

El este caracterizat de unghiurile θ_1 şi φ_1, primul arătând poziţia vectorului O_1P (vectorul de contact) în raport cu vectorul fix O_1K_1, iar al doilea arătând cu cât s-a rotit dintele (roata conducătoare 1) în raport cu O_1K_1.

Între cele două unghiuri există relaţiile de legătură 1.

$$\varphi_1 = tg\,\theta_1$$
$$\theta_1 = arctg\,\varphi_1 \tag{1}$$

Deoarece φ_1 este suma dintre unghiurile θ_1 şi γ_1, unde unghiul γ_1 reprezintă funcţia cunoscută $inv\theta_1$:

$$\varphi_1 = \theta_1 + \gamma_1 = \theta_1 + inv\,\theta_1 = \theta_1 + (tg\,\theta_1 - \theta_1) = tg\,\theta_1 \tag{2}$$

Relaţiile (1) se derivează şi obţinem relaţiile (3).

$$\dot{\varphi}_1 = (1 + tg^2\theta_1) \cdot \dot{\theta}_1 = (1 + \varphi_1^2) \cdot \dot{\theta}_1$$
$$\dot{\theta}_1 = \frac{\dot{\varphi}_1}{1 + \varphi_1^2} = D_1 \cdot \omega_1 ; D_1 = \frac{1}{1 + \varphi_1^2} = \frac{1}{1 + tg^2\theta_1} \tag{3}$$
$$\ddot{\theta}_1 = \dot{D}_1 \cdot \omega_1 = D_1^{'} \cdot \omega_1^2 ; D_1^{'} = \frac{-2 \cdot \varphi_1}{(1 + \varphi_1^2)^2} = \frac{-2 \cdot tg\,\theta_1}{(1 + tg^2\theta_1)^2}$$

Modelul dinamic luat în considerare este similar celui de la mecanismele cu camă şi tachet deoarece mecanismele cu roţi dinţate sunt similare celor cu came; practic roata dinţată este o camă multiplă, fiecare dinte fiind o camă, prezentând numai faza de ridicare. Forţele şi J* (M*) se modifică, deci şi ecuaţia de mişcare va căpăta un alt aspect.

Contactul dintre cei doi dinţi este practic contactul dintre o camă de rotaţie şi un tachet balansier (tot de rotaţie).

Similar deci modelelor cu came se va determina cinematica de precizie (dinamică) la cupla superioară cu angrenaje cu axe paralele. Vectorul care se impune pe roata 1 conducătoare (la cinematica dinamică), este vectorul de contact O_1P, unghiul său de poziţie fiind θ_1, iar viteza sa unghiulară $\dot{\theta}_1$. La roata 2, condusă, se transmite viteza v_2 (vezi relaţia 4 şi schema cinematică din figura 1).

$$v_2 = -v_1 \cdot \cos\theta_1 = -r_{p1} \cdot \dot{\theta}_1 \cdot \cos\theta_1 = -r_{b1} \cdot \dot{\theta}_1 = -r_{b1} \cdot D_1 \cdot \omega_1$$

$$dar : v_2 = r_{b2} \cdot \omega_2 => \omega_2 = -\frac{r_{b1}}{r_{b2}} \cdot D_1 \cdot \omega_1 \qquad (4)$$

Prin derivare se calculează şi acceleraţia unghiulară (de precizie), la roata 2 (5), iar prin integrare deplasarea roţii 2 (6):

$$\varepsilon_2 = -\frac{r_{b1}}{r_{b2}} \cdot D_1^{'} \cdot \omega_1^2 \qquad (5)$$

$$\varphi_2 = -\frac{r_{b1}}{r_{b2}} \cdot arctg(\varphi_1) = -\frac{r_{b1}}{r_{b2}} \cdot \theta_1 \qquad (6)$$

Forţa redusă (motoare şi rezistentă) la roata 1, conducătoare, este egală cu forţa elastică din cuplă (atâta timp cât la roata condusă 2 nu mai intervine şi o forţă rezistentă tehnologică suplimentară) şi se scrie sub forma (7).

$$F^* = K \cdot (r_{b1} \cdot \varphi_1 - r_{b2} \cdot \varphi_2) =$$

$$= K \cdot (r_{b1} \cdot \varphi_1 - r_{b2} \cdot \frac{r_{b1}}{r_{b2}} \cdot \theta_1) = \qquad (7)$$

$$= K \cdot r_{b1} \cdot (tg\,\theta_1 - \theta_1)$$

Semnul minus a fost luat odată, astfel încât φ_2 se înlocuieşte doar în modul, în expresia 7, iar K reprezintă constanta elastică a dinţilor în angrenare, şi se măsoară în [N/m].

Ecuaţia dinamică de mişcare se scrie:

$$M^* \cdot \ddot{x} + \frac{1}{2} \cdot \frac{dM^*}{dt} \cdot \dot{x} = F^* \qquad (8)$$

Masa redusă, M^*, se determină cu relaţia (9):

$$M^* = (J_1 + \frac{1}{i^2} \cdot J_2) \cdot \frac{1}{r_{p1}^2} = (J_1 + \frac{1}{i^2} \cdot J_2) \cdot \frac{\cos^2 \theta_1}{r_{b1}^2} =$$

$$= \frac{J_1 + \frac{1}{i^2} \cdot J_2}{r_{b1}^2} \cdot \cos^2 \theta_1 = C_M \cdot \cos^2 \theta_1; C_M = \frac{J_1 + \frac{1}{i^2} \cdot J_2}{r_{b1}^2} \qquad (9)$$

Unde, J_1 şi J_2 reprezintă momentele de inerţie (masice, mecanice), reduse la roata 1, iar i este modulul raportului de transmitere de la roata 1 la roata 2 (vezi relaţia 10):

$$i = \frac{r_{b2}}{r_{b1}} = -\frac{\omega_1}{\omega_2} \qquad (10)$$

Deplasarea x a roţii 2 pe segmentul de angrenare, se scrie:

$$x = r_{b2} \cdot \varphi_2 = r_{b2} \cdot -\frac{r_{b1}}{r_{b2}} \cdot arctg\,\varphi_1 = -r_{b1} \cdot arctg\,\varphi_1 = -r_{b1} \cdot \theta_1 \qquad (11)$$

Viteza şi acceleraţia corespunzătoare se scriu:

$$\dot{x} = -r_{b1} \cdot \dot{\theta}_1 = -r_{b1} \cdot \frac{1}{1 + tg^2\theta_1} \cdot \omega_1 \qquad (12)$$

$$\ddot{x} = -r_{b1} \cdot \ddot{\theta}_1 = -r_{b1} \cdot \frac{-2 \cdot tg\theta_1}{(1 + tg^2\theta_1)^2} \cdot \omega_1^2 = 2 \cdot r_{b1} \cdot \frac{tg\theta_1}{(1 + tg^2\theta_1)^2} \cdot \omega_1^2 \qquad (13)$$

Se derivează masa redusă în raport cu timpul şi rezultă expresia (14):

$$\frac{dM^*}{dt} = -2 \cdot C_M \cdot \frac{\cos\theta_1 \cdot \sin\theta_1}{1 + tg^2\theta_1} \cdot \omega_1 \qquad (14)$$

Ecuaţia de mişcare (8) ia acum forma (15), care se poate aranja şi sub forma (16):

$$3 \cdot C_M \cdot r_{b1} \cdot \frac{tg\theta_1}{(1 + tg^2\theta_1)^3} \cdot \omega_1^2 = K \cdot r_{b1} \cdot (tg\theta_1 - \theta_1) \qquad (15)$$

$$\theta_1^d \equiv \theta_1 = tg\theta_1 - \frac{3 \cdot C_M \cdot tg\theta_1 \cdot \omega_1^2}{K \cdot (1 + tg^2\theta_1)^3} =$$

$$= tg\theta_1 \cdot [1 - \frac{3 \cdot (J_1 + \frac{r_{b1}^2}{r_{b2}^2} \cdot J_2) \cdot \omega_1^2}{r_{b1}^2 \cdot K \cdot (1 + tg^2\theta_1)^3}] \qquad (16)$$

Expresia (16) reprezintă soluţia ecuaţiei de mişcare a cuplei superioare; pentru un unghi de rotaţie al roţii 1, φ_1, cunoscut, căruia îi corespunde un unghi de presiune θ_1, cunoscut, expresia (16) generează un unghi de presiune dinamic, θ_1^d.

În condiţiile în care constanta de elasticitate a dinţilor în contact, K, este suficient de mare, dacă raza cercului de bază a roţii 1 nu scade prea mult (z_1 să fie mai mare de 15-20), pentru turaţii normale sau chiar ridicate (dar nu foarte mari), raportul din paranteza expresiei 16 rămâne subunitar şi chiar mult mai mic decât 1, astfel încât expresia 16 se poate aproxima firesc la forma (17):

$$\theta_1^d = tg\,\theta_1 = \varphi_1^c \equiv \varphi_1 \qquad (17)$$

Acum se poate determina viteza unghiulară instantanee a roţii 1 conducătoare (relaţia 19):

$$\frac{\Delta\omega_1}{\omega_m} = \frac{\Delta\varphi_1}{\varphi_1} \Rightarrow$$

$$\Delta\omega_1 = \frac{\Delta\varphi_1}{\varphi_1}\cdot\omega_m = \frac{\varphi_1^d - \varphi_1}{\varphi_1}\cdot\omega_m = \frac{tg(\theta_1^d) - \varphi_1}{\varphi_1}\cdot\omega_m = \qquad (18)$$

$$= \frac{tg(\varphi_1) - \varphi_1}{\varphi_1}\cdot\omega_m = \frac{inv\,\varphi_1}{\varphi_1}\cdot\omega_m$$

$$\omega_1 = \omega_m + \Delta\omega_1 = (1 + \frac{inv\,\varphi_1}{\varphi_1})\cdot\omega_m =$$

$$= \frac{tg(\varphi_1)}{\varphi_1}\cdot\omega_m = \frac{tg(tg\,\theta_1)}{tg\,\theta_1}\cdot\omega_m = R_{d1}\cdot\omega_m \qquad (19)$$

Se defineşte **_coeficientul dinamic, R_d1_** ca fiind raportul între tangentă de fi1 şi unghiul fi1, sau raportul $\dfrac{tg(tg\theta_1)}{tg\theta_1}$, relaţia 20:

$$R_{d1} = \frac{tg(tg\theta_1)}{tg\theta_1} \qquad (20)$$

Sinteza dinamică a angrenajelor cu axe paralele se poate face ţinând cont de relaţia (20).

Necesitatea obţinerii unui coeficient dinamic cât mai scăzut (cât mai apropiat de valoarea 1), impune limitarea unghiului de presiune maxim, θ_{1M} şi a celui normal, α_0, cât şi creşterea numărului minim de dinţi al roţii conducătoare, 1, z_{1min}.

În tabelul 1 sunt prezentate câteva valori ale coeficientului dinamic R_{d1} în funcţie de unghiul de presiune normal şi de numărul minim de dinţi al roţii 1 conducătoare;

Valoarea unghiului de presiune normal (standardizată) trebuie scăzută pentru a atinge coeficienţi dinamici apropiaţi de valoarea unitară;

În acelaşi timp trebuie mărit numărul minim de dinţi al roţii 1 conducătoare.

Tabelul 1

α_0 [grad]	z_{1min} []	θ_{1M} [grad]	R_{d1} []
20	20	31,321	1,145
	25	29,531	1,123
	60	24,580	1,076
	100	22,888	1,064
	z_{1min} []	θ_{1M} [grad]	R_{d1} []
10	20	26,456	1,092
	25	24,236	1,074
	60	17,629	1,035
	100	15,094	1,025
	z_{1min} []	θ_{1M} [grad]	R_{d1} []
5	20	25,092	1,080
	25	22,720	1,063
	60	15,408	1,026
	100	12,403	1,016

Dinamica la roata 2, a angrenajului; Pentru roata 2 condusă putem scrie următoarele relaţii (cu c-cinematic, cp-cinematica de precizie, d-dinamic):

$$\varphi_2^c = -\frac{r_{b1}}{r_{b2}} \cdot \varphi_1 \qquad (21)$$

$$\omega_2^c = -\frac{r_{b1}}{r_{b2}} \cdot \omega_1 \qquad (22)$$

$$\varepsilon_2^c = -\frac{r_{b1}}{r_{b2}} \cdot \varepsilon_1 = 0 \tag{23}$$

$$\varphi_2^{cp} = -\frac{r_{b1}}{r_{b2}} \cdot arctg\,\varphi_1 = -\frac{r_{b1}}{r_{b2}} \cdot \theta_1 \tag{24}$$

$$\omega_2^{cp} = -\frac{r_{b1}}{r_{b2}} \cdot \frac{1}{1+\varphi_1^2} \cdot \omega_1 = -\frac{r_{b1}}{r_{b2}} \cdot \frac{1}{1+tg^2\theta_1} \cdot \omega_1 \tag{25}$$

$$\varepsilon_2^{cp} = -\frac{r_{b1}}{r_{b2}} \cdot \frac{-2\cdot\varphi_1}{(1+\varphi_1^2)^2} \cdot \omega_1^2 = -\frac{r_{b1}}{r_{b2}} \cdot \frac{-2\cdot tg\theta_1}{(1+tg^2\theta_1)^2} \cdot \omega_1^2 \tag{26}$$

$$\varphi_2^d = -\frac{r_{b1}}{r_{b2}} \cdot \int \frac{tg\,\varphi_1}{\varphi_1+\varphi_1^3} d\varphi_1 \tag{27}$$

$$\omega_2^d = -\frac{r_{b1}}{r_{b2}} \cdot \frac{1}{1+\varphi_1^2} \cdot \frac{tg\,\varphi_1}{\varphi_1} \cdot \omega_1 = -\frac{r_{b1}}{r_{b2}} \cdot \frac{1}{1+tg^2\theta_1} \cdot \frac{tg(tg\theta_1)}{tg\theta_1} \cdot \omega_1 \tag{28}$$

$$\varepsilon_2^d = -\frac{r_{b1}}{r_{b2}} \cdot \frac{(1+tg^2\varphi_1)\cdot(\varphi_1+\varphi_1^3)-tg\,\varphi_1\cdot(1+3\cdot\varphi_1^2)}{(\varphi_1+\varphi_1^3)^2} \cdot \omega_1^2 \tag{29}$$

Cu:

$$\varphi_{1m} = tg\,\theta_{1m} = \frac{(z_1+z_2)\cdot\sin\alpha_0 - \sqrt{z_2^2\cdot\sin^2\alpha_0+4\cdot z_2+4}}{z_1\cdot\cos\alpha_0} \tag{30}$$

$$\varphi_{1M} = tg\,\theta_{1M} = \frac{\sqrt{z_1^2 \cdot \sin^2 \alpha_0 + 4 \cdot z_1 + 4}}{z_1 \cdot \cos \alpha_0} \qquad (31)$$

Dinamica la roata 2 (condusă), se calculează cu relaţiile (27-31).

Se poate defini şi pentru roata 2 un coeficient dinamic R_{d2}, (a se vedea relaţiile 28 şi 32):

$$R_{d2} = \frac{1}{1+\varphi_1^2} \cdot \frac{tg\,\varphi_1}{\varphi_1} = \frac{1}{1+tg^2\theta_1} \cdot \frac{tg(tg\,\theta_1)}{tg\,\theta_1} \qquad (32)$$

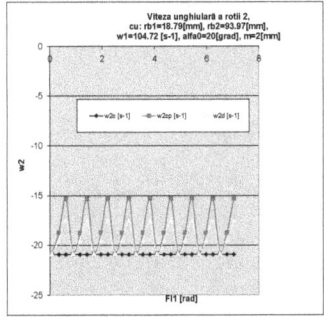

Fig. 12. *Dinamica la roata 2; variaţia vitezei unghiulare cinematice, în cinematica de precizie, a roţii 2, conduse, în funcţie de unghiul Fl1*

Reprezentarea vitezei unghiulare, ω_2, în funcţie de unghiul φ_1, pentru r_{b1} şi r_{b2} date (z_1, z_2, m şi α_0 impuse), şi pentru o anumită valoare a vitezei unghiulare de intrare, constantă (impusă de turaţia arborelui pe care este montată roata conducătoare 1), se poate urmări în figurile 12-14; Se observă aspectul de vibraţie al vitezei unghiulare dinamice, ω_2; se porneşte cu raze diferite şi unghiul normal de 20 grade, apoi se continuă cu raze egale şi alfa0 tot 20 grade, iar în ultima diagramă rămânem pe raze egale şi se scade alfa0 la 5 grade.

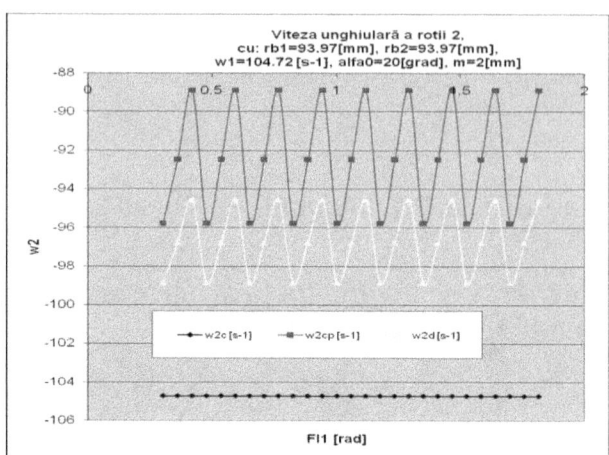

Fig. 13. *Dinamica la roata 2; variaţia vitezei unghiulare cinematice, în cinematica de precizie şi dinamice, a roţii 2, conduse, în funcţie de unghiul FI1*

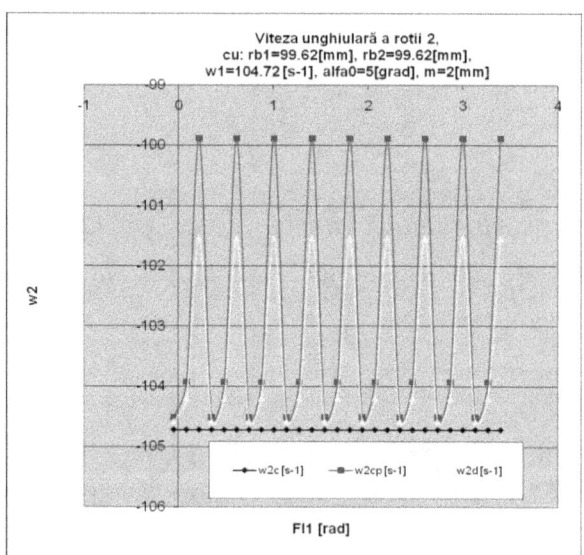

Fig. 14. *Dinamica la roata 2; variaţia vitezei unghiulare cinematice, în cinematica de precizie şi dinamice, a roţii 2, conduse, în funcţie de unghiul FI1*

CAP. II

TRANSMISII MECANICE CU AXE FIXE

Transmisiile mecanice cu axe fixe au astăzi cea mai largă răspândire pe întreaga planetă, fiind practic utilizate în aproape toate domeniile. De la cutiile de viteze ale vehiculelor, la reductoarele staţionare, utilizate la aparatura electrocasnică, electronică şi electrotehnică, în industria grea dar şi în cea uşoară, în energetică şi în transporturi, practic transmisiile cu axe fixe se întâlnesc astăzi pretutindeni, făcând parte din viaţa noastră cotidiană.

- **Scurt istoric privind apariţia şi evoluţia mecanismelor cu roţi dinţate şi bare**

  Începutul utilizării mecanismelor cu bare şi roţi dinţate trebuie căutat în Egiptul antic cu cel puţin o mie de ani înainte de Christos. Aici s-au utilizat, pentru prima dată, transmisiile cu roţi „pintenate" la irigarea culturilor cât şi angrenajele melcate la prelucrarea bumbacului.

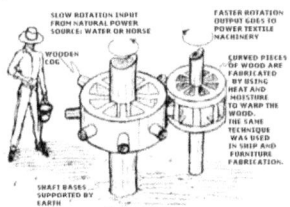

Astfel de angrenaje au fost construite şi utilizate din cele mai vechi timpuri, la început pentru ridicarea ancorelor grele ale navelor cât şi pentru pretensionarea catapultelor folosite pe câmpurile de luptă. Apoi au fost introduse la maşinile cu vânt şi cu apă (pe post de reductoare sau multiplicatoare la pompe, mori de vânt, sau cu apă).

Cu 230 de ani î.Ch., în oraşul Alexandria din Egipt, se folosea roata cu mai multe pârghii şi angrenajul cu cremalieră.

Transmiterea mişcării cu ajutorul angrenajelor cu roţi dinţate a cunoscut un progres substanţial începând cu anul 1364 d.Ch., când meşterul italian Giovani da Dondi a realizat un orologiu astronomic, în a cărui componenţă se aflau angrenaje interioare şi roţi dinţate eliptice.

Primele transmisii reglabile cu roţi dinţate au fost folosite în 1769 de către Cugnot la echiparea primului autovehicul propulsat de un motor cu abur.

Primul inginer (om de ştiinţă), care proiectează efectiv astfel de transmisii, este considerat a fi meşterul italian Leonardo da Vinci (secolul al XV-lea).

Motorul Benz (în stânga) avea transmisii cu angrenaje cu roţi dinţate dar şi cu roţi dinţate cu lanţ (patentate după anul 1882). În dreapta se poate vedea schiţa unui prim patent de transmisii cu roţi dinţate (angrenaje cu roţi dinţate) şi cu roţi dinţate cu lanţ realizate în anul 1870 de britanicii **Starley & Hillman.**

 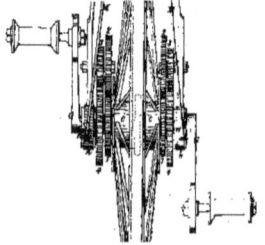

După 1912, în Cleveland (USA), încep să se producă industrial, roţi şi angrenaje specializate (cilindrice, melcate, conice, cu dantură dreaptă, înclinată sau curbă).

Cele mai vechi mecanisme cu roţi dinţate care s-au conservat A-mecanism cu clichet; B-mecanism cu şurub melc şi roată melcată; C-pendul; E-Mecanism planetar.

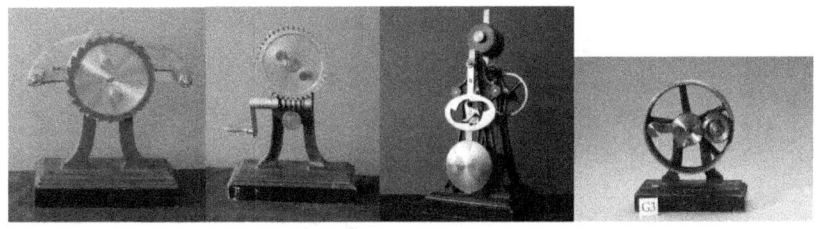

Rotile dintate astăzi

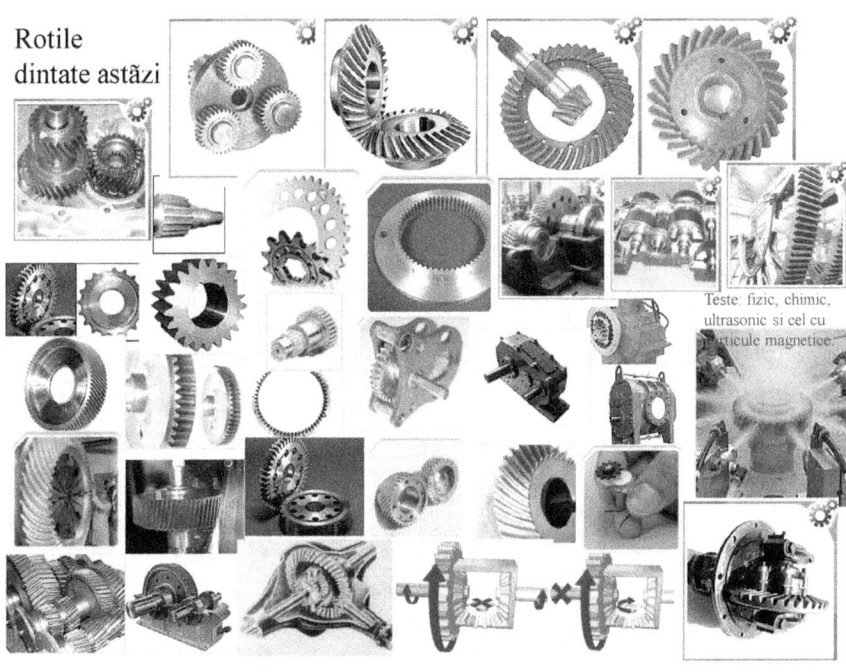

Roti dintate si angrenaje pentru utilaje grele (pt. industria grea).

Reductoare cu roti dintate specializate, folosite în:

Industria Aerospatială — Industria Agricolă — Industria Auto — Industria Cimentului — Industria Navală

Industria Minieră — Industria Petrochimică — Industria Siderurgică — Industria Zahărului — Industria de Reciclare a Materialelor

Industria Energetică — Industria Hârtiei — Transmisii pt Tren si Metrou

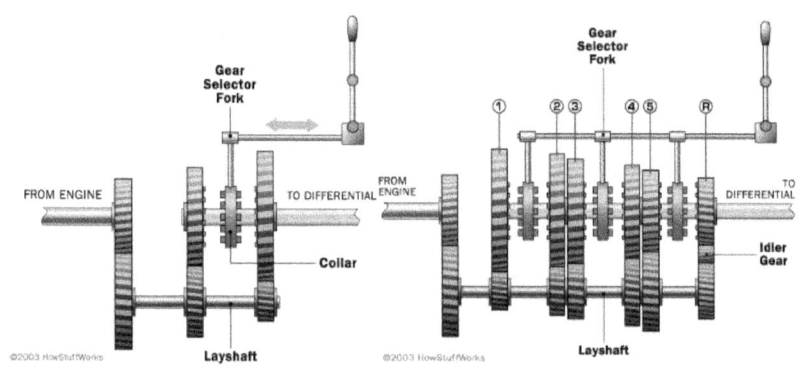

Câteva domenii de utilizare a angrenajelor cu roti dintate.

Cutiile de viteze (schimbătoarele de viteze) cu axe fixe au cea mai largă răspândire pe toate tipurile de vehicule.

Reductoare (de turaţie) cu roţi dinţate

Reductoarele cu roţi dinţate sunt mecanisme independente formate din roţi dinţate cu angrenare permanentă, montate pe arbori şi închise într-o carcasă etanşă. Ele servesc la:

- micşorarea turaţiei;
- creşterea momentului transmis;
- modificarea sensului de rotaţie sau a planului de mişcare;
- însumează fluxul de putere de la mai multe motoare către o maşină de lucru;
- distribuie fluxul de putere de la un motor către mai multe maşini de lucru.

În cazul reductoarelor de turaţie, roţile dinţate sunt montate fix pe arbori, angrenează permanent şi realizează un raport de transmitere total fix, definit ca raportul dintre turaţia la intrare şi turaţia la ieşirea reductorului, spre deosebire de cutiile de viteze la care unele roţi sunt mobile pe arbori (roţi baladoare), angrenează intermitent şi realizează un raport de transmitere total în trepte. Ele se deosebesc şi de variatoarele de turaţie cu roţi dinţate (utilizate mai rar) la care raportul de transmitere total poate fi variat continuu.

Reductoarele de turaţie cu roţi dinţate se utilizează în toate domeniile construcţiilor de maşini.

Există o mare varietate constructivă a reductoarelor de turaţie. Ele se clasifică în funcţie de următoarele criterii:

1. *după raportul de transmitere*:

- reductoare cu o treaptă de reducere a turaţiei;
- reductoare cu două, sau mai multe trepte de reducere a turaţiei.

2. *după poziţia relativă a arborelui de intrare (motor) şi a arborelui de ieşire*:

- reductoare coaxiale (cu revenire), la care arborele de intrare este coaxial cu cel de ieşire;
- reductoare paralele, la care arborele de intrare şi cel de ieşire sunt paralele.

3.   *după poziţia arborilor:*

☐   reductoare cu axe orizontale;

☐   reductoare cu axe verticale;

☐   reductoare cu axe înclinate.

4.   *după tipul angrenajelor:*

☐   reductoare cilindrice;

☐   reductoare conice;

☐   reductoare hipoide;

☐   reductoare melcate;

☐   reductoare combinate (cilindro-conice, cilindro-melcate etc);

☐   reductoare planetere.

5.   *după tipul axelor:*

☐   reductoare cu axe fixe;

☐   reductoare cu axe mobile.

Dacă reductorul împreună cu motorul constituie un singur agregat (motorul este motat direct la arborele de intrare printr-o flanşă) atunci unitatea se numeşte *motoreductor.*

În multe soluţii constructive reductoarele de turaţie cu roţi dinţate se utilizează în scheme cinematice alături de alte tipuri de transmisii: prin curele, prin lanţuri, cu fricţiune, cu şurub-piuliţă, variatoare, cutii de viteză, etc.

Avantajele utilizării reductoarelor în schemele cinematice ale maşinilor şi mecanismelor sunt:

☐   raport de transmitere constant;

☐   asigură o mare gamă de puteri;

☐   gabarit relativ redus;

☐   randament mare (cu excepţia reductoarelor melcate);

☐   întreţinere simplă şi ieftină.

Printre dezavantaje se enumeră:

- preţ de cost ridicat;

- necesitatea unei uzinări şi montări de precizie;

- funcţionarea lor este însoţită de zgomote şi vibraţii.

Parametrii principali ai unui reductor cu roţi dinţate sunt:

- puterea nominală;

- raportul de transmitere realizat;

- turaţia arborelui de intrare;

- distanţa dintre axe (standardizată).

Datorită multiplelor utilizări în industria construcţiilor de maşini şi la diverse aparate, parametrii reductoarelor de turaţie cu roţi dinţate sunt standardizaţi.

Alegerea tipului de reductor într-o schemă cinematică se face în funcţie de:

- raportul de transmitere necesar;

- puterea nominală necesară;

- sarcina medie necesară;

- turaţia medie de lucru solicitată;

- gabaritul disponibil;

- poziţia relativă a axelor motorului şi a organului (maşinii) de lucru;

- randamentul global al schemei cinematice.

În funcţie de aceste cerinţe se pot utililiza următoarele tipuri de reductoare cu roţi dinţate: cilindrice, conice, conico-cilindrice, melcate, cilindro-melcate, planetare.

Reductoare cu roţi dinţate cilindrice. Acestea sunt cele mai utilizate tipuri de reductoare cu roţi dinţate deoarece:

- se produc într-o gamă largă de puteri: de la puteri instalate foarte mici (de ordinul Waţilor) până la *900000 W (900 kW)*;

- rapoarte de transmitere totale, $i_{T\,max}$ = 200 ($i_{T\,max}$ = 6,3, pentru reductoare cu o treapta; i_T = 60, pentru reductoare cu 2 treapte, i_T = 200, pentru reductoare cu 3 treapte);

- viteze periferice mari, v_{max} = 200 m/s;

- posibilitatea tipizării şi execuţiei tipizate sau standardizate.

Se construiesc în variante cu 1, 2 şi 3 trepte de reducere, având dantura dreaptă sau înclinată. Notaţiile din figură sunt:

- intrarea în reductor, cu litera I;

- ieşirea din reductor, cu litera E;

- cifrele 1, 2, 3, 4, 5, 6, reprezintă roţile ce compun angrenajele treptelor de reducere.

Din punct de vedere al înclinării danturii, la alegerea tipului de reductor cu roţi dinţate cilindrice se ţine seama de următoarele recomandări:

- reductoarele cu roţi dinţate cilindrice drepte, pentru puteri instalate mici şi mijlocii, viteze periferice mici şi mijlocii şi la roţile baladoare de la cutiile de viteze;

- reductoarele cu roţi dinţate cilindrice înclinate, pentru puteri instalate mici şi mijlocii, viteze periferice mari, angrenaje silenţioase;

- reductoarele cu roţi dinţate cilindrice cu dantura în V, pentru puteri instalate mari, şi viteze periferice mici.

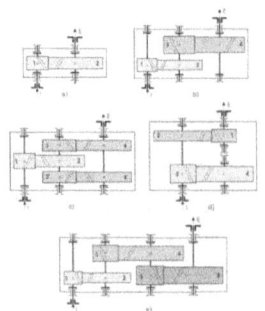

Scheme cinematice pentru reductoarele cu roţi dinţate cilindrice

Reductor de turaţie cilindric produs de SC Neptun din Câmpina (motoreductoare)

- putere de la 0,06 kw la 37 Kw
- momentul maxim 1800 Nm
- raport maxim 100
- 9 marimi

BIBLIOGRAFIE

1. ALDEA, S., *Contribuţii la grafica computerizată a mecanismelor.* Teză de doctorat, U.P.B., Bucureşti, 1998.

2. ALEXANDRU, P., ş.a., *Proiectarea funcţională a mecanismelor.* Ed. Lux Libris Braşov, 2000.

3. ALEXANDRU, P., VISA, I., BOBÂNCU, S., *Mecanisme. Vol. II, Sinteza.* Lito U. din Braşov, 1984.

4. ANTONESCU, O., *Transmisii variabile utilizate la autovehicule rutiere.* Ed. Publiferom, Bucureşti, 2001.

5. ANTONESCU, P., PETRESCU, R., ADÎR, G., ANTONESCU, O. *Mecanisme cu roţi dinţate.* Editura PRINTECH, 1999.

6. ANTONESCU, P. *Sinteza mecanismelor.* I.P.B.,Bucuresti, 1983.

7. ANTONESCU, P. *Mecanisme.* Ed. Printech, Bucureşti, 2003.

8. ANTONESCU, P., ANTONESCU, E., *Sinteza mecanismelor planetare cilindrice pentru realizarea translaţiei circulare.* SYROM'81, Bucureşti, 1981, Vol. III, p. 9-14.

9. ANTONESCU, P., BUGARU, M., *Calculul geometro-cinematic al mecanismului pentalater bimobil cu manivelă şi culisă oscilantă.* SYROM'89, Bucureşti, 1989, Vol. I.1, p. 627-636.

10. ATANASIU, M., *Mecanica.* Ed. Did. Ped., Bucureşti, 1973.

11. AUTORENKOLLEKTIV (J. VOLMER Coordonator), *Getriebetechnik-VEB, Verlag technik,* pp. 345-390, Berlin, 1968.

12. BOTEZ, E., *Angrenaje.* Editura Tehnică, Bucureşti, 1962.

13. BRAUNE, R., *Bewegungs – Design – Eine Kemkompetenz des Getriebetechnikers.* VDI – Berichte Nr. 1567, Dusseldorf: VDI – Verlag, 2000. S. 1-23.

14. BUDA, L., MATEUCĂ, C., *Analiza funcţională, cinematică şi cinetostatică a mecanismului de ridicat ferestrele de la vagoanele de călători etajate.* SYROM'89, Bucureşti, 1989, Vol. IV, p. 59-66.

15. BRUJA, ADR., DIMA, M., *Sinteza cinematicii reductoarelor armonice cu element frontal rigid.* Al 6-lea Simp. Naţ. de Utilaje de Construcţii, 2001, Vol. I, p. 53-59.

16. BUGAEVSKI, E., *Contributii la studiul cinematic şi dinamic al mecanismelor cu trenuri diferenţiale.* Teză de doctorat, I.P.B., 1971.

17. BALAN, ST., *Probleme de mecanică.* Editura didactică şi pedagogică, Bucureşti, 1977.

18. COMĂNESCU, A., ş.a., *Mecanica, rezistenţa materialelor şi organe de maşini.* Editura Didactică şi Pedagogică, Bucureşti, 1982.

19. CRUDU, I., ş.a., *ATLAS Reductoare cu roţi dinţate.* Editura Didactică şi Pedagogică, Bucureşti, 1982.

20. CREŢU, S., ş.a., *Angrenaje. Îndrumar de proiectare.* Lito I.P. Iaşi, 1979.

21. HARRIS, M.C., CREDE, E.C., *Şocuri şi vibraţii.* Vol. I-III., E.T., Bucureşti, 1968-69.

22. HOROVITZ, B., *Reductoare şi variatoare de turaţie.* Editura Tehnică, Bucureşti, 1963.

23. IUDIN, E., s.a., *Issledovanie suma ventileatornîh ustanovok I metodov borbî s nim.* Oborongiz, Moskva, 1958.

24. JALIU, C., NEAGOE, M., *Cinematica directă şi inversă a unui robotomecanism vertebroid cu roţi dinţate.* Robotica'98, Braşov, 1998, p. 61-64.

25. MANOLESCU, N.I., MAROS, D., *Teoria mecanismelor şi a maşinilor.* Editura tehnică, Bucureşti, 1958.

26. MARGINE, AL., *Contribuţii la sinteza geometro-cinematică şi dinamică a mecanismelor planetare cu roţi dinţate cilindrice.* Teză de doctorat, U.P.B., 1999.

27. MODLER, K.H., WADEWITZ, C., *Synthese von Raderkoppelgetriebe als Vorschaltgetriebe mit definierter Ungleichformigkeit.*Wissenschaftliche Zeitschrift, TU-Dresden Nr. 3, 2001, p.101-106.

28. MILOIU, Gh., ş.a., *Transmisii mecanice moderne.* Editura Tehnică, Bucureşti, 1980.

29. MAROŞ, D., *Cinematica roţilor dinţate.* Editura Tehnică, Bucureşti, 1958.

30. NIŢU, I., BOGDAN, R.C., *Analiza cinematică a mecanismelor diferenţiale de orientare pe baza reducerii la un mecanism diferenţial de referinţă.* SYROM'97, Bucureşti, Vol. 2, p. 253-258.

31. NEGREA, C., PAVELESCU, T., *Ambreiajul şi cutia de viteze.* Ed. Tehnică, Bucureşti, 1980.

32. OCNĂRESCU, C., *Cercetări teoretice şi experimentale în domeniul roboţilor poliarticulaţi cu bare şi roţi dinţate.* Teză de doctorat, UPB, Bucureşti, 1996.

33. OCNĂRESCU, C., *Mecanisme şi manipulatoare.* Editura BREN, Bucureşti, 2001.

34. OCNĂRESCU, C., *Teoria mecanismelor.* Editura BREN, Bucureşti, 2002.

35. PELECUDI, CHR., *Bazele analizei mecanismelor.* Editura Academiei R.S.R., Bucureşti, 1967.

36. PELECUDI, CHR., *Precizia mecanismelor.* Editura Academiei R.S.R., Bucureşti, 1975.

37. PELECUDI, CHR., MAROS, D., MERTICARU, V., PANDREA, N., SIMIONESCU, I., *Mecanisme.* E.D.P., Bucureşti, 1985.

38. PELECUDI, CHR., SIMIONESCU, I., ENE, M., CANDREA, A., STOENESCU, M., MOISE, V., *Mecanisme cu cuple superioare: came şi roţi.* I.P.B., Bucureşti, 1982.

39. PETRESCU, F.I., PETRESCU, R.V., *Angrenaje*, Create Space publisher, USA, December 2011, ISBN 978-1-4680-9240-0, 92 pages, Romanian version.

40. PETRESCU, F.I., PETRESCU, R.V., *Trenuri planetare*, Create Space publisher, USA, December 2011, ISBN 978-1-4680-3041-9, 204 pages, Romanian version.

41. PETRESCU, R., ZGURA, A., ANTONESCU, P. *Modelarea cinematică a curbelor de intersecţie a corpurilor cilindro-conice în proiecţie ortogonală.* În al VII-lea Siopozion Naţional de Mecanisme şi Transmisii Mecanice, Reşiţa, 1996, p. 147-152.

42. PETRESCU, F.I., *Teoria Mecanismelor si a Masinilor - Curs si Aplicatii*, Create Space publisher, USA, December 2011, ISBN 978-1-4680-1582-9, 432 pages, Romanian version.

43. PETRESCU, F.I., PETRESCU, R.V., *Gear Solutions*, Create Space publisher, USA, November 2011, ISBN 978-1-4679-8764-6, 72 pages, English version.

44. PETRESCU, F.I., PETRESCU R.V., *Mechanical Engineering Design*, Create Space publisher, USA, November 2011, ISBN 978-1-4679-1377-5, 184 pages, English version.

45. PETRESCU, F.I., PETRESCU R.V., *Determinarea randamentului mecanic al angrenajelor*, In revista Ingineria Automobilului, Nr. 19/iunie 2011, ISSN 1842-4074, p. 22-23.

46. PETRESCU, F.I., PETRESCU, R.V., *Industrial Design in Mechanical Engineering*, Book (English edition), LULU Publisher, USA, September 2011, 184 pages, ISBN 978-1-4478-4287-3.

47. PETRESCU, V., PETRESCU, I., ANTONESCU, O. *Randamentul cuplei superioare de la angrenajele cu roţi dinţate cu axe fixe.* În al VII-lea Simpozion Naţional cu Participare Internaţională Proiectarea Asistată de Calculator, PRASIC'02, Braşov, 2002, Vol. I, p. 333-338.

48. PETRESCU, R., PETRESCU, F. *The gear synthesis with the best efficiency.* In the 7th International Conference, FUEL ECONOMY, SAFETY and RELIABILITY of MOTOR VEHICLES, ESFA 2003, Bucharest, May 2003, Vol. 2, p. 63-70.

49. PELECUDI, Ch., ş.a., *Echilibrarea robotului cu bare şi roţi dinţate.* În SNRI X, Bucureşti, 1991.

50. STOICA, I. A., *Interferenţa roţilor dinţate.* Editura DACIA, Cluj-Napoca, 1977.

Sinteza
angrenajelor
cu axe mobile

Cap. 1. STADIUL ACTUAL AL CERCETĂRILOR ÎN DOMENIUL MECANISMELOR CU BARE ŞI ROŢI DINŢATE

1.1. SCURT ISTORIC ASUPRA APARIŢIEI MECANISMELOR

Începutul utilizării mecanismelor cu bare şi roţi dinţate trebuie căutat în Egiptul antic cu cel puţin o mie de ani înainte de Christos. Aici s-au utilizat, pentru prima dată, transmisiile cu roţi „pintenate" la irigarea culturilor şi angrenajele melcate pentru prelucrarea bumbacului.

Cu 230 de ani î.Ch., în oraşul Alexandria din Egipt, se folosea roata cu mai multe pârghii şi angrenajul cu cremalieră.

De asemenea, angrenajele planetare cu roţi dinţate satelit au fost utilizate încă din perioada anilor 100-80 î.Ch. la un astrolab din Grecia antică. Acest mecanism ingenios afişa mişcarea soarelui şi a lunii, cu ajutorul a zeci de roţi dinţate de diferite dimensiuni, a căror mişcare venea de la un singur element cinematic de intrare.

Transmiterea mişcării cu ajutorul angrenajelor cu roţi dinţate a cunoscut un progres substanţial începând cu anul 1300 d.Ch., când meşterul italian Giovani da Dondi a realizat un orologiu astronomic, în a cărui componenţă se aflau angrenaje interioare şi roţi dinţate eliptice.

În secolul XV Leonardo da Vinci a pus bazele cinematicii şi dinamicii moderne, enunţând printre altele principiul superpoziţiei mişcărilor independente. Acest principiu al însumării mişcărilor independente se va aplica cu succes, în prezenta lucrare, la analiza şi sinteza cinematică a mecanismelor complexe cu bare şi roţi dinţate multimobile.

Primele transmisii reglabile cu roţi dinţate au fost folosite în 1769 de către Cugnot la echiparea primului autovehicul propulsat de un motor cu abur.

În perioada 1778 – 1784, J. Watt a proiectat şi realizat o nouă maşină cu abur [40], având pistonul cu dublă acţionare, la care mişcarea alternativă de translaţie a pistonului este transformată într-o mişcare de rotaţie continuă şi uniformă a unui volant. Pentru transformarea mişcării de rotaţie oscilantă a balansierului în mişcare de rotaţie continuă a manivelei (solidară cu volanul), Watt a creat mai multe mecanisme distincte, printre care şi mecanismul planetar cu roţi dinţate cilindrice.

Englezul E. Cartwright a creat şi brevetat în 1800 un mecanism de ghidare rectiliniară, cu bare şi roţi dinţate plasate simetric, în scopul transformării mişcării pistonului (acţionat cu abur) în mişcare de rotaţie a volantului.

În aceeaşi perioadă, la început de secol XIX, un alt englez, J. White, a descoperit că ghidarea rectiliniară a unui punct se poate face cu un mecanism planetar cilindric, cu angrenaj interior, cu ajutorul căruia se generează o hipocicloidă particulară degenerată în dreaptă.

La sfârşitul secolului XIX, în 1886, germanul Carl Benz a realizat primul autovehicul pe trei roţi propulsat de un motor termic cu un cilindru plasat orizontal. Deoarece volantul avea axul vertical, pentru a transmite cuplul motor, de la volant la roţile de propulsie, s-a utilizat un angrenaj cu roţi dinţate conice.

În secolul XX, odată cu dezvoltarea industrială modernă, la maşinile textile şi metalurgice, la automatele de împachetare şi mai recent la manipulatoare şi roboţi industriali apar ca necesare transmisii ale mişcării de rotaţie între arbori cu distanţa variabilă între axe.

Adesea se cere ca prin rotaţia neîntreruptă şi uniformă, a arborelui conducător de mişcare, să se obţină la arborele condus mişcare de rotaţie reversibilă, mişcare cu opriri în timpul limită dat, mişcare în pas de pelerin etc.

La o serie de maşini şi manipulatoare-roboţi sunt necesare obţinerea de traiectorii complexe ale unor puncte ale elementelor, care nu pot fi obţinute cu ajutorul mecanismelor cu bare obişnuite.

Astfel de cerinţe tehnice pot fi satisfăcute dacă se folosesc mecanisme cu bare şi roţi dinţate şi transmisii cu roţi dinţate.

În acest scop pot fi construite mecanisme, în care sunt cuprinse (montate în paralel, suprapuse) sisteme de bare şi sisteme de roţi dinţate, iar elementele mecanismului cu bare poartă pe axele lor roţi dinţate. De asemenea sunt realizate mecanisme complexe, cu bare şi roţi dinţate, în care roţile dinţate reprezintă părţi componente ale schemei structurale generale.

Ca exemple de astfel de mecanisme combinate, se pot urmări câteva scheme cinematice de mecanisme cu bare şi roţi dinţate, prezentate de S. N. Kojevnikov [40], J. Volmer [40], A.S. Şaşkin [40], D.Maros [40], W. Rehwald [40], P. Antonescu [40].

Principalele probleme referitoare la mecanismele cu bare şi roţi dinţate plane şi spaţiale se referă la analiza cinematică şi la sinteza geometro-cinematică în anumite condiţii impuse de procesele tehnologice, ADR. BRUJA, L. BUDA, K. LUCK, J. NIEMEYER, I. TEMPEA, D. TUTUNARU, I. POPESCU, R. BRAUNE, Fl. DUDIŢĂ, W. LICHTENHELDT, P. LEDERER, S. LIN, AL. MODLER, R. NEUMANN, I. STOICA [40].

1.2. CERCETĂRI PRIVIND ANALIZA CINEMATICĂ A MECANISMELOR CU BARE ŞI R.D.

Cele mai reprezentative şcoli de mecanisme, care s-au dezvoltat şi au iniţiat cercetări ştiinţifice teoretice şi practice, în domeniul mecanismelor cu bare şi roţi dinţate, au fost şcoala germană (K. Hoecken, W. Jahr, P. Knechtel, K. Hain, W. Mayer zur Cappellen, W. Rath, O. Tolle, J. Volmer, R. Neumann, W. Rehwald, K. Luck, K.H. Modler) şi cea rusă (S.O. Dobrogurski, I.I. Artobolevski, S.N. Kojevnikov, L.B. Maisiuk, S.A. Cerkudinov, A.S. Şaşkin).

În figura 1.1a se arată [40] mecanismul cu r. d. condusă z_3 a cărei mişcare se transmite de la r.d. z_2 de pe balansierul c al mecanismului patrulater tip manivelă – balansier. R. d. z_2 angrenează cu r.d. z_1 care se roteşte în raport cu o axă excentrică.

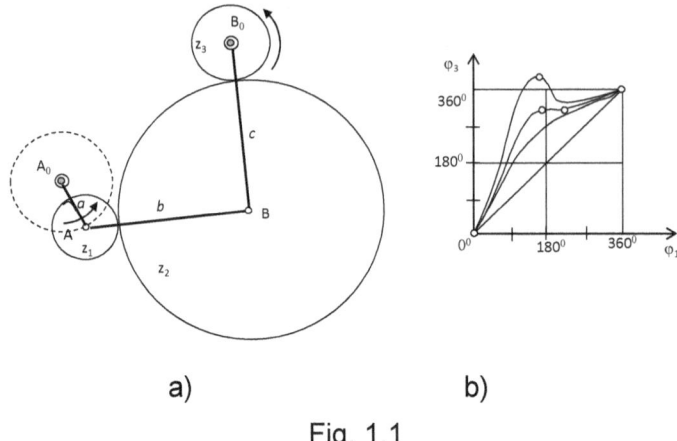

a)   b)

Fig. 1.1

În funcţie de dimensiunile corelate ale elementelor bare şi numărul dinţilor al r.d. z_3 la arborele de ieşire, rotaţia obţinută poate fi continuă (neîntreruptă), cu grad de neuniformitate dat, mişcare cu opriri, mişcare înainte cu întoarcere parţială (pas de pelerin), fig. 1.1b.

În figura 1.2 se arată câteva scheme de mecanisme cu bare şi r.d., construite pe baza mecanismului patrulater cu bare, ale căror r.d. conduse se rotesc în jurul axei fixe a balansierului, iar acţionarea se face de la manivela *a*.

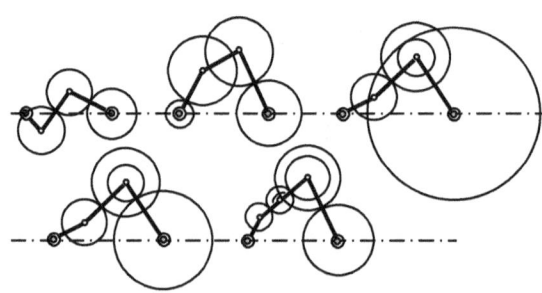

Fig. 1.2

Diverse combinaţii de mecanisme cu bare şi transmisii cu r.d. cu roţi circulare şi necirculare pot fi construite în număr foarte mare, însă din toate variantele practice se foloseşte un număr redus.

În legătură cu cele menţionate să considerăm numai 2 tipuri de mecanisme cu bare şi r.d. şi anume: mecanismele pentru transmiterea mişcării de rotaţie între arbori cu distanţa variabilă între axe şi mecanisme folosite la obţinerea traiectoriilor cu aspect complex şi transformarea mişcării.

Din punctul de vedere al elementelor structurii, toate mecanismele cu bare şi r.d. cu roţi circulare pot fi privite ca lanţuri cu r.d. în serie cu configuraţia variabilă a liniei centrelor, variaţie care determină poziţia elementelor, a axelor r.d. neimportante.

Se poate ca transmiterea mişcării de la r.d. a lanţului la alt element r.d. de la elementul vecin să se realizeze numai în cazul când r.d. de legătură sau r.d. a grupei are axa suprapusă cu axa articulaţiei formată de aceste elemente bare.

În cazul general se poate considera că mecanismul cu bare şi r.d. are 2 sau mai multe mobilităţi.

Ca exemplu de mecanism multimobil cu bare şi r.d. se consideră schema cinematică din figura 1.3a; acest mecanism are 3 mobilităţi.

Astfel, viteza unghiulară a oricăreia dintre roţi se poate determina dacă se impun vitezele unghiulare ale barelor a şi b şi a uneia dintre roţile dinţate.

Numărul mobilităţilor şi prin urmare numărul elementelor conducătoare poate fi micşorat dacă se leagă elementele între ele. De exemplu, dacă se leagă roata 1 la bază, iar roata 2 cu elementul b, se obţine mecanismul monomobil (fig. 1.3.b), în care roţile 2 şi 3 nu se rotesc în raport cu bara b, dar punctul C descrie ceea ce se numeşte epicicloida alungită. Un astfel de mecanism mai este denumit *tren diadă* [40].

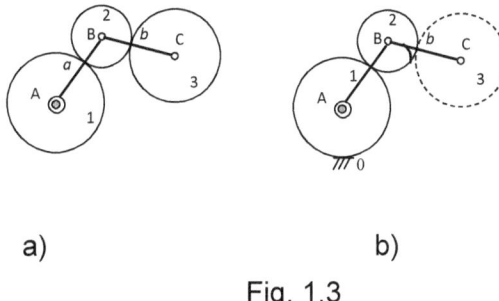

a)   b)

Fig. 1.3

Mişcarea punctului B (fig. 1.3a) poate fi controlată prin condiţionarea deplasării punctului B, de exemplu (fig. 1.4) pe arcul de cerc cu raza BD şi centrul în D fix.

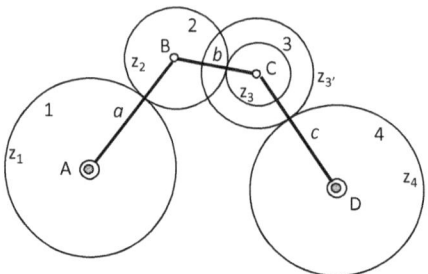

Fig. 1.4

Mecanismul astfel rezultat posedă două mobilităţi; în mişcarea sa roata condusă 4 depinde de viteza unghiulară a uneia din roţile dinţate ale lanţului cu roţi în serie şi de viteza unghiulară a uneia din barele mecanismului patrulater articulat.

Acest mecanism patrulater poate fi admis ca mecanism de bază. Acest caz, pornind de la relaţia cinematică a acestuia, se poate extinde la diferite cazuri particulare.

Se pune problema de a determina viteza unghiulară a uneia din roţile lanţului dinţat, de exemplu z_3, în funcţie de ω_1 şi ω_a date.

Mecanismul cu bare şi r.d., reprezentat în fig. 1.4, poate fi considerat ca două mecanisme diferenţiale cu mişcările barelor a şi c cunoscute, la care vitezele unghiulare ale roţilor 2 şi 3 se găsesc într-un raport determinat.

Dacă se presupune că legătura dintre roţile 2 şi 3 este întreruptă, atunci se pot scrie relaţiile:

$$i_{12}^a = \frac{\omega_1 - \omega_a}{\omega_2 - \omega_a}; \quad i_{34}^c = \frac{\omega_3 - \omega_c}{\omega_4 - \omega_c} \qquad (1.1)$$

unde rapoartele de transmitere i_{12}^a şi i_{34}^c sunt calculate în ipoteza angrenajului exterior cu axe fixe:

$$i_{12}^a = -\frac{z_2}{z_1}; \quad i_{34}^c = -\frac{z_4}{z_{3'}} \qquad (1.2)$$

Din formulele (1.1) se explicitează vitezele unghiulare ale roţilor 2 şi 4:

$$\omega_2 = \omega_1 \cdot i_{21}^a + \omega_a (1 - i_{21}^a); \qquad (1.3)$$

$$\omega_4 = \omega_3 \cdot i_{43}^c + \omega_c (1 - i_{43}^c). \qquad (1.4)$$

Raportul de transmitere al angrenajului 2, 3 se scrie în raport cu biela b:

$$i_{23}^b = \frac{\omega_2 - \omega_b}{\omega_3 - \omega_b} = -\frac{z_3}{z_2} \qquad (1.5)$$

Din formula (1.5) se deduce:

$$\omega_3 = \omega_2 \cdot i_{32}^b + \omega_b (1 - i_{32}^b) \qquad (1.6)$$

Observând formulele (1.3) şi (1.6), din formula (1.4) se obţine expresia vitezei unghiulare a roţii 4 în funcţie de viteza unghiulară a roţii 1 şi a celor trei bare a, b şi c:

$$\omega_4 = \omega_1 \cdot i_{21}^a \cdot i_{32}^b \cdot i_{43}^c + \omega_a \cdot (1 - i_{21}^a) \cdot i_{32}^b \cdot i_{43}^c +$$
$$+ \omega_b \cdot (1 - i_{32}^b) \cdot i_{43}^c + \omega_c (1 - i_{43}^c) \qquad (1.7)$$

În această ecuaţie (1.7) ω_b şi ω_c sunt funcţii de ω_a şi pot fi determinate ca funcţii de transmitere între barele mecanismului patrulater:

$$\omega_b = \omega_a \cdot i_{ba}; \quad \omega_c = \omega_a \cdot i_{ca} \qquad (1.8)$$

De aceea ω_4 este funcţie de două variabile independente ω_1 şi ω_a.

Pentru toate schemele de mecanisme cu bare şi roţi dinţate din fig. 1.2, în care roata 2 este blocată cu braţul a, condiţia necesară este $\omega_2 = \omega_a$.

În aceste cazuri din ecuaţia (1.3) rezultă $\omega_1 = \omega_a$, ceea ce înseamnă că roata z_1 este blocată cu manivela a, iar formula (1.7) devine:

$$\omega_4 = \omega_a \cdot i_{32}^b \cdot i_{43}^c + \omega_b \cdot (1 - i_{32}^b) \cdot i_{43}^c + \omega_c (1 - i_{43}^c) \qquad (1.9)$$

Dacă roţile 2 şi 3 sunt blocate pe biela b, atunci $\omega_2 = \omega_3 = \omega_b$, astfel că din ecuaţiile (1.3) şi (1.4) se deduc relaţiile:

$$\omega_1 = \omega_b \cdot i_{12}^a + \omega_a \cdot (1 - i_{12}^a) \qquad (1.10)$$

$$\omega_4 = \omega_b \cdot i_{43}^c + \omega_c \cdot (1 - i_{43}^c) \qquad (1.11)$$

Formula (1.10) poate fi folosită pentru calculul vitezei unghiulare a elementului condus [40] al mecanismului motorului Watt (fig. 1.5), în care lipsesc roţile z_3 şi z_4 şi $\omega_c = 0$.

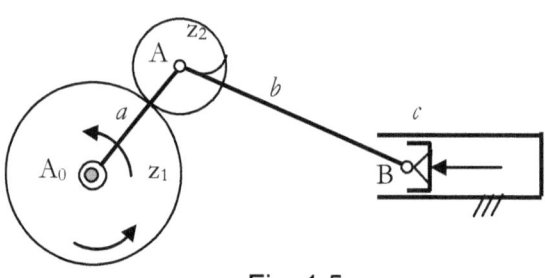

Fig. 1.5

De menţionat că J. Watt a folosit o astfel de schemă pentru maşina cu abur pe care a brevetat-o în anul 1784 [40].

Urmărind transformarea mişcării de rotaţie oscilantă în mişcare de rotaţie continuă, J. Watt a imaginat un nou mecanism, în care a combinat mecanismul cu bare tip balansier-manivelă cu un mecanism planetar cu două roţi dinţate (fig. 1.6).

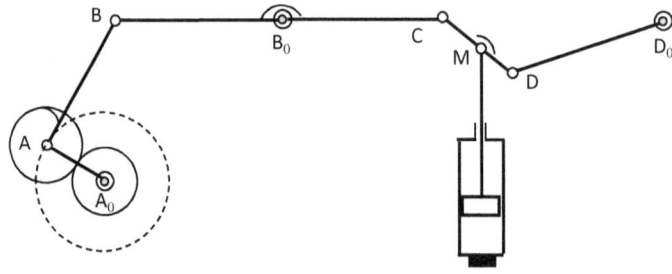

Fig. 1.6

De observat că mişcarea de translaţie a pistonului este aproximativ menţinută de punctul M de pe biela unui patrulater articulat, de tip balansier-balansier, care fusese deja inventat de J. Watt.

Mişcarea de translaţie a pistonului în cilindrul vertical (fig. 1.6) se transformă mai întâi în mişcare de rotaţie oscilantă a balansierului BB_0C, după care mişcarea de balans este transformată în mişcare continuă de rotaţie cu ajutorul mecanismului planetar cu o roată centrală şi o roată satelit solidară cu biela AB.

Englezul E. Cartwright inventează în 1800 [40], un mecanism de ghidare cu bare articulate şi două roţi dinţate aşezate simetric (fig. 1.7a), în scopul transformării mişcării rectiliniare a pistonului (pus în mişcare de abur) în mişcare de rotaţie a volantului.

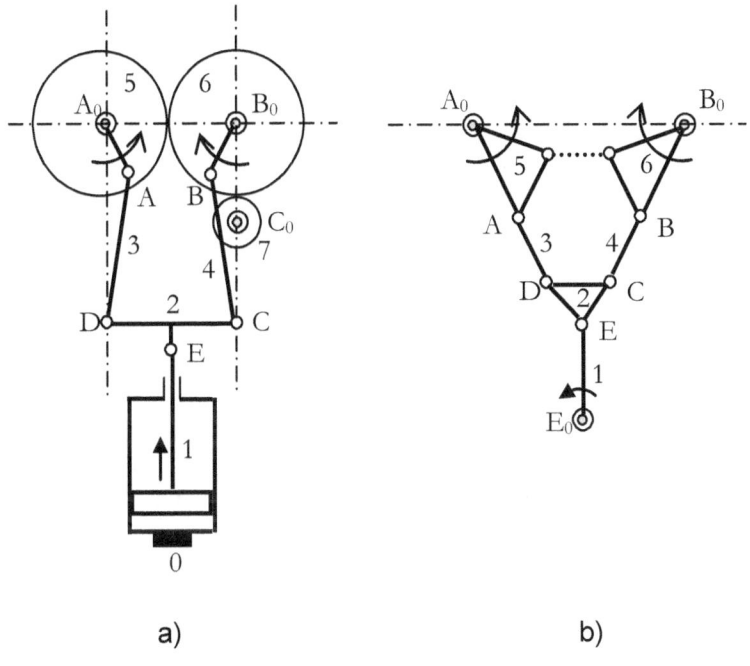

a)   b)

Fig. 1.7

Tija pistonului 1 este articulată cu bara 2 în punctul E, care este situat pe mediatoarea segmentului CD. Traiectoriile punctelor C şi D sunt rectiliniare paralele cu tija pistonului 1. Manivelele A_0A şi B_0B sunt montate solidar fiecare pe roata dinţată respectivă 5 şi 6, în poziţie simetrică faţă de verticala punctului E, ceea ce le asigură unghiuri de rotaţie egale.

Din analiza schemei cinematice echivalente (fig. 1.7b), în care se precizează elementul conducător 1, simetria este pusă şi mai mult în evidenţă.

În structura topologică a acestui mecanism se identifică un lanţ cinematic pasiv (cu mobilitate nulă) a cărui configuraţie este hexagonală [40].

1.3. EVOLUŢII ÎN ANALIZA MECANISMELOR COMPLEXE CU B. ŞI R.D.

J. Volmer [40] foloseşte noţiunea de mecanism combinat, acesta putând fi realizat prin angregarea sau cuplarea a două sau mai multe mecanisme simple cu: bare, roţi dinţate, came şi elemente flexibile sau deformabile.

Sunt definite trei feluri de agregări (cuplări) de mecanisme simple: cuplare în serie, cuplare în paralel şi cuplare prin suprapunere.

Agregarea în serie a două mecanisme simple implică alungirea primului mecanism cu un al doilea mecanism, astfel că mişcarea elementului de ieşire din primul mecanism este folosită ca mişcare de intrare pentru al doilea mecanism.

Cel mai adesea agregarea în serie se foloseşte în cazul mecanismelor cu roţi dinţate de tipul reductoarelor de turaţie cilindrice, conice, melcate sau cu angrenaje mixte (conico-cilindrice, melcate-conice). Astfel pot fi agregate în serie *două angrenaje cilindrice* (fig. 1.8a) sau un angrenaj conic cu unul cilindric (fig. 1.8b), obţinându-se un reductor cu două trepte cu un raport de demultiplicare egal cu produsul rapoartelor parţiale.

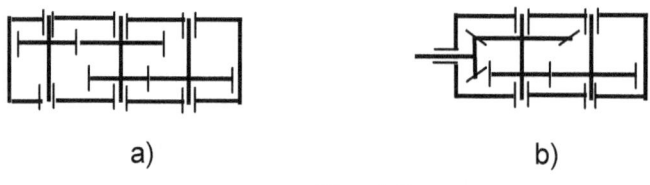

a)   b)

Fig. 1.8

Două *mecanisme cu bare*, de tip patrulater articulat, pot fi agregate în serie (fig. 1.9a), ceea ce permite obţinerea unei amplificări a unghiului de rotaţie ψ al balansierului B_0B până la o valoare θ realizată de balansierul D_0D (fig. 1.9b).

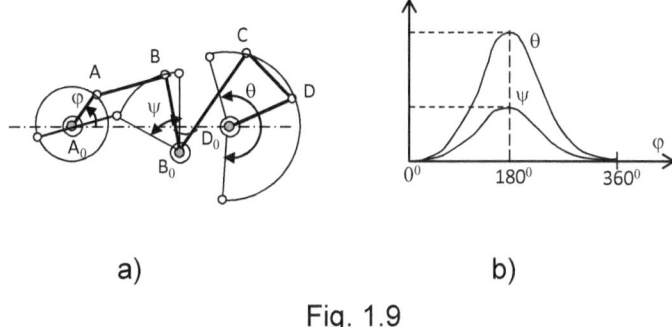

a)   b)

Fig. 1.9

În practică se realizează adesea o agregare în serie, între un mecanism cu roţi dinţate (angrenaj cilindric) şi un mecanism cu bare (fig. 1.10), în care manivela A_0A este solidară cu roata dinţată 2.

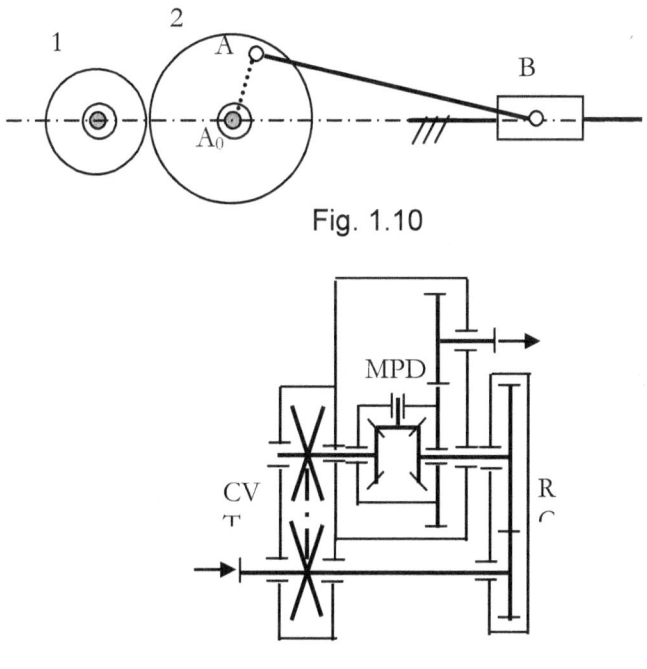

Fig. 1.10

Fig. 1.11

Agregarea în paralel a două mecanisme simple se realizează atunci când fluxul de mişcare se împarte mai întâi, prin ramificarea puterii, fiind dirijat prin două mecanisme cuplate în paralel, la care se produce transformarea mişcării, după care cele două fluxuri se reunesc într-un mecanism sumator (ca de exemplu mecanismul planetar bimobil).

O astfel de agregare în paralel se întâlneşte la ştandurile de încercări cu circuit închis, precum şi la unele transmisii mecanice de la automobile (fig. 1.11).

De la arborele de intrare fluxul de mişcare / putere se ramifică prin transmisia variabilă continuă (CVT) cu discuri tronconice [40] şi reductorul cilindric (RC). Apoi cele două fluxuri de putere / mişcare se reunesc în mecanismul planetar diferenţial (MPD), a cărui braţ portsatelit transmite mişcarea / puterea însumată spre arborele de ieşire, printr-un angrenaj cilindric.

Agregarea prin suprapunere a două mecanisme simple, dintre care unul este cu bare (considerat ca mecanism de bază) şi celălalt este un mecanism cu roţi dinţate ce primeşte mişcarea de la una din barele primului mecanism.

Ca exemplu se consideră un mecanism cu bare şi roţi dinţate (fig. 1.12a), obţinut prin cuplarea prin suprapunere a mecanismului cu bare tip manivelă-balansier şi a unui angrenaj cilindric, ale cărui axe de rotaţie coincid cu cele ale articulaţiilor balansierului B_0B.

Mecanismul cu roţi dinţate, care se suprapune mecanismului patrulater cu bare, este un angrenaj cilindric format dintr-un sector dinţat ca satelit (solidar cu biela AB) şi o roată dinţată cu axul fix în B_0.

Variaţia deplasării unghiulare ψ a balansierului (braţ portsatelit) se amplifică, prin intermediul rotaţiei bielei AB, obţinându-se la roata centrală unghiul θ (fig. 1.12b).

Acest mecanism cu bare şi roţi dinţate (fig. 1.12a) serveşte la transformarea mişcării de rotaţie uniforme a manivelei A_0A într-o mişcare de rotaţie oscilantă neuniformă, care poate fi realizată cu oprire sau poate fi realizată cu întoarcere parţială (în pas de pelerin).

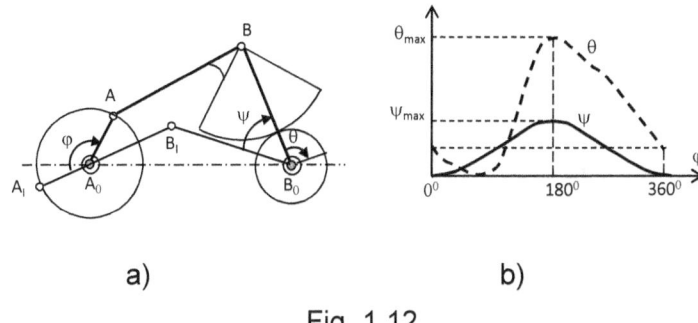

a)   b)

Fig. 1.12

În afară de aceasta, mecanismele cu bare şi roţi dinţate (obţinute prin suprapunere) sunt potrivite pentru generarea curbelor plane.

Un alt tip de mecanism cu bare şi roţi dinţate se poate alcătui prin suprapunerea unui angrenaj cilindric pe una din bielele mecanismului pentalater articulat (fig. 1.13).

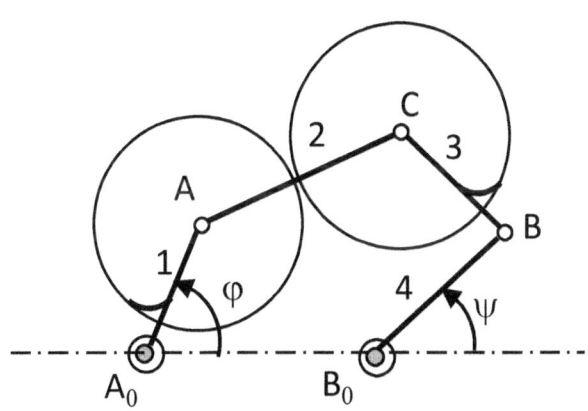

Fig. 1.13

Prin solidarizarea celor două roţi dinţate de barele 1 respectiv 3, angrenajul cilindric este suprapus bielei 2 (fig. 1.13), având centrele roţilor dinţate în articulaţiile A şi C.

Mecanismul pentalater este bimobil, unghiurile φ şi ψ fiind independente, dar prin suprapunerea angrenajului cilindric pe biela 2, mecanismul rezultat (cu bare şi roţi dinţate) devine monomobil, astfel că unghiurile φ şi ψ sunt dependente.

Există o mulţime de variante de astfel de mecanisme cu bare şi roţi dinţate, aceste mecanisme agregate prin suprapunere având la bază numărul mare al mecanismelor cu bare, precum şi numărul de două sau mai multe roţi dinţate folosite pentru angrenajele suprapuse.

Foarte frecvent sunt utilizate mecanisme cu bare şi roţi dinţate de tip planetare (fig. 1.14), care realizează la roata centrală 5 o mişcare de rotaţie cu grad mare de neuniformitate [40].

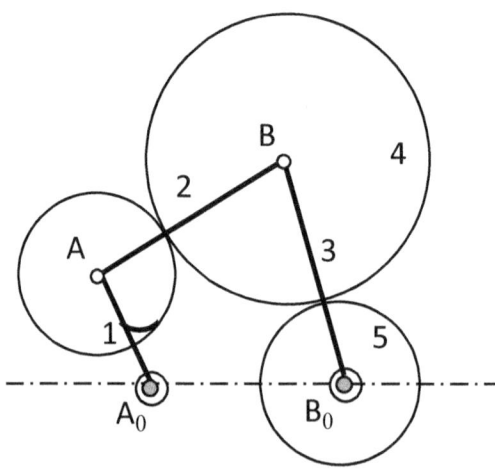

Fig. 1.14

Mobilitatea mecanismului patrulater (de bază) cu bare articulate se menţine egală cu unu şi după suprapunerea celor două angrenaje cilindrice pe lanţul diadic (2,3).

Astfel angrenajul (1, 4) se ataşează bielei 2 şi angrenajul (4, 5) se ataşează la balansierul 3.

De asemenea, mecanismele cu bare şi roţi dinţate, care sunt agregate prin suprapunere peste un patrulater articulat tip dublă manivelă (fig. 1.15a), pot realiza la roata centrală mişcarea de rotaţie unisens cu oprire limitată. În anumite situaţii roata centrală poate realiza o rotaţie cu o mică întoarcere parţială (pas de pelerin).

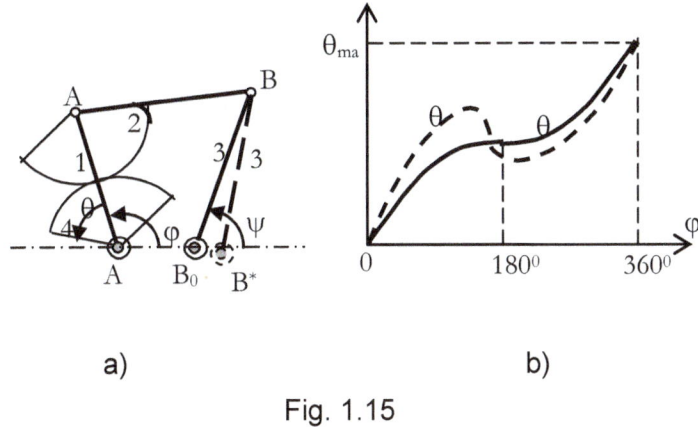

a)   b)

Fig. 1.15

Mişcarea în pas de pelerin este utilizată la maşinile textile specializate (pentru pieptănatul bumbacului şi a firelor de rafie) precum şi la maşinile de împachetat [40].

Rotaţia cu întoarcere limitată reprezentată prin curba θ^* (fig. 1.15b) se obţine prin interferenţa dintre mişcarea planetară a roţii dinţate solidară cu biela 2 şi mişcarea de rotaţie relativă din articulaţia A (fig. 1.15a).

Mecanismele cu bare şi roţi dinţate realizează funcţii similare cu cele ale mecanismului patrulater cu dublă manivelă.

Curbele cicloidale sunt generate cu ajutorul mecanismelor cu bare şi roţi dinţate tip planetare, cu angrenare exterioară sau interioară.

De exemplu, curba hipocicloidă este folosită la unele maşini unelte tip presă, la care patina translantă realizează o cursă cu oprire prelungită la capătul exterior din dreapta (fig. 1.16), [40].

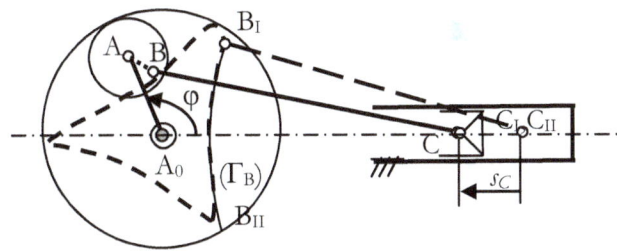

Fig. 1.16

W. Lichtenheldt [40] rezolvă cinematica mecanismelor cu b. şi r.d. prin metoda grafică a centrelor instantanee de rotaţie, considerând ca exemplu un mecanism manivelă-patină centric, la care se ataşează trei roţi dinţate (3, 4, 5), formând două angrenaje exterioare (fig. 1.17).

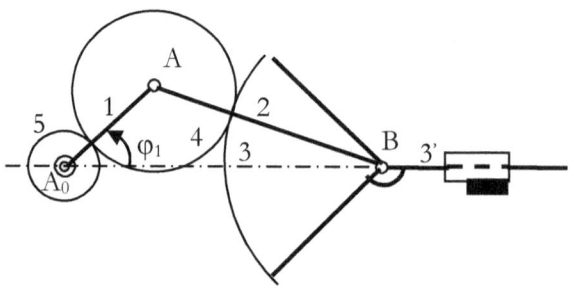

Fig. 1.17

R. Neumann [40] studiază mecanismul cu b. şi r.d. alcătuit din mecanismul manivelă-balansier la care s-au ataşat trei roţi dinţate formând două angrenaje (fig. 1.18a).

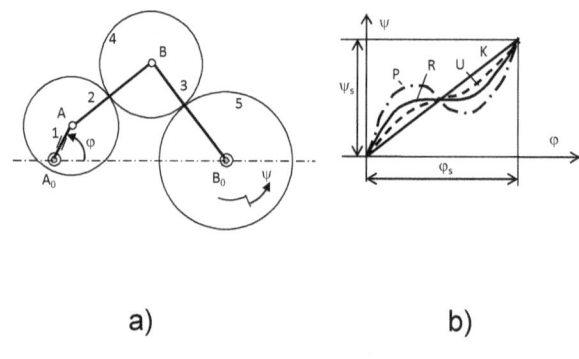

a)   b)

Fig. 1.18

În funcţie de raportul de transmitere dintre roţile 1 şi 5 rezultă funcţia deplasării unghiulare $\psi(\varphi)$ al cărei grafic (fig. 1.18b) poate fi:

-   o linie dreaptă (K) când $A_0B_0 = 0$;
-   o curbă continuu crescătoare (U) cu punct de inflexiune la jumătatea cursei;

- o curbă continuă cu un palier (R) ceea ce implică oprirea momentană a rotaţiei elementului condus 5;
- o curbă continuă cu linie punct (P) prezintă o porţiune de întoarcere după care revine la rotaţia în sensul iniţial; este mişcarea în pas de pelerin.

W. Rehwald şi K. Luck [40], au realizat un program de simulare a mecanismelor plane cu b. şi r.d. fiind analizate cinematic şi dinamic o serie de scheme cinematice (fig. 1.19), alături de care sunt prezentate diagramele de variaţie a forţelor şi momentelor de echilibru dinamic.

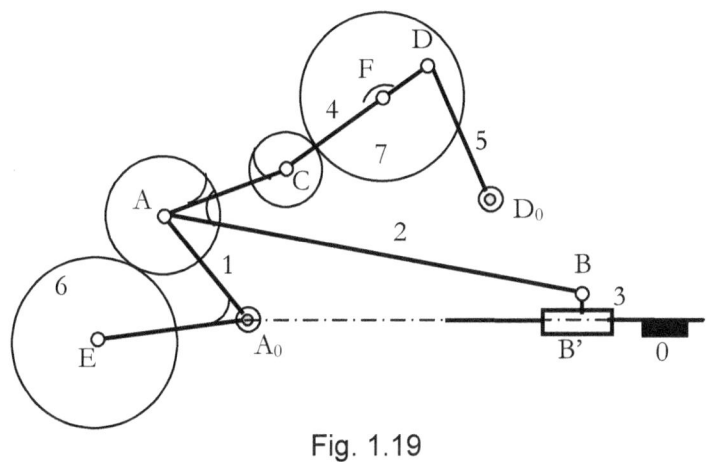

Fig. 1.19

Schema cinematică are elementele cinematice numerotate în ordinea alcătuirii mecanismului; acesta reprezintă un mecanism plan manivelă-patină (0, 1, 2, 3) amplificat cu un lanţ diadă (4, 5), având următoarea formulă structural-topologică [40]:

$$M = MF(0, 1) + LD(2, 3) + LD(4, 5) \qquad (1.12)$$

La mecanismul cu bare s-au ataşat patru roţi dinţate care formează două angrenaje cilindrice exterioare, având roţile 6 şi 7 ca elemente cinematice distincte cu centrele în articulaţiile E şi F de pe barele 1 respectiv 4.

P. Antonescu [40], prezintă un mecanism complex cu b. şi r.d. folosit ca ştergător de parbriz cu braţ telescopic (fig. 1.20).

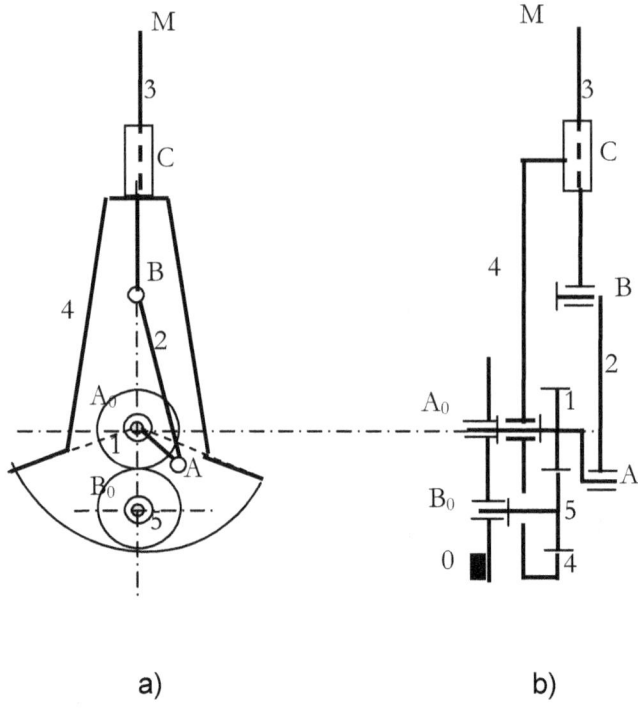

a)   b)

Fig. 1.20

Mecanismul cu bare este un pentalater (0, 1, 2, 3, 4) cu baza de lungime zero, având articulaţia din A_0 dublă (fig. 1.20a) şi cele două elemente 1 (manivelă) şi 4 (balansier) cu rotaţie absolută faţă de aceeaşi axă fixă Δ_1 (fig. 1.20b).

Mobilitatea mecanismului pentalater este M = 2, dar prin ataşarea celor trei roţi dinţate cilindrice (1, 4, 5) cu două angrenaje, mobilitatea devine M = 1.

De menţionat că roata 1 este solidară cu manivela 1, iar roata 4 cu dantură interioară este solidară cu balansierul 4, fiind realizată sub forma de sector dinţat cu unghiul la centru de 120^0.

Cu ajutorul celor două angrenaje (1, 5) şi (5, 4) se obţine corelarea mişcărilor manivelei 1 şi balansierului 4. Analiza geometro - cinematică urmăreşte determinarea poziţiei, vitezei şi acceleraţiei unui punct trasor M (fig. 1.20) de pe bara 3, a cărei mişcare este de roto-translaţie.

De bara 3 se fixează un segment, reprezentând lama ştergătorului de parbriz, ale cărui capete descriu traiectorii foarte apropiate de conturul parbrizului unui autovehicul.

D. Maros [40] prezintă o aplicaţie a mecanismului plan cu b. şi r.d. denumit „tren de angrenaje diadă" la maşinile textile de înfăşurare a firului pe mosor (fig. 1.21a) şi pentru optimizarea sistemului propune folosirea mecanismului tip Fergusson (fig. 1.21b).

A.S. Şaşkin [40] consideră mecanismele cu bare şi roţi dinţate ca fiind combinaţii complexe de lanţuri cinematice articulate şi lanţuri cinematice de roţi dinţate.

Aceste combinaţii complexe de bare şi roţi dinţate pot fi împărţite în: înseriate şi paralele.

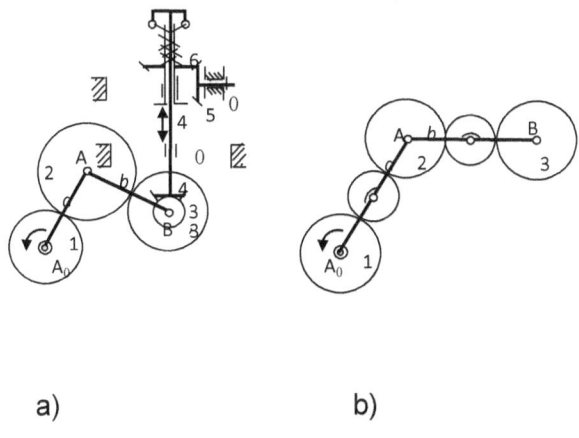

a)   b)

Fig. 1.21

Mecanismele înseriate sunt o reuniune de lanţuri cinematice cu bare şi roţi dinţate, în care elementul conducător al lanţului articulat transmite rotaţia către elementul condus al lanţului articulat, în care nici unul din elemente nu este fix, asigurând distanţa constantă dintre centrele perechilor de roţi dinţate.

Mecanismele paralele sunt o reuniune de lanţuri cinematice cu bare şi roţi dinţate, în care roţile dinţate sunt situate pe axele lanţului cinematic cu bare articulate, elemente care asigură distanţa constantă dintre centrele fiecărei perechi de roţi dinţate.

Elementul conducător în acest mecanism poate fi primul sau al doilea element al lanţului cinematic sau elementul care aparţine ambelor lanţuri cinematice în acelaşi timp.

Mecanismele de tipul al doilea, care realizează asamblarea paralelă a lanţurilor cinematice cu bare şi roţi dinţate într-un mecanism, în care numărul elementelor mobile ale lanţului cu bare este mai mare de unu, se vor numi mecanisme cu bare şi roţi dinţate.

În cazul asamblării înseriate, legarea lanţului cu roţi dinţate la cel cu bare nu schimbă ultimul grad de mobilitate.

La asamblarea paralelă, în procesul de formare a mecanismelor cu bare şi roţi dinţate se disting două cazuri: mecanisme multimobile şi mecanisme monomobile.

Mecanismele multimobile au lanţul cinematic cu bare cu M>1, iar elementele acestuia au mişcări nedeterminate.

Se asigură asamblarea paralelă, a lanţului cu bare de lanţul cu roţi dinţate, numai când, prin solidarizarea uneia sau câtorva roţi dinţate, la elementele lanţului cinematic cu bare, se obţine un mecanism cu bare şi roţi dinţate cu mobilitatea M=1. Aceasta implică posibilitatea determinării legii de mişcare la lanţul cinematic cu bare şi deducerea diferitelor traiectorii de mişcare descrise de punctele acestora.

Prin această caracteristică a legii de mişcare sau a traiectoriilor se determină tipul ambelor lanţuri cinematice şi modul asamblării paralele. La aceste mecanisme cu bare şi roţi dinţate, întotdeauna se poate distinge lanţul de roţi dinţate care transformă lanţul cu bare în mecanism cu o singură mobilitate.

Acest lanţ şi roţile aferente este numit *lanţ fundamental* [40], iar lanţul cinematic care este pus în mişcare de la cel *fundamental* este denumit *lanţ complementar*.

La un mecanism cu bare şi roţi dinţate, roţile dinţate ale lanţului de completare nu schimbă mobilitatea lanţului fundamental, comportându-se ca un lanţ cinematic pasiv (grupă assurică) a cărui mobilitate este nulă.

În schimb, roţile dinţate ale lanţului fundamental modifică mobilitatea lanţului cu bare şi în final a întregului mecanism cu bare şi roţi dinţate.

Mecanismele monomobile au lanţul cinematic cu bare cu mobilitatea unu (M=1). Dacă prin intermediul lanţului cinematic cu roţi dinţate trebuie realizată, la roata condusă, o lege de mişcare impusă neuniformă, atunci una sau câteva roţi dinţate trebuie solidarizate de barele lanţului cinematic, astfel încât mecanismul cu bare şi roţi dinţate să-şi menţină mobilitatea unu.

Caracteristica legii de mişcare depinde de tipul ambelor lanţuri cinematice ca şi de modul de asamblare paralelă.

În cazul mecanismului cu bare şi roţi dinţate, care este format numai cu ajutorul lanţului cinematic cu roţi dinţate complementar, îndepărtarea oricărui număr de roţi dinţate conduse nu schimbă mobilitatea mecanismului cu bare şi nici a mecanismului cu bare şi roţi dinţate (M=1).

Prezenţa, în mecanismul cu bare şi roţi dinţate, a două sau mai multe mobilităţi, la ambele lanţuri cinematice, arată că elementele acestora nu sunt solidarizate reciproc.

Ca exemplu [40] se dă mecanismul cu bare şi roţi dinţate care realizează la elementul condus (roată dinţată) o lege de mişcare neuniformă.

Se consideră schema cinematică a mecanismului cu bare şi roţi dinţate (fig. 1.22), considerată a fi cea mai des aplicată [40].

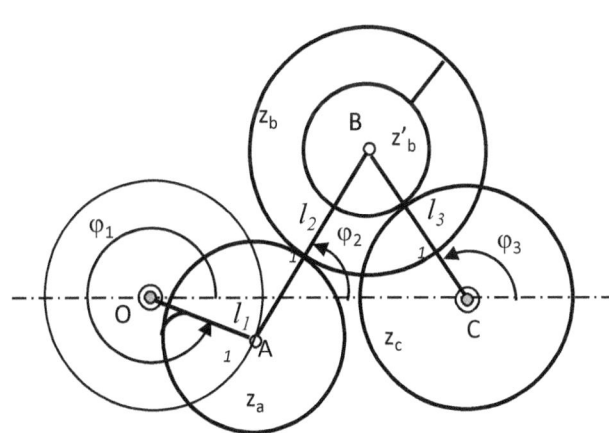

Fig. 1.22

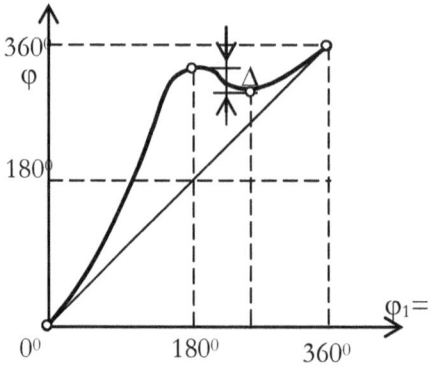

Fig. 1.23

Lanţul cinematic cu bare este reprezentat de patrulaterul articulat OABC cu o singură manivelă OA. Axele geometrice ale roţilor dinţate cu numerele de dinţi z_a, z_b, z'_b şi z_c coincid cu axele articulaţiilor A, B şi C.

Acest şir de roţi dinţate succesive formează lanţul cinematic cu roţi dinţate complementar care este paralel cu lanţul cinematic cu bare (fig. 1.22).

Roata dinţată z_a este solidară cu manivela OA de lungime l_1, iar roţile dinţate z_b şi z'_b sunt solidarizate.

Lungimea l_1 a manivelei mecanismului patrulater poate fi modificată. La limită $l_1 = 0$, ceea ce transformă mecanismul cu bare şi roţi dinţate într-o transmisie de roţi dinţate ordinare, în care, prin rotaţia uniformă a roţii conducătoare z_a, roata dinţată condusă z_c se roteşte de asemenea uniform.

Odată cu mărirea lungimii l_1, prin rotirea uniformă a roţii z_a, roata dinţată condusă z_c începe să se rotească neuniform, astfel că pe măsură ce se măreşte l_1 creşte gradul de neuniformitate al rotaţiei roţii conduse.

Unghiul de rotaţie curent al manivelei l_1 este notat $\varphi_1 = \varphi_a$, iar unghiurile de rotaţie ale celorlalte bare şi roţi dinţate (fig. 1.22) sunt notate semnificativ cu φ_2, φ_3, φ_b şi φ_c.

Variaţia unghiului de rotaţie φ_c al roţii conduse (fig. 1.23) arată o creştere continuă pe prima porţiune, după care se schimbă sensul de rotaţie până la valoarea $\Delta\varphi$, iar pe ultima porţiune rotaţia se face în sensul iniţial.

În aceeaşi lucrare [Ş1] se prezintă o sistematizare a mecanismelor cu bare şi roţi dinţate, făcându-se afirmaţia că „toate mecanismele cu bare şi roţi dinţate pot fi împărţite în 22 grupe".

Toate mecanismele din cele 22 grupe au gradul de mobilitate unu, iar roţile dinţate formează cel puţin un angrenaj cilindric sau conic.

Grupa 1 cuprinde mecanisme complexe (b. + r.d.) care sunt construite pe baza mecanismului patrulater plan articulat. Sunt evidenţiate trei subgrupe de mecanisme complexe, acestea fiind funcţie de numărul articulaţiilor care poartă roţile dinţate suplimentare. Roţile dinţate nu influenţează gradul de mobilitate al mecanismului patrulater articulat.

Grupa 2 cuprinde mecanisme complexe (b. + r.d.) care sunt construite pe baza mecanismului pentalater plan articulat. Sunt menţionate patru subgrupe de mecanisme complexe, acestea depinzând de numărul articulaţiilor pentalaterului care poartă roţile lanţului cinematic cu roţi.

Grupa 3 cuprinde mecanisme complexe (b. + r.d.) care sunt construite pe baza mecanismului hexalater plan articulat. Sunt considerate trei subgrupe de mecanisme complexe, după unele criterii ce nu sunt riguroase şi nici unitare.

Grupa 4 cuprinde numai două mecanisme complexe (b. + r.d.) care sunt construite pe baza mecanismului manivelă-piston.

Grupa 5 cuprinde numai trei mecanisme complexe (b. + r.d.) care sunt construite pe baza unor mecanisme manivelă-culisă.

Grupa 6 este reprezentată de un singur mecanism complex (b. + r.d.) cu şurub melc.

Grupa 7 cuprinde numai 3 mecanisme complexe (b. + r.d.) cu lanţ cinematic deschis.

Grupa 8 cuprinde 3 mecanisme complexe (b. + r.d.), dintre care numai două sunt scheme distincte denumite mecanisme planetare.

Grupa 9 este reprezentată de un singur mecanism complex (b. + r.d.), definit ca mecanism planetar cu culisă, dar de fapt este construit pe baza unui pentalater cu o cuplă de translaţie.

Grupa 10 are un singur mecanism complex (b. + r.d.), care de fapt este un mecanism din grupa 1, la care a fost ataşat un lanţ diadic RRR.

Grupa 11 cuprinde un singur mecanism complex (b. + r.d.), care este un mecanism din grupa 1 prevăzut cu dispozitiv unisens.

Grupa 12 se referă la un singur mecanism complex (b. + r.d.), realizat din combinarea unui mecanism din grupa 1 cu un cuplaj Oldham.

Grupa 13 cuprinde un singur mecanism complex (b. + r.d.), identificat a fi din grupa 2, prevăzut însă cu un dispozitiv de reglare.

Grupa 14 este reprezentată de un singur mecanism complex (b. + r.d.), acesta fiind un mecanism din grupa 1 la care o roată este incompletă (sector circular).

Grupa 15 cuprinde şase mecanisme complexe (b. + r.d.) care sunt împărţire arbitrar în două subgrupe. Patru din aceste mecanisme sunt construite pe baza patrulaterului sferic articulat.

Grupa 16 cuprinde numai patru mecanisme complexe (b. + r.d.), acestea fiind construite pe baza pentalaterului sferic articulat.

Grupele 17, 18, 19, 20, 21 şi 22 sunt reprezentate prin câte un singur mecanism complex (b. + r.d.). Astfel cel cu numărul 17 este numai una din multiplele variante de construire a mecanismelor complexe pe baza hexalaterului articulat.

Mecanismul complex (b. + r.d.) cu numărul 18 este construit pe baza mecanismului sferic manivelă-piston. Mecanismul complex (b. + r.d.) cu numărul 19 este construit prin legarea unui angrenaj conic cu un mecanism sferic cu bare tip manivelă-culisă.

Mecanismul complex (b. + r.d.) cu numărul 20 este construit cu angrenaje conice pe baza unui lanţ cinematic deschis. Mecanismul complex (b. + r.d.) cu numărul 21 este construit prin legarea unui mecanism complex sferic la un mecanism planetar cilindric.

Mecanismul complex (b. + r.d.) cu numărul 22 este un mecanism complex cu pentalater sferic, prevăzut cu un sistem specific de reglare.

Într-o lucrare anterioară [40] se consideră câteva probleme de sinteză a două variante de mecanisme cu bare şi roţi dinţate, care au ca lanţ fundamental mecanismul patrulater plan articulat de tip manivelă-balansier (fig. 1.24a) respectiv balansier-balansier (fig. 1.24b).

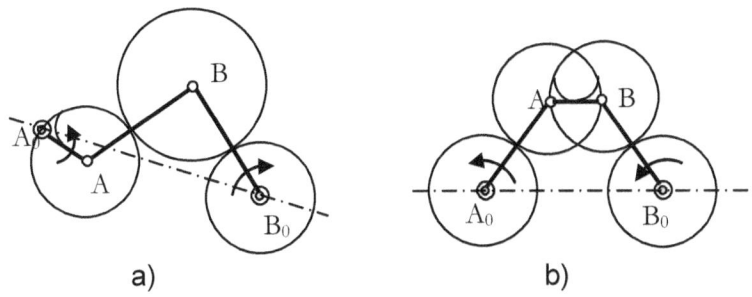

a)   b)

Fig. 1.24

Mecanismul prezentat în figura 1.24a este o combinaţie a patrulaterului articulat cu o singură manivelă peste care s-a suprapus lanţul cinematic format din roţile dinţate z_1, z_4 şi z_5.

Manivela l_1 a patrulaterului A_0ABB_0 formează un excentric cu roata z_1. Dacă se alege $l_1 = 0$, atunci mecanismul se transformă într-o transmisie cu roţi dinţate obişnuite (cu axe fixe).

Roata dinţată z_1 se roteşte faţă de bază cu viteza unghiulară constantă. Prin aceasta roata dinţată z_5 se roteşte într-un singur sens cu oprire periodică momentană.

Acest mecanism a fost analizat în mai multe lucrări de şcoala germană de mecanisme [40] în care se propun diferite metode de proiectare a acestuia.

În lucrările ştiinţifice publicate înainte de 1960 nu s-a pus problema proiectării acestor mecanisme cu o anumită precizie pentru staţionarea (oprirea de lungă durată) a roţii dinţate z_5.

1.4. CERCETĂRI PRIVIND SINTEZA MECANISMELOR CU B. ŞI R.D.

Începutul cercetărilor de sinteză a mecanismelor cu b. şi r.d. poate fi considerat a fi în 1960, odată cu publicarea unor lucrări ştiinţifice, consacrate metodei de rezolvare a problemelor de sinteză specifice acestor mecanisme, de către S.A. Cerkudinov, L.B. Maisiuk şi A.S. Şaşkin [40].

O metodă de sinteză aproximativă a mecanismelor plane cu bare şi roţi dinţate a fost prezentată de A.S. Şaşkin [40], cu referire la schema cinematică prezentată anterior (fig. 1.24a).

Se consideră o schemă cinematică (fig. 1.25a) pentru care s-a calculat funcţia de transmitere a vitezei unghiulare a roţii conduse 5 (fig. 1.25b).

În formularea problemei de sinteză aproximativă a mecanismului patrulater manivelă-balansier (fig. 1.25a) se parcurg următoarele etape:

1) Deducerea curbei α (fig. 1.25b) care reprezintă variaţia vitezei unghiulare reduse (ω_5/ω_1), a roţii dinţate conduse 5, în funcţie de unghiul φ_1 de poziţionare a manivelei 1.

Această curbă taie axa absciselor în două puncte, în care are loc oprirea momentană a roţii dinţate 5. Segmentul de pe această axă situat între cele două puncte se notează cu φ_1^* (fig. 1.25b). Pe această porţiune, roata 5 are viteza unghiulară negativă, ceea ce înseamnă că se roteşte în sens contrar.

Cu cât este mai mare unghiul φ_1^* cu atât este mai mare viteza acestei mişcări.

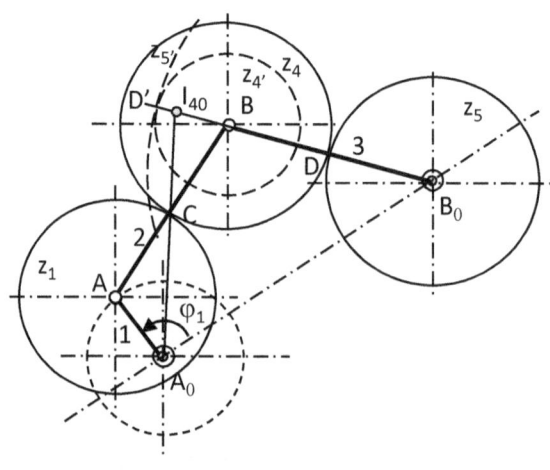

a)

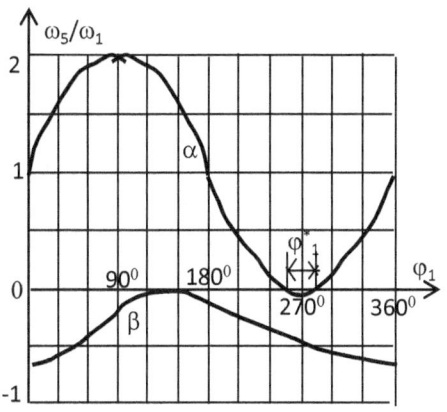

b)

Fig. 1.25

2) Se pune problema proiectării unui astfel de mecanism cu b. şi r.d. (fig. 1.25a) care să realizeze aproximativ $\omega_5 = 0$ în porţiunea de oprire. Pentru staţionarea (oprirea) momentană a unui element cinematic, din componenţa mecanismului, se poate formula următoarea condiţie geometrică necesară: toate centrele instantanee de rotaţie se suprapun cu CIR absolut al elementului cinematic, a cărui oprire momentană este cerută.

Pentru a determina grafic poziţia centrului instantaneu I_{40}, pentru unghiul φ_1 dat, se aplică teorema celor trei CIR, astfel acest punct se obţine la intersecţia liniilor care trec prin punctele A_0C şi B_0B (fig. 1.25a). Pentru o rotaţie completă a manivelei 1 se obţin grafic sau analitic poziţiile punctului I_{40}, care unite determină curba loc geometric $(\Gamma_{I_{40}})$ a acestui CIR absolut.

Oprirea momentană a roţii dinţate 5 e posibilă în acel caz când CIR-ul relativ $I_{54} = D$, corespunzător angrenajului exterior (4, 5) sau $I'_{54} = D'$, în cazul angrenajului interior (4', 5'), se suprapune cu CIR-ul absolut I_{40}.

Intersecţia cercului de rostogolire al roţii 5 cu curba centroidă $(\Gamma_{I_{40}})$ determină două puncte care reprezintă locul opririi momentane a roţii 5. Se defineşte cursa opririi momentane, intervalul de timp în cursul căruia roata 5 se întoarce şi revine la poziția de staționare. Acest timp corespunde unghiului cursei de staționare φ^*_1 care se obține la manivela 1.

Dacă cercul de rostogolire al roții 5 se suprapune pe curba centroidă $(\Gamma_{I_{40}})$ pe o porțiune, atunci în acest interval este îndeplinită condiția $\omega_5 = 0$. Această condiție determină lungimea căutată pentru raza roții 5', al cărui cerc este trasat cu linie întreruptă (fig. 1.25a), corespunzător angrenării interioare cu roata 4' solidară cu 4.

Angrenarea interioară conduce la soluții de oprire a roții 5' (prevăzută cu dantură interioară), iar pentru acest caz s-a calculat funcția adimensională ω_5/ω_1 reprezentată prin curba β (fig. 1.25b).

Se menționează că această curbă β se apropie de axa absciselor, dar nu coincide cu ea, așa cum cercul de rostogolire al roții 5' nu se suprapune în întregime cu porțiunea respectivă a centroidei fixe.

3) În acest fel s-a stabilit metoda de aproximare a centroidei fixe pe câteva porțiuni, cu arcul de cerc descris cu centrul în punctul B_0 al roții 5.

Când, în toate aceste porțiuni, centrele instantanee I_{54} și I_{40} vor coincide aproximativ și roata dințată 5 va realiza oprirea momentană.

O metodă analitică de sinteză aproximativă a mecanismului cu b. și r.d., pentru realizarea de opriri momentane, este cea a aproximării pătratice [40].

Se utilizează funcția celei mai bune aproximații, în acele cazuri când trebuie obținut minimul posibil pentru valoarea maximă a abaterii de la funcția dată $y = F(x)$ în tot intervalul de variație a argumentului considerat. Pentru fiecare din parametrii sistemului $p_0, p_1, p_2, \cdots, p_n$, pentru care se determină funcția de aproximare $P(x)$, poate fi găsit pe segmentul considerat (x_0, x_m) maximul modulului mărimii diferență:

$$\Delta_{\max} = \max[F(x) - P(x)] \qquad (1.13)$$

Se poate găsi sistemul coeficienților de sistem $p_0, p_1, p_2, \cdots, p_n$ prin care expresia $\Delta_{\max}$ din (1.13) este minimă.

Din teoria funcţiilor de aproximare se cunoaşte că dacă funcţia de aproximare poate fi stabilită sub forma unui polinom generalizat:

$$P(x) = p_0 \cdot f_0(x) + p_1 \cdot f_1(x) + \cdots + p_n \cdot f_n(x) \quad (1.14)$$

unde $p_0, p_1, p_2, \cdots, p_n$ sunt coeficienţii ce trebuie determinaţi, iar $f_0(x), f_1(x), f_2(x), \cdots, f_n(x)$ sunt funcţii nedependente liniar de argumente variabile, care nu conţin mărimi necunoscute, semnificaţia coeficienţilor $p_0, p_1, p_2, \cdots, p_n$ constă în căutarea minimului expresiei $\Delta_{\max}$.

Pentru polinomul generalizat, care formează sistemul funcţiei Cebâşev, există teorema Cebâşev care dă posibilitatea calculului coeficienţilor necunoscuţi $p_0, p_1, p_2, \cdots, p_n$ ai funcţiei de aproximare, extremul derivatei funcţiei E (reprezentând minimul lui $\Delta_{\max}$) şi mărimea argumentului x prin care acesta se atinge.

Conform teoremei Cebâşev, calculul nemijlocit al coeficienţilor funcţiei de aproximare din ecuaţie este posibil numai în câteva cazuri particulare, când funcţiile $F(x), f_0(x), f_1(x), \cdots, f_n(x)$ sunt stabilite analitic în forma destul de simplă.

În cazul sintezei mecanismelor cu b. şi r.d. cu opriri, metoda Cebâşev se aplică foarte greu, pentru că ecuaţia centroidei este o funcţie foarte complexă.

Dacă funcţia $F(x)$ este dată în forma grafică sau printr-un şir de valori numerice, abaterea pătratică medie se defineşte prin mărimea (1.15), unde S se calculează cu formula (1.16).

$$\Delta_m = \sqrt{\frac{S}{m+1}} \qquad (1.15)$$

$$S = \sum_{i=0}^{m} [F(x_i) - P(x_i)]^2 \qquad (1.16)$$

Dacă funcţia de aproximare este polinom generalizat, coeficienţii $p_0, p_1, p_2, \cdots, p_n$ se pot găsi din condiţia minimului abaterii pătratice medii în m puncte alese. Aceste condiţii corespund în vecinătatea minimului sumei S, care în cazul considerat are următoarea formă:

$$S = \sum_{i=0}^{m} [F(x_i) - p_0 f_0(x_i) - p_1 f_1(x_i) - \cdots - p_n f_n(x_i)]^2 \quad (1.17)$$

Egalând cu zero derivatele parțiale ale sumei S în funcție de coeficienții p_k $(k = 0,1,2,\cdots,n)$, se obțin ecuațiile care formează sistemul liniar:

$$\begin{cases} c_{00} p_0 + c_{01} p_1 + \cdots + c_{0n} p_n = b_0; \\ c_{10} p_0 + c_{11} p_1 + \cdots + c_{1n} p_n = b_1; \\ \cdots\cdots\cdots\cdots\cdots\cdots\cdots\cdots\cdots \\ c_{n0} p_0 + c_{n1} p_1 + \cdots + c_{nn} p_n = b_n. \end{cases} \quad (1.18)$$

În sistemul de ecuații (1.18) coeficienții c_{kl} și b_k au următoarele semnificații:

$$c_{kl} = c_{lk} = \sum_{i=0}^{m} f_k(x_i) f_l(x_i); k = 0,1,\cdots,n; l = 0,1\cdots,n. \quad (1.19)$$

$$b_k = \sum_{i=0}^{m} F(x_i) f_k(x_i); \quad k = 0,1,\cdots,n. \quad (1.20)$$

Sistemul de ecuații (1.18) se poate rezolva prin metoda eliminării succesive, după ce se verifică următoarele formule:

$$\left. \begin{array}{l} c_{00} + c_{01} + \cdots + c_{0n} + b_0 = \sum_{i=0}^{m} f_0(x_i) S_i; \\ c_{10} + c_{11} + \cdots + c_{1n} + b_1 = \sum_{i=0}^{m} f_1(x_i) S_i; \\ \cdots\cdots\cdots\cdots\cdots\cdots\cdots\cdots\cdots \\ c_{n0} + c_{n1} + \cdots + c_{nn} + b_n = \sum_{i=0}^{m} f_n(x_i) S_i. \end{array} \right\} \quad (1.21)$$

În relaţiile (1.21) funcţia S_i se defineşte prin relaţia.

$$S_i = F(x_i) + f_0(x_i) + f_1(x_i) + \cdots + f_n(x_i) \quad (1.22)$$

Funcţia, care trebuie realizată de mecanismul manivelă - balansier, poate fi scrisă sub forma (1.23). În realitate, mecanismul patrulater realizează efectiv o altă funcţie (1.24).

$$\varphi_3 = f(\varphi_1) \qquad (1.23)$$

$$\varphi_{3e} = f(\varphi_1) \qquad (1.24)$$

Pe intervalul $(\varphi_{1(0)}, \varphi_{1(m)})$ se poate evalua mărimea abaterii.

$$\Delta\varphi_3 = \varphi_{3e} - \varphi_3 \qquad (1.25)$$

Printr-o alegere corectă a parametrilor căutaţi, această abatere trebuie să difere puţin de zero pe segmentul indicat. Pentru acest scop trebuie îndeplinite şi mai multe condiţii generale, cunoscute sub denumirea diferenţelor cantitative

$$\Delta_q = \Delta q = q\Delta\varphi_3 \qquad (1.26)$$

Cu condiţia ca ponderea q să difere cel puţin de mărimile constante.

Expresia pentru diferenţa cantitativă Δ_q poate fi obţinută astfel.

Se consideră schema cinematică a mecanismului manivelă - balansier cu două angrenaje (fig. 1.26).

Aşa cum parametrii i_{ab}, i_{bc} şi k trebuie să rămână invariabili şi roţile dinţate sunt dispuse pe elementele l_2 şi l_3, tot aşa lungimile l_2 şi l_3 în procesul de aproximare trebuie să rămână invariante. Dar în rezultatul calculelor trebuie să fie obţinute noi semnificaţii ale parametrilor l_1 şi l_0.

Se introduc următoarele rapoarte între lungimile barelor mecanismului patrulater, lungimea de referinţă fiind l_2:

$$\frac{l_1}{l_2} = a; \quad \frac{l_2}{l_2} = b = 1; \quad \frac{l_3}{l_2} = c = const.; \quad \frac{l_0}{l_2} = d \qquad (1.27)$$

Abaterea $\Delta\varphi_3$ este influenţată de abaterea lungimii manivelei (Δa), pentru care se stabileşte expresia (1.28). Se înmulţeşte această funcţie cu coeficientul $a + a_\varphi$ care este foarte aproape de o mărime constantă, egală cu $2a$, ceea ce determină diferenţa (1.29).

$$\Delta a = a - a_\varphi \qquad (1.28)$$

$$\Delta_q = a^2 - a_\varphi^2 \qquad (1.29)$$

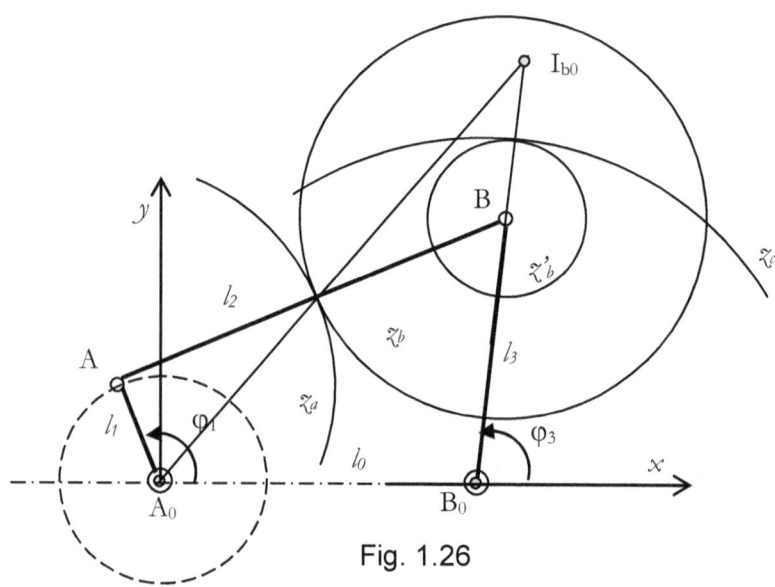

Fig. 1.26

Pentru a obţine expresia analitică a funcţiei Δ_q se proiectează conturul A_0ABB_0 (fig. 1.26) pe axele de coordonate x şi y:

$$a_\varphi \cdot \cos\varphi_1 = c \cdot \cos\varphi_3 + d - \cos\varphi_2;$$

$$a_\varphi \cdot \sin\varphi_1 = c \cdot \sin\varphi_3 - \sin\varphi_2. \qquad (1.30)$$

Eliminând unghiul φ_1 din ecuaţiile (1.30) se obţine pentru a_φ^2 expresia:

$$a_\varphi^2 = c^2 + d^2 + 1 - 2c \cdot \cos(\varphi_3 - \varphi_2) +$$
$$+ 2c \cdot d \cdot \cos \varphi_3 - 2d \cdot \cos \varphi_2 \qquad (1.31)$$

Cu aceasta, funcţia (1.29) capătă expresia:

$$\Delta_q = 2c \cdot \{\cos(\varphi_3 - \varphi_2) - d \cdot [\cos \varphi_3 - \frac{1}{c} \cdot \cos \varphi_2] -$$
$$- \frac{1}{2c}(c^2 + d^2 + 1 - a^2)\} \qquad (1.32)$$

Ecuaţia (1.32) are forma unui polinom generalizat care se scrie:

$$\Delta_q = A \cdot [F(\varphi_1) - p_0 \cdot f_0(\varphi_1) - p_1 \cdot f_1(\varphi_1)] \qquad (1.33)$$

în care: A este un coeficient constant; funcţiile $F(\varphi_1)$, $f_0(\varphi_1)$ şi $f_1(\varphi_1)$ nu conţin parametri necunoscuţi; coeficienţii p_0 şi p_1 depind de parametri necunoscuţi.

Din comparaţia relaţiilor (1.31) şi (1.32) rezultă următoarele corespondenţe:

$$A = 2c;\ F(\varphi_1) = \cos(\varphi_3 - \varphi_2);$$
$$f_0(\varphi_1) = \cos \varphi_3 - \frac{1}{c} \cdot \cos \varphi_2;\ f_1(\varphi_1) = 1; \qquad (1.34)$$

$$p_0 = d;\ p_1 = \frac{1}{2c} \cdot (c^2 + d^2 + 1 - a^2) \qquad (1.35)$$

Sistemul de ecuaţii (1.18), din care se pot determina coeficienţii p_0 şi p_1 se scrie:

$$\begin{cases} c_{00} \cdot p_0 + c_{01} \cdot p_1 = b_0; \\ c_{10} \cdot p_0 + c_{11} \cdot p_1 = b_1 \end{cases} \qquad (1.36)$$

În ecuaţiile sistemului (1.36) coeficienţii c_{kl} şi b_k se calculează cu formulele:

$$c_{kl} = c_{lk} = \sum_{i=0}^{i=m} f_k(\varphi_{1i}) \cdot f_l(\varphi_{1i});\quad k = 0,1;\ l = 0.1 \qquad (1.37)$$

$$b_k = \sum_{i=0}^{i=m} F(\varphi_{1i}) \cdot f_k(\varphi_{1i});\quad k = 0,1 \qquad (1.38)$$

Cap. 2. SINTEZA STRUCTURAL-TOPOLOGICĂ A MECANISMELOR CU BARE ŞI ROŢI DINŢATE

Mecanismele cu bare şi roţi dinţate au în componenţă cel puţin o bară articulată mobilă şi unul din angrenajele cilindric, conic sau hipoid (melcat).

În continuare se vor considera numai angrenajele cu elemente dinţate circulare sau drepte, la care poziţia relativă a axelor de rotaţie sau translaţie nu se modifică.

Structura topologică a mecanismelor cu bare şi roţi dinţate este caracterizată de un lanţ cinematic cu bare articulate şi cel puţin un lanţ cinematic cu elemente dinţate.

Lanţul cinematic cu bare poate fi *lanţ deschis* (cu o articulaţie fixă de rotaţie) sau *lanţ închis* (cu cel puţin două articulaţii fixe).

Lanţul cinematic cu elemente dinţate este ataşat lanţului cinematic cu bare, astfel ca cel puţin două roţi dinţate să aibă centrele în articulaţiile barelor, iar unele roţi pot fi solidare cu barele respective.

În practică o parte din aceste mecanisme cu bare şi roţi dinţate sunt cunoscute sub denumirea de mecanisme planetare cu angrenaje cilindrice, conice sau hipoide.

Montajul roţilor dinţate în aceste mecanisme complexe se realizează sub forma trenurilor de angrenaje în serie, paralel sau serie-paralel [40].

2.1. MECANISME PLANE CU BARE ŞI ROŢI DINŢATE

Sistematizarea se face în funcţie de lanţul cinematic plan cu bare articulate, acesta putând fi realizat ca lanţ cinematic deschis sau închis.

2.1.1. Mecanismele plane cu bare şi roţi dinţate cu lanţ cinematic deschis

Acestea se împart în mecanisme elementare (cu o singură bară articulată) şi mecanisme complexe etajate, cu cel puţin două bare articulate. Mecanismele cu bare şi roţi dinţate din prima categorie sunt denumite mecanisme planetare, fiind folosite ca transmisii mecanice planetare [40].

La rândul lor *mecanismele elementare* sunt realizate cu roată centrală, cu axă fixă de rotaţie (fig. 2.1) şi cu două roţi centrale (fig. 2.2), ale căror axe coincid cu cea fixă a barei articulate.

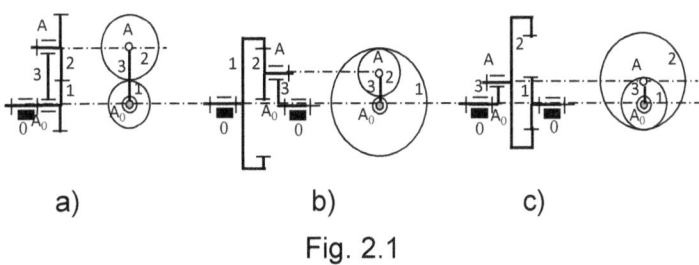

a)　　　　　　　b)　　　　　　　c)

Fig. 2.1

Mecanismele elementare cu o roată centrală (fig. 2.1) au roata centrală notată cu cifra 1 şi o roată satelit 2 cu axul mobil. Bara este notată cu cifra 3, iar articulaţiile sunt notate cu litera A_0 (articulaţie dublă) respectiv A (articulaţie simplă).

Cele două roţi 1 şi 2 formează un angrenaj cilindric, acesta fiind exterior (fig. 2.1a) sau interior (fig. 2.1b,c). Fiecare roată dinţată se reprezintă prin cercul de rostogolire care în schemele cinematice se simbolizează cu linie continuă.

Mobilitatea acestui mecanism cu bare şi roţi dinţate este egală cu 2, ceea ce se deduce cu ajutorul formulei structural-numerice [40]:

$$M = \sum_{m=1}^{5}(m \cdot C_m) - \sum_{r=2}^{6}(r \cdot N_r) \qquad (2.1)$$

În formula (2.1) s-au folosit notaţiile următoare:

$m = 1 \cdots 5$ este clasa funcţională a cuplei cinematice (gradul de libertate);

C_m este numărul cuplelor cinemtice de clasa m;

$r = 2 \cdots 6$ este rangul spaţiului asociat unui contur cinematic închis;

N_r este numărul contururilor cinematice închise independente de rangul r.

Numărul total N_c al contururilor închise independente se calculează cu formula:

$$N_c = \sum_{m=1}^{5} C_m - n \qquad (2.2)$$

În formula (2.2) s-a notat cu n numărul total al elementelor cinematice mobile din componenţa mecanismului.

În cazul mecanismelor elementare cu bare şi roţi dinţate (fig. 2.1) elementele cinematice sunt sub forma de bară şi de roată dinţată, iar cuplele cinematice sunt de rotaţie ($m = 1$), reprezentate de articulaţii plane şi de roto-translaţie ($m = 2$), reprezentate de angrenaje cilindrice.

Urmărind schemele cinematice (fig. 2.1) se identifică următoarele valori numerice:

$$m = 1, C_1 = 3; \quad m = 2, C_2 = 1; \\ r = 3, \ n = 3, \ N_3 = 1 \qquad (2.3)$$

Cu aceste valori numerice introduse în formula (2.1) se obţine:

$$M = (1 \cdot 5 + 2 \cdot 1) - 3.1 = 2 \qquad (2.4)$$

Prin imobilizarea roţii cetrale, mecanismul va avea mobilitatea M = 1, situaţie în care bara 3 poate fi element conducător şi roata dinţată 2 va deveni element condus.

În acest caz, un punct de pe roata 2 va descrie o curbă epicicloidală (fig. 2.1a), hipocicloidală (fig. 2.1b) sau pericicloidală (fig. 2.1c).

Mecanismele elementare cu două roţi dinţate centrale (fig. 2.2) se obţin din cele anterioare prin adăugarea unei roţi dinţate 4 care se află în angrenare cu roata 2' solidară cu 2.

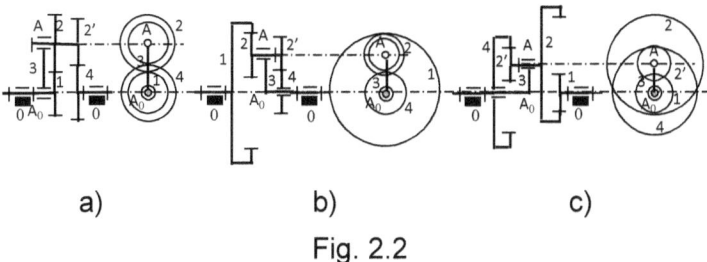

a)　　　　　　　b)　　　　　　　c)

Fig. 2.2

Deoarece o roată dinţată este echivalentă structural-topologic cu un lanţ cinematic tip diadă, mobilitatea noilor mecanisme (fig. 2.2) se conservă, deci M = 2.

Valoarea mobilităţii se calculează cu formula (2.1) în care se introduc valorile numerice specifice acestui mecanism cu două roţi centrale:

$$m = 1, C_1 = 4; \quad m = 2, C_2 = 2; \quad r = 3, \ n = 4, N_3 = 2 \quad (2.5)$$

Astfel mobilitatea mecanismelor elementare, prezentate mai sus, rezultă:

$$M = (1 \cdot 4 + 2 \cdot 2) - 3 \cdot 2 = 2 \quad\quad (2.6)$$

Cele două angrenaje cilindrice sunt ambele exterioare (fig. 2.2a), unul interior şi celălalt exterior (fig. 2.2b) sau ambele interioare (fig. 2.2c).

La montajul celei de a doua roţi centrale 4 se ţine seama de condiţia geometrică ca distanţa dintre axele celor două angrenaje să fie aceeaşi:

$$m_{12} \cdot (z_1 \pm z_2) = m_{2'4} \cdot (z_{2'} \pm z_4) \quad\quad (2.7)$$

Mecanisme complexe cu bare şi roţi dinţate etajate se obţin prin operaţia de supraetajare a mecanismelor elementare analizate anterior.

Supraetajarea se referă la lanţul cinematic cu bare, acesta putând avea două bare (fig. 2.3a) sau mai multe bare (fig. 2.3b).

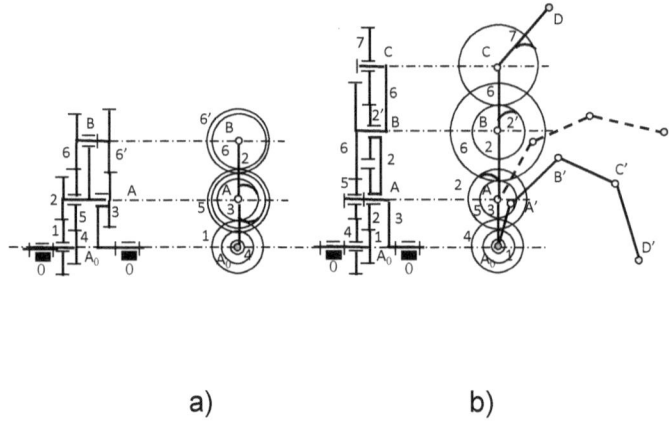

a)   b)

Fig. 2.3

În analiza schemei cinematice a mecanismului cu două bare (fig. 2.3a), trebuie menţionat că roata 3 este solidară cu bara A_0A, iar roata 2 este solidară cu bara AB. Aceste solidarizări sunt evidenţiate în ambele proiecţii, atât în cea din planul axial, cât şi în proiecţia transversală, corespunzător planului de mişcare a barelor şi roţilor dinţate.

Există patru angrenaje cilindrice exterioare, câte două la fiecare nivel, ceea ce necesită verificarea următoarelor relaţii deduse din egalitatea distanţei dintre axe:

$$m_{12} \cdot (z_1 + z_2) = m_{45} \cdot (z_4 + z_5) \qquad (2.8)$$

$$m_{56} \cdot (z_5 + z_6) = m_{36'} \cdot (z_3 + z_{6'}) \qquad (2.9)$$

Mobilitatea mecanismului simplu etajat (fig. 2.3a) este M = 2, aceasta rezultând prin calcul cu ajutorul formulei (2.1), în care scop se determină valorile numerice specifice:

$$m = 1, C_1 = 6; \quad m = 2, C_2 = 4;$$
$$r = 3, \ n = 6, N_3 = 4. \qquad (2.10)$$

Cu aceste date introduse în formula (2.1) rezultă:

$$M = (1 \cdot 6 + 2 \cdot 4) - 3 \cdot 4 = 2 \qquad (2.11)$$

Mecanismul complex supraetajat (fig. 2.3b) este compus din lanţul cinematic cu bare deschis A_0ABCD (la care ultima bară CD este solidară cu roata dințată 7) și lanțul cinematic cu roți dințate situate în plane paralele cu lanțul principal.

Se observă că roțile dințate 2 și 2' sunt solidare cu bara AB, iar roata dințată 6 este solidară cu bara BC a lanțului articulat.

Pentru primele două angrenaje cilindrice, montate în paralel la nivelul zero, există relația (2.8), având în vedere notațiile identice cu cele din schema cinematică analizată mai sus.

Mobilitatea mecanismului supraetajat (fig. 2.3b) este M = 3, ceea ce se verifică folosind formula (2.1):

$$M = (1 \cdot 7 + 2 \cdot 4) - 3 \cdot 4 = 3 \qquad (2.12)$$

În formula (2.12) s-au introdus următoarele valori numerice specifice mecanismului analizat:

$$m = 1, C_1 = 7; m = 2, C_2 = 4; \quad r = 3, n = 7, N_3 = 4 \quad (2.13)$$

Structura geometrică a acestui mecanism complex (fig. 2.3b) corespunde unui manipulator plan redundant cu trei mobilități, la care punctul D poate ajunge în poziția D' pe o traiectorie dată.

2.1.2. Mecanisme plane cu bare și roți dințate cu contur închis

Aceste mecanisme plane au ca lanț principal cu bare un contur cinematic de tip patrulater articulat, pentalater articulat, hexalater articulat etc. Lanțul cinematic cu roți dințate este atașat lanțului cu bare, prin poziționarea fiecărei roți circulare cu centrul într-o articulație a conturului poligonal.

2.1.2.1. Mecanismul cu lanț cu bare tip patrulater se realizează cu două, trei sau patru roți dințate, acestea fiind elemente cinematice distincte sau fiind montate solidar cu anumite bare ale conturului cinematic închis. În anumite situații se folosesc și roți dințate cu centrele plasate în anumite puncte ale barelor, altele decât articulațiile acestora.

După caz, patrulaterul articulat este de tip manivelă-balansier, manivelă dublă și balansier dublu (cu variantele simplu și complex).

Se consideră în continuare lanţul cinematic cu bare tip manivelă-balansier (fig. 2.4), la care se ataşează lanţul cinematic cu două, trei sau patru roţi dinţate respectiv unu, două sau trei angrenaje cilindrice exterioare sau interioare [40].

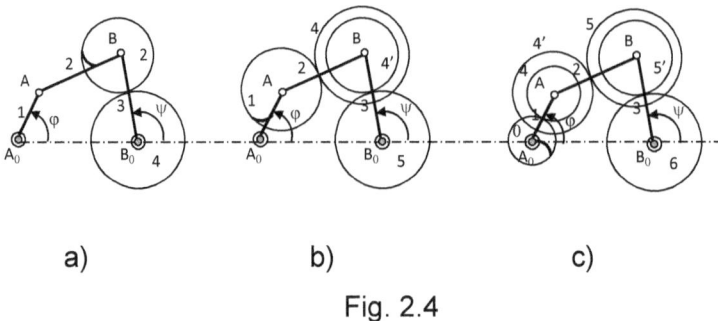

a)   b)   c)

Fig. 2.4

În ipoteza că mobilitatea mecanismului complex cu bare şi roţi dinţate este M = 1, una din roţile dinţate ale angrenajelor ataşate se solidarizează cu una din barele articulate 1, 2 sau 3.

Varianta 1 (fig. 2.4a) se obţine când roata 2 este solidară cu biela 2 de lungime AB = l_2, iar roata dinţată 4 are axa de rotaţie fixă în B_0, fiind roată condusă.

Deoarece roata dinţată 4 este un element cinematic distinct, echivalent unui lanţ diadic de mobilitate zero, prin adăugarea acesteia, la patrulaterul articulat (0, 1, 2, 3) respectiv A_0ABB_0, se conservă mobilitatea mecanismului.

Pentru verificare, mobilitatea se calculează cu formula generală (2.1), în care se introduc valorile numerice specifice acestui mecanism complex (fig. 2.4a):

$$m = 1, C_1 = 5; m = 2, C_2 = 1; \quad r = 3, \ n = 4, N_3 = 2 \ (2.14)$$

$$M = (1 \cdot 5 + 2 \cdot 1) - 3 \cdot 2 = 1 \qquad (2.15)$$

Distanţa dintre axele celor două roţi dinţate 2 şi 4 ale angrenajului cilindric exterior, care este montat pe balansierul 3, de lungime $B_0B = l_3$, trebuie să îndeplinească condiţia geometrică:

$$a_{24} = BB_0 = \tfrac{1}{2} m_{24} \cdot (z_2 + z_4) \qquad (2.16)$$

Varianta 2 (fig. 2.4b) are două angrenaje cilindrice, montate pe barele 2 şi 3, la care roata 1 cu centrul în A este solidară cu manivela 1, de lungime $A_0A = l_1$, iar roţile 4(4') şi 5 sunt elemente cinematice distincte, având centrele în B respectiv B_0. Cele două roţi dinţate 4(4') şi 5 sunt echivalente cu două lanţuri diadice, ceea ce conservă mobilitatea mecanismului patrulater M = 1.

Varianta 3 (fig. 2.4c) conţine trei angrenaje cilindrice, montate pe barele 1, 2 şi 3, la care roata dinţată 0 cu centrul în A_0 este solidară cu baza patrulaterului. Roţile 4(4'), 5(5') şi 6 sunt elemente distincte ce echivalează cu trei lanţuri diadice, astfel că mobilitatea M = 1 este conservată.

2.1.2.2. Mecanisme cu lanţ cu bare tip pentalater se pot realiza cu unul sau mai multe angrenaje cilindrice ataşate pentalaterului articulat (fig. 2.5), la care, pentru a obţine mobilitatea unu (M = 1), se introduc două condiţii care vizează solidarizarea a două roţi dinţate cu bare distincte [40].

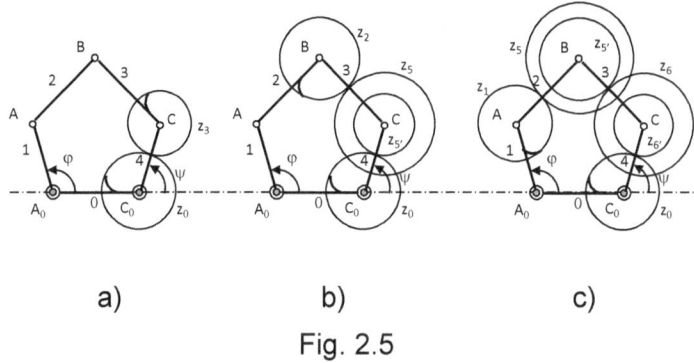

a)   b)   c)

Fig. 2.5

Se menţionează că din fiecare variantă prezentată mai sus, prin fixarea altei bare a pentalaterului articulat se obţin alte două variante de mecanisme cu bare şi roţi dinţate, ceea ce înseamnă 9 variante distincte.

Varianta 1 (fig. 2.5a) se obţine prin folosirea a două roţi dinţate (cu numerele dinţilor z_3 şi z_0), având centrele în articulaţiile C şi C_0 ale barei 4 şi solidarizate de bara mobilă 3 respectiv cea fixă 0.

În acest fel angrenarea celor două roţi echivalează cu introducerea unei legături suplimentare între barele 3 şi 0, ceea ce echivalează cu o bară şi două articulaţii, a cărei mobilitate este −1.

Mobilitatea mecanismului rezultat (fig. 2.5a) este cea a pentalaterului articulat (M = 2) la care se adaugă mobilitatea conexiunii introduse de angrenare (- 1), adică M = 2 - 1 = 1.

Acelaşi rezultat se obţine dacă se calculează mobilitatea mecanismului complex cu formula structural - topologică (2.1), a cărei formă particulară este:

$$M = C_1 + 2C_2 - 3N_3 = 5 + 2 \cdot 1 - 3 \cdot 2 = 1 \qquad (2.17)$$

Condiţia de montaj a celor două roţi dinţate (fig. 2.5a) este:

$$a_{30} = CC_0 = \tfrac{1}{2} m_{30} \cdot (z_3 + z_0) \qquad (2.18)$$

Dacă bara 1 este element conducător, mecanismul complex este de clasa 3, ceea ce poate stabili prin evidenţierea triadei odată cu înlocuirea cuplei superioare a angrenării printr-o bară binară (cu două articulaţii).

Urmărind celelalte două scheme cinematice, obţinute din varianta 1 (fig. 2.5a, 2.6a) prin schimbarea bazei, acestea reprezintă fiecare un mecanism complex de clasa 2 (fig. 2.6b) şi un mecanism complex de clasa 4 (fig. 2.6c).

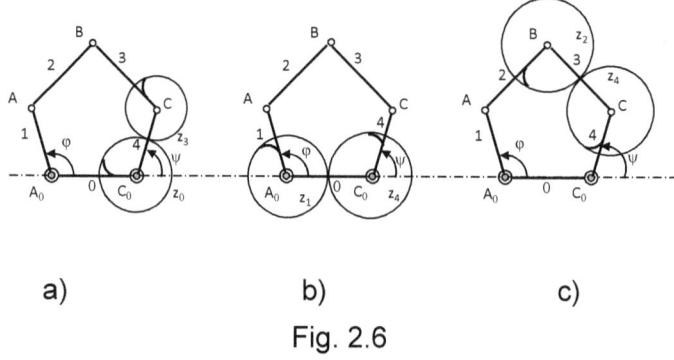

a)   b)   c)

Fig. 2.6

Varianta 2 (fig. 2.5b) se obţine din lanţul pentalater articulat bimobil, prin ataşarea lanţului de roţi dinţate cu două angrenaje cilindrice montate pe barele 3 şi 4. Între roţile cu centrele în articulaţiile B şi C_0 (solidare cu barele 2 respectiv 0) se află roata dinţată 5(5'), cu centrul în C, aceasta fiind un element cinematic distinct.

Mobilitatea mecanismului complex este calculată cu formula (2.1):

$$M = C_1 + 2C_2 - 3N_3 = 6 + 2 \cdot 2 - 3 \cdot 3 = 1 \qquad (2.19)$$

unde s-au făcut următoarele înlocuiri:

$$m = 1, C_1 = 6; m = 2, C_2 = 2; \quad r = 3, \quad n = 5, N_3 = 3 \,(2.20)$$

Condiţiile de montaj ale celor două angrenaje cilindrice sunt (fig. 2.5b):

$$a_{25} = BC = \tfrac{1}{2} m_{25} \cdot (z_2 + z_5) \qquad (2.21)$$

$$a_{05'} = C_0 C = \tfrac{1}{2} m_{05'} \cdot (z_0 + z_{5'}) \qquad (2.22)$$

Şi din această schemă cinematică (fig. 2.5b, 2.7a) de clasa 4 se obţin, prin schimbarea bazei, alte două scheme cinematice distincte una de clasa 3 (fig. 2.7b) şi cealaltă de clasa 4 (fig. 2.7c).

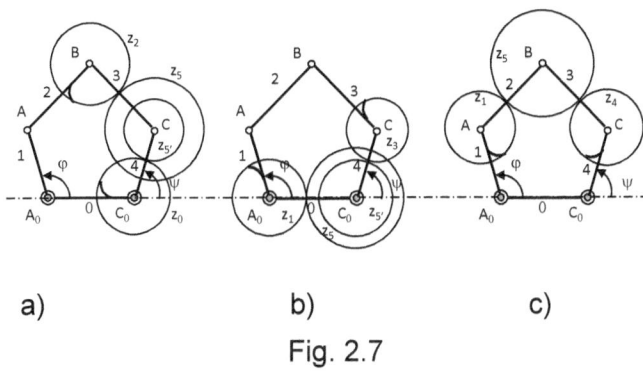

a) b) c)

Fig. 2.7

Varianta 3 *(fig. 2.5c) rezultă din lanţul pentalater bimobil, prin operaţia de ataşare a unui lanţ cinematic de roţi dinţate cu trei angrenaje cilindrice montate pe barele 2, 3 şi 4. Roţile dinţate cu centrele în articulaţiile A şi C_0 sunt solidare cu barele 1 respectiv 0, iar roţile dinţate 5(5') şi 6(6') cu centrele în articulaţiile B respectiv C sunt elemente cinematice distincte.*

Mobilitatea este M = 1, ceea ce se verifică folosind formula (2.1):

$$M = C_1 + 2C_2 - 3N_3 = 7 + 2 \cdot 3 - 3.4 = 1 \qquad (2.23)$$

Din această schemă cinematică (fig. 2.5c, 2.8a) de clasa 4 ord. 4 se obţin alte două scheme cinematice, prin schimbarea bazei, una de cls. 4 ord. 3 (fig. 2.8b) şi alta de cls. 7 ord. 4 (fig. 2.8c).

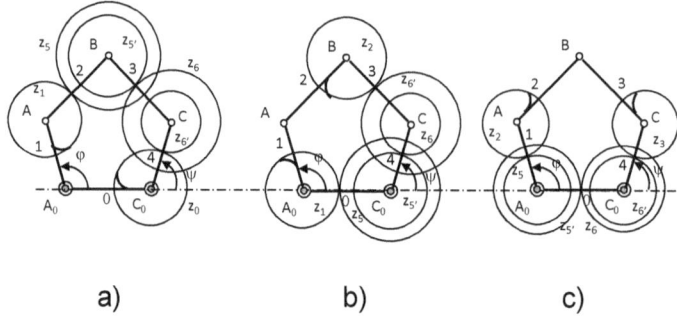

a)   b)   c)

Fig. 2.8

2.1.2.3. Mecanismele cu lanţ cu bare tip hexalater se obţin prin ataşarea unui lanţ de roţi dinţate, cu două sau mai multe angrenaje, la un hexalater articulat (fig. 2.9), la care, pentru realizarea unei mobilităţi unitare (M = 1), cel puţin patru roţi sunt solidarizate cu barele respective.

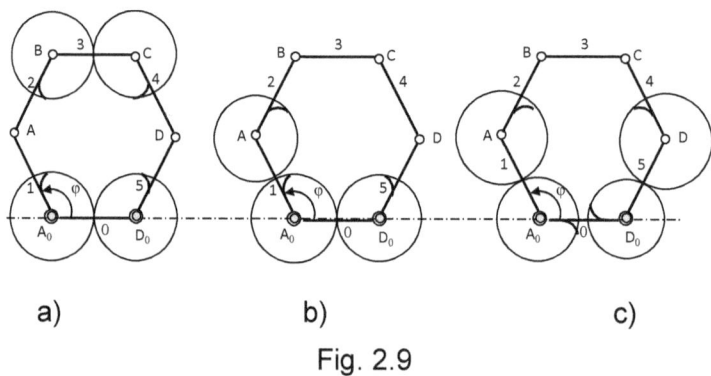

a)   b)   c)

Fig. 2.9

S-au considerat (fig. 2.9) trei scheme cinematice de astfel de mecanisme complexe cu bare şi roţi dinţate, fiecare având câte două angrenaje cilindrice.

Dacă se folosesc roţi dinţate egale, prima şi a treia schemă cinematică (fig. 2.9a,c) prezintă o simetrie geometrică, situaţie în care bara 3 execută o mişcare de translaţie rectiliniară.

De altfel, în condiţiile menţionate mai sus şi cu a doua schemă cinematică (fig. 2.9b) se obţine mişcarea de translaţie rectiliniară a barei 3, chiar dacă structura topologică nu este simetrică.

Mobilitatea acestor mecanisme complexe este M = 1, ceea ce se verifică prin calcul cu formula (2.1):

$$M = C_1 + 2C_2 - 3N_3 = 6 + 2 \cdot 2 - 3 \cdot 3 = 1 \qquad (2.24)$$

2.1.2.4. Mecanisme cu lanţ cu bare tip heptagonal şi octogonal

Pentru aceste mecanisme se prezintă câte un exemplu de schemă cinematică cu structură geometrică simetrică (fig. 2.10).

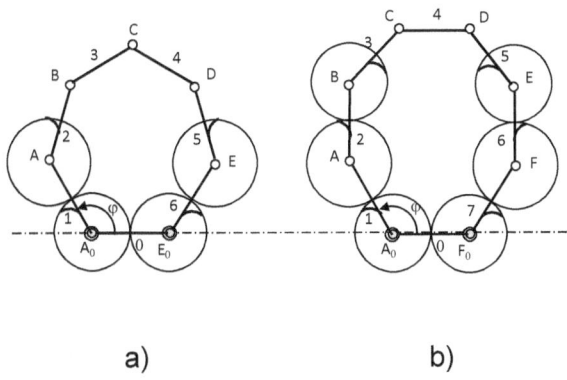

a)   b)

Fig. 2.10

Mecanismul complex cu lanţ heptagonal (fig. 2.10a) este realizat cu trei angrenaje dintre care unul cu axe fixe (1, 6) şi alte două cu axe mobile (1, 2) şi (5, 6). Mecanismul complex cu lanţ octogonal (fig. 2.10b) are în componenţă cinci angrenaje montate simetric faţă de axa de simetrie verticală a octogonului. Ambele mecanisme au mobilitatea unu M=1.

2.2. MECANISME SPAŢIALE CU BARE ŞI ROŢI DINŢATE

Se consideră mai întâi mecanismele spaţiale care au lanţul cinematic cu bare deschis şi apoi mecanismele spaţiale la care lanţul cinematic cu bare este închis.

2.2.1. Mecanismele spaţiale cu bare şi roţi dinţate cu lanţ deschis

Se cunosc două grupe de astfel de mecanisme spaţiale: mecanismele elementare (cu o singură bară articulată) şi mecanismele complexe etajate (cu două sau mai multe bare articulate).

Mecanismele spaţiale elementare pot fi realizate cu o singură roată centrală (fig. 2.11) respectiv cu două roţi centrale (fig. 2.12) ale căror axe fixe coincid cu axa articulaţiei fixe a barei.

Roţile dinţate folosite la mecanismele spaţiale sunt roţi conice (fig. 2.11a) şi roţi hipoide [40], cu şurub melc şi roată melcată (fig. 2.11b).

În cazul *mecanismului spaţial sferic* (fig. 2.11a), roata conică centrală 1 angrenează cu roata conică satelit 2, axele acestora fiind concurente în punctul S, acesta fiind vârful comun al conurilor de rostogolire. Bara 3 are două articulaţii, una fixă în A₀ (comună cu cea a roţii 1) şi alta mobilă în A prin care se leagă cu roata 2.

Dacă axele celor două roţi conice sunt perpendiculare, angrenajul conic este denumit ortogonal, în această formă fiind utilizat cel mai adesea în practică.

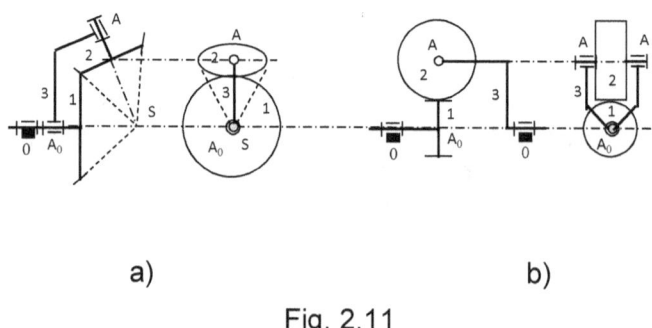

a)   b)

Fig. 2.11

Mobilitatea mecanismului sferic este M = 2, ceea ce se deduce prin calcul cu formula (2.1) particularizată:

$$M = C_1 + 2C_2 - 3N_3 = 3 + 2 \cdot 1 - 3 \cdot 1 = 2 \quad (2.25)$$

Rangul spaţiului asociat acestui contur cinematic este $r = 3$, deoarece axele cuplelor de rotaţie ($m = 1$) şi roto-translaţie ($m = 2$) sunt concurente în punctul S.

Un astfel de mecanism spaţial cu o bară şi un angrenaj conic este echivalent unui pentalater sferic cu articulaţii monomobile, la care toate axele sunt concurente în centrul S al sferei.

În cazul *mecanismului spaţial melcat* (fig. 2.11b), roata melc 1 este roată centrală şi formează un angrenaj hipoid (melcat) cu roata melcată 2, axele celor două roţi dinţate fiind încrucişate în poziţie ortogonală. Bara 3 are axul fix (notat cu A_0) comun cu cel al roţii melc 1, iar axul mobil al articulaţiei A (cu roata melcată) este ortogonal faţă de cel fix.

Mobilitatea mecanismului spaţial cu axe încrucişate este M = 2, aceasta rezultând din aplicarea formulei (2.1) particularizată contururilor de rang 6:

$$M = C_1 + 5C_5 - 6N_6 = 3 + 5 \cdot 1 - 6 \cdot 1 = 2 \quad (2.26)$$

În aplicarea formulei (2.1) se menţionează că angrenarea celor două roţi melcate (1, 2) formează o cuplă cinematică pentamobilă ($m = 5$), la care contactul celor două suprafeţe este realizat într-un punct. Unui mecanism care include o cuplă cinematică pentamobilă (de clasă maximă), i se asociază spaţiul de rang maxim ($r = 6$).

Mecanismul spaţial echivalent acestui mecanism cu angrenaj melcat este un patrulater spaţial ortogonal, ale cărui legături sunt două cuple sferice trimobile şi două cuple de rotaţie monomobile.

Mecanismele spaţiale elementare cu două roţi conice centrale *(fig. 2.12) se obţin din cel anterior (fig. 2.11a) prin operaţia de adăugare a unei roţi dinţate conice 4, a cărei axă este comună cu cea fixă [40].*

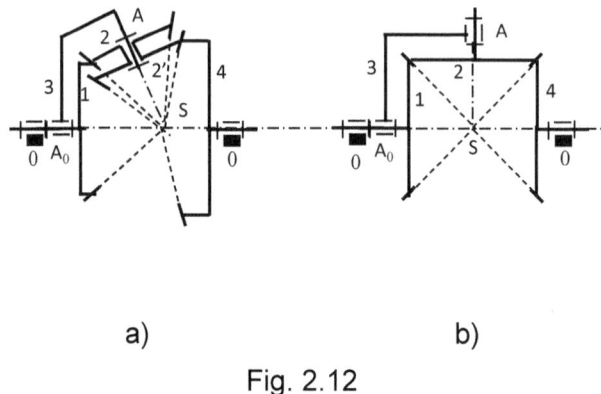

a)   b)

Fig. 2.12

Primul mecanism spaţial (fig. 2.12a) conţine bara 3 şi două angrenaje conice (1, 2) şi (2', 4) montate în paralel. Mobilitatea mecanismului este M = 2, aceasta fiind calculată cu formula (2.1) pentru cazul particular al mecanismelor sferice:

$$M = C_1 + 2C_2 - 3N_3 = 4 + 2 \cdot 2 - 3 \cdot 2 = 2 \quad (2.27)$$

Al doilea mecanism spaţial (fig. 2.12b) este un caz particular al primului mecanism din care se obţine prin orientarea axei mobile pe direcţie perpendiculară pe axa fixă.

În acest ultim caz roţile dinţate 1 şi 4 sunt egale, iar roţile 2 şi 2' coincid, astfel că cele două angrenaje sunt montate în serie.

Dacă se imobilizează bara 3, raportul de transmitere între roţile 1 şi 4 se obţine ca produsul rapoartelor de transmitere parţiale care se scrie, în cazul general (fig. 2.12a), în funcţie de numerele de dinţi sub forma:

$$i_{14}^3 = i_{12}^3 \cdot i_{2'4}^3 = -\frac{z_2 \cdot z_4}{z_1 \cdot z_{2'}} \quad (2.28)$$

Pentru cazul particular (fig. 2.12b), când $z_2 = z_{2'}$ şi $z_1 = z_4$, din formula (2.28) rezultă $i_{14}^3 = -1$, adică roţile centrale 1 şi 4 se rotesc în sens invers în ipoteza că bara 3 este imobilizată.

Rotaţia barei 3 se transmite roţilor centrale 1 şi 4, astfel că din formula,

$$i_{14}^3 = \frac{\omega_1 - \omega_3}{\omega_4 - \omega_3} = -1 \qquad (2.29)$$

se deduce relaţia:

$$\omega_1 + \omega_4 = 2\omega_3 \qquad (2.30)$$

Prin imobilizarea uneia din cele două roţi centrale 1 sau 4, mobilitatea mecanismului spaţial devine M = 1. De exemplu, dacă roata 4 este imobilizată, prin acţionarea barei 3 mişcarea se transmite multiplicată la roata centrală 1, a cărei viteză unghiulară este,

$$\omega_1 = 2\omega_3 \qquad (2.31)$$

ceea ce se obţine din (2.30), pentru $\omega_4 = 0$.

În acest caz, viteza unghiulară relativă a roţii 2 faţă de bara 3 se deduce scriind raportul de transmitere între roţile 2 şi 4 în ipoteza imobilizării barei 3,

$$i_{24}^3 = \frac{\omega_2 - \omega_3}{\omega_4 - \omega_3} = \frac{\omega_{23}}{-\omega_3} \qquad (2.32)$$

din care rezultă $\omega_{23} = -\omega_3 \cdot i_{24}^3$.

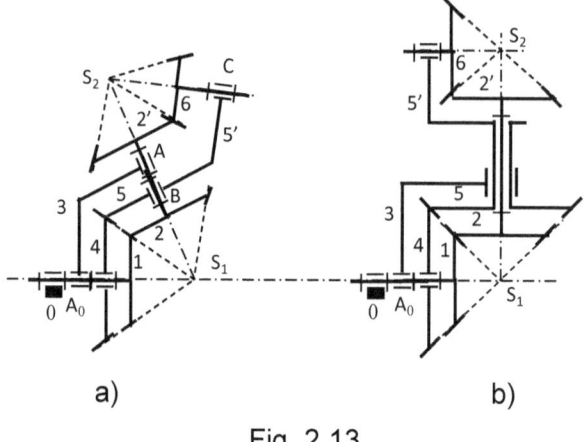

a)   b)

Fig. 2.13

Mecanismele spaţiale complexe cu roţi dinţate conice se obţin, din cele analizate anterior, prin operaţia de supraetajare a lanţului cinematic cu bare [40].

Prin supraetajare [40], mecanismul spaţial are cel puţin două bare articulate (fig. 2.13), în care angrenajele conice sunt oarecare (fig. 2.13a) sau ortogonale (fig. 2.13b).

Cele două scheme cinematice (fig. 2.13a,b) sunt izomorfe, având aceeaşi structură topologică, cu două bare (3 şi 5) şi cu trei angrenaje conice (1, 2), (4, 5) şi (2', 6).

Se observă că primele două angrenaje conice (1, 2) şi (4, 5) au axele confundate, acestea fiind concurente în punctul S_1, iar la cel de al treilea angrenaj conic (2', 6) axele se intersectează în S_2.

De asemenea, roata dinţată 5 este solidară cu bara 5' care realizează articulaţia cu roata 6. Mobilitatea celor două mecanisme spaţiale complexe este M = 3, valoare ce rezultă din calcul cu ajutorul formulei (2.1) particularizată:

$$M = C_1 + 2C_2 - 3N_3 = 6 + 2 \cdot 3 - 3 \cdot 3 = 3 \quad (2.33)$$

Pentru calculul numeric din formula (2.33) s-au identificat, pentru fiecare din cele două scheme cinematice (fig. 2.13), următorii parametrii structural-topologici:

$$m = 1, C_1 = 6; \quad m = 2, C_2 = 3; \quad r = 3, \ n = 6, N_3 = 3 \quad (2.34)$$

Corespunzător fiecărei mobilităţi există un lanţ cinematic distinct: lanţul cu bare (0, 3), lanţul cu bare şi roţi dinţate conice (0, 4, 5–5') şi lanţul cu roţi dinţate conice (0, 1, 2-2', 6).

Cele trei lanţuri cinematice sunt legate între ele prin axele comune, una mobilă pentru trei elemente (2, 3, 5) şi alta fixă pentru patru elemente (0, 1, 3, 4).

Se constată că cele trei contururi cinematice deschise sunt cuplate parţial, astfel la acţionarea lanţului cinematic (0, 1, 2-2', 6) celelalte 2 lanţuri nu sunt antrenate în mişcare.

Acţionarea lanţului cinematic (0, 4, 5–5') influenţează numai lanţul (0, 1, 2–2', 6), căruia îi imprimă o primă mişcare suplimentară.

Prin acţionarea lanţului cinematic (0, 3), mişcarea se transmite la celelalte două lanţuri cinematice (0, 4, 5–5') şi (0, 1, 2–2', 6), dintre care ultimul lanţ primeşte o a doua mişcare suplimentară. Algoritmul de calcul în analiza cinematică a acestui mecanism spaţial complex (fig. 2.13), cu mobilitate M = 3, evidenţiază trei faze de lucru:

I) $\omega_1 \neq 0, \omega_3 = 0, \omega_4 = 0$, când se calculează

$$\omega_{65}^I = \omega_1 \cdot i_{16}^{3,5} = -\omega_1 \cdot \frac{z_1 \cdot z_{2'}}{z_2 \cdot z_6} \qquad (2.35)$$

II) $\omega_1 = 0, \omega_3 = 0, \omega_4 \neq 0$, pentru care rezultă:

$$\omega_{53}^{II} = \omega_1 \cdot \frac{z_4}{z_5}; \; \omega_{65}^{II} = \omega_{53}^{II} \cdot \frac{z_{2'}}{z_6} \qquad (2.36)$$

III) $\omega_1 = 0, \omega_3 \neq 0, \omega_4 = 0$, care duce la:

$$\omega_{53}^{III} = -\omega_3 \cdot \frac{z_4}{z_5}; \; \omega_2^{III} = -\omega_3 \cdot \frac{z_1}{z_2}; \; \omega_{65}^{III} \qquad (2.37)$$

2.2.2. Mecanisme spaţiale cu bare şi roţi dinţate cu contur închis

Această clasă de mecanisme spaţiale au, ca lanţ principal cu bare, un contur cinematic articulat de tip patrulater sferic 4R, patrulater spaţial RCCR şi RCCC, pentalater sferic şi spaţial RRCCR, hexalater spaţial RRRCRR şi heptalater spaţial 7R.

2.2.2.1. Mecanisme spaţiale cu patrulater sferic. Se formează prin suprapunerea lanţului format din două, trei şi patru roţi dinţate conice. Roţile dinţate sunt elemente cinematice distincte sau sunt montate solidar cu unele bare ale conturului patrulater sferic. Se consideră mecanismul sferic tip manivelă – balansier (fig. 2.14) la care se ataşează un angrenaj conic, două sau trei angrenaje conice [40]. Bara balansier 3 (BB_0) este perpendiculară pe axa fixă de rotaţie ce se proiectează în punctul B_0.

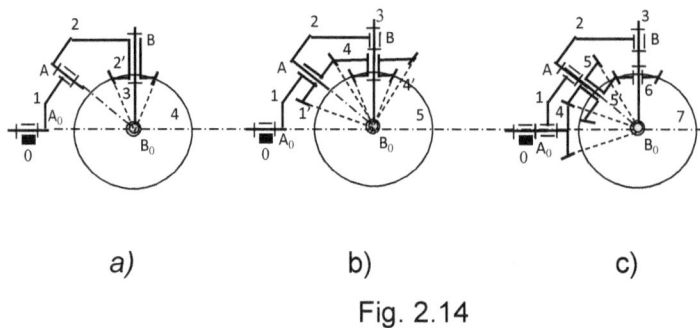

a)   b)   c)

Fig. 2.14

Varianta 1 (fig. 2.14a) se obţine prin ataşarea la patrulaterul sferic (0, 1, 2, 3) a angrenajului conic ortogonal (2', 4), astfel încât roata 2' este solidară cu bara 2 şi roata 4 are axul fix comun cu cel al barei 3, cu mişcare oscilantă de balansier.

Mobilitatea mecanismului spaţial sferic este M = 1, aceasta se calculează cu formula (2.1) sub forma particulară:

$$M = C_1 + 2C_2 - 3N_3 = 5 + 2 \cdot 1 - 3 \cdot 2 = 1 \qquad (2.38)$$

unde s-au folosit valorile numerice specifice schemei cinematice (fig. 2.14a):

$$m = 1, C_1 = 5; \quad m = 2, C_2 = 1; \quad r = 3, \ n = 4, N_3 = 2 \qquad (2.39)$$

Viteza unghiulară a roţii 4 se calculează în funcţie de vitezele unghiulare ale barelor 2 şi 3 şi raportul de transmitere al angrenajului conic (2', 4).

Varianta 2 (fig. 2.14b) se obţine prin ataşarea la patrulaterul sferic articulat a lanţului cinematic format din două angrenaje conice (1', 4) şi (4', 5), în care roata 1' este solidară cu bara 1. Angrenajul conic (1', 4) are unghiul dintre axele roţilor 1' şi 4 egal cu $\angle(AB_0B)$ format de axele articulaţiilor din A şi B. Angrenajul (4', 5) este ortogonal şi el. Mobilitatea mecanismului spaţial cu două

372

angrenaje este M = 1, valoarea respectivă rezultând prin calcul din formula (2.1) sub forma particulară:

$$M = C_1 + 2C_2 - 3N_3 = 6 + 2 \cdot 2 - 3 \cdot 3 = 1 \quad (2.40)$$

în care s-au înlocuit valorile numerice ale parametrilor structural-topologici:

$$m = 1, C_1 = 6; \quad m = 2, C_2 = 2; \quad r = 3, \ n = 5, N_3 = 3 \quad (2.41)$$

Varianta 3 (fig. 2.14c) are în componenţă trei angrenaje conice, la care roata 4 este element distinct cu axa fixă comună cu a barei 1, roţile 5(5') sunt montate liber pe axa articulaţiei din A, roata 6 este montată liber pe axa articulaţiei din B, iar roata 7 condusă este montată liber pe axul fix al articulaţiei din B_0. Mobilitatea acestui mecanism spaţial complex este M =2, aşa cum rezultă din calculul numeric, folosind formula (2.1) particularizată:

$$M = C_1 + 2C_2 - 3N_3 = 8 + 2 \cdot 3 - 3 \cdot 4 = 2 \quad (2.42)$$

unde s-au înlocuit valorile specifice schemei cinematice (fig. 2.14c):

$$m = 1, C_1 = 8; \quad m = 2, C_2 = 3; \quad r = 3, \ n = 7, N_3 = 4 \quad (2.43)$$

2.2.2.2. Mecanisme spaţiale cu lanţ patrulater tip RCCR

Lanţul cinematic cu bare este format cu două articulaţii la bază (A_0, B_0) şi două cuple cilindrice (A, B) cu axele mobile ortogonale (fig. 2.15).

Se porneşte de la mecanismul spaţial cu bare tip RCCR (fig. 2.15a) care transformă rotaţia manivelei 1 într-o rotaţie limitată a barei 3 de tip balansier. Axele fixe ale articulaţiilor din A_0 şi B_0 sunt perpendiculare neconcurente sau concurente.

Bara 2 este formată din două segmente ortogonale în S, având fiecare direcţia paralelă cu axa uneia din articulaţiile A_0 şi B_0. Aceste condiţii determină mişcarea barei 2, care este una de translaţie circulară în spaţiu. Deoarece lipseşte rotaţia faţă de normala comună la axele fixe din A_0 şi B_0, spaţiul asociat conturului cinematic spaţial (0, 1, 2, 3) este $r = 5$.

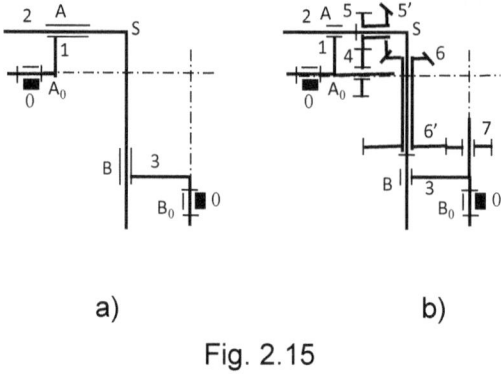

a)   b)

Fig. 2.15

Mobilitatea acestui mecanism se calculează cu formula (2.1) particularizată în forma:

$$M = C_1 + 2C_2 - 5N_5 = 2 + 2 \cdot 2 - 5.1 = 1 \qquad (2.44)$$

La acest lanţ cinematic cu bare (0, 1, 2, 3) se ataşează un lanţ cinematic cu roţi dinţate cilindrice (4, 5, 6', 7) şi conice (5', 6), împreună cu care formează mecanismul spaţial complex cu bare şi roţi dinţate (fig. 2.15b).

Mobilitatea mecanismul spaţial complex se calculează cu formula (2.1) scrisă în forma:

$$M = C_1 + 2C_2 - (3N_3 + 5N_5) =$$
$$= 6 + 2 \cdot 5 - (3 \cdot 3 + 5 \cdot 1) = 2 \qquad (2.45)$$

De menţionat că roţile dinţate cilindrice 4 şi 7 sunt legate prin cuple cilindrice la arborii articulaţiilor respective din A_0 şi B_0.

Cele două mobilităţi sunt identificate la bara 1 (ca manivelă) şi la roata 4 (ca mişcare de rotaţie).

2.2.2.3. Mecanisme spaţiale cu lanţ patrulater tip RCCC

Mecanismul spaţial cu lanţ cinematic patrulater tip RCCC (fig. 2.16a) are axele dispuse oricum în spaţiu, astfel că lanţul adiţional va avea în componenţă angrenaje hipoide (4,5) şi (5', 6) în care unele roţi hipode culisează în lungul axelor de rotaţie (fig. 2.16b).

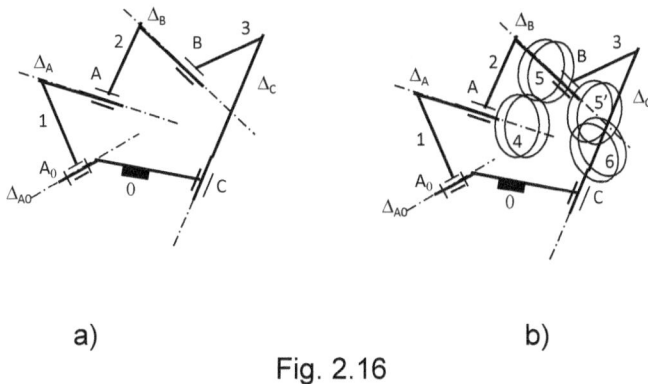

a)   b)

Fig. 2.16

2.2.2.4. Mecanisme spaţiale cu lanţ heptalater tip 7R

Lanţul cinematic cu şapte bare articulate formează un contur închis heptagon şi are cele şapte axe de rotaţie dispuse oricum în spaţiu (fig. 2.17a).

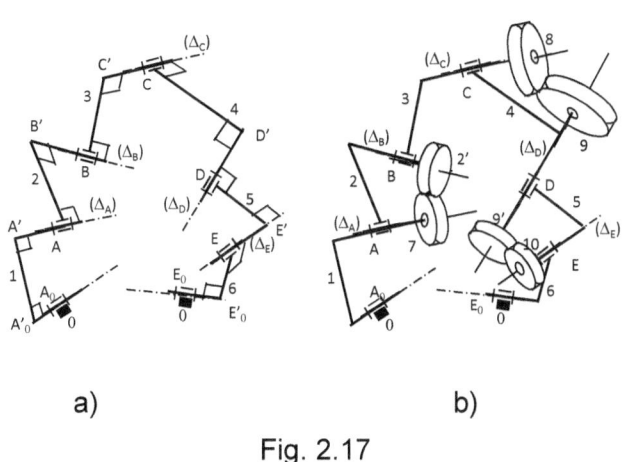

a)   b)

Fig. 2.17

Fiecare element cinematic este o bară articulată, a cărei lungime corespunde normalei comune la două axe de rotaţie vecine, care în general sunt axe încrucişate (neconcurente şi neparalele).

Conturul heptagon spaţial ($A_0ABCDEE_0A_0$) este materializat (fig. 2.17a) prin conturul spaţial cu 13 laturi ($A'_0A'AB'BC'CD'DE'EE'_0E_0A'_0$).

Unui contur cinematic închis de şapte bare, cu axele articulaţiilor oarecare, îi corespunde un spaţiu asociat de rang maxim ($r = 6$).

Rangul spaţiului asociat este maxim ($r = 6$), chiar dacă o parte din cele şapte axe sunt concurente sau paralele.

Un astfel de mecanism spaţial cu bare articulate (cu toate cele şapte cuple cinematice de clasa $m = 1$) este echivalent structural-topologic unui mecanism cu angrenaj hipoid (cu două cuple de clasa $m = 1$ şi o cuplă de clasa $m = 5$, reprezentată de contactul punctiform al suprafeţelor dinţilor conjugaţi).

Mobilitatea mecanismului spaţial cu bare articulate este M = 1, ceea ce se verifică prin calcul cu formula (2.1) particularizată sub forma:

$$M = C_1 - 6N_6 = 7 - 6 \cdot 1 = 1 \qquad (2.46)$$

La acest lanţ cinematic spaţial se ataşează unul sau mai multe lanţuri spaţiale cu angrenaje hipoide (fig. 2.17b), mecanismul obţinut este cu bare şi roţi dinţate hipoide (hiperboloidale).

În cazul considerat (fig. 2.17b) au fost ataşate trei angrenaje hipoide: angrenajul (7, 2') între axele (Δ_A) şi (Δ_B), angrenajul (8, 9) între (Δ_C) şi (Δ_D) respectiv angrenajul (9', 10) între (Δ_D) şi (Δ_E).

Prin ataşarea celor trei angrenaje hipoide se formează trei contururi închise de rangul maxim, astfel că mobilitatea mecanismului spaţial complex cu bare şi roţi dinţate hipoide se calculează cu formula:

$$M = C_1 + 5C_5 - 6N_6 = 11 + 5 \cdot 3 - 6 \cdot 4 = 2 \quad (2.47)$$

În aplicarea formulei de mai sus s-a ţinut seama că roţile 7, 8, 9(9') şi 10 sunt montate liber pe axele respective (Δ_A), (Δ_C), (Δ_D) şi (Δ_E).

2.2.2.5. Mecanisme spaţiale cu lanţ pentalater sferic

Aceste mecanisme spaţiale se formează prin ataşarea la un lanţ pentagonal sferic a două sau mai multe angrenaje conice, obţinându-se mai multe variante cu mobilitatea unu, doi sau mai mare.

Se prezintă mai jos (fig. 2.18a) un exemplu de mecanism sferic cu bare şi roţi dinţate conice cu mobilitatea unu.

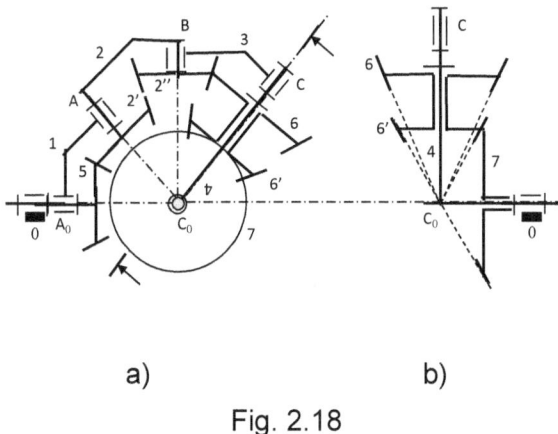

a)   b)

Fig. 2.18

Lanţul cinematic sferic cu bare articulate (fig. 2.18a) are în componenţă elementele mobile 1, 2, 3 şi 4 articulate între ele şi legate la elementul fix 0 prin axele ortogonale din A_0 şi C_0. La acest lanţ cinematic cu bare se ataşează un lanţ cinematic cu roţi format din trei angrenaje conice (5, 2'), (2'', 6) şi (6', 7).

Primele două angrenaje conice sunt reprezentate în proiecţie axială, iar cel de al treilea angrenaj conic apare în proiecţie transversală (fig. 2.18a). Angrenajul conic (6', 7) a fost reprezentat şi în proiecţie axială (fig. 2.18b).

Mobilitatea mecanismului sferic complex se calculează cu formula (2.1) în forma particulară:

$$M = C_1 + 2C_2 - 3N_3 = 8 + 2 \cdot 3 - 3 \cdot 4 = 2 \qquad (2.48)$$

Cele două mobilități sunt reprezentate de rotațiile independente ale elementelor de intrare (bara 1 și roata 5), iar elementul condus este roata dințată 7.

2.2.2.6. Mecanisme spațiale cu lanț hexalater sferic

Se pornește de la mecanismul sferic cu 5 bare mobile la care se atașează un lanț cinematic cu roți dințate conice în mai multe variante structural-topologice, dintre care mai jos se prezintă o variantă cu patru angrenaje conice (fig. 2.19) cu mobilitatea M = 2.

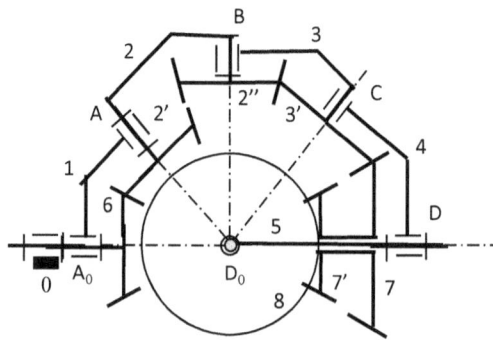

Fig. 2.19

Cap. 3. ANALIZA CINEMATICĂ A MECANISMELOR PLANE CU BARE, CU DOUĂ CONTURURI ŞI UN ANGRENAJ

Sunt considerate mecanismele cu bare cu două contururi, la care primul contur este mecanismul patrulater plan (4R), iar al doilea contur este realizat cu unul din cele 5 tipuri de lanţuri diadă (RRR, RRT, RTR, TRT, RTT).

La acest mecanism bicontur se adaugă unul sau mai multe angrenaje cilindrice.

Analiza cinematică se urmăreşte în detaliu la mecanismul bicontur articulat tip R-RRR-RRR, la care s-a ataşat un angrenaj cilindric în mai multe variante [40].

Pentru celelalte mecanisme bicontur, cu una sau două cuple de translaţie, se prezintă numai rezultatele analizei cinematice.

3.1. MECANISMUL CU B. ŞI R.D. TIP R+RRR+RRR

3.1.1. Mecanismul R+RRR+RRR(3,0)

3.1.1.1. Mecanismul R+RRR+RRR(3,0)+C(3,4)

Se consideră mecanismul patrulater plan R+RRR (fig. 3.1), la care se adaugă diada de aspectul 1 (RRR), legată la elementele 3 şi 0 şi un angrenaj la care cele două roţi dinţate sunt legate la barele 3 şi 4.

Roata 3 are centrul plasat în articulaţia C, fiind solidară cu bara 3, astfel încât va avea aceleaşi caracteristici cinematice ca elementul 3.

Roata 6 are axul de rotaţie în punctul N al barei 4 (fig. 3.1).

Ca variantă este cea care se obţine când roţile sunt montate invers, adică o roată este solidară cu 4 iar cealaltă se roteşte faţă de elementul 3.

Se analizează în continuare numai prima variantă (fig. 3.1).

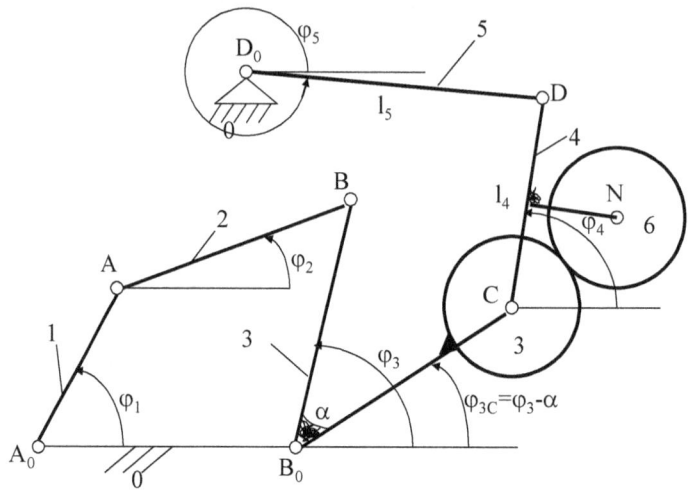

Fig. 3.1. Mecanism cu bare şi roti dintate R+RRR+RRR(3,0)+C(3,4)a

Distanţa CN se poate exprima în funcţie de numărul de dinţi ai roţii 6, de raportul de transmitere de la roata 6 la roata 3, cât şi de modulul angrenajului 3-6:

$$CN=a_{STAS}=r_3+r_6=1/2.m_t.(z_3+z_6)=$$

$$=m_{STAS}.z_6/(2.cos\beta).(1+z_3/z_6)=m_t.z_6/2.(1+ |i_{63}|) \qquad (3.1)$$

unde

$$|i_{63}|=z_3/z_6 \qquad (3.2)$$

Se scrie relaţia lui Willis pentru angrenajul 3-6, unde elementul 4 joacă rolul de portsatelit :

$$i^4_{36}=(\omega_3-\omega_4)/(\omega_6-\omega_4)= - z_6/z_3 \qquad (3.3)$$

Din egalitatea din dreapta relaţiei (3.3) rezultă:

$$-z_3.\omega_3+z_3.\omega_4 = z_6.\omega_6-z_6.\omega_4 \qquad (3.4)$$

care se mai scrie şi sub formele:

$$\omega_6=\omega_4.(z_3+z_6)/z_6 - z_3/z_6.\omega_3 \qquad (3.5)$$

$$\omega_6=(1+ |i_{63}|).\omega_4 - |i_{63}|.\omega_3 \qquad (3.6)$$

Relaţia (3.6) exprimă pe ω_6 (viteza unghiulară a roţii 6), iar prin integrarea acesteia se obţine deplasarea unghiulară φ_6 şi prin derivarea ei se află acceleraţia unghiulară ε_6:

$$\varphi_6 = (1 + |i_{63}|).\varphi_4 - |i_{63}|.\varphi_3 \qquad (3.7)$$

$$\varepsilon_6 = (1 + |i_{63}|).\varepsilon_4 - |i_{63}|.\varepsilon_3 \qquad (3.8)$$

Relaţiile (3.6), (3.7) şi (3.8) au un caracter general, ele putându-se aplica direct la orice mecanism de acest fel.

Astfel pentru viteza unghiulară a roţii libere l, care angrenează cu roata sudată s, iar elementul portsatelit p susţine axul roţii l, putem scrie:

$$\omega_l = (1 + |i_{ls}|).\omega_p - |i_{ls}|.\omega_s \qquad (3.9)$$

La fel se generalizează deplasarea şi acceleraţia unghiulară a roţii l:

$$\varphi_l = (1 + |i_{ls}|).\varphi_p - |i_{ls}|.\varphi_s \qquad (3.10)$$

$$\varepsilon_l = (1 + |i_{ls}|).\varepsilon_p - |i_{ls}|.\varepsilon_s \qquad (3.11)$$

Pentru calculul efectiv al acestor parametri (fig. 3.2, 3.3) se utilizează programe de calcul tabelar (scrise în excel).

Parametrii care mai influenţează aceste diagrame sunt însă mai mulţi (nu numai unghiul de rotaţie al manivelei 1): turaţia manivelei, n_1, lungimile mecanismului patrulater articulat, l_1, l_2, l_3, l_0, lungimile celor două elemente ale diadei suplimentare, l_4, l_5, lungimea de legătură B_0C dar şi unghiul α, coordonatele punctului D_0, x_{D0}, y_{D0}, cât şi raportul de transmitere de la roata 6 la roata 3 luat în valoare absolută (fără a mai ţine cont de semnul '–' care arată doar schimbarea sensului de rotaţie de la o roată a angrenajului exterior la cealaltă roată).

Urmărind modul în care toţi aceşti parametri pot influenţa variaţia diagramelor poziţiilor, vitezelor şi acceleraţiilor unghiulare ale roţii 6 (fig. 3.2, 3.3) se constată următoarele:

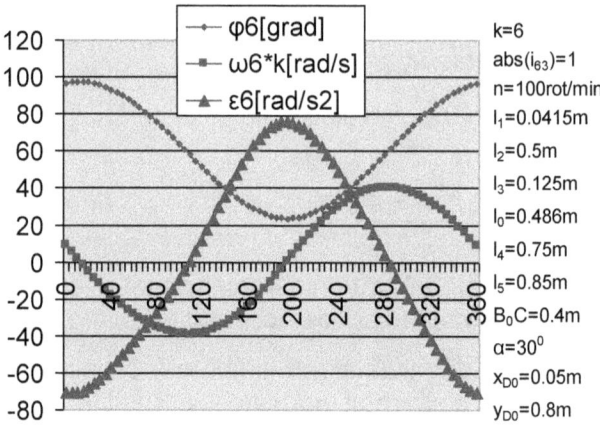

Fig. 3.2. Cinematica rotii 6; cazul R-RRR-RRR(3,0);C(3,4)a

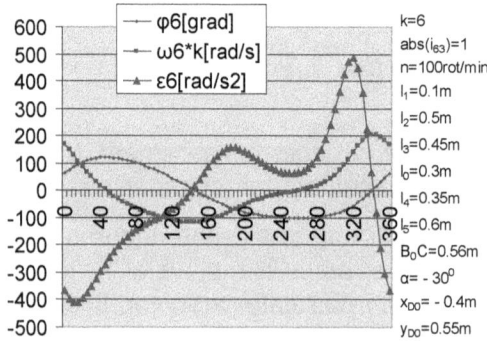

Fig. 3.3. Cinematica rotii 6; cazul R-RRR-RRR(3,0); C(3,4)a;

Mecanismul patrulater functionează cu balansierul desimetrizat.

Factorul k este un factor de amplificare, ce permite ca valorile vitezei unghiulare ω_6, să poată fi vizibile pe aceeaşi diagramă cu poziţiile şi acceleraţiile (care au valori mai mari, deplasările unghiulare fiind exprimate în grade).

Pentru ABS(i_{63}) se ia la început valoarea 1 (deci roţile au un număr egal de dinţi), observând că mărirea acestui raport nu face altceva decât să crească valorile deplasărilor, vitezelor şi acceleraţiilor, la fel ca şi turaţia manivelei 1.

Schimbarea lungimilor l_1, l_2, l_3, l_0, l_4, l_5, B_0C, cât şi a unghiului α, sau a coordonatelor de poziţie ale punctului D_0, modifică uneori chiar substanţial aspectul diagramelor, mai ales pe cele de acceleraţii şi de viteze.

La început s-au folosit lungimile patrulaterului articulat simetric, cu funcţionare simetrică a balansierului şi se observă faptul că şi deplasările şi vitezele roţii 6 sunt în general aproape simetrice, chiar dacă simetria nu este perfectă şi acest lucru se observă mai ales la acceleraţii, dar uneori şi la viteze (fig. 3.2).

Modificând pe rând toţi parametrii mai sus pomeniţi, în limite cât mai largi cu putinţă, se obţin unele asimetrizări ale curbelor respective, chiar în condiţiile în care balansierul mecanismului patrulater articulat se mişcă perfect simetric.

În cazul unor diagrame se observă o amplificare a gradului de asimetrizare, dar la altele această asimetrizare scade considerabil odată cu valorile absolute ale deplasărilor, vitezelor şi acceleraţiilor, acest fapt datorându-se unei reduceri considerabile a lungimii elementului de intrare, elementului conducător (manivela 1).

Iată că pentru a scădea valorile vitezelor şi acceleraţiilor sistemului, inclusiv cele ale roţii 6, trebuie ca manivela 1 conducătoare să aibă o turaţie cât mai mică posibil, dar şi o lungime cât mai mică cu putinţă.

Un efect similar se obţine atunci când scade valoarea raportului de transmitere de la roata 6 la roata 3.

Lungimile celelalte influenţează în mod deosebit şi divers valorile absolute ale parametrilor cinematici ai roţii 6, influenţa fiind diferită de la un parametru la altul dar şi în cazul aceluiaşi parametru, în funcţie de valoarea celorlalţi (există o dependenţă între aceşti parametri).

Lungimile l_4 şi l_5 inflenţează invers faţă de parametrii l_1, n_1, $|i_{63}|$, creşterea lor micşorând valorile parametrilor cinematici ai roţii 6.

Dacă se face unghiul $\alpha=0$ se obţin valori aproape simetrice pentru parametrii cinematici ai roţii 6, în condiţiile în care se păstrează funcţionarea simetrică a balansierului 3, aparţinând mecanismului iniţial (patrulaterul articulat).

Deşi se micşorează considerabil B_0C, în condiţiile în care unghiul α rămâne egal cu zero, simetria sistemului se păstrează (nu se ia în consideraţie defazajul, deoarece putem porni mişcarea din orice punct); fenomenul este normal, deoarece pentru α=0 punctul C se va găsi chiar pe balansier, iar balansierul fiind reglat cu funcţionare simetrică automat şi roata 3 are o mişcare simetrică pe care o impune şi roţii 6.

Creşterea valorii absolute a raportului de transmitere, de la roata 6 la roata 3, determină o creştere a valorilor deplasărilor, vitezelor şi acceleraţiilor roţii 6.

Dacă nu se ţine cont de relaţiile care simetrizează mişcarea balansierului 3, al mecanismului patrulater clasic, lungimile patrulaterului articulat fiind luate arbitrar; rezultatul este o asimetrizare pronunţată a mişcării, ceea ce se observă mai bine la viteze, dar şi mai bine la acceleraţiile roţii 6 (vezi figura 3.3).

3.1.1.2. Mecanismul R+RRR+RRR(3,0)+D(4,5)a

În figura 3.4 este prezentat mecanismul patrulater plan, la care se adaugă diada de aspectul 1 (RRR) şi cele două roţi dinţate prinse în articulaţia D(4,5). Practic o roată are axul comun cu cupla D, este vorba de roata 4, sau s fixată (sudată) pe elementul 4. Roata liberă I sau 6, se roteşte pe un ax solidar cu elementul 5.

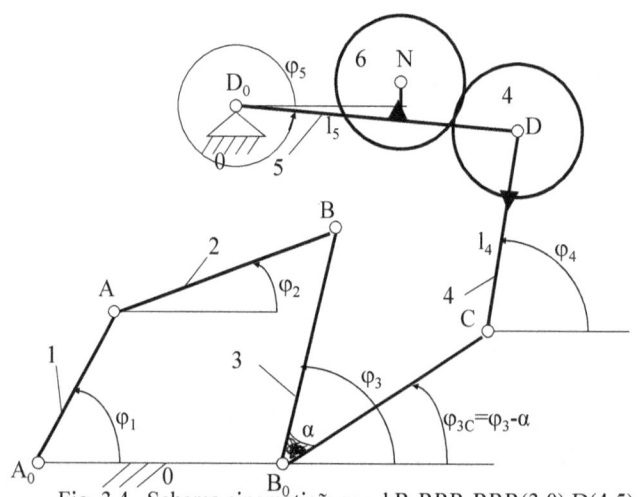

Fig. 3.4. Schema cinematică; cazul R-RRR-RRR(3,0);D(4,5)a

Determinarea formulei pentru viteze se face prin identificarea cu relația generală 3.9 de la paragraful anterior, $[\omega_l=(1+|i_{ls}|).\omega_p - |i_{ls}|.\omega_s$ (3.9)]:

$$\omega_6=(1+|i_{64}|).\omega_5 - |i_{64}|.\omega_4 \qquad (3.12)$$

Se obțin prin integrare și derivare deplasarea unghiulară și respectiv accelerația unghiulară a roții 6:

$$\varphi_6=(1+|i_{64}|).\varphi_5 - |i_{64}|.\varphi_4 \qquad (3.13)$$

$$\varepsilon_6=(1+|i_{64}|).\varepsilon_5 - |i_{64}|.\varepsilon_4 \qquad (3.14)$$

Programul de calcul ne arată modul de variație al celor trei parametri cu unghiul φ_1, dar și cu toți ceilalți parametri de intrare (vezi figura 3.5).

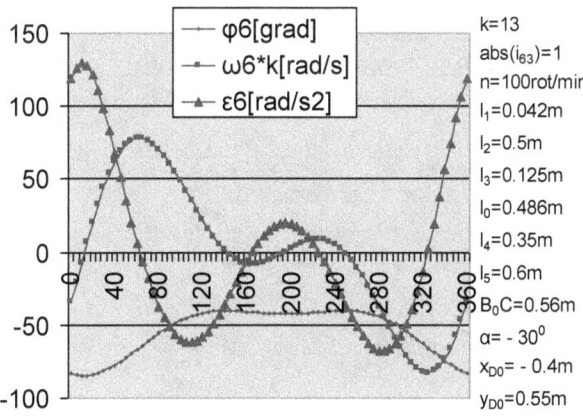

Fig. 3.5. Cinematica rotii 6; cazul R-RRR-RRR(3,0);D(4,5)a

3.1.1.3. Mecanismul R+RRR+RRR(3,0)+D_0(5,0)a

În figura 3.6 este prezentat cazul R-RRR-RRR(3,0); D_0(5,0)a, adică ne deplasăm în cupla D_0.

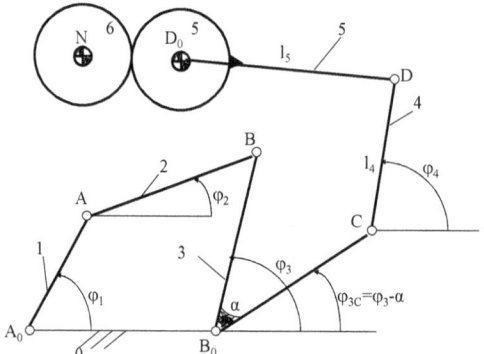

Fig. 3.6. Schema cinematică; cazul R-RRR-RRR(3,0);D_0(5,0)a

Roata 5 este montată pe elementul 5 şi sudată de acesta, având axul în dreptul cuplei D_0 care leagă elementul 5 de elementul fix 0.

Roata 6 are axa montată pe elementul fix 0, astfel încât ambele roţi ale angrenajului au axele fixe, deci angrenajul devine unul cu axe fixe (se particularizează).

Relaţiile de calcul sunt acum foarte simple ca pentru un angrenaj cu axe fixe, nemaifiind vorba de un mecanism planetar, dar deşi se pot scrie uşor şi direct, noi vom prefera să utilizăm totuşi formula generală pentru deducerea lor, pentru a păstra aspectul de generalitate al teoriei deja prezentate:

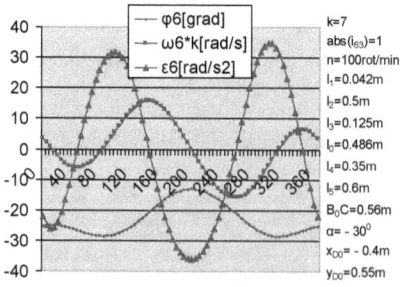

Fig. 3.7. Cinematica rotii 6; cazul R-RRR-RRR(3,0); D_0(5,0)a

$$\omega_6 = (1 + |i_{65}|).\omega_0 - |i_{65}|.\omega_5 \qquad (3.15)$$

$$\varphi_6 = (1 + |i_{65}|).\varphi_0 - |i_{65}|.\varphi_5 \qquad (3.16)$$

$$\varepsilon_6 = (1 + |i_{65}|).\varepsilon_0 - |i_{65}|.\varepsilon_5 \qquad (3.17)$$

Dar cum în mod evident elementul fix nu se mişcă ($\omega_0 = 0$, $\varphi_0 = 0$, $\varepsilon_0 = 0$), rămân valabile doar relaţiile din dreapta, care coincid cu cele clasice pentru angrenajele cu axe fixe:

$$\omega_6 = - |i_{65}|.\omega_5 \qquad (3.18)$$

$$\varphi_6 = - |i_{65}|.\varphi_5 \qquad (3.19)$$

$$\varepsilon_6 = - |i_{65}|.\varepsilon_5 \qquad (3.20)$$

Dacă se modifică programul de calcul în mod corespunzător se obţine diagrama din figura 3.7, la care am păstrat nemodificaţi toţi parametrii anteriori, singura schimbare fiind poziţionarea celor două roţi dinţate.

Se observă cu uşurinţă faptul că valorile deplasărilor, vitezelor şi acceleraţiilor scad simţitor, faţă de cazurile anterioare când lanţul cinematic cu roţi dinţate lucra în regim de planetar.

3.1.2. Mecanismul R+RRR+RRR(2,0)

3.1.2.1. Mecanismul R+RRR+RRR(2,0)+C(2,4)a

Acum se va modifica modul de legare al diadei suplimentare, prin faptul că aceasta nu se va mai lega la 3 şi 0 ci la elementul 2 şi la 0.

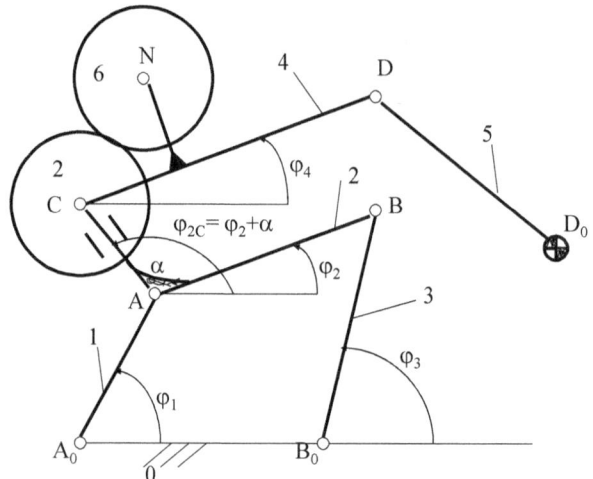

Fig. 3.8. Schema cinematică; cazul R-RRR-RRR(2,0); C(2,4)a

Cupla C de legătură va constitui pentru început locul de montaj al lanțului cinematic suplimentar (cel cu roți dințate); roata 2 se va monta pe elementul 2 cu axul ei în cupla cinematică C și fiind sudată de elementul 2. Roata 6 va fi liberă și cu axa prinsă de elementul 4 (primul element al diadei suplimentare).

În figura 3.8 se poate observa schema cinematică a acestui nou mecanism cu două lanțuri cinematice (unul cu bare și altul cu roți dințate).

Cuplele de intrare în diada suplimentară 4,5 se notează tot cu C și D_0.

Cupla C însă va constitui acum legătura dintre elementul 2 și elementul 4. Cupla D_0 rămâne tot o legătură între elementul 5 și cel fix 0.

S-a simbolizat în alt mod faptul că roata 2 este solidară cu elementul 2 și se rotește cu aceiași parametri ca și elementul 2 (în loc de sudură s-a oprit rotația relativă dintre cele două elemente, elementul 2 și roata 2, translația relativă fiind oricum oprită de cupla cinematică de rotație din C).

Relațiile de calcul pentru parametrii cinematici ai roții 6 se deduc ușor din cele generale (vezi relațiile 3.21, 3.22 și 3.23).

$$\omega_6 = (1 + |i_{62}|).\omega_4 - |i_{62}|.\omega_2 \qquad (3.21)$$

$$\varphi_6 = (1 + |i_{62}|) . \varphi_4 - |i_{62}| . \varphi_2 \qquad (3.22)$$

$$\varepsilon_6 = (1 + |i_{62}|) . \varepsilon_4 - |i_{62}| . \varepsilon_2 \qquad (3.23)$$

Diagramele din figura 3.9 se trasează cu aceste relaţii şi cu programul de calcul utilizat până acum, dar datele de intrare din programul de calcul se modifică corespunzător cu noua legare a diadei suplimentare.

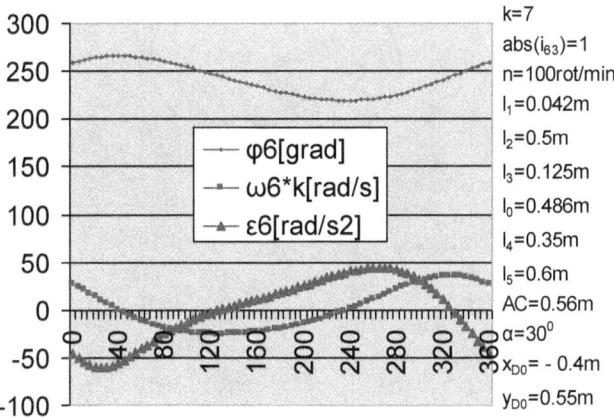

Fig. 3.9. Cinematica rotii 6; cazul R-RRR-RRR(2,0); C(2,4)a

Ca o observaţie imediată putem constata faptul că vitezele şi acceleraţiile sunt mai mici la noul mod de legare a diadei suplimentare (2,0), pentru parametrii de intrare conservaţi în totalitate, dar desigur funcţionarea prin noua legare se modifică sensibil, în bine, prin ameliorarea parametrilor cinematici de ieşire ai roţii 6.

3.1.2.2. Mecanismul R+RRR+RRR(2,0)+D(4,5)a

Acum cu diada suplimentară 4,5 legată la 2 şi 0, ne vom deplasa în punctul D.

Cupla cinematică de rotaţie D, leagă elementele diadei suplimentare, ea fiind o cuplă internă a diadei 4,5. Aici vom lega aşa cum ne-am obijnuit deja pentru cazul a, roata 4 la elementul 4, având axul chiar în cupla D şi vom prinde deasemenea şi roata liberă pe element, roata 6, cu axul de rotaţie prins pe elementul 5. Deci roata 4 este sudată sau prinsă pe elementul 4 şi are aceleaşi mişcări cu acesta, iar roata 6 este liberă pe elementul 5 rotindu-se liber pe el (vezi figura 3.10).

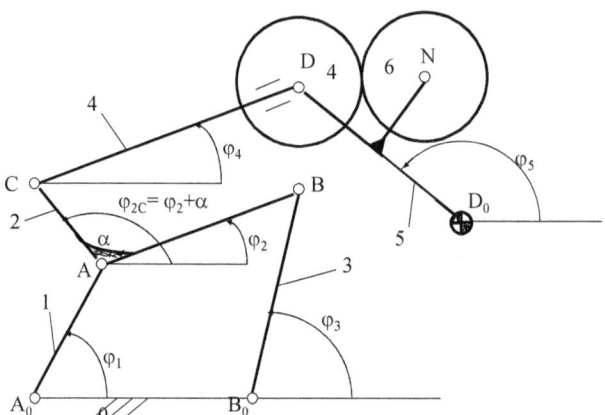

Fig. 3.10. Schema cinematică; cazul R-RRR-RRR(2,0); D(4,5)a

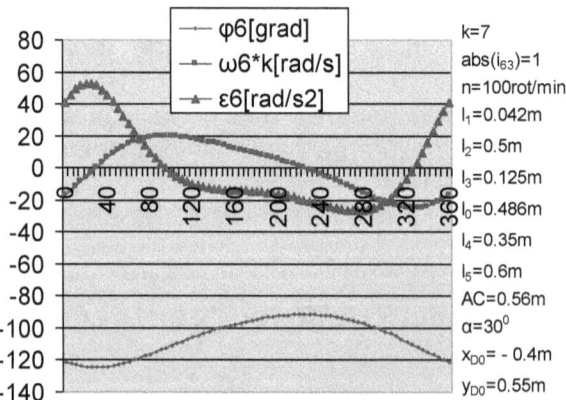

Fig. 3.11. Cinematica rotii 6; cazul R-RRR-RRR(2,0); D(4,5)a

Cupla D_0 am figurat-o în dreapta (fig. 3.10) dar ea poate practic să se mute şi în stânga schimbând locul cu cupla C (se poate face o rocadă, fără ca să comunicăm acest lucru programului de calcul, subrutina de calcul scrisă prin una din cele două metode vectorială sau geometro-analitică, automatizează acest proces); trebuie însă precizat întotdeauna dacă punctul D (cupla interioară a diadei suplimentare), se află în semiplanul superior sau în cel inferior, aşa cum se vede în desenul nostru cupla D se găseşte în semiplanul Nordic şi deci va trebui să atribuim contorului diadei (subrutinei) valoarea +1.

Relaţiile de calcul se deduc cu uşurinţă din cele generale. Cu ele şi cu programul de calcul prezentat anterior (cu subrutină cu tot) vom obţine diagramele din figura 3.11, care arată modul în care variază parametrii cinematici ai roţii 6 în funcţie de unghiul φ_1 de rotaţie a manivelei 1 (elementul conducător 1).

$$\omega_6 = (1 + |i_{64}|).\omega_5 - |i_{64}|.\omega_4 \qquad (3.24)$$

$$\varphi_6 = (1 + |i_{64}|).\varphi_5 - |i_{64}|.\varphi_4 \qquad (3.25)$$

$$\varepsilon_6 = (1 + |i_{64}|).\varepsilon_5 - |i_{64}|.\varepsilon_4 \qquad (3.26)$$

La acest mod de legare (2,0) vitezele şi acceleraţiile elementului de ieşire 6 se menţin scăzute.

3.1.2.3. Mecanismul R+RRR+RRR(2,0)+D_0(5,0)b

În figura 3.12 se poate observa cazul R-RRR-RRR(2,0); D_0(5,0)b.

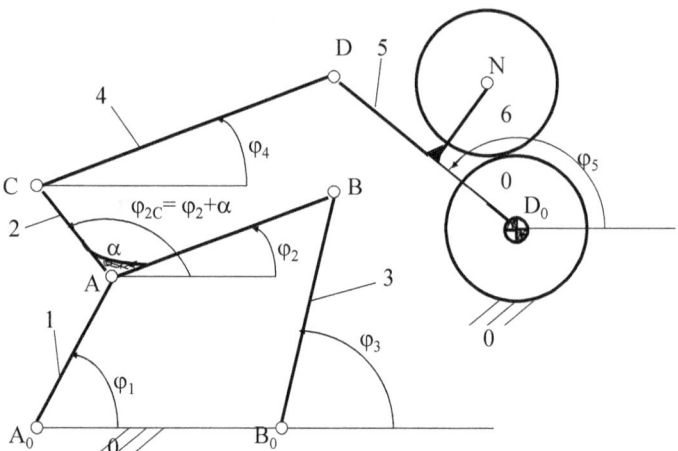

Fig. 3.12. Schema cinematică; cazul R-RRR-RRR(2,0); $D_0(5,0)$b

Cupla în jurul căreia se face montajul lanțului cu roți dințate este acum cupla D_0.

Acum cu diada suplimentară 4,5 legată la 2 și 0, ne vom deplasa în punctul D_0 (cupla cinematică de rotație D_0, care leagă elementele diadei suplimentare, cuplă care este o cuplă internă a diadei 4,5), unde se va lega roata 0 la elementul fix 0, cu axul ei chiar în cupla D_0, iar roata de ieșire, liberă, 6, se va prinde liber cu axul ei undeva pe elementul 5 (vezi figura 3.12).

Schema de legare, a lanțului cinematic suplimentar cu roți dințate, corespunde cazului b, pentru cazul a, am fi avut roata sudată 5 pe elementul 5 cu axul ei în cupla D_0 și roata liberă de ieșire 6, prinsă cu axul la elementul fix 0.

Am ales cazul b deoarece cazul banal a, l-am mai studiat atunci când diada suplimentară 4,5 era legată la elementele 3 și 0. Din programul de calcul obținem diagramele cinematice din figura 3.13.

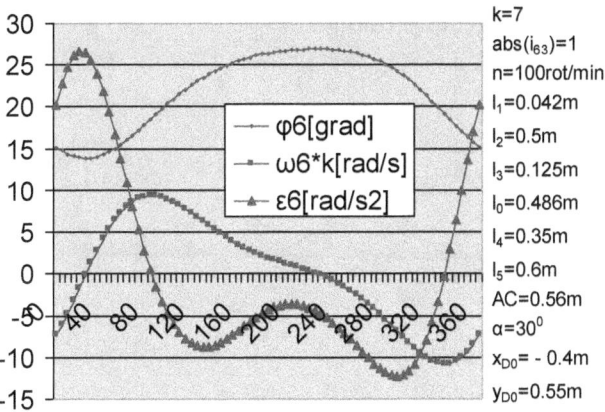

Fig. 3.13. Cinematica rotii 6; cazul R-RRR-RRR(2,0); $D_0(5,0)$b

Aşa cum era de aşteptat valorile maxime ale vitezelor şi acceleraţiilor scad şi mai mult, funcţionarea roţii 6, făcându-se în condiţii optime (obţinem astfel o funcţionare liniştită).

Cinematica se ameliorează la legarea (2,0) faţă de legarea (3,0), dar şi utilizarea punctului D_0 fix, pentru lanţul cinematic suplimentar aduce o ameliorare substanţială, ameliorare care era de aşteptat chiar şi în cazul folosirii metodei (a) de legare.

Este posibil să obţinem ameliorări suplimentare prin alte moduri de legare dar mai ales atunci când vom utiliza alte tipuri de diade pentru diada suplimentară 4,5.

Pentru cazul ales, b, relaţiile generale de calcul se vor particulariza în mod corespunzător.

$$\omega_6 = (1 + |i_{60}|).\omega_5 - |i_{60}|.\omega_0 \qquad (3.27)$$

$$\varphi_6 = (1 + |i_{60}|).\varphi_5 - |i_{60}|.\varphi_0 \qquad (3.28)$$

$$\varepsilon_6 = (1 + |i_{60}|).\varepsilon_5 - |i_{60}|.\varepsilon_0 \qquad (3.29)$$

Dacă pentru cazul a, dispăreau primele părţi din fiecare relaţie, adică părţile din stânga, rămânând doar partea din dreapta, la cazul b, lucrurile se petrec oarecum pe dos, adică dispare partea din dreapta a relaţiei şi rămâne partea stângă, lucru care se vede cu uşurinţă din relaţiile (3.27-3.29), căci ω_0, φ_0 şi ε_0 sunt mereu nule, astfel încât putem scrie relaţiile:

$$\omega_6=(1+ |i_{60}|).\omega_5 \qquad (3.30)$$

$$\varphi_6=(1+ |i_{60}|).\varphi_5 \qquad (3.31)$$

$$\varepsilon_6=(1+ |i_{60}|).\varepsilon_5 \qquad (3.32)$$

3.1.3. Mecanismul R+RRR+RRR(2,3)

3.1.3.1. Mecanismul R+RRR+RRR(2,3)+C(2,4)a

Acum diada suplimentară 4,5 se va lega la elementele 2 şi 3, pentru început lanţul cinematic suplimentar format din cele două roţi dinţate fiind concentrat în jurul articulaţiei cinematice C (vezi figura 3.14).

Roata 2 va fi prisă de elementul 2 astfel încât să aibă aceiaşi parametri cinematici cu acesta, ea fiind o roată sudată sau prinsă de element, având axa chiar în cupla C (prin montaj).

Roata liberă 6, va avea axul prins de elementul 4 şi se va putea roti liber pe elementul 4 în jurul propriului ax, (totuşi ea este în interacţie cu roata 2, care îi va influenţa mişcarea, dar va primi şi mişcarea bielei 4 care o poartă asemenea unui portsatelit în jurul articulaţiei C).

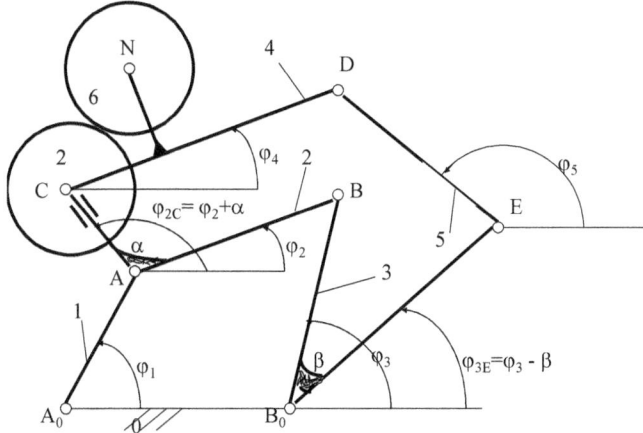

Fig. 3.14. Schema cinematică; cazul R-RRR-RRR(2,3); C(2,4)a

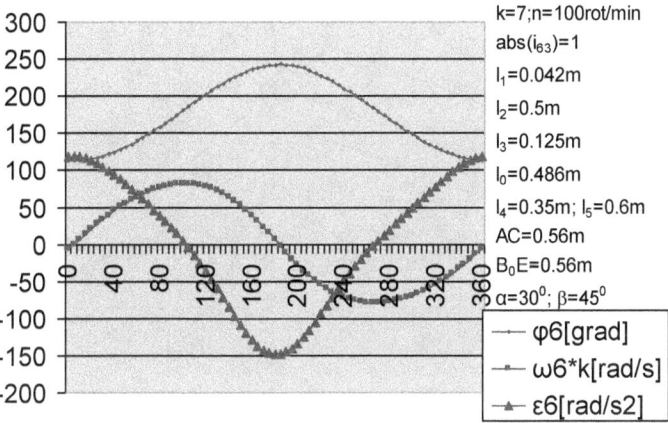

Fig. 3.15. Cinematica rotii 6; cazul R-RRR-RRR(2,3); C(2,4)a

Cupla C este legată la elementul 2 iar cupla E se leagă la elementul 3. Relaţiile de calcul se scriu:

$$\omega_6 = (1 + |i_{62}|).\omega_4 - |i_{62}|.\omega_2 \qquad (3.33)$$

$$\varphi_6 = (1 + |i_{62}|).\varphi_4 - |i_{62}|.\varphi_2 \qquad (3.34)$$

$$\varepsilon_6 = (1 + |i_{62}|).\varepsilon_4 - |i_{62}|.\varepsilon_2 \qquad (3.35)$$

După cum se poate vedea imediat, vitezele şi acceleraţiile cresc din nou la acest tip de legare (2,3), deci cinematica se înrăutăţeşte.

3.1.3.2. Mecanismul R+RRR+RRR(2,3)+D(4,5)a

Cu diada suplimentară 4,5 legată la elementele 2 şi 3, lanţul cinematic suplimentar format din cele două roţi dinţate fiind concentrat în jurul articulaţiei cinematice D obţinem schema cinematică din figura 3.16.

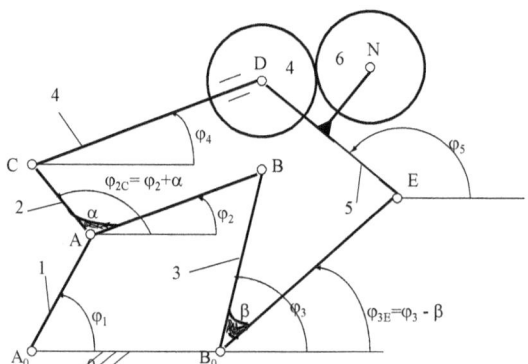

Fig. 3.16. Schema cinematică; cazul R-RRR-RRR(2,3); D(4,5)a

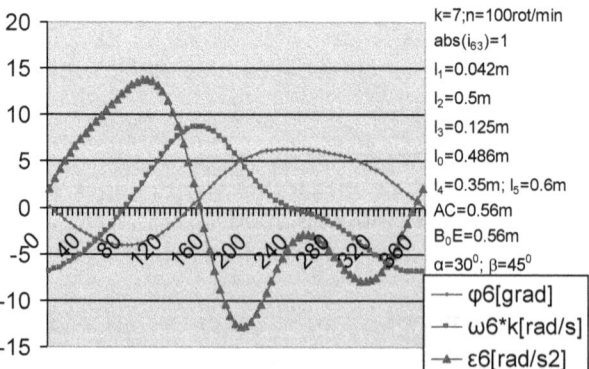

Pentru unghiul φ_6 s-a introdus o constantă de integrare $C=-197^0$

Fig. 3.17. Cinematica rotii 6; cazul R-RRR-RRR(2,3); D(4,5)a

Roata 4 este legată de elementul 4, deci va avea aceiaşi parametri cinematici ca şi acesta, iar roata 6 este liberă pe elementul 5. Relaţiile de calcul sunt următoarele:

$$\omega_6 = (1 + |i_{64}|) . \omega_5 - |i_{64}| . \omega_4 \qquad (3.36)$$

$$\varphi_6 = (1 + |i_{64}|) . \varphi_5 - |i_{64}| . \varphi_4 \qquad (3.37)$$

$$\varepsilon_6 = (1 + |i_{64}|) . \varepsilon_5 - |i_{64}| . \varepsilon_4 \qquad (3.38)$$

Diagramele cinematice pot fi urmărite în figura 3.17:

Valorile vitezelor şi acceleraţiilor pentru situaţia de faţă au rezultat foarte mici, iar valorile deplasărilor unghiulare ale roţii 6, sunt foarte apropiate din acest motiv.

3.1.3.3. Mecanismul R+RRR+RRR(2,3)+E(5,3)a

Cu diada suplimentară 4,5 legată la elementele 2 şi 3, lanţul cinematic suplimentar format din cele două roţi dinţate fiind concentrat în jurul articulaţiei cinematice E obţinem schema cinematică din figura 3.18.

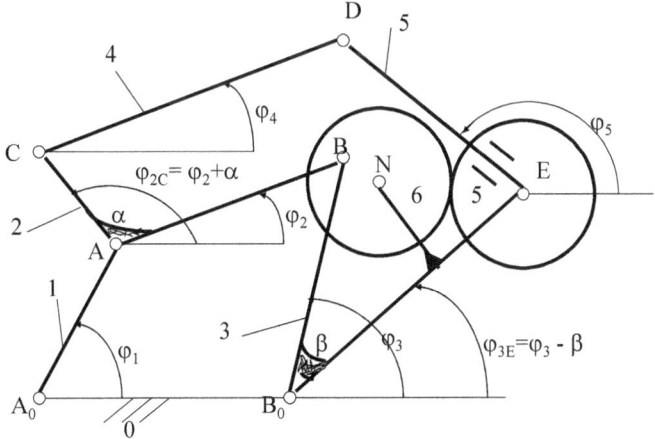

Fig. 3.18. Schema cinematică; cazul R-RRR-RRR(2,3); E(5,3)a

Roata 5 este legată de elementul 5, iar roata 6 este liberă pe elementul 3.

Relaţiile de calcul se obţin cu uşurinţă, iar cu ele calculăm diagramele cinematice din figura 3.19.

$$\omega_6 = (1 + |i_{65}|).\omega_3 - |i_{65}|.\omega_5 \qquad (3.39)$$

$$\varphi_6 = (1 + |i_{65}|).\varphi_3 - |i_{65}|.\varphi_5 \qquad (3.40)$$

$$\varepsilon_6 = (1 + |i_{65}|).\varepsilon_3 - |i_{65}|.\varepsilon_5 \qquad (3.41)$$

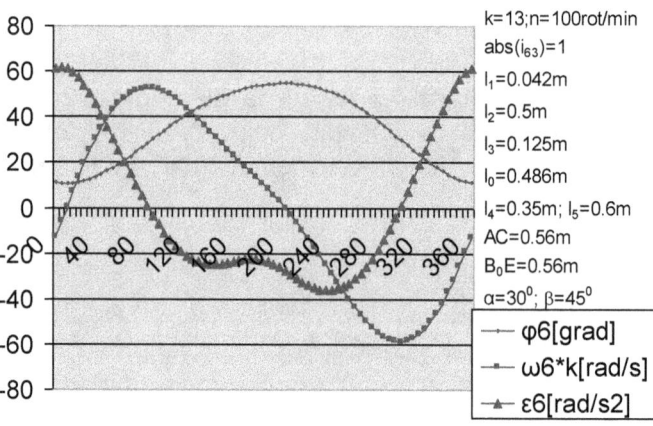

Fig. 3.19. Cinematica rotii 6; cazul R-RRR-RRR(2,3); E(5,3)a

Ca o concluzie pentru legarea (2,3), putem spune că obţinem parametrii cinematici de ieşire foarte mici pentru polul interior al diadei suplimentare D, mici pentru cupla exterioară E, dar mari pentru cupla exterioară C.

3.1.4. Mecanismul R+RRR+RRR(1,3)

3.1.4.1. Mecanismul R+RRR+RRR(1,3)+C(1,4)a

Pentru cazul cu diada suplimentară 4,5 legată la elementul conducător 1 şi la balansierul 3, vom începe cu lanţul cinematic suplimentar, format din cele două roţi dinţate, concentrat în cupla cinematică C (vezi figura 3.20).

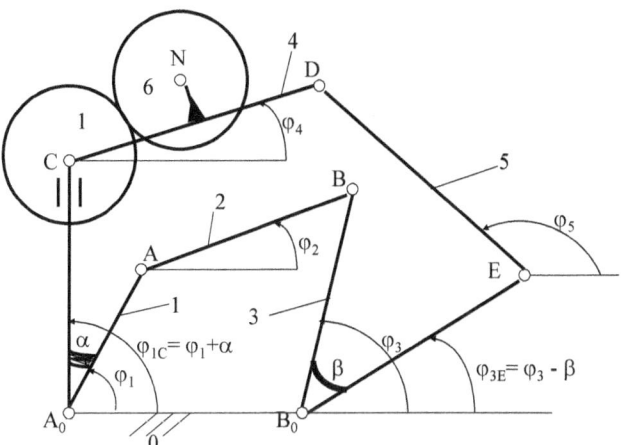

Fig. 3.20. Schema cinematică; cazul R-RRR-RRR(1,3); C(1,4)a

Roata 1 este legată de elementul 1, iar roata liberă 6, este prinsă de elementul 4, astfel încât acesta devine portsatelit pentru ea.

Relaţiile de calcul se scriu:

$$\omega_6 = (1 + |i_{61}|).\omega_4 - |i_{61}|.\omega_1 \qquad (3.42)$$

$$\varphi_6 = (1 + |i_{61}|).\varphi_4 - |i_{61}|.\varphi_{1C} \qquad (3.43)$$

$$\varepsilon_6 = (1 + |i_{61}|).\varepsilon_4 - |i_{61}|.\varepsilon_1 \qquad (3.44)$$

Sau, după ce îi atribuim lui ε_1 valoarea 0, ele devin:

$$\omega_6 = (1 + |i_{61}|).\omega_4 - |i_{61}|.\omega_1 \qquad (3.45)$$

$$\varphi_6 = (1 + |i_{61}|).\varphi_4 - |i_{61}|.\varphi_{1C} \qquad (3.46)$$

$$\varepsilon_6 = (1 + |i_{61}|).\varepsilon_4 \qquad (3.47)$$

Diagramele cinematice se pot urmări în figura 3.21:

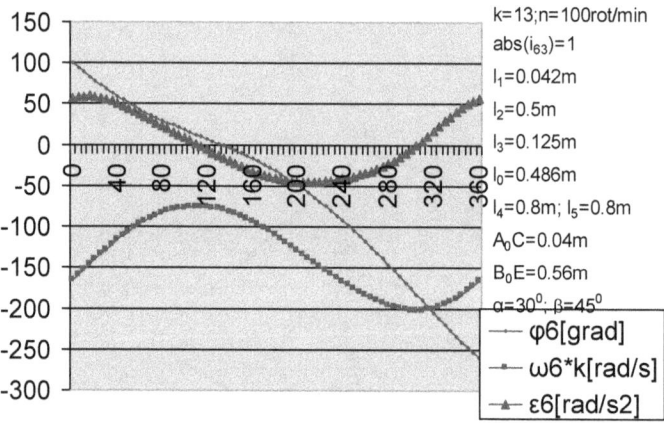

Fig. 3.21. Cinematica rotii 6; cazul R-RRR-RRR(1,3); C(1,4)a

3.1.4.2. Mecanismul R+RRR+RRR(1,3)+D(4,5)a

În figura 3.22 este prezentat cazul R-RRR-RRR(1,3) ; D(4,5)a, când diada suplimentară 4,5 este legată la elementele 1 şi 3 şi lanţul cinematic suplimentar (cel cu două roţi dinţate) este legat în jurul cuplei cinematice D, care este cupla interioară (de legătură) a diadei 4,5.

Roata care nu este liberă (noi i-am spus sudată, dar poate fi prinsă de elementul respectiv şi altfel decât prin sudură), 4, este prinsă de elementul 4 şi deci va avea aceiaşi parametri cinematici cu acesta.

Roata liberă, 6, adică roata de ieşire, de la care se culege mişcarea, este prinsă de elementul 5, astfel încât se poate roti liber în jurul axei ei, care este prinsă de acest element 5, element care devine pentru roata 6 un veritabil portsatelit.

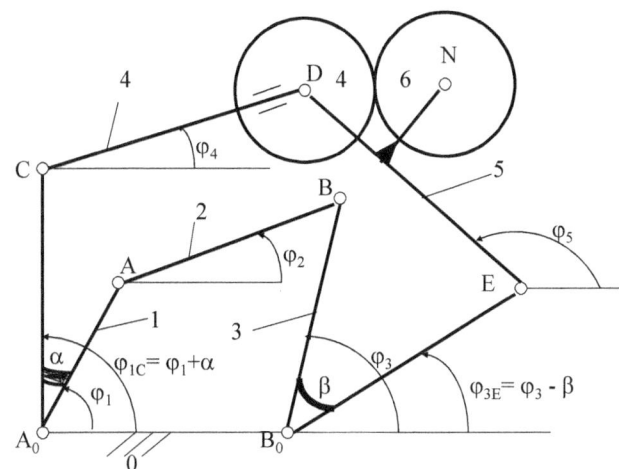

Fig. 3.22. Schema cinematică; cazul R-RRR-RRR(1,3); D(4,5)a

Relaţiile cinematice se scriu imediat:

$$\omega_6 = (1 + |i_{64}|) \cdot \omega_5 - |i_{64}| \cdot \omega_4 \qquad (3.48)$$

$$\varphi_6 = (1 + |i_{64}|) \cdot \varphi_5 - |i_{64}| \cdot \varphi_4 \qquad (3.49)$$

$$\varepsilon_6 = (1 + |i_{64}|) \cdot \varepsilon_5 - |i_{64}| \cdot \varepsilon_4 \qquad (3.50)$$

În figura 3.23 sunt prezentate diagramele cu cinematica roţii 6, funcţie de parametrul de intrare principal, unghiul de rotaţie al elementului conducător, φ_1.

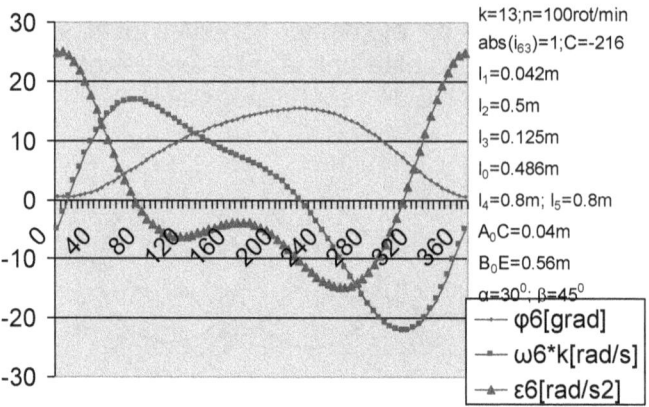

$\varphi_6 = \varphi_6 + C = \varphi_6 - 216$ [^{0}]; s-a introdus o constantă de integrare.

Fig. 3.23. Cinematica rotii 6; cazul R-RRR-RRR(1,3); D(4,5)a

Ca o observaţie, trebuie remarcat faptul că s-a introdus pentru unghiul φ_6, o constantă de integrare C, pentru a se putea urmări mai uşor valorile diagramei din figura 3.23.

3.1.4.3. Mecanismul R+RRR+RRR(1,3)+E(5,3)a

În figura 3.24 este prezentat cazul când cele două roţi dinţate sunt concentrate în jurul articulaţiei E.

Roata 5 este prinsă de elementul 5, deci va avea aceiaşi parametri cinematici ca şi elementul 5.

Roata liberă 6, este prinsă pe balansierul 3, care devine pentru ea un portsatelit. Cum balansul elementului 3 este mic sau foarte mic, ne aşteptăm şi pentru roata 6 la deplasări unghiulare mici sau chiar foarte mici. Din acest motiv toată cinematica roţii 6 va fi ameliorată, adică şi vitezele unghiulare, cât şi acceleraţiile unghiulare, vor fi mici sau chiar foarte mici.

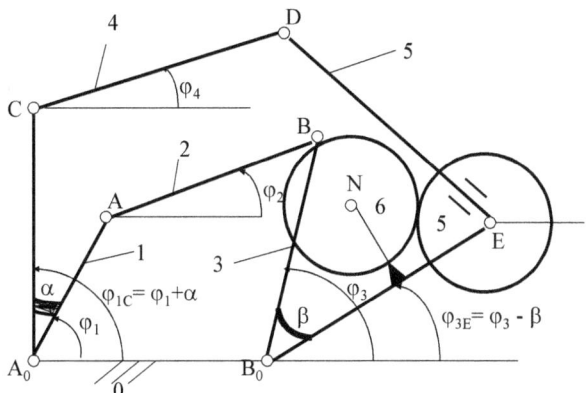

Fig. 3.24. Schema cinematică; cazul R-RRR-RRR(1,3); E(5,3)a

Acest fapt se poate vedea în diagramele din figura 3.25.

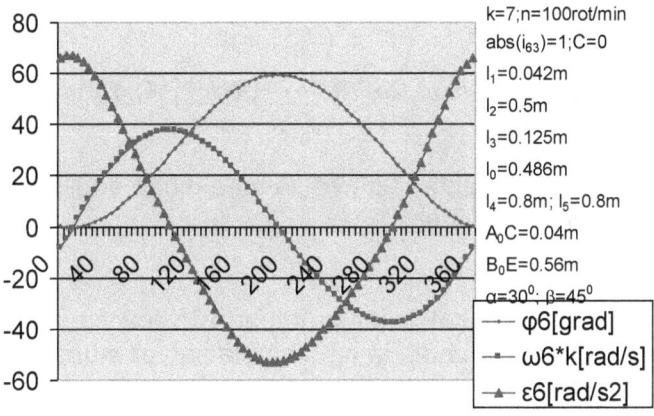

Fig. 3.25. Cinematica rotii 6; cazul R-RRR-RRR(1,3); E(5,3)a

Dealtfel, se poate constata faptul că şi în cazul anterior vitezele şi acceleraţiile roţii 6 sunt foarte mici, legarea diadei suplimentare făcându-se la elementul 1, conducător şi la balansierul 3, balansierul imprimând o mişcare mai lentă şi diadei suplimentare, fapt ce se simte şi în cupla E dar şi în cupla interioară D şi poate chiar în cupla C, dar în măsură mai mică. În plus mişcarea este aproape simetrică datorită influenței tot a balansierului, care a fost acordat să oscileze simetric.

Relațiile de calcul se scriu cu formulele deja cunoscute:

$$\omega_6 = (1 + |i_{65}|).\omega_3 - |i_{65}|.\omega_5 \qquad (3.51)$$

$$\varphi_6 = (1 + |i_{65}|).\varphi_3 - |i_{65}|.\varphi_5 \qquad (3.52)$$

$$\varepsilon_6 = (1 + |i_{65}|).\varepsilon_3 - |i_{65}|.\varepsilon_5 \qquad (3.53)$$

3.1.5. Mecanismul R+RRR+RRR(1,2)

3.1.5.1. Mecanismul R+RRR+RRR(1,2)+C(1,4)a

Următorul caz prezentat este cel la care diada suplimentară 4,5 se leagă la elementele 1 și 2.

Și acest caz ca și celelalte se împarte în trei situații posibile, după cum este aleasă cupla în jurul căreia se vor monta cele două roți dințate (diada suplimentară având 3 cuple).

Pentru început vom monta lanțul cinematic suplimentar în jurul cuplei C (vezi figura 3.26).

Roata 1 va fi legată efectiv la elementul 1, iar roata liberă 6, se va prinde pe elementul 4, care devine pentru ea un veritabil portsatelit.

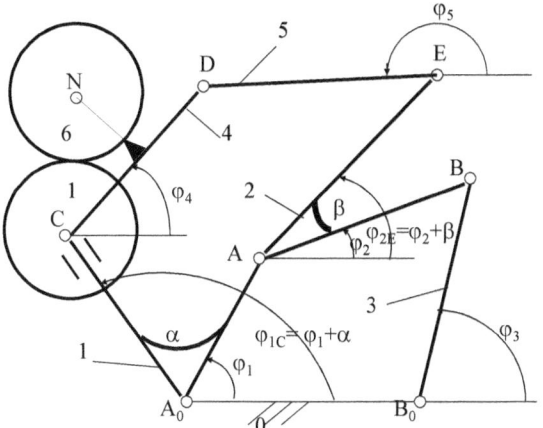

Fig. 3.26. Schema cinematică; cazul R-RRR-RRR(1,2); C(1,4)a

Relaţiile pentru calculul parametrilor cinematici ai roţii libere 6, se deduc din cele generale, iar programul de calcul se modifică corespunzător.

$$\omega_6=(1+\left|i_{61}\right|).\omega_4 - \left|i_{61}\right|.\omega_1 \qquad (3.54)$$

$$\varphi_6=(1+\left|i_{61}\right|).\varphi_4 - \left|i_{61}\right|.\varphi_1 \qquad (3.55)$$

$$\varepsilon_6=(1+\left|i_{61}\right|).\varepsilon_4 - \left|i_{61}\right|.\varepsilon_1 \qquad (3.56)$$

$$\varepsilon_6=(1+\left|i_{61}\right|).\varepsilon_4 \qquad (3.57)$$

În figura 3.27 sunt prezentate diagramele cinematice ale roţii 6.

Se observă uşor faptul că cinematica este superioară la acest mod de legare, acceleraţiile maxime fiind limitate la valori mici, ca dealtfel şi vârfurile vitezelor.

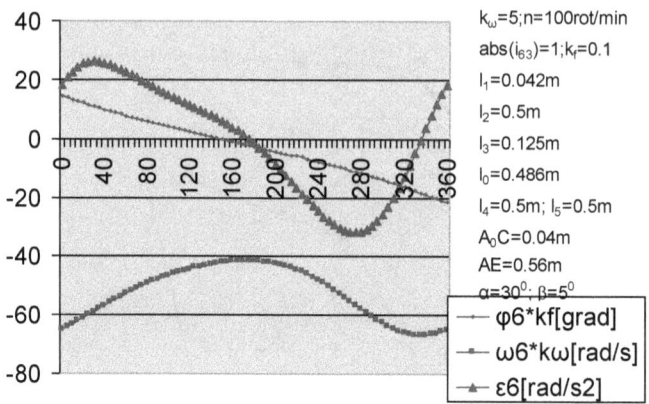

Fig. 3.27. Cinematica rotii 6; cazul R-RRR-RRR(1,2); C(1,4)a

3.1.5.2. Mecanismul R+RRR+RRR(1,2)+D(4,5)a

Acum vom monta lanţul cinematic suplimentar în jurul cuplei D (vezi figura 3.28).

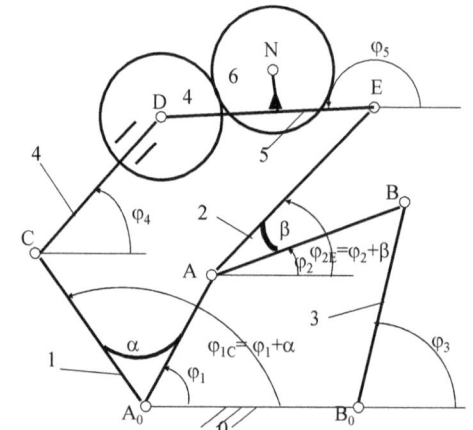

Fig. 3.28. Schema cinematică; cazul R+RRR+RRR(1,2)+ D(4,5)a

Roata 4 va fi legată efectiv la elementul 4, iar roata liberă 6, se va prinde pe elementul 5, care devine pentru ea un portsatelit.

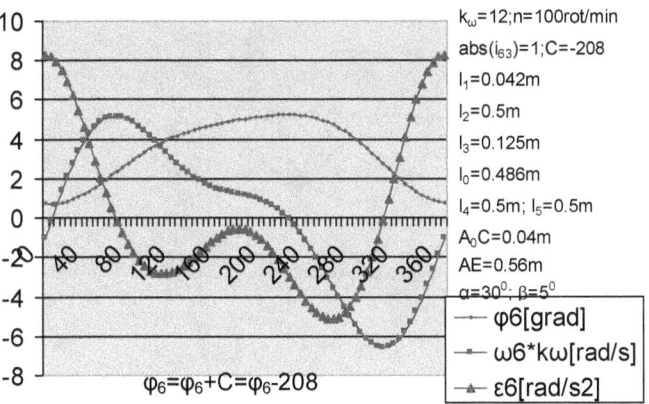

Fig. 3.29. Cinematica rotii 6; cazul R-RRR-RRR(1,2); D(4,5)a

Relaţiile pentru calculul parametrilor cinematici ai roţii libere 6, se deduc din cele generale.

$$\omega_6 = (1 + |i_{64}|) . \omega_5 - |i_{64}| . \omega_4 \qquad (3.58)$$

$$\varphi_6 = (1 + |i_{64}|) . \varphi_5 - |i_{64}| . \varphi_4 \qquad (3.59)$$

$$\varepsilon_6 = (1 + |i_{64}|) . \varepsilon_5 - |i_{64}| . \varepsilon_4 \qquad (3.60)$$

În figura 3.29 sunt prezentate diagramele cinematice corespunzătoare roţii 6. Se pot vedea vârfurile foarte mici de acceleraţii.

3.1.5.3. Mecanismul R+RRR+RRR(1,2)+E(5,2)a

Acum vom monta lanţul cinematic suplimentar (cel cu roţi dinţate) în jurul cuplei cinematice E (vezi figura 3.30).

Roata 5 va fi legată efectiv la elementul 5, iar roata liberă 6, se va prinde pe elementul 2, care devine pentru ea un portsatelit.

407

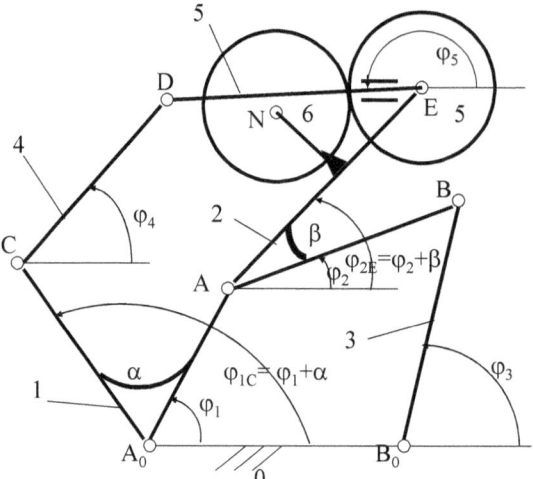

Fig. 3.30. Schema cinematică; cazul R-RRR-RRR(1,2); E(5,2)a

Relaţiile pentru calculul parametrilor cinematici ai roţii libere 6, se deduc din cele generale.

$$\omega_6=(1+|i_{65}|).\omega_2 - |i_{65}|.\omega_5 \qquad (3.61)$$

$$\varphi_6=(1+|i_{65}|).\varphi_2 - |i_{65}|.\varphi_5 \qquad (3.62)$$

$$\varepsilon_6=(1+|i_{65}|).\varepsilon_2 - |i_{65}|.\varepsilon_5 \qquad (3.63)$$

În figura 3.31 se pot vedea diagramele cu cinematica roţii 6:

Se constată şi în acest caz o funcţionare lină, de unde se poate trage concluzia că acest mod de legare a diadei suplimentare, (1,2), este unul privilegiat.

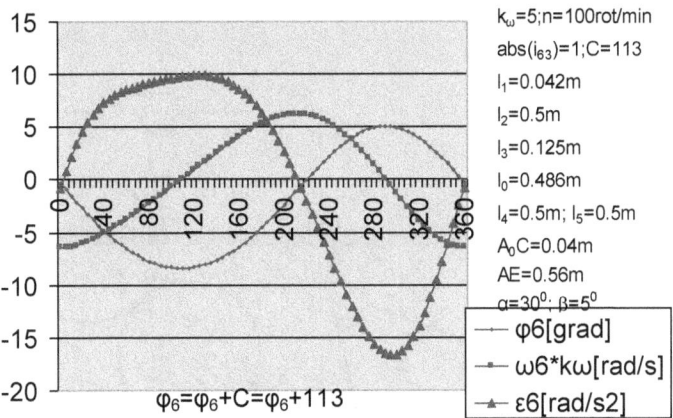

Fig. 3.31. Cinematica rotii 6; cazul R-RRR-RRR(1,2); E(5,2)a

Deşi condiţiile constructive nu pot fi identice şi nici măcar similare pentru diferitele moduri de legare, totuşi dacă încercăm să tragem unele concluzi, am putea spune că sunt superioare modurile de legare (1,2), (1,0), (2,0). O funcţionare bună o are şi modul (2,3) când lanţul cinematic suplimentar este concentrat în cupla interioară D, dar şi modul (1,3) când lanţul cinematic suplimentar este concentrat tot în cupla interioară D, iar modul de legare (3,0) se situează pe ultimul loc.

În continuare vom urmări modul cum lucrează (din punct de vedere cinematic) diadele suplimentare de alte aspecte. Pentru acestea nu vom mai analiza decât câte un singur mod de legare.

3.2. MECANISMUL R+RRR+RRT(3,0)+C(3,4)a

Diada RRT de aspectul 2 se montează (fig. 3.32) la elementele 3 şi 0.

Lanţul cinematic suplimentar se va plasa în cupla C.

Roata 3 este solidară cu bara 3, iar roata 6 este articulată la bara 4, care joacă rol de portsatelit (fig. 3.32).

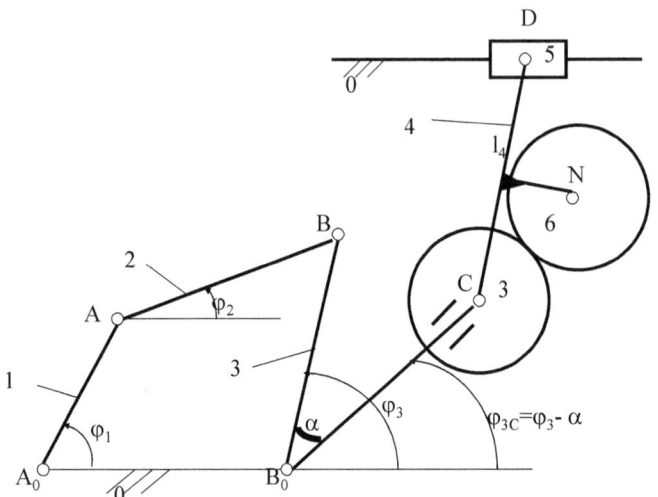

Fig. 3.32. Schema cinematică; cazul R+RRR+RRT(3,0)+ C(3,4)a

Relaţiile de calcul se scriu după modelul general:

$$\omega_6=(1+|i_{63}|).\omega_4 - |i_{63}|.\omega_3; \qquad (3.64)$$

$$\varphi_6=(1+|i_{63}|).\varphi_4 - |i_{63}|.\varphi_3; \qquad (3.65)$$

$$\varepsilon_6=(1+|i_{63}|).\varepsilon_4 - |i_{63}|.\varepsilon_3 \qquad (3.66)$$

În figura 3.33 sunt prezentate diagramele privind cinematica roţii 6.

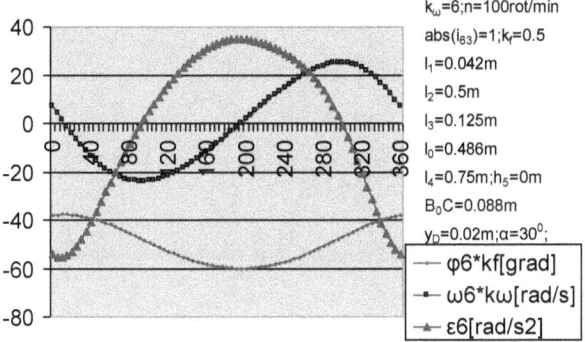

Fig. 3.33. Cinematica rotii 6; cazul R+RRR+RRT(3,0)+ C(3,4)a

3.3. MECANISMUL R+RRR+RTR(2,3)+C(2,4)a

Diada RTR, de aspectul 3, este legată la barele 2 şi 3. Lanţul cinematic suplimentar (format din două roţi dinţate) este montat în articulaţia C (fig. 3.34).

Roata 2 se solidarizează de bara 2, iar roata 6 este articulată la elementul 4 care devine pentru ea portsatelit (fig. 3.34).

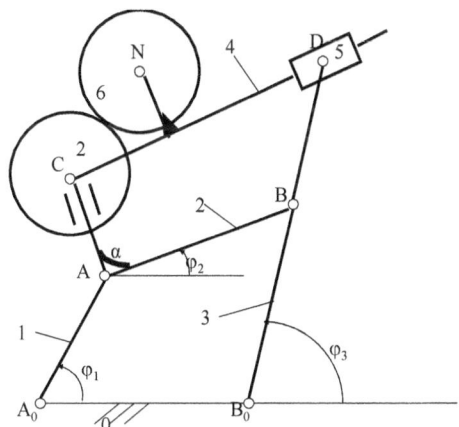

Fig. 3.34. Schema cinematică; cazul R+RRR+RTR(2,3)+ C(2,4)a

Relaţiile pentru calculul parametrilor cinematici ai roţii 6 se deduc din cele generale:

$$\omega_6 = (1 + |i_{62}|).\omega_4 - |i_{62}|.\omega_2;$$

$$\varphi_6 = (1 + |i_{62}|).\varphi_4 - |i_{62}|.\varphi_2;$$

$$\varepsilon_6 = (1 + |i_{62}|).\varepsilon_4 - |i_{62}|.\varepsilon_2 \qquad (3.67\text{-}69)$$

În figura 3.35 sunt prezentate diagramele cinematice corespunzătoare roţii 6:

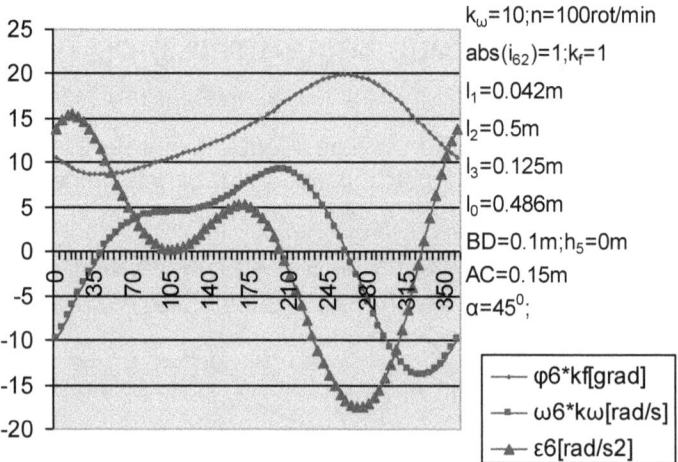

Fig. 3.35. Cinematica rotii 6; cazul R-RRR-RTR(2,3); C(2,4)a

3.4. MECANISMUL R+RRR+TRT(2,3)+C(2,4)a

Diada TRT de aspectul 4 este legată la barele 2 şi 3 ale mecanismului patrulater articulat.

Lanţul cinematic suplimentar (format de data aceasta, dintr-o roată dinţată şi o cremalieră) este montat în jurul articulaţiei C (fig. 3.36).

Roata 6 este articulată la bara 4, fiind în angrenare cu cremaliera 2, care este solidară cu elementul 2 (cremaliera trebuie să fie paralelă cu dreapta de ghidaj aparţinând elementului 2, pe care ghidează patina C, a elementului 4).

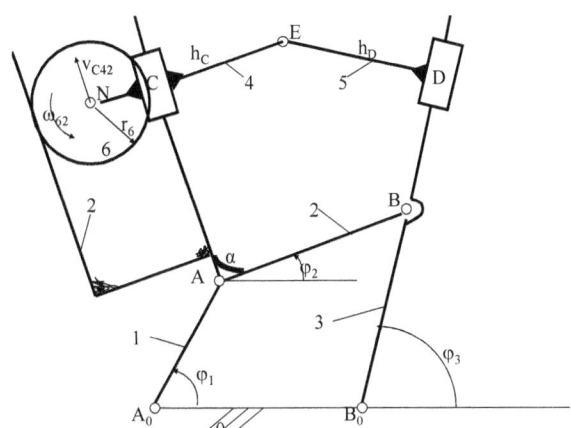

Fig. 3.36. Schema cinematică; cazul R+RRR+TRT(2,3)+ C(2,4)a

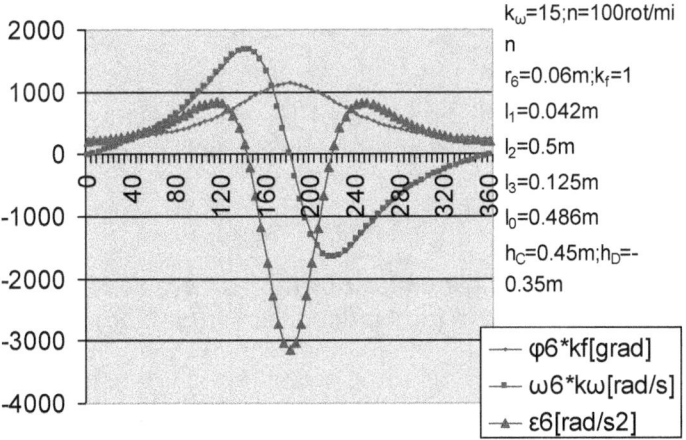

Fig. 3.37. Cinematica rotii 6; cazul R-RRR-TRT(2,3); C(2,4)a

Considerând mişcarea fără alunecare, se scrie viteza liniară:

$$v_{C42} = \omega_{62} \cdot r_6 \qquad (3.70)$$

din care rezultă

$$\omega_{62} = v_{C42}/r_6 \qquad (3.71)$$

Dar cum viteza unghiulară a roţii 6 este compusă din viteza unghiulară a elementului 2, la care se mai adaugă cea de rotaţia relativă a elementului 6 faţă de 2, se poate scrie:

$$\omega_6 = \omega_2 + \omega_{62} \qquad (3.72)$$

$$\omega_6 = \omega_2 + v_{C42}/r_6 \qquad (3.73)$$

Prin integrare şi derivare se obţin deplasarea şi acceleraţia roţii 6:

$$\varphi_6 = \varphi_2 + s_{C42}/r_6 \qquad (3.74)$$

$$\varepsilon_6 = \varepsilon_2 + a_{C42}/r_6 \qquad (3.75)$$

Relaţiile care definesc parametrii cinematici ai roţii 6 se scriu:

$$\omega_6 = \omega_2 + v_{C42}/r_6 \; ; \quad \varphi_6 = \varphi_2 + s_{C42}/r_6 \; ; \quad \varepsilon_6 = \varepsilon_2 + a_{C42}/r_6 \qquad (3.76\text{-}78)$$

Diagramele privind cinematica roţii 6, pot fi urmărite în figura 3.37.

3.5. MECANISMUL R+RRR+RTT(3,0)+C(3,4)a

Se analizează cazul când diada TTR, de aspectul 5, este legată la elementele 3 şi 0 ale mecanismului patrulater articulat (fig. 3.38).

Lanţul cinematic suplimentar (format dintr-o roată dinţată şi o cremalieră) va fi plasat în jurul articulaţiei C (fig. 3.38).

Roata 6 este articulată la bara 4 şi angrenează cu cremaliera 3, solidară cu elementul 3 (cremaliera trebuie să fie paralelă cu dreapta de ghidaj a elementului 3, pe care ghidează patina C, a elementului 4).

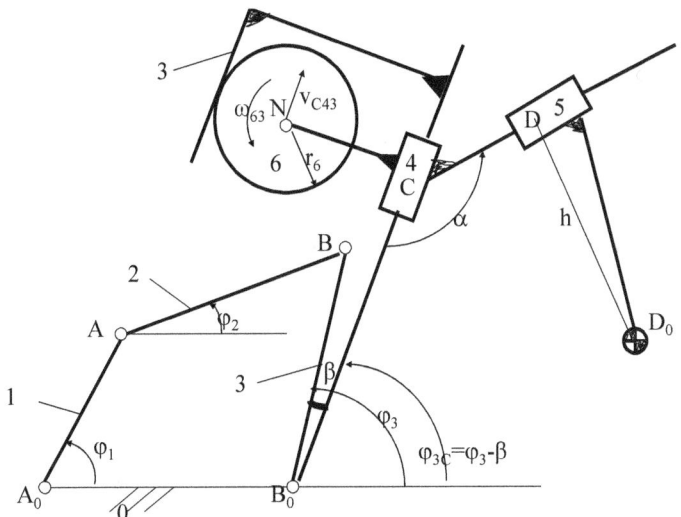

Fig. 3.38. Schema cinematică; cazul R+RRR+TTR(3,0)+ C(3,4)a

Diagramele privind cinematica roţii 6, pot fi urmărite în figura 3.39.

Considerând mişcarea fără alunecare, putem scrie relaţiile:

$$\omega_6 = \omega_3 + v_{C43}/r_6 \qquad (3.79)$$

$$\varphi_6 = \varphi_3 + s_{C43}/r_6 \qquad (3.80)$$

$$\varepsilon_6 = \varepsilon_3 + a_{C43}/r_6 \qquad (3.81)$$

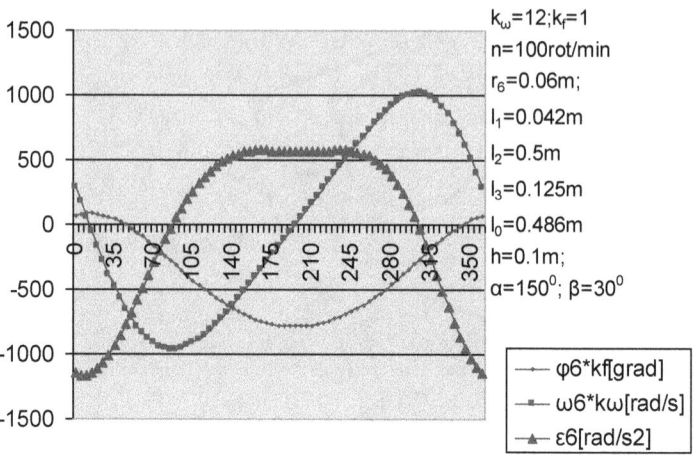

Fig. 3.39. Cinematica rotii 6; cazul R-RRR-TTR(3,0); C(3,4)a

Concluzii:

Se poate trage o concluzie bazată pe rezultatele obţinute în urma analizei parţiale a celor cinci tipuri de diade; diada de aspectul 3 (RTR) este cea mai performantă, pe locul 2 se situează primele două aspecte (RRR şi RRT), iar pe locul 3 se clasează ultimele două aspecte (TRT şi RTT), cel puţin din punct de vedere al realizării unei cinematici cu viteze şi acceleraţii mai scăzute.

Problema este relativă, datorită faptului că au fost studiate diferite tipuri de legări, cu parametri diferiţi sau chiar foarte diferiţi, cu deplasări mai mari sau mai mici. Totuşi superioritatea cinematică a diadei de aspectul 3 (RTR) reprezintă un aspect real, verificat şi în alte situaţii, astfel încât aprecierea merită reţinută, deoarece o cinematică ameliorată reprezintă primul pas spre o dinamică mai bună.

Cap. 4. ANALIZA CINEMATICĂ A MECANISMELOR CU BARE ŞI ANGRENAJE MULTIPLE

Se consideră mecanismele plane cu bare şi roţi dinţate, care sunt realizate prin ataşarea, la mecanismul patrulater articulat, a unui lanţ cinematic cu două sau mai multe angrenaje cilindrice montate în serie sau paralel [40].

4.1. MECANISMUL PATRULATER ARTICULAT CU DOUĂ ANGRENAJE

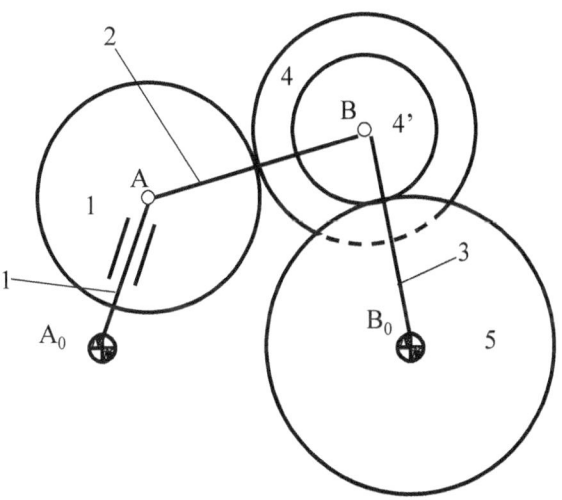

Fig. 4.1. Schema cinematică a mec. cu 2 angr. dispuse în paralel.

Acest mecanism este alcătuit din mecanismul plan patrulater articulat (A_0ABB_0), căruia i se adaugă un lanţ cinematic plan format din două angrenaje (1, 4) şi (4', 5) legate în paralel (fig. 4.1).

Primul angrenaj este format din roţile dinţate 1 şi 4, iar al doilea angrenaj este format din roţile dinţate 4' şi 5, toate fiind dispuse conform figurii 4.1.

Se poate vedea faptul că roţile 4 şi 4' sunt solidare între ele, fiind dispuse în plane paralele, astfel încât cele două angrenaje vor lucra şi ele în plane paralele.

Roata 1 este solidară cu bara 1 (ca manivelă conducătoare), deci ea va avea aceiaşi parametri cinematici cu acesta, iar solidarizarea roţii 1 este făcută în aşa fel încât axul ei să coincidă cu cupla cinematică A; roata 4 care angrenează cu 1 are axul de rotaţie în cupla B. Suma razelor roţilor 1 şi 4 este egală cu lungimea elementului 2 (l_2).

Roata 4' este concentrică cu 4 şi solidară cu aceasta, astfel încât cele două roţi 4 şi 4' au aceiaşi parametri cinematici.

Roata 5 angrenează cu 4' şi are axul de rotaţie comun cu cel al cuplei cinematice B_0. Suma razelor celor două roţi 4' şi 5 este egală cu lungimea elementului 3 (l_3). Dacă roata 1 este de intrare, roata 5 este una de ieşire, de la care se poate culege mişcarea.

Relaţiile de calcul se scriu odată pentru angrenajul 4-1 şi încă odată pentru angrenajul 5-4'.

$$\omega_4 = (1 + |i_{41}|).\omega_2 - |i_{41}|.\omega_1 \qquad (4.1)$$

$$\varphi_4 = (1 + |i_{41}|).\varphi_2 - |i_{41}|.\varphi_1 \qquad (4.2)$$

$$\varepsilon_4 = (1 + |i_{41}|).\varepsilon_2 - |i_{41}|.\varepsilon_1 \qquad (4.3)$$

$$\varepsilon_4 = (1 + |i_{41}|).\varepsilon_2 \qquad (4.3')$$

$$\omega_5 = (1 + |i_{54'}|).\omega_3 - |i_{54'}|.\omega_4 \qquad (4.4)$$

$$\varphi_5 = (1 + |i_{54'}|).\varphi_3 - |i_{54'}|.\varphi_4 \qquad (4.5)$$

$$\varepsilon_5 = (1 + |i_{54'}|).\varepsilon_3 - |i_{54'}|.\varepsilon_4 \qquad (4.6)$$

Cum însă interesează în mod deosebit, 5 în funcţie de 1, se concentrează cele două grupuri de relaţii într-unul singur:

$$\omega_5 = (1 + |i_{54'}|).\omega_3 - |i_{54'}|.[(1 + |i_{41}|).\omega_2 - |i_{41}|.\omega_1] \qquad (4.7)$$

$$\varphi_5 = (1 + |i_{54'}|).\varphi_3 - |i_{54'}|.[(1 + |i_{41}|).\varphi_2 - |i_{41}|.\varphi_1] \qquad (4.8)$$

$$\varepsilon_5 = (1 + |i_{54'}|).\varepsilon_3 - |i_{54'}|.(1 + |i_{41}|).\varepsilon_2 \qquad (4.9)$$

Lungimile l_2 şi l_3 se calculează cu relaţiile:

$$l_2 = a_{14} = r_1 + r_4 = 1/2.m_t.(z_1 + z_4) =$$
$$= m_t/2.z_4.(1 + z_1/z_4) = m_t/2.z_4.(1 + |i_{41}|) \qquad (4.10)$$

$$l_3 = a_{54'} = r_5 + r_{4'} = 1/2.m_t.(z_5 + z_{4'}) =$$
$$= m_t/2.z_5.(1 + z_{4'}/z_5) = m_t/2.z_5.(1 + |i_{54'}|) \qquad (4.11)$$

Diagramele cinematice ale roţii 5 funcţie de mişcarea elementului conducător 1 pot fi urmărite în figura 4.2.

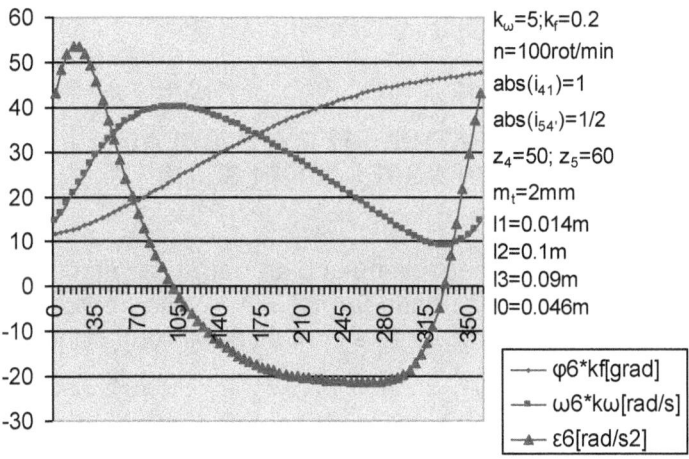

Fig. 4.2. Cinematica rotii 5, la mecanismul cu 2 angrenaje paralele.

Se remarcă diagrama de variaţie a unghiului de rotaţie al roţii conduse 5; aceasta realizează o mişcare variabilă continuă în acelaşi sens.

Diagrama de variaţie a vitezei unghiulare a roţii conduse 5 arată că viteza maximă se obţine la 105^0 unghi de manivelă, iar viteza minimă se înregistrează la unghiul de manivelă de 325^0.

Variaţia acceleraţiei unghiulare a roţii 5 scoate în evidenţă un maxim pozitiv la 30^0 şi un maxim negativ la 260^0 unghi de manivelă.

Aceste diagrame se pot determina şi în varianta în care angrenajul 4', 5 este un angrenaj interior. În acest caz formula (4.11) devine:

$$l_3 = r_5 - r_{4'} = 1/2 . m_t . (z_5 - z_{4'}) =$$

$$= m_t/2 . z_5 . (1 - z_{4'}/z_5) = m_t/2 . z_5 . (1 - |i_{54'}|) \qquad (4.11')$$

4.2. MECANISMUL PATRULATER ARTICULAT   CU TREI ANGRENAJE ÎN SERIE

Se porneşte de la mecanismului plan patrulater articulat, căruia i se adaugă un lanţ cinematic format din trei angrenaje cilindrice legate în serie. Cele 4 roţi dinţate sunt dispuse conform figurii 4.3.

Roata 0 are centrul în A_0 (0, 1) şi este solidară cu elementul fix 0 (batiul) .

Roata 4 este montată cu axul în articulaţia mobilă A (1, 2).

Roata 5 este montată cu axul în articulaţia mobilă B (2, 3).

Roata 6 este montată cu axul în articulaţia fixă B_0 (3, 0).

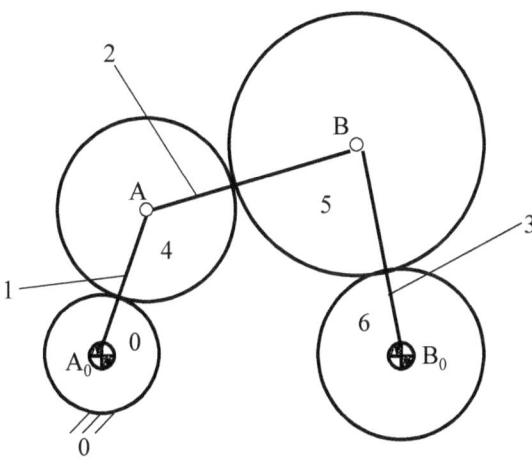

Fig. 4.3. Schema cinematică a mecanismului cu 3 angrenaje înseriate.

Relaţiile de calcul se scriu de trei ori (pentru cele trei angrenaje înseriate):

$$\omega_4 = (1 + |i_{40}|).\omega_1 - |i_{40}|.\omega_0 \qquad (4.12)$$

$$\varphi_4 = (1 + |i_{40}|).\varphi_1 - |i_{40}|.\varphi_0 \qquad (4.13)$$

$$\varepsilon_4 = (1 + |i_{40}|).\varepsilon_1 - |i_{40}|.\varepsilon_0 \qquad (4.14)$$

$$\omega_4 = (1 + |i_{40}|).\omega_1 \qquad (4.12')$$

$$\varphi_4 = (1 + |i_{40}|).\varphi_1 \qquad (4.13')$$

$$\varepsilon_4 = 0 \qquad (4.14')$$

$$\omega_5 = (1 + |i_{54}|).\omega_2 - |i_{54}|.\omega_4 \qquad (4.15)$$

$$\varphi_5 = (1 + |i_{54}|).\varphi_2 - |i_{54}|.\varphi_4 \qquad (4.16)$$

$$\varepsilon_5 = (1 + |i_{54}|).\varepsilon_2 - |i_{54}|.\varepsilon_4 \qquad (4.17)$$

$$\varepsilon_5 = (1 + |i_{54}|).\varepsilon_2 \qquad\qquad (4.17')$$

$$\omega_6 = (1 + |i_{65}|).\omega_3 - |i_{65}|.\omega_5 \qquad\qquad (4.18)$$

$$\varphi_6 = (1 + |i_{65}|).\varphi_3 - |i_{65}|.\varphi_5 \qquad\qquad (4.19)$$

$$\varepsilon_6 = (1 + |i_{65}|).\varepsilon_3 - |i_{65}|.\varepsilon_5 \qquad\qquad (4.20)$$

Cum însă interesează, în mod deosebit, mişcarea roţii 6 (în funcţie de mişcarea elementului 1) se concentrează cele trei grupuri de relaţii într-unul singur, ceea ce determină relaţiile:

$$\omega_6 = (1 + |i_{65}|).\omega_3 - |i_{65}|.(1 + |i_{54}|).\omega_2 +$$

$$+ |i_{65}|. |i_{54}|.(1 + |i_{40}|.\omega_1 \qquad\qquad (4.21)$$

$$\varphi_6 = (1 + |i_{65}|).\varphi_3 - |i_{65}|.(1 + |i_{54}|).\varphi_2 +$$

$$+ |i_{65}|. |i_{54}|.(1 + |i_{40}|.\varphi_1 \qquad\qquad (4.22)$$

$$\varepsilon_6 = (1 + |i_{65}|).\varepsilon_3 - |i_{65}|.(1 + |i_{54}|).\varepsilon_2 \qquad\qquad (4.23)$$

Lungimile l_1, l_2 şi l_3 sunt condiţionate de parametrii geometrici ai angrenajelor (ele fiind suma a câte două raze):

$$l_1 = m_t/2.z_4.(1 + |i_{40}|) \qquad\qquad (4.24)$$

$$l_2 = m_t/2.z_5.(1 + |i_{54}|) \qquad\qquad (4.25)$$

$$l_3 = m_t/2.z_6.(1 + |i_{65}|) \qquad\qquad (4.26)$$

422

Diagramele cinematice ale roţii 6 în funcţie de mişcarea elementului conducător 1 pot fi urmărite în figura 4.4.

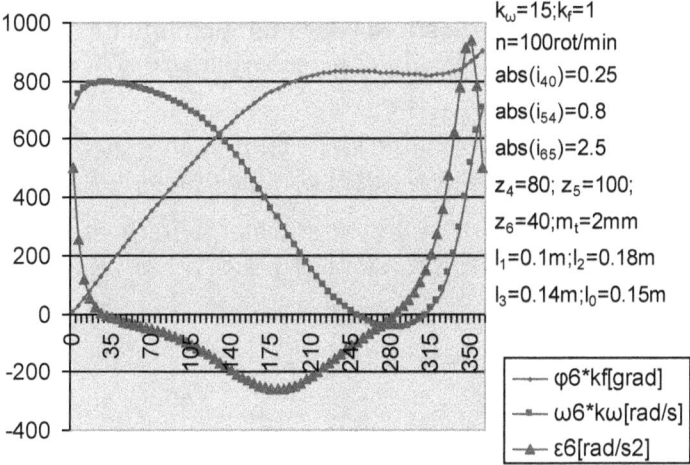

Fig. 4.4. Cinematica rotii 6, la mecanismul cu 3 angrenaje înseriate.

Din analiza diagramelor de mişcare ale roţii conduse 6 (fig. 4.4) rezultă că rotaţia acesteia este menţinută practic pe loc de-a lungul intervalului de rotaţie a manivelei 1 între unghiurile $\varphi_1 = 240^0$ şi $\varphi_1 = 320^0$.

În acest interval $\Delta\varphi_1 = (240^0, 320^0)$, diagrama de variaţie a vitezei unghiulare rămâne în vecinătatea valorii zero, ceea ce înseamnă că viteza unghiulară este practic zero, roata 6 având o uşoară rotaţie în sens invers (pasul de pelerin).

Viteza unghiulară maximă a roţii 6 se obţine pentru unghiul $\varphi_1 = 30^0$.

Variaţia acceleraţiei prezintă o valoare maximă pozitivă la $\varphi_1 = 350^0$, după intervalul de oprire a roţii 6 şi o valoare minimă negativă la $\varphi_1 = 180^0$.

4.3. MECANISMUL PATRULATER ARTICULAT
CU TREI ANGRENAJE ÎN PARALEL

În figura 4.5. este reprezentat un mecanism patrulater articulat la care s-a adăugat un lanţ cinematic cu roţi dinţate format din 3 angrenaje legate în paralel.

Prima roată 0 (zero), este solidară cu elementul fix (batiu). Ea angrenează cu roata 4. Roata 4' este solidară cu 4 şi angrenează cu roata 5.

La rândul ei roata 5' este solidară cu 5 şi angrenează cu roata 6, roata 6 fiind considerată element condus (de ieşire).

Lungimile barelor 1, 2 şi 3 sunt şi distanţe între centrele roţilor dinţate aflate în angrenare cilindrică (fig. 4.5) :

$$A_0A = l_1 = m_{04}/2.(z_0 + z_4) = m_{04}/2.z_0. \ (1- z_4/z_0) \qquad (4.27)$$

$$AB = l_2 = m_{4'5}/2.(z_{4'} + z_5) = m_{4'5}/2.z_{4'}.(1- z_5/z_{4'}) \qquad (4.28)$$

$$B_0B = l_3 = m_{5'6}/2.(z_{5'} + z_6) = m_{5'6}/2.z_{5'}.(1- z_6/z_{5'}) \qquad (4.29)$$

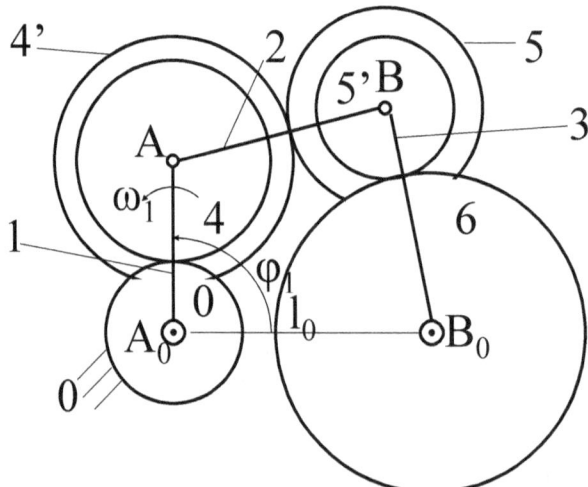

Fig. 4.5.   Mec. Patrulater + 3 angrenaje paralele

Cinematica roţii 6 se poate urmări în diagramele din figura 4.6.

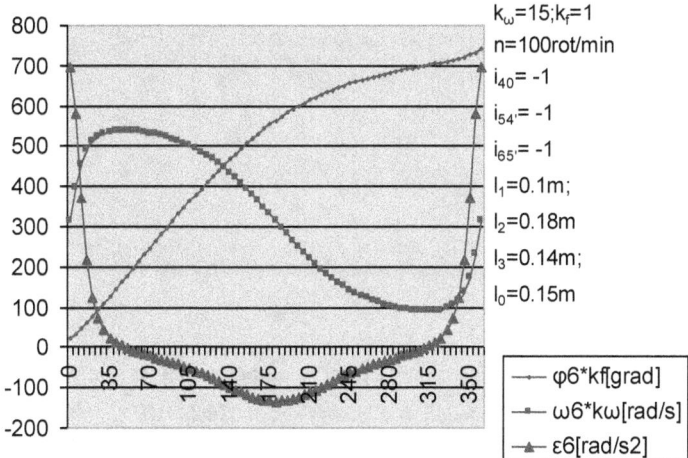

Fig. 4.6. Cinematica rotii 6 la mec. patrulater cu 3 angrenaje

Relaţiile de calcul cinematic sunt următoarele (fig. 4.5):

$$\varphi_4 = (1 - i_{40}).\varphi_1 + i_{40}.\varphi_0 \qquad (4.30)$$

$$\omega_4 = (1 - i_{40}).\omega_1 + i_{40}.\omega_0 \qquad (4.31)$$

$$\varepsilon_4 = (1 - i_{40}).\varepsilon_1 + i_{40}.\varepsilon_0 = 0 \qquad (4.32)$$

$$\varphi_5 = (1 - i_{54'}).\varphi_2 + i_{54'}.\varphi_4 \qquad (4.33)$$

$$\omega_5 = (1 - i_{54'}).\omega_2 + i_{54'}.\omega_4 \qquad (4.34)$$

$$\varepsilon_5 = (1 - i_{54'}).\varepsilon_2 + i_{54'}.\varepsilon_4 \qquad (4.35)$$

$$\varphi_6 = (1 - i_{65'}).\varphi_3 + i_{65'}.\varphi_5 \qquad (4.36)$$

$$\omega_6 = (1 - i_{65'}).\omega_3 + i_{65'}.\omega_5 \qquad (4.37)$$

$$\varepsilon_6 = (1 - i_{65'}).\varepsilon_3 + i_{65'}.\varepsilon_5 \qquad (4.38)$$

Condiţiile geometrice care trebuie respectate sunt următoarele:

425

$$r_0 + r_4 = l_1 \quad \text{şi} \quad i_{40} = -\frac{r_0}{r_4} \qquad (4.39)$$

$$r_{4'} + r_5 = l_2 \quad \text{şi} \quad i_{54'} = -\frac{r_{4'}}{r_5} \qquad (4.40)$$

$$r_{5'} + r_6 = l_3 \quad \text{şi} \quad i_{65'} = -\frac{r_{5'}}{r_6} \qquad (4.41)$$

Pentru l_1 = 100mm; l_2 = 180mm; l_3 = 140mm; m_{40} = $m_{54'}$ = $m_{65'}$ = 2 [mm]; β=0 [rad], cu i_{40} = $i_{54'}$ = $i_{65'}$ = - 1, rezultă:

$$z_0 = z_4 = \frac{l_1[mm]}{2} = \frac{100}{2} = 50 \qquad (4.42)$$

$$z_{4'} = z_5 = \frac{l_2[mm]}{2} = \frac{180}{2} = 90 \qquad (4.43)$$

$$z_{5'} = z_6 = \frac{l_3[mm]}{2} = \frac{140}{2} = 70 \qquad (4.44)$$

4.4. MECANISMUL PATRULATER ARTICULAT CU PATRU ANGRENAJE

În figura 4.7 este reprezentat un mecanism patrulater articulat la care sunt ataşate patru angrenaje (câte unul pe fiecare bară 1, 2, 3 şi 0).

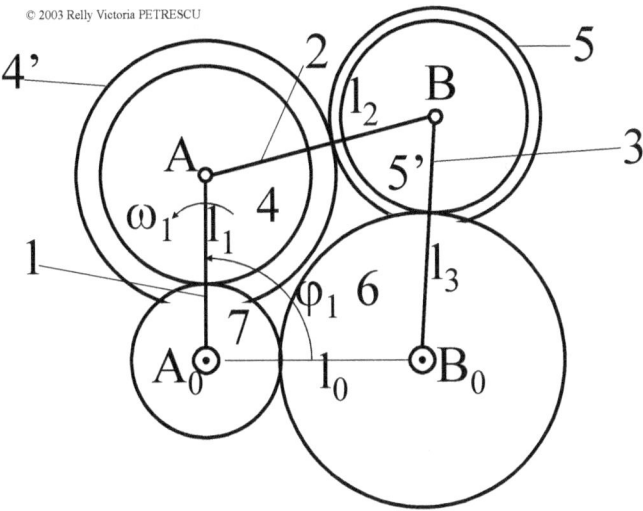

Fig. 4.7.   Mecanism patrulater + 4 angrenaje

Din punct de vedere structural – topologic cele patru angrenaje cilindrice formează un lanţ de patru roţi dinţate (fig. 4.8a), care prin echivalare determină lanţul cinematic cu bare articulate cu un contur închis tip octadă (fig. 4.8b).

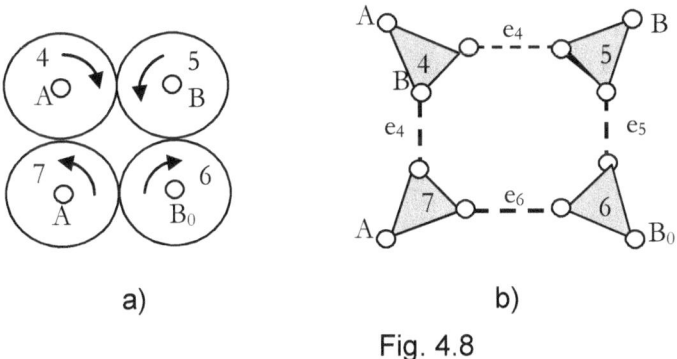

a)   b)

Fig. 4.8

Fiecare angrenare (4,5), (5,6), (6,7) şi (4,7) echivalează cu câte un element bară articulată notate cu e_{45}, e_{56}, e_{67} şi e_{47} şi care sunt reprezentate schematic cu linie întreruptă (fig. 4.8b).

Roţile dinţate sunt reprezentate prin triunghiuri cu trei articulaţii, dintre care una este articulaţie reală (A_0, A, B, B_0) şi corespunde centrului roţii (fig. 4.8a).

427

Un astfel de lanţ cinematic plan articulat, cu un contur închis octogonal şi patru articulaţii exterioare potenţiale, are mobilitatea zero.

Prin ataşarea acestui lanţ cinematic la mecanismul patrulater (A_0, A, B, B_0) monomobil, mecanismul complex cu bare şi roţi dinţate astfel obţinut este monomobil.

În varianta analizată (fig. 4.7), toate cele patru angrenaje cilindrice înseriate sunt exterioare: 4'-5; 5'-6; 6-7 şi 7-4.

Condiţiile constructive (de montaj) sunt următoarele:

$$l_1 = r_7 + r_4 = m_{74}/2.\,(z_7 + z_4)\,;$$ (4.45)

$$l_2 = r_{4'} + r_5 = m_{4'5}/2.\,(z_{4'} + z_5);$$ (4.46)

$$l_3 = r_{5'} + r_6 = m_{5'6}/2.\,(z_{5'} + z_6);$$ (4.47)

$$l_0 = r_7 + r_6 = m_{76}/2.\,(z_7 + z_6).$$ (4.48)

Relaţiile de calcul cinematic sunt următoarele:

$$\varphi_6 = \frac{(1-i_{65'}).\varphi_3 + i_{65'}.(1-i_{54'}).\varphi_2 + i_{65'}.i_{54'}.(1-i_{47}).\varphi_1}{1 - i_{65'}.i_{54'}.i_{47}.i_{76}}$$ (4.49)

$$\omega_6 = \frac{(1-i_{65'}).\omega_3 + i_{65'}.(1-i_{54'}).\omega_2 + i_{65'}.i_{54'}.(1-i_{47}).\omega_1}{1 - i_{65'}.i_{54'}.i_{47}.i_{76}}$$ (4.50)

$$\varepsilon_6 = \frac{(1-i_{65'}).\varepsilon_3 + i_{65'}.(1-i_{54'}).\varepsilon_2 + i_{65'}.i_{54'}.(1-i_{47}).\varepsilon_1}{1 - i_{65'}.i_{54'}.i_{47}.i_{76}}$$ (4.51)

Diagramele cinematicii roţii 6 se pot urmări în figura 4.9:

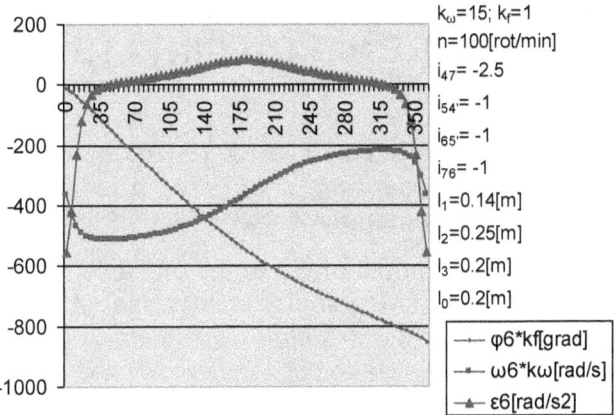

Fig. 4.9. Cinematica rotii 6 la mec. patrulater cu 4 angrenaje

S-a utilizat la toate roţile dinţate modulul m=2 [mm] şi s-au considerat angrenaje cu dinţi drepţi, β=0 [rad].

Au rezultat următoarele numere de dinţi, rapoarte de transmitere şi lungimi ale barelor mecanismului patrulater:

$z_7 = 100$, $z_4 = 40$ $\Rightarrow i_{47} = -100/40 = -2.5$ (4.52)

$z_5 = z_{4'} = 125$ $\Rightarrow i_{54'} = -1$ (4.53)

$z_6 = z_{5'} = 100$ $\Rightarrow i_{65'} = -1$ (4.54)

$\Rightarrow i_{76} = -100/100 = -1$ (4.55)

$$l_1 = (z_7 + z_4)/1000 = 0.140 \ [m] \qquad (4.56)$$

$$l_2 = (z_5 + z_{4'})/1000 = 0.250 \ [m] \qquad (4.57)$$

$$l_3 = (z_6 + z_{5'})/1000 = 0.200 \ [m] \qquad (4.58)$$

$$l_0 = (z_7 + z_6)/1000 = 0.200 \ [m] \qquad (4.59)$$

Cap 5. SINTEZA ŞI ANALIZA GEOMETRO-CINEMATICĂ A MECANISMELOR CU BARE ŞI ROŢI DINŢATE

Mecanismele cu Bare şi Roţi Dinţate (B+RD)se pot clasifica în *mecanisme simple* şi *mecanisme complexe*, în funcţie de grupele structurale din care se compun.

Atâta timp cât în componenţa acestor mecanisme sunt numai lanţuri (grupe) structural-topologice de clasa a II-a (diade), mecanismele respective sunt *simple, de clasa a II-a*, putând fi rezolvate prin metode de calcul analitico-numerice exacte şi directe.

Când apar însă în componenţa lor şi lanţuri (grupe) superioare, cum ar fi : triada, tetrada, dubla-triadă, tetrada de ordinul 3, pentada, hexada etc., mecanismele devin *complexe*.

Analiza acestor mecanisme complexe nu se mai poate face numai prin metode exacte şi directe, fiind necesară utilizarea calculului iterativ (care va folosi metode numerice exacte sau aproximative, dar obligatoriu din mai multe treceri, mai multe iteraţii).

5.1. SINTEZA ŞI ANALIZA GEOMETRO-CINEMATICĂ A MECANISMELOR B+RD SIMPLE.

Se vor analiza din punct de vedere geometro-cinematic două astfel de mecanisme: primul, la care se identifică o diadă de aspectul 1 (de tip RRR) şi al doilea, la care se identifică o diadă de aspectul 2 (de tip RRT).

După analiza geometro-cinematică se face sinteza unor astfel de mecanisme simple. Mecanismul iniţial la care se adaugă, pe rând, una din cele două diade, este un mecanism planetar simplu.

Acesta este format dintr-un braţ port-satelit 1 care roteşte un satelit 2 în jurul unei roţi centrale 0, notată astfel deoarece este fixată la batiu.

Prin aceasta mecanismul diferenţial cu două mobilităţi rămâne cu o singură mobilitate.

Roata centrală fixă 0 poate fi cu dantură exterioară sau cu dantură interioară, iar mecanismul de comandă va fi cu angrenare exterioară respectiv interioară.

Pentru analiză se consideră varianta în care angrenajul de comandă este interior, adică roata fixă 0 are dantură interioară.

Braţul portsatelit 1 reprezintă elementul conducător prin care intră mişcarea în mecanismul planetar monomobil.

La roata satelit 2 şi la batiul 0 se ataşează un lanţ diadă format din elementele cinematice (bare) 3 şi 4.

Se studiază două cazuri: unul când diada (3, 4) este de aspectul 1 (RRR) şi celălalt când diada (3, 4) este de aspectul 2 (RRT).

Se consideră cunoscut unghiul φ_1 al braţului port-satelit şi se determină, în funcţie de acesta, unghiurile care poziţionează roata 2 (φ_2) şi elementele 3 şi 4 (φ_3 şi φ_4) ale diadei RRR, sau unghiul φ_3 şi distanţa s_4 pentru patina 4, la diada RRT.

În final se analizează curba de bielă a unui punct M situat pe bara (biela) 3.

5.1.1. Mecanismul b+rd simplu cu diadă de tip RRR

În figura 5.1 este reprezentată schema cinematică a mecanismului simplu cu bare şi roţi dinţate de clasa a doua.

Acesta este format dintr-un mecanism de comandă, care este un mecanism planetar simplu cu angrenare interioară şi dintr-o diadă de aspectul 1, de tip RRR.

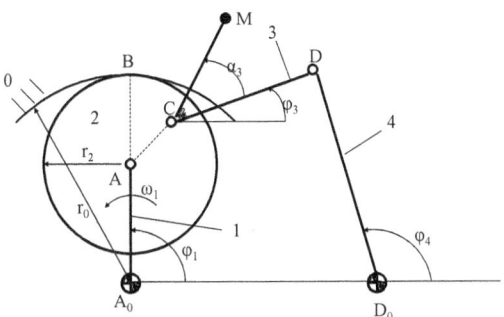

Fig. 5.1. Cinematica mecanismelor cu bare si roti dintate de clasa a doua. Schema cinematică a mecanismului cu diadă de tip RRR.

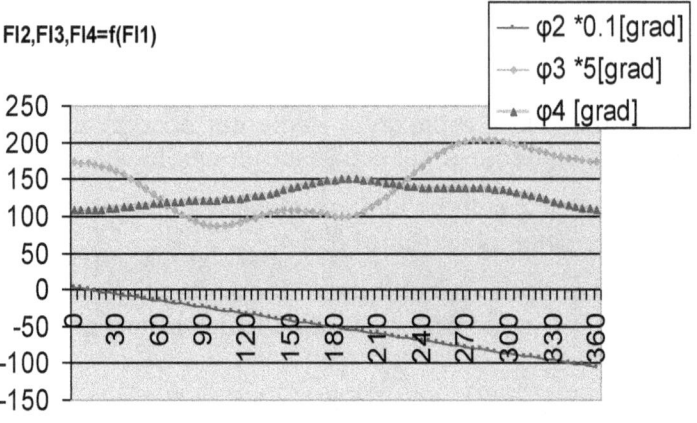

FI2,FI3,FI4=f(FI1)

— φ2 *0.1[grad]
— φ3 *5[grad]
— φ4 [grad]

FI1 [grad]

Fig. 5.2. Cinematica mecanismelor cu bare si roti dintate de clasa a doua. Diagramele cinematice ale mecanismului cu diadă RRR.

Viteza unghiuară a a roţii 2 se exprimă în funcţie de viteza unghiulară a barei 1 (portsatelit) şi raportul de transmitere între roţile 2 şi 0 când 1 este considerat fix:

$$\omega_2 = (1 - i_{20}) \cdot \omega_1 \qquad (5.1)$$

Prin integrare, din (5.1) rezultă

$$\varphi_2 = (1 - i_{20}) \cdot \varphi_1 + \varphi_{20} \qquad (5.2)$$

Prin derivare, din (5.1) pentru ω_1 = const. se obţine

$$\varepsilon_2 = \varepsilon_1 = 0 \qquad (5.3)$$

Diagramele cinematice se pot urmări în figura 5.2.

Se trasează unghiurile FI2, FI3 şi FI4 în funcţie de unghiul de intrare FI1.

În figura 5.3 este prezentată curba de bielă trasată de un punct oarecare M situat pe elementul 3.

yM=y(xM)

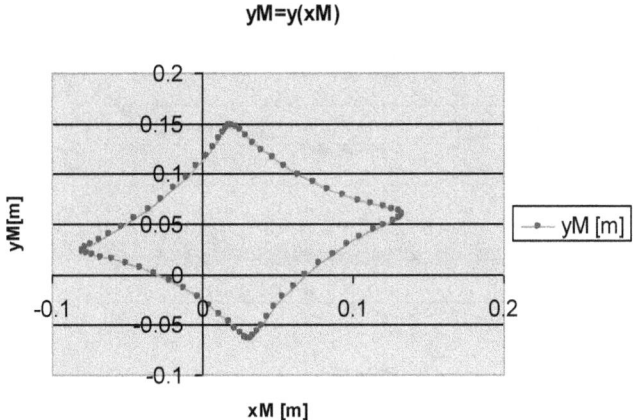

Fig. 5.3. Cinematica mecanismelor cu bare si roti dintate de clasa a doua. Mecanismul cu diadă de tip RRR. Curba de bielă trasată de M.

5.1.2. Mecanismul b+rd simplu cu diadă de tip RRT

Se consideră schema cinematică a mecanismului b+rd simplu cu un lanţ diadă de tip RRT (fig. 5.4).

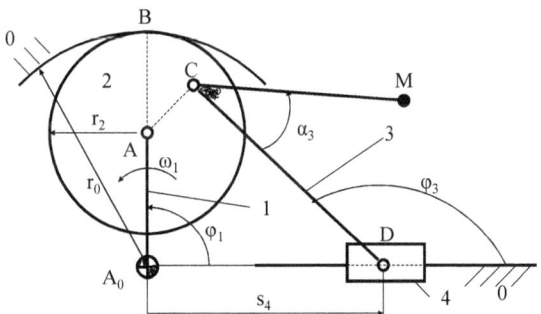

Fig. 5.4. Cinematica mecanismelor cu bare si roti dintate de clasa a doua. Schema cinematică a mecanismului cu diadă de tip RRT.

Diagramele cinematice pot fi urmărite în figura 5.5, iar curba de bielă a punctului M se poate vedea în figura 5.6.

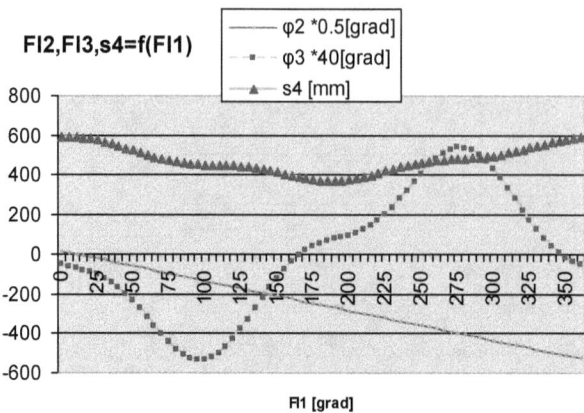

Fig. 5.5. Cinematica mecanismelor cu b+rd de clasa a doua.
Diagramele cinematice ale mecanismului cu diadă RRT.

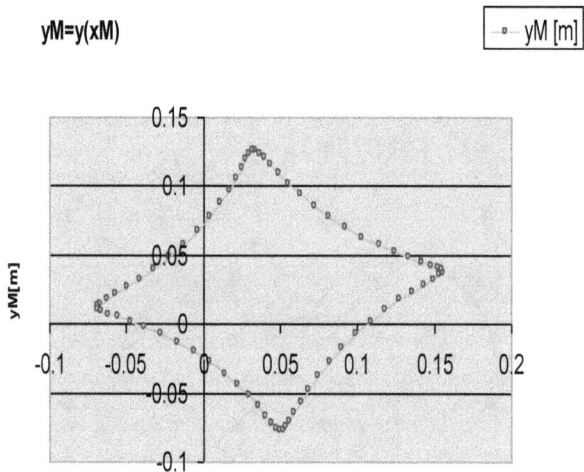

Fig. 5.6. Cinematica mecanismelor cu bare si roti dintate de clasa a
doua. Mecanismul cu diadă de tip RRT. Curba de bielă trasată de M.

5.2. SINTEZA ȘI ANALIZA GEOMETRO-CINEMATICĂ
A MECANISMELOR CU B+RD COMPLEXE.

Aceste mecanisme b+rd complexe au în componență cel puțin
un lanț cinematic complex, de tip triadă, tetradă, pentadă etc.

5.2.1. Mecanism b+rd complex cu triadă

În figura 5.7 este prezentată schema cinematică a unui mecanism complex, cu o triadă 6R în componenţa sa.

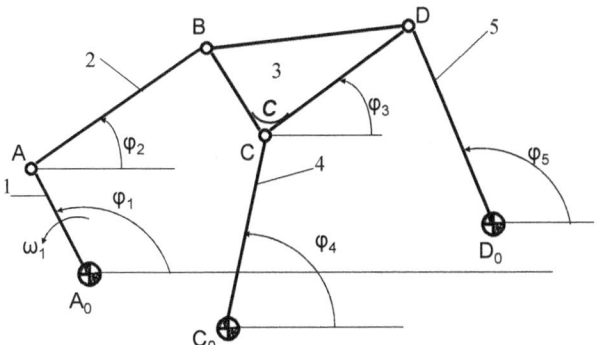

Fig.5.7. Cinematica mecanismelor cu bare, complexe. Schema cinematică a mecanismului cu triadă de tip RRRRRR.
MF(0,1)+Tr(2,3,4,5)

La un mecanism similar se ajunge dacă se echivalează mecanismul complex, cu bare şi roţi dinţate din figura 5.8.

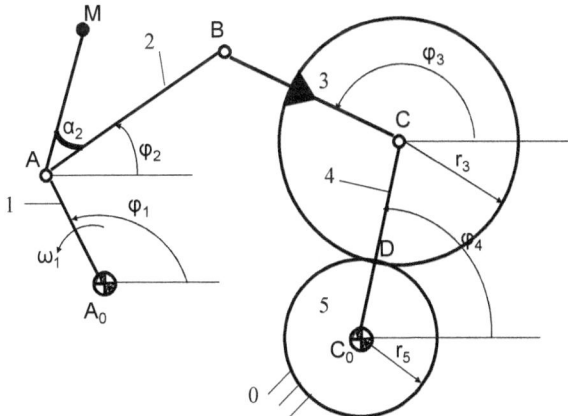

Fig. 5.8. Cinematica mecanismelor cu bare si roti dintate complexe.
Schema cinematică a mecanismului cu triadă de tip RRRRRR,
particulară. Caz (a) angrenare exterioară.

Roata 5, deşi este legată la batiu (elementul fix 0), nu a fost notată cu zero ci cu cinci, pentru a se vedea faptul că la echivalarea cuplei superioare, dintre roţile dinţate 3 şi 5, mai apare un element suplimentar 5 (bara 5), care este legat (prin două cuple de clasa a cincea, de rotaţie, în centrele de rotaţie ale celor două roţi dinţate) la elementele 3 şi 0.

Se ştie că o cuplă superioară (de clasa restricţională a patra) se echivalează printr-un element cinematic şi două cuple inferioare, de clasa restricţională a cincea.

Studiul mecanismelor complexe, care au în componenţă cel puţin o triadă, în general, nu se mai poate face prin metode analitico-numerice exacte, fiind necesară utilizarea unor metode de calcul numeric, aproximative-iterative, la care relaţia sau relaţiile de calcul sunt utilizate de mai multe ori, până când se află un rezultat aproximativ, care are abaterea faţă de valoarea de la iteraţia anterioară suficient de mică. Metodele utilizează deci mai multe iteraţii pentru o relaţie dată.

Se pot folosi metode de calcul iterativ locale (particulare), sau metode generale, cum ar fi metoda „Secantei", sau a lui „Newton".

În figura 5.9 se prezintă cinematica mecanismului din figura 5.8, iar în figura 5.10 se poate vedea curba de bielă a punctului M (situat pe biela 2).

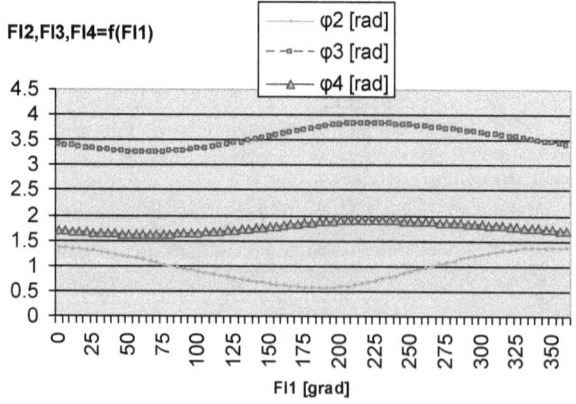

Fig. 5.9. Cinematica mecanismelor cu bare si roti dintate complexe. Diagramele cinematice ale mecanismului cu triadă de tip RRRRRR, particulară. Caz (a), angrenare exterioară.

yM=y(xM) $\boxed{\rightarrow yM\ [m]}$

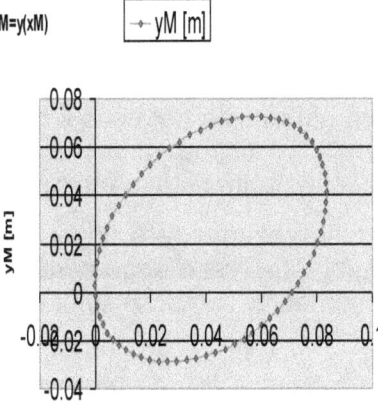

Fig. 5.10. Cinematica mecanismelor cu bare si roti dintate complexe.
Curba de bielă a punctului M, pentru mecanismul cu triadă de tip
RRRRRR, particulară. Caz (a), angrenare exterioară.

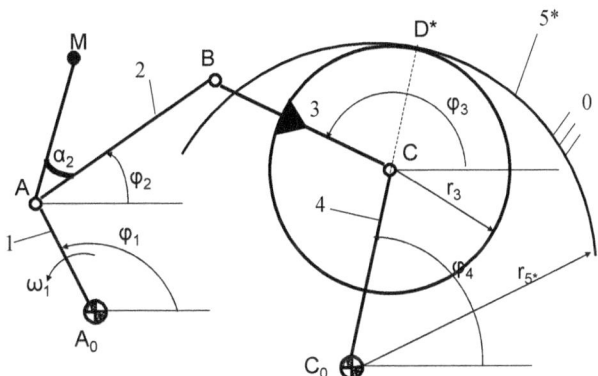

Fig. 5.11. Cinematica mecanismelor cu bare si roti dintate complexe.
Schema cinematică a mecanismului cu triadă de tip RRRRRR,
particulară. Caz (b), angrenare interioară.

Relaţiile de calcul scalare, extrase de pe conturul vectorial al mecanismului din figura 5.8 sunt:

$$x_A + l_2.\cos\varphi_2 = x_{C0} + l_4.\cos\varphi_4 + d.\cos\varphi_3 \qquad (5.4)$$

$$y_A + l_2.\sin\varphi_2 = y_{C0} + l_4.\sin\varphi_4 + d.\sin\varphi_3 \qquad (5.5)$$

De la mecanismul planetar (cu roţi dinţate) se scrie încă o relaţie de calcul:

$$\varphi_3 = (1 - i_{35}) \cdot \varphi_4 \qquad\qquad (5.6)$$

$$\varphi_3 = C_1 \cdot \varphi_4 \qquad\qquad (5.6')$$

A rezultat un sistem neliniar de trei ecuaţii cu trei necunoscute, pentru rezolvarea căruia se utilizează o metodă iterativă locală (particulară), la care convergenţa este foarte bună (rapidă).

Cazul, (a), care a fost prezentat, are angrenajul de tip exterior, dar este posibilă şi situaţia (b), când angrenarea este interioară. În acest caz schema cinematică a mecanismului arată ca în figura 5.11.

Analiza cinematică a cazului (b), cu angrenare interioară, este prezentată în figura 5.12, iar curba de bielă corespunzătoare, pentru punctul M, se poate urmări în figura 5.13.

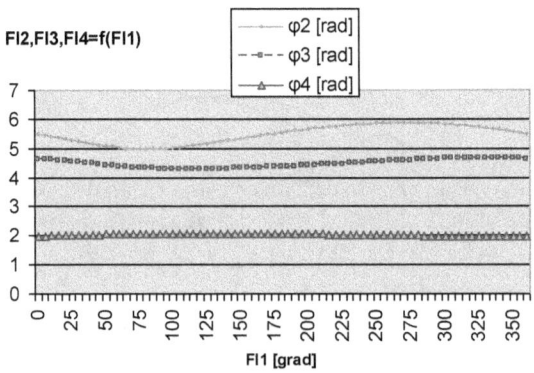

Fig. 5.12. Cinematica mecanismelor cu bare si roti dintate complexe. Diagramele cinematice ale mecanismului cu triadă de tip RRRRRR, particulară. Caz (b), angrenare interioară.

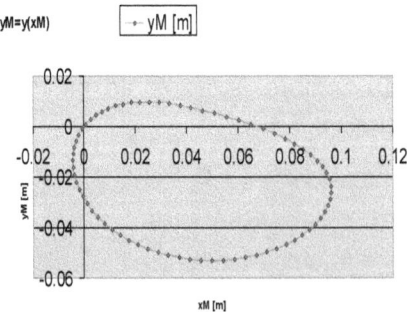

Fig. 5.13. Cinematica mecanismelor cu bare si roti dintate complexe. Curba de bielă a punctului M, pentru mecanismul cu triadă de tip RRRRRR, particulară. Caz (b), angrenare interioară.

5.2.2. Mecanism b+rd complex cu tetradă

În figura 5.14 este prezentată schema cinematică a unui mecanism complex, cu o tetradă în componenţa sa. Elementul conducător 1 este legat la elementul 2, aparţinând tetradei Tt(2,3,4,5).

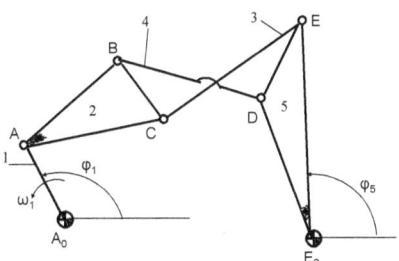

Fig. 5.14. Cinematica mecanismelor cu bare, complexe. Schema cinematică a mecanismului cu tetradă de tip RRRRRR.
MF(0,1)+Tt(2,3,4,5)

După cum se poate observa din figura 5.14, elementele 3 şi 4 ale tetradei sunt încrucişate.

O astfel de tetradă se obţine prin echivalarea mecanismului complex, cu bare şi roţi dinţate din figura 5.15.

Roata 2 este solidară cu biela 2, roata 5 este solidară cu balansierul 5, suma razelor celor două roţi dinţate este egală cu lungimea barei 3 (care este tot o bielă).

Elementul 4, care rezultă prin echivalarea cuplei superioare de clasa a patra, leagă între ele elementele 2 şi 5 care se mai leagă şi prin 3, astfel încât se observă cu uşurinţă tetrada care se formează (de tipul celei din figura 5.14).

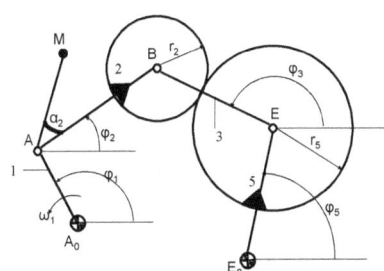

Fig. 5.15. Cinematica mecanismelor cu bare si roti dintate complexe. Schema cinematică a mecanismului cu tetradă de tip RRRRRR, particulară. Caz (a) angrenare exterioară.

439

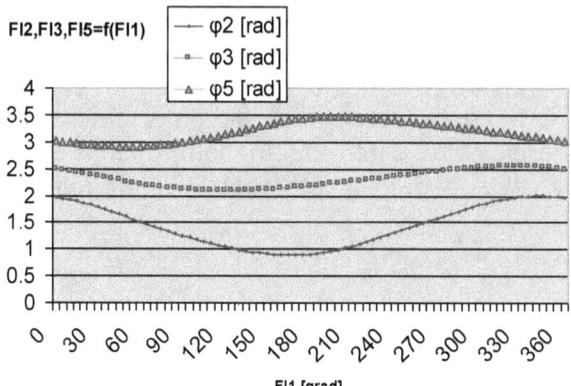

Fig. 5.16. Cinematica mecanismelor cu bare si roti dintate complexe.
Diagramele cinematice ale mecanismului cu tetradă de tip RRRRRR,
particulară. Caz (a), angrenare exterioară.

Diagramele cinematice pot fi urmărite în figura 5.16, iar curba de bielă a punctului M, situat pe biela 2, se poate vedea în figura 5.17.

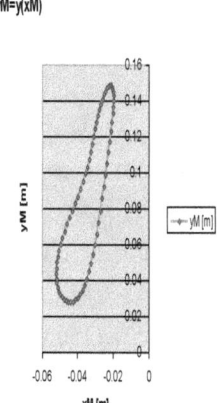

Fig. 5.17. Cinematica mecanismelor cu bare si roti dintate complexe.
Curba de bielă a punctului M, pentru mecanismul cu tetradă de tip
RRRRRR, particulară. Caz (a), angrenare exterioară.

Relaţiile de calcul rezultate din conturul vectorial A_0ABEE_0, (fig. 5.15), sunt următoarele:

$$x_A + l_2.\cos\varphi_2 = x_{E0} + l_5.\cos\varphi_5 + l_3.\cos\varphi_3 \qquad (5.7)$$

$$y_A + l_2.\sin\varphi_2 = y_{E0} + l_5.\sin\varphi_5 + l_3.\sin\varphi_3 \qquad (5.8)$$

440

De la mecanismul planetar (cu roţi dinţate) se scrie încă o relaţie de calcul:

$$\varphi_3 = \frac{i_{25}}{i_{25} - 1} \varphi_5 - \frac{1}{i_{25} - 1} \varphi_2 \qquad (5.9)$$

Relaţia (5.9) se mai poate scrie sub forma:

$$\varphi_3 = C_1 \cdot \varphi_5 - C_2 \cdot \varphi_2 \qquad (5.9')$$

Pentru rezolvarea sistemului neliniar, de trei ecuaţii cu trei necunoscute, se aplică o metodă cu caracter general care are avantajul posibilităţii aplicării ei în cele mai multe situaţii posibile; este vorba de metoda de calcul aproximativ (iterativă) „Metoda aproximaţiilor succesive".

Oricâte ecuaţii ar avea sistemul şi chiar dacă ele sunt de grade superioare (plus puternic neliniare), metoda „Aproximaţiilor succesive" liniarizează ecuaţiile (sistemul de ecuaţii) şi reduce gradul lor la valoarea I.

Se înlocuiesc necunoscutele sistemului cu suma dintre necunoscuta respectivă şi o variaţie foarte mică a acesteia, astfel:

$$\varphi_i \rightarrow \varphi_i + \Delta\varphi_i \qquad (5.10)$$

Cu aceasta, funcţiile $\sin(\varphi_i)$ şi $\cos(\varphi_i)$ devin:

$$\sin(\varphi_i + \Delta\varphi_i) = \sin(\varphi_i) \cdot \cos(\Delta\varphi_i) + \sin(\Delta\varphi_i) \cdot \cos(\varphi_i) =$$

$$= \sin(\varphi_i) + \cos(\varphi_i) \cdot \Delta\varphi_i \qquad (5.11)$$

$$\cos(\varphi_i + \Delta\varphi_i) = \cos(\varphi_i) \cdot \cos(\Delta\varphi_i) - \sin(\varphi_i) \cdot \sin(\Delta\varphi_i) =$$

$$= \cos(\varphi_i) - \sin(\varphi_i) \cdot \Delta\varphi_i \qquad (5.12)$$

Se observă faptul că:

$$f(\varphi_i + \Delta\varphi_i) = f(\varphi_i) + f'_{\varphi i}(\varphi_i) \cdot \Delta\varphi_i \qquad (5.13)$$

Relaţia (5.13) rezultă şi din metoda secantei sau a lui Newton.

Trebuie avute în vedere câteva principii ale metodei:

a) când avem un produs de diferenţe finite, $\Delta\varphi_i{}^*\Delta\varphi_k$, acestea se aproximează cu zero şi acelaşi lucru este valabil şi pentru $\Delta\varphi_i{}^*\Delta\varphi_i{}^*\ldots{}^*\Delta\varphi_i = \Delta\varphi_i{}^n$ unde n are valori naturale mai mari sau egale cu 2; acest principiu asigură scăderea gradului ecuaţiilor sistemului la valoarea I;

b) prima iteraţie pornind de la o valoare necunoscută, trebuie introdusă o valoare care totuşi să fie apropiată de valoarea reală, cu care se doreşte să funcţioneze mecanismul, deoarece metoda converge obligatoriu, dar ea poate să conveargă către diferite valori (ştiut fiind faptul că sistemele de ecuaţii neliniare, mai ales când acestea au şi grade superioare, au mai multe soluţii posibile), astfel încât este bine să se aleagă pentru prima poziţie (doar pentru o poziţie) valoarea măsurată eventual grafic pentru unghiul (sau mărimea) care trebuie calculat iterativ;

c) iteraţiile se fac până când ultima valoare calculată diferă faţă de cea anterioară cu o valoare foarte mică impusă, mai mică decât ε, (de exemplu $\varepsilon=10^{-16}$); atunci procesul iterativ se încheie şi nu se mai trece la iteraţia următoare, ci la pasul următor, când se calculează a doua valoare corespunzătoare celei de a doua poziţii a mecanismului;

d) obligatoriu, valoarea care se introduce la începutul iteraţiilor pentru calculul celei de a doua poziţii a mecanismului, va fi cunoscută şi egală cu valoarea finală obţinută la pasul anterior (la prima poziţie); această regulă va fi păstrată pe tot parcursul procesului de calcul, astfel încât, atunci când se încheie iteraţiile pentru un anumit pas ales (pentru o anumită poziţie), valoarea finală calculată la pasul respectiv va deveni valoare de plecare (în calculul iterativ) pentru poziţia imediat următoare, astfel încât să putem rămâne pentru tot şirul de valori pe aceeaşi soluţie, chiar dacă există mai multe soluţii posibile

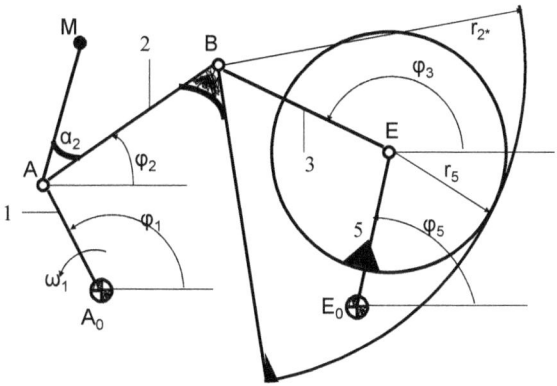

Fig. 5.18. Cinematica mecanismelor cu bare si roti dintate complexe.
Schema cinematică a mecanismului cu tetradă de tip RRRRRR,
particulară. Caz (b) angrenare interioară.

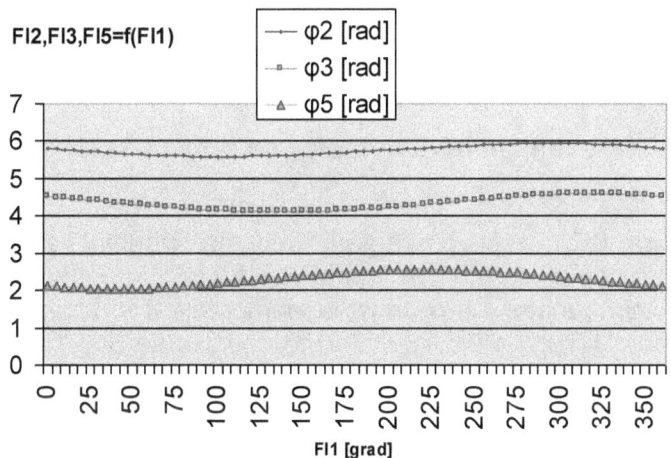

Fig. 5.19. Cinematica mecanismelor cu bare si roti dintate complexe.
Diagramele cinematice ale mecanismului cu tetradă de tip RRRRRR,
particulară. Caz (b), angrenare interioară.

Ceea ce s-a tratat până acum a fost cazul (a), când mecanismul cu tetradă este cel prezentat în figura 5.15, cu angrenare exterioară.

Pentru cazul cu angrenare interioară, vezi figura 5.18, se obţin diagramele cinematice din figura 5.19 şi curba de bielă a punctului M din figura 5.20.

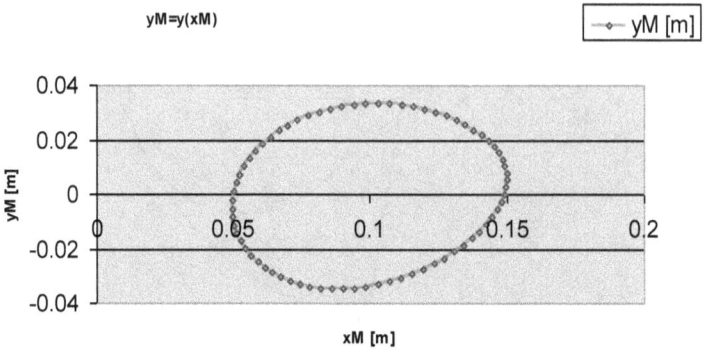

Fig. 5.20. Cinematica mecanismelor cu bare si roti dintate complexe. Curba de bielă a punctului M, pentru mecanismul cu tetradă de tip RRRRRR, particulară. Caz (b), angrenare interioară.

5.2.3. Mecanism b+rd complex cu dublă-triadă

În figura 5.21 este prezentată schema cinematică a unui mecanism complex, cu o triadă-dublă în componenţa sa. Elementul conducător 1 este legat la elementele 2 şi 6 care aparţin dublei-triade DTr(2,3,4,5,6,7). Celelalte două braţe 5 şi 7 se leagă la batiu (elementul fix 0).

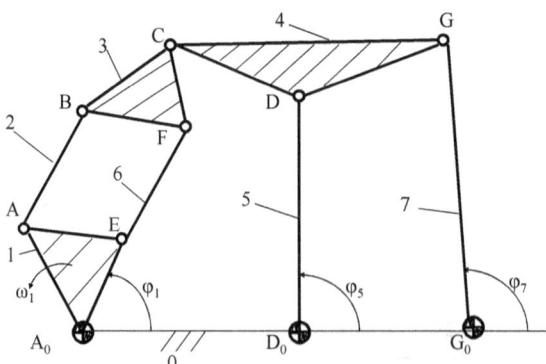

Fig.5.21. Cinematica mecanismelor cu bare, complexe. Schema cinematică a mecanismului cu dublă-triadă. MF(0,1)+DTr(2,3,4,5,6,7)

Mecanismul complex, cu bare şi roţi dinţate din figura 5.22 se reduce structural la mecanismul cu dublă triadă din figura 5.21.

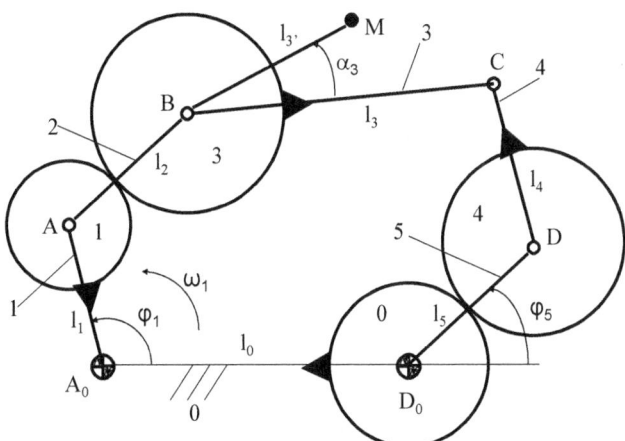

Fig. 5.22. Cinematica mecanismelor cu bare si roti dintate complexe. Schema cinematică a mec. cu dublă-triadă. MF(0,1)+DTr(2,3,4,5,6,7).

În figura 5.23 sunt prezentate diagramele cinematice ale acestui mecanism, mai exact se prezintă variaţia deplasărilor unghiulare ale celor patru elemente 2, 3, 4 şi 5 în funcţie de deplasarea unghiulară φ_1 a elementului 1.

FI2,FI3,FI4,FI5=f(FI1)

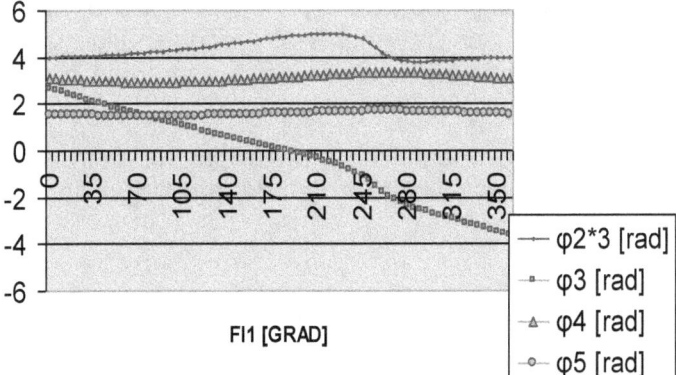

Fig. 5.23. Cinematica mecanismelor cu bare si roti dintate complexe. Diagramele cinematice ale mecanismului cu dublă-triadă.

În figura 5.24 se poate urmări curba de bielă trasată de punctul M, care a fost ales pe elementul 3 (fig. 5.22).

yM=y(xM)

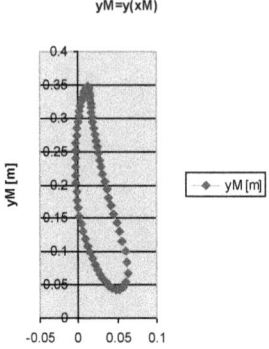

Fig. 5.24. Cinematica mecanismelor cu bare si roti dintate complexe.
Curba de bielă a punctului M, pentru mecanismul cu dublă-triadă.

Relaţiile de calcul sunt următoarele:

$$l_1.\cos\varphi_1 + l_2.\cos\varphi_2 + l_3.\cos\varphi_3 = l_0 + l_5.\cos\varphi_5 + l_4.\cos\varphi_4 \qquad (5.14)$$

$$l_1.\sin\varphi_1 + l_2.\sin\varphi_2 + l_3.\sin\varphi_3 = l_5.\sin\varphi_5 + l_4.\sin\varphi_4 \qquad (5.15)$$

$$\varphi_3 = i_{31}.\varphi_1 + (1-i_{31}).\varphi_2 = C_1.\varphi_1 + C_2.\varphi_2 \qquad (5.16)$$

$$\varphi_4 = (1-i_{40}).\varphi_5 = C_3.\varphi_5 \qquad (5.17)$$

Primele două ecuaţii reprezintă proiecţiile scalare, ale ecuaţiei vectoriale scrisă pe conturul închis al mecanismului, iar ultimele două relaţii sunt exprimate din cele două angrenaje planetare cu roţi dinţate cilindrice.

Pentru rezolvarea acestui sistem neliniar de patru ecuaţii cu patru necunoscute, se utilizează metoda iterativă a aproximaţiilor succesive.

5.2.4. Mecanism b+rd complex cu tetradă de ordinul 3

În figura 5.25 este prezentată schema cinematică a unui mecanism cu bare, complex, având o tetradă de ordinul 3, în componenţa sa. Elementul conducător 1 este legat la elementele 2 şi 6 care aparţin tetradei de ordinul 3, Tt(2,3,4,5,6,7). Celălalt braţ de intrare al tetradei (5) se leagă la batiu (elementul fix 0).

Există deci o grupă structurală de tip tetradă, de ordinul 3, adică trei cuple de intrare. Această grupă structurală conţine şase elemente (la fel ca şi triada dublă, care deja a fost prezentată) şi este formată prin legarea reciprocă a unei triade cu o diadă (la fel cum prin legarea reciprocă a două diade rezultă tetrada de ordinul 2).

Schema cinematică a tetradei de ordinul 3 (cu trei cuple de intrare) poate fi văzută în figura 5.26.

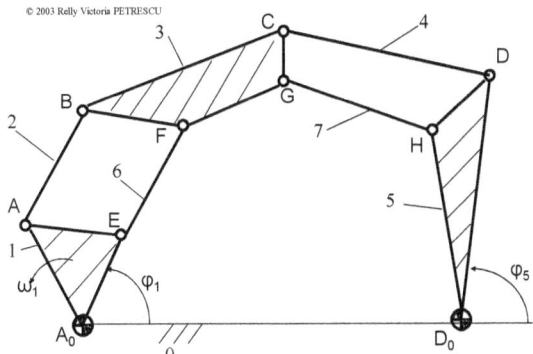

Fig. 5.25. Cinematica mecanismelor cu bare, complexe. Schema cinematică a mecanismului cu tetradă de ordinul 3.
MF(0.1)+Tt(2.3.4.5.6.7)

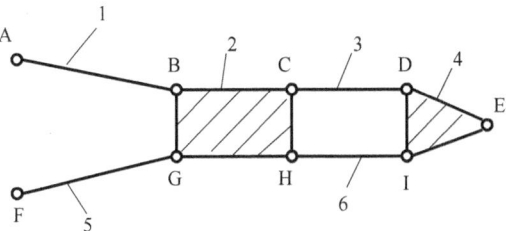

Fig. 5.26. Schema cinematică a unei tetrade de ordinul 3.
Lanţ cinematic de tip tetradă de ordinul 3 Tt(1,2,3,4,5,6)

În figura 5.26 este prezentată în detaliu grupa structurală (lanţul cinematic) de tip tetradă de ordinul 3 (tetrada dezvoltată):

447

În figura 5.27 este redată schema cinematică a unui mecanism complex, cu bare şi roţi dinţate, care după echivalarea cuplelor superioare, prezintă schema structurală asemănătoare cu schema mecanismului complex cu bare din figura 5.25.

Apare tetrada de ordinul 3, cu trei cuple de intrare.

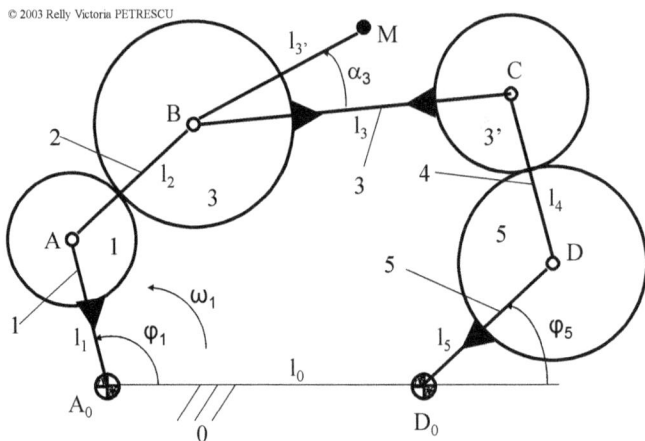

Fig. 5.27. Cinematica mecanismelor cu bare si roti dintate complexe. Schema cinematică a mecanismului cu tetradă de ordinul 3.

Diagramele cinematice ale mecanismului din figura 5.27, sunt prezentate în figura 5.28.

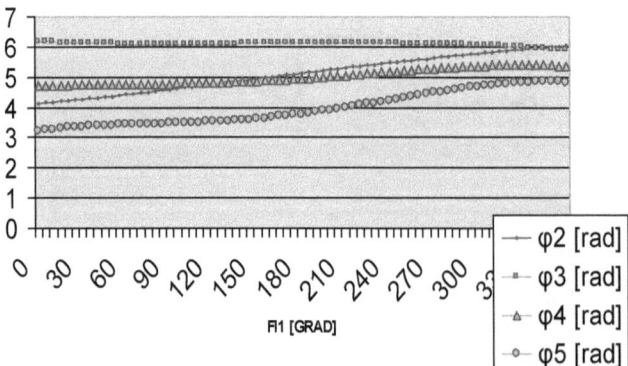

Fig. 5.28. Cinematica mecanismelor cu bare si roti dintate complexe. Diagramele cinematice ale mecanismului cu tetradă de ordinul 3.

Relaţiile de calcul sunt următoarele:

$$I_1.\cos\varphi_1+I_2.\cos\varphi_2+I_3.\cos\varphi_3 = I_0+I_5.\cos\varphi_5+I_4.\cos\varphi_4 \tag{5.18}$$

$$I_1.\sin\varphi_1+I_2.\sin\varphi_2+I_3.\sin\varphi_3 = I_5.\sin\varphi_5+I_4.\sin\varphi_4 \tag{5.19}$$

$$\varphi_3 = i_{31}.\varphi_1+(1-i_{31}).\varphi_2=C_1.\varphi_1+C_2.\varphi_2 \tag{5.20}$$

$$\varphi_5 = i_{53}.\varphi_3+(1-i_{53}).\varphi_4=C_3.\varphi_3+C_4.\varphi_4=$$

$$=C_3.C_1.\varphi_1+C_3.C_2.\varphi_2+C_4.\varphi_4 \tag{5.21}$$

Cap 6. SINTEZA STRUCTURILOR PLANETARE CLASICE

6.1. Sinteza cinematică

Sinteza mecanismelor planetare clasice se face de regulă pe baza relaţiilor cinematice, ţinând cont în principal de raportul de transmitere intrare-ieşire realizat. Cel mai utilizat model de mecanism planetar diferenţial este cel prezentat în figura 6.1 [40], [42].

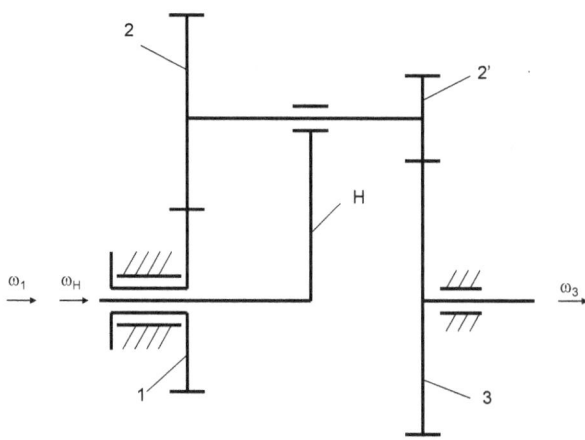

Fig. 6.1. *Schema cinematică a unui mecanism planetar diferenţial (M=2)*

Pentru ca acest mecanism să aibă un singur grad de mobilitate, rămânând desmodrom în utilizările cu o acţionare unică şi o ieşire unică, este necesară reducerea gradului de mobilitate al mecanismului de la doi la unu, fapt ce se poate obţine prin cuplările în serie sau în paralel a două sau mai multe planetare, prin legarea cu angrenaje cu axe fixe, sau cel mai simplu prin rigidizarea unui element mobil; a elementului 1 la acest model (caz în care roata 1 se identifică cu batiul 0; fig.6.2).

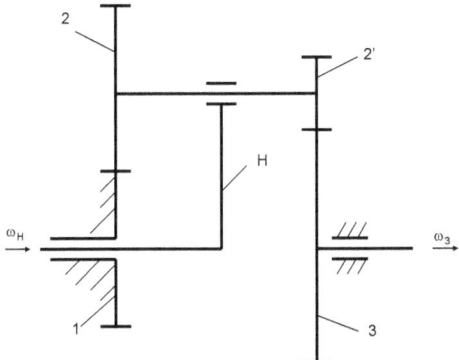

Fig. 6.2. *Schema cinematică a*
unui mecanism planetar simplu (M=1).

Intrarea se face la planetarul simplu din figura 6.2. prin braţul portsatelit, H, iar ieşirea se realizează prin elementul cinematic mobil 3 (roata 3). Raportul cinematic intrare-ieşire (H-3), se scrie direct (relaţia 6.1).

$$i_{H3}^1 = \frac{1}{i_{3H}^1} = \frac{1}{1 - i_{31}^H} = \frac{1}{1 - \dfrac{1}{i_{13}^H}} \qquad (6.1)$$

Unde i_{13}^H reprezintă raportul de transmitere intrare ieşire corespunzător mecanismului cu axe fixe (atunci când braţul portsatelit H stă pe loc), şi se determină în funcţie de schema cinematică a mecanismului planetar utilizat; pentru modelul din figura 6.2 el se determină cu relaţia 6.2, fiind o funcţie de numerele de dinţi ale roţilor 1, 2, 2', 3.

$$i_{13}^H = \frac{z_2}{z_1} \cdot \frac{z_3}{z_{2'}} \qquad (6.2)$$

Se obijnuieşte să se determine formula 1 prin scrierea relaţiei Willis (6.1'):

$$
\begin{cases}
i_{13}^H = \dfrac{\omega_1 - \omega_H}{\omega_3 - \omega_H} \equiv \dfrac{z_2}{z_1} \cdot \dfrac{z_3}{z_{2'}} \\[2em]
\dfrac{z_2}{z_1} \cdot \dfrac{z_3}{z_{2'}} = \dfrac{\dfrac{\omega_1}{\omega_H} - \dfrac{\omega_H}{\omega_H}}{\dfrac{\omega_3}{\omega_H} - \dfrac{\omega_H}{\omega_H}} \\[2em]
i_{13}^H = \dfrac{z_2 \cdot z_3}{z_1 \cdot z_{2'}} = \dfrac{0-1}{\dfrac{\omega_3}{\omega_H} - 1} = \dfrac{1}{1 - i_{3H}} = \dfrac{1}{1 - \dfrac{1}{i_{H3}^1}} \Rightarrow \\[2em]
\Rightarrow i_{H3}^1 = \dfrac{1}{1 - \dfrac{1}{i_{13}^H}}
\end{cases}
\qquad (6.1')
$$

Pentru diferitele scheme cinematice planetare prezentate în figura 6.3, dacă intrarea se face prin braţul portsatelit H, iar ieşirea se realizează prin elementul final f, elementul iniţial i fiind de regulă imobilizat, se vor utiliza pentru calculele cinematice relaţiile 6.1 şi 6.2 generalizate; relaţia 6.1 ia forma generală 6.3, iar 6.2 se scrie sub una din formele 6.4 particularizate pentru fiecare schemă în parte, utilizată; unde i devine 1, iar f ia valoarea 3 sau 4 după caz.

$$
i_{Hf}^i = \dfrac{1}{i_{fH}^i} = \dfrac{1}{1 - i_{fi}^H} = \dfrac{1}{1 - \dfrac{1}{i_{if}^H}}
\qquad (6.3)
$$

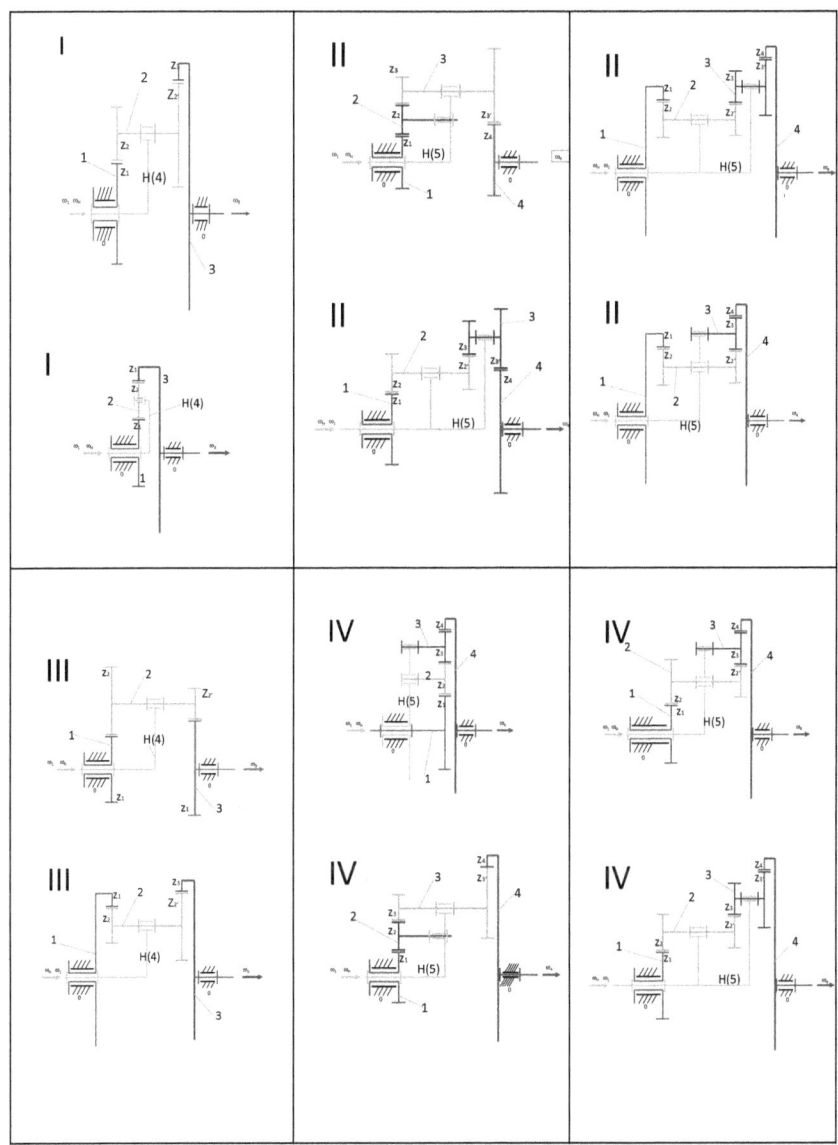

Fig. 6.3. *Mecanisme planetare*

453

$$\begin{cases} i_{13}^H = -\dfrac{z_2}{z_1} \cdot \dfrac{z_3}{z_{2'}} & \text{pentru} \quad I \quad \text{de} \quad \text{sus} \\[4mm] i_{13}^H = -\dfrac{z_3}{z_1} & \text{pentru} \quad I \quad \text{de} \quad \text{jos} \\[4mm] i_{13}^H = \dfrac{z_2}{z_1} \cdot \dfrac{z_3}{z_{2'}} & \text{pentru} \quad III \quad \text{de} \quad \text{sus} \\[4mm] i_{13}^H = \dfrac{z_2}{z_1} \cdot \dfrac{z_3}{z_{2'}} & \text{pentru} \quad III \quad \text{de} \quad \text{jos} \\[4mm] i_{14}^H = -\dfrac{z_3}{z_1} \cdot \dfrac{z_4}{z_{3'}} & \text{pentru} \quad II \quad \text{stânga} \quad \text{sus} \\[4mm] i_{14}^H = -\dfrac{z_2}{z_1} \cdot \dfrac{z_3}{z_{2'}} \cdot \dfrac{z_4}{z_{3'}} & \text{pentru} \quad II \quad \text{dreapta} \quad \text{sus} \\[4mm] i_{14}^H = -\dfrac{z_2}{z_1} \cdot \dfrac{z_3}{z_{2'}} \cdot \dfrac{z_4}{z_{3'}} & \text{pentru} \quad II \quad \text{stânga} \quad \text{jos} \\[4mm] i_{14}^H = -\dfrac{z_2}{z_1} \cdot \dfrac{z_4}{z_{2'}} & \text{pentru} \quad II \quad \text{dreapta} \quad \text{jos} \\[4mm] i_{14}^H = \dfrac{z_4}{z_1} & \text{pentru} \quad IV \quad \text{stânga} \quad \text{sus} \\[4mm] i_{14}^H = \dfrac{z_2}{z_1} \cdot \dfrac{z_4}{z_{2'}} & \text{pentru} \quad IV \quad \text{dreapta} \quad \text{sus} \\[4mm] i_{14}^H = \dfrac{z_3}{z_1} \cdot \dfrac{z_4}{z_{3'}} & \text{pentru} \quad IV \quad \text{stânga} \quad \text{jos} \\[4mm] i_{14}^H = \dfrac{z_2}{z_1} \cdot \dfrac{z_3}{z_{2'}} \cdot \dfrac{z_4}{z_{3'}} & \text{pentru} \quad IV \quad \text{dreapta} \quad \text{jos} \end{cases} \qquad (6.4)$$

Mult mai rar mecanismele planetare sunt sintetizate şi pe criteriul randamentului lor mecanic realizat în funcţionare, deşi acest criteriu face parte din dinamica reală a mecanismelor, fiind totodată şi criteriul cel mai important din punct de vedere al performanţei unui mecanism.

Dar şi în aceste cazuri se utilizează pentru determinarea randamentului mecanic al planetarului respectiv numai relaţii de calcul aproximative (cele mai răspândite şi recunoscute fiind cele ale şcolii ruseşti de mecanisme), care în cele mai multe situaţii generează calcule eronate promiţând randamente mai mari decât cele reale posibile.

Din această cauză mecanismele planetare în general şi planetarele utilizate la cutiile de viteze automate în particular, au fost mult supraevaluate în cea ce priveşte posibilităţile lor mecanice, crezându-se că ele pot realiza (compact) rapoarte de transmitere foarte mari (mult mai mari decât cele ale angrenajelor cu axe fixe) fără compromiterea randamentului mecanic.

Ei bine lucrurile nu stau chiar aşa; pentru trecerea de la angrenajele cu axe fixe la cele cu axe mobile vom avea compactizare, însă rapoartele de transmitere trebuie să fie moderate pentru randamente ridicate, în caz contrar la realizarea unor rapoarte de transmitere foarte mari riscând să utilizăm mecanisme cu randamente foarte mici şi pierderi de putere mecanică foarte mari.

E posibil chiar ca angrenajele cu axe fixe să genereze randamente mult mai ridicate decât cele cu axe mobile, separat de faptul că transmisiile realizate cu axe fixe sunt mai rigide (solide), mai rezistente la deformaţii (a se urmări în figura 4 deformaţiile ce pot apărea la sistemele planetare în funcţionare), şi mult mai rapide în reacţii (au un răspuns mecanic mult mai rapid decât mecanismele cu axe mobile, fapt ce a şi împiedicat multă vreme generalizarea cutiilor de viteze automate pe autovehicule, şi în special pe automobile, ca să nu mai amintim de cele de curse: formula I, etc...). Aşa au apărut şi hibrizii (ca un compromis).

Deformarea mecanismelor planetare

Fig. 6.4. *Mecanism planetar*

6.2. Sinteza dinamică, pe baza randamentului realizat

Sinteza mecanismelor planetare, pe criterii dinamice (cea mai importantă), este cea în funcție de randamentul mecanic (al sistemului sau ansamblului) realizat în funcționare [40], [42].

Pentru un sistem planetar obijnuit (fig. 2) randamentul mecanic se determină plecând de la relația (6.5) ce exprimă puterea pierdută P_l în funcție de puterea la intrare P_H și cea la ieșire P_3 sau P_4 (generic P_f).

$$
\begin{aligned}
P_l &= P_H - P_3 = M_H \cdot \omega_H - M_3 \cdot \omega_3 = \\
&= (M_3 + M_1) \cdot \omega_H - M_3 \cdot \omega_3 = \\
&= M_3 \cdot \omega_H - M_3 \cdot \omega_3 + M_1 \cdot \omega_H = \\
&= M_3 \cdot (\omega_H - \omega_3) + M_1 \cdot \omega_H
\end{aligned}
\tag{6.5}
$$

Se cunoaște relația (6.6) de tip Willis, din care se poate explicita momentul M_1, care se introduce apoi în relația (6.5) și se obține formula (6.7):

$$
\left\{
\begin{aligned}
\eta_{13}^H &= \frac{P_3^H}{P_1^H} = \frac{M_3 \cdot \omega_3^H}{M_1 \cdot \omega_1^H} = \frac{M_3 \cdot (\omega_3 - \omega_H)}{M_1 \cdot (\omega_1 - \omega_H)} = \\
&= \frac{M_3}{M_1} \cdot \frac{\omega_3 - \omega_H}{-\omega_H} = \frac{M_3}{M_1} \cdot \left(1 - \frac{\omega_3}{\omega_H}\right) = \\
&= \frac{M_3}{M_1} \cdot (1 - i_{3H}) = \frac{M_3}{M_1} \cdot (1 - i_{3H}^1) \Rightarrow \\
&\Rightarrow M_1 = \frac{M_3}{\eta_{13}^H} \cdot (1 - i_{3H}^1)
\end{aligned}
\right.
\tag{6.6}
$$

$$\begin{cases}
P_I = M_3 \cdot (\omega_H - \omega_3) + M_1 \cdot \omega_H = \\[2mm]
= M_3 \cdot (\omega_H - \omega_3) + \dfrac{M_3 \cdot \omega_H}{\eta_{13}^{H}} \cdot (1 - i_{3H}) = \\[2mm]
= M_3 \cdot \omega_3 \cdot \left(\dfrac{\omega_H}{\omega_3} - 1 \right) + M_3 \cdot \omega_3 \cdot \left(\dfrac{\omega_H}{\omega_3} - 1 \right) \cdot \dfrac{1}{\eta_{13}^{H}} = \\[2mm]
= M_3 \cdot \omega_3 \cdot \left(\dfrac{\omega_H}{\omega_3} - 1 \right) \cdot \left(1 + \dfrac{1}{\eta_{13}^{H}} \right) = \\[2mm]
= M_3 \cdot \omega_3 \cdot (i_{H3} - 1) \cdot \dfrac{1 + \eta_{13}^{H}}{\eta_{13}^{H}} = P_3 \cdot (i_{H3} - 1) \cdot \dfrac{1 + \eta_{13}^{H}}{\eta_{13}^{H}} \\[2mm]
\Rightarrow P_p = |P_I| = P_3 \cdot \dfrac{1 + \eta_{13}^{H}}{\eta_{13}^{H}} \cdot |i_{H3} - 1|
\end{cases}$$

(6.7)

Randamentul exact al unui sistem planetar simplu de tipul celui din figura 6.2 se obţine introducând expresia puterii pierdute absolute, P_p explicitată din relaţia (6.7) în formula randamentului sistemului (6.8).

$$\begin{cases}
\eta_{H3}^{1} = \dfrac{P_3}{P_H} = \dfrac{P_3}{P_3 + P_p} = \dfrac{P_3}{P_3 + P_3 \cdot \dfrac{1 + \eta_{13}^{H}}{\eta_{13}^{H}} \cdot |i_{H3} - 1|} = \\[4mm]
= \dfrac{1}{1 + \dfrac{1 + \eta_{13}^{H}}{\eta_{13}^{H}} \cdot |i_{H3} - 1|} = \dfrac{1}{1 + \dfrac{1 + \eta_{13}^{H}}{\eta_{13}^{H}} \cdot |i_{H3}^{1} - 1|}
\end{cases}$$

(6.8)

Pentru mecanismele cu patru sisteme de roţi dinţate randamentul îmbracă forma (6.9).

$$\begin{cases}
\eta_{H4}^{1} = \dfrac{P_4}{P_H} = \dfrac{P_4}{P_4 + P_p} = \dfrac{P_4}{P_4 + P_4 \cdot \dfrac{1 + \eta_{14}^{H}}{\eta_{14}^{H}} \cdot |i_{H4} - 1|} = \\[4mm]
= \dfrac{1}{1 + \dfrac{1 + \eta_{14}^{H}}{\eta_{14}^{H}} \cdot |i_{H4} - 1|} = \dfrac{1}{1 + \dfrac{1 + \eta_{14}^{H}}{\eta_{14}^{H}} \cdot |i_{H4}^{1} - 1|}
\end{cases}$$

(6.9)

6.3. Transmisii mecanice cu axe mobile (trenuri planetare)

Sistemele planetare, transmisiile cu axe mobile, sau trenurile planetare, sunt mai compacte decât cele cu axe fixe, mai uşoare, mai diverse şi cu posibilităţi mai mari de automatizare a transmisiilor realizate (vezi figura 1).

Fig. 1. *Schema cinematică a unui sistem planetar*

Un scurt istoric

Angrenajele planetare cu roţi dinţate satelit au fost utilizate încă din perioada anilor 100-80 î.Ch. la un astrolab din Grecia antică. Acest mecanism ingenios (Antikythera 1; figura 2) afişa mişcarea soarelui şi a lunii, cu ajutorul a zeci de roţi dinţate de diferite dimensiuni, a căror mişcare venea de la un singur element cinematic de intrare.

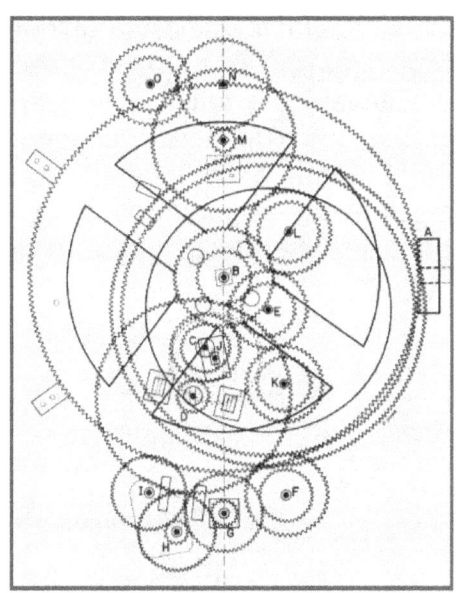

Fig. 2. *Antikythera 1; mecanismul unui astrolaborator de peste 2100 ani vechime*

În figura 3 este prezentat unul dintre cele mai vechi mecanisme planetare (în stare funcţională). Mecanisme planetare vechi mai întâlnim la ceasornicele şi orologiile destinate turnurilor vechilor clădiri, la pendulele de perete păstrate prin bătrânele castele sau muzee, ori la vestitele ceasuri de buzunar elveţiene rămase de la bunicii noştrii.

Fig. 3. *Mecanism planetar vechi*

Mecanismele planetare au fost utilizate industrial la cutiile de viteze automate destinate iniţial industriei aerospaţiale, apoi celei aeronautice, şi abia în al treilea rând celei producătoare de autovehicule rutiere. Primele schimbătoare automate erau greoaie şi voluminoase, acţionările, comenzile şi automatizările făcându-se la început doar hidraulic şi mecanic. Era electronică, şi informatică, a adus cipurile, softul şi automatizările cibernetice şi în sprijinul cutiilor de viteze automate (figura 4).

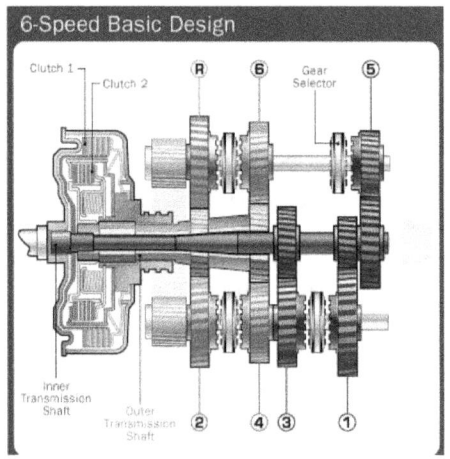

Fig. 4. *Mecanismul unei cutii de viteze automate cu şase trepte*

Dezvoltarea lor rapidă şi diversificarea modelelor a reprezentat apoi un lucru firesc.

Totuşi partea mecanică, cea care se referă la schema constructivă, la numărul de planetare utilizate, la modul lor de legare, etc, nu a evoluat corespunzător, modelele fiind tot cele greoaie, cu răspunsuri tardive, cu inerţii mari, şi timpi de reacţie mult prea mari, astfel încât căutările au căpătat o altă turnură mergându-se pe linia greşită a încercării unor combinaţii multiple, hibrizi, amestecuri, de schimbătoare de viteze automate sau semiautomate, CVTuri, etc.

Este evident că „negăsindu-se soluţia raţională" s-au încercat diverse „alternative exotice", iar baza a rămas până la urmă „schimbătorul de viteze manual".

Un alt domeniu în care mecanismele planetare s-au răspândit foarte mult este cel al roboticii şi mecatronicii, unde sistemele planetare au cunoscut o dezvoltare şi o diversificare fără precedent.

Totuşi în ultimii 20-30 ani, sistemele mecanice mobile (mecatronice) au intrat pe o nouă direcţie, cea a sistemelor seriale n-R acţionate prin actuatori moderni electrici, sau cea a sistemelor paralele, ambele nemaiavând o nevoie stringentă de sisteme planetare.

Cum nici în domeniul automobilelor cutiile de viteze automate nu şi-au găsit încă soluţia, iar ceasurile electronice au luat locul celor mecanice, sistemele planetare s-au mai dezvoltat doar la transmisiile automate de la aeronave, şi la mecanismele de diferenţiere a mişcării, montate pe aproape toate vehiculele terestre (autovehicule, trenuri, metrouri, etc), unde diferenţialul a rămas aproape neschimbat de la apariţia sa şi până în prezent (vezi fig. 5).

Fig. 5. *Mecanism diferenţial de la un automobil Dacia-Renault*

Geometria angrenajului conic

Pentru a putea înţelege cum lucrează un mecanism diferenţial trebuiesc expuse pe scurt şi câteva elemente referitoare la geometria angrenajelor conice.

În figura 6 sunt prezentate elementele geometrice principale ale unui angrenaj conic, calculate cu relaţiile sistemului (1).

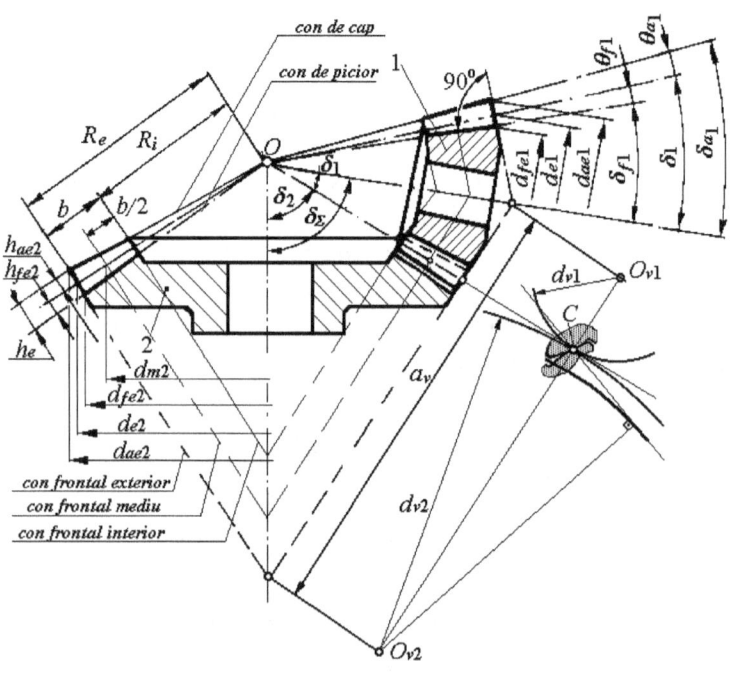

Fig. 6. *Elementele geometrice principale ale unui angrenaj conic*

$$\left\{ \begin{array}{l} m_{te} = \dfrac{p_e}{\pi}; \quad m_{ti} = \dfrac{p_i}{\pi}; \quad m_{te} = m_t; la \quad d\operatorname{int} i \quad drepti \quad m_t \Rightarrow m; \\[2mm] d_1 = m_t \cdot z_1; \quad d_2 = m_t \cdot z_2; \quad d_0 = m_t \cdot z_0 = \dfrac{d_1}{\sin \delta_1} = \dfrac{d_2}{\sin \delta_2}; \\[2mm] pentru \quad \Sigma = 90^0 \Rightarrow d_p = 2R = \sqrt{d_1^2 + d_2^2} \quad si \quad z_0 = \sqrt{z_1^2 + z_2^2}; \\[2mm] i_{12} = \dfrac{\sin \delta_2}{\sin \delta_1} = \dfrac{\sin(\Sigma - \delta_1)}{\sin \delta_1}; \\[2mm] h_{a_1} = m_t \cdot \left(h_a^* + x_r\right); \quad h_{f_1} = m_t \cdot \left(h_a^* + c^* - x_r\right); \\[2mm] h_{a_2} = m_t \cdot \left(h_a^* - x_r\right); \quad h_{f_2} = m_t \cdot \left(h_a^* + c^* + x_r\right); \quad tg\,\alpha_t = \dfrac{tg\,\alpha_n}{\cos \beta_e} \\[2mm] \delta_{a_1} = \delta_1 + \theta_{a_1}; \quad \delta_{a_2} = \delta_2 + \theta_{a_2}; \quad \delta_{f_1} = \delta_1 - \theta_{f_1}; \quad \delta_{f_2} = \delta_2 - \theta_{f_2}; \\[2mm] tg\,\theta_{a_1} = \dfrac{h_{a_1}}{R}; \quad tg\,\theta_{a_2} = \dfrac{h_{a_2}}{R}; \quad tg\,\theta_{f_1} = \dfrac{h_{f_1}}{R}; \quad tg\,\theta_{f_2} = \dfrac{h_{f_2}}{R}; \\[2mm] d_{a_1} = d_1 + 2 \cdot h_{a_1} \cdot \cos \delta_1; \quad d_{a_2} = d_2 + 2 \cdot h_{a_2} \cdot \cos \delta_2; \\[2mm] r_{v_1} = \left\{ \begin{array}{l} = \dfrac{d_1}{2 \cdot \cos \delta_1} = \dfrac{m \cdot z_1}{2 \cdot \cos \delta_1} \\[3mm] = \dfrac{m \cdot z_{v_1}}{2} \end{array} \right. \Rightarrow z_{v_1} = \dfrac{z_1}{\cos \delta_1} \quad si \quad z_{v_2} = \dfrac{z_2}{\cos \delta_2} \\[4mm] pt. \quad \Sigma = 90^0 \Rightarrow i_{v_{12}} = \dfrac{z_{v_2}}{z_{v_1}} = \dfrac{z_2}{z_1} \cdot \dfrac{\sin \delta_2}{\sin \delta_1} = i_{12} \cdot i_{12} = i_{12}^2 \end{array} \right. \qquad (1)$$

Se disting: conurile de cap; conurile de divizare; conurile de picior; conurile frontale: - exterior; - mediu; - interior;

- unghiurile caracteristice: - δ_Σ - unghiul dintre axe;

- $\delta_{1,2}$ - semiunghiul conului de divizare-rostogolire;

- $\delta_{a1,2}$ - semiunghiul conului de cap;

- $\delta_{f1,2}$ - semiunghiul conului de picior;

$-\theta_{f1,2}$ - unghiul piciorului dintelui;

$-\theta_{a1,2}$ - unghiul capului dintelui

Cazul cel mai uzual este cel în care $\delta_1 + \delta_2 = \Sigma = 90^0$.

Pentru dinţi drepţi se ia β=0 şi m_t=m.

Liniile de referinţă corespunzătoare înfăşurate pe cilindrii respectivi formează un con de referinţă. Dacă x_r=0 conul de referinţă degenerează la un plan de referinţă, suprapunându-se peste planul de divizare.

Verificările evitării interferenţei, calculul gradului de acoperire, şi alte calcule suplimentare se pot face cu uşurinţă pe angrenajul cilindric echivalent Ov1-Ov2.

Fig. 7. *Mecanism diferenţial*

Un mecanism diferenţial (vezi figura 7) este compus dintr-un pinion „de atac" care acţionează coroana diferenţială (transmiţând mişcarea la 90 grade şi efectuând şi o reducţie), care este sudată de platoul portsatelit, ce poartă sateliţii care transmit mişcarea pinioanelor (axelor) planetare, axe ce acţionează roţile vehiculului. La mersul în linie dreaptă cele două axe (roţi) planetare (stânga şi dreapta) se rotesc cu viteze egale şi având fiecare valoarea vitezei unghiulare a coroanei portsatelit. Suma vitezei planetarei din stânga plus cea a planetarei din dreapta este în permanenţă egală cu dublul vitezei coroanei (port satelit).

Dacă viteza uneia din roţile planetare scade, automat viteza celeilalte planetare creşte pentru a putea compensa şi conserva suma vitezelor lor conform relaţiilor (2).

$$\omega_{ps} + \omega_{pd} = 2 \cdot \omega_c \qquad (2)$$

Dacă viteza unei roţi planetare scade până la zero viteza celeilalte roţi planetare se dublează atingând dublul vitezei unghiulare a coroanei port-satelit.

Dacă o roată planetară ajunge chiar să se rotească în sens invers decât coroana, atunci viteza unghiulară a celeilalte roţi planetare creşte şi mai mult depăşind dublul vitezei coroanei.

Când coroana se opreşte (capătă viteza 0) este încă posibilă mişcarea relativă a roţilor planetare, în aşa fel încât viteza uneia este egală cu viteza celeilalte dar având sensul opus.

Mecanismul diferenţial a apărut cu scopul de a diferenţia viteza roţilor stânga şi dreapta ale unui vehicul terestru în curbe, unde o roată (cea din exteriorul virajului) trebuie să parcurgă o distanţă mai mare decât cealaltă roată (situată în interiorul virajului), pentru a nu mai forţa transmisia în curbe, suprasolicitând-o, şi conducând-o la uzuri foarte mari, premature, şi chiar la ruperi ale mecanismului transmisiei, aşa cum se întâmpla în lipsa lui.

În anumite situaţii (când aderenţa roată-sol este foarte mică spre exemplu) este necesar să blocăm mecanismul diferenţial, fapt pentru care la multe vehicule a apărut dispozitivul care să blocheze diferenţialul, atunci când este nevoie.

Cap. 7. ANALIZA ŞI SINTEZA MECANISMELOR CU BARE ŞI ROŢI DINŢATE UTILIZATE LA MANIPULATOARE-ROBOŢI

Mecanismele cu bare şi roţi dinţate sunt folosite tot mai mult în construcţia manipulatoarelor şi a roboţilor industriali, în mod special în componenţa mecanismelor de orientare (MOr). În componenţa lanţurilor cinematice deschise ale mecanismelor de poziţionare (MPz) ale roboţilor, denumite şi generatoare de traiectorii, se evidenţiază un prim lanţ cinematic cu bare, la care este ataşat un lanţ cinematic cu roţi dinţate cilindrice, conice şi hipoide [40].

7.1. Mecanisme complexe cu bare şi roţi dinţate specifice roboţilor

Se analizează o schemă cinematică complexă (fig. 7.1) cu bare şi roţi dinţate conice a unui manipulator-robot cu 6+1 mobilităţi, la care mecanismul de poziţionare (de tip RRR) nu se distinge de mecanismul de orientare RRR. Cele două lanţuri cinematice ale MPz ($R_z \perp R_x \parallel R_x$) şi MOr ($R_z \perp R_x \perp R_z$) sunt înseriate (în prelungire). La partea terminală (în punctul O_6) a lanţului cinematic articulat $O_0 O_1 O_2 O_3 O_4 O_5$ se ataşează mecanismul de apucare (MAp), realizat cu două paralelograme articulate.

Toate cele 6+1 lanţuri cinematice sunt acţionate prin intermediul unor reductoare melcate (cu roţi hipoide) de motoare electrice situate la bază (fig. 7.1).

Lanţul cinematic cu bare este reprezentat simplificat în stânga figurii 7.1, iar în dreapta este o proiecţie axială a schemei cinematice complete a mecanismului cu bare şi roţi dinţate.

Mecanismul cu bare articulate (0, 1, 2, 3, 4, 5, 6) cu şase elemnte mobile este lanţul cinematic principal la care se ataşează şase lanţuri cinematice cu roţi dinţate conice.

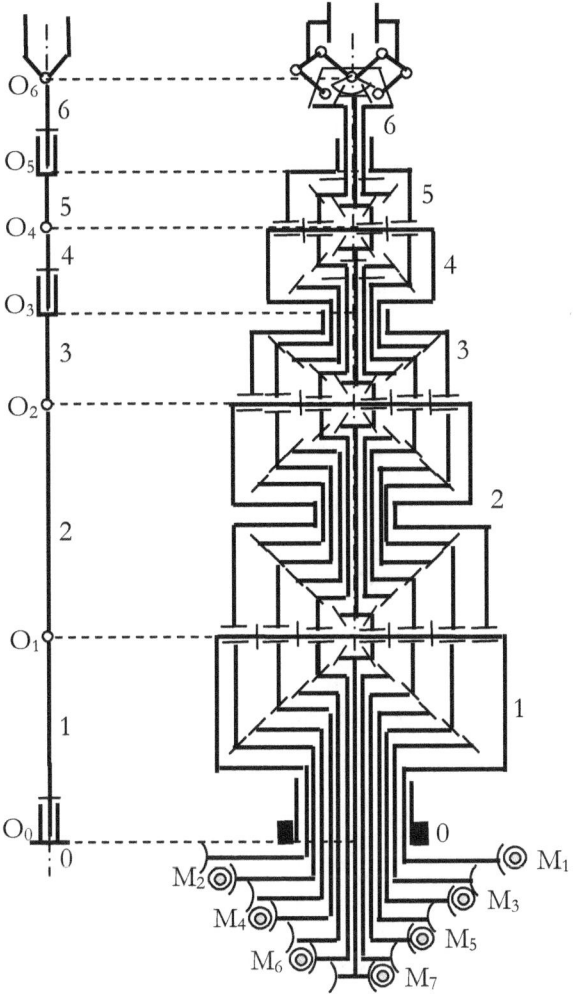

Fig. 7.1. *Schemă cinematică complexă*

Mobilitatea mecanismului complex cu bare şi roţi dinţate se calculează cu formula generală [A11]:

$$M = \sum_{m=1}^{5}(m \cdot C_m) - \sum_{r=2}^{6}(r \cdot N_r) \qquad (7.1)$$

467

Parametrii structural - geometrici ai mecnismului complex sunt:

$$m = 1, C_1 = 47; m = 2, C_2 = 27; m = 5, C_5 = 7;$$
$$n = 45, r = 3, N_3 = 29; r = 6, N_6 = 7.$$

Numărul total al contururilor închise independente se calculează cu formula:

$$N_c = \sum_{m=1}^{5} C_m - n = 47 + 27 + 7 - 45 = 36 \qquad (7.2)$$

Din cele 36 de contururi se identifică $N_6 = 7$ şi $N_3 = 29$, astfel din (7.1) rezultă:

$$M = (1 \cdot 47 + 2 \cdot 27 + 5 \cdot 7) - (3 \cdot 29 + 6 \cdot 7) = 7 \qquad (7.3)$$

7.2. MECANISME CU B. ŞI R.D. DIN STRUCTURA MPz

Se consideră un MPz tip RRR varianta R||R||R (fig. 7.2), care reprezintă lanţul cinematic cu bare, la care se ataşează două lanţuri cinematice cu r.d. conice.

Acţionarea se face prin motoare electrice plasate la bază de o parte şi de alta a unei carcase deschise [40].

Motorul M_1 acţionează, prin intermediul unui angrenaj cilindric, braţul 1 care se roteşte în jurul axei fixe Δ_1 (fiind prevăzute două lagăre coaxiale în carcasa fixă).

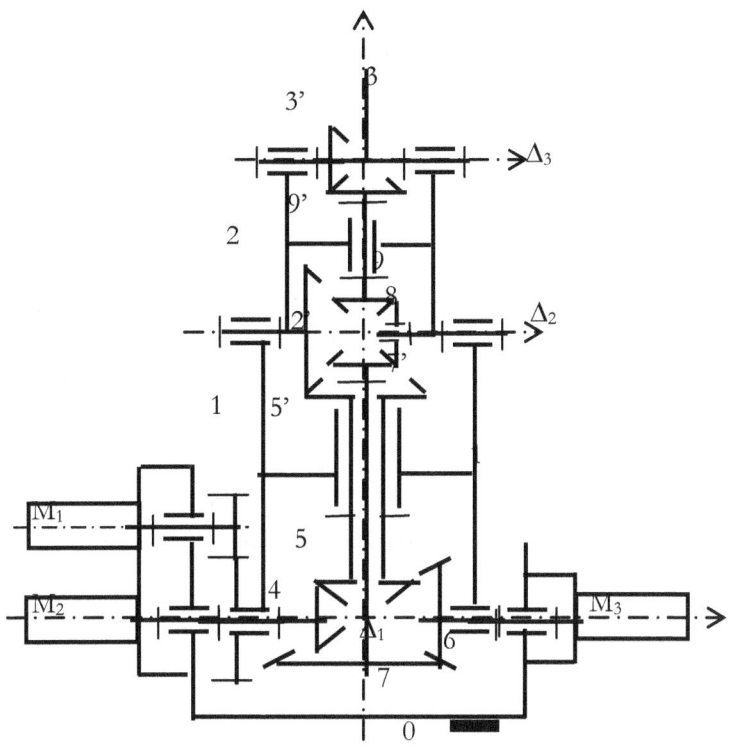

Fig. 7.2. *Schema cinematică a unui* MPz

tip RRR varianta R||R||R

Motorul M_2 acţionează braţul 2 prin lanţul cinematic ataşat la bara 1, acesta fiind format din două angrenaje conice ortogonale.

Braţul 2 se roteşte în jurul axei mobile Δ_2, această mişcare fiind posibilă prin intermediul a două lagăre coaxiale montate în braţul 1.

Motorul M_3 acţionează bara 3 prin intermediul lanţului cinematic format din patru angrenaje conice ortogonale.

Bara 3 se roteşte în jurul axei mobile Δ_3, rotaţie care se realizează în două lagăre coaxiale montate la capătul barei 2.

Mobilitatea mecanismului cu bare (braţe) şi roţi dinţate conice se calculează cu formula:

$$M = C_1 + 2 \cdot C_2 - 3N_3 \qquad (7.4)$$

Urmărind schema cinematică a mecanismului complex cu bare şi roţi dinţate (fig. 7.2) se stabilesc următorii parametrii structural-topologici:

$$m = 1, C_1 = 10; m = 2, C_2 = 7; r = 3, n = 10, N_3 = 7 \qquad (7.5)$$

Cu aceste valori numerice, din formula (7.4) se obţine:

$$M = C_1 + 2 \cdot C_2 - 3N_3 = 10 + 2 \cdot 7 - 3 \cdot 7 = 3 \qquad (7.6)$$

Corespunzător celor trei mobilităţi, mişcarea reală a mecanismului se descompune în trei mişcări parţiale, astfel că în funcţionarea acestui mecanism complex se pot urmări trei faze distincte, câte una pentru fiecare mobilitate:

I) $\omega_1 \neq 0, \omega_4 = 0, \omega_6 = 0$, adică motorul M$_1$ este în funcţiune şi celelalte două M$_2$ şi M$_3$ sunt blocate. În acest caz, prin acţionarea barei 1, cele două lanţuri cinematice secundare (cu angrenaje conice) sunt activate parţial;

II) $\omega_1 = 0, \omega_4 \neq 0, \omega_6 = 0$, când motorul M$_2$ este în funcţiune, iar M$_1$ şi M$_3$ blocate. În această fază este activat parţial şi celălalt lanţ cinematic cu angrenaje;

III) $\omega_1 = 0, \omega_4 = 0, \omega_6 \neq 0$, adică motorul M$_3$ este în funcţiune respectiv M$_1$ şi M$_2$ sunt blocate. În această situaţie mişcarea de la M$_3$ nu influenţează celelalte două lanţuri cinematice.

Funcţiile de transmitere realizate de lanţurile cinematice cu roţi dinţate conice se stabilesc ţinând seama de următoarele trei criterii de analiză unitară [40]:

a) la angrenajul conic, la care axele de rotaţie au sensuri alese (fig. 7.3), raportului de transmitere i se asociază semnul plus sau minus, după cum generatoarea comună conurilor de rostogolire este în cadranele cu număr par (II şi IV) respectiv în cadranele cu număr impar (I şi III);

b) la angrenajul conic cu axe mobile, când roata centrală este fixă (fig. 7.4), rotaţia relativă a roţii satelit (faţă de braţul mobil) este egală cu viteza unghiulară a braţului, luată cu semnul minus, înmulţită cu raportul de transmitere de la roata mobilă la cea fixă în ipoteza „braţul imobilizat";

c) când două roţi centrale se află în angrenare conică ortogonală cu o roată satelit (fig. 7.5), dacă una din roţile centrale este fixă, cealaltă roată centrală se roteşte cu dublul vitezei unghiulare a braţului portsatelit.

470

a) *Criteriul* 1. Se cunoaşte că la angrenajul cilindric (cu axe paralele) raportul de transmitere este negativ (la angrenarea exterioară) sau pozitiv (la angrenarea interioară).

Pentru a efectua o analiză cinematică unitară, la angrenajul conic cu axe fixe orientate x şi y (fig. 7.3), raportul de transmitere este definit ca o mărime algebrică.

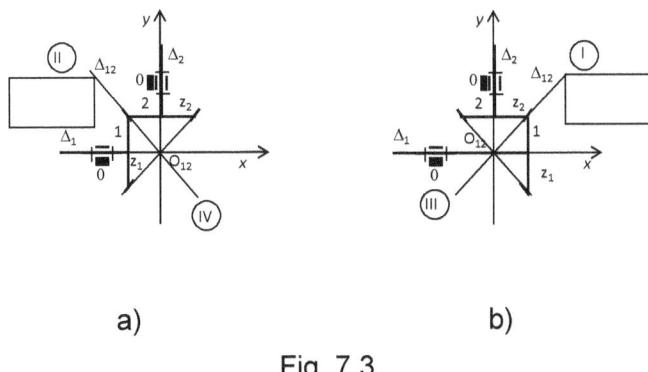

a)   b)

Fig. 7.3

Raportul de transmitere a unui angrenaj conic (cu axe fixe orientate) se defineşte univoc prin expresia generală:

$$i_{12} = \frac{\omega_1}{\omega_2} = (-1)^n \cdot \frac{z_2}{z_1} \qquad (7.7)$$

În cadranele I şi III (n = 1, 3) din (7.7) rezultă o mărime negativă: $i_{12} < 0$ (fig. 7.3b).

În cadranele II şi IV (n = 2, 4) din (7.7) rezultă o mărime pozitivă: $i_{12} > 0$ (fig. 7.3a).

b) *Criteriul* 2. În cazul angrenajului conic cu axe mobile (fig. 7.4), acesta este un mecanism cu bare şi roţi dinţate, în care lanţului cinematic cu bare (0, 3) i s-a ataşat lanţul cinematic cu două roţi conice care formează angrenajul conic (1, 2).

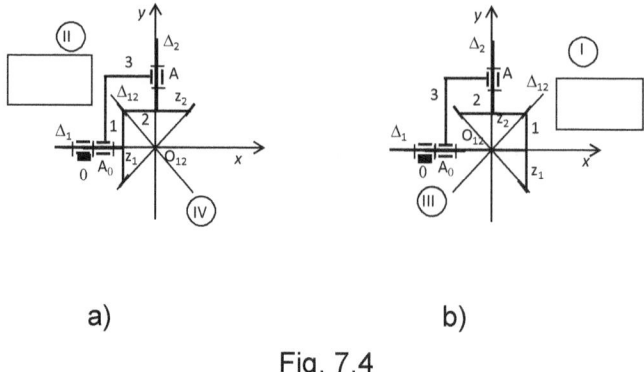

a)   b)

Fig. 7.4

În funcţie de orientarea axelor de rotaţie (Δ_1 şi Δ_2) ca axe de coordonate (x şi y) ale celor două roţi dinţate conice, raportul de transmitere al angrenajului conic faţă de bara 3 (imobilizată) are expresia algebrică pozitivă, $i_{12}^3 > 0$ (fig. 7.4a) sau negativă, $i_{12}^3 < 0$ (fig. 7.4b).

Viteza unghiulară relativă a roţii 2 în raport cu bara 3 se calculează cu formula:

$$\omega_{23} = (\omega_1 - \omega_3) \cdot i_{21}^3 \text{ unde } i_{21}^3 = \frac{1}{i_{12}^3} \tag{7.8}$$

Dacă roata centrală 1 este imobilizată prin blocare ($\omega_1 = 0$), atunci roata satelit 2 se roteşte în raport cu bara 3 cu viteza unghiulară relativă:

$$\omega_{23}^1 = -\omega_3 \cdot i_{21}^3 \tag{7.9}$$

c) *Criteriul 3.* În schemele cinematice ale mecanismelor complexe cu bare şi roţi dinţate conice (fig. 7.2) apar adesea lanţuri cinematice cu trei roţi dinţate conice, care sunt ataşate unui lanţ cinematic cu o singură bară articulată (fig. 7.5).

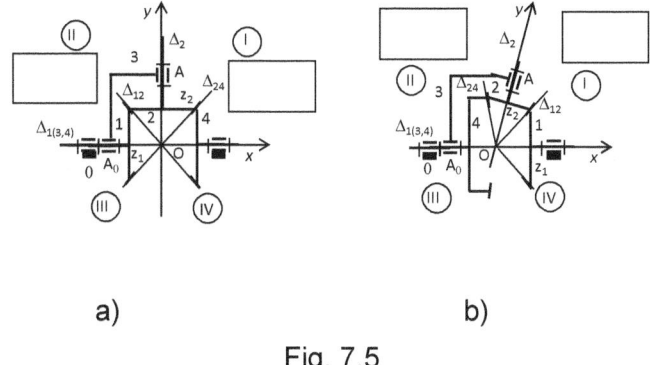

a)   b)

Fig. 7.5

În cazul angrenajelor conice ortogonale (fig. 7.5a), roţile dinţate centrale (1, 4) sunt egale şi au acelaşi număr de dinţi   (z_1 = z_4).

Şi la angrenajele conice neortogonale (fig. 7.5b) axele x şi y împart planul axial al schemei cinematice în patru cadrane, iar cele două roţi centrale nu sunt egale ($z_1 \neq z_4$).

Se scrie raportul de transmitere   între roţile 1 şi 4 (fig. 7.5), faţă de bara 3, în ipoteza că axele de rotaţie Δ_2 sunt fixe:

$$i_{14}^3 = \frac{\omega_1 - \omega_3}{\omega_4 - \omega_3} = i_{12}^3 \cdot i_{24}^3 = -\frac{z_4}{z_1} \qquad (7.10)$$

Pentru angrenajele ortogonale (fig. 7.5a) din (7.10) se deduce:

$$i_{14}^3 = \frac{\omega_1 - \omega_3}{\omega_4 - \omega_3} = -1 \qquad (7.11)$$

Când una din roţile centrale este fixă (blocată), de exemplu roata 4 ($\omega_4 = 0$), din (7.11) se deduce că cealaltă roată centrală 1 se roteşte cu viteza unghiulară egală cu dublul vitezei unghiulare a barei 3:

$$\omega_1 = 2\omega_3 \qquad (7.12)$$

În analiza cinematică a mecanismului spaţial complex (fig. 7.2) se cunosc cele trei viteze unghiulare ω_1, ω_4 şi ω_6. Pentru un calcul unitar al vitezelor unghiulare ale barelor 1, 2 şi 3 se aplică primele două criterii (1 şi 2).

Se începe calculul cinematic cu faza III când motoarele M_1 şi M_2 sunt blocate, astfel că motorul M_3 acţionează lanţul cinematic central 6 – 7(7')-8-9(9')-3'(3), fără a le influenţa pe celelalte.

Viteza unghiulară relativă a barei 3 în raport cu bara 2 se calculează în ipoteza axelor de rotaţie fixe, deci barele 1 şi 2 sunt imobilizate:

$$\omega_{32}^{III} = \omega_6 \cdot i_{3'6}^{1,2} \qquad (7.13)$$

Funcţia de transmitere specifică acestui lanţ se scrie explicit, prin aplicarea criteriului 1:

$$i_{3'6}^{1,2} = i_{3'9'}^2 \cdot i_{98}^2 \cdot i_{87'}^1 \cdot i_{76}^1 = (-\frac{z_{9'}}{z_{3'}}) \cdot$$
$$\cdot (-\frac{z_9}{z_8}) \cdot (\frac{z_8}{z_{7'}}) \cdot (\frac{z_7}{z_6}) = \frac{z_7 \cdot z_9 \cdot z_{9'}}{z_{3'} \cdot z_6 \cdot z_{7'}} \qquad (7.14)$$

În faza II sunt blocate motoarele M_1 şi M_3, iar motorul M_2 acţionează lanţul cinematic secundar pe traseul 4-5(5')-2'(2). Mişcarea barei 2 implică activarea angrenajelor (8,9) şi (9',3') care realizează mişcarea faţă de roata 7' imobilizată.

Cele două fluxuri de mişcare din faza II permit calculul vitezei unghiulare relative la axa Δ_2 a barei 2 faţă de bara 1 (fig. 7.2):

$$\omega_{21}^{II} = \omega_4 \cdot i_{2'4}^1 \qquad (7.15)$$

şi la axa Δ_3 a barei 3 faţă de bara 2, aplicând criteriul 2 prezentat mai sus:

$$\omega_{32}^{II} = -\omega_{21}^{II} \cdot i_{3'7'}^2 \qquad (7.16)$$

Funcţiile de transmitere din formulele (7.15) şi (7.16) se scriu explicit, aplicând criteriul 1:

$$i_{2'4}^1 = i_{2'5'}^1 \cdot i_{54}^1 = (-\frac{z_{5'}}{z_{2'}}) \cdot (\frac{z_4}{z_5}) = -\frac{z_4 \cdot z_{5'}}{z_{2'} \cdot z_5} \qquad (7.17)$$

$$i_{3'7'}^2 = i_{3'9'}^2 \cdot i_{98}^2 \cdot i_{87'}^2 = (-\frac{z_{9'}}{z_{3'}}) \cdot (-\frac{z_8}{z_9}) \cdot (\frac{z_{7'}}{z_8}) = \frac{z_{7'} \cdot z_{9'}}{z_{3'} \cdot z_9} \qquad (7.18)$$

474

Faza I este caracterizată de blocarea motoarelor M_2 şi M_3, iar motorul M_1 prin angrenajul cilindric cu raportul i_c acţionează bara 1, a cărei viteză unghiulară se notează ca atare:

$$\omega_1^I = \omega_{m1} \cdot i_c = \omega_1 \qquad (7.19)$$

Rotaţia barei 1 determină mişcări adiţionale parţiale în fiecare din celelalte două lanţuri cinematice (fig. 7.2), rezultatul fiind vitezele unghiulare relative ale barei 2 faţă de 1 respectiv a barei 3 faţă de 2.

Pentru calculul acestor viteze unghiulare relative se aplică criteriul 2, ştiind că roţile centrale 4 şi 6 sunt imobilizate:

$$\omega_{21}^I = -\omega_1 \cdot i_{2'4}^1 \qquad (7.20)$$

respectiv

$$\omega_{32}^I = -\omega_1 \cdot i_{3'6}^{1,2} \qquad (7.21)$$

Funcţiile de transmitere din formulele (7.20) şi (7.21) sunt explicitate în relaţiile (7.17) respectiv (7.14), forma explicită fiind în funcţie de numerele de dinţi:

$$i_{2'4}^1 = -\frac{z_4 \cdot z_{5'}}{z_{2'} \cdot z_5} \qquad (7.22)$$

respectiv

$$i_{3'6}^{1,2} = \frac{z_7 \cdot z_9 \cdot z_{9'}}{z_{3'} \cdot z_6 \cdot z_{7'}} \qquad (7.23)$$

Cazul general este atunci când toate cele trei motoare M_1, M_2 şi M_3 sunt pornite, ceea ce corespunde suprapunerii celor trei faze analizate mai sus.

Practic interesează calculul rotaţiilor, respectiv vitezelor unghiulare ale barelor 1, 2 şi 3 ale lanţului cinematic articulat (fig. 7.2).

Pentru bara 1 viteza unghiulară este dată de formula (7.19), iar pentru bara 2 se calculează viteza unghiulară relativă faţă de axa Δ_2 prin însumarea expresiilor (7.20) şi (7.15):

$$\omega_{21} = \omega_{21}^I + \omega_{21}^{II} = -(\omega_1 - \omega_4) \cdot i_{2'4}^1 \qquad (7.24)$$

în care funcţia de transmitere $i_{2'4}^1$ are expresia (7.22).

Rotaţia şi viteza unghiulară relativă a barei 3 faţă de axa Δ_3 se obţine prin însumarea unghiurilor sau a vitezelor unghiulare obţinute în cele trei faze. Astfel, viteza unghiulară relativă a barei 3 faţă de axa Δ_3 (fig. 7.2) rezultă prin însumarea expresiilor (7.21), (7.16) şi (7.13):

$$\omega_{32} = \omega_{32}^I + \omega_{32}^{II} + \omega_{32}^{III} =$$
$$= -(\omega_1 - \omega_6) \cdot i_{3'6}^{1,2} - \omega_4 \cdot i_{2'4}^1 \cdot i_{3'7}^2 \tag{7.25}$$

7.3. MECANISME CU B. ŞI R.D. CILINDRICE DIN STRUCTURA MOr

Un MOr este un subsistem al robotului industrial, prin care se realizează orientarea şi micropoziţionarea unui obiect într-un subdomeniu restrâns, în vecinătatea unor puncte din spaţiul de lucru al robotului.

Micropoziţionarea unui corp, prins prin intermediul mecanismului de apucare, se obţine prin însumarea unor rotaţii succesive limitate ale MOr.

Se consideră un MOr tip vertebroid [D2] care este realizat prin ataşarea la un lanţ cinematic cu bare a unui lanţ cinematic cu roţi dinţate cilindrice (fig. 7.6).

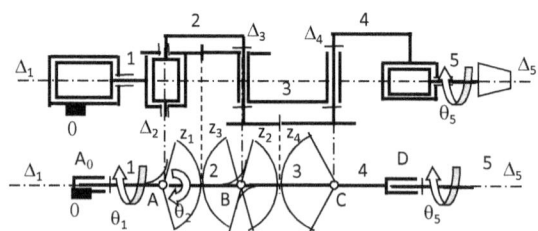

Fig. 7.6

Mecanismul complex cu bare şi roţi dinţate este reprezentat în două proiecţii, cea de sus este realizată într-un plan axial, iar cea de jos este realizată pe un plan transversal la axele articulaţiilor din A, B şi C. Lanţul cinematic cu bare articulate (0, 1, 2, 3, 4, 5) este de tip R ⊥ R ‖ R ‖ R ⊥ R, având plasate trei motoare electrice în cuplele A_0 (0, 1), A (1, 2) şi D (4, 5).

Lanţul cinematic ataşat este format din două angrenaje de sectoare dinţate cilindrice cu axele în articulaţiile A, B şi C.

Primul sector dinţat este solidar cu carcasa motorului din cupla A, respectiv cu bara 1, care, la rândul ei, este solidară cu rotorul motorului din A_0.

Al doilea sector dinţat este solidar cu bara 3, reprezentând roata satelit cu bara 2 ca braţ portsatelit. Al treilea sector dinţat este solidar cu bara 2, a cărei rotaţie este dată de motorul din cupla mobilă A (1, 2). Al patrulea sector dinţat este solidar cu bara 4 şi reprezintă al doilea satelit, având ca braţ portsatelit bara 3.

Mobilitatea mecanismului complex se calculează cu formula (7.1) care se aplică sub forma:

$$M = C_1 + 2 \cdot C_2 - 3 \cdot N_3 = 5 + 2 \cdot 2 - 3 \cdot 2 = 3 \qquad (7.26)$$

În formula (7.26) s-au înlocuit valorile numerice ale parametrilor specifici mecanismului analizat:

$$m = 1, C_1 = 5; m = 2, C_2 = 2; r = 3, n = 5, N_3 = 2 \qquad (7.27)$$

Cele trei mobilităţi ale mecanismului spaţial complex (fig. 7.6) corespund la trei lanţuri cinematice: I (0, 1), II (1, 2, 3, 4) şi III (4, 5).

Deoarece motoarele de acţionare sunt plasate în cuple, aceste lanţuri cinematice sunt total decuplate, astfel că mişcarea unuia nu influenţează mişcarea celorlalte două lanţuri.

Rotaţia întregului mecanism complex se realizează în jurul axei Δ_1 cu primul lanţ cinematic cu bare (0, 1). Rotaţia barei 5 în jurul axei Δ_5 se realizează cu al treilea lanţ cinematic cu bare (4, 5).

În fine, al doilea lanţ cinematic cu bare şi roţi dinţate (1, 2, 3, 4) este acţionat în mişcare plană, prin rotaţia barei 2 în jurul axei Δ_2. Pentru rotaţiile relative din articulaţiile B şi C se obţin următoarele viteze unghiulare:

$$\omega_{32} = -\omega_2 \cdot i_{31}^2; \quad \omega_{43} = \omega_2 \cdot i_{31}^2 \cdot i_{42}^3 \qquad (7.28)$$

în care rapoartele de transmitere relative au expresiile:

$$i_{31}^2 = -(z_1 / z_3); i_{42}^3 = -(z_2 / z_4).$$

7.4. MECANISME CU B. ŞI R.D. CILINDRICE ŞI CONICE DIN STRUCTURA MOr

Se consideră schema cinematică a unui MOr trimobil cu lanţuri cinematice cuplate (fig. 7.7), acţionat cu motoare electrice şi reductoare cilindrice [A10].

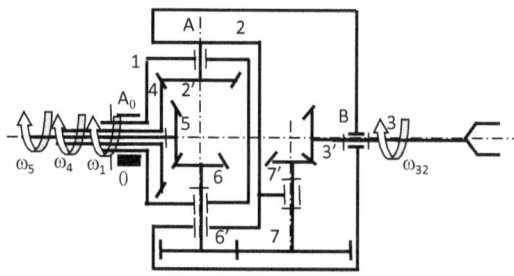

Fig. 7.7

Lanţul cinematic cu bare A_0AB (0, 1, 2, 3) este de tip R ⊥ R ⊥ R , la care elementele 1 şi 2 sunt realizate în stilul, carcase de forme speciale.

La acest lanţ cinematic principal cu bare (fig. 7.7) se ataşează două lanţuri cinematice cu roţi dinţate conice şi cilindrice: lanţul format din angrenajul conic (4, 2') şi lanţul format din trei angrenaje în serie (5, 6), (6',7) şi (7', 3'). Angrenajele (5, 6) şi (7', 3') sunt conice ortogonale, iar angrenajul intermediar (6', 7) este cilindric exterior, pentru care elementul 2 este braţ portsatelit.

Mobilitatea mecanismului complex este M = 3, ceea ce se verifică prin calcul cu formula:

$$M = C_1 + 2 \cdot C_2 - 3 \cdot N_3 = 7 + 2 \cdot 4 - 3 \cdot 4 = 3 \qquad (7.29)$$

Valorile numerice, ale parametrilor structural-topologici specifici mecanismului analizat, sunt stabilite cu ajutorul schemei cinematice (fig. 7.7):

$$m = 1, C_1 = 7; m = 2, C_2 = 4; r = 3, n = 7, N_3 = 4 \qquad (7.30)$$

Cele tei mobilități permit descompunerea mişcării reale a mecanismului complex în trei faze:

I) $\omega_1 \neq 0; \omega_4 = 0; \omega_5 = 0$;

În acest caz, rotirea barei 1 induce o rotaţie a barei 2 şi un flux de mişcare pe traseul 6(6') - 7(7') - 3' prin cele trei angrenaje ale celui de al treilea lanţ cinematic;

II) $\omega_1 = 0; \omega_4 \neq 0; \omega_5 = 0$;

În această fază, prin acţionarea roţii 4, elementul 2 antrenează roţile dinţate 7(7') şi 3' ale lanţului al treilea;

III) $\omega_1 = 0; \omega_4 = 0; \omega_5 \neq 0$;

De această dată, mişcarea transmisă pe traseul celor trei angrenaje (5, 6), (6', 7) şi (7', 3'), toate cu axe fixe, nu activează nici unul din elementele cinematice ale celorlalte două lanţuri.

În faza III funcţia de transmitere a lanţului cu trei angrenaje se scrie pentru axe fixe:

$$i_{53'}^{III} = i_{53'}^{1,2} = i_{56}^{1} \cdot i_{6'7}^{2} \cdot i_{7'3'} = \frac{z_6 \cdot z_7 \cdot z_{3'}}{z_5 \cdot z_{6'} \cdot z_{7'}} \qquad (7.31)$$

În faza III, viteza unghiulară a barei 3 se calculează cu formula:

$$\omega_{32}^{III} = \omega_5 \cdot i_{53'}^{III} \qquad (7.32)$$

În faza II rezultă, din fluxul principal de mişcare

$$\omega_{21}^{II} = \omega_4 \cdot i_{2'4}^{1} = -\omega_4 \cdot \frac{z_4}{z_{2'}} \qquad (7.33)$$

şi din fluxul secundar

$$\omega_{32}^{II} = -\omega_{21}^{II} \cdot i_{3'6'}^{2} =$$
$$= -\omega_4 \cdot \frac{z_4}{z_{2'}} \cdot (-\frac{z_{6'}}{z_7}) \cdot (-\frac{z_{7'}}{z_{3'}}) = -\omega_4 \cdot \frac{z_4 \cdot z_{6'} \cdot z_{7'}}{z_{2'} \cdot z_7 \cdot z_{3'}} \qquad (7.34)$$

În faza I se obține rotația principală $\omega_1^I = \omega_1$ și ca rotații secundare se calculează:

$$\omega_{21}^I = -\omega_1 \cdot i_{2'4}^1 = \omega_1 \cdot \frac{z_4}{z_{2'}};$$ (7.35)

$$\omega_{32}^I = -\omega_{21}^I (i_{65}^2 + i_{3'6'}^2) = -\omega_1 \cdot \frac{z_4}{z_{2'}} \cdot (\frac{z_4}{z_6} + \frac{z_{6'} \cdot z_7}{z_7 \cdot z_{3'}})$$ (7.36)

7.5. MECANISME SFERICE CU B. ȘI R.D. CONICE DIN STRUCTURA MOr

Aceste mecanisme complexe au în componență angrenaje conice cu toate axele concurente ortogonale sau neortogonale [40].

Prin dispunerea elementelor cinematice, mecanismele sferice complexe formează un sistem mecanic compact și sunt folosite ca MOr la roboții industriali moderni (fig. 7.8).

Se consideră două variante de astfel de mecanisme sferice, acestea fiind prezentate ca scheme cinematice cu angrenaje conice exterioare și interioare.

Prima variantă este realizată cu trei angrenaje conice exterioare și un angrenaj conic interior (fig. 7.8a), iar cea de a doua variantă are în structură trei angrenaje conice interioare (fig. 7.8b).

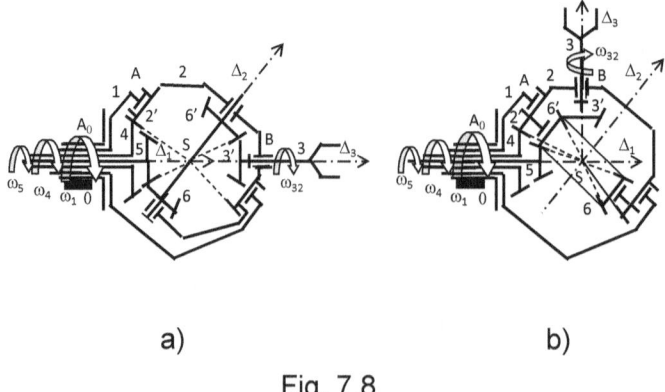

a)   b)

Fig. 7.8

Ambele variante de mecanisme au în structură un lanţ cinematic sferic cu bare (0, 1, 2, 3), ale cărui articulaţii sunt plane, având axele Δ_1, Δ_2 şi Δ_3 concurente în punctul S.

La acest lanţ sferic articulat sunt ataşate două lanţuri cinematice cu roţi dinţate conice, dintre care unul este format din angrenajul conic interior (4, 2'). Cel de al doilea lanţ cu roţi dinţate este compus, în cazul primei variante (fig. 7.8a) din două angrenaje conice exterioare (5, 6) şi (6', 3'), iar în cazul celei de a doua variante (fig. 7.8b) din angrenajele interioare (5, 6) şi (6', 3').

Fiecare lanţ cinematic corespunde unei mobilităţi, deci mecanismul sferic complex are trei rotaţii independente respectiv trei viteze unghiulare ($\omega_1, \omega_4, \omega_5$) ale arborilor de intrare (fig. 7.8).

Bara 3 este elementul condus, a cărui rotaţie respectiv viteză unghiulară (ω_3) este funcţie de toate cele trei viteze unghiulare de la intrare.

Mobilitatea se verifică prin calculul acesteia cu formula:

$$M = C_1 + 2C_2 - 3N_3 = 6 + 2 \cdot 3 - 3 \cdot 3 = 3 \qquad (7.37)$$

Parametrii folosiţi în formula (7.37) se stabilesc prin studierea geometriei mecanismului pe fiecare din cele două scheme cinematice (fig. 7.8):

$$m = 1, C_1 = 6; m = 2, C_2 = 3; r = 3, n = 6, N_3 = 3 \qquad (7.38)$$

Analiza cinematică unitară a mecanismului sferic complex (cu trei mobilităţi) se face prin metoda descompunerii mişcării reale în trei faze:

I) $\omega_1 \neq 0, \omega_4 = 0, \omega_5 = 0$;

Roţile 4 şi 5 sunt blocate, iar bara 1 este acţionată şi punctul A descrie un arc de cerc într-un plan perpendicular pe axa fixă Δ_1.

Această rotaţie determină, mai întâi, mişcarea de rotaţie în jurul axei Δ_2 a roţii 2' (solidară cu bara 2) cu dantură interioară. Roata 2' este o roată satelit care se rostogoleşte peste roata centrală 4 care în această fază este fixă.

Datorită blocării roţii centrale 5, prin rotirea barei 2 în mişcare relativă faţă de 1, roţile dinţate conice 6(6') şi 3' realizează rotaţia relativă a barei 3 faţă de bara 2.

Caracteristic fazei I este existenţa a trei fluxuri de mişcare, câte unul pentru fiecare lanţ cinematic, ceea ce arată că aceste lanţuri sunt cuplate parţial.

II) $\omega_1 = 0, \omega_4 \neq 0, \omega_5 = 0$;

Bara 1 şi roata 5 sunt blocate, astfel că prin acţionarea roţii 4 mişcarea este transmisă direct roţii 2', iar de la aceasta se induce mişcarea şi prin lanţul roţilor 6(6')-3'. În această fază există două fluxuri de mişcare, pe traseele celor două lanţuri cu roţi dinţate.

III) $\omega_1 = 0, \omega_4 = 0, \omega_5 \neq 0$;

Bara 1 şi roata 4 sunt blocate, iar prin acţionarea roţii 5 mişcarea se transmite numai prin lanţul interior, existând un singur flux de mişcare.

Analiza cinematică a mecanismului sferic complex se începe cu faza III, când, urmărind traseul fluxului de mişcare al lanţului 5-6(6')-3', viteza unghiulară la arborele de ieşire are expresia:

$$\omega_{32}^{III} = \omega_{3'2} = \omega_5 \cdot i_{3'5}^{1,2} \qquad (7.39)$$

Pentru obţinerea funcţiei de transmitere din (7.39) se foloseşte criteriul 1, referitor la semnul raportului de transmitere, prin orientarea axelor Δ_1, Δ_2 şi Δ_3 (fig. 7.8):

Varianta 1 (fig. 7.8a)

$$i_{3'5}^{1,2} = i_{3'6'}^{2} \cdot i_{65}^{2} = \left(-\frac{z_{6'}}{z_{3'}}\right) \cdot \left(-\frac{z_5}{z_6}\right) = \frac{z_5 \cdot z_{6'}}{z_{3'} \cdot z_6} \qquad (7.40)$$

Varianta 2 (fig. 7.8b)

$$i_{3'5}^{1,2} = i_{3'6'}^{2} \cdot i_{65}^{2} = \left(\frac{z_{6'}}{z_{3'}}\right) \cdot \left(\frac{z_5}{z_6}\right) = \frac{z_5 \cdot z_{6'}}{z_{3'} \cdot z_6} \qquad (7.41)$$

Se observă că cele două variante ale mecanismului sferic (fig. 7.8a şi b) sunt izocinematice.

În faza II există două fluxuri de mişcare, unul mai scurt, pe traseul cinematic 4-2' şi celălalt mai lung, pe traseul 2-6(6')-3'. Pentru primul traseu, corespunzător angrenajului conic (4, 2'), se obţine viteza unghiulară

$$\omega_{21}^{II} = \omega_{2'1} = \omega_4 \cdot i_{2'4}^{1} \qquad (7.42)$$

Pentru al doilea traseu se foloseşte criteriul 2, observând că roata 6 se rostogoleşte peste roata 5 imobilă (blocată):

$$\omega_{32}^{II} = \omega_{3'2}^{1} = -\omega_4 \cdot i_{3'5}^{1,2} \qquad (7.43)$$

Funcţia de transmitere din formula (7.42) se stabileşte cu ajutorul criteriului 1:

$$i_{2'4}^{1} = \frac{z_4}{z_{2'}} \qquad (7.44)$$

Funcţia de transmitere $i_{3'5}^{1,2}$ din (7.43) are una din expresiile (7.40) sau (7.41), care au fost calculate în faza III.

Faza I cuprinde trei fluxuri de mişcare dirijate pe traseele:

1; 1-2'(2); 1-2'(2)-6(6')-3'(3).

Pentru vitezele unghiulare se obţin următoarele expresii:

$$\omega_1^{I} = \omega_1 \qquad (7.45)$$

$$\omega_{21}^{I} = \omega_{2'1}^{4} = -\omega_1 \cdot i_{2'4}^{1} \qquad (7.46)$$

$$\omega_{32}^{I} = \omega_{3'2}^{4,5} = -\omega_1 \cdot i_{2'4}^{1} \cdot i_{3'5}^{2} \qquad (7.47)$$

Mişcarea reală a mecanismului sferic cu trei mobilităţi se obţine prin suprapunerea celor trei faze respectiv prin însumarea vitezelor unghiulare obţinute în fiecare etapă:

$$\omega_{10} = \omega_1^{I} = \omega_1 \qquad (7.48)$$

$$\omega_{21} = \omega_{21}^{I} + \omega_{21}^{II} = -(\omega_1 - \omega_4) \cdot i_{2'4}^{1} \qquad (7.49)$$

$$\omega_{32} = \omega_{32}^{I} + \omega_{32}^{II} + \omega_{32}^{III} = $$
$$= -\omega_1 \cdot i_{2'4}^{1} \cdot i_{3'5}^{2} - \omega_4 \cdot i_{3'5}^{2} + \omega_5 \cdot i_{3'5}^{2} \qquad (7.50)$$

Pentru cazul particular $i_{2;3}^{1} = 1$, $i_{3'5}^{2} = 1$ formulele (7.49) şi (7.50) se scriu:

$$\omega_{21} = -\omega_1 + \omega_4 \text{ respectiv } \omega_{32} = -\omega_1 - \omega_4 + \omega_5 \qquad (7.51)$$

7.6. MECANISME CU B. ŞI R.D. CONICE DIN STRUCTURA Mor TIP VERTEBROID

Se consideră schema cinematică a unui mecanism spaţial tip vertebroid cu o structură geometrică parţial simetrică (fig. 7.9), prevăzut cu trei arbori de intrare şi un arbore de ieşire.

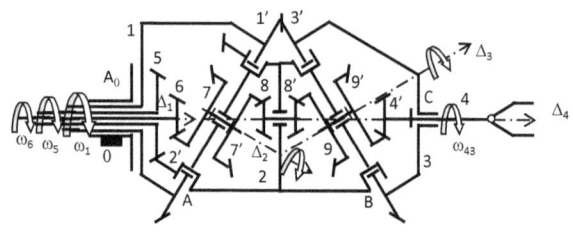

Fig. 7.9

Prima etapă în procesul de sinteză a acestui mecanism complex constă în alegerea unui lanţ cinematic simetric cu bare articulate (0, 1, 2, 3, 4), cu o axă fixă Δ_1 şi trei axe mobile Δ_2, Δ_3 şi Δ_4.

Acest prim lanţ cinematic spaţial deschis are patru mobilităţi, care corespund celor patru bare mobile şi reprezintă rotaţiile faţă de cele patru axe din articulaţii.

Dacă se leagă barele 1 şi 3 printr-un angrenaj conic (1', 3'), lanţul cinematic principal rămâne cu trei mobilităţi.

La acest lanţ cinematic cu bare articulate se ataşează două lanţuri cu roţi dinţate conice cu structuri simetrice (fig. 7.9).

Primul lanţ ataşat este format dintr-un angrenaj conic (5, 2') şi face legătura celui de al doilea arbore conducător cu bara 2, iar al doilea lanţ ataşat este montat în interiorul lanţului tubular cu bare. Acest lanţ este format din patru angrenaje conice care leagă axele extreme Δ_1 şi Δ_4 prin intermediul axelor Δ_2 şi Δ_3. Aceste angrenaje conice sunt simetrice două câte două faţă de un plan transversal dus prin generatoarea comună a roţilor 1' şi 3'.

Mobilitatea mecanismului complex se verifică prin calcul cu formula:

$$M = C_1 + 2C_2 - 3N_3 = 9 + 2 \cdot 6 - 3 \cdot 6 = 3 \qquad (7.52)$$

Valorile numerice ale parametrilor din formula (7.52) se obțin din analiza structural-topologică a schemei cinematice (fig. 7.9):

$$m = 1, C_1 = 9; m = 2, C_2 = 6; r = 3, n = 9, N_3 = 6 \qquad (7.53)$$

Analiza cinematică se face prin metoda unitară a descompunerii mișcării reale a mecanismului trimobil în trei faze (fig. 7.9):

I) $\omega_1 \neq 0, \omega_5 = 0, \omega_6 = 0$;

Mișcarea este introdusă în mecanism numai prin arborele barei 1, acesta antrenează în mișcare roata satelit 2' (solidară cu bara 2) în raport cu roata conică centrală 5 (care în această fază este blocată).

Concomitent este activat parțial și lanțul de angrenaje central (interior) în raport cu roata 6 care este imobilizată (blocată). Acest al treilea flux de mișcare cuprinde angrenajele conice neortogonale (6, 7), (7', 8), (8', 9) și (9', 4').

II) $\omega_1 = 0, \omega_5 \neq 0, \omega_6 = 0$;

Mișcarea este introdusă în mecanism numai prin roata 5, ceea ce implică rotația roții 2' și prin angrenajul conic (1', 3') mișcarea este transmisă barei 3. Roțile 2' și 3' antrenează parțial lanțul cinematic de patru angrenaje conice, formând al doilea flux de mișcare.

III) $\omega_1 = 0, \omega_5 = 0, \omega_6 \neq 0$;

Prin roata conică 6 este activat numai lanțul cinematic din interior format din angrenajele conice (6, 7), (7', 8), (8', 9) și (9', 4').

Analiza cinematică efectivă pornește cu faza III, în care lanțul cinematic se comportă ca un tren de angrenaje cu axe fixe (fig. 7.10).

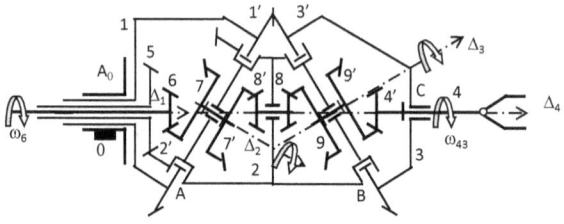

Fig. 7.10

Viteza unghiulară a barei 4 (de la capătul lanțului) se calculează cu formula:

$$\omega_{43}^{III} = \omega_6 \cdot i_{4'6}^{1,2,3}$$ (7.54)

Funcția de transmitere caracteristică acestei faze este calculată în conformitate cu criteriul 1:

$$i_{4'6}^{1,2,3} = i_{4'9'}^3 \cdot i_{98'}^2 \cdot i_{87'}^2 \cdot i_{76}^1 = (\frac{z_{9'}}{z_{4'}}) \cdot (\frac{z_{8'}}{z_9}) \cdot$$

$$\cdot (-\frac{z_{7'}}{z_8}) \cdot (-\frac{z_6}{z_7}) = \frac{z_6 \cdot z_{7'} \cdot z_{8'} \cdot z_{9'}}{z_{4'} \cdot z_7 \cdot z_8 \cdot z_9}$$ (7.55)

Faza II implică transmiterea mișcării de la roata 5 la bara 4 prin două lanțuri cu angrenaje conice (fig. 7.11).

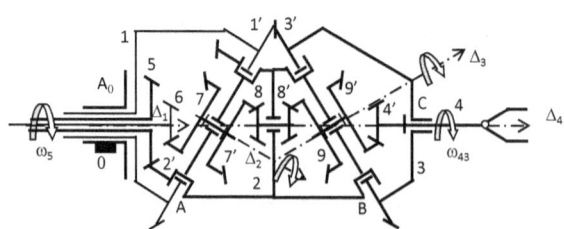

Fig. 7.11

Primul flux de mişcare este realizat pe traseul 5 - 2'(2) - 3'(3), iar al doilea flux de mişcare urmăreşte traseul 7(7') - 8(8') – 9(9') – 4'(4).

Urmărind primul flux de mişcare (fig. 7.11) rezultă:

$$\omega_{21}^{II} = \omega_5 \cdot i_{2'5}^1 = \omega_5 \cdot \frac{z_5}{z_{2'}} \tag{7.56}$$

$$\omega_{32}^{II} = -\omega_{21}^{II} \cdot i_{3'1'}^1 = -\omega_5 \cdot \frac{z_{1'} \cdot z_5}{z_{2'} \cdot z_{3'}} \tag{7.57}$$

Din cel de al doilea flux de mişcare se obţine:

$$\omega_{43}^{II} = -\omega_{21}^{II} \cdot i_{4'7'}^{2,3} \tag{7.58}$$

Funcţia de transmitere din formula (7.58) se scrie explicit:

$$i_{4'7'}^{2,3} = i_{4'9'}^3 \cdot i_{98'}^2 \cdot i_{87'}^2 = (\frac{z_{9'}}{z_{4'}}) \cdot (\frac{z_{8'}}{z_9}) \cdot$$
$$\cdot (-\frac{z_{7'}}{z_8}) = -\frac{z_{7'} \cdot z_{8'} \cdot z_{9'}}{z_{4'} \cdot z_8 \cdot z_9} \tag{7.59}$$

Faza I implică trei fluxuri de mişcare pe următoarele trasee cinematice (fig. 7.12):

1(1'); 2'(2) – 3'(3); 7(7') – 8(8') – 9(9') – 4'(4).

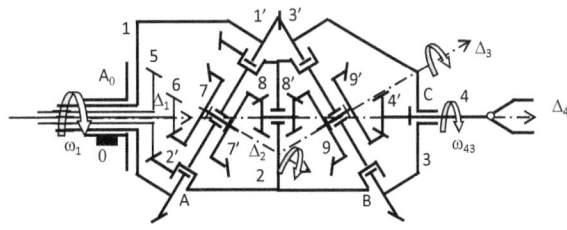

Fig. 7.12

Pentru traseul 1(1') se deduce:

$$\omega_1^I = \omega_1 \qquad (7.60)$$

Al doilea traseu conduce la expresiile:

$$\omega_{21}^I = -\omega_1 \cdot i_{2'5}^1 \qquad (7.61)$$

$$\omega_{32}^I = \omega_{21}^I \cdot i_{3'1'}^2 \qquad (7.62)$$

Urmărind traseul al treilea se obţine viteza unghiulară la elementul final:

$$\omega_{43}^I = -\omega_1 \cdot i_{4'6}^I \qquad (7.63)$$

unde funcţia de transmitere $i_{4'6}^I$ se calculează cu formula (7.55).

Prin suprapunerea celor trei faze rezultă mişcarea reală a elementului final:

$$\omega_{43} = \omega_{43}^I + \omega_{43}^{II} + \omega_{43}^{III} \qquad (7.64)$$

Luând în consideraţie expresiile componentelor vitezelor unghiulare (7.54), (7.58) şi (7.63) relaţia (7.64) se scrie explicit în funcţie de vitezele unghiulare ale arborilor conducători:

$$\omega_{43} = -\omega_1 \cdot i_{4'6}^I - \omega_5 \cdot i_{2'5}^1 \cdot i_{4'7'}^{2,3} + \omega_6 \cdot i_{4'6}^{1,2,3} \qquad (7.65)$$

BIBLIOGRAFIE

1. ALDEA, S., *Contribuţii la grafica computerizată a mecanismelor.* Teză de doctorat, U.P.B., Bucureşti, 1998.

2. ALEXANDRU, P., ş.a., *Proiectarea funcţională a mecanismelor.* Ed. Lux Libris Braşov, 2000.

3. ALEXANDRU, P., VISA, I., BOBÂNCU, S., *Mecanisme. Vol. II, Sinteza.* Lito U. din Braşov, 1984.

4. ANTONESCU, O., *Transmisii variabile utilizate la autovehicule rutiere.* Ed. Publiferom, Bucureşti, 2001.

5. ANTONESCU, P., PETRESCU, R., ADÎR, G., ANTONESCU, O. *Mecanisme cu roţi dinţate.* Editura PRINTECH, 1999.

6. ANTONESCU, P. *Sinteza mecanismelor.* I.P.B.,Bucuresti, 1983.

7. ANTONESCU, P. *Mecanisme.* Ed. Printech, Bucureşti, 2003.

8. ANTONESCU, P., ANTONESCU, E., *Sinteza mecanismelor planetare cilindrice pentru realizarea translaţiei circulare.* SYROM'81, Bucureşti, 1981, Vol. III, p. 9-14.

9. ANTONESCU, P., BUGARU, M., *Calculul geometro-cinematic al mecanismului pentalater bimobil cu manivelă şi culisă oscilantă.* SYROM'89, Bucureşti, 1989, Vol. I.1, p. 627-636.

10. ATANASIU, M., *Mecanica.* Ed. Did. Ped., Bucureşti, 1973.

11. AUTORENKOLLEKTIV (J. VOLMER Coordonator), *Getriebetechnik-VEB, Verlag technik,* pp. 345-390, Berlin, 1968.

12. BOTEZ, E., *Angrenaje.* Editura Tehnică, Bucureşti, 1962.

13. BRAUNE, R., *Bewegungs – Design – Eine Kemkompetenz des Getriebetechnikers.* VDI – Berichte Nr. 1567, Dusseldorf: VDI – Verlag, 2000. S. 1-23.

14. BUDA, L., MATEUCĂ, C., *Analiza funcţională, cinematică şi cinetostatică a mecanismului de ridicat ferestrele de la vagoanele de călători etajate.* SYROM'89, Bucureşti, 1989, Vol. IV, p. 59-66.

15. BRUJA, ADR., DIMA, M., *Sinteza cinematicii reductoarelor armonice cu element frontal rigid.* Al 6-lea Simp. Naţ. de Utilaje de Construcţii, 2001, Vol. I, p. 53-59.

16. BUGAEVSKI, E., *Contributii la studiul cinematic şi dinamic al mecanismelor cu trenuri diferenţiale.* Teză de doctorat, I.P.B., 1971.

17. BALAN, ST., *Probleme de mecanică.* Editura didactică şi pedagogică, Bucureşti, 1977.

18. COMĂNESCU, A., ş.a., *Mecanica, rezistenţa materialelor şi organe de maşini.* Editura Didactică şi Pedagogică, Bucureşti, 1982.

19. CRUDU, I., ş.a., *ATLAS Reductoare cu roţi dinţate.* Editura Didactică şi Pedagogică, Bucureşti, 1982.

20. CREŢU, S., ş.a., *Angrenaje. Îndrumar de proiectare.* Lito I.P. Iaşi, 1979.

21. HARRIS, M.C., CREDE, E.C., *Şocuri şi vibraţii.* Vol. I-III., E.T., Bucureşti, 1968-69.

22. HOROVITZ, B., *Reductoare şi variatoare de turaţie.* Editura Tehnică, Bucureşti, 1963.

23. IUDIN, E., s.a., *Issledovanie suma ventileatornîh ustanovok I metodov borbî s nim.* Oborongiz, Moskva, 1958.

24. JALIU, C., NEAGOE, M., *Cinematica directă şi inversă a unui robotomecanism vertebroid cu roţi dinţate.* Robotica'98, Braşov, 1998, p. 61-64.

25. MANOLESCU, N.I., MAROS, D., *Teoria mecanismelor şi a maşinilor.* Editura tehnică, Bucureşti, 1958.

26. MARGINE, AL., *Contribuţii la sinteza geometro-cinematică şi dinamică a mecanismelor planetare cu roţi dinţate cilindrice.* Teză de doctorat, U.P.B., 1999.

27. MODLER, K.H., WADEWITZ, C., *Synthese von Raderkoppelgetriebe als Vorschaltgetriebe mit definierter Ungleichformigkeit.*Wissenschaftliche Zeitschrift, TU-Dresden Nr. 3, 2001, p.101-106.

28. MILOIU, Gh., ş.a., *Transmisii mecanice moderne.* Editura Tehnică, Bucureşti, 1980.

29. MAROŞ, D., *Cinematica roţilor dinţate.* Editura Tehnică, Bucureşti, 1958.

30. NIŢU, I., BOGDAN, R.C., *Analiza cinematică a mecanismelor diferenţiale de orientare pe baza reducerii la un mecanism diferenţial de referinţă.* SYROM'97, Bucureşti, Vol. 2, p. 253-258.

31. NEGREA, C., PAVELESCU, T., *Ambreiajul şi cutia de viteze.* Ed. Tehnică, Bucureşti, 1980.

32. OCNĂRESCU, C., *Cercetări teoretice şi experimentale în domeniul roboţilor poliarticulaţi cu bare şi roţi dinţate.* Teză de doctorat, UPB, Bucureşti, 1996.

33. OCNĂRESCU, C., *Mecanisme şi manipulatoare.* Editura BREN, Bucureşti, 2001.

34. OCNĂRESCU, C., *Teoria mecanismelor.* Editura BREN, Bucureşti, 2002.

35. PELECUDI, CHR., *Bazele analizei mecanismelor.* Editura Academiei R.S.R., Bucureşti, 1967.

36. PELECUDI, CHR., *Precizia mecanismelor.* Editura Academiei R.S.R., Bucureşti, 1975.

37. PELECUDI, CHR., MAROS, D., MERTICARU, V., PANDREA, N., SIMIONESCU, I., *Mecanisme.* E.D.P., Bucureşti, 1985.

38. PELECUDI, CHR., SIMIONESCU, I., ENE, M., CANDREA, A., STOENESCU, M., MOISE, V., *Mecanisme cu cuple superioare: came şi roţi.* I.P.B., Bucureşti, 1982.

39. PETRESCU, F.I., PETRESCU, R.V., *Angrenaje*, Create Space publisher, USA, December 2011, ISBN 978-1-4680-9240-0, 92 pages, Romanian version.

40. PETRESCU, F.I., PETRESCU, R.V., *Trenuri planetare*, Create Space publisher, USA, December 2011, ISBN 978-1-4680-3041-9, 204 pages, Romanian version.

41. PETRESCU, R., ZGURA, A., ANTONESCU, P. *Modelarea cinematică a curbelor de intersecţie a corpurilor cilindro-conice în proiecţie ortogonală*. În al VII-lea Siopozion Naţional de Mecanisme şi Transmisii Mecanice, Reşiţa, 1996, p. 147-152.

42. PETRESCU, F.I., *Teoria Mecanismelor si a Masinilor - Curs si Aplicatii*, Create Space publisher, USA, December 2011, ISBN 978-1-4680-1582-9, 432 pages, Romanian version.

43. PETRESCU, F.I., PETRESCU, R.V., *Gear Solutions*, Create Space publisher, USA, November 2011, ISBN 978-1-4679-8764-6, 72 pages, English version.

44. PETRESCU, F.I., PETRESCU R.V., *Mechanical Engineering Design*, Create Space publisher, USA, November 2011, ISBN 978-1-4679-1377-5, 184 pages, English version.

45. PETRESCU, F.I., PETRESCU R.V., *Determinarea randamentului mecanic al angrenajelor*, In revista Ingineria Automobilului, Nr. 19/iunie 2011, ISSN 1842-4074, p. 22-23.

46. PETRESCU, F.I., PETRESCU, R.V., *Industrial Design in Mechanical Engineering*, Book (English edition), LULU Publisher, USA, September 2011, 184 pages, ISBN 978-1-4478-4287-3.

47. PETRESCU, V., PETRESCU, I., ANTONESCU, O. *Randamentul cuplei superioare de la angrenajele cu roţi dinţate cu axe fixe*. În al VII-lea Simpozion Naţional cu Participare Internaţională Proiectarea Asistată de Calculator, PRASIC'02, Braşov, 2002, Vol. I, p. 333-338.

48. PETRESCU, R., PETRESCU, F. *The gear synthesis with the best efficiency*. In the 7th International Conference, FUEL ECONOMY, SAFETY and RELIABILITY of MOTOR VEHICLES, ESFA 2003, Bucharest, May 2003, Vol. 2, p. 63-70.

49. PELECUDI, Ch., ş.a., *Echilibrarea robotului cu bare şi roţi dinţate*. În SNRI X, Bucureşti, 1991.

50. STOICA, I. A., *Interferenţa roţilor dinţate*. Editura DACIA, Cluj-Napoca, 1977.

Sinteza sistemelor mecanice mobile seriale şi paralele

Cap 01_Sisteme mecanice mobile, seriale şi paralele
(introducere)

Definiţie şi istoric

Nu există o definiţie unanim acceptată a robotului. După unii specialişti acesta este legat de noţiunea de mişcare, iar alţii asociază robotul noţiunii de flexibilitate a mecanismului, de posibilitatea lui de a fi utilizat pentru activităţi diferite sau de noţiunea de adaptabilitate, de posibilitatea funcţionării lui într-un mediu imprevizibil. Fiecare din aceste noţiuni luate separat nu reuşesc să caracterizeze robotul decât în mod parţial.

Robotul combină tehnologia mecanică cu cea electronică fiind o componentă evoluată de automatizare care înglobează electronica de tip cibernetic cu sistemele avansate de acţionare pentru a realiza un echipament independent de mare flexibilitate.

Cuvântul "robot" a apărut pentru prima dată în piesa R.U.R. (Robotul Universal al lui Rossum) scrisă de dramaturgul ceh Karel Capek în care autorul parodia cuvantul "robota" (muncă în limba rusă şi corvoadă în limba cehă). În anul 1923 piesa fiind tradusă în limba engleză, cuvântul robot a trecut neschimbat în toate limbile pentru a defini fiinţe umanoide protagoniste ale povestirilor ştiinţifico-fantastice.

Istoria roboticii începe în 1940 cu realizarea manipulatorilor sincroni pentru manevrarea unor obiecte în medii radioactive.

În anul 1954 Kernward din Anglia a brevetat un manipulator cu două braţe.

Conceptul roboţilor industriali a fost stabilit pentru prima oară de George C. Deval care a brevetat în anul 1954 un dispozitiv de transfer automat, dezvoltat în anul 1958 de firma americană Consolidated Control Inc.

În anul 1959 Joseph Engelberger achiziţionează brevetul lui Deval şi realizează în 1960 primul R.I. Unimate în cadrul firmei Unimation Inc.

Epopea roboţilor industriali a început practic în anul 1963 când a fost dat în folosinţă primul robot industrial la uzinele Trenton (S.U.A.), aparţinând companiei General Motors.

Primul succes industrial s-a produs în anul 1968 când în uzina din Lordstown s-a instalat prima linie de sudare a caroseriilor de automobile dotată cu 38 de roboţi Unimate. A rezultat că robotul era cel mai bun automat de sudură în puncte.

Prin asocierea cu firma Kawasaki N.I. în anul 1968, în Japonia a început fabricaţia de roboţi Unimate, implementarea lor în industria automobilelor având loc în 1971 la firma Nissan-Motors.

În acelaşi an roboţii Unimate pătrund în Italia, echipând linia de sudat caroserii în puncte de la firma FIAT din Torino.

Companiile Unimation şi General Motors lansează în 1978 robotul PUMA (Programable Universal Machine for Assembly).

Firma A.S.E.A. din Suedia realizează în 1971 robotul industrial cu acţionare electrică Irb6 destinat operaţiunilor de sudură cu arc electric.

În anul 1975 firma de maşini unelte Cincinatti Milacron (S.U.A.) realizează o familie de roboţi industriali acţionaţi electric T3 (The Tommorow's Tool), astăzi larg răspândiţi.

În ţara noastră în anul 1980 s-a fabricat primul robot RIP63 la Automatica Bucureşti după modelul A.S.E.A. iar prima aplicaţie industrială cu acest robot de sudare în arc electric a unei componente a şasiului unui autobuz a fost realizată în anul 1982 la Autobuzul Bucureşti. Doi ani mai târziu roboţii au fost implementaţi şi la Semănătoarea Bucureşti. Coordonarea ştiinţifică a aparţinut colectivului „MEROTEHNICA", de la catedra de „Teoria Mecanismelor şi a Roboţilor" din „Universitatea Politehnica Bucureşti", sub conducerea regretatului Prof. Christian Pelecudi, părintele roboticii româneşti şi fondatorul SRR (Societatea Română de Robotică), azi ARR (Asociaţia Română de Robotică). Colectivul TMR a avut după anii 80 colaborări cu firmele nipone (şi datorită regretatului Prof. Bogdan Radu, mulți ani ambasador al României în Japonia); au fost aduși și implementați în țară roboți Fanuc (la vremea respectivă de ultimă generație).

Un alt robot indigen este REMT-1 utilizat intr-o celulă de fabricație flexibilă la Electromotor Timișoara pentru prelucrarea prin așchiere a arborilor motoarelor electrice. Centrul Universitar Timișoara și-a dezvoltat foarte mult cercetările aplicative (cu micro-producție de roboți industriali) și datorită sprijinului puternic al unor specialiști români de naționalitate germană de care a beneficiat, având contracte de colaborare (în cercetare și producție) chiar și cu Germania. Astăzi la Timișoara se fabrică roboții ROMAT.

Roboții s-au dezvoltat prin creșterea gradului de echipare cu elemente de inteligență artificială. Pentru a culege informațiile unui mediu, roboții s-au dotat cu senzori tactili, de forță, de moment video, etc. Cu ajutorul acestora robotul poate să-și creeze o imagine a mediului în care evoluează, bazându-se pe percepția artificială.

Populația de roboți în 1988 era: 109.000 RI în Japonia, 30.000 RI în SUA, 34.000 RI în Europa de Vest din care 12.900 RI în Germania, 3.000 RI în Rusia. (Aproximativ 190 mii roboți industriali pe glob, iar în 2010 s-a ajuns la circa 10 milioane).

Clasificarea R.I.

JIRA (Japan Industrial Robot Association) clasifica roboții industriali după următoarele criterii:

I.) <u>După informații de intrare și modul de învățare:</u>
1 – manipulator manual, care este acționat direct de om

2 – **robot secvenţial**, care are anumiți pași ce ascultă de o procedură predeterminată, care poate fi: fixă sau variabilă după cum aceasta nu poate sau poate fi ușor schimbată.

3 – **robot repetitor (robot play back)** – care este învățat la început procedura de lucru de către om, acesta o memorează iar apoi o repetă de câte ori este nevoie.

4 – **robot cu control numeric** (N. C. robot) – care execută operațiile cerute în conformitate cu informațiile numerice pe care le primește despre poziții, succesiuni de operații și condiții.

5 – **robot inteligent** – este cel care își decide comportamentul pe baza informațiilor primite prin senzorii săi și prin posibilitățile sale de recunoaștere.

<u>Observații:</u>
   a) Manipulatoarele simple (grupele 1 și 2) au în general 2-3 grade de libertate, mișcările lor fiind controlate prin diferite dispozitive.
   b) Roboții programabili (grupele 3 și 4) au numărul gradelor de libertate mai mare decât 3 fiind independenți de medii adică lipsiți de capacități senzoriale și lucrând în buclă deschisă.

c) Roboţii inteligenţi sunt dotaţi cu capacităţi senzoriale şi lucrează în buclă închisă.

II.) Ḏupă comandă şi gradul de dezvoltare al inteligenţei artificiale: roboţii industriali se clasifică în generaţii sau nivele:

1 – R.I. din generaţia 1, acţionează pe baza unui program flexibil dar prestabilit de programator şi care nu se poate schimba în timpul execuţiei operaţiilor.

2 – R.I. din generaţia a 2-a se caracterizează prin faptul că programul flexibil prestabilit de programator poate fi modificat în măsură restrânsă în urma unor reacţii specifice ale mediului.

3 – R.I. din generaţia a 3-a posedă capacitatea de a-şi adapta singuri cu ajutorul unor dispozitive logice, într-o măsură restrânsă propriul program la condiţiile concrete ale mediului ambiant în vederea optimizării operaţiilor pe care le execută.

III.) Ḏupă numărul gradelor de libertate ale mişcării robotului: aceştia pot fi cu 2 până la 6 grade de libertate, la care se adaugă mişcările suplimentare ale dispozitivului de prehensiune (endefectorul), pentru orientarea la prinderea, desprinderea obiectului manipulat, etc.

Cele şase grade de libertate care le poate avea un robot sunt 3 translaţii de-a lungul axelor de coordonate şi trei rotaţii în jurul acestora.

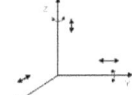

Marea majoritate a roboţilor construiţi până în prezent au 3-5 grade de libertate. Dintre aceştia roboţii cu 3 grade de libertate (care au o răspândire de 40,3 %) se împart în patru variante constructive în funcţie de mişcările pe care le execută (notate R-rotaţie şi T-translaţie)

- robot cartezian (TTT) este robotul al cărui braţ operează într-un spaţiu definit de coordonate carteziene (x,y,z)

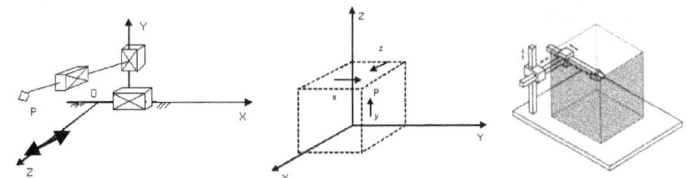

- robot cilindric (RTT) al cărui braţ operează într-un spaţiu definit de coordonate cilindrice r, α, y

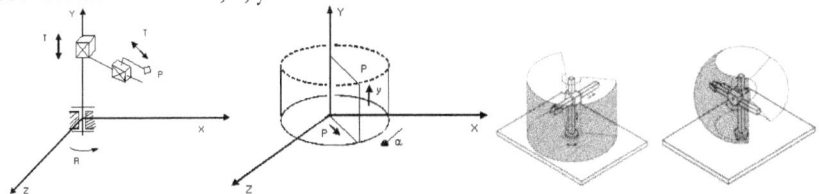

- robot sferic (RRT) a cărui spaţiu de lucru este sferic, definit de coordonatele sferice (α, φ, r)

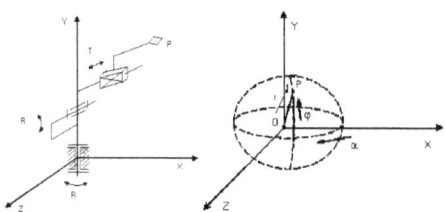

- robot antropomorf (RRR) la care deplasarea piesei se face după exteriorul unei zone sferice. Parametrii care determină poziţia braţului fiind coordonatele α, φ, ψ.

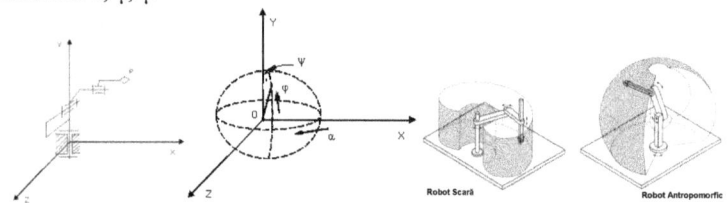

IV.) <u>După existenţa unor bucle interioare în construcţia robotului</u>: aceştia pot fi:

- cu lanţ cinematic deschis, **_roboţi seriali_** (roboţii prezentaţi până la acest punct);
- cu lanţ cinematic închis, care au în structura lor unul sau mai multe contururi poligonale închise, fapt care permite realizarea unor spaţii de lucru de o geometrie mai complicată şi conduce la o mai mare rigiditate a sistemului mecanic. Aici sunt cuprinşi şi **_roboţii paraleli._**

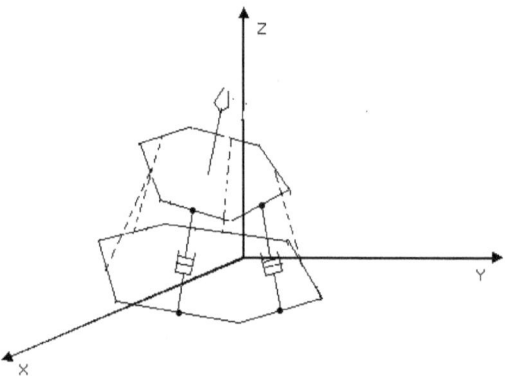

Roboţi industriali tip "braţ articulat" (BA), 4R, 6R

Acest tip de RI are ca mecanism generator de traiectorie un lanţ cinematic deschis compus din cuple cinematice de rotaţie.

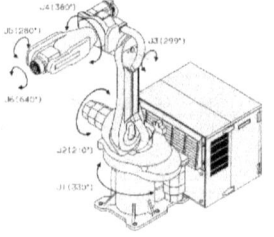

Aceştia au o mare supleţe şi penetraţie în spaţiul de lucru. Dezavantajul lor principal îl constituie rigiditatea redusă. Pe acest model s-au dezvoltat în continuare roboții 6R de astăzi (bazați numai pe rotații, utilizând ca acționare numai motoare electrice ușoare, compacte); aceștia au o rigiditate mai mare păstrând totodată penetrația și flexibilitatea modelelor 3R, 4R, și 5R. Aproape toate firmele importante vin astăzi cu modele 6R (pe care le îmbunătățesc în permanență). De ce s-au impus azi aceste modele de roboți (după ce zeci de ani diversitatea a fost cuvântul de ordine?); poate și din nevoia de standardizare, sau de a găsi o soluție comună, după o fragmentare uriașă (oricum nu sunt încă singurii roboți utilizați din categoria serialilor, dar au cea mai largă răspândire). Cele șase rotații (eliminarea totală a translațiilor, care aduc multe dezavantaje datorate cuplei T în sine) fac acționarea mai simplă, mai rapidă, cu randament mai ridicat, mai fiabilă, mai compactă și mai sigură; ele se văd mai clar pe schema din dreapta sus.

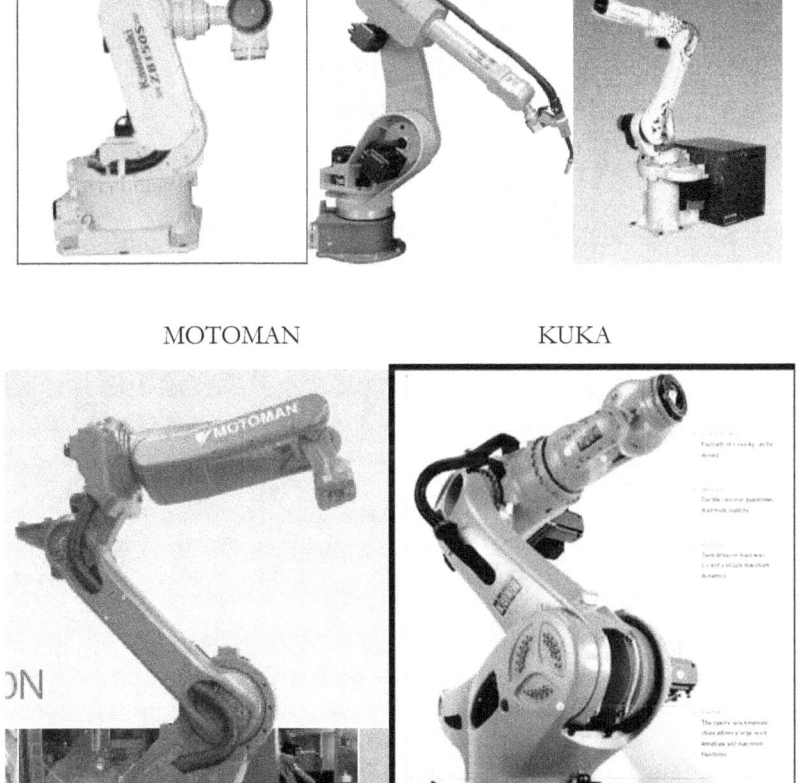

Kawasaki   Romat   FANUC

MOTOMAN   KUKA

Se mai folosesc azi și celule robotizate pregătite special pentru un anumit tip de operații.

Sisteme paralele

Acestea au pornit relativ recent de la „Platforma Stewart" dar s-au diversificat extrem de rapid.

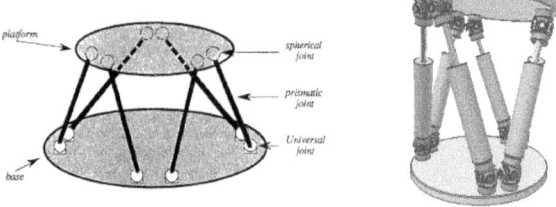

Platforma Stewart se bazează pe două plăci (platforme) plane prinse între ele prin diverse forme de articulații și elemente. Inițial (ca în figura din stânga sus) cuplele din partea inferioară erau articulații cardanice (cuple de clasa a patra C_4), iar cuplele din partea superioară erau sferice (cuple de clasa a treia); în total șase elemente de legătură și 12 cuple. (Dreapta avem numai C_4).

Analiza comparativă a roboților

Primul pas constă în determinarea mişcărilor elementelor componente ale traiectoriei impuse endefectorului. Se trece apoi la optimizarea traiectoriei folosind următorul set de reguli simple :

- minimizarea numărului de orientări ale dispozitivului de prehensiune în scopul reducerii numărului de cuple cinematice necesare şi în general a gradului de complexitate al robotului industrial; - reducerea la maximum a greutăţii obiectului manipulat; - reducerea volumului spaţiului de lucru; - alegerea structurii cu cel mai scăzut consum energetic în scopul micşorării costurilor; - simplificarea sistemului de programare; (de exemplu alegerea sistemului punct cu punct în locul controlului continuu al traiectoriei, acolo unde este posibil); - minimizarea numărului de senzori; - folosirea la maximum a posibilităţilor existente în scopul reducerii costului robotului și a timpului necesar îndeplinirii misiunii.

Cap 02_Geometria şi cinematica directă la MP-3R

Cinematica manipulatoarelor şi roboţilor seriali se va exemplifica pentru modelul cinematic 3R (vezi figura 01), sistem cu dificultate medie, ideal pentru înţelegerea fenomenului propriuzis dar şi pentru precizarea cunoştinţelor de bază necesare antamării calculelor şi pentru sisteme mai simple şi sau mai complexe.

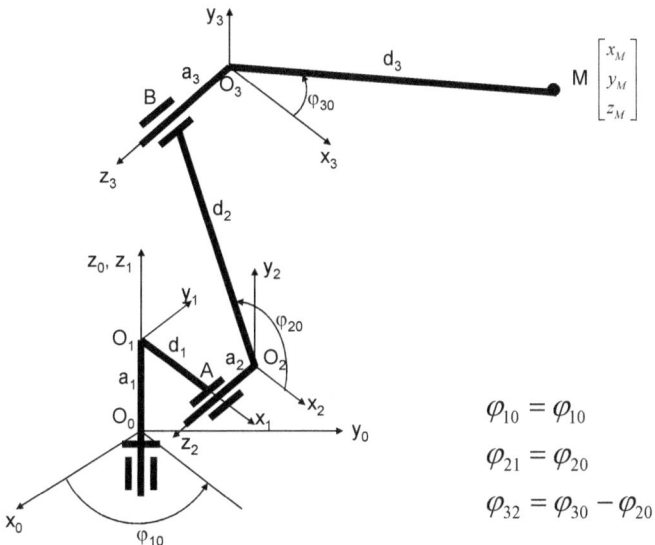

$$\varphi_{10} = \varphi_{10}$$

$$\varphi_{21} = \varphi_{20}$$

$$\varphi_{32} = \varphi_{30} - \varphi_{20}$$

Fig. 1. Geometria şi cinematica unui MP-3R

Sistemul fix de coordonate a fost notat cu $x_0 O_0 y_0 z_0$. Sistemele mobile legate (rigidizate) de cele trei elemente mobile (1, 2, 3) au indicii 1, 2 respectiv 3. Orientarea lor a fost aleasă convenabil dar se puteau alege şi alte orientări. Parametrii cinematici cunoscuţi (de intrare) în cinematica directă sunt unghiurile de rotaţie absolută a celor trei elemente mobile: φ_{10}, φ_{20}, φ_{30}, unghiuri legate de rotaţia celor trei actuatori (motoare electrice) montaţi în cuplele cinematice de rotaţie. Parametrii de determinat (de ieşire) sunt cele trei coordonate absolute x_M, y_M, z_M ale punctului M, adică parametrii cinematici (coordonatele) endeffectorului (elementului de acţionare (final), care poate fi o mână de apucat, un vârf de lipit, vopsit, tăiat, etc...).

Pentru început se scrie matricea vector (A_{01}) de schimbare a coordonatelor originii sistemului de coordonate, prin translatarea din O_0 în O_1, axele rămân paralele cu ele însăşi în permanenţă:

$$A_{01} = \begin{bmatrix} 0 \\ 0 \\ a_1 \end{bmatrix} \qquad (1)$$

În continuare se scrie matricea T_{01} de rotație a sistemului $x_1O_1y_1z_1$ față de sistemul $x_0O_0y_0z_0$, (aceasta este o matrice pătrată 3x3).

$$T_{01} = \begin{bmatrix} \alpha_x & \beta_x & \gamma_x \\ \alpha_y & \beta_y & \gamma_y \\ \alpha_z & \beta_z & \gamma_z \end{bmatrix} = \begin{bmatrix} \cos\varphi_{10} & -\sin\varphi_{10} & 0 \\ \sin\varphi_{10} & \cos\varphi_{10} & 0 \\ 0 & 0 & 1 \end{bmatrix} \qquad (2)$$

Pe prima coloană (aparținând coordonatelor lui O_1x_1) se trec coordonatele versorului lui O_1x_1 față de axele vechiului sistem $x_0O_0y_0z_0$; practic e vorba de proiecțiile versorului lui O_1x_1 pe axele vechiului sistem $x_0O_0y_0z_0$ de coordonate translatat în O_1 (dar nerotit; apare astfel doar rotația efectivă, fără translație).

$$\begin{bmatrix} \alpha_x \\ \alpha_y \\ \alpha_z \end{bmatrix} \qquad (3)$$

Pe a doua coloană a matricei T_{01} se trec coordonatele versorului axei O_1y_1 față de axele vechiului sistem $x_0O_0y_0z_0$ translatat în O_1 fără rotație (practic e vorba de coordonatele acestui versor față de vechile axe de referință translatate dar nerotite).

$$\begin{bmatrix} \beta_x \\ \beta_y \\ \beta_z \end{bmatrix} \qquad (4)$$

Pe a treia coloană a matricei T_{01} se trec coordonatele versorului axei O_1z_1 față de axele vechiului sistem $x_0O_0y_0z_0$ translatat în O_1 fără rotație (practic e vorba de coordonatele acestui versor față de vechile axe de referință translatate dar nerotite).

$$\begin{bmatrix} \gamma_x \\ \gamma_y \\ \gamma_z \end{bmatrix} \qquad (5)$$

În cazul ales, versorul lui O_1x_1 (versorul are întotdeauna modulul 1) are față de vechiul sistem de axe $x_0O_0y_0z_0$ translatat în O_1 fără rotație următoarele coordonate:

$$\begin{bmatrix} \alpha_x = 1 \cdot \cos\varphi_{10} = \cos\varphi_{10} \\ \alpha_y = 1 \cdot \sin\varphi_{10} = \sin\varphi_{10} \\ \alpha_z = 1 \cdot \cos 90^0 = 1 \cdot 0 = 0 \end{bmatrix} \qquad (6)$$

Versorul lui O_1y_1 are față de vechiul sistem de axe $x_0O_0y_0z_0$ translatat în O_1 fără rotație următoarele coordonate:

$$\begin{bmatrix} \beta_x = -1 \cdot \sin\varphi_{10} = -\sin\varphi_{10} \\ \beta_y = 1 \cdot \cos\varphi_{10} = \cos\varphi_{10} \\ \beta_z = 1 \cdot \cos 90^0 = 1 \cdot 0 = 0 \end{bmatrix} \qquad (7)$$

Versorul lui O_1z_1 are față de vechiul sistem de axe $x_0O_0y_0z_0$ translatat în O_1 fără rotație următoarele coordonate:

$$\begin{bmatrix} \gamma_x = 1 \cdot \cos 90^0 = 1 \cdot 0 = 0 \\ \gamma_y = 1 \cdot \cos 90^0 = 1 \cdot 0 = 0 \\ \gamma_z = 1 \cdot \cos 0^0 = 1 \cdot 1 = 1 \end{bmatrix} \qquad (8)$$

A se vedea matricea T_{01} obținută (relația 2).

Trecerea de la sistemul $x_1O_1y_1z_1$ la sistemul de coordonate $x_2O_2y_2z_2$ se face în două etape distincte. Prima este o translație a întregului sistem astfel încât (axele fiind paralele cu ele însăși) central O_1 să se deplaseze în O_2; apoi urmează etapa a doua în care are loc o rotație a sistemului axele rotindu-se iar centrul O rămânând în permanență fix. Translația sistemului de la 1 la 2 se marchează prin matricea de tip vector coloană A_{12}.

$$A_{12} = \begin{bmatrix} d_1 \\ a_2 \\ 0 \end{bmatrix} \qquad (9)$$

Pe vechea axă O_1x_1, O_2 s-a translatat cu d_1, pe axa O_1y_1, O_2 s-a translatat cu a_2, iar pe axa O_1z_1, O_2 nu a suferit nici o translație.

Versorul lui O_2x_2 are față de sistemul $x_1O_1y_1z_1$ (translatat, dar nu și rotit) coordonatele:

$$\alpha_x = 1; \quad \alpha_y = 0; \quad \alpha_z = 0 \qquad (10)$$

Versorul lui O_2y_2 are față de sistemul $x_1O_1y_1z_1$ translatat în O_2 (nu și rotit) coordonatele:

$$\beta_x = 0; \quad \beta_y = 0; \quad \beta_z = 1 \tag{11}$$

Deoarece acum O_2y_2 a luat locul axei O_1z_1.

Versorul lui O_2z_2 are față de sistemul $x_1O_1y_1z_1$ translatat în O_2 (nu și rotit) coordonatele:

$$\gamma_x = 0; \quad \gamma_y = -1; \quad \gamma_z = 0 \tag{12}$$

Deoarece axa O_2z_2 a luat locul axei O_1y_1 fiind însă de sens opus ei.

Matricea pătrată de transfer (de rotație) se scrie:

$$T_{12} = \begin{bmatrix} \alpha_x & \beta_x & \gamma_x \\ \alpha_y & \beta_y & \gamma_y \\ \alpha_z & \beta_z & \gamma_z \end{bmatrix} = \begin{bmatrix} 1 & 0 & 0 \\ 0 & 0 & -1 \\ 0 & 1 & 0 \end{bmatrix} \tag{13}$$

Trecerea de la sistemul $x_2O_2y_2z_2$ la sistemul de coordonate $x_3O_3y_3z_3$ se face tot în două etape distinct, o translație și o rotație.

O_2 translatează în O_3 (axele păstrându-se paralele cu ele însăși).

$$A_{23} = \begin{bmatrix} d_2 \cdot \cos\varphi_{20} \\ d_2 \cdot \sin\varphi_{20} \\ -a_3 \end{bmatrix} \tag{14}$$

Apoi O_3 stă pe loc și axele se rotesc. Versorul lui O_3x_3 are față de sistemul de axe $x_2O_2y_2z_2$ translatat în O_3 (nerotit) coordonatele α:

$$\alpha_x = 1; \quad \alpha_y = 0; \quad \alpha_z = 0 \tag{15}$$

Versorul lui O_3y_3 are față de sistemul de axe $x_2O_2y_2z_2$ translatat în O_3 (nerotit) coordonatele β:

$$\beta_x = 0; \quad \beta_y = 1; \quad \beta_z = 0 \tag{16}$$

Versorul lui O_3z_3 are față de sistemul de axe $x_2O_2y_2z_2$ translatat în O_3 (nerotit) coordonatele γ:

$$\gamma_x = 0; \quad \gamma_y = 0; \quad \gamma_z = 1 \tag{17}$$

Practic sistemul $x_3O_3y_3z_3$ nu s-a rotit absolut deloc față de sistemul $x_2O_2y_2z_2$ (de la 2 la 3 a avut loc doar o translație). Matricea de rotație în acest caz este matricea unitate.

$$T_{23} = \begin{bmatrix} \alpha_x & \beta_x & \gamma_x \\ \alpha_y & \beta_y & \gamma_y \\ \alpha_z & \beta_z & \gamma_z \end{bmatrix} = \begin{bmatrix} 1 & 0 & 0 \\ 0 & 1 & 0 \\ 0 & 0 & 1 \end{bmatrix} \tag{18}$$

Matricea vector (coloană) care poziționează punctul M în sistemul de coordonate $x_3O_3y_3z_3$ se scrie:

$$X_{3M} = \begin{bmatrix} x_{3M} \\ y_{3M} \\ z_{3M} \end{bmatrix} = \begin{bmatrix} d_3 \cdot \cos \varphi_{30} \\ d_3 \cdot \sin \varphi_{30} \\ 0 \end{bmatrix} \tag{19}$$

Coordonatele punctului M în sistemul (2) $x_2O_2y_2z_2$ (adică față de el) se obțin printr-o transformare matriceală de forma:

$$X_{2M} = A_{23} + T_{23} \cdot X_{3M} \tag{20}$$

Se efectuează întâi produsul matricelor:

$$T_{23} \cdot X_{3M} = \begin{bmatrix} 1 & 0 & 0 \\ 0 & 1 & 0 \\ 0 & 0 & 1 \end{bmatrix} \cdot \begin{bmatrix} d_3 \cdot \cos \varphi_{30} \\ d_3 \cdot \sin \varphi_{30} \\ 0 \end{bmatrix} = \begin{bmatrix} d_3 \cdot \cos \varphi_{30} \\ d_3 \cdot \sin \varphi_{30} \\ 0 \end{bmatrix} \tag{21}$$

Se calculează apoi X_{2M}.

$$X_{2M} = A_{23} + T_{23} \cdot X_{3M} = \begin{bmatrix} d_2 \cdot \cos \varphi_{20} \\ d_2 \cdot \sin \varphi_{20} \\ -a_3 \end{bmatrix} + \begin{bmatrix} d_3 \cdot \cos \varphi_{30} \\ d_3 \cdot \sin \varphi_{30} \\ 0 \end{bmatrix} = $$

(22)

$$= \begin{bmatrix} d_2 \cdot \cos \varphi_{20} + d_3 \cdot \cos \varphi_{30} \\ d_2 \cdot \sin \varphi_{20} + d_3 \cdot \sin \varphi_{30} \\ -a_3 \end{bmatrix}$$

Coordonatele punctului M în (față de) sistemul (1) $x_1 O_1 y_1 z_1$ se obțin astfel:

$$X_{1M} = A_{12} + T_{12} \cdot X_{2M}$$

(23)

$$T_{12} \cdot X_{2M} = \begin{bmatrix} 1 & 0 & 0 \\ 0 & 0 & -1 \\ 0 & 1 & 0 \end{bmatrix} \cdot \begin{bmatrix} d_2 \cdot \cos \varphi_{20} + d_3 \cdot \cos \varphi_{30} \\ d_2 \cdot \sin \varphi_{20} + d_3 \cdot \sin \varphi_{30} \\ -a_3 \end{bmatrix} = $$

(24)

$$= \begin{bmatrix} d_2 \cdot \cos \varphi_{20} + d_3 \cdot \cos \varphi_{30} \\ a_3 \\ d_2 \cdot \sin \varphi_{20} + d_3 \cdot \sin \varphi_{30} \end{bmatrix}$$

$$X_{1M} = A_{12} + T_{12} \cdot X_{2M} = \begin{bmatrix} d_1 \\ a_2 \\ 0 \end{bmatrix} + \begin{bmatrix} d_2 \cdot \cos \varphi_{20} + d_3 \cdot \cos \varphi_{30} \\ a_3 \\ d_2 \cdot \sin \varphi_{20} + d_3 \cdot \sin \varphi_{30} \end{bmatrix} = $$

(25)

$$= \begin{bmatrix} d_1 + d_2 \cdot \cos \varphi_{20} + d_3 \cdot \cos \varphi_{30} \\ a_2 + a_3 \\ d_2 \cdot \sin \varphi_{20} + d_3 \cdot \sin \varphi_{30} \end{bmatrix}$$

Coordonatele punctului M în sistemul fix $x_0 O_0 y_0 z_0$ se scriu:

504

$$X_{0M} = A_{01} + T_{01} \cdot X_{1M} \tag{26}$$

$$T_{01} \cdot X_{1M} = \begin{bmatrix} \cos\varphi_{10} & -\sin\varphi_{10} & 0 \\ \sin\varphi_{10} & \cos\varphi_{10} & 0 \\ 0 & 0 & 1 \end{bmatrix} \cdot \begin{bmatrix} d_1 + d_2 \cdot \cos\varphi_{20} + d_3 \cdot \cos\varphi_{30} \\ a_2 + a_3 \\ d_2 \cdot \sin\varphi_{20} + d_3 \cdot \sin\varphi_{30} \end{bmatrix} \tag{27}$$

$$T_{01} \cdot X_{1M} = \begin{bmatrix} (d_1 + d_2 \cdot \cos\varphi_{20} + d_3 \cdot \cos\varphi_{30}) \cdot \cos\varphi_{10} - (a_2 + a_3) \cdot \sin\varphi_{10} \\ (d_1 + d_2 \cdot \cos\varphi_{20} + d_3 \cdot \cos\varphi_{30}) \cdot \sin\varphi_{10} + (a_2 + a_3) \cdot \cos\varphi_{10} \\ d_2 \cdot \sin\varphi_{20} + d_3 \cdot \sin\varphi_{30} \end{bmatrix} \tag{27'}$$

$$X_{0M} = A_{01} + T_{01} \cdot X_{1M} =$$
$$= \begin{bmatrix} 0 \\ 0 \\ a_1 \end{bmatrix} + \begin{bmatrix} (d_1 + d_2 \cdot \cos\varphi_{20} + d_3 \cdot \cos\varphi_{30}) \cdot \cos\varphi_{10} - (a_2 + a_3) \cdot \sin\varphi_{10} \\ (d_1 + d_2 \cdot \cos\varphi_{20} + d_3 \cdot \cos\varphi_{30}) \cdot \sin\varphi_{10} + (a_2 + a_3) \cdot \cos\varphi_{10} \\ d_2 \cdot \sin\varphi_{20} + d_3 \cdot \sin\varphi_{30} \end{bmatrix} = \tag{28}$$
$$= \begin{bmatrix} (d_1 + d_2 \cdot \cos\varphi_{20} + d_3 \cdot \cos\varphi_{30}) \cdot \cos\varphi_{10} - (a_2 + a_3) \cdot \sin\varphi_{10} \\ (d_1 + d_2 \cdot \cos\varphi_{20} + d_3 \cdot \cos\varphi_{30}) \cdot \sin\varphi_{10} + (a_2 + a_3) \cdot \cos\varphi_{10} \\ a_1 + d_2 \cdot \sin\varphi_{20} + d_3 \cdot \sin\varphi_{30} \end{bmatrix}$$

X_{0M} se pune sub forma:

$$X_{0M} = \begin{bmatrix} x_M \\ y_M \\ z_M \end{bmatrix} = \tag{29}$$
$$\begin{bmatrix} d_1 \cdot \cos\varphi_{10} - a_2 \cdot \sin\varphi_{10} + d_2 \cdot \cos\varphi_{20} \cdot \cos\varphi_{10} - a_3 \cdot \sin\varphi_{10} + d_3 \cdot \cos\varphi_{30} \cdot \cos\varphi_{10} \\ d_1 \cdot \sin\varphi_{10} + a_2 \cdot \cos\varphi_{10} + d_2 \cdot \cos\varphi_{20} \cdot \sin\varphi_{10} + a_3 \cdot \cos\varphi_{10} + d_3 \cdot \cos\varphi_{30} \cdot \sin\varphi_{10} \\ a_1 + d_2 \cdot \sin\varphi_{20} + d_3 \cdot \sin\varphi_{30} \end{bmatrix}$$

Aceleași calcule vor fi urmărite în continuare printr-o metodă directă, având în vedere calculele matriciale.

$$X_{0M} = A_{01} + T_{01} \cdot X_{1M} = A_{01} + T_{01} \cdot (A_{12} + T_{12} \cdot X_{2M}) =$$
$$= A_{01} + T_{01} \cdot A_{12} + T_{01} \cdot T_{12} \cdot X_{2M} = A_{01} + T_{01} \cdot A_{12} + T_{01} \cdot T_{12} \cdot (A_{23} + T_{23} \cdot X_{3M}) = \qquad (30)$$
$$= A_{01} + T_{01} \cdot A_{12} + T_{01} \cdot T_{12} \cdot A_{23} + T_{01} \cdot T_{12} \cdot T_{23} \cdot X_{3M}$$

Se reține relația:

$$X_{0M} = A_{01} + T_{01} \cdot A_{12} + T_{01} \cdot T_{12} \cdot A_{23} + T_{01} \cdot T_{12} \cdot T_{23} \cdot X_{3M} \qquad (30')$$

Se efectuează produsele matriciale din expresia (30') aceasta rămânând sub forma unei sume de matrice.

$$T_{01} \cdot A_{12} = \begin{bmatrix} \cos\varphi_{10} & -\sin\varphi_{10} & 0 \\ \sin\varphi_{10} & \cos\varphi_{10} & 0 \\ 0 & 0 & 1 \end{bmatrix} \cdot \begin{bmatrix} d_1 \\ a_2 \\ 0 \end{bmatrix} = \begin{bmatrix} d_1 \cdot \cos\varphi_{10} - a_2 \cdot \sin\varphi_{10} \\ d_1 \cdot \sin\varphi_{10} + a_2 \cdot \cos\varphi_{10} \\ 0 \end{bmatrix} \qquad (31)$$

$$T_{01} \cdot T_{12} = \begin{bmatrix} \cos\varphi_{10} & -\sin\varphi_{10} & 0 \\ \sin\varphi_{10} & \cos\varphi_{10} & 0 \\ 0 & 0 & 1 \end{bmatrix} \cdot \begin{bmatrix} 1 & 0 & 0 \\ 0 & 0 & -1 \\ 0 & 1 & 0 \end{bmatrix} = \begin{bmatrix} \cos\varphi_{10} & 0 & \sin\varphi_{10} \\ \sin\varphi_{10} & 0 & -\cos\varphi_{10} \\ 0 & 1 & 0 \end{bmatrix} \qquad (32)$$

$$T_{01} \cdot T_{12} \cdot A_{23} = \begin{bmatrix} \cos\varphi_{10} & 0 & \sin\varphi_{10} \\ \sin\varphi_{10} & 0 & -\cos\varphi_{10} \\ 0 & 1 & 0 \end{bmatrix} \cdot \begin{bmatrix} d_2 \cdot \cos\varphi_{20} \\ d_2 \cdot \sin\varphi_{20} \\ -a_3 \end{bmatrix} = $$
$$(33)$$
$$= \begin{bmatrix} d_2 \cdot \cos\varphi_{10} \cdot \cos\varphi_{20} - a_3 \cdot \sin\varphi_{10} \\ d_2 \cdot \sin\varphi_{10} \cdot \cos\varphi_{20} + a_3 \cdot \cos\varphi_{10} \\ d_2 \cdot \sin\varphi_{20} \end{bmatrix}$$

$$T_{01} \cdot T_{12} \cdot T_{23} = \begin{bmatrix} \cos\varphi_{10} & 0 & \sin\varphi_{10} \\ \sin\varphi_{10} & 0 & -\cos\varphi_{10} \\ 0 & 1 & 0 \end{bmatrix} \cdot \begin{bmatrix} 1 & 0 & 0 \\ 0 & 1 & 0 \\ 0 & 0 & 1 \end{bmatrix} =$$

$$= \begin{bmatrix} \cos\varphi_{10} & 0 & \sin\varphi_{10} \\ \sin\varphi_{10} & 0 & -\cos\varphi_{10} \\ 0 & 1 & 0 \end{bmatrix} \tag{34}$$

$$T_{01} \cdot T_{12} \cdot T_{23} \cdot X_{3M} = \begin{bmatrix} \cos\varphi_{10} & 0 & \sin\varphi_{10} \\ \sin\varphi_{10} & 0 & -\cos\varphi_{10} \\ 0 & 1 & 0 \end{bmatrix} \cdot \begin{bmatrix} d_3 \cdot \cos\varphi_{30} \\ d_3 \cdot \sin\varphi_{30} \\ 0 \end{bmatrix} =$$

$$= \begin{bmatrix} d_3 \cdot \cos\varphi_{10} \cdot \cos\varphi_{30} \\ d_3 \cdot \sin\varphi_{10} \cdot \cos\varphi_{30} \\ d_3 \cdot \sin\varphi_{30} \end{bmatrix} \tag{35}$$

$$X_{0M} = \begin{bmatrix} 0 \\ 0 \\ a_1 \end{bmatrix} + \begin{bmatrix} d_1 \cdot \cos\varphi_{10} - a_2 \cdot \sin\varphi_{10} \\ d_1 \cdot \sin\varphi_{10} + a_2 \cdot \cos\varphi_{10} \\ 0 \end{bmatrix} + \begin{bmatrix} d_2 \cdot \cos\varphi_{10} \cdot \cos\varphi_{20} - a_3 \cdot \sin\varphi_{10} \\ d_2 \cdot \sin\varphi_{10} \cdot \cos\varphi_{20} + a_3 \cdot \cos\varphi_{10} \\ d_2 \cdot \sin\varphi_{20} \end{bmatrix} +$$

$$+ \begin{bmatrix} d_3 \cdot \cos\varphi_{10} \cdot \cos\varphi_{30} \\ d_3 \cdot \sin\varphi_{10} \cdot \cos\varphi_{30} \\ d_3 \cdot \sin\varphi_{30} \end{bmatrix} = \begin{bmatrix} x_M \\ y_M \\ z_M \end{bmatrix} = \tag{36}$$

$$= \begin{bmatrix} d_1 \cdot \cos\varphi_{10} - a_2 \cdot \sin\varphi_{10} + d_2 \cdot \cos\varphi_{20} \cdot \cos\varphi_{10} - a_3 \cdot \sin\varphi_{10} + d_3 \cdot \cos\varphi_{30} \cdot \cos\varphi_{10} \\ d_1 \cdot \sin\varphi_{10} + a_2 \cdot \cos\varphi_{10} + d_2 \cdot \cos\varphi_{20} \cdot \sin\varphi_{10} + a_3 \cdot \cos\varphi_{10} + d_3 \cdot \cos\varphi_{30} \cdot \sin\varphi_{10} \\ a_1 + d_2 \cdot \sin\varphi_{20} + d_3 \cdot \sin\varphi_{30} \end{bmatrix}$$

Prin cinematica directă se obţin coordonatele carteziene x_M, y_M, z_M ale punctului M (endeffectorul) în funcţie de cele trei deplasări unghiulare independente φ_{10}, φ_{20}, φ_{30}, obţinute cu ajutorul actuatorilor.

$$
\begin{cases}
x_M = f_x(\varphi_{10}, \ \varphi_{20}, \ \varphi_{30}) \\[2mm]
y_M = f_y(\varphi_{10}, \ \varphi_{20}, \ \varphi_{30}) \\[2mm]
z_M = f_z(\varphi_{10}, \ \varphi_{20}, \ \varphi_{30})
\end{cases}
\tag{37}
$$

$$
\begin{cases}
x_M = d_1 \cdot \cos\varphi_{10} - a_2 \cdot \sin\varphi_{10} + d_2 \cdot \cos\varphi_{20} \cdot \cos\varphi_{10} - a_3 \cdot \sin\varphi_{10} + d_3 \cdot \cos\varphi_{30} \cdot \cos\varphi_{10} \\
y_M = d_1 \cdot \sin\varphi_{10} + a_2 \cdot \cos\varphi_{10} + d_2 \cdot \cos\varphi_{20} \cdot \sin\varphi_{10} + a_3 \cdot \cos\varphi_{10} + d_3 \cdot \cos\varphi_{30} \cdot \sin\varphi_{10} \\
z_M = a_1 + d_2 \cdot \sin\varphi_{20} + d_3 \cdot \sin\varphi_{30}
\end{cases}
\tag{38}
$$

Calculele se fac cu deplasările unghiulare absolute, dar deplasările actuatorilor nu coincid toate cu cele independente. Ele se determină astfel:

$$
\begin{aligned}
\varphi_{10} &= \varphi_{10} \\
\varphi_{21} &= \varphi_{20} \\
\varphi_{32} &= \varphi_{30} - \varphi_{20}
\end{aligned}
\tag{39}
$$

Primele două rotaţii relative ale actuatorilor coincid cu rotaţiile independente (utilizate în calcule), dar a treia rotaţie relativă a ultimului actuator se obţine ca o diferenţă între două rotaţii absolute.

Vitezele şi acceleraţiile se obţin prin derivarea relaţiilor (38) cu timpul.

Cap 03_Geometria şi cinematica directă
la MP-3R cu ajutorul operatorilor 4x4

Cinematica manipulatoarelor şi roboţilor seriali se va exemplifica pentru modelul cinematic 3R (vezi figura 01).

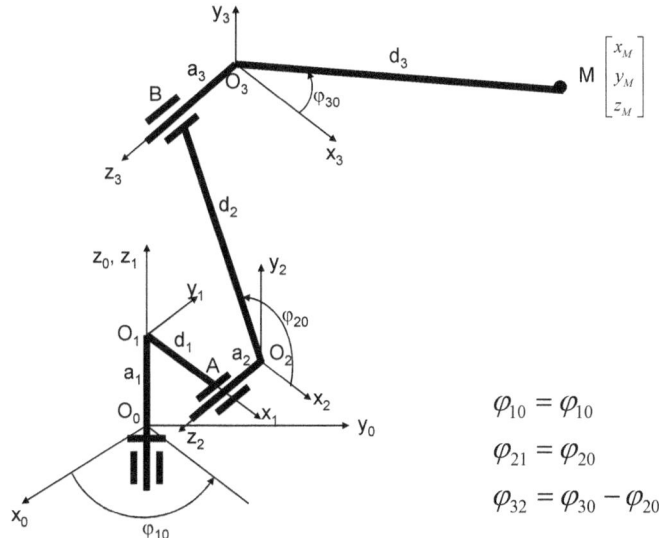

Fig. 1. Geometria şi cinematica unui MP-3R

Sistemul fix de coordonate a fost notat cu $x_0O_0y_0z_0$. Sistemele mobile legate (rigidizate) de cele trei elemente mobile (1, 2, 3) au indicii 1, 2 respectiv 3. Orientarea lor a fost aleasă convenabil. Parametrii cinematici cunoscuţi (de intrare) în cinematica directă sunt unghiurile de rotaţie absolută a celor trei elemente mobile: φ_{10}, φ_{20}, φ_{30}, unghiuri legate de rotaţia celor trei actuatori (motoare electrice) montaţi în cuplele cinematice de rotaţie. Parametrii de determinat (de ieşire) sunt cele trei coordonate absolute x_M, y_M, z_M ale punctului M, adică parametrii cinematici (coordonatele) endeffectorului (elementului de acţionare (final), care poate fi o mână de apucat, un vârf de lipit, vopsit, tăiat, etc...).

Matricile 3x3 se transforma în 4x4 (e vorba de un operator matematic) prin adaugarea a doi vectori zero (formati din trei elemente 0), unul linie şi altul coloană, şi adăugarea şi a unui element 1 pe diagonala principală (ultimul element). Matricea T_{01} îmbrăcată devine $T_{01}{}^4$.

$$T_{01} = \begin{bmatrix} \alpha_x & \beta_x & \gamma_x \\ \alpha_y & \beta_y & \gamma_y \\ \alpha_z & \beta_z & \gamma_z \end{bmatrix} = \begin{bmatrix} \cos\varphi_{10} & -\sin\varphi_{10} & 0 \\ \sin\varphi_{10} & \cos\varphi_{10} & 0 \\ 0 & 0 & 1 \end{bmatrix} \Rightarrow$$

$$\Rightarrow T_{01}^4 = \begin{bmatrix} \alpha_x & \beta_x & \gamma_x & 0 \\ \alpha_y & \beta_y & \gamma_y & 0 \\ \alpha_z & \beta_z & \gamma_z & 0 \\ 0 & 0 & 0 & 1 \end{bmatrix} = \begin{bmatrix} \cos\varphi_{10} & -\sin\varphi_{10} & 0 & 0 \\ \sin\varphi_{10} & \cos\varphi_{10} & 0 & 0 \\ 0 & 0 & 1 & 0 \\ 0 & 0 & 0 & 1 \end{bmatrix} \tag{1}$$

Matricea de tip vector coloană (formată din trei elemente) suferă o transformare minimă primind un al patrulea element de valoare fixă 1, pentru cazul utilizării ei doar la produse de matrice.

Forma comodă a matricii A_{12} este $A_{12}{}^c$.

$$A_{12} = \begin{bmatrix} d_1 \\ a_2 \\ 0 \end{bmatrix} \Rightarrow A_{12}^c = \begin{bmatrix} d_1 \\ a_2 \\ 0 \\ 1 \end{bmatrix} \tag{2}$$

Produsul rezultat este tot un vector coloană 4x1:

$$T_{01}^4 \cdot A_{12}^c = \begin{bmatrix} \cos\varphi_{10} & -\sin\varphi_{10} & 0 & 0 \\ \sin\varphi_{10} & \cos\varphi_{10} & 0 & 0 \\ 0 & 0 & 1 & 0 \\ 0 & 0 & 0 & 1 \end{bmatrix} \cdot \begin{bmatrix} d_1 \\ a_2 \\ 0 \\ 1 \end{bmatrix} = \begin{bmatrix} d_1 \cdot \cos\varphi_{10} - a_2 \cdot \sin\varphi_{10} \\ d_1 \cdot \sin\varphi_{10} + a_2 \cdot \cos\varphi_{10} \\ 0 \\ 1 \end{bmatrix} \tag{3}$$

Când matricile vector se înmulțesc este suficientă transformarea lor în operatorul matematic vector coloană 4x1. Dacă însă o matrice vector trebuie să se adune pentru transformarea sumei (din spațiul cu 3 dimensiuni 3x3 ori 3x1) într-o operație de înmulțire (produs, în spațiul cu 4 dimensiuni 4x4 sau 4x1) de matrici, nu se mai admit forme 4x1 ci doar 4x4.

$$T_{01}^4 \cdot T_{12}^4 = \begin{bmatrix} \cos\varphi_{10} & -\sin\varphi_{10} & 0 & 0 \\ \sin\varphi_{10} & \cos\varphi_{10} & 0 & 0 \\ 0 & 0 & 1 & 0 \\ 0 & 0 & 0 & 1 \end{bmatrix} \cdot \begin{bmatrix} 1 & 0 & 0 & 0 \\ 0 & 0 & -1 & 0 \\ 0 & 1 & 0 & 0 \\ 0 & 0 & 0 & 1 \end{bmatrix} = \tag{4}$$

$$= \begin{bmatrix} \cos\varphi_{10} & 0 & \sin\varphi_{10} & 0 \\ \sin\varphi_{10} & 0 & -\cos\varphi_{10} & 0 \\ 0 & 1 & 0 & 0 \\ 0 & 0 & 0 & 1 \end{bmatrix}$$

$$T_{01}^4 \cdot T_{12}^4 \cdot A_{23}^c = \begin{bmatrix} \cos\varphi_{10} & 0 & \sin\varphi_{10} & 0 \\ \sin\varphi_{10} & 0 & -\cos\varphi_{10} & 0 \\ 0 & 1 & 0 & 0 \\ 0 & 0 & 0 & 1 \end{bmatrix} \cdot \begin{bmatrix} d_2 \cdot \cos\varphi_{20} \\ d_2 \cdot \sin\varphi_{20} \\ -a_3 \end{bmatrix} = \tag{5}$$

$$= \begin{bmatrix} d_2 \cdot \cos\varphi_{10} \cdot \cos\varphi_{20} - a_3 \cdot \sin\varphi_{10} \\ d_2 \cdot \sin\varphi_{10} \cdot \sin\varphi_{20} + a_3 \cdot \cos\varphi_{10} \\ d_2 \cdot \sin\varphi_{20} \\ 1 \end{bmatrix}$$

$$T_{01}^4 \cdot T_{12}^4 \cdot T_{23}^4 = \begin{bmatrix} \cos\varphi_{10} & 0 & \sin\varphi_{10} & 0 \\ \sin\varphi_{10} & 0 & -\cos\varphi_{10} & 0 \\ 0 & 1 & 0 & 0 \\ 0 & 0 & 0 & 1 \end{bmatrix} \cdot \begin{bmatrix} 1 & 0 & 0 & 0 \\ 0 & 1 & 0 & 0 \\ 0 & 0 & 1 & 0 \\ 0 & 0 & 0 & 1 \end{bmatrix} \tag{6}$$

$$T_{01}^4 \cdot T_{12}^4 \cdot T_{23}^4 = \begin{bmatrix} \cos\varphi_{10} & 0 & \sin\varphi_{10} & 0 \\ \sin\varphi_{10} & 0 & -\cos\varphi_{10} & 0 \\ 0 & 1 & 0 & 0 \\ 0 & 0 & 0 & 1 \end{bmatrix} \qquad (6')$$

$$T_{01}^4 \cdot T_{12}^4 \cdot T_{23}^4 \cdot X_{3M}^c = \begin{bmatrix} \cos\varphi_{10} & 0 & \sin\varphi_{10} & 0 \\ \sin\varphi_{10} & 0 & -\cos\varphi_{10} & 0 \\ 0 & 1 & 0 & 0 \\ 0 & 0 & 0 & 1 \end{bmatrix} \cdot \begin{bmatrix} d_3 \cdot \cos\varphi_{30} \\ d_3 \cdot \sin\varphi_{30} \\ 0 \end{bmatrix} = \qquad (7)$$

$$= \begin{bmatrix} d_3 \cdot \cos\varphi_{10} \cdot \cos\varphi_{30} \\ d_3 \cdot \sin\varphi_{10} \cdot \cos\varphi_{30} \\ d_3 \cdot \sin\varphi_{30} \\ 1 \end{bmatrix}$$

Ne-am pregătit matricele necesare însumării, acum putem trece direct la adunarea lor în forma vectori coloană (3x1 sau 4x1). În acest fel se obține rezultatul final direct, iar operatorii cu care ne-am complicat nu mai folosesc la nimic (aparent). Vom folosi totuși forma cu operatori mai întâi pentru a vedea cum funcționează aceștia, iar apoi vom relua algoritmul în mod inteligent pentru a înțelege rolul operatorilor. Pentru a transforma adunarea în înmulțire (produs de matrice) prin operatori, trebuie obligatoriu să avem matrice 4x4. În acest caz fie că avem un produs, fie că e vorba de o sumă efectuăm produsul matricelor operatori 4x4 (deci utilizând matricele lărgite la 4x4 efectuăm numai produs de matrice indiferent dacă e vorba de o sumă în 3x3 sau de o înmulțire). O matrice vector 4x1 se scrie operațional 4x4 prin completarea matricei unitate 3x3 dedesuptul ei cu un vector zero linie 1x3 (0, 0, 0) iar la dreapta cu vectorul original 4x1.

La efectuarea sumei propriuzise lucrurile se complică iar la prima vedere această complicație pare inutilă, însă rolul ei este unul esențial (așa cum o să vedem mai târziu) pentru a putea lucra direct cu matrice de transfer. Acesta este rolul real al operatorilor.

Adunarea care trebuie efectuată este (între matricele operatori se pune semnul · în loc de +): $A_{01}^4 + (T_{01}^4 \cdot A_{12}^c)^4 + (T_{01}^4 \cdot T_{12}^4 \cdot A_{23}^c)^4 + (T_{01}^4 \cdot T_{12}^4 \cdot T_{23}^4 \cdot X_{3M}^c)^4$

(a se vedea relația (8):

$$A_{01}^4 + (T_{01}^4 \cdot A_{12}^c)^4 + (T_{01}^4 \cdot T_{12}^4 \cdot A_{23}^c)^4 + (T_{01}^4 \cdot T_{12}^4 \cdot T_{23}^4 \cdot X_{3M}^c)^4 =$$

$$
= \begin{bmatrix} 1 & 0 & 0 & 0 \\ 0 & 1 & 0 & 0 \\ 0 & 0 & 1 & a_1 \\ 0 & 0 & 0 & 1 \end{bmatrix} \cdot \begin{bmatrix} 1 & 0 & 0 & (d_1 \cdot \cos\varphi_{10} - a_2 \cdot \sin\varphi_{10}) \\ 0 & 1 & 0 & (d_1 \cdot \sin\varphi_{10} + a_2 \cdot \cos\varphi_{10}) \\ 0 & 0 & 1 & 0 \\ 0 & 0 & 0 & 1 \end{bmatrix} \cdot
$$

$$
\cdot \begin{bmatrix} 1 & 0 & 0 & (d_2 \cdot \cos\varphi_{10} \cdot \cos\varphi_{20} - a_3 \cdot \sin\varphi_{10}) \\ 0 & 1 & 0 & (d_2 \cdot \sin\varphi_{10} \cdot \cos\varphi_{20} + a_3 \cdot \cos\varphi_{10}) \\ 0 & 0 & 1 & d_2 \cdot \sin\varphi_{20} \\ 0 & 0 & 0 & 1 \end{bmatrix} \cdot
$$

$$
\cdot \begin{bmatrix} 1 & 0 & 0 & (d_3 \cdot \cos\varphi_{10} \cdot \cos\varphi_{30}) \\ 0 & 1 & 0 & (d_3 \cdot \sin\varphi_{10} \cdot \cos\varphi_{30}) \\ 0 & 0 & 1 & d_3 \cdot \sin\varphi_{30} \\ 0 & 0 & 0 & 1 \end{bmatrix} = \begin{bmatrix} 1 & 0 & 0 & (d_1 \cdot \cos\varphi_{10} - a_2 \cdot \sin\varphi_{10}) \\ 0 & 1 & 0 & (d_1 \cdot \sin\varphi_{10} + a_2 \cdot \cos\varphi_{10}) \\ 0 & 0 & 1 & a_1 \\ 0 & 0 & 0 & 1 \end{bmatrix} \cdot
$$

$$
\begin{bmatrix} 1 & 0 & 0 & (d_2 \cdot \cos\varphi_{10} \cdot \cos\varphi_{20} - a_3 \cdot \sin\varphi_{10}) \\ 0 & 1 & 0 & (d_2 \cdot \sin\varphi_{10} \cdot \cos\varphi_{20} + a_3 \cdot \cos\varphi_{10}) \\ 0 & 0 & 1 & d_2 \cdot \sin\varphi_{20} \\ 0 & 0 & 0 & 1 \end{bmatrix} \begin{bmatrix} 1 & 0 & 0 & (d_3 \cdot \cos\varphi_{10} \cdot \cos\varphi_{30}) \\ 0 & 1 & 0 & (d_3 \cdot \sin\varphi_{10} \cdot \cos\varphi_{30}) \\ 0 & 0 & 1 & d_3 \cdot \sin\varphi_{30} \\ 0 & 0 & 0 & 1 \end{bmatrix} \quad (8)
$$

Relația (8) continuă cu (8')

$$
\begin{bmatrix}
1 & 0 & 0 & (d_1 \cdot \cos\varphi_{10} - a_2 \cdot \sin\varphi_{10} + d_2 \cdot \cos\varphi_{10} \cdot \cos\varphi_{20} - a_3 \cdot \sin\varphi_{10}) \\
0 & 1 & 0 & (d_1 \cdot \sin\varphi_{10} + a_2 \cdot \cos\varphi_{10} + d_2 \cdot \sin\varphi_{10} \cdot \cos\varphi_{20} + a_3 \cdot \cos\varphi_{10}) \\
0 & 0 & 1 & (a_1 + d_2 \cdot \sin\varphi_{20}) \\
0 & 0 & 0 & 1
\end{bmatrix} \cdot
$$

$$
\cdot
\begin{bmatrix}
1 & 0 & 0 & (d_3 \cdot \cos\varphi_{10} \cdot \cos\varphi_{30}) \\
0 & 1 & 0 & (d_3 \cdot \sin\varphi_{10} \cdot \cos\varphi_{30}) \\
0 & 0 & 1 & d_3 \cdot \sin\varphi_{30} \\
0 & 0 & 0 & 1
\end{bmatrix}
=
$$

$$
\begin{bmatrix}
1 & 0 & 0 & (d_1 \cos\varphi_{10} - a_2 \sin\varphi_{10} + d_2 \cos\varphi_{10} \cos\varphi_{20} - a_3 \sin\varphi_{10} + d_3 \cos\varphi_{10} \cos\varphi_{30}) \\
0 & 1 & 0 & (d_1 \sin\varphi_{10} + a_2 \cos\varphi_{10} + d_2 \sin\varphi_{10} \cos\varphi_{20} + a_3 \cos\varphi_{10} + d_3 \sin\varphi_{10} \cos\varphi_{30}) \\
0 & 0 & 1 & (a_1 + d_2 \cdot \sin\varphi_{20} + d_3 \cdot \sin\varphi_{30}) \\
0 & 0 & 0 & 1
\end{bmatrix} \quad (8')
$$

În continuare se va determina pas cu pas matricea de transfer, de la stânga la dreapta sistemului, lucru care nu era posibil în sistemul 3x3. Relația (9) se scrie în forma (9'); se vede cum suma se transformă în produs datorită operatorilor 4x4, fapt ce ne permite efectuarea operației între matrici de la stânga la dreapta deoarece nu mai adunăm ci înmulțim.

$$
X_{0M} = A_{01} + T_{01} \cdot X_{1M} \tag{9}
$$

$$
X_{0M}^4 = A_{01}^4 \cdot T_{01}^4 \cdot X_{1M}^4 = D_{01} \cdot X_{0M}^4 \tag{9'}
$$

$$
D_{01} =
\begin{bmatrix}
1 & 0 & 0 & 0 \\
0 & 1 & 0 & 0 \\
0 & 0 & 1 & a_1 \\
0 & 0 & 0 & 1
\end{bmatrix} \cdot
\begin{bmatrix}
\cos\varphi_{10} & -\sin\varphi_{10} & 0 & 0 \\
\sin\varphi_{10} & \cos\varphi_{10} & 0 & 0 \\
0 & 0 & 1 & 0 \\
0 & 0 & 0 & 1
\end{bmatrix}
=
\begin{bmatrix}
\cos\varphi_{10} & -\sin\varphi_{10} & 0 & 0 \\
\sin\varphi_{10} & \cos\varphi_{10} & 0 & 0 \\
0 & 0 & 1 & a_1 \\
0 & 0 & 0 & 1
\end{bmatrix} \tag{10}
$$

$$
X_{1M} = A_{12} + T_{12} \cdot X_{2M}
$$
$$
X_{1M}^4 = A_{12}^4 \cdot T_{12}^4 \cdot X_{2M}^4 = D_{12} \cdot X_{2M}^4 \Rightarrow D_{12} = A_{12}^4 \cdot T_{12}^4 \tag{11}
$$

$$D_{12} = \begin{bmatrix} 1 & 0 & 0 & d_1 \\ 0 & 1 & 0 & a_2 \\ 0 & 0 & 1 & 0 \\ 0 & 0 & 0 & 1 \end{bmatrix} \cdot \begin{bmatrix} 1 & 0 & 0 & 0 \\ 0 & 0 & -1 & 0 \\ 0 & 1 & 0 & 0 \\ 0 & 0 & 0 & 1 \end{bmatrix} = \begin{bmatrix} 1 & 0 & 0 & d_1 \\ 0 & 0 & -1 & a_2 \\ 0 & 1 & 0 & 0 \\ 0 & 0 & 0 & 1 \end{bmatrix} \qquad (12)$$

Am găsit trecerile de la 0 la 1 și de la 1 la 2; în acest moment nu mergem mai departe până nu stabilim trecerea de la 0 la 2.

$$X^4_{0M} = D_{01} \cdot X^4_{1M} = D_{01} \cdot D_{12} \cdot X^4_{2M} = D_{02} \cdot X^4_{2M}$$
$$\Rightarrow D_{02} = D_{01} \cdot D_{12} \qquad (13)$$

$$D_{02} = \begin{bmatrix} \cos\varphi_{10} & -\sin\varphi_{10} & 0 & 0 \\ \sin\varphi_{10} & \cos\varphi_{10} & 0 & 0 \\ 0 & 0 & 1 & a_1 \\ 0 & 0 & 0 & 1 \end{bmatrix} \cdot \begin{bmatrix} 1 & 0 & 0 & d_1 \\ 0 & 0 & -1 & a_2 \\ 0 & 1 & 0 & 0 \\ 0 & 0 & 0 & 1 \end{bmatrix} =$$

$$= \begin{bmatrix} \cos\varphi_{10} & 0 & \sin\varphi_{10} & (d_1\cos\varphi_{10} - a_2\sin\varphi_{10}) \\ \sin\varphi_{10} & 0 & -\cos\varphi_{10} & (d_1\sin\varphi_{10} + a_2\cos\varphi_{10}) \\ 0 & 1 & 0 & a_1 \\ 0 & 0 & 0 & 1 \end{bmatrix} \qquad (14)$$

Acum se poate merge mai departe pe lanț pentru a determina D_{23}.

$$X_{2M} = A_{23} + T_{23} \cdot X_{3M} \quad \textit{trece în}$$

$$X_{2M}^4 = A_{23}^4 \cdot T_{23}^4 \cdot X_{3M}^4 = D_{23} \cdot X_{3M}^4 \Rightarrow D_{23} = A_{23}^4 \cdot T_{23}^4 \qquad (15)$$

$$D_{23} = \begin{bmatrix} 1 & 0 & 0 & d_2\cos\varphi_{20} \\ 0 & 1 & 0 & d_2\sin\varphi_{20} \\ 0 & 0 & 1 & -a_3 \\ 0 & 0 & 0 & 1 \end{bmatrix} \cdot \begin{bmatrix} 1 & 0 & 0 & 0 \\ 0 & 1 & 0 & 0 \\ 0 & 0 & 1 & 0 \\ 0 & 0 & 0 & 1 \end{bmatrix} = \begin{bmatrix} 1 & 0 & 0 & d_2\cos\varphi_{20} \\ 0 & 1 & 0 & d_2\sin\varphi_{20} \\ 0 & 0 & 1 & -a_3 \\ 0 & 0 & 0 & 1 \end{bmatrix} \qquad (16)$$

Matricea de transfer intrare ieșire D_{03} se poate găsi acum cu ușurință.

$$X_{0M}^4 = D_{02} \cdot X_{2M}^4 = D_{02} \cdot D_{23} \cdot X_{3M}^4 = D_{03} \cdot X_{3M}^4 \Rightarrow D_{03} = D_{02} \cdot D_{23} \qquad (17)$$

$$D_{03} = \begin{bmatrix} \cos\varphi_{10} & 0 & \sin\varphi_{10} & (d_1\cos\varphi_{10} - a_2\sin\varphi_{10}) \\ \sin\varphi_{10} & 0 & -\cos\varphi_{10} & (d_1\sin\varphi_{10} + a_2\cos\varphi_{10}) \\ 0 & 1 & 0 & a_1 \\ 0 & 0 & 0 & 1 \end{bmatrix} \cdot \begin{bmatrix} 1 & 0 & 0 & d_2\cos\varphi_{20} \\ 0 & 1 & 0 & d_2\sin\varphi_{20} \\ 0 & 0 & 1 & -a_3 \\ 0 & 0 & 0 & 1 \end{bmatrix} = \qquad (18)$$

$$= \begin{bmatrix} \cos\varphi_{10} & 0 & \sin\varphi_{10} & (d_2\cos\varphi_{10}\cos\varphi_{20} - a_3\sin\varphi_{10} + d_1\cos\varphi_{10} - a_2\sin\varphi_{10}) \\ \sin\varphi_{10} & 0 & -\cos\varphi_{10} & (d_2\sin\varphi_{10}\cos\varphi_{20} + a_3\cos\varphi_{10} + d_1\sin\varphi_{10} + a_2\cos\varphi_{10}) \\ 0 & 1 & 0 & (d_2\sin\varphi_{20} + a_1) \\ 0 & 0 & 0 & 1 \end{bmatrix}$$

Formula (17) se poate utiliza simplificat, reducând matricele X (4x4) la forma vector coloană 4x1, deoarece practic nu mai avem decât o operație de înmulțire între matricea 4x4 de transfer D_{03} și vectorul X_{3M}; ca o observație (se pot utiliza ambele forme, dar nefiind necesară trecerea vectorilor X de tip 4x1 la forma matrice 4x4, e de preferat lucrul cu forma mai simplă).

$$X_{0M}^4 = D_{03} \cdot X_{3M}^4 \Rightarrow X_{0M}^c = D_{03} \cdot X_{3M}^c \qquad (19)$$

$$X_{0M}^c = D_{03} \cdot X_{3M}^c \Rightarrow \begin{bmatrix} x_{0M} \\ y_{0M} \\ z_{0M} \\ 1 \end{bmatrix} = D_{03} \cdot \begin{bmatrix} x_{3M} \\ y_{3M} \\ z_{3M} \\ 1 \end{bmatrix} = D_{03} \cdot \begin{bmatrix} d_3 \cdot \cos\varphi_{30} \\ d_3 \cdot \sin\varphi_{30} \\ 0 \\ 1 \end{bmatrix} =$$

$$= \begin{bmatrix} d_3 \cos\varphi_{10}\cos\varphi_{30} + d_2\cos\varphi_{10}\cos\varphi_{20} - a_3\sin\varphi_{10} + d_1\cos\varphi_{10} - a_2\sin\varphi_{10} \\ d_3 \sin\varphi_{10}\cos\varphi_{30} + d_2\sin\varphi_{10}\cos\varphi_{20} + a_3\cos\varphi_{10} + d_1\sin\varphi_{10} + a_2\cos\varphi_{10} \\ d_3\sin\varphi_{30} + d_2\sin\varphi_{20} + a_1 \\ 1 \end{bmatrix} \qquad (20)$$

Din vectorul X_{0M}^c de tip 4x1 se obține ușor vectorul X_{0M} de tip 3x1, care ne interesează efectiv, eliminând linia finală, adică elementul 1.

$$X_{0M} = \begin{bmatrix} d_3 \cos\varphi_{10} \cdot \cos\varphi_{30} + d_2\cos\varphi_{10} \cdot \cos\varphi_{20} - a_3\sin\varphi_{10} + d_1\cos\varphi_{10} - a_2\sin\varphi_{10} \\ d_3 \sin\varphi_{10} \cdot \cos\varphi_{30} + d_2\sin\varphi_{10} \cdot \cos\varphi_{20} + a_3\cos\varphi_{10} + d_1\sin\varphi_{10} + a_2\cos\varphi_{10} \\ d_3\sin\varphi_{30} + d_2\sin\varphi_{20} + a_1 \end{bmatrix} \qquad (21)$$

Putem acum să scriem coordonatele punctului M luate fiecare separat, ca funcții de unghiurile de rotație independente, φ_{10}, φ_{20}, φ_{30} ale celor trei elemente mobile.

$$\begin{cases} x_M = d_3 \cos\varphi_{10} \cdot \cos\varphi_{30} + d_2 \cos\varphi_{10} \cdot \cos\varphi_{20} - \\ \quad - a_3 \sin\varphi_{10} + d_1 \cos\varphi_{10} - a_2 \sin\varphi_{10} \\ y_M = d_3 \sin\varphi_{10} \cdot \cos\varphi_{30} + d_2 \sin\varphi_{10} \cdot \cos\varphi_{20} + \\ \quad + a_3 \cos\varphi_{10} + d_1 \sin\varphi_{10} + a_2 \cos\varphi_{10} \\ z_M = d_3 \sin\varphi_{30} + d_2 \sin\varphi_{20} + a_1 \end{cases} \qquad (22)$$

Cap 04_Geometria şi cinematica inversă la MP-3R

Cinematica inversă la manipulatoarele şi roboţii seriali se va exemplifica pentru modelul cinematic 3R (vezi figura 01). În cinematica inversă cunoaştem deja relaţiile de legătură directe (1) şi trebuie să determinăm relaţiile inverse, adică să determinăm rotaţiile independente φ_{10}, φ_{20}, φ_{30} ale celor trei elemente mobile,

în funcţie de parametrii cinematici impuşi endefectorului x_M, y_M, z_M, cunoscuţi (daţi, impuşi). Cu unghiurile independente determinate se vor afla apoi rotaţiile relative corespunzătoare deplasărilor celor trei motoraşe de acţionare din cuplele de rotaţie (deplasările actuatorilor).

$$\begin{cases} x_M = d_3 \cos\varphi_{10} \cdot \cos\varphi_{30} + d_2 \cos\varphi_{10} \cdot \cos\varphi_{20} - a_3 \sin\varphi_{10} + d_1 \cos\varphi_{10} - a_2 \sin\varphi_{10} \\ y_M = d_3 \sin\varphi_{10} \cdot \cos\varphi_{30} + d_2 \sin\varphi_{10} \cdot \cos\varphi_{20} + a_3 \cos\varphi_{10} + d_1 \sin\varphi_{10} + a_2 \cos\varphi_{10} \\ z_M = d_3 \sin\varphi_{30} + d_2 \sin\varphi_{20} + a_1 \end{cases} \quad (1)$$

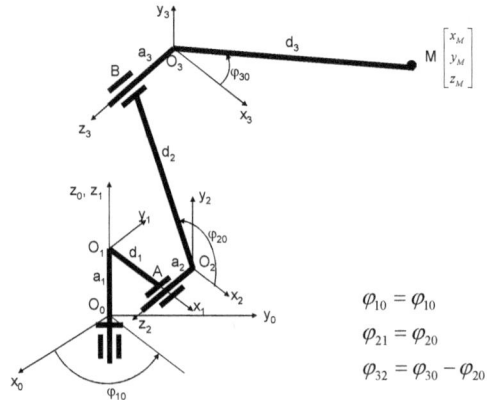

Fig. 1. Geometria şi cinematica unui MP-3R

Sistemul fix de coordonate a fost notat cu $x_0 O_0 y_0 z_0$. Sistemele mobile legate (rigidizate) de cele trei elemente mobile (1, 2, 3) au indicii 1, 2 respectiv 3. Orientarea lor a fost aleasă convenabil.

Sistemul (1) reprezintă un sistem transcedental de trei ecuaţii (1.1-1.3) cu

trei necunoscute (φ_{10}, φ_{20}, φ_{30}) ce trebuiesc determinate; ecuaţiile sistemului 1 se rearanjează în forma care se poate vedea în sistemul (1').

$$\begin{cases} x_M = d_1 \cdot \cos\varphi_{10} - a_2 \cdot \sin\varphi_{10} + d_2 \cdot \cos\varphi_{20} \cdot \cos\varphi_{10} - a_3 \cdot \sin\varphi_{10} + d_3 \cdot \cos\varphi_{30} \cdot \cos\varphi_{10}(1.1) \\ y_M = d_1 \cdot \sin\varphi_{10} + a_2 \cdot \cos\varphi_{10} + d_2 \cdot \cos\varphi_{20} \cdot \sin\varphi_{10} + a_3 \cdot \cos\varphi_{10} + d_3 \cdot \cos\varphi_{30} \cdot \sin\varphi_{10}(1.2) \\ z_M = a_1 + d_2 \cdot \sin\varphi_{20} + d_3 \cdot \sin\varphi_{30}(1.3) \end{cases} \quad (1')$$

Se doreşte rezolvarea sistemului (1') în mod direct cu obţinerea de soluţii exacte independente.

Primul pas este înmulţirea ecuaţiei (1.1) cu $-\sin\varphi_{10}$ şi a relaţiei (1.2) cu $\cos\varphi_{10}$, după care se adună cele două expresii rezultate obţinându-se ecuaţia trigonometrică (2) care se rezolvă cu soluţiile (3), adică se determină pentru primul parametru independent φ_{10} valorile trigonometrice ale funcţiilor cosinus şi sinus de φ_{10}.

$$-x_M \cdot \sin\varphi_{10} + y_M \cdot \cos\varphi_{10} = a_2 + a_3 \qquad (2)$$

$$\begin{cases} \cos\varphi_{10} = \dfrac{(a_2 + a_3) \cdot y_M \pm x_M \cdot \sqrt{x_M^2 + y_M^2 - (a_2 + a_3)^2}}{x_M^2 + y_M^2} \\[3mm] \sin\varphi_{10} = \dfrac{-(a_2 + a_3) \cdot x_M \pm y_M \cdot \sqrt{x_M^2 + y_M^2 - (a_2 + a_3)^2}}{x_M^2 + y_M^2} \end{cases} \qquad (3)$$

Când vrem să obţinem direct valoarea unui unghi atunci când îi cunoaştem funcţiile sin şi cos, utilizăm expresia (4):

$$\varphi_{10} = \text{semn}(\sin\varphi_{10}) \cdot \arccos(\cos\varphi_{10}) \qquad (4)$$

Unghiul este dat direct de funcţia arccos, iar semnul lui sinus, care poate fi +1 sau -1, trimite unghiul în cadranul său, în semicercul de sus sau cel de jos.

La pasul următor înmulţim ecuaţia (1.1) cu $\cos\varphi_{10}$ şi relaţia (1.2) cu $\sin\varphi_{10}$, adunăm expresiile obţinute şi obţinem ecuaţia trigonometrică (5).

$$x_M \cdot \cos\varphi_{10} + y_M \cdot \sin\varphi_{10} - d_1 = d_2 \cdot \cos\varphi_{20} + d_3 \cdot \cos\varphi_{30} \qquad (5)$$

Aceasta împreună cu relaţia (1.3) formează sistemul (6) care generează ultimii parametri independenţi φ_{20} si φ_{30}.

$$\begin{cases} x_M \cdot \cos \varphi_{10} + y_M \cdot \sin \varphi_{10} - d_1 = d_2 \cdot \cos \varphi_{20} + d_3 \cdot \cos \varphi_{30} \quad (5) \\ z_M - a_1 = d_2 \cdot \sin \varphi_{20} + d_3 \cdot \sin \varphi_{30} \quad (1.3) \end{cases} \quad (6)$$

Cu notațiile (7) obținem pentru sistemul de ecuații (6) soluțiile directe și exacte (8); ecuațiile (6) capătă forma (6').

$$\begin{cases} C_1 = d_2 \cdot \cos \varphi_{20} + d_3 \cdot \cos \varphi_{30} \quad (5') \\ C_2 = d_2 \cdot \sin \varphi_{20} + d_3 \cdot \sin \varphi_{30} \quad (1.3') \end{cases} \quad (6')$$

Sistemul (6') se scrie sub forma (6'').

$$\begin{cases} C_1 - d_2 \cdot \cos \varphi_{20} = d_3 \cdot \cos \varphi_{30} \quad (5'') \\ C_2 - d_2 \cdot \sin \varphi_{20} = d_3 \cdot \sin \varphi_{30} \quad (1.3'') \end{cases} \quad (6'')$$

Ecuațiile (6'') se ridică la pătrat fiecare în parte și apoi se adună, obținându-se expresia (6''').

$$K - 2 \cdot C_1 \cdot d_2 \cdot \cos \varphi_{20} = 2 \cdot C_2 \cdot d_2 \cdot \sin \varphi_{20} \quad (6''')$$

Expresia (6''') se ridică la pătrat și rezultă o ecuație de gradul doi în $\cos^2 \varphi_{20}$ care generează soluțiile pentru $\cos \varphi_{20}$, iar pentru sin se schimbă forma ecuației (6''') termenii cu sin și cos permutând între ei, astfel încât după ridicarea expresiei la pătrat ecuația rămasă să fie în $\sin^2 \varphi_{20}$ și generând astfel soluțiile pentru funcția sin.

Cu cele două expresii sin și cos se poate calcula exact valoarea unghiului, care va fi dată de arccos, și va prelua semicercul superior pentru un sinus pozitiv, și semicercul inferior pentru un semn al lui sinus negativ.

Algoritmul se poate relua și pentru unghiul φ_{30} în mod similar, punând sistemul (6'') corespunzător (fac rocada $\cos \varphi_{20}$ cu $\cos \varphi_{30}$, iar $\sin \varphi_{20}$ cu $\sin \varphi_{30}$); urmează algoritmul descris mai sus prin ridicarea la pătrat, etc...

Pentru a fi mai siguri că toate soluțiile satisfac sistemul simultan, valorile funcțiilor trigonometrice pentru unghiul φ_{30} se extrag direct din sistemul (6''). Expresia lor depinde direct de valoarea unghiului calculat la pasul precedent (φ_{20}) dar toate valorile satisfac în mod sigur sistemul din care au fost deduse.

$$\begin{cases} C_1 = x_M \cdot \cos\varphi_{10} + y_M \cdot \sin\varphi_{10} - d_1 \\ C_2 = z_M - a_1 \\ k = C_1^2 + C_2^2 + d_2^2 - d_3^2 \end{cases} \tag{7}$$

$$\begin{cases} \cos\varphi_{20} = \dfrac{k \cdot C_1 \pm C_2 \cdot \sqrt{4 \cdot C_1^2 \cdot d_2^2 + 4 \cdot C_2^2 \cdot d_2^2 - k^2}}{2 \cdot (C_1^2 + C_2^2) \cdot d_2} \\[4mm] \sin\varphi_{20} = \dfrac{k \cdot C_2 \mp C_1 \cdot \sqrt{4 \cdot C_1^2 \cdot d_2^2 + 4 \cdot C_2^2 \cdot d_2^2 - k^2}}{2 \cdot (C_1^2 + C_2^2) \cdot d_2} \\[4mm] \varphi_{20} = semn(\sin\varphi_{20}) \cdot arccos(\cos\varphi_{20}) \\[2mm] \cos\varphi_{30} = \dfrac{C_1 - d_2 \cdot \cos\varphi_{20}}{d_3} \\[4mm] \sin\varphi_{30} = \dfrac{C_2 - d_2 \cdot \sin\varphi_{20}}{d_3} \\[4mm] \varphi_{30} = semn(\sin\varphi_{30}) \cdot arccos(\cos\varphi_{30}) \end{cases} \tag{8}$$

Determinarea vitezelor unghiulare ale actuatorilor

$$-x_M \cdot \sin\varphi_{10} + y_M \cdot \cos\varphi_{10} = a_2 + a_3 \tag{2}$$

Derivăm ecuația (2) și obținem relația (9).

$$\begin{aligned} &-\dot{x}_M \cdot \sin\varphi_{10} - x_M \cdot \cos\varphi_{10} \cdot \omega_{10} + \\ &+ \dot{y}_M \cdot \cos\varphi_{10} - y_M \cdot \sin\varphi_{10} \cdot \omega_{10} = 0 \end{aligned} \tag{9}$$

Ecuația (9) se aranjează în forma (10):

$$\begin{aligned} (x_M \cdot \cos\varphi_{10} + y_M \cdot \sin\varphi_{10}) \cdot \omega_{10} = \\ = \dot{y}_M \cdot \cos\varphi_{10} - \dot{x}_M \cdot \sin\varphi_{10} \end{aligned} \tag{10}$$

Viteza unghiulară a primului actuator are expresia (11):

$$\omega_{10} = \frac{\dot{y}_M \cdot \cos\varphi_{10} - \dot{x}_M \cdot \sin\varphi_{10}}{x_M \cdot \cos\varphi_{10} + y_M \cdot \sin\varphi_{10}} \tag{11}$$

Din sistemul (6") derivat obținem vitezele unghiulare ale celorlalți doi actuatori. Se derivează (6") și rezultă sistemul (12).

$$
\begin{cases}
C_1 - d_2 \cdot \cos \varphi_{20} = d_3 \cdot \cos \varphi_{30} \quad (5'') \\
\\
C_2 - d_2 \cdot \sin \varphi_{20} = d_3 \cdot \sin \varphi_{30} \quad (1.3'')
\end{cases} \tag{6''}
$$

$$
\begin{cases}
\dot{C}_1 + d_2 \cdot \sin \varphi_{20} \cdot \omega_{20} = -d_3 \cdot \sin \varphi_{30} \cdot \omega_{30} \\
\\
\dot{C}_2 - d_2 \cdot \cos \varphi_{20} \cdot \omega_{20} = d_3 \cdot \cos \varphi_{30} \cdot \omega_{30}
\end{cases} \tag{12}
$$

Înmulțim prima relație a sistemului (12) cu $\cos \varphi_{30}$ iar pe a doua cu $\sin \varphi_{30}$, după care adunăm relațiile rezultate și obținem expresia (13):

$$
\begin{aligned}
&\dot{C}_1 \cdot \cos \varphi_{30} + \dot{C}_2 \cdot \sin \varphi_{30} + d_2 \cdot \sin \varphi_{20} \cdot \cos \varphi_{30} \cdot \omega_{20} - \\
&- d_2 \cdot \sin \varphi_{30} \cdot \cos \varphi_{20} \cdot \omega_{20} = \\
&= -d_3 \cdot \sin \varphi_{30} \cdot \cos \varphi_{30} \cdot \omega_{30} + d_3 \cdot \sin \varphi_{30} \cdot \cos \varphi_{30} \cdot \omega_{30}
\end{aligned} \tag{13}
$$

Relația (13) se scrie sub forma (14).

$$
\begin{aligned}
&\dot{C}_1 \cdot \cos \varphi_{30} + \dot{C}_2 \cdot \sin \varphi_{30} + d_2 \cdot \sin \varphi_{20} \cdot \cos \varphi_{30} \cdot \omega_{20} - \\
&- d_2 \cdot \sin \varphi_{30} \cdot \cos \varphi_{20} \cdot \omega_{20} = 0
\end{aligned} \tag{14}
$$

Relația (14) se pune sub forma (15).

$$
\dot{C}_1 \cdot \cos \varphi_{30} + \dot{C}_2 \cdot \sin \varphi_{30} + d_2 \cdot \sin(\varphi_{20} - \varphi_{30}) \cdot \omega_{20} = 0 \tag{15}
$$

Din (15) explicităm viteza unghiulară a celui de al doilea actuator, și obținem relația (16).

$$
\omega_{20} = \frac{\dot{C}_1 \cdot \cos \varphi_{30} + \dot{C}_2 \cdot \sin \varphi_{30}}{d_2 \cdot \sin(\varphi_{30} - \varphi_{20})} \tag{16}
$$

În continuare înmulțim prima relație a sistemului (12) cu $\cos \varphi_{20}$ iar pe a doua cu $\sin \varphi_{20}$, după care adunăm relațiile rezultate și obținem expresia (17):

$$
\begin{aligned}
&\dot{C}_1 \cdot \cos \varphi_{20} + \dot{C}_2 \cdot \sin \varphi_{20} + d_2 \cdot \sin \varphi_{20} \cdot \cos \varphi_{20} \cdot \omega_{20} - \\
&- d_2 \cdot \sin \varphi_{20} \cdot \cos \varphi_{20} \cdot \omega_{20} = \\
&= d_3 \cdot \sin \varphi_{20} \cdot \cos \varphi_{30} \cdot \omega_{30} - d_3 \cdot \sin \varphi_{30} \cdot \cos \varphi_{20} \cdot \omega_{30}
\end{aligned} \tag{17}
$$

Relația (17) se scrie sub forma (18).

$$\dot{C}_1 \cdot \cos \varphi_{20} + \dot{C}_2 \cdot \sin \varphi_{20} = d_3 \cdot \sin(\varphi_{20} - \varphi_{30}) \cdot \omega_{30} \tag{18}$$

Din (18) explicităm viteza unghiulară a ultimului actuator, și obținem relația (19).

$$\omega_{30} = \frac{\dot{C}_1 \cdot \cos \varphi_{20} + \dot{C}_2 \cdot \sin \varphi_{20}}{d_3 \cdot \sin(\varphi_{20} - \varphi_{30})} \tag{19}$$

Vitezele unghiulare ale celor trei actuatori se vor explicita în continuare în sistemul (20).

$$\begin{cases} \omega_{10} = \dfrac{\dot{y}_M \cdot \cos \varphi_{10} - \dot{x}_M \cdot \sin \varphi_{10}}{x_M \cdot \cos \varphi_{10} + y_M \cdot \sin \varphi_{10}} \\[2ex] \omega_{20} = \dfrac{\dot{C}_1 \cdot \cos \varphi_{30} + \dot{C}_2 \cdot \sin \varphi_{30}}{d_2 \cdot \sin(\varphi_{30} - \varphi_{20})} \\[2ex] \omega_{30} = \dfrac{\dot{C}_1 \cdot \cos \varphi_{20} + \dot{C}_2 \cdot \sin \varphi_{20}}{d_3 \cdot \sin(\varphi_{20} - \varphi_{30})} \end{cases} \tag{20}$$

Pentru determinarea lor mai trebuiesc calculați câțiva parametri.

Cu relația (21) notăm parametrul variabil C_1.

$$C_1 = x_M \cdot \cos \varphi_{10} + y_M \cdot \sin \varphi_{10} - d_1 \tag{21}$$

Derivăm (21) și obținem $\dot{C}_1$ (relația 22).

$$\begin{aligned} \dot{C}_1 = {}& \dot{x}_M \cdot \cos \varphi_{10} - x_M \cdot \sin \varphi_{10} \cdot \omega_{10} + \\ & + \dot{y}_M \cdot \sin \varphi_{10} + y_M \cdot \cos \varphi_{10} \cdot \omega_{10} \end{aligned} \tag{22}$$

Variabila C_2 are expresia mai simplă (23).

$$C_2 = z_M - a_1 \tag{23}$$

Se derivează relația (23) și se obține pentru $\dot{C}_2$ expresia (24).

$$\dot{C}_2 = \dot{z}_M \tag{24}$$

Cap 05_Sinteza traiectoriilor optime cu ajutorul funcțiilor de comandă la nivelul cuplelor cinematice conducătoare

1. Condiții inițiale pentru sinteza traiectoriilor în spațiul cuplelor motoare

Înainte de a studia traiectoria unui punct trasor, prin intermediul legilor de comandă din spațiul cuplelor cinematice active ale robotului, trebuie stabilită configurația MPz în care punctul caracteristic ocupă pozițiile inițială și finală.

În cazul general, traiectoria punctului caracteristic al MPz este materializată printr-o curbă în spațiul geometric 3D, curbă care se poate obține prin interpolare pe anumite porțiuni, în funcție de punctele de precizie stabilite.

Pentru manipularea unui obiect, între pozițiile inițială și finală, sunt necesare următoarele operații de lucru: apucare (în poziția inițială), ridicare-desprindere (de suprafața de așezare), deplasare (spre poziția finală), coborâre-așezare (într-un dispozitiv) și eliberare (în poziția finală).

Corespunzător acestor operații, la nivelul fiecărei cuple cinematice motoare (actuatoare) se identifică 4 poziții distincte (fig. 1): inițială, de ridicare, deplasare, apropiere și finală.

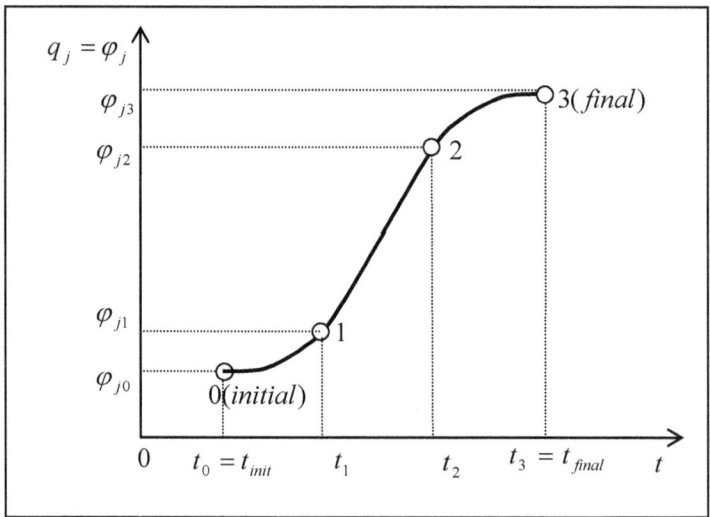

Fig. 1

Extremele "traiectoriei" legii de mișcare, la nivelul unei cuple cinematice motoare, trebuie să fie cuprinse între limitele fizice și geometrice ale MPz.

Intervalele de timp $t_1 - t_0$, $t_3 - t_2$ (fig. 1), ai segmentelor inițial $(0-1)$ și final $(2-3)$, corespund ritmului de avansare a griperului (dispozitiv de apucare) la și de la suprafața obiectului manipulat. Acești timpi sunt un parametru constant și este funcție de caracteristica motorului electric de acționare din fiecare cuplă cinematică activă.

În timpul intermediar $t_2 - t_1$, corespunzător segmentului mijlociu $1-2$, apar valorile maxime ale vitezei și accelerației unghiulare din mișcarea relativă a unui braț j față de cel adiacent $j-1$.

Pentru optimizarea mișcării (din cuplele cinematice motoare) se folosește maximul acestui timp $(t_2 - t_1)_{max}$ ceea ce corespunde timpului maxim al cuplei cinematice active cu viteza cea mai mică.

În ambele puncte intermediare 1 și 2, ale curbei funcției de comandă, trebuie ca poziția (ca deplasare instantanee), viteza și accelerația să îndeplinească condițiile de continuitate față de segmentul anterior $0-1$ respectiv posterior $2-3$.

Pentru a satisface aceste cerințe de continuitate în toate cele 4 puncte cunoscute $(0,1,2,3)$ se vor folosi funcții polinomiale ale căror prime două derivate sunt continue în intervalul de timp (t_0, t_3).

Având în vedere condițiile inițiale impuse traiectoriei punctului trasor, rezultă pentru funcția de comandă (a unei cuple cinematice motoare) următorul bilanț de necunoscute:

- În punctul inițial 0 se înregistrează o necunoscută, reprezentată de poziția φ_0;
- În punctele 1 și 2 sunt 2.3=6 necunoscute (poziția, viteza, accelerația): $\varphi_1, \dot{\varphi}_1, \ddot{\varphi}_1 ; \varphi_2, \dot{\varphi}_2, \ddot{\varphi}_2$;
- În punctul final 3 există o singură necunoscută: poziția unghiulară φ_3.

Cele 8 necunoscute pot fi coeficienții unei funcții polinomiale de gradul 7 care interpolează întreaga traiectorie, în intervalul de timp menționat $t_3 - t_0$.

O astfel de funcție polinomială se scrie pentru cupla cinematică conducătoare j sub forma:

$$q_j(t) = \sum_{k=0}^{7} a_k t^k = a_7 t^7 + a_6 t^6 + a_5 t^5 + a_4 t^4 + a_3 t^3 + a_2 t^2 + a_1 t + a_0 \quad (1)$$

Extremele unei astfel de funcții polinomiale de gradul 7 tind să fie plasate în afara domeniului de existență a mișcării realizare de cuplele cinematice active, respectiv al brațelor robotului.

O abordare posibilă practic și eficientă pe ansamblu constă în împărțirea întregii traiectorii a punctului trasor, respectiv a curbei funcției de comandă, în mai multe segmente, astfel ca polinoamele de grad mai mic de 7 să poată fi utilizate pentru interpolarea fiecărui segment de traiectorie.

Se cunosc mai multe posibilități de împărțire a traiectoriei la nivelul cuplei cinematice motoare, aceste variante fiind de 3, 4 sau 5 porțiuni distincte.

Cele mai convenabile variante sunt cele cu 3 porțiuni, cu 3 polinoame de grade 4-3-4 sau 3-5-3.

Varianta cu 5 porțiuni folosește 5 polinoame de același grad 3, adică 3-3-3-3-3.

Pentru o traiectorie la care legea de comandă este modelată cu polinomiala 4-3-4, pe un Mp cu n cuple cinematice motoare (c.c.m.) se vor obține $3n$ segmente de curbă și $8n$ coeficienți.

2 Sinteza polinoamelor de interpolare tip 4-3-4

Se introduce pentru fiecare segment de traiectorie, la nivelul c.c.m., o variabilă (adimensională) de timp normat $t \in [0,1]$, ceea ce permite rezolvarea similară a fiecărei porțiuni de curbă, pentru legea de mișcare a fiecărei c.c.m. (ca unghi de rotație relativă a brațului).

Timpul normat variază de la $t = 0$ (timpul inițial al fiecărui segment de traiectorie, la nivelul c.c.m.) la $t = 1$ (timpul final pentru fiecare din segmentele curbei legii de comandă a c.c.m.).

Se definește timpul real τ în secunde, a cărui variație este cuprinsă între limitele τ_{i-1} (minim) și τ_i (maxim), adică $\tau \in [\tau_{i-1}, \tau_i]$.

Timpul normat se calculează cu formula

$$t = \frac{\tau - \tau_{i-1}}{\tau_i - \tau_{i-1}} \in [0, 1] \tag{2}$$

Curba legii de mișcare a unei c.c.m. constă din segmente polinomiale $p_i(t)$ care împreună formează curba de variație a legii de comandă a c.c.m. j.

Cele 3 funcții polinomiale pentru fiecare c.c.m. sunt:

$$p_1(t) = a_{14}t^4 + a_{13}t^3 + a_{12}t^2 + a_{11}t + a_{10} \tag{3}$$

$$p_2(t) = a_{23}t^3 + a_{22}t^2 + a_{21}t + a_{20} \tag{4}$$

$$p_3(t) = a_{34}t^4 + a_{33}t^3 + a_{32}t^2 + a_{31}t + a_{30} \tag{5}$$

Condiţiile la limită care trebuie satisfăcute de funcţiile (13.3, 4, 5), la o c.c.m. de rotaţie, sunt:

Punctul 0: $\varphi_0 = \varphi(t_0)$; $\omega_0 = 0$; $\varepsilon_0 = 0$;

Punctul 1: $\varphi_1 = \varphi(t_1)$; $\varphi(t_1^-) = \varphi(t_1^+)$; $\omega(t_1^-) = \omega(t_1^+)$; $\varepsilon(t_1^-) = \varepsilon(t_1^+)$;

Punctul 2: $\varphi_2 = \varphi(t_2)$; $\varphi(t_2^-) = \varphi(t_2^+)$; $\omega(t_2^-) = \omega(t_2^+)$; $\varepsilon(t_2^-) = \varepsilon(t_2^+)$;

Punctul 3: $\varphi_3 = \varphi(t_3)$; $\omega_3 = 0$; $\varepsilon_3 = 0$.

Ecuaţiile polinomiale (3, 4, 5) se derivează în funcţie de timpul real τ:

$$\omega_i(t) = \frac{dp_i(t)}{d\tau} = \frac{dt}{d\tau} \cdot \frac{dp_i(t)}{dt} =$$
$$= \frac{1}{\tau_i - \tau_{i-1}} \cdot \frac{dp_i(t)}{dt} = \frac{1}{\Delta\tau_i} \cdot \dot{p}_i(t); \quad i = 1,2,3,4 \tag{6}$$

$$\varepsilon_i(t) = \frac{d^2 p_i(t)}{d\tau^2} = \left(\frac{dt}{d\tau}\right)^2 \cdot \frac{d^2 p_i(t)}{dt^2} =$$
$$= \frac{1}{(\tau_i - \tau_{i-1})^2} \cdot \frac{d^2 p_i(t)}{dt^2} = \frac{1}{(\Delta\tau_i)^2} \cdot \ddot{p}_i(t); \quad i = 1,2,3,4 \tag{7}$$

Pe intervalul $(0-1)$, din polinomul (3) se deduc viteza şi acceleraţia unghiulare, cu ajutorul formulelor (6, 7):

$$\omega_1(t) = \frac{1}{\Delta\tau_1}(4a_{14}t^3 + 3a_{13}t^2 + 2a_{12}t + a_{11}); \tag{8}$$

$$\varepsilon_1(t) = \frac{1}{\Delta\tau_1^2}(12a_{14}t^2 + 6a_{13}t + 2a_{12}) \tag{9}$$

Pentru $t = 0$ ecuaţiile (3, 8, 9) devin:

$$\varphi_1(0) = a_{10}; \Rightarrow a_{10} = \varphi_0;$$

$$\omega_1(0) = \frac{1}{\Delta\tau_1}a_{11}; \Rightarrow a_{11} = \omega_0 \Delta\tau_1 = 0; \tag{10}$$

$$\varepsilon_1(0) = \frac{2}{\Delta\tau_1^2}a_{12}; \Rightarrow a_{12} = \frac{1}{2}\varepsilon_0 \Delta\tau_1^2 = 0.$$

În aceste condiții ecuația (3) se scrie:

$$p_1(t) = a_{14}t^4 + a_{13}t^3 + \varphi_0 \tag{11}$$

Pentru $t = 1$ ecuațiile (3, 8, 9) devin:

$$\varphi_1(1) = a_{14} + a_{13} + \varphi_0 \tag{12}$$

$$\omega_1(1) = \frac{1}{\Delta\tau_1}(4a_{14} + 3a_{13}) \tag{13}$$

$$\varepsilon_1(1) = \frac{6}{\Delta\tau_1^2}(2a_{14} + a_{13}) \tag{14}$$

Pe interrvalul $(1-2)$, din ecuația polinomială (4), se obțin prin derivare formulele:

$$\omega_2(t) = \frac{1}{\Delta\tau_2}(3a_{23}t^2 + 2a_{22}t + a_{21}) \tag{15}$$

$$\varepsilon_2(t) = \frac{1}{\Delta\tau_1^2}(6a_{23}t + 2a_{22}) \tag{16}$$

Pentru $t = 0$, ecuațiile (4, 15, 16) devin:

$$\varphi_2(0) = a_{20}; \quad \omega_2(0) = \frac{1}{\Delta\tau_2}a_{21}; \quad \varepsilon_2(0) = \frac{2}{\Delta\tau_2^2}a_{22}. \tag{17}$$

Din condițiile de continuitate din punctul 1 rezultă egalitățile:

$$\varphi_2(0) = \varphi_1(1); \quad \omega_2(0) = \omega_1(1); \quad \varepsilon_2(0) = \varepsilon_1(1). \tag{18}$$

sau explicit, observând relațiile (12, 13, 14, 17)

$$a_{20} = a_{14} + a_{13} + \varphi_0;$$

$$\frac{1}{\Delta\tau_2}a_{21} = \frac{1}{\Delta\tau_1}(4a_{14} + 3a_{13}); \tag{19}$$

$$\frac{2}{\Delta\tau_2^2}a_{22} = \frac{6}{\Delta\tau_1^2}(2a_{14} + a_{13}).$$

Pentru $t = 1$ ecuațiile (4, 15, 16) devin:

$$\varphi_2(1) = a_{23} + a_{22} + a_{21} + a_{20} \qquad (20)$$

$$\omega_2(1) = \frac{1}{\Delta\tau_2}(3a_{23} + 2a_{22} + a_{21}) \qquad (21)$$

$$\varepsilon_2(1) = \frac{2}{\Delta\tau_1^2}(3a_{23} + a_{22}) \qquad (22)$$

Pe intervalul $(2-3)$, ecuația polinomială (5) se scrie (dacă se face înlocuirea $\bar{t} = t - 1$):

$$\varphi_3(\bar{t}) = a_{34}\bar{t}^4 + a_{33}\bar{t}^3 + a_{32}\bar{t}^2 + a_{31}\bar{t} + a_{30} \qquad (23)$$

în care pentru $t \in [0,1]$ se deduce $\bar{t} \in [-1,0]$.

Din (23) se obțin, prin derivare, formulele vitezei și accelerației unghiulare în forma:

$$\omega_3(\bar{t}) = \frac{1}{\Delta\tau_3}(4a_{34}\bar{t}^3 + 3a_{33}\bar{t}^2 + 2a_{32}\bar{t} + a_{31}); \qquad (24)$$

$$\varepsilon_3(\bar{t}) = \frac{1}{\Delta\tau_3^2}(12a_{34}\bar{t}^2 + 6a_{33}\bar{t} + 2a_{32}). \qquad (25)$$

Pentru $t = 0$ respectiv $\bar{t} = -1$ ecuațiile (23, 24, 25) se scriu:

$$\varphi_3(-1) = a_{34} - a_{33} + a_{32} - a_{31} + a_{30} \qquad (26)$$

$$\omega_3(-1) = \frac{1}{\Delta\tau_3}(-4a_{34} + 3a_{33} - 2a_{32} + a_{31}) \qquad (27)$$

$$\varepsilon_3(-1) = \frac{1}{\Delta\tau_3^2}(12a_{34} - 6a_{33} + 2a_{32}) \qquad (28)$$

Condițiile de continuitate din punctul 2 se scriu:

$$\varphi_3(-1) = \varphi_2(1); \quad \omega_3(-1) = \omega_2(1); \quad \varepsilon_3(-1) = \varepsilon_2(1). \qquad (29)$$

sau explicit, observând relațiile (20, 21, 22) și (26, 27, 28):

$$a_{34} - a_{33} + a_{32} - a_{31} + a_{30} = a_{23} + a_{22} + a_{21} + a_{20} \qquad (30)$$

$$\frac{1}{\Delta \tau_3}(-4a_{34}+3a_{33}-2a_{32}+a_{31})=\frac{1}{\Delta \tau_2}(3a_{23}+2a_{22}+a_{21}) \qquad (31)$$

$$\frac{1}{\Delta \tau_3^2}(12a_{34}-6a_{33}+2a_{32})=\frac{1}{\Delta \tau_2^2}(6a_{23}+2a_{22}) \qquad (32)$$

Pentru $t=1\,(\bar{t}=0)$, din ecuaţiile (26, 27, 28) se deduc coeficienţii termeni liberi:

$$\varphi_3(0)=a_{30};$$

$$\omega_3(0)=\frac{1}{\Delta \tau_3}a_{31};\Rightarrow a_{31}=0; \qquad (33)$$

$$\varepsilon_3(0)=\frac{2}{\Delta \tau_3^2}a_{32};\Rightarrow a_{32}=0.$$

În final se reţin următoarele ecuaţii: (10, 10', 10''), (12, 19, 19',19''), (20, 30, 31, 32), (33, 33', 33''), ale căror expresii sunt:

$a_{10} = \varphi_0$; $a_{11} = 0$; $a_{12} = 0$; $a_{13} + a_{14} = \varphi_1 - \varphi_0$; $a_{20} = a_{13} + a_{14} + \varphi_0$;

$3a_{13} + 4a_{14} = (\Delta\tau_1/\Delta\tau_2).\, a_{21}$; $3(a_{13} + 2a_{14}) = (\Delta\tau_1/\Delta\tau_2)^2.a_{22}$;

$a_{20} + a_{21} + a_{22} + a_{23} = \varphi_2$; $a_{20} + a_{21} + a_{22} + a_{23} = a_{30} - a_{31} + a_{32} - a_{33} + a_{34}$;

$a_{21} + 2a_{22} + 3a_{23} = (\Delta\tau_2/\Delta\tau_3).(a_{31} - 2a_{32} + 3a_{33} - 4a_{34})$;

$2a_{22} + 3a_{23} = (\Delta\tau_2/\Delta\tau_3)^2.(a_{32} - 3a_{33} + 6a_{34}$

$a_{30} = \varphi_3$; $a_{31} = 0$; $a_{32} = 0$.

Din cele 14 ecuaţii rămân numai 7 ecuaţii distincte:

$$a_{13} + a_{14} = \varphi_1 - \varphi_0; \qquad (1^*)$$

$$a_{13} + a_{14} + a_{21} + a_{22} + a_{23} = \varphi_2 - \varphi_0; \qquad (2^*)$$

$$a_{13} + a_{14} + a_{21} + a_{22} + a_{23} + a_{33} - a_{34} = \varphi_3 - \varphi_0; \qquad (3^*)$$

$$3a_{13} + 4a_{14} = (\Delta\tau_1/\Delta\tau_2).\, a_{21}; \qquad (4^*)$$

$$3(a_{13} + 2a_{14}) = (\Delta\tau_1/\Delta\tau_2)^2.a_{22}; \qquad (5^*)$$

$$a_{21} + 2a_{22} + 3a_{23} = (\Delta\tau_2/\Delta\tau_3).(3a_{33} - 4a_{34}); \qquad (6^*)$$

$$2a_{22} + 3a_{23} = 3(\Delta\tau_2/\Delta\tau_3)^2.(a_{33} + 2a_{34}. \qquad (7^*)$$

În ecuaţiile (1^*) - (7^*) se cunosc intervalele de timp real $\Delta\tau_1 = \tau_1 - \tau_0$; $\Delta\tau_2 = \tau_2 - \tau_1$; $\Delta\tau_3 = \tau_3 - \tau_2$; şi unghiurile relative $(\varphi_1 - \varphi_0)$, $(\varphi_2 - \varphi_0)$, $(\varphi_3 - \varphi_0)$.

Din cele 7 ecuații se obțin cele 7 necunoscute, respectiv coeficienții:

$$a_{13}, a_{14}, a_{21}, a_{22}, a_{23}, a_{33}, a_{34}$$

Practic, se impun unghiurile relative

$$\varphi_{01} = \varphi_1 - \varphi_0 = \varphi_1(1) - \varphi_1(0) = a_{14} + a_{13}; \qquad (34)$$

$$\varphi_{12} = \varphi_2 - \varphi_1 = \varphi_2(1) - \varphi_2(0) = a_{23} + a_{22} + a_{21}; \qquad (35)$$

$$\varphi_{23} = \varphi_3 - \varphi_2 = \varphi_3(-1) - \varphi_3(0) = a_{34} - a_{33}. \qquad (36)$$

Coeficienții $a_{14}, a_{13}, a_{23}, a_{22}, a_{21}, a_{34}, a_{33}$ se calculează ca soluții ale sistemului liniar format din ecuațiile (34, 35, 36), la care se adaugă două ecuații echivalente cu ultimele două din (19) și alte două ecuații echivalente cu relațiile (31, 32):

$$\frac{1}{\Delta\tau_2} a_{21} = \frac{1}{\Delta\tau_1} (4a_{14} + 3a_{13}); \qquad (37)$$

$$\frac{1}{\Delta\tau_2^2} a_{22} = \frac{3}{\Delta\tau_1^2} (2a_{14} + a_{13}); \qquad (38)$$

$$\frac{1}{\Delta\tau_3} (-4a_{34} + 3a_{33}) = \frac{1}{\Delta\tau_2} (3a_{23} + 2a_{22} + a_{21}); \qquad (39)$$

$$\frac{3}{\Delta\tau_3^2} (2a_{34} - a_{33}) = \frac{1}{\Delta\tau_2^2} (3a_{23} + a_{22}). \qquad (40)$$

În ultimele patru ecuații se impun intervalele de timp

$$\Delta\tau_1 = \tau_1 - \tau_0; \ \Delta\tau_2 = \tau_2 - \tau_1; \ \Delta\tau_3 = \tau_3 - \tau_2.$$

care corespund celor trei intervale de deplasări unghiulare din primele trei ecuații.

Cap 06_Vitezele şi acceleraţiile în cinematica directă la MP-3R

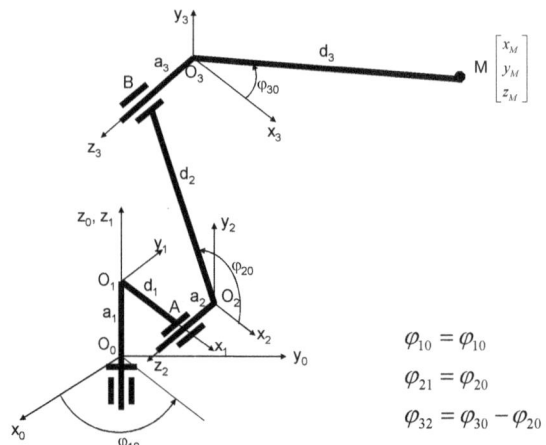

$$\varphi_{10} = \varphi_{10}$$
$$\varphi_{21} = \varphi_{20}$$
$$\varphi_{32} = \varphi_{30} - \varphi_{20}$$

Fig. 1. Geometria şi cinematica unui MP-3R

Sistemul fix de coordonate a fost notat cu $x_0 O_0 y_0 z_0$. Sistemele mobile legate (rigidizate) de cele trei elemente mobile (1, 2, 3) au indicii 1, 2 respectiv 3. Orientarea lor a fost aleasă convenabil. Se porneşte de la relaţia matricială a vitezelor (1) deja cunoscută:

$$
\begin{aligned}
X_{0M} &= A_{01} + T_{01} \cdot X_{1M} = A_{01} + T_{01} \cdot (A_{12} + T_{12} \cdot X_{2M}) = \\
&= A_{01} + T_{01} \cdot A_{12} + T_{01} \cdot T_{12} \cdot X_{2M} = \\
&= A_{01} + T_{01} \cdot A_{12} + T_{01} \cdot T_{12} \cdot (A_{23} + T_{23} \cdot X_{3M}) = \\
&= A_{01} + T_{01} \cdot A_{12} + T_{01} \cdot T_{12} \cdot A_{23} + T_{01} \cdot T_{12} \cdot T_{23} \cdot X_{3M}
\end{aligned}
\tag{1}
$$

Aceasta se scrie sub forma (2) simplificată:

$$X_{0M} = A_{01} + P_1 + P_2 + T_{03} \cdot X_{3M} \tag{2}$$

Unde:

$$A_{01} = \begin{bmatrix} 0 \\ 0 \\ a_1 \end{bmatrix} \tag{3}$$

532

$$P_1 = \begin{bmatrix} d_1 \cdot \cos \varphi_{10} - a_2 \cdot \sin \varphi_{10} \\ d_1 \cdot \sin \varphi_{10} + a_2 \cdot \cos \varphi_{10} \\ 0 \end{bmatrix} \tag{4}$$

$$P_2 = \begin{bmatrix} d_2 \cdot \cos \varphi_{10} \cdot \cos \varphi_{20} - a_3 \cdot \sin \varphi_{10} \\ d_2 \cdot \sin \varphi_{10} \cdot \cos \varphi_{20} + a_3 \cdot \cos \varphi_{10} \\ d_2 \cdot \sin \varphi_{20} \end{bmatrix} \tag{5}$$

$$T_{03} = \begin{bmatrix} \cos \varphi_{10} & 0 & \sin \varphi_{10} \\ \sin \varphi_{10} & 0 & -\cos \varphi_{10} \\ 0 & 1 & 0 \end{bmatrix} \tag{6}$$

$$X_{3M} = \begin{bmatrix} x_{3M} \\ y_{3M} \\ z_{3M} \end{bmatrix} = \begin{bmatrix} d_3 \cdot \cos \varphi_{30} \\ d_3 \cdot \sin \varphi_{30} \\ 0 \end{bmatrix} \tag{7}$$

Se derivează relația (2) matricială și se obține expresia (8):

$$
\begin{aligned}
\dot{X}_{0M} &= \dot{A}_{01} + \dot{P}_1 + \dot{P}_2 + \dot{T}_{03} \cdot X_{3M} + T_{03} \cdot \dot{X}_{3M} = \\
&= \dot{P}_1 + \dot{P}_2 + \dot{T}_{03} \cdot X_{3M} + T_{03} \cdot \dot{X}_{3M} = \\
&= \dot{P}_{12} + \dot{T}_{03} \cdot X_{3M} + T_{03} \cdot \dot{X}_{3M}
\end{aligned} \tag{8}
$$

Deoarece:

$$\dot{A}_{01} = \begin{bmatrix} 0 \\ 0 \\ \dot{a}_1 \end{bmatrix} = \begin{bmatrix} 0 \\ 0 \\ 0 \end{bmatrix} = 0 \tag{9}$$

533

$$\dot{P_1} = \begin{bmatrix} -d_1 \cdot \sin\varphi_{10} \cdot \omega_{10} - a_2 \cdot \cos\varphi_{10} \cdot \omega_{10} \\ d_1 \cdot \cos\varphi_{10} \cdot \omega_{10} - a_2 \cdot \sin\varphi_{10} \cdot \omega_{10} \\ 0 \end{bmatrix} \qquad (10)$$

$$\dot{P_2} = \begin{bmatrix} -d_2 \cdot \sin\varphi_{10} \cdot \omega_{10} \cdot \cos\varphi_{20} - d_2 \cdot \cos\varphi_{10} \cdot \sin\varphi_{20} \cdot \omega_{20} - a_3 \cdot \cos\varphi_{10} \cdot \omega_{10} \\ d_2 \cdot \cos\varphi_{10} \cdot \omega_{10} \cdot \cos\varphi_{20} - d_2 \cdot \sin\varphi_{10} \cdot \sin\varphi_{20} \cdot \omega_{20} - a_3 \cdot \sin\varphi_{10} \cdot \omega_{10} \\ d_2 \cdot \cos\varphi_{20} \cdot \omega_{20} \end{bmatrix} \qquad (11)$$

$$\dot{T}_{03} = \begin{bmatrix} -\sin\varphi_{10} \cdot \omega_{10} & 0 & \cos\varphi_{10} \cdot \omega_{10} \\ \cos\varphi_{10} \cdot \omega_{10} & 0 & \sin\varphi_{10} \cdot \omega_{10} \\ 0 & 0 & 0 \end{bmatrix} \qquad (12)$$

$$\dot{X}_{3M} = \begin{bmatrix} \dot{x}_{3M} \\ \dot{y}_{3M} \\ \dot{z}_{3M} \end{bmatrix} = \begin{bmatrix} -d_3 \cdot \sin\varphi_{30} \cdot \omega_{30} \\ d_3 \cdot \cos\varphi_{30} \cdot \omega_{30} \\ 0 \end{bmatrix} \qquad (13)$$

$$\dot{P}_{12} = \dot{P_1} + \dot{P_2} =$$

$$\begin{bmatrix} -d_1 \sin\varphi_{10}\omega_{10} - a_2 \cos\varphi_{10}\omega_{10} - a_3 \cos\varphi_{10}\omega_{10} - d_2 \sin\varphi_{10}\omega_{10}\cos\varphi_{20} - d_2 \cos\varphi_{10}\sin\varphi_{20}\omega_{20} \\ d_1 \cos\varphi_{10}\omega_{10} - a_2 \sin\varphi_{10}\omega_{10} - a_3 \sin\varphi_{10}\omega_{10} + d_2 \cos\varphi_{10}\omega_{10}\cos\varphi_{20} - d_2 \sin\varphi_{10}\sin\varphi_{20}\omega_{20} \\ d_2 \cos\varphi_{20}\omega_{20} \end{bmatrix} \qquad (14)$$

În continuare se determină cele două produse matriciale (15 şi 16) din relaţia (8).

$$\dot{T}_{03} \cdot X_{3M} = \begin{bmatrix} -\sin \varphi_{10} \cdot \omega_{10} & 0 & \cos \varphi_{10} \cdot \omega_{10} \\ \cos \varphi_{10} \cdot \omega_{10} & 0 & \sin \varphi_{10} \cdot \omega_{10} \\ 0 & 0 & 0 \end{bmatrix} \cdot$$

$$\cdot \begin{bmatrix} d_3 \cdot \cos \varphi_{30} \\ d_3 \cdot \sin \varphi_{30} \\ 0 \end{bmatrix} = \begin{bmatrix} -d_3 \cdot \sin \varphi_{10} \cdot \omega_{10} \cdot \cos \varphi_{30} \\ d_3 \cdot \cos \varphi_{10} \cdot \omega_{10} \cdot \cos \varphi_{30} \\ 0 \end{bmatrix}$$

(15)

$$T_{03} \cdot \dot{X}_{3M} = \begin{bmatrix} \cos \varphi_{10} & 0 & \sin \varphi_{10} \\ \sin \varphi_{10} & 0 & -\cos \varphi_{10} \\ 0 & 1 & 0 \end{bmatrix} \cdot \begin{bmatrix} -d_3 \cdot \sin \varphi_{30} \cdot \omega_{30} \\ d_3 \cdot \cos \varphi_{30} \cdot \omega_{30} \\ 0 \end{bmatrix} =$$

$$= \begin{bmatrix} -d_3 \cdot \cos \varphi_{10} \cdot \sin \varphi_{30} \cdot \omega_{30} \\ -d_3 \cdot \sin \varphi_{10} \cdot \sin \varphi_{30} \cdot \omega_{30} \\ d_3 \cdot \cos \varphi_{30} \cdot \omega_{30} \end{bmatrix}$$

(16)

Putem acum să-l determinăm pe $\dot{X}_{0M}$:

$$\dot{X}_{0M} = \begin{bmatrix} (-d_1 \sin \varphi_{10}\omega_{10} - a_2 \cos \varphi_{10}\omega_{10} - a_3 \cos \varphi_{10}\omega_{10} - d_2 \sin \varphi_{10}\omega_{10} \cos \varphi_{20} - \\ - d_2 \cos \varphi_{10} \sin \varphi_{20}\omega_{20} - d_3 \sin \varphi_{10}\omega_{10} \cos \varphi_{30} - d_3 \cos \varphi_{10} \sin \varphi_{30}\omega_{30}) \\ \\ (d_1 \cos \varphi_{10}\omega_{10} - a_2 \sin \varphi_{10}\omega_{10} - a_3 \sin \varphi_{10}\omega_{10} + d_2 \cos \varphi_{10}\omega_{10} \cos \varphi_{20} - \\ - d_2 \sin \varphi_{10} \sin \varphi_{20}\omega_{20} + d_3 \cos \varphi_{10}\omega_{10} \cos \varphi_{30} - d_3 \sin \varphi_{10} \sin \varphi_{30}\omega_{30}) \\ \\ (d_2 \cos \varphi_{20}\omega_{20} + d_3 \cos \varphi_{30}\omega_{30}) \end{bmatrix}$$

(17)

Urmează relațiile accelerațiilor. Se derivează relația (8) și se obține expresia (18):

$$\ddot{X}_{0M} = \ddot{P}_{12} + \ddot{T}_{03} \cdot X_{3M} + \dot{T}_{03} \cdot \dot{X}_{3M} + \dot{T}_{03} \cdot \dot{X}_{3M} + T_{03} \cdot \ddot{X}_{3M} =$$
$$= \ddot{P}_{12} + \ddot{T}_{03} \cdot X_{3M} + 2 \cdot \dot{T}_{03} \cdot \dot{X}_{3M} + T_{03} \cdot \ddot{X}_{3M}$$

(18)

Unde:

$$\ddot{P}_{12} = \ddot{P}_1 + \ddot{P}_2 =$$

$$= \begin{bmatrix} (-d_1 \cos\varphi_{10}\omega_{10}^2 + a_2 \sin\varphi_{10}\omega_{10}^2 + a_3 \sin\varphi_{10}\omega_{10}^2 - d_2 \cos\varphi_{10}\omega_{10}^2 \cos\varphi_{20} + \\ + d_2 \sin\varphi_{10}\omega_{10} \sin\varphi_{20}\omega_{20} + d_2 \sin\varphi_{10}\omega_{10} \sin\varphi_{20}\omega_{20} - d_2 \cos\varphi_{10} \cos\varphi_{20}\omega_{20}^2) \\ \\ (-d_1 \sin\varphi_{10}\omega_{10}^2 - a_2 \cos\varphi_{10}\omega_{10}^2 - a_3 \cos\varphi_{10}\omega_{10}^2 - d_2 \sin\varphi_{10}\omega_{10}^2 \cos\varphi_{20} - \\ - d_2 \cos\varphi_{10}\omega_{10} \sin\varphi_{20}\omega_{20} - d_2 \cos\varphi_{10}\omega_{10} \sin\varphi_{20}\omega_{20} - d_2 \sin\varphi_{10} \cos\varphi_{20}\omega_{20}^2) \\ \\ (-d_2 \sin\varphi_{20}\omega_{20}^2) \end{bmatrix}$$

(19)

Forma destul de simplă a matricei $\ddot{P}_{12}$ se datorează faptului că cele trei viteze unghiulare ale actuatorilor s-au considerat constante (așa cum e normal să fie).

$$\ddot{T}_{03} = \begin{bmatrix} -\cos\varphi_{10} \cdot \omega_{10}^2 & 0 & -\sin\varphi_{10} \cdot \omega_{10}^2 \\ -\sin\varphi_{10} \cdot \omega_{10}^2 & 0 & \cos\varphi_{10} \cdot \omega_{10}^2 \\ 0 & 0 & 0 \end{bmatrix}$$

(20)

$$\ddot{X}_{3M} = \begin{bmatrix} -d_3 \cdot \cos\varphi_{30} \cdot \omega_{30}^2 \\ -d_3 \cdot \sin\varphi_{30} \cdot \omega_{30}^2 \\ 0 \end{bmatrix}$$

(21)

$$2 \cdot \dot{T}_{03} \cdot \dot{X}_{3M} = \begin{bmatrix} 2 \cdot d_3 \cdot \sin\varphi_{10} \cdot \omega_{10} \cdot \sin\varphi_{30} \cdot \omega_{30} \\ -2 \cdot d_3 \cdot \cos\varphi_{10} \cdot \omega_{10} \cdot \sin\varphi_{30} \cdot \omega_{30} \\ 0 \end{bmatrix}$$

(22)

$$\ddot{T}_{03} \cdot X_{3M} = \begin{bmatrix} -\cos\varphi_{10} \cdot \omega_{10}^2 & 0 & -\sin\varphi_{10} \cdot \omega_{10}^2 \\ -\sin\varphi_{10} \cdot \omega_{10}^2 & 0 & \cos\varphi_{10} \cdot \omega_{10}^2 \\ 0 & 0 & 0 \end{bmatrix} \cdot \begin{bmatrix} d_3 \cdot \cos\varphi_{30} \\ d_3 \cdot \sin\varphi_{30} \\ 0 \end{bmatrix} = $$

$$= \begin{bmatrix} -d_3 \cdot \cos\varphi_{10} \cdot \omega_{10}^2 \cdot \cos\varphi_{30} \\ -d_3 \cdot \sin\varphi_{10} \cdot \omega_{10}^2 \cdot \cos\varphi_{30} \\ 0 \end{bmatrix} \tag{23}$$

$$T_{03} \cdot \ddot{X}_{3M} = \begin{bmatrix} \cos\varphi_{10} & 0 & \sin\varphi_{10} \\ \sin\varphi_{10} & 0 & -\cos\varphi_{10} \\ 0 & 1 & 0 \end{bmatrix} \cdot \begin{bmatrix} -d_3 \cdot \cos\varphi_{30} \cdot \omega_{30}^2 \\ -d_3 \cdot \sin\varphi_{30} \cdot \omega_{30}^2 \\ 0 \end{bmatrix} = $$

$$= \begin{bmatrix} -d_3 \cdot \cos\varphi_{10} \cdot \cos\varphi_{30} \cdot \omega_{30}^2 \\ -d_3 \cdot \sin\varphi_{10} \cdot \cos\varphi_{30} \cdot \omega_{30}^2 \\ -d_3 \cdot \sin\varphi_{30} \cdot \omega_{30}^2 \end{bmatrix} \tag{24}$$

Se obține matricea accelerațiilor endefectorului în funcție de rotațiile și vitezele unghiulare ale celor trei actuatori, cu $\omega_{10} = ct$, $\omega_{20} = ct$, $\omega_{30} = ct$.

$$\ddot{X}_{0M} = $$

$$\begin{bmatrix} (-d_1 \cos\varphi_{10}\omega_{10}^2 + a_2 \sin\varphi_{10}\omega_{10}^2 + a_3 \sin\varphi_{10}\omega_{10}^2 - d_2 \cos\varphi_{10}\omega_{10}^2 \cos\varphi_{20} + \\ + 2d_2 \sin\varphi_{10}\omega_{10} \sin\varphi_{20}\omega_{20} - d_2 \cos\varphi_{10} \cos\varphi_{20}\omega_{20}^2 + 2d_3 \sin\varphi_{10}\omega_{10} \sin\varphi_{30}\omega_{30} - \\ - d_3 \cos\varphi_{10}\omega_{10}^2 \cos\varphi_{30} - d_3 \cos\varphi_{10} \cos\varphi_{30}\omega_{30}^2) \\ \\ (-d_1 \sin\varphi_{10}\omega_{10}^2 - a_2 \cos\varphi_{10}\omega_{10}^2 - a_3 \cos\varphi_{10}\omega_{10}^2 - d_2 \sin\varphi_{10}\omega_{10}^2 \cos\varphi_{20} - \\ - 2d_2 \cos\varphi_{10}\omega_{10} \sin\varphi_{20}\omega_{20} - d_2 \sin\varphi_{10} \cos\varphi_{20}\omega_{20}^2 - 2d_3 \cos\varphi_{10}\omega_{10} \sin\varphi_{30}\omega_{30} - \\ - d_3 \sin\varphi_{10}\omega_{10}^2 \cos\varphi_{30} - d_3 \sin\varphi_{10} \cos\varphi_{30}\omega_{30}^2) \\ \\ (-d_2 \sin\varphi_{20}\omega_{20}^2 - d_3 \sin\varphi_{30}\omega_{30}^2) \end{bmatrix} \tag{25}$$

Cap 07_Elemente de dinamică la MP-3R

(partea I-a)

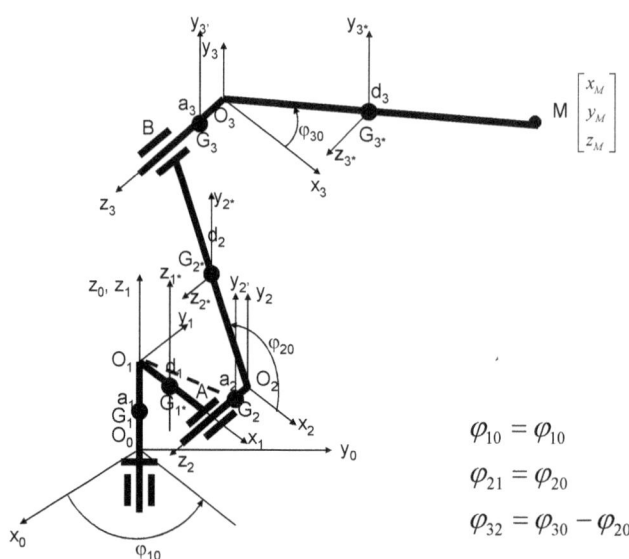

Fig. 1. Geometria, cinematica și dinamica unui MP-3R

Centrele de greutate ale elementelor.

În fig. 1, s-au reprezentat centrele de greutate ale sistemului MP-3R. Pentru fiecare element în parte s-au considerat două elemente pentru a putea efectua calculele separat pentru direcțiile diferite ale părților fiecărui element. Astfel elementul 1 a fost separat în două părți O_0O_1 cu centrul de greutate în G_1 și O_1A cu centrul de greutate în G_{1*}. Elementul doi a fost împărțit în două subelemente: AO_2 cu centrul de greutate în G_2 și O_2B cu centrul de greutate în G_{2*}. Ultimul element (elementul trei al MP-3R) a fost și el reconsiderat fiind divizat în două subelemente: BO_3 cu centrul de greutate în G_3, și O_3M cu centrul de greutate în G_{3*}. Pentru antamarea calculelor s-au considerat toate centrele de greutate poziționate la mijlocul elementelor respective, elementele fiind de tip bară (cilindrică, sau de altă formă).

Dinamica oricărui sistem necesită cunoașterea energiei mecanice cinetice a sistemului. Este punctul de plecare numărul unu al determinării unor calcule și relații de calcul dinamic al oricărui sistem mecanic. Problema la sistemele MP-3R este faptul că ele lucrează spațial și deci energia cinetică a sistemului cuprinde elemente spațiale (nu se poate încadra numai într-un plan).

Ecuația Lagrange utilizată are forma clasică (1) cunoscută:

538

$$\frac{d}{dt}\left(\frac{\partial \varepsilon}{\partial \dot{q}_k}\right) - \frac{\partial \varepsilon}{\partial q_k} = Q_k \qquad (1)$$

cu k=1, 2, 3.

Cea mai normală determinare dinamică a unui sistem se face utilizând ecuaţiile „Lagrange". Din sistemul (1) se vor scrie trei ecuaţii diferite. Pentru aceasta este necesar ca în prealabil să determinăm ecuaţia energiei cinetice (mecanice) a sistemului considerat ($\varepsilon = \varepsilon(q_k, \dot{q}_k)$). În spaţiu energia cinetică are pentru fiecare element în parte şase componente (în cazul cel mai general): trei pentru vitezele liniare şi alte trei pentru vitezele unghiulare. În cazul vitezelor liniare, decât să scriem trei energii cinetice (aceeaşi masă a elementului înjumătăţită şi înmulţită separat cu pătratul fiecărei componente scalare a vitezei în centrul de masă) este mai simplu să scriem doar o singură ecuaţie rezultantă, adică să înmulţim jumătate din masa elementului respectiv (în cazul de faţă fiecare subelement va fi cotat ca un element, astfel încât din trei elemente vor rezulta şase) cu pătratul vitezei absolute a elementului considerat, determinată (viteza absolută) în centrul de masă al elementului respectiv. Astfel vom determina vitezele absolute în centrele de masă ale elementelor şi pătratele vitezelor absolute, după care împreună şi cu momentele inerţiale (masice) mecanice şi cu pătratele vitezelor unghiulare ale elementului determinate pe trei axe mobile (solidare cu elementul în mişcare) aşezate în formă rectangulară (se alege practic un sistem de coordonate mobile, rectangular, solidar cu fiecare element în parte). În cazul cel mai general pentru fiecare din cele şase elemente rezultate vom avea maxim patru expresii pentru energia cinetică (mecanică) a sistemului.

În continuare se vor determina vitezele absolute (şi pătratele lor) pentru fiecare din cele şase elemente rezultate ale sistemului (MP-3R).

În centrul de greutate G_1 viteza absolută este nulă (2).

$$v_{G_1} = 0 \cdot \omega_1 = 0 \qquad (2)$$

În centrul de greutate G_{1*} viteza absolută are valoarea (3).

$$v_{G_{1*}} = \frac{d_1}{2} \cdot \omega_1 \qquad v_{G_{1*}}^2 = \frac{1}{4} \cdot d_1^2 \cdot \omega_1^2 \qquad (3)$$

În centrul de greutate G_2 viteza absolută capătă expresia (4).

$$\begin{cases} O_1G_2 = \sqrt{d_1^2 + \left(\dfrac{a_2}{2}\right)^2} \\[2mm] v_{G_2} = O_1G_2 \cdot \omega_1 \\[2mm] v_{G_2}^2 = \left(O_1G_2\right)^2 \cdot \omega_1^2 = \left[d_1^2 + \left(\dfrac{a_2}{2}\right)^2\right] \cdot \omega_1^2 \end{cases} \tag{4}$$

În centrul de greutate G_{2*} pătratul vitezei absolute ia forma (5).

$$\begin{cases} x_{G_{2*}} = d_1 \cdot \cos\varphi_{10} - a_2 \cdot \sin\varphi_{10} + \dfrac{1}{2} \cdot d_2 \cdot \cos\varphi_{20} \cdot \cos\varphi_{10} \\[2mm] y_{G_{2*}} = d_1 \cdot \sin\varphi_{10} + a_2 \cdot \cos\varphi_{10} + \dfrac{1}{2} \cdot d_2 \cdot \cos\varphi_{20} \cdot \sin\varphi_{10} \\[2mm] z_{G_{2*}} = a_1 + \dfrac{1}{2} \cdot d_2 \cdot \sin\varphi_{20} \\[2mm] \dot{x}_{G_{2*}} = -d_1 \cdot \sin\varphi_{10} \cdot \omega_{10} - a_2 \cdot \cos\varphi_{10} \cdot \omega_{10} - \\[2mm] -\dfrac{1}{2} \cdot d_2 \cdot \sin\varphi_{20} \cdot \omega_{20} \cdot \cos\varphi_{10} - \dfrac{1}{2} \cdot d_2 \cdot \cos\varphi_{20} \cdot \sin\varphi_{10} \cdot \omega_{10} \\[2mm] \dot{y}_{G_{2*}} = d_1 \cdot \cos\varphi_{10} \cdot \omega_{10} - a_2 \cdot \sin\varphi_{10} \cdot \omega_{10} - \\[2mm] -\dfrac{1}{2} \cdot d_2 \cdot \sin\varphi_{20} \cdot \omega_{20} \cdot \sin\varphi_{10} + \dfrac{1}{2} \cdot d_2 \cdot \cos\varphi_{20} \cdot \cos\varphi_{10} \cdot \omega_{10} \\[2mm] \dot{z}_{G_{2*}} = \dfrac{1}{2} \cdot d_2 \cdot \cos\varphi_{20} \cdot \omega_{20} \\[2mm] v_{G_{2*}}^2 = d_1^2 \cdot \omega_{10}^2 + a_2^2 \cdot \omega_{10}^2 + \dfrac{1}{4} \cdot d_2^2 \cdot \omega_{20}^2 + \dfrac{1}{4} \cdot d_2^2 \cdot \omega_{10}^2 \cdot \cos^2\varphi_{20} + \\[2mm] + d_1 \cdot d_2 \cdot \omega_{10}^2 \cdot \cos\varphi_{20} + a_2 \cdot d_2 \cdot \omega_{10} \cdot \omega_{20} \cdot \sin\varphi_{20} \end{cases} \tag{5}$$

În centrul de greutate G_3 coordonatele scalare de poxiție iau forma (6) iar pătratul vitezei absolute îmbracă forma (7).

$$\begin{cases} x_{G_3} = d_1 \cdot \cos\varphi_{10} - \left(a_2 + \dfrac{1}{2}a_3\right) \cdot \sin\varphi_{10} + d_2 \cdot \cos\varphi_{10} \cdot \cos\varphi_{20} \\[2mm] y_{G_3} = d_1 \cdot \sin\varphi_{10} + \left(a_2 + \dfrac{1}{2}a_3\right) \cdot \cos\varphi_{10} + d_2 \cdot \sin\varphi_{10} \cdot \cos\varphi_{20} \\[2mm] z_{G_3} = a_1 + d_2 \cdot \sin\varphi_{20} \end{cases} \tag{6}$$

$$\begin{cases} \dot{x}_{G_3} = -d_1 \cdot \sin\varphi_{10} \cdot \omega_{10} - \left(a_2 + \frac{1}{2}a_3\right) \cdot \cos\varphi_{10} \cdot \omega_{10} - \\ - d_2 \cdot \sin\varphi_{10} \cdot \omega_{10} \cdot \cos\varphi_{20} - d_2 \cdot \cos\varphi_{10} \cdot \sin\varphi_{20} \cdot \omega_{20} \\ \dot{y}_{G_3} = d_1 \cdot \cos\varphi_{10} \cdot \omega_{10} - \left(a_2 + \frac{1}{2}a_3\right) \cdot \sin\varphi_{10} \cdot \omega_{10} + \\ + d_2 \cdot \cos\varphi_{10} \cdot \omega_{10} \cdot \cos\varphi_{20} - d_2 \cdot \sin\varphi_{10} \cdot \sin\varphi_{20} \cdot \omega_{20} \\ \dot{z}_{G_3} = d_2 \cdot \cos\varphi_{20} \cdot \omega_{20} \\ v_{G_3}^2 = \dot{x}_{G_3}^2 + \dot{y}_{G_3}^2 + \dot{z}_{G_3}^2 = d_1^2 \cdot \omega_{10}^2 + d_2^2 \cdot \omega_{20}^2 \cdot \cos^2\varphi_{20} + \left(a_2 + \frac{1}{2}a_3\right)^2 \cdot \omega_{10}^2 + \\ + d_2^2 \cdot \omega_{10}^2 \cdot \cos^2\varphi_{20} + d_2^2 \cdot \omega_{20}^2 \cdot \sin^2\varphi_{20} + 2 \cdot d_1 \cdot d_2 \cdot \omega_{10}^2 \cdot \cos\varphi_{20} + \\ + 2 \cdot d_2 \cdot \left(a_2 + \frac{1}{2}a_3\right) \cdot \sin\varphi_{20} \cdot \omega_{10} \cdot \omega_{20} \\ v_{G_3}^2 = \left[d_1^2 + \left(a_2 + \frac{1}{2}a_3\right)^2 + d_2^2 \cdot \cos^2\varphi_{20} + 2 \cdot d_1 \cdot d_2 \cdot \cos\varphi_{20}\right] \cdot \omega_{10}^2 + \\ + d_2^2 \cdot \omega_{20}^2 + 2 \cdot d_2 \cdot \left(a_2 + \frac{1}{2}a_3\right) \cdot \sin\varphi_{20} \cdot \omega_{10} \cdot \omega_{20} \end{cases} \quad (7)$$

În centrul de greutate G_{3*} coordonatele scalare de poxiţie iau forma (8) iar pătratul vitezei absolute îmbracă forma (9).

$$\begin{cases} x_{G_{3*}} = d_1 \cdot \cos\varphi_{10} - \left(a_2 + a_3\right) \cdot \sin\varphi_{10} + \\ + d_2 \cdot \cos\varphi_{10} \cdot \cos\varphi_{20} + \frac{1}{2} \cdot d_3 \cdot \cos\varphi_{30} \cdot \cos\varphi_{10} \\ y_{G_{3*}} = d_1 \cdot \sin\varphi_{10} + \left(a_2 + a_3\right) \cdot \cos\varphi_{10} + \\ + d_2 \cdot \sin\varphi_{10} \cdot \cos\varphi_{20} + \frac{1}{2} \cdot d_3 \cdot \cos\varphi_{30} \cdot \sin\varphi_{10} \\ z_{G_{3*}} = a_1 + d_2 \cdot \sin\varphi_{20} + \frac{1}{2} \cdot d_3 \cdot \sin\varphi_{30} \end{cases} \quad (8)$$

$$\begin{cases}
\dot{x}_{G_{3^*}} = -d_1 \cdot \sin\varphi_{10} \cdot \omega_{10} - (a_2 + a_3) \cdot \cos\varphi_{10} \cdot \omega_{10} - \\
\quad - d_2 \cdot \sin\varphi_{10} \cdot \omega_{10} \cdot \cos\varphi_{20} - d_2 \cdot \cos\varphi_{10} \cdot \sin\varphi_{20} \cdot \omega_{20} - \\
\quad - \dfrac{1}{2} \cdot d_3 \cdot \sin\varphi_{30} \cdot \omega_{30} \cdot \cos\varphi_{10} - \dfrac{1}{2} \cdot d_3 \cdot \cos\varphi_{30} \cdot \sin\varphi_{10} \cdot \omega_{10} \\[4pt]
\dot{y}_{G_{3^*}} = d_1 \cdot \cos\varphi_{10} \cdot \omega_{10} - (a_2 + a_3) \cdot \sin\varphi_{10} \cdot \omega_{10} + \\
\quad + d_2 \cdot \cos\varphi_{10} \cdot \omega_{10} \cdot \cos\varphi_{20} - d_2 \cdot \sin\varphi_{10} \cdot \sin\varphi_{20} \cdot \omega_{20} - \\
\quad - \dfrac{1}{2} \cdot d_3 \cdot \sin\varphi_{30} \cdot \omega_{30} \cdot \sin\varphi_{10} + \dfrac{1}{2} \cdot d_3 \cdot \cos\varphi_{30} \cdot \cos\varphi_{10} \cdot \omega_{10} \\[4pt]
\dot{z}_{G_{3^*}} = d_2 \cdot \cos\varphi_{20} \cdot \omega_{20} + \dfrac{1}{2} \cdot d_3 \cdot \cos\varphi_{30} \cdot \omega_{30} \\[8pt]

v_{G_{3^*}}^2 = \dot{x}_{G_{3^*}}^2 + \dot{y}_{G_{3^*}}^2 + \dot{z}_{G_{3^*}}^2 = d_1^2 \cdot \omega_{10}^2 + (a_2 + a_3)^2 \cdot \omega_{10}^2 + d_2^2 \cdot \omega_{10}^2 \cdot \cos^2\varphi_{20} + \\
\quad + d_2^2 \cdot \omega_{20}^2 \cdot \sin^2\varphi_{20} + \dfrac{1}{4} \cdot d_3^2 \cdot \omega_{30}^2 \cdot \sin^2\varphi_{30} + \dfrac{1}{4} \cdot d_3^2 \cdot \omega_{10}^2 \cdot \cos^2\varphi_{30} + \\
\quad + d_2^2 \cdot \omega_{20}^2 \cdot \cos^2\varphi_{20} + \dfrac{1}{4} \cdot d_3^2 \cdot \omega_{30}^2 \cdot \cos^2\varphi_{30} + \\
\quad + d_2 \cdot d_3 \cdot \omega_{20} \cdot \omega_{30} \cdot \cos\varphi_{20} \cdot \cos\varphi_{30} + 2 \cdot d_1 \cdot d_2 \cdot \omega_{10}^2 \cdot \cos\varphi_{20} + \\
\quad + d_1 \cdot d_3 \cdot \omega_{10}^2 \cdot \cos\varphi_{30} + 2 \cdot d_2 \cdot (a_2 + a_3) \cdot \omega_{10} \cdot \omega_{20} \cdot \sin\varphi_{20} + \\
\quad + d_3 \cdot (a_2 + a_3) \cdot \omega_{10} \cdot \omega_{30} \cdot \sin\varphi_{30} + d_2 \cdot d_3 \cdot \omega_{10}^2 \cdot \cos\varphi_{20} \cdot \cos\varphi_{30} + \\
\quad + d_2 \cdot d_3 \cdot \omega_{20} \cdot \omega_{30} \cdot \sin\varphi_{20} \cdot \sin\varphi_{30} \qquad\qquad\qquad\qquad (9) \\[8pt]

v_{G_{3^*}}^2 = [d_1^2 + (a_2 + a_3)^2 + d_2^2 \cdot \cos^2\varphi_{20} + \dfrac{1}{4} \cdot d_3^2 \cdot \cos^2\varphi_{30} + \\
\quad + 2 \cdot d_1 \cdot d_2 \cdot \cos\varphi_{20} + d_1 \cdot d_3 \cdot \cos\varphi_{30} + d_2 \cdot d_3 \cdot \cos\varphi_{20} \cdot \cos\varphi_{30}] \cdot \omega_{10}^2 + \\
\quad + d_2^2 \cdot \omega_{20}^2 + \dfrac{1}{4} \cdot d_3^2 \cdot \omega_{30}^2 + d_2 \cdot d_3 \cdot \omega_{20} \cdot \omega_{30} \cdot \cos(\varphi_{30} - \varphi_{20}) + \\
\quad + 2 \cdot d_2 \cdot (a_2 + a_3) \cdot \omega_{10} \cdot \omega_{20} \cdot \sin\varphi_{20} + d_3 \cdot (a_2 + a_3) \cdot \omega_{10} \cdot \omega_{30} \cdot \sin\varphi_{30}
\end{cases}$$

Putem acum să recapitulăm valorile tuturor pătratelor vitezelor determinate în cele șase centre de greutate ale sistemului (relația 10).

$$\begin{cases} v_{G_1}^2 = 0 \\[2ex] v_{G_{1^*}}^2 = \dfrac{1}{4} \cdot d_1^2 \cdot \omega_1^2 \\ \rule{10cm}{0.4pt} \\ v_{G_2}^2 = (O_1 G_2)^2 \cdot \omega_1^2 = \left[d_1^2 + \left(\dfrac{a_2}{2} \right)^2 \right] \cdot \omega_1^2 \\[3ex] v_{G_{2^*}}^2 = d_1^2 \cdot \omega_{10}^2 + a_2^2 \cdot \omega_{10}^2 + \dfrac{1}{4} \cdot d_2^2 \cdot \omega_{20}^2 + \dfrac{1}{4} \cdot d_2^2 \cdot \omega_{10}^2 \cdot \cos^2 \varphi_{20} + \\ \quad + d_1 \cdot d_2 \cdot \omega_{10}^2 \cdot \cos \varphi_{20} + a_2 \cdot d_2 \cdot \omega_{10} \cdot \omega_{20} \cdot \sin \varphi_{20} \\ \rule{10cm}{0.4pt} \\ v_{G_3}^2 = \left[d_1^2 + \left(a_2 + \dfrac{1}{2} a_3 \right)^2 + d_2^2 \cdot \cos^2 \varphi_{20} + 2 \cdot d_1 \cdot d_2 \cdot \cos \varphi_{20} \right] \cdot \omega_{10}^2 + \\ \quad + d_2^2 \cdot \omega_{20}^2 + 2 \cdot d_2 \cdot \left(a_2 + \dfrac{1}{2} a_3 \right) \cdot \sin \varphi_{20} \cdot \omega_{10} \cdot \omega_{20} \\[3ex] v_{G_{3^*}}^2 = [\, d_1^2 + (a_2 + a_3)^2 + d_2^2 \cdot \cos^2 \varphi_{20} + \dfrac{1}{4} \cdot d_3^2 \cdot \cos^2 \varphi_{30} + \\ \quad + 2 \cdot d_1 \cdot d_2 \cdot \cos \varphi_{20} + d_1 \cdot d_3 \cdot \cos \varphi_{30} + d_2 \cdot d_3 \cdot \cos \varphi_{20} \cdot \cos \varphi_{30}\,] \cdot \omega_{10}^2 + \\ \quad + d_2^2 \cdot \omega_{20}^2 + \dfrac{1}{4} \cdot d_3^2 \cdot \omega_{30}^2 + d_2 \cdot d_3 \cdot \omega_{20} \cdot \omega_{30} \cdot \cos(\varphi_{30} - \varphi_{20}) + \\ \quad + 2 \cdot d_2 \cdot (a_2 + a_3) \cdot \omega_{10} \cdot \omega_{20} \cdot \sin \varphi_{20} + d_3 \cdot (a_2 + a_3) \cdot \omega_{10} \cdot \omega_{30} \cdot \sin \varphi_{30} \end{cases}$$

(10)

Cap 08_Elemente de dinamică la MP-3R

(partea a II-a)

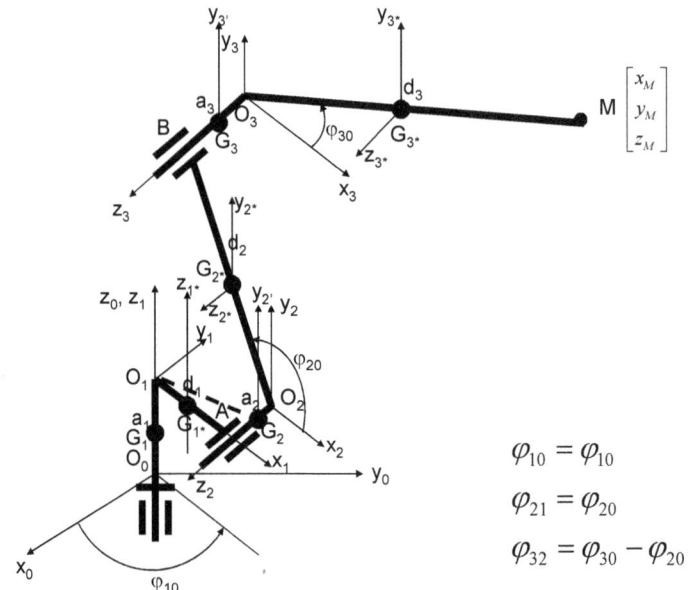

$$\varphi_{10} = \varphi_{10}$$

$$\varphi_{21} = \varphi_{20}$$

$$\varphi_{32} = \varphi_{30} - \varphi_{20}$$

Fig. 1. Geometria, cinematica și dinamica unui MP-3R

Centrele de greutate ale elementelor.

În fig. 1, s-au reprezentat centrele de greutate ale sistemului MP-3R.

În continuare se vor determina momentele de inerție masice (mecanice) și relațiile energiei cinetice pentru fiecare element cinematic considerat (așa cum s-a stabilit deja există șase elemente în loc de trei).

Pentru elementul 1, O_0O_1, se determină momentul de inerție mecanic pe axa principală, singura care permite o rotație a elementului (relația 11).

$$J_{G_1}^{z_1} = \frac{1}{2} \cdot m_1 \cdot r_1^2 \qquad (11)$$

Momentul de inerție mecanic (masic) se notează cu J.

El trebuie să fie deosebit de momentul de inerție geometric (rezistent), care se notează în general (corect) cu I. Momentele inerțiale masic și geometric se leagă între ele întotdeauna printr-o relație fizico-matematică. Dacă momentul inerțial geometric este utilizat cu precădere la calculele de rezistența materialelor și în proiectarea organelor de mașini, în cadrul fizicii mecanice, a mecanicii, mecanismelor, roboticii, motoarelor, transmisiilor, (etc...) studiul dinamic (fiziologic) al mecanismelor și componentelor sistemelor se face obligatoriu și cu ajutorul maselor inerțiale aflate în mișcare; masele obijnuite ale elementelor (notate cu m) sunt utilizate la mișcarea de translație, iar masele inerțiale (notate cu J) au un rol determinant în mișcarea de rotație (a elementelor sistemului). Există momente inerțiale mecanice (masice) proiectate pe un punct, pe o axă, sau pe un plan. Convenția în mecanică și mecanisme este să utilizăm în general (cu precădere) momentele de inerție masice proiectate într-un punct, de obicei punctul fiind centrul de greutate (de masă, sau de simetrie) al elementului respectiv. Pentru elementul 1 utilizăm centrul de masă G_1 care pentru axa principală z, a elementului (care este și axa principală de rotație) are același moment inerțial masic (mecanic) în orice punct al axei (relația 11). Pentru două axe rectangulare x și y momentul masic inerțial are valoarea înjumătățită (relația 12), pentru cazurile cele mai des utilizate, când avem un corp cilindric de rază r_1 oarecare. O altă relație aproximativă utilizată pentru aceste valori inerțiale atunci când corpul este lung și foarte subțire (când raza este neglijabilă în raport cu lungimea) este relația (13), unde l_1 ar fi a_1 dacă raza r_1 ar fi neglijabilă în raport cu lungimea a_1. O relație mai exactă (generală) pentru acest caz ar fi (14).

$$J_{G_1}^{x_1} = J_{G_1}^{y_1} = \frac{1}{2} \cdot J_{G_1}^{z_1} = \frac{1}{4} \cdot m_1 \cdot r_1^2 \qquad (12)$$

$$J_{G_1}^{x_1} = J_{G_1}^{y_1} = \frac{1}{12} \cdot m_1 \cdot l_1^2 \qquad (13)$$

$$J_{G_1}^{x_1} = J_{G_1}^{y_1} = \frac{1}{4} \cdot m_1 \cdot r_1^2 + \frac{1}{12} \cdot m_1 \cdot a_1^2 \qquad (14)$$

În continuare vom utiliza numai relația (12), deoarece sistemele studiate au elemente cilindrice cu diametre semnificative (razele cilindrilor aproximativi sunt suficient de mari). Dacă forma elementului nu este cilindrică ea se poate aproxima tot cu un cilindru.

Pentru elementul 1 nu avem rotație decât după axa z.

Energia cinetică a elementului unu capătă forma (15) (se consideră dublul energiei cinetice):

$$2 \cdot \varepsilon_1 = m_1 \cdot v_{G_1}^2 + J_{G_1}^{z_1} \cdot \omega_{10}^2 =$$
$$= 0 + \frac{1}{2} \cdot m_1 \cdot r_1^2 \cdot \omega_{10}^2 = \frac{1}{2} \cdot m_1 \cdot r_1^2 \cdot \omega_{10}^2 \qquad (15)$$

Pe elementul 1*, în centrul de greutate G_{1*} energia cinetică se scrie (16):

$$2 \cdot \varepsilon_{1*} = m_{1*} \cdot v_{G_{1*}}^2 + J_{G_{1*}}^{z_{1*}} \cdot \omega_{10}^2 =$$
$$= \frac{1}{4} \cdot m_{1*} \cdot d_1^2 \cdot \omega_{10}^2 + \frac{1}{4} \cdot m_{1*} \cdot r_{1*}^2 \cdot \omega_{10}^2 = \frac{1}{4} \cdot m_{1*} \cdot \omega_{10}^2 \cdot \left(d_1^2 + r_{1*}^2 \right) \qquad (16)$$

Pe elementul 2 în centrul de greutate G_2 energia cinetică ia forma (17).

$$2 \cdot \varepsilon_2 = m_2 \cdot v_{G_2}^2 + J_{G_2}^{y_2'} \cdot \omega_{10}^2 + J_{G_2}^{z_2} \cdot \omega_{20}^2 =$$

$$= m_2 \cdot \left(d_1^2 + \frac{1}{4} \cdot a_2^2 \right) \cdot \omega_{10}^2 + \frac{1}{4} \cdot m_2 \cdot r_2^2 \cdot \omega_{10}^2 + \frac{1}{2} \cdot m_2 \cdot r_2^2 \cdot \omega_{20}^2 = \quad (17)$$

$$= m_2 \cdot \left(d_1^2 + \frac{1}{4} \cdot a_2^2 + \frac{1}{4} \cdot r_2^2 \right) \cdot \omega_{10}^2 + \frac{1}{2} \cdot m_2 \cdot r_2^2 \cdot \omega_{20}^2$$

Pe elementul 2* în centrul de greutate G_{2*} energia cinetică ia forma (18 şi 20).

$$2 \cdot \varepsilon_{2*} = m_{2*} \cdot v_{G_{2*}}^2 + J_{G_{2*}}^{z_2^*} \cdot \omega_{20}^2 + J_{G_{2*}}^{y_2^*} \cdot \omega_{10}^2 =$$

$$= m_{2*} \cdot \left(d_1^2 + a_2^2 + \frac{1}{4} \cdot d_2^2 \cdot \cos^2 \varphi_{20} + d_1 \cdot d_2 \cdot \cos \varphi_{20} \right) \cdot \omega_{10}^2 +$$

$$+ \frac{1}{4} \cdot m_{2*} \cdot d_2^2 \cdot \omega_{20}^2 + m_{2*} \cdot a_2 \cdot d_2 \cdot \sin \varphi_{20} \cdot \omega_{10} \cdot \omega_{20} + \quad (18)$$

$$+ \frac{J_2}{2} \cdot \omega_{20}^2 + \frac{J_2}{2} \cdot \left(1 + \sin^2 \varphi_{20} \right) \cdot \omega_{10}^2 \qquad cu \qquad J_2 = \frac{1}{2} \cdot m_{2*} \cdot r_{2*}^2$$

Se utilizează şi relaţiile intermediare (19 şi 21) pentru determinarea energiilor cinetice de pe element corespunzătoare rotaţiilor.

$$\begin{cases} J_{G_{2*}}^{z_2^*} \cdot \omega_{20}^2 = \dfrac{J_2}{2} \cdot \omega_{20}^2 = \dfrac{1}{4} \cdot m_{2*} \cdot r_{2*}^2 \cdot \omega_{20}^2 \\[2mm] J_{G_{2*}}^{y_2^*} \cdot \omega_{10}^2 = \dfrac{J_2}{2} \cdot \left(1 + \sin^2 \varphi_{20} \right) \cdot \omega_{10}^2 = \\[2mm] = \dfrac{1}{4} \cdot m_{2*} \cdot r_{2*}^2 \cdot \left(1 + \sin^2 \varphi_{20} \right) \cdot \omega_{10}^2 \end{cases} \qquad (19)$$

$$2 \cdot \varepsilon_{2*} = m_{2*} \cdot v_{G_{2*}}^2 + J_{G_{2*}}^{z_2^*} \cdot \omega_{20}^2 + J_{G_{2*}}^{y_2^*} \cdot \omega_{10}^2 =$$

$$= \left(d_1^2 + a_2^2 + \frac{1}{4} \cdot d_2^2 \cdot \cos^2 \varphi_{20} + d_1 \cdot d_2 \cdot \cos \varphi_{20} + \frac{1}{4} \cdot r_{2*}^2 \cdot (1 + \sin^2 \varphi_{20}) \right) \cdot \quad (20)$$

$$\cdot m_{2*} \cdot \omega_{10}^2 + \frac{1}{4} \cdot m_{2*} \cdot \left(d_2^2 + r_{2*}^2 \right) \cdot \omega_{20}^2 + m_{2*} \cdot a_2 \cdot d_2 \cdot \sin \varphi_{20} \cdot \omega_{10} \cdot \omega_{20}$$

Relațiile (21) explică obținerea expresiilor (19); a se urmări și figura 2, în care se pot observa cele două triedre rectangulare diferite formate de axele din punctul G_{2*}. Se cunosc momentele de inerție mecanice J_{2*} pe axele z_{2*} și x_b, momentul inerțial J_2 pe axa principală a elementului $2*$ și trebuie calculat momentul inerțial de pe axa y_{2*} verticală, dar înclinată față de element cu unghiul $\varphi_{20} - 90$ (elementul se află dea lungul axei $G_{2*}y_a$).

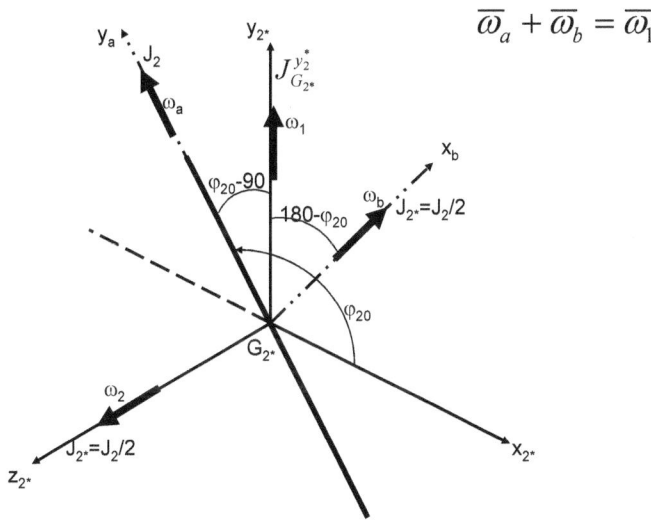

Fig. 2. Geometria și cinematica în punctul G_{2*}

Momentele inerțiale.

$$\begin{cases} \overline{\omega}_a + \overline{\omega}_b = \overline{\omega}_1 \\[4pt] \omega_a^2 + \omega_b^2 = \omega_1^2 \\[4pt] \omega_a = \omega_1 \cdot \cos(\varphi_{20} - 90) = \omega_1 \cdot \sin\varphi_{20} \\[4pt] \omega_b = \omega_1 \cdot \cos(180 - \varphi_{20}) = \omega_1 \cdot \sin(\varphi_{20} - 90) \\[10pt] J_{G_{2*}}^{y_2^*} \cdot \omega_1^2 = J_2 \cdot \omega_a^2 + \dfrac{J_2}{2} \cdot \omega_b^2 = \dfrac{J_2}{2} \cdot \omega_a^2 + \dfrac{J_2}{2} \cdot \left(\omega_a^2 + \omega_b^2\right) = \\[8pt] = \dfrac{J_2}{2} \cdot \omega_a^2 + \dfrac{J_2}{2} \cdot \omega_1^2 = \dfrac{J_2}{2} \cdot \left(\omega_a^2 + \omega_1^2\right) = \dfrac{J_2}{2} \cdot \left(\omega_1^2 \cdot \sin^2\varphi_{20} + \omega_1^2\right) = \\[8pt] = \dfrac{J_2}{2} \cdot \omega_1^2 \cdot \left(1 + \sin^2\varphi_{20}\right) \Rightarrow J_{G_{2*}}^{y_2^*} = \dfrac{J_2}{2} \cdot \left(1 + \sin^2\varphi_{20}\right) \end{cases}$$

(21)

Pe elementul 3, în centrul de greutate G_3, energia cinetică ia forma (22) și expresia finală (26).

$$2 \cdot \varepsilon_3 = m_3 \cdot v_{G_3}^2 + J_{G_3}^{y_3'} \cdot \omega_{10}^2 + J_{G_3}^{z_3} \cdot \omega_{30}^2 \tag{22}$$

Unde dublul energiei cinetice datorate translației are expresia (23).

$$2 \cdot \varepsilon_{3t} = m_3 \cdot v_{G_3}^2 =$$
$$= m_3 \cdot \left[d_1^2 + \left(a_2 + \dfrac{1}{2} \cdot a_3\right)^2 + d_2^2 \cdot \cos^2\varphi_{20} + 2 \cdot d_1 \cdot d_2 \cdot \cos\varphi_{20} \right] \cdot \omega_{10}^2 + \tag{23}$$
$$+ m_3 \cdot d_2^2 \cdot \omega_{20}^2 + 2 \cdot m_3 \cdot d_2 \cdot \left(a_2 + \dfrac{1}{2} \cdot a_3\right) \cdot \sin\varphi_{20} \cdot \omega_{10} \cdot \omega_{20}$$

Dublul energiilor cinetice datorate rotației elementului pe cele două axe se determină cu relațiile (24 și 25).

$$2 \cdot \varepsilon_{3ry3'} = J_{G_3}^{y_3'} \cdot \omega_{10}^2 = \dfrac{1}{4} \cdot m_3 \cdot r_3^2 \cdot \omega_{10}^2 \tag{24}$$

$$2 \cdot \varepsilon_{3rz3} = J_{G_3}^{z_3} \cdot \omega_{30}^2 = \dfrac{1}{2} \cdot m_3 \cdot r_3^2 \cdot \omega_{30}^2 \tag{25}$$

$$2 \cdot \varepsilon_3 = \left[d_1^2 + \left(a_2 + \dfrac{1}{2} \cdot a_3\right)^2 + d_2^2 \cdot \cos^2\varphi_{20} + 2 \cdot d_1 \cdot d_2 \cdot \cos\varphi_{20} + \dfrac{1}{4} \cdot r_3^2 \right] \cdot$$
$$\cdot m_3 \cdot \omega_{10}^2 + m_3 \cdot d_2^2 \cdot \omega_{20}^2 + \dfrac{1}{2} \cdot m_3 \cdot r_3^2 \cdot \omega_{30}^2 + \tag{26}$$
$$+ 2 \cdot m_3 \cdot d_2 \cdot \left(a_2 + \dfrac{1}{2} \cdot a_3\right) \cdot \sin\varphi_{20} \cdot \omega_{10} \cdot \omega_{20}$$

Pe elementul 3*, în centrul de greutate G$_{3*}$, energia cinetică ia forma (27) şi expresia finală (31).

$$2 \cdot \varepsilon_{3*} = m_{3*} \cdot v_{G_3}^2 + J_{G_{3*}}^{z_3^*} \cdot \omega_{30}^2 + J_{G_{3*}}^{y_3^*} \cdot \omega_{10}^2 \tag{27}$$

Unde dublul energiei cinetice datorate translaţiei are expresia (28).

$$2 \cdot \varepsilon_{3*_t} = m_{3*} \cdot v_{G_3}^2 =$$
$$= m_{3*} \cdot [d_1^2 + (a_2 + a_3)^2 + d_2^2 \cdot \cos^2 \varphi_{20} + \frac{1}{4} \cdot d_3^2 \cdot \cos^2 \varphi_{30} +$$
$$+ 2 \cdot d_1 \cdot d_2 \cdot \cos \varphi_{20} + d_1 \cdot d_3 \cdot \cos \varphi_{30} + d_2 \cdot d_3 \cdot \cos \varphi_{20} \cdot \cos \varphi_{30}] \cdot \omega_{10}^2 + \tag{28}$$
$$+ m_{3*} \cdot d_2^2 \cdot \omega_{20}^2 + \frac{1}{4} \cdot m_{3*} \cdot d_3^2 \cdot \omega_{30}^2 + m_{3*} \cdot d_2 \cdot d_3 \cdot \omega_{20} \cdot \omega_{30} \cdot \cos(\varphi_{30} - \varphi_{20}) +$$
$$+ 2 \cdot m_{3*} \cdot d_2 \cdot (a_2 + a_3) \cdot \omega_{10} \cdot \omega_{20} \cdot \sin \varphi_{20} +$$
$$+ m_{3*} \cdot d_3 \cdot (a_2 + a_3) \cdot \omega_{10} \cdot \omega_{30} \cdot \sin \varphi_{30}$$

Dublul energiilor cinetice datorate rotaţiei elementului pe cele două axe se determină cu relaţiile (29 şi 30).

$$2 \cdot \varepsilon_{3*_{rz3*}} = J_{G_{3*}}^{z_3^*} \cdot \omega_{30}^2 = \frac{J_3}{2} \cdot \omega_{30}^2 = \frac{1}{4} \cdot m_{3*} \cdot r_{3*}^2 \cdot \omega_{30}^2 \tag{29}$$

$$2 \cdot \varepsilon_{3*_{ry3*}} = J_{G_{3*}}^{y_3^*} \cdot \omega_{10}^2 = \frac{J_3}{2} \cdot (1 + \sin^2 \varphi_{30}) \cdot \omega_{10}^2 =$$
$$= \frac{1}{4} \cdot m_{3*} \cdot r_{3*}^2 \cdot (1 + \sin^2 \varphi_{30}) \cdot \omega_{10}^2 \tag{30}$$

$$2 \cdot \varepsilon_{3*} = m_{3*} \cdot [d_1^2 + (a_2 + a_3)^2 + d_2^2 \cdot \cos^2 \varphi_{20} + \frac{1}{4} \cdot d_3^2 \cdot \cos^2 \varphi_{30} +$$
$$+ 2 \cdot d_1 \cdot d_2 \cdot \cos \varphi_{20} + d_1 \cdot d_3 \cdot \cos \varphi_{30} + d_2 \cdot d_3 \cdot \cos \varphi_{20} \cdot \cos \varphi_{30} +$$
$$+ \frac{1}{4} \cdot r_{3*}^2 \cdot (1 + \sin^2 \varphi_{30})] \cdot \omega_{10}^2 + m_{3*} \cdot d_2^2 \cdot \omega_{20}^2 + \frac{1}{4} \cdot m_{3*} \cdot (d_3^2 + r_{3*}^2) \cdot \omega_{30}^2 + \tag{31}$$
$$+ m_{3*} \cdot d_2 \cdot d_3 \cdot \cos(\varphi_{30} - \varphi_{20}) \cdot \omega_{20} \cdot \omega_{30} +$$
$$+ 2 \cdot m_{3*} \cdot d_2 \cdot (a_2 + a_3) \cdot \sin \varphi_{20} \cdot \omega_{10} \cdot \omega_{20} +$$
$$+ m_{3*} \cdot d_3 \cdot (a_2 + a_3) \cdot \sin \varphi_{30} \cdot \omega_{10} \cdot \omega_{30}$$

Cap 09_Elemente de dinamică la MP-3R

(partea a III-a)

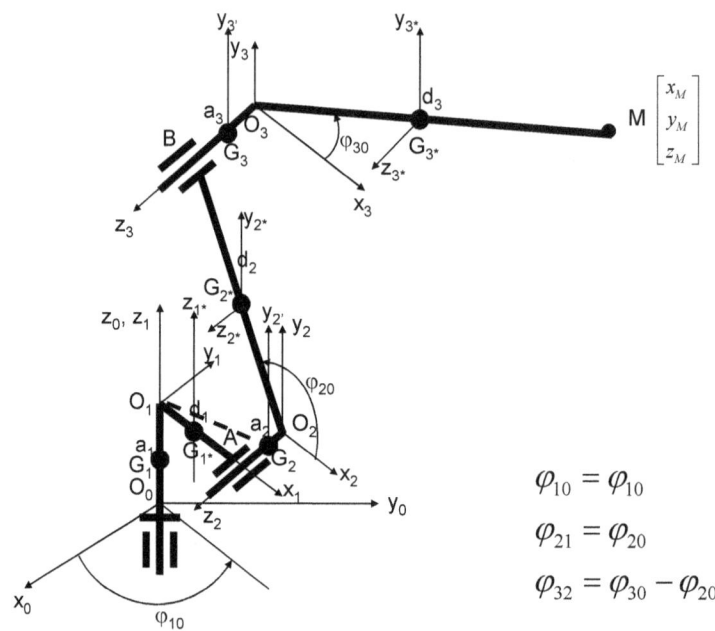

$$\varphi_{10} = \varphi_{10}$$

$$\varphi_{21} = \varphi_{20}$$

$$\varphi_{32} = \varphi_{30} - \varphi_{20}$$

Fig. 1. Geometria, cinematica și dinamica unui MP-3R

Centrele de greutate ale elementelor.

În fig. 1, s-au reprezentat centrele de greutate ale sistemului MP-3R.

În continuare se vor determina momentele motoarelor de acționare (variația momentelor necesare ale celor trei actuatori).

Se scrie pentru început energia cinetică a întregului sistem, cuprinzând cele trei elemente desfăcute fiecare în câte două (32). Relația energiei cinetice a întregului sistem (32) este foarte lungă.

Se utilizează relația (1) Lagrange (curs 07) din care se obțin practic trei expresii, corespunzătoare celor trei actuatori, mai precis corespunzătoare momentelor celor trei actuatori.

$$\varepsilon_c \equiv \varepsilon = \frac{1}{2} \cdot \left\{ \frac{1}{2} \cdot m_1 \cdot r_1^2 \cdot \omega_{10}^2 + \frac{1}{4} \cdot m_{1*} \cdot \omega_{10}^2 \cdot \left(d_1^2 + r_{1*}^2\right) + \right.$$

$$+ m_2 \cdot \left(d_1^2 + \frac{1}{4} \cdot a_2^2 + \frac{1}{4} \cdot r_2^2\right) \cdot \omega_{10}^2 + \frac{1}{2} \cdot m_2 \cdot r_2^2 \cdot \omega_{20}^2 +$$

$$+ m_{2*} \cdot \left[d_1^2 + a_2^2 + \frac{1}{4} \cdot d_2^2 \cdot \cos^2 \varphi_{20} + d_1 \cdot d_2 \cdot \cos \varphi_{20} + \frac{1}{4} \cdot r_{2*}^2 \cdot \left(1 + \sin^2 \varphi_{20}\right)\right] \cdot$$

$$\cdot \omega_{10}^2 + \frac{1}{4} \cdot m_{2*} \cdot \left(d_2^2 + r_{2*}^2\right) \cdot \omega_{20}^2 + m_{2*} \cdot a_2 \cdot d_2 \cdot \sin \varphi_{20} \cdot \omega_{10} \cdot \omega_{20} + m_3 \cdot \omega_{10}^2 \cdot$$

$$\cdot \left[d_1^2 + \left(a_2 + \frac{1}{2} \cdot a_3\right)^2 + d_2^2 \cdot \cos^2 \varphi_{20} + 2 \cdot d_1 \cdot d_2 \cdot \cos \varphi_{20} + \frac{1}{4} \cdot r_3^2\right] +$$

$$+ m_3 \cdot d_2^2 \cdot \omega_{20}^2 + \frac{1}{2} \cdot m_3 \cdot r_3^2 \cdot \omega_{30}^2 + 2 \cdot m_3 \cdot d_2 \cdot \left(a_2 + \frac{1}{2} \cdot a_3\right) \cdot \sin \varphi_{20} \cdot \omega_{10} \cdot \omega_{20} +$$

$$+ m_{3*} \cdot \omega_{10}^2 \cdot [d_1^2 + \left(a_2 + a_3\right)^2 + d_2^2 \cdot \cos^2 \varphi_{20} + \frac{1}{4} \cdot d_3^2 \cdot \cos^2 \varphi_{30} + 2 \cdot d_1 \cdot d_2 \cdot \cos \varphi_{20} +$$

$$+ d_1 \cdot d_3 \cdot \cos \varphi_{30} + d_2 \cdot d_3 \cdot \cos \varphi_{20} \cdot \cos \varphi_{30} + \frac{1}{4} \cdot r_{3*}^2 \cdot \left(1 + \sin^2 \varphi_{30}\right)] +$$

$$\qquad (32)$$

$$+ m_{3*} \cdot d_2^2 \cdot \omega_{20}^2 + \frac{1}{4} \cdot m_{3*} \cdot \left(d_3^2 + r_{3*}^2\right) \cdot \omega_{30}^2 + m_{3*} \cdot d_2 \cdot d_3 \cdot \cos(\varphi_{30} - \varphi_{20}) \cdot \omega_{20} \cdot \omega_{30} +$$

$$\left. + 2 \cdot m_{3*} \cdot d_2 \cdot \left(a_2 + a_3\right) \cdot \sin \varphi_{20} \cdot \omega_{10} \cdot \omega_{20} + m_{3*} \cdot d_3 \cdot \left(a_2 + a_3\right) \cdot \sin \varphi_{30} \cdot \omega_{10} \cdot \omega_{30} \right\}$$

Ecuaţiile Lagrange de speţa a II-a utilizate au forma clasică (1) cunoscută:

$$\frac{d}{dt} \left(\frac{\partial \varepsilon}{\partial \dot{q}_k} \right) - \frac{\partial \varepsilon}{\partial q_k} = Q_k \qquad (1)$$

cu k=1, 2, 3.

Se utilizează expresia (32) a energiei cinetice a întregului sistem.

Parametrii independenţi (coordonatele generalizate neolonome) se scriu sub forma (33). Q_k reprezintă forţele generalizate (la noi ele sunt chiar momentele motoare ale actuatorilor).

$$\begin{cases} q_1 \equiv \varphi_{10}; \quad q_2 \equiv \varphi_{20}; \quad q_3 \equiv \varphi_{30}; \\ \dot{q}_1 \equiv \dot{\varphi}_{10} = \omega_{10}; \quad \dot{q}_2 \equiv \dot{\varphi}_{20} = \omega_{20}; \quad \dot{q}_3 \equiv \dot{\varphi}_{30} = \omega_{30} \end{cases} \qquad (33)$$

Prima derivată (relaţia 34) este derivata parţială a energiei cinetice totale (a întregului sistem) la parametrul independent ω_{10} (adică se derivează parţial energia cinetică a sistemului la viteza unghiulară a primului actuator).

$$\frac{\partial \varepsilon}{\partial \omega_{10}} = \frac{1}{2} \cdot m_1 \cdot r_1^2 \cdot \omega_{10} + \frac{1}{4} \cdot m_{1*} \cdot \left(d_1^2 + r_{1*}^2\right) \cdot \omega_{10} +$$

$$+ m_2 \cdot \left(d_1^2 + \frac{1}{4} \cdot a_2^2 + \frac{1}{4} \cdot r_2^2\right) \cdot \omega_{10} + m_{2*} \cdot \left(d_1^2 + a_2^2 + \frac{1}{4} \cdot r_{2*}^2\right) \cdot \omega_{10} +$$

$$+ m_{2*} \cdot \omega_{10} \cdot \left(\frac{1}{4} \cdot d_2^2 \cdot \cos^2 \varphi_{20} + d_1 \cdot d_2 \cdot \cos \varphi_{20} + \frac{1}{4} \cdot r_{2*}^2 \cdot \sin^2 \varphi_{20}\right) +$$

$$+ \frac{1}{2} \cdot m_{2*} \cdot a_2 \cdot d_2 \cdot \omega_{20} \cdot \sin \varphi_{20} + m_3 \cdot \omega_{10} \cdot \left[d_1^2 + \left(a_2 + \frac{1}{2} \cdot a_3\right)^2 + \frac{1}{4} \cdot r_3^2\right] +$$

$$+ m_3 \cdot \omega_{10} \cdot \left(d_2^2 \cdot \cos^2 \varphi_{20} + 2 \cdot d_1 \cdot d_2 \cdot \cos \varphi_{20}\right) +$$

$$+ m_3 \cdot \omega_{20} \cdot d_2 \cdot \left(a_2 + \frac{1}{2} \cdot a_3\right) \cdot \sin \varphi_{20} + m_{3*} \cdot \omega_{10} \cdot \left[d_1^2 + \left(a_2 + a_3\right)^2 + \frac{1}{4} \cdot r_{3*}^2\right] +$$

$$+ m_{3*} \cdot \omega_{10} \cdot \left(d_2^2 \cdot \cos^2 \varphi_{20} + \frac{1}{4} \cdot d_3^2 \cdot \cos^2 \varphi_{30} + 2 \cdot d_1 \cdot d_2 \cdot \cos \varphi_{20} + \right.$$

$$\left. + d_1 \cdot d_3 \cdot \cos \varphi_{30} + d_2 \cdot d_3 \cdot \cos \varphi_{20} \cdot \cos \varphi_{30} + \frac{1}{4} \cdot r_{3*}^2 \cdot \sin^2 \varphi_{30}\right) +$$

$$+ m_{3*} \cdot \omega_{20} \cdot d_2 \cdot \left(a_2 + a_3\right) \cdot \sin \varphi_{20} + \frac{1}{2} \cdot m_{3*} \cdot \omega_{30} \cdot d_3 \cdot \left(a_2 + a_3\right) \cdot \sin \varphi_{30} \qquad (34)$$

Expresia (34) obținută se derivează absolut cu timpul și se obține relația (35). S-au considerat vitezele unghiulare constante în timp.

$$\frac{d}{dt}\left(\frac{\partial \varepsilon}{\partial \omega_{10}}\right) = m_{2*} \cdot \omega_{10} \cdot \left(-\frac{1}{2} \cdot d_2^2 \cdot \cos \varphi_{20} \cdot \sin \varphi_{20} \cdot \omega_{20} - d_1 \cdot d_2 \cdot \sin \varphi_{20} \cdot \omega_{20} + \right.$$

$$\left. + \frac{1}{2} \cdot r_{2*}^2 \cdot \sin \varphi_{20} \cdot \cos \varphi_{20} \cdot \omega_{20}\right) + \frac{1}{2} \cdot m_{2*} \cdot a_2 \cdot d_2 \cdot \omega_{20} \cdot \cos \varphi_{20} \cdot \omega_{20} +$$

$$+ m_3 \cdot \omega_{10} \cdot \left(-2 \cdot d_2^2 \cdot \cos \varphi_{20} \cdot \sin \varphi_{20} \cdot \omega_{20} - 2 \cdot d_1 \cdot d_2 \cdot \sin \varphi_{20} \cdot \omega_{20}\right) +$$

$$+ m_3 \cdot \omega_{20} \cdot d_2 \cdot \left(a_2 + \frac{1}{2} \cdot a_3\right) \cdot \cos \varphi_{20} \cdot \omega_{20} + m_{3*} \cdot \omega_{10} \cdot \qquad (35)$$

$$\cdot \left(-2 \cdot d_2^2 \cdot \cos \varphi_{20} \cdot \sin \varphi_{20} \cdot \omega_{20} - \frac{1}{2} \cdot d_3^2 \cdot \cos \varphi_{30} \cdot \sin \varphi_{30} \cdot \omega_{30} - \right.$$

$$- 2 \cdot d_1 \cdot d_2 \cdot \sin \varphi_{20} \cdot \omega_{20} - d_1 \cdot d_3 \cdot \sin \varphi_{30} \cdot \omega_{30} - d_2 \cdot d_3 \cdot \sin \varphi_{20} \cdot \omega_{20} \cdot \cos \varphi_{30} -$$

$$\left. - d_2 \cdot d_3 \cdot \cos \varphi_{20} \cdot \sin \varphi_{30} \cdot \omega_{30} + \frac{1}{2} \cdot r_{3*}^2 \cdot \sin \varphi_{30} \cdot \cos \varphi_{30} \cdot \omega_{30}\right) +$$

$$+ m_{3*} \cdot \omega_{20} \cdot d_2 \cdot \left(a_2 + a_3\right) \cdot \cos \varphi_{20} \cdot \omega_{20} + \frac{1}{2} \cdot m_{3*} \cdot \omega_{30} \cdot d_3 \cdot \left(a_2 + a_3\right) \cdot \cos \varphi_{30} \cdot \omega_{30}$$

Urmează derivata parțială a energiei cinetice a întregului sistem cu parametrul independent φ_{10} (36).

$$\frac{\partial \varepsilon}{\partial \varphi_{10}} = 0 \tag{36}$$

Prima ecuație Lagrange (din cele trei) se poate scrie acum sub forma (37).

$$\frac{d}{dt}\left(\frac{\partial \varepsilon}{\partial \omega_{10}}\right) - \frac{\partial \varepsilon}{\partial \varphi_{10}} = M_{10} \tag{37}$$

Înlocuind expresiile derivate mai sus în ecuația (37) aceasta capătă forma (38). Expresia (38) reprezintă variația necesară a momentului motor al primului actuator.

$$
\begin{aligned}
M_{10} = \frac{d}{dt}\left(\frac{\partial \varepsilon}{\partial \omega_{10}}\right) &= m_{2*} \cdot \omega_{10} \cdot \left(-\frac{1}{2}\cdot d_2^2 \cdot \cos\varphi_{20}\cdot\sin\varphi_{20}\cdot\omega_{20} - d_1\cdot d_2 \cdot \sin\varphi_{20}\cdot\omega_{20} + \right.\\
&+ \left.\frac{1}{2}\cdot r_{2*}^2\cdot\sin\varphi_{20}\cdot\cos\varphi_{20}\cdot\omega_{20}\right) + \frac{1}{2}\cdot m_{2*}\cdot a_2\cdot d_2\cdot\omega_{20}\cdot\cos\varphi_{20}\cdot\omega_{20} + \\
&+ m_3\cdot\omega_{10}\cdot\left(-2\cdot d_2^2\cdot\cos\varphi_{20}\cdot\sin\varphi_{20}\cdot\omega_{20} - 2\cdot d_1\cdot d_2\cdot\sin\varphi_{20}\cdot\omega_{20}\right) + \\
&+ m_3\cdot\omega_{20}\cdot d_2\cdot\left(a_2 + \frac{1}{2}\cdot a_3\right)\cdot\cos\varphi_{20}\cdot\omega_{20} + m_{3*}\cdot\omega_{10}\cdot \\
&\cdot\left(-2\cdot d_2^2\cdot\cos\varphi_{20}\cdot\sin\varphi_{20}\cdot\omega_{20} - \frac{1}{2}\cdot d_3^2\cdot\cos\varphi_{30}\cdot\sin\varphi_{30}\cdot\omega_{30} - \right.\\
&- 2\cdot d_1\cdot d_2\cdot\sin\varphi_{20}\cdot\omega_{20} - d_1\cdot d_3\cdot\sin\varphi_{30}\cdot\omega_{30} - d_2\cdot d_3\cdot\sin\varphi_{20}\cdot\omega_{20}\cdot\cos\varphi_{30} - \\
&- d_2\cdot d_3\cdot\cos\varphi_{20}\cdot\sin\varphi_{30}\cdot\omega_{30} + \left.\frac{1}{2}\cdot r_{3*}^2\cdot\sin\varphi_{30}\cdot\cos\varphi_{30}\cdot\omega_{30}\right) + \\
&+ m_{3*}\cdot\omega_{20}\cdot d_2\cdot\left(a_2 + a_3\right)\cdot\cos\varphi_{20}\cdot\omega_{20} + \frac{1}{2}\cdot m_{3*}\cdot\omega_{30}\cdot d_3\cdot\left(a_2 + a_3\right)\cdot\cos\varphi_{30}\cdot\omega_{30}
\end{aligned}
\tag{38}
$$

În continuare repetăm procedura anterioară pentru elementul al doilea, derivând parțial energia cinetică totală a sistemului în raport cu coordonata generalizată ω_{20} (care reprezintă viteza unghiulară a celui de al doilea actuator). Se obține astfel relația (39).

$$\frac{\partial \varepsilon}{\partial \omega_{20}} = \frac{1}{2} \cdot m_2 \cdot r_2^2 \cdot \omega_{20} + \frac{1}{4} \cdot m_{2*} \cdot \left(d_2^2 + r_{2*}^2\right) \cdot \omega_{20} +$$

$$+ \frac{1}{2} \cdot m_{2*} \cdot a_2 \cdot d_2 \cdot \sin \varphi_{20} \cdot \omega_{10} + m_3 \cdot d_2^2 \cdot \omega_{20} +$$

$$+ m_3 \cdot d_2 \cdot \left(a_2 + \frac{1}{2} \cdot a_3\right) \cdot \sin \varphi_{20} \cdot \omega_{10} + m_{3*} \cdot d_2^2 \cdot \omega_{20} +$$

$$+ \frac{1}{2} \cdot m_{3*} \cdot d_2 \cdot d_3 \cdot \cos(\varphi_{30} - \varphi_{20}) \cdot \omega_{30} +$$

$$+ m_{3*} \cdot d_2 \cdot \left(a_2 + a_3\right) \cdot \sin \varphi_{20} \cdot \omega_{10}$$

(39)

Relația rezultată (39) se derivează a doua oară, de data asta absolut, în funcție de timp și se obține expresia (40). Se consideră pe parcursul acestei derivări absolute că vitezele unghiulare ale actuatorilor nu variază în raport cu timpul (sunt aproximativ constante).

$$\frac{d}{dt}\left(\frac{\partial \varepsilon}{\partial \omega_{20}}\right) = \frac{1}{2} \cdot m_{2*} \cdot a_2 \cdot d_2 \cdot \cos \varphi_{20} \cdot \omega_{20} \cdot \omega_{10} +$$

$$+ m_3 \cdot d_2 \cdot \left(a_2 + \frac{1}{2} \cdot a_3\right) \cdot \cos \varphi_{20} \cdot \omega_{20} \cdot \omega_{10} -$$

$$- \frac{1}{2} \cdot m_{3*} \cdot d_2 \cdot d_3 \cdot \sin(\varphi_{30} - \varphi_{20}) \cdot \left(\omega_{30} - \omega_{20}\right) \cdot \omega_{30} +$$

$$+ m_{3*} \cdot d_2 \cdot \left(a_2 + a_3\right) \cdot \cos \varphi_{20} \cdot \omega_{20} \cdot \omega_{10}$$

(40)

Urmează derivata parțială a energiei cinetice a sistemului în funcție de deplasarea unghiulară a celui de al doilea actuator (41).

$$\frac{\partial \varepsilon}{\partial \varphi_{20}} = -\frac{1}{4} \cdot m_{2*} \cdot d_2^2 \cdot \cos\varphi_{20} \cdot \sin\varphi_{20} \cdot \omega_{10}^2 - \frac{1}{2} \cdot m_{2*} \cdot d_1 \cdot d_2 \cdot \sin\varphi_{20} \cdot \omega_{10}^2 +$$

$$+ \frac{1}{4} \cdot m_{2*} \cdot r_{2*}^2 \cdot \sin\varphi_{20} \cdot \cos\varphi_{20} \cdot \omega_{10}^2 + \frac{1}{2} \cdot m_{2*} \cdot a_2 \cdot d_2 \cdot \cos\varphi_{20} \cdot \omega_{10} \cdot \omega_{20} -$$

$$- m_3 \cdot d_2^2 \cdot \cos\varphi_{20} \cdot \sin\varphi_{20} \cdot \omega_{10}^2 - m_3 \cdot d_1 \cdot d_2 \cdot \sin\varphi_{20} \cdot \omega_{10}^2 + \tag{41}$$

$$+ m_3 \cdot d_2 \cdot \left(a_2 + \frac{1}{2} \cdot a_3\right) \cdot \cos\varphi_{20} \cdot \omega_{20} \cdot \omega_{10} - m_{3*} \cdot d_2^2 \cdot \cos\varphi_{20} \cdot \sin\varphi_{20} \cdot \omega_{10}^2 -$$

$$- m_{3*} \cdot d_1 \cdot d_2 \cdot \sin\varphi_{20} \cdot \omega_{10}^2 - \frac{1}{2} \cdot m_{3*} \cdot d_2 \cdot d_3 \cdot \sin\varphi_{20} \cdot \cos\varphi_{30} \cdot \omega_{10}^2 +$$

$$+ \frac{1}{2} \cdot m_{3*} \cdot d_2 \cdot d_3 \cdot \sin(\varphi_{30} - \varphi_{20}) \cdot \omega_{20} \cdot \omega_{30} + m_{3*} \cdot d_2 \cdot (a_2 + a_3) \cdot \cos\varphi_{20} \cdot \omega_{10} \cdot \omega_{20}$$

Utilizând relaţiile (40) şi (41) introduse în ecuaţia Lagrange (42) se obţine expresia (43) a variaţiei momentului motor al celui de al doilea actuator.

$$\frac{d}{dt}\left(\frac{\partial \varepsilon}{\partial \omega_{20}}\right) - \frac{\partial \varepsilon}{\partial \varphi_{20}} = M_{20} \tag{42}$$

$$M_{20} = -\frac{1}{2} \cdot m_{3*} \cdot d_2 \cdot d_3 \cdot \sin(\varphi_{30} - \varphi_{20}) \cdot \omega_{30}^2 +$$

$$+ \left(m_3 + m_{3*} + \frac{1}{4} \cdot m_{2*}\right) \cdot d_2^2 \cdot \cos\varphi_{20} \cdot \sin\varphi_{20} \cdot \omega_{10}^2 -$$

$$- \frac{1}{4} \cdot m_{2*} \cdot r_{2*}^2 \cdot \cos\varphi_{20} \cdot \sin\varphi_{20} \cdot \omega_{10}^2 + \tag{43}$$

$$+ \left(m_3 + m_{3*} + \frac{1}{2} \cdot m_{2*}\right) \cdot d_1 \cdot d_2 \cdot \sin\varphi_{20} \cdot \omega_{10}^2 +$$

$$+ \frac{1}{2} \cdot m_{3*} \cdot d_2 \cdot d_3 \cdot \sin\varphi_{20} \cdot \cos\varphi_{30} \cdot \omega_{10}^2$$

Se derivează acum parţial energia cinetică totală a sistemului şi pentru elementul al treilea, derivând parţial energia cinetică totală a sistemului în raport cu coordonata generalizată ω_{30} (care reprezintă viteza unghiulară a celui de al treilea actuator). Se obţine astfel relaţia (44).

$$\frac{\partial \varepsilon}{\partial \omega_{30}} = \frac{1}{4} \cdot m_{3*} \cdot \omega_{30} \cdot \left(d_3^2 + r_{3*}^2\right) +$$

$$+ \frac{1}{2} \cdot m_{3*} \cdot d_2 \cdot d_3 \cdot \omega_{20} \cdot \cos(\varphi_{30} - \varphi_{20}) + \qquad (44)$$

$$+ \frac{1}{2} \cdot m_{3*} \cdot d_3 \cdot \left(a_2 + a_3\right) \cdot \sin \varphi_{30} \cdot \omega_{10}$$

Se derivează absolut în funcție de timp expresia (44) obținută, considerând vitezele unghiulare ale actuatorilor aproximativ constante în timp, și se obține relația (45).

$$\frac{d}{dt}\left(\frac{\partial \varepsilon}{\partial \omega_{30}}\right) = -\frac{1}{2} \cdot m_{3*} \cdot d_2 \cdot d_3 \cdot \sin(\varphi_{30} - \varphi_{20}) \cdot \left(\omega_{30} - \omega_{20}\right) \cdot \omega_{20} +$$

$$+ \frac{1}{2} \cdot m_{3*} \cdot d_3 \cdot \left(a_2 + a_3\right) \cdot \cos \varphi_{30} \cdot \omega_{30} \cdot \omega_{10} \qquad (45)$$

Se derivează parțial energia cinetică a întregului sistem în funcție de deplasarea unghiulară a celui de al treilea actuator și rezultă expresia (46).

$$\frac{\partial \varepsilon}{\partial \varphi_{30}} = -\frac{1}{4} \cdot m_{3*} \cdot d_3^2 \cdot \cos \varphi_{30} \cdot \sin \varphi_{30} \cdot \omega_{10}^2 -$$

$$- \frac{1}{2} \cdot d_1 \cdot d_3 \cdot m_{3*} \cdot \sin \varphi_{30} \cdot \omega_{10}^2 - \frac{1}{2} \cdot m_{3*} \cdot d_2 \cdot d_3 \cdot \cos \varphi_{20} \cdot \sin \varphi_{30} \cdot \omega_{10}^2 + \quad (46)$$

$$+ \frac{1}{4} \cdot m_{3*} \cdot r_{3*}^2 \cdot \sin \varphi_{30} \cdot \cos \varphi_{30} \cdot \omega_{10}^2 - \frac{1}{2} \cdot m_{3*} \cdot d_2 \cdot d_3 \cdot \sin(\varphi_{30} - \varphi_{20}) \cdot$$

$$\cdot \omega_{20} \cdot \omega_{30} + \frac{1}{2} \cdot m_{3*} \cdot d_3 \cdot \left(a_2 + a_3\right) \cdot \cos \varphi_{30} \cdot \omega_{10} \cdot \omega_{30}$$

Utilizând relațiile (45) și (46) prin introducerea lor în ecuația Lagrange (47) se obține expresia (48) a variației momentului motor al celui de al treilea actuator.

$$\frac{d}{dt}\left(\frac{\partial \varepsilon}{\partial \omega_{30}}\right) - \frac{\partial \varepsilon}{\partial \varphi_{30}} = M_{30} \qquad (47)$$

$$M_{30} = \frac{1}{2} \cdot m_{3*} \cdot d_2 \cdot d_3 \cdot \sin(\varphi_{30} - \varphi_{20}) \cdot \omega_{20}^2 +$$

$$+ \frac{1}{2} \cdot m_{3*} \cdot d_2 \cdot d_3 \cdot \cos \varphi_{20} \cdot \sin \varphi_{30} \cdot \omega_{10}^2 +$$

$$+ \frac{1}{4} \cdot m_{3*} \cdot d_3^2 \cdot \cos \varphi_{30} \cdot \sin \varphi_{30} \cdot \omega_{10}^2 -$$

$$- \frac{1}{4} \cdot m_{3*} \cdot r_{3*}^2 \cdot \cos \varphi_{30} \cdot \sin \varphi_{30} \cdot \omega_{10}^2 + \qquad (48)$$

$$+ \frac{1}{2} \cdot m_{3*} \cdot d_1 \cdot d_3 \cdot \sin \varphi_{30} \cdot \omega_{10}^2$$

Utilizând expresiile (38), (43), şi (48), se pot determina variaţiile momentelor motoare, momentelor actuatorilor, pentru întreaga plajă de utilizare. Se utilizează deplasările şi vitezele unghiulare determinate la primele cursuri, valori care se dau sub forma unor funcţii (în cinematica directă), se obţin din relaţiile studiate (în cinematica indirectă), sau se determină din condiţiile impuse endefectorului pentru a parcurge anumite traiectorii optimizate (prestabilite), (a se revedea cursul 5). **Se poate face o sinteză dinamică pentru alegerea optimă a celor trei actuatori.**

Interesant este faptul că momentele motoarelor depind de masele, formele şi dimensiunile elementelor, dar şi de parametrii cinematici ai actuatorilor, ω_{10}, φ_{20}, ω_{20}, φ_{30}, ω_{30}, mai puţin φ_{10}.

Deci motoarele nu sunt influenţate dinamic de poziţia primului element, sau mai clar spus de unghiul de rotaţie al primului element (vezi figura 1), mişcarea reală, dinamică fiind influenţată doar de poziţiile elementelor doi şi trei, cât şi de vitezele unghiulare ale celor trei actuatori (motoare de acţionare).

Cap 10_Structura sistemelor mecanice mobile, seriale

Cele mai utilizate structuri seriale în ultimii 20-30 ani sunt cele de tip 3R, 4R, 5R, 6R, în componența cărora intră obligatoriu lanțul cinematic de bază 3R, robot antropomorf (RRR), unde mișcarea de rotație principală în jurul unei axe verticale, antrenează întreaga construcție.

Există apoi un lanț cinematic de bază care are două rotații cinematice (două actuatoare, adică două motoare) care lucrează permanent într-un singur plan, și care urmează imediat după suportul principal care susține și rotește vertical întregul ansamblu.

Această structură de bază, 3R, o întâlnim la toți roboții seriali fabricați pe principiul rotațiilor. Suportul vertical este mereu același, dar lanțul cinematic care urmează, cu cele două rotații situate într-un plan, poate fi poziționat vertical (cel mai adesea; cazul roboților antropomorfi, fig. 1b), sau orizontal (cazul roboților scară, fig. 1a).

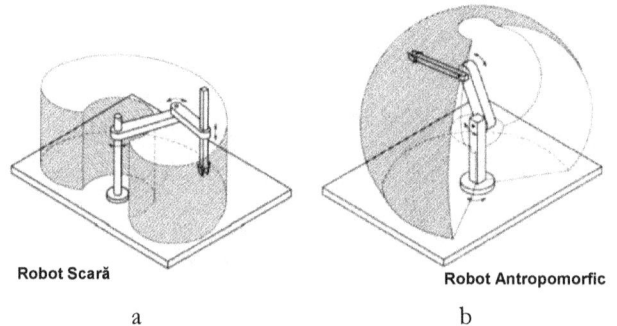

Robot Scară

Robot Antropomorfic

a   b

Fig. 1. *Structuri de bază 3R (a-structură scară; b-structură antropomorfă)*

Se poate astfel trece de la studiul mișcării spațiale, care este mai dificil, la studiul mișcării plane, mișcare de bază, pentru toți roboții și manipulatorii seriali cu mișcări de rotație.

Mișcarea plană, verticală sau orizontală, se studiază mult mai ușor decât cea spațială, având avantajul integrării simple în spațiul din care face parte.

În continuare vom exemplifica structura de bază existentă în câteva platforme seriale de rotație, acestea fiind cele mai generalizate (cele mai răspândite) la ora actuală.

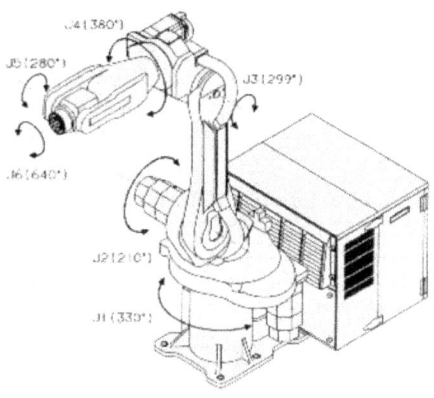

Fig. 2. *Structură 6R (structură antropomorfă)*

Pe acest model de bază (3R) s-au dezvoltat în continuare roboţii 6R de astăzi (fig. 2, bazaţi numai pe rotaţii, utilizând ca acţionare numai motoare electrice uşoare, compacte); aceştia au o rigiditate mai mare păstrând totodată penetraţia şi flexibilitatea modelelor 3R, 4R, şi 5R.

Aproape toate firmele importante vin astăzi cu modele 6R (pe care le îmbunătăţesc în permanenţă).

De ce s-au impus azi aceste modele de roboţi (după ce zeci de ani diversitatea a fost cuvântul de ordine?); poate şi din nevoia de standardizare, sau de a găsi o soluţie comună, după o fragmentare uriaşă (oricum nu sunt încă singurii roboţi utilizaţi din categoria serialilor, dar au cea mai largă răspândire).

Cele şase rotaţii (eliminarea totală a translaţiilor, care aduc multe dezavantaje datorate cuplei T în sine) fac acţionarea mai simplă, mai rapidă, cu randament mai ridicat, mai fiabilă, mai compactă şi mai sigură; rotaţiile de bază, rămân tot primele trei, celelalte trei rotaţii (suplimentare) având rolul de a poziţiona mai bine dispozitivul final, endefectorul. Rezultă şi de aici că studiul de bază (necesar) rămâne tot cel pentru un 3R.

Acelaşi lucru se poate vedea şi în modelele cele mai noi ale diverselor firme producătoare de roboţi (fig. 3, Kawasaki, Romat, Fanuc, Motoman, Kuka, etc). Şi structurile utilizate în interiorul celulelor robotizate sunt construite în general în mod asemănător.

Kawasaki   Romat   FANUC

MOTOMAN   KUKA

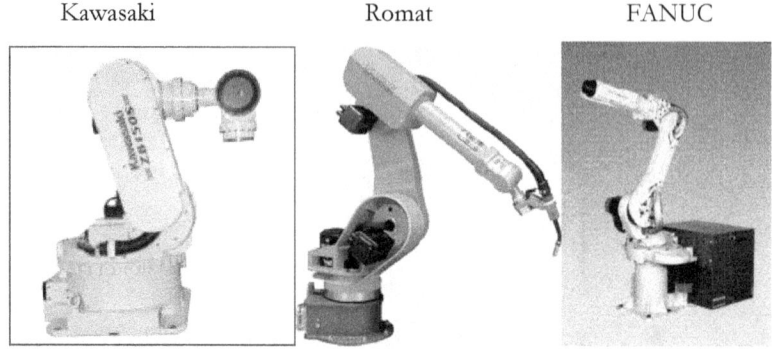

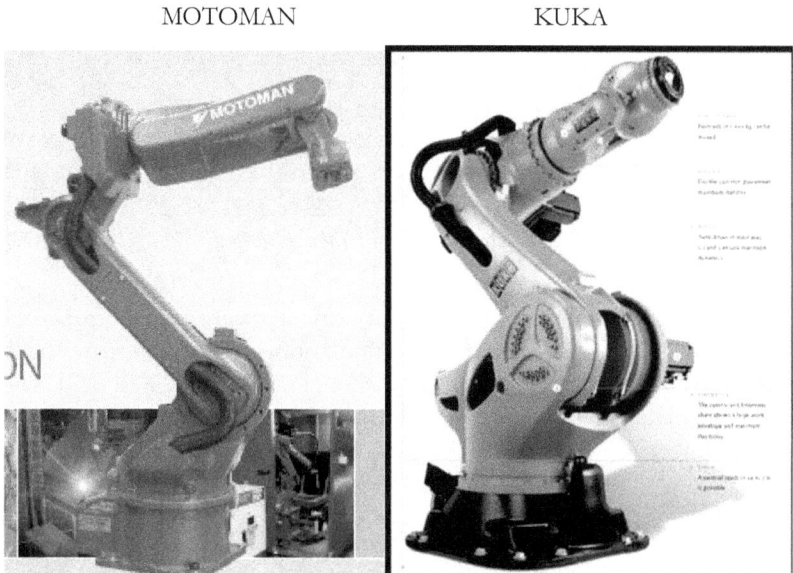

Se mai folosesc azi şi celule robotizate pregătite special pentru un anumit tip de operaţii.

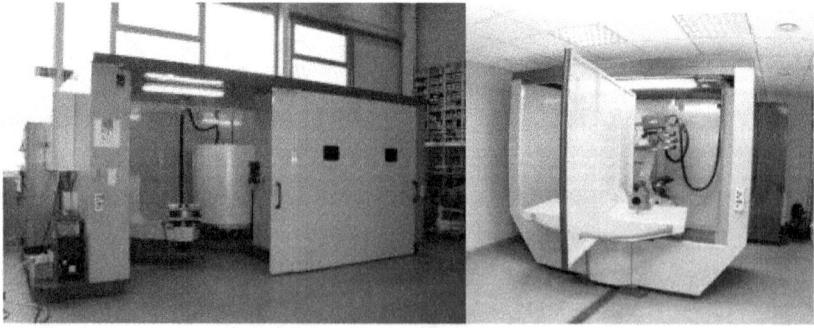

Fig. 3. *Diverse structuri 6R moderne (antropomorfe)*

În figura 4 este prezentată schema geometro-cinematică a unei structuri de bază 3R.

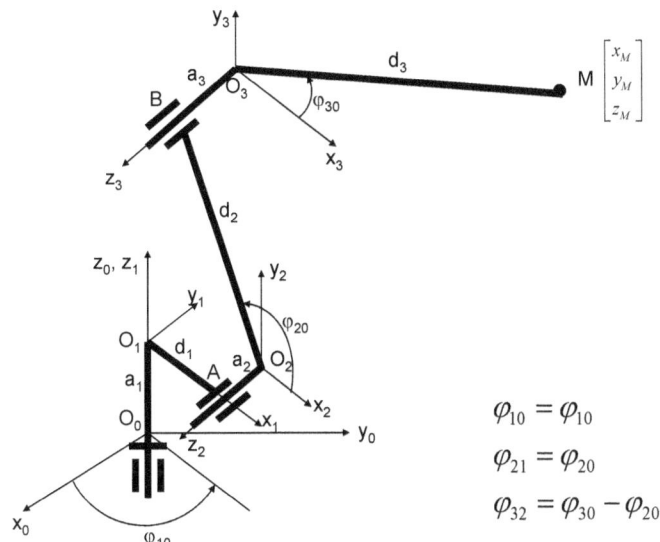

$$\varphi_{10} = \varphi_{10}$$

$$\varphi_{21} = \varphi_{20}$$

$$\varphi_{32} = \varphi_{30} - \varphi_{20}$$

Fig. 4. *Schema geometro-cinematică a unei structuri 3R moderne (antropomorfe)*

Pornind de la această platformă se poate studia prin adaus orice altă schemă, n-R modernă.

Platforma (sistemul) din figura 4, are trei grade de mobilitate, realizate prin trei actuatoare (motoare electrice) sau actuatori. Primul motor electric antrenează întregul sistem într-o mișcare de rotație în jurul unui ax vertical $O_0 z_0$. Motorul (actuatorul) numărul 1, este montat pe elementul fix (batiu, 0) și antrenează elementul mobil 1 într-o mișcare de rotație, în jurul unui ax vertical. Pe elementul mobil 1, se construiesc apoi toate celelalte elemente (componente) ale sistemului.

Urmează un lanț cinematic plan (vertical), format din două elemente mobile și două cuple cinematice motoare. E vorba de elementele cinematice mobile 2 și 3, ansamblul 2,3 fiind mișcat de actuatorul al doilea montat în cupla A, fix pe elementul 1. Deci al doilea motor electric fixat de elementul 1 va antrena elementul 2 în mișcare de rotație relativă față de elementul 1, dar automat el va mișca întregul lanț cinematic 2-3.

Ultimul actuator (motor electric) fixat de elementul 2, în B, va roti elementul 3 (relativ în raport cu 2).

Rotația φ_{10} realizată de primul actuator, este și relativă (între elementele 1 și 0) și absolută (între elementele 1 și 0).

Rotația φ_{20} realizată de al doilea actuator, este și relativă (între elementele 2 și 1) și absolută (între elementele 2 și 0), datorită poziționării sistemului.

Rotația $\theta=\varphi_{32}$ realizată de al treilea actuator, este doar relativă (între elementele 3 și 2), cea absolută corespunzătoare (între elementele 3 și 0) fiind o funcție de $\theta=\varphi_{32}$ și de φ_{20}.

Lanțul cinematic 2-3 (format din elementele cinematice mobile 2 și 3) este un lanț cinematic plan, care se încadrează într-un singur plan sau în unul sau mai multe plane paralele. El reprezintă un sistem cinematic aparte, care va fi studiat separat. Se va considera elementul 1 de care este prins lanțul cinematic 2-3 ca fiind fix, cuplele cinematice motoare A(O_2) și B(O_3) devenind prima cuplă fixă, iar cea dea doua cuplă mobilă, ambele fiind cuple cinematice C5, de rotație.

Pentru determinarea gradului de mobilitate al lanțului cinematic plan 2-3, se aplică formula structurală dată de relația (1), unde m reprezintă numărul elementelor mobile ale lanțului cinematic plan, în cazul nostru m=2 (fiind vorba de cele două elemente cinematice mobile notate cu 2 și respectiv 3), iar C_5 reprezintă numărul cuplelor cinematice de clasa a cincea, în cazul de față C_5=2 (fiind vorba de cuplele A și B sau O_2 și O_3).

$$M_3 = 3 \cdot m - 2 \cdot C_5 = 3 \cdot 2 - 2 \cdot 2 = 6 - 4 = 2 \qquad (1)$$

Lanțul cinematic 2-3 având gradul de mobilitate 2, trebuie să fie acționat de două motoare.

Se preferă ca cei doi actuatori să fie două motoare electrice, de curent continuu, sau alternativ. Acționarea se poate realiza însă și cu altfel de motoare. Motoare hidraulice, pneumatice, sonice, etc.

Schema structurală a lanțului cinematic plan 2-3 (fig. 5) seamănă cu schema sa cinematică.

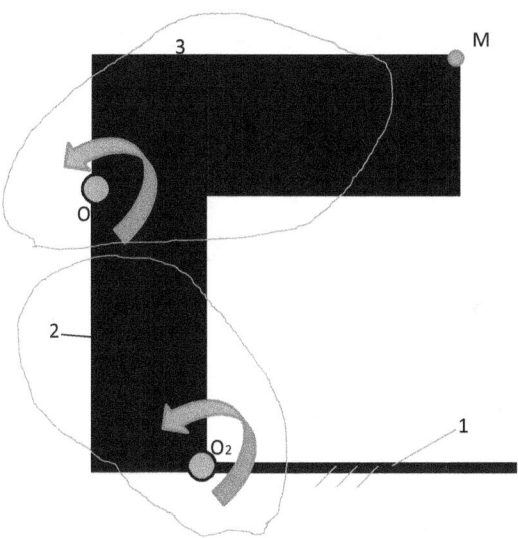

Fig. 5. *Schema structurală a lanțului cinematic plan 2-3 legat la elementul 1 considerat fix*

Elementul conducător 2 este legat de elementul considerat fix 1 prin cupla motoare O_2, iar elementul conducător 3 este legat de elementul mobil 2 prin cupla motoare O_3.

Rezultă un lanț cinematic deschis cu două grade de mobilitate, realizate de cele două actuatoare, adică de cele două motoare electrice, montate în cuplele cinematice motoare A și B sau O_2 respectiv O_3.

Cap 11-13_Cinematica directă a lanțului plan 2-3

În figura 6 se poate urmări schema cinematică a lanțului plan 2-3 deschis.

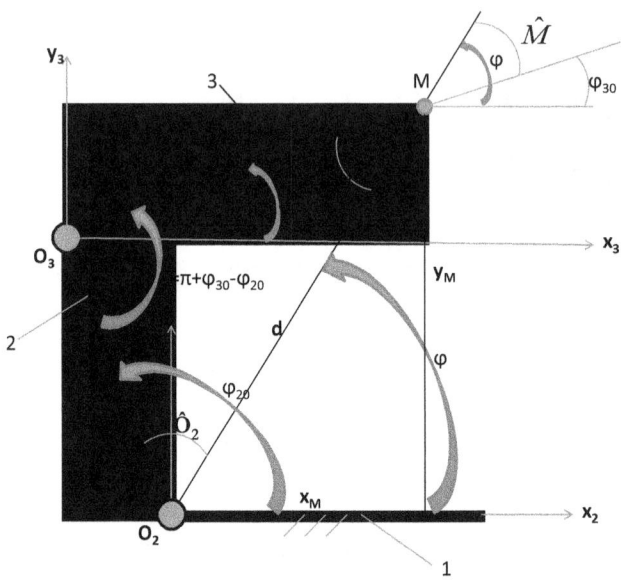

Fig. 6. *Schema cinematică a lanțului cinematic plan 2-3 legat la elementul 1 considerat fix*

În cinematica directă se cunosc parametrii cinematici φ_{20} și φ_{30} și trebuiesc determinați prin calcul analitic parametrii x_M și y_M, care reprezintă coordonatele scalare ale punctului M (endefectorul M). Se proiectează vectorii $d_2 + d_3$ pe sistemul de axe cartezian considerat fix, xOy, identic cu $x_2O_2y_2$. Se obține sistemul de ecuații scalare (2).

$$\begin{cases} x_{2M} \equiv x_M = x_{O_3} + x_{3M} = d_2 \cdot \cos\varphi_{20} + d_3 \cdot \cos\varphi_{30} = d \cdot \cos\varphi \\ y_{2M} \equiv y_M = y_{O_3} + y_{3M} = d_2 \cdot \sin\varphi_{20} + d_3 \cdot \sin\varphi_{30} = d \cdot \sin\varphi \end{cases} \quad (2)$$

După ce se determină coordonatele carteziene ale punctului M cu ajutorul relațiilor date de sistemul (2), se pot obține imediat și parametrii unghiului φ cu ajutorul relațiilor stabilite în cadrul sistemului (3).

$$\begin{cases} d^2 = x_M^2 + y_M^2 \\ d = \sqrt{x_M^2 + y_M^2} \\ \cos\varphi = \dfrac{x_M}{d} = \dfrac{x_M}{\sqrt{x_M^2 + y_M^2}} \\ \sin\varphi = \dfrac{y_M}{d} = \dfrac{y_M}{\sqrt{x_M^2 + y_M^2}} \\ \varphi = semn(\sin\varphi) \cdot arccos(\cos\varphi) \end{cases} \tag{3}$$

Sistemul (2) se scrie mai concis în forma (4) care se derivează în funcţie de timp, obţinându-se sistemul de viteze (5), care derivat cu timpul generează la rândul său sistemul de acceleraţii (6).

$$\begin{cases} x_M = d_2 \cdot \cos\varphi_{20} + d_3 \cdot \cos\varphi_{30} = \\ = d_2 \cdot \cos\varphi_{20} + d_3 \cdot \cos(\theta + \varphi_{20} - \pi) \\ y_M = d_2 \cdot \sin\varphi_{20} + d_3 \cdot \sin\varphi_{30} = \\ = d_2 \cdot \sin\varphi_{20} + d_3 \cdot \sin(\theta + \varphi_{20} - \pi) \end{cases} \tag{4}$$

$$\begin{cases} v_M^x \equiv \dot{x}_M = -d_2 \cdot \sin\varphi_{20} \cdot \omega_{20} - d_3 \cdot \sin\varphi_{30} \cdot \omega_{30} = \\ = -d_2 \cdot \sin\varphi_{20} \cdot \omega_{20} - d_3 \cdot \sin\varphi_{30} \cdot (\dot{\theta} + \omega_{20}) \\ v_M^y \equiv \dot{y}_M = d_2 \cdot \cos\varphi_{20} \cdot \omega_{20} + d_3 \cdot \cos\varphi_{30} \cdot \omega_{30} = \\ = d_2 \cdot \cos\varphi_{20} \cdot \omega_{20} + d_3 \cdot \cos\varphi_{30} \cdot (\dot{\theta} + \omega_{20}) \end{cases} \tag{5}$$

$$\begin{cases} a_M^x \equiv \ddot{x}_M = -d_2 \cdot \cos\varphi_{20} \cdot \omega_{20}^2 - d_3 \cdot \cos\varphi_{30} \cdot \omega_{30}^2 = \\ = -d_2 \cdot \cos\varphi_{20} \cdot \omega_{20}^2 - d_3 \cdot \cos\varphi_{30} \cdot (\dot{\theta} + \omega_{20})^2 \\ a_M^y \equiv \ddot{y}_M = -d_2 \cdot \sin\varphi_{20} \cdot \omega_{20}^2 - d_3 \cdot \sin\varphi_{30} \cdot \omega_{30}^2 = \\ = -d_2 \cdot \sin\varphi_{20} \cdot \omega_{20}^2 - d_3 \cdot \sin\varphi_{30} \cdot (\dot{\theta} + \omega_{20})^2 \end{cases} \tag{6}$$

Observație: vitezele unghiulare ale actuatorilor s-au considerat constante (relațiile 7).

$$\dot{\varphi}_{20} = \omega_{20} = ct; \quad \dot{\theta} = ct \Rightarrow si \quad \omega_{30} = ct.$$

$$Se \quad considerã \quad \varepsilon_{20} = \ddot{\theta} = \varepsilon_{30} = 0.$$

(7)

Relațiile (3) se derivează și ele și se obțin sistemul de viteze (8) și cel de accelerații (9).

$$
\begin{cases}
d^2 = x_M^2 + y_M^2 \\[2mm]
2 \cdot d \cdot \dot{d} = 2 \cdot x_M \cdot \dot{x}_M + 2 \cdot y_M \cdot \dot{y}_M \\[2mm]
d \cdot \dot{d} = x_M \cdot \dot{x}_M + y_M \cdot \dot{y}_M \\[4mm]
\dot{d} = \dfrac{x_M \cdot \dot{x}_M + y_M \cdot \dot{y}_M}{d} \\[4mm]
d \cdot \cos\varphi = x_M \\[2mm]
d \cdot \sin\varphi = y_M \\[2mm]
\dot{d} \cdot \cos\varphi - d \cdot \sin\varphi \cdot \dot{\varphi} = \dot{x}_M \mid \cdot(-\sin\varphi) \\[2mm]
\dot{d} \cdot \sin\varphi + d \cdot \cos\varphi \cdot \dot{\varphi} = \dot{y}_M \mid \cdot(\cos\varphi) \\[2mm]
\rule{6cm}{0.4pt} \\[2mm]
d \cdot \dot{\varphi} = \dot{x}_M \cdot(-\sin\varphi) + \dot{y}_M \cdot(\cos\varphi) \\[4mm]
\dot{\varphi} = \dfrac{\dot{y}_M \cdot \cos\varphi - \dot{x}_M \cdot \sin\varphi}{d} \\[2mm]
\rule{6cm}{0.4pt} \\[2mm]
\dot{d} = \dfrac{x_M \cdot \dot{x}_M + y_M \cdot \dot{y}_M}{d}
\end{cases}
$$

(8)

$$\begin{cases}
d^2 = x_M^2 + y_M^2 \\[6pt]
2 \cdot d \cdot \dot{d} = 2 \cdot x_M \cdot \dot{x}_M + 2 \cdot y_M \cdot \dot{y}_M \\[6pt]
d \cdot \dot{d} = x_M \cdot \dot{x}_M + y_M \cdot \dot{y}_M \\[6pt]
\dot{d}^2 + d \cdot \ddot{d} = \dot{x}_M^2 + x_M \cdot \ddot{x}_M + \dot{y}_M^2 + y_M \cdot \ddot{y}_M \\[10pt]
\ddot{d} = \dfrac{\dot{x}_M^2 + x_M \cdot \ddot{x}_M + \dot{y}_M^2 + y_M \cdot \ddot{y}_M - \dot{d}^2}{d} \\[14pt]
d \cdot \cos\varphi = x_M \\[6pt]
d \cdot \sin\varphi = y_M \\[6pt]
\dot{d} \cdot \cos\varphi - d \cdot \sin\varphi \cdot \dot{\varphi} = \dot{x}_M \mid \cdot(-\sin\varphi) \\[6pt]
\dot{d} \cdot \sin\varphi + d \cdot \cos\varphi \cdot \dot{\varphi} = \dot{y}_M \mid \cdot(\cos\varphi) \\[6pt]
\overline{} \\[6pt]
d \cdot \dot{\varphi} = -\dot{x}_M \cdot \sin\varphi + \dot{y}_M \cdot \cos\varphi \\[10pt]
\dot{d} \cdot \dot{\varphi} + d \cdot \ddot{\varphi} = \ddot{y}_M \cdot \cos\varphi - \dot{y}_M \cdot \sin\varphi \cdot \dot{\varphi} - \\[4pt]
\quad - \ddot{x}_M \cdot \sin\varphi - \dot{x}_M \cdot \cos\varphi \cdot \dot{\varphi} \\[10pt]
\ddot{\varphi} = \dfrac{\ddot{y}_M \cdot \cos\varphi - \ddot{x}_M \cdot \sin\varphi - \dot{y}_M \cdot \sin\varphi \cdot \dot{\varphi} - \dot{x}_M \cdot \cos\varphi \cdot \dot{\varphi} - \dot{d} \cdot \dot{\varphi}}{d} \\[14pt]
\overline{} \\[6pt]
\ddot{d} = \dfrac{\dot{x}_M^2 + x_M \cdot \ddot{x}_M + \dot{y}_M^2 + y_M \cdot \ddot{y}_M - \dot{d}^2}{d}
\end{cases} \tag{9}$$

În continuare se vor determina pozițiile, vitezele și accelerațiile, în funcție de pozițiile scalare ale punctului O₃.

Se pornește de la coordonatele scalare ale punctului O₃ (10).

$$\begin{cases} x_{O_3} = d_2 \cdot \cos \varphi_{20} \\ y_{O_3} = d_2 \cdot \sin \varphi_{20} \end{cases} \tag{10}$$

Se determină apoi vitezele scalare, și accelerațiile punctului O₃, prin derivarea succesivă a sistemului (10), în care se înlocuiesc după derivare produsele d.cos sau d.sin cu pozițiile respective, x$_{O3}$ sau y$_{O3}$, care devin în acest fel variabile (a se vedea relațiile 11 și 12).

$$\begin{cases} \dot{x}_{O_3} = -d_2 \cdot \sin \varphi_{20} \cdot \omega_{20} = -y_{O_3} \cdot \omega_{20} \\ \dot{y}_{O_3} = d_2 \cdot \cos \varphi_{20} \cdot \omega_{20} = x_{O_3} \cdot \omega_{20} \end{cases} \tag{11}$$

$$\begin{cases} \ddot{x}_{O_3} = -d_2 \cdot \cos \varphi_{20} \cdot \omega_{20}^2 = -x_{O_3} \cdot \omega_{20}^2 \\ \ddot{y}_{O_3} = -d_2 \cdot \sin \varphi_{20} \cdot \omega_{20}^2 = -y_{O_3} \cdot \omega_{20}^2 \end{cases} \tag{12}$$

S-au pus astfel în evidență vitezele și accelerațiile scalare ale punctului O₃ în funcție de pozițiile inițiale (scalare) și de viteza unghiulară absolută a elementului 2. Viteza unghiulară s-a considerat constantă.

Aplicații:

Tehnica determinării vitezelor și accelerațiilor în funcție de poziții, este extrem de utilă în studiul dinamicii sistemului, a vibrațiilor și zgomotelor provocate de sistemul respectiv. Această tehnică este des întâlnită în studiul vibrațiilor sistemului. Se cunosc vibrațiile pozițiilor scalare ale punctului O₃ și se determină apoi cu ușurință vibrațiile vitezelor și accelerațiilor punctului respectiv cât și a altor puncte ale sistemului toate ca funcții de pozițiile scalare cunoscute ale punctului O₃. Tot prin această tehnică se pot calcula nivelele de zgomot locale în diverse puncte ale sistemului, cât și nivelul global de zgomot generat de sistem, cu o aproximație suficient de mare în comparație cu zgomotele obținute prin măsurători experimentale, cu aparatura adecvată. Studiul dinamicii sistemului poate fi dezvoltat și prin această tehnică.

Viteza absolută a punctului O₃ (modulul vitezei) este dată de relația (13).

568

$$v_{O_3} = \sqrt{\dot{x}_{O_3}^2 + \dot{y}_{O_3}^2} = \sqrt{d_2^2 \cdot \omega_{20}^2 \cdot \sin^2 \varphi_{20} + d_2^2 \cdot \omega_{20}^2 \cdot \cos^2 \varphi_{20}} =$$
$$= \sqrt{d_2^2 \cdot \omega_{20}^2} = d_2 \cdot \omega_{20} \qquad (13)$$

Acceleraţia absolută a punctului O_3 pentru viteză unghiulară constantă, este dată de relaţia (14).

$$a_{O_3} = \sqrt{\ddot{x}_{O_3}^2 + \ddot{y}_{O_3}^2} = \sqrt{d_2^2 \cdot \omega_{20}^4 \cdot \cos^2 \varphi_{20} + d_2^2 \cdot \omega_{20}^4 \cdot \sin^2 \varphi_{20}} =$$
$$= \sqrt{d_2^2 \cdot \omega_{20}^4} = d_2 \cdot \omega_{20}^2 \qquad (14)$$

În continuare se vor determina parametrii cinematici scalari ai punctului M, endefector, în funcţie şi de parametrii de poziţie ai punctelor O_3 şi M (sistemele de relaţii 15-17) .

$$\begin{cases} x_M = x_{O_3} + d_3 \cdot \cos \varphi_{30} \\ y_M = y_{O_3} + d_3 \cdot \sin \varphi_{30} \\ d_3 \cdot \cos \varphi_{30} = x_M - x_{O_3} \\ d_3 \cdot \sin \varphi_{30} = y_M - y_{O_3} \end{cases} \qquad (15)$$

$$\begin{cases} \dot{x}_M = \dot{x}_{O_3} - d_3 \cdot \sin \varphi_{30} \cdot \dot{\varphi}_{30} = \\ = -y_{O_3} \cdot \omega_{20} + (y_{O_3} - y_M) \cdot (\omega_{20} + \dot{\theta}) = \\ = y_{O_3} \cdot \dot{\theta} - y_M \cdot (\omega_{20} + \dot{\theta}) = (y_{O_3} - y_M) \cdot \dot{\theta} - y_M \cdot \omega_{20} \\ \\ \dot{y}_M = \dot{y}_{O_3} + d_3 \cdot \cos \varphi_{30} \cdot \dot{\varphi}_{30} = \\ = x_{O_3} \cdot \omega_{20} + (x_M - x_{O_3}) \cdot (\omega_{20} + \dot{\theta}) = \\ = x_M \cdot (\omega_{20} + \dot{\theta}) - x_{O_3} \cdot \dot{\theta} = (x_M - x_{O_3}) \cdot \dot{\theta} + x_M \cdot \omega_{20} \\ \dot{y}_{O_3} - \dot{y}_M = -d_3 \cdot \cos \varphi_{30} \cdot (\omega_{20} + \dot{\theta}) \\ \dot{x}_M - \dot{x}_{O_3} = -d_3 \cdot \sin \varphi_{30} \cdot (\omega_{20} + \dot{\theta}) \end{cases} \qquad (16)$$

$$\begin{cases} \ddot{x}_M = (\dot{y}_{O_3} - \dot{y}_M) \cdot \dot{\theta} - \dot{y}_M \cdot \omega_{20} \\[2mm] \ddot{y}_M = (\dot{x}_M - \dot{x}_{O_3}) \cdot \dot{\theta} + \dot{x}_M \cdot \omega_{20} \\[4mm] \dot{y}_{O_3} - \dot{y}_M = (x_{O_3} - x_M) \cdot (\omega_{20} + \dot{\theta}) \\[2mm] \dot{x}_M - \dot{x}_{O_3} = (y_{O_3} - y_M) \cdot (\omega_{20} + \dot{\theta}) \\[4mm] \ddot{x}_M = (x_{O_3} - x_M) \cdot (\omega_{20} + \dot{\theta}) \cdot \dot{\theta} + (x_{O_3} - x_M) \cdot \dot{\theta} \cdot \omega_{20} - x_M \cdot \omega_{20}^2 \\[2mm] \ddot{y}_M = (y_{O_3} - y_M) \cdot (\omega_{20} + \dot{\theta}) \cdot \dot{\theta} + (y_{O_3} - y_M) \cdot \dot{\theta} \cdot \omega_{20} - y_M \cdot \omega_{20}^2 \\[4mm] \ddot{x}_M = 2 \cdot (x_{O_3} - x_M) \cdot \dot{\theta} \cdot \omega_{20} + (x_{O_3} - x_M) \cdot \dot{\theta}^2 - x_M \cdot \omega_{20}^2 \\[2mm] \ddot{y}_M = 2 \cdot (y_{O_3} - y_M) \cdot \dot{\theta} \cdot \omega_{20} + (y_{O_3} - y_M) \cdot \dot{\theta}^2 - y_M \cdot \omega_{20}^2 \\[4mm] \ddot{x}_M = (x_{O_3} - x_M) \cdot (2 \cdot \dot{\theta} \cdot \omega_{20} + \dot{\theta}^2) - x_M \cdot \omega_{20}^2 \\[2mm] \ddot{y}_M = (y_{O_3} - y_M) \cdot (2 \cdot \dot{\theta} \cdot \omega_{20} + \dot{\theta}^2) - y_M \cdot \omega_{20}^2 \\[4mm] \ddot{x}_M = (x_{O_3} - x_M) \cdot (\omega_{20} + \dot{\theta})^2 - x_{O_3} \cdot \omega_{20}^2 \\[2mm] \ddot{y}_M = (y_{O_3} - y_M) \cdot (\omega_{20} + \dot{\theta})^2 - y_{O_3} \cdot \omega_{20}^2 \end{cases} \tag{17}$$

Cap 14-17_Cinematica inversă a lanțului plan 2-3.

În figura 7 se poate urmări schema cinematică a lanțului plan 2-3 deschis.

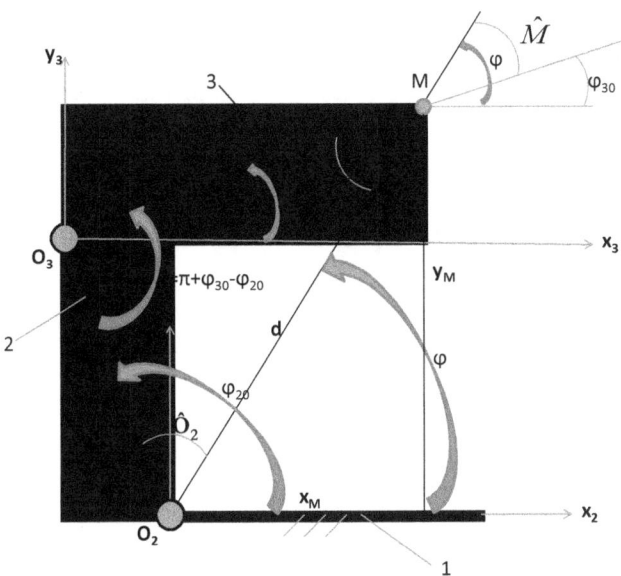

Fig. 7. *Schema cinematică a lanțului cinematic plan 2-3 legat la elementul 1 considerat fix*

În cinematica inversă se cunosc parametrii cinematici x_M și y_M, care reprezintă coordonatele scalare ale punctului M (endefectorul M) și trebuiesc determinați prin calcule analitice parametrii φ_{20} și φ_{30}. Se determină mai întâi parametrii intermediari d și φ cu relațiile (3) deja cunoscute.

$$
\begin{cases}
d^2 = x_M^2 + y_M^2 \; ; \quad d = \sqrt{x_M^2 + y_M^2} \\
\cos\varphi = \dfrac{x_M}{d} = \dfrac{x_M}{\sqrt{x_M^2 + y_M^2}} \; ; \quad \sin\varphi = \dfrac{y_M}{d} = \dfrac{y_M}{\sqrt{x_M^2 + y_M^2}} \\
\varphi = semn(\sin\varphi) \cdot \arccos(\cos\varphi)
\end{cases}
\tag{3}
$$

În triunghiul oarecare O_2O_3M se cunosc lungimile celor trei laturi ale sale, d_2, d_3 (constante) și d (variabilă), astfel încât se pot determina în funcție de lungimile laturilor toate celelalte elemente ale triunghiului, mai exact unghiurile sale, și funcțiile trigonometrice ale lor (ne interesează în mod deosebit sin și cos).

Pentru determinarea unghiurilor φ_{20} *si* φ_{30} se pot utiliza diverse metode, dintre care se vor prezenta în continuare două dintre ele (ca fiind cele mai reprezentative): metoda trigonometrică și metoda geometrică.

o Metoda Trigonometrică

Determinarea pozițiilor

Se scriu ecuațiile de poziții scalare (18):

$$\begin{cases} d_2 \cdot \cos \varphi_{20} + d_3 \cdot \cos \varphi_{30} = x_M \\ d_2 \cdot \sin \varphi_{20} + d_3 \cdot \sin \varphi_{30} = y_M \\ \cos^2 \varphi_{20} + \sin^2 \varphi_{20} = 1 \\ \cos^2 \varphi_{30} + \sin^2 \varphi_{30} = 1 \end{cases} \tag{18}$$

Problema acestor două ecuații scalare, trigonometrice, cu două necunoscute (φ_{20} *si* φ_{30}) este că ele transced (sunt ecuații trigonometrice, transcedentale, unde necunoscuta nu apare direct φ_{20} ci sub forma $\cos\varphi_{20}$ și $\sin\varphi_{20}$, astfel încât în realitate în cadrul celor două ecuații trigonometrice nu mai avem două necunoscute ci patru: $\cos\varphi_{20}$, $\sin\varphi_{20}$, $\cos\varphi_{30}$ și $\sin\varphi_{30}$). Pentru rezolvarea sistemului avem nevoie de încă două ecuații, astfel încât în sistemul (18) s-au mai adăugat încă două ecuații trigonometrice, mai exact ecuațiile trigonometrice de bază „de aur" cum li se mai zice, pentru unghiul φ_{20} și separat pentru unghiul φ_{30}.

În vederea rezolvării primele două ecuații ale sistemului (18) se scriu sub forma (19).

$$\begin{cases} d_2 \cdot \cos \varphi_{20} - x_M = -d_3 \cdot \cos \varphi_{30} \\ d_2 \cdot \sin \varphi_{20} - y_M = -d_3 \cdot \sin \varphi_{30} \end{cases} \tag{19}$$

Fiecare ecuație a sistemului (19) se ridică la pătrat, după care se însumează ambele ecuații (ridicate la pătrat) și se obține ecuația de forma (20).

$$d_2^2 \cdot (\cos^2 \varphi_{20} + \sin^2 \varphi_{20}) + x_M^2 + y_M^2 - 2 \cdot d_2 \cdot x_M \cdot \cos \varphi_{20} - \\ - 2 \cdot d_2 \cdot y_M \cdot \sin \varphi_{20} = d_3^2 \cdot (\cos^2 \varphi_{30} + \sin^2 \varphi_{30}) \tag{20}$$

Acum este momentul să se utilizeze cele două „ecuații de aur" trigonometrice scrise în finalul sistemului (18), cu ajutorul cărora ecuația (20) capătă forma simplificată (21).

$$d_2^2 + x_M^2 + y_M^2 - 2 \cdot d_2 \cdot x_M \cdot \cos \varphi_{20} - 2 \cdot d_2 \cdot y_M \cdot \sin \varphi_{20} = d_3^2 \tag{21}$$

Se aranjează termenii ecuației (21) în forma mai convenabilă (22).

$$d_2^2 - d_3^2 + x_M^2 + y_M^2 = 2 \cdot d_2 \cdot (x_M \cdot \cos \varphi_{20} + y_M \cdot \sin \varphi_{20}) \tag{22}$$

Se împarte ecuația (22) cu 2.d$_2$ și rezultă o nouă formă (23).

$$x_M \cdot \cos \varphi_{20} + y_M \cdot \sin \varphi_{20} = \frac{d_2^2 - d_3^2 + x_M^2 + y_M^2}{2 \cdot d_2} \tag{23}$$

Din figura 7 se observă relația (24) care e scrisă și în sistemul (3).

$$x_M^2 + y_M^2 = d^2 \tag{24}$$

Se introduce (24) în (23) și se amplifică fracția din dreapta cu d, astfel încât expresia (23) să capete forma (25), convenabilă.

$$x_M \cdot \cos \varphi_{20} + y_M \cdot \sin \varphi_{20} = \frac{d_2^2 + d^2 - d_3^2}{2 \cdot d_2 \cdot d} \cdot d \tag{25}$$

Acum e momentul introducerii expresiei cosinusului unghiului O_2, în funcție de laturile triunghiului oarecare O_2O_3M (26).

$$\cos \hat{O}_2 = \frac{d_2^2 + d^2 - d_3^2}{2 \cdot d_2 \cdot d} \tag{26}$$

Cu relația (26) ecuația (25) capătă forma simplificată (27).

$$x_M \cdot \cos \varphi_{20} - d \cdot \cos \hat{O}_2 = -y_M \cdot \sin \varphi_{20} \tag{27}$$

Dorim să eliminăm $\sin\varphi_{20}$, fapt pentru care am izolat termenul în sin, și se ridică la pătrat ecuația (27), pentru ca prin utilizarea ecuației de aur trigonometrice a unghiului φ_{20} să transformăm sin în cos, ecuația devenind una de gradul al doilea în $\cos\varphi_{20}$. După ridicarea la pătrat (27) capătă forma (28).

$$x_M^2 \cdot \cos^2 \varphi_{20} + d^2 \cdot \cos^2 \hat{O}_2 - 2 \cdot d \cdot x_M \cdot \cos \hat{O}_2 \cdot \cos \varphi_{20} =$$
$$= y_M^2 \cdot \sin^2 \varphi_{20} \tag{28}$$

Se utilizează formula de aur și expresia (28) capătă forma (29) care se aranjează convenabil prin gruparea termenilor aducându-se la forma (30).

$$x_M^2 \cdot \cos^2 \varphi_{20} + d^2 \cdot \cos^2 \hat{O}_2 - 2 \cdot d \cdot x_M \cdot \cos \hat{O}_2 \cdot \cos \varphi_{20} =$$
$$= y_M^2 - y_M^2 \cdot \cos^2 \varphi_{20} \tag{29}$$

$$(x_M^2 + y_M^2) \cdot \cos^2 \varphi_{20} - 2 \cdot d \cdot x_M \cdot \cos \hat{O}_2 \cdot \cos \varphi_{20} -$$
$$- (y_M^2 - d^2 \cdot \cos^2 \hat{O}_2) = 0 \tag{30}$$

Discriminantul ecuației (30) de gradul doi în cos obținute se calculează cu relația (31).

$$\Delta = d^2 \cdot x_M^2 \cdot \cos^2 \hat{O}_2 + d^2 \cdot (y_M^2 - d^2 \cdot \cos^2 \hat{O}_2) =$$
$$= d^2 \cdot (x_M^2 \cdot \cos^2 \hat{O}_2 + y_M^2 - d^2 \cdot \cos^2 \hat{O}_2) =$$
$$= d^2 \cdot (y_M^2 - y_M^2 \cdot \cos^2 \hat{O}_2)$$
$$= d^2 \cdot y_M^2 \cdot (1 - \cos^2 \hat{O}_2) = d^2 \cdot y_M^2 \cdot \sin^2 \hat{O}_2$$

(31)

Radicalul de ordinul doi din discriminant se exprimă sub forma (32).

$$R = \sqrt{\Delta} = \sqrt{d^2 \cdot y_M^2 \cdot \sin^2 \hat{O}_2} = d \cdot y_M \cdot \sin \hat{O}_2 \qquad (32)$$

Soluţiile ecuaţiei (30) de gradul doi în cos se scriu sub forma (33).

$$\cos \varphi_{20_{1,2}} = \frac{d \cdot x_M \cdot \cos \hat{O}_2 \mp d \cdot y_M \cdot \sin \hat{O}_2}{d^2} =$$
$$= \frac{x_M \cdot \cos \hat{O}_2 \mp y_M \cdot \sin \hat{O}_2}{d} = \qquad (33)$$
$$= \frac{x_M}{d} \cdot \cos \hat{O}_2 \mp \frac{y_M}{d} \cdot \sin \hat{O}_2$$

În continuare în soluţiile (33) se înlocuiesc rapoartele cu funcţiile trigonometrice corespunzătoare ale unghiului φ, expresiile (33) căpătând forma (34).

$$\cos \varphi_{20_{1,2}} = \frac{x_M}{d} \cdot \cos \hat{O}_2 \mp \frac{y_M}{d} \cdot \sin \hat{O}_2 =$$
$$= \cos \varphi \cdot \cos \hat{O}_2 \mp \sin \varphi \cdot \sin \hat{O}_2 = \cos(\varphi \pm \hat{O}_2) \qquad (34)$$

$$\cos \varphi_{20} = \cos(\varphi \pm \hat{O}_2)$$

Ne întoarcem acum la ecuaţia (27) pe care o ordonăm în forma (35), cu scopul rezolvării ei în sin. Ecuaţia (35) se ridică la pătrat şi prin utilizarea ecuaţiei de aur trigonometrice a unghiului φ_{20} se obţine forma (36).

$$x_M \cdot \cos\varphi_{20} = d \cdot \cos\hat{O}_2 - y_M \cdot \sin\varphi_{20} \qquad (35)$$

$$
\begin{cases}
x_M^2 \cdot \cos^2\varphi_{20} = d^2 \cdot \cos^2\hat{O}_2 + y_M^2 \cdot \sin^2\varphi_{20} - \\
- 2 \cdot y_M \cdot d \cdot \cos\hat{O}_2 \cdot \sin\varphi_{20} \\[2mm]
x_M^2 - x_M^2 \cdot \sin^2\varphi_{20} = d^2 \cdot \cos^2\hat{O}_2 + y_M^2 \cdot \sin^2\varphi_{20} - \\
- 2 \cdot y_M \cdot d \cdot \cos\hat{O}_2 \cdot \sin\varphi_{20} \\[2mm]
(x_M^2 + y_M^2) \cdot \sin^2\varphi_{20} - 2 \cdot y_M \cdot d \cdot \cos\hat{O}_2 \cdot \sin\varphi_{20} - \\
- (x_M^2 - d^2 \cdot \cos^2\hat{O}_2) = 0 \\[2mm]
d^2 \cdot \sin^2\varphi_{20} - 2 \cdot y_M \cdot d \cdot \cos\hat{O}_2 \cdot \sin\varphi_{20} - (x_M^2 - d^2 \cdot \cos^2\hat{O}_2) = 0
\end{cases}
\qquad (36)
$$

Discriminantul ecuației (36) de gradul doi în cos ia forma (37).

$$
\begin{aligned}
\Delta &= y_M^2 \cdot d^2 \cdot \cos^2\hat{O}_2 + d^2 \cdot (x_M^2 - d^2 \cdot \cos^2\hat{O}_2) = \\
&= d^2 \cdot (x_M^2 + y_M^2 \cdot \cos^2\hat{O}_2 - x_M^2 \cdot \cos^2\hat{O}_2 - y_M^2 \cdot \cos^2\hat{O}_2) = \\
&= d^2 \cdot (x_M^2 - x_M^2 \cdot \cos^2\hat{O}_2) = d^2 \cdot x_M^2 \cdot \sin^2\hat{O}_2
\end{aligned}
\qquad (37)
$$

Soluțiile ecuației (36) se scriu sub forma (38).

$$
\begin{aligned}
\sin\varphi_{20} &= \frac{y_M \cdot d \cdot \cos\hat{O}_2 \pm x_M \cdot d \cdot \sin\hat{O}_2}{d^2} = \\
&= \frac{y_M \cdot \cos\hat{O}_2 \pm x_M \cdot \sin\hat{O}_2}{d} = \frac{y_M}{d} \cdot \cos\hat{O}_2 \pm \frac{x_M}{d} \cdot \sin\hat{O}_2 = \\
&= \sin\varphi \cdot \cos\hat{O}_2 \pm \cos\varphi \cdot \sin\hat{O}_2 = \sin(\varphi \pm \hat{O}_2)
\end{aligned}
\qquad (38)
$$

$$\sin\varphi_{20} = \sin(\varphi \pm \hat{O}_2)$$

Am obținut relațiile (39), din care se deduce relația de bază (40).

$$\begin{cases} \cos\varphi_{20} = \cos(\varphi \pm \hat{O}_2) \\ \sin\varphi_{20} = \sin(\varphi \pm \hat{O}_2) \end{cases} \tag{39}$$

$$\varphi_{20} = \varphi \pm \hat{O}_2 \tag{40}$$

Se repetă procedura și pentru determinarea unghiului φ_{30}, pornind din nou de la sistemul (18), în care primele două ecuații transcedentale se rescriu sub forma (41), în vederea eliminării unghiului φ_{20} de data aceasta.

$$\begin{cases} d_2 \cdot \cos\varphi_{20} + d_3 \cdot \cos\varphi_{30} = x_M \\ d_2 \cdot \sin\varphi_{20} + d_3 \cdot \sin\varphi_{30} = y_M \\ \cos^2\varphi_{20} + \sin^2\varphi_{20} = 1 \\ \cos^2\varphi_{30} + \sin^2\varphi_{30} = 1 \end{cases} \tag{18}$$

$$\begin{cases} d_2 \cdot \cos\varphi_{20} = x_M - d_3 \cdot \cos\varphi_{30} \\ d_2 \cdot \sin\varphi_{20} = y_M - d_3 \cdot \sin\varphi_{30} \end{cases} \tag{41}$$

Se ridică cele două ecuații ale sistemului (41) la pătrat și se adună, rezultând ecuația de forma (42), care se aranjează în formele mai convenabile (43) și (44).

$$d_2^2 = x_M^2 + y_M^2 + d_3^2 - 2 \cdot d_3 \cdot x_M \cdot \cos\varphi_{30} - 2 \cdot d_3 \cdot y_M \cdot \sin\varphi_{30} \tag{42}$$

$$x_M \cdot \cos\varphi_{30} + y_M \cdot \sin\varphi_{30} = d \cdot \frac{d^2 + d_3^2 - d_2^2}{2 \cdot d \cdot d_3} \tag{43}$$

$$x_M \cdot \cos\varphi_{30} + y_M \cdot \sin\varphi_{30} = d \cdot \cos\hat{M} \tag{44}$$

Dorim să-l determinăm mai întâi pe cos astfel încât vom izola pentru început termenul în sin, ecuația (44) punându-se sub forma (45), care prin ridicare la pătrat generează expresia (46), expresie ce se aranjează sub forma (47).

$$x_M \cdot \cos\varphi_{30} - d \cdot \cos\hat{M} = -y_M \cdot \sin\varphi_{30} \tag{45}$$

$$x_M^2 \cdot \cos^2\varphi_{30} + d^2 \cdot \cos^2\hat{M} - 2 \cdot d \cdot x_M \cdot \cos\hat{M} \cdot \cos\varphi_{30} = \\ = y_M^2 - y_M^2 \cdot \cos^2\varphi_{30} \tag{46}$$

$$d^2 \cdot \cos^2\varphi_{30} - 2 \cdot d \cdot x_M \cdot \cos\hat{M} \cdot \cos\varphi_{30} - (y_M^2 - d^2 \cdot \cos^2\hat{M}) = 0 \tag{47}$$

Ecuația (47) este o ecuație de gradul II în cos, cu soluțiile date de expresia (48).

$$\cos\varphi_{30} = \\ = \frac{d \cdot x_M \cdot \cos\hat{M} \pm \sqrt{d^2 \cdot x_M^2 \cdot \cos^2\hat{M} + d^2 \cdot (y_M^2 - d^2 \cdot \cos^2\hat{M})}}{d^2} = \\ = \frac{d \cdot x_M \cdot \cos\hat{M} \pm \sqrt{d^2 \cdot y_M^2 \cdot (1 - \cos^2\hat{M})}}{d^2} = \\ = \frac{d \cdot x_M \cdot \cos\hat{M} \pm d \cdot y_M \cdot \sin\hat{M}}{d^2} = \\ = \frac{x_M}{d} \cdot \cos\hat{M} \pm \frac{y_M}{d} \cdot \sin\hat{M} = \cos\varphi \cdot \cos\hat{M} \pm \sin\varphi \cdot \sin\hat{M} = \\ = \cos(\varphi \mp \hat{M}) \tag{48}$$

$$\cos\varphi_{30} = \cos(\varphi \mp \hat{M})$$

Scriem în continuare ecuația (44) sub forma (49), unde se izolează de data aceasta termenul în cos în vederea eliminării sale, pentru a-l putea determina pe sin.

$$x_M \cdot \cos \varphi_{30} = d \cdot \cos \hat{M} - y_M \cdot \sin \varphi_{30} \qquad (49)$$

Ecuația (49) se ridică la pătrat și se obține ecuația de forma (50), care se aranjează sub forma convenabilă (51).

$$
\begin{aligned}
x_M^2 \cdot (1 - \sin^2 \varphi_{30}) = \\
= d^2 \cdot \cos^2 \hat{M} + y_M^2 \cdot \sin^2 \varphi_{30} - 2 \cdot y_M \cdot d \cdot \cos \hat{M} \cdot \sin \varphi_{30}
\end{aligned} \qquad (50)
$$

$$d^2 \cdot \sin^2 \varphi_{30} - 2 \cdot y_M \cdot d \cdot \cos \hat{M} \cdot \sin \varphi_{30} - (x_M^2 - d^2 \cdot \cos^2 \hat{M}) = 0 \quad (51)$$

Expresia (51) este o ecuație de geadul II în sin, care admite soluțiile date de relația (52).

$$
\begin{aligned}
\sin \varphi_{30} = \\
= \frac{d \cdot y_M \cdot \cos \hat{M} \mp \sqrt{d^2 \cdot y_M^2 \cdot \cos^2 \hat{M} + d^2 \cdot (x_M^2 - d^2 \cdot \cos^2 \hat{M})}}{d^2} = \\
= \frac{d \cdot y_M \cdot \cos \hat{M} \mp \sqrt{d^2 \cdot x_M^2 \cdot (1 - \cos^2 \hat{M})}}{d^2} = \\
= \frac{d \cdot y_M \cdot \cos \hat{M} \mp d \cdot x_M \cdot \sin \hat{M}}{d^2} = \\
= \frac{y_M}{d} \cdot \cos \hat{M} \mp \frac{x_M}{d} \cdot \sin \hat{M} = \sin \varphi \cdot \cos \hat{M} \mp \cos \varphi \cdot \sin \hat{M} = \\
= \sin(\varphi \mp \hat{M})
\end{aligned} \qquad (52)
$$

$$\sin \varphi_{30} = \sin(\varphi \mp \hat{M})$$

Se rețin relațiile (53) din care se deduce și expresia (54).

$$
\begin{cases}
\cos \varphi_{30} = \cos(\varphi \mp \hat{M}) \\
\sin \varphi_{30} = \sin(\varphi \mp \hat{M})
\end{cases} \quad (53)
\qquad\qquad
\varphi_{30} = \varphi \mp \hat{M} \quad (54)
$$

Determinarea vitezelor şi acceleraţiilor

Determinarea vitezelor

Din sistemul (8) se reţin doar relaţiile (55), necesare în studiul vitezelor la cinematica inversă. Se porneşte de la relaţia care leagă cosinusul unghiului $\hat{O}_2$ de laturile triunghiului, relaţie care se derivează în funcţie de timp, şi se obţine astfel valoarea $\dot{\hat{O}}_2$ scris mai simplu, $\dot{O}_2$ (relaţiile 56).

$$\begin{cases} \dot{\varphi} = \dfrac{\dot{y}_M \cdot \cos\varphi - \dot{x}_M \cdot \sin\varphi}{d} \\ \dot{d} = \dfrac{x_M \cdot \dot{x}_M + y_M \cdot \dot{y}_M}{d} \end{cases} \tag{55}$$

$$\begin{cases} 2 \cdot d_2 \cdot d \cdot \cos O_2 = d_2^2 - d_3^2 + d^2 \\ 2 \cdot d_2 \cdot \dot{d} \cdot \cos O_2 - 2 \cdot d_2 \cdot d \cdot \sin O_2 \cdot \dot{O}_2 = 2 \cdot d \cdot \dot{d} \Rightarrow \\ \Rightarrow \dot{O}_2 = \dfrac{d_2 \cdot \dot{d} \cdot \cos O_2 - d \cdot \dot{d}}{d_2 \cdot d \cdot \sin O_2} \end{cases} \tag{56}$$

Se derivează relaţia (40) şi se obţine viteza unghiulară $\omega_{20} \equiv \dot{\varphi}_{20}$ (relaţia 57).

$$\varphi_{20} = \varphi \pm \hat{O}_2 \tag{40}$$

$$\omega_{20} \equiv \dot{\varphi}_{20} = \dot{\varphi} \pm \dot{O}_2 \tag{57}$$

Pentru a-l determina pe ω_{20} (relaţia 57) avem nevoie de $\dot{\varphi}$ care se calculează din (55), şi de $\dot{O}_2$ care se determină din (56). La rândul său $\dot{O}_2$ necesită pentru calculul său $\dot{d}$ care se calculează tot din sistemul (55).

Vitezele de intrare $\dot{x}_M$ si $\dot{y}_M$ se cunosc, sunt impuse ca date de intrare, sau se aleg convenabil, ori se pot calcula pe baza unor criterii impuse.

În mod similar se determină și viteza unghiulară $\omega_{30} \equiv \dot{\varphi}_{30}$.

$$\begin{cases} 2 \cdot d_3 \cdot d \cdot \cos M = d_3^2 - d_2^2 + d^2 \\[2mm] 2 \cdot d_3 \cdot \dot{d} \cdot \cos M - 2 \cdot d_3 \cdot d \cdot \sin M \cdot \dot{M} = 2 \cdot d \cdot \dot{d} \Rightarrow \\[2mm] \Rightarrow \dot{M} = \dfrac{d_3 \cdot \dot{d} \cdot \cos M - d \cdot \dot{d}}{d_3 \cdot d \cdot \sin M} \end{cases} \qquad (58)$$

Se derivează relația (54) pentru a obține viteza unghiulară $\omega_{30} \equiv \dot{\varphi}_{30}$, (expresia 59). $\dot{\varphi}$ se calculează cu expresia deja cunoscută din sistemul (55), iar $\dot{M}$ se determină din sistemul (58) și cu ajutorul sistemului (55) care-l determină și pe $\dot{d}$.

$$\varphi_{30} = \varphi \mp \hat{M} \qquad (54)$$

$$\omega_{30} \equiv \dot{\varphi}_{30} = \dot{\varphi} \mp \dot{M} \qquad (59)$$

Determinarea accelerațiilor

Din sistemul (9) se rețin doar relațiile (60), necesare în studiul accelerațiilor în cinematica inversă. Relația din sistemul (56) se derivează a doua oară cu timpul, și se obține sistemul (61).

$$\begin{cases} \ddot{\varphi} = \dfrac{\ddot{y}_M \cdot \cos \varphi - \ddot{x}_M \cdot \sin \varphi - \dot{y}_M \cdot \sin \varphi \cdot \dot{\varphi} - \dot{x}_M \cdot \cos \varphi \cdot \dot{\varphi} - \dot{d} \cdot \dot{\varphi}}{d} \\[3mm] \ddot{d} = \dfrac{\dot{x}_M^2 + x_M \cdot \ddot{x}_M + \dot{y}_M^2 + y_M \cdot \ddot{y}_M - \dot{d}^2}{d} \end{cases} \qquad (60)$$

$$\begin{cases} 2 \cdot d_2 \cdot d \cdot \cos O_2 = d_2^2 - d_3^2 + d^2 \\[2mm] 2 \cdot d_2 \cdot \dot{d} \cdot \cos O_2 - 2 \cdot d_2 \cdot d \cdot \sin O_2 \cdot \dot{O}_2 = 2 \cdot d \cdot \dot{d} \Rightarrow \\ \Rightarrow d_2 \cdot d \cdot \sin O_2 \cdot \dot{O}_2 = d_2 \cdot \dot{d} \cdot \cos O_2 - d \cdot \dot{d} \\[2mm] \ddot{O}_2 = \dfrac{\ddot{d} d_2 \cos O_2 - \ddot{d} d - 2 \dot{d} d_2 \sin O_2 \cdot \dot{O}_2 - d d_2 \cos O_2 \cdot \dot{O}_2^2 - \dot{d}^2}{d_2 \cdot d \cdot \sin O_2} \end{cases} \qquad (61)$$

În continuare se derivează expresia (57) și se obține relația (62), care generează accelerația unghiulară absolută $\varepsilon_2 \equiv \varepsilon_{20}$, care se calculează cu $\ddot{\varphi}$ scos din sistemul (60), și cu $\ddot{O}_2$ scos din sistemul (61), iar pentru determinarea lui $\ddot{O}_2$ mai este necesar $\ddot{d}$ scos tot din (60).

$$\omega_{20} \equiv \dot{\varphi}_{20} = \dot{\varphi} \pm \dot{O}_2 \qquad (57)$$

$$\varepsilon_2 \equiv \varepsilon_{20} = \dot{\omega}_{20} \equiv \ddot{\varphi}_{20} = \ddot{\varphi} \pm \ddot{O}_2 \qquad (62)$$

Acum se derivează a doua oară (58) și se obține sistemul (63).

$$\begin{cases} 2 \cdot d_3 \cdot d \cdot \cos M = d_3^2 - d_2^2 + d^2 \\[2mm] 2 \cdot d_3 \cdot \dot{d} \cdot \cos M - 2 \cdot d_3 \cdot d \cdot \sin M \cdot \dot{M} = 2 \cdot d \cdot \dot{d} \Rightarrow \\ \Rightarrow d_3 \cdot d \cdot \sin M \cdot \dot{M} = d_3 \cdot \dot{d} \cdot \cos M - d \cdot \dot{d} \\[2mm] \ddot{M} = \dfrac{\ddot{d} d_3 \cos M - \ddot{d} d - 2 \dot{d} d_3 \sin M \cdot \dot{M} - d d_3 \cos M \cdot \dot{M}^2 - \dot{d}^2}{d_3 \cdot d \cdot \sin M} \end{cases} \qquad (63)$$

Se derivează din nou cu timpul relația (59), și se obține expresia (64) a accelerației unghiulare absolute $\varepsilon_3 \equiv \varepsilon_{30}$ care se determină cu $\ddot{\varphi}$ și $\ddot{M}$.

$\ddot{\varphi}$ se scoate din sistemul (60), iar $\ddot{M}$ se scoate din sistemul (63), și are nevoie și de $\ddot{d}$ care se scoate tot din sistemul (60).

$$\omega_{30} \equiv \dot{\varphi}_{30} = \dot{\varphi} \mp \dot{M} \qquad (59)$$

$$\varepsilon_3 \equiv \varepsilon_{30} = \dot{\omega}_{30} \equiv \ddot{\varphi}_{30} = \ddot{\varphi} \mp \ddot{M} \qquad (64)$$

oo Metoda Geometrică

Determinarea pozițiilor

Se pornește prin scrierea ecuațiilor de poziții, geometrice (geometro-analitice) (65).

Coordonatele scalare (x_M, y_M) ale punctului M (endefectorul) sunt cunoscute, și trebuiesc determinate și coordonatele scalare ale punctului O_3, pe care le vom nota cu (x, y).

Relațiile sistemului (65) se obțin prin scrierea ecuațiilor geometro-analitice ale celor două cercuri, de raze d_3 și respectiv d_2.

$$\begin{cases} (x - x_M)^2 + (y - y_M)^2 = d_3^2 \\ x^2 + y^2 = d_2^2 \end{cases} \qquad (65)$$

Se desfac binoamele primei ecuații a sistemului, se introduce ecuația a doua în prima, se mai utilizează și expresia lui $d^2 = x_M^2 + y_M^2$, se amplifică fracția cu factorul convenabil $d \cdot d_2$, și se obține expresia finală din sistemul (66), care se scrie împreună cu ecuația a doua a sistemului (65) în noul system (67), care trebuie rezolvat.

583

$$\begin{cases} x_M \cdot x + y_M \cdot y = \dfrac{d_2^2 + d^2 - d_3^2}{2} \\[4mm] x_M \cdot x + y_M \cdot y = d \cdot d_2 \cdot \dfrac{d_2^2 + d^2 - d_3^2}{2 \cdot d \cdot d_2} \\[4mm] x_M \cdot x + y_M \cdot y = d \cdot d_2 \cdot \cos O_2 \end{cases} \qquad (66)$$

$$\begin{cases} x_M \cdot x + y_M \cdot y = d \cdot d_2 \cdot \cos O_2 \\[3mm] x^2 + y^2 = d_2^2 \end{cases} \qquad (67)$$

Din prima ecuație a sistemului (67) se explicitează valoarea lui y, care se ridică și la pătrat (68).

$$\begin{cases} y = \dfrac{d \cdot d_2 \cdot \cos O_2 - x_M \cdot x}{y_M} \\[4mm] y^2 = \dfrac{d^2 \cdot d_2^2 \cdot \cos^2 O_2 + x_M^2 \cdot x^2 - 2 \cdot x_M \cdot d_2 \cdot d \cdot \cos O_2 \cdot x}{y_M^2} \end{cases} \qquad (68)$$

Expresia a doua a lui (68) se introduce în relația a doua a lui (67) și se obține ecuația (69), care se aranjează convenabil sub forma (70).

$$y_M^2 \cdot x^2 + d^2 \cdot d_2^2 \cdot \cos^2 O_2 + x_M^2 \cdot x^2 - \\ - 2 \cdot x_M \cdot d_2 \cdot d \cdot \cos O_2 \cdot x - y_M^2 \cdot d_2^2 = 0 \qquad (69)$$

$$d^2 \cdot x^2 - 2 \cdot x_M \cdot d_2 \cdot d \cdot \cos O_2 \cdot x - d_2^2 \cdot (y_M^2 - d^2 \cdot \cos^2 O_2) = 0 \qquad (70)$$

Ecuația (70) este o ecuație de gradul II în x, care admite soluțiile reale (71).

$$x = \frac{x_M \cdot d_2 \cdot d \cdot \cos O_2}{d^2} \mp$$

$$\mp \frac{\sqrt{x_M^2 \cdot d_2^2 \cdot d^2 \cdot \cos O_2 + d^2 \cdot d_2^2 \cdot (y_M^2 - d^2 \cdot \cos^2 O_2)}}{d^2} =$$

$$= \frac{x_M \cdot d_2 \cdot d \cdot \cos O_2 \mp d_2 \cdot d \cdot y_M \cdot \sqrt{1 - \cos^2 O_2}}{d^2} =$$

$$= \frac{x_M \cdot d_2 \cdot \cos O_2 \mp d_2 \cdot y_M \cdot \sqrt{\sin^2 O_2}}{d} =$$

$$= \frac{x_M \cdot d_2 \cdot \cos O_2 \mp d_2 \cdot y_M \cdot \sin O_2}{d} = \qquad (71)$$

$$= d_2 \cdot \left(\frac{x_M}{d} \cdot \cos O_2 \mp \frac{y_M}{d} \cdot \sin O_2 \right) =$$

$$= d_2 \cdot (\cos \varphi \cdot \cos O_2 \mp \sin \varphi \cdot \sin O_2) =$$

$$= d_2 \cdot \cos(\varphi \pm O_2)$$

$$x = d_2 \cdot \cos(\varphi \pm O_2)$$

În continuare se determină și necunoscuta y, introducând valoarea x obținută la (71) în prima relație a sistemului (68). Se obține expresia (72).

$$y = \frac{d \cdot d_2 \cdot \cos O_2 - x_M \cdot d_2 \cdot \left(\frac{x_M}{d} \cdot \cos O_2 \mp \frac{y_M}{d} \cdot \sin O_2 \right)}{y_M} =$$

$$= \frac{d_2 \cdot \left((x_M^2 + y_M^2) \cdot \cos O_2 - x_M^2 \cdot \cos O_2 \pm x_M \cdot y_M \cdot \sin O_2 \right)}{d \cdot y_M} =$$

$$= d_2 \cdot \left(\frac{y_M}{d} \cdot \cos O_2 \pm \frac{x_M}{d} \cdot \sin O_2 \right) = \qquad (72)$$

$$= d_2 \cdot (\sin \varphi \cdot \cos O_2 \pm \cos \varphi \cdot \sin O_2) =$$

$$= d_2 \cdot \sin(\varphi \pm O_2)$$

Din (71) și (72) reținem doar ultimile expresii concentrate în (73).

$$\begin{cases} x = d_2 \cdot \cos(\varphi \pm O_2) \\ y = d_2 \cdot \sin(\varphi \pm O_2) \end{cases} \tag{73}$$

Din figura (7) se pot scrie ecuațiile (74).

$$\begin{cases} x = d_2 \cdot \cos \varphi_{20} \\ y = d_2 \cdot \sin \varphi_{20} \end{cases} \tag{74}$$

Comparând sistemele (73) și (74) rezultă sistemul (75), din care se deduce direct relația (76).

$$\begin{cases} \cos \varphi_{20} = \cos(\varphi \pm O_2) \\ \sin \varphi_{20} = \sin(\varphi \pm O_2) \end{cases} \tag{75}$$

$$\varphi_{20} = \varphi \pm O_2 \tag{76}$$

Determinarea vitezelor

Se pleacă de la sistemul de poziții (65) care se derivează în funcție de timp și se obține sistemul de viteze (77). Sistemul (77) se rescrie sub forma simplificată (78).

$$\begin{cases} (x - x_M)^2 + (y - y_M)^2 = d_3^2 \\ x^2 + y^2 = d_2^2 \end{cases} \tag{65}$$

$$\begin{cases} 2 \cdot (x - x_M) \cdot (\dot{x} - \dot{x}_M) + 2 \cdot (y - y_M) \cdot (\dot{y} - \dot{y}_M) = 0 \\ 2 \cdot x \cdot \dot{x} + 2 \cdot y \cdot \dot{y} = 0 \end{cases} \tag{77}$$

$$\begin{cases} (x - x_M) \cdot \dot{x} + (y - y_M) \cdot \dot{y} = (x - x_M) \cdot \dot{x}_M + (y - y_M) \cdot \dot{y}_M \\ x \cdot \dot{x} + y \cdot \dot{y} = 0 \end{cases} \quad (78)$$

În (78) desfacem parantezele și obținem sistemul (79).

$$\begin{cases} x \cdot \dot{x} + y \cdot \dot{y} - (x_M \cdot \dot{x} + y_M \cdot \dot{y}) = (x - x_M) \cdot \dot{x}_M + (y - y_M) \cdot \dot{y}_M \\ x \cdot \dot{x} + y \cdot \dot{y} = 0 \end{cases} \quad (79)$$

Se introduce relația a doua a sistemului (79) în prima, după care prima expresie se înmulțește cu (-1), astfel încât sistemul se simplifică, căpătând forma (80).

$$\begin{cases} x_M \cdot \dot{x} + y_M \cdot \dot{y} = (x_M - x) \cdot \dot{x}_M + (y_M - y) \cdot \dot{y}_M \\ x \cdot \dot{x} + y \cdot \dot{y} = 0 \end{cases} \quad (80)$$

Sistemul (80) se rezolvă în doi pași.

La primul pas se înmulțește prima relație a sistemului cu (y), iar cea de-a doua cu (-y_M), după care expresiile rezultate se adună membru cu membru obținându-se relația (81) în care se explicitează $\dot{x}$.

La pasul doi dorim să-l obținem pe $\dot{y}$ fapt pentru care se înmulțește prima relație a sistemului (80) cu (x) iar cea de-a doua cu (-x_M), se adună relațiile obținute membru cu membru și se explicitează $\dot{y}$, rezultând relația (82).

$$\dot{x} = \frac{y \cdot \left[(x_M - x) \cdot \dot{x}_M + (y_M - y) \cdot \dot{y}_M \right]}{x_M \cdot y - y_M \cdot x} \quad (81)$$

$$\dot{y} = \frac{-x \cdot \left[(x_M - x) \cdot \dot{x}_M + (y_M - y) \cdot \dot{y}_M \right]}{x_M \cdot y - y_M \cdot x} \quad (82)$$

Relațiile (81) și (82) se scriu restrâns, în cadrul sistemului (83).

$$\dot{x} = y \cdot h$$

$$\dot{y} = -x \cdot h \qquad (83)$$

$$h = \frac{(x_M - x) \cdot \dot{x}_M + (y_M - y) \cdot \dot{y}_M}{x_M \cdot y - y_M \cdot x}$$

Determinarea accelerațiilor

Se pleacă de la sistemul de viteze (83) care se derivează în funcție de timp și se obține sistemul de accelerații (84). Sistemul (84) se rescrie sub forma (85).

$$\ddot{x} = \dot{y} \cdot h + y \cdot \dot{h} = -x \cdot h^2 + y \cdot \dot{h}$$

$$\ddot{y} = -\dot{x} \cdot h - x \cdot \dot{h} = -y \cdot h^2 - x \cdot \dot{h}$$

$$\dot{h} \cdot (x_M \cdot y - y_M \cdot x) = (x_M - x) \cdot \dot{x}_M + (y_M - y) \cdot \dot{y}_M$$

$$\dot{h} \cdot (x_M \cdot y - y_M \cdot x) + h \cdot (\dot{x}_M \cdot y + x_M \cdot \dot{y} - \dot{y}_M \cdot x - y_M \cdot \dot{x}) =$$
$$= (\dot{x}_M - \dot{x}) \cdot \dot{x}_M + (x_M - x) \cdot \ddot{x}_M + (\dot{y}_M - \dot{y}) \cdot \dot{y}_M + (y_M - y) \cdot \ddot{y}_M$$

$$\dot{h} = \frac{(\dot{x}_M - \dot{x}) \cdot \dot{x}_M + (x_M - x) \cdot \ddot{x}_M + (\dot{y}_M - \dot{y}) \cdot \dot{y}_M + (y_M - y) \cdot \ddot{y}_M}{x_M \cdot y - y_M \cdot x} -$$
$$- h \cdot \frac{\dot{x}_M \cdot y + x_M \cdot \dot{y} - \dot{y}_M \cdot x - y_M \cdot \dot{x}}{x_M \cdot y - y_M \cdot x} \qquad (84)$$

$$\ddot{x} = \dot{y} \cdot h + y \cdot \dot{h} = -x \cdot h^2 + y \cdot \dot{h}$$

$$\ddot{y} = -\dot{x} \cdot h - x \cdot \dot{h} = -y \cdot h^2 - x \cdot \dot{h}$$

(85)

$$\dot{h} = \frac{(\dot{x}_M - \dot{x} - y \cdot h) \cdot \dot{x}_M + (\dot{y}_M - \dot{y} + x \cdot h) \cdot \dot{y}_M}{x_M \cdot y - y_M \cdot x} +$$

$$+ \frac{(x_M - x) \cdot \ddot{x}_M + (y_M - y) \cdot \ddot{y}_M + y_M \cdot \dot{x} \cdot h - x_M \cdot \dot{y} \cdot h}{x_M \cdot y - y_M \cdot x}$$

Determinarea vitezelor şi acceleraţiilor unghiulare

Odată determinate vitezele şi acceleraţiile punctului O_3, vom putea trece mai departe la determinarea vitezelor unghiulare şi a acceleraţiilor unghiulare absolute ale sistemului.

Se pleacă de la sistemul (74), care se derivează în funcţie de timp şi se obţine sistemul (86).

$$\begin{cases} x = d_2 \cdot \cos \varphi_{20} \\ y = d_2 \cdot \sin \varphi_{20} \end{cases}$$

(74)

$$\begin{cases} \dot{x} = -d_2 \cdot \sin \varphi_{20} \cdot \dot{\varphi}_{20} \\ \dot{y} = d_2 \cdot \cos \varphi_{20} \cdot \dot{\varphi}_{20} \end{cases}$$

(86)

Pentru rezolvarea corectă a sistemului (86), se amplifică prima relaţie a sa cu $(-\sin \varphi_{20})$, iar cea de-a doua cu $(\cos \varphi_{20})$, după care se adună ambele relaţii obţinute (membru cu membru), şi prin explicitarea lui $\dot{\varphi}_{20}$ se obţine expresia căutată, (87).

$$\omega_2 \equiv \omega_{20} \equiv \dot{\varphi}_{20} = \frac{\dot{y} \cdot \cos \varphi_{20} - \dot{x} \cdot \sin \varphi_{20}}{d_2} \tag{87}$$

Sistemul de viteze (86) se derivează din nou cu timpul, şi se obţine sistemul de acceleraţii unghiulare absolute (88).

$$\begin{cases} \dot{x} = -d_2 \cdot \sin \varphi_{20} \cdot \dot{\varphi}_{20} \\ \dot{y} = d_2 \cdot \cos \varphi_{20} \cdot \dot{\varphi}_{20} \end{cases} \tag{86}$$

$$\begin{cases} \ddot{x} = -d_2 \cdot \cos \varphi_{20} \cdot \dot{\varphi}_{20}^2 - d_2 \cdot \sin \varphi_{20} \cdot \ddot{\varphi}_{20} \\ \ddot{y} = -d_2 \cdot \sin \varphi_{20} \cdot \dot{\varphi}_{20}^2 + d_2 \cdot \cos \varphi_{20} \cdot \ddot{\varphi}_{20} \end{cases} \tag{88}$$

Pentru rezolvarea corectă a sistemului (88), se înmulţeşte prima relaţie a lui cu $(-\sin \varphi_{20})$ şi se amplifică şi cea de-a doua cu $(\cos \varphi_{20})$, după care se adună membru cu membru cele două relaţii obţinute, şi se explicitează $\ddot{\varphi}_{20}$, rezultând astfel expresia căutată, (89).

$$\begin{cases} \ddot{x} = -d_2 \cdot \cos \varphi_{20} \cdot \dot{\varphi}_{20}^2 - d_2 \cdot \sin \varphi_{20} \cdot \ddot{\varphi}_{20} \quad | \quad \cdot (-\sin \varphi_{20}) \\ \ddot{y} = -d_2 \cdot \sin \varphi_{20} \cdot \dot{\varphi}_{20}^2 + d_2 \cdot \cos \varphi_{20} \cdot \ddot{\varphi}_{20} \quad | \quad \cdot (\cos \varphi_{20}) \end{cases} \tag{88'}$$

$$\varepsilon_2 \equiv \varepsilon_{20} \equiv \dot{\omega}_{20} \equiv \ddot{\varphi}_{20} = \frac{\ddot{y} \cdot \cos \varphi_{20} - \ddot{x} \cdot \sin \varphi_{20}}{d_2} \tag{89}$$

Reţinem cele două relaţii în sistemul (90).

$$\begin{cases} \omega_2 \equiv \omega_{20} \equiv \dot{\varphi}_{20} = \dfrac{\dot{y} \cdot \cos \varphi_{20} - \dot{x} \cdot \sin \varphi_{20}}{d_2} \\ \varepsilon_2 \equiv \varepsilon_{20} \equiv \dot{\omega}_{20} \equiv \ddot{\varphi}_{20} = \dfrac{\ddot{y} \cdot \cos \varphi_{20} - \ddot{x} \cdot \sin \varphi_{20}}{d_2} \end{cases} \tag{90}$$

Cu ajutorul figurii 7 exprimăm în continuare ecuațiile (91).

$$\begin{cases} x_M - x = d_3 \cdot \cos \varphi_{30} \\ y_M - y = d_3 \cdot \sin \varphi_{30} \end{cases} \tag{91}$$

Relațiile sistemului (91) se derivează în continuare cu timpul, și se obțin ecuațiile de viteze date de sistemul (92).

$$\begin{cases} \dot{x}_M - \dot{x} = -d_3 \cdot \sin \varphi_{30} \cdot \dot{\varphi}_{30} \\ \dot{y}_M - \dot{y} = d_3 \cdot \cos \varphi_{30} \cdot \dot{\varphi}_{30} \end{cases} \tag{92}$$

Pentru rezolvarea corectă a sistemului de viteze (92) se amplifică prima sa relație cu $(-\sin \varphi_{30})$, iar cea de-a doua cu $(\cos \varphi_{30})$, după care se adună cele două relații obținute (membru cu membru), și se explicitează în expresia obținută viteza unghiulară absolută, $\dot{\varphi}_{30}$, rezultând în final relația dorită, (93).

$$\omega_3 \equiv \omega_{30} \equiv \dot{\varphi}_{30} = \frac{(\dot{y}_M - \dot{y}) \cdot \cos \varphi_{30} - (\dot{x}_M - \dot{x}) \cdot \sin \varphi_{30}}{d_3} \tag{93}$$

Se derivează apoi cu timpul, sistemul de viteze (92), și se obține sistemul de accelerații unghiulare absolute (94).

$$\begin{cases} \dot{x}_M - \dot{x} = -d_3 \cdot \sin \varphi_{30} \cdot \dot{\varphi}_{30} \\ \dot{y}_M - \dot{y} = d_3 \cdot \cos \varphi_{30} \cdot \dot{\varphi}_{30} \end{cases} \tag{92}$$

$$\begin{cases} \ddot{x}_M - \ddot{x} = -d_3 \cdot \cos \varphi_{30} \cdot \dot{\varphi}_{30}^2 - d_3 \cdot \sin \varphi_{30} \cdot \ddot{\varphi}_{30} \\ \ddot{y}_M - \ddot{y} = -d_3 \cdot \sin \varphi_{30} \cdot \dot{\varphi}_{30}^2 + d_3 \cdot \cos \varphi_{30} \cdot \ddot{\varphi}_{30} \end{cases} \tag{94}$$

Sistemul (94) se rezolvă corect prin amplificarea primei sale relații cu $(-\sin\varphi_{30})$, și a celei de a doua cu $(\cos\varphi_{30})$, după care ecuațiile obținute se adună (membru cu membru), iar din relația rezultantă se explicitează accelerația unghiulară absolută $\ddot{\varphi}_{30}$, rezultând expresia (95).

$$\varepsilon_3 \equiv \varepsilon_{30} \equiv \dot{\omega}_{30} \equiv \ddot{\varphi}_{30} = \frac{(\ddot{y}_M - \ddot{y})\cdot\cos\varphi_{30} - (\ddot{x}_M - \ddot{x})\cdot\sin\varphi_{30}}{d_3} \qquad (95)$$

Păstrăm în sistemul (96) cele două soluții găsite, iar în sistemul (97) le centralizăm pe toate patru.

$$\begin{cases} \omega_3 \equiv \omega_{30} \equiv \dot{\varphi}_{30} = \dfrac{(\dot{y}_M - \dot{y})\cdot\cos\varphi_{30} - (\dot{x}_M - \dot{x})\cdot\sin\varphi_{30}}{d_3} \\[4mm] \varepsilon_3 \equiv \varepsilon_{30} \equiv \dot{\omega}_{30} \equiv \ddot{\varphi}_{30} = \dfrac{(\ddot{y}_M - \ddot{y})\cdot\cos\varphi_{30} - (\ddot{x}_M - \ddot{x})\cdot\sin\varphi_{30}}{d_3} \end{cases} \qquad (96)$$

$$\begin{cases} \omega_2 \equiv \omega_{20} \equiv \dot{\varphi}_{20} = \dfrac{\dot{y}\cdot\cos\varphi_{20} - \dot{x}\cdot\sin\varphi_{20}}{d_2} \\[4mm] \omega_3 \equiv \omega_{30} \equiv \dot{\varphi}_{30} = \dfrac{(\dot{y}_M - \dot{y})\cdot\cos\varphi_{30} - (\dot{x}_M - \dot{x})\cdot\sin\varphi_{30}}{d_3} \\[4mm] \varepsilon_2 \equiv \varepsilon_{20} \equiv \dot{\omega}_{20} \equiv \ddot{\varphi}_{20} = \dfrac{\ddot{y}\cdot\cos\varphi_{20} - \ddot{x}\cdot\sin\varphi_{20}}{d_2} \\[4mm] \varepsilon_3 \equiv \varepsilon_{30} \equiv \dot{\omega}_{30} \equiv \ddot{\varphi}_{30} = \dfrac{(\ddot{y}_M - \ddot{y})\cdot\cos\varphi_{30} - (\ddot{x}_M - \ddot{x})\cdot\sin\varphi_{30}}{d_3} \end{cases} \qquad (97)$$

Cap 18-19_Trecerea de la mişcarea plană la cea spaţială

În figura 7 se poate urmări schema cinematică a lanţului plan, iar în figura 8 este prezentată schema cinematică a lanţului spaţial.

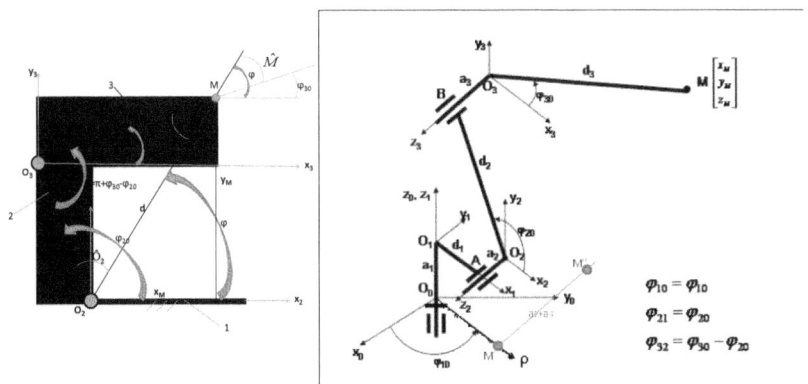

Fig. 7. *Schema cinematică a lanţului plan*   **Fig. 8.** *Schema cinematică spaţială*

În continuare se va face trecerea de la mişcarea plană la cea spaţială.

Dimensiunile plane x_2Oy_2 se vor proiecta pe axele $zO\rho$. Astfel lungimea pe axa verticală plană Oy se va proiecta pe axa verticală spaţială Oz prin adăugarea constantei a_1, iar lungimea de pe axa orizontală plană Ox se va proiecta pe axa orizontală spaţială $O\rho$ prin adăugarea constantei d_1, conform relaţiilor date de sistemul (98).

$$\begin{cases} \rho_{M'} = d_1 + x_M^P \\ z_M = a_1 + y_M^P \end{cases} \tag{98}$$

Proiecţiile punctului M pe axele plane se vor marca cu indicele superior P (Plan), pentru a se deosebi de axele spaţiale corespunzătoare.

Datorită faptului că planul de proiecţie vertical este îndepărtat de axa $O\rho$ cu o distanţă constantă a_2+a_3, (planul de lucru vertical nu se proiectează direct pe axa $O\rho$, ci pe o axă paralelă cu ea distanţată cu lungimea a_2+a_3), proiecţia punctului M pe planul orizontal din spaţiu nu va cădea în M' ci în punctul M" (vezi figura 8).

Din această cauză proiecțiile lui M pe axele Ox și Oy spațiale, nu vor fi cele ale punctului M' ci cele ale punctului M", conform relațiilor date de sistemul (99).

$$
\begin{cases}
x_M = \rho_{M'} \cdot \cos\varphi_{10} + (a_2 + a_3) \cdot \cos\left(\varphi_{10} + \dfrac{\pi}{2}\right) \\[3mm]
y_M = \rho_{M'} \cdot \sin\varphi_{10} + (a_2 + a_3) \cdot \sin\left(\varphi_{10} + \dfrac{\pi}{2}\right)
\end{cases}
\tag{99}
$$

Dorim să eliminăm unghiul de 90 deg din relațiile (99), care au avut un rol important explicativ în înțelegerea fenomenului, pentru a se vedea cum se scriu ecuațiile de trecere de la axele plane la cele spațiale, fiind aici (în planul orizontal din spațiu) vorba de o rotație, ale căror relații nu trebuiesc reținute automat, ci deduse logic, fapt pentru care vom trece imediat de la sistemul determinat logic (99) la sistemul convenabil (100), care se va obține acum din (99) prin eliminarea unghiului de 90 deg, din relațiile trigonometrice.

$$
\begin{cases}
x_M = \rho_{M'} \cdot \cos\varphi_{10} - (a_2 + a_3) \cdot \sin\varphi_{10} \\[2mm]
y_M = \rho_{M'} \cdot \sin\varphi_{10} + (a_2 + a_3) \cdot \cos\varphi_{10}
\end{cases}
\tag{100}
$$

Poate că poate părea cam dificilă metoda utilizată, dar în comparație cu metodele matriciale spațiale, ea este extrem de simplă și directă, contribuind la transformarea mișcării spațiale într-o mișcare plană, mult mai ușor de înțeles și studiat.

În sistemul (101) centralizăm toate relațiile de trecere de la mișcarea plană la cea spațială.

$$
\begin{cases}
x_M = \left(d_1 + x_M^P\right) \cdot \cos\varphi_{10} - (a_2 + a_3) \cdot \sin\varphi_{10} \\[2mm]
y_M = \left(d_1 + x_M^P\right) \cdot \sin\varphi_{10} + (a_2 + a_3) \cdot \cos\varphi_{10} \\[2mm]
z_M = a_1 + y_M^P
\end{cases}
\tag{101}
$$

Înlocuind în (101) valorile lui x_M^P și y_M^P se obține sistemul de ecuații spațiale absolute (102).

$$\begin{cases} x_M = \left(d_1 + d_2 \cdot \cos\varphi_{20} + d_3 \cdot \cos\varphi_{30}\right) \cdot \cos\varphi_{10} - \left(a_2 + a_3\right) \cdot \sin\varphi_{10} \\ y_M = \left(d_1 + d_2 \cdot \cos\varphi_{20} + d_3 \cdot \cos\varphi_{30}\right) \cdot \sin\varphi_{10} + \left(a_2 + a_3\right) \cdot \cos\varphi_{10} \quad (102) \\ z_M = a_1 + d_2 \cdot \sin\varphi_{20} + d_3 \cdot \sin\varphi_{30} \end{cases}$$

Pentru determinarea mai simplă a vitezelor şi acceleraţiilor în sistemul (101) de la care se pleacă, se notează $a_2 + a_3$ cu a, astfel încât (101) capătă aspectul (103) simplificat.

$$\begin{cases} x_M = \left(d_1 + x_M^P\right) \cdot \cos\varphi_{10} - a \cdot \sin\varphi_{10} \\ y_M = \left(d_1 + x_M^P\right) \cdot \sin\varphi_{10} + a \cdot \cos\varphi_{10} \\ z_M = a_1 + y_M^P \end{cases} \qquad (103)$$

Se derivează în funcţie de timp sistemul de poziţii spaţial (103) şi se obţine sistemul spaţial de viteze (104).

$$\begin{cases} \dot{x}_M = \dot{x}_M^P \cdot \cos\varphi_{10} - \left(d_1 + x_M^P\right) \cdot \sin\varphi_{10} \cdot \dot{\varphi}_{10} - a \cdot \cos\varphi_{10} \cdot \dot{\varphi}_{10} \\ \dot{y}_M = \dot{x}_M^P \cdot \sin\varphi_{10} + \left(d_1 + x_M^P\right) \cdot \cos\varphi_{10} \cdot \dot{\varphi}_{10} - a \cdot \sin\varphi_{10} \cdot \dot{\varphi}_{10} \quad (104) \\ \dot{z}_M = \dot{y}_M^P \end{cases}$$

Se derivează în funcţie de timp sistemul de viteze spaţial (104) şi se obţine sistemul spaţial de acceleraţii (105), care se restrânge la forma (106).

$$\begin{cases} \ddot{x}_M = \ddot{x}_M^P \cdot \cos\varphi_{10} - \dot{x}_M^P \cdot \sin\varphi_{10} \cdot \dot{\varphi}_{10} - \dot{x}_M^P \cdot \sin\varphi_{10} \cdot \dot{\varphi}_{10} - \\ \quad - \left(d_1 + x_M^P\right) \cdot \cos\varphi_{10} \cdot \dot{\varphi}_{10}^2 + a \cdot \sin\varphi_{10} \cdot \dot{\varphi}_{10}^2 \\ \ddot{y}_M = \ddot{x}_M^P \cdot \sin\varphi_{10} + \dot{x}_M^P \cdot \cos\varphi_{10} \cdot \dot{\varphi}_{10} + \dot{x}_M^P \cdot \cos\varphi_{10} \cdot \dot{\varphi}_{10} - \quad (105) \\ \quad - \left(d_1 + x_M^P\right) \cdot \sin\varphi_{10} \cdot \dot{\varphi}_{10}^2 - a \cdot \cos\varphi_{10} \cdot \dot{\varphi}_{10}^2 \\ \ddot{z}_M = \ddot{y}_M^P \end{cases}$$

$$\begin{cases} \ddot{x}_M = \left[\ddot{x}_M^P - \left(d_1 + x_M^P\right) \cdot \dot{\varphi}_{10}^2\right] \cdot \cos\varphi_{10} - \\ \quad - \left(2 \cdot \dot{x}_M^P - a \cdot \dot{\varphi}_{10}\right) \cdot \dot{\varphi}_{10} \cdot \sin\varphi_{10} \\ \\ \ddot{y}_M = \left[\ddot{x}_M^P - \left(d_1 + x_M^P\right) \cdot \dot{\varphi}_{10}^2\right] \cdot \sin\varphi_{10} + \\ \quad + \left(2 \cdot \dot{x}_M^P - a \cdot \dot{\varphi}_{10}\right) \cdot \dot{\varphi}_{10} \cdot \cos\varphi_{10} \\ \\ \ddot{z}_M = \ddot{y}_M^P \end{cases} \qquad (106)$$

Sistemul spaţial de viteze (104) se restrânge la forma (107), care prin utilizarea notaţiilor u şi v se rescrie sub forma simplificată (108). Şi sistemul de acceleraţii (106) se poate restrânge la forma (109), cu notaţiile w, t.

$$\begin{cases} \dot{x}_M = \left(\dot{x}_M^P - a \cdot \dot{\varphi}_{10}\right) \cdot \cos\varphi_{10} - \left(d_1 + x_M^P\right) \cdot \dot{\varphi}_{10} \cdot \sin\varphi_{10} \\ \dot{y}_M = \left(\dot{x}_M^P - a \cdot \dot{\varphi}_{10}\right) \cdot \sin\varphi_{10} + \left(d_1 + x_M^P\right) \cdot \dot{\varphi}_{10} \cdot \cos\varphi_{10} \\ \dot{z}_M = \dot{y}_M^P \end{cases} \qquad (107)$$

$$\begin{cases} \dot{x}_M = u \cdot \cos\varphi_{10} - v \cdot \sin\varphi_{10} \\ \dot{y}_M = u \cdot \sin\varphi_{10} + v \cdot \cos\varphi_{10} \\ \dot{z}_M = \dot{y}_M^P \\ \\ u = \dot{x}_M^P - a \cdot \dot{\varphi}_{10}; \quad v = \left(d_1 + x_M^P\right) \cdot \dot{\varphi}_{10} \end{cases} \qquad (108)$$

$$\begin{cases} \ddot{x}_M = w \cdot \cos\varphi_{10} - t \cdot \sin\varphi_{10} \\ \ddot{y}_M = w \cdot \sin\varphi_{10} + t \cdot \cos\varphi_{10} \\ \ddot{z}_M = \ddot{y}_M^P \\ \\ w = \ddot{x}_M^P - \left(d_1 + x_M^P\right) \cdot \dot{\varphi}_{10}^2; \quad t = \left(2 \cdot \dot{x}_M^P - a \cdot \dot{\varphi}_{10}\right) \cdot \dot{\varphi}_{10} \end{cases} \qquad (109)$$

În continuare se vor prezenta pozițiile, vitezele și accelerațiile spațiale, scrise toate restrâns în cadrul sistemului (110).

$$
\left\{
\begin{array}{l}
Pozitii: \\[4pt]
x_M = s \cdot \cos\varphi_{10} - a \cdot \sin\varphi_{10} \\[4pt]
y_M = s \cdot \sin\varphi_{10} + a \cdot \cos\varphi_{10} \\[4pt]
z_M = a_1 + y_M^P \\[4pt]
cu \quad s = d_1 + x_M^P; \quad a = a_2 + a_3 \\[12pt]
Viteze: \\[4pt]
\dot{x}_M = u \cdot \cos\varphi_{10} - v \cdot \sin\varphi_{10} \\[4pt]
\dot{y}_M = u \cdot \sin\varphi_{10} + v \cdot \cos\varphi_{10} \\[4pt]
\dot{z}_M = \dot{y}_M^P \\[4pt]
cu \quad u = \dot{x}_M^P - a \cdot \dot{\varphi}_{10}; \quad v = \left(d_1 + x_M^P\right) \cdot \dot{\varphi}_{10} \\[12pt]
Accelerati\,i: \\[4pt]
\ddot{x}_M = w \cdot \cos\varphi_{10} - t \cdot \sin\varphi_{10} \\[4pt]
\ddot{y}_M = w \cdot \sin\varphi_{10} + t \cdot \cos\varphi_{10} \\[4pt]
\ddot{z}_M = \ddot{y}_M^P \\[4pt]
cu \quad w = \ddot{x}_M^P - \left(d_1 + x_M^P\right) \cdot \dot{\varphi}_{10}^2; \quad t = \left(2 \cdot \dot{x}_M^P - a \cdot \dot{\varphi}_{10}\right) \cdot \dot{\varphi}_{10}
\end{array}
\right. \tag{110}
$$

Modulul vectorului de poziție spațial al punctului endefector M, în sistemul spațial cartezian fix e dat de relația (111).

$$
r_M = \sqrt{x_M^2 + y_M^2 + z_M^2} = \sqrt{s^2 + a^2 + \left(a_1 + y_M^P\right)^2} \tag{111}
$$

Modulul vectorului viteză absolută a punctului M se obține cu relația (112).

$$v_M = \sqrt{\dot{x}_M^2 + \dot{y}_M^2 + \dot{z}_M^2} = \sqrt{u^2 + v^2 + \dot{y}_M^{P\,2}} \qquad (112)$$

Modulul vectorului accelerație absolută a punctului M se obține cu relația (113).

$$a_M = \sqrt{\ddot{x}_M^2 + \ddot{y}_M^2 + \ddot{z}_M^2} = \sqrt{w^2 + t^2 + \ddot{y}_M^{P\,2}} \qquad (113)$$

În sistemul (114) se face o recapitulare a celor trei parametri absoluți spațiali ai punctului M: deplasare (sau mai corect poziție) absolută, viteză absolută, accelerație absolută.

$$\begin{cases} r_M = \sqrt{x_M^2 + y_M^2 + z_M^2} = \sqrt{s^2 + a^2 + \left(a_1 + y_M^P\right)^2} \\[3mm] v_M = \sqrt{\dot{x}_M^2 + \dot{y}_M^2 + \dot{z}_M^2} = \sqrt{u^2 + v^2 + \dot{y}_M^{P\,2}} \\[3mm] a_M = \sqrt{\ddot{x}_M^2 + \ddot{y}_M^2 + \ddot{z}_M^2} = \sqrt{w^2 + t^2 + \ddot{y}_M^{P\,2}} \end{cases} \qquad (114)$$

Cap 20-21_Echilibrarea statică totală şi cinetostatica lanţului cinematic plan

Echilibrarea statică totală a lanţului cinematic plan, prin metoda clasică (cu contragreutăţi)

Mecanismul din figura 7 (lanţul cinematic plan), trebuie echilibrat pentru a avea o funcţionare normală. Printr-o echilibrare statică totală a sa, se realizează echilibrarea forţelor gravitaţionale şi a momentelor generate de forţele de greutate, se realizează echilibrarea forţelor de inerţie şi a momentelor (cuplurilor) generate de prezenţa forţelor de inerţie (a nu se confunda cu momentele inerţiale ale mecanismului, care apar separat de celelalte forţe, ele făcând parte din torsorul inerţial al unui mecanism, şi depinzând atât de masele inerţiale ale mecanismului cât şi de acceleraţiile unghiulare ale sale).

Echilibrarea mecanismului se poate face prin diverse metode.

O echilibrare parţială se realizează aproape în toate cazurile în care actuatorii (motoarele electrice de acţionare) sunt montaţi împreună cu o reducţie mecanică, o transmisie mecanică, un angrenaj cu roţi dinţate hipoid, elicoidal, de tip şurub melc – roată melcată.

Un astfel de reductor numit unisens (mişcarea permisă de el este o rotaţie în ambele sensuri, dar transmiterea forţei şi a momentului motor, se poate face doar într-un singur sens, de la melc către roata melcată, invers dinspre roata melcată către şurubul melc forţa nu se poate transmite şi nici mişcarea nu este posibilă mecanismul blocându-se, fapt ce îl face apt pentru transmiterea mişcării de la volanul unui vehicul către roţile acestuia, în cadrul mecanismului de direcţie, el nepermiţând ca forţele de la roţi datorate denivelărilor terenului, să fie transmise către volan şi implicit şoferului, sau acest mecanism este apt pentru contoarele mecanice, astfel încât acestea să nu se răsucească şi invers, etc) poate echilibra transmisia lăsând forţele şi momentele motoare să se desfăşoare, dar nepermiţând elementelor cinematice să influenţeze mişcarea prin forţele lor de greutate şi de inerţie. Se realizează astfel o echilibrare „forţată" motoare, din transmisie, care face ca funcţionarea ansamblului să fie corectă, însă rigidă şi cu şocuri mecanice.

O astfel de echilibrare nu este posibilă atunci când actuatoarele acţionează direct elementele lanţului cinematic, fără a mai utiliza şi reductoare mecanice. E nevoie în această situaţie de o echilibrare reală, permanentă.

În plus şi în situaţiile în care se utilizează reductoare hipoide, este bine să existe şi o echilibrare statică totală, permanentă, care realizează o funcţionare normală, liniştită, a mecanismului şi a întregului ansamblu.

Aşa cum s-a arătat deja, prin echilibrarea statică totală a unui lanţ cinematic mobil, se realizează echilibrarea forţelor de greutate şi a cuplurilor produse de ele, cât şi echilibrarea forţelor de inerţie şi a cuplurilor produse de ele, dar nu şi echilibrarea momentelor de inerţie.

Metodele de echilibrări cu arcuri, în general nu au dat rezultate foarte bune, arcurile trebuind să fie foarte bine calibrate, astfel încât forţele elastice realizate (înmagazinate) de ele să nu fie nici prea mici (insuficiente echilibrării), dar nici prea mari (deoarece uzează prematur elementele şi cuplele lanţului cinematic, şi forţează mult, suplimentar, actuatorii).

Metoda cea mai utilizată este cea clasică, cu mase adiţionale, de tip contragreutăţi, asemenea celor de la tradiţionalele fântâni populare cu cumpănă. Echilibrarea totală a lanţului cinematic robotic deschis este prezentată în figura 9.

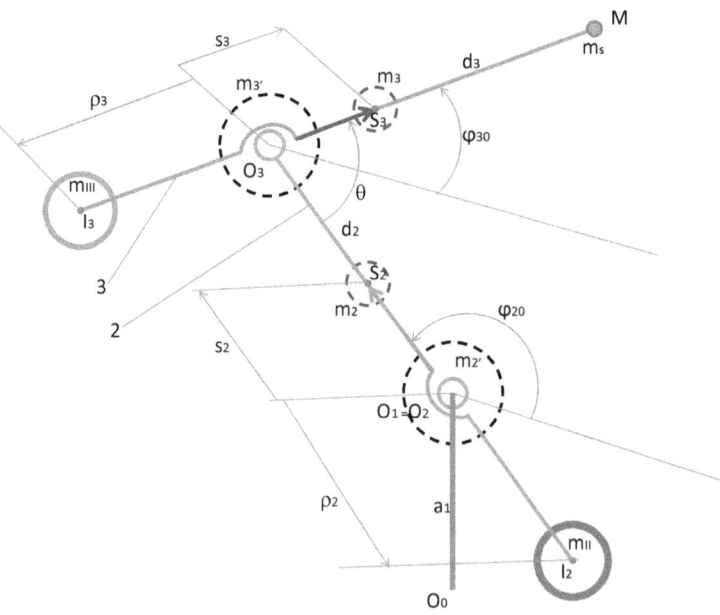

Fig. 9. *Echilibrarea lanţului cinematic plan*

Se scrie suma momentelor forţelor de greutate de pe elementul 3 în raport cu punctul O_3 (relaţia 115).

$$\sum M_{O_3}^{(3)} = 0 \quad \Rightarrow m_s \cdot d_3 + m_3 \cdot s_3 = m_{III} \cdot \rho_3 \qquad (115)$$

Astfel masa sarcinii endefectorului (cu tot cu masa transportată de el), aflată la distanța d_3 față de O_3, plus masa elementului 3 concentrată în centrul de masă sau de greutate S_3 aflat la distanța s_3 față de punctul O_3, sunt echilibrate prin greutatea masei suplimentare m_{III} montată la distanța ρ_3 față de articulația O_3 de partea cealaltă (adică pe prelungirea elementului 3). Echilibrarea se face asemenea unui scrânciob, sau a unei pârghii de gradul 1.

În general se alege masa de echilibrare m_{III} și rezultă prin calcul distanța de montaj, ρ_3 (relația 116).

$$\rho_3 = \frac{m_s \cdot d_3 + m_3 \cdot s_3}{m_{III}} \qquad (116)$$

După echilibrare masa elementului 3 concentrată în articulația O_3 capătă valoarea $m_{3'}$ dată de relația (117).

$$m_{3'} = m_3 + m_s + m_{III} \qquad (117)$$

Se scrie în continuare suma momentelor forțelor de greutate de pe elementele 2 și 3 (considerate ca o platformă comună) în raport cu punctul O_2 (relația 118). Masa elementului 3 este cea finală obținută după echilibrare, $m_{3'}$ și poziționată (concentrată) în punctul O_3.

$$\sum M_{O_2}^{(2+3)} = 0 \quad \Rightarrow m_{3'} \cdot d_2 + m_2 \cdot s_2 = m_{II} \cdot \rho_2 \qquad (118)$$

În general se alege masa de echilibrare m_{II} și rezultă prin calcul distanța de montaj, ρ_2 (relația 119).

$$\rho_2 = \frac{m_{3'} \cdot d_2 + m_2 \cdot s_2}{m_{II}} \qquad (119)$$

După echilibrare masa întregului lanț cinematic plan (format din elementele 2 + 3) se găsește concentrată în articulația O_2 și capătă valoarea $m_{2'}$ dată de relația (120).

$$m_{2'} = m_{3'} + m_2 + m_{II} \qquad (120)$$

Justificare teoretică a metodei utilizate: Forțele de greutate ale căror momente trebuiesc scrise față de o articulație (mobilă sau fixă) sunt toate paralele între ele, orientate după un suport vertical cu vârful în jos (sau direcționate în sus cu valori negative), și au valoarea (modulul) dată de produsul dintre masa respectivă și accelerația gravitațională. Dacă în relația de momente simplificăm peste tot cu g, atunci această sumă de momente apare ca o sumă de mase amplificate fiecare cu brațul forței respective. Dar și brațele forțelor sunt asemenea cu distanțele de la punctul în care este concentrată masa până la articulația față de care s-au scris momentele forțelor de greutate, astfel încât se pot înlocui toate brațele forțelor de greutate cu distanțele respective. În final relația sumelor momentelor forțelor de greutate față de articulația respectivă, va fi suma produselor masă distanță. Această modalitate este mult mai comodă, dar ea poate fi folosită numai în urma justificării teoretice corespunzătoare.

Cinetostatica lanțului cinematic plan echilibrat

Prin cinetostatică se înțelege studiul distribuției forțelor unui lanț cinematic, prin analiza lor pe întregul lanț cinematic, sau pe module (element, ori mai multe elemente cuplate între ele) considerate fiecare separat. Studiul tuturor forțelor care acționează în cadrul lanțului cinematic respectiv se face instantaneu, sub forma unei poze a lanțului cinematic aflat într-o poziție oarecare considerată (asemănător studiului cinematic, care se ocupa însă doar cu studiul pozițiilor, vitezelor și accelerațiilor lanțului cinematic fotografiat instantaneu într-o poziție oarecare considerată).

Forțele și momentele ce apar la mecanismul dezechilibrat sunt mai multe și mai dispersate, dar în general mecanismele utilizate în practică sunt deja echilibrate tocmai în scopul unei bune funcționări, astfel încât este mai justificat studiul cinetostatic al unui lanț cinematic deja echilibrat total.

Se pornește de la lanțul cinematic gata echilibrat din figura 9, și se analizează torsorul forțelor existente pe acest lanț cinematic fotografiat instantaneu, într-o poziție oarecare, conform figurii 10.

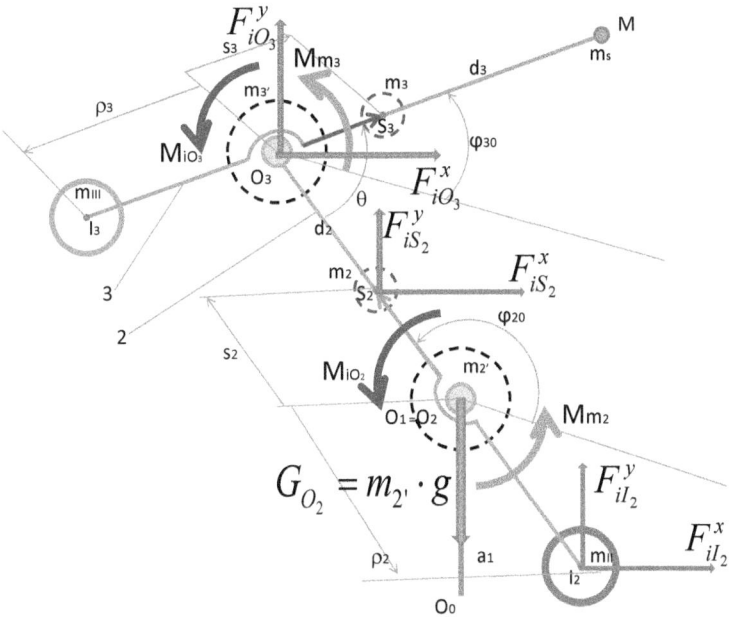

Fig. 10. *Cinetostatica lanțului cinematic plan echilibrat*

Pentru început se studiază cinetostatica elementului doi, care poartă însă și masa $m_{3'}$ a elementului 3, astfel încât elementul 2 suportă efectul întregului lanț cinematic echilibrat, considerat sudat (asemenea unei platforme), elementul 3 fiind înlocuit de masa $m_{3'}$ concentrată în punctul O_3, de forțele de inerție și de greutate ale masei $m_{3'}$.

Deoarece mecanismul a fost deja echilibrat, forțele de greutate nu mai produc efecte, ele fiind eliminate din calculele ulterioare pentru a nu mai complica desenul și relațiile. Se consideră doar rezultanta finală a forței de greutate a întregului lanț cinematic echilibrat, G_{O2}, care nu mai produce nici un moment asupra acestui punct, ci doar generează o componentă verticală a reacțiunii din cupla O_2.

Se vor considera în calculele cinetostatice următoare numai forțele inerțiale, cu precizarea importantă că echilibrarea statică totală anihilează practic și efectele forțelor inerțiale, astfel încât studiul are ca scop prezentarea acestor forțe pentru cunoașterea lor, observându-se (verificându-se) spre finalul calculelor că și efectele lor au fost anulate prin echilibrarea totală efectuată deja.

Ne reamintim, de la studiul cinematic, accelerațiile punctului O_3 (ultimele două relații ale sistemului 121 de poziții, viteze și accelerații).

$$\begin{cases} x_{O_3} = d_2 \cdot \cos\varphi_{20}; \quad y_{O_3} = d_2 \cdot \sin\varphi_{20}; \\\\ \dot{x}_{O_3} = -d_2 \cdot \sin\varphi_{20} \cdot \omega_{20}; \quad \dot{y}_{O_3} = d_2 \cdot \cos\varphi_{20} \cdot \omega_{20}; \quad (121) \\\\ \ddot{x}_{O_3} = -d_2 \cdot \cos\varphi_{20} \cdot \omega_{20}^2; \quad \ddot{y}_{O_3} = -d_2 \cdot \sin\varphi_{20} \cdot \omega_{20}^2 \end{cases}$$

Cu ajutorul relaţiilor (121) se scriu în continuare forţele de inerţie, din cadrul torsorului de inerţie (122) al punctului O₃.

$$\begin{cases} F_{iO_3}^x = -m_{3'} \cdot \ddot{x}_{O_3} = -m_{3'} \cdot (-)d_2 \cdot \cos\varphi_{20} \cdot \omega_{20}^2 = \\ = m_{3'} \cdot d_2 \cdot \cos\varphi_{20} \cdot \omega_{20}^2 \\\\ F_{iO_3}^y = -m_{3'} \cdot \ddot{y}_{O_3} = -m_{3'} \cdot (-)d_2 \cdot \sin\varphi_{20} \cdot \omega_{20}^2 = \qquad (122) \\ = m_{3'} \cdot d_2 \cdot \sin\varphi_{20} \cdot \omega_{20}^2 \\\\ M_{iO_3} = -J_{O_3} \cdot \varepsilon_3 \end{cases}$$

Din torsorul de inerţie al punctului O₃ dat de relaţiile sistemului (122) ne interesează pentru moment numai forţele de inerţie din punctul O₃ orientate pe axele x şi y (practic e vorba de componentele scalare ale forţei de inerţie dată de masa m₃'), ele producându-şi efectul asupra elementului 2. Intenţionăm să scriem suma forţelor ce acţionează pe lanţul cinematic 2-3 separat pe axele x şi y, cât şi suma momentelor, cuplurilor produse de forţele inerţiale de pe lanţ faţă de punctul O₂. În afară de punctul O₃ mai avem şi forţele inerţiale date de masa m₂ din punctul S₂ (relaţiile sistemului 123), cât şi forţele de inerţie date de masa de echilibrare m_II din punctul I₂ (relaţiile sistemului 124).

$$\begin{cases} F_{iS_2}^x = -m_2 \cdot \ddot{x}_{S_2} = m_2 \cdot s_2 \cdot \cos\varphi_{20} \cdot \omega_{20}^2 \\ F_{iS_2}^y = -m_2 \cdot \ddot{y}_{S_2} = m_2 \cdot s_2 \cdot \sin\varphi_{20} \cdot \omega_{20}^2 \end{cases} \qquad (123)$$

$$\begin{cases} F_{iI_2}^x = -m_{II} \cdot \ddot{x}_{I_2} = -m_{II} \cdot \rho_2 \cdot \cos\varphi_{20} \cdot \omega_{20}^2 \\ F_{iI_2}^y = -m_{II} \cdot \ddot{y}_{I_2} = -m_{II} \cdot \rho_2 \cdot \sin\varphi_{20} \cdot \omega_{20}^2 \end{cases} \tag{124}$$

Avem pregătite forțele inerțiale ce acționează pe elementul 2, și putem demara studiul ecuațiilor de echilibru de forțe pentru elementul 2 (dar care ține cont și de efectele elementului 3). Se scrie mai întâi echilibrul forțelor de pe axa orizontală, x (relațiile 125), din care se va determina în final componenta orizontală a reacțiunii din cupla O₂.

$$\begin{cases} \sum F_{(2)}^x = 0 \Rightarrow m_{3'} \cdot d_2 \cdot \cos\varphi_{20} \cdot \omega_{20}^2 + m_2 \cdot s_2 \cdot \cos\varphi_{20} \cdot \omega_{20}^2 - \\ - m_{II} \cdot \rho_2 \cdot \cos\varphi_{20} \cdot \omega_{20}^2 + R_{O_2}^x = 0 \Rightarrow \\ \Rightarrow (m_{3'} \cdot d_2 + m_2 \cdot s_2 - m_{II} \cdot \rho_{II}) \cdot \cos\varphi_{20} \cdot \omega_{20}^2 + R_{12}^x = 0 \\ dar \ \ m_{3'} \cdot d_2 + m_2 \cdot s_2 - m_{II} \cdot \rho_{II} = 0 \ \ datorit\tilde{a} \ \ echilibr\tilde{a}rii \Rightarrow \\ \Rightarrow R_{O_2}^x \equiv R_{12}^x = 0 \end{cases} \tag{125}$$

În continuare se face o sumă de forțe (echilibrul forțelor) proiectate pe axa verticală, y, de pe elementul 2 (dar ținând cont și de încărcările de pe elementul 3), și se determină componenta verticală a reacțiunii din cupla fixă (considerată fixă) O₂ (relațiile 126).

$$\begin{cases} \sum F_{(2)}^y = 0 \Rightarrow m_{3'} \cdot d_2 \cdot \sin\varphi_{20} \cdot \omega_{20}^2 + m_2 \cdot s_2 \cdot \sin\varphi_{20} \cdot \omega_{20}^2 - \\ - m_{II} \cdot \rho_2 \cdot \sin\varphi_{20} \cdot \omega_{20}^2 - m_{2'} \cdot g + R_{12}^y = 0 \Rightarrow \\ \Rightarrow (m_{3'} \cdot d_2 + m_2 \cdot s_2 - m_{II} \cdot \rho_{II}) \cdot \sin\varphi_{20} \cdot \omega_{20}^2 - m_{2'} \cdot g + R_{12}^y = 0 \\ dar \ \ m_{3'} \cdot d_2 + m_2 \cdot s_2 - m_{II} \cdot \rho_{II} = 0 \ \ datorit\tilde{a} \ \ echilibr\tilde{a}rii \Rightarrow \\ \Rightarrow R_{O_2}^y \equiv R_{12}^y = m_{2'} \cdot g = G_{O_2} \end{cases} \tag{126}$$

Se poate observa că încărcările din cuple sunt minime tocmai datorită echilibrării. Efectul dat de forțele de inerție (cuplurile produse de aceste forțe) se anulează (datorită echilibrării). Cuplurile produse de forțele de greutate se anulează și ele tot datorită echilibrării.

Greutatea finală echilibrată mai produce asupra lanțului cinematic doar un singur efect, o încărcare verticală (determină o reacțiune verticală) în cupla fixă. La o echilibrare totală chiar și încărcarea orizontală din cupla fixă dispare. Singura încărcare rămasă este constantă și din acest motiv nu prezintă un pericol mare de uzură, nu creiază șocuri dinamice, mecanismul având un comportament dinamic normal (liniștit) în funcționare.

Se va scrie în continuare și o sumă de momente față de articulația fixă, de pe elementul 2 (dar cu considerarea și a efectelor de pe elementul 3), (relațiile 127).

$$
\left\{
\begin{aligned}
&\sum M_{O_2}^{(2)} = 0 \Rightarrow M_{m_2} - F_{iO_3}^x \cdot d_2 \cdot \cos\left(\varphi_{20} - \frac{\pi}{2}\right) - \\
&- F_{iO_3}^y \cdot d_2 \cdot \sin\left(\varphi_{20} - \frac{\pi}{2}\right) - F_{iS_2}^x \cdot s_2 \cdot \sin\varphi_{20} - F_{iS_2}^y \cdot s_2 \cdot -\cos\varphi_{20} + \\
&+ F_{iI_2}^x \cdot \rho_2 \cdot \cos\left(\varphi_{20} - \frac{\pi}{2}\right) + F_{iI_2}^y \cdot \rho_2 \cdot \sin\left(\varphi_{20} - \frac{\pi}{2}\right) + M_{iO_2} = 0 \Rightarrow \\
&\qquad\qquad\qquad\qquad\qquad\qquad\qquad\qquad\qquad\qquad\qquad\qquad (127) \\
&\Rightarrow M_{m_2} - m_{3'} d_2^2 \omega_{20}^2 \cos\varphi_{20} \sin\varphi_{20} + m_{3'} \cdot d_2^2 \omega_{20}^2 \sin\varphi_{20} \cos\varphi_{20} - \\
&- m_2 \cdot s_2^2 \cdot \omega_{20}^2 \cdot \cos\varphi_{20} \cdot \sin\varphi_{20} + m_2 \cdot s_2^2 \cdot \omega_{20}^2 \cdot \sin\varphi_{20} \cdot \cos\varphi_{20} - \\
&- m_{II} \cdot \rho_2^2 \cdot \omega_{20}^2 \cos\varphi_{20} \sin\varphi_{20} + m_{II} \cdot \rho_2^2 \cdot \omega_{20}^2 \cdot \sin\varphi_{20} \cdot \cos\varphi_{20} - \\
&- J_{O_2}^* \cdot \varepsilon_2 = 0 \Rightarrow M_{m_2} - J_{O_2}^* \cdot \varepsilon_2 = 0 \Rightarrow M_{m_2} = J_{O_2}^* \cdot \varepsilon_2
\end{aligned}
\right.
$$

$J_{O_2}^*$ (momentul de inerție masic, sau mecanic al elementului 2, plus influența masei elementului 3), se calculează cu relația (128).

$$
J_{O_2}^* = J_{O_2} + m_{3'} \cdot d_2^2 = m_2 \cdot s_2^2 + m_{II} \cdot \rho_2^2 + m_{3'} \cdot d_2^2 \qquad (128)
$$

Rezultă că din echilibrul de momente față de cupla fixă, de pe elementul 2 dar și cu considerarea influenței elementului 3, se poate determina momentul motor necesar, pe care trebuie să-l genereze actuatorul 2, montat în cupla O_2 (relația 129).

$$M_{m_2} = J_{O_2}^* \cdot \varepsilon_2 = \left(m_2 \cdot s_2^2 + m_{II} \cdot \rho_2^2 + m_{3'} \cdot d_2^2\right) \cdot \ddot{\varphi}_{20} \qquad (129)$$

Observație. Momentul motor 3 nu acționează decât pe elementul 3 rupt de elementul 2 (adică este o acțiune a lui 3 în raport cu 2, sau mai exact elementul 3 este acționat de elementul 2 prin acest moment motor 2). Nu s-a luat în considerare nici momentul de inerție M_{iO_3} din aceleași considerente. El acționează doar asupra elementului 3 considerat separat (rupt de 2). Influența masei $m_{3'}$ asupra elementului 2 apare prin masa finală $m_{2'}$ care conține și masa $m_{3'}$.

Urmează studiul cinetostatic separat al elementului 3 rupt de elementul 2. Pentru a simplifica mult acest studiu, se vor face următoarele considerații: toate forțele de greutate cât și cele de inerție care acționează asupra elementului 3 sunt echilibrate deja, astfel încât ele nu mai influențează dinamica elementului. Nici forțele gravitaționale și nici cele inerțiale nu mai dau cupluri în punctul O_3 de reducere, deoarece aceste cupluri se anulează toate datorită echilibrării elementului. Făcând suma momentelor tuturor forțelor de pe elementul 3 în raport cu articulația mobilă O_3, (relația 130) vom observa faptul că momentul motor M_{m3} al actuatorului 3 se echilibrează doar cu momentul de inerție M_{iO3}.

$$\sum M_{O_3}^{(3)} = 0 \Rightarrow$$

$$M_{m_3} + M_{iO_3} = 0 \Rightarrow M_{m_3} - J_{O_3} \cdot \varepsilon_3 = 0 \Rightarrow M_{m_3} = J_{O_3} \cdot \varepsilon_3 \quad (130)$$

$$\Rightarrow M_{m_3} = \left(m_s \cdot d_3^2 + m_3 \cdot s_3^2 + m_{III} \cdot \rho_3^2\right) \cdot \ddot{\varphi}_{30}$$

Se determină și componenta verticală a reacțiunii din cupla mobilă, interioară, O_3, prin realizarea echilibrului proiecțiilor pe axa y, a tuturor forțelor care acționează pe elementul 3 (relația 131).

$$\begin{cases} \sum F_{(3)}^y = 0 \Rightarrow -m_{3'} \cdot g + R_{23}^y = 0 \Rightarrow \\ \Rightarrow R_{23}^y = m_{3'} \cdot g \Rightarrow \\ \Rightarrow R_{32}^y = -R_{23}^y = -m_{3'} \cdot g \end{cases} \qquad (131)$$

Componenta orizontală a reacțiunii din cupla cinematică mobilă O_3, este nulă ($R_{23}^x = -R_{32}^y = 0$).

Cap 22-23_Dinamica lanțului cinematic plan echilibrat

Din capitolul anterior reținem din cadrul cinetostaticii cele două relații dinamice care generează momentele motoare (ale actuatorilor) necesare, legate împreună în sistemul dinamic (132).

Aceste relații necesare în studiul dinamicii lanțului cinematic plan, se pot obține direct și printr-o altă metodă, în care se utilizează ecuațiile diferențiale Lagrange de speța a doua, și conservarea energiei cinetice a mecanismului.

Această metodă este mai directă comparativ cu studiul cinetostatic, dar prezintă dezavantajul că nu mai determină și încărcările (reacțiunile, forțele interioare) din cuplele cinematice ale lanțului studiat, necesare la calculul organologic de rezistența materialelor la solicitări, prin care se aleg unele dimensiuni (grosimi ori diametre) ale elementelor cinematice 2 și 3, și ale cuplelor de legătură.

$$
\begin{cases}
M_{m_2} = J^*_{O_2} \cdot \varepsilon_2 \\[2mm]
M_{m_3} = J_{O_3} \cdot \varepsilon_3 \\[4mm]
M_{m_2} = \left(m_2 \cdot s_2^2 + m_{II} \cdot \rho_2^2 + m_{3'} \cdot d_2^2 \right) \cdot \ddot{\varphi}_{20} \\[2mm]
M_{m_3} = \left(m_s \cdot d_3^2 + m_3 \cdot s_3^2 + m_{III} \cdot \rho_3^2 \right) \cdot \ddot{\varphi}_{30}
\end{cases}
\qquad (132)
$$

După echilibrare centrul de greutate al elementului 3 se mută din punctul S_3 în articulația mobilă O_3 (a se vedea figura 10), iar masa elementului 3 crește de la m_3 la $m_{3'}$; centrul de greutate al elementului 2 se deplasează din punctul S_2 în articulația fixă O_2, în vreme ce masa finală a elementului 2 concentrată în O_2 crește la valoarea $m_{2'}$.

Se determină mai întâi vitezele centrelor de greutate finale, deci vitezele liniare și unghiulare din cele două articulații O_2 și O_3 (relațiile 133).

Deci se determină vitezele liniare (componentele sau proiecțiile scalare pe axele x și y) ale celor două articulații, dar și vitezele unghiulare ale celor două elemente considerate concentrate fiecare în jurul articulației respective, conform figurii 11.

$$\begin{cases} \dot{x}_{O_2} = 0; \quad \dot{y}_{O_2} = 0; \quad \dot{\varphi}_{20} \equiv \omega_{20} \equiv \omega_2 \\ \\ \dot{x}_{O_3} = -d_2 \cdot \sin\varphi_{20} \cdot \omega_2; \quad \dot{y}_{O_3} = d_2 \cdot \cos\varphi_{20} \cdot \omega_2; \quad \dot{\varphi}_{30} \equiv \omega_{30} \equiv \omega_3 \end{cases} \tag{133}$$

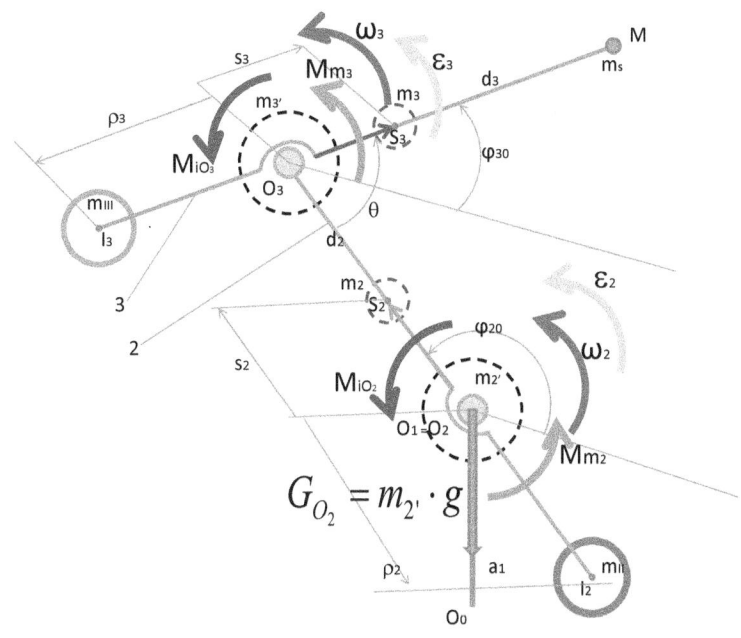

Fig. 11. *Dinamica lanțului cinematic plan echilibrat*

După viteze, urmează determinarea momentelor de inerție masice sau mecanice, care pentru a nu fi confundate chiar cu momentele de inerție, ar trebui denumite mase inerțiale sau mase de inerție, ele reprezentând masa inerțială a fiecărui element, și așa cum masa fiecărui element generează prin amplificarea cu accelerația liniară a centrului de greutate al elementului forța inerțială (liniară) a elementului respectiv (utilă în studiul dinamic), și masa inerțială a fiecărui element generează prin amplificarea cu accelerația unghiulară momentul de inerție al elementului respectiv considerat concentrat în jurul centrului de greutate al elementului.

Masele inerțiale se determină pe elemente, în jurul unei axe a elementului respectiv, într-un anumit punct, ele fiind variabile în general pe elementul respectiv în funcție de punctul în jurul căruia se determină. În general ne interesează masa inerțială (momentul de inerție masic) în centrul de greutate al elementului respectiv, determinat în jurul axei de rotație (Oz).

Notația clasică a maselor inerțiale (a momentelor de inerție masice sau mecanice) este J, pentru a se putea diferenția astfel de momentele de inerție de rezistență, notate cu I, utilizate la calculele de rezistența materialelor. Între ele există o relație de legătură.

Din păcate, mulți specialiști notează astăzi momentele de inerție masice tot cu I la fel ca și cele de rezistență.

Pentru mase concentrate momentul de inerție masic (mecanic) determinat în raport cu o axă, în centrul de greutate, se calculează prin însumarea produselor dintre fiecare masă concentrată și pătratul distanței de la ea la punctul în care dorim să determinăm momentul de inerție masic, în cazul nostru centrul de greutate al elementului.

Pentru elementul 3, momentul de inerție masic sau mecanic, (masa inerțială) se determină prin relația (134).

$$J_{O_3} = m_s \cdot d_3^2 + m_3 \cdot s_3^2 + m_{III} \cdot \rho_3^2 \qquad (134)$$

Deci se înmulțește masa sarcinii m_s purtate de endefectorul M cu distanța d_3 de la endefector la centrul de greutate al elementului O_3 ridicată la pătrat și se însumează cu produsul dintre masa elementului 3 și pătratul distanței de la centrul de masă la articulația O_3, la care se mai adaugă și masa suplimentară m_{III} de echilibrare a elementului 3 multiplicată cu pătratul distanței de la punctul I_3 la articulația mobilă O_3.

Pentru elementul 2 se va determina momentul de inerție masic (mecanic) în jurul centrului final de greutate al elementului 2 (articulația fixă O_3), utilizând relația (135).

$$J_{O_2} = m_2 \cdot s_2^2 + m_{II} \cdot \rho_2^2 \qquad (135)$$

În continuare se determină energia cinetică a mecanismului (a lanțului cinematic plan), cu ajutorul relațiilor (136).

$$\begin{cases} E = \frac{1}{2} \cdot J_{O_2} \cdot \omega_2^2 + \frac{1}{2} \cdot J_{O_3} \cdot \omega_3^2 + \frac{1}{2} \cdot m_{3'} \cdot \dot{x}_{O_3}^2 + \frac{1}{2} \cdot m_{3'} \cdot \dot{y}_{O_3}^2 = \\ = \frac{1}{2} \cdot J_{O_2} \cdot \omega_2^2 + \frac{1}{2} \cdot J_{O_3} \cdot \omega_3^2 + \frac{1}{2} \cdot m_{3'} \cdot d_2^2 \cdot \omega_2^2 = \\ = \frac{1}{2} \cdot J_{O_3} \cdot \omega_3^2 + \frac{1}{2} \cdot \omega_2^2 \cdot \left(J_{O_2} + m_{3'} \cdot d_2^2 \right) = \\ = \frac{1}{2} \cdot J_{O_3} \cdot \omega_3^2 + \frac{1}{2} \cdot J_{O_2}^* \cdot \omega_2^2 \\ J_{O_2}^* = J_{O_2} + m_{3'} \cdot d_2^2 \end{cases} \tag{136}$$

Ecuația energiei cinetice a lanțului cinematic plan deschis echilibrat se exprimă simplificat cu ajutorul relației finale (137).

$$E = \frac{1}{2} \cdot J_{O_3} \cdot \omega_3^2 + \frac{1}{2} \cdot J_{O_2}^* \cdot \omega_2^2 \tag{137}$$

Se utilizează ecuațiile diferențiale Lagrange de speța a doua (relațiile 138).

$$\begin{cases} \frac{d}{dt}\left(\frac{\partial E}{\partial \dot{q}_k} \right) - \frac{\partial E}{\partial q_k} = Q_k \quad cu \quad k = 2,\ 3 \\[2ex] \frac{d}{dt}\left(\frac{\partial E}{\partial \dot{q}_2} \right) - \frac{\partial E}{\partial q_2} = Q_2 \\[2ex] \frac{d}{dt}\left(\frac{\partial E}{\partial \dot{q}_3} \right) - \frac{\partial E}{\partial q_3} = Q_3 \end{cases} \tag{138}$$

Cum energia cinetică în acest caz nu depinde direct de parametrii cinematici de poziții q_2 și q_3, reprezentați de unghiurile de poziție φ_{20} și φ_{30}, se pot utiliza ecuațiile Lagrange simplificate la forma (139).

$$\begin{cases} \dfrac{d}{dt}\left(\dfrac{\partial E}{\partial \dot{q}_k}\right) = Q_k \quad cu \quad k = 2,\ 3 \\[3mm] \dfrac{d}{dt}\left(\dfrac{\partial E}{\partial \dot{q}_2}\right) = Q_2 \Rightarrow \dfrac{d}{dt}\left(\dfrac{\partial E}{\partial \omega_2}\right) = M_{m_2} \\[3mm] \dfrac{d}{dt}\left(\dfrac{\partial E}{\partial \dot{q}_3}\right) = Q_3 \Rightarrow \dfrac{d}{dt}\left(\dfrac{\partial E}{\partial \omega_3}\right) = M_{m_3} \end{cases} \qquad (139)$$

Înlocuind derivatele parțiale și derivând în funcție de timp, sistemul (139) ia forma (140).

$$\begin{cases} \dfrac{\partial E}{\partial \omega_2} = J^*_{O_2} \cdot \omega_2 \Rightarrow \dfrac{d}{dt}\left(\dfrac{\partial E}{\partial \omega_2}\right) = J^*_{O_2} \cdot \varepsilon_2 \Rightarrow J^*_{O_2} \cdot \varepsilon_2 = M_{m_2} \\[4mm] \dfrac{\partial E}{\partial \omega_3} = J_{O_3} \cdot \omega_3 \Rightarrow \dfrac{d}{dt}\left(\dfrac{\partial E}{\partial \omega_3}\right) = J_{O_3} \cdot \varepsilon_3 \Rightarrow J_{O_3} \cdot \varepsilon_3 = M_{m_3} \\[5mm] J^*_{O_2} \cdot \varepsilon_2 = M_{m_2} \\[2mm] J_{O_3} \cdot \varepsilon_3 = M_{m_3} \\[2mm] J^*_{O_2} = m_2 \cdot s_2^2 + m_{II} \cdot \rho_2^2 + m_{3'} \cdot d_2^2 \\[2mm] J_{O_3} = m_s \cdot d_3^2 + m_3 \cdot s_3^2 + m_{III} \cdot \rho_3^2 \\[5mm] M_{m_2} = \left(m_2 \cdot s_2^2 + m_{II} \cdot \rho_2^2 + m_{3'} \cdot d_2^2\right)\cdot \varepsilon_2 \\[2mm] M_{m_3} = \left(m_s \cdot d_3^2 + m_3 \cdot s_3^2 + m_{III} \cdot \rho_3^2\right)\cdot \varepsilon_3 \end{cases} \qquad (140)$$

Cap 24_Cinematica dinamică a lanţului plan echilibrat

Se urmăreşte următorul „scenariu". Se cunosc următorii parametrii:

$$x_M, \ y_M, \ d_2, \ d_3, \ \omega_2, \ \dot{\theta}, \ M_{m_2}, \ M_{m_3}$$

Momentele motoarelor electrice (momentele actuatorilor) au valori ce variază într-o plajă restrânsă, odată cu valoarea vitezei unghiulare a motorului respectiv, conform diagramei caracteristice prezentate de producătorul respectiv.

Variaţia este în general de tipul celei prezentate în figura 12.

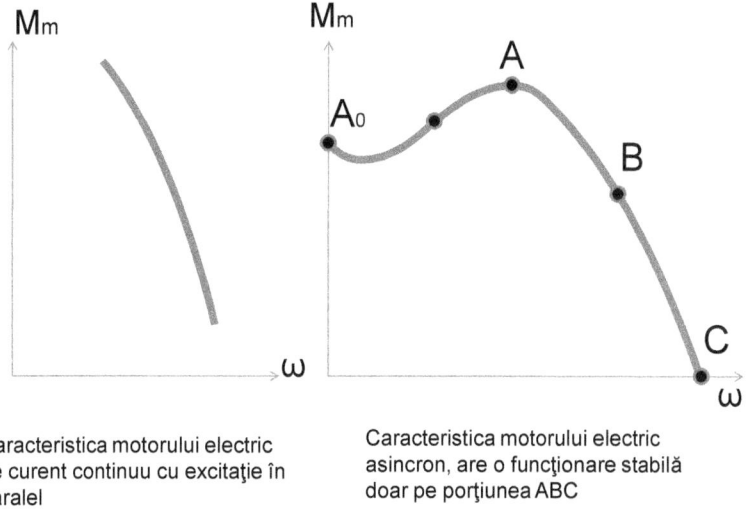

Caracteristica motorului electric de curent continuu cu excitaţie în paralel

Caracteristica motorului electric asincron, are o funcţionare stabilă doar pe porţiunea ABC

Fig. 12. *Caracteristicile motoarelor electrice de curent continuu şi alternativ (trifazice asincrone)*

După cum se poate vedea în figura 12, variaţia momentului cu viteza unghiulară este mică, astfel încât momentul motorului poate fi considerat constant pe toată porţiunea de funcţionare.

O observație importantă ce nu trebuie trecută cu vederea este aceea că atât motoarele electrice, de curent continuu cât și cele de curent alternativ asincrone, au o caracteristică de funcționare stabilă.

Dacă sarcina crește viteza unghiulară a motorului și deci și cea a mecanismului (lanțului cinematic deschis) scade adaptându-se la sarcina crescută, iar atunci când sarcina scade și este posibilă o funcționare la o viteză mai ridicată în mod natural viteza unghiulară a actuatorului crește, conform caracteristicii sale funcționale interne.

Revenind la datele problemei cinematicii dinamice, se vor urmări în continuare relațiile de calcul derulate într-o ordine firească.

Se începe cu sistemul (141) prin care se determină și viteza unghiulară absolută a elementului 3, cea a elementului 2 fiind aceiași cu cea a actuatorului 2, iar pentru elementul 3 trebuind să se însumeze viteza actuatorului 2 cu cea a motorului 3.

Tot în sistemul (141) se determină și accelerațiile unghiulare absolute ale celor două elemente cinematice 2 și 3 ale lanțului plan deschis, cu ajutorul relațiilor cunoscute de la dinamica sistemului. Sistemul (141) reprezintă setul 0 de relații, în cinematica dinamică.

$$
\begin{cases}
\omega_3 = \dot{\theta} + \omega_2 \\[4mm]
\varepsilon_2 = \dfrac{M_{m_2}}{m_{3'} \cdot d_2^2 + m_2 \cdot s_2^2 + m_{II} \cdot \rho_2^2} = \dfrac{M_{m_2}}{J_{O_2}^*} \\[4mm]
\varepsilon_3 = \dfrac{M_{m_3}}{m_s \cdot d_3^2 + m_3 \cdot s_3^2 + m_{III} \cdot \rho_3^2} = \dfrac{M_{m_3}}{J_{O_3}}
\end{cases}
\tag{141}
$$

Mai departe se vor determina rând pe rând parametrii cinematici poziționali necesari cu relațiile (142), considerate a fi setul I de relații.

614

$$
\left\{
\begin{aligned}
&d = \sqrt{x_M^2 + y_M^2} \\
&d^2 = x_M^2 + y_M^2 \\
&\cos\varphi = \frac{x_M}{d} \\
&\sin\varphi = \frac{y_M}{d} \\
&\cos O_2 = \frac{d_2^2 + d^2 - d_3^2}{2 \cdot d_2 \cdot d} \\
&\sin O_2 = \frac{\sqrt{4 \cdot d_2^2 \cdot d^2 - \left(d_2^2 + d^2 - d_3^2\right)^2}}{2 \cdot d_2 \cdot d} \\
&\cos\varphi_2 = \cos\varphi \cdot \cos O_2 \mp \sin\varphi \cdot \sin O_2 \\
&\sin\varphi_2 = \sin\varphi \cdot \cos O_2 \pm \sin O_2 \cdot \cos\varphi \\
&x = d_2 \cdot \cos\varphi_2 \\
&y = d_2 \cdot \sin\varphi_2 \\
&\varphi_2 = semn\left(\sin\varphi_2\right) \cdot \arccos\left(\cos\varphi_2\right) \\
\\
\\
&\cos M = \frac{d_3^2 + d^2 - d_2^2}{2 \cdot d_3 \cdot d} \\
&\sin M = \frac{\sqrt{4 \cdot d_3^2 \cdot d^2 - \left(d_3^2 + d^2 - d_2^2\right)^2}}{2 \cdot d_3 \cdot d} \\
&\cos\varphi_3 = \cos\varphi \cdot \cos M \pm \sin\varphi \cdot \sin M \\
&\sin\varphi_3 = \sin\varphi \cdot \cos M \mp \sin M \cdot \cos\varphi \\
&\varphi_3 = semn\left(\sin\varphi_3\right) \cdot \arccos\left(\cos\varphi_3\right)
\end{aligned}
\right. \tag{142}
$$

Urmează setul II de relații în cinematica dinamică, sistemul (143), care generează vitezele și accelerațiile liniare ale punctelor O_3 și M. Pentru punctul O_3 ele vor fi notate fără nici o literă ca indice, iar pentru M vor fi notate cu indicele M. Setul III (144) determină vitezele şi acceleraţiile unghiulare exacte.

$$\begin{cases} \dot{x} = -y \cdot \omega_2 \\[2mm] \dot{y} = x \cdot \omega_2 \\[2mm] \ddot{x} = -x \cdot \omega_2^2 - y \cdot \varepsilon_2 \\[2mm] \ddot{y} = -y \cdot \omega_2^2 + x \cdot \varepsilon_2 \\[2mm] \dot{x}_M = \dot{x} - (y_M - y) \cdot \omega_3 \\[2mm] \dot{y}_M = \dot{y} + (x_M - x) \cdot \omega_3 \\[2mm] \ddot{x}_M = \ddot{x} - (\dot{y}_M - \dot{y}) \cdot \omega_3 - (y_M - y) \cdot \varepsilon_3 \\[2mm] \ddot{y}_M = \ddot{y} + (\dot{x}_M - \dot{x}) \cdot \omega_3 + (x_M - x) \cdot \varepsilon_3 \end{cases} \tag{143}$$

$$\begin{cases} \omega_2 = \dfrac{\dot{y} \cdot \cos \varphi_2 - \dot{x} \cdot \sin \varphi_2}{d_2} \\[5mm] \omega_3 = \dfrac{(\dot{y}_M - \dot{y}) \cdot \cos \varphi_3 - (\dot{x}_M - \dot{x}) \cdot \sin \varphi_3}{d_3} \\[5mm] \varepsilon_2 = \dfrac{\ddot{y} \cdot \cos \varphi_2 - \ddot{x} \cdot \sin \varphi_2}{d_2} \\[5mm] \varepsilon_3 = \dfrac{(\ddot{y}_M - \ddot{y}) \cdot \cos \varphi_3 - (\ddot{x}_M - \ddot{x}) \cdot \sin \varphi_3}{d_3} \end{cases} \tag{144}$$

616

Se introduc valorile III în II şi se recalculează II care devin II'. Apoi cu II' în III se recalculează şi III care devine III'. La diferenţe mici între valorile III şi III' se opreşte procesul iterativ, în caz contrar el trebuind să continue rezultând II" şi III", etc.

Observaţie importantă!

Atunci când nu se cunosc momentele actuatorilor (de exemplu se utilizează nişte motoraşe avute la dispoziţie, la care nu se cunosc caracteristicile tehnice, şi deci nu se poate determina valoarea medie sau exactă a momentului generat în funcţie de viteza unghiulară impusă), sau nu se cunosc exact parametrii de masă ai elementelor şi sau încărcările exterioare, se poate utiliza cinematica dinamică simplă sau directă, fără setul 0 (se renunţă practic la relaţiile dinamice, Lagrange), utilizând numai relaţiile din seturile I, II, şi III, dar şi cu vitezele unghiulare dorite (medii) cunoscute.

Se calculează normal poziţiile cu setul de relaţii I, se determină apoi vitezele şi acceleraţiile liniare cu setul II de relaţii existente, cunoscând vitezele unghiulare dorite (necesare) ale actuatorilor, iar pentru acceleraţiile lor unghiulare iniţiale (de amorsare) considerându-se valorile 0, numai în setul II.

Apoi vor rezulta oricum atât vitezele unghiulare exacte cât şi acceleraţiile unghiulare exacte din calculele efectuate cu setul III de relaţii, după care automat urmează cel puţin o iteraţie, recalculându-se II' şi III'.

E bine în această situaţie să se mai efectueze o iteraţie sau chiar două, chiar dacă convergenţa e suficient de puternică. Se obţin astfel şi II", III", şi poate chiar II''' şi III'''.

!Descrierea proceselor dinamice!

Masele şi forţele (exterioare şi interioare) ce acţionează asupra lanţului cinematic influenţează în mod direct vitezele unghiulare medii ale

elementelor lanţului cinematic plan echilibrat, ω_2, ω_3. Acestea determină cinematica reală, dinamică, a mecanismului, prin sistemele de ecuaţii II şi III, influenţând direct valorile vitezelor şi acceleraţiilor liniare şi unghiulare efective pentru fiecare punct şi element al lanţului în fiecare poziţie a sa.

Accelerațiile unghiulare efective ale celor două elemente ale lanțului

ε_{2*}, ε_{3*} în fiecare poziție a sa obținute cu III', ori III'', sau chiar III''', determină variații ale momentelor actuatorilor, conform relațiilor date de sistemul (132), variații care modifică imediat și vitezele unghiulare medii de

intrare ω_2, ω_3 aducându-le la valorile instantanee $\omega_{2'}$, $\omega_{3'}$ determinate din diagramele caracteristice ale celor doi actuatori (pentru actuatorul 2 viteza unghiulară scoasă din diagrama sa caracteristică în funcție de valoarea instantanee a momentului motor se va trece direct ca noua viteză unghiulară $\omega_{2'}$, dar pentru motorul 3 în funcție de valoarea instantanee calculată a momentului motor M_{m3} se va determina din diagrama caracteristică valoarea instantanee a vitezei unghiulare a actuatorului 3, $\dot{\theta}$, cu care se va calcula noua valoare a vitezei unghiulare instantanee $\omega_{3'} = \omega_{2'} + \dot{\theta}$.

$$\begin{cases} M_{m_2} = J_{O_2}^* \cdot \varepsilon_2 \\ M_{m_3} = J_{O_3} \cdot \varepsilon_3 \\ \\ M_{m_2} = \left(m_2 \cdot s_2^2 + m_{II} \cdot \rho_2^2 + m_{3'} \cdot d_2^2 \right) \cdot \ddot{\varphi}_{20} \\ M_{m_3} = \left(m_s \cdot d_3^2 + m_3 \cdot s_3^2 + m_{III} \cdot \rho_3^2 \right) \cdot \ddot{\varphi}_{30} \end{cases} \tag{132}$$

Se pot recalcula relațiile sistemelor II și III (care trec în II*, respectiv III*) pentru fiecare poziție a mecanismului (a lanțului cinematic plan deschis), introducând în sistemul de viteze și accelerații liniare II (pentru vitezele și accelerațiile unghiulare de amorsare) valorile $\omega_{2'}$, $\omega_{3'}$ și ε_{2*}, ε_{3*}. Cu II* se recalculează III*.

Se obțin astfel din III* valorile exacte dinamice, reale, ale vitezelor și accelerațiilor unghiulare, ale mecanismului (lanțului cinematic plan, deschis, echilibrat). Și aici se pot efectua mai multe iterații (fapt pentru care se indică, utilizarea unui program de calcul).

Cap 25_Sistemele mecanice mobile paralele.
Geometria şi cinematica inversă la platforma Stewart.
Determinarea poziţiilor şi deplasărilor.

Sistemele mecanice mobile paralele sunt cele mai tinere sisteme robotizate. În 1954 în Anglia, a fost construit de V.E. Eric, primul sistem mecanic paralel, format din două straturi (platforme), având şase cuple pe un strat. Sistemul a fost studiat şi prezentat oficial prin publicarea lui într-o lucrare ştiinţifică abia în 1965 de către D. Stewart, cercetător al Institutul de Mecanică Inginerească din UK (vezi figura 1, poza din stânga sus).

Lucrarea a reuşit să introducă (asocieze) definitiv numele de „platforma Stewart", oricărei platforme duble având şase picioare legate prin 12 cuple sferice, câte şase cuple pe fiecare strat, (pentru uşurarea prelucrării cuplelor şi pentru o cinematică mai rigidă adoptându-se ulterior şase cuple cardanice şi doar şase articulaţii sferice, iar la final chiar toate cele 12 cuple devenind universale, vezi fig. 1).

Platforma inferioară, de bază, este mereu fixă. Dispozitivul ce se montează pe platforma superioară, mobilă, dispune împreună cu aceasta de şase grade de libertate, conferite de cele şase picioare mobile (motoare) care se pot lungi sau scurta conform unui program implementat. Deşi are un spaţiu relativ limitat de lucru, platforma superioară, mobilă, poate să se rotească oricum, să urce şi coboare peste tot, sau doar în unele părţi, având astfel posibilităţi mari de poziţionare şi o mobilitate generală superioară.

Avantajele ei principale faţă de sistemele mecanice seriale sunt: rigiditatea sporită, precizia foarte mare de poziţionare, viteza de lucru foarte ridicată cu menţinerea preciziei de poziţionare, o echilibrare naturală prin cele şase picioare mobile (la care se mai pot adăuga însă şi alte echilibrări suplimentare, cea mai simplă fiind cea cu arcuri ce îmbracă fiecare picior). Sistemul paralel este mai simplu din punct de vedere constructiv-tehnologic în comparaţie cu cel serial. Forţele pe care le poate utiliza un sistem paralel sunt mult superioare celor realizate de sistemele seriale. Mişcările pot fi extrem de rapide şi variate. Pentru o rigidizare şi mai mare a sistemului se utilizează 12 picioare în loc de şase. Există încercări şi cu 24 (personal cred că nu este cazul să exagerăm). Pe de altă parte platformele cu 3 picioare nu au dat rezultatele scontate (pierd avantajul rigidităţii suplimentare). Astăzi există foarte multe variante geometro constructive, dar în general ele aduc fie complicaţii inutile, fie scad rigiditatea sistemului, viteza sa de deplasare, ori precizia de poziţionare, ori reduc manevrabilitatea sistemului. Din aceste motive (cum tot sistemul iniţial pare să fie mai performant) vom studia în continuare geometria şi cinematica sa, pe un model teoretic simplu, prezentat în figura 1, model care aproximează foarte bine mecanismul iniţial (Stewart).

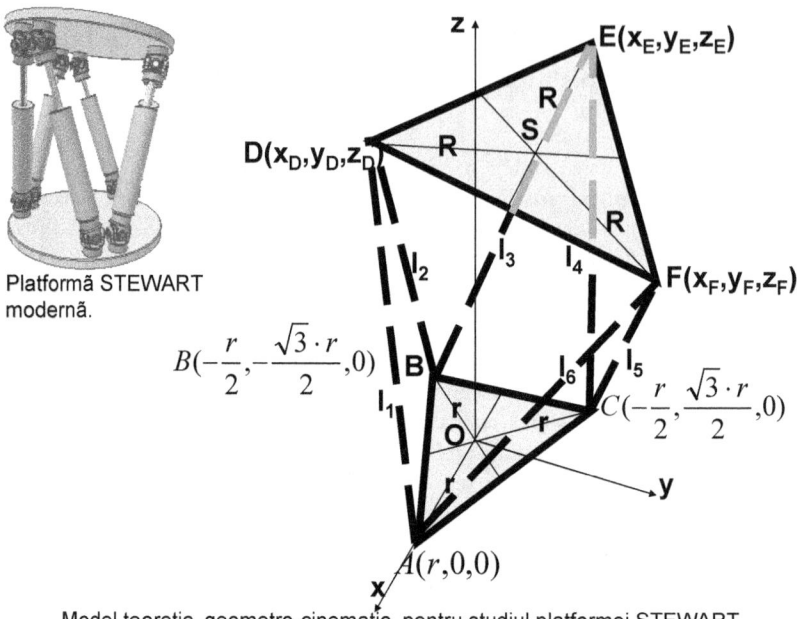

Platformă STEWART modernă.

Model teoretic, geometro-cinematic, pentru studiul platformei STEWART.

Fig. 1. Geometria și cinematica unei platforme Stewart

Se utilizează pentru simplificarea calculelor câte un triunghi echilateral înscris în cercul platformelor inferioară și superioară. Pentru bază se ia triunghiul ABC (fix), având sistemul de axe fix, rectangular xOyz, iar pentru platforma mobilă (superioară) se adoptă triunghiul echilateral mobil DEF (lipt pe platforma mobilă). Centrul triunghiului fix este O, iar al celui mobil este S.

Cinematica inversă este mult mai ușor de determinat, dar ea va fi studiată în continuare din motive raționale, fiind mai logic să se impună anumite poziții succesive ale platformei mobile (pe care aceasta trebuie să le ocupe pe rând) și pe baza lor să determinăm lungimea celor șase brațe sau picioare corespunzătoare pentru fiecare poziție impusă în parte.

In figura doi se determină parametrii de poziție (coordonatele carteziene spațiale) pentru punctele fixe A, B, C. Pentru punctul A obținem x=r, iar y=z=0.

Pentru punctul B se utilizează relațiile (1), iar pentru determinarea coordonatelor punctului C se consideră sistemul (2).

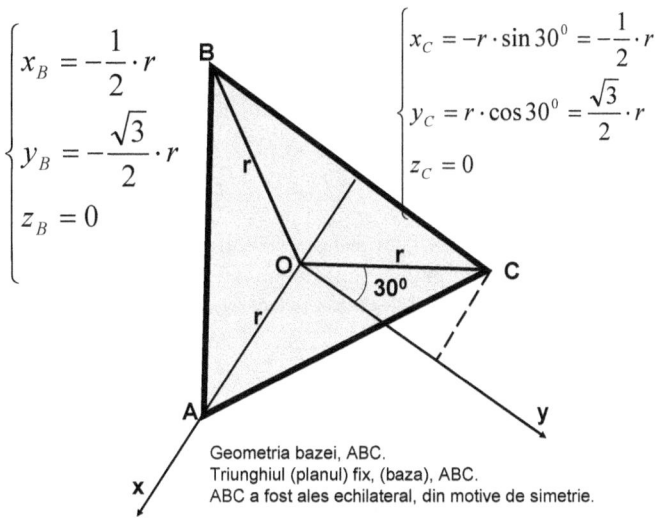

$$\begin{cases} x_B = -\dfrac{1}{2} \cdot r \\[2mm] y_B = -\dfrac{\sqrt{3}}{2} \cdot r \\[2mm] z_B = 0 \end{cases}$$

$$\begin{cases} x_C = -r \cdot \sin 30^0 = -\dfrac{1}{2} \cdot r \\[2mm] y_C = r \cdot \cos 30^0 = \dfrac{\sqrt{3}}{2} \cdot r \\[2mm] z_C = 0 \end{cases}$$

Geometria bazei, ABC.
Triunghiul (planul) fix, (baza), ABC.
ABC a fost ales echilateral, din motive de simetrie.

Fig. 2. Geometria bazei (planului fix) ABC

Se utilizează relațiile de calcul (1) și (2).

$$\begin{cases} x_B = -\dfrac{1}{2} \cdot r \\[3mm] y_B = -\dfrac{\sqrt{3}}{2} \cdot r \\[3mm] z_B = 0 \end{cases} \tag{1}$$

$$\begin{cases} x_C = -r \cdot \sin 30^0 = -\dfrac{1}{2} \cdot r \\[3mm] y_C = r \cdot \cos 30^0 = \dfrac{\sqrt{3}}{2} \cdot r \\[3mm] z_C = 0 \end{cases} \tag{2}$$

Pentru platforma mobilă DEF (vezi figura 3) se pot scrie ecuațiile (3). Practic am scris distanțele dintre vârfurile triunghiului DEF (luate două câte două) în coordonate carteziene spațiale; (permanent se vor utiliza cunoștințele elementare de geometrie analitică).

$$\begin{cases} (x_D - x_F)^2 + (y_D - y_F)^2 + (z_D - z_F)^2 = 3 \cdot R^2 \\ (x_D - x_E)^2 + (y_D - y_E)^2 + (z_D - z_E)^2 = 3 \cdot R^2 \\ (x_E - x_F)^2 + (y_E - y_F)^2 + (z_E - z_F)^2 = 3 \cdot R^2 \end{cases} \quad (3)$$

Se repetă procedeul de data aceasta scriind însă distanţele dintre centrul triunghiului mobil, S, şi fiecare vârf al triunghiului DEF. Se obţine sistemul de ecuaţii (4).

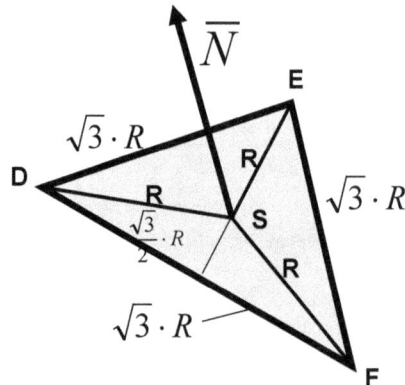

Geometria triunghiului mobil, DEF.
Triunghiul (planul) mobil, DEF. Vectorul N, perpendicular pe planul mobil DEF, poziţionat în S, unde S este centrul de simetrie al triunghiului DEF.
Pentru simplificarea calculelor s-a considerat triunghiul DEF echilateral.
(În particular R poate coincide cu r).

Fig. 3. Geometria planului mobil DEF

$$\begin{cases} (x_D - x_S)^2 + (y_D - y_S)^2 + (z_D - z_S)^2 = R^2 \\ (x_E - x_S)^2 + (y_E - y_S)^2 + (z_E - z_S)^2 = R^2 \\ (x_F - x_S)^2 + (y_F - y_S)^2 + (z_F - z_S)^2 = R^2 \end{cases} \quad (4)$$

Se scrie acum ecuaţia planului DEF sub forma generală (5), unde D este un punct oarecare al planului, S este un punct special (central) din plan, iar vectorul N este vectorul perpendicular pe plan, considerat în punctul special ales S. Parametrii geometrici (scalari) de poziţie (α, β, γ) ai vectorului N sunt cunoscuţi. Ecuaţia generală a unui plan spune că orice dreaptă din plan înmulţită scalar cu vectorul N perpendicular pe plan generează produsul 0.

$$\overline{DS} \cdot \overline{N} = 0 \qquad (5)$$

Punctului D i se vor atribui succesiv valorile D, E, F, iar ecuaţia planului (5) scrisă scalar, va căpăta formele (6).

$$\begin{cases} (x_D - x_S) \cdot \alpha + (y_D - y_S) \cdot \beta + (z_D - z_S) \cdot \gamma = 0 \\ (x_E - x_S) \cdot \alpha + (y_E - y_S) \cdot \beta + (z_E - z_S) \cdot \gamma = 0 \\ (x_F - x_S) \cdot \alpha + (y_F - y_S) \cdot \beta + (z_F - z_S) \cdot \gamma = 0 \end{cases} \qquad (6)$$

Parametrii scalari x_S, y_S, z_S, α, β, γ, sunt cunoscuţi. Cu ajutorul sistemelor (6) şi (4) se pot determina imediat parametrii scalari ai unui punct de pe cercul mobil, alegând pentru determinarea iniţială punctul D, spre exemplu. Trebuie ca acest punct să fie cunoscut (poziţionat) cel puţin printr-o coordonată de a sa. Presupunem cunoscută coordonata z_D spre exemplu (se cunoaşte înclinaţia planului mobil prin α, β, γ, se ştie unde trebuie să se afle punctul central S, cunoscându-se x_S, y_S, z_S, dar trebuie cunoscută şi înălţimea z_D, a unui punct de pe cercul mobil). Se determină apoi celelalte două coordonate scalare x_D şi y_D. Utilizând sistemul (7) format din prima relaţie a sistemului (6) şi prima ecuaţie a sistemului (4).

$$\begin{cases} (x_D - x_S) \cdot \alpha + (y_D - y_S) \cdot \beta = (z_S - z_D) \cdot \gamma \\ (x_D - x_S)^2 + (y_D - y_S)^2 = R^2 - (z_D - z_S)^2 \end{cases} \qquad (7)$$

Pentru rezolvare se introduc notaţiile (8). Din (7) cu notaţiile (8) se obţine sistemul (9), care se rezolvă succesiv prin relaţiile (10) ce conduc la o ecuaţie de gradul 2 cu necunoscuta y, a cărei soluţie este dată de prima şi a doua relaţie a sistemului (11), în timp ce cea de-a treia relaţie a sistemului (11) îl calculează pe x.

$$\begin{cases} x = x_D - x_S \\ y = y_D - y_S \\ \theta = (z_S - z_D) \cdot \gamma \\ L^2 = R^2 - (z_D - z_S)^2 \end{cases} \qquad (8)$$

$$\begin{cases} \alpha \cdot x + \beta \cdot y = \theta \\ x^2 + y^2 = L^2 \end{cases} \qquad (9)$$

$$\begin{cases} x = \dfrac{\theta - \beta \cdot y}{\alpha} \qquad x^2 = \dfrac{\theta^2 + \beta^2 \cdot y^2 - 2 \cdot \theta \cdot \beta \cdot y}{\alpha^2} \\ \theta^2 + \beta^2 \cdot y^2 - 2 \cdot \theta \cdot \beta \cdot y + \alpha^2 \cdot y^2 = \alpha^2 \cdot L^2 \\ (\alpha^2 + \beta^2) \cdot y^2 - 2 \cdot \theta \cdot \beta \cdot y - (\alpha^2 \cdot L^2 - \theta^2) = 0 \end{cases} \qquad (10)$$

$$\begin{cases} y_{1,2} = \dfrac{\theta \cdot \beta \pm \sqrt{\theta^2 \cdot \beta^2 + (\alpha^2 + \beta^2) \cdot (\alpha^2 \cdot L^2 - \theta^2)}}{\alpha^2 + \beta^2} \\[4mm] y_{1,2} = \dfrac{\theta \cdot \beta \pm \alpha \cdot \sqrt{(\alpha^2 + \beta^2) \cdot L^2 - \theta^2}}{\alpha^2 + \beta^2} \\[4mm] x_{1,2} = \dfrac{\theta - \beta \cdot y}{\alpha} = \dfrac{\theta}{\alpha} - \dfrac{\beta}{\alpha} \cdot y_{1,2} \end{cases} \tag{11}$$

Pentru poziţionarea corespunzătoare a punctului D se alege iniţial soluţia negativă (dacă aceasta nu va corespunde se va realege soluţia pozitivă). Se obţin astfel parametrii scalari ai punctului D (relaţia 12).

$$\begin{cases} y = \dfrac{\theta \cdot \beta - \alpha \cdot \sqrt{(\alpha^2 + \beta^2) \cdot L^2 - \theta^2}}{\alpha^2 + \beta^2} \qquad y_D = y + y_S \\[4mm] x = \dfrac{\theta - \beta \cdot y}{\alpha} = \dfrac{\theta}{\alpha} - \dfrac{\beta}{\alpha} \cdot y \qquad\qquad x_D = x + x_S \\[4mm] \Rightarrow D(x_D, y_D, z_D) \end{cases} \tag{12}$$

Din (6, 4, 3) se aleg în continuare ecuaţiile cu care se scrie sistemul (13), astfel încât să avem ca necunoscute numai coordonatele scalare ale punctului E, adică x_E, y_E, z_E. Sistemul astfel obţinut este unul neliniar.

$$\begin{cases} (x_E - x_S) \cdot \alpha + (y_E - y_S) \cdot \beta + (z_E - z_S) \cdot \gamma = 0 \\ (x_E - x_S)^2 + (y_E - y_S)^2 + (z_E - z_S)^2 = R^2 \\ (x_E - x_D)^2 + (y_E - y_D)^2 + (z_E - z_D)^2 = 3 \cdot R^2 \end{cases} \tag{13}$$

Pentru rezolvare, sistemul (13) trebuie liniarizat. Se ridică la pătrat ultimele două relaţii ale sistemului şi se scade a doua din a treia. Se obţine relaţia a treia din sistemul (14), care se aranjează la o formă mai convenabilă prinsă în sistemul (15) împreună şi cu prima relaţie a sistemului (13) ordonată şi ea corespunzător.

$$\begin{cases} x_E^2 + x_S^2 - 2 \cdot x_S \cdot x_E + y_E^2 + y_S^2 - 2 \cdot y_S \cdot y_E + z_E^2 + z_S^2 - 2 \cdot z_S \cdot z_E = R^2 \\ x_E^2 + x_D^2 - 2 \cdot x_D \cdot x_E + y_E^2 + y_D^2 - 2 \cdot y_D \cdot y_E + z_E^2 + z_D^2 - 2 \cdot z_D \cdot z_E = 3 \cdot R^2 \\ \text{-----------------------------------} \\ x_D^2 - x_S^2 + 2 \cdot (x_S - x_D) \cdot x_E + y_D^2 - y_S^2 + 2 \cdot (y_S - y_D) \cdot y_E + z_D^2 - z_S^2 + \\ + 2 \cdot (z_S - z_D) \cdot z_E = 2 \cdot R^2 \end{cases} \tag{14}$$

$$\begin{cases} 2 \cdot (x_S - x_D) \cdot x_E + 2 \cdot (y_S - y_D) \cdot y_E + 2 \cdot (z_S - z_D) \cdot z_E = \\ = 2 \cdot R^2 + x_S^2 + y_S^2 + z_S^2 - x_D^2 - y_D^2 - z_D^2 \\ \alpha \cdot x_E + \beta \cdot y_E + \gamma \cdot z_E = \alpha \cdot x_S + \beta \cdot y_S + \gamma \cdot z_S \end{cases} \quad (15)$$

Din a doua relaţie a sistemului (15) se explicitează z_E, (vezi relaţia (16), care se introduce apoi în prima relaţie a sistemului (15) eliminându-se astfel parametrul z_E, şi obţinându-se relaţia (17) liniară, cu y_E în funcţie de x_E, unde coeficienţii k_1, k_2, se determină cu relaţiile sistemului (18).

$$z_E = \frac{\alpha}{\gamma} \cdot x_S + \frac{\beta}{\gamma} \cdot y_S + z_S - \frac{\alpha}{\gamma} \cdot x_E - \frac{\beta}{\gamma} \cdot y_E \quad (16)$$

$$y_E = k_1 + k_2 \cdot x_E \quad (17)$$

$$\begin{cases} k_1 = \left[2 \cdot R^2 + x_S^2 + y_S^2 + z_S^2 - x_D^2 - y_D^2 - z_D^2 - 2 \cdot (z_S - z_D) \cdot \frac{\alpha}{\gamma} \cdot x_S - \right. \\ \left. - 2 \cdot (z_S - z_D) \cdot \frac{\beta}{\gamma} \cdot y_S - 2 \cdot (z_S - z_D) \cdot z_S \right] : \left[2 \cdot (y_S - y_D) - 2 \cdot (z_S - z_D) \cdot \frac{\beta}{\gamma} \right] \\ k_2 = \dfrac{(x_D - x_S) + (z_S - z_D) \cdot \dfrac{\alpha}{\gamma}}{(y_S - y_D) - (z_S - z_D) \cdot \dfrac{\beta}{\gamma}} \end{cases} \quad (18)$$

Se înlocuieşte acum y_E dat de relaţia (17) în expresia (16) şi se obţine în acest fel o a doua relaţie liniară, între parametrii z_E şi x_E, (ecuaţia 19), ai cărei coeficienţi k3, k4, sunt daţi de sistemul (20).

$$z_E = k_3 - k_4 \cdot x_E \quad (19)$$

$$\begin{cases} k_3 = \frac{\alpha}{\gamma} \cdot x_S + \frac{\beta}{\gamma} \cdot y_S + z_S - \frac{\beta}{\gamma} \cdot k_1 \\ k_4 = \frac{\alpha}{\gamma} + \frac{\beta}{\gamma} \cdot k_2 \end{cases} \quad (20)$$

Relaţiile (17) şi (19) se introduc simultan în prima relaţie a sistemului (14) obţinându-se astfel o ecuaţie de gradul doi în x_E (relaţia 21), care se ordonează la forma (22).

$$x_E^2 - 2 \cdot x_S \cdot x_E + (k_1 + k_2 \cdot x_E)^2 - 2 \cdot y_S \cdot (k_1 + k_2 \cdot x_E) + (k_3 - k_4 \cdot x_E)^2 - $$
$$- 2 \cdot z_S \cdot (k_3 - k_4 \cdot x_E) = R^2 - x_S^2 - y_S^2 - z_S^2 \tag{21}$$

$$(1 + k_2^2 + k_4^2) \cdot x_E^2 - 2 \cdot (x_S - k_1 \cdot k_2 + k_2 \cdot y_S + k_3 \cdot k_4) \cdot x_E + $$
$$+ k_1^2 - 2 \cdot k_1 \cdot y_S + k_3^2 - 2 \cdot k_3 \cdot z_S - R^2 + x_S^2 + y_S^2 + z_S^2 = 0 \tag{22}$$

Notăm coeficienții ecuației (22) de gradul doi în x_E, cu a_1, b_1, c_1, (vezi relația 23).

Ecuația (22) capătă forma simplificată (24), care acceptă soluțiile reale (25).

$$\begin{cases} a_1 = 1 + k_2^2 + k_4^2 \\ b_1 \equiv -\dfrac{b}{2} = x_S - k_1 \cdot k_2 + k_2 \cdot y_S + k_3 \cdot k_4 \\ c_1 = k_1^2 - 2 \cdot k_1 \cdot y_S + k_3^2 - 2 \cdot k_3 \cdot z_S - R^2 + x_S^2 + y_S^2 + z_S^2 \end{cases} \tag{23}$$

$$a_1 \cdot x_E^2 - 2 \cdot b_1 \cdot x_E + c_1 = 0 \tag{24}$$

$$x_{E_{1,2}} = \frac{b_1 \pm \sqrt{b_1^2 - a_1 \cdot c_1}}{a_1} \tag{25}$$

Ne găsim din nou în fața a două soluții trebuind să o alegem pe cea corectă. Alegem o soluție și dacă calculele nu corespund poziției dorite (reprezentate și pe un desen, schiță) realegem cealaltă soluție (una din ele va corespunde obligatoriu). Probabil, soluția va fi cea negativă. Se scriu toți parametrii scalari ai punctului E, cu relațiile (26).

$$\begin{cases} x_E = \dfrac{b_1}{a_1} - \sqrt{\left(\dfrac{b_1}{a_1}\right)^2 - \dfrac{c_1}{a_1}} \\ y_E = k_1 + k_2 \cdot x_E \\ z_E = k_3 - k_4 \cdot x_E \end{cases} \tag{26}$$

Am aflat deja coordonatele punctelor mobile D și E (situate în vârfurile triunghiului mobil DEF), și mai trebuie determinate coordonatele carteziene (rectangulare, scalare) ale punctului mobil F. Din sistemele inițiale (6, 4, 3) putem alege pentru utilizare patru relații (una din 6, una din 4, și două de la 3), relații cu care se scrie sistemul (27).

$$\begin{cases} (x_F - x_S) \cdot \alpha + (y_F - y_S) \cdot \beta + (z_F - z_S) \cdot \gamma = 0 \\ (x_F - x_S)^2 + (y_F - y_S)^2 + (z_F - z_S)^2 = R^2 \\ (x_F - x_D)^2 + (y_F - y_D)^2 + (z_F - z_D)^2 = 3 \cdot R^2 \\ (x_F - x_E)^2 + (y_F - y_E)^2 + (z_F - z_E)^2 = 3 \cdot R^2 \end{cases} \qquad (27)$$

Se ridică la pătrat binoamele ultimelor două relații ale sistemului (27), expresiile obținute (28) se adună rezultând ecuația (29), care se aranjează apoi convenabil la forma finală (30).

$$\begin{cases} x_F^2 + x_D^2 - 2 \cdot x_D \cdot x_F + y_F^2 + y_D^2 - 2 \cdot y_D \cdot y_F + z_F^2 + z_D^2 - 2 \cdot z_D \cdot z_F = 3 \cdot R^2 \\ x_F^2 + x_E^2 - 2 \cdot x_E \cdot x_F + y_F^2 + y_E^2 - 2 \cdot y_E \cdot y_F + z_F^2 + z_E^2 - 2 \cdot z_E \cdot z_F = 3 \cdot R^2 \end{cases} \qquad (28)$$

$$x_D^2 - x_E^2 + 2 \cdot (x_E - x_D) \cdot x_F + y_D^2 - y_E^2 + \\ + 2 \cdot (y_E - y_D) \cdot y_F + z_D^2 - z_E^2 + 2 \cdot (z_E - z_D) \cdot z_F = 0 \qquad (29)$$

$$2 \cdot (x_E - x_D) \cdot x_F + 2 \cdot (y_E - y_D) \cdot y_F + 2 \cdot (z_E - z_D) \cdot z_F = \\ = x_E^2 - x_D^2 + y_E^2 - y_D^2 + z_E^2 - z_D^2 \qquad (30)$$

Se repetă procedura pentru cuplul ecuațiilor doi și trei aparținând sistemului (27), obținem sistemul de două ecuații (31), care adunate dau relația (32), ce se aranjează convenabil în expresia (33).

$$\begin{cases} x_F^2 + x_S^2 - 2 \cdot x_S \cdot x_F + y_F^2 + y_S^2 - 2 \cdot y_S \cdot y_F + z_F^2 + z_S^2 - 2 \cdot z_S \cdot z_F = R^2 \\ x_F^2 + x_D^2 - 2 \cdot x_D \cdot x_F + y_F^2 + y_D^2 - 2 \cdot y_D \cdot y_F + z_F^2 + z_D^2 - 2 \cdot z_D \cdot z_F = 3 \cdot R^2 \end{cases} \qquad (31)$$

$$x_D^2 - x_S^2 + 2 \cdot (x_S - x_D) \cdot x_F + y_D^2 - y_S^2 + \\ + 2 \cdot (y_S - y_D) \cdot y_F + z_D^2 - z_S^2 + 2 \cdot (z_S - z_D) \cdot z_F = 2 \cdot R^2 \qquad (32)$$

$$2 \cdot (x_S - x_D) \cdot x_F + 2 \cdot (y_S - y_D) \cdot y_F + 2 \cdot (z_S - z_D) \cdot z_F = \\ = 2 \cdot R^2 + x_S^2 - x_D^2 + y_S^2 - y_D^2 + z_S^2 - z_D^2 \qquad (33)$$

Se reține sistemul liniar (34) de trei ecuații cu trei necunoscute, cele trei ecuații fiind (30), (33) și prima relație a sistemului (27) desfăcută.

$$\begin{cases} 2(x_E - x_D)x_F + 2(y_E - y_D)y_F + 2(z_E - z_D)z_F = x_E^2 - x_D^2 + y_E^2 - y_D^2 + z_E^2 - z_D^2 \\ 2(x_S - x_D)x_F + 2(y_S - y_D)y_F + 2(z_S - z_D)z_F = 2R^2 + x_S^2 - x_D^2 + y_S^2 - y_D^2 + z_S^2 - z_D^2 \\ \alpha \cdot x_F + \beta \cdot y_F + \gamma \cdot z_F = \alpha \cdot x_S + \beta \cdot y_S + \gamma \cdot z_S \end{cases} \qquad (34)$$

Sistemul (34) se scrie sub forma clasică (35).

$$\begin{cases} a_{11} \cdot x_F + a_{12} \cdot y_F + a_{13} \cdot z_F = b_1 \\ a_{21} \cdot x_F + a_{22} \cdot y_F + a_{23} \cdot z_F = b_2 \\ a_{31} \cdot x_F + a_{32} \cdot y_F + a_{33} \cdot z_F = b_3 \end{cases} \quad (35)$$

Coeficienții sistemului (35) se determină cu relațiile (36).

$$\begin{cases} a_{11} = 2 \cdot (x_E - x_D); \quad a_{12} = 2 \cdot (y_E - y_D); \quad a_{13} = 2 \cdot (z_E - z_D); \\ b_1 = x_E^2 - x_D^2 + y_E^2 - y_D^2 + z_E^2 - z_D^2; \\ a_{21} = 2 \cdot (x_S - x_D); \quad a_{22} = 2 \cdot (y_S - y_D); \quad a_{23} = 2 \cdot (z_S - z_D); \\ b_2 = 2 \cdot R^2 + x_S^2 - x_D^2 + y_S^2 - y_D^2 + z_S^2 - z_D^2; \\ a_{31} = \alpha; \quad a_{32} = \beta; \quad a_{33} = \gamma; \quad b_3 = \alpha \cdot x_S + \beta \cdot y_S + \gamma \cdot z_S \end{cases} \quad (36)$$

Determinanții sistemului (35) se determină cu relațiile (37-40).

$$\Delta = \begin{vmatrix} a_{11} & a_{12} & a_{13} \\ a_{21} & a_{22} & a_{23} \\ a_{31} & a_{32} & a_{33} \end{vmatrix} = a_{11} \cdot (a_{22} \cdot a_{33} - a_{23} \cdot a_{32}) + $$
$$+ a_{12} \cdot (a_{23} \cdot a_{31} - a_{21} \cdot a_{33}) + a_{13} \cdot (a_{21} \cdot a_{32} - a_{22} \cdot a_{31}) \quad (37)$$

$$\Delta_x = \begin{vmatrix} b_1 & a_{12} & a_{13} \\ b_2 & a_{22} & a_{23} \\ b_3 & a_{32} & a_{33} \end{vmatrix} = b_1 \cdot (a_{22} \cdot a_{33} - a_{23} \cdot a_{32}) + $$
$$+ a_{12} \cdot (a_{23} \cdot b_3 - b_2 \cdot a_{33}) + a_{13} \cdot (b_2 \cdot a_{32} - a_{22} \cdot b_3) \quad (38)$$

$$\Delta_y = \begin{vmatrix} a_{11} & b_1 & a_{13} \\ a_{21} & b_2 & a_{23} \\ a_{31} & b_3 & a_{33} \end{vmatrix} = a_{11} \cdot (b_2 \cdot a_{33} - a_{23} \cdot b_3) + \tag{39}$$

$$+ b_1 \cdot (a_{23} \cdot a_{31} - a_{21} \cdot a_{33}) + a_{13} \cdot (a_{21} \cdot b_3 - b_2 \cdot a_{31})$$

$$\Delta_z = \begin{vmatrix} a_{11} & a_{12} & b_1 \\ a_{21} & a_{22} & b_2 \\ a_{31} & a_{32} & b_3 \end{vmatrix} = a_{11} \cdot (a_{22} \cdot b_3 - b_2 \cdot a_{32}) + \tag{40}$$

$$+ a_{12} \cdot (b_2 \cdot a_{31} - a_{21} \cdot b_3) + b_1 \cdot (a_{21} \cdot a_{32} - a_{22} \cdot a_{31})$$

Soluțiile sistemului sunt date de relațiile (41).

$$\begin{cases} x_F = \dfrac{\Delta_x}{\Delta} \\[2mm] y_F = \dfrac{\Delta_y}{\Delta} \\[2mm] z_F = \dfrac{\Delta_z}{\Delta} \end{cases} \tag{41}$$

Cu coordonatele cunoscute ale punctelor D, E, F, impuse de poziția planului DEF și de alegerea punctului D, se determină lungimile necesare ale picioarelor (elementelor motoare), (a se vedea relațiile 42).

$$\begin{cases} l_1 = \sqrt{(x_D - x_A)^2 + (y_D - y_A)^2 + (z_D - z_A)^2} \\ l_2 = \sqrt{(x_D - x_B)^2 + (y_D - y_B)^2 + (z_D - z_B)^2} \\ l_3 = \sqrt{(x_E - x_B)^2 + (y_E - y_B)^2 + (z_E - z_B)^2} \\ l_4 = \sqrt{(x_E - x_C)^2 + (y_E - y_C)^2 + (z_E - z_C)^2} \\ l_5 = \sqrt{(x_F - x_C)^2 + (y_F - y_C)^2 + (z_F - z_C)^2} \\ l_6 = \sqrt{(x_F - x_A)^2 + (y_F - y_A)^2 + (z_F - z_A)^2} \end{cases} \tag{42}$$

Cap 26_Sistemele mecanice mobile paralele.
Geometria şi cinematica inversă la platforma Stewart.
Determinarea vitezelor.

În figura 1 se prezintă un model teoretic care aproximează primul mecanism Stewart. Se reaminteşte şi fig. 2, cu geometria planului mobil DEF.

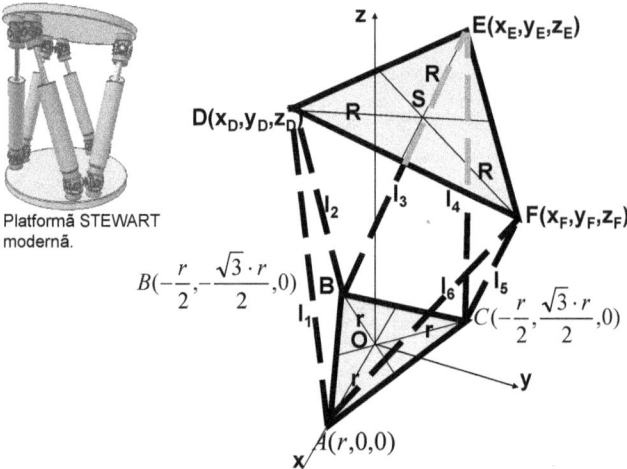

Platformă STEWART modernă.

Model teoretic, geometro-cinematic, pentru studiul platformei STEWART.

Fig. 1. Geometria şi cinematica unei platforme Stewart

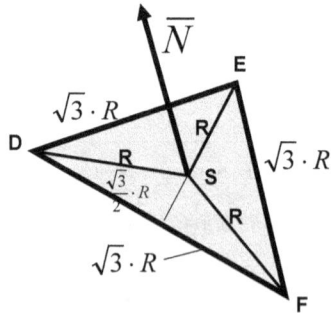

Geometria triunghiului mobil, DEF.
Triunghiul (planul) mobil, DEF. Vectorul N, perpendicular pe planul mobil DEF, poziţionat în S, unde S este centrul de simetrie al triunghiului DEF.
Pentru simplificarea calculelor s-a considerat triunghiul DEF echilateral.
(În particular R poate coincide cu r).

Fig. 2. Geometria planului mobil DEF

Având geometria şi poziţiile rezolvate, se va trece la determinarea vitezelor din mecanism, mai exact determinarea vitezelor cuplelor cinematice mobile. Se cunosc $\dot{x}_S, \dot{y}_S, \dot{z}_S, \dot{\alpha}, \dot{\beta}, \dot{\gamma}, \dot{z}_D$. Se aleg relaţiile (1), care se derivează în funcţie de timp obţinându-se expresiile (2). Acestea se aranjează în forma (3). Se obţine astfel un sistem liniar de două ecuaţii cu două necunoscute, identificat prin relaţiile (4).

$$\begin{cases} (x_D - x_S) \cdot \alpha + (y_D - y_S) \cdot \beta = (z_S - z_D) \cdot \gamma \\ (x_D - x_S)^2 + (y_D - y_S)^2 = R^2 - (z_D - z_S)^2 \end{cases} \quad (1)$$

$$\begin{cases} (\dot{x}_D - \dot{x}_S) \cdot \alpha + (x_D - x_S) \cdot \dot{\alpha} + (\dot{y}_D - \dot{y}_S) \cdot \beta + (y_D - y_S) \cdot \dot{\beta} = \\ = (\dot{z}_S - \dot{z}_D) \cdot \gamma + (z_S - z_D) \cdot \dot{\gamma} \\[2mm] 2 \cdot (x_D - x_S) \cdot (\dot{x}_D - \dot{x}_S) + 2 \cdot (y_D - y_S) \cdot (\dot{y}_D - \dot{y}_S) = \\ = -2 \cdot (z_D - z_S) \cdot (\dot{z}_D - \dot{z}_S) \end{cases} \quad (2)$$

$$\begin{cases} \alpha \cdot \dot{x}_D + \beta \cdot \dot{y}_D = \alpha \cdot \dot{x}_S - (x_D - x_S) \cdot \dot{\alpha} + \beta \cdot \dot{y}_S - (y_D - y_S) \cdot \dot{\beta} + \\ + (\dot{z}_S - \dot{z}_D) \cdot \gamma + (z_S - z_D) \cdot \dot{\gamma} \\[2mm] (x_D - x_S) \cdot \dot{x}_D + (y_D - y_S) \cdot \dot{y}_D = (x_D - x_S) \cdot \dot{x}_S + (y_D - y_S) \cdot \dot{y}_S - \\ - (z_D - z_S) \cdot (\dot{z}_D - \dot{z}_S) \end{cases} \quad (3)$$

$$\begin{cases} a_{11} \cdot \dot{x}_D + a_{12} \cdot \dot{y}_D = b_1 \\ a_{21} \cdot \dot{x}_D + a_{22} \cdot \dot{y}_D = b_2 \\ a_{11} = \alpha; \quad a_{12} = \beta; \quad a_{21} = x_D - x_S; \quad a_{22} = y_D - y_S; \\[2mm] b_1 = \alpha \cdot \dot{x}_S - (x_D - x_S) \cdot \dot{\alpha} + \beta \cdot \dot{y}_S - (y_D - y_S) \cdot \dot{\beta} + \\ + (\dot{z}_S - \dot{z}_D) \cdot \gamma + (z_S - z_D) \cdot \dot{\gamma} \\[2mm] b_2 = (x_D - x_S) \cdot \dot{x}_S + (y_D - y_S) \cdot \dot{y}_S - (z_D - z_S) \cdot (\dot{z}_D - \dot{z}_S) \end{cases} \quad (4)$$

Determinantul sistemului (3-4) se scrie cu relaţia (5).

$$\Delta = \begin{vmatrix} a_{11} & a_{12} \\ a_{21} & a_{22} \end{vmatrix} = a_{11} \cdot a_{22} - a_{12} \cdot a_{21} = \alpha \cdot (y_D - y_S) - \beta \cdot (x_D - x_S) \quad (5)$$

Se calculează Δ_{x1} cu relația (6) și $\dot{x}_D$ cu relația (7).

$$\Delta_{x1} = \begin{vmatrix} b_1 & a_{12} \\ b_2 & a_{22} \end{vmatrix} = b_1 \cdot a_{22} - a_{12} \cdot b_2 \tag{6}$$

$$\dot{x}_D = \frac{\Delta_{x1}}{\Delta} \tag{7}$$

Se calculează Δ_{y1} cu relația (8) și $\dot{y}_D$ cu relația (9).

$$\Delta_{y1} = \begin{vmatrix} a_{11} & b_1 \\ a_{21} & b_2 \end{vmatrix} = a_{11} \cdot b_2 - b_1 \cdot a_{21} \tag{8}$$

$$\dot{y}_D = \frac{\Delta_{y1}}{\Delta} \tag{9}$$

Se scrie în continuare sistemul (10), care se derivează în raport cu timpul și capătă forma (11).

$$\begin{cases} (x_E - x_S) \cdot \alpha + (y_E - y_S) \cdot \beta + (z_E - z_S) \cdot \gamma = 0 \\ (x_E - x_S)^2 + (y_E - y_S)^2 + (z_E - z_S)^2 = R^2 \\ (x_E - x_D)^2 + (y_E - y_D)^2 + (z_E - z_D)^2 = 3 \cdot R^2 \end{cases} \tag{10}$$

$$\begin{cases} (\dot{x}_E - \dot{x}_S) \cdot \alpha + (x_E - x_S) \cdot \dot{\alpha} + (\dot{y}_E - \dot{y}_S) \cdot \beta + \\ + (y_E - y_S) \cdot \dot{\beta} + (\dot{z}_E - \dot{z}_S) \cdot \gamma + (z_E - z_S) \cdot \dot{\gamma} = 0 \\ \\ 2 \cdot (x_E - x_S) \cdot (\dot{x}_E - \dot{x}_S) + 2 \cdot (y_E - y_S) \cdot (\dot{y}_E - \dot{y}_S) + \\ + 2 \cdot (z_E - z_S) \cdot (\dot{z}_E - \dot{z}_S) = 0 \\ \\ 2 \cdot (x_E - x_D) \cdot (\dot{x}_E - \dot{x}_D) + 2 \cdot (y_E - y_D) \cdot (\dot{y}_E - \dot{y}_D) + \\ + 2 \cdot (z_E - z_D) \cdot (\dot{z}_E - \dot{z}_D) = 0 \end{cases} \tag{11}$$

Pentru rezolvare, sistemul (11) se ordonează sub forma (12), care reprezintă un sistem liniar de trei ecuații de gradul unu cu trei necunoscute, identificat prin formulele din sistemul (13).

$$\begin{cases} \alpha \cdot \dot{x}_E + \beta \cdot \dot{y}_E + \gamma \cdot \dot{z}_E = \alpha \cdot \dot{x}_S - (x_E - x_S) \cdot \dot{\alpha} + \\ + \beta \cdot \dot{y}_S - (y_E - y_S) \cdot \dot{\beta} + \gamma \cdot \dot{z}_S - (z_E - z_S) \cdot \dot{\gamma} \\[2ex] (x_E - x_S) \cdot \dot{x}_E + (y_E - y_S) \cdot \dot{y}_E + (z_E - z_S) \cdot \dot{z}_E = \\ = (x_E - x_S) \cdot \dot{x}_S + (y_E - y_S) \cdot \dot{y}_S + (z_E - z_S) \cdot \dot{z}_S \\[2ex] (x_E - x_D) \cdot \dot{x}_E + (y_E - y_D) \cdot \dot{y}_E + (z_E - z_D) \cdot \dot{z}_E = \\ = (x_E - x_D) \cdot \dot{x}_D + (y_E - y_D) \cdot \dot{y}_D + (z_E - z_D) \cdot \dot{z}_D \end{cases} \tag{12}$$

$$\begin{cases} c_{11} \cdot \dot{x}_E + c_{12} \cdot \dot{y}_E + c_{13} \cdot \dot{z}_E = c_1 \\ c_{21} \cdot \dot{x}_E + c_{22} \cdot \dot{y}_E + c_{23} \cdot \dot{z}_E = c_2 \\ c_{31} \cdot \dot{x}_E + c_{32} \cdot \dot{y}_E + c_{33} \cdot \dot{z}_E = c_3 \\[2ex] c_{11} = \alpha; \quad c_{12} = \beta; \quad c_{13} = \gamma; \\ c_1 = \alpha \cdot \dot{x}_S - (x_E - x_S) \cdot \dot{\alpha} + \beta \cdot \dot{y}_S - (y_E - y_S) \cdot \dot{\beta} + \gamma \cdot \dot{z}_S - (z_E - z_S) \cdot \dot{\gamma} \\[2ex] c_{21} = x_E - x_S; \quad c_{22} = y_E - y_S; \quad c_{23} = z_E - z_s; \\ c_2 = (x_E - x_S) \cdot \dot{x}_S + (y_E - y_S) \cdot \dot{y}_S + (z_E - z_S) \cdot \dot{z}_S \\[2ex] c_{31} = x_E - x_D; \quad c_{32} = y_E - y_D; \quad c_{33} = z_E - z_D; \\ c_3 = (x_E - x_D) \cdot \dot{x}_D + (y_E - y_D) \cdot \dot{y}_D + (z_E - z_D) \cdot \dot{z}_D \end{cases} \tag{13}$$

Determinantul principal al sistemului (13) se calculează cu relaţiile (14).

$$\begin{cases} \Delta^{(c)} = \begin{vmatrix} c_{11} & c_{12} & c_{13} \\ c_{21} & c_{22} & c_{23} \\ c_{31} & c_{32} & c_{33} \end{vmatrix} = c_{11} \cdot (c_{22} \cdot c_{33} - c_{23} \cdot c_{32}) - \\ - c_{12} \cdot (c_{21} \cdot c_{33} - c_{23} \cdot c_{31}) + c_{13} \cdot (c_{21} \cdot c_{32} - c_{22} \cdot c_{31}) \\[2ex] \Delta^{(c)} = \alpha \cdot [(y_E - y_S) \cdot (z_E - z_D) - (z_E - z_S) \cdot (y_E - y_D)] - \\ - \beta \cdot [(x_E - x_S) \cdot (z_E - z_D) - (z_E - z_S) \cdot (x_E - x_D)] + \\ + \gamma \cdot [(x_E - x_S) \cdot (y_E - y_D) - (y_E - y_S) \cdot (x_E - x_D)] \end{cases} \tag{14}$$

Determinantul primei viteze scalare se calculează cu relația (15).

$$
\begin{cases}
\Delta_x^{(c)} = \begin{vmatrix} c_1 & c_{12} & c_{13} \\ c_2 & c_{22} & c_{23} \\ c_3 & c_{32} & c_{33} \end{vmatrix} = c_1 \cdot (c_{22} \cdot c_{33} - c_{23} \cdot c_{32}) - \\
\\
- c_{12} \cdot (c_2 \cdot c_{33} - c_{23} \cdot c_3) + c_{13} \cdot (c_2 \cdot c_{32} - c_{22} \cdot c_3)
\end{cases}
\tag{15}
$$

Prima viteză scalară $\dot{x}_E$ se determină cu expresia (16).

$$
\dot{x}_E = \frac{\Delta_x^{(c)}}{\Delta^{(c)}}
\tag{16}
$$

Determinantul celei de a doua viteze scalare se calculează cu relația (17).

$$
\begin{cases}
\Delta_y^{(c)} = \begin{vmatrix} c_{11} & c_1 & c_{13} \\ c_{21} & c_2 & c_{23} \\ c_{31} & c_3 & c_{33} \end{vmatrix} = c_{11} \cdot (c_2 \cdot c_{33} - c_{23} \cdot c_3) - \\
\\
- c_1 \cdot (c_{21} \cdot c_{33} - c_{23} \cdot c_{31}) + c_{13} \cdot (c_{21} \cdot c_3 - c_2 \cdot c_{31})
\end{cases}
\tag{17}
$$

A doua viteză scalară $\dot{y}_E$ se determină cu expresia (18).

$$
\dot{y}_E = \frac{\Delta_y^{(c)}}{\Delta^{(c)}}
\tag{18}
$$

Determinantul celei de a treia viteze scalare se calculează cu relația (19).

$$
\begin{cases}
\Delta_z^{(c)} = \begin{vmatrix} c_{11} & c_{12} & c_1 \\ c_{21} & c_{22} & c_2 \\ c_{31} & c_{32} & c_3 \end{vmatrix} = c_{11} \cdot (c_{22} \cdot c_3 - c_2 \cdot c_{32}) - \\
\\
- c_{12} \cdot (c_{21} \cdot c_3 - c_2 \cdot c_{31}) + c_1 \cdot (c_{21} \cdot c_{32} - c_{22} \cdot c_{31})
\end{cases}
\tag{19}
$$

A treia viteză scalară $\dot{z}_E$ se determină cu expresia (20).

$$
\dot{z}_E = \frac{\Delta_z^{(c)}}{\Delta^{(c)}}
\tag{20}
$$

S-au găsit vitezele scalare ale punctelor mobile D și E, mai trebuie determinate și cele trei componente scalare reprezentând vitezele scalare ale ultimului punct mobil F. Se pornește de la sistemul de poziții cunoscut (21), care se derivează în funcție de timp și rezultă sistemul (22).

$$\begin{cases} (x_F - x_S) \cdot \alpha + (y_F - y_S) \cdot \beta + (z_F - z_S) \cdot \gamma = 0 \\ (x_F - x_S)^2 + (y_F - y_S)^2 + (z_F - z_S)^2 = R^2 \\ (x_F - x_D)^2 + (y_F - y_D)^2 + (z_F - z_D)^2 = 3 \cdot R^2 \end{cases} \tag{21}$$

$$\begin{cases} (\dot{x}_F - \dot{x}_S) \cdot \alpha + (x_F - x_S) \cdot \dot{\alpha} + (\dot{y}_F - \dot{y}_S) \cdot \beta + (y_F - y_S) \cdot \dot{\beta} + \\ + (\dot{z}_F - \dot{z}_S) \cdot \gamma + (z_F - z_S) \cdot \dot{\gamma} = 0 \\ \\ 2 \cdot (x_F - x_S) \cdot (\dot{x}_F - \dot{x}_S) + 2 \cdot (y_F - y_S) \cdot (\dot{y}_F - \dot{y}_S) + 2 \cdot (z_F - z_S) \cdot (\dot{z}_F - \dot{z}_S) = 0 \\ \\ 2 \cdot (x_F - x_D) \cdot (\dot{x}_F - \dot{x}_D) + 2 \cdot (y_F - y_D) \cdot (\dot{y}_F - \dot{y}_D) + 2 \cdot (z_F - z_D) \cdot (\dot{z}_F - \dot{z}_D) = 0 \end{cases} \tag{22}$$

Sistemul (22) se aranjează în forma (23) care reprezintă un sistem liniar de trei ecuații de gradul întâi cu trei necunoscute, ale cărui ecuații se identifică prin (24), iar ai cărui parametrii se scriu sub forma (25).

$$\begin{cases} \alpha \cdot \dot{x}_F + \beta \cdot \dot{y}_F + \gamma \cdot \dot{z}_F = \\ = \alpha \cdot \dot{x}_S + \beta \cdot \dot{y}_S + \gamma \cdot \dot{z}_S - (x_F - x_S) \cdot \dot{\alpha} - (y_F - y_S) \cdot \dot{\beta} - (z_F - z_S) \cdot \dot{\gamma} \\ \\ (x_F - x_S) \cdot \dot{x}_F + (y_F - y_S) \cdot \dot{y}_F + (z_F - z_S) \cdot \dot{z}_F = \\ = (x_F - x_S) \cdot \dot{x}_S + (y_F - y_S) \cdot \dot{y}_S + (z_F - z_S) \cdot \dot{z}_S \\ \\ (x_F - x_D) \cdot \dot{x}_F + (y_F - y_D) \cdot \dot{y}_F + (z_F - z_D) \cdot \dot{z}_F = \\ = (x_F - x_D) \cdot \dot{x}_D + (y_F - y_D) \cdot \dot{y}_D + (z_F - z_D) \cdot \dot{z}_D \end{cases} \tag{23}$$

$$\begin{cases} d_{11} \cdot \dot{x}_F + d_{12} \cdot \dot{y}_F + d_{13} \cdot \dot{z}_F = d_1 \\ d_{21} \cdot \dot{x}_F + d_{22} \cdot \dot{y}_F + d_{23} \cdot \dot{z}_F = d_2 \\ d_{31} \cdot \dot{x}_F + d_{32} \cdot \dot{y}_F + d_{33} \cdot \dot{z}_F = d_3 \end{cases} \tag{24}$$

$$\begin{cases} d_{11} = \alpha; \quad d_{12} = \beta; \quad d_{13} = \gamma; \\ d_1 = \alpha \cdot \dot{x}_S + \beta \cdot \dot{y}_S + \gamma \cdot \dot{z}_S - (x_F - x_S) \cdot \dot{\alpha} - (y_F - y_S) \cdot \dot{\beta} - (z_F - z_S) \cdot \dot{\gamma}; \\ d_{21} = x_F - x_S; \quad d_{22} = y_F - y_S; \quad d_{23} = z_F - z_S; \\ d_2 = (x_F - x_S) \cdot \dot{x}_S + (y_F - y_S) \cdot \dot{y}_S + (z_F - z_S) \cdot \dot{z}_S \\ d_{31} = x_F - x_D; \quad d_{32} = y_F - y_D; \quad d_{33} = z_F - z_D; \\ d_3 = (x_F - x_D) \cdot \dot{x}_D + (y_F - y_D) \cdot \dot{y}_D + (z_F - z_D) \cdot \dot{z}_D \end{cases} \tag{25}$$

Cei patru determinanţi ai sistemului se scriu cu relaţiile (26-29), determinantul principal fiind dat chiar de (26).

$$
\left\{
\Delta^{(d)} = \begin{vmatrix} d_{11} & d_{12} & d_{13} \\ d_{21} & d_{22} & d_{23} \\ d_{31} & d_{32} & d_{33} \end{vmatrix} = d_{11} \cdot (d_{22} \cdot d_{33} - d_{23} \cdot d_{32}) - \right.
$$
$$
\left. - d_{12} \cdot (d_{21} \cdot d_{33} - d_{23} \cdot d_{31}) + d_{13} \cdot (d_{21} \cdot d_{32} - d_{22} \cdot d_{31}) \right. \tag{26}
$$

$$
\left\{
\Delta_x^{(d)} = \begin{vmatrix} d_1 & d_{12} & d_{13} \\ d_2 & d_{22} & d_{23} \\ d_3 & d_{32} & d_{33} \end{vmatrix} = d_1 \cdot (d_{22} \cdot d_{33} - d_{23} \cdot d_{32}) - \right.
$$
$$
\left. - d_{12} \cdot (d_2 \cdot d_{33} - d_3 \cdot d_{23}) + d_{13} \cdot (d_2 \cdot d_{32} - d_3 \cdot d_{22}) \right. \tag{27}
$$

$$
\left\{
\Delta_y^{(d)} = \begin{vmatrix} d_{11} & d_1 & d_{13} \\ d_{21} & d_2 & d_{23} \\ d_{31} & d_3 & d_{33} \end{vmatrix} = d_{11} \cdot (d_2 \cdot d_{33} - d_3 \cdot d_{23}) - \right.
$$
$$
\left. - d_1 \cdot (d_{21} \cdot d_{33} - d_{23} \cdot d_{31}) + d_{13} \cdot (d_{21} \cdot d_3 - d_2 \cdot d_{31}) \right. \tag{28}
$$

$$
\left\{
\Delta_z^{(d)} = \begin{vmatrix} d_{11} & d_{12} & d_1 \\ d_{21} & d_{22} & d_2 \\ d_{31} & d_{32} & d_3 \end{vmatrix} = d_{11} \cdot (d_{22} \cdot d_3 - d_2 \cdot d_{32}) - \right.
$$
$$
\left. - d_{12} \cdot (d_{21} \cdot d_3 - d_2 \cdot d_{31}) + d_1 \cdot (d_{21} \cdot d_{32} - d_{22} \cdot d_{31}) \right. \tag{29}
$$

Soluţiile sistemului de viteze scalare se obţin cu ajutorul relaţiilor (30).

$$
\left\{ \dot{x}_F = \frac{\Delta_x^{(d)}}{\Delta^{(d)}}; \quad \dot{y}_F = \frac{\Delta_y^{(d)}}{\Delta^{(d)}}; \quad \dot{z}_F = \frac{\Delta_z^{(d)}}{\Delta^{(d)}}; \right. \tag{30}
$$

Vitezele planului mobil (superior) fiind determinate, putem trece la etapa finală în care se vor determina vitezele liniare ale celor şase cuple motoare de translaţie. Se scriu mai întâi relaţiile de poziţii (31).

$$\begin{cases} l_1^2 = (x_D - x_A)^2 + (y_D - y_A)^2 + (z_D - z_A)^2 \\ l_2^2 = (x_D - x_B)^2 + (y_D - y_B)^2 + (z_D - z_B)^2 \\ l_3^2 = (x_E - x_B)^2 + (y_E - y_B)^2 + (z_E - z_B)^2 \\ l_4^2 = (x_E - x_C)^2 + (y_E - y_C)^2 + (z_E - z_C)^2 \\ l_5^2 = (x_F - x_C)^2 + (y_F - y_C)^2 + (z_F - z_C)^2 \\ l_6^2 = (x_F - x_A)^2 + (y_F - y_A)^2 + (z_F - z_A)^2 \end{cases} \tag{31}$$

Relaţiile sistemului (31) se derivează în raport cu timpul şi se obţin expresiile sistemului (32), din care se explicitează vitezele liniare ale elementelor motoare (33).

$$\begin{cases} 2 \cdot l_1 \cdot \dot{l}_1 = 2 \cdot (x_D - x_A) \cdot \dot{x}_D + 2 \cdot (y_D - y_A) \cdot \dot{y}_D + 2 \cdot (z_D - z_A) \cdot \dot{z}_D \\ 2 \cdot l_2 \cdot \dot{l}_2 = 2 \cdot (x_D - x_B) \cdot \dot{x}_D + 2 \cdot (y_D - y_B) \cdot \dot{y}_D + 2 \cdot (z_D - z_B) \cdot \dot{z}_D \\ 2 \cdot l_3 \cdot \dot{l}_3 = 2 \cdot (x_E - x_B) \cdot \dot{x}_E + 2 \cdot (y_E - y_B) \cdot \dot{y}_E + 2 \cdot (z_E - z_B) \cdot \dot{z}_E \\ 2 \cdot l_4 \cdot \dot{l}_4 = 2 \cdot (x_E - x_C) \cdot \dot{x}_E + 2 \cdot (y_E - y_C) \cdot \dot{y}_E + 2 \cdot (z_E - z_C) \cdot \dot{z}_E \\ 2 \cdot l_5 \cdot \dot{l}_5 = 2 \cdot (x_F - x_C) \cdot \dot{x}_F + 2 \cdot (y_F - y_C) \cdot \dot{y}_F + 2 \cdot (z_F - z_C) \cdot \dot{z}_F \\ 2 \cdot l_6 \cdot \dot{l}_6 = 2 \cdot (x_F - x_A) \cdot \dot{x}_F + 2 \cdot (y_F - y_A) \cdot \dot{y}_F + 2 \cdot (z_F - z_A) \cdot \dot{z}_F \end{cases} \tag{32}$$

$$\begin{cases} \dot{l}_1 = \dfrac{(x_D - x_A) \cdot \dot{x}_D + (y_D - y_A) \cdot \dot{y}_D + (z_D - z_A) \cdot \dot{z}_D}{l_1} \\[2mm] \dot{l}_2 = \dfrac{(x_D - x_B) \cdot \dot{x}_D + (y_D - y_B) \cdot \dot{y}_D + (z_D - z_B) \cdot \dot{z}_D}{l_2} \\[2mm] \dot{l}_3 = \dfrac{(x_E - x_B) \cdot \dot{x}_E + (y_E - y_B) \cdot \dot{y}_E + (z_E - z_B) \cdot \dot{z}_E}{l_3} \\[2mm] \dot{l}_4 = \dfrac{(x_E - x_C) \cdot \dot{x}_E + (y_E - y_C) \cdot \dot{y}_E + (z_E - z_C) \cdot \dot{z}_E}{l_4} \\[2mm] \dot{l}_5 = \dfrac{(x_F - x_C) \cdot \dot{x}_F + (y_F - y_C) \cdot \dot{y}_F + (z_F - z_C) \cdot \dot{z}_F}{l_5} \\[2mm] \dot{l}_6 = \dfrac{(x_F - x_A) \cdot \dot{x}_F + (y_F - y_A) \cdot \dot{y}_F + (z_F - z_A) \cdot \dot{z}_F}{l_6} \end{cases} \tag{33}$$

Cap 27_Sistemele mecanice mobile paralele.
Geometria şi cinematica inversă la platforma Stewart.
Determinarea acceleraţiilor.

În figura 1 se prezintă un model teoretic care aproximează primul mecanism Stewart. Se reaminteşte şi geometria planului mobil DEF (fig. 2).

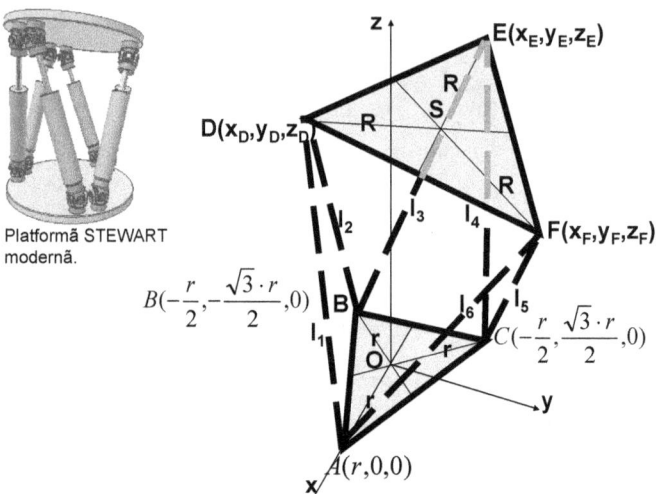

Platformă STEWART modernă.

Model teoretic, geometro-cinematic, pentru studiul platformei STEWART.

Fig. 1. Geometria şi cinematica unei platforme Stewart

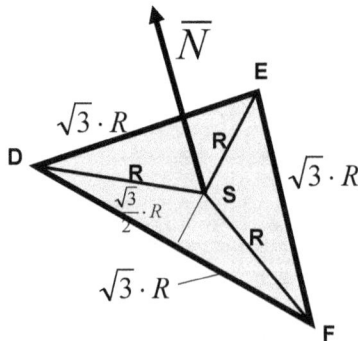

Geometria triunghiului mobil, DEF.
Triunghiul (planul) mobil, DEF. Vectorul N, perpendicular pe planul mobil DEF, poziţionat în S, unde S este centrul de simetrie al triunghiului DEF.
Pentru simplificarea calculelor s-a considerat triunghiul DEF echilateral.
(În particular R poate coincide cu r).

Fig. 2. Geometria planului mobil DEF

Având geometria, pozițiile și vitezele rezolvate, se va trece la determinarea accelerațiilor din mecanism, mai exact determinarea accelerațiilor cuplelor cinematice mobile.

Se cunosc $\ddot{x}_S, \ddot{y}_S, \ddot{z}_S, \ddot{\alpha}, \ddot{\beta}, \ddot{\gamma}, \ddot{z}_D$. Se pleacă de la relațiile vitezelor (1), aranjate sub forma (2). Expresiile (2) se derivează în funcție de timp și se obține sistemul de accelerații (3), care se aranjează sub forma (4).

$$
\begin{cases}
(\dot{x}_D - \dot{x}_S) \cdot \alpha + (x_D - x_S) \cdot \dot{\alpha} + (\dot{y}_D - \dot{y}_S) \cdot \beta + (y_D - y_S) \cdot \dot{\beta} = \\
= (\dot{z}_S - \dot{z}_D) \cdot \gamma + (z_S - z_D) \cdot \dot{\gamma} \\
\\
(x_D - x_S) \cdot (\dot{x}_D - \dot{x}_S) + (y_D - y_S) \cdot (\dot{y}_D - \dot{y}_S) = -(z_D - z_S) \cdot (\dot{z}_D - \dot{z}_S)
\end{cases} \tag{1}
$$

$$
\begin{cases}
\alpha \cdot \dot{x}_D + \beta \cdot \dot{y}_D = \alpha \cdot \dot{x}_S - (x_D - x_S) \cdot \dot{\alpha} + \beta \cdot \dot{y}_S - (y_D - y_S) \cdot \dot{\beta} + \\
+ (\dot{z}_S - \dot{z}_D) \cdot \gamma + (z_S - z_D) \cdot \dot{\gamma} \\
\\
(x_D - x_S) \cdot \dot{x}_D + (y_D - y_S) \cdot \dot{y}_D = (x_D - x_S) \cdot \dot{x}_S + (y_D - y_S) \cdot \dot{y}_S - \\
- (z_D - z_S) \cdot (\dot{z}_D - \dot{z}_S)
\end{cases} \tag{2}
$$

$$
\begin{cases}
\dot{\alpha} \cdot \dot{x}_D + \alpha \cdot \ddot{x}_D + \dot{\beta} \cdot \dot{y}_D + \beta \cdot \ddot{y}_D = \dot{\alpha} \cdot \dot{x}_S + \alpha \cdot \ddot{x}_S - (\dot{x}_D - \dot{x}_S) \cdot \dot{\alpha} - (x_D - x_S) \cdot \ddot{\alpha} + \\
+ \dot{\beta} \cdot \dot{y}_S + \beta \cdot \ddot{y}_S - (\dot{y}_D - \dot{y}_S) \cdot \dot{\beta} - (y_D - y_S) \cdot \ddot{\beta} + (\dot{z}_S - \ddot{z}_D) \cdot \gamma + \\
+ (\dot{z}_S - \dot{z}_D) \cdot \dot{\gamma} + (\dot{z}_S - \dot{z}_D) \cdot \dot{\gamma} + (z_S - z_D) \cdot \ddot{\gamma} \\
\\
(\dot{x}_D - \dot{x}_S) \cdot \dot{x}_D + (x_D - x_S) \cdot \ddot{x}_D + (\dot{y}_D - \dot{y}_S) \cdot \dot{y}_D + (y_D - y_S) \cdot \ddot{y}_D = \\
= (\dot{x}_D - \dot{x}_S) \cdot \dot{x}_S + (x_D - x_S) \cdot \ddot{x}_S + (\dot{y}_D - \dot{y}_S) \cdot \dot{y}_S + (y_D - y_S) \cdot \ddot{y}_S - \\
- (\dot{z}_D - \dot{z}_S)^2 - (z_D - z_S) \cdot (\ddot{z}_D - \ddot{z}_S)
\end{cases} \tag{3}
$$

$$
\begin{cases}
\alpha \cdot \ddot{x}_D + \beta \cdot \ddot{y}_D = 2 \cdot \dot{\alpha} \cdot (\dot{x}_S - \dot{x}_D) + 2 \cdot \dot{\beta} \cdot (\dot{y}_S - \dot{y}_D) + \alpha \cdot \ddot{x}_S + \beta \cdot \ddot{y}_S + \\
+ (x_S - x_D) \cdot \ddot{\alpha} + (y_S - y_D) \cdot \ddot{\beta} + (\ddot{z}_S - \ddot{z}_D) \cdot \gamma + 2 \cdot (\dot{z}_S - \dot{z}_D) \cdot \dot{\gamma} + (z_S - z_D) \cdot \ddot{\gamma} \\
\\
(x_D - x_S) \cdot \ddot{x}_D + (y_D - y_S) \cdot \ddot{y}_D = -(\dot{x}_D - \dot{x}_S)^2 - (\dot{y}_D - \dot{y}_S)^2 - (\dot{z}_D - \dot{z}_S)^2 + \\
+ (x_D - x_S) \cdot \ddot{x}_S + (y_D - y_S) \cdot \ddot{y}_S - (z_D - z_S) \cdot (\ddot{z}_D - \ddot{z}_S)
\end{cases} \tag{4}
$$

Identificăm sistemul liniar de două ecuații cu două necunoscute (5), având coeficienții (6) și soluțiile (7).

$$
\begin{cases}
a_{11} \cdot \ddot{x}_D + a_{12} \cdot \ddot{y}_D = f_1 \\
a_{21} \cdot \ddot{x}_D + a_{22} \cdot \ddot{y}_D = f_2
\end{cases} \tag{5}
$$

$$\begin{cases} a_{11} = \alpha; \quad a_{12} = \beta; \quad a_{21} = x_D - x_S; \quad a_{22} = y_D - y_S; \\[2ex] f_1 = 2 \cdot \left[\dot{\alpha} \cdot (\dot{x}_S - \dot{x}_D) + \dot{\beta} \cdot (\dot{y}_S - \dot{y}_D) + \dot{\gamma} \cdot (\dot{z}_S - \dot{z}_D) \right] + \alpha \cdot \ddot{x}_S + \beta \cdot \ddot{y}_S + \\ \quad + \gamma \cdot (\ddot{z}_S - \ddot{z}_D) + (x_S - x_D) \cdot \ddot{\alpha} + (y_S - y_D) \cdot \ddot{\beta} + (z_S - z_D) \cdot \ddot{\gamma} \\[2ex] f_2 = -(\dot{x}_D - \dot{x}_S)^2 - (\dot{y}_D - \dot{y}_S)^2 - (\dot{z}_D - \dot{z}_S)^2 + \\ \quad + (x_D - x_S) \cdot \ddot{x}_S + (y_D - y_S) \cdot \ddot{y}_S - (z_D - z_S) \cdot (\ddot{z}_D - \ddot{z}_S) \end{cases} \tag{6}$$

$$\begin{cases} \Delta_f = \begin{vmatrix} a_{11} & a_{12} \\ a_{21} & a_{22} \end{vmatrix} = a_{11} \cdot a_{22} - a_{12} \cdot a_{21} \\[3ex] \Delta_{xD2} = \begin{vmatrix} f_1 & a_{12} \\ f_2 & a_{22} \end{vmatrix} = f_1 \cdot a_{22} - f_2 \cdot a_{12} \\[3ex] \Delta_{yD2} = \begin{vmatrix} a_{11} & f_1 \\ a_{21} & f_2 \end{vmatrix} = f_2 \cdot a_{11} - f_1 \cdot a_{21} \\[3ex] \ddot{x}_D = \dfrac{\Delta_{xD2}}{\Delta_f}; \quad \ddot{y}_D = \dfrac{\Delta_{yD2}}{\Delta_f} \end{cases} \tag{7}$$

În continuare se trece la punctul următor, fapt pentru care utilizăm sistemul de viteze (8). Sistemul (8) se derivează și se obțin relațiile accelerațiilor (9), care se aranjează în forma (10). Se identifică coeficienții (11) și sistemul liniar (12) format din trei ecuații de gradul I fiecare, cu trei necunoscute, sistem ce se rezolvă cu relațiile (13).

$$\begin{cases} c_{11} \cdot \dot{x}_E + c_{12} \cdot \dot{y}_E + c_{13} \cdot \dot{z}_E = c_1 \\ c_{21} \cdot \dot{x}_E + c_{22} \cdot \dot{y}_E + c_{23} \cdot \dot{z}_E = c_2 \\ c_{31} \cdot \dot{x}_E + c_{32} \cdot \dot{y}_E + c_{33} \cdot \dot{z}_E = c_3 \end{cases} \tag{8}$$

$$\begin{cases} \dot{c}_{11} \cdot \dot{x}_E + \dot{c}_{12} \cdot \dot{y}_E + \dot{c}_{13} \cdot \dot{z}_E + c_{11} \cdot \ddot{x}_E + c_{12} \cdot \ddot{y}_E + c_{13} \cdot \ddot{z}_E = \dot{c}_1 \\ \dot{c}_{21} \cdot \dot{x}_E + \dot{c}_{22} \cdot \dot{y}_E + \dot{c}_{23} \cdot \dot{z}_E + c_{21} \cdot \ddot{x}_E + c_{22} \cdot \ddot{y}_E + c_{23} \cdot \ddot{z}_E = \dot{c}_2 \\ \dot{c}_{31} \cdot \dot{x}_E + \dot{c}_{32} \cdot \dot{y}_E + \dot{c}_{33} \cdot \dot{z}_E + c_{31} \cdot \ddot{x}_E + c_{32} \cdot \ddot{y}_E + c_{33} \cdot \ddot{z}_E = \dot{c}_3 \end{cases} \quad (9)$$

$$\begin{cases} c_{11} \cdot \ddot{x}_E + c_{12} \cdot \ddot{y}_E + c_{13} \cdot \ddot{z}_E = \dot{c}_1 - \dot{c}_{11} \cdot \dot{x}_E - \dot{c}_{12} \cdot \dot{y}_E - \dot{c}_{13} \cdot \dot{z}_E \\ c_{21} \cdot \ddot{x}_E + c_{22} \cdot \ddot{y}_E + c_{23} \cdot \ddot{z}_E = \dot{c}_2 - \dot{c}_{21} \cdot \dot{x}_E - \dot{c}_{22} \cdot \dot{y}_E - \dot{c}_{23} \cdot \dot{z}_E \\ c_{31} \cdot \ddot{x}_E + c_{32} \cdot \ddot{y}_E + c_{33} \cdot \ddot{z}_E = \dot{c}_3 - \dot{c}_{31} \cdot \dot{x}_E - \dot{c}_{32} \cdot \dot{y}_E - \dot{c}_{33} \cdot \dot{z}_E \end{cases} \quad (10)$$

$$\begin{cases} c_{11} = \alpha; \quad \dot{c}_{11} = \dot{\alpha}; \quad c_{12} = \beta; \quad \dot{c}_{12} = \dot{\beta}; \quad c_{13} = \gamma; \quad \dot{c}_{13} = \dot{\gamma}; \\[4pt] c_{21} = x_E - x_S; \quad \dot{c}_{21} = \dot{x}_E - \dot{x}_S; \quad c_{22} = y_E - y_S; \quad \dot{c}_{22} = \dot{y}_E - \dot{y}_S; \\[4pt] c_{23} = z_E - z_S; \quad \dot{c}_{23} = \dot{z}_E - \dot{z}_S; \quad c_{31} = x_E - x_D; \quad \dot{c}_{31} = \dot{x}_E - \dot{x}_D; \\[4pt] c_{32} = y_E - y_D; \quad \dot{c}_{32} = \dot{y}_E - \dot{y}_D; \quad c_{33} = z_E - z_D; \quad \dot{c}_{33} = \dot{z}_E - \dot{z}_D; \\[8pt] c_1 = \alpha \cdot \dot{x}_S - (x_E - x_S) \cdot \dot{\alpha} + \beta \cdot \dot{y}_S - (y_E - y_S) \cdot \dot{\beta} + \gamma \cdot \dot{z}_S - (z_E - z_S) \cdot \dot{\gamma} \\[8pt] \dot{c}_1 = \dot{\alpha} \cdot \dot{x}_S + \alpha \cdot \ddot{x}_S - (\dot{x}_E - \dot{x}_S) \cdot \dot{\alpha} - (x_E - x_S) \cdot \ddot{\alpha} + \dot{\beta} \cdot \dot{y}_S + \beta \cdot \ddot{y}_S - \\ - (\dot{y}_E - \dot{y}_S) \cdot \dot{\beta} - (y_E - y_S) \cdot \ddot{\beta} + \dot{\gamma} \cdot \dot{z}_S + \gamma \cdot \ddot{z}_S - (\dot{z}_E - \dot{z}_S) \cdot \dot{\gamma} - (z_E - z_S) \cdot \ddot{\gamma} \\[8pt] c_2 = (x_E - x_S) \cdot \dot{x}_S + (y_E - y_S) \cdot \dot{y}_S + (z_E - z_S) \cdot \dot{z}_S \\[8pt] \dot{c}_2 = (\dot{x}_E - \dot{x}_S) \cdot \dot{x}_S + (x_E - x_S) \cdot \ddot{x}_S + (\dot{y}_E - \dot{y}_S) \cdot \dot{y}_S + (y_E - y_S) \cdot \ddot{y}_S + \\ + (\dot{z}_E - \dot{z}_S) \cdot \dot{z}_S + (z_E - z_S) \cdot \ddot{z}_S \\[8pt] c_3 = (x_E - x_D) \cdot \dot{x}_D + (y_E - y_D) \cdot \dot{y}_D + (z_E - z_D) \cdot \dot{z}_D \\[8pt] \dot{c}_3 = (\dot{x}_E - \dot{x}_D) \cdot \dot{x}_D + (x_E - x_D) \cdot \ddot{x}_D + (\dot{y}_E - \dot{y}_D) \cdot \dot{y}_D + (y_E - y_D) \cdot \ddot{y}_D + \\ + (\dot{z}_E - \dot{z}_D) \cdot \dot{z}_D + (z_E - z_D) \cdot \ddot{z}_D \\[8pt] e_1 = \dot{c}_1 - \dot{c}_{11} \cdot \dot{x}_E - \dot{c}_{12} \cdot \dot{y}_E - \dot{c}_{13} \cdot \dot{z}_E \\ e_2 = \dot{c}_2 - \dot{c}_{21} \cdot \dot{x}_E - \dot{c}_{22} \cdot \dot{y}_E - \dot{c}_{23} \cdot \dot{z}_E \\ e_3 = \dot{c}_3 - \dot{c}_{31} \cdot \dot{x}_E - \dot{c}_{32} \cdot \dot{y}_E - \dot{c}_{33} \cdot \dot{z}_E \end{cases} \quad (11)$$

$$\begin{cases} c_{11} \cdot \ddot{x}_E + c_{12} \cdot \ddot{y}_E + c_{13} \cdot \ddot{z}_E = e_1 \\ c_{21} \cdot \ddot{x}_E + c_{22} \cdot \ddot{y}_E + c_{23} \cdot \ddot{z}_E = e_2 \\ c_{31} \cdot \ddot{x}_E + c_{32} \cdot \ddot{y}_E + c_{33} \cdot \ddot{z}_E = e_3 \end{cases} \quad (12)$$

$$\begin{cases} \Delta^{(c)} = \begin{vmatrix} c_{11} & c_{12} & c_{13} \\ c_{21} & c_{22} & c_{23} \\ c_{31} & c_{32} & c_{33} \end{vmatrix} = c_{11} \cdot (c_{22} \cdot c_{33} - c_{23} \cdot c_{32}) - \\ - c_{12} \cdot (c_{21} \cdot c_{33} - c_{23} \cdot c_{31}) + c_{13} \cdot (c_{21} \cdot c_{32} - c_{22} \cdot c_{31}) \\[2em] \Delta_{xE2} = \begin{vmatrix} e_1 & c_{12} & c_{13} \\ e_2 & c_{22} & c_{23} \\ e_3 & c_{32} & c_{33} \end{vmatrix} = e_1 \cdot (c_{22} \cdot c_{33} - c_{23} \cdot c_{32}) - \\ - c_{12} \cdot (e_2 \cdot c_{33} - c_{23} \cdot e_3) + c_{13} \cdot (e_2 \cdot c_{32} - c_{22} \cdot e_3) \\[2em] \Delta_{yE2} = \begin{vmatrix} c_{11} & e_1 & c_{13} \\ c_{21} & e_2 & c_{23} \\ c_{31} & e_3 & c_{33} \end{vmatrix} = c_{11} \cdot (e_2 \cdot c_{33} - c_{23} \cdot e_3) - \\ - e_1 \cdot (c_{21} \cdot c_{33} - c_{23} \cdot c_{31}) + c_{13} \cdot (c_{21} \cdot e_3 - e_2 \cdot c_{31}) \\[2em] \Delta_{zE2} = \begin{vmatrix} c_{11} & c_{12} & e_1 \\ c_{21} & c_{22} & e_2 \\ c_{31} & c_{32} & e_3 \end{vmatrix} = c_{11} \cdot (c_{22} \cdot e_3 - e_2 \cdot c_{32}) - \\ - c_{12} \cdot (c_{21} \cdot e_3 - e_2 \cdot c_{31}) + e_1 \cdot (c_{21} \cdot c_{32} - c_{22} \cdot c_{31}) \\[2em] \ddot{x}_E = \dfrac{\Delta_{xE2}}{\Delta^{(c)}}; \quad \ddot{y}_E = \dfrac{\Delta_{yE2}}{\Delta^{(c)}}; \quad \ddot{z}_E = \dfrac{\Delta_{zE2}}{\Delta^{(c)}}; \end{cases} \quad (13)$$

În continuare se scrie sistemul de viteze (14) care se derivează şi se obţine sistemul acceleraţiilor (15), care se aranjează în forma (16).

Coeficienţii se determină cu relaţiile (17) iar sistemul ia forma (18).

$$\begin{cases} d_{11} \cdot \dot{x}_F + d_{12} \cdot \dot{y}_F + d_{13} \cdot \dot{z}_F = d_1 \\ d_{21} \cdot \dot{x}_F + d_{22} \cdot \dot{y}_F + d_{23} \cdot \dot{z}_F = d_2 \\ d_{31} \cdot \dot{x}_F + d_{32} \cdot \dot{y}_F + d_{33} \cdot \dot{z}_F = d_3 \end{cases} \quad (14)$$

$$\begin{cases} \dot{d}_{11} \cdot \dot{x}_F + \dot{d}_{12} \cdot \dot{y}_F + \dot{d}_{13} \cdot \dot{z}_F + d_{11} \cdot \ddot{x}_F + d_{12} \cdot \ddot{y}_F + d_{13} \cdot \ddot{z}_F = \dot{d}_1 \\ \dot{d}_{21} \cdot \dot{x}_F + \dot{d}_{22} \cdot \dot{y}_F + \dot{d}_{23} \cdot \dot{z}_F + d_{21} \cdot \ddot{x}_F + d_{22} \cdot \ddot{y}_F + d_{23} \cdot \ddot{z}_F = \dot{d}_2 \\ \dot{d}_{31} \cdot \dot{x}_F + \dot{d}_{32} \cdot \dot{y}_F + \dot{d}_{33} \cdot \dot{z}_F + d_{31} \cdot \ddot{x}_F + d_{32} \cdot \ddot{y}_F + d_{33} \cdot \ddot{z}_F = \dot{d}_3 \end{cases} \quad (15)$$

$$\begin{cases} d_{11} \cdot \ddot{x}_F + d_{12} \cdot \ddot{y}_F + d_{13} \cdot \ddot{z}_F = \dot{d}_1 - \dot{d}_{11} \cdot \dot{x}_F - \dot{d}_{12} \cdot \dot{y}_F - \dot{d}_{13} \cdot \dot{z}_F \\ d_{21} \cdot \ddot{x}_F + d_{22} \cdot \ddot{y}_F + d_{23} \cdot \ddot{z}_F = \dot{d}_2 - \dot{d}_{21} \cdot \dot{x}_F - \dot{d}_{22} \cdot \dot{y}_F - \dot{d}_{23} \cdot \dot{z}_F \\ d_{31} \cdot \ddot{x}_F + d_{32} \cdot \ddot{y}_F + d_{33} \cdot \ddot{z}_F = \dot{d}_3 - \dot{d}_{31} \cdot \dot{x}_F - \dot{d}_{32} \cdot \dot{y}_F - \dot{d}_{33} \cdot \dot{z}_F \end{cases} \quad (16)$$

$$\begin{cases} d_{11} = \alpha; \quad \dot{d}_{11} = \dot{\alpha}; \quad d_{12} = \beta; \quad \dot{d}_{12} = \dot{\beta}; \quad d_{13} = \gamma; \quad \dot{d}_{13} = \dot{\gamma}; \\ d_1 = \alpha \cdot \dot{x}_S + \beta \cdot \dot{y}_S + \gamma \cdot \dot{z}_S - (x_F - x_S) \cdot \dot{\alpha} - (y_F - y_S) \cdot \dot{\beta} - (z_F - z_S) \cdot \dot{\gamma}; \\ \dot{d}_1 = \dot{\alpha} \cdot \dot{x}_S + \alpha \cdot \ddot{x}_S + \dot{\beta} \cdot \dot{y}_S + \beta \cdot \ddot{y}_S + \dot{\gamma} \cdot \dot{z}_S + \gamma \cdot \ddot{z}_S - (\dot{x}_F - \dot{x}_S) \cdot \dot{\alpha} - \\ \quad - (x_F - x_S) \cdot \ddot{\alpha} - (\dot{y}_F - \dot{y}_S) \cdot \dot{\beta} - (y_F - y_S) \cdot \ddot{\beta} - (\dot{z}_F - \dot{z}_S) \cdot \dot{\gamma} - (z_F - z_S) \cdot \ddot{\gamma}; \\ d_{21} = x_F - x_S; \quad d_{22} = y_F - y_S; \quad d_{23} = z_F - z_S; \\ \dot{d}_{21} = \dot{x}_F - \dot{x}_S; \quad \dot{d}_{22} = \dot{y}_F - \dot{y}_S; \quad \dot{d}_{23} = \dot{z}_F - \dot{z}_S; \\ d_2 = (x_F - x_S) \cdot \dot{x}_S + (y_F - y_S) \cdot \dot{y}_S + (z_F - z_S) \cdot \dot{z}_S; \\ \dot{d}_2 = (\dot{x}_F - \dot{x}_S) \cdot \dot{x}_S + (x_F - x_S) \cdot \ddot{x}_S + (\dot{y}_F - \dot{y}_S) \cdot \dot{y}_S + \\ \quad + (y_F - y_S) \cdot \ddot{y}_S + (\dot{z}_F - \dot{z}_S) \cdot \dot{z}_S + (z_F - z_S) \cdot \ddot{z}_S; \\ d_{31} = x_F - x_D; \quad d_{32} = y_F - y_D; \quad d_{33} = z_F - z_D; \\ \dot{d}_{31} = \dot{x}_F - \dot{x}_D; \quad \dot{d}_{32} = \dot{y}_F - \dot{y}_D; \quad \dot{d}_{33} = \dot{z}_F - \dot{z}_D; \\ d_3 = (x_F - x_D) \cdot \dot{x}_D + (y_F - y_D) \cdot \dot{y}_D + (z_F - z_D) \cdot \dot{z}_D; \\ \dot{d}_3 = (\dot{x}_F - \dot{x}_D) \cdot \dot{x}_D + (x_F - x_D) \cdot \ddot{x}_D + (\dot{y}_F - \dot{y}_D) \cdot \dot{y}_D + \\ \quad + (y_F - y_D) \cdot \ddot{y}_D + (\dot{z}_F - \dot{z}_D) \cdot \dot{z}_D + (z_F - z_D) \cdot \ddot{z}_D; \\ g_1 = \dot{d}_1 - \dot{d}_{11} \cdot \dot{x}_F - \dot{d}_{12} \cdot \dot{y}_F - \dot{d}_{13} \cdot \dot{z}_F; \\ g_2 = \dot{d}_2 - \dot{d}_{21} \cdot \dot{x}_F - \dot{d}_{22} \cdot \dot{y}_F - \dot{d}_{23} \cdot \dot{z}_F; \\ g_3 = \dot{d}_3 - \dot{d}_{31} \cdot \dot{x}_F - \dot{d}_{32} \cdot \dot{y}_F - \dot{d}_{33} \cdot \dot{z}_F \end{cases} \quad (17)$$

Sistemul (18) având coeficienții (17), se rezolvă cu relațiile (19).

$$\begin{cases} d_{11} \cdot \ddot{x}_F + d_{12} \cdot \ddot{y}_F + d_{13} \cdot \ddot{z}_F = g_1 \\ d_{21} \cdot \ddot{x}_F + d_{22} \cdot \ddot{y}_F + d_{23} \cdot \ddot{z}_F = g_2 \\ d_{31} \cdot \ddot{x}_F + d_{32} \cdot \ddot{y}_F + d_{33} \cdot \ddot{z}_F = g_3 \end{cases} \quad (18)$$

$$
\left\{
\begin{aligned}
\Delta^{(g)} &=
\begin{vmatrix}
d_{11} & d_{12} & d_{13} \\
d_{21} & d_{22} & d_{23} \\
d_{31} & d_{32} & d_{33}
\end{vmatrix}
= d_{11} \cdot (d_{22} \cdot d_{33} - d_{23} \cdot d_{32}) - \\
&- d_{12} \cdot (d_{21} \cdot d_{33} - d_{23} \cdot d_{31}) + d_{13} \cdot (d_{21} \cdot d_{32} - d_{22} \cdot d_{31}) \\[2em]
\Delta_{xF2} &=
\begin{vmatrix}
g_{1} & d_{12} & d_{13} \\
g_{2} & d_{22} & d_{23} \\
g_{3} & d_{32} & d_{33}
\end{vmatrix}
= g_{1} \cdot (d_{22} \cdot d_{33} - d_{23} \cdot d_{32}) - \\
&- d_{12} \cdot (g_{2} \cdot d_{33} - d_{23} \cdot g_{3}) + d_{13} \cdot (g_{2} \cdot d_{32} - d_{22} \cdot g_{3}) \\[2em]
\Delta_{yF2} &=
\begin{vmatrix}
d_{11} & g_{1} & d_{13} \\
d_{21} & g_{2} & d_{23} \\
d_{31} & g_{3} & d_{33}
\end{vmatrix}
= d_{11} \cdot (g_{2} \cdot d_{33} - d_{23} \cdot g_{3}) - \\
&- g_{1} \cdot (d_{21} \cdot d_{33} - d_{23} \cdot d_{31}) + d_{13} \cdot (d_{21} \cdot g_{3} - g_{2} \cdot d_{31}) \\[2em]
\Delta_{zF2} &=
\begin{vmatrix}
d_{11} & d_{12} & g_{1} \\
d_{21} & d_{22} & g_{2} \\
d_{31} & d_{32} & g_{3}
\end{vmatrix}
= d_{11} \cdot (d_{22} \cdot g_{3} - g_{2} \cdot d_{32}) - \\
&- d_{12} \cdot (d_{21} \cdot g_{3} - g_{2} \cdot d_{31}) + g_{1} \cdot (d_{21} \cdot d_{32} - d_{22} \cdot d_{31}) \\[2em]
\ddot{x}_{F} &= \frac{\Delta_{xF2}}{\Delta^{(g)}}; \quad \ddot{y}_{F} = \frac{\Delta_{yF2}}{\Delta^{(g)}}; \quad \ddot{z}_{F} = \frac{\Delta_{zF2}}{\Delta^{(g)}};
\end{aligned}
\right. \tag{19}
$$

Se scrie acum sistemul de viteze liniare (21) obținut din sistemul de poziții (20). Sistemul (21) derivat generează sistemul de accelerații liniare (22).

$$
\begin{cases}
l_1^2 = (x_D - x_A)^2 + (y_D - y_A)^2 + (z_D - z_A)^2 \\
l_2^2 = (x_D - x_B)^2 + (y_D - y_B)^2 + (z_D - z_B)^2 \\
l_3^2 = (x_E - x_B)^2 + (y_E - y_B)^2 + (z_E - z_B)^2 \\
l_4^2 = (x_E - x_C)^2 + (y_E - y_C)^2 + (z_E - z_C)^2 \\
l_5^2 = (x_F - x_C)^2 + (y_F - y_C)^2 + (z_F - z_C)^2 \\
l_6^2 = (x_F - x_A)^2 + (y_F - y_A)^2 + (z_F - z_A)^2
\end{cases}
\tag{20}
$$

$$
\begin{cases}
l_1 \cdot \dot{l}_1 = (x_D - x_A) \cdot \dot{x}_D + (y_D - y_A) \cdot \dot{y}_D + (z_D - z_A) \cdot \dot{z}_D \\
l_2 \cdot \dot{l}_2 = (x_D - x_B) \cdot \dot{x}_D + (y_D - y_B) \cdot \dot{y}_D + (z_D - z_B) \cdot \dot{z}_D \\
l_3 \cdot \dot{l}_3 = (x_E - x_B) \cdot \dot{x}_E + (y_E - y_B) \cdot \dot{y}_E + (z_E - z_B) \cdot \dot{z}_E \\
l_4 \cdot \dot{l}_4 = (x_E - x_C) \cdot \dot{x}_E + (y_E - y_C) \cdot \dot{y}_E + (z_E - z_C) \cdot \dot{z}_E \\
l_5 \cdot \dot{l}_5 = (x_F - x_C) \cdot \dot{x}_F + (y_F - y_C) \cdot \dot{y}_F + (z_F - z_C) \cdot \dot{z}_F \\
l_6 \cdot \dot{l}_6 = (x_F - x_A) \cdot \dot{x}_F + (y_F - y_A) \cdot \dot{y}_F + (z_F - z_A) \cdot \dot{z}_F
\end{cases}
\tag{21}
$$

$$
\begin{cases}
\dot{l}_1^2 + l_1 \cdot \ddot{l}_1 = (\dot{x}_D - \dot{x}_A) \cdot \dot{x}_D + (x_D - x_A) \cdot \ddot{x}_D + (\dot{y}_D - \dot{y}_A) \cdot \dot{y}_D + \\
\quad + (y_D - y_A) \cdot \ddot{y}_D + (\dot{z}_D - \dot{z}_A) \cdot \dot{z}_D + (z_D - z_A) \cdot \ddot{z}_D \\[6pt]
\dot{l}_2^2 + l_2 \cdot \ddot{l}_2 = (\dot{x}_D - \dot{x}_B) \cdot \dot{x}_D + (x_D - x_B) \cdot \ddot{x}_D + (\dot{y}_D - \dot{y}_B) \cdot \dot{y}_D + \\
\quad + (y_D - y_B) \cdot \ddot{y}_D + (\dot{z}_D - \dot{z}_B) \cdot \dot{z}_D + (z_D - z_B) \cdot \ddot{z}_D \\[6pt]
\dot{l}_3^2 + l_3 \cdot \ddot{l}_3 = (\dot{x}_E - \dot{x}_B) \cdot \dot{x}_E + (x_E - x_B) \cdot \ddot{x}_E + (\dot{y}_E - \dot{y}_B) \cdot \dot{y}_E + \\
\quad + (y_E - y_B) \cdot \ddot{y}_E + (\dot{z}_E - \dot{z}_B) \cdot \dot{z}_E + (z_E - z_B) \cdot \ddot{z}_E \\[6pt]
\dot{l}_4^2 + l_4 \cdot \ddot{l}_4 = (\dot{x}_E - \dot{x}_C) \cdot \dot{x}_E + (x_E - x_C) \cdot \ddot{x}_E + (\dot{y}_E - \dot{y}_C) \cdot \dot{y}_E + \\
\quad + (y_E - y_C) \cdot \ddot{y}_E + (\dot{z}_E - \dot{z}_C) \cdot \dot{z}_E + (z_E - z_C) \cdot \ddot{z}_E \\[6pt]
\dot{l}_5^2 + l_5 \cdot \ddot{l}_5 = (\dot{x}_F - \dot{x}_C) \cdot \dot{x}_F + (x_F - x_C) \cdot \ddot{x}_F + (\dot{y}_F - \dot{y}_C) \cdot \dot{y}_F + \\
\quad + (y_F - y_C) \cdot \ddot{y}_F + (\dot{z}_F - \dot{z}_C) \cdot \dot{z}_F + (z_F - z_C) \cdot \ddot{z}_F \\[6pt]
\dot{l}_6^2 + l_6 \cdot \ddot{l}_6 = (\dot{x}_F - \dot{x}_A) \cdot \dot{x}_F + (x_F - x_A) \cdot \ddot{x}_F + (\dot{y}_F - \dot{y}_A) \cdot \dot{y}_F + \\
\quad + (y_F - y_A) \cdot \ddot{y}_F + (\dot{z}_F - \dot{z}_A) \cdot \dot{z}_F + (z_F - z_A) \cdot \ddot{z}_F
\end{cases}
\tag{22}
$$

Din sistemul (22) se explicitează accelerațiile liniare (23) corespunzătoare celor șase picioare mobile, care sprijină și acționează în același timp platforma superioară mobilă DEF.

$$
\ddot{l}_1 = [(\dot{x}_D - \dot{x}_A) \cdot \dot{x}_D + (x_D - x_A) \cdot \ddot{x}_D + (\dot{y}_D - \dot{y}_A) \cdot \dot{y}_D +
$$
$$
+ (y_D - y_A) \cdot \ddot{y}_D + (\dot{z}_D - \dot{z}_A) \cdot \dot{z}_D + (z_D - z_A) \cdot \ddot{z}_D - \dot{l}_1^2]/l_1
$$

$$
\ddot{l}_2 = [(\dot{x}_D - \dot{x}_B) \cdot \dot{x}_D + (x_D - x_B) \cdot \ddot{x}_D + (\dot{y}_D - \dot{y}_B) \cdot \dot{y}_D +
$$
$$
+ (y_D - y_B) \cdot \ddot{y}_D + (\dot{z}_D - \dot{z}_B) \cdot \dot{z}_D + (z_D - z_B) \cdot \ddot{z}_D - \dot{l}_2^2]/l_2
$$

$$
\ddot{l}_3 = [(\dot{x}_E - \dot{x}_B) \cdot \dot{x}_E + (x_E - x_B) \cdot \ddot{x}_E + (\dot{y}_E - \dot{y}_B) \cdot \dot{y}_E +
$$
$$
+ (y_E - y_B) \cdot \ddot{y}_E + (\dot{z}_E - \dot{z}_B) \cdot \dot{z}_E + (z_E - z_B) \cdot \ddot{z}_E - \dot{l}_3^2]/l_3
$$

$$
\ddot{l}_4 = [(\dot{x}_E - \dot{x}_C) \cdot \dot{x}_E + (x_E - x_C) \cdot \ddot{x}_E + (\dot{y}_E - \dot{y}_C) \cdot \dot{y}_E +
$$
$$
+ (y_E - y_C) \cdot \ddot{y}_E + (\dot{z}_E - \dot{z}_C) \cdot \dot{z}_E + (z_E - z_C) \cdot \ddot{z}_E - \dot{l}_4^2]/l_4
$$

$$
\ddot{l}_5 = [(\dot{x}_F - \dot{x}_C) \cdot \dot{x}_F + (x_F - x_C) \cdot \ddot{x}_F + (\dot{y}_F - \dot{y}_C) \cdot \dot{y}_F +
$$
$$
+ (y_F - y_C) \cdot \ddot{y}_F + (\dot{z}_F - \dot{z}_C) \cdot \dot{z}_F + (z_F - z_C) \cdot \ddot{z}_F - \dot{l}_5^2]/l_5
$$

$$
\ddot{l}_6 = [(\dot{x}_F - \dot{x}_A) \cdot \dot{x}_F + (x_F - x_A) \cdot \ddot{x}_F + (\dot{y}_F - \dot{y}_A) \cdot \dot{y}_F +
$$
$$
+ (y_F - y_A) \cdot \ddot{y}_F + (\dot{z}_F - \dot{z}_A) \cdot \dot{z}_F + (z_F - z_A) \cdot \ddot{z}_F - \dot{l}_6^2]/l_6
$$

(23)

Cap 28-29_Sistemele mecanice mobile paralele. Elemente de dinamica mecanismului - determinarea energiei cinetice.

Cinematica platoului mobil printr-o metodă matricială de rotaţie.

În figura 1 se prezintă vectorii unitate (versori) direcţionaţi de-a lungul elementelor 1 respectiv 2, de la bază spre platforma mobilă. Coordonatele vectorilor unitate (versorilor) aparţinând moto-elementelor 1-6 (de lungime variabilă) sunt date de sistemul (1).

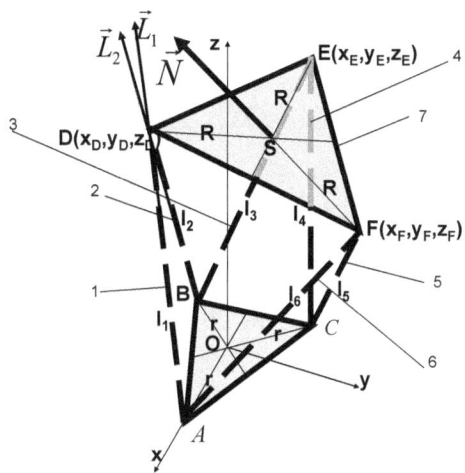

Fig. 1. Geometria, cinematica şi dinamica unei platforme Stewart

$$
\begin{cases}
\alpha_1 = \dfrac{x_D - x_A}{l_1}; & \beta_1 = \dfrac{y_D - y_A}{l_1}; & \gamma_1 = \dfrac{z_D - z_A}{l_1}; \\[2ex]
\alpha_2 = \dfrac{x_D - x_B}{l_2}; & \beta_2 = \dfrac{y_D - y_B}{l_2}; & \gamma_2 = \dfrac{z_D - z_B}{l_2}; \\[2ex]
\alpha_3 = \dfrac{x_E - x_B}{l_3}; & \beta_3 = \dfrac{y_E - y_B}{l_3}; & \gamma_3 = \dfrac{z_E - z_B}{l_3}; \\[2ex]
\alpha_4 = \dfrac{x_E - x_C}{l_4}; & \beta_4 = \dfrac{y_E - y_C}{l_4}; & \gamma_4 = \dfrac{z_E - z_C}{l_4}; \\[2ex]
\alpha_5 = \dfrac{x_F - x_C}{l_5}; & \beta_5 = \dfrac{y_F - y_C}{l_5}; & \gamma_5 = \dfrac{z_F - z_C}{l_5}; \\[2ex]
\alpha_6 = \dfrac{x_F - x_A}{l_6}; & \beta_6 = \dfrac{y_F - y_A}{l_6}; & \gamma_6 = \dfrac{z_F - z_A}{l_6};
\end{cases} \tag{1}
$$

Unde lungimile acestor versori ($\overline{L}_1 - \overline{L}_6$) sunt date de sistemul (2), iar lungimile efective ale celor şase motoelemente (variabile) se exprimă prin sistemul (3).

$$
\begin{cases}
\overline{L}_1 = \alpha_1 \cdot \overline{i} + \beta_1 \cdot \overline{j} + \gamma_1 \cdot \overline{k}; \quad \overline{L}_2 = \alpha_2 \cdot \overline{i} + \beta_2 \cdot \overline{j} + \gamma_2 \cdot \overline{k}; \\
\overline{L}_3 = \alpha_3 \cdot \overline{i} + \beta_3 \cdot \overline{j} + \gamma_3 \cdot \overline{k}; \quad \overline{L}_4 = \alpha_4 \cdot \overline{i} + \beta_4 \cdot \overline{j} + \gamma_4 \cdot \overline{k}; \\
\overline{L}_5 = \alpha_5 \cdot \overline{i} + \beta_5 \cdot \overline{j} + \gamma_5 \cdot \overline{k}; \quad \overline{L}_6 = \alpha_6 \cdot \overline{i} + \beta_6 \cdot \overline{j} + \gamma_6 \cdot \overline{k}
\end{cases}
\tag{2}
$$

$$
\begin{cases}
\overline{l}_1 = l_1 \cdot \overline{L}_1 = \alpha_1 \cdot l_1 \cdot \overline{i} + \beta_1 \cdot l_1 \cdot \overline{j} + \gamma_1 \cdot l_1 \cdot \overline{k}; \\
\overline{l}_2 = l_2 \cdot \overline{L}_2 = \alpha_2 \cdot l_2 \cdot \overline{i} + \beta_2 \cdot l_2 \cdot \overline{j} + \gamma_2 \cdot l_2 \cdot \overline{k}; \\
\overline{l}_3 = l_3 \cdot \overline{L}_3 = \alpha_3 \cdot l_3 \cdot \overline{i} + \beta_3 \cdot l_3 \cdot \overline{j} + \gamma_3 \cdot l_3 \cdot \overline{k}; \\
\overline{l}_4 = l_4 \cdot \overline{L}_4 = \alpha_4 \cdot l_4 \cdot \overline{i} + \beta_4 \cdot l_4 \cdot \overline{j} + \gamma_4 \cdot l_4 \cdot \overline{k}; \\
\overline{l}_5 = l_5 \cdot \overline{L}_5 = \alpha_5 \cdot l_5 \cdot \overline{i} + \beta_5 \cdot l_5 \cdot \overline{j} + \gamma_5 \cdot l_5 \cdot \overline{k}; \\
\overline{l}_6 = l_6 \cdot \overline{L}_6 = \alpha_6 \cdot l_6 \cdot \overline{i} + \beta_6 \cdot l_6 \cdot \overline{j} + \gamma_6 \cdot l_6 \cdot \overline{k}
\end{cases}
\tag{3}
$$

În figura 2 este reprezentat un motoelement (motoelementul 1) într-o poziţie instantanee. Dacă structural un motoelement e constituit din două elemente mobile care translatează relativ, cinematic şi mai ales dinamic este mai convenabil să reprezentăm motoelementul ca fiind un singur element mobil. Avem astfel şapte elemente mobile (cele şase motoelemente sau picioare la care se adaugă platforma mobilă 7) şi unul fix.

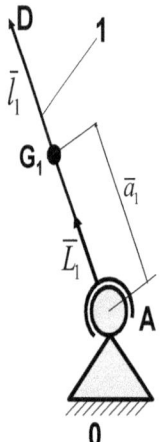

Pentru tija 1, se scriu relaţiile (4-7). Lungimea l_1 este variabilă; la fel şi distanţa a_1 care defineşte poziţia centrului de greutate G_1 (dealtfel chiar centrul de greutate G_1 se modifică permanent, chiar dacă masa tijei formată practic din două elemente cinematice aflate în mişcare relativă de translaţie este practic constantă).

$$
\begin{cases}
\alpha_1 \cdot l_1 = x_D - x_A; \quad \dot{\alpha}_1 \cdot l_1 + \alpha_1 \cdot \dot{l}_1 = \dot{x}_D; \quad \dot{\alpha}_1 = \dfrac{\dot{x}_D - \alpha_1 \cdot \dot{l}_1}{l_1}; \\
\beta_1 \cdot l_1 = y_D - y_A; \quad \dot{\beta}_1 \cdot l_1 + \beta_1 \cdot \dot{l}_1 = \dot{y}_D; \quad \dot{\beta}_1 = \dfrac{\dot{y}_D - \beta_1 \cdot \dot{l}_1}{l_1}; \\
\gamma_1 \cdot l_1 = z_D - z_A; \quad \dot{\gamma}_1 \cdot l_1 + \gamma_1 \cdot \dot{l}_1 = \dot{z}_D; \quad \dot{\gamma}_1 = \dfrac{\dot{z}_D - \gamma_1 \cdot \dot{l}_1}{l_1}
\end{cases}
\tag{4}
$$

Fig. 2. Motoelementul 1

$$
\begin{cases}
x_D = x_A + \alpha_1 \cdot l_1; \quad y_D = y_A + \beta_1 \cdot l_1; \quad z_D = z_A + \gamma_1 \cdot l_1; \\
x_{G_1} = x_A + \alpha_1 \cdot a_1; \quad y_{G_1} = y_A + \beta_1 \cdot a_1; \quad z_{G_1} = z_A + \gamma_1 \cdot a_1
\end{cases}
\tag{5}
$$

$$
\begin{cases}
x_{G_1} = \dfrac{a_1 \cdot x_D + (l_1 - a_1) \cdot x_A}{l_1}; \\[2mm]
y_{G_1} = \dfrac{a_1 \cdot y_D + (l_1 - a_1) \cdot y_A}{l_1}; \\[2mm]
z_{G_1} = \dfrac{a_1 \cdot z_D + (l_1 - a_1) \cdot z_A}{l_1}
\end{cases}
\tag{6}
$$

$$
\begin{cases}
l_1 \cdot x_{G_1} = a_1 \cdot x_D + (l_1 - a_1) \cdot x_A; \dot{l}_1 \cdot x_{G_1} + l_1 \cdot \dot{x}_{G_1} = \\
= \dot{a}_1 \cdot x_D + a_1 \cdot \dot{x}_D + (\dot{l}_1 - \dot{a}_1) \cdot x_A; \\[2mm]
\dot{x}_{G_1} = \dfrac{\dot{a}_1 \cdot x_D + a_1 \cdot \dot{x}_D - \dot{l}_1 \cdot x_{G_1} + (\dot{l}_1 - \dot{a}_1) \cdot x_A}{l_1}; \\[2mm]
\dot{y}_{G_1} = \dfrac{\dot{a}_1 \cdot y_D + a_1 \cdot \dot{y}_D - \dot{l}_1 \cdot y_{G_1} + (\dot{l}_1 - \dot{a}_1) \cdot y_A}{l_1}; \\[2mm]
\dot{z}_{G_1} = \dfrac{\dot{a}_1 \cdot z_D + a_1 \cdot \dot{z}_D - \dot{l}_1 \cdot z_{G_1} + (\dot{l}_1 - \dot{a}_1) \cdot z_A}{l_1}
\end{cases}
\tag{7}
$$

Energia cinetică a mecanismului (8) se scrie ținând cont de faptul că translația centrului de greutate al fiecărui motoelement conține deja și efectul diferitelor rotații. Fiecare motoelement (tijă) va fi studiat ca un singur element cinematic de lungime variabilă, cu masă constantă și cu poziția centrului de greutate variabilă. Mișcarea fiecărui motoelement este una de rotație spațială.

$$
\begin{cases}
E_c = \dfrac{m_1}{2} \cdot \left(\dot{x}_{G_1}^2 + \dot{y}_{G_1}^2 + \dot{z}_{G_1}^2 \right) + \dfrac{m_2}{2} \cdot \left(\dot{x}_{G_2}^2 + \dot{y}_{G_2}^2 + \dot{z}_{G_2}^2 \right) + \dfrac{m_3}{2} \cdot \left(\dot{x}_{G_3}^2 + \dot{y}_{G_3}^2 + \dot{z}_{G_3}^2 \right) + \\
+ \dfrac{m_4}{2} \cdot \left(\dot{x}_{G_4}^2 + \dot{y}_{G_4}^2 + \dot{z}_{G_4}^2 \right) + \dfrac{m_5}{2} \cdot \left(\dot{x}_{G_5}^2 + \dot{y}_{G_5}^2 + \dot{z}_{G_5}^2 \right) + \dfrac{m_6}{2} \cdot \left(\dot{x}_{G_6}^2 + \dot{y}_{G_6}^2 + \dot{z}_{G_6}^2 \right) + \\
+ \dfrac{m_7}{2} \cdot \left(\dot{x}_S^2 + \dot{y}_S^2 + \dot{z}_S^2 \right) + \dfrac{J_{7SN}}{2} \cdot \omega_{7SN}^2
\end{cases}
\tag{8}
$$

După modelul sistemului (7) se determină vitezele centrelor de greutate ale celor șase tije (vezi ecuațiile 9). Vitezele $\dot{x}_S$, $\dot{y}_S$, $\dot{z}_S$, ω_{7SN} sunt cunoscute. Masele se cântăresc, iar momentul masic (inerțial) după axa N se calculează cu o formulă aproximativă (10).

$$
\begin{cases}
\dot{x}_{G_1} = \dfrac{\dot{a}_1 \cdot (x_D - x_A) + a_1 \cdot \dot{x}_D + \dot{l}_1 \cdot (x_A - x_{G_1})}{l_1}; \dot{y}_{G_1} = \dfrac{\dot{a}_1 \cdot (y_D - y_A) + a_1 \cdot \dot{y}_D + \dot{l}_1 \cdot (y_A - y_{G_1})}{l_1}; \\[3mm]
\dot{z}_{G_1} = \dfrac{\dot{a}_1 \cdot (z_D - z_A) + a_1 \cdot \dot{z}_D + \dot{l}_1 \cdot (z_A - z_{G_1})}{l_1}; \dot{x}_{G_2} = \dfrac{\dot{a}_2 \cdot (x_D - x_B) + a_2 \cdot \dot{x}_D + \dot{l}_2 \cdot (x_B - x_{G_2})}{l_2} \\[3mm]
\dot{y}_{G_2} = \dfrac{\dot{a}_2 \cdot (y_D - y_B) + a_2 \cdot \dot{y}_D + \dot{l}_2 \cdot (y_B - y_{G_2})}{l_2}; \dot{z}_{G_2} = \dfrac{\dot{a}_2 \cdot (z_D - z_B) + a_2 \cdot \dot{z}_D + \dot{l}_2 \cdot (z_B - z_{G_2})}{l_2}; \\[3mm]
\dot{x}_{G_3} = \dfrac{\dot{a}_3 \cdot (x_E - x_B) + a_3 \cdot \dot{x}_E + \dot{l}_3 \cdot (x_B - x_{G_3})}{l_3}; \dot{y}_{G_3} = \dfrac{\dot{a}_3 \cdot (y_E - y_B) + a_3 \cdot \dot{y}_E + \dot{l}_3 \cdot (y_B - y_{G_3})}{l_3}; \\[3mm]
\dot{z}_{G_3} = \dfrac{\dot{a}_3 \cdot (z_E - z_B) + a_3 \cdot \dot{z}_E + \dot{l}_3 \cdot (z_B - z_{G_3})}{l_3}; \dot{x}_{G_4} = \dfrac{\dot{a}_4 \cdot (x_E - x_C) + a_4 \cdot \dot{x}_E + \dot{l}_4 \cdot (x_C - x_{G_4})}{l_4}; \\[3mm]
\dot{y}_{G_4} = \dfrac{\dot{a}_4 \cdot (y_E - y_C) + a_4 \cdot \dot{y}_E + \dot{l}_4 \cdot (y_C - y_{G_4})}{l_4}; \dot{z}_{G_4} = \dfrac{\dot{a}_4 \cdot (z_E - z_C) + a_4 \cdot \dot{z}_E + \dot{l}_4 \cdot (z_C - z_{G_4})}{l_4}; \\[3mm]
\dot{x}_{G_5} = \dfrac{\dot{a}_5 \cdot (x_F - x_C) + a_5 \cdot \dot{x}_F + \dot{l}_5 \cdot (x_C - x_{G_5})}{l_5}; \dot{y}_{G_5} = \dfrac{\dot{a}_5 \cdot (y_F - y_C) + a_5 \cdot \dot{y}_F + \dot{l}_5 \cdot (y_C - y_{G_5})}{l_5}; \\[3mm]
\dot{z}_{G_5} = \dfrac{\dot{a}_5 \cdot (z_F - z_C) + a_5 \cdot \dot{z}_F + \dot{l}_5 \cdot (z_C - z_{G_5})}{l_5}; \dot{x}_{G_6} = \dfrac{\dot{a}_6 \cdot (x_F - x_A) + a_6 \cdot \dot{x}_F + \dot{l}_6 \cdot (x_A - x_{G_6})}{l_6}; \\[3mm]
\dot{y}_{G_6} = \dfrac{\dot{a}_6 \cdot (y_F - y_A) + a_6 \cdot \dot{y}_F + \dot{l}_6 \cdot (y_A - y_{G_6})}{l_6}; \dot{z}_{G_6} = \dfrac{\dot{a}_6 \cdot (z_F - z_A) + a_6 \cdot \dot{z}_F + \dot{l}_6 \cdot (z_A - z_{G_6})}{l_6}
\end{cases} \quad (9)
$$

$$
J_{7SN} = \frac{\dfrac{1}{2} m_p \cdot R_T^2 + \dfrac{1}{2} m_p \cdot r_T^2}{2} = \frac{m_p}{4} \cdot \left(R_T^2 + r_T^2 \right) = \frac{m_p}{4} \cdot \left[R_T^2 + \left(\frac{1}{2} R_T \right)^2 \right] =
$$

$$
= \frac{m_p}{4} \cdot R_T^2 \cdot \left(1 + \frac{1}{4} \right) = \frac{5}{16} \cdot m_p \cdot R_T^2 = \frac{5}{16} \cdot m_p \cdot R^2 \quad (10)
$$

Unde m_p reprezintă masa platoului mobil 7 (obținută prin cântărire).

GEOMETRIA ȘI CINEMATICA PLATOULUI MOBIL 7,
PRINTR-O METODĂ DE ROTAȚIE MATRICIALĂ

În figura 3 este reprezentat platoul mobil 7, format dintr-un triunghi echilateral DEF cu centrul S. Acestui triunghi îi atașăm un sistem de axe rectangular, mobil, solidar cu platforma, $x_1 S y_1 z_1$.

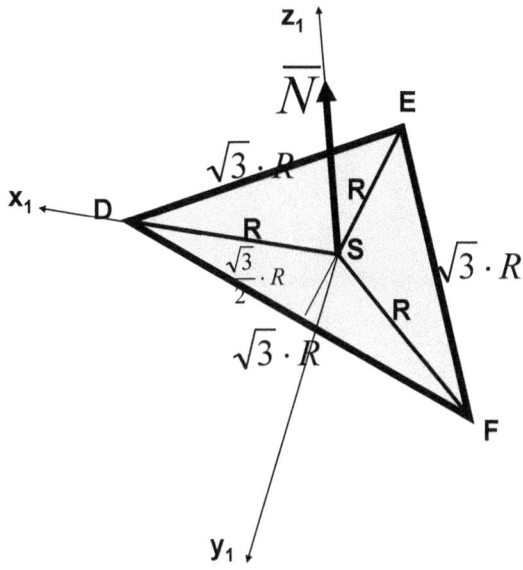

Fig. 3. Geometria și cinematica platformei mobile 7

Se cunosc coordonatele vectorului $\overline{N}$ și coordonatele punctului S (în raport cu reperul fix considerat inițial, legat de platforma fixă, considerată bază); cunoaștem deci coordonatele rectangulare ale axei Sz_1, astfel încât se pot calcula pentru început coordonatele axei Sx_1 (relațiile 11), axă determinată de punctele S, D (cunoscute). Se obțin coordonatele vectorului Sx_1. Acestea împreună cu coordonatele punctului S determină axa Sx_1 (11).

$$
\begin{cases}
l_{SD} = \sqrt{(x_D - x_S)^2 + (y_D - y_S)^2 + (z_D - z_S)^2} = \\
\quad = \sqrt{R^2} = R \\[2mm]
\alpha_{x_1} = \dfrac{x_D - x_S}{l_{SD}} = \dfrac{x_D - x_S}{R}; \\[3mm]
\beta_{x_1} = \dfrac{y_D - y_S}{l_{SD}} = \dfrac{y_D - y_S}{R}; \\[3mm]
\gamma_{x_1} = \dfrac{z_D - z_S}{l_{SD}} = \dfrac{z_D - z_S}{R}
\end{cases}
\tag{11}
$$

Înşurubând axa $\vec{Sz_1}$ către (peste) axa $\vec{Sx_1}$ generăm axa $\vec{Sy_1}$ (12). Se obţin astfel coordonatele sistemului mobil $x_1Sy_1z_1$ (12).

$$\left\{ \begin{array}{l}
\vec{Sy_1} = \vec{Sz_1} \times \vec{Sx_1} = \begin{vmatrix} \vec{i} & \vec{j} & \vec{k} \\ \alpha & \beta & \gamma \\ \alpha_{x_1} & \beta_{x_1} & \gamma_{x_1} \end{vmatrix} = \\[1em]
= \left(\beta \cdot \gamma_{x_1} - \beta_{x_1} \cdot \gamma\right)\cdot \vec{i} + \left(\alpha_{x_1} \cdot \gamma - \alpha \cdot \gamma_{x_1}\right)\cdot \vec{j} + \left(\alpha \cdot \beta_{x_1} - \alpha_{x_1} \cdot \beta\right)\cdot \vec{k} = \\[1em]
= \dfrac{\beta \cdot (z_D - z_S) - \gamma \cdot (y_D - y_S)}{R} \cdot \vec{i} + \dfrac{\gamma \cdot (x_D - x_S) - \alpha \cdot (z_D - z_S)}{R} \cdot \vec{j} + \\[1em]
+ \dfrac{\alpha \cdot (y_D - y_S) - \beta \cdot (x_D - x_S)}{R} \cdot \vec{k} = \alpha_{y_1} \cdot \vec{i} + \beta_{y_1} \cdot \vec{j} + \gamma_{y_1} \cdot \vec{k}; \\[1em]
\alpha_{y_1} = \dfrac{\beta \cdot (z_D - z_S) - \gamma \cdot (y_D - y_S)}{R}; \\[1.5em]
\beta_{y_1} = \dfrac{\gamma \cdot (x_D - x_S) - \alpha \cdot (z_D - z_S)}{R}; \quad \Rightarrow [x_1 Sy_1 z_1] = \begin{vmatrix} \alpha_{x_1} & \beta_{x_1} & \gamma_{x_1} \\ \alpha_{y_1} & \beta_{y_1} & \gamma_{y_1} \\ \alpha & \beta & \gamma \end{vmatrix} \\[1.5em]
\gamma_{y_1} = \dfrac{\alpha \cdot (y_D - y_S) - \beta \cdot (x_D - x_S)}{R}; \\[1em]
\alpha_{x_1} = \dfrac{x_D - x_S}{R}; \quad \alpha_{y_1} = \dfrac{\beta \cdot (z_D - z_S) - \gamma \cdot (y_D - y_S)}{R}; \quad \alpha_{z_1} = \alpha; \\[1em]
\beta_{x_1} = \dfrac{y_D - y_S}{R}; \quad \beta_{y_1} = \dfrac{\gamma \cdot (x_D - x_S) - \alpha \cdot (z_D - z_S)}{R}; \quad \beta_{z_1} = \beta; \\[1em]
\gamma_{x_1} = \dfrac{z_D - z_S}{R}; \quad \gamma_{y_1} = \dfrac{\alpha \cdot (y_D - y_S) - \beta \cdot (x_D - x_S)}{R}; \quad \gamma_{z_1} = \gamma
\end{array} \right. \tag{12}$$

În figura 4 se dă o rotaţie pozitivă axei $\vec{Sx_1}$ în jurul axei $\vec{Sz_1}$ ($\vec{N}$), de unghi φ_1.

Utilizând relaţiile ajutătoare (13) se scrie sistemul matricial (14), prin care se determină direct (cu ajutorul rotaţiei matriciale) coordonatele absolute (în reperul cartezian fix) ale unui punct D^1 ce face parte din planul mobil al platoului superior. Acest punct se mişcă pe cercul de rază R şi centru S conform rotaţiei impuse de unghiul de rotaţie φ_1. Coordonatele finale se explicitează sub forma (15).

$$\begin{cases} \alpha_{x_1} = \dfrac{x_D - x_S}{R}; \quad \alpha_{y_1} = \dfrac{\beta \cdot (z_D - z_S) - \gamma \cdot (y_D - y_S)}{R}; \quad \alpha_{z_1} = \alpha; \quad x_{1D^1} = R \cdot \cos\varphi_1 \\[3mm] \beta_{x_1} = \dfrac{y_D - y_S}{R}; \quad \beta_{y_1} = \dfrac{\gamma \cdot (x_D - x_S) - \alpha \cdot (z_D - z_S)}{R}; \quad \beta_{z_1} = \beta; \quad y_{1D^1} = R \cdot \sin\varphi_1 \\[3mm] \gamma_{x_1} = \dfrac{z_D - z_S}{R}; \quad \gamma_{y_1} = \dfrac{\alpha \cdot (y_D - y_S) - \beta \cdot (x_D - x_S)}{R}; \quad \gamma_{z_1} = \gamma; \quad z_{1D^1} = 0 \end{cases} \quad (13)$$

$$\begin{cases} \begin{bmatrix} x_{D^1} \\ y_{D^1} \\ z_{D^1} \end{bmatrix} = \begin{bmatrix} x_S \\ y_S \\ z_S \end{bmatrix} + \begin{vmatrix} \alpha_{x_1} & \beta_{x_1} & \gamma_{x_1} \\ \alpha_{y_1} & \beta_{y_1} & \gamma_{y_1} \\ \alpha_{z_1} & \beta_{z_1} & \gamma_{z_1} \end{vmatrix} \cdot \begin{bmatrix} x_{1D^1} \\ y_{1D^1} \\ z_{1D^1} \end{bmatrix} = \begin{bmatrix} x_S + \alpha_{x_1} \cdot x_{1D^1} + \beta_{x_1} \cdot y_{1D^1} + \gamma_{x_1} \cdot z_{1D^1} \\ y_S + \alpha_{y_1} \cdot x_{1D^1} + \beta_{y_1} \cdot y_{1D^1} + \gamma_{y_1} \cdot z_{1D^1} \\ z_S + \alpha_{z_1} \cdot x_{1D^1} + \beta_{z_1} \cdot y_{1D^1} + \gamma_{z_1} \cdot z_{1D^1} \end{bmatrix} = \quad (14) \\[6mm] = \begin{bmatrix} x_S + (x_D - x_S) \cdot \cos\varphi_1 + (y_D - y_S) \cdot \sin\varphi_1 \\ y_S + [\beta \cdot (z_D - z_S) - \gamma \cdot (y_D - y_S)] \cdot \cos\varphi_1 + [\gamma \cdot (x_D - x_S) - \alpha \cdot (z_D - z_S)] \cdot \sin\varphi_1 \\ z_S + \alpha \cdot R \cdot \cos\varphi_1 + \beta \cdot R \cdot \sin\varphi_1 \end{bmatrix} \end{cases}$$

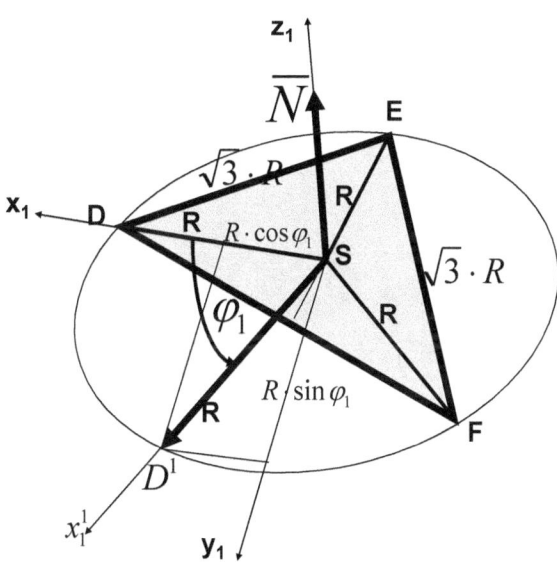

Fig. 4. Rotaţia în jurul axei N (în cadrul platformei mobile)

$$\begin{cases} x_{D^1} = x_S + (x_D - x_S) \cdot \cos\varphi_1 + (y_D - y_S) \cdot \sin\varphi_1 \\ y_{D^1} = y_S + [\beta \cdot (z_D - z_S) - \gamma \cdot (y_D - y_S)]\cos\varphi_1 + [\gamma \cdot (x_D - x_S) - \alpha \cdot (z_D - z_S)]\sin\varphi_1 \\ z_{D^1} = z_S + \alpha \cdot R \cdot \cos\varphi_1 + \beta \cdot R \cdot \sin\varphi_1 \end{cases} \quad (15)$$

Se utilizează metoda rotaţiei matriciale pentru deducerea punctului F (pentru deducerea coordonatelor punctului F). Punctul D se suprapune peste punctul F dacă îi atribuim punctului D o rotaţie pozitivă de 120⁰ (16-17). Derivăm sistemul (17) şi obţinem direct vitezele (18) şi acceleraţiile (19) punctului F.

$$\begin{cases} x_F = x_{D^1_{120}} = x_S + (x_D - x_S) \cdot \cos 120 + (y_D - y_S) \cdot \sin 120 \\ y_F = y_{D^1_{120}} = y_S + [\beta \cdot (z_D - z_S) - \gamma \cdot (y_D - y_S)] \cdot \cos 120 + \\ + [\gamma \cdot (x_D - x_S) - \alpha \cdot (z_D - z_S)] \cdot \sin 120 \\ z_F = z_{D^1_{120}} = z_S + \alpha \cdot R \cdot \cos 120 + \beta \cdot R \cdot \sin 120 \end{cases} \quad (16)$$

$$\begin{cases} x_F = x_S - \dfrac{1}{2} \cdot (x_D - x_S) + \dfrac{\sqrt{3}}{2} \cdot (y_D - y_S) \\ y_F = y_S - \dfrac{1}{2} \cdot [\beta \cdot (z_D - z_S) - \gamma \cdot (y_D - y_S)] + \\ + \dfrac{\sqrt{3}}{2} \cdot [\gamma \cdot (x_D - x_S) - \alpha \cdot (z_D - z_S)] \\ z_F = z_S - \dfrac{1}{2} \cdot R \cdot \alpha + \dfrac{\sqrt{3}}{2} \cdot R \cdot \beta \end{cases} \quad (17)$$

$$\begin{cases} \dot{x}_F = \dot{x}_S - \dfrac{1}{2} \cdot (\dot{x}_D - \dot{x}_S) + \dfrac{\sqrt{3}}{2} \cdot (\dot{y}_D - \dot{y}_S) \\ \dot{y}_F = \dot{y}_S - \dfrac{1}{2} \cdot [\dot{\beta} \cdot (z_D - z_S) + \beta \cdot (\dot{z}_D - \dot{z}_S) - \dot{\gamma} \cdot (y_D - y_S) - \gamma \cdot (\dot{y}_D - \dot{y}_S)] + \\ + \dfrac{\sqrt{3}}{2} \cdot [\dot{\gamma} \cdot (x_D - x_S) + \gamma \cdot (\dot{x}_D - \dot{x}_S) - \dot{\alpha} \cdot (z_D - z_S) - \alpha \cdot (\dot{z}_D - \dot{z}_S)] \\ \dot{z}_F = \dot{z}_S - \dfrac{1}{2} \cdot R \cdot \dot{\alpha} + \dfrac{\sqrt{3}}{2} \cdot R \cdot \dot{\beta} \end{cases} \quad (18)$$

$$\begin{cases} \ddot{x}_F = \ddot{x}_S - \dfrac{1}{2} \cdot (\ddot{x}_D - \ddot{x}_S) + \dfrac{\sqrt{3}}{2} \cdot (\ddot{y}_D - \ddot{y}_S) \\ \ddot{y}_F = \ddot{y}_S - \dfrac{1}{2} \cdot [\ddot{\beta} \cdot (z_D - z_S) + 2 \cdot \dot{\beta} \cdot (\dot{z}_D - \dot{z}_S) + \beta \cdot (\ddot{z}_D - \ddot{z}_S) - \\ - \ddot{\gamma} \cdot (y_D - y_S) - 2 \cdot \dot{\gamma} \cdot (\dot{y}_D - \dot{y}_S) - \gamma \cdot (\ddot{y}_D - \ddot{y}_S)] + \dfrac{\sqrt{3}}{2} \cdot [\ddot{\gamma} \cdot (x_D - x_S) + \\ + 2 \cdot \dot{\gamma} \cdot (\dot{x}_D - \dot{x}_S) + \gamma \cdot (\ddot{x}_D - \ddot{x}_S) - \ddot{\alpha} \cdot (z_D - z_S) - 2 \cdot \dot{\alpha} \cdot (\dot{z}_D - \dot{z}_S) - \alpha \cdot (\ddot{z}_D - \ddot{z}_S)] \\ \ddot{z}_F = \ddot{z}_S - \dfrac{1}{2} \cdot R \cdot \ddot{\alpha} + \dfrac{\sqrt{3}}{2} \cdot R \cdot \ddot{\beta} \end{cases} \quad (19)$$

Pentru determinarea coordonatelor punctului E rotim punctul D cu $\varphi_1 = -120^0$ (20). Vitezele (21) și accelerațiile (22) punctului E se determină prin derivarea sistemului (20).

$$
\begin{cases}
x_E = x_S - \dfrac{1}{2} \cdot (x_D - x_S) - \dfrac{\sqrt{3}}{2} \cdot (y_D - y_S) \\[2mm]
y_E = y_S - \dfrac{1}{2} \cdot [\beta \cdot (z_D - z_S) - \gamma \cdot (y_D - y_S)] - \dfrac{\sqrt{3}}{2} \cdot [\gamma \cdot (x_D - x_S) - \alpha \cdot (z_D - z_S)] \\[2mm]
z_E = z_S - \dfrac{1}{2} \cdot R \cdot \alpha - \dfrac{\sqrt{3}}{2} \cdot R \cdot \beta
\end{cases}
\tag{20}
$$

$$
\begin{cases}
\dot{x}_E = \dot{x}_S - \dfrac{1}{2} \cdot (\dot{x}_D - \dot{x}_S) - \dfrac{\sqrt{3}}{2} \cdot (\dot{y}_D - \dot{y}_S) \\[2mm]
\dot{y}_E = \dot{y}_S - \dfrac{1}{2} \cdot [\dot{\beta} \cdot (z_D - z_S) + \beta \cdot (\dot{z}_D - \dot{z}_S) - \dot{\gamma} \cdot (y_D - y_S) - \gamma \cdot (\dot{y}_D - \dot{y}_S)] - \\[2mm]
\quad - \dfrac{\sqrt{3}}{2} \cdot [\dot{\gamma} \cdot (x_D - x_S) + \gamma \cdot (\dot{x}_D - \dot{x}_S) - \dot{\alpha} \cdot (z_D - z_S) - \alpha \cdot (\dot{z}_D - \dot{z}_S)] \\[2mm]
\dot{z}_E = \dot{z}_S - \dfrac{1}{2} \cdot R \cdot \dot{\alpha} - \dfrac{\sqrt{3}}{2} \cdot R \cdot \dot{\beta}
\end{cases}
\tag{21}
$$

$$
\begin{cases}
\ddot{x}_E = \ddot{x}_S - \dfrac{1}{2} \cdot (\ddot{x}_D - \ddot{x}_S) - \dfrac{\sqrt{3}}{2} \cdot (\ddot{y}_D - \ddot{y}_S) \\[2mm]
\ddot{y}_E = \ddot{y}_S - \dfrac{1}{2} \cdot [\ddot{\beta} \cdot (z_D - z_S) + 2 \cdot \dot{\beta} \cdot (\dot{z}_D - \dot{z}_S) + \beta \cdot (\ddot{z}_D - \ddot{z}_S) - \\[2mm]
\quad - \ddot{\gamma} \cdot (y_D - y_S) - 2 \cdot \dot{\gamma} \cdot (\dot{y}_D - \dot{y}_S) - \gamma \cdot (\ddot{y}_D - \ddot{y}_S)] - \dfrac{\sqrt{3}}{2} \cdot [\ddot{\gamma} \cdot (x_D - x_S) + \\[2mm]
\quad + 2 \cdot \dot{\gamma} \cdot (\dot{x}_D - \dot{x}_S) + \gamma \cdot (\ddot{x}_D - \ddot{x}_S) - \ddot{\alpha} \cdot (z_D - z_S) - 2 \cdot \dot{\alpha} \cdot (\dot{z}_D - \dot{z}_S) - \alpha \cdot (\ddot{z}_D - \ddot{z}_S)] \\[2mm]
\ddot{z}_E = \ddot{z}_S - \dfrac{1}{2} \cdot R \cdot \ddot{\alpha} - \dfrac{\sqrt{3}}{2} \cdot R \cdot \ddot{\beta}
\end{cases}
\tag{22}
$$

Evident, metoda rotației este mult mai simplă, mai rapidă și mai directă, decât metoda geometrică (sau alte metode).

Cap 30_Sistemele mecanice mobile paralele. Structura.

În figura 1 se prezintă schema cinematică a unui sistem mecanic mobil paralel, având toate cele 12 cuple cinematice (care leagă cele șase picioare motoare de cele două platforme, fixă și mobilă) de tip articulații sferice (cuple sferă în sferă, care permit toate rotațiile posibile și nu dau voie să se producă nici o translație), practic cuple de clasa a treia (C_3). Cuplele cinematice motoare (șase la număr) pot fi construite în două variante: C_5 sau C_4.

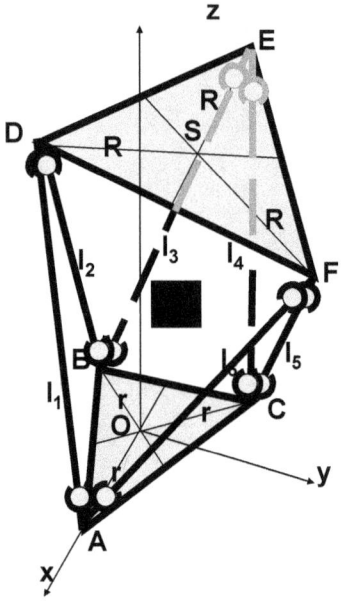

Fig. 1. Articulațiile dintre picioare și platforme în mod normal trebuie să fie toate numai cuple cinematice sferă în sferă, adică cuple cinematice de clasa a treia (C_3)

Cuplele sferă în sferă (articulațiile sferice) permit rotațiile în spațiu pe toate cele trei axe, și opresc toate translațiile. Ele sunt mai dificil de realizat din punct de vedere tehnologic, sunt ceva mai scumpe și în general au viața mai scurtă, uzura lor fiind destul de rapidă (chiar dacă suprafața de contact de tip sferă pe sferă este mare). Au însă marele avantaj al unui gabarit redus (masă și volum reduse), (a se vedea figura 2). Viața lor poate fi prelungită printr-o proiectare optimă, printr-o prelucrare minuțioasă, printr-o ungere corespunzătoare, etc. Articulațiile sferice sunt utilizate în industria constructoare de mașini, în special în cea a automobilelor. Ele sunt întâlnite la sistemele de prindere a roților (pivoții basculelor), la articulațiile sistemului de direcție, la oglinzile retrovizoare, la unele schimbătoare de viteze în sistemul de acționare, etc.

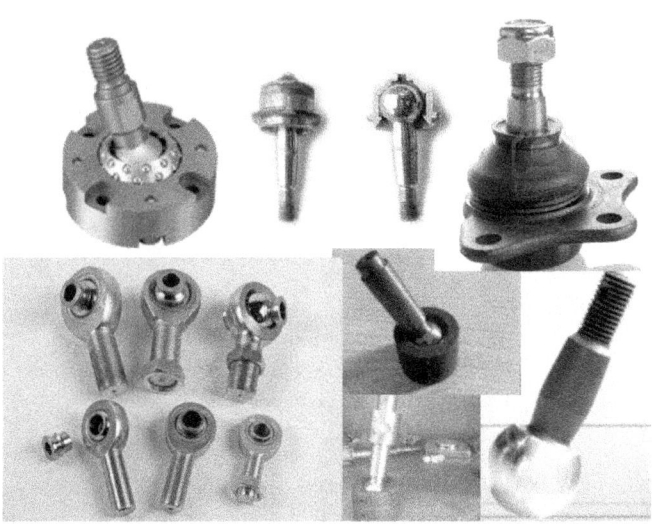

Fig. 2. Articulaţiile sferice au utilizări multiple

Pentru un sistem paralel cu 12 articulaţii sferice (C_3), şi 6 cuple motoare (C_5) numai de translaţie, de clasa a V-a, mobilitatea sistemului (mecanismului spaţial) se calculează cu formula generală (1), (pentru un mecanism spaţial de familia 0):

$$M_0 = 6 \cdot m - 5 \cdot C_5 - 4 \cdot C_4 - 3 \cdot C_3 - 2 \cdot C_2 - 1 \cdot C_1 =$$
$$= 6 \cdot m - 5 \cdot C_5 - 3 \cdot C_3 = 6 \cdot 13 - 5 \cdot 6 - 3 \cdot 12 = \qquad (1)$$
$$= 78 - 30 - 36 = 12$$

Unde m reprezintă numărul elementelor mobile ale mecanismului (sistemului), în cazul de faţă m fiind egal cu 13, deoarece cele şase picioare mobile sunt formate fiecare din câte două elemente (deci 6*2=12), iar una din platforme (cea superioară) este şi ea mobilă (reprezenţând cel de al treisprăzecelea element mobil al sistemului).

Din cele 12 grade de mobilitate ale sistemului numai 6 sunt active (ele reprezentând mişcările liniare ale motoarelor liniare). Celelalte şase grade de mobilitate sunt pasive (nu indică necesitatea utilizării unor actuatori suplimentari pentru realizarea lor). Ele sunt practic materializate prin şase mişcări de rotaţie suplimentare ale celor şase picioare, fiecare picior format din două elemente cinematice, considerat ca un solid, putându-se roti liber între cele două articulaţii sferice ale sale (prin care este legat la cele două platforme, cea fixă de la bază şi cea mobilă de sus), (a se urmări figura 3).

Deşi în general această rotaţie pasivă este aleatorie (cinematic nu este necesară), totuşi ea ajută la o mai bună mobilitate (mişcare) dinamică a mecanismului (sistemului).

Fig. 3. Rotaţia pasivă a piciorului motor între cele două articulaţii sferice (C₃).
Rotaţia între elementele de translaţie nu este permisă, când cupla motoare este una
de translaţie de clasa a V-a (C₅)

Practic, se utilizează în locul cuplelor motoare de translaţie (C_5) cuple motoare cilindrice (C_4) care pe lângă mişcarea de translaţie, permit şi o mişcare de rotaţie relativă între cele două bare ale cuplei motoare. Actuatorii liniari sunt construiţi în aşa fel încât fiecare să permită şi o mişcare de rotaţie relativă între cele două bare active. Mişcarea motoare este cea liniară, dar este permisă şi o mişcare de rotaţie relativă în cadrul motoelementului.

În această situaţie dispar cele şase cuple de clasa a V-a (C_5), ele fiind înlocuite în totalitate cu articulaţii mobile cilindrice de clasa a IV-a (C_4), (a se vedea figura 4). Formula gradului de mobilitate îmbracă aspectul (2).

$$M_0 = 6 \cdot m - 5 \cdot C_5 - 4 \cdot C_4 - 3 \cdot C_3 - 2 \cdot C_2 - 1 \cdot C_1 =$$
$$= 6 \cdot m - 4 \cdot C_4 - 3 \cdot C_3 = 6 \cdot 13 - 4 \cdot 6 - 3 \cdot 12 = 78 - 24 - 36 = 18$$

(2)

Mecanismul îşi sporeşte gradul de mobilitate, dar numai şase dintre aceste mobilităţi sunt active (ele se referă la mişcările liniare impuse de cei şase actuatori). În acest caz avem 12 mişcări pasive de rotaţie.

Fig. 4. Pe lângă rotaţia pasivă a piciorului motor între cele două articulaţii sferice
(C₃), mai are loc şi o rotaţie între cele două elemente de translaţie. Se utilizează acum
o cuplă cinematică motoare cilindrică, de clasa a IV-a (C₄)

Ambele variante prezentate sunt nu doar funcționale dar au și o dinamică mai bună. Ele au fost utilizate la început chiar de Stewart. Acesta a propus apoi un sistem combinat, mai rigid (din punct de vedere dinamic) și mai economic, în care șase dintre articulațiile sferice (C_3) să fie înlocuite cu șase articulații de tip universal (cruce cardanică, etc), adică cu cuple de clasa a IV-a. Deci din cele 12 cuple sferice C_3, rămân spre utilizare jumătate (șase cuple C_3), iar alte șase vor fi de clasa a IV-a (articulații universale) și împreună cu articulațiile cilindrice motoare (C_4) vor realiza la platforma Stewart 12 cuple C_4. Mobilitatea va fi dată de formula (3).

$$M_0 = 6 \cdot m - 5 \cdot C_5 - 4 \cdot C_4 - 3 \cdot C_3 - 2 \cdot C_2 - 1 \cdot C_1 = \\ = 6 \cdot m - 4 \cdot C_4 - 3 \cdot C_3 = 6 \cdot 13 - 4 \cdot 12 - 3 \cdot 6 = 78 - 48 - 18 = 12 \tag{3}$$

El s-a impus imediat și deși se credea că înlocuind toate articulațiile sferice cu articulații universale sistemul nu va mai funcționa, totuși cineva a încercat și a văzut că merge și așa, și așa a și rămas. Marea majoritate a platformelor paralele de tip Stewart au astăzi 12 articulații universale și 6 cuple motoare cilindrice toate fiind cuple cinematice de clasa a IV-a (C_4).

Dispar articulațiile C_3 și cuplele motoare C_5 și rămân doar articulații universale și cuple motoare cilindrice, toate de clasa cinematică C_4, (fig. 5).

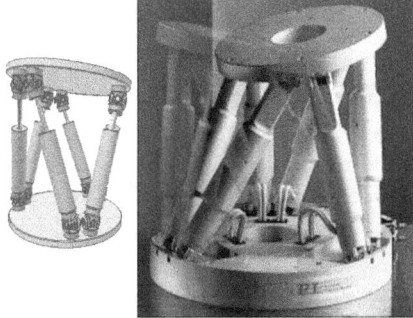

Fig. 5. Platforme moderne de tip Stewart cu 12 articulații universale

Articulațiile universale utilizate pot fi din punct de vedere constructiv de mai multe feluri (a se vedea fig. 6).

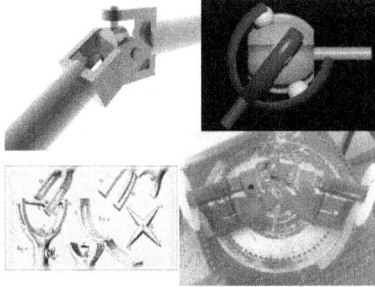

Fig. 6. Articulații universale (diversitatea lor constructivă este mare)

Formula de calcul a gradului de mobilitate se scrie acum sub forma mult simplificată (4).

$$M_0 = 6 \cdot m - 5 \cdot C_5 - 4 \cdot C_4 - 3 \cdot C_3 - 2 \cdot C_2 - 1 \cdot C_1 =$$
$$= 6 \cdot m - 4 \cdot C_4 = 6 \cdot 13 - 4 \cdot 18 = 78 - 72 = 6 \tag{4}$$

Deși pare mecanismul cel mai rigid (dinamic), cu numai șase grade de mobilitate, toate active, reprezentând cele șase mobilități liniare ale celor șase actuatori, acest sistem fără mobilități suplimentare, pasive, de rotație, a reușit să se impună ca o soluție mai judicioasă (din punct de vedere economico-financiar, dar și tehnologic, el fiind mai ușor de realizat, mai ieftin și mai fiabil; vezi figurile 5 și 7).

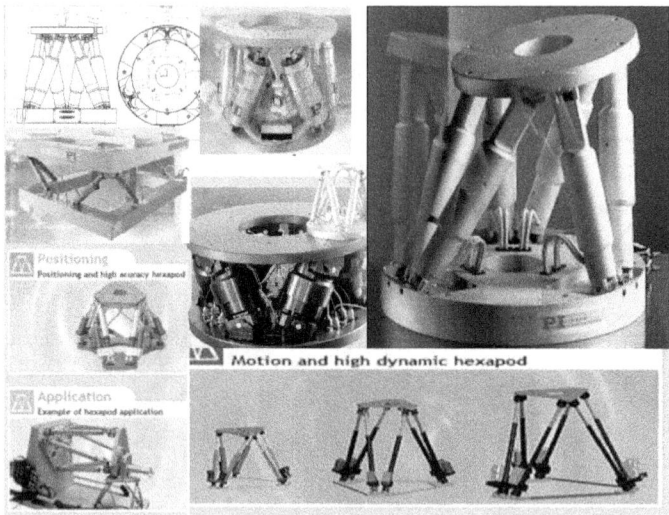

Fig. 7. Platforme moderne de tip Stewart cu articulații universale

Motoarele liniare (actuatorii) sunt de cele mai multe ori hidraulice (figura 8). Ele pot fi și electrice, pneumatice, etc, dar cele mai utilizate sunt pentru moment cele hidraulice.

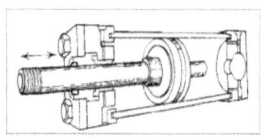

Fig. 8. Motor (Actuator) liniar hidraulic

Avantajele lor (ale actuatoarelor hidraulice în particular, dar și ale sistemelor paralele în general) sunt reprezentate în primul rând de vitezele mari de lucru (asemeni sistemelor de acționare de la tractoarele specializate), viteze mari cu păstrarea unei dinamici bune. Echilibrarea lor se face mai simplu (la sistemele hidraulice, care acționează în mod implicit nu doar ca motoare ci și ca amortizoare hidraulice, simultan). Sistemele paralele (în general) sunt mai rapide, mai dinamice, mai bine echilibrate, mai silențioase, și în special „mai rigide și mai precise", comparativ cu structurile seriale.

Acolo unde este nevoie de rigiditate mare și precizie ridicată se va lua în considerare (de la bun început) utilizarea unui sistem mecanic mobil paralel (la operațiile medicale, pe creier, sau pe măduva coloanei vertebrale, de exemplu, la operațiile în medii toxice, chimice, nucleare, în industria grea, etc).

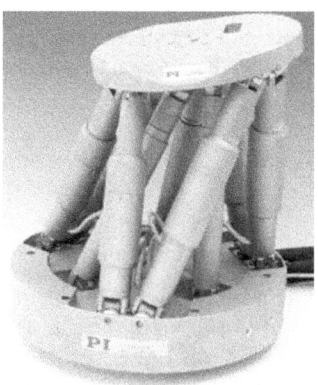

Fig. 9. Sistem paralel cu nouă picioare liniare hidraulice

Deși pare exagerat, în unele medii amintite anterior (la operațiile pe șira spinării) s-au introdus, la cererea medicilor specialiști, dispozitive bazate pe platforme paralele super rigidizate, prin suplimentarea celor șase picioare motoare cu încă trei, rezultând astfel în final nouă picioare (vezi figura 9).

Avem acum nouă picioare, fiecare din ele conținând câte două elemente cinematice mobile și câte trei cuple C_4.

Numărul elementelor mobile, m, se ridică acum la 9*2+1=19. Cuplele cinematice sunt numai de clasa a patra, C_4=9*3=27. Formula mobilității mecanismului (sistemului) fiind dată de relația (5).

$$M_0 = 6 \cdot m - 5 \cdot C_5 - 4 \cdot C_4 - 3 \cdot C_3 - 2 \cdot C_2 - 1 \cdot C_1 =$$
$$= 6 \cdot m - 4 \cdot C_4 = 6 \cdot 19 - 4 \cdot 27 = 114 - 108 = 6 \tag{5}$$

Sistemul având numai șase grade de mobilitate (toate active) va funcționa identic celui prezentat în lucrarea de față, cu cei șase actuatori laterali, iar cele trei picioare suplimentare nu vor fi niște motoare hidraulice suplimentare, ci numai niște amortizori hidraulici suplimentari; ele vor fi practic trase, (antrenate) în permanență, de platforma mobilă superioară, și în permanență ele vor opune o rezistență mișcării (vor realiza o frână, și o amortizare suplimentară). Rigiditatea sistemului va crește semnificativ.

Deși pare mult mai complex (la prima vedere), acest sistem este acționat identic cu cel clasic (cu șase actuatori laterali), iar calculele se fac la fel ca și la sistemul Stewart clasic prezentat.

Cele trei picioare suplimentare realizând doar o mai bună stabilitate, susținere, frânare și mai ales o rigiditate sporită a întregului sistem.

Dacă se dorește implementarea a nouă actuatori efectivi, atunci trebuie regândită structura mecanismului pentru obținerea câtorva mobilități suplimentare (cel puțin trei). Pentru fiecare articulație universală transformată în una sferică se obține un grad de mobilitate suplimentar. Pentru a avea mobilitatea mecanismului 9 în loc de 6 trebuie ca trei articulații universale să fie înlocuite cu trei cuple cinematice sferice. Cel mai logic ar fi să se înlocuiască cele trei articulații superioare ale picioarelor suplimentare. În acest caz formula mobilității ia forma (6).

$$M_0 = 6 \cdot m - 5 \cdot C_5 - 4 \cdot C_4 - 3 \cdot C_3 - 2 \cdot C_2 - 1 \cdot C_1 =$$
$$= 6 \cdot m - 4 \cdot C_4 - 3 \cdot C_3 = 6 \cdot 19 - 4 \cdot 24 - 3 \cdot 3 = 114 - 96 - 9 = 9$$

$$(6)$$

În această situație teoria se modifică și ea.

Chiar și sistemele paralele clasice prezentate au o rigiditate foarte ridicată, și o precizie foarte bună, putând să-și păstreze echilibrul în timpul mișcărilor rapide cu o sarcină mare încărcată (vezi foto din figura 10). Sarcina este foarte mare, vitezele de deplasare sunt ridicate, înclinările mari și bruște nu lipsesc nici ele. Așa cum se poate vedea în figura 10, încărcătura nu este ancorată, ci este așezată liberă pe platforma mobilă (superioară).

Fig. 10. Sistem paralel cu șase actuatoare liniare hidraulice, încărcat, în mișcare

BIBLIOGRAFIE

1. Antonescu P., Mecanisme şi manipulatoare, Editura Printech, Bucharest, 2000, p. 103-104.
2. Adir G., Adir V., RP200 – A Walking Robot inspired from the Living World. Proceedings of the 4th International Conference, Research and Development in Mechanical Industry, RaDMI 2004, Serbia & Montenegro.
3. Angeles J., s.a., An algorithm for inverse dynamics of n-axis general manipulator using Kane's equations, Computers Math. Applic, Vol.17, No.12, 1989.
4. Atkenson C., Chae H.A., Hollerbach J., Estimation of inertial parameters of manipulator load and links, Cambridge, Massachuesetts, MIT Press, 1986.
5. Avallone E.A., Baumeister T., Marks' Standard Handbook for Mechanical Engineers 10th Edition, McGraw-Hill, New York, 1996.
6. Baili M., Classification of 3R Ortogonal positioning manipulators. Technical report, University of Nantes, September 2003.
7. Baron L. and Angeles J., The on-line direct kinematics of parallel manipulators using joint-sensor redundancy. In ARK, Strobl, 29 Juin-4 Juillet, 1998, p. 127-136.
8. I. Bogdanov, Conducerea roboţilor. Editura Orizonturi Universitare Timisoara, 2009, ISBN 978-973-638-419-6.
9. Borrel P., Liegeois A., A study of manipulator inverse kinematic solutions with application to trajectory planning and workspace determination. In Prod. IEEE Int. Conf. Rob. and Aut., pp. 1180-1185, 1986.
10. Burdick J.W., Kinematic analysis and design of redundant manipulators. PhD Dissertation, Stanford, 1988.
11. C. Caleanu, V. Tiponut, Ivan Bogdanov, I. Lie, Emergent Behaviour Evolution in Collective Autonomous Mobile Robots. WSEAS International Conference on SYSTEMS, Heraklion, Crete Island, Greece, Iulie 22-24, 2008.
12. Carvalho, J.C.M, Ceccarelli, M., A Dynamic Analysis for Casino Parallel Manipulator, Proc. of Tenth World Congress on The Theory of Machines and Mechanisms, Oulul, Finland, 1999, p. 1202-1207.
13. Ceccarelli M., A formulation for the workspace boundary of general n-revolute manipulators. Mechanisms and Machine Theory, Vol. 31, pp. 637-646, 1996.
14. Chen, N-X., Song, S-M., Direct Position Analysis of the 4-6 Stewart Platforms, DE-Vol. 45, Robotics, Spatial Mechanisms and Mecahanical Systems, ASME, 1992, 380-386.
15. Chircor M., Noutăţi în cinematica şi dinamica roboţilor industriali, Editura Fundaţiei Andrei Saguna, Constanţa, 1997.
16. Choi J-K., Mori, O., Omata, T., Dynamics and stable reconfiguration of self-reconfigurable planar parallel robots, Advanced Robotics, vol. 18, no. 16, 2004, p.565-582 (18).

17. Ciobanu L., Sisteme de roboti celulari- Editura Tehnică, București, 2002.
18. Clavel, R., DELTA, a Fast Robot with Parallel Geometry, Proc. Int. Symposium on Industrial Robots, April 1988, ISBN 0-948507-97-7, p. 91-100.
19. Codourey, A., Contribution a la Commande des Robots Rapides et Precis. Application au robot DELTA a Entrainement Direct, These a l'Ecole Polytechnique Federale de Lausanne, 1991.
20. Cojocaru G., Fr. Kovaci, Roboții în acțiune, Ed. Facla, Timișoara, 1998.
21. Coman D., Algoritmi Fuzzy pentru conducerea robotilor... Teză de doctorat, Universitatea din Craiova, 2008.
22. Comănescu Adr., Comănescu D., Neagoe A., Fractals models for human body systems simulation. Journal of Biomechanics, 2006, Vol. 39, Suppl. 1, p S431.
23. Craig J., Introduction to Robotics, Mechanics and Control. Stanford University. Addison – Wesley Publishing Company, 1986.
24. Dasgupta, B., Mruthyunjaya, T.S., The Stewart platform manipulator: a review, mechanism and machine Theory 35, 2000, p. 15-40.
25. Davidoviciu A., Drăganoiu Gh., Hoanga A., Modelarea, simularea și comanda manipulatoarelor și roboților industriali. Editura Tehnică, Bucuresti 1986.
26. De Luca A., Zero dynamics in robotic systems. In C.I. Byrnes and A. Kurzhansky editors, Nonlinear Synthesis, pp. 68-87, Birkhauser, Boston, MA, 1991.
27. Denavit J., McGraw-Hill, Kinematic Syntesis of Linkage, Hartenberg R.SN.Y.1964.
28. Devaquet, G., Brauchli, H., A Simple Mechanical Model for the DELTA-Robot, Robotersysteme, vol. 8, 1992, p. 193-199.
29. Di Gregorio, R., Parenti-Castelli, V., Dynamic Performance Indices for 3-DOF Parallel Manipulators, Advances in Robot Kinematics (J. Lenarcic and F. Thomas -edit), 2002, Kluver Academic Publisher, p. 11-20.
30. Do W.Q.D., Yang, D.C.H. (1988). Inverse dynamic analysis and simulation of a platform type of robot. Journal of Robotic Systems, 5(3), p. 209-227.
31. Dobrescu T., Al. Dorin, Încercarea roboților industriali- Editura Bren, București, 2003.
32. Dombre E., Wisama Khalil, Modelisation et commande des robots, Editions Hermes, Paris 1988.
33. Dorin Al., Dobrescu T., Bazele cinematicii roboților industriali. Editura Bren, București, 1998.
34. Doroftei Ioan, Introducere în roboții pășitori, Editura CERMI, Iași 1998.
35. Drimer D., A.Oprea, Al. Dorin, Roboți industriali și manipulatoare, Ed. Tehnică 1985.
36. Dumitrescu D., Costin H., Rețele neuronale. Teorie și aplicații. Ed. Teora, București, 1996.
37. Faugere, J.C., Lazard, D., The combinatorial classes of parallel manipulators, Mechanism and Machines Theory, 30 (6), 1995, p. 765-776.

38.	Fioretti A., Implementation-oriented kinematics analysis of a 6 dof parallel robotic platform. In 4th IFAC Symp. on Robot Control, Capri, 19-21 Septembre 1994, p. 43-50.

39.	Fong T., Design and Testing of a Stewart Platform Augmented Manipulator for Space Applications. Massachusetts Institute of Technology, Master of Science Thesis, 1990.

40.	Fu, K.S., Gonzales, R.C., Lee, C.S.G., Robotics: Control, Sensing, Vision and Intelligence, McGraw-Hill Book Company, 1987.

41.	Fujimoto, K., a.o., Derivation and analysis of equations of motion for a 6 d.o.f. direct drive wrist joint. In IEEE Int. Workshop on Intelligent Robots and Systems (IROS), Osaka, 1991, p. 779-784.

42.	Geng Z. and Haynes L.S. Six-degree-of-freedom active vibration isolation using a Stewart platform mechanism. J. of Robotic Systems, 10(5), July 1993, p. 725-744.

43.	Gerstmann, U., Der Getriebeeinfluß auf die Arbeits- und Positionsgenauigkeit, Disertation, VDI Verlag, 1991.

44.	Ghelase D., Manipulatoare şi roboţi industriali. Îndrumar de laborator. Facultatea de Inginerie Brăila, 2002.

45.	Ghorbel F., Chetelat O., Longchamp R., A reduced model for constrained rigid bodies with application to parallel robots. In 4th IFAC Symp. on Robot Control, pages 57-62, Capri, September, 19-21, 1994.

46.	Giordano, M., Structure Mechanique des Robots et Manipulateurs en Chaines Complex, Le Point en Robotique, France, vol. 2, 1985.

47.	Goldsmith, P.B., Kinematics and Stiffness of a Simmetrical 3-UPU Translational Parallel Manipulator, Proc. of the 2002 IEEE, International Conference on Robotics &Automation, Washington DC, 2002, p. 4102-4107.

48.	Grecu B., Adir G., The Dynamic Model of Response of DD-DS Fundamental. In the World Congress on the Theory of Machines and Mechanisms, Oulu, Finland, 1999.

49.	Grosu D., Contribuţii la studiul sistemelor robotizate aplicate în tehnica de blindate, teză de doctorat, Academia Tehnică Militară, Bucureşti, 2001.

50.	Grotjahn, M., Heimann, B., Abdellatif,H., Identification of Friction and Rigid-Body Dynamics of parallel Kinematic structures for Model-based Control, Multibody system Dynamics, vol. 11, no.3, 2004, p. 273-294 (22).

51.	Guegan, S., Khalil, W., Dynamic Modeling of the Orthoglide, Advances in Robot Kinematics (J. Lenarcic and F. Thomas -eds), Kluver Academic Publisher, 2002, p. 287-396.

52.	Guglielmetti, P., Longchamp, R., A Closed Form Inverse Dynamics Model of the DELTA Parallel Robot, Symposium on Robot Control, Capri, Italia, 1994, p. 51-56.

53.	Guilin Yangt - Design and Kinematic Analysis of Modular Reconfigurable Parallel Robots, International Conference on Robotics & Automation, Detroit, Michigan, 1999.

54.	Hale, Layon C., Principles and Techniques for Designing Precision Machines. UCRL-LR-133066, Lawrence National Laboratory, 1999.

55.	Handra-Luca, V., Brisan, C., Bara, M., Brad, S., Introducere în modelarea roboţilor cu topologie specială, Ed. Dacia, Cluj-Napoca, 2003, 218 pg.

56. Hartemberg R.S. and J.Denavit, A kinematic notation for lower pair mechanisms, J. appl.Mech. 22,215-221 (1955).

57. Hasegawa, Matsushita, Kanedo, On the study of standardisation and symbol related to industrial robot in Japan, Industrial Robot Sept.1980.

58. Hayes, M.J.D., Husty, M.L., Zsombor-Murray, P.J., Solving the Forward Kinematics of a Planar Three-Legged Platform with Holonomic Higher Pairs, Transactions of the ASME, Vol. 121, June 1999, p. 212-219.

59. Hesselbach, J., Plitea, N., Kerle, H., Frindt, M., Bewegungsvorrichtung mit Parallelstruktur, Patentschrift DE 198 40 886 C2, 13.03.2003, Deutsches Patent –und Markenamt, Bundesrepublik Deutschland.

60. Hockey, The Method of Dynamically Similar Systems Applied to the Distribution of Mass in Spatial Mechanisms, Jnl. Mechanisms Volume 5, Pergamon Press, 1970, p. 169-180.

61. Hollerbach J.M., Wrist-partitioned inverse kinematic accelerations and manipulator dynamics, International Journal of Robotic Research 2, 61-76 (1983).

62. Huang, M.Z., Ling, S.-H., Sheng, Y., A Study of Velocity Kinematics for Hybrid manipulators with Parallel-Series Configurations, IEEE, Vol. I, 1993, p. 456-460.

63. Hudgens, J.C., Tesar, D., A Fully-Parallel Six Degrees-of Freedom Micromanipulator: Kinematic Analysis and Dynamic Model, Proceedings of the 5th International Conference on Advanced Robotics (ICAR), 1991, p. 814-820.

64. Husty, M.L., An Algorithm for Solving the Direct Kinematics of General Stewart-Gough Platforms, Mechanism and Machine Theory, Vol. 32, No. 4., p. 365-379.

65. Ion I., Ocnărescu C., Using the MERO-7A Robot in the Fabrication Process for Disk Type Pieces. In CITAF 2001, Tom 42, Bucharest, Romania, pp. 345-351.

66. Ispas V., Aplicațiile cinematicii în construcția manipulatoarelor și a roboților industriali, Ed. Academiei Române 1990.

67. Ivănescu M., Roboți industriali. Editura Universității Craiova 1994.

68. Ji, Z., Dynamic decomposition for Stewart platform. ASME J. of Mechanical Design, 116 (1), 1994, p. 67-69.

69. Jo, D.,Y., Workspace Analysis of Multibody Mechanical Systems Using Continuation Methods, Journal of Mechanisms, Transmissions and Automation in Design, vol. 111, 1989, p. 581-589.

70. N. Joni, A. Dobra, M. Nitulescu, Actual Distribution and Midterm Development Prognosis of Industrial Robots in Romania. Lucrarile conferintei RAAD 2009, 25-27 Mai, Brasov, pag.107.

71. Kane T.R., D.A. Levinson, The use of Kane's dynamic equations in robotics, International Journal of Robotic Research, Nr. 2/1983.

72. Kazerounian K., Gupta K.C., Manipulator dynamics using the extended zero reference position description, IEEE Journal of Robotic and Automation RA-2/1986.

73. Kerle, H., Krefft, M., Hesselbach, J., Plitea, N., Vorschubeinrichtung für Werkzeugmaschinen, Patentanschrift, Bundesrepublik Deutschland, deutsches Patent- und markenamt, DE 102 30 287 B3 2004.01.08,

Anmeldetag 05.07.2002, Veröffelntichungstag der Patentverteilung, 08.01.2004 (patent Nr. 102.287.1-14).

74.   Khalil W. - J.F.Kleinfinger and M.Gautier, Reducing the computational burden of the dynamic model of robots, Proc. IEEE Conf.Robotics ana Automation, San Francisco, Vol.1, 1986.

75.   Kim, H.S., Tsai, L-W., Kinematic Synthesis of Spatial 3-RPS Parallel Manipulators, DETC'02, ASME 2002 Design Engineering Technical Conferences and Computers and Information in Engineering Conference, Canada, 2002, p. 1-8.

76.   Kohli D., Hsu M.S., The Jacobian analysis of workspaces of mechanical manipulators. Mechanisms and Machine Theory, Vol. 22(3), pp. 265-275, 1987.

77.   Kovacs Fr, C. Rădulescu, Roboți industriali, Universitatea Timișoara, 1992.

78.   Krockenberger O., Industrial robots for the automotive industry, SAE journal, nr. 6/1998.

79.   Kyriakopoulos K. J. and G.N.Saridis - Minimum distance estimation and collision prediction under uncertainty for on line robotic motion planning, International Journal of Robotic Research 3/1986.

80.   Lebret, G., Liu, K., Lewis, F.L., Dynamic Analysis and Control of a Stewart Platform Manipulator, Journal of Robotic Systems 10(5), 1993, 629-655.

81.   Lee, W.H., Sanderson, A.C., Dynamic Analysis and Distributed Control of the Tetrarobot Modular Reconfigurable Robotic System, Autonomous Systems, vol.10, no.1, 2001, p.67-82 (16).

82.   Li, D., Salcudean, T., Modeling, simulation and control of hydraulic Stewart platform. In IEEE Int. Conf. on Robotics and Automation, Albuquerque, 1997, p. 3360-3366.

83.   Liegeois, A., Fournier, A., Utilisation des Equations de Lagrange pour la Commande en Temps Reel d'un Robot de Peinture et de Manutention. Contract RNUR/LAM, Montpellier, France, 1979.

84.   Liu, X-J., Kim, J., A New Three-Degree-of-Freedom Parallel Manipulator, Proc. of the IEEE International Conference on Robotics6Automation, 1155-1160, 2002.

85.   Lorell K., et al, Design and preliminary test of precision segment positioning actuator for the California Extremely Large Telescope. Proceedings of the SPIE, Volume 4840, pp. 471-484, 2003.

86.   Luh J.S.Y., Walker M.W., Paul R.P.C., Online computational scheme for mechanical manipulators, Journal of Dynamic Systems Measures and Control 102/1980.

87.   Ma O., Dynamics of serial - typen-axis robotic manipulators, Thesis, Department of Mechanical Engineering, McGill University, Montreal,1987.

88.   I. Maniu, S. Varga, C. Radulescu, V. Dolga, I. Bogdanov, V. Ciupe – Robotica. Aplicatii robotizate, Ed.Politehnica, Timisoara 2009, ISBN 978-973-625-842-8.

89.   McCallion, H., Truong, P. D., The Analysis of a Six-Degree-of-Freedom Work Station for Mechanised Assembly, Proceedings of the Fifth World Congress on Theory of Machines and Mechanisms, Montreal, 1979.

90. Merlet, J.-P., Parallel robots, Kluver Academic Publisher, 2000.
91. Miller, K., Optimal Design and Modeling of Spatial Manipulators, The International Journal of Robotics research, vol.23, 2004, p. 127-140 (14).
92. Minotti, P., Decouplage Dynamique des Manipulateurs. Prepositions de Solutions Mecaniques, Mech. Mach. Theory, vol 26, nr.1, 1991, p 107-122.
93. Mitrea M., Asigurarea calității în fabricația de autovehicule militare, Editura Academiei Tehnice Militare, București, 1997.
94. Moise V., ș.a., Metode numerice. Ed. Printech, București, 2007.
95. Moldovan L. – Automatizari in construcția de mașini. Roboți industriali vol. 1 Mecanica. Universitatea Tehnică Tg-Mures 1995.
96. Monkam G., Parallel robots take gold in Barcelona, Industrial Robot, 4/1992.
97. Neacșa M., Tempea I., Asupra eficienței bazelor de date a mecanismelor în diferite faze de asimilare. Revista Construcția de mașini, nr. 7, București, 1998.
98. Neagoe, M., Diaconescu, D.V., șa., On a New Cycloidal Planetary Gear used to Fit Mechatronic Systems of RES. OPTIM 2008. Proceedings of the 11th International Conference on Optimization of Electrical and Electronic Equipment. Vol. II-B. Renewable Energy Conversion and Control. May 22-23.08, Brașov, pp. 439-449, IEEE Catalog Number 08EX1996. ISBN 987-973-131-028-2 (ISI).
99. Nguyen, C.C. a.o., Dynamic analysis of a 6 d.o.f. CKCM robot end effector for dual-arm telerobot systems. Robotics and Autonomous Systems, 5, 1989, p. 377-394.
100. Nitulescu M., Solutions for Modeling and Control in Mobile Robotics, In Journal of Control Engineering and Applied Informatics, Vol. 9, No 3-4, 2007, pp. 43-50.
101. Ocnărescu C., The Kinematic and Dynamics Parameters Monitoring of Didactic Serial Manipulator, Proceedings of International Conference of Advanced Manufacturing Technologies, ICAMaT 2007, Sibiu, pp. 223-228.
102. Olaru A., Dinamica roboților industriali, Reprografia Universității Politehnice București, 1994.
103. Omri J.El., Kinematic analysis of robotic manipulators. PhD Thesis, University of Nantes, 1996 (in french).
104. Pandrea N., Determinarea spațiului de lucru al roboților industriali, Simpozion National de Roboți Industriali, București 1981.
105. Papadopoulous E., Path planning for space manipulators exhibiting nonholonomic behavior. Proceedings of the IEEE/RSJ Int. Workshop on Intelligent Robots Systems, pp. 669-675, 1992.
106. Parenti C.V., Innocenti C., Position Analysis of Robot Manipulators: Regions and Subregions. In Proc. of International Conf. on Advances in Robot Kunematics, pp. 150-158, 1988.
107. Paul R.P., Robot manipulators, Mathemetics Programing and Control, MIT Press 1981.
108. Păunescu T., Celule flexibile de prelucrare, Editura Universității "Transilvania" Brașov, 1998.
109. Petrescu F.I., Grecu B., Comănescu Adr., Petrescu R.V., Some Mechanical Design Elements, Proceedings of International Conference

Computational Mechanics and Virtual Engineering, COMEC 2009, October 2009, Braşov, Romania, pp. 520-525.

110.	Petrescu, F.I., Petrescu, R.V., *Mecatronica – Sisteme Seriale Şi Paralele*, Create Space publisher, USA, March 2012, ISBN 978-1-4750-6613-5, 128 pages, Romanian edition.

111.	Petrescu, F.I., Petrescu V., *Kinematics of the Planar Quadrilateral Mechanism*, In journal Fiability & Durability, Nr. 2/2011, ISSN 1844-640X, p. 115-119, Edit. Academica Brancusi, Targu-Jiu, 2011.

112.	Petrescu, F.I., Petrescu, R.V., *Sisteme mecanice mobile seriale si paralele*, Create Space publisher, USA, December 2011, ISBN 978-1-4681-0144-7, 124 pages, Romanian version.

113.	Petrescu, F., Petrescu, R., *Mechanical Systems, Serial and Parallel* – Course (in romanian), LULU Publisher, London, UK, February 2011, 124 pages, ISBN 978-1-4466-0039-9.

114.	Pierrot, F., Dauchez, P., Uchiyama, M., Iimura, K., Toyama, O., Unno, K., HEXA: a Fully-Parallel 6 DOF Japanese-French robot, 1er Congres Franco-Japonais de Mecatronique, Besancon, 20-22 oct. 1992, p.1-8.

115.	Plitea, N., Hesselbach, J., Frindt, Kusiek,A., Bewegungsvorrichtung mit Parallelstruktur. Patentschrift DE 197 57 133 C1, Deutsches Patentamt, München, erteilt 29.07.1999 (angemeldet am 20.12.1997).

116.	Pooran, F.J., Dynamics and Control of robot manipulators with closed-kinematic chain mechanism. Ph.D Thesis, Washington D.C., 1989.

117.	Powell I.L., B.A.Miere, The kinematic analysis and simulation of the parallel topology manipulator, The Marconi Review, 1982.

118.	Raghavan, M., Roth, B., Solving polynomial systems for the kinematics analysis of mechanisms and robot manipulators, ASME J. of Mechanical Design, 117 (2), 1995, p.71-79.

119.	Reboulet, C., Pigeyre, R., Hybrid Control of a 6 d.o.f. in parallel actuated micromanipulator mounted on a SCARA robot, Int J. of Robotics and Automation, 7 (1), 1992, p. 10-14.

120.	Renaud M., Quasi-minimal computation of the dynamic model of a robot manipulator utilising the Newton-Euler formulism and the notion of augmented body. Proc. IEEE Conf. Robotics Automn Raleigh, Vol.3, 1987.

121.	Riesler, H., Zur Berechnung geschlossener Lösungen des inversen kinematischen Problems, Fortschritte der Robotik, 16, Vieweg, 1992.

122.	Rong, H., Liang, C.,G., A Direct Displacement Solution to the Triangle-Platform 6-SPS Parallel Manipulator, 8th Congres on the Theory of Machines and Mechanisms, Prague, Cehoslovacia, 1991, p. 1237-1239.

123.	Seeger G., Self-tuning of commercial manipulator based on an inverse dynamic model, J.Robotics Syst. 2 / 1990.

124.	Sefrioui, J. and Gosselin, C.M., Étude et représentation des lieux de singularité des manipulateurs parallèles spheriques à trois degrés de liberté avec actionneurs prismatiques, in Mech. Mach. Theory Vol. 29, No.4, 1994, p. 559-579.

125. Seyferth, W. (1972), Dynamische und kinetostatische Analyse eines räumlichen Getriebes unter Verwendung von Ersatzmassen, PhD. Thesis, TU Braunschweig.

126. Shi, X., Fenton, R., G., Structural Instabilities in Platform-Type Parallel Manipulators due to Singular Configurations, DE-Vol.45, Robotics, Spatial Mechanisms and Mechanical Systems, ASME, 1992.

127. Simionescu I., Ion I., Ciupitu Liviu, Mecanismele roboţilor industriali. Vol. I, Ed. AGIR, Bucureşti, 2008.

128. Smith S.T., Chetwynd D.G., Foundations of Ultraprecision Mechanism Design. Gordon and Breach Science Publishers, Switzerland, 1992.

129. Stareţu I., Proiectarea creativă în concepţie modulară a mecanismelor de prehensiune cu bacuri pentru roboţii industriali. Teză de doctorat, Universitatea Transilvania din Braşov, 1995.

130. Stănescu A., Dumitrache I., Inteligenţa artificiala şi robotica, Ed.Academiei, Bucureşti 1983.

131. Sturm, A.J., Erdman, A.G., Wang, S.H., Design and Analysis of an Industrial 3P3R Robot, ASME Paper 82-DET-32, 1982.

132. Tabără I., Martineac A., The influence of the revolute real axes deviations on the position accuracy of a robot with parallel rotational axes. Proceedings of SYROM 2001, Bucharest, Romania, Vol. II, pp. 315-320.

133. Tadokorro, S., Control of parallel mechanisms. Advanced Robotics, 8 (6), 1994, p. 559-571.

134. Tahmasebi, F., Tsai, L-W., Jacobian and Stiffness Analysis of a Novel Class of Six-dof Parallel Minimanipulators, DE-Vol.47, Flexible Mechanisms, Dynamics and Analysis, ASME, 1992, p. 95-102.

135. Tamio Arai, Hisashi Osumi, Three wire suspension robot, Industrial Robot, 4/1992.

136. Tabacaru V., Sisteme flexibile de fabricaţie. Vol. I Roboţi industriali şi manipulatoare. Universitatea "Dunarea de Jos" Galaţi, 1995.

137. Trif N., Automatizarea proceselor de sudare, Editura Lux Libris, Braşov, 1996.

138. Tsai L-W. Solving the inverse dynamics of a Stewart-Gough manipulator by the principle of virtual work. ASME J. of Mechanical Design, 122(1), Mars 2000, p. 3-9.

139. Vazquez, F., Marin, R., Trillo, J. L., Garrido, J., Object Oriented Modeling, Design & Simulation of Industrial Autonomous Mobile Robots, EURISCON, 1994, p. 361-371.

140. Vukobratovic M., Applied dynamics of manipulation robots, New York, 1989.

141. Walker, M., W., Orin, D.E., Efficient Dynamic Computer Simulation of Robotic Mechanisms, Journal of Dynamic Systems, Measurement and Control, vol 104; 1982, p 205-211.

142. Wampler, C,W., Forward displacement analysis of general six-in parallel SPS (Stewart) platform manipulators using some coordinates. Mechanism and Machine Theory, 31 (3), 1996, p. 331-337.

143. Wang J. et Gosselin C.M. A new approach for the dynamic analysis of parallel manipulators. Multibody System Dynamics, 2(3), Septembre 1998, p. 317-334.

144. Wu, Y., Gosselin, C., On the Synthesis on a Reactionless 6-DOF Parallel Mechanism using Planar Four-Bar Linkages, Proc. of the Workshop on Fundamentals Issues and Future Research Directions for Parallel mechanism and Manipulators, Canada, 2002, p. 310-316.
145. Yang, K-H., Park, Y-S., Dynamic Stability Analysis of a Flexible Four-Bar Mechanism and its Experimental Investigation, Mech. Mach. Theory, Vol. 33, No. 3, 1998, p. 307-320.
146. Zhang C., Song S-M., Forward Position Analysis of Nearly General Stewart Platforms, ASME Robotics, Spatial Mechanisms and Mechanical Systems, DE-Vol 15, 1992, p. 81-87.
147. Zlatanov, D., Dai, M.,Q., Fenton, R., G., Benhabib, B., Mechanical Design and Kinematic Analysis of a Three-Legged Six Degree-of-Freedom Parallel Manipulator, De- Vol. 45, Robotics, Spatial Mechanisms and Mechanical Systems, ASME, 1992, p. 529-536.

Sinteza mecanismelor plane cu bare

CAP. I

MECANISMUL PATRULATER ARTICULAT (SAU MECANISMUL PATRULATER PLAN, ORI 4R)

1. CINEMATICA DIADEI 3R

Introducere

În acest paragraf sunt prezentate trei metode distincte de determinare a parametrilor cinematici la diada 3R (vezi figura 1).

Se începe cu o metodă trigonometrică, deoarece aceasta prezintă avantajul major al determinării rapide a unghiurilor de poziții.

Vitezele pot fi obținute mai rapid cu ajutorul metodei vectoriale clasice. A doua metodă propusă determină pozițiile rapid pe baza primei metode trigonometrice și apoi stabilește vitezele și accelerațiile prin metoda clasică vectorială, mai simplă și mai directă.

A treia metodă prezentată este o metodă geometrică, care determină mai întâi parametrii intermediari ai cuplei interioare (C) şi abia apoi se pot determina parametrii principali, de rotaţie.

1.1.   O metodă trigonometrică

Schema cinematică a unei diade RRR poate fi urmărită în figura 1. Se consideră cunoscuţi (date de intrare) următorii parametrii cinematici: $x_B; y_B; x_D; y_D; \dot{x}_B; \dot{y}_B; \dot{x}_D; \dot{y}_D; \ddot{x}_B; \ddot{y}_B; \ddot{x}_D; \ddot{y}_D$

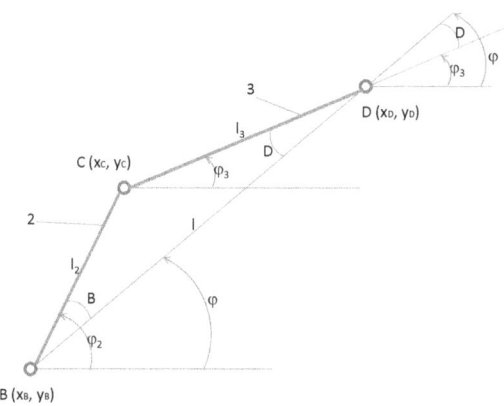

Fig. 1. *Schema cinematică a diadei 3R*

Trebuiesc determinaţi parametrii rotaţionali (date de ieşire):

$\varphi_2, \dot{\varphi}_2, \ddot{\varphi}_2, \varphi_3, \dot{\varphi}_3, \ddot{\varphi}_3$, adică doi parametrii de poziţii, şi primele două derivate pentru fiecare din ei, reprezentând vitezele şi acceleraţiile unghiulare.

Se determină mai întâi unghiul φ_2 şi apoi unghiul φ_3 în funcţie de unghiurile: $\varphi, \hat{B}, \hat{D}$, conform relaţiilor date de sistemul (1).

$$\begin{cases} \varphi_2 = \varphi \pm \hat{B} \\ \\ \varphi_3 = \varphi \mp \hat{D} \end{cases} \qquad (1)$$

Trebuie calculată inițial lungimea variabilă l dintre cuplele cinematice exterioare (de intrare) B și D (sistemul 2).

$$\begin{cases} l^2 = (x_D - x_B)^2 + (y_D - y_B)^2 \\ \\ l = \sqrt{(x_D - x_B)^2 + (y_D - y_B)^2} \end{cases} \qquad (2)$$

Parametrii poziționali ai unghiului φ se determină cu relațiile sistemului (3).

$$\begin{cases} \sin \varphi = \dfrac{y_D - y_B}{l} \\ \\ \cos \varphi = \dfrac{x_D - x_B}{l} \\ \\ tg\varphi = \dfrac{y_D - y_B}{x_D - x_B} \\ \\ \varphi = sign(\sin \varphi) \cdot arccos(\cos \varphi) \end{cases} \qquad (3)$$

Viteza unghiulară reprezentată de derivata unghiului φ în raport cu timpul, se exprimă cu relațiile (4), iar accelerația unghiulară reprezentată de a doua derivată a unghiului φ în raport cu timpul se determină cu ajutorul relațiilor sistemului (5).

$$\begin{aligned} \dot{\varphi} &= \frac{(\dot{y}_D - \dot{y}_B) \cdot \cos \varphi - (\dot{x}_D - \dot{x}_B) \cdot \sin \varphi}{l} = \\ &= \frac{(\dot{y}_D - \dot{y}_B) \cdot (x_D - x_B) - (\dot{x}_D - \dot{x}_B) \cdot (y_D - y_B)}{l^2} = \\ &= \frac{(\dot{y}_D - \dot{y}_B) \cdot (x_D - x_B) - (\dot{x}_D - \dot{x}_B) \cdot (y_D - y_B)}{(x_D - x_B)^2 + (y_D - y_B)^2} \end{aligned} \qquad (4)$$

$$\begin{cases} \dot{l} = \dfrac{(x_D - x_B) \cdot (\dot{x}_D - \dot{x}_B) + (y_D - y_B) \cdot (\dot{y}_D - \dot{y}_B)}{l} \\[4mm] \ddot{\varphi} = \dfrac{(\ddot{y}_D - \ddot{y}_B) \cdot \cos\varphi - (\ddot{x}_D - \ddot{x}_B) \cdot \sin\varphi - 2 \cdot \dot{l} \cdot \dot{\varphi}}{l} \end{cases} \tag{5}$$

În continuare se determină parametrii cinematici ai unghiului φ_2 cu sistemul relaţional (6), şi parametrii cinematici ai unghiului φ_3 cu relaţiile sistemului (7).

$$\begin{cases} \varphi_2 = \varphi \pm \hat{B} \\[4mm] \cos B = \dfrac{l^2 + l_2^2 - l_3^2}{2 \cdot l \cdot l_2} \\[4mm] \sin B = \dfrac{\sqrt{4 \cdot l^2 \cdot l_2^2 - (l^2 + l_2^2 - l_3^2)^2}}{2 \cdot l \cdot l_2} \\[4mm] \cos\varphi_2 = \cos(\varphi \pm B) = \cos\varphi \cdot \cos B \mp \sin\varphi \cdot \sin B \\[2mm] \sin\varphi_2 = \sin(\varphi \pm B) = \sin\varphi \cdot \cos B \pm \sin B \cdot \cos\varphi \\[2mm] \varphi_2 = sign(\sin\varphi_2) \cdot arccos(\cos\varphi_2) \\[4mm] 2 \cdot l_2 \cdot l \cdot \cos B = l_2^2 - l_3^2 + l^2 \\[2mm] l_2 \cdot l \cdot \sin B \cdot \dot{B} = l_2 \cdot \dot{l} \cdot \cos B - l \cdot \dot{l} \\[4mm] \dot{B} = \dfrac{l_2 \cdot \dot{l} \cdot \cos B - l \cdot \dot{l}}{l_2 \cdot l \cdot \sin B} \\[4mm] \ddot{B} = \dfrac{l_2 \cdot \ddot{l} \cdot \cos B - 2 \cdot l_2 \cdot \dot{l} \cdot \sin B \cdot \dot{B} - l_2 \cdot l \cdot \cos B \cdot \dot{B}^2 - \dot{l}^2 - l \cdot \ddot{l}}{l_2 \cdot l \cdot \sin B} \\[4mm] \dot{\varphi}_2 = \dot{\varphi} \pm \dot{B} \\[2mm] \ddot{\varphi}_2 = \ddot{\varphi} \pm \ddot{B} \end{cases} \tag{6}$$

$$\begin{cases} \varphi_3 = \varphi \mp D \\ \\ \cos D = \dfrac{l^2 + l_3^2 - l_2^2}{2 \cdot l \cdot l_3} \\ \\ \sin D = \dfrac{\sqrt{4 \cdot l^2 \cdot l_3^2 - \left(l^2 + l_3^2 - l_2^2\right)^2}}{2 \cdot l \cdot l_3} \\ \cos \varphi_3 = \cos(\varphi \mp D) = \cos \varphi \cdot \cos D \pm \sin \varphi \cdot \sin D \\ \sin \varphi_3 = \sin(\varphi \mp D) = \sin \varphi \cdot \cos D \mp \sin D \cdot \cos \varphi \\ \varphi_3 = sign(\sin \varphi_3) \cdot \arccos(\cos \varphi_3) \\ \\ 2 \cdot l_3 \cdot l \cdot \cos D = l_3^2 - l_2^2 + l^2 \\ l_3 \cdot l \cdot \sin D \cdot \dot{D} = l_3 \cdot \dot{l} \cdot \cos D - l \cdot \dot{l} \\ \dot{D} = \dfrac{l_3 \cdot \dot{l} \cdot \cos D - l \cdot \dot{l}}{l_3 \cdot l \cdot \sin D} \\ \\ \ddot{D} = \dfrac{l_3 \cdot \ddot{l} \cdot \cos D - 2 \cdot l_3 \cdot \dot{l} \cdot \sin D \cdot \dot{D} - l_3 \cdot l \cdot \cos D \cdot \dot{D}^2 - \dot{l}^2 - l \cdot \ddot{l}}{l_3 \cdot l \cdot \sin D} \\ \\ \hspace{11cm} (7) \\ \\ \dot{\varphi}_3 = \dot{\varphi} \mp \dot{D} \\ \ddot{\varphi}_3 = \ddot{\varphi} \mp \ddot{D} \end{cases}$$

La final se pot determina şi parametrii intermediari ai cuplei C, cu ajutorul relaţiilor sistemului (8).

$$\begin{cases} x_C = x_B + l_2 \cdot \cos \varphi_2 \\ y_C = y_B + l_2 \cdot \sin \varphi_2 \\ \dot{x}_C = \dot{x}_B - l_2 \cdot \sin \varphi_2 \cdot \omega_2 \\ \dot{y}_C = \dot{y}_B + l_2 \cdot \cos \varphi_2 \cdot \omega_2 \\ \ddot{x}_C = \ddot{x}_B - l_2 \cdot \cos \varphi_2 \cdot \omega_2^2 - l_2 \cdot \sin \varphi_2 \cdot \varepsilon_2 \\ \ddot{y}_C = \ddot{y}_B - l_2 \cdot \sin \varphi_2 \cdot \omega_2^2 + l_2 \cdot \cos \varphi_2 \cdot \varepsilon_2 \end{cases} \qquad (8)$$

1.2. O metodă combinată

Pentru schema cinematică a diadei 3R din figura 1 se va utiliza în continuare o metodă combinată cu scopul determinării rapide a pozițiilor, vitezelor și accelerațiilor.

Se utilizează metoda geometrică pentru determinarea pozițiilor, iar apoi pentru viteze și accelerații se folosește metoda vectorială a conturelor.

Metoda tradițională, vectorială, este rapidă la determinarea derivatelor, dar dificilă în găsirea pozițiilor, unde de obicei se ridică sistemele de ecuații de două ori la pătrat, în vederea rezolvării, datorită sistemelor de ecuații trigonometrice transcedentale.

Din acest motiv propunem determinarea directă a unghiurilor de poziții cu relațiile sistemului (1) amorsate cu ajutorul relațiilor (9).

$$
\begin{cases}
\sin\varphi = \dfrac{y_D - y_B}{l}; \quad \cos\varphi = \dfrac{x_D - x_B}{l}; \\[2mm]
\varphi = sign(\sin\varphi) \cdot \arccos(\cos\varphi) \\[4mm]
\cos B = \dfrac{l^2 + l_2^2 - l_3^2}{2\cdot l \cdot l_2}; \quad B = \arccos(\cos B) \\[4mm]
\cos D = \dfrac{l^2 + l_3^2 - l_2^2}{2\cdot l \cdot l_3}; \quad D = \arccos(\cos D)
\end{cases}
\tag{9}
$$

Pentru determinarea vitezelor unghiulare se folosesc relațiile clasice date de sistemul (10), iar pentru găsirea accelerațiilor unghiulare se utilizează relațiile vectoriale date de sistemul (11).

$$\begin{cases} l_2 \cdot \cos\varphi_2 + l_3 \cdot \cos\varphi_3 = x_D - x_B \\ l_2 \cdot \sin\varphi_2 + l_3 \cdot \sin\varphi_3 = y_D - y_B \end{cases} \Rightarrow$$

$$\Rightarrow \begin{cases} -l_2 \cdot \sin\varphi_2 \cdot \omega_2 - l_3 \cdot \sin\varphi_3 \cdot \omega_3 = \dot{x}_D - \dot{x}_B \\ l_2 \cdot \cos\varphi_2 \cdot \omega_2 + l_3 \cdot \cos\varphi_3 \cdot \omega_3 = \dot{y}_D - \dot{y}_B \end{cases}$$

$$\begin{cases} -l_2 \cdot \sin\varphi_2 \cdot \omega_2 - l_3 \cdot \sin\varphi_3 \cdot \omega_3 = \dot{x}_D - \dot{x}_B \mid \cdot(\cos\varphi_3) \\ l_2 \cdot \cos\varphi_2 \cdot \omega_2 + l_3 \cdot \cos\varphi_3 \cdot \omega_3 = \dot{y}_D - \dot{y}_B \mid \cdot(\sin\varphi_3) \end{cases} \mid + \Rightarrow$$

$$\Rightarrow \omega_2 = \frac{(\dot{x}_D - \dot{x}_B) \cdot \cos\varphi_3 + (\dot{y}_D - \dot{y}_B) \cdot \sin\varphi_3}{l_2 \cdot \sin(\varphi_3 - \varphi_2)}$$

$$\begin{cases} -l_2 \cdot \sin\varphi_2 \cdot \omega_2 - l_3 \cdot \sin\varphi_3 \cdot \omega_3 = \dot{x}_D - \dot{x}_B \mid \cdot(\cos\varphi_2) \\ l_2 \cdot \cos\varphi_2 \cdot \omega_2 + l_3 \cdot \cos\varphi_3 \cdot \omega_3 = \dot{y}_D - \dot{y}_B \mid \cdot(\sin\varphi_2) \end{cases} \mid + \Rightarrow$$

$$\Rightarrow \omega_3 = \frac{(\dot{x}_D - \dot{x}_B) \cdot \cos\varphi_2 + (\dot{y}_D - \dot{y}_B) \cdot \sin\varphi_2}{l_3 \cdot \sin(\varphi_2 - \varphi_3)} \tag{10}$$

$$\begin{cases} -l_2 \cdot \sin\varphi_2 \cdot \omega_2 - l_3 \cdot \sin\varphi_3 \cdot \omega_3 = \dot{x}_D - \dot{x}_B \\ l_2 \cdot \cos\varphi_2 \cdot \omega_2 + l_3 \cdot \cos\varphi_3 \cdot \omega_3 = \dot{y}_D - \dot{y}_B \end{cases} \Rightarrow$$

$$\Rightarrow \begin{cases} -l_2 \cdot \cos\varphi_2 \cdot \omega_2^2 - l_2 \cdot \sin\varphi_2 \cdot \varepsilon_2 - l_3 \cdot \cos\varphi_3 \cdot \omega_3^2 - l_3 \cdot \sin\varphi_3 \cdot \varepsilon_3 = \ddot{x}_D - \ddot{x}_B \\ -l_2 \cdot \sin\varphi_2 \cdot \omega_2^2 + l_2 \cdot \cos\varphi_2 \cdot \varepsilon_2 - l_3 \cdot \sin\varphi_3 \cdot \omega_3^2 + l_3 \cdot \cos\varphi_3 \cdot \varepsilon_3 = \ddot{y}_D - \ddot{y}_B \end{cases}$$

$$\begin{cases} -l_2 \cdot \cos\varphi_2 \cdot \omega_2^2 - l_2 \cdot \sin\varphi_2 \cdot \varepsilon_2 - l_3 \cdot \cos\varphi_3 \cdot \omega_3^2 - l_3 \cdot \sin\varphi_3 \cdot \varepsilon_3 = \ddot{x}_D - \ddot{x}_B \mid \cdot(\cos\varphi_3) \\ -l_2 \cdot \sin\varphi_2 \cdot \omega_2^2 + l_2 \cdot \cos\varphi_2 \cdot \varepsilon_2 - l_3 \cdot \sin\varphi_3 \cdot \omega_3^2 + l_3 \cdot \cos\varphi_3 \cdot \varepsilon_3 = \ddot{y}_D - \ddot{y}_B \mid \cdot(\sin\varphi_3) \end{cases} \mid + \Rightarrow$$

$$\Rightarrow \varepsilon_2 = \frac{(\ddot{x}_D - \ddot{x}_B) \cdot \cos\varphi_3 + (\ddot{y}_D - \ddot{y}_B) \cdot \sin\varphi_3 + l_2 \cdot \omega_2^2 \cdot \cos(\varphi_3 - \varphi_2) + l_3 \cdot \omega_3^2}{l_2 \cdot \sin(\varphi_3 - \varphi_2)}$$

$$\begin{cases} -l_2 \cdot \cos\varphi_2 \cdot \omega_2^2 - l_2 \cdot \sin\varphi_2 \cdot \varepsilon_2 - l_3 \cdot \cos\varphi_3 \cdot \omega_3^2 - l_3 \cdot \sin\varphi_3 \cdot \varepsilon_3 = \ddot{x}_D - \ddot{x}_B \mid \cdot(\cos\varphi_2) \\ -l_2 \cdot \sin\varphi_2 \cdot \omega_2^2 + l_2 \cdot \cos\varphi_2 \cdot \varepsilon_2 - l_3 \cdot \sin\varphi_3 \cdot \omega_3^2 + l_3 \cdot \cos\varphi_3 \cdot \varepsilon_3 = \ddot{y}_D - \ddot{y}_B \mid \cdot(\sin\varphi_2) \end{cases} \mid + \Rightarrow$$

$$\Rightarrow \varepsilon_3 = \frac{(\ddot{x}_D - \ddot{x}_B) \cdot \cos\varphi_2 + (\ddot{y}_D - \ddot{y}_B) \cdot \sin\varphi_2 + l_2 \cdot \omega_2^2 + l_3 \cdot \omega_3^2 \cdot \cos(\varphi_2 - \varphi_3)}{l_3 \cdot \sin(\varphi_2 - \varphi_3)} \tag{11}$$

1.3.   O metodă geometrică

Tot pentru schema cinematică a diadei RRR din figura 1 se prezintă la final o metodă geometrică, care deşi ocoleşte rezolvarea directă a parametrilor rotaţionali de ieşire, determinând mai întâi parametrii cinematici, de poziţii, viteze şi acceleraţii, ai cuplei interne a diadei, notată cu C, iar abia apoi se determină rapid parametrii de ieşire ceruţi, reuşeşte să aibă un control mai bun al determinărilor, o continuitate deplină a soluţiilor, o eleganţă sporită a modului de lucru, o rapiditate sporită şi o precizie mai bună la determinarea vitezelor şi acceleraţiilor.

Singurul dezavantaj al metodei, îl reprezintă practic relaţiile mai dificile de la găsirea poziţiilor pentru cupla interioară C.

Acest dezavantaj poate fi eliminat prin combinarea metodei geometrice cu metoda trigonometrică, pentru prima fază a determinării poziţiilor finale şi intermediare, rămânând de determinat doar derivatele cuplei C, şi cele ale unghiurilor poziţionale rotative.

Prezentarea metodei geometrice propriuzisă.

Se pleacă de la sistemul geometric de poziţii (12), care se obţine prin scrierea ecuaţiilor celor două cercuri de raze l_2 şi l_3.

$$\begin{cases} (x - x_B)^2 + (y - y_B)^2 = l_2^2 \\ (x - x_D)^2 + (y - y_D)^2 = l_3^2 \end{cases} \qquad (12)$$

S-au utilizat următoarele notaţii ($x=x_C$, $y=y_C$), pentru a uşura rezolvarea ecuaţiilor, prin înlocuirea necunoscutelor cu indici cu necunoscute fără indici.

Rezolvarea sistemului poziţional (12) se face cu ajutorul relaţiilor descrise de sistemul (13).

$$\begin{cases} (y-y_B)^2 = l_2^2 - (x-x_B)^2 \\ x-x_D = \pm\sqrt{l_3^2-(y-y_D)^2}\,; x = x_D \pm \sqrt{l_3^2-(y-y_D)^2}\,; x-x_B = (x_D-x_B) \pm \sqrt{l_3^2-(y-y_D)^2} \\ (x-x_B)^2 = (x_D-x_B)^2 + \left[l_3^2-(y-y_D)^2\right] \pm 2\cdot(x_D-x_B)\cdot\sqrt{l_3^2-(y-y_D)^2} \\ (x-x_B)^2 = (x_D-x_B)^2 + l_3^2-(y-y_D)^2 \pm 2\cdot(x_D-x_B)\cdot\sqrt{l_3^2-(y-y_D)^2} \\[6pt] (y-y_B)^2 = l_2^2 - (x_D-x_B)^2 - l_3^2 + (y-y_D)^2 \mp 2\cdot(x_D-x_B)\cdot\sqrt{l_3^2-(y-y_D)^2} \\ y^2 + y_B^2 - 2\cdot y_B\cdot y = l_2^2 - (x_D-x_B)^2 - l_3^2 + y^2 + y_D^2 - 2\cdot y_D\cdot y \mp \\ \mp 2\cdot(x_D-x_B)\cdot\sqrt{l_3^2-(y-y_D)^2} \\ 2\cdot(y_D-y_B)\cdot y + \left[y_B^2 - l_2^2 + (x_D-x_B)^2 + l_3^2 - y_D^2\right] = \mp 2\cdot(x_D-x_B)\cdot\sqrt{l_3^2-(y-y_D)^2} \\ 2\cdot(y_D-y_B) = b\,; \quad y_B^2 - l_2^2 + (x_D-x_B)^2 + l_3^2 - y_D^2 = d\,; \quad 2\cdot(x_D-x_B) = a \\ b\cdot y + d = \mp a\cdot\sqrt{l_3^2-(y-y_D)^2} \\ b^2\cdot y^2 + d^2 + 2\cdot b\cdot d\cdot y = a^2\cdot l_3^2 - a^2\cdot y^2 - a^2\cdot y_D^2 + 2\cdot a^2\cdot y_D\cdot y \\ (a^2+b^2)\cdot y^2 - 2\cdot(a^2\cdot y_D - b\cdot d)\cdot y - (a^2\cdot l_3^2 - a^2\cdot y_D^2 - d^2) = 0 \\ \Delta(R) = (a^2\cdot y_D - b\cdot d)^2 + (a^2+b^2)\cdot(a^2\cdot l_3^2 - a^2\cdot y_D^2 - d^2) = \\ = a^4\cdot y_D^2 - a^4\cdot y_D^2 + b^2\cdot d^2 - b^2\cdot d^2 - 2\cdot a^2\cdot b\cdot d\cdot y_D - \\ - a^2\cdot d^2 + a^4\cdot l_3^2 + a^2\cdot b^2\cdot l_3^2 - a^2\cdot b^2\cdot y_D^2 = \\ = a^2\cdot\left[l_3^2\cdot(a^2+b^2) - (d + b\cdot y_D)^2\right] \\[6pt] c = x_B^2 - x_D^2 + y_B^2 - y_D^2 + l_3^2 - l_2^2 \\ y_{1,2} = \dfrac{a^2\cdot y_D - b\cdot d \pm a\cdot\sqrt{l_3^2\cdot(a^2+b^2) - (d + b\cdot y_D)^2}}{a^2+b^2}\,; \quad x_{1,2} = -\dfrac{b}{a}\cdot y_{1,2} - \dfrac{c}{a} \\[6pt] + cand \; C \; la \; Nord \quad - cand \; C \; la \; Sud \\ \begin{cases} y_C \equiv y = \dfrac{a^2\cdot y_D - b\cdot d + a\cdot\sqrt{l_3^2\cdot(a^2+b^2) - (d + b\cdot y_D)^2}}{a^2+b^2} \\[10pt] x_C \equiv x = -\dfrac{b}{a}\cdot y - \dfrac{c}{a} \end{cases} \end{cases}$$

(13)

$$\begin{cases} (x-x_B)^2 + (y-y_B)^2 = l_2^2 \\ (x-x_D)^2 + (y-y_D)^2 = l_3^2 \end{cases}$$

(12)

Pentru determinarea vitezelor şi acceleraţiilor se pleacă din nou de la sistemul de poziţii (12), care se derivează de două ori succesiv în raport cu timpul şi se obţine sistemul relaţiilor de viteze şi cel de acceleraţii (14), care se şi rezolvă cu ajutorul determinanţilor.

$$\left\{ \begin{array}{l}
2 \cdot (x - x_B) \cdot (\dot{x} - \dot{x}_B) + 2 \cdot (y - y_B) \cdot (\dot{y} - \dot{y}_B) = 0 \\[4pt]
2 \cdot (x - x_D) \cdot (\dot{x} - \dot{x}_D) + 2 \cdot (y - y_D) \cdot (\dot{y} - \dot{y}_D) = 0 \\[4pt]
(x - x_B) \cdot \dot{x} + (y - y_B) \cdot \dot{y} = (x - x_B) \cdot \dot{x}_B + (y - y_B) \cdot \dot{y}_B \\[4pt]
(x - x_D) \cdot \dot{x} + (y - y_D) \cdot \dot{y} = (x - x_D) \cdot \dot{x}_D + (y - y_D) \cdot \dot{y}_D \\[6pt]
a_{11} = x - x_B; \;\; a_{12} = y - y_B; \;\; b_1 = (x - x_B) \cdot \dot{x}_B + (y - y_B) \cdot \dot{y}_B \\[6pt]
a_{21} = x - x_D; \;\; a_{22} = y - y_D; \;\; b_2 = (x - x_D) \cdot \dot{x}_D + (y - y_D) \cdot \dot{y}_D \\[6pt]
\Delta = \begin{vmatrix} a_{11} & a_{12} \\ a_{21} & a_{22} \end{vmatrix} = a_{11} \cdot a_{22} - a_{21} \cdot a_{12}; \;\; \Delta_{\dot{x}} = \begin{vmatrix} b_1 & a_{12} \\ b_2 & a_{22} \end{vmatrix} = b_1 \cdot a_{22} - b_2 \cdot a_{12}; \\[12pt]
\Delta_{\dot{y}} = \begin{vmatrix} a_{11} & b_1 \\ a_{21} & b_2 \end{vmatrix} = a_{11} \cdot b_2 - a_{21} \cdot b_1; \;\; \dot{x} \equiv \dot{x}_C = \dfrac{\Delta_{\dot{x}}}{\Delta}; \;\; \dot{y} \equiv \dot{y}_C = \dfrac{\Delta_{\dot{y}}}{\Delta}
\end{array} \right.$$

$$\left\{ \begin{array}{l}
(\dot{x} - \dot{x}_B) \cdot \dot{x} + (x - x_B) \cdot \ddot{x} + (\dot{y} - \dot{y}_B) \cdot \dot{y} + (y - y_B) \cdot \ddot{y} = \\[4pt]
= (\dot{x} - \dot{x}_B) \cdot \dot{x}_B + (x - x_B) \cdot \ddot{x}_B + (\dot{y} - \dot{y}_B) \cdot \dot{y}_B + (y - y_B) \cdot \ddot{y}_B \\[4pt]
(\dot{x} - \dot{x}_D) \cdot \dot{x} + (x - x_D) \cdot \ddot{x} + (\dot{y} - \dot{y}_D) \cdot \dot{y} + (y - y_D) \cdot \ddot{y} = \\[4pt]
= (\dot{x} - \dot{x}_D) \cdot \dot{x}_D + (x - x_D) \cdot \ddot{x}_D + (\dot{y} - \dot{y}_D) \cdot \dot{y}_D + (y - y_D) \cdot \ddot{y}_D \\[6pt]
\left\{ \begin{array}{l} a_{11} \cdot \ddot{x} + a_{12} \cdot \ddot{y} = c_1 \\ a_{21} \cdot \ddot{x} + a_{22} \cdot \ddot{y} = c_2 \end{array} \right. \\[14pt]
\left\{ \begin{array}{l} c_1 = (x - x_B) \cdot \ddot{x}_B + (y - y_B) \cdot \ddot{y}_B - (\dot{x} - \dot{x}_B)^2 - (\dot{y} - \dot{y}_B)^2 \\ c_2 = (x - x_D) \cdot \ddot{x}_D + (y - y_D) \cdot \ddot{y}_D - (\dot{x} - \dot{x}_D)^2 - (\dot{y} - \dot{y}_D)^2 \end{array} \right. \\[14pt]
\Delta_{\ddot{x}} = \begin{vmatrix} c_1 & a_{12} \\ c_2 & a_{22} \end{vmatrix} = a_{22} \cdot c_1 - a_{12} \cdot c_2; \;\; \ddot{x} \equiv \ddot{x}_C = \dfrac{\Delta_{\ddot{x}}}{\Delta}; \\[14pt]
\Delta_{\ddot{y}} = \begin{vmatrix} a_{11} & c_1 \\ a_{21} & c_2 \end{vmatrix} = a_{11} \cdot c_2 - a_{21} \cdot c_1; \;\; \ddot{y} \equiv \ddot{y}_C = \dfrac{\Delta_{\ddot{y}}}{\Delta}
\end{array} \right. \tag{14}$$

681

La final se scriu vitezele şi acceleraţiile unghiulare în funcţie şi de coordonatele punctului C (acum cunoscute), sistemul (15).

$$
\begin{cases}
\begin{cases} x_C = x_B + l_2 \cdot \cos\varphi_2 \\ y_C = y_B + l_2 \cdot \sin\varphi_2 \end{cases} \quad
\begin{cases} x_D = x_C + l_3 \cdot \cos\varphi_3 \\ y_D = y_C + l_3 \cdot \sin\varphi_3 \end{cases} \\[2ex]
\begin{cases} x_C - x_B = l_2 \cdot \cos\varphi_2 \\ y_C - y_B = l_2 \cdot \sin\varphi_2 \end{cases} \quad
\begin{cases} x_D - x_C = l_3 \cdot \cos\varphi_3 \\ y_D - y_C = l_3 \cdot \sin\varphi_3 \end{cases} \\[2ex]
\cos\varphi_2 = \dfrac{x_C - x_B}{l_2}; \quad \sin\varphi_2 = \dfrac{y_C - y_B}{l_2}; \\[2ex]
\cos\varphi_3 = \dfrac{x_D - x_C}{l_3}; \quad \sin\varphi_3 = \dfrac{y_D - y_C}{l_3} \\[3ex]
\begin{cases} \dot{x}_C - \dot{x}_B = -l_2 \cdot \sin\varphi_2 \cdot \omega_2 \mid \cdot(-\sin\varphi_2) \\ \dot{y}_C - \dot{y}_B = l_2 \cdot \cos\varphi_2 \cdot \omega_2 \mid \cdot(\cos\varphi_2) \end{cases} \Rightarrow \\[2ex]
\Rightarrow \omega_2 = \dfrac{(\dot{y}_C - \dot{y}_B) \cdot \cos\varphi_2 - (\dot{x}_C - \dot{x}_B) \cdot \sin\varphi_2}{l_2} \\[2ex]
\begin{cases} \dot{x}_D - \dot{x}_C = -l_3 \cdot \sin\varphi_3 \cdot \omega_3 \mid \cdot(-\sin\varphi_3) \\ \dot{y}_D - \dot{y}_C = l_3 \cdot \cos\varphi_3 \cdot \omega_3 \mid \cdot(\cos\varphi_3) \end{cases} \Rightarrow \\[2ex]
\Rightarrow \omega_3 = \dfrac{(\dot{y}_D - \dot{y}_C) \cdot \cos\varphi_3 - (\dot{x}_D - \dot{x}_C) \cdot \sin\varphi_3}{l_3} \\[3ex]
\begin{cases} \ddot{x}_C - \ddot{x}_B = -l_2 \cos\varphi_2 \cdot \omega_2^2 - l_2 \sin\varphi_2 \cdot \varepsilon_2 \mid -\sin\varphi_2 \\ \ddot{y}_C - \ddot{y}_B = -l_2 \sin\varphi_2 \cdot \omega_2^2 + l_2 \cos\varphi_2 \cdot \varepsilon_2 \mid \cos\varphi_2 \end{cases} \Rightarrow \\[2ex]
\Rightarrow \varepsilon_2 = \dfrac{(\ddot{y}_C - \ddot{y}_B) \cdot \cos\varphi_2 - (\ddot{x}_C - \ddot{x}_B) \cdot \sin\varphi_2}{l_2} \\[2ex]
\begin{cases} \ddot{x}_D - \ddot{x}_C = -l_3 \cos\varphi_3 \cdot \omega_3^2 - l_3 \sin\varphi_3 \cdot \varepsilon_3 \mid -\sin\varphi_3 \\ \ddot{y}_D - \ddot{y}_C = -l_3 \sin\varphi_3 \cdot \omega_3^2 + l_3 \cos\varphi_3 \cdot \varepsilon_3 \mid \cos\varphi_3 \end{cases} \Rightarrow \\[2ex]
\Rightarrow \varepsilon_3 = \dfrac{(\ddot{y}_D - \ddot{y}_C) \cdot \cos\varphi_3 - (\ddot{x}_D - \ddot{x}_C) \cdot \sin\varphi_3}{l_3}
\end{cases}
\tag{15}
$$

2. CINETOSTATICA DIADEI 3R

În figura 1 este prezentată schema cinetostaticii minime a diadei 3R (încărcată cu torsorul forțelor de inerție considerate forțe exterioare), diada de aspectul 1. Pentru cazul în care apar forțe exterioare suplimentare, cum ar fi rezistențele tehnologice, vor fi adăugate și ele (suprapuse) pe torsorul forțelor exterioare. Dacă turația de lucru este scăzută, iar mecanismul lucrează strict în poziție verticală, se pot adăuga și componentele exterioare ale forțelor de greutate, care vor face ca vectorii verticali ai forțelor de inerție situați în cele două centre de greutate, G_2 respectiv G_3, să se modifice, mărimii lor adăugându-li-se și mărimea $-m_i.g$, unde i ia valorile 2, respectiv 3.

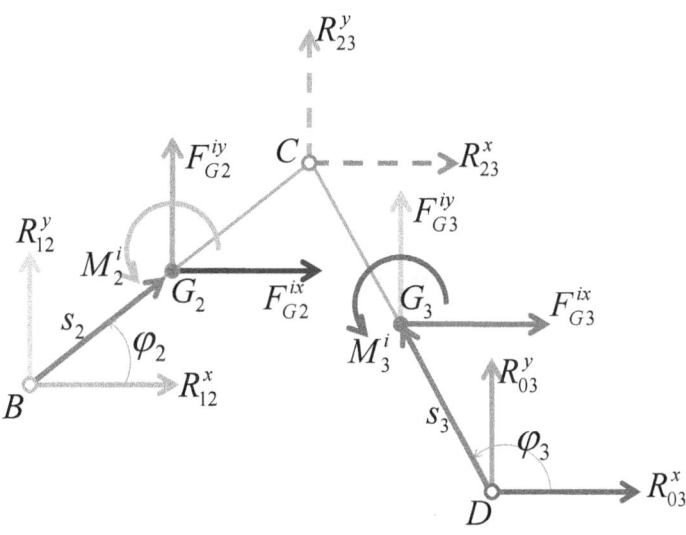

Fig. 1. *Schema cinetostatică a diadei 3R*

Reacțiunile din cuple reprezintă încărcările interioare (forțele interioare). Dacă forțele exterioare se cunosc în general (se dau, se determină, se calculează), forțele interioare (reacţiunile din cuplele cinematice) rezultă din echilibrul de forţe şi momente al diadei.

Pentru început scriem o ecuaţie reprezentând suma momentelor pe întreaga diadă faţă de punctul D, şi o alta reprezentând suma tuturor momentelor de pe elementul 2 faţă de punctul C (sistemul 1). Cele două ecuaţii se rescriu sub forma sistemului (2).

$$
\begin{cases}
\sum M_D^{(2,3)} = 0 \Rightarrow \\
- R_{12}^x \cdot (y_B - y_D) - R_{12}^y \cdot (x_D - x_B) + M_2^i - F_{G_2}^{ix} \cdot (y_{G_2} - y_D) - \\
- F_{G_2}^{iy} \cdot (x_D - x_{G_2}) + M_3^i - F_{G_3}^{ix} \cdot (y_{G_3} - y_D) - F_{G_3}^{iy} \cdot (x_D - x_{G_3}) = 0 \\
\\
\sum M_C^{(2)} = 0 \Rightarrow \\
R_{12}^x \cdot (y_C - y_B) - R_{12}^y \cdot (x_C - x_B) + M_2^i + \\
+ F_{G_2}^{ix} \cdot (y_C - y_{G_2}) - F_{G_2}^{iy} \cdot (x_C - x_{G_2}) = 0
\end{cases}
\tag{1}
$$

$$
\begin{cases}
(y_D - y_B) \cdot R_{12}^x + (x_B - x_D) \cdot R_{12}^y = F_{G_2}^{ix} \cdot (y_{G_2} - y_D) + \\
+ F_{G_2}^{iy} \cdot (x_D - x_{G_2}) + F_{G_3}^{ix} \cdot (y_{G_3} - y_D) + F_{G_3}^{iy} \cdot (x_D - x_{G_3}) - M_2^i - M_3^i \\
\\
(y_C - y_B) \cdot R_{12}^x + (x_B - x_C) \cdot R_{12}^y = F_{G_2}^{ix} \cdot (y_{G_2} - y_C) + \\
+ F_{G_2}^{iy} \cdot (x_C - x_{G_2}) - M_2^i
\end{cases}
\tag{2}
$$

Sistemul (2) se poate aranja sub forma unui sistem liniar (3) de două ecuaţii cu două necunoscute R_{12}^x R_{12}^y, având coeficienţii daţi de sistemul (4).

$$\begin{cases} a_{11} \cdot R_{12}^x + a_{12} \cdot R_{12}^y = a_1 \\[2mm] a_{21} \cdot R_{12}^x + a_{22} \cdot R_{12}^y = a_2 \end{cases} \tag{3}$$

$$\begin{cases} a_{11} = y_D - y_B; \quad a_{12} = x_B - x_D; \quad a_1 = F_{G_2}^{ix} \cdot \left(y_{G_2} - y_D\right) + \\[2mm] + F_{G_2}^{iy} \cdot \left(x_D - x_{G_2}\right) + F_{G_3}^{ix} \cdot \left(y_{G_3} - y_D\right) + F_{G_3}^{iy} \cdot \left(x_D - x_{G_3}\right) - M_2^i - M_3^i \\[4mm] a_{21} = y_C - y_B; \quad a_{22} = x_B - x_C; \\[2mm] a_2 = F_{G_2}^{ix} \cdot \left(y_{G_2} - y_C\right) + F_{G_2}^{iy} \cdot \left(x_C - x_{G_2}\right) - M_2^i \end{cases} \tag{4}$$

Soluţiile sistemului (3) vor fi date de sistemul (5).

$$\begin{cases} \Delta = \begin{vmatrix} a_{11} & a_{12} \\ a_{21} & a_{22} \end{vmatrix} = a_{11} \cdot a_{22} - a_{12} \cdot a_{21} \\[6mm] \Delta_x = \begin{vmatrix} a_1 & a_{12} \\ a_2 & a_{22} \end{vmatrix} = a_{22} \cdot a_1 - a_{12} \cdot a_2 \\[6mm] \Delta_y = \begin{vmatrix} a_{11} & a_1 \\ a_{21} & a_2 \end{vmatrix} = a_{11} \cdot a_2 - a_{21} \cdot a_1 \\[6mm] R_{12}^x = \dfrac{\Delta_x}{\Delta} = \dfrac{a_{22} \cdot a_1 - a_{12} \cdot a_2}{a_{11} \cdot a_{22} - a_{12} \cdot a_{21}} \\[6mm] R_{12}^y = \dfrac{\Delta_y}{\Delta} = \dfrac{a_{11} \cdot a_2 - a_{21} \cdot a_1}{a_{11} \cdot a_{22} - a_{12} \cdot a_{21}} \end{cases} \tag{5}$$

În continuare se scrie suma tuturor forţelor de pe diada (2,3) proiectate separat, mai întâi pe axa x, şi apoi pe axa y (sistemul 6), obţinându-se astfel alte două reacţiuni (forţe interioare), R_{03}^x şi R_{03}^y.

$$\begin{cases} \sum F_x^{(2,3)} = 0 \Rightarrow \\ \Rightarrow R_{12}^x + F_{G_2}^{ix} + F_{G_3}^{ix} + R_{03}^x = 0 \Rightarrow \\ \Rightarrow R_{03}^x = -R_{12}^x - F_{G_2}^{ix} - F_{G_3}^{ix} \\ \\ \sum F_y^{(2,3)} = 0 \Rightarrow \\ \Rightarrow R_{12}^y + F_{G_2}^{iy} + F_{G_3}^{iy} + R_{03}^y = 0 \Rightarrow \\ \Rightarrow R_{03}^y = -R_{12}^y - F_{G_2}^{iy} - F_{G_3}^{iy} \end{cases} \qquad (6)$$

Pentru ultimile două componente scalare ale reacţiunii (interioare a) cuplei C se scrie un nou sistem de echilibru de forţe, de pe elementul 2 spre exemplu, proiectate separat pe axele scalare x, respectiv y (sistemul 7).

$$\begin{cases} \sum F_x^{(2)} = 0 \Rightarrow \\ \Rightarrow R_{12}^x + F_{G_2}^{ix} - R_{23}^x = 0 \Rightarrow \\ \Rightarrow R_{23}^x = R_{12}^x + F_{G_2}^{ix} \\ \\ \sum F_y^{(2)} = 0 \Rightarrow \\ \Rightarrow R_{12}^y + F_{G_2}^{iy} - R_{23}^y = 0 \Rightarrow \\ \Rightarrow R_{23}^y = R_{12}^y + F_{G_2}^{iy} \end{cases} \qquad (7)$$

Se obţin astfel direct reacţiunile scalare R_{23}^x şi R_{23}^y. Opusele lor, R_{32}^x şi R_{32}^y vor fie gale cu ele dar orientate invers lor, sau altfel spus vor avea aceeaşi mărime însă cu semn schimbat.

Pentru ca tot calculul cinetostatic al diadei 3R să fie posibil trebuiesc determinate în prealabil forţele şi momentele de inerţie, separat pentru fiecare element al diadei. Acestea poartă denumirea de „torsorul forţelor inerţiale", şi se exprimă cu ajutorul relaţiilor sistemului (8).

$$
\left\{
\begin{aligned}
& \begin{cases}
F^{ix}_{G_2} = -m_2 \cdot \ddot{x}_{G_2} \\
F^{iy}_{G_2} = -m_2 \cdot \ddot{y}_{G_2} \\
M^{i}_2 = -J_{G_2} \cdot \varepsilon_2
\end{cases} \\[2mm]
& \begin{cases}
F^{ix}_{G_3} = -m_3 \cdot \ddot{x}_{G_3} \\
F^{iy}_{G_3} = -m_3 \cdot \ddot{y}_{G_3} \\
M^{i}_3 = -J_{G_3} \cdot \varepsilon_3
\end{cases} \\[3mm]
& \begin{cases}
x_{G_2} = x_B + s_2 \cdot \cos\varphi_2 \\
y_{G_2} = y_B + s_2 \cdot \sin\varphi_2
\end{cases}
\Rightarrow
\begin{cases}
\dot{x}_{G_2} = \dot{x}_B - s_2 \cdot \sin\varphi_2 \cdot \dot{\varphi}_2 \\
\dot{y}_{G_2} = \dot{y}_B + s_2 \cdot \cos\varphi_2 \cdot \dot{\varphi}_2
\end{cases} \Rightarrow \\[2mm]
& \Rightarrow
\begin{cases}
\ddot{x}_{G_2} = \ddot{x}_B - s_2 \cdot \cos\varphi_2 \cdot \omega_2^2 - s_2 \cdot \sin\varphi_2 \cdot \varepsilon_2 \\
\ddot{y}_{G_2} = \ddot{y}_B - s_2 \cdot \sin\varphi_2 \cdot \omega_2^2 + s_2 \cdot \cos\varphi_2 \cdot \varepsilon_2
\end{cases} \\[3mm]
& \begin{cases}
x_{G_3} = x_D + s_3 \cdot \cos\varphi_3 \\
y_{G_3} = y_D + s_3 \cdot \sin\varphi_3
\end{cases}
\Rightarrow
\begin{cases}
\dot{x}_{G_3} = \dot{x}_D - s_3 \cdot \sin\varphi_3 \cdot \dot{\varphi}_3 \\
\dot{y}_{G_3} = \dot{y}_D + s_3 \cdot \cos\varphi_3 \cdot \dot{\varphi}_3
\end{cases} \Rightarrow \\[2mm]
& \Rightarrow
\begin{cases}
\ddot{x}_{G_3} = \ddot{x}_D - s_3 \cdot \cos\varphi_3 \cdot \omega_3^2 - s_3 \cdot \sin\varphi_3 \cdot \varepsilon_3 \\
\ddot{y}_{G_3} = \ddot{y}_D - s_3 \cdot \sin\varphi_3 \cdot \omega_3^2 + s_3 \cdot \cos\varphi_3 \cdot \varepsilon_3
\end{cases}
\end{aligned}
\right.
\tag{8}
$$

3. DISTRIBUȚIA FORȚELOR LA MECANISMUL PATRULATER ARTICULAT

Se determină mai întâi parametrii cinematici ai mecanismului patrulater plan, prezentat în figura 1. Plecând apoi de la elementele cinematice deja determinate se poate stabili distribuția forțelor în mecanismul 4R, se determină coeficientul dinamic, și se calculează eficiența mecanismului patrulater plan.

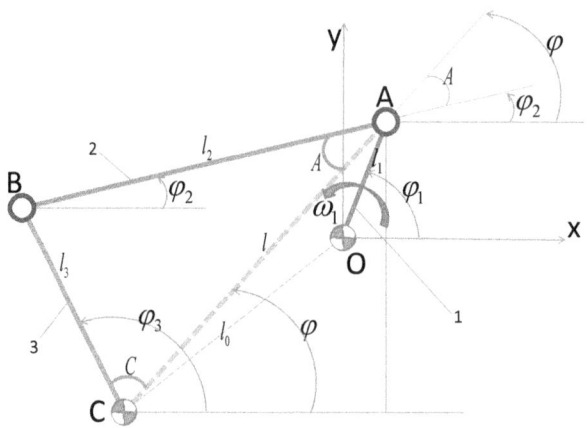

Fig. 1. *Schema cinematică a mecanismului patrulater articulat*

1. Eficiența mecanismului patrulater plan; distribuția forțelor în mecanism

Determinarea randamentului mecanismului patrulater plan (articulat), se poate face pornind de la stabilirea distribuției forțelor în mecanism, plecând dinspre elementul conducător (manivela 1, care dă momentul motor și deci și forța motoare), și mergând către elementul final condus, care poate fi biela 2, sau chiar balansierul 3. Se determină forțele stabilite (vitezele sunt deja cunoscute), puterile (bilanțul puterilor), și randamentul mecanic al patrulaterului articulat (vezi figura 2).

688

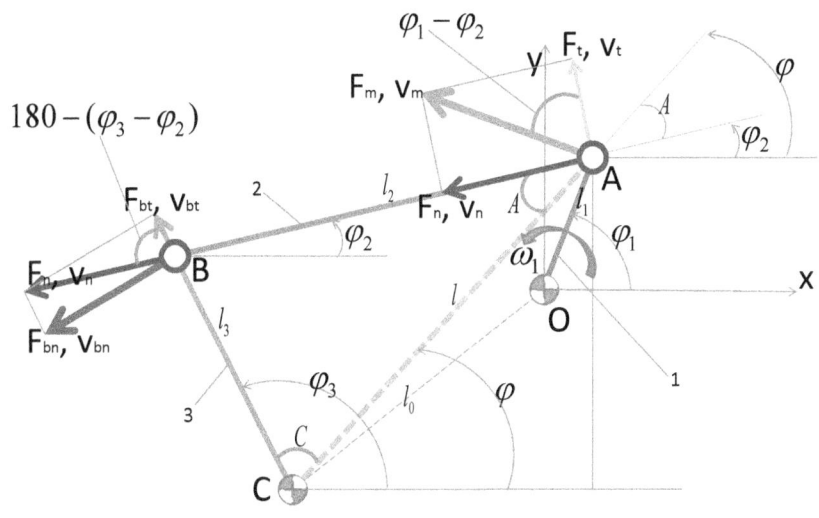

Fig. 2. *Distribuția forțelor și a vitezelor dinamice în mecanismul 4R*

În sistemul de relații (1) sunt determinate forțele din mecanism (care dau mișcarea dinamică, reală, a mecanismului). Vitezele cinematice sunt deja cunoscute. Se determină însă și vitezele dinamice care urmăresc aceleași direcții cu cele ale forțelor, și în general nu coincid cu vitezele cinematice. Forța motoare F_m este perpendiculară pe manivela 1 în punctul A. Ea se transmite și bielei 2, prin intermediul cuplei comune (A), și se descompune pe biela doi în două componente: una în lungul bielei F_n, și alta perpendiculară pe axul bielei F_t, care rotește biela. Componenta normală F_n, este singura care se transmite prin bielă în orice punct al ei, deci și în cupla B, unde se transmite mai departe și elementului balansier 3, pe care se împarte la rândul ei în două componente F_{bn} și F_{bt}. F_{bn} este perpendiculară pe balansierul 3 în punctul B, și reprezintă singura componentă utilă pentru acest element, ea producând rotația (balansul) elementului 3.

Randamentul mecanic instantaneu al mecanismului 4R, se determină cu forțele prezentate și cu vitezele cinematice cunoscute.

$$\begin{cases} \begin{cases} F_n = F_m \cdot \sin(\varphi_1 - \varphi_2) \\ v_n = v_m \cdot \sin(\varphi_1 - \varphi_2) \end{cases} \\ \begin{cases} F_B \equiv F_{bn} = F_n \cdot \sin[\pi - (\varphi_3 - \varphi_2)] = \\ = F_m \cdot \sin(\varphi_1 - \varphi_2) \cdot \sin(\varphi_3 - \varphi_2) \end{cases} \\ \begin{cases} v_B^D \equiv v_{bn} = v_n \cdot \sin[\pi - (\varphi_3 - \varphi_2)] = \\ = v_m \cdot \sin(\varphi_1 - \varphi_2) \cdot \sin(\varphi_3 - \varphi_2) \end{cases} \\ \omega_3 = \dfrac{l_1 \cdot \sin(\varphi_1 - \varphi_2) \cdot \omega_1}{l_3 \cdot \sin(\varphi_3 - \varphi_2)} \Rightarrow \\ v_B = l_3 \cdot \omega_3 = \dfrac{l_1 \cdot \omega_1 \cdot \sin(\varphi_1 - \varphi_2)}{\sin(\varphi_3 - \varphi_2)} = \dfrac{v_m \cdot \sin(\varphi_1 - \varphi_2)}{\sin(\varphi_3 - \varphi_2)} \\ v_B^D = D \cdot v_B \Leftrightarrow v_m \cdot \sin(\varphi_1 - \varphi_2) \cdot \sin(\varphi_3 - \varphi_2) = \\ D \cdot \dfrac{v_m \cdot \sin(\varphi_1 - \varphi_2)}{\sin(\varphi_3 - \varphi_2)} \Rightarrow D = \sin^2(\varphi_3 - \varphi_2) \\ \eta_i = \dfrac{P_3}{P_1} = \dfrac{F_B \cdot v_B}{F_m \cdot v_m} = \\ = \dfrac{F_m \cdot \sin(\varphi_1 - \varphi_2) \cdot \sin(\varphi_3 - \varphi_2) \cdot \dfrac{v_m \cdot \sin(\varphi_1 - \varphi_2)}{\sin(\varphi_3 - \varphi_2)}}{F_m \cdot v_m} = \\ = \sin^2(\varphi_1 - \varphi_2) \\ \eta_i^D = \dfrac{P_3^D}{P_1} = \dfrac{F_B \cdot v_B^D}{F_m \cdot v_m} = \\ = \dfrac{F_m \cdot \sin(\varphi_1 - \varphi_2) \cdot \sin(\varphi_3 - \varphi_2) \cdot v_m \cdot \sin(\varphi_1 - \varphi_2) \cdot \sin(\varphi_3 - \varphi_2)}{F_m \cdot v_m} = \\ = \sin^2(\varphi_3 - \varphi_2) \cdot \sin^2(\varphi_1 - \varphi_2) = D \cdot \eta_i \end{cases} \qquad (1)$$

690

Randamentul dinamic instantaneu al mecanismului 4R se determină însă cu puterile dinamice, în care forțele rămân neschimbate, însă vitezele cinematice (clasice) sunt înlocuite de vitezele dinamice prezentate în sistemul 1, acestea fiind determinate în mod similar distribuției forțelor, deoarece sunt produse de forțe și tind să aibă același suport cu forțele care le-au generat.

Randamentul dinamic instantaneu (momentan) este întotdeauna mai mic sau cel mult egal cu cel mecanic instantaneu, el fiind practic produsul dintre randamentul mecanic și coeficientul dinamic D.

La fel și viteza dinamică reprezintă produsul dintre viteza cinematică și coeficientul dinamic D.

Și viteza unghiulară dinamică (variabilă), poate fi exprimată la rândul ei prin produsul dintre viteza unghiulară (cinematică, clasică, constantă, impusă, cunoscută) și coeficientul dinamic D, conform relației (2).

$$\omega_1^D = D \cdot \omega_1 \qquad (2)$$

Cu ajutorul acestui coeficient dinamic D, se poate stabili o metodă rapidă de determinare a parametrilor dinamici ai mecanismului.

Bibliografie

[1] Pelecudi, Chr., ș.a., *Mecanisme.* E.D.P., București, 1985.

4. Aplicații:

A4.1-DETERMINAREA REACŢIUNII DIN CUPLA MOTOARE LA MECANISMUL PATRULATER ARTICULAT

Uzura cuplelor cinematice şi a elementelor cinematice depinde de mărimea reacţiunilor din cuplele cinematice. Calculul de rezistenţa materialelor, şi cel organologic (care arată la câte cicluri de funcţionare poate rezista mecanismul respectiv şi fiecare componentă a sa) se face tot pornind de la mărimea reacţiunilor din cuplele cinematice. La mecanismul patrulater plan o importanţă deosebită o are reacţiunea din cupla motoare, fapt pentru care ne propunem determinarea acestei reacţiuni, R_B. Se porneşte cu calculul cinematic şi cinetostatic al diadei 3R din figura 1.

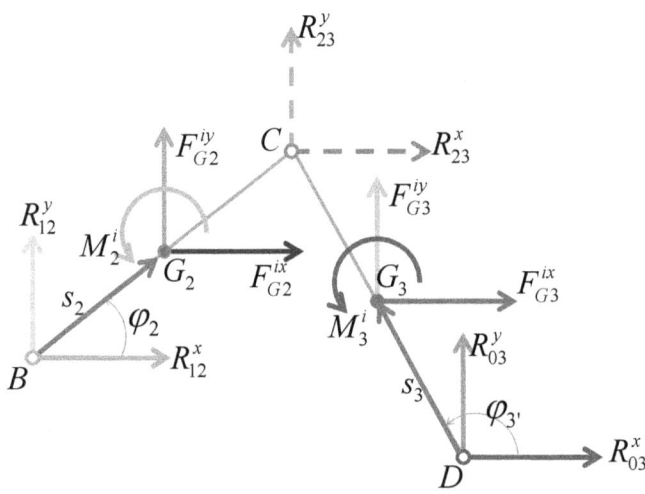

Fig. 1. *Schema cinetostatică a diadei 3R*

Se măsoară pe mecanism: l_1, l_2, l_3, x_D, y_D, s_2 şi s_3 (în m). Se impun (se dau) unghiul φ_1 şi turaţia manivelei n_1. Se determină prin cântărire masele m_2 şi m_3 (în kg). Cu relaţiile (sistemului 1) se determină unghiurile de poziţie φ_2, φ_3, şi coordonatele scalare ale punctului C, iar din sistemul (2) se calculează vitezele şi acceleraţiile unghiulare.

$$\begin{cases} \omega_1 = 2 \cdot \pi \cdot v_1 = 2 \cdot \pi \cdot \dfrac{n_1}{60} = \dfrac{\pi}{30} \cdot n_1 \quad [s^{-1}] \\[2mm] \begin{cases} x_B = l_1 \cdot \cos\varphi_1 \\ y_B = l_1 \cdot \sin\varphi_1 \end{cases} \begin{cases} \dot{x}_B = -l_1 \cdot \sin\varphi_1 \cdot \omega_1 \\ \dot{y}_B = l_1 \cdot \cos\varphi_1 \cdot \omega_1 \end{cases} \begin{cases} \ddot{x}_B = -l_1 \cdot \cos\varphi_1 \cdot \omega_1^2 \\ \ddot{y}_B = -l_1 \cdot \sin\varphi_1 \cdot \omega_1^2 \end{cases} \\[3mm] l^2 = (x_B - x_D)^2 + (y_B - y_D)^2 \Rightarrow \\[2mm] \Rightarrow l = \sqrt{l^2} = \sqrt{(x_B - x_D)^2 + (y_B - y_D)^2} \\[2mm] \cos B = \dfrac{l^2 + l_2^2 - l_3^2}{2 \cdot l \cdot l_2} \Rightarrow B = \arccos(\cos B); \\[3mm] \cos D = \dfrac{l^2 + l_3^2 - l_2^2}{2 \cdot l \cdot l_3} \Rightarrow D = \arccos(\cos D) \\[3mm] \begin{cases} \cos\varphi = \dfrac{x_D - x_B}{l} \\[2mm] \sin\varphi = \dfrac{y_D - y_B}{l} \end{cases} \Rightarrow \varphi = sign(\sin\varphi) \cdot \arccos(\cos\varphi); \\[3mm] \Rightarrow \begin{cases} \varphi_2 = \varphi + B \\ \varphi_3 = \varphi - D \\ \varphi_{3'} = \varphi_3 + \pi \end{cases} \begin{cases} x_C = x_D + l_3 \cdot \cos\varphi_{3'} \\ y_C = y_D + l_3 \cdot \sin\varphi_{3'} \end{cases} \end{cases} \qquad (1)$$

$$\begin{cases} \omega_2 = \dfrac{(\dot{x}_D - \dot{x}_B) \cdot \cos\varphi_3 + (\dot{y}_D - \dot{y}_B) \cdot \sin\varphi_3}{l_2 \cdot \sin(\varphi_3 - \varphi_2)} = \dfrac{l_1 \cdot \sin(\varphi_1 - \varphi_3) \cdot \omega_1}{l_2 \cdot \sin(\varphi_3 - \varphi_2)} \\[4mm] \omega_3 = \dfrac{(\dot{x}_D - \dot{x}_B) \cdot \cos\varphi_2 + (\dot{y}_D - \dot{y}_B) \cdot \sin\varphi_2}{l_3 \cdot \sin(\varphi_2 - \varphi_3)} = \dfrac{l_1 \cdot \sin(\varphi_1 - \varphi_2) \cdot \omega_1}{l_3 \cdot \sin(\varphi_2 - \varphi_3)} \\[4mm] \varepsilon_2 = \dfrac{l_1 \cos(\varphi_1 - \varphi_3) \cdot (\omega_1 - \omega_3)\omega_1 + l_2 \cos(\varphi_2 - \varphi_3) \cdot (\omega_2 - \omega_3)\omega_2}{l_2 \cdot \sin(\varphi_3 - \varphi_2)} \\[4mm] \varepsilon_3 = \dfrac{l_1 \cos(\varphi_1 - \varphi_2) \cdot (\omega_1 - \omega_2)\omega_1 + l_3 \cos(\varphi_3 - \varphi_2) \cdot (\omega_3 - \omega_2)\omega_3}{l_3 \cdot \sin(\varphi_2 - \varphi_3)} \end{cases} \qquad (2)$$

Cu ajutorul relațiilor (3) se determină torsorul forțelor de inerție.

$$\begin{cases} \begin{cases} x_{G_2} = x_B + s_2 \cdot \cos\varphi_2 \\ y_{G_2} = y_B + s_2 \cdot \sin\varphi_2 \end{cases} \Rightarrow \begin{cases} \dot{x}_{G_2} = \dot{x}_B - s_2 \cdot \sin\varphi_2 \cdot \dot{\varphi}_2 \\ \dot{y}_{G_2} = \dot{y}_B + s_2 \cdot \cos\varphi_2 \cdot \dot{\varphi}_2 \end{cases} \Rightarrow \\ \Rightarrow \begin{cases} \ddot{x}_{G_2} = \ddot{x}_B - s_2 \cdot \cos\varphi_2 \cdot \omega_2^2 - s_2 \cdot \sin\varphi_2 \cdot \varepsilon_2 \\ \ddot{y}_{G_2} = \ddot{y}_B - s_2 \cdot \sin\varphi_2 \cdot \omega_2^2 + s_2 \cdot \cos\varphi_2 \cdot \varepsilon_2 \end{cases} \\ \begin{cases} x_{G_3} = x_D + s_3 \cdot \cos\varphi_{3'} \\ y_{G_3} = y_D + s_3 \cdot \sin\varphi_{3'} \end{cases} \Rightarrow \begin{cases} \dot{x}_{G_3} = \dot{x}_D - s_3 \cdot \sin\varphi_{3'} \cdot \dot{\varphi}_3 \\ \dot{y}_{G_3} = \dot{y}_D + s_3 \cdot \cos\varphi_{3'} \cdot \dot{\varphi}_3 \end{cases} \Rightarrow \\ \Rightarrow \begin{cases} \ddot{x}_{G_3} = \ddot{x}_D - s_3 \cdot \cos\varphi_{3'} \cdot \omega_3^2 - s_3 \cdot \sin\varphi_{3'} \cdot \varepsilon_3 \\ \ddot{y}_{G_3} = \ddot{y}_D - s_3 \cdot \sin\varphi_{3'} \cdot \omega_3^2 + s_3 \cdot \cos\varphi_{3'} \cdot \varepsilon_3 \end{cases} \\ \begin{cases} F_{G_2}^{ix} = -m_2 \cdot \ddot{x}_{G_2} \\ F_{G_2}^{iy} = -m_2 \cdot \ddot{y}_{G_2} \\ J_{G_2} = m_2 \cdot \dfrac{l_2^2}{12} \\ M_2^i = -J_{G_2} \cdot \varepsilon_2 \end{cases} \begin{cases} F_{G_3}^{ix} = -m_3 \cdot \ddot{x}_{G_3} \\ F_{G_3}^{iy} = -m_3 \cdot \ddot{y}_{G_3} \\ J_{G_3} = m_3 \cdot \dfrac{l_3^2}{12} \\ M_3^i = -J_{G_3} \cdot \varepsilon_3 \end{cases} \end{cases} \tag{3}$$

$$\begin{cases} a_{11} \cdot R_{12}^x + a_{12} \cdot R_{12}^y = a_1 \\ \\ a_{21} \cdot R_{12}^x + a_{22} \cdot R_{12}^y = a_2 \end{cases} \tag{4}$$

$$\begin{cases} a_{11} = y_D - y_B; \ a_{12} = x_B - x_D; \ a_1 = F_{G_2}^{ix} \cdot \left(y_{G_2} - y_D\right) + \\ + F_{G_2}^{iy} \cdot \left(x_D - x_{G_2}\right) + F_{G_3}^{ix} \cdot \left(y_{G_3} - y_D\right) + F_{G_3}^{iy} \cdot \left(x_D - x_{G_3}\right) - M_2^i - M_3^i \\ a_{21} = y_C - y_B; \ a_{22} = x_B - x_C; \\ a_2 = F_{G_2}^{ix} \cdot \left(y_{G_2} - y_C\right) + F_{G_2}^{iy} \cdot \left(x_C - x_{G_2}\right) - M_2^i \end{cases} \tag{5}$$

Soluţiile sistemului (4) vor fi date de sistemul (6), după ce se calculează cu (5) coeficienţii: a_{11}, a_{12}, a_1, a_{21}, a_{22}, a_2.

Reacţiunea totală din cupla motoare se determină cu relaţia (7).

$$\begin{cases} \Delta = \begin{vmatrix} a_{11} & a_{12} \\ a_{21} & a_{22} \end{vmatrix} = a_{11} \cdot a_{22} - a_{12} \cdot a_{21} \quad \Delta_x = \begin{vmatrix} a_1 & a_{12} \\ a_2 & a_{22} \end{vmatrix} = a_{22} \cdot a_1 - a_{12} \cdot a_2 \\[4mm] \Delta_y = \begin{vmatrix} a_{11} & a_1 \\ a_{21} & a_2 \end{vmatrix} = a_{11} \cdot a_2 - a_{21} \cdot a_1 \\[4mm] R_{12}^x = \dfrac{\Delta_x}{\Delta} = \dfrac{a_{22} \cdot a_1 - a_{12} \cdot a_2}{a_{11} \cdot a_{22} - a_{12} \cdot a_{21}}; \quad R_{12}^y = \dfrac{\Delta_y}{\Delta} = \dfrac{a_{11} \cdot a_2 - a_{21} \cdot a_1}{a_{11} \cdot a_{22} - a_{12} \cdot a_{21}} \end{cases} \tag{6}$$

$$R_B \equiv R_{12} = \sqrt{\left(R_{12}^x\right)^2 + \left(R_{12}^y\right)^2} \tag{7}$$

A4.2-ECHILIBRAREA STATICĂ TOTALĂ A MECANISMULUI PATRULATER ARTICULAT

1. <u>Considerații teoretice</u>

Pentru echilibrarea statică totală a mecanismului patrulater articulat prin metoda I, clasică (fig. 1), este necesar ca centrul de masă (de greutate) al mecanismului să fie adus într-un punct fix, indiferent de poziția pe care o ocupă mecanismul, pe parcursul întregului ciclu cinematic al acestuia.

Practic se aduce centrul de masă al întregului mecanism într-un punct fix, situat undeva pe axa A_0B_0. Se consideră masele elementelor 1, 2 și 3 (m_1, m_2, m_3) concentrate în centrele de masă (de greutate) ale acestor elemente (G_1, G_2, G_3). Pentru început se distribuie pe rând, fiecare din cele trei mase concentrate, în articulațiile corespunzătoare ale barelor respective; adică masa m_1 se distribuie în articulațiile A_0 și A, masa m_2 se distribuie în articulațiile A și B, iar masa m_3 se distribuie în articulațiile B și B_0. Masele din articulațiile fixe A_0 respectiv B_0 vor fi egale acum cu masele distribuite $m_{A0}=m_{1A0}$ respectiv $m_{B0}=m_{3B0}$.

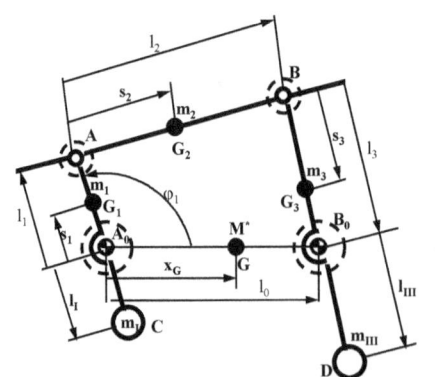

Fig.1 Echilibrarea statica a mecanismului patrulater articulat. Metoda I.

În articulațiile mobile A și B vom avea mase însumate din cele distribuite de pe câte două elemente, astfel: $m_A=m_{1A}+m_{2A}$ și $m_B=m_{2B}+m_{3B}$.

Masele aduse deja în articulaţiile fixe A_0 şi B_0 sunt gata echilibrate, în vreme ce masele concentrate acum în articulaţiile mobile A şi B necesită o nouă deplasare către articulaţiile fixe A_0 respectiv B_0. În acest scop au fost prelungite elementele 1 şi 3 iar undeva pe aceste prelungiri se montează masele de echilibrare m_I respectiv m_{III}, la distanţele l_I respectiv l_{III}, astfel încât masele m_A respectiv m_B să fie aduse în articulaţiile fixe A_0 respectiv B_0; practic, trebuie ca suma momentelor greutăţilor G_A şi G_I faţă de articulaţia fixă A_0 să fie egală cu zero, iar suma momentelor greutăţilor G_B şi G_{III} faţă de articulaţia fixă B_0 să fie egală cu zero deasemenea. Acum masele din A respectiv B au fost aduse în A_0 respectiv B_0 dar cu ajutorul maselor suplimentare m_I respectiv m_{III} care s-au deplasat şi ele în articulaţiile fixe respective; masele din A_0 şi B_0 se recalculează acum astfel: $m_{A0}{}^*=m_{1A0}+m_A+m_I$ şi $m_{B0}{}^*=m_{3B0}+m_B+m_{III}$. Se poate stabili în continuare poziţia fixă a centrului de masă al mecanismului, care se va situa pe axa A_0B_0 la distanţa x_G faţă de articulaţia fixă A_0.

2. Materiale şi instrumente necesare

Macheta mecanismului patrulater articulat, calculator, instrumente pentru desen (riglă 300 mm), mase pentru echilibrare (contragreutăţi), balanţă şi tijă (suport prismatic) pentru determinarea centrelor de masă ale elementelor.

3. Modul de lucru şi relaţiile de calcul

Cele trei mase concentrate se repartizează în articulaţii:

$$m_1 \begin{cases} m_{1A0} = \dfrac{l_1 - s_1}{l_1}\, m_1 \\ \\ m_{1A} = \dfrac{s_1}{l_1}\, m_1 \end{cases} \qquad m_2 \begin{cases} m_{2A} = \dfrac{l_2 - s_2}{l_2}\, m_2 \\ \\ m_{2B} = \dfrac{s_2}{l_2}\, m_2 \end{cases}$$

$$m_3 \begin{cases} m_{3B} = \dfrac{l_3 - s_3}{l_3}\, m_3 \\ \\ m_{3B0} = \dfrac{s_3}{l_3}\, m_3 \end{cases} \qquad (1)$$

Se calculează masele teoretice din cuplele (articulaţiile) mobile A respectiv B:

$$m_A = m_{1A} + m_{2A} \quad \text{şi} \quad m_B = m_{2B} + m_{3B}, \tag{2}$$

care trebuiesc aduse în articulaţiile fixe.

Metoda I: Se aduce m_A în A_0 şi m_B în B_0 utilizând contragreutăţile m_I şi m_{III} (alese), montate la distanţele l_I respectiv l_{III} rezultate din următoarele relaţii de calcul:

$$l_I = l_1 \cdot \frac{m_A}{m_I} \qquad l_{III} = l_3 \cdot \frac{m_B}{m_{III}} \tag{3}$$

Masele teoretice din articulaţiile fixe, după echilibrare, vor fi:

$$m_{A0}^{*} = m_{1A0} + m_A + m_I \qquad m_{B0}^{*} = m_{3B0} + m_B + m_{III} \tag{4}$$

Se calculează parametrul x_G (măsurat pe axa A_0B_0, din punctul A_0), care ne poziţionează centrul de greutate al mecanismului articulat, după echilibrare:

$$(m_{A0}^{*} + m_{B0}^{*}) \cdot x_G = m_{B0}^{*} \cdot l_0 \;, \qquad x_G = \frac{m_{B0}^{*}}{m_{A0}^{*} + m_{B0}^{*}} l_0 \tag{5}$$

Metoda II: Se aduce m_B în A (fig. 2), folosind masa m_{II} (aleasă), montată la distanţa:

$$l_{II} = l_2 \frac{m_B}{m_{II}} \tag{6}$$

Se calculează noua masă din A:

$$m_A' = m_A + m_B + m_{II} \tag{7}$$

care se aduce în A_0 prin procedeul clasic de la metoda I; se alege m_I' şi rezultă l_I':

$$l_I' = l_1 \frac{m_A'}{m_I'} \tag{8}$$

Masele teoretice concentrate în articulaţiile fixe, după echilibrare, vor fi:

$$m_{A0}' = m_A' + m_{1A0} + m_I' \qquad\qquad m_{B0}' = m_{3B0} \tag{9}$$

Putem calcula acum şi coordonata $x_G^{'}$ a centrului de greutate al întregului mecanism după echilibrarea prin varianta a II-a:

$$x_G^{'} = \frac{m_{B0}^{'}}{m_{A0}^{'} + m_{B0}^{'}} l_0 \qquad (10)$$

Se compară

$$M^* = m_{A0}^* + m_{B0}^* \qquad \text{cu} \qquad M^{'} = m_{A0}^{'} + m_{B0}^{'} \qquad (11)$$

şi $\quad x_G \quad$ cu $\quad x_G^{'}$.

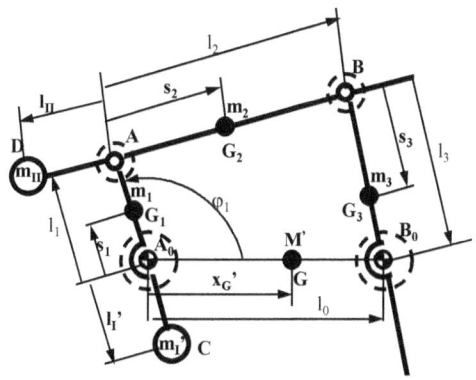

Fig.2 Echilibrarea statica a mecanismului patrulater articulat.Metoda II.

Modul de lucru efectiv: Se desface mecanismul, se cântăresc masele m_1, m_2, m_3 (cu şaibele din articulaţii montate), se măsoară l_1, l_2, l_3, l_0, s_1, s_2, s_3 (s-urile numai după determinarea centrelor de greutate pe prismă). Se remontează mecanismul, se efectuează calculele aferente, după care se montează masele alese m_I respectiv m_{III} la distanţele rezultate prin calcule, l_I respectiv l_{III}. Mecanismul rezultat trebuie să fie echilibrat static total. Se face verificarea, prin aşezarea manivelei în diferite poziţii succesive, mecanismul trebuind să fie stabil pentru fiecare poziţie (unghiul φ_1 ia valori în intervalul 0-360 [^{0}]). Se continuă calculele şi se face echilibrarea prin varianta a II-a; se compară masele finale obţinute prin cele două variante (relaţia (11)).

A4.3-DETERMINAREA MOMENTULUI DE INERŢIE MECANIC (MASIC, AL ÎNTREGULUI MECANISM) REDUS LA MANIVELĂ, LA MECANISMUL PATRULATER ARTICULAT

Momentul de inerţie mecanic sau masic al unui mecanism poate fi redus la manivela 1 (elementul conducător), astfel încât studiul dinamic al întregului mecanism să poată fi urmărit doar pe un singur element (elementul 1 conducător; vezi figura 1).

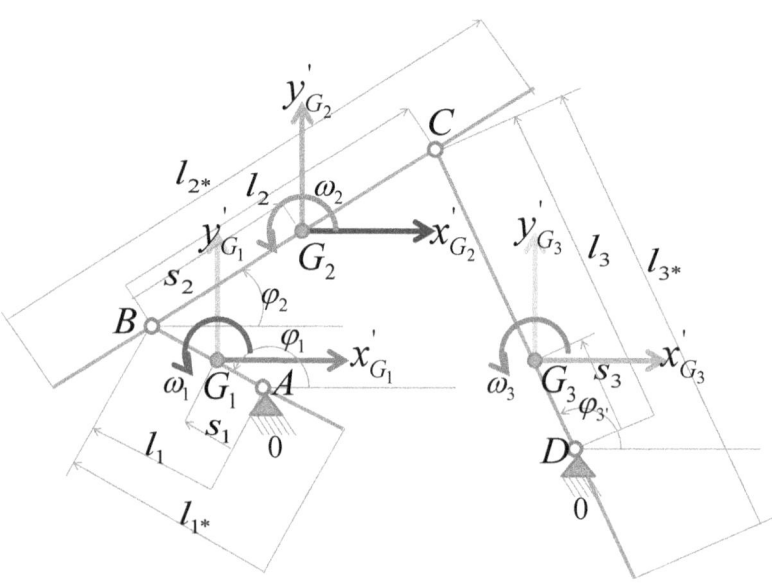

Fig. 1. *Determinarea momentului de inerţie masic (mecanic) redus la manivelă, la mecanismul patrulater articulat (plan)*

În figura 1, a fost reprezentat mecanismul patrulater plan încărcat cu vitezele unghiulare ale celor trei elemente mobile, şi cu vitezele liniare reduse ale centrelor de greutate (de masă) proiectate pe axele scalare x şi y, pentru fiecare din cele trei elemente mobile ale mecanismului.

Modul de lucru:

Se dă (se impune) poziţia manivelei 1 (AB), prin valoarea unghiului φ_1.

Se demontează mecanismul şi se determină valorile: m_1, m_2, m_3 (în [kg], prin cântărire), l_1, l_2, l_3, l_{1*}, l_{2*}, l_{3*}, s_1, s_2, s_3, x_D, y_D (în [m], se măsoară cu o riglă).

Se determină momentele de inerţie mecanice sau masice ale fiecărui element mobil în parte, cu ajutorul relaţiilor (1).

$$
\begin{cases}
J_{G_1} = \dfrac{1}{12} \cdot m_1 \cdot l_{1*}^2 \ [kg \cdot m^2]; \quad J_{G_2} = \dfrac{1}{12} \cdot m_2 \cdot l_{2*}^2 \ [kg \cdot m^2]; \\[3mm]
J_{G_3} = \dfrac{1}{12} \cdot m_3 \cdot l_{3*}^2 \ [kg \cdot m^2]
\end{cases}
\tag{1}
$$

Se determină iniţial unghiurile de poziţie ale celor două elemente ale diadei 3R cu ajutorul relaţiilor date de sistemul (2).

$$
\begin{cases}
x_B = l_1 \cdot \cos\varphi_1; \quad y_B = l_1 \cdot \sin\varphi_1; \\[2mm]
l^2 = (x_B - x_D)^2 + (y_B - y_D)^2; \quad l = \sqrt{(x_B - x_D)^2 + (y_B - y_D)^2} \\[2mm]
\cos B = \dfrac{l^2 + l_2^2 - l_3^2}{2 \cdot l \cdot l_2} \Rightarrow B = \arccos(\cos B); \\[3mm]
\cos D = \dfrac{l^2 + l_3^2 - l_2^2}{2 \cdot l \cdot l_3} \Rightarrow D = \arccos(\cos D) \\[3mm]
\begin{cases}
\cos\varphi = \dfrac{x_D - x_B}{l} \\[2mm]
\sin\varphi = \dfrac{y_D - y_B}{l}
\end{cases} \Rightarrow \varphi = sign(\sin\varphi) \cdot \arccos(\cos\varphi); \\[3mm]
\Rightarrow \begin{cases} \varphi_2 = \varphi + B \\ \varphi_3 = \varphi - D \Rightarrow \varphi_{3'} = \varphi_3 + \pi \end{cases} \quad \begin{cases} x_C = x_D + l_3 \cdot \cos\varphi_{3'} \\ y_C = y_D + l_3 \cdot \sin\varphi_{3'} \end{cases}
\end{cases}
\tag{2}
$$

Se calculează în final momentul de inerţie mecanic (masic) al întregului mecanism (patrulater articulat) redus la manivela 1 (redus la elementul conducător), cu ultima relaţie dată de sistemul (3).

$$
\begin{cases}
\begin{cases} x_{G_1} = s_1 \cos\varphi_1 \\ y_{G_1} = s_1 \sin\varphi_1 \end{cases}
\begin{cases} x'_{G_1} = -s_1 \sin\varphi_1 \\ y'_{G_1} = s_1 \cos\varphi_1 \end{cases}
\begin{cases} x'^2_{G_1} = s_1^2 \sin^2\varphi_1 \\ y'^2_{G_1} = s_1^2 \cos^2\varphi_1 \end{cases}
\quad x'^2_{G_1} + y'^2_{G_1} = s_1^2 \\[4mm]

\begin{cases} x_{G_2} = l_1 \cdot \cos\varphi_1 + s_2 \cdot \cos\varphi_2 \\ y_{G_2} = l_1 \cdot \sin\varphi_1 + s_2 \cdot \sin\varphi_2 \end{cases}
\begin{cases} x'_{G_2} = -l_1 \cdot \sin\varphi_1 - s_2 \cdot \sin\varphi_2 \cdot \varphi'_2 \\ y'_{G_2} = l_1 \cdot \cos\varphi_1 + s_2 \cdot \cos\varphi_2 \cdot \varphi'_2 \end{cases} \\[4mm]

\Rightarrow x'^2_{G_2} + y'^2_{G_2} = l_1^2 + s_2^2 \cdot \varphi'^2_2 + 2 \cdot l_1 \cdot s_2 \cdot \varphi'_2 \cdot \cos(\varphi_1 - \varphi_2) \\[4mm]

\begin{cases} x_{G_3} = x_D + s_3 \cdot \cos\varphi_{3'} \\ y_{G_3} = y_D + s_3 \cdot \sin\varphi_{3'} \end{cases}
\begin{cases} x'_{G_3} = -s_3 \cdot \sin\varphi_{3'} \cdot \varphi'_3 \\ y'_{G_3} = s_3 \cdot \cos\varphi_{3'} \cdot \varphi'_3 \end{cases}
\quad x'^2_{G_3} + y'^2_{G_3} = s_3^2 \cdot \varphi'^2_3 \\[4mm]

\varphi'_2 = \dfrac{\omega_2}{\omega_1} = \dfrac{l_1 \cdot \sin(\varphi_1 - \varphi_{3'})}{l_2 \cdot \sin(\varphi_{3'} - \varphi_2)}; \quad \varphi'_3 = \dfrac{\omega_3}{\omega_1} = \dfrac{l_1 \cdot \sin(\varphi_1 - \varphi_2)}{l_3 \cdot \sin(\varphi_2 - \varphi_{3'})} \\[4mm]

J^* = J_{G_1} + m_1 \cdot \left(x'^2_{G_1} + y'^2_{G_1}\right) + J_{G_2} \cdot \varphi'^2_2 + m_2 \cdot \left(x'^2_{G_2} + y'^2_{G_2}\right) + \\[2mm]

+ J_{G_3} \cdot \varphi'^2_3 + m_3 \cdot \left(x'^2_{G_3} + y'^2_{G_3}\right) = J_{G_1} + m_1 \cdot s_1^2 + J_{G_2} \cdot \varphi'^2_2 + m_2 \cdot \\[2mm]

\cdot \left[l_1^2 + s_2^2 \varphi'^2_2 + 2 l_1 s_2 \varphi'_2 \cos(\varphi_1 - \varphi_2)\right] + J_{G_3} \cdot \varphi'^2_3 + m_3 \cdot s_3^2 \cdot \varphi'^2_3 \\[2mm]

J^* = J_{G_1} + m_1 \cdot s_1^2 + m_2 \cdot l_1^2 + 2 \cdot l_1 \cdot s_2 \cdot m_2 \cdot \cos(\varphi_1 - \varphi_2) \cdot \varphi'_2 + \\[2mm]

+ \left(J_{G_2} + m_2 \cdot s_2^2\right) \cdot \varphi'^2_2 + \left(J_{G_3} + m_3 \cdot s_3^2\right) \cdot \varphi'^2_3
\end{cases}
$$

$$
J^* = J_{G_1} + m_1 \cdot s_1^2 + m_2 \cdot l_1^2 + 2 \cdot m_2 \cdot \frac{l_1^2}{l_2} \cdot s_2 \cdot \cos(\varphi_1 - \varphi_2) \cdot \tag{3}
$$

$$
\cdot \frac{\sin(\varphi_1 - \varphi_{3'})}{\sin(\varphi_{3'} - \varphi_2)} + \left(J_{G_2} + m_2 \cdot s_2^2\right) \cdot \frac{l_1^2}{l_2^2} \cdot \frac{\sin^2(\varphi_1 - \varphi_{3'})}{\sin^2(\varphi_{3'} - \varphi_2)} +
$$

$$
+ \left(J_{G_3} + m_3 \cdot s_3^2\right) \cdot \frac{l_1^2}{l_3^2} \cdot \frac{\sin^2(\varphi_1 - \varphi_2)}{\sin^2(\varphi_2 - \varphi_{3'})}
$$

CAP. II

MECANISMUL CU CULISĂ OSCILANTĂ

1. CINEMATICA DIADEI RTR

Diada de aspectul al treilea RTR, se utilizează în general la mecanismele cu culisă oscilantă. Schema cinematică a unei diade de aspectul III poate fi urmărită în figura 1.

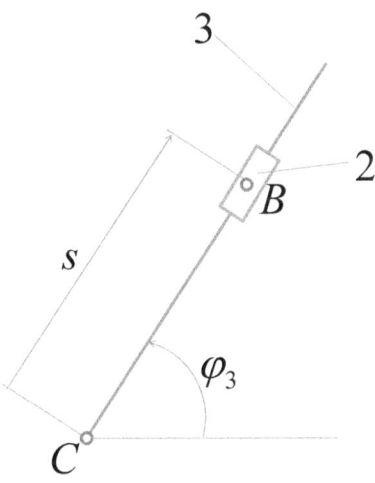

Fig. 1. *Schema cinematică a diadei RTR*

Se cunosc parametrii cuplelor C şi B şi trebuiesc determinaţi parametrii cinematici s şi φ_3, cu derivatele lor, fapt ce se realizează cu ajutorul relaţiilor de calcul aparţinând sistemului (1).

$$\begin{cases} s^2 = (x_B - x_C)^2 + (y_B - y_C)^2 \Rightarrow s = \sqrt{(x_B - x_C)^2 + (y_B - y_C)^2} \\[2mm] \begin{cases} x_B = x_C + s \cdot \cos\varphi_3 \\ y_B = y_C + s \cdot \sin\varphi_3 \end{cases} \begin{cases} \cos\varphi_3 = \dfrac{x_B - x_C}{s} \\[2mm] \sin\varphi_3 = \dfrac{y_B - y_C}{s} \end{cases} \Rightarrow \\[2mm] \Rightarrow \varphi_3 = semn(\sin\varphi_3) \cdot \cos^{-1}(\cos\varphi_3) \\[4mm] 2 \cdot s \cdot \dot{s} = 2 \cdot (x_B - x_C) \cdot (\dot{x}_B - \dot{x}_C) + 2 \cdot (y_B - y_C) \cdot (\dot{y}_B - \dot{y}_C) \Rightarrow \\[2mm] \dot{s} = \dfrac{(x_B - x_C) \cdot (\dot{x}_B - \dot{x}_C) + (y_B - y_C) \cdot (\dot{y}_B - \dot{y}_C)}{s} \\[2mm] \ddot{s} = \dfrac{(\dot{x}_B - \dot{x}_C)^2 + (\dot{y}_B - \dot{y}_C)^2 - \dot{s}^2}{s} + \\[2mm] + \dfrac{(x_B - x_C) \cdot (\ddot{x}_B - \ddot{x}_C) + (y_B - y_C) \cdot (\ddot{y}_B - \ddot{y}_C)}{s} \\[4mm] \begin{cases} \dot{x}_B - \dot{x}_C = \dot{s} \cdot \cos\varphi_3 - s \cdot \sin\varphi_3 \cdot \dot{\varphi}_3 \mid \cdot (-\sin\varphi_3) \\ \dot{y}_B - \dot{y}_C = \dot{s} \cdot \sin\varphi_3 + s \cdot \cos\varphi_3 \cdot \dot{\varphi}_3 \mid \cdot (\cos\varphi_3) \end{cases} \Rightarrow \\[2mm] \Rightarrow \dot{\varphi}_3 = \dfrac{(\dot{y}_B - \dot{y}_C) \cdot \cos\varphi_3 - (\dot{x}_B - \dot{x}_C) \cdot \sin\varphi_3}{s} \\[4mm] \begin{cases} \ddot{x}_B - \ddot{x}_C = \ddot{s} \cdot \cos\varphi_3 - 2 \cdot \dot{s} \cdot \sin\varphi_3 \cdot \dot{\varphi}_3 - \\ \quad - s \cdot \cos\varphi_3 \cdot \dot{\varphi}_3^2 - s \cdot \sin\varphi_3 \cdot \ddot{\varphi}_3 \mid \cdot (-\sin\varphi_3) \\ \ddot{y}_B - \ddot{y}_C = \ddot{s} \cdot \sin\varphi_3 + 2 \cdot \dot{s} \cdot \cos\varphi_3 \cdot \dot{\varphi}_3 - \\ \quad - s \cdot \sin\varphi_3 \cdot \dot{\varphi}_3^2 + s \cdot \cos\varphi_3 \cdot \ddot{\varphi}_3 \mid \cdot (\cos\varphi_3) \end{cases} \Rightarrow \\[2mm] \Rightarrow \ddot{\varphi}_3 = \dfrac{(\ddot{y}_B - \ddot{y}_C) \cdot \cos\varphi_3 - (\ddot{x}_B - \ddot{x}_C) \cdot \sin\varphi_3 - 2 \cdot \dot{s} \cdot \dot{\varphi}_3}{s} \end{cases} \qquad (1)$$

2. CINETOSTATICA DIADEI RTR

Cinetostatica diadei de aspectul al treilea RTR, poate fi urmărită în figura 1, iar calculele în sistemul relaţional (1).

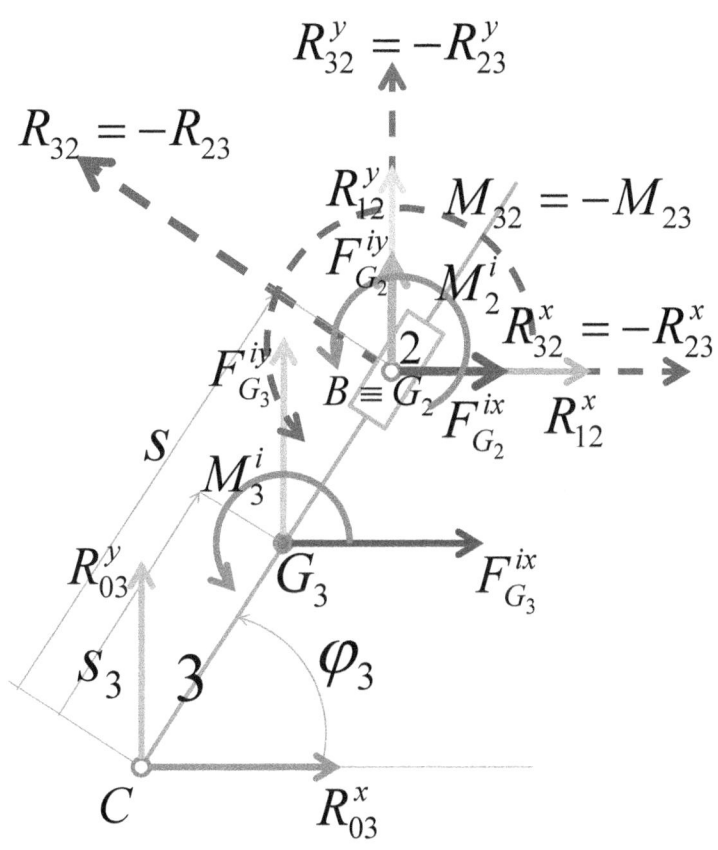

Fig. 1. *Cinetostatica diadei RTR*

$$\begin{cases} \begin{cases} x_{G_3} = x_C + s_3 \cdot \cos\varphi_3 \\ y_{G_3} = y_C + s_3 \cdot \sin\varphi_3 \end{cases} \begin{cases} \dot{x}_{G_3} = \dot{x}_C - s_3 \cdot \sin\varphi_3 \cdot \dot{\varphi}_3 \\ \dot{y}_{G_3} = \dot{y}_C + s_3 \cdot \cos\varphi_3 \cdot \dot{\varphi}_3 \end{cases} \Rightarrow \\ \Rightarrow \begin{cases} \ddot{x}_{G_3} = \ddot{x}_C - s_3 \cdot \cos\varphi_3 \cdot \dot{\varphi}_3^2 - s_3 \cdot \sin\varphi_3 \cdot \ddot{\varphi}_3 \\ \ddot{y}_{G_3} = \ddot{y}_C - s_3 \cdot \sin\varphi_3 \cdot \dot{\varphi}_3^2 + s_3 \cdot \cos\varphi_3 \cdot \ddot{\varphi}_3 \end{cases} \end{cases}$$

$$\begin{cases} F_{G_3}^{ix} = -m_3 \cdot \ddot{x}_{G_3} \\ F_{G_3}^{iy} = -m_3 \cdot \ddot{y}_{G_3} \\ M_3^i = -J_{G_3} \cdot \ddot{\varphi}_3 \end{cases} \quad \begin{cases} F_{G_2}^{ix} = -m_2 \cdot \ddot{x}_{G_2} = -m_2 \cdot \ddot{x}_B \\ F_{G_2}^{iy} = -m_2 \cdot \ddot{y}_{G_2} = -m_2 \cdot \ddot{y}_B \\ M_2^i = -J_{G_2} \cdot \ddot{\varphi}_2 = -J_{G_2} \cdot \ddot{\varphi}_3 \end{cases}$$

$$\sum M_B^{(2)} = 0 \Rightarrow M_{32} + M_2^i = 0 \Rightarrow M_{32} = -M_2^i \Rightarrow M_{23} = M_2^i$$

$$\sum M_C^{(3)} = 0 \Rightarrow R_{23} \cdot s + M_{23} + M_3^i - F_{G_3}^{ix} \cdot \left(y_{G_3} - y_C \right) + $$
$$+ F_{G_3}^{iy} \cdot \left(x_{G_3} - x_C \right) = 0 \Rightarrow$$
$$\Rightarrow R_{23} = \frac{F_{G_3}^{ix} \cdot \left(y_{G_3} - y_C \right) + F_{G_3}^{iy} \cdot \left(x_C - x_{G_3} \right) - M_{23} - M_3^i}{s}$$

$$R_{32} = -R_{23} \Rightarrow \begin{cases} R_{32}^x = R_{32} \cdot \cos\left(\varphi_3 + \dfrac{\pi}{2} \right) = -R_{32} \cdot \sin\varphi_3 \\ \\ R_{32}^y = R_{32} \cdot \sin\left(\varphi_3 + \dfrac{\pi}{2} \right) = R_{32} \cdot \cos\varphi_3 \end{cases}$$

$$\sum F_x^{(2)} = 0 \Rightarrow R_{12}^x + R_{32}^x + F_{G_2}^{ix} = 0 \Rightarrow R_{12}^x = -R_{32}^x - F_{G_2}^{ix}$$
$$\sum F_y^{(2)} = 0 \Rightarrow R_{12}^y + R_{32}^y + F_{G_2}^{iy} = 0 \Rightarrow R_{12}^y = -R_{32}^y - F_{G_2}^{iy}$$
$$\Rightarrow R_{12} = \sqrt{\left(R_{12}^x \right)^2 + \left(R_{12}^y \right)^2}$$

$$\sum F_x^{(3)} = 0 \Rightarrow R_{03}^x + F_{G_3}^{ix} + R_{23}^x = 0 \Rightarrow R_{03}^x = -F_{G_3}^{ix} + R_{32}^x$$
$$\sum F_y^{(3)} = 0 \Rightarrow R_{03}^y + F_{G_3}^{iy} + R_{23}^y = 0 \Rightarrow R_{03}^y = -F_{G_3}^{iy} + R_{32}^y$$
$$\Rightarrow R_{03} = \sqrt{\left(R_{03}^x \right)^2 + \left(R_{03}^y \right)^2} \tag{1}$$

3. DISTRIBUȚIA FORȚELOR LA MECANISMUL CARE ARE ÎN COMPONENȚA SA O CULISĂ OSCILANTĂ

Distribuția forțelor la mecanismul care are în componența sa o culisă oscilantă se face pentru regimul de compresor conform figurii 1. Relațiile de calcul sunt date de sistemul (1).

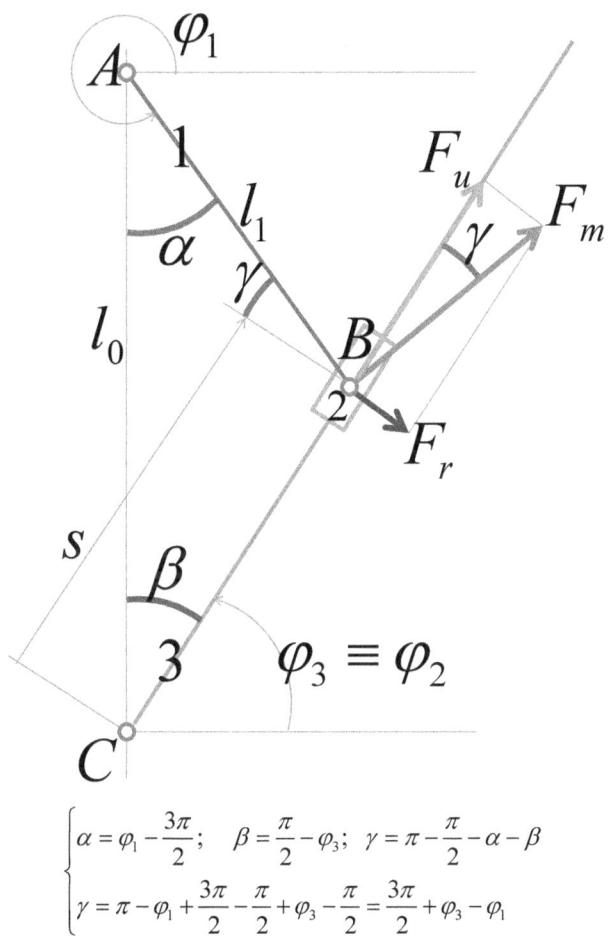

$$\begin{cases} \alpha = \varphi_1 - \dfrac{3\pi}{2}; \quad \beta = \dfrac{\pi}{2} - \varphi_3; \quad \gamma = \pi - \dfrac{\pi}{2} - \alpha - \beta \\ \gamma = \pi - \varphi_1 + \dfrac{3\pi}{2} - \dfrac{\pi}{2} + \varphi_3 - \dfrac{\pi}{2} = \dfrac{3\pi}{2} + \varphi_3 - \varphi_1 \end{cases}$$

Fig. 1. *Distribuția forțelor la mecanismul cu culisă oscilantă, în regimul de compresor*

$$\begin{cases} \cos\gamma = \cos\left(\dfrac{3\pi}{2} + \varphi_3 - \varphi_1\right) = \cos\left(\varphi_1 - \varphi_3 - \dfrac{3\pi}{2}\right) = \\ = \sin(2\pi - \varphi_1 + \varphi_3) = \sin(\varphi_3 - \varphi_1) \\[2em] \begin{cases} F_u = F_m \cdot \cos\gamma = F_m \cdot \sin(\varphi_3 - \varphi_1) \\ v_m = v_B = l_1 \cdot \omega_1 \\ v_u \equiv \dot{s} = v_m \cdot \sin(\varphi_3 - \varphi_1) \end{cases} \\[3em] \Rightarrow \eta_i^c = \dfrac{F_u \cdot \dot{s}}{F_m \cdot v_m} \Rightarrow \\[1em] \Rightarrow \eta_i^c = \dfrac{F_m \cdot \sin(\varphi_3 - \varphi_1) \cdot v_m \cdot \sin(\varphi_3 - \varphi_1)}{F_m \cdot v_m} = \sin^2(\varphi_3 - \varphi_1) \\[2em] \eta_i^{Dc} = \dfrac{F_u \cdot v_u}{F_m \cdot v_m} = \dfrac{F_m \sin(\varphi_3 - \varphi_1) v_m \sin(\varphi_3 - \varphi_1)}{F_m \cdot v_m} = \sin^2(\varphi_3 - \varphi_1) \\[1em] \Rightarrow \begin{cases} \eta_i^{Dc} = \eta_i^c \\ \eta_i^{Dc} = D^c \cdot \eta_i^c \end{cases} \Rightarrow D^c = 1; \\[2em] \eta_i^c = \sin^2(\varphi_3 - \varphi_1) \Rightarrow \\[1em] \Rightarrow \eta_i^c = \dfrac{l_0^2 \cdot \cos^2\varphi_1}{l_0^2 + l_1^2 + 2 \cdot l_0 \cdot l_1 \cdot \sin\varphi_1} = \dfrac{\cos^2\varphi_1}{1 + \lambda^2 + 2 \cdot \lambda \cdot \sin\varphi_1} \quad \lambda = \dfrac{l_1}{l_0} \end{cases}$$

(1)

Pentru regimul motor distribuţia forţelor poate fi urmărită în figura 2, iar relaţiile de calcul corespunzătoare sunt date de sistemul relaţional (2).

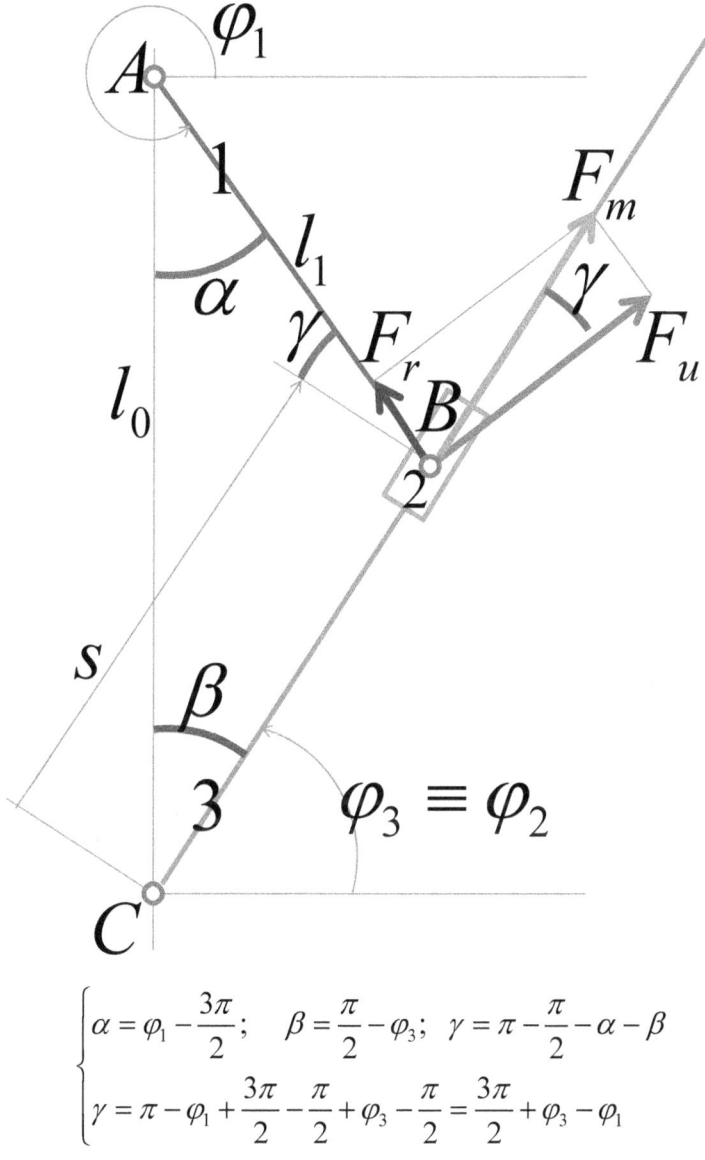

$$\begin{cases} \alpha = \varphi_1 - \dfrac{3\pi}{2}; \quad \beta = \dfrac{\pi}{2} - \varphi_3; \quad \gamma = \pi - \dfrac{\pi}{2} - \alpha - \beta \\ \gamma = \pi - \varphi_1 + \dfrac{3\pi}{2} - \dfrac{\pi}{2} + \varphi_3 - \dfrac{\pi}{2} = \dfrac{3\pi}{2} + \varphi_3 - \varphi_1 \end{cases}$$

Fig. 2. *Distribuția forțelor la mecanismul cu culisă oscilantă, în regim de motor*

$$
\begin{cases}
\begin{aligned}
\cos\gamma &= \cos\left(\frac{3\pi}{2} + \varphi_3 - \varphi_1\right) = \cos\left(\varphi_1 - \varphi_3 - \frac{3\pi}{2}\right) = \\
&= \sin(2\pi - \varphi_1 + \varphi_3) = \sin(\varphi_3 - \varphi_1)
\end{aligned} \\[2ex]
\begin{cases}
F_u = F_m \cdot \cos\gamma = F_m \cdot \sin(\varphi_3 - \varphi_1) \\[2ex]
v_u = v_B = l_1 \cdot \omega_1 \quad v_u^D = v_m \cdot \sin(\varphi_3 - \varphi_1) \\
v_m \equiv \dot{s} = v_B \cdot \sin(\varphi_3 - \varphi_1)
\end{cases} \Rightarrow \\[4ex]
\Rightarrow \eta_i^M = \dfrac{F_u \cdot v_u}{F_m \cdot \dot{s}} = \dfrac{F_m \cdot \sin(\varphi_3 - \varphi_1) \cdot v_B}{F_m \cdot v_B \cdot \sin(\varphi_3 - \varphi_1)} = 1 \\[3ex]
\eta_i^{DM} = \dfrac{F_u \cdot v_u^D}{F_m \cdot v_m} = \dfrac{F_m \sin(\varphi_3 - \varphi_1) v_m \sin(\varphi_3 - \varphi_1)}{F_m \cdot v_m} = \sin^2(\varphi_3 - \varphi_1) \\[3ex]
\Rightarrow
\begin{cases}
\eta_i^{DM} = \sin^2(\varphi_3 - \varphi_1) \\
\eta_i^{DM} = D^M \cdot \eta_i^M = D^M
\end{cases}
\Rightarrow D^M = \sin^2(\varphi_3 - \varphi_1); \quad \eta_i^M = 1 \qquad (2)
\end{cases}
$$

Calculul dinamic necesită determinarea vitezei unghiulare variabile a manivelei conducătoare 1, şi a acceleraţiei unghiulare corespunzătoare. Viteza unghiulară se determină cu relaţiile cunoscute (3).

$$
\begin{cases}
\omega^D = D \cdot \omega \\[1ex]
D^C = 1 \\[1ex]
D^M = \sin^2(\varphi_3 - \varphi_1) = \dfrac{l_0^2 \cdot \cos^2\varphi_1}{l_0^2 + l_1^2 + 2 \cdot l_0 \cdot l_1 \cdot \sin\varphi_1} \qquad (3) \\[2ex]
\omega^{DC} = D^C \cdot \omega = \omega; \quad \omega^{DM} = D^M \cdot \omega = \sin^2(\varphi_3 - \varphi_1) \cdot \omega
\end{cases}
$$

Acceleraţia unghiulară se calculează cu relaţiile (4).

$$
\begin{cases}
D^C = 1 \Rightarrow \varepsilon^C = 0 \\[2mm]
D^M = \sin^2\left(\varphi_3 - \varphi_1\right) = \dfrac{l_0^2 \cdot \cos^2 \varphi_1}{l_0^2 + l_1^2 + 2 \cdot l_0 \cdot l_1 \cdot \sin \varphi_1} \Rightarrow \\[4mm]
\Rightarrow \varepsilon^M \equiv \varepsilon_1 = \left(\dot{\omega}^{DM}\right) = \dfrac{d\left(D^M \cdot \omega\right)}{dt} = D^{M\,\prime} \cdot \omega^2 \\[4mm]
D^{M\,\prime} = \sin\left[2 \cdot \left(\varphi_3 - \varphi_1\right)\right] \cdot \left(\varphi_3{}' - 1\right) \\[2mm]
D^{M\,\prime} = \sin\left[2 \cdot \left(\varphi_3 - \varphi_1\right)\right] \cdot \dfrac{l_1 \cdot \cos\left(\varphi_3 - \varphi_1\right) - s}{s} \\[4mm]
\varepsilon^M = \sin\left[2 \cdot \left(\varphi_3 - \varphi_1\right)\right] \cdot \dfrac{l_1 \cdot \cos\left(\varphi_3 - \varphi_1\right) - s}{s} \cdot \omega^2
\end{cases}
\tag{4}
$$

Momentul de inerţie mecanic sau masic (al întregului mecanism) redus la manivelă, se determină cu relaţia (5).

$$
\begin{aligned}
J^* &= J_{G_1} + \left(J_{G_2} + J_{G_3}\right) \cdot \left(\frac{\omega_3}{\omega_1}\right)^2 + \\
&+ m_2 \cdot \left(x_{G_2}^{\prime 2} + y_{G_2}^{\prime 2}\right) + m_3 \cdot \left(x_{G_3}^{\prime 2} + y_{G_3}^{\prime 2}\right) \Rightarrow \\
J^* &= J_{G_1} + \left(J_{G_2} + J_{G_3}\right) \cdot \left(\frac{\omega_3}{\omega_1}\right)^2 + \\
&+ m_2 \cdot \left(x_B^{\prime 2} + y_B^{\prime 2}\right) + m_3 \cdot \left(x_{G_3}^{\prime 2} + y_{G_3}^{\prime 2}\right)
\end{aligned}
\tag{5}
$$

Poziţionarea centrelor de greutate ale mecanismului se face conform schemei cinematice prezentate în figura 3, astfel încât centrul de greutae al elementului mobil 2 să coincidă cu articulaţia B, iar centrul de greutate al elementului 1 (deja echilibrat) să coincidă cu articulaţia fixă A.

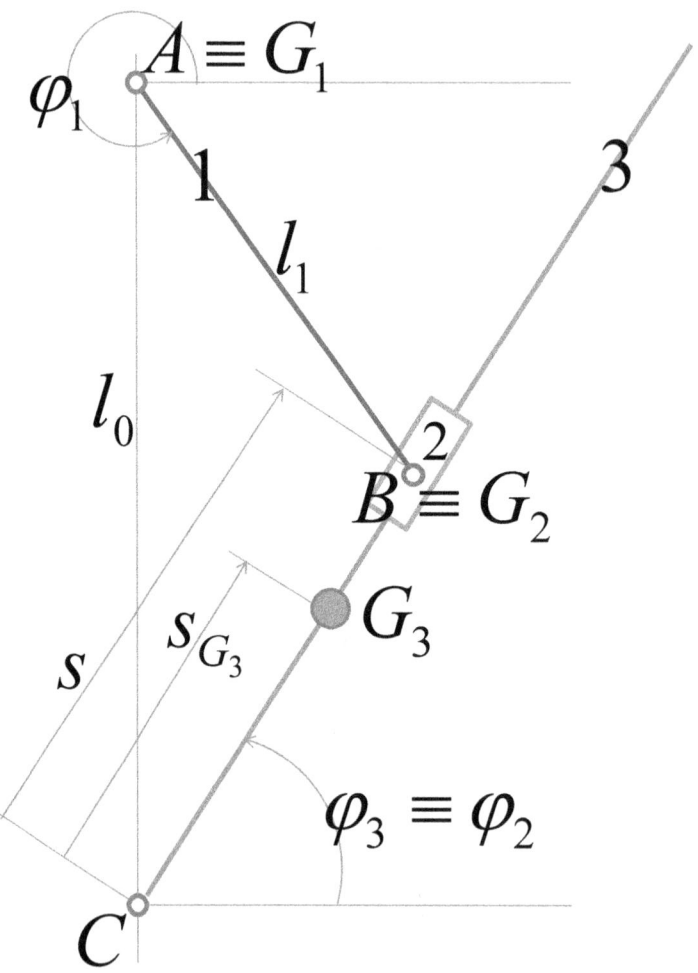

Fig. 3. *Centrele de greutate ale mecanismului cu culisă oscilantă*

CAP. III

MECANISMUL ÎN CRUCE

1. CINEMATICA DIADEI RTT

Diada de aspectul cinci RTT, se utilizează în general la mecanismele în cruce. Schema cinematică a unei diade de aspectul V poate fi urmărită în figura 1.

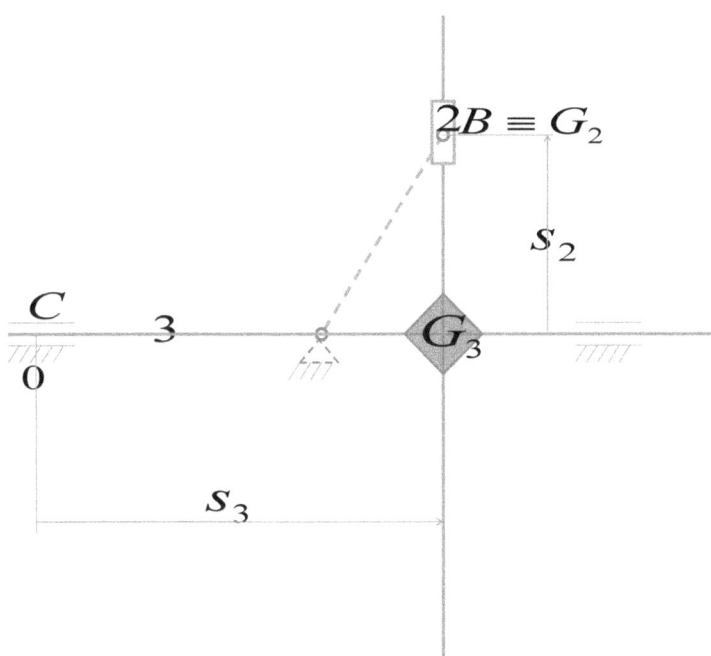

Fig. 1. *Schema cinematică a diadei RTT (2,3) de aspectul al V-lea*

Diada de aspectul cinci RTT (din figura 1) formată din elementele 2 şi 3, are doar o cuplă de intrare de rotaţie B, şi două cuple de translaţie, una interioară B*, şi alta exterioară de intrare C, care chiar dacă este materializată prin două cuple simetrice constructive (ce au rolul de susţinere şi de imprimare a unei dinamici corecte diadei RTT) reprezintă cinematic doar o singură cuplă deoarece realizează legătura numai între elementele 0 şi 3.

Crucea (elementul 3) se deplasează în dreapta sau în stânga pe suporţii cuplei C, fiind practic antrenată de patina (pistonul) 2, care culisează la rândul ei (lui) pe axa verticală a crucii, primind mişcarea de la un element motor prin intermediul cuplei de rotaţie B.

Pe diadă, toţi parametrii cinematici ai cuplelor de intrare B şi C sunt cunoscuţi, şi trebuiesc determinaţi parametrii poziţionali s_2 şi s_3 cu derivatele lor, conform relaţiilor date de sistemul (1).

Pentru o diadă RTT generală rezolvarea este simplă şi directă conform relaţiilor (1), iar în plus pentru diada RTT utilizată la mecanismul în cruce vitezele şi acceleraţiile punctului fix C sunt nule relaţiile simplificându-se mult conform sistemului (2).

$$
\begin{cases}
\begin{cases} x_B = x_C + s_3 \\ y_B = y_C + s_2 \end{cases} \Rightarrow \begin{cases} s_3 = x_B - x_C \\ s_2 = y_B - y_C \end{cases} \Rightarrow \\
\Rightarrow \begin{cases} \dot{s}_3 = \dot{x}_B - \dot{x}_C \\ \dot{s}_2 = \dot{y}_B - \dot{y}_C \end{cases} \Rightarrow \begin{cases} \ddot{s}_3 = \ddot{x}_B - \ddot{x}_C \\ \ddot{s}_2 = \ddot{y}_B - \ddot{y}_C \end{cases}
\end{cases} \tag{1}
$$

$$
\begin{cases} s_3 = x_B - x_C \\ s_2 = y_B - y_C \end{cases} \Rightarrow \begin{cases} \dot{s}_3 = \dot{x}_B \\ \dot{s}_2 = \dot{y}_B \end{cases} \Rightarrow \begin{cases} \ddot{s}_3 = \ddot{x}_B \\ \ddot{s}_2 = \ddot{y}_B \end{cases} \tag{2}
$$

2. CINETOSTATICA DIADEI RTT

Diada de aspectul cinci RTT, are schema cinetostatică din figura 1. Ecuaţiile cinetostatice se pot urmări în relaţiile date de sistemul (1).

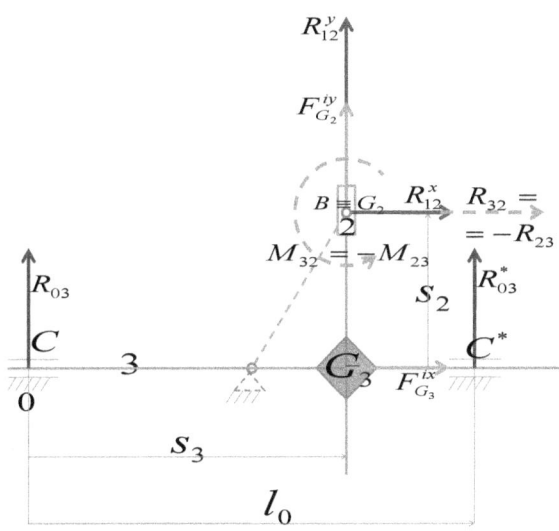

Fig. 1. *Schema cinetostatică a diadei RTT (2,3) de aspectul al V-lea*

$$
\begin{cases}
\begin{cases}
\sum M_B^{(2)} = 0 \Rightarrow M_{32} = 0 \\[4pt]
\sum F_y^{(2)} = 0 \Rightarrow R_{12}^y + F_{G_2}^{iy} = 0 \Rightarrow R_{12}^y = -F_{G_2}^{iy} \\[4pt]
\sum F_x^{(2,3)} = 0 \Rightarrow R_{12}^x + F_{G_3}^{ix} = 0 \Rightarrow R_{12}^x = -F_{G_3}^{ix} \\[4pt]
\sum F_x^{(2)} = 0 \Rightarrow R_{32} + R_{12}^x = 0 \Rightarrow R_{32} = -R_{12}^x = F_{G_3}^{ix}
\end{cases} \\[30pt]
\begin{cases}
\sum F_y^{(3)} = 0 \Rightarrow R_{03} + R_{03}^* = 0 \Rightarrow R_{03}^* = -R_{03} \\[4pt]
\sum M_B^{(3)} = 0 \Rightarrow -R_{03} \cdot s_3 + R_{03}^* \cdot (l_0 - s_3) + F_{G_3}^{ix} \cdot s_2 = 0 \Rightarrow \\[4pt]
\Rightarrow R_{03} = \dfrac{s_2}{l_0} \cdot F_{G_3}^{ix}
\end{cases}
\end{cases}
\tag{1}
$$

3. DISTRIBUŢIA FORŢELOR LA MECANISMUL ÎN CRUCE (ELEMENTUL CONDUCĂTOR 1+DIADA RTT)

Distribuţia forţelor la diada de aspectul cinci RTT, poate fi urmărită în cadrul figurii 1 pentru ciclul compresor, şi în figura 2 pentru ciclul motor.

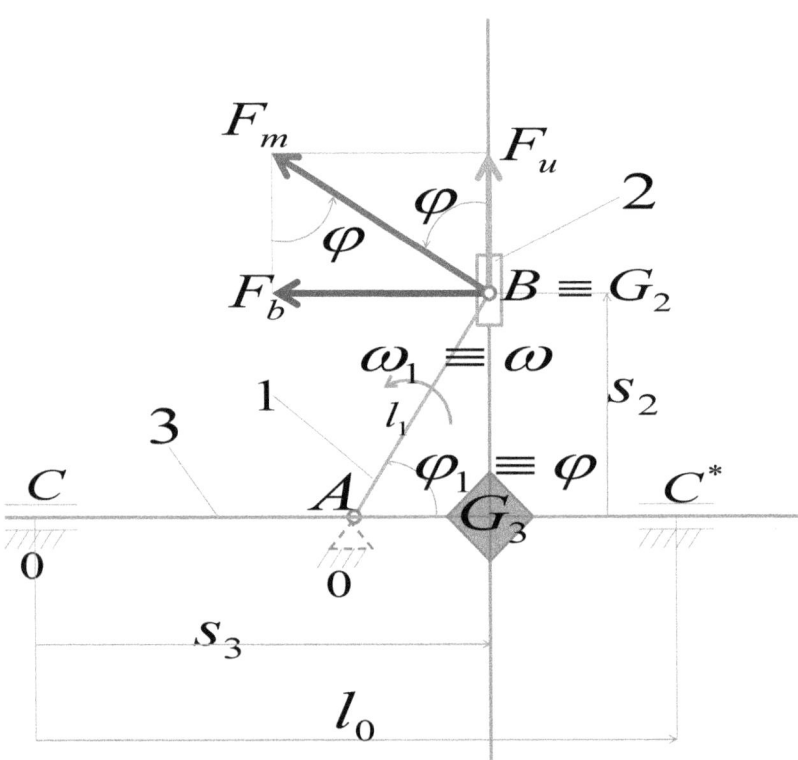

Fig. 1. *Distribuţia forţelor la mecanismul în cruce, pentru ciclul compresor*

Relaţiile de calcul pentru cazul în care mecanismul lucrează în regim de compresor sunt date de sistemul (1).

$$\begin{cases} \begin{cases} F_u = F_m \cdot \cos\varphi \\ F_b = F_m \cdot \sin\varphi \end{cases} \begin{cases} \dot{s}_2 = \dot{y}_B - \dot{y}_C = \dot{y}_B = l_1 \cdot \omega \cdot \cos\varphi = v_B \cdot \cos\varphi \\ v_m = v_B = l_1 \cdot \omega \end{cases} \\ \eta_i^C = \dfrac{P_u}{P_c} = \dfrac{F_u \cdot \dot{s}_2}{F_m \cdot v_m} = \dfrac{F_m \cdot \cos\varphi \cdot v_B \cdot \cos\varphi}{F_m \cdot v_B} = \cos^2\varphi \\ \eta_i^{DC} = \dfrac{P_u^D}{P_c} = \dfrac{F_u \cdot v_u}{F_m \cdot v_m} = \dfrac{F_m \cdot \cos\varphi \cdot v_m \cdot \cos\varphi}{F_m \cdot v_m} = \cos^2\varphi = \eta_i^C \\ \begin{cases} \eta_i^{DC} = \eta_i^C = \cos^2\varphi \\ \eta_i^{DC} = D^C \cdot \eta_i^C \end{cases} \Rightarrow D^C = 1 \end{cases} \qquad (1)$$

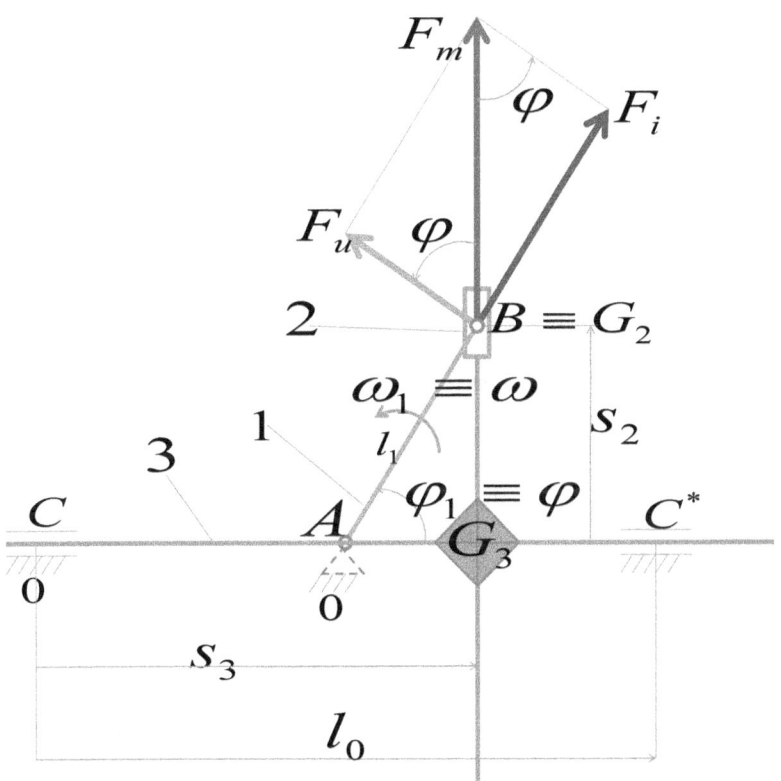

Fig. 2. *Distribuţia forţelor la mecanismul în cruce, pentru ciclul motor*

Relaţiile de calcul pentru cazul în care mecanismul lucrează în regim motor sunt date de sistemul (2).

$$\begin{cases} \begin{cases} F_u = F_m \cdot \cos\varphi \\ F_i = F_m \cdot \sin\varphi \end{cases} \begin{cases} v_m \equiv \dot{s}_2 = \dot{y}_B - \dot{y}_C = \dot{y}_B = \\ = l_1 \cdot \omega \cdot \cos\varphi = v_B \cdot \cos\varphi \\ v_u = v_m \cdot \cos\varphi = v_B \cdot \cos^2\varphi \end{cases} \\ \eta_i^M = \dfrac{P_u}{P_c} = \dfrac{F_u \cdot v_B}{F_m \cdot \dot{s}_2} = \dfrac{F_m \cdot \cos\varphi \cdot v_B}{F_m \cdot v_B \cdot \cos\varphi} = 1 \\ \eta_i^{DM} = \dfrac{P_u^D}{P_c} = \dfrac{F_u \cdot v_u}{F_m \cdot v_m} = \dfrac{F_m \cdot \cos\varphi \cdot v_m \cdot \cos\varphi}{F_m \cdot v_m} = \cos^2\varphi = \\ \begin{cases} \eta_i^{DM} = D^M \cdot \eta_i^M = \cos^2\varphi \\ \eta_i^M = 1 \end{cases} \Rightarrow D^C = \cos^2\varphi \end{cases} \quad (2)$$

Concluzii: *Dacă am utiliza pentru construcţia motoarelor cu ardere internă un mecanism de tip culisă oscilantă, sau un mecanism în cruce, randamentul mecanic instantaneu, cât şi cel final, ar fi mai ridicate decât cele realizate de mecanismul clasic bielă manivelă piston. Randamentul mecanic este mai mare la mecanismul de tip culisă oscilantă, şi sporeşte şi mai mult pentru mecanismul în cruce. La fel se întâmplă şi cu randamentele dinamice (care sunt de fapt cele reale, adică randamentele în funcţionare).*

Pe lângă faptul că randamentele mecanic şi dinamic sunt mai ridicate la mecanismul în cruce, în plus şi dinamica generală este mult îmbunătăţită la acest mecanism şi datorită faptului că el are mai puţine mişcări de rotaţie sau rototranslaţie, şi chiar momentul de inerţie mecanic (masic) redus la manivelă are o expresie mult simplificată (vezi relaţia 3; s-a considerat manivela de tip arbore, adică elementul 1 este deja echilibrat, $G_1 = A$).

$$J^* = J_{G_1} + m_2 \cdot s_2'^2 + m_3 \cdot s_3'^2 = J_{G_1} + m_2 \cdot l_1^2 \cdot \cos^2\varphi +$$
$$+ m_3 \cdot l_1^2 \cdot \sin^2\varphi = J_{G_1} + l_1^2 \cdot \left(m_2 \cdot \cos^2\varphi + m_3 \cdot \sin^2\varphi \right) \quad (3)$$

$$pentru \quad m_2 = m_3 = m \Rightarrow J^* = J_{G_1} + m \cdot l_1^2$$

CAP. IV

UN MECANISM CU O TRIADĂ 6R

1. CINEMATICA TRIADEI 6R

Schema cinematică a unei triade 6R poate fi urmărită în figura 1.

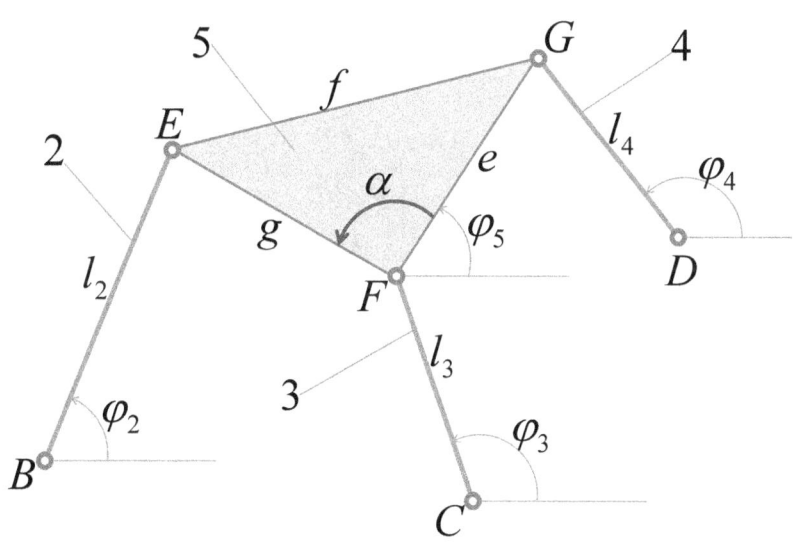

Fig. 1. *Cinematica unei triade 6R*

Ecuaţiile cinematice de poziţii se scriu pentru două contururi independente sub forma sistemului (1).

Deşi rezultă un sistem de patru ecuaţii cu patru necunoscute, rezolvarea sistemului este mai dificilă ecuaţiile fiind transcedentale.

$$
\begin{cases}
\begin{cases}
x_B + l_2 \cdot \cos\varphi_2 = x_C + l_3 \cdot \cos\varphi_3 + g \cdot \cos(\varphi_5 + \alpha) \\
y_B + l_2 \cdot \sin\varphi_2 = y_C + l_3 \cdot \sin\varphi_3 + g \cdot \sin(\varphi_5 + \alpha)
\end{cases} \\
\\
\begin{cases}
x_C + l_3 \cdot \cos\varphi_3 + e \cdot \cos\varphi_5 = x_D + l_4 \cdot \cos\varphi_4 \\
y_C + l_3 \cdot \sin\varphi_3 + e \cdot \sin\varphi_5 = y_D + l_4 \cdot \sin\varphi_4
\end{cases}
\end{cases}
\qquad (1)
$$

Se scrie sistemul (1) în forma (2) şi se ridică fiecare ecuaţie la pătrat, după care se adună primele două şi ultimele două cu scopul eliminării a două necunoscute (φ_2 şi φ_4). Se obţine noul sistem (3) de două ecuaţii cu două necunoscute care se aranjează succesiv în formele (4), (5) şi (6).

$$
\begin{cases}
\begin{cases}
l_2 \cdot \cos\varphi_2 = x_C - x_B + l_3 \cdot \cos\varphi_3 + g \cdot \cos(\varphi_5 + \alpha) |{\wedge}2 \\
l_2 \cdot \sin\varphi_2 = y_C - y_B + l_3 \cdot \sin\varphi_3 + g \cdot \sin(\varphi_5 + \alpha) |{\wedge}2
\end{cases} \Rightarrow I \\
\\
\begin{cases}
l_4 \cdot \cos\varphi_4 = x_C - x_D + l_3 \cdot \cos\varphi_3 + e \cdot \cos\varphi_5 |{\wedge}2 \\
l_4 \cdot \sin\varphi_4 = y_C - y_D + l_3 \cdot \sin\varphi_3 + e \cdot \sin\varphi_5 |{\wedge}2
\end{cases} \Rightarrow II
\end{cases}
\qquad (2)
$$

$$
\begin{cases}
I: \ l_2^2 = \left[(x_C - x_B) + l_3 \cdot \cos\varphi_3 + g \cdot \cos(\varphi_5 + \alpha) \right]^2 + \\
\quad + \left[(y_C - y_B) + l_3 \cdot \sin\varphi_3 + g \cdot \sin(\varphi_5 + \alpha) \right]^2 \\
\\
II: \ l_4^2 = \left[(x_C - x_D) + l_3 \cdot \cos\varphi_3 + e \cdot \cos\varphi_5 \right]^2 + \\
\quad + \left[(y_C - y_D) + l_3 \cdot \sin\varphi_3 + e \cdot \sin\varphi_5 \right]^2
\end{cases}
\qquad (3)
$$

$$
\begin{cases}
l_2^2 = (x_C - x_B)^2 + (y_C - y_B)^2 + l_3^2 + g^2 + 2 \cdot l_3 \cdot (x_C - x_B) \cdot \cos \varphi_3 + \\
\quad + 2 \cdot l_3 \cdot (y_C - y_B) \cdot \sin \varphi_3 + 2 \cdot g \cdot (x_C - x_B) \cdot \cos(\varphi_5 + \alpha) + \\
\quad + 2 \cdot g \cdot (y_C - y_B) \cdot \sin(\varphi_5 + \alpha) + 2 \cdot g \cdot l_3 \cdot \cos(\varphi_5 + \alpha - \varphi_3) \\
\\
\\
\\
l_4^2 = (x_C - x_D)^2 + (y_C - y_D)^2 + l_3^2 + e^2 + 2 \cdot l_3 \cdot (x_C - x_D) \cdot \cos \varphi_3 + \\
\quad + 2 \cdot l_3 \cdot (y_C - y_D) \cdot \sin \varphi_3 + 2 \cdot e \cdot (x_C - x_D) \cdot \cos \varphi_5 + \\
\quad + 2 \cdot e \cdot (y_C - y_D) \cdot \sin \varphi_5 + 2 \cdot e \cdot l_3 \cdot \cos(\varphi_5 - \varphi_3)
\end{cases}
\tag{4}
$$

$$
\begin{cases}
l_2^2 = (x_C - x_B)^2 + (y_C - y_B)^2 + l_3^2 + g^2 + 2 \cdot l_3 \cdot (x_C - x_B) \cdot \cos \varphi_3 + \\
\quad + 2 \cdot l_3 \cdot (y_C - y_B) \cdot \sin \varphi_3 + 2 \cdot g \cdot (x_C - x_B) \cdot \cos \alpha \cdot \cos \varphi_5 - \\
\quad - 2 \cdot g \cdot (x_C - x_B) \cdot \sin \alpha \cdot \sin \varphi_5 + 2 \cdot g \cdot (y_C - y_B) \cdot \sin \alpha \cdot \cos \varphi_5 + \\
\quad + 2 \cdot g \cdot (y_C - y_B) \cdot \cos \alpha \cdot \sin \varphi_5 + 2 \cdot g \cdot l_3 \cdot \cos \alpha \cdot \cos(\varphi_5 - \varphi_3) - \\
\quad - 2 \cdot g \cdot l_3 \cdot \sin \alpha \cdot \sin(\varphi_5 - \varphi_3) \\
\\
\\
\\
l_4^2 = (x_C - x_D)^2 + (y_C - y_D)^2 + l_3^2 + e^2 + 2 \cdot l_3 \cdot (x_C - x_D) \cdot \cos \varphi_3 + \\
\quad + 2 \cdot l_3 \cdot (y_C - y_D) \cdot \sin \varphi_3 + 2 \cdot e \cdot (x_C - x_D) \cdot \cos \varphi_5 + \\
\quad + 2 \cdot e \cdot (y_C - y_D) \cdot \sin \varphi_5 + 2 \cdot e \cdot l_3 \cdot \cos(\varphi_5 - \varphi_3)
\end{cases}
\tag{5}
$$

$$\begin{cases} l_2^2 = (x_C - x_B)^2 + (y_C - y_B)^2 + l_3^2 + g^2 + 2 \cdot l_3 \cdot (x_C - x_B) \cdot \cos\varphi_3 + \\ + 2 \cdot l_3 \cdot (y_C - y_B) \cdot \sin\varphi_3 + \\ + 2 \cdot g \cdot [(x_C - x_B) \cdot \cos\alpha + (y_C - y_B) \cdot \sin\alpha] \cdot \cos\varphi_5 + \\ + 2 \cdot g \cdot [(y_C - y_B) \cdot \cos\alpha - (x_C - x_B) \cdot \sin\alpha] \cdot \sin\varphi_5 + \\ + 2 \cdot g \cdot l_3 \cdot \cos\alpha \cdot \cos(\varphi_5 - \varphi_3) - 2 \cdot g \cdot l_3 \cdot \sin\alpha \cdot \sin(\varphi_5 - \varphi_3) \\ \\ l_4^2 = (x_C - x_D)^2 + (y_C - y_D)^2 + l_3^2 + e^2 + 2 \cdot l_3 \cdot (x_C - x_D) \cdot \cos\varphi_3 + \\ + 2 \cdot l_3 \cdot (y_C - y_D) \cdot \sin\varphi_3 + 2 \cdot e \cdot (x_C - x_D) \cdot \cos\varphi_5 + \\ + 2 \cdot e \cdot (y_C - y_D) \cdot \sin\varphi_5 + 2 \cdot e \cdot l_3 \cdot \cos(\varphi_5 - \varphi_3) \end{cases} \tag{6}$$

Pentru rezolvarea sistemului (6) transcedental, se aplică metoda aproximaţiilor succesive, la care se consideră funcţiile trigonometrice cunoscute prin cunoaşterea unghiurilor φ_3 şi φ_5 (li se dă o valoare iniţială oarecare acestor două unghiuri, pentru amorsarea calculelor iterative)

şi se calculează diferenţele $\Delta\varphi_3$ si $\Delta\varphi_5$. Sistemul (6) se rescrie în forma (8) prin înlocuirea unghiurilor cu unghiul plus o diferenţă conform relaţiilor (7).

$$\begin{cases} \cos\varphi_3 \Rightarrow \cos\varphi_3 - \Delta\varphi_3 \cdot \sin\varphi_3 \\ \sin\varphi_3 \Rightarrow \sin\varphi_3 + \Delta\varphi_3 \cdot \cos\varphi_3 \\ \\ \cos\varphi_5 \Rightarrow \cos\varphi_5 - \Delta\varphi_5 \cdot \sin\varphi_5 \\ \sin\varphi_5 \Rightarrow \sin\varphi_5 + \Delta\varphi_5 \cdot \cos\varphi_5 \\ \\ \cos(\varphi_5 - \varphi_3) \Rightarrow \cos(\varphi_5 - \varphi_3) - (\Delta\varphi_5 - \Delta\varphi_3) \cdot \sin(\varphi_5 - \varphi_3) \\ \sin(\varphi_5 - \varphi_3) \Rightarrow \sin(\varphi_5 - \varphi_3) + (\Delta\varphi_5 - \Delta\varphi_3) \cdot \cos(\varphi_5 - \varphi_3) \end{cases} \tag{7}$$

$$\begin{cases} l_2^2 = (x_C - x_B)^2 + (y_C - y_B)^2 + l_3^2 + g^2 + 2 \cdot l_3 \cdot (x_C - x_B) \cdot \cos\varphi_3 + \\ + 2 \cdot l_3 \cdot (y_C - y_B) \cdot \sin\varphi_3 - 2 \cdot l_3 \cdot (x_C - x_B) \cdot \sin\varphi_3 \cdot \Delta\varphi_3 + \\ + 2 \cdot l_3 \cdot (y_C - y_B) \cdot \cos\varphi_3 \cdot \Delta\varphi_3 + \\ + 2 \cdot g \cdot [(x_C - x_B) \cdot \cos\alpha + (y_C - y_B) \cdot \sin\alpha] \cdot \cos\varphi_5 - \\ - 2 \cdot g \cdot [(x_C - x_B) \cdot \cos\alpha + (y_C - y_B) \cdot \sin\alpha] \cdot \sin\varphi_5 \cdot \Delta\varphi_5 + \\ + 2 \cdot g \cdot [(y_C - y_B) \cdot \cos\alpha - (x_C - x_B) \cdot \sin\alpha] \cdot \sin\varphi_5 + \\ + 2 \cdot g \cdot [(y_C - y_B) \cdot \cos\alpha - (x_C - x_B) \cdot \sin\alpha] \cdot \cos\varphi_5 \cdot \Delta\varphi_5 + \\ + 2 \cdot g \cdot l_3 \cdot \cos\alpha \cdot \cos(\varphi_5 - \varphi_3) - \\ - 2 \cdot g \cdot l_3 \cdot \cos\alpha \cdot \sin(\varphi_5 - \varphi_3) \cdot \Delta\varphi_5 + \\ + 2 \cdot g \cdot l_3 \cdot \cos\alpha \cdot \sin(\varphi_5 - \varphi_3) \cdot \Delta\varphi_3 - \\ - 2 \cdot g \cdot l_3 \cdot \sin\alpha \cdot \sin(\varphi_5 - \varphi_3) - \\ - 2 \cdot g \cdot l_3 \cdot \sin\alpha \cdot \cos(\varphi_5 - \varphi_3) \cdot \Delta\varphi_5 + \\ + 2 \cdot g \cdot l_3 \cdot \sin\alpha \cdot \cos(\varphi_5 - \varphi_3) \cdot \Delta\varphi_3 \\ \\ \\ l_4^2 = (x_C - x_D)^2 + (y_C - y_D)^2 + l_3^2 + e^2 + 2 \cdot l_3 \cdot (x_C - x_D) \cdot \cos\varphi_3 - \\ - 2 \cdot l_3 \cdot (x_C - x_D) \cdot \sin\varphi_3 \cdot \Delta\varphi_3 + 2 \cdot l_3 \cdot (y_C - y_D) \cdot \sin\varphi_3 + \\ + 2 \cdot l_3 \cdot (y_C - y_D) \cdot \cos\varphi_3 \cdot \Delta\varphi_3 + 2 \cdot e \cdot (x_C - x_D) \cdot \cos\varphi_5 - \\ - 2 \cdot e \cdot (x_C - x_D) \cdot \sin\varphi_5 \cdot \Delta\varphi_5 + 2 \cdot e \cdot (y_C - y_D) \cdot \sin\varphi_5 + \\ + 2 \cdot e \cdot (y_C - y_D) \cdot \cos\varphi_5 \cdot \Delta\varphi_5 + 2 \cdot e \cdot l_3 \cdot \cos(\varphi_5 - \varphi_3) - \\ - 2 \cdot e \cdot l_3 \cdot \sin(\varphi_5 - \varphi_3) \cdot \Delta\varphi_5 + 2 \cdot e \cdot l_3 \cdot \sin(\varphi_5 - \varphi_3) \cdot \Delta\varphi_3 \end{cases} \quad (8)$$

Sistemul (8) se aranjează sub forma (9) prin gruparea termenilor corespunzător, astfel încât să apară un sistem liniar de două ecuaţii cu două necunoscute, necunoscutele fiind $\Delta\varphi_3$ şi $\Delta\varphi_5$.

Se vede acum clar care a fost scopul adăugării diferenţelor finite. Sistemul neliniar s-a liniarizat luând forma unui sistem de tip (10).

Soluţiile sistemului (10) sunt date de relaţiile (11).

$$
\left\{
\begin{aligned}
&\{2\cdot l_3 \cdot [(y_C - y_B)\cdot \cos\varphi_3 - (x_C - x_B)\cdot \sin\varphi_3] + 2\cdot g\cdot l_3 \cdot \\
&\cdot \sin(\varphi_5 - \varphi_3 + \alpha)\}\cdot \Delta\varphi_3 + 2\cdot g\cdot \{(y_C - y_B)\cdot \cos\alpha\cdot \cos\varphi_5 - \\
&- (x_C - x_B)\cdot \sin\alpha\cdot \cos\varphi_5 - (x_C - x_B)\cdot \cos\alpha\cdot \sin\varphi_5 - \\
&- (y_C - y_B)\cdot \sin\alpha\cdot \sin\varphi_5 - l_3 \cdot [\cos\alpha\cdot \sin(\varphi_5 - \varphi_3) + \\
&+ \sin\alpha\cdot \cos(\varphi_5 - \varphi_3)]\}\cdot \Delta\varphi_5 = \\
&= l_2^2 - (x_C - x_B)^2 - (y_C - y_B)^2 - l_3^2 - g^2 - \\
&- 2\cdot l_3 \cdot (x_C - x_B)\cdot \cos\varphi_3 - 2\cdot l_3 \cdot (y_C - y_B)\cdot \sin\varphi_3 - \\
&- 2\cdot g\cdot \{[(x_C - x_B)\cdot \cos\alpha + (y_C - y_B)\cdot \sin\alpha]\cdot \cos\varphi_5 + \\
&+ [(y_C - y_B)\cdot \cos\alpha - (x_C - x_B)\cdot \sin\alpha]\cdot \sin\varphi_5\} - \\
&- 2\cdot g\cdot l_3 \cdot [\cos\alpha\cdot \cos(\varphi_5 - \varphi_3) - \sin\alpha\cdot \sin(\varphi_5 - \varphi_3)] \\
\\
&2l_3 \cdot [(y_C - y_D)\cos\varphi_3 - (x_C - x_D)\sin\varphi_3 + e\sin(\varphi_5 - \varphi_3)]\Delta\varphi_3 + \\
&+ 2e\cdot [(y_C - y_D)\cos\varphi_5 - (x_C - x_D)\sin\varphi_5 - l_3 \sin(\varphi_5 - \varphi_3)]\Delta\varphi_5 = \\
&= l_4^2 - (x_C - x_D)^2 - (y_C - y_D)^2 - l_3^2 - e^2 - \\
&- 2\cdot l_3 \cdot (x_C - x_D)\cdot \cos\varphi_3 - 2\cdot l_3 \cdot (y_C - y_D)\cdot \sin\varphi_3 - \\
&- 2\cdot e\cdot (x_C - x_D)\cdot \cos\varphi_5 - 2\cdot e\cdot (y_C - y_D)\cdot \sin\varphi_5 - \\
&- 2\cdot e\cdot l_3 \cdot \cos(\varphi_5 - \varphi_3)
\end{aligned}
\right.
\tag{9}
$$

$$
\begin{cases}
a_{11}\cdot \Delta\varphi_3 + a_{12}\cdot \Delta\varphi_5 = a_1 \\
a_{21}\cdot \Delta\varphi_3 + a_{22}\cdot \Delta\varphi_5 = a_2
\end{cases}
\tag{10}
$$

$$
\left\{
\begin{aligned}
&\Delta = \begin{vmatrix} a_{11} & a_{12} \\ a_{21} & a_{22} \end{vmatrix} = a_{11}a_{22} - a_{12}a_{21}; \quad \Delta_3 = \begin{vmatrix} a_1 & a_{12} \\ a_2 & a_{22} \end{vmatrix} = a_1 \cdot a_{22} - a_{12}\cdot a_2 \\
&\Delta_5 = \begin{vmatrix} a_{11} & a_1 \\ a_{21} & a_2 \end{vmatrix} = a_{11}\cdot a_2 - a_1 \cdot a_{21} \Rightarrow \Delta\varphi_3 = \frac{\Delta_3}{\Delta}; \quad \Delta\varphi_5 = \frac{\Delta_5}{\Delta}
\end{aligned}
\right.
\tag{11}
$$

Coeficienţii sistemului (10) se identifică din (9) fiind daţi de sistemul relaţional (12).

$$
\begin{cases}
a_{11} = 2 \cdot l_3 \cdot [(y_C - y_B) \cdot \cos \varphi_3 - (x_C - x_B) \cdot \sin \varphi_3 + \\
+ g \cdot \sin(\varphi_5 - \varphi_3 + \alpha)] \\[2mm]
a_{12} = 2 \cdot g \cdot [(y_C - y_B) \cdot \cos(\varphi_5 + \alpha) - (x_C - x_B)\sin(\varphi_5 + \alpha) - \\
- l_3 \cdot \sin(\varphi_5 - \varphi_3 + \alpha)] \\[2mm]
a_1 = l_2^2 - l_3^2 - g^2 - (x_C - x_B)^2 - (y_C - y_B)^2 - \\
- 2 \cdot l_3 \cdot [(x_C - x_B) \cdot \cos \varphi_3 + (y_C - y_B) \cdot \sin \varphi_3] - \\
- 2 \cdot g \cdot [(x_C - x_B) \cdot \cos(\varphi_5 + \alpha) + (y_C - y_B) \cdot \sin(\varphi_5 + \alpha) + \\
+ l_3 \cdot \cos(\varphi_5 - \varphi_3 + \alpha)] \\[2mm]
a_{21} = 2 \cdot l_3 \cdot [(y_C - y_D)\cos \varphi_3 - (x_C - x_D)\sin \varphi_3 + e\sin(\varphi_5 - \varphi_3)] \\[2mm]
a_{22} = 2 \cdot e \cdot [(y_C - y_D)\cos \varphi_5 - (x_C - x_D)\sin \varphi_5 - l_3 \sin(\varphi_5 - \varphi_3)] \\[2mm]
a_2 = l_4^2 - l_3^2 - e^2 - (x_C - x_D)^2 - (y_C - y_D)^2 - \\
- 2 \cdot l_3 \cdot (x_C - x_D) \cdot \cos \varphi_3 - 2 \cdot l_3 \cdot (y_C - y_D) \cdot \sin \varphi_3 - \\
- 2 \cdot e \cdot (x_C - x_D) \cdot \cos \varphi_5 - 2 \cdot e \cdot (y_C - y_D) \cdot \sin \varphi_5 - \\
- 2 \cdot e \cdot l_3 \cdot \cos(\varphi_5 - \varphi_3)
\end{cases} \tag{12}
$$

La pasul 1 se determină $\Delta \varphi_3^0$ si $\Delta \varphi_5^0$ în radieni, care se adună la valorile considerate iniţial obţinându-se valorile unghiurilor pentru prima iteraţie, conform sistemului (13).

$$\begin{cases} \varphi_3{}^1 = \varphi_3{}^0 + \Delta\varphi_3{}^0 \\ \varphi_5{}^1 = \varphi_5{}^0 + \Delta\varphi_5{}^0 \end{cases} \tag{13}$$

Dacă valorile obţinute sunt foarte apropiate de cele exacte, procesul iterativ se opreşte. În caz contrar aproximaţiile succesive vor continua până la obţinerea valorilor dorite. Se consideră valorile finale φ_3 şi φ_5 ca fiind OK atunci când eroarea (diferenţa) faţă de valoarea lor calculată la pasul anterior este suficient de mică.

Se revine apoi la sistemele poziţionale iniţiale, pentru a se determina şi celelalte două valori φ_2 şi φ_4, utilizând sistemul (14).

$$\begin{cases} \begin{cases} \cos\varphi_2 = \dfrac{x_C - x_B + l_3 \cdot \cos\varphi_3 + g \cdot \cos(\varphi_5 + \alpha)}{l_2} \\ \sin\varphi_2 = \dfrac{y_C - y_B + l_3 \cdot \sin\varphi_3 + g \cdot \sin(\varphi_5 + \alpha)}{l_2} \end{cases} \Rightarrow \varphi_2 \\[4ex] \varphi_2 = semn(\sin\varphi_2) \cdot \arccos(\cos\varphi_2) \\[4ex] \begin{cases} \cos\varphi_4 = \dfrac{x_C - x_D + l_3 \cdot \cos\varphi_3 + e \cdot \cos\varphi_5}{l_4} \\ \sin\varphi_4 = \dfrac{y_C - y_D + l_3 \cdot \sin\varphi_3 + e \cdot \sin\varphi_5}{l_4} \end{cases} \Rightarrow \varphi_4 \\[4ex] \varphi_4 = semn(\sin\varphi_4) \cdot \arccos(\cos\varphi_4) \end{cases} \tag{14}$$

După ce s-au determinat cele patru poziţii unghiulare, se trece la derivarea sistemelor iniţiale, pentru a se obţine vitezele unghiulare, iar apoi acceleraţiile unghiulare.

Se derivează mai întâi sistemul poziţional (1) obţinându-se sistemul de viteze liniar (15).

$$
\begin{cases}
\begin{cases}
\dot{x}_B - l_2 \cdot \sin\varphi_2 \cdot \omega_2 = \dot{x}_C - l_3 \cdot \sin\varphi_3 \cdot \omega_3 - g \cdot \sin(\varphi_5 + \alpha) \cdot \omega_5 \\
\dot{y}_B + l_2 \cdot \cos\varphi_2 \cdot \omega_2 = \dot{y}_C + l_3 \cdot \cos\varphi_3 \cdot \omega_3 + g \cdot \cos(\varphi_5 + \alpha) \cdot \omega_5
\end{cases} \\[2mm]
\begin{cases}
\dot{x}_C - l_3 \cdot \sin\varphi_3 \cdot \omega_3 - e \cdot \sin\varphi_5 \cdot \omega_5 = \dot{x}_D - l_4 \cdot \sin\varphi_4 \cdot \omega_4 \\
\dot{y}_C + l_3 \cdot \cos\varphi_3 \cdot \omega_3 + e \cdot \cos\varphi_5 \cdot \omega_5 = \dot{y}_D + l_4 \cdot \cos\varphi_4 \cdot \omega_4
\end{cases}
\end{cases}
\tag{15}
$$

Pentru rezolvarea mai simplă a sistemului (15) eliminăm într-o primă fază două dintre cele patru necunoscute prin înmulţirea primei ecuaţii a sistemului cu $\cos\varphi_2$, a celei de a doua cu $\sin\varphi_2$, a celei de-a treia cu $\cos\varphi_4$, şi ultimei cu $\sin\varphi_4$. Apoi se adună primele două ecuaţii obţinute şi respectiv ultimele două, rezultând sistemul (16) format din două ecuaţii liniare cu două necunoscute.

$$
\begin{cases}
(\dot{x}_B - \dot{x}_C) \cdot \cos\varphi_2 + (\dot{y}_B - \dot{y}_C) \cdot \sin\varphi_2 = \\
= l_3 \cdot \sin(\varphi_2 - \varphi_3) \cdot \omega_3 + g \cdot \sin(\varphi_2 - \varphi_5 - \alpha) \cdot \omega_5 \\[2mm]
(\dot{x}_D - \dot{x}_C) \cdot \cos\varphi_4 + (\dot{y}_D - \dot{y}_C) \cdot \sin\varphi_4 = \\
= l_3 \cdot \sin(\varphi_4 - \varphi_3) \cdot \omega_3 + e \cdot \sin(\varphi_4 - \varphi_5) \cdot \omega_5
\end{cases}
\tag{16}
$$

Pentru rezolvarea sistemului (16) aplicăm două etape.

În prima etapă se amplifică prima ecuaţie a sistemului cu $e \cdot \sin(\varphi_4 - \varphi_5)$, iar cea de-a doua cu $-g \cdot \sin(\varphi_2 - \varphi_5 - \alpha)$. Se adună apoi cele două expresii obţinute şi rezultă o relaţie din care-l explicităm direct pe ω_3 (vezi expresia 17).

$$\omega_3 = \{e \cdot [(\dot{x}_B - \dot{x}_C) \cdot \cos\varphi_2 + (\dot{y}_B - \dot{y}_C) \cdot \sin\varphi_2] \cdot \sin(\varphi_4 - \varphi_5) - $$
$$- g \cdot [(\dot{x}_D - \dot{x}_C) \cdot \cos\varphi_4 + (\dot{y}_D - \dot{y}_C) \cdot \sin\varphi_4] \cdot \sin(\varphi_2 - \varphi_5 - \alpha)\} / $$
$$\{l_3 \cdot [e\sin(\varphi_2 - \varphi_3)\sin(\varphi_4 - \varphi_5) - g\sin(\varphi_4 - \varphi_3)\sin(\varphi_2 - \varphi_5 - \alpha)]\} \quad (17)$$

În a doua etapă se amplifică prima ecuaţie a sistemului cu $\sin(\varphi_4 - \varphi_3)$, iar cea de-a doua cu $-\sin(\varphi_2 - \varphi_3)$. Se adună apoi cele două expresii obţinute şi rezultă o relaţie din care-l explicităm direct pe ω_5 (vezi expresia 18).

$$\omega_5 = \{[(\dot{x}_B - \dot{x}_C) \cdot \cos\varphi_2 + (\dot{y}_B - \dot{y}_C) \cdot \sin\varphi_2] \cdot \sin(\varphi_4 - \varphi_3) - $$
$$- [(\dot{x}_D - \dot{x}_C) \cdot \cos\varphi_4 + (\dot{y}_D - \dot{y}_C) \cdot \sin\varphi_4] \cdot \sin(\varphi_2 - \varphi_3)\} / \quad (18)$$
$$[g\sin(\varphi_4 - \varphi_3)\sin(\varphi_2 - \varphi_5 - \alpha) - e\sin(\varphi_2 - \varphi_3)\sin(\varphi_4 - \varphi_5)]$$

Din sistemul (15) se explicitează apoi din primele două ecuaţii amplificate cu $-\sin\varphi_2$, respectiv $\cos\varphi_2$, viteza unghiulară ω_2, (relaţia 19), iar din ultimele două relaţii amplificate cu $-\sin\varphi_4$, respectiv $\cos\varphi_4$, viteza unghiulară ω_4, (relaţia 20).

$$\omega_2 = \frac{(\dot{x}_B - \dot{x}_C) \cdot \sin\varphi_2 + (\dot{y}_C - \dot{y}_B) \cdot \cos\varphi_2}{l_2} +$$
$$+ \frac{l_3 \cdot \omega_3 \cdot \cos(\varphi_3 - \varphi_2) + g \cdot \omega_5 \cdot \cos(\varphi_2 - \varphi_5 - \alpha)}{l_2} \quad (19)$$

$$\omega_4 = \frac{(\dot{x}_D - \dot{x}_C) \cdot \sin\varphi_4 + (\dot{y}_C - \dot{y}_D) \cdot \cos\varphi_4}{l_4} +$$
$$+ \frac{l_3 \cdot \omega_3 \cdot \cos(\varphi_4 - \varphi_3) + e \cdot \omega_5 \cdot \cos(\varphi_4 - \varphi_5)}{l_4} \quad (20)$$

Acceleraţiile unghiulare corespunzătoare se obţin cel mai sigur prin derivarea directă a expresiilor vitezelor unghiulare corespunzătoare.

Se scrie expresia (17) desfăşurată (în forma 21) pentru a o putea deriva mai uşor.

$$\omega_3 l_3 \left[e \sin(\varphi_2 - \varphi_3) \sin(\varphi_4 - \varphi_5) - g \sin(\varphi_4 - \varphi_3) \sin(\varphi_2 - \varphi_5 - \alpha) \right]$$
$$= e \cdot \left[(\dot{x}_B - \dot{x}_C) \cdot \cos\varphi_2 + (\dot{y}_B - \dot{y}_C) \cdot \sin\varphi_2 \right] \cdot \sin(\varphi_4 - \varphi_5) - \qquad (21)$$
$$- g \cdot \left[(\dot{x}_D - \dot{x}_C) \cdot \cos\varphi_4 + (\dot{y}_D - \dot{y}_C) \cdot \sin\varphi_4 \right] \cdot \sin(\varphi_2 - \varphi_5 - \alpha)$$

Se derivează direct expresia (21) a vitezei unghiulare ω_3 în raport cu timpul, şi se obţine expresia (22) a acceleraţiei unghiulare ε_3 corespunzătoare, care se explicitează apoi imediat la forma (23).

$$\varepsilon_3 l_3 \left[e \sin(\varphi_2 - \varphi_3) \sin(\varphi_4 - \varphi_5) - g \sin(\varphi_4 - \varphi_3) \sin(\varphi_2 - \varphi_5 - \alpha) \right]$$
$$= -\omega_3 \cdot \left[l_3 \cdot e \cdot \cos(\varphi_2 - \varphi_3) \cdot \sin(\varphi_4 - \varphi_5) \cdot (\omega_2 - \omega_3) + \right.$$
$$+ l_3 \cdot e \cdot \sin(\varphi_2 - \varphi_3) \cdot \cos(\varphi_4 - \varphi_5) \cdot (\omega_4 - \omega_5) -$$
$$- l_3 \cdot g \cdot \cos(\varphi_4 - \varphi_3) \cdot \sin(\varphi_2 - \varphi_5 - \alpha) \cdot (\omega_4 - \omega_3) -$$
$$\left. - l_3 \cdot g \cdot \sin(\varphi_4 - \varphi_3) \cdot \cos(\varphi_2 - \varphi_5 - \alpha) \cdot (\omega_2 - \omega_5) \right] +$$
$$+ e \cdot \left[(\ddot{x}_B - \ddot{x}_C) \cdot \cos\varphi_2 + (\ddot{y}_B - \ddot{y}_C) \cdot \sin\varphi_2 - \right. \qquad (22)$$
$$\left. - (\dot{x}_B - \dot{x}_C) \cdot \sin\varphi_2 \cdot \omega_2 + (\dot{y}_B - \dot{y}_C) \cdot \cos\varphi_2 \cdot \omega_2 \right] \cdot \sin(\varphi_4 - \varphi_5) +$$
$$+ e \left[(\dot{x}_B - \dot{x}_C) \cos\varphi_2 + (\dot{y}_B - \dot{y}_C) \sin\varphi_2 \right] \cos(\varphi_4 - \varphi_5)(\omega_4 - \omega_5) -$$
$$- g \cdot \left[(\ddot{x}_D - \ddot{x}_C) \cdot \cos\varphi_4 + (\ddot{y}_D - \ddot{y}_C) \cdot \sin\varphi_4 - \right.$$
$$\left. - (\dot{x}_D - \dot{x}_C) \sin\varphi_4 \cdot \omega_4 + (\dot{y}_D - \dot{y}_C) \cos\varphi_4 \cdot \omega_4 \right] \sin(\varphi_2 - \varphi_5 - \alpha) -$$
$$g \left[(\dot{x}_D - \dot{x}_C) \cos\varphi_4 + (\dot{y}_D - \dot{y}_C) \sin\varphi_4 \right] \cos(\varphi_2 - \varphi_5 - \alpha)(\omega_2 - \omega_5)$$

$$\varepsilon_3 = \{-\omega_3 \cdot [l_3 \cdot e \cdot \cos(\varphi_2 - \varphi_3) \cdot \sin(\varphi_4 - \varphi_5) \cdot (\omega_2 - \omega_3) +$$
$$+ l_3 \cdot e \cdot \sin(\varphi_2 - \varphi_3) \cdot \cos(\varphi_4 - \varphi_5) \cdot (\omega_4 - \omega_5) -$$
$$- l_3 \cdot g \cdot \cos(\varphi_4 - \varphi_3) \cdot \sin(\varphi_2 - \varphi_5 - \alpha) \cdot (\omega_4 - \omega_3) -$$
$$- l_3 \cdot g \cdot \sin(\varphi_4 - \varphi_3) \cdot \cos(\varphi_2 - \varphi_5 - \alpha) \cdot (\omega_2 - \omega_5)] +$$
$$+ e \cdot [(\ddot{x}_B - \ddot{x}_C) \cdot \cos\varphi_2 + (\ddot{y}_B - \ddot{y}_C) \cdot \sin\varphi_2 -$$
$$- (\dot{x}_B - \dot{x}_C) \cdot \sin\varphi_2 \cdot \omega_2 + (\dot{y}_B - \dot{y}_C) \cdot \cos\varphi_2 \cdot \omega_2] \cdot \sin(\varphi_4 - \varphi_5) + \quad (23)$$
$$+ e[(\dot{x}_B - \dot{x}_C)\cos\varphi_2 + (\dot{y}_B - \dot{y}_C)\sin\varphi_2]\cos(\varphi_4 - \varphi_5)(\omega_4 - \omega_5) -$$
$$- g \cdot [(\ddot{x}_D - \ddot{x}_C) \cdot \cos\varphi_4 + (\ddot{y}_D - \ddot{y}_C) \cdot \sin\varphi_4 -$$
$$- (\dot{x}_D - \dot{x}_C)\sin\varphi_4 \cdot \omega_4 + (\dot{y}_D - \dot{y}_C)\cos\varphi_4 \cdot \omega_4]\sin(\varphi_2 - \varphi_5 - \alpha) -$$
$$g[(\dot{x}_D - \dot{x}_C)\cos\varphi_4 + (\dot{y}_D - \dot{y}_C)\sin\varphi_4]\cos(\varphi_2 - \varphi_5 - \alpha)(\omega_2 - \omega_5)\}$$
$$: [l_3 e \sin(\varphi_2 - \varphi_3)\sin(\varphi_4 - \varphi_5) - l_3 g \sin(\varphi_4 - \varphi_3)\sin(\varphi_2 - \varphi_5 - \alpha)]$$

În continuare se scrie viteza unghiulară ω_5 desfăşurată (relaţia 24), pentru a o putea deriva cu uşurinţă.

$$\omega_5[g\sin(\varphi_4 - \varphi_3)\sin(\varphi_2 - \varphi_5 - \alpha) - e\sin(\varphi_2 - \varphi_3)\sin(\varphi_4 - \varphi_5)] =$$
$$= [(\dot{x}_B - \dot{x}_C) \cdot \cos\varphi_2 + (\dot{y}_B - \dot{y}_C) \cdot \sin\varphi_2] \cdot \sin(\varphi_4 - \varphi_3) - \quad (24)$$
$$- [(\dot{x}_D - \dot{x}_C) \cdot \cos\varphi_4 + (\dot{y}_D - \dot{y}_C) \cdot \sin\varphi_4] \cdot \sin(\varphi_2 - \varphi_3)$$

Se derivează expresia (24) în raport cu timpul pentru a se obţine direct expresia acceleraţiei unghiulare ε_5. Se obţine astfel relaţia (25), din care se explicitează apoi valoarea acceleraţiei unghiulare ε_5 în forma (26).

$$\varepsilon_5\left[g\sin(\varphi_4-\varphi_3)\sin(\varphi_2-\varphi_5-\alpha)-e\sin(\varphi_2-\varphi_3)\sin(\varphi_4-\varphi_5)\right]=$$
$$=-\omega_5\cdot\left[g\cdot\cos(\varphi_2-\varphi_5-\alpha)\cdot\sin(\varphi_4-\varphi_3)\cdot(\omega_2-\omega_5)+\right.$$
$$+g\cdot\sin(\varphi_2-\varphi_5-\alpha)\cdot\cos(\varphi_4-\varphi_3)\cdot(\omega_4-\omega_3)-$$
$$-e\cdot\cos(\varphi_4-\varphi_5)\cdot\sin(\varphi_2-\varphi_3)\cdot(\omega_4-\omega_5)-$$
$$-e\cdot\sin(\varphi_4-\varphi_5)\cdot\cos(\varphi_2-\varphi_3)\cdot(\omega_2-\omega_3)\Big]+$$
$$+\sin(\varphi_4-\varphi_3)\cdot\left[(\ddot{x}_B-\ddot{x}_C)\cdot\cos\varphi_2+(\ddot{y}_B-\ddot{y}_C)\cdot\sin\varphi_2-\right. \tag{25}$$
$$-(\dot{x}_B-\dot{x}_C)\cdot\sin\varphi_2\cdot\omega_2+(\dot{y}_B-\dot{y}_C)\cdot\cos\varphi_2\cdot\omega_2\Big]+$$
$$+\left[(\dot{x}_B-\dot{x}_C)\cos\varphi_2+(\dot{y}_B-\dot{y}_C)\sin\varphi_2\right]\cdot\cos(\varphi_4-\varphi_3)\cdot(\omega_4-\omega_3)-$$
$$-\left[(\ddot{x}_D-\ddot{x}_C)\cdot\cos\varphi_4+(\ddot{y}_D-\ddot{y}_C)\cdot\sin\varphi_4-(\dot{x}_D-\dot{x}_C)\cdot\sin\varphi_4\cdot\omega_4+\right.$$
$$+(\dot{y}_D-\dot{y}_C)\cdot\cos\varphi_4\cdot\omega_4\Big]\cdot\sin(\varphi_2-\varphi_3)-$$
$$-\left[(\dot{x}_D-\dot{x}_C)\cdot\cos\varphi_4+(\dot{y}_D-\dot{y}_C)\cdot\sin\varphi_4\right]\cdot\cos(\varphi_2-\varphi_3)\cdot(\omega_2-\omega_3)$$

$$\varepsilon_5=\left\{-\omega_5\cdot\left[g\cdot\cos(\varphi_2-\varphi_5-\alpha)\cdot\sin(\varphi_4-\varphi_3)\cdot(\omega_2-\omega_5)+\right.\right.$$
$$+g\cdot\sin(\varphi_2-\varphi_5-\alpha)\cdot\cos(\varphi_4-\varphi_3)\cdot(\omega_4-\omega_3)-$$
$$-e\cdot\cos(\varphi_4-\varphi_5)\cdot\sin(\varphi_2-\varphi_3)\cdot(\omega_4-\omega_5)-$$
$$-e\cdot\sin(\varphi_4-\varphi_5)\cdot\cos(\varphi_2-\varphi_3)\cdot(\omega_2-\omega_3)\Big]+$$
$$+\sin(\varphi_4-\varphi_3)\cdot\left[(\ddot{x}_B-\ddot{x}_C)\cdot\cos\varphi_2+(\ddot{y}_B-\ddot{y}_C)\cdot\sin\varphi_2-\right.$$
$$-(\dot{x}_B-\dot{x}_C)\cdot\sin\varphi_2\cdot\omega_2+(\dot{y}_B-\dot{y}_C)\cdot\cos\varphi_2\cdot\omega_2\Big]+ \tag{26}$$
$$+\left[(\dot{x}_B-\dot{x}_C)\cos\varphi_2+(\dot{y}_B-\dot{y}_C)\sin\varphi_2\right]\cdot\cos(\varphi_4-\varphi_3)\cdot(\omega_4-\omega_3)-$$
$$-\left[(\ddot{x}_D-\ddot{x}_C)\cdot\cos\varphi_4+(\ddot{y}_D-\ddot{y}_C)\cdot\sin\varphi_4-(\dot{x}_D-\dot{x}_C)\cdot\sin\varphi_4\cdot\omega_4+\right.$$
$$+(\dot{y}_D-\dot{y}_C)\cdot\cos\varphi_4\cdot\omega_4\Big]\cdot\sin(\varphi_2-\varphi_3)-$$
$$-\left[(\dot{x}_D-\dot{x}_C)\cos\varphi_4+(\dot{y}_D-\dot{y}_C)\sin\varphi_4\right]\cos(\varphi_2-\varphi_3)(\omega_2-\omega_3)\right\}:$$
$$:\left[g\sin(\varphi_4-\varphi_3)\sin(\varphi_2-\varphi_5-\alpha)-e\sin(\varphi_2-\varphi_3)\sin(\varphi_4-\varphi_5)\right]$$

Se derivează în continuare expresia (27) a vitezei unghiulare ω_2 şi se obţine direct acceleraţia unghiulară ε_2 (relaţia 28).

$$\omega_2 = \frac{\left(\dot{x}_B - \dot{x}_C\right)\cdot \sin\varphi_2 + \left(\dot{y}_C - \dot{y}_B\right)\cdot \cos\varphi_2}{l_2} +$$
$$+ \frac{l_3 \cdot \omega_3 \cdot \cos\left(\varphi_3 - \varphi_2\right) + g\cdot \omega_5 \cdot \cos\left(\varphi_2 - \varphi_5 - \alpha\right)}{l_2} \qquad (27)$$

$$\varepsilon_2 = \frac{1}{l_2}\cdot \left[\left(\ddot{x}_B - \ddot{x}_C\right)\cdot \sin\varphi_2 + \left(\ddot{y}_C - \ddot{y}_B\right)\cdot \cos\varphi_2 + \right.$$
$$+ \left(\dot{x}_B - \dot{x}_C\right)\cdot \cos\varphi_2 \cdot \omega_2 - \left(\dot{y}_C - \dot{y}_B\right)\cdot \sin\varphi_2 \cdot \omega_2 + \qquad (28)$$
$$+ l_3 \cdot \varepsilon_3 \cdot \cos\left(\varphi_3 - \varphi_2\right) - l_3 \cdot \omega_3 \cdot \sin\left(\varphi_3 - \varphi_2\right)\cdot \left(\omega_3 - \omega_2\right) +$$
$$\left. + g\cdot \varepsilon_5 \cdot \cos\left(\varphi_2 - \varphi_5 - \alpha\right) - g\cdot \omega_5 \cdot \sin\left(\varphi_2 - \varphi_5 - \alpha\right)\cdot \left(\omega_2 - \omega_5\right)\right]$$

Se derivează apoi direct expresia (29) a vitezei unghiulare ω_4 şi se obţine expresia acceleraţiei unghiulare ε_4 (relaţia 30).

$$\omega_4 = \frac{\left(\dot{x}_D - \dot{x}_C\right)\cdot \sin\varphi_4 + \left(\dot{y}_C - \dot{y}_D\right)\cdot \cos\varphi_4}{l_4} +$$
$$+ \frac{l_3 \cdot \omega_3 \cdot \cos\left(\varphi_4 - \varphi_3\right) + e\cdot \omega_5 \cdot \cos\left(\varphi_4 - \varphi_5\right)}{l_4} \qquad (29)$$

$$\varepsilon_4 = \frac{1}{l_4}\cdot \left[\left(\ddot{x}_D - \ddot{x}_C\right)\cdot \sin\varphi_4 + \left(\ddot{y}_C - \ddot{y}_D\right)\cdot \cos\varphi_4 + \right.$$
$$+ \left(\dot{x}_D - \dot{x}_C\right)\cdot \cos\varphi_4 \cdot \omega_4 - \left(\dot{y}_C - \dot{y}_D\right)\cdot \sin\varphi_4 \cdot \omega_4 + \qquad (30)$$
$$+ l_3 \cdot \varepsilon_3 \cdot \cos\left(\varphi_4 - \varphi_3\right) - l_3 \cdot \omega_3 \cdot \sin\left(\varphi_4 - \varphi_3\right)\cdot \left(\omega_4 - \omega_3\right) +$$
$$\left. + e\cdot \varepsilon_5 \cdot \cos\left(\varphi_4 - \varphi_5\right) - e\cdot \omega_5 \cdot \sin\left(\varphi_4 - \varphi_5\right)\cdot \left(\omega_4 - \omega_5\right)\right]$$

Se determină în continuare cinematica cuplelor interioare ale diadei şi a centrelor de greutate de pe fiecare element al diadei 6R (vezi figura 2 şi sistemele relaţionale 31-32).

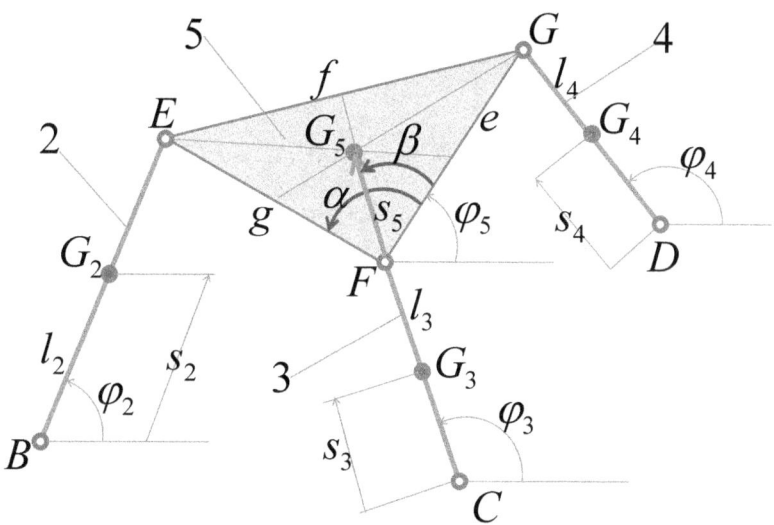

Fig. 2. *Cinematica centrelor de greutate la o triadă 6R*

$$
\begin{cases}
\begin{cases} x_E = x_B + l_2 \cdot \cos\varphi_2 \\ y_E = y_B + l_2 \cdot \sin\varphi_2 \end{cases}
\Rightarrow
\begin{cases} \dot{x}_E = \dot{x}_B - l_2 \cdot \sin\varphi_2 \cdot \omega_2 \\ \dot{y}_E = \dot{y}_B + l_2 \cdot \cos\varphi_2 \cdot \omega_2 \end{cases}
\Rightarrow \\[2ex]
\Rightarrow
\begin{cases} \ddot{x}_E = \ddot{x}_B - l_2 \cdot \cos\varphi_2 \cdot \omega_2^2 - l_2 \cdot \sin\varphi_2 \cdot \varepsilon_2 \\ \ddot{y}_E = \ddot{y}_B - l_2 \cdot \sin\varphi_2 \cdot \omega_2^2 + l_2 \cdot \cos\varphi_2 \cdot \varepsilon_2 \end{cases}
\\[4ex]
\begin{cases} x_F = x_C + l_3 \cdot \cos\varphi_3 \\ y_F = y_C + l_3 \cdot \sin\varphi_3 \end{cases}
\Rightarrow
\begin{cases} \dot{x}_F = \dot{x}_C - l_3 \cdot \sin\varphi_3 \cdot \omega_3 \\ \dot{y}_F = \dot{y}_C + l_3 \cdot \cos\varphi_3 \cdot \omega_3 \end{cases}
\Rightarrow \\[2ex]
\Rightarrow
\begin{cases} \ddot{x}_F = \ddot{x}_C - l_3 \cdot \cos\varphi_3 \cdot \omega_3^2 - l_3 \cdot \sin\varphi_3 \cdot \varepsilon_3 \\ \ddot{y}_F = \ddot{y}_C - l_3 \cdot \sin\varphi_3 \cdot \omega_3^2 + l_3 \cdot \cos\varphi_3 \cdot \varepsilon_3 \end{cases}
\\[4ex]
\begin{cases} x_G = x_D + l_4 \cdot \cos\varphi_4 \\ y_G = y_D + l_4 \cdot \sin\varphi_4 \end{cases}
\Rightarrow
\begin{cases} \dot{x}_G = \dot{x}_D - l_4 \cdot \sin\varphi_4 \cdot \omega_4 \\ \dot{y}_G = \dot{y}_D + l_4 \cdot \cos\varphi_4 \cdot \omega_4 \end{cases}
\Rightarrow \\[2ex]
\Rightarrow
\begin{cases} \ddot{x}_G = \ddot{x}_D - l_4 \cdot \cos\varphi_4 \cdot \omega_4^2 - l_4 \cdot \sin\varphi_4 \cdot \varepsilon_4 \\ \ddot{y}_G = \ddot{y}_D - l_4 \cdot \sin\varphi_4 \cdot \omega_4^2 + l_4 \cdot \cos\varphi_4 \cdot \varepsilon_4 \end{cases}
\end{cases}
\tag{31}
$$

$$\begin{cases} \begin{cases} x_{G_2} = x_B + s_2 \cdot \cos\varphi_2 \\ y_{G_2} = y_B + s_2 \cdot \sin\varphi_2 \end{cases} \Rightarrow \begin{cases} \dot{x}_{G_2} = \dot{x}_B - s_2 \cdot \sin\varphi_2 \cdot \omega_2 \\ \dot{y}_{G_2} = \dot{y}_B + s_2 \cdot \cos\varphi_2 \cdot \omega_2 \end{cases} \Rightarrow \\ \Rightarrow \begin{cases} \ddot{x}_{G_2} = \ddot{x}_B - s_2 \cdot \cos\varphi_2 \cdot \omega_2^2 - s_2 \cdot \sin\varphi_2 \cdot \varepsilon_2 \\ \ddot{y}_{G_2} = \ddot{y}_B - s_2 \cdot \sin\varphi_2 \cdot \omega_2^2 + s_2 \cdot \cos\varphi_2 \cdot \varepsilon_2 \end{cases} \\ \\ \begin{cases} x_{G_3} = x_C + s_3 \cdot \cos\varphi_3 \\ y_{G_3} = y_C + s_3 \cdot \sin\varphi_3 \end{cases} \Rightarrow \begin{cases} \dot{x}_{G_3} = \dot{x}_C - s_3 \cdot \sin\varphi_3 \cdot \omega_3 \\ \dot{y}_{G_3} = \dot{y}_C + s_3 \cdot \cos\varphi_3 \cdot \omega_3 \end{cases} \Rightarrow \\ \Rightarrow \begin{cases} \ddot{x}_{G_3} = \ddot{x}_C - s_3 \cdot \cos\varphi_3 \cdot \omega_3^2 - s_3 \cdot \sin\varphi_3 \cdot \varepsilon_3 \\ \ddot{y}_{G_3} = \ddot{y}_C - s_3 \cdot \sin\varphi_3 \cdot \omega_3^2 + s_3 \cdot \cos\varphi_3 \cdot \varepsilon_3 \end{cases} \\ \\ \begin{cases} x_{G_4} = x_D + s_4 \cdot \cos\varphi_4 \\ y_{G_4} = y_D + s_4 \cdot \sin\varphi_4 \end{cases} \Rightarrow \begin{cases} \dot{x}_{G_4} = \dot{x}_D - s_4 \cdot \sin\varphi_4 \cdot \omega_4 \\ \dot{y}_{G_4} = \dot{y}_D + s_4 \cdot \cos\varphi_4 \cdot \omega_4 \end{cases} \Rightarrow \\ \Rightarrow \begin{cases} \ddot{x}_{G_4} = \ddot{x}_D - s_4 \cdot \cos\varphi_4 \cdot \omega_4^2 - s_4 \cdot \sin\varphi_4 \cdot \varepsilon_4 \\ \ddot{y}_{G_4} = \ddot{y}_D - s_4 \cdot \sin\varphi_4 \cdot \omega_4^2 + s_4 \cdot \cos\varphi_4 \cdot \varepsilon_4 \end{cases} \\ \\ \begin{cases} x_{G_5} = x_F + s_5 \cdot \cos(\varphi_5 + \beta) \\ y_{G_5} = y_F + s_5 \cdot \sin(\varphi_5 + \beta) \end{cases} \Rightarrow \begin{cases} \dot{x}_{G_5} = \dot{x}_F - s_5 \cdot \sin(\varphi_5 + \beta) \cdot \omega_5 \\ \dot{y}_{G_5} = \dot{y}_F + s_5 \cdot \cos(\varphi_5 + \beta) \cdot \omega_5 \end{cases} \quad (32) \\ \Rightarrow \begin{cases} \ddot{x}_{G_5} = \ddot{x}_F - s_5 \cdot \cos(\varphi_5 + \beta) \cdot \omega_5^2 - s_5 \cdot \sin(\varphi_5 + \beta) \cdot \varepsilon_5 \\ \ddot{y}_{G_5} = \ddot{y}_F - s_5 \cdot \sin(\varphi_5 + \beta) \cdot \omega_5^2 + s_5 \cdot \cos(\varphi_5 + \beta) \cdot \varepsilon_5 \end{cases} \end{cases}$$

2. CINETOSTATICA TRIADEI 6R

Schema cinetostatică a unei triade 6R poate fi urmărită în figura 3.

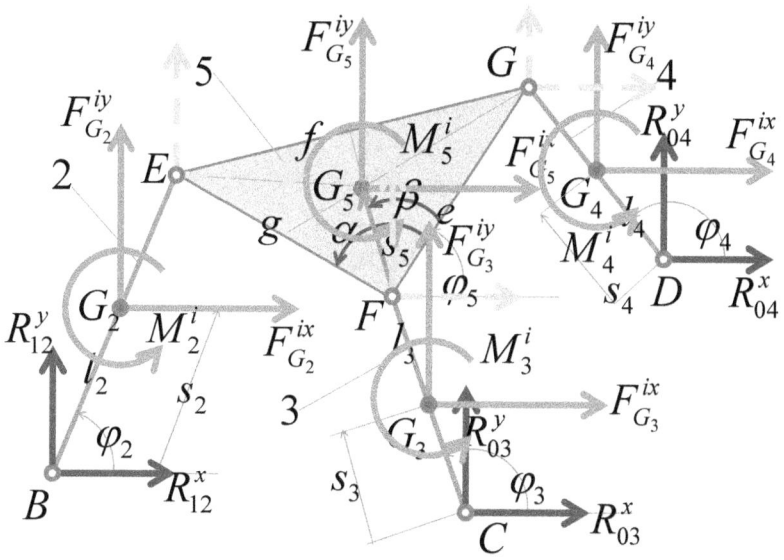

Fig. 3. *Cinetostatica la o triadă 6R*

Torsorul forţelor de inerţie se exprimă cu relaţiile (33).

$$
\begin{cases}
F_{G_2}^{ix} = -m_2 \cdot \ddot{x}_{G_2} \\
F_{G_2}^{iy} = -m_2 \cdot \ddot{y}_{G_2} \\
M_2^i = -J_{G_2} \cdot \varepsilon_2
\end{cases}
\quad
\begin{cases}
F_{G_3}^{ix} = -m_3 \cdot \ddot{x}_{G_3} \\
F_{G_3}^{iy} = -m_3 \cdot \ddot{y}_{G_3} \\
M_3^i = -J_{G_3} \cdot \varepsilon_3
\end{cases}
$$

$$
\begin{cases}
F_{G_4}^{ix} = -m_4 \cdot \ddot{x}_{G_4} \\
F_{G_4}^{iy} = -m_4 \cdot \ddot{y}_{G_4} \\
M_4^i = -J_{G_4} \cdot \varepsilon_4
\end{cases}
\quad
\begin{cases}
F_{G_5}^{ix} = -m_5 \cdot \ddot{x}_{G_5} \\
F_{G_5}^{iy} = -m_5 \cdot \ddot{y}_{G_5} \\
M_5^i = -J_{G_5} \cdot \varepsilon_5
\end{cases}
\tag{33}
$$

Pentru o decuplare parţială a reacţiunilor din cuple se scriu mai întâi o sumă de momente de pe elementul 2 faţă de punctul E, o sumă de momente de pe elementul 3 faţă de punctul F, o sumă de momente de pe întreaga triadă faţă de punctul D, şi o sumă de momente faţă de punctul G de pe elementele (2, 3, 5).

Se crează astfel un sistem liniar de patru ecuaţii de gradul 1 cu patru necunoscute, R_{12}^x, R_{12}^y, R_{03}^x, R_{03}^y. Se rezolvă cu determinanţi, iar apoi se scriu două sume de forţe pe întreaga triadă proiectate pe axele x, respectiv y, din care se obţin şi ultimile două reacţiuni din cuplele de intrare, R_{04}^x şi R_{04}^y.

Urmează sume de forţe proiectate pe axele x respectiv y, de pe elementul 2, apoi de pe elementul 3, şi la final de pe elementul 4. Acestea donează şi perechile de reacţiuni din cuplele interioare ale triadei 6R.

3. EXEMPLU DE MECANISM CU TRIADĂ 6R

Schema cinematică din figura 4 prezintă un mecanism cu triadă 6R.

Fig. 4. *Mecanism cu triadă 6R*

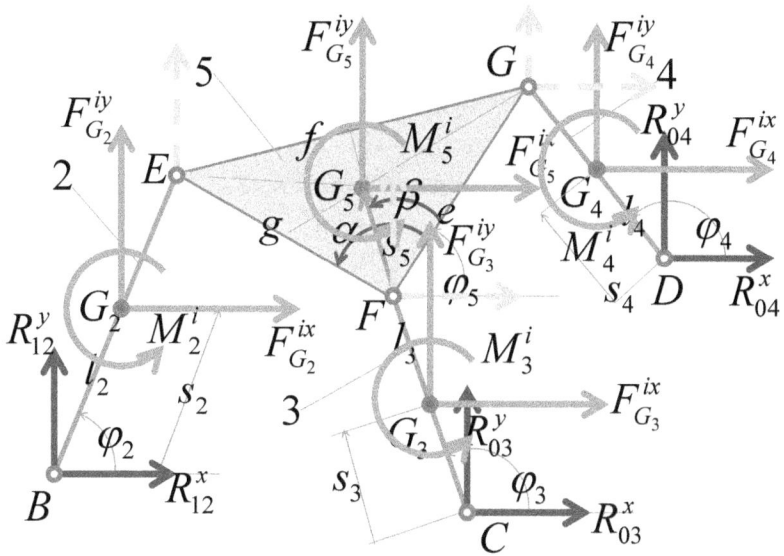

Fig. 3. *Cinetostatica la o triadă 6R*

Torsorul forțelor de inerție se exprimă cu relațiile (33).

$$\begin{cases} F_{G_2}^{ix} = -m_2 \cdot \ddot{x}_{G_2} \\ F_{G_2}^{iy} = -m_2 \cdot \ddot{y}_{G_2} \\ M_2^i = -J_{G_2} \cdot \varepsilon_2 \end{cases} \quad \begin{cases} F_{G_3}^{ix} = -m_3 \cdot \ddot{x}_{G_3} \\ F_{G_3}^{iy} = -m_3 \cdot \ddot{y}_{G_3} \\ M_3^i = -J_{G_3} \cdot \varepsilon_3 \end{cases}$$

$$\begin{cases} F_{G_4}^{ix} = -m_4 \cdot \ddot{x}_{G_4} \\ F_{G_4}^{iy} = -m_4 \cdot \ddot{y}_{G_4} \\ M_4^i = -J_{G_4} \cdot \varepsilon_4 \end{cases} \quad \begin{cases} F_{G_5}^{ix} = -m_5 \cdot \ddot{x}_{G_5} \\ F_{G_5}^{iy} = -m_5 \cdot \ddot{y}_{G_5} \\ M_5^i = -J_{G_5} \cdot \varepsilon_5 \end{cases} \tag{33}$$

Pentru o decuplare parțială a reacțiunilor din cuple se scriu mai întâi o sumă de momente de pe elementul 2 față de punctul E, o sumă de momente de pe elementul 3 față de punctul F, o sumă de momente de pe întreaga triadă față de punctul D, și o sumă de momente față de punctul G de pe elementele (2, 3, 5).

Se crează astfel un sistem liniar de patru ecuaţii de gradul 1 cu patru necunoscute, R_{12}^x, R_{12}^y, R_{03}^x, R_{03}^y. Se rezolvă cu determinanţi, iar apoi se scriu două sume de forţe pe întreaga triadă proiectate pe axele x, respectiv y, din care se obţin şi ultimile două reacţiuni din cuplele de intrare, R_{04}^x şi R_{04}^y.

Urmează sume de forţe proiectate pe axele x respectiv y, de pe elementul 2, apoi de pe elementul 3, şi la final de pe elementul 4. Acestea donează şi perechile de reacţiuni din cuplele interioare ale triadei 6R.

3. EXEMPLU DE MECANISM CU TRIADĂ 6R

Schema cinematică din figura 4 prezintă un mecanism cu triadă 6R.

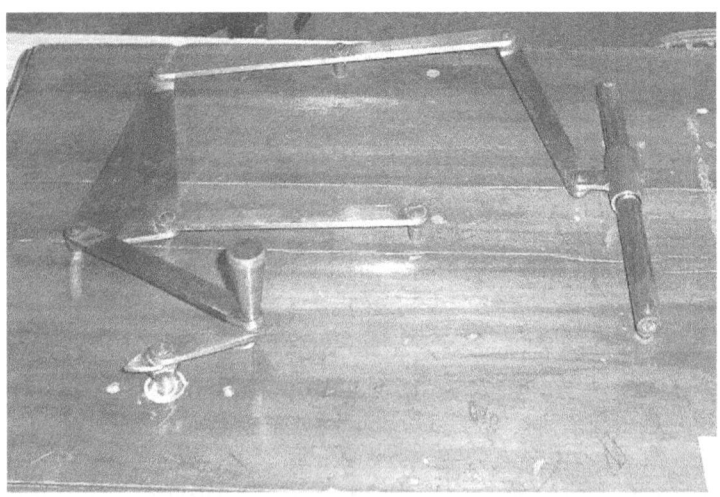

Fig. 4. *Mecanism cu triadă 6R*

CAP. V

UN MECANISM DE TIP CRUCE DE MALTA (GENEVA DRIVER)

Schema cinematică a unui mecanism cu cruce de malta (cu două începuturi) poate fi urmărită în figura 1, în care se reprezintă totodată şi distribuţia forţelor pe mecanism.

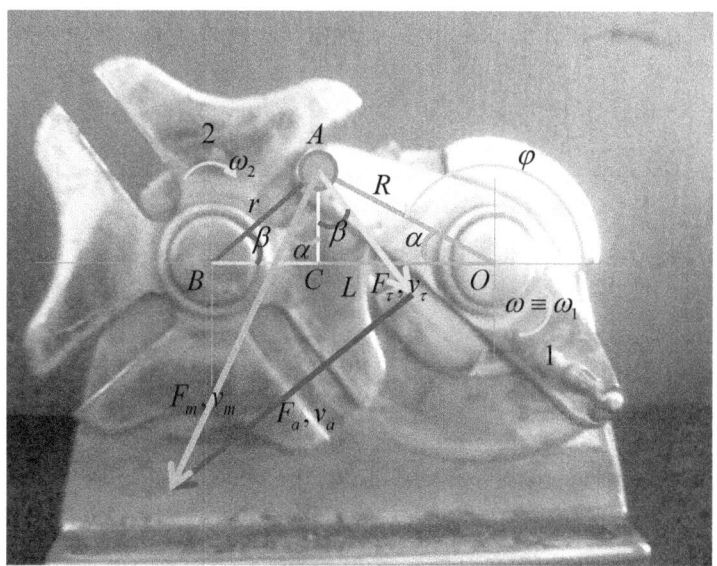

Fig. 1. *Mecanism cu cruce de malta; schema cinematică şi distribuţia forţelor*

Elementul conducător 1 transmite mişcarea de rotaţie crucii de malta 2. Forţa motoare F_m perpendiculară în A pe manivela 1, OA=R, se divide pe elementul 2 în două componente: O componentă F_t perpendiculară pe manivela crucii AB=r care este o forţă activă, utilă, de transmisie de putere, ce produce rotaţia crucii de malta; şi o altă componentă de alunecare, F_a, care reprezintă o pierdere de putere a mecanismului (a cuplei), prin alunecarea relativă a celor două profile corespunzătoare celor două elemente mobile aflate în contact. Elementul doi permite alunecarea bolţului eă lementului 1 conducător pe canalul respectiv. Invers, mişcarea nu este posibilă, deoarece atunci când crucea devine element conducător, forţa ei motoare se divide în două componente, mult mai mare fiind componenta care trage de elementul 1 întinzându-l (sau îl comprimă), producând şi o apăsare foarte mare între cele două profile care generează o forţă de frecare foarte mare ce nu permite componentei foarte mici de rotaţie să rotească elementul 1. În plus componenta care ar trebui să rotească elementul 1, perpendiculară pe OA în A nu mai este orientată pe direcţia canalului AB ci pe o altă direcţie astfel încât ea are mai mult un efect de reacţiune împingând înapoi în elementul 2 conducător şi producând astfel blocarea mecanismului. Rezultă că mecanismul de tip cruce de malta este ireversibil (se mişcă în ambele sensuri, dar nu poate transmite mişcare decât de la driver la cruce, invers blocându-se); el poate ca şi mecanismele de tip melc-roată melcată, sau cele cu clichet, să fie utilizat la mecanismele de direcţie, la contoare, la transmisiile de la roboţi, etc. Se pot scrie relaţiile (1-3).

$$
\begin{cases}
F_\tau = F_m \cdot \cos(\alpha + \beta); \quad AC = R \cdot \sin\alpha; \quad OC = R \cdot \cos\alpha; \\[2mm]
v_\tau = v_m \cdot \cos(\alpha + \beta); \quad BC = BO - OC = L - R \cdot \cos\alpha; \\[2mm]
\eta_{iD} = \dfrac{P_u}{P_c} = \dfrac{F_\tau \cdot v_\tau}{F_m \cdot v_m} = \dfrac{F_m \cdot v_m}{F_m \cdot v_m} \cdot \cos^2(\alpha + \beta) = \cos^2(\alpha + \beta) \\[4mm]
\eta_{iD} = \cos^2(\alpha + \beta)
\end{cases}
\tag{1}
$$

$$
\begin{cases}
\omega_2 = \dfrac{v_2}{r} = \dfrac{v_\tau}{AB} = \dfrac{v_m \cdot \cos(\alpha + \beta)}{\sqrt{R^2 + L^2 - 2 \cdot R \cdot L \cdot \cos\alpha}} = \dfrac{R \cdot \omega \cdot \cos(\alpha + \beta)}{r} \\[4mm]
\sin\beta = \dfrac{R}{r} \cdot \sin\alpha; \quad \cos\beta = \dfrac{L - R \cdot \cos\alpha}{r}
\end{cases}
$$

$$\begin{cases}
\cos(\alpha + \beta) = \cos\alpha \cdot \cos\beta - \sin\alpha \cdot \sin\beta = \\[4pt]
= \cos\alpha \cdot \dfrac{L - R \cdot \cos\alpha}{r} - \sin\alpha \cdot \dfrac{R \cdot \sin\alpha}{r} = \\[4pt]
= \dfrac{1}{r} \cdot \left(L \cdot \cos\alpha - R \cdot \cos^2\alpha - R \cdot \sin^2\alpha\right) = \dfrac{L \cdot \cos\alpha - R}{r} \Rightarrow \\[4pt]
\Rightarrow \cos(\alpha + \beta) = \dfrac{L \cdot \cos\alpha - R}{r} \\[4pt]
\cos^2(\alpha + \beta) = \dfrac{(L \cdot \cos\alpha - R)^2}{r^2} = \dfrac{L^2 \cdot \cos^2\alpha + R^2 - 2R \cdot L \cdot \cos\alpha}{L^2 + R^2 - 2 \cdot R \cdot L \cdot \cos\alpha} \\[4pt]
\eta_{iD} = \cos^2(\alpha + \beta) = \dfrac{L^2 \cdot \cos^2\alpha + R^2 - 2R \cdot L \cdot \cos\alpha}{L^2 + R^2 - 2 \cdot R \cdot L \cdot \cos\alpha} \\[4pt]
\omega_2 = \dfrac{R \cdot \omega \cdot (L \cdot \cos\alpha - R)}{L^2 + R^2 - 2 \cdot R \cdot L \cdot \cos\alpha} = \dfrac{R \cdot L \cdot \cos\alpha - R^2}{L^2 + R^2 - 2 \cdot R \cdot L \cdot \cos\alpha} \cdot \omega
\end{cases} \qquad (2)$$

$$\begin{cases}
\omega_2 \cdot \left(L^2 + R^2 - 2 \cdot R \cdot L \cdot \cos\alpha\right) = R \cdot L \cdot \cos\alpha \cdot \omega - R^2 \cdot \omega \\[4pt]
\varepsilon_2 \cdot \left(L^2 + R^2 - 2 \cdot R \cdot L \cdot \cos\alpha\right) + \omega_2 \cdot 2 \cdot R \cdot L \cdot \sin\alpha \cdot \dot\alpha = \\[4pt]
= -R \cdot L \cdot \omega \cdot \sin\alpha \cdot \dot\alpha; \quad \alpha = \pi - \varphi; \quad \dot\alpha = -\omega \Rightarrow -\dot\alpha = \omega \\[4pt]
\varepsilon_2 = -R \cdot L \cdot \sin\alpha \cdot \dfrac{\omega + 2 \cdot \omega_2}{L^2 + R^2 - 2 \cdot R \cdot L \cdot \cos\alpha} \cdot \dot\alpha \\[4pt]
\varepsilon_2 = R \cdot L \cdot \sin\alpha \cdot \dfrac{1 + 2 \cdot \dfrac{R \cdot L \cdot \cos\alpha - R^2}{L^2 + R^2 - 2 \cdot R \cdot L \cdot \cos\alpha}}{L^2 + R^2 - 2 \cdot R \cdot L \cdot \cos\alpha} \cdot \omega^2 \\[4pt]
\omega_2 = \dfrac{-R \cdot L \cdot \cos\varphi - R^2}{L^2 + R^2 + 2 \cdot R \cdot L \cdot \cos\varphi} \cdot \omega \\[4pt]
\varepsilon_2 = R \cdot L \cdot \sin\varphi \cdot \dfrac{L^2 - R^2}{\left(L^2 + R^2 + 2 \cdot R \cdot L \cdot \cos\varphi\right)^2} \cdot \omega^2 \\[4pt]
\varphi_2 = -\arcsin\left(\dfrac{R \cdot \sin\varphi}{\sqrt{L^2 + R^2 + 2 \cdot L \cdot R \cdot \cos\varphi}}\right) \cdot \dfrac{\varphi}{\pi - \varphi}
\end{cases}$$

$$(3)$$

www.ingramcontent.com/pod-product-compliance
Lightning Source LLC
Chambersburg PA
CBHW051436170526
45166CB00001B/3